南方油气勘探实践二十年论文选集

中国石油化工股份有限公司勘探分公司　编

中国石化出版社

图书在版编目(CIP)数据

南方油气勘探实践二十年论文选集 / 中国石油化工股份有限公司勘探分公司编．—北京：中国石化出版社，2022.3
ISBN 978-7-5114-6609-9

Ⅰ．①南… Ⅱ．①中… Ⅲ．①油气勘探-文集 Ⅳ．①TE1-53

中国版本图书馆 CIP 数据核字(2022)第 039335 号

中国石化出版社出版发行

地址：北京市东城区安定门外大街 58 号
邮编：100011　电话：(010)57512500
发行部电话：(010)57512575
http://www.sinopec-press.com
E-mail：press@sinopec.com
北京科信印刷有限公司印刷
全国各地新华书店经销

*

787×1092 毫米 16 开本 38 印张 883 千字
2022 年 3 月第 1 版　2022 年 3 月第 1 次印刷
定价：298.00 元

序 INTRODUCTION

在勘探分公司成立20周年之际，编辑出版《南方油气勘探实践二十年论文选集》，是一种很好的纪念形式。作为南方海相油气勘探二十多年来一系列创新突破的亲历者、见证者，抚今追昔，深为之骄傲与自豪的同时，也感慨其中的艰辛和不易。

勘探分公司成立以来的二十年，是艰辛探索的二十年，也是成果丰硕的二十年。二十年来，众多勘探工作者和科技工作者胸怀油气大突破的梦想，以尊重前人、敢于超越前人、进而敢于超越自我的胸怀和勇气，在祖国南方的崇山峻岭中展开了一幅找油找气的壮丽画卷，深层天然气、超深层天然气、页岩气多个领域取得理论技术的创新性突破和标志性成果，普光气田、元坝气田、涪陵页岩气田等7个大中型气田相继发现，累计提交天然气探明地质储量1.48万亿立方米，为保障国家能源安全作出了重要贡献，也引领了上述领域科技进步。

在艰苦卓绝的奋斗过程中，广大勘探科技工作者边探索、边实践、边总结、边提升，形成了一系列理论创新、技术创新、管理创新成果。这些成果，在一定程度上反映了南方海相新区波澜壮阔的勘探历程，凝结着广大勘探科技工作者全力倾注的心血智慧，体现着南方勘探人潜心钻研、矢志报国的责任担当。将这些成果结集出版，既是对以往成功经验的总结，也对做好未来工作具有重要的借鉴和启迪意义。

二十年过去，弹指一挥间。当前，百年变局和世纪疫情交织叠加，世界地缘政治局势动荡加剧，引发国际油价高位大幅波动，而由于我国经济持续中高速增长需求大于供给，我国油气对外依存度居高不下，中国石油工作者和企业保障国家能源安全的任务更重了。我们要牢记习近平总书记视察胜利油田时“再立新功、再创佳绩”的殷切嘱托，立足新的发展实践，发扬敢破敢立精神，以更高的目标追求和创新性实践推进理论创新、技术创新、管理创新，在落实“四个革命、一个合作”能源安全新战略中勇挑重担、有所作为，全力推动油气勘探大突破大发现，为“把能源饭碗牢牢端在自己手里”续写新的篇章！

是为序。

马永生

2022 年 3 月 18 日

前言 PREFACE

2022 年是中国石化勘探分公司成立二十周年。为系统总结、集中展现分公司科研团队形成的油气勘探研究成果，重点围绕普光、元坝、涪陵等七个大中型气田的发现及其过程中形成的理论创新、技术创新以及管理创新，我们从 1000 余篇已发表论文中精选了 60 篇编撰成集。

文集按内容分类编排，依次为战略发现、地质认识、物探技术、工程技术、综合管理五个部分。其中，战略发现部分重点展示了普光、元坝、涪陵等气田的勘探发现与启示；地质认识部分按海相碳酸盐岩、页岩油气、陆相致密砂岩三个领域，选取了普光、元坝、涪陵等七个大中型气田勘探研究过程中形成的代表性论文；物探技术部分突出了以上三大领域在地震采集、处理、解释以及测井等方面取得的关键技术创新；工程技术部分则展现了钻完井及储层改造等方面取得的典型创新成果与技术进步；综合管理部分主要呈现了公司在体制机制创新、党建引领等方面的典型经验做法。

文集编辑时，基本保持了论文的原貌，但限于版面，省略了中文论文的英文摘要，文章中的英文图名及表名，以及中文参考文献的英文部分等，并统一了版式；论文出处在篇首页下注释，以方便读者参考查询。

文集的编撰出版，建立在广大的南方油气勘探科研工作者的科研劳动之上，在此表示感谢。

本书编委会

2022 年 3 月

目录 CONTENTS

第一篇　战略发现

第二篇　地质认识

第三篇 物探技术

第四篇　工程技术

第五篇　综合管理

战略发现 1

四川盆地大中型天然气田分布特征与勘探方向

马永生[1]　蔡勋育[1]　赵培荣[1,2]　罗　毅[1,2]　张学丰[3]

(1. 中国石油化工股份有限公司油田勘探开发事业部，北京 100728；
2. 中国地质大学地球科学与资源学院，北京 100083；
3. 北京大学石油天然气研究中心，北京 100871)

摘要：四川盆地是中国最早开展天然气勘探开发和综合利用的地区。经过 50 多年的工业性勘探开发，发现了 27 个大中型气田，建成了中国第一个超 $100\times10^8m^3$ 产能的天然气生产基地。勘探及研究表明，四川盆地大中型气田主要集中分布在二叠系和三叠系，以孔隙型、裂缝—孔隙型气藏为主，并已形成了几个大型气田群。认识创新、思路创新和技术进步是四川盆地勘探发展的关键。通过总结四川盆地大中型气田的分布特征，进一步探讨了盆地勘探发展的方向，指出川东及川西的深层超深层、川东及川中陆相中浅层、山前带、嘉陵江组鲕滩和大型区域不整合等是下步勘探的重点领域。

关键词：大中型气田　深层超深层　山前带　区域性不整合　勘探领域　四川盆地

四川盆地是中国大型富含天然气盆地之一，是一个典型的多期构造叠合盆地。盆地经历了两大构造沉积旋回，即震旦纪—中三叠世被动大陆边缘构造演化阶段和晚三叠世—始新世前陆盆地及拗陷演化阶段，沉积了巨厚的震旦纪—中三叠世海相碳酸盐岩(4～7km)、晚三叠世早期海陆过渡相(300～400m)和晚三叠世中期—始新世陆相碎屑岩(2～5km)。四川盆地纵向上发育了中生界陆相成藏系统、上古生界海相成藏系统及下古生界海相成藏系统三大成藏系统，有效勘探面积约 $18\times10^4km^2$。

四川盆地的大规模勘探始于 1953 年[1]，相继发现了威远、大池干、罗家寨等大中型气田，建成了中国第一个产能超过 $100\times10^8m^3$ 的天然气生产基地。2001 年以来，又先后发现了普光、广安、合川和新场等大型气田，据统计，2002—2008 年，年平均探明天然气储量均超过 $1000\times10^8m^3$，形成了四川盆地天然气勘探又一个高峰期。基本明确了震旦系、石炭系、二叠系、三叠系等主要含气层系，形成了川东、川西、川南和川中 4 个含气区[2-3]。近 10 年来，四川盆地天然气勘探开发的迅速发展主要表现为：(1)探明天然气储量快速增长；(2)天然气年产量不断增加；(3)发现了一批大型、特大型气田；(4)勘探向深层超深层及新领域不断拓展。随着“川气东送”工程的建成投产，四川盆地天然气工业又进入了一个新的发展时期。

石油学报，2010，31(3)：347-354

1 大中型气田分布特征

截至2008年底，国土资源部矿产储量委员会公布四川盆地已发现125个天然气田(图1)，累计探明天然气地质储量17225.02×$10^8$$m^3$。其中，探明储量大于300×$10^8$$m^3$的大型气田有14个，累计探明天然气地质储量12543.26×$10^8$$m^3$，大型气田探明储量占盆地天然气总探明储量的72.8%；探明储量(100~300)×$10^8$$m^3$的中型气田有13个，累计探明天然气地质储量2549.42×$10^8$$m^3$，中型气田探明储量占盆地天然气总探明储量的14.8%。大中型气田累计天然气探明储量15092.68×$10^8$$m^3$，占盆地天然气总探明储量的87.6%。

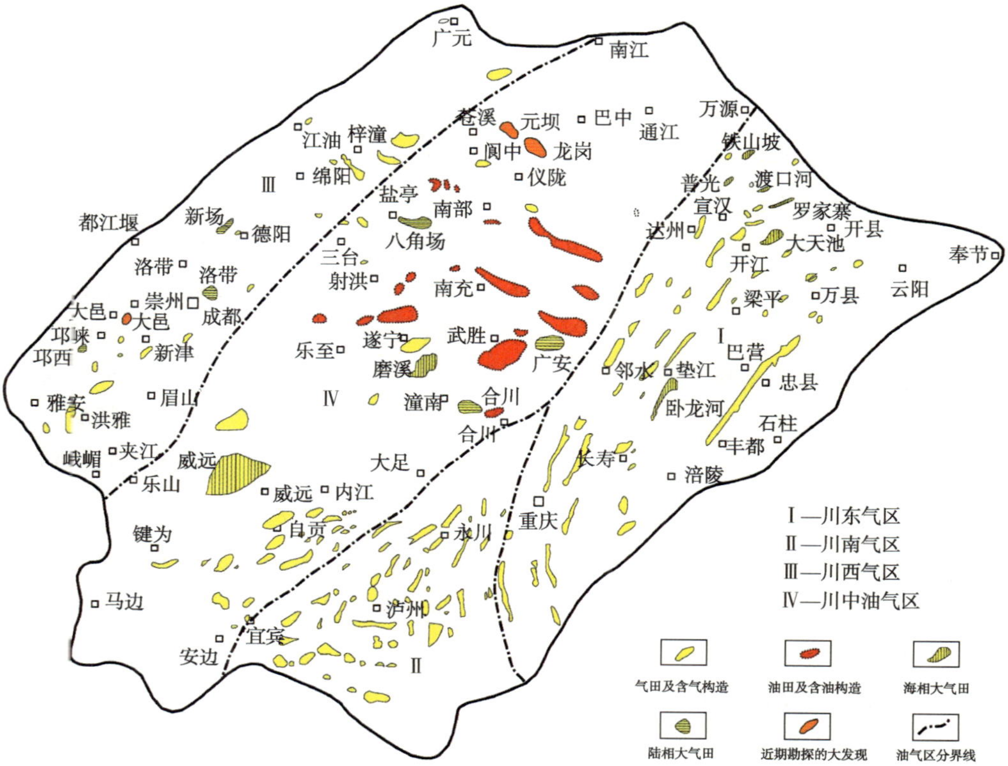

图1 四川盆地油气田分布简图

1.1 纵向分布特征

对27个大中型气田分布层位的统计表明(表1)，已发现的气田具有多产层的特点，且主要集中分布在二叠系和三叠系。在四川盆地至今未发现单一产层的气田，气田一般具有2个以上的产层。已发现的海、陆相产层多达24个，其中海相产层17个，陆相产层7个。含气层位自老至新为震旦系灯影组、石炭系黄龙组、二叠系长兴组—三叠系飞仙关组、三叠系嘉陵江组—雷口坡组、三叠系须家河组—侏罗系，其中海相长兴组—飞仙关组气藏探明储量占总探明储量的37%，陆相三叠系须家河组—侏罗系气藏探明储量占总探明储量的34%，石炭系黄龙组气藏探明储量占总探明储量的13%，三叠系嘉陵江组—雷口坡组气藏探明储量占总探明储量的14%，震旦系灯影组气藏探明储量占总探明储量的2%。值得注意的一个现象是，随着勘探技术的发展，四川盆地陆相和海相深层超深层领域天然气发现规模在不断扩大，如新场须家河气藏以及元坝、龙岗等大型含气构造的储量规模都超过了千亿立方米，因此，深层超深层领域值得进一步加大勘探与评价。

表 1 四川盆地大中型气田特征

气田规模	气田名称	探明储量/10^8m^3	含气层位	储集岩类型	主要气源岩	天然气成因类型
大型	普 光	4050.79	T，P	碳酸盐岩	S，P_1 海相泥页岩、灰岩	油型气
	广 安	1355.58	T_3x	碎屑岩	P_2 煤系	煤型气
	合 川	1187.06	T_3x	碎屑岩	S，P_1 海相泥页岩、灰岩	油型气
	大天池	1067.55	T，P，C	碳酸盐岩	S，P_1 海相泥页岩、灰岩	油型气
	新 场	843.02	J	碎屑岩	T_3 煤系	煤型气
	罗家寨	797.36	T，P，C	碳酸盐岩	S，P_1 海相泥页岩、灰岩	油型气
	磨 溪	702.31	T	碳酸盐岩	P_2 煤系	煤型气
	卧龙河	408.86	T，P	碳酸盐岩	S，P_1 海相泥页岩、灰岩	油型气
	威 远	408.61	P，Z	碳酸盐岩	∈海相泥页岩	油型气
	铁山坡	373.97	T	碳酸盐岩	S，P_1 海相泥页岩、灰岩	油型气
	渡口河	359.00	T	碳酸盐岩	S，P_1 海相泥页岩、灰岩	油型气
	八角场	351.07	J，T	碎屑岩	P_2，P_3 煤系	煤型气
	洛 带	323.83	J	碎屑岩	T_3 煤系	煤型气
	邛 西	323.25	J，T	碎屑岩	P_2，P_3 煤系	煤型气
中型	七里北	282.21	T，P	碳酸盐岩	S，P_1 海相泥页岩、灰岩	油型气
	白马庙	268.72	J	碎屑岩	T_3 煤系	煤型气
	大池干	258.71	T，P，C	碳酸盐岩	S，P_1 海相泥页岩、灰岩	油型气
	高峰场	227.26	C，T，P	碳酸盐岩	S，P_1 海相泥页岩、灰岩	油型气
	七里峡	225.48	C	碳酸盐岩	S，P_1 海相泥页岩、灰岩	油型气
	荷包场	222.12	T_3x	碎屑岩	P_2 煤系	煤型气
	铁 山	187.82	T，P，C	碳酸盐岩	S，P_1 海相泥页岩、灰岩	油型气
	中 坝	186.30	T_3x，T_2l	碎屑岩，碳酸盐岩	T_3 煤系	煤型气
	马 井	175.58	J	碎屑岩	T_3 煤系	煤型气
	新 都	175.32	J	碎屑岩	T_3 煤系	煤型气
	充 西	136.35	T_3x	碎屑岩	P_2 煤系	煤型气
	福成寨	103.30	T，C	碳酸盐岩	S，P_1 海相泥页岩、灰岩	油型气
	建 南	100.25	T，P	碳酸盐岩	S，P_1 海相泥页岩、灰岩	油型气

1.2 平面分布特征

四川盆地大中型气田在平面上具有成群分布特征，目前已在川东、川西含气区形成了环开江-梁平陆棚长兴—飞仙关组、川东石炭系、川西三叠系须家河组—侏罗系等多个大型气田群。

1.2.1 环开江-梁平陆棚长兴—飞仙关组大型气田群

自 1995 年在川东北渡口河发现飞仙关组鲕滩气藏到 2008 年底，在川东北地区共发现

18 个气田，其中大型气田有普光、罗家寨、铁山坡、渡口河气田，中型气田有七里北、铁山等气田，累计探明储量 6051.15×10^8m^3，占盆地天然气总探明储量的 35%，形成了川东北二叠系—三叠系大型气田群。尤其是 2007 年发现的元坝、龙岗大型含气圈闭，经过 3 年的评级勘探，已得到初步落实，预计环开江-梁平陆棚气田的探明储量规模还有一个快速的增长时期。该大型气田群形成的关键控制因素有[4-6]：(1)有利的沉积相带及优质储层的发育是天然气富集高产的关键。长兴—飞仙关期在环开江-梁平陆棚两侧发育台地边缘浅滩、生物礁、开阔台地及蒸发台地相等，其中以台地边缘暴露浅滩相为主，有利于礁滩储层的形成与发育(图 2)，经准同生—早期成岩溶蚀作用和深埋期溶蚀作用的进一步改造，形成了主要岩性为鲕粒白云岩、残余鲕粒白云岩、糖粒状残余鲕粒白云岩的优质储层。在普光地区埋藏深度超过 5500m 的情况下还有 200~300m 厚优质孔隙性储层分布，在罗家寨、铁山坡、龙岗、元坝等地区随着原始沉积环境的变化，储层厚度为 30~170m；(2)气源充足。川东北地区是四川盆地志留系、二叠系龙潭组主力生烃凹陷，生气中心位于通南巴—罗家寨一带，生气强度为(50~125)×$10^8m^3/km^2$；(3)发育大型构造岩性复合型圈闭。陆棚东侧的普光、罗家寨、铁山坡等气藏受礁滩岩性体与背斜构造双重因素控制，陆棚西侧的元坝、龙岗等气藏主要受大型平缓斜坡上的礁滩相岩性圈闭控制，上覆嘉陵江组膏盐岩对气藏的保存起到了关键作用。

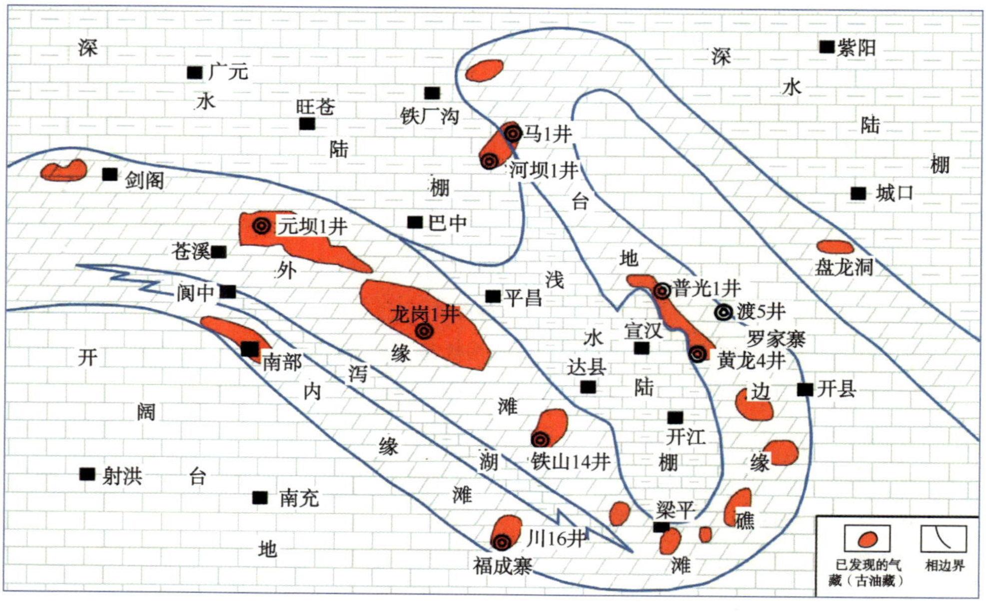

图 2 川东北地区飞仙关—长兴期岩相古地理特征

1.2.2 川东石炭系大型气田群

自 1957 年发现卧龙河石炭系黄龙组含气层，1977 年相国寺构造相 18 井发现石炭系气藏以来，川东石炭系成为四川盆地天然气增储上产的重点层系。到 2008 年底，共发现 19 个气田，其中大型气田有大天池气田，中型气田有大池干、高峰场、七里峡和福成寨气田。川东石炭系累计探明储量 2291.16×10^8m^3，占盆地总探明储量的 13%，形成了川东石炭系大型气田群。该大型气田群形成的关键控制因素有：(1)继承性发育的印支—燕山期开江—

泸州古隆起控制了石炭系黄龙组地层的剥蚀与风化壳储层的发育及分布范围，石炭系储层是上石炭统黄龙组碳酸盐岩孔隙性储集层，残余厚度一般 20~40m(图 3)，储层主要岩性为白云岩和石灰岩。同时，古隆起区也成为天然气运移聚集的主要指向区，已探明的石炭系大中型气田均分布在隆起—上斜坡部位；(2)气源充足。石炭系气藏主要气源层是志留系的黑色页岩，平均厚度为 400m，平均生烃强度为 $34\times10^8m^3/km^2$，据三次资评计算石炭系残存区及周围地区资源量达 $14307\times10^8m^3$，气源十分丰富；(3)圈闭类型有利。受古构造与风化剥蚀双重因素的影响，石炭系圈闭类型主要有地层—构造和地层—岩性复合型圈闭两大类。储层具有低孔、中—低渗、非均质强等特点，发育次生溶蚀孔隙。石炭系气藏上覆的高压封存体系，对气藏的保存起到了关键作用。

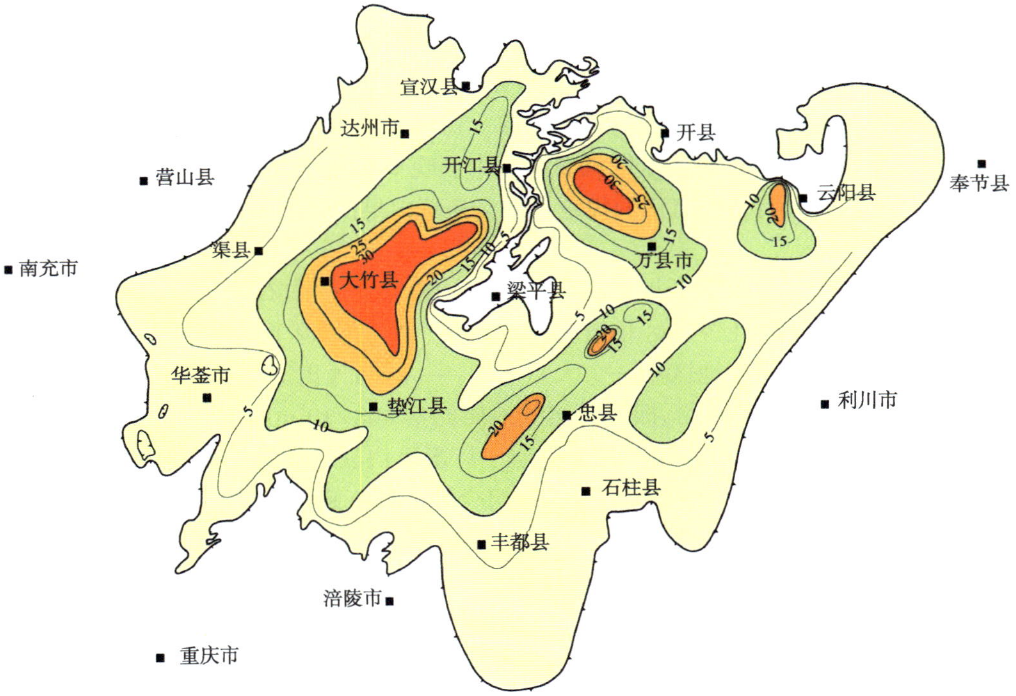

图 3 川东地区石炭系储层有效厚度分布

1.2.3 川西陆相须家河组—侏罗系大型气田群

在川西陆相大型气田中，新场气田是最先发现的。自 1985 年在孝泉构造钻探川孝 106 井发现中侏罗统沙溪庙组气藏后，20 世纪 90 年代先后在新场气田东部和西部发现下侏罗统千佛崖组气藏和上侏罗统蓬莱镇组浅层气藏，2006 年又发现了深层须家河组气藏(最新勘探成果表明，其须家河组气藏储量规模可能超过 $2000\times10^8m^3$)，新场成为了纵向多层系成藏的大型气田。川西陆相层系经过 20 多年勘探，成为四川盆地天然气增储上产的重点层系之一。到 2008 年底，共发现 19 个气田，其中大型气田有新场、洛带和邛西气田，中型气田有白马庙、中坝、马井和新都气田，累计探明储量 $2314.84\times10^8m^3$，占盆地总探明储量的 13.4%，形成了川西陆相大型气田群。该大型气田群形成的关键控制因素包括：(1)继承性发育的燕山期—喜山期古隆起、古构造对陆相气藏的分布起到关键控制作用。如鸭子河—

孝泉—丰谷 NEE 向构造带在燕山中、晚期为低幅度隆起，喜山期形成现今构造格局，是天然气长期运移聚集的指向区。该构造带从深层须家河组(埋深约为 4600m)到上侏罗统蓬莱镇组(埋深约为 300m)各层均有构造圈闭存在；(2)不同时期发育的古河道及砂岩储渗体是气藏富集的重要因素，裂缝是高产的关键条件。陆相气藏的储层主要分布在侏罗系和上三叠统，受不同时期古地理环境的控制，发育有多套以河流相沉积为主的砂岩储渗体，主要产层有侏罗系蓬莱镇组、沙溪庙组、千佛崖组和三叠系须家河组。除蓬莱镇组储层属常规储层外，其他储层均为致密砂岩储层，整体上具有低孔、低渗、非均质性强的特征，裂缝对天然气高产起到重要作用；(3)充足的气源和多期构造运动调整是陆相天然气聚集成藏的关键。川西坳陷沉积了近万米厚的陆相碎屑岩地层，尤其是巨厚的须家河组煤系地层是陆相气藏的主要气源岩，须家河组平均生烃强度达到 $110\times10^8m^3/km^2$。据三次资评计算川西坳陷须家河组资源量达 $12307\times10^8m^3$。须家河组气源岩大部分在侏罗纪开始成熟生烃，白垩纪进入生烃高峰并发生大规模运移。燕山晚幕的构造形变形成了一系列断裂和裂缝，深部天然气沿断裂向上运移在上覆层系聚集成藏。侏罗系中浅层气藏气源都来自于下伏须家河组气源岩，千佛崖组和沙溪庙组气藏在燕山中、晚期开始聚集成藏，蓬莱镇组气藏形成于喜山期。须家河组具有自生自储的优越条件，在燕山早期开始聚集成藏并最终调整定位。

1.2.4 川中地区

川中地区是四川盆地最早开展勘探的地区。1958 年的川中石油会战，虽然在龙女寺、南充、蓬莱坝、龙盛、桂花等地区相继获得油气流，但仅发现了一些小规模的油田。1964 年加深钻探威基井发现川中地区第一个大型气田——威远气田。威远气田产层为震旦系灯影组白云岩，含气面积 $216km^2$，探明天然气地质储量 $408\times10^8m^3$。威远气田成藏的关键因素包括[2]：(1)发育优质的灯影组白云岩储层。灯影组白云岩溶蚀孔、洞和构造裂缝发育，有效储渗体厚度约为 90m；(2)气藏的源—盖组合好。下寒武统九老洞组黑色页岩既是烃源岩也是气藏的直接盖层，区域分布稳定，在威远气田厚度大于 230m，页岩的饱和挤压强度为 42.4~46.6MPa，抗剪切强度为 5.2~7.6MPa，属可塑性较强的良好盖层；(3)继承性发育的古构造环境是威远气田聚集成藏的关键。威远构造形成于加里东运动末期，经海西、印支和燕山运动始终处于乐山—龙女寺隆起的东南斜坡，直至喜山运动才挤压褶皱、上升成为大型穹窿背斜构造。九老洞组烃源岩成熟于志留纪末期，二叠纪达到生烃高峰，侏罗纪末全部裂解成为天然气。威远构造圈闭形成时期晚于主要烃源岩生烃高峰期，因此推断威远气田的天然气一部分来源于古油藏的裂解气，另一部分来源于构造形成时期由于地层抬升幅度较大导致的水溶气脱溶出来的游离气，属晚期成藏[7]。

川中地区发现的另一个大型气田是磨溪气田。1977 年钻探发现了磨溪中三叠统雷口坡组、嘉陵江组和上三叠统须家河组气藏。磨溪气田在区域构造上类似于威远气田，处于乐山—龙女寺隆起的东南斜坡区。主力含气层是雷口坡组一段储层，含气面积 $188.3km^2$，探明储量 $375.72\times10^8m^3$。雷口坡组气藏成藏富集的关键因素：(1)白云岩储层发育。储层埋藏深度为 2650~2750m，厚度为 54~64m，为一套膏盐岩、白云岩夹灰岩的组合，平均孔隙度为 8%；(2)膏盐岩优质盖层发育。雷口坡组一、二段有 20 多层硬石膏和膏质白云岩，厚度约为 160m，共同组成气藏良好的直接盖层，同时上三叠统—侏罗系大套砂泥岩为区域盖层。

近几年，川中地区须家河组岩性气藏勘探成果丰硕，落实了两个储量规模超千亿立方米的大气田，一个是广安气田，已探明天然气地质储量 1355.58×10^8m^3，另一个是合川气田，探明天然气地质储量 1187.06×10^8m^3，且勘探开发效果很好。这揭示了川中地区陆相须家河组大面积岩性气藏良好的勘探前景。

1.3 储集特征

四川盆地已发现的 125 个气田储层岩性主要有碳酸盐岩和碎屑岩两大类。碳酸盐岩主要有粒屑白云岩、鲕状白云岩、礁白云岩、藻白云岩、生物灰岩等；碎屑岩以中—细粒长石—石英砂岩、岩屑石英砂岩为主。储层储集空间类型也表现出多样性，但大中型气田储集空间以孔隙型、裂缝—孔隙型占绝大多数，震旦系灯影组、石炭系黄龙组、二叠系长兴组、三叠系飞仙关组及嘉陵江组大型气藏储层主要是孔隙型白云岩，储集空间为溶蚀孔、洞；陆相须家河组、侏罗系气藏储层主要为孔隙型、裂缝—孔隙型砂岩、粉砂岩。已发现的二叠系和三叠系裂缝型气田有 64 个，但累计探明储量仅有 1145.97×10^8m^3，占总探明储量的 6.7%，最大的裂缝型气田是自流井气田，探明储量为 69.75×10^8m^3。因此，寻找孔隙型气藏是深化勘探的主要方向。

2 大中型气田的发现规律

四川盆地的勘探始于 20 世纪 50 年代，根据不同时期主要勘探思路、重点勘探领域、主导勘探技术方法等的特点，大致可以划分为 4 个阶段(图 4)：(1)地面构造勘探阶段，大致是 20 世纪 50 年代初到 50 年代末，以地表构造显示为主要勘探目标；(2)裂缝型气藏勘探阶段，大致从 20 世纪 60 年代初到 70 年代中期，以寻找与构造相关的裂缝气藏为主要勘探目标；(3)裂缝—孔隙型和孔隙型气藏勘探阶段，大致从 20 世纪 70 年代中期到 90 年代末期，以裂缝—孔隙型、孔隙型气藏为主要目标；(4)深层超深层复合型气藏勘探阶段，大致从 1999 年至今，以孔隙型构造—岩性复合型圈闭为主要勘探目标。近期一批大型、特大型气田的不断被发现，就与勘探思路的转变，地质理论、认识的创新和勘探技术的进步密切相关。总结分析四川盆地大中型气田的发现规律，将有利于促进勘探的进一步发展。

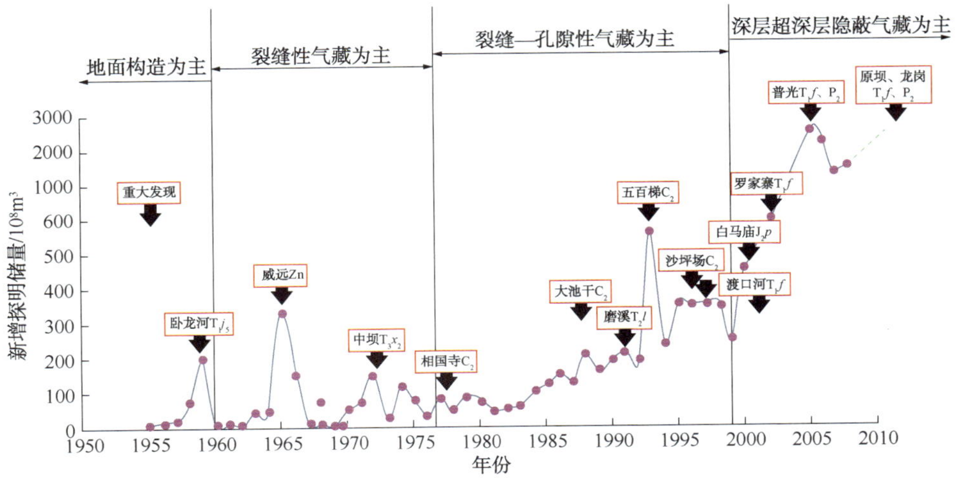

图 4 四川盆地勘探历程

2.1 每一次地质认识的深化、创新都带来勘探思路的转变，勘探思路的转变又带来了大中型气田的发现和勘探发展

四川盆地油气勘探经历了4次勘探思路的大转变。第一次是从以找油为主向以找气为主的勘探思路转变。早期龙门山前带勘探、四上海棠铺勘探和三次川中大会战，虽然找到了一部分高产油井，但总体规模不大。通过加强盆地油气地质基础条件的分析研究，认识到四川盆地烃源岩演化程度高，应该以天然气富集为主，勘探上要把天然气作为主要勘探对象。正是由于这次勘探思路的战略性大转变带来了后期勘探的大突破与大发展。第二次勘探思路转变体现在对碳酸盐岩储层性质的认识上，即从裂缝型气藏勘探向孔隙型气藏勘探的转变。早期认为碳酸盐岩主要靠裂缝作为天然气的主要储集空间。因此，发展了大量评价描述裂缝的技术方法，勘探上主要寻找与构造相关的裂缝系统，并总结出了碳酸盐岩裂缝型气藏勘探“占高点、占鞍部、占断块，沿长轴、沿扭曲、沿陡带”及“撒大网、占山头、插红旗”的井位部署原则和勘探方法，发现了以川南二叠系阳新统为主的一大批裂缝型气藏。同时，通过对气藏地质特征的总结分析，认识到碳酸盐岩在一定条件下也有发育孔隙性储层的可能，由此带来了寻找石炭系、二叠系和三叠系礁滩、鲕粒孔隙型气藏的勘探大发展时期。第三次是从构造气藏向构造—岩性复合型气藏勘探的转变。早期勘探关注了威远、川东高陡构造等大型构造圈闭，但随着勘探的不断深化，逐步认识到了二叠系和三叠系受沉积相带控制的岩性体、地层圈闭等，把石炭系、二叠系和三叠系礁滩领域的勘探成果不断扩大。生物礁滩型气藏的发现是四川盆地碳酸盐岩天然气勘探历史上的大事件，其得益于对二叠系、三叠系环开江-梁平陆棚沉积相带的认识，得益于对台缘礁滩发育的认识。第四次是从中浅层向深层超深层领域勘探的转变。这次转变得益于对深层超深层碳酸盐岩优质储层发育机理认识的突破，把勘探领域从原来认识的5200m深度拓展到了6500m甚至7200m深度，大大拓展了勘探空间，并总结出了“定相带圈区块、沿台地找亮点、建模型作正演、查属性再反演”的深层超深层储层预测与勘探方法，发现了元坝、龙岗等大型深层超深层复合型气藏。

勘探部署方法上的不断创新也带来了大中型气田的发现。在区域勘探阶段，从早期的区域排队优选勘探目标，重视突破点分析，发展到后期强调二级构造带的整体解剖；在区带勘探阶段，从早期的逐层钻探，瞄准一个层系实施钻探，发展到后期结合盆地天然气富集特点的多层系立体勘探。川东石炭系、川西陆相深层须家河组气藏等大中型气田的发现、探明和效益开发就是勘探思路和勘探部署方法转变的成功例证。

2.2 每一个勘探技术的进步都带来大中型气田的发现和勘探发展

通过正演地质模型的研究，改进了地震采集方法，在川东高陡构造带地震成像及石炭系薄储层预测技术方法上取得了积极进步，促进了大天池、大池干、高峰场等大中型气田的发现；基于“亮点”特征的飞仙关组鲕滩储层及须家河组裂缝—孔隙型储层预测技术，在川东北渡口河、铁山坡及川西新场等大中型气田的发现过程中发挥了关键作用；高精度二、三维地震技术，超深井安全、快速钻井技术等在普光、元坝等深层超深层储层预测与气藏勘探过程中发挥了突出作用；“3D3C”多波地震勘探技术在新场须家河组二段深层致密气藏勘探中效果显著。四川盆地经过多年的勘探积累，形成了以下较为完善的配套技术系列：(1)山地地震勘探技术系列。在地震采集方面形成了针对高陡构造、深层超深层、超致密、山前带及碳酸盐岩裸露区等的特色技术方法；在地震资料处理方面形成了基于钻井地质—速度模型方法、射线变速深度偏移、串级深度偏移等的实用技术，改善了复杂构造的准确成像；在多类型复杂储层预测技术上也取得了突破性成果，针对裂缝型储层、石炭系薄储层、飞仙关组鲕滩储层及长兴组礁滩储层等的预测技术方法，带来了一批大中型气田的勘探发现。(2)复杂地质条件下的钻井配套技术、复杂储层改造与提高产能技术等的突破与发展，为普光等高含硫化氢气田的勘探开发，为川西、川中陆相超致密气藏的效益勘探开发作出了突出贡献。

3 勘探发展方向

四川盆地天然气资源十分丰富，资源探明程度还较低，特别是普光、广安、新场、合川等大型气田及龙岗、元坝等大型含气圈闭的发现，更揭示了四川盆地巨大的勘探潜力。

3.1 深层超深层勘探领域

元坝钻探成果证实，四川盆地 7200m 的超深层[8-9]还有优质储层发育，还有天然气聚集成藏。深层超深层勘探领域值得重点关注的目标主要包括：(1)开江-梁平陆棚两侧二叠系—三叠系礁滩目标。近期在龙岗、元坝地区有望获得一批较大规模的探明储量，形成较大的勘探场面。同时，地震勘探在陆棚东侧也发现了类似礁滩储层发育的地震异常体。开江-梁平陆棚的台缘礁带可能有继续向南、向东延伸的趋势，可能与鄂西海槽西侧的建南等连为一体[10-11]。也有研究者认为❶，沿川中台缘西侧可能发育嘉陵江组、雷口坡组甚至须家河组早期海相生物礁。根据现有资料情况，预测环开江-梁平陆棚区二叠系—三叠系应该具有超万亿立方米的探明资源量。(2)川西坳陷深层陆相须家河组。近期新场须家河组二段气藏获得了 $1211\times10^8m^3$ 的探明储量。从已钻探的几口甩开预探井情况分析，须家河组二段气藏范围还有进一步扩大的可能。同时，新场须家河组四段测试也获得了高产。这样，就形成了须家河组二段和四段两个主力产层。大邑地区在须家河组三段也发现了高产气层。虽然气层埋藏深度都超过了 4000m，但特殊的地质条件下还是有高渗储集体的发育。川西坳陷深层构造发育，整体勘探程度低，预计具有近万亿方的资源潜力。

3.2 中浅层勘探领域

近 10 年来，四川盆地勘探在向深层超深层方向快速发展的同时，中浅层也不断有新的发现。以须家河组大面积分布的岩性圈闭为重点勘探对象，预计下一步能形成较大储量规模的中浅层目标区主要有：(1)川东北地区陆相须家河组。川东北须家河组在区域构造、沉积上与川西坳陷须家河组有相似性。但由于川东北地区构造改造程度较川西坳陷强，因此，除了须家河组一段、三段具有生烃潜力外，二叠系龙潭组甚至志留系烃源岩对陆相中浅层成藏也有贡献。目前，在九龙山构造、通南巴、元坝、龙岗地区须家河组的钻探均获得了高产天然气流。同时，部分井还在侏罗系获得工业性天然气流和工业性油流。川东北须家河组埋藏明显较川西坳陷浅，沉积相带与构造裂缝双重因素使其储层物性好于川西坳陷须家河组。评价研究成果揭示，川东北中浅层应该具有 $(5000\sim10000)\times10^8m^3$ 的资源前景。(2)川中地区须家河组。川中地区须家河组烃源岩厚度大，分布广，生气强度大于 $5\times10^8m^3/km^2$。

❶许国民. 四川盆地海相碳酸盐岩天然气勘探潜力及勘探部署建议. 中国石化西南分公司勘探开发研究院贵阳所，2006

发育有大套河流—三角洲体系的块状砂岩，受多物源体系的充足供给影响，砂岩相互叠置、大面积连片分布，具备形成大中型气田的物质基础。合川—安岳地区、广安地区近期已探明了超千亿立方米的地质储量，证实了川中地区具有大面积岩性气藏成藏的良好条件。预计川中地区须家河组有(5000~10000)×10^8m^3 的探明资源潜力。

3.3 山前带勘探领域

山前带是叠合盆地勘探的重点领域，也是获得大发现的重点地区，如塔里木盆地库车山前带、准噶尔盆地西部及北缘山前带都获得了重大发现。目前，四川盆地龙门山山前带、米苍—大巴山山前带受制于地震资料品质，除发现中坝气田和大邑—鸭子河、九龙山、南江金溪等含气构造外，还没有大发现。龙门山山前带、米苍—大巴山山前带成藏条件优越，具有印支期前被动大陆边缘盆地广泛分布的烃源岩及陆相前陆盆地巨厚碎屑岩沉积，气源充足，储层类型多，构造圈闭发育，是四川盆地下一步大发现的重点领域之一。解决山前带地震成像、构造模式和圈闭落实问题是该领域勘探获得成功的关键。

3.4 嘉陵江组鲕滩勘探领域

嘉陵江组一直以来被当作区域性盖层来看待。前期勘探中显示井很多，发现的气藏也很多，但总体气藏规模不大，以裂缝型气藏为主。值得注意的是，嘉陵江期四川盆地发育最大的沉积盐湖，既有膏盐岩的沉积，也有盐间白云岩广泛分布，尤其是在潮坪区广泛分布的鲕滩可能成为较好的储集体。加强嘉陵江期沉积相带研究，加强盐间白云岩储层预测，加强鲕滩储层的评价描述，可能会带来勘探上大的发现。嘉陵江组鲕滩储层主要分布在川东、川南和川北地区。

3.5 大型区域不整合勘探领域

与大型区域不整合相关的油气藏往往是叠合盆地首先关注的勘探领域，其包括不整合面下的岩溶、缝洞性油气藏，以及不整合面上的地层超覆油气藏。四川盆地大型区域性不整合面主要有5个：(1)震旦系灯影组顶面不整合，全盆地分布，已发现了威远大气田；(2)中上奥陶统顶面不整合，主要分布在川南及周缘地区，上下均可形成油气藏；(3)中石炭统顶面不整合，主要分布在川东地区；(4)二叠系阳新统顶面不整合，全盆地分布，已发现的气田主要分布在川南地区；(5)雷口坡组顶面不整合，全盆地分布，已发现中坝大型气田。大型区域不整合领域可能是下一步四川盆地勘探的重点潜力领域之一，应该继续关注与这些区域不整合面相关的圈闭目标，尤其是雷口坡组岩性圈闭；同时要加强不整合的构造演化、间断时期、岩溶发育模式等研究。

参 考 文 献

[1] 张健，张奇. 四川盆地油气勘探——历史回顾及展望[J]. 天然气工业，2002，22(增刊1)：3-7.
[2] 张水昌，朱光有. 四川盆地海相天然气富集成藏特征与勘探潜力[J]. 石油学报，2006，27(5)：1-8.
[3] 戴金星，陈践发，钟宁宁，等. 中国大气田及其气源[M]. 北京：科学出版社，2003.
[4] 马永生，郭旭升，郭彤楼，等. 四川盆地普光大型气田的发现与勘探启示[J]. 地质论评，2005，51(4)：477-480.
[5] 马永生，蔡勋育，李国雄. 四川盆地普光大型气藏基本特征及成藏富集规律[J]. 地质学报，2005，79(6)：858-865.
[6] 蔡勋育，马永生，李国雄，等. 普光气田下三叠统飞仙关组储层特征[J]. 石油天然气学报，2005，27

(1)：43-45.
[7] 黄籍中，冉隆辉. 四川盆地震旦系灯影灰岩黑色沥青与油气勘探[J]. 石油学报，1989，10(1)：27-36.
[8] 朱光有，张水昌. 中国深层油气成藏条件与勘探潜力[J]. 石油学报，2009，30(6)：793-802.
[9] 胡见义，吴因业，张静. 高海拔与超深地层石油地质若干问题[J]. 石油学报，2009，30(2)：159-167.
[10] 马永生，牟传龙，郭旭升，等. 四川盆地东北部长兴期沉积特征与沉积格局[J]. 地质论评，2006，52(1)：25-29.
[11] 牟传龙，马永生，谭钦银，等. 四川通江—南江—巴中地区长兴组—飞仙关组沉积模式[J]. 地质学报，2007，81(6)：820-826.

四川盆地普光大型气田的发现与勘探启示

马永生　郭旭升　郭彤楼　黄　锐　蔡勋育　李国雄

（中国石油化工股份有限公司南方勘探开发分公司，云南昆明 650200）

摘要： 普光气田是四川盆地近期发现的规模最大、埋藏最深、资源丰度最高的气田。在对普光气田的勘探及气藏基本特征研究的基础上，笔者总结了普光大型气田的发现与勘探启示，即成熟盆地的勘探需要有新思路；勘探技术是促进勘探发展的技术保障；大型富油气盆地油气成藏类型多，成藏条件复杂，立体勘探能有效降低勘探风险。

关键词： 四川盆地　普光气田　飞仙关组　勘探思路

1　普光大型气田的发现

1.1　普光气田是四川盆地目前发现的最大气田

2003 年，中国石化南方勘探开发分公司（前身中国石化南方海相油气勘探项目经理部）在宣汉达县地区完钻的普光 1 井，完井测试试获天然气 $42.37\times10^4m^3/d$，发现了普光气田。2005 年初经国家储委审查的飞仙关组探明储量为 $1143.63\times10^8m^3$，普光气田已初步落实的三级储量超过 $3500\times10^8m^3$，成为四川盆地已发现气藏中规模最大的。这一新的发现形成了四川盆地勘探的又一个新高潮和储量增长高峰期。

1.2　气田的勘探与发现过程

1.2.1　勘探早期阶段

早在 20 世纪 50 年代，四川石油管理局及原地质矿产部西南石油地质局在宣汉—达县地区就开始了油气勘探工作，先后开展了地面地质调查、构造详查、构造细测、地震勘探及浅、中、深井钻井。完成了 1：20 万地面地质调查，1：5 万构造详查及 1：50 万重力、磁力普查。发现了双石庙、雷音铺、东岳寨等构造并实施了浅井 10 余口。

20 世纪 80 年代，随着川东地区天然气勘探取得重大突破，达县-宣汉地区的油气勘探一度成为热点，开展了覆盖全区的二维数字地震普查，全区测网达 2×4km，选择当时认为具油气勘探前景的局部构造——东岳寨构造进行了地震详查，测网达 1.5×1.5km，在双庙场构造试验性地开展了 $25.6km^2$ 三维地震勘探，通过这些工作，基本查明了区内的构造格局，并在东岳寨构造部署施工了川岳 83 井，于下三叠统飞仙关组二段获工业气流，发现了东岳寨含气构造。与此同时，原四川石油管理局在双石庙构造完成双石 1 井、双庙场构造完成雷西 1 井、2 井三口揭穿石炭系的深井。

20 世纪 90 年代初期，在东岳寨构造实施了川岳 84 井及付家山构造川付 85 井；在清溪

地质论评，2005，51(4)：477-480

场构造实施了 11 条二维地震测线，测网达 1.5km×1.5km。在区块东南角，原四川石油管理局还完成了七里 23 井的钻探，均未取得实质性突破。

通过这个时期的勘探，在达县-宣汉地区内发现了飞仙关组二段气层及茅口组、砂溪庙组、须家河组含气层。除此外，预测本区还存在黄龙组、长兴组等气层。1986 年在东岳寨构造实施钻探的川岳 83 井于下三叠统飞仙关组二段钻遇裂缝型储层，井深 4719.7～4727.0m 井段中途测试日产气 $13.97\times10^4m^3$(30mm 孔板)。同时，发现和初步落实各类圈闭 16 个，明确了Ⅰ类构造有东岳寨、付家山、毛坝场、清溪场和双庙场等 5 个。

区域地质研究表明，区内主要烃源层有志留系、二叠系及上三叠统，次要烃源层为下三叠统、中下侏罗统；储集层主要为下三叠统飞仙关组、上二叠统长兴组及中石炭统黄龙组，次为下二叠统茅口组、上三叠统须家河组、下侏罗统自流井组和中侏罗统沙溪庙组；区域盖层主要为嘉陵江组四段—中三叠统雷口坡组膏岩和侏罗系泥质岩。采用物质平衡法计算了宣汉—达县地区志留系—中侏罗统千佛岩组天然气资源量为 1553×10^8～$1992\times10^8m^3$。

1.2.2 勘探发现与气藏探明阶段

随着川东地区勘探的不断深入，尤其是围绕着飞仙关组、长兴组礁滩相目标的勘探，相继发现了渡口河、罗家寨、铁山坡等一批高产气田。勘探家们开始重新思考达县-宣汉地区的油气勘探。通过对区内及周边地区石油地质条件的综合分析，认为在宣汉—达县地区长兴期—飞仙关期具备形成礁、滩相孔隙型白云岩储层的基本条件，是构造-岩性复合型圈闭发育的地区，制约气藏规模及储量丰度的主要因素是储层的厚度、分布面积、孔隙发育程度。基于上述认识，调整了前期以构造勘探为主的勘探思路，提出了“以长兴组—飞仙关组礁、滩孔隙型白云岩储层为主的构造-岩性复合型圈闭为勘探对象”的勘探思路。在勘探实践上，加强了地震综合勘探工作，重新部署实施了 54 条 45 次叠加二维高分辨率地震测线，满覆盖长 1163.5km，为了做好静效正，还系统部署了微测井工作。于 2001 年 7 月首次完成了山区连片高分辨采集和二维高分辨地震资料处理，所得高分辨率地震资料有效频带范围大致在 8～125Hz，优势频带 20～80Hz，主频 60Hz 左右。主要目的层附近可达 50～60Hz，主要地震反射波特征明显，波形较活跃，断层和构造形态清楚，满足了储层研究和综合评价的需要。在综合研究上，强调了储层沉积相及储层预测研究，通过应用沉积学和储层地质学方法，研究了长兴期—飞仙关期岩相古地理及礁、滩相的展布规律，建立了沉积相模式，确定了主要储层类型；同时，在有利相带内以地质模型为指导，利用地震相分析与特殊处理解释相结合的方法，开展了地质、钻井、测井、地震多学科、多单位联合储层横向预测研究工作，圈定了储层发育区。并以此为基础，深入精细解剖了区带和圈闭，优选了钻探目标、精选了井位。普光 1 井于 2000 年 11 月开钻，2002 年 5 月钻达长兴组顶部完钻，对飞仙关组下部 55m 储层段进行完井试气，日产可燃气 $42\times10^4m^3$，发现了飞仙关组气藏和长兴组气藏。随后，部署实施了高精度三维地震。利用高品质的地震资料，开展了全构造的构造精细解释、储层定量预测，开展了勘探阶段气藏描述工作，提出了气藏整体评价部署方案。目前气田已完钻 4 口井(表 1)，已测试的 3 口井均获得高产天然气流，4 口评价井正在钻进之中。2005 年 1 月，经国家储委审查批准，普光飞仙关组气藏探明储量为 $1143.63\times10^8m^3$，从而在四川盆地诞生了一个迄今为止规模最大、丰度最高的气田。更为可喜的是，随着评价勘探的进一步进行，气田规模将进一步扩大。实现了快节奏、少井、高产，单井控制储量大，勘探效率高的目标。

2 气藏基本特征

2.1 普光圈闭为典型的构造—岩性复合型圈闭

东岳寨-普光背斜带是一与逆冲断层有关的大型断背斜型构造，普光气藏处于东岳寨-普光背斜带的北段相对低部位。在构造南高点钻探的川岳 83 井、84 井，飞仙关组、长兴组未发现孔隙性储层，在构造低部位的普光 1 井、2 井、3 井、4 井发现了巨厚白云岩储层和高产天然气流(表 1)。这种分异主要靠台地边缘—台地相沉积与陆棚相沉积分隔(马永生等，1999；Loucks 等，2003)，台地边缘、台地沉积相在地震剖面上反射清楚，相变带两侧的沉积、储层发育完全不同，其西侧受北东向逆冲断层控制，北侧与东侧受构造线控制，南部受相变带控制，是一受鼻状构造与相变线共同控制的构造-岩性复合型圈闭。

表 1 普光气田勘探成果表

井号	储层有效厚度/m						测试成果			
	飞仙关组			长兴组			层段/m	层位	气日产量/10^4m^3	测试结论
	Ⅰ	Ⅱ	Ⅲ	Ⅰ	Ⅱ	Ⅲ				
普光 1	29.8	75.9	101.9				5610.3~5666.2	飞一	42.37	中渗高产气层
普光 2	87.7	170.2	71.1	26.5	22.5	9.9	5237.0~5281.6	长兴	58.88	高渗高产气层
							5027.5~5102.0	飞一	62.02	高渗高产气层
							4933.8~4985.4	飞二	22.65	中渗高产气层
							4776.8~4826.0	飞三	27.56	中渗高产气层
普光 4	50.9	100.4	95					飞一	58.78	高渗高产气层

2.2 下三叠统飞仙关组为一套优质的白云岩储层

普光气田下三叠统飞仙关组储层岩性以单一的白云岩为主。据钻井密闭取芯资料分析，储层物性以中孔中渗、高孔高渗储层为主，储集性较好。储层段孔隙度介于 2%~28.86%，平均值为 8.11%，主要分布于 6%~12%。

统计表明，飞仙关组以Ⅱ类储层为主，占总储层段厚度的 41%，Ⅲ类、Ⅰ类储层，分别为 29%、23%，Ⅳ类储层仅占 7%。

2.3 为一常压、高含硫化氢气藏

普光 1 井、普光 2 井长兴组—飞仙关组各储层段经测试均获得了高产工业气流。测试结果表明，飞仙关组气藏横向上从普光 1 井到普光 2 井同属一个压力系统，纵向上从长兴组储层到飞仙关组三段储层同样属同一个压力系统。

普光气藏天然气组分中 CH_4 含量为 74.46%~77.5%，平均 75.9%，硫化氢含量为 12.68%~16.89%，平均 15.2%，CO_2 含量为 7.89%~9.1%，平均 8.3%。普光 2 井天然气非烃组分含量较高，长兴组天然气 H_2S 含量高达 15.66%，CO_2 含量达 8.57%；飞仙关组一段天然气中 H_2S 含量高达 15.82%，CO_2 含量达 7.96%。气藏天然气常规组成呈 CH_4 含量高，C_2H_8、C_3H_{22} 含量低特点。

2.4 气藏埋藏深度大，储量规模大，资源丰度高

通过对四川盆地 4 个主要含气区近 23 个气藏的统计，高峰场石炭系气藏现今埋藏深度

为 4923～5284m，气藏中部深度为 4700m；罗家寨飞仙关气藏现今埋藏深度为 3200～4600m；七里北气藏飞仙关气藏顶部深度为 4900m。而普光气藏现今埋藏深度为 5259m，气藏中部深度为 5125m，埋藏深度最大。

23 个已发现储量规模超百亿的气藏统计，储量范围从 $101.7\times10^8\sim1144\times10^8m^3$。超过 $500\times10^8m^3$ 的气藏中，罗家寨气藏探明储量 $581\times10^8m^3$；五百梯气藏探明储量 $539\times10^8m^3$；普光气藏已提交探明储量 $1144\times10^8m^3$。就资源丰度而言，普光气藏为 $38.53\times10^8m^3/km^2$，川西中坝 $18.63\times10^8m^3/km^2$，渡口河 $12\times10^8m^3/km^2$，卧龙河 $12.97\times10^8m^3/km^2$，罗家寨 $7.56\times10^8m^3/km^2$。值得一提的是，普光气藏的储量仅为 3 口井控制范围的储量，预计气藏最终探明储量将超过 $2000\times10^8m^3$。

3　普光大型气田发现的几点启示

（1）成熟盆地的勘探需要有新思路：四川盆地的勘探经历了 50 多年的探索与实践，经过了早期油气普查勘探阶段（1953～1957 年）、区域勘探（1958～1977 年）、川东重点勘探（1978～1988 年）、油气深化勘探（1989 年～）等阶段，不同时期、不同阶段勘探思路及勘探技术不同，形成了多个勘探高潮，所发现的油气田遍布盆地四大构造单元。无论是海相碳酸盐岩还是陆相碎屑岩领域，勘探成果不断涌现，尤其是近几年在川东石炭系、飞仙关组、长兴组，川西碎屑岩等勘探领域大发现不断呈现，说明成熟盆地在新领域、新层系巨大的勘探潜力。回顾总结四川盆地的勘探历程，尤其是近期普光气藏的发现，体会到勘探思路的转变与勘探技术的发展是气田发现的关键。盆地勘探思路上经历了 3 次飞跃由此也带来了 3 次勘探的大发现；第一次飞跃表现在对盆地资源赋存状态上，通过三上龙门山、四上海棠铺，三次川中大会战，明确了盆地油少气多的现实，明确了碳酸盐岩与天然气两个主要勘探目标；第二次飞跃表现在对碳酸盐岩储层性质的认识上，逐步认识到裂缝在储层中的贡献，相应发展了一系列裂缝评价技术，促进了勘探的发展；第三次飞跃表现在对于构造-岩性复合型圈闭的认识上，主要是对石炭系、飞仙关组、长兴组等重要孔隙性储层的认识上，带来了勘探大发展（胡朝元等，1995）。宣汉—达县地区前期已钻探井 21 口，主要围绕构造高点实施，除川岳 83 井在飞仙关组裂缝性储层中见到少量气流外，其他探井均落空。通过调整前期以构造勘探为主的勘探思路（即占高点、沿长轴的勘探部署方法），提出了“以长兴组—飞仙关组礁、滩孔隙型白云岩储层为主的构造—岩性复合型圈闭为勘探对象”的勘探思路。2001 年中石化原南方项目经理部在该区部署了普光 1 井、毛坝 1 井，相继在 2002 年和 2003 年都获得了勘探的重大发现。随着川东勘探的不断发展，逐步认识到了飞仙关组鲕滩气藏的分布明显受沉积相带控制，查明鲕滩储层的分布规律是勘探成功的关键。

（2）大型富油气盆地油气成藏类型多，成藏条件复杂，勘探技术是促进勘探发展的技术保障：普光大型气藏的发现，除了地质上敢于突破认识上的禁区外，重要的一点是得益于高精度地震勘探技术及地震储层预测技术的发展。山地地震勘探技术逐步完善，形成了一定的技术系列，地震采集方面针对复杂地表条件、针对复杂构造带的成像，在选线方法、激发条件、炮井钻井、参数设计、处理等采用了针对性的技术方法，勘探效果明显改善。地震储层预测技术有了长足进步。宣汉高精度二维、三位地震资料，主频率在 60～80Hz，由于有了好的资料基础，通过合成记录精细层位标定，结合波阻抗、地震相分析、储层地质建模等，能较准确地解决储层分布、厚度、孔隙度及含气性问题。可以预测 10m 以上储层厚度和Ⅰ类、Ⅱ类储层的分布区。尤其是鲕滩储层识别技术，总结了鲕滩储层地震响应的亮点特征及储层反演特征，探井成功率大于 90%。

（3）大型富油气盆地油气成藏类型多，成藏条件复杂，立体勘探能有效降低勘探风险：随着世界油气勘探的不断发展，勘探家已明确提出盆地勘探应向深部和浅层发展。储层的发育与否成为勘探成功的关键。3500m 深度的孔隙发育“死亡线”不断被勘探新的成果所突破。人们的认识在不断更新，4500m、5500m，甚至更深都值得探索。推测普光气藏早期最大埋深超过 6000m，现今保存的孔隙度最大值可达 28.2%，这就是勘探的新发现，是不争的事实。普光气藏的发现，不但拓展了四川盆地勘探空间，对世界范围的油气勘探也是一个有益的借鉴。

勘探应坚持有目的层而不唯目的层。四川盆地的勘探实践多次证明了这一点。川东北地区石炭系气藏、二叠系长兴组气藏、三叠系飞仙关组气藏的发现就是很好的例证。坚持立体勘探，树立起有目的层但不唯目的层的勘探理念，有利于勘探的发展，有利于降低勘探风险。

参 考 文 献

[1] 胡朝元，等. 中国中部大气田研究与勘探. 北京：石油工业出版社. 1995.
[2] 马永生，田海芹. 碳酸盐岩油气勘探. 北京：石油大学出版社. 1999.
[3] Loucks R G，等. 碳酸盐岩层序地层学. 马永生，刘波等译. 北京：海洋出版社. 2003.

四川盆地元坝气田发现与理论技术

郭旭升　胡东风　李宇平　段金宝　季春辉　段　华

（中国石化勘探分公司，成都 610041）

摘要： 针对四川盆地元坝超深层大气田勘探开发难点，研究超深层生物礁优质储集层发育与成藏富集机理，创立超深层地震勘探、钻完井及测试等技术。通过对晚二叠世等斜缓坡—镶边台地动态沉积演化过程及区域沉积格架的恢复，建立四川盆地元坝地区二叠系长兴组"早滩晚礁、多期叠置、成排成带"的沉积模式，揭示"早期暴露溶蚀、浅埋白云石化形成基质孔隙、液态烃深埋裂解超压造缝"的储集层发育机理，提出"孔缝耦合"控制超深层优质储集层发育的认识。通过油源对比，提出深水陆棚相吴家坪组—大隆组是四川盆地北部地区二叠系主力烃源岩，建立超深层弱变形区"三微输导、近源富集、持续保存"的成藏模式。运用"孔缝双元结构模型"的孔隙结构参数进行地震反演，落实元坝气田高产富集带面积 98.5km^2。创建特种井身结构、发展非常规井身结构，解决多压力系统复杂地层封隔难题，研发出整体式耐高压 FF 级采气井口及地面安全联动装置。

关键词： 四川盆地　元坝气田　超深层　长兴组　生物礁　地震勘探　测试技术

1　元坝超深层大气田勘探历程

四川盆地埋深超过 6000m 的超深层勘探面积达 $16\times10^4km^2$，资源潜力大，是重要的勘探接替领域。但由于储集层致密、成藏过程复杂、目标难以识别、工程施工难度大等难题，导致超深层勘探一直难以取得实质性的成果，元坝气田的发现在一定程度上推动了超深层领域的勘探。元坝气田位于龙门山北段前缘，为龙门山、米仓山和大巴山造山带所影响的低缓构造区[1]，总体上构造变形弱，西北部为九龙山背斜构造带向西南延伸的构造倾末端，南部为苍溪—巴中低缓构造带向北倾斜的宽缓斜坡，东北部为池溪凹陷西南段，与通南巴构造带相邻，构造位置低，整体地层产状平缓，断裂不发育（图 1）。

2003 年开始在元坝周缘地区组织详细的地质调查。在江油二郎庙剖面发现二叠系、三叠系台缘礁滩相储集层，揭示开江-梁平陆棚西侧的元坝地区存在台地边缘相储集层发育的沉积背景[2]。2003 年 7 月，元坝地区首次实施了 8 条高精度二维地震测线勘测。通过大剖面解释，发现元坝地区深度 7000m 地层具有发育台地边缘礁滩相带的特征，初步确定了生物礁滩体的分布范围。2006 年通过对 1275.72km 高精度二维地震资料更加精细的处理和解释，基本查清元坝地区沉积构造特征和台缘礁滩相带展布，解释 3 个大型礁滩岩性圈闭目

石油勘探与开发，2018，45(1)：14-26

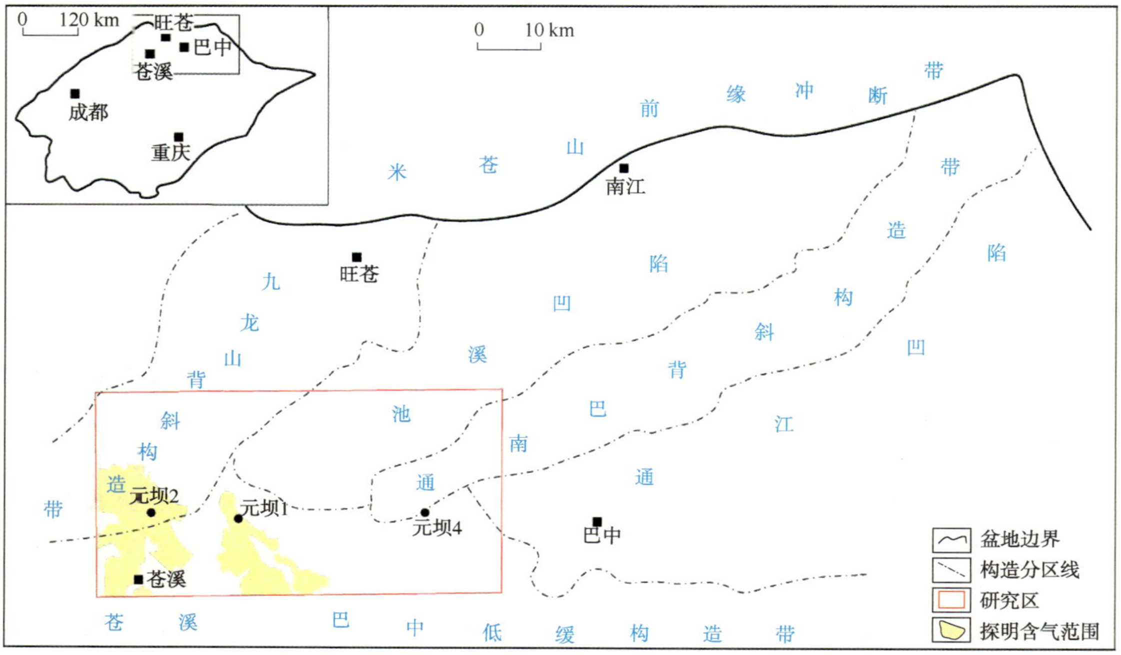

图 1　元坝地区地理及构造位置图

标[3]。2006 年 6 月，在四川盆地东北部巴中低缓构造带元坝岩性圈闭部署实施元坝 1 井，于 2006 年 11 月测试获 50.3×$10^4$$m^3$/d 高产工业气流，实现元坝超深层生物礁气藏勘探重大突破。截至 2016 年底，元坝气田已提交探明储量 2195×$10^8$$m^3$。

关于超深层勘探领域的研究已持续多年，截至 2010 年，全球在超深层领域共发现了 187 个油气藏，主要位于北美、俄罗斯、意大利等地区。美国雪佛龙公司在墨西哥湾“古近系区”的 Jack 和 St. Malo 油气发现是目前已发现埋深最大的油气藏[4]。目前中国针对超深层领域的勘探相继在塔里木、鄂尔多斯和四川等盆地取得重大进展，形成了一系列理论和技术成果，但由于盆地性质、油气藏特征等差异，各个地区面临的勘探难题不尽相同，其理论和技术不能照搬套用。四川盆地元坝超深层大气田勘探存在其特有的一些问题：一是勘探程度低，沉积相展布与演化规律不清，超深层条件下能否发育优质储集层不明确，需要深化超深层优质储集层发育机理认识；二是构造圈闭不发育，断层、不整合面等优质输导体系不发育，需要提升天然气成藏富集机理认识；三是埋藏深度大，超深层勘探目标与气、水识别难度大，需要研发有效的地震勘探技术；四是多套压力系统、高温、高含硫对安全、快速、经济钻探和测试挑战大，需要创新适合超深层、复杂压力体系的井筒技术。基于上述问题，依托国家、企业科研项目开展攻关，形成了超深层生物礁优质储集层发育与成藏富集机理、超深层地震勘探技术、超深层钻完井及测试技术等一系列研究成果[5]。

2　理论成果

2.1　超深层生物礁优质储集层发育机理

碳酸盐岩随着埋深的增加，受到温度、压力、流体等多种环境因素影响，发生压实、压溶、胶结等成岩作用，导致岩石孔隙度不断减小。有些学者提出，埋深超过 3500m、岩石孔隙度小于3%的地层已不具备勘探价值[6]。但元坝长兴组生物礁储集层埋深7000m左右，孔隙却非常发育，因此亟需理论指导和印证。

2.1.1 元坝地区“早滩晚礁、多期叠置、成排成带”的沉积模式

通过对晚二叠世发育的等斜缓坡—镶边台地动态沉积演化过程及区域沉积格架的恢复，建立元坝地区“早滩晚礁、多期叠置、成排成带”的沉积模式，突破前期该区处于广旺海槽深水沉积的认识。2000年以前，普遍认为四川盆地北部地区(简称川北地区)长兴组沉积期为深水缓坡—陆棚相低能沉积环境，并不存在沉积高能区。经过野外露头资料的重新认识，结合地震沉积学研究，认为川北地区存在隆洼相间的沉积格局，深水相主要发育在开江-梁平地区，而环开江-梁平陆棚两侧存在台缘高能相带。这种沉积格局主要受控于构造作用，早二叠世末，受到峨眉地裂运动的作用，川北地区发生构造拉张或热沉降作用[7-8]，开江-梁平陆棚在茅口组沉积晚期已有雏形，随着构造作用进一步加剧，开江-梁平陆棚在长兴组沉积期达到成型阶段，受差异沉降作用的影响，在陆棚两侧开始发育碳酸盐岩礁滩体沉积。

通过野外露头高频层序精细分析、地震沉积学研究，运用岩相、测井相、地震相等多种分析手段，重新恢复元坝地区3期动态演化过程：吴家坪组沉积期为等斜缓坡沉积发育模式、长兴组沉积早期发育生屑滩形成远端变陡缓坡的沉积模式、长兴组中晚沉积期叠置发育的生物礁形成镶边台地沉积模式。据此重建跨相带区域沉积格架，建立“早滩晚礁、多期叠置、成排成带”的大型生物礁发育模式[5](图2)。元坝地区长兴组礁滩在时间上具有“早滩、晚礁”的发育特征，在分布上具有“前礁、后滩”的发育特征。“早滩”主要指在长兴组沉积早期，地貌相对高部位形成生屑滩体，受海平面升降及沉积速率的影响，多呈现叠置连片分布。“晚礁”指早期生屑滩在温度和盐度等适宜条件下，随着造礁生物的发育迅速生长为生物礁体沉积。由于受到构造坡折带与沉积坡折带的双重作用控制，生物礁滩体多呈现“成排成带”的分布特征(图3)，台缘生物礁受到海浪作用发生破碎，在其向陆一侧往往形成生物碎屑滩沉积，即为“前礁、后滩”的沉积面貌[9-10]。钻探证实台地边缘发育3排大型生物礁带，礁滩复合体厚度70~180m，单个礁体面积为4~20km^2。

2.1.2 早期暴露溶蚀、浅埋白云石化和超压造缝共同控制优质储集层形成与发育

通过储集层岩石学、成岩孔隙演化、碳氧同位素研究以及碳酸盐岩溶蚀动力学实验模拟，揭示元坝地区长兴组超深层礁盖白云岩优质储集层形成的机理和过程。

① 早期暴露溶蚀作用形成的溶蚀孔隙和通道是生物礁盖优质储集层形成的基础。通过对元坝地区生物礁储集层孔隙空间类型进行定性及定量分析，认为早期暴露溶蚀作用对储集层孔隙贡献较大。由于礁滩相总体属于正地形，在其生长、发育过程中，对海平面的升降比较敏感。海平面的周期性升降，使得礁、滩频繁出露水面而遭受暴露，接受大气淡水淋滤，或大气淡水与海水混合水的溶蚀作用[11-13]，从而形成大量选择性的粒内孔(包括铸模孔)。通常粒内孔的发育程度可指示大气淡水溶蚀形成孔隙作用的强弱，如果未形成铸模孔，则表明与之相关的溶蚀是小规模溶蚀，并未造成明显的孔隙增加，与之相关的孔隙类型仍以粒间孔为主。除此之外，暴露溶蚀作用还可形成粒间孔、溶洞和生物体腔孔等(图4)，为储集层孔隙发育奠定基础。

② 浅埋藏白云石化作用不仅增加孔隙空间，也是孔隙保存的关键。白云石化作用被认为有利于储集层储渗空间的形成，是碳酸盐岩储集层发育的建设性因素。就碳酸盐岩储集

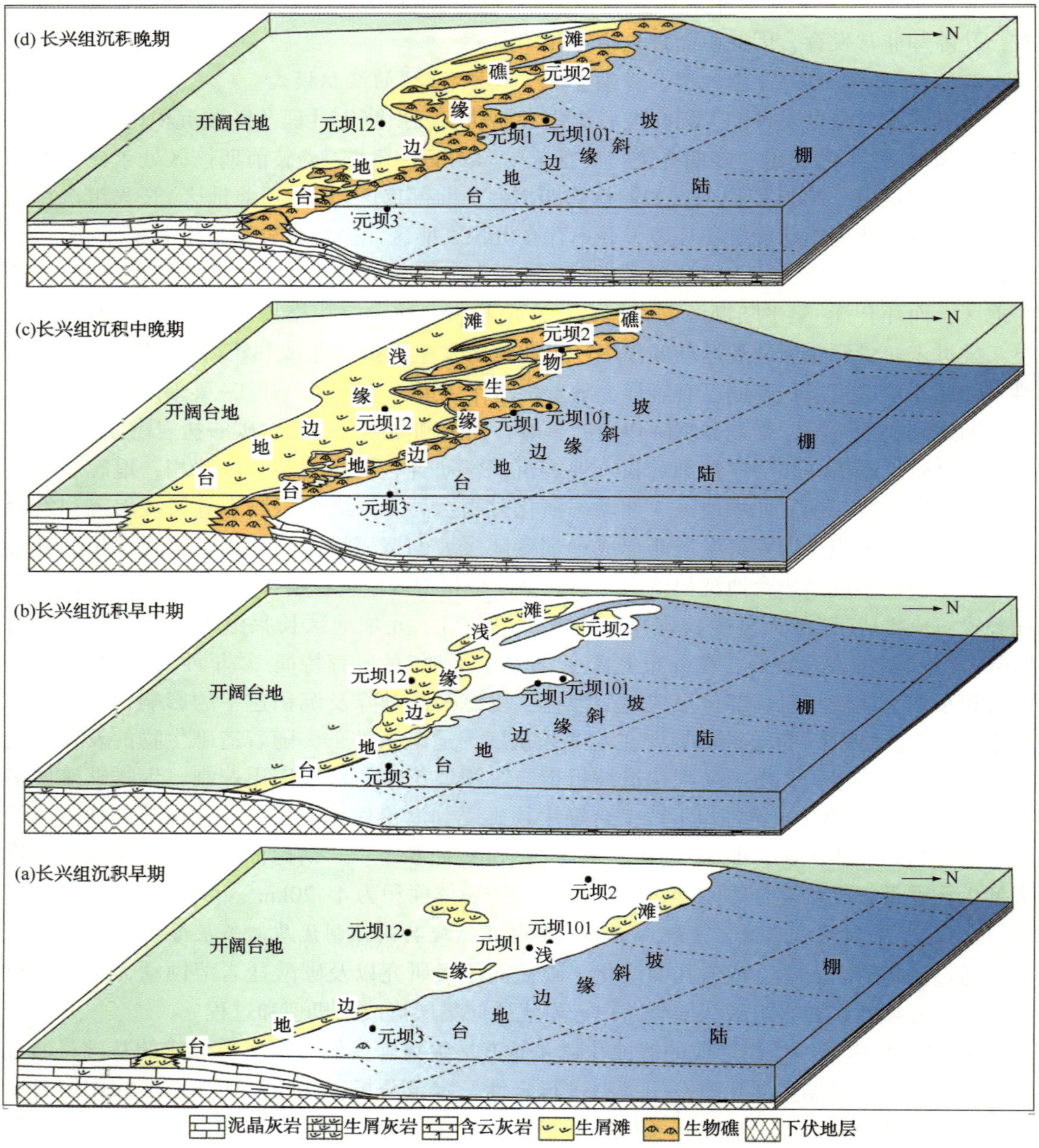

图 2　元坝地区长兴组台地边缘生物礁沉积演化模式图

层而言，无论在岩石颗粒体积减少情况下新增孔隙空间，还是在抗压实作用有利于原生孔隙保存下来方面，白云岩均优于灰岩[14]。

元坝地区长兴组台地边缘生物礁优质储集层以白云岩为主，据岩芯样品统计，长兴组白云岩孔隙度主要分布在 5%～10%，其次分布在 2%～5%；渗透率主要分布在(0.1～10.0)$\times10^{-3}\mu m^2$，其次分布在(0.001～0.100)$\times10^{-3}\mu m^2$(图 5)，反映元坝地区长兴组白云岩储集层物性较好。优质白云岩储集层主要为中—细晶结构，生屑结构破坏严重，多具有残余影像结构，晶间孔多见沥青贴边发育，说明白云石化时间早于烃类充注[15]。这种储集层

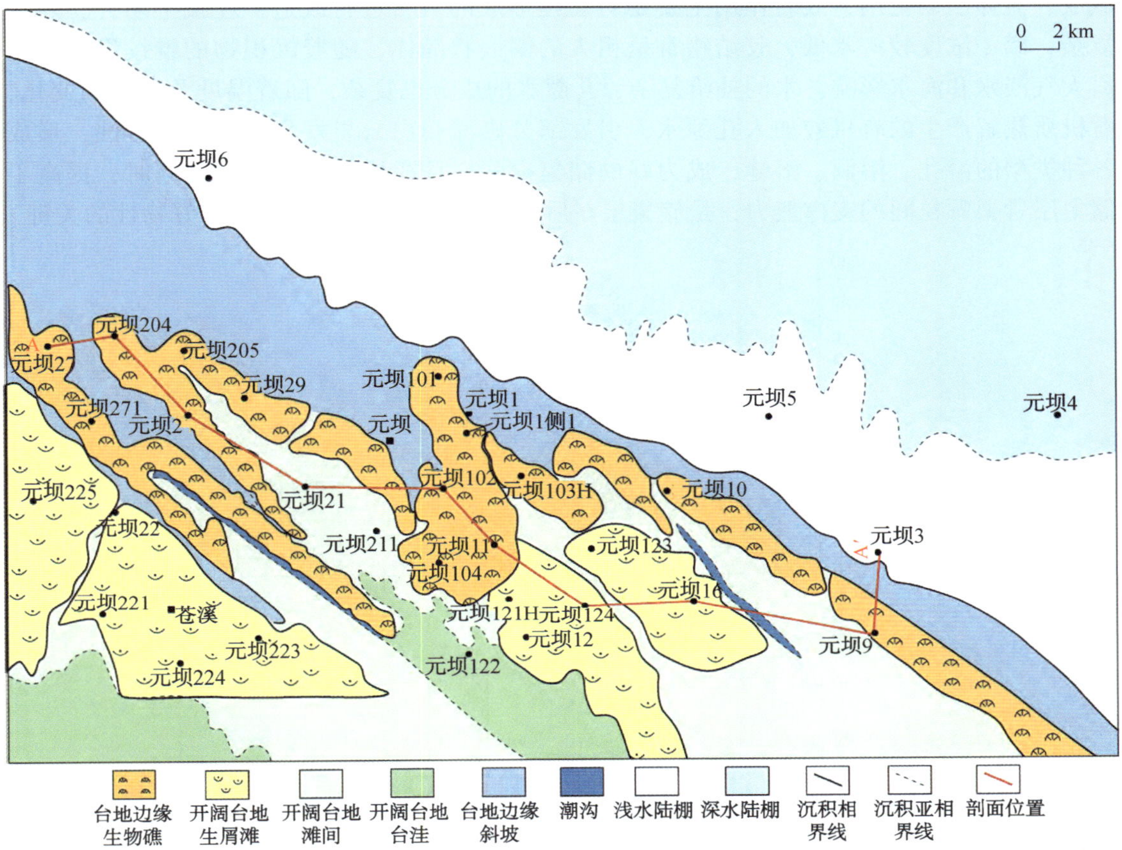

图 3　元坝地区长兴组沉积晚期沉积相图

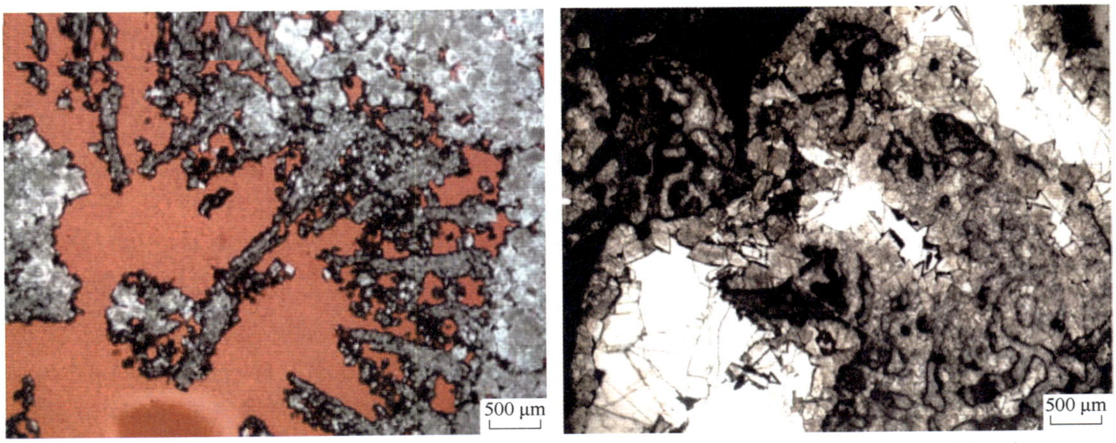

(a)元坝104井，长兴组，6708.97 m，珊瑚礁溶孔白云岩，珊瑚体腔孔和铸模孔发育，铸体薄片，单偏光

(b)元坝9井，长兴组，6845.00m，溶孔白云岩，溶蚀形成生物体腔孔，单偏光

图 4　元坝地区早期暴露溶蚀作用形成储集层孔隙类型

的形成受控于沉积相和成岩环境。浅埋藏期，岩石已经完全脱离沉积流体的影响，进入区域成岩流体活动范围，成岩作用主要是对已经形成的岩石进行改造。埋藏早期，孔隙水复杂，离子浓度较海水低，胶结物常呈粗大的镶嵌状晶体。随着沉积物的继续埋藏，脱离大气淡水和海水影响，水的补给复杂，孔隙水的成分也复杂，随着温度及压力的变化，有机质热解产生的有机酸加入孔隙水，引发部分礁滩相白云岩发生非选择性溶蚀，形成各种类型的溶孔、溶洞、溶缝，成为好的储集空间，且在增加孔隙空间的同时，提高了储集层骨架颗粒间的支撑能力，是储集层在后期深埋过程中可长期保持良好物性的关键。

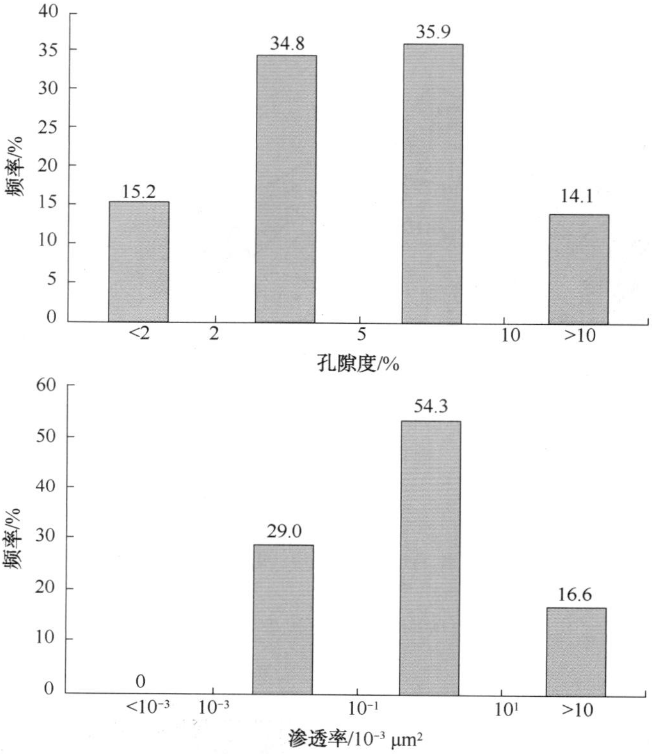

图 5　长兴组白云岩储集层孔隙度、渗透率分布直方图

③ 液态烃深埋裂解形成强超压，“超压造缝”改善了储集层渗透性，同时也是油气高产富集的重要因素[5]。元坝地区生物礁储集层基质孔渗性差，非均质性强，对元坝地区长兴组生物礁储集层孔渗关系进行统计分析表明，高孔隙度储集层具有高渗的特征，孔渗关系呈正相关性，然而在低孔隙度层段也存在中高渗透率的异常值，说明裂缝对储集层物性起到了很大的改善作用。对元坝气田岩芯、薄片、成像测井、裂隙形成的岩石力学实验等资料的研究发现，长兴组白云岩储集层段裂缝发育，以低角度微细裂缝为主，同时与沥青相伴生。元坝地区整体处于弱变形改造区，构造作用形成的裂缝并不发育。运用 PVTsim 热动力学软件，利用包裹体在均一温度下气体完全溶解的特性，结合包裹体气液比和均一温度等参数，模拟含烃盐水包裹体的组分和最小捕获压力，建立包裹体的等容线方程；结合含烃盐水包裹体捕获温度比均一温度略高 2℃的认识，求取包裹体的捕获压力，进而恢复川东北元坝地区长兴组气藏的古压力，古压力与古埋深所对应的古静水压力相除，可以得到古

流体压力系数。根据长兴组储集层中26个包裹体数据，运用PVTsim软件模拟获得的古流体压力系数平均值可达1.77，从而确定生物礁相对封闭体系液态烃深埋裂解成气过程中可形成压力系数平均值高达1.77的强超压。超压系统会使脆性的岩石产生大量的微细裂缝，由此提出液态烃深埋裂解导致超压裂缝的形成机理，为寻找元坝地区超深层生物礁气田高产富集因素提供理论基础[7]。

2.1.3 “孔缝耦合”控制超深层优质储集层发育

研究表明，元坝地区长兴组超深层生物礁储集层孔隙空间来源于暴露溶蚀作用形成的选择性溶蚀的粒内溶孔、铸模孔、生物体腔溶孔，以及浅埋藏白云石化作用、有机酸溶蚀作用形成的非选择性溶蚀的晶间溶孔及粒间溶孔。液态烃深埋裂解形成的超压使得储集层岩石发育诸多微细裂缝，改善了储集层的渗透性。孔隙型储集层的孔渗关系呈一元线性正相关关系，即孔隙度越高，渗透率越高。但占有较大比例的裂缝-孔隙型储集层，则表现为孔隙度较低，渗透率却很高，孔渗关系呈非线性关系，认为是超压缝提高了储集层的渗透性。总体来讲，这种“孔缝耦合”综合效应控制了元坝地区超深层生物礁白云岩优质储集层的发育。

基于上述原因，元坝地区超深层生物礁白云岩优质储集层不能应用传统的孔隙度-渗透率一元线性关系模型来简单评价，应该充分考虑中低孔隙度、高渗透率储集层的影响。为了更加准确地评价超深层储集层，本文基于孔隙结构搭建孔隙度与渗透率之间的多参数解释模型，建立元坝地区超深层生物礁非均质“孔缝双元结构”储集层地质模型(图6)，为超深层领域储集层综合评价及地球物理预测奠定理论基础。

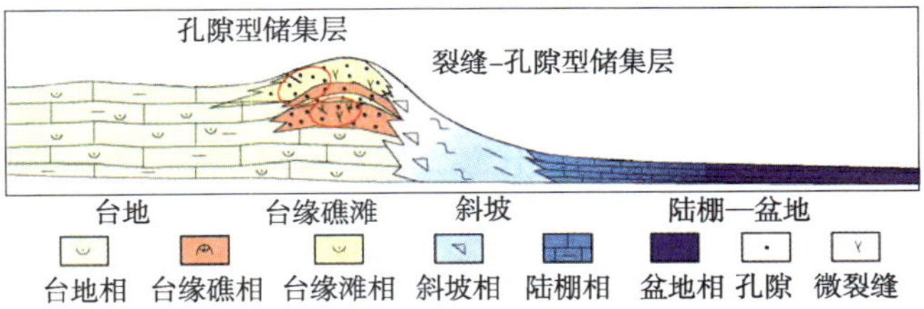

图6 元坝地区生物礁“孔缝双元结构”储集层模式图

2.2 超深层生物礁成藏富集机理

2.2.1 川北地区二叠系主力烃源岩

通过天然气组分含量对比分析，认为元坝地区超深层大气田天然气类型主要为古油藏原油的裂解气，同时也可能混有少量烃源岩干酪根裂解气[16]。对于超深层高热演化天然气的气源，通常采用残留固体沥青与烃源岩碳同位素组成对比的方法来确定。元坝地区超深层大气田储集层沥青的$\delta^{13}C$值主要为-28.5‰~-26.6‰(图7)，大隆组干酪根的$\delta^{13}C$值为-27.7‰~-24.9‰，吴家坪组干酪根的$\delta^{13}C$值为-27.8‰~-24.8‰，下二叠统干酪根的$\delta^{13}C$值为-28.9‰~-25.3‰[17]。受埋深影响，元坝地区志留系与寒武系烃源岩未取到相关样品，但川东北地区露头资料显示志留系干酪根的$\delta^{13}C$值为-32.0‰~-28.8‰，寒武系干酪根的$\delta^{13}C$值为-35.0‰~-31.6‰[18]。按照上述沥青与烃源岩干酪根同位素的关系，认为志留系和寒武系烃源岩比长兴组储集层沥青$\delta^{13}C$值轻很多，沥青碳同位素组成与二叠系烃源岩相近，同时考虑到下二叠统烃源岩有机质含量相对较低，且厚度薄，认为生烃能力有限。而上二叠统烃源岩厚度大，有机质含量高，其中大隆组烃源厚20~60m，有机碳含量大于0.5%；吴家坪组烃源岩厚50~120m，有机碳含量为0.5%~5.0%。综合上述分析认为元坝地区长兴组气藏天然气主要来源于吴家坪组—大隆组烃源岩。

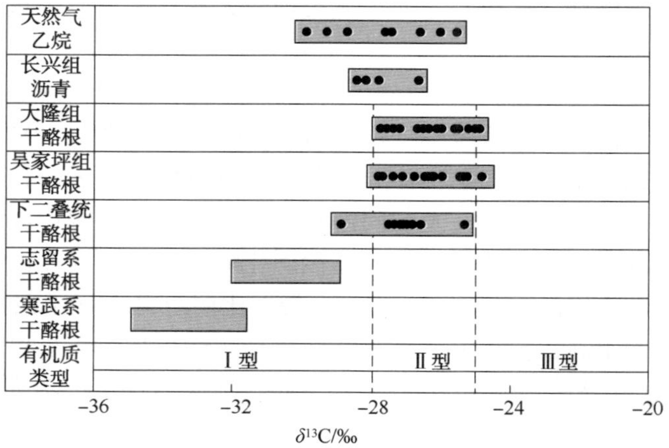

图7　元坝气田长兴组天然气乙烷、沥青与各层系烃源岩干酪根$\delta^{13}C$值分布对比图

2.2.2　超深层生物礁成藏模式

元坝超深层缺乏断层或不整合面等优越输导条件，主要由层间缝、节理缝和连通性的白云岩储集层构成[17]。白云岩储集层面积大，侧向叠合、连片分布，储集层的物性条件好，具有大面积汇聚和输导油气的能力。节理缝主要是垂直层面的中—高角度裂缝，在元坝地区的岩芯上常见此类裂缝，裂缝面有擦痕，多充填沥青，是古原油垂向运移的有效通道。层间缝是不同岩性段之间的层面缝，在侧向挤压的背景下，这些层面往往是应变的薄弱面，发生岩层张开或剪切形变，在岩芯上多为低角度层面缝，发育擦痕，也可见沥青充填。这种由层间缝、节理缝和输导层构成的输导体系是有效的，促使烃源岩排出的原油聚集成藏。

元坝超深层大气田古油藏研究表明，靠近台缘外侧生物礁带的古油藏充满度高于台缘内侧，具有近源富集的特点。古油藏分布具有“横向近灶、纵向近源”的特征。“横向近灶”表现为邻近大隆组生烃中心，大隆组泥岩厚20~30m，平均有机碳含量2.38%，平面分布受控于沉积相带，主要发育于陆棚相区。“纵向近源”表现为底部发育吴家坪组烃源岩，厚30~80m，平均有机碳含量2.63%，据元坝3井钻井资料揭示，元坝地区吴家坪组下部地层含有较多的暗色泥岩和泥灰岩，TOC值大于0.5%的层段累计厚度可达80m。两套优质烃源岩生烃强度达$(30\sim70)\times10^8m^3/km^2$，元坝气田邻近二叠系吴家坪组—大隆组的生烃灶，具有充足的油气来源(图8)。

元坝地区断层不发育和完整膏泥岩封闭使得天然气在调整再聚集过程中得以持续保存。经古油藏恢复计算出的原油裂解气量约为$3300\times10^8m^3$，现今元坝气田探明的天然气储量约为$2000\times10^8m^3$，表明天然气在调整再聚集过程中的保存条件良好。研究区嘉陵江组—雷口坡组膏岩层的总累计厚度为300~600m，且该区构造变形弱，无断层切穿上覆嘉陵江组—雷口坡组膏泥岩盖层，是天然气得以保存的关键。

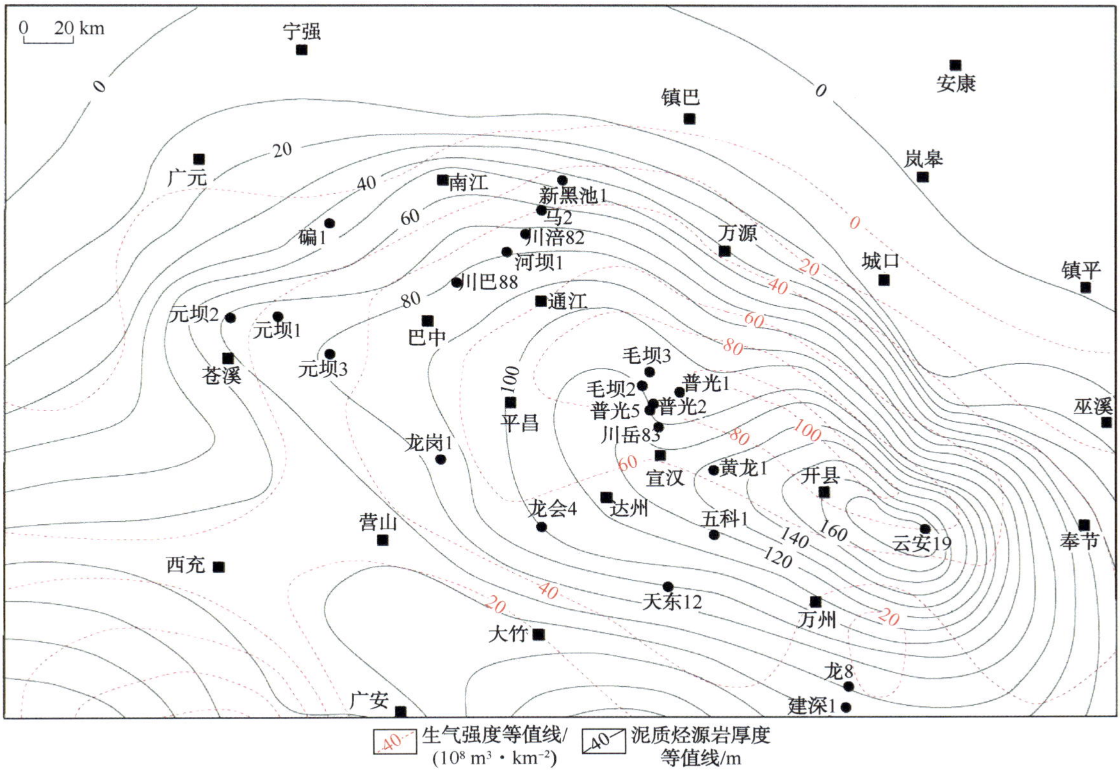

图 8 川东北吴家坪组烃源岩生烃强度分布图

2.2.3 超深层生物礁大气田成藏演化模式

元坝气田的天然气聚集成藏过程可归纳为如下 3 个阶段：古油藏形成、古气藏形成和天然气调整再聚集(图 9)。

古油藏形成阶段：晚三叠世—早侏罗世，上二叠统吴家坪组烃源岩与大隆组烃源岩已经成熟并进入生油窗，元坝地区紧邻北部生烃中心，生成的原油主要沿裂缝垂向和侧向运移至礁滩岩性圈闭聚集，形成多个独立的礁滩相岩性古油藏。

古气藏形成阶段：中侏罗世—早白垩世，古原油发生裂解，古岩性气藏形成。随着地层的持续埋深，储集层温度逐渐超过 150℃，在地层埋深最大期(早白垩世)，储集层温度超过 200℃。根据前人研究，150℃是地层条件下原油稳定存在的上限[19]。因此，原油在该阶段发生裂解，完成了油到气的相态转化。在原油裂解过程中会产生超压，部分天然气可能沿裂缝发生再运移。

天然气调整再聚集阶段：晚白垩世—现今，随着晚期构造变动，天然气调整再聚集。受北部九龙山背斜隆起的影响，元坝 27 井区地层持续整体抬升，天然气向北再次运移与聚集，岩性气藏最终形成。受天然气调整再聚集的影响，位于现今相对高部位的元坝 27 井—元坝 204 井—元坝 2 井区未见地层水，构造低部位元坝 9 井—元坝 16 井—元坝 123 井区存在底水。此阶段的各礁滩岩性圈闭仍然具有独立的气-水界面，如元坝 16 井和元坝 9 井区的气-水界面不同，并且构造高部位天然气的 H_2S 含量要低于构造低部位且含水圈闭。

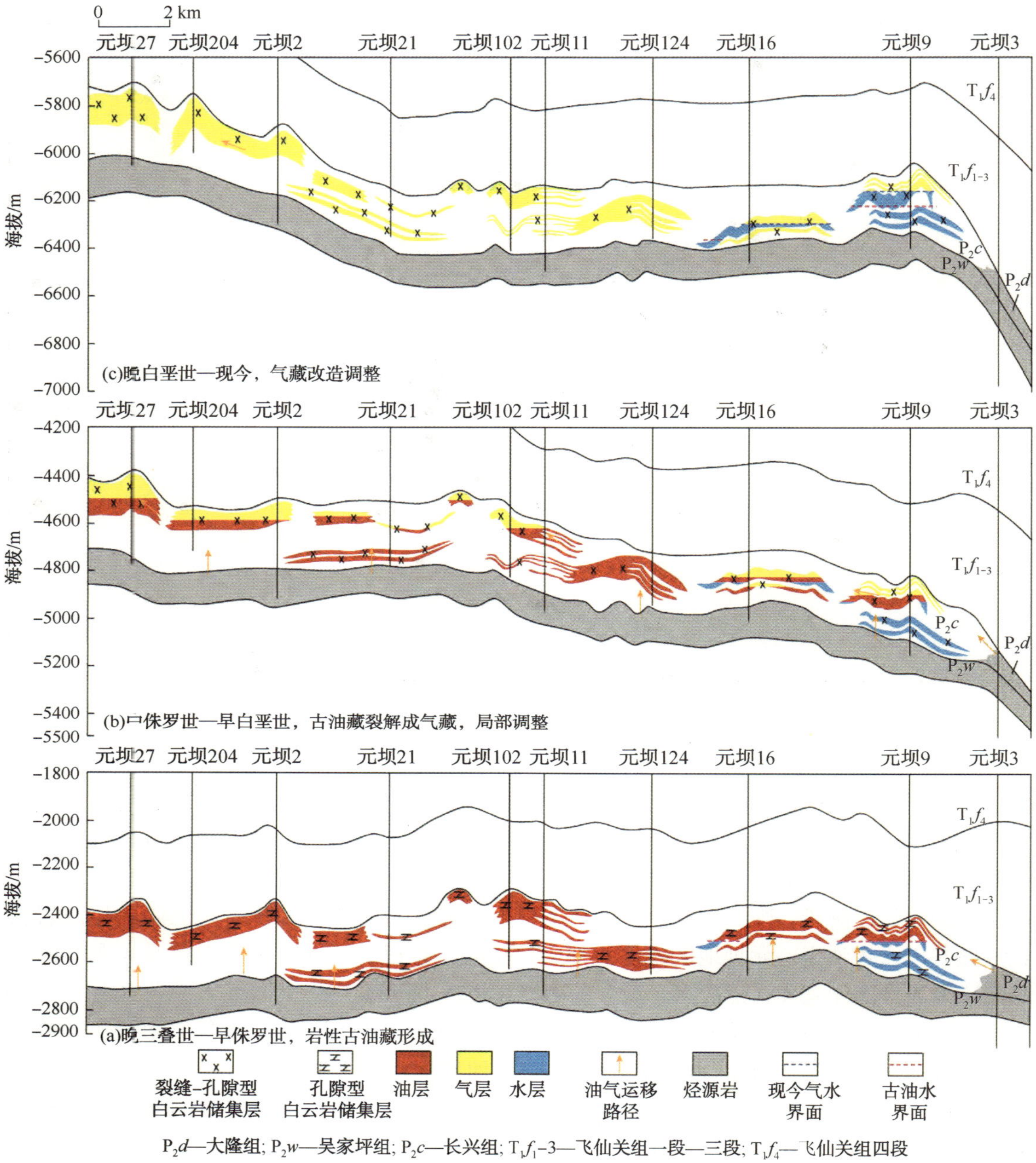

图9 元坝生物礁气藏成藏演化模式图(剖面位置见图3)

3 关键技术

3.1 复杂山地超深层生物礁储集层地震勘探技术

3.1.1 超深弱反射层地震采集处理技术

元坝地区长兴组礁滩储集层埋深大，完钻井深普遍大于7000m，复杂地表和地下条件下采集的地震资料主要存在以下4个问题：①采集时炮与炮之间品质、能量、频率等方面差异较大，干扰波类型多且能量强；②山区地形起伏很大，地表高程变化剧烈，低速带横向变化快，静校正问题较严重；③海相目的层资料信噪比、分辨率偏低，高频成分衰减快，内幕反射能量弱；④绕射较发育，波场复杂，速度场空变大，准确成像难度较大。

针对上述问题，首先，利用介质和激发最佳匹配的饱和激发技术，提升激发弹性波能量；其次，通过层析成像静校正与分频静校正技术减少了高频成分因静校正问题而产生的损失，确保超深层地震资料的分辨率；再次，基于各向异性和吸收衰减介质模型，面向超深层储集层弱信号构建矢量面元信号道集，压制干扰波和补偿弱信号振幅能量；最后，建立以基于起伏地表的精细速度建模技术和基于层位约束反射波网格层析速度迭代优化技术为核心的叠前时间偏移处理流程，改善了成像效果。与老资料[图 10(a)]相比，新资料在埋深 7000m 左右目的层有效能量提高 70%以上[图 10(b)]，频带范围由原来的 8~50Hz 拓展到 4~80Hz，主频提高 15~18Hz[图 10(c)]。同时，新采集、处理地震资料对礁滩内幕及边界的反映更为清晰[图 10(a)、图 10(b)]。

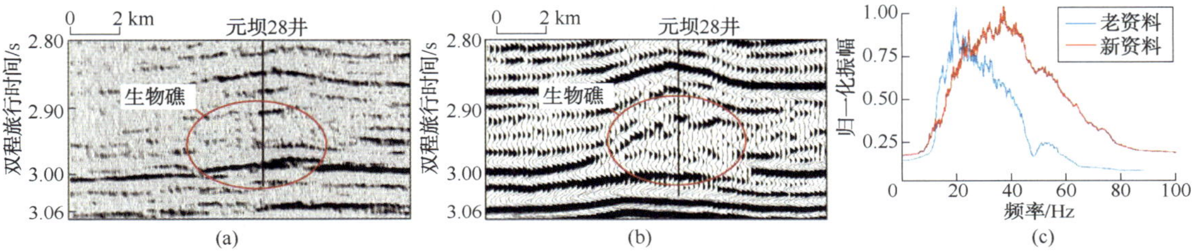

图 10 过元坝 28 井老地震剖面(a)、新地震剖面(b)及对应的频谱(c)

3.1.2 基于孔缝双元结构模型的孔隙结构参数反演技术

碳酸盐岩沉积环境及后期成岩作用对岩石孔隙度、孔隙大小、孔隙形状、孔隙连通性等结构的改变是造成储集层非均质性的重要因素，这些因素造成了碳酸盐岩孔隙度-声波速度关系、孔隙度-渗透率关系的复杂性，增加了碳酸盐岩储集层渗透性评价的难度。元坝地区碳酸盐岩储集层孔隙结构复杂，深部碳酸盐岩白云石化程度、溶蚀作用、胶结作用和裂缝发育程度的差异造成孔隙度—渗透率关系、孔隙度—声波速度关系存在多解性，在相同孔隙度下，声波速度数据差异较大[20]，因此利用传统的一元孔隙度—声波速度 Wyllie 模型等地球物理方法预测渗透率存在较大误差。对这一问题，结合元坝地区大量岩芯实验室力学测试数据，对孙氏模型进行了简化，获得孔隙结构参数的计算公式[21]。利用该式根据不同孔隙结构参数建立描述孔隙度—渗透率关系的二元模型，由此预测低孔高渗储集层孔隙度—渗透率关系的准确性明显更高(图 11)。

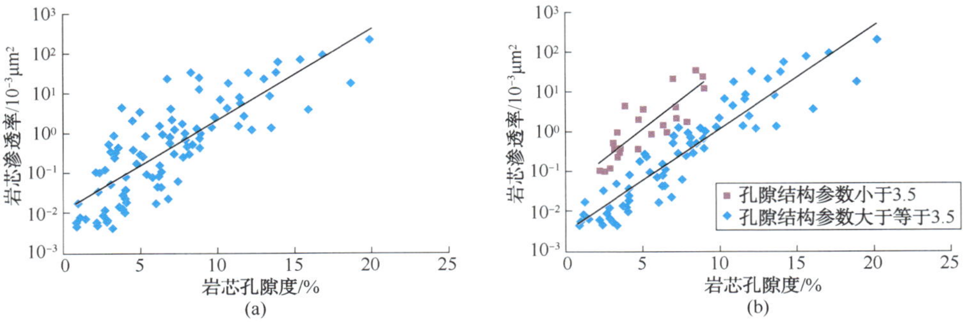

图 11 传统孔隙度-渗透率关系(a)和基于孔隙结构参数建立的孔隙度-渗透率关系(b)

通过纵波速度与孔隙度交会图可知，圆形孔隙储集层速度明显偏高，同时裂缝型储集层则速度明显偏低(图 12)，这与相同应力状态下，不同孔隙形态的碳酸盐岩表现出的应力-应变状态不同有关[22]。利用二元模型预测渗透率效果较好，与岩芯实测渗透率数据吻合性较好。

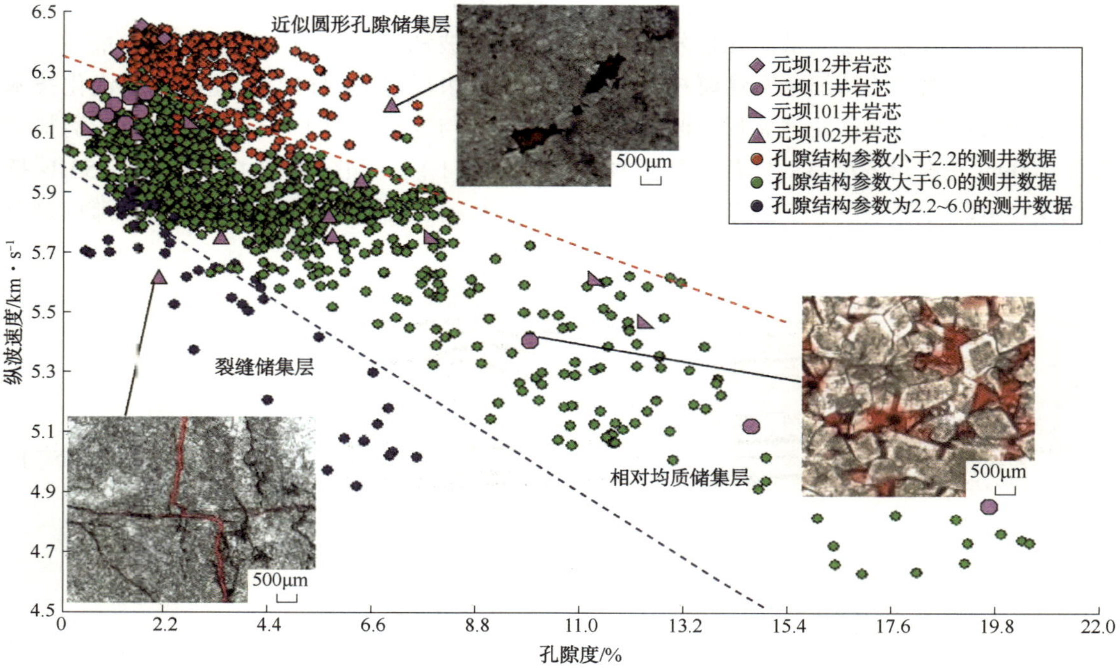

图 12 元坝地区孔缝双元结构孔隙结构参数-速度模型

3.1.3 超深生物礁储集层高精度气水识别技术

对元坝地区 50 个礁滩相碳酸盐岩岩样在饱和气与饱和水情况下进行弹性参数测试分析(表 1)，分析结果显示，拉梅常数是对气水最为敏感的弹性参数。白云岩和灰岩的饱和气岩样拉梅常数(λ)明显比饱和水岩样要小，平均值分别约低 7.54GPa 和 7.26GPa，相对变化率达到 31.87%和 17.42%。

表 1 饱和气与饱和水礁滩相碳酸盐岩岩样弹性参数对照表

岩性	饱和流体性质	拉梅常数/GPa	体积模量/GPa	泊松比	纵波速度/$m\cdot s^{-1}$	横波速度/$m\cdot s^{-1}$	剪切模量/GPa
白云岩	饱和气	23.69	36.30	0.30	4865	2688	48.92
	饱和水	31.23	43.95	0.28	5177	2722	49.08
灰岩	饱和气	41.71	60.11	0.29	5977	3195	27.60
	饱和水	48.97	68.83	0.32	6261	3219	27.71
全部岩样	饱和气	37.74	54.87	0.29	5732	3083	25.69
	饱和水	45.07	63.35	0.31	6022	3109	25.81

拉梅常数乘以密度(ρ)较拉梅常数更易于反演实现且反演精度更高，该参数对含气层最为敏感。元坝 103 井含气时 λρ 下降幅度为 31.59%，与实验室测试数据存在较高的一致性[23]。

元坝地区优质礁滩储集层在叠前地震道集资料上表现为第三类 AVO 异常，在进行提高信噪比、分辨率和恢复相对振幅变化关系的预处理基础上，开展叠前同时反演得到 $\lambda\rho$ 数据体。含气储集层的 $\lambda\rho$ 值主要分布在 90~100GPa·g/cm^3，含水储集层的 $\lambda\rho$ 值主要分布在 100~120GPa·g/cm^3，反演结果与实际钻井测试情况存在较好的一致性。

3.2 复杂超深井钻完井与测试技术

3.2.1 复杂超深井井身结构优化技术

针对元坝地区浅表地层不稳定、中深部地层多压力系统及多产层发育的实际情况，将传统的井身结构设计方法改为自中间向两端设计，即以第一套重点防范层上层套管为基点向上、下端推算，顺次确定各层套管尺寸、钻头尺寸。

采用减薄接箍方法设计超深井非常规井身结构(图 13)，与常规井身结构相比增加 2 层次套管。以钻杆接头为基点双向递推形成全新的特种井身结构与常规井身结构相比增加 3 层次套管。通过井身结构优化，有效解决了套管层次不够、陆相地层大井眼可钻性差、钻井复杂故障多等以前一直难以解决的难题，大幅度提高了钻探能力。

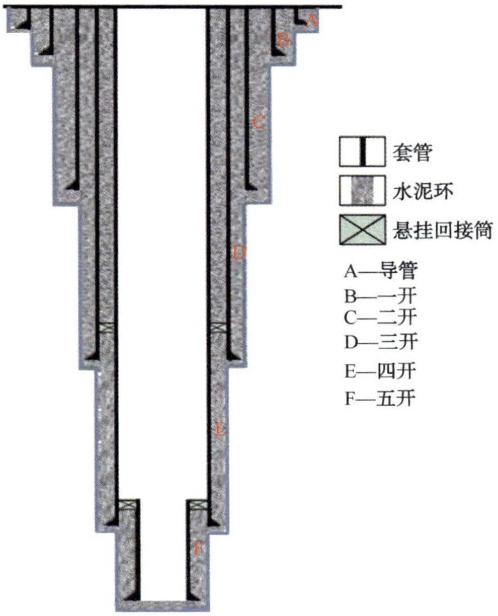

图 13 元坝 1 井非常规 5 开次井身结构图

3.2.2 复杂超深井高效钻井技术

以气体取代钻井液，结合雾化钻井、泡沫钻井，元坝地区陆相地层上部平均机械钻速为常规钻井液钻井的 4~6 倍，研发并成功应用与气体钻井配套的 PDC(聚晶金刚石复合片)钻头以及直径 444.5mm 以上大尺寸井眼气体钻井工艺，普遍钻深达到 3400m 左右。采用 PDC 钻头+螺杆、孕镶金刚石钻头+高速涡轮、扭力冲击发生器、旋冲钻具、混合钻头等钻井技术，大幅提高了陆相地层下部、中部和深部海相地层的机械钻速(图 14)。研发新型复杂多面体高强度刚性颗粒堵漏材料，形成复杂超深井桥浆堵漏技术，高密度条件下地层承压能力平均提高 0.4g/cm^3。研发新型防气窜水泥浆体系，固井质量合格率由 82.98%提高到 100.00%。集成超深定向井技术，可顺利完成 6800~7200m 垂深、1000~1500m 大位移斜井和水平井施工。

3.2.3 “四高一超”气藏 APR(环空压力响应)酸压测试技术

提出高温、高压、高含硫、高产、超深(简称“四高一超”)条件下管柱应力与伸缩补偿、抗 H_2S 和 CO_2 腐蚀等技术，形成适合超深含硫井 APR 测试管柱系列，满足超深井安全测试需要[5]。形成超深高温、高含硫酸性气藏超高压高效酸压改造技术，研制出密度至 1.8g/cm^3 的高温缓速防硫加重酸液体系(图 15)，该酸液体系摩阻仅为清水的 25%~35%，缓速率是常规酸液缓速率的 50%以上，160℃时加重酸腐蚀速率小于 28.6g/(m^2·h)。研制出高温多级架桥粒子测试堵漏浆体系和多级段塞式注入工艺，形成小井眼、小间隙、大酸蚀裂缝快速堵漏压井技术。元坝 1 井常规测试产气 1504.0m^3/d，酸压改造后产气 50.3×

$10^4m^3/d$，实现了元坝大气田的发现。后期成功酸压改造 26 口井 39 层，其中 10 口井日产气超百万立方米。

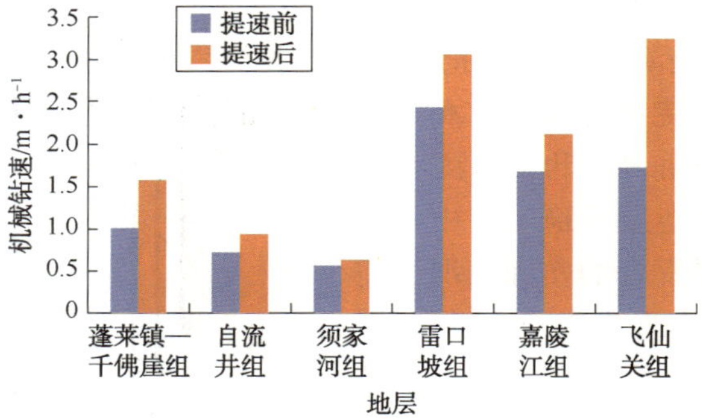

图 14 元坝气田钻井提速前后各段地层机械钻速对比图

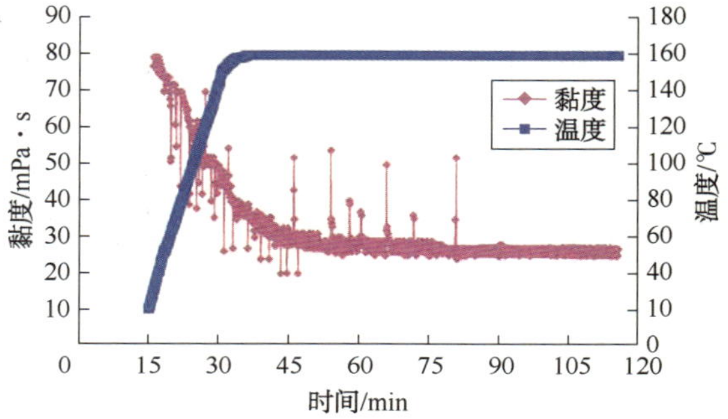

图 15 元坝气田加重胶凝酸 155℃条件下流变曲线

3.2.4 高含硫超深层试气的地面安全控制技术

研发出防硫整体式结构、多重密封技术的 FF 级高压防硫采气井口，设计出液控式“四闸板”防硫高压防喷器组合和安全联动装置，形成高压动态井口密封技术。开发出国产 110SS 气密封油管，性能达到 API 5CT/ISO 13679 和 ISO15156/NACE MR0175 标准。设计出高抗腐蚀的 FF 级 105MPa 三级测试流程和国产化紧急关断装置，研制有线和无线传输数据自动采集装置。配套研发高能电子点火系统，实现放喷口远程自动电子点火。针对地层破裂压力高的储集层，配套 140MPa HH 级超高压采气树及辅助设备，形成多方位立体地面安全控制系统集成技术，满足了“四高一超”气田对地面流程的需要。

4 结论

通过晚二叠世等斜缓坡—镶边台地动态沉积演化过程及区域沉积格架恢复，建立起“早滩晚礁、多期叠置、成排成带”的沉积模式，揭示出“早期暴露溶蚀、浅埋白云石化形成基质孔隙、液态烃深埋裂解超压造缝”的机理，提出“孔缝耦合”控制超深层优质储集层发育的新认识，建立“孔缝双元结构”储集层模型，有效指导生物礁预测。

通过油源对比，提出深水陆棚相吴家坪组—大隆组是川北地区二叠系主力烃源岩的新认识。油气藏解剖与数值模拟揭示深水陆棚—台地边缘油气运聚成藏演化过程，建立超深弱变形区“三微输导、近源富集、持续保存”的成藏模式。

通过基于孔缝双元结构的孔隙结构参数反演技术和高精度气水识别技术的实施，落实元坝气田高产富集带面积 98.5km^2。

创建特种井身结构、发展非常规井身结构，有效解决多压力系统、复杂地层封隔难题。集成创新超深井大井眼气体钻井、高温高压大位移井等配套钻井技术，研制出密度 1.8g/cm^3 的抗硫加重酸液体系，大幅提高产能，研发出整体式、耐高压 FF 级采气井口及地面安全联动装置，实现安全环保。

参考文献

[1] 李宏涛，龙胜祥，游瑜春，等. 元坝气田长兴组生物礁层序沉积及其对储层发育的控制[J]. 天然气工业，2015，35(10)：744-755.

[2] 马永生，蔡勋育，赵培荣. 元坝气田长兴组—飞仙关组礁滩相储层特征和形成机理[J]. 石油学报，2014，35(6)：1001-1011.

[3] 郭旭升，黄仁春，付孝悦，等. 四川盆地二叠系和三叠系礁滩天然气富集规律与勘探方向[J]. 石油与天然气地质，2014，35(3)：295-302.

[4] 何治亮，金晓辉，沃玉进，等. 中国海相超深层碳酸盐岩油气成藏特点及勘探领域[J]. 中国石油勘探，2016，21(1)：3-14.

[5] 郭旭升，郭彤楼，黄仁春，等. 中国海相油气田勘探实例之十六：四川盆地元坝大气田的发现与勘探[J]. 海相油气地质，2014，19(4)：57-64.

[6] 张博全，关振良，潘琳. 鄂尔多斯盆地碳酸盐岩的压实作用[J]. 地球科学，1995，20(3)：299-305.

[7] 赵文光，郭彤楼，蔡忠贤，等. 川东北地区二叠系长兴组生物礁类型及控制因素[J]. 现代地质，2010，24(5)：951-956.

[8] 黄仁春. 四川盆地二叠纪—三叠纪开江-梁平陆棚形成演化与礁滩发育[J]. 成都理工大学学报(自然科学版)，2014，41(4)：452-457.

[9] 郭彤楼. 元坝气田长兴组储层特征与形成主控因素研究[J]. 岩石学报，2011，27(8)：2381-2391.

[10] 段金宝，彭劲. 四川盆地东北部元坝地区长兴组层序-沉积相特征[J]. 石油天然气学报，2014，36(7)：32-36.

[11] 马永生，蔡勋育，赵培荣，等. 深层超深层碳酸盐岩优质储层发育机理和“三元控储”模式：以四川普光气田为例[J]. 地质学报，2010，84(8)：1087-1094.

[12] 胡东风. 普光气田与元坝气田礁滩储层特征的差异性及其成因[J]. 天然气工业，2011，31(10)：17-21.

[13] 段金宝，季春辉，张学丰. 川东北地区二叠-三叠系深层礁滩储层发育机理[J]. 成都理工大学学报(自然科学版)，2016，43(4)：423-430.

[14] 孟万斌，武恒志，李国蓉，等. 川北元坝地区长兴组白云石化作用机制及其对储层形成的影响[J]. 岩石学报，2014，30(3)：699-708.

[15] 段金宝，李平平，陈丹，等. 元坝气田长兴组礁滩相岩性气藏形成与演化[J]. 岩性油气藏，2013，25(3)：43-47.

[16] 李平平，郭旭升，郝芳，等. 四川盆地元坝气田长兴组古油藏的定量恢复及油源分析[J]. 地球科学，2016，41(3)：452-462.

[17] 朱扬明，王积宝，郝芳，等. 川东宣汉地区天然气地球化学特征及成因[J]. 地质科学，2008，43(3)：518-532.

[18] 王良军，邹华耀，段金宝. 元坝气田油气输导体系及其对成藏的控制作用[J]. 油气地质与采收率，

2014，21(5)：40-44.

[19] BARKER C. Collated volume and pressure changes during the thermal cracking of oil to gas in reservoirs[J]. AAPG Bulletin，1990，74(8)：1254-1261.

[20] 张汉荣，孙跃峰，窦齐丰，等. 孔隙结构参数在普光气田的初步应用[J]. 石油与天然气地质，2012，33(6)：877-882.

[21] SUN Y F，GOLDBERG D. Estimation of aspect-ratio changes with pressure from seismic velocities[J]. Geological Society London Special Publications，1997，122(1)：131-139.

[22] XU S，PAYNE M A. Modeling elastic properties in carbonate rocks[J]. Leading Edge，2009，28(1)：66-74.

[23] 尹正武. 四川盆地元坝气田超深层礁滩气藏储层气水识别技术[J]. 天然气工业，2014，34(5)：66-71.

涪陵页岩气田的发现与勘探认识

郭旭升　胡东风　魏志红　李宇平　魏祥峰

（中国石化勘探分公司）

摘要：中国石化勘探分公司以南方复杂构造区高演化海相页岩气“二元富集”理论认识为指导，于2012年11月28日发现了中国首个商业性开发、目前探明储量规模最大、平均测试产量最高的页岩气田——涪陵页岩气田，至2015年底气田累计探明储量 $3805.98\times10^8m^3$，已完成一期 $50\times10^8m^3$ 年产能建设目标。气田具有源储一体、大面积层状分布、整体含气的特征，是典型的自生自储式页岩气田；属于中深层、高压、优质天然气藏；发育深水陆棚优质页岩、具有良好的顶底板条件、后期构造改造较弱是其富集高产的主控因素。在涪陵页岩气田发现的基础上，结合近年来四川盆地及周缘的勘探实践，进一步分析了南方复杂构造区页岩气富集主控因素，强调了保存条件是影响页岩气富集高产的关键，认为：①盆外地区构造抬升时间、向斜宽度、埋深和断裂是评价页岩气层保存条件的主要参数；②盆缘则需重点评价控盆断裂对页岩气层的影响；③盆内断裂的性质、规模以及高角度裂缝的发育特征是页岩气保存条件评价的关键。涪陵页岩气田的发现对于中国南方复杂构造区页岩气勘探具有以下启示：①页岩气勘探需遵从油气形成的基本规律；②中国南方页岩气具有多个勘探方向，埋深大于4500m的深层、盆外常压区、陆相页岩气是急需探索和攻关的领域；③重视基础、创新思路、发展关键技术是页岩气勘探突破的关键。

关键词：勘探发现历程　气藏特征　保存条件　勘探启示　五峰组—龙马溪组　涪陵页岩气田

涪陵页岩气田是中国首个具备商业性开发的大型页岩气田，也是目前全球除北美以外最大的页岩气田。涪陵页岩气田的发现率先实现了国内页岩气领域规模化商业性开发，取得这个历史性突破并非偶然，而是经历了不断认识、不断探索、不断总结的历程。从国际上看，美国、加拿大等国率先实现了页岩气的规模开发，并形成了一套针对北美地区先进有效的页岩气勘探开发模式和技术[1-5]，这为中国页岩气勘探开发引进国外先进技术提供了借鉴[6-8]。但随着研究和勘探实践的深入，中国南方复杂地区海相泥页岩具有时代老、热演化程度高、多期构造运动叠加造成的复杂性，决定了中国的页岩气勘探不能照搬美国成功的页岩气勘探开发经验[9-22]。在系统开展南方海相页岩气的理论与技术攻关的基础上，通过近4年的勘探实践，2012年11月28日焦页1HF井五峰组—龙马溪组页岩气层测试获得

中国石油勘探，2016，21(3)：24-37

日产 $20.3\times10^4m^3$ 高产页岩气流，宣告了涪陵页岩气田的发现。2014 年 11 月 5 日在美国举行的第五届世界页岩油气峰会，授予中国石化“页岩油气国际先锋奖”，以表彰北美以外世界首个页岩气重大商业发现。涪陵页岩气田的发现，是中国油气勘探的又一重大成果，也是中国非常规页岩气勘探理论和实践的巨大进步，展现了中国南方具备非常规油气勘探的可行性和良好的勘探前景，由此形成的非常规勘探理论体系与配套技术系列，对推进中国非常规页岩气勘探具有重大战略意义。

1　气田概况

涪陵页岩气田位于四川盆地东部川东隔挡式褶皱带、盆地边界断裂齐岳山断裂以西，行政区划隶属于重庆市涪陵区[9-11]。气田目前主产气区位于焦石坝构造，地表主要出露三叠系嘉陵江组（图 1）；焦石坝构造为一个受北东向和近南北向两组断裂控制、轴向北东的菱形断背斜，主体变形较弱，表现出似箱状断背斜形态，即顶部宽缓、地层倾角小、断层不发育，两翼陡倾、断层发育[9-11]。区内五峰组—龙马溪组含气泥页岩层段厚度（TOC≥1%）为 50~100m，优质页岩气层段（TOC≥2%）厚度为 35~45m；含气泥页岩层段 TOC 平均约为 2.66%，R_o 为 2.58%，孔隙度平均约为 4.53%，含气量平均约为 $4.21m^3/t$，地层压力系数为 1.55。气田发现于 2012 年 11 月 28 日，至 2015 年累计探明储量 $3805.98\times10^8m^3$。气田基本参数归纳于表 1。

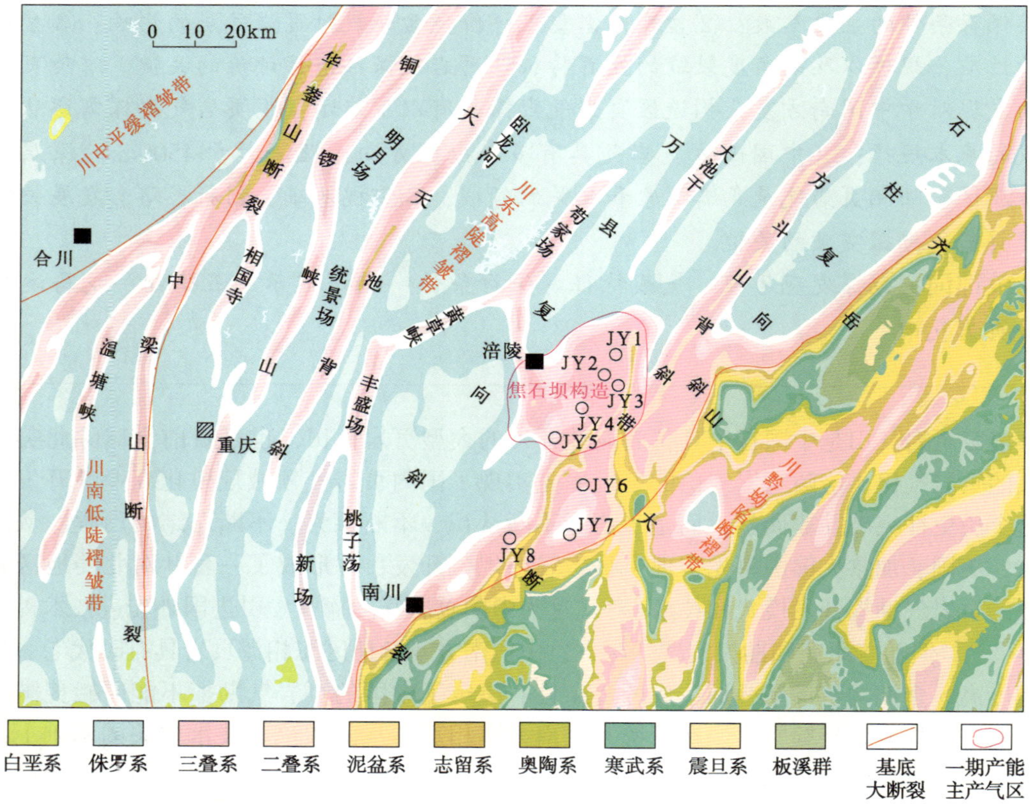

图 1　涪陵页岩气田区域位置图

表 1 涪陵页岩气田基本参数表

气田名称	涪陵页岩气田	发现井(年份)	焦页 1 井(2012 年)
地理位置	重庆市涪陵区	发现井产量	测试产量 $20.3\times10^4m^3/d$
区域构造位置	川东高陡褶皱带包鸾—焦石坝背斜带焦石坝构造	首次产气时间	2012 年
构造背景	主体区构造相对平缓，断裂不太发育	探明地质储量(年份)	$3805.98\times10^8m^3$(2015 年)
发现依据	以南方海相页岩气“二元富集”理论认识为指导，三大类、18 项评价参数的南方海相页岩气目标评价体系与标准，开展选区评价，优选出焦石坝等多个有利勘探目标	可采储量(年份)	$951.50\times10^8m^3$(2015 年)
		储量丰度	$9.92\times10^8m^3/km^2$
		地震勘探数据	二维地震 19 条 670km，三维地震 $1144.5km^2$
页岩气层特征		一、二期探明储量含气范围内气藏特征	
页岩气层名称	五峰组—龙马溪组一段	气藏类型	页岩气藏
沉积环境	深水陆棚和浅水陆棚	含气面积(年份)	$383.54km^2$(2015 年)
岩性	灰黑色含放射虫碳质笔石页岩、含碳含粉砂泥岩、含碳质笔石页岩、含粉砂泥岩	分布特征	纵向上连续，中间无隔层，平面上大面积层状分布
页岩气层厚度	55.4~89.1m	含气高度	1430m
总有机碳含量(TOC)	0.29%~6.79%，平均为 2.66%	气藏中部埋深	2885m
干酪根类型	以 Ⅰ 型为主	气藏中部压力	43.87MPa
镜质组反射率(R_o)	2.22%~2.89%，平均为 2.58%	气藏压力系数	1.55
生气强度	$60.05\times10^8m^3/km^2$	地温梯度	2.83℃/100m
孔隙度	0.26%~8.61%，平均值 4.53%	天然气成分	以甲烷为主，含量为 96.10%~98.81%；低含二氧化碳，含量为 0~0.56%；不含硫化氢
渗透率	$(0.1307\sim1.2674)\times10^{-3}\mu m^2$，平均为 $0.4908\times10^{-3}\mu m^2$		
孔隙类型	以纳米级有机质孔、黏土矿物间微孔为主，并发育晶间孔、次生溶蚀孔等	天然气类型	过成熟干气
矿物成分	硅质矿物、钾长石、斜长石、方解石、白云石、黄铁矿、黏土矿物(伊/蒙混层、伊利石、绿泥石)	天然气来源	五峰组—龙马溪组一段
		油气水关系	未见气水界面
黏土矿物含量	10.7%~61.6%，平均为 32.7%	顶、底板特征	顶、底板与页岩气层位连续沉积，呈整合接触关系，顶、底板厚度大、岩性致密、突破压力高
硅质矿物含量	平均为 42.6%		
总含气量	$0.35\sim9.63m^3/t$，平均为 $4.21m^3/t$		
含气饱和度	66.8%~74.4%，平均为 67.7%		

2 勘探与发现历程

涪陵页岩气田于 20 世纪 50 年代开展了地面石油调查等工作，至今油气勘探工作可分为 4 个重要阶段，即 1950—2009 年常规天然气勘探阶段，2009—2012 年选区评价、优选目标钻探阶段，以及 2012—2015 年以后的勘探突破、展开评价阶段和 2013 年以来的勘探开发一体化阶段。

2.1 常规天然气勘探阶段(1950—2009年)

涪陵地区的地质调查及石油天然气勘探工作由来已久。20世纪50年代到90年代，地质矿产部开展了石油普查和地质详查，实施二维地震共14条417.51km、MT测线4条152.7km、CEMP测线14条470.7km，发现和落实了焦石坝、大耳山、轿子山等背斜构造。中国石化自2001年开始在川东南涪陵、綦江、綦江南等区块从油气地质条件诸方面针对下组合油气勘探进行了区带评价，评价认为包鸾—焦石坝背斜带—石门坎背斜带是该区海相下组合油气勘探的较有利勘探区，但由于勘探潜力不明确，在此期间区块内基本无实物工作量投入。

2.2 选区评价、优选目标钻探阶段(2009—2012年)

受美国页岩气快速发展和成功经验的影响，中国石化正式启动了页岩气勘探评价工作，将发展非常规资源列为重大发展战略，加快了页岩油气勘探步伐[23]。2009年，中国石化勘探分公司以四川盆地及周缘为重点展开页岩气勘探选区评价，相继完成了四川盆地及周缘丁山1井等40余口老井复查、习水骑龙村等25条露头剖面资料研究，进行了大量分析测试。初步明确了该地区海相页岩气形成基本地质条件，认识到相对于北美商业页岩气田，南方海相页岩气具有多期构造运动叠加改造、热演化程度高、保存条件复杂、含气性差异大的特点，不能简单套用北美地区现成的理论和勘探技术方法，明确了在中国南方构造复杂地区加强页岩气保存条件评价十分必要。因此提出了南方复杂构造区高演化海相页岩气“二元富集”理论认识[9-11]，即“深水陆棚相优质页岩是海相页岩气富集的基础，良好的保存条件是海相页岩气富集高产的关键”，并建立了三大类、18项评价参数的南方海相页岩气目标评价体系与标准，在此基础上，优选出了焦石坝、丁山、屏边等一批有利勘探目标。

为了研究涪陵地区页岩气形成基本地质条件并争取实现页岩气商业突破，中国石化勘探分公司于2011年9月在焦石坝区块论证部署了第一口海相页岩气参数井——焦页1HF井，2012年2月14日焦页1HF井开钻，涪陵页岩气田非常规页岩气勘探从此拉开序幕。

2.3 勘探突破、展开评价阶段(2012—2015年)

2.3.1 勘探突破阶段

焦页1井为焦页1HF井导眼井，该井于2012年5月18日完钻，完钻井深2450m，完钻层位中奥陶统十字铺组。该井钻遇五峰组—龙马溪组页岩气层89m，其中，TOC≥2.0%的优质页岩气层38m。焦页1井完钻后决定不开展直井压裂测试，直接实施水平井钻探，评价产能。选择焦页1井2395~2415m优质页岩气层作为侧钻水平井水平段靶窗，实施侧钻水平井——焦页1HF井，2012年9月16日水平井完钻，完钻井深3653.99m，水平段长1007.90m。同年11月，对焦页1HF井水平段2646.09~3653.99m分15段进行大型水力压裂，2012年11月28日，测试获日产$20.3\times10^4m^3$工业气流，从而宣告了涪陵页岩气田的发现。

2.3.2 展开评价阶段

焦页1HF井获得商业发现后，在焦页1HF井南部甩开部署焦页2井、焦页3井、焦页4井3口评价井，压裂测试分别试获日产$33.69\times10^4m^3$、$11.55\times10^4m^3$、$25.83\times10^4m^3$中高产工业气流，实现了焦石坝构造主体控制。与此同时，在焦石坝构造有利勘探区(埋深小于3500m)整体部署594.50km^{2}三维地震，为涪陵页岩气田一期建产奠定扎实的资料基础。继焦石坝主体控制后，2014年针对不同构造样式和深层页岩气积极向外围甩开部署实施了5口探井——焦页5井、焦页6井、焦页7井、焦页8井、焦页9井，其中焦页5井、焦页6井、焦页7井、焦页8井分别试获日产$4.5\times10^4m^3$、$6.68\times10^4m^3$、$3.68\times10^4m^3$、$20.8\times10^4m^3$页岩气流，扩大了涪陵页岩气田的勘探开发阵地。

2.4 勘探开发一体化阶段(2013年至今)

在焦页1HF井获得商业发现基础上，为加快涪陵页岩气田“增储上产”步伐，2013年初在焦页2井、焦页3井、焦页4井钻探的同时，为探索气田开发方式、评价气藏开发技术指标，优选焦页1井区28.7km^{2}部署开发试验井组进行产能评价，部署钻井平台10个，钻井26口，新建产能$5\times10^8m^3/a$。2013年9月3日国家能源局批准设立重庆涪陵国家级页岩气示范区。2013年11月28日，中国石化通过涪陵页岩气田一期$50\times10^8m^3$产能建设方案。2014年4月21日国土资源部批准设立重庆涪陵页岩气勘查开发示范基地。截至2015年12月31日，涪陵页岩气田累计开钻290口井，完井256口，投产180口，累计生产页岩气$43.91\times10^8m^3$、销售$42.13\times10^8m^3$，这标志着涪陵页岩气田顺利完成了$50\times10^8m^3/a$产能建设目标。

3 气田主要地质特征

3.1 发育深水陆棚优质页岩

晚奥陶世—早志留世，四川盆地川东南地区为浅水—深水陆棚沉积环境，区域上沉积了一套厚度较大的暗色富有机质泥页岩[9-11]。焦页1井等5口井钻探结果表明，五峰组—龙马溪组下部富有机质泥页岩分布稳定，厚度为50~100m；深水陆棚优质页岩(TOC≥2.0%)位于五峰组、龙马溪组的底部，厚度为38~43.5m(表2)，具有粉砂质含量低、碳质含量高、笔石生物富集、页理缝发育等特点。

表2 涪陵页岩气田焦页1井—焦页5井五峰组—龙马溪组页岩气层主要评价参数分析对比表

井号	气层	井段/m	厚度/m	TOC/%	孔隙度/%	硅质含量/%	总含气量/$m^3\cdot t^{-1}$
焦页1	页岩气层	2326~2415	89	0.55~5.89(2.52)	1.17~7.22(4.52)	18.4~70.6(37.3)	1.52~8.85(4.30)
	优质页岩气层	2377~2415	38	1.04~5.89(3.77)	2.78~7.08(4.65)	31.0~70.6(44.8)	3.52~8.85(6.03)
焦页2	页岩气层	2477~2575	98	0.82~5.25(2.78)	1.85~8.61(6.20)	19.6~67.3(45.4)	1.94~8.90(5.06)
	优质页岩气层	2533~2575	42	2.17~5.25(3.76)	1.85~8.61(6.20)	35.4~67.3(50.2)	4.41~8.90(6.46)
焦页3	页岩气层	2313~2414	101	0.46~4.53(2.21)	1.22~5.39(3.54)	—	0.63~9.63(4.12)
	优质页岩气层	2370.5~2414	43.5	0.19~4.53(2.99)	3.16~4.33(3.66)	—	4.08~9.63(6.23)
焦页4	页岩气层	2512~2595	83	0.58~6.79(2.95)	4.41~7.80(5.78)	22.9~80.5(49.6)	1.19~8.83(4.83)
	优质页岩气层	2557~2595	38	0.58~6.79(3.67)	5.02~7.8(6.19)	22.9~80.5(53.0)	4.12~8.83(5.93)
焦页5	页岩气层	2972~3086	114	0.26~3.94(1.76)	0.86~5.16(2.44)	31.0~76.6(43.7)	0.34~5.98(4.14)
	优质页岩气层	3043~3086	43	1.53~3.94(3.15)	2.02~5.16(3.35)	31.1~76.6(45.8)	3.21~5.98(4.72)

注：括号内数据为平均值。

五峰组—龙马溪组一段Ⅰ亚段深水陆棚优质页岩(TOC≥2.0%)除具有厚度较大、有机质类型好(Ⅰ型)、热演化程度适中(R_o为2.22%~2.89%，平均为2.58%)外，相对于整个页岩气层(TOC≥1.0%)，优质页岩气层还具有“高TOC、高孔隙度、高含气量、高硅质含量”的“四高”特征(表2、图2)。以焦页1井为例，优质页岩气层TOC介于1.04%~5.89%，平均为3.77%；孔隙度介于2.78%~7.08%，平均为4.65%；总含气量介于3.52~8.85m^3/t，平均为6.03m^3/t；脆性矿物以硅质矿物为主，介于31.0%~70.6%，平均占44.8%。优质页岩气层电性特征则表现“高自然伽马、高铀、高声波时差、高电阻率，低密度、低中子、低无铀伽马”的“四高三低”的测井响应特征(图2)。

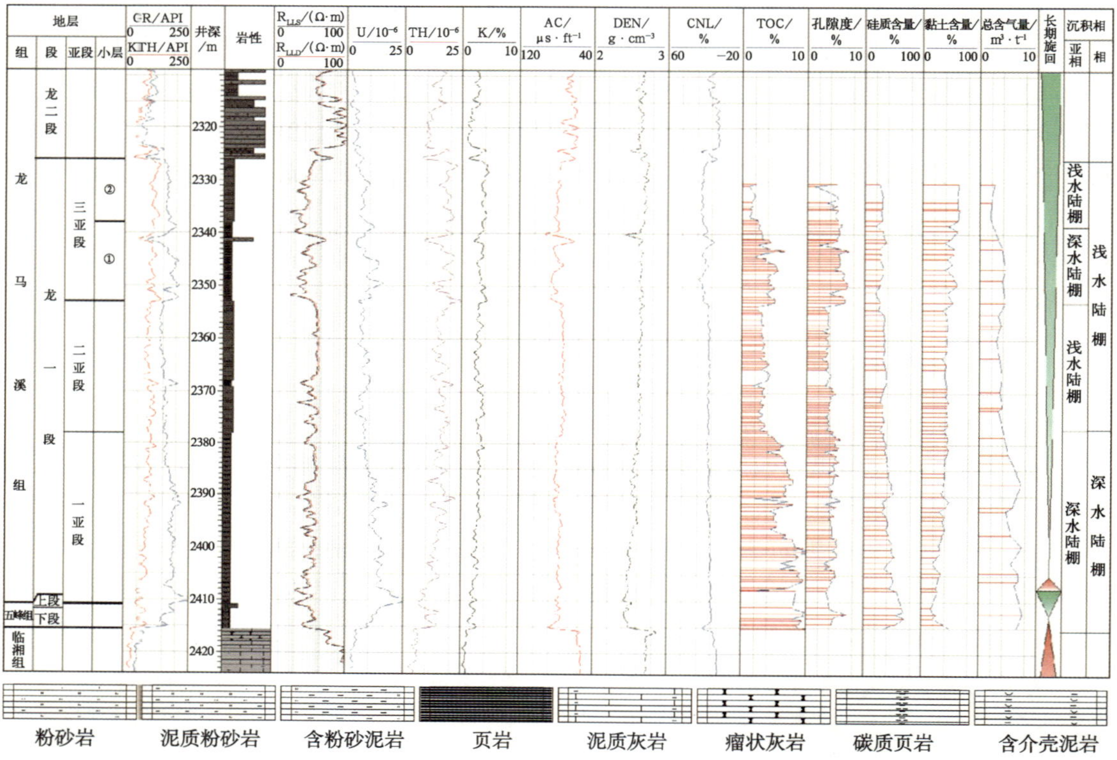

图2 涪陵页岩气田焦页1井五峰组—龙马溪组一段综合柱状图

3.2 具有良好的保存条件，含气性好

页岩气与常规天然气成藏相似，具有聚集与逸散的平衡过程[24-25]。四川盆地及周缘页岩气勘探实践揭示，顶、底板条件和后期构造作用的强度与时间控制了页岩气逸散方式、程度及丰度。研究表明，涪陵页岩气田具有良好的顶、底板条件且后期构造作用相对较弱，造成页岩气层含气性好(表2)，地层能量高，是高产、稳产的关键因素之一。

3.2.1 具有良好的顶、底板条件

四川盆地及周缘五峰组—龙马溪组页岩气层一般经历了早期持续深埋和晚期持续抬升两个阶段。早期持续深埋阶段是暗色页岩生烃、排烃与烃类滞留动态演化的页岩气层形成阶段，在持续抬升开始前的最大埋深时刻，形成的页岩气层一般具有高压或超高压特征，影响页岩气滞留保存的主要因素是顶、底板条件，其与页岩气层接触关系、岩性组合、厚

度、物性等决定了其对页岩气的封堵效果。

五峰组—龙马溪组页岩气层顶、底板与页岩气层位连续沉积，呈整合接触关系，顶、底板厚度大、岩性致密、突破压力高。页岩气层顶板为龙马溪组二段发育的灰色—深灰色中—厚层粉砂岩夹薄层粉砂质泥岩，厚度在50m左右，粉砂岩孔隙度平均为2.4%，渗透率平均为0.0016×$10^{-3}\mu m^2$，突破压力为69.8~71.2MPa；底板为临湘组和宝塔组深灰色含泥瘤状灰岩、石灰岩等，厚度为30~40m，孔隙度平均为1.58%，渗透率平均为0.0017×$10^{-3}\mu m^2$，突破压力为64.5~70.4MPa；以上特征反映了五峰组—龙马溪组一段页岩气层顶、底板对其具有较好的封隔效果。

3.2.2 后期构造作用相对较弱

晚期持续抬升阶段构造作用强烈，不仅会使油气的生成停滞，同时会使含气页岩层段之上岩层减薄或剥蚀，导致上覆压力变小，从而会使页岩气层突破盖层向上逸散。磷灰石裂变径迹分析表明[26-28]，四川盆地及周缘五峰组—龙马溪组页岩气层持续抬升的起始时间从盆外到盆内表现出从早到晚有序递进的特征。页岩气晚期逸散的时间为页岩气层晚期持续抬升的整个阶段，盆地外相对时间较长，为早白垩世至今；盆地内相对时间则较短，为晚白垩世至今。

同时，四川盆地及周缘从盆外到盆内同样呈现出不同的构造变形样式和地质结构特征[29-30]。在齐岳山断裂带以西，主要为盆内隔挡变形带，海相构造层形变微弱，地层纵横向连续性好，以发育低—微幅度褶皱构造样式为特点，剥蚀量相对较小(图3)，其中涪陵焦石坝构造晚白垩世以来的地表剥蚀量在4500m左右，中生界、古生界实体保存好，有利于油气保存，显示出高压的特征。而在四川盆地外缘地区，主要处于隔槽式褶皱—冲断带，断层数量多、规模也大，整个海相构造层形变较强，地层纵横向连续性较差，剥蚀量相对较大，只在少部分向斜中残留三叠系—侏罗系，因此，海相页岩气层段通常表现为常压特征。以上特征表明，由于涪陵地区处于盆地内，相对于盆外，具有构造改造时间较晚、构造改造程度相对较弱的特征。

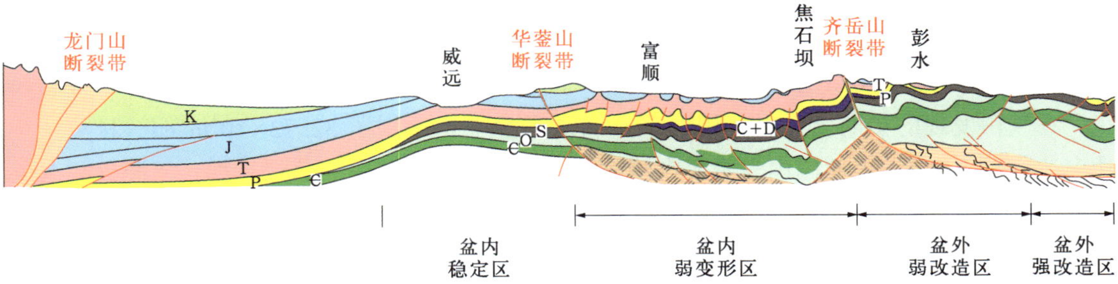

图3 四川盆地及其东南缘构造变形区划图

3.2.3 构造样式好，埋深适中，有利于后期的保存

焦石坝主体为似箱状断背斜，该构造顶部宽缓，两翼陡倾，构造稳定；主体部位断裂不发育，断层主要发育于焦石坝地区东侧及西南侧边缘，但两组断层为明显的逆断层，封堵性相对较好(图4)。同时焦石坝主体似箱状断背斜埋深适中，多大于2000m，出露地层主要为侏罗系—三叠系，页岩气层五峰组—龙马溪组在焦石坝地区没有出露，侧向上无明显的泄压区。

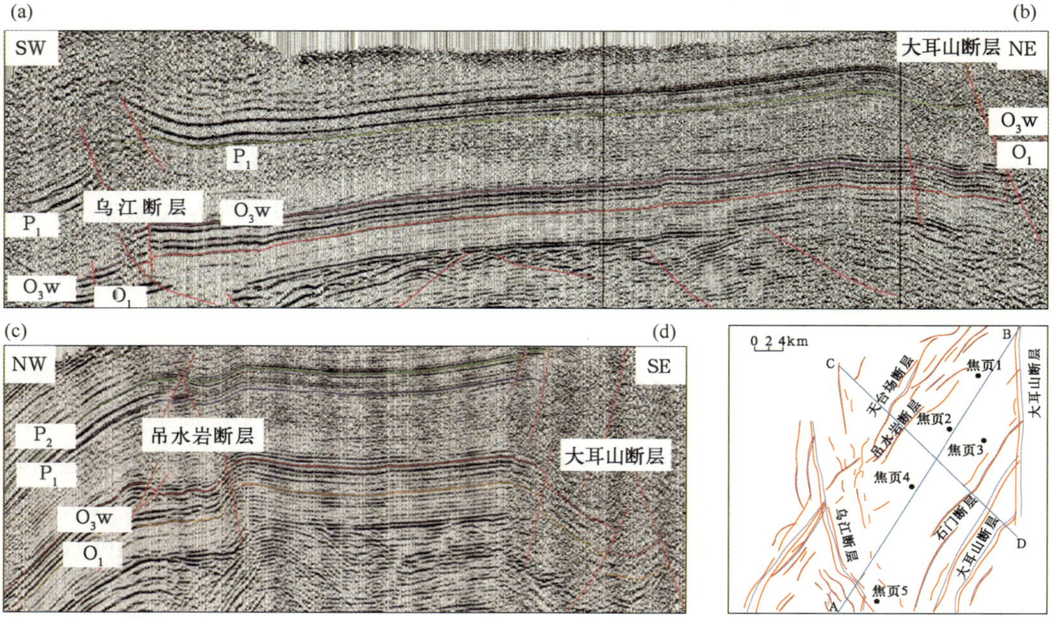

图 4 涪陵页岩气田焦石坝构造地震剖面及井位分布图

3.3 为典型的自生自储式连续型页岩气藏

涪陵地区五峰组—龙马溪组一段气藏为典型的自生自储式的连续型、中深层、低地温梯度、高压气藏。气源分析表明，焦石坝地区五峰组—龙马溪组页岩气来源于自身泥页岩烃源岩，具有源储一体的特征。气藏单元中部埋深为 2885m，平均地温梯度为 2.83℃/100m，地层压力系数为 1.55，气体成分以甲烷为主，含量为 96.10%～98.81%，低含二氧化碳，含量为 0～0.56%；不含硫化氢，为优质干气气藏(表 1)。气藏测试未见水，压裂井返排率很低，平均为 2.9%，返排液为压裂措施液。

4 讨论与思考

4.1 关于涪陵天然气藏是不是典型的页岩气藏

在气田发现的初期，页岩气田的单井测试产量平均达到了 $32.72\times10^4m^3/d$，且测试成功率达到了 100%，因此国内学术界在涪陵气田的认识上存在一些争议，如：涪陵气田是不是典型的页岩气田？是不是裂缝型气藏或是页岩中其他岩性夹层提供了更多的产能？在此，笔者从页岩气气源、储层、气井生产规律等角度证实涪陵天然气藏是典型的自生自储、连续型页岩气藏。

4.1.1 源储一体、原位滞留成藏

涪陵页岩气产层岩性为连续沉积的富有机质泥页岩，泥地比接近 100%，纵向上连续，无隔层(图 2)，TOC 平均值达到 2.66%，有机质类型主要为 I 型，R_o 平均为 2.58%，说明在地质历史时期，五峰组—龙马溪组页岩本身具备生产大量油气的潜力。通过计算，涪陵页岩气田五峰组—龙马溪组烃源岩(TOC≥1.0%)生烃强度达到 $60.05\times10^8m^3/km^2$ 左右。

涪陵页岩气田五峰组—龙马溪组一段的天然气来源于自身层系烃源岩。天然气地球化学对比分析表明，涪陵天然气表现出甲烷含量高(96.10%~98.81%)、干燥系数大、不含硫化氢的特征(表1)，这与下侏罗统天然气湿度较大，上二叠统、下三叠统天然气组分含有一定硫化氢具有较明显的区别。另外，按照气源岩 $\delta^{13}C$ 变化规律，高成熟天然气应来自 $\delta^{13}C$ 稍重(1‰~3‰)的烃源岩，根据对比显示，涪陵天然气 $\delta^{13}C_{CH_4}$ 特征与五峰组—龙马溪组、中—下二叠统的干酪根碳同位素特征最为相似，但中—下二叠统不发育超压，其生成的天然气不太可能运移至相对致密、自身生烃的龙马溪组中并形成超压；而龙马溪组烃源岩干酪根的 $\delta^{13}C$ 值介于-30.81‰~-29.21‰，与其储层内天然气 $\delta^{13}C_{CH_4}$ 值相当(图5)，比 $\delta^{13}C_{C_2H_6}$ 高5‰左右，这表明涪陵页岩气田五峰组—龙马溪组一段的天然气最有可能来源于自身层系烃源岩。另外，涪陵页岩气田天然气甲烷、乙烷与丙烷的碳同位素分布具有明显的“倒转”特征，即 $\delta^{13}C_{CH_4}>\delta^{13}C_{C_2H_6}>\delta^{13}C_{C_3H_8}$(图6)，这也是页岩气来自于五峰组—龙马溪组烃源岩的佐证。龙马溪组页岩气主要为高温裂解气，其来源不外乎有两种：一种是原油裂解成气；另一种是由干酪根或胶质沥青质裂解成气，当这两种甲烷混合到一定比例时，即发生倒转。国内外多位学者研究认为，高演化程度的泥页岩封闭体系以及同源不同期天然气的混合，可能是造成龙马溪组烷烃气碳同位素倒转的主要原因[15,31-32]。

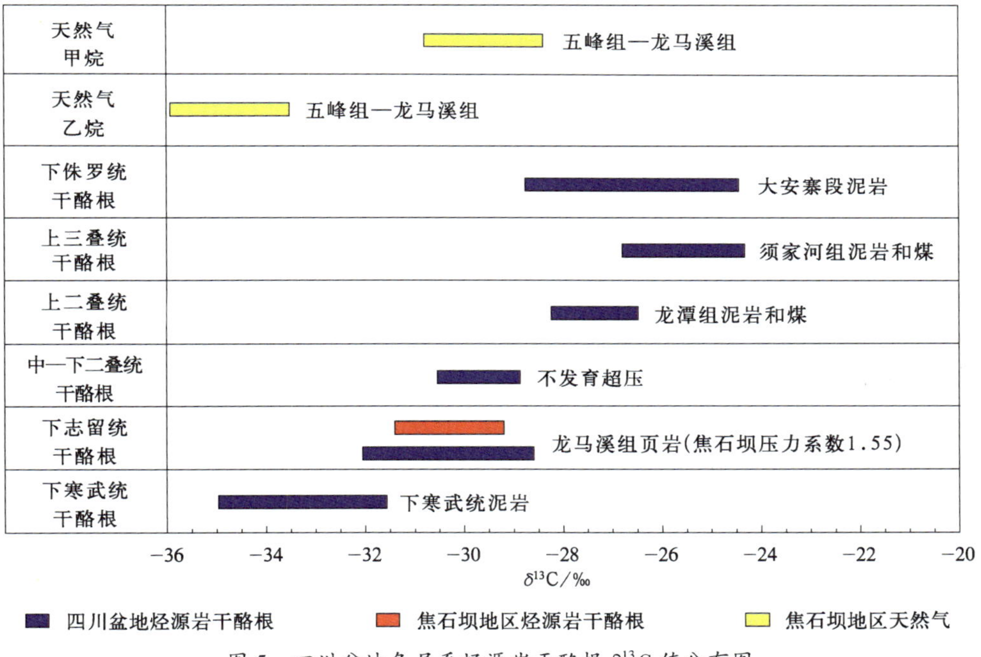

图5 四川盆地各层系烃源岩干酪根 $\delta^{13}C$ 值分布图

4.1.2 储层具有大面积层状分布、整体含气的特点

涪陵页岩气田页岩气层的展布主要受沉积相带控制，由于五峰组—龙马溪组一段下部沉积相同为深水陆棚和浅水陆棚，页岩气层在深水陆棚、浅水陆棚亚相均有分布。涪陵页岩气田9口探井、200余口水平井及三维地震资料波阻抗反演显示，页岩气层岩性以及电性等对比性强，具有纵向上分布连续、无明显夹层，由上向下TOC、含气量、脆性矿物含量等参数逐渐变好的特征；TOC≥1%页岩气储层厚度在横向变化较小，厚度介于55.4~89.1m，总体呈现大面积层状分布的特点。页岩储层发育大量纳米级孔隙，裂缝不发育，储

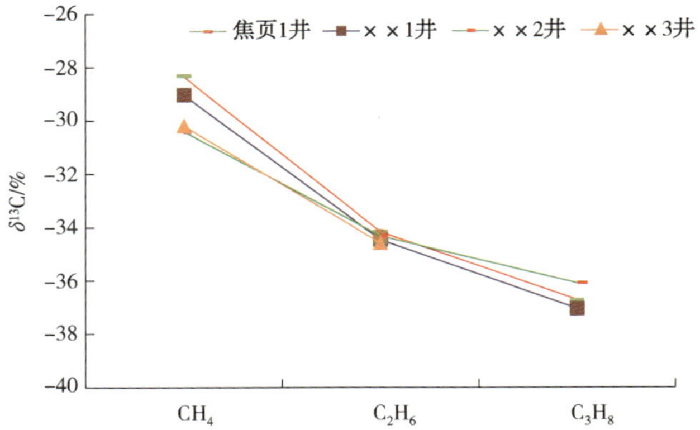

图 6　涪陵页岩气田天然气碳同位素分布特征

集空间以 1.5~50nm 纳米级孔隙为主，有机质孔隙所占比例大，其中页岩孔隙度平均达到 4.53%，平均比表面积达到 18.9m^2/g，总体有利于页岩气的吸附和储集，造成页岩气层整体含气，试采井测试均未见水，试采同样未见到水，测井解释均无水层，未见到明显的含气边界和气水界面。

4.1.3　单井产能受人工网络裂缝规模控制

一般来说，页岩气井测试产微气或者无自然产能，必须通过人工实施水平井大型分段压裂测试才能形成高产商业气流。涪陵页岩气田同样开展了页岩气井产能与体积压裂规模的实验，发现：①直井射孔测试，产能低；采用 APR 测试联作工艺，对 JY11-4 井五峰组页岩层段 2359.5~2361.5m（2m/1 层）进行射孔测试，测试工作制度两开两关，测试时间 341 小时，一点法计算无阻流量 40~93m^3/d。②水平井产能与压裂规模明显有关。通过涪陵页岩气田多口试采水平井的统计，认为水平井水平段长度 1300~1700m、分段数 16~22 段、单段长度 70~80m、总簇数 50~60 簇、单段加液量 1700~1900m^3、单段加砂量 55~60m^3 有利于获得高产并且单井稳产能力较高。而水平井压裂规模明显偏小的井，测试、试采产量和压力明显偏低。以典型井焦页 9-2HF 井为例，该井仅对水平井段 180m 进行了 2 段压裂，测试产量仅为 5.9×10^4m^3/d，试采产量和压力相对其他井处于较低的水平，截至 2015 年 12 月 31 日，该井井口套压为 5.66MPa，日产气量 1.95×10^4m^3，累计产气 2092×10^4m^3。

4.1.4　不是裂缝性气藏

典型的裂缝性气藏通常具有储层基质孔隙度低、储集空间以裂缝为主、储层非均性强、相邻井测试产量差异大、单井初试产量高、压力递减快等特点。研究表明，涪陵页岩气层从储层、井产量等特征与裂缝性气藏具有明显的区别：①经岩芯观察、FMI 测井解释和氩离子抛光扫描电镜观察等分析，焦石坝构造主体部位由于地层产状平缓，宏观裂缝系统总体并不发育，尤其高角度缝不发育，页岩储层以发育纳米级的有机质孔隙和纳米级微裂缝为主；②在焦石坝主体，探井和页岩气水平井在页岩气层内钻探基本未发生钻井液漏失、井涌、井喷现象；③前文已提到，页岩气层受深水陆棚沉积环境控制，页岩气层具有大面积层状分布、整体含气的特征，页岩气评价参数在横向上差异性较小，横向上页岩气储层非均质性较弱；④已探明含气面积 383.54km^2 范围内，142 口测试井均主要在底部优质页岩气层穿越，均获得中、高产页岩气流，平均单井测试产量为 $32.72\times10^4m^3/d$，且相邻井单井产量差异性不大；⑤涪陵焦石坝区块页岩气产能相对高的井基本分布于焦石坝构造主体部位，产能相对低的井则紧靠大耳山断裂带，统计表明靠近裂缝发育带已测试井平均测试产量为 $17.1\times10^4m^3/d$，只有主体区的 49.01%。同时产能相对较低井具有钻井漏失量大、实测压力略偏低等特征，说明断裂附近的宏观裂缝对页岩气产能没有积极的贡献，反而造成页岩气逸散导致含气丰度降低；⑥试采井试采压力、产量稳定。截至 2016 年 2 月，试采 183 口井中，达到 $4000\times10^4m^3$ 以上有 34 口。在试采过程中，试采压力和产量递减相对较慢，其中生产时间最长的焦页 1HF 井，2012 年 11 月 28 日投入试采，2013 年 1 月 9 日按 $6\times10^4m^3/d$ 配产，先期采用压缩天然气生产，9 月 15 日开始管输生产，截至 2016 年 2 月 23 日，已经连续生产 1182 天，日产气量保持在 $6\times10^4m^3$ 左右，井口油压为 8.36MPa，套压为 7.74MPa，累计产气 $7475.3\times10^4m^3$，累计产水 $397.5m^3$(图 7)。

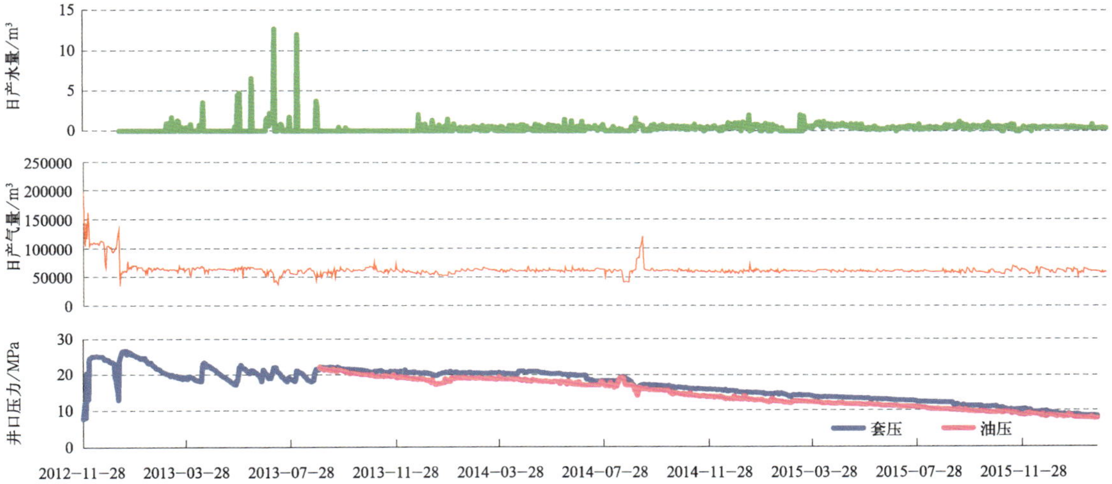

图 7　焦页 1HF 井五峰组—龙马溪组页岩气试采曲线图

4.1.5　试采曲线特征与北美生产井相似

涪陵页岩气田目前主要有两种生产方式，一是定产，如焦页 1HF 井按日产气 $6.0\times10^4m^3$ 进行配产；二是焦页 6-2HF 井，以“初期放大压差生产、后期定压生产”的方式开展试采，初期日产气 $39.0\times10^4m^3$，目前采取井口压力 6MPa 定压生产保持日产气 $20.0\times10^4m^3$，截至 2016 年 2 月 23 日，持续高产 850 天，创造中国页岩气开发单井累计产量最高纪录($2.0\times10^8m^3$)。实际上以上两种生产方式与北美页岩气井生产规律基本相似。焦页 6-2HF 井早期与 Haynesvile 页岩气井(11.906mm 油嘴)采用相同大压差生产制度，都具有快速递减的特点；焦页 1HF 井采用的小油嘴定产的生产方式，与 Haynesvile 页岩气井采用小油嘴生产(5.556mm 油嘴)具有相同的变化规律，即初始产量低，但产量稳定、递减慢、累计产量高(图 8)。

4.2　关于不同地区保存条件评价因素差异性

与美国主要页岩气盆地有页岩就有页岩油气不同，中国南方构造改造强烈，油气保存条件是页岩气能否成藏的一个重要因素[9-18,20]。从勘探实践看，四川盆地及周缘五峰组—

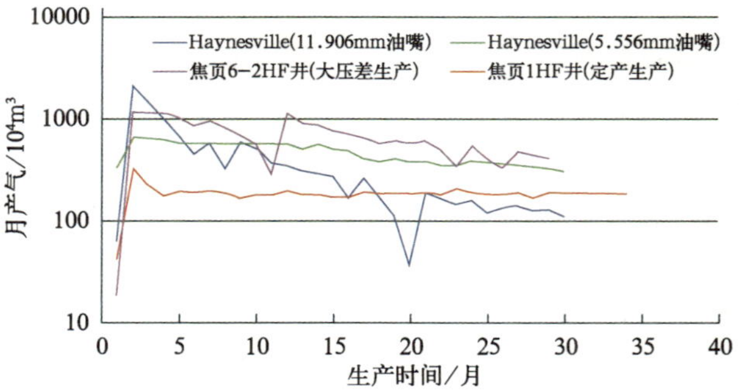

图 8　焦石坝地区试采井与北美试采井生产曲线对比图

龙马溪组页岩气层顶、底板条件都比较优越，影响保存条件的主要因素是后期改造作用，但在盆外、盆缘、盆内不同的构造区带，不同因素对页岩气保存的影响程度并不相同。

4.2.1　盆外——抬升时间、向斜宽度、埋深和断裂

盆外褶皱区的构造改造作用强，变形程度大，构造样式多以残留向斜为主，局部发育断背斜、微幅隆起，断裂较发育，五峰组—龙马溪组在背斜区广泛出露地表，区域盖层不完整，向斜区页岩埋深多介于500~3500m，压力系数为0.8~1.2。多家石油公司和地方企业在四川盆地外对处于深水陆棚的五峰组—龙马溪组页岩气进行了积极的探索，但目前仅在WL向斜和SZP向斜获得工业气流，其中处于WL向斜的LY1HF井测试产量为(5~6)×$10^4m^3/d$，地层压力系数为1.1，相对处于SZP向斜的PY1井(测试产量2.52×$10^4m^3/d$，压力系数0.96)更高。通过两个地区的详细对比，发现LY1HF井页岩气层压力系数相对更高的原因体现在：①磷灰石裂变径迹和包裹体综合分析表明，LY1HF井起始抬升时间为93Ma左右，PY1井则为125Ma左右，LY1HF井相对于PY1井抬升时间晚；②WL向斜面积更大、向斜翼部更宽，WL向斜两翼页岩气层出露区之间的距离为25.1km，SZP向斜则为20.8km；③LY1HF井页岩气层埋深更大，页岩气层底界深度为2872m，PY1井页岩气层底界深度则为2160m。另外，盆外地区断裂发育，也会明显导致页岩储层含气性变差、压力系数变低，LY1井就是较好的例证。LY1井处于LC复向斜，成像测井和岩芯分析表明，五峰组—龙马溪组发育大量高角度缝、高导缝，页岩气保存不利，全烃显示较低，小于1%，平均含气量仅为0.26m^3/t。从以上勘探实例初步可以判断，抬升时间、断裂、向斜区的宽度、页岩气层的埋深是评价盆外页岩气层保存条件的主要因素。

4.2.2　盆缘——控盆断裂

受江南—雪峰隆起、黔中隆起等的持续影响，川东南齐岳山断裂带西侧第一排构造表现出断背斜、断鼻等不同的构造样式，这些地区五峰组—龙马溪组深水陆棚相带优质页岩发育，加之页岩气层埋深适中，多处于2000~4500m，因此是目前四川盆地及周缘最现实的勘探地区之一。但通过多口井的钻探，发现控盆断裂——齐岳山断裂对页岩气的含气性起着关键的作用。主要表现为近齐岳山断裂带沿断裂及裂缝发生不同程度的垂向散失后，远离断裂带区气体在浓度差的驱使下向断裂及裂缝发育区发生水平运移，从而逸散。

典型实例如DS地区(图9)。DY1井及DY2井同处于丁山鼻状断背斜，DY1井五峰组—龙马溪组页岩气层埋深为2054m，优质页岩厚26m，平均含气量为3.07m^3/t，地层压力系数为1.08，水平井测试获日产气3.4×10^4m^3的工业气流。DY2井是针对深埋藏页岩部

署的探井，页岩气层埋深为4367.5m，优质页岩厚35.5m，地层压力系数为1.55，水平井测试获日产气$10.5\times10^4m^3$的工业气流。DY1井含气性较差、页岩气层压力系数偏低的主要原因除与页岩气层高角度裂缝较发育、垂向上有一定散失外，还与靠近齐岳山断裂带(8.5km)明显有关，断裂带明显泄压，流体将通过短距离运移，造成大量横向逸散。而DY2井相对于DY1井离齐岳山断裂破碎带、露头区较远，保存条件好。以上现象表明，齐岳山断裂带西侧第一排构造，在埋深适中的情况下，页岩气含气性与距齐岳山断裂带的距离明显有关。

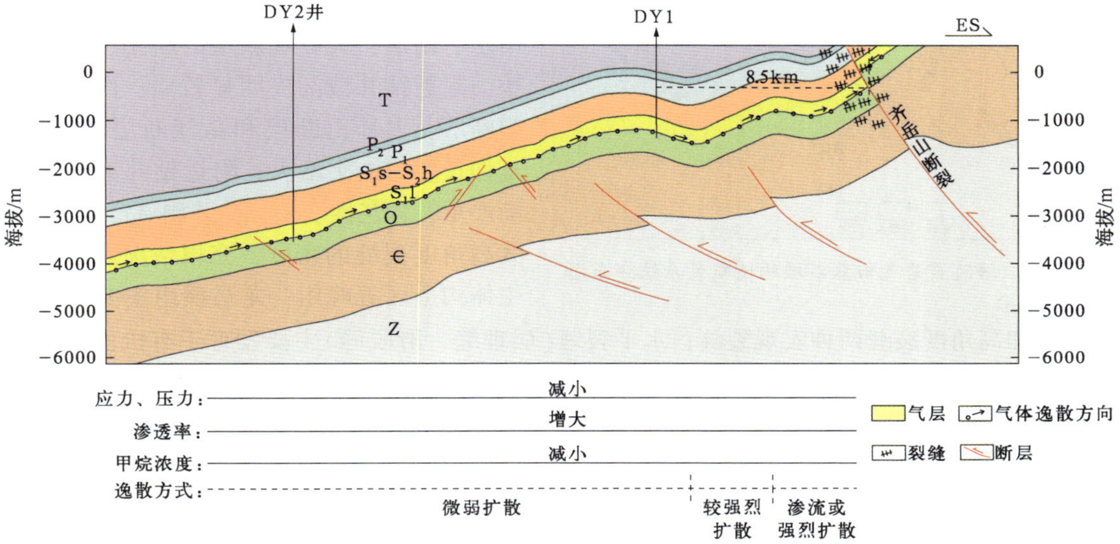

图9 DS地区五峰组—龙马溪组页岩气层剖面图

4.2.3 盆内——断裂及高角度裂缝

勘探实践表明，在四川盆地内相对稳定区背斜、隆起及斜坡等多种构造样式都取得了页岩气勘探突破，勘探成功率高，单井测试产量较高，一般大于$5.0\times10^4m^3/d$，页岩气层压力系数普遍较高，为1.2~2.0。一方面目前的勘探突破区深水陆棚优质页岩发育，另一方面这些地区地层保存齐全，构造变形弱，五峰组—龙马溪组基本未出露地表，页岩埋深多大于2000m，因此页岩气在大部分地区(除长宁地区外)并未出现露头区而发生侧向逸散。但随着勘探和研究的逐渐深入，发现盆内页岩气勘探也体现出一定的复杂性，即使同一个页岩气田，在不同的构造部位，由于断裂及高角度裂缝发育程度的不同，页岩气井产能也体现出明显的差异。

涪陵页岩气田勘探开发揭示，焦石坝构造稳定区页岩气井产能、钻井液漏失以及气井实测压力与断层、高角度裂缝发育带差异明显，其中在靠近乌江断层的西南部地区及石门断层、大耳山断层的东部地区钻井液漏失更严重。分析认为：断层的性质、规模以及所派生高角度裂缝的密度、充填情况是造成这种差异性的主要原因(图10、表3)：①断层性质。渝东南区域构造(早期冲断、晚期走滑)特征决定了断层性质上有一定的差异，北东向断层主要受早期冲断的影响，断层走滑相对较弱；北西向断层主要受晚期左旋走滑的影响；同为逆断层，走滑性质越严重，对页岩气的逸散影响越大，这是焦石坝呈北西走向的乌江断

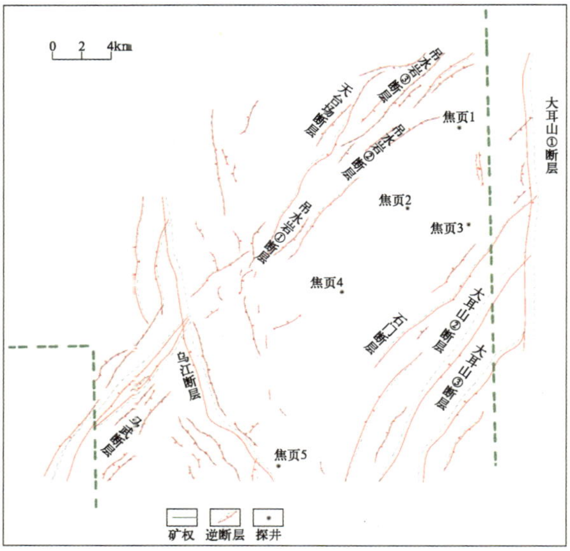

图 10 涪陵页岩气田焦石坝构造断裂系统分布图

裂附近钻井液漏失最严重的主要原因之一。②断层规模。焦石坝三级构造单元内部小断层(喜马拉雅期)影响较小，页岩气层高角度缝不发育，含气性好，而周边大规模断层附近的钻井液漏失更容易发生，页岩气层含气性变差。另外，焦石坝构造主体周边大断层也指示出随着断层规模的增大、钻井液漏失更严重的现象，其中西北翼的吊水岩断层、天台场断层的断距、长度最小，附近钻井液漏失明显较弱；而随着石门断层、大耳山断层和乌江断层的断距、延伸长度的依次增大，附近钻井液漏失逐渐严重，含气性变差，单井测试产量变低。③高角度裂缝的密度、充填情况。焦石坝主体构造区五峰组—龙马溪组主要发育水平裂缝和高角度裂缝两种宏观裂缝，水平裂缝(层理缝、滑脱缝)主要发育于有机质含量相对较高且变化较大的层段，广泛发育，其基本未对页岩气的保存产生破坏性。与断裂及褶皱有关的高角度裂缝是影响含气性的关键因素，距离断层越近，剪切性裂缝越发育；褶皱构造曲率越大，张性裂缝越发育。焦页 5 井离乌江断层和大耳山断层相对较近，高角度裂缝和微小断层相对发育，且见到较多未被充填的裂缝，页岩气易于垂向散失。

表 3 涪陵页岩气田焦石坝构造主要断层要素统计表

断裂名称	断开层位	性质	倾向	走向	断距/m	延伸长度/km
大耳山①断层	P$_2$—Є$_1$	逆断层	近 EW	近 SN	500	22
大耳山②断层	P$_2$—Є$_1$	逆断层	SE	NE	750	39
大耳山③断层	P$_2$—Є$_1$	逆断层	NW	NE	320	26
石门①断层	P$_2$—Є$_1$	逆断层	NW	NE	500	24
石门②断层	P$_2$—Є$_1$	逆断层	NW	NE	300	17
吊水岩①断层	S—Є$_1$	逆断层	NW	NE	270	6. 59
吊水岩②断层	S—Є$_1$	逆断层	NW	NE	300	10. 07
吊水岩③断层	S—Є$_1$	逆断层	NW	NE	190	8. 55
天台场断层	S—Є$_1$	逆断层	NWW	NE	260	14. 4
乌江断层	P$_2$—Є$_1$	逆断层	NE	NW	900	22. 8

5 气田发现的启示

5.1 页岩气勘探需遵从油气形成的基本规律

近年来中国的页岩气勘探覆盖了海相、陆相 10 多个盆地和地区、10 多个层系，但是除了在四川盆地五峰组—龙马溪组发现具有商业性开发价值的页岩气田之外，在其他的层系、盆地和地区的勘探进展还不尽如人意。页岩气的勘探开发虽然有自身的特点，但和常规油气一样，页岩气勘探也需要遵从油气形成的基本规律。页岩气的“生、储、盖”等都发生在页岩自身内，后期是否能进行良好的压裂改造方面——岩石可压性评价也是页岩本身品质所造成的，因此，页岩气的勘探首先要寻找有利的构造—沉积背景，优选出优质页岩的有利发育区。同时，面对中国南方海相页岩时代老、热演化程度高、保存条件非常复杂的客观条件，需要意识到“并不是所有的页岩都具有页岩气，并不是所有的页岩气都具有商业开发价值”，页岩气能否达到高产、稳产，并不仅仅要求其具有形成页岩气良好的物质基础，后期保存条件至关重要。但和常规油气略有不同的是，页岩气不发生明显的运移或仅在页岩内部发生短距离的运移，不需要大规模的输导系统；同时页岩气层是大规模、连续性的，没有明显的气水界面，页岩气在横向上丰度的变化主要受页岩气本身品质、规模以及后期保存条件的控制。

5.2　中国南方页岩气具有多个勘探方向

北美页岩气的成功勘探开发、快速发展关键得益于工程工艺技术的进步[1-5]，国内工程自主技术的发展必将会带来页岩气产业的大发展。基于这一前提，认为中国南方页岩气的勘探还有待进一步扩大视野，做好评价和有利区带目标准备，明确其资源力。①深层页岩气。四川盆地及周缘埋深介于3500~4500m且位于深水陆棚相区的页岩气层，不仅具有富有机质页岩厚度大、TOC高以及分布范围广的特点，并且后期保存条件较好，多具有高压、超高压，具有良好的页岩气勘探前景；但面对具有埋深大、破裂压力高、温度高、压裂施工难度大等特点，需要加强深层页岩气勘探开发技术和配套装备攻关和研发。②盆外常压区。对于盆外保存条件受到一定程度破坏的地区，一方面需要继续加强页岩气保存条件相对有利区的优选，同时还需要加强高TOC页岩吸附气勘探开发潜力价值的评价。美国已经商业开发的页岩气田中，也具有呈常压或低压的页岩气藏，气田平均产量也不高，如圣胡安盆地Lewis页岩。关键在于工程工艺技术的进步，提高产量、降低成本。③陆相页岩气。中国陆相页岩气在四川盆地等探区进行了探索，其总体具有TOC低、黏土矿物含量高、含气性总体较差、非均质性强的特征[33-34]，勘探效果不理想，对资源潜力的认识差异大，目前还不具备规模勘探开发条件。因此，对于陆相页岩气需开展前瞻性攻关，在重点富集区目标部署试验井，开展针对湖相页岩气偏高黏土含量、非均质性较强的压裂工艺技术，评价其产能。

5.3　重视基础、创新思路、发展关键技术是页岩气勘探突破的关键

中国页岩气资源丰富，目前存在多种评价结果，包括美国EIA2013年评价的$31.6\times10^{12}m^3$[35]，国土资源部2012年评价的$25.08\times10^{12}m^3$[36]。评价差异大的主要原因是勘探程度低，对不同类型页岩气成藏机理、富集规律认识不清，页岩气资源尚未真正落实，优质资源分布区与资源富集“甜点区”不明确。因此需要清醒地认识到，中国页岩气勘探与开发不可能一蹴而就，需在扎实工作基础上明确不同地区、不同层系页岩气的特性，总结能够实现页岩气商业勘探与开发的共性，围绕基础理论、工程技术、装备体系等重点方向，集中优势力量，强化协同攻关，发展与中国地质和环境条件相适应的地质理论、工程技术和装备，争取早日在南方更广泛的地区实现页岩气勘探开发的突破。

参 考 文 献

[1] Schettler Jr P D, Parmely C R, Juniata C. Contributions to total storage capacity in Devonian shales[J]. SPE 23422, 1991: 77-88.

[2] Bowker K A. Recent development of the Barnett Shale play, Fort Worth Basin: West Texas[J]. Geological Society Bulletin, 2003, 42(6): 1-11.

[3] Montgomery S L, Jarvie D M, Bowker K A, *et al*. Missiissippian Barnett Shale, Fort Worth Basin, north-central Texas: gasshale play with Multitrillion Cubic Foot Potential[J]. AAPG Bulletin, 2005, 89(2): 155-175.

[4] Bowker K A. Recent developments of the Barnett Shale play, Fort Worth Basin[J]. West Texas Geological Society Bulletin, 2005, 42(6): 4-11.

[5] Curtis J B. Fractured shale-gas systems[J]. AAPG Bulletion, 2002, 86(11): 1921-1938.

[6] 黄玉珍，黄金亮，葛春梅，等. 技术进步是推动美国页岩气快速发展的关键[J]. 天然气工业，2009，29(5)：7-10.

[7] 李新景，胡素云，程克明. 北美裂缝性页岩气勘探开发的启示[J]. 石油勘探与开发，2007，34(4)：392-400.

[8] 赵靖舟，方朝强，张洁，等. 由北美页岩气勘探开发看我国页岩气选区评价[J]. 西安石油大学学报：自然科学版，2011，26(2)：1-7.

[9] 郭旭升. 南方海相页岩气“二元富集”规律——四川盆地及周缘龙马溪组页岩气勘探及实践认识[J]. 地质学报，2014，8(7)：1209-1218.

[10] 郭旭升，胡东风，文治东，等. 四川盆地及周缘下古生界海相页岩气富集高产主控因素——以焦石坝地区五峰组—龙马溪组为例[J]. 中国地质，2014，41(3)：893-901.

[11] 郭旭升. 涪陵页岩气田焦石坝区块富集机理与勘探技术[M]. 北京：科学出版社，2014.

[12] 郭旭升，郭彤楼，魏志红，等. 中国南方页岩气勘探评价的几点思考[J]. 中国工程科学，2012，14(6)：101-105.

[13] 郭旭升，胡东风，李宇平，等. 海相和湖相页岩气富集机理分析与思考：以四川盆地龙马溪组和自流井组大安寨段为例[J]. 地学前缘，2016，23(2)：18-28.

[14] 胡东风，张汉荣，倪楷，等. 四川盆地东南缘海相页岩气保存条件及其主控因素[J]. 天然气工业，2014，34(6)：17-23.

[15] 郭彤楼，张汉荣. 四川盆地焦石坝页岩气田形成与富集高产模式[J]. 石油勘探与开发，2014，41(1)：28-36.

[16] 邹才能，董大忠，王社教，等. 中国页岩气形成机理、地质特征及资源潜力[J]. 石油勘探与开发，2010，37(6)：641-653.

[17] 董大忠，邹才能，李建忠，等. 页岩气资源潜力与勘探开发前景[J]. 地质通报，2011，30(2-3)：324-336.

[18] 赵文智，董大忠，李建忠，等. 中国页岩气资源潜力及其在天然气未来发展中的地位[J]. 中国工程科学，2012，14(7)：46-52.

[19] 荆铁亚，杨光，林拓，等. 中国中上元古界页岩气地质特征及有利区预测[J]. 特种油气藏，2015，22(6)：5-9.

[20] 贾承造，郑民，张永峰. 中国非常规油气资源与勘探开发前景[J]. 石油勘探与开发，2012，39(2)：129-136.

[21] 胡明毅，邱小松，胡忠贵，等. 页岩气储层研究现状及存在问题探讨[J]. 特种油气藏，2015，22(2)：1-7.

[22] 吴奇，梁兴，鲜成钢，等. 地质—工程一体化高效开发中国南方海相页岩气[J]. 中国石油勘探，2015，20(4)：1-23.
[23] 王志刚. 涪陵页岩气勘探开发重大突破与启示[J]. 石油与天然气地质，2015，36(1)：1-6.
[24] 马永生，楼章华，郭彤楼，等. 中国南方海相地层油气保存条件综合评价技术体系探讨[J]. 地质学报，2006，80(3)：406-417.
[25] 魏志红. 四川盆地及其周缘五峰组—龙马溪组页岩气的晚期逸散[J]. 石油与天然气地质，2015，36(4)：659-665.
[26] 李双建，肖开华，汪新伟，等. 南方志留系碎屑矿物热年代学分析及其地质意义[J]. 地质学报，2008，82(8)：1068-1076.
[27] 苏勇. 湘鄂西区块构造演化及其对油气聚集的控制作用[D]. 广州：中国科学院研究生院.
[28] 梅廉夫，刘昭茜，汤济广，等. 湘鄂西—川东中生代陆内递进扩展变形：来自裂变径迹和平衡剖面的证据[J]. 地球科学：中国地质大学学报，2010，35(2)：161-174.
[29] 汪泽成，赵文智，徐安娜，等. 四川盆地北部大巴山山前带构造样式与变形机制[J]. 现代地质，2006，20(3)：429-435.
[30] 马力，陈焕疆，甘克文，等. 中国南方大地构造和海相油气地质(上)[M]. 北京：地质出版社，2004.
[31] Fang Hao，Huayao Zou. Cause of shale gas geochemical anomalies and mechanisms for gas enrichment and depletion in high-maturity shales[J]. Marine and Petroleum Geology，2013，44：1-12.
[32] Xia X Y，James C，Braun R，*et al*. Isotopic reversals with respect to maturity trends due to mixing of primary and secondary products in source rocks[J/OL]. http://dx.doi.org/10.1016/j.chemgeo，2012，07-25.
[33] 郭彤楼，李宇平，魏志红. 四川盆地元坝地区自流井组页岩气成藏条件[J]. 天然气地球科学，2011，22(1)：1-7.
[34] 魏祥峰，黄静，李宇平，等. 元坝地区大安寨段陆相页岩气富集高产主控因素[J]. 中国地质，2014，41(3)：970-981.
[35] 邹才能，董大忠，王玉满，等. 中国页岩气特征、挑战及前景(一)[J]. 石油勘探与开发，2015，42(6)：689-701.
[36] 张大伟，李玉喜，张金川，等. 全国页岩气资源潜力调查评价及有利区优选(2009—2011)[R]. 北京：国土资源部油气资源战略研究中心，2012：44-46.

2 地质认识

中国南方海相石油地质特征及勘探潜力

马永生　郭彤楼　付孝悦　肖朝晖

（中国石油化工股份有限公司南方勘探开发分公司）

摘要：中国南方及邻区的基本构造格架可概括为五个陆缘造山带、三个较稳定地块、一个加里东构造域和一个陆内基底拆离造山带。基本地层层序格架可归纳为六个一级层序及相应的沉积构造旋回，沉积构造格架及多旋回构造演化史决定了南方海相石油地质的基本特征。自震旦纪至中三叠世在南方发育了两个世代的海相原型沉积盆地，均在南北两大陆边缘发育了丰富的优质烃源岩，包括四套区域主力烃源层和六套地区性烃源岩，并形成五套好的区域性盖层以及包括风化壳、裂缝、礁滩及白云岩等多种储集体。印支—早燕山造山期原型大陆边缘盆地和前陆盆地，曾形成五个原始超油气系统，后期的高热演化，使其在现今多转化为含气系统。现实的含气系统只能残留赋存于现今有效保存单元之内，具有多源多期成烃、晚期复合成藏等基本特点。近期油气资源评价认为，南方海相资源量为8.2882×$10^{12}$$m^3$ 气当量，油气勘探潜力大。今后的有利勘探方向包括鄂西渝东地区及川东北地区等七个区块。

关键词：构造格架　层序地层　含油气系统　海相地层　烃源岩　油气成藏　勘探评价　中国南方

中国南方中-古生界海相领域油气勘探已有四十多年历史，已在四川盆地找到丰富油气储量，其他广大地区因后期构造复杂、勘探研究程度低，尚未取得实质性勘探突破。但由于其良好的原始油气地质条件，近十年来，中石油和中石化相继将该复杂地区作为一个重要后备勘探领域，投入了较多的勘探评价工作，取得了不少新的成果与认识。本文在简要介绍南方大陆基本构造、层序地层格架的基础上，着重分析其基本石油地质特征及其油气勘探潜力。

1　基本构造格架

南方大陆及邻区具有复杂的地质历史和地质结构。在综合国内已有研究成果的基础上，我们将南方大陆及邻区的基本构造格架概括为五个陆缘造山带、三个较稳定地块、一个加里东构造域和一个陆内基底拆离造山带（图1）。它们既反映了南方大陆及邻区的基本构造特征，亦反映了其复杂的地质构造发展历史。

1.1　五个陆缘造山带

秦岭—大别—胶南造山带　横亘于南方大陆与北方大陆之间，东西向展布。造山过程

海相油气地质，2002，7(3)：19-27

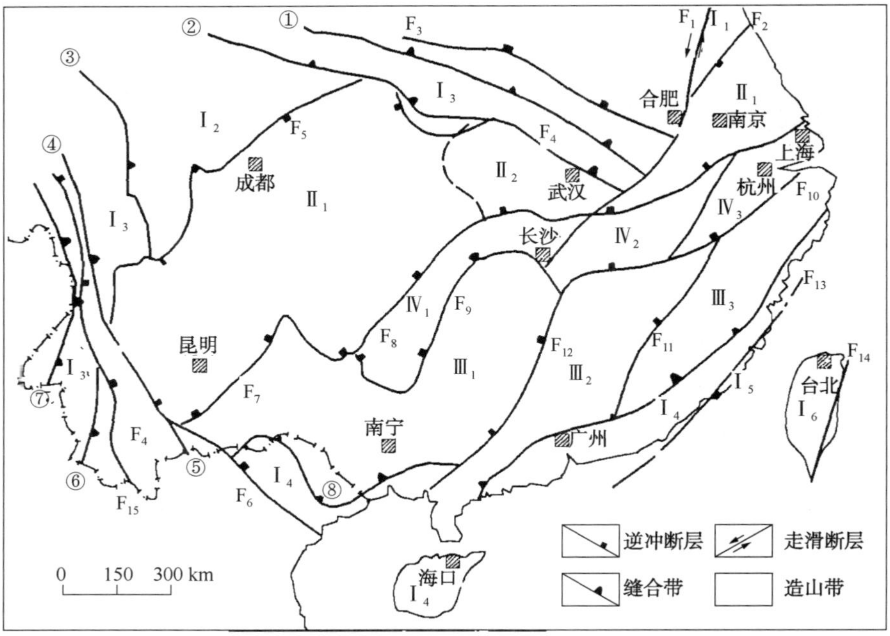

图 1 中国南方大陆及邻区构造单元划分(据马力等❶修改)

缝合带：①商丹；②勉略；③甘孜—理塘；④金沙江；⑤墨江；⑥碧土—昌宁—孟连；⑦丁青—怒江；⑧八布—小董

断裂：F_1—郯庐；F_2—嘉山—响水；F_3—周口—合肥；F_4—襄广；F_5—龙门山；F_6—红河；F_7—师宗—弥勒；F_8—江南；F_9—溆浦—四堡；F_{10}—江绍；F_{11}—崇安—河源；F_{12}—萍乡—博白；F_{13}—长乐—南奥；F_{14}—台东；F_{15}—澜沧江

造山带(Ⅰ)：$Ⅰ_1$—秦岭—大别—胶南；$Ⅰ_2$—甘孜—阿坝；$Ⅰ_3$—三江；$Ⅰ_4$—粤海；$Ⅰ_5$—滨太平洋

稳定地块(Ⅱ)：$Ⅱ_1$—上扬子；$Ⅱ_2$—中扬子；$Ⅱ_3$—下扬子

华南加里东构造域(Ⅲ)：$Ⅲ_1$—湘桂地块；$Ⅲ_2$—武夷云开地块；$Ⅲ_3$—华夏地块

江南基底拆离造山带(Ⅳ)：$Ⅳ_1$—雪峰；$Ⅳ_2$—九岭；$Ⅳ_3$—怀玉山

包括前古特提斯和古特提斯两个开合演化阶段，分别形成商丹缝合带和勉略缝合带[1]。造山带内部可划分为北秦岭、南秦岭、大别、胶南等四个造山带构造单元。

甘孜—阿坝陆缘造山带　指位于甘孜—理塘缝合带以北、龙门山断裂以西、阿里玛卿—勉略带(阿里玛卿是勉略缝合带的西延部分)以南的三角地区。根据地球物理与地质资料，可将其内部进一步划分为松潘—理塘隐伏地块、扬子西缘褶断带、昆仑—西秦岭南缘褶断带以及雅江褶断带等四个次级构造单元[2]。

三江陆缘造山带　位于金沙江、墨江缝合带以西，现今呈近南北向展布，是一个以古特提斯为主的复合造山带。造山带内包括丁青—怒江、金沙江、墨江、碧土—昌宁—孟连等缝合带构造及其所夹持的中间地块[3]。

粤海造山带　是最新厘定的一个造山带，位于华南板块的南缘，西自云南河口，经广西钦防、粤中至浙闽沿海，为古特提斯造山带的一个分支。包括越北地块、富宁那坡岛弧带、钦防拗拉槽、粤中地块、海口地槽、海南地块、浙闽东南海槽等构造单元。广西凭祥那哮蛇绿混杂岩及钦防拗拉槽内发现的细碧角斑岩是确定该古特提斯造山带存在的依据[4]。

❶马力，吴少华，徐克定，等. 南方海相中古生界天然气地质综合研究总结，2001

滨太平洋陆缘造山带　是一个与太平洋板块俯冲消减作用有关的造山带。其范围包括东南沿海至台湾岛一带地区。自晚侏罗世至上新世渐次形成长乐南澳(J_2—K_1)、垦丁(N_1)、天祥(N_1)、利吉(N_2)等四个蛇绿混杂岩带[5]。新构造运动剧烈是该造山带一个非常重要的特点。

1.2　三个较稳定地块

是指上扬子地块、中扬子地块和下扬子地块，它们都具有太古代—中元古代的变质基底，其上为晚元古代—古生代的沉积盖层所覆盖。

中、上扬子地块的分界为黄陵隆起西翼及天阳坪断裂。这两个地块在印支期以前为统一的陆壳块体，其主要差异形成于印支期之后。中—晚三叠世，两地块的生物群明显不同；晚白垩世至早第三纪，中扬子地块表现为剧烈的伸展、扩张，形成江汉盆地，而上扬子地块相对抬升、盆地萎缩，形成挤压构造。

下扬子地块与中、上扬子地块之间差别较大，主要表现在：(1)下扬子基底具有多个结晶碎块，褶皱基底厚，活动性大，早震旦世有明显火山活动，晚奥陶世为一个大陆边缘活动陆棚；(2)该地块内部自燕山期以来火山岩浆活动频繁，且属性明显不同于中、上扬子地块；(3)深部构造反映其近期仍是一个活动性较大的地块。

1.3　华南加里东构造域

其范围涉及较广，包括扬子地块以南的广大地区，江南雪峰—九岭—怀玉山一带因后期演化为基底拆离隆升造山带而单独划分出来，将在下文论述。该构造域主体由湘桂地块、武夷云开地块和华夏地块三个构造单元组成，其构造演化可划分为三个阶段：(1)震旦纪至早古生代为扬子板块与华夏地块之间拉开形成的一个裂陷槽，加里东运动使其褶皱回返，与扬子地块拼合形成统一的华南板块(海西—早印支旋回)；(2)海西期，随着古特提斯洋的打开再次拉开形成泥盆纪至早—中三叠世的边缘海盆地，北部以稳定海相沉积为主，南部如钦防海槽及东延部分为非稳定型沉积；(3)晚三叠世以后为板内变形阶段，具有较多的岩体侵入和火山活动。

1.4　江南陆内基底拆离造山带

造山带夹于扬子板块与华南加里东褶皱带之间，为一相对独立的地质构造单元。主体为中—晚元古代变质岩，局部残存古生界。范围自黔东北、湘西、赣北至浙西，呈北东东展布，可划分为雪峰基底拆离造山带、九岭基底拆离造山带、怀玉山基底拆离造山带等三部分。该基底拆离造山带实质上是晋宁期褶皱回返增生于扬子板块东南缘的一个中—晚元古代的坳拉槽，早古生代为扬子板块东南次深海沉积，加里东期卷入华南褶皱带，印支期形成陆内隆起，中—晚燕山期在大规模陆内挤压作用下形成基底拆离造山带。

2　地层格架

南方大陆及邻区基本地层格架可划分出六个一级(旋回)层序和27个准二级层序(表1)。以印支运动面为标志，震旦纪—中三叠世主要发育海相沉积层序，为海相油气系统形成建设时期，可划分为加里东和海西—早印支两大沉积构造旋回。晚三叠世以来主要发育陆相沉积层序，经历了多期次构造变动，是海相油气系统破坏改造时期，可划分晚印支—早燕山、中燕山、晚燕山-早喜马拉雅、晚喜马拉雅等四大沉积构造旋回。

表 1　中国南方地层层序构成与构造演化阶段划(据马力等❶，2001)

地质时代(Ma)				层序界面	准二级层序	构造运动旋回		盆地性质		海平面升降	构造域	Morel划分	朱夏划分
23	N			SB27	N–Sub27	晚喜马拉雅期旋回(Ⅵ)	晚燕山运动	陆内造山造盆	湖泊	陆相	太平洋、印度洋	潘基亚A	新全球构造阶段
65	E			SB26	E–Sub26	早喜马拉雅期—晚燕山期旋回(Ⅴ)	中喜马拉雅运动						
	K		K_3	SB25	K_3–Sub25		早喜马拉雅运动						
			K_2	SB24	K_2–Sub24	中燕山期旋回(Ⅳ)			湖泊				
135			K_1	SB23	K_1–Sub23								
	J		J_3	SB22	J_3–Sub22		中燕山运动	盆山转换	前陆盆地	海陆交互相	新特提斯		
			J_2	SB21	J_2–Sub21	早燕山期—晚印支期旋回(Ⅲ)							
203			J_1	SB20	J_1–Sub20								
	T	T_3	T_3^3	SB19–4	T_3–Sub19–4		安源运动						
			T_3^2	SB19–3	T_3–Sub19–3								
				SB19–2	T_3–Sub19–2								
			T_3^1	SB19–1	T_3–Sub19–1		印支运动						
			T_2	SB18	T_2–Sub18	早印支期—晚海西期旋回($Ⅱ_2$)			大陆边缘	转折	古特提斯	潘基亚A—潘基亚B	过渡阶段
250			T_1	SB17	T_1–Sub17								
	P		P_2	SB16–2	P_2–Sub16–2								
				SB16–1	P_2–Sub16–1		东吴运动						
295			P_1	SB15	P_1–Sub15	早海西期旋回($Ⅱ_1$)	黔桂运动			海平面上升			
	C		C_2	SB14	C_2–Sub14								
315			C_1	SB13	C_1–Sub13		紫云运动					潘基亚B	古全球构造阶段
	D		D_3	SB12	D_3–Sub11								
			D_2	SB11	D_2–Sub11								
408			D_1	SB10	D_1–Sub10		广西运动						
	S		S_3	SB9	S_3–Sub9	加里东期旋回(Ⅰ)		盆山转换	前陆盆地	海平面下降	前古特提斯		
			S_2	SB8	S_2–Sub8								
435			S_1	SB7	S_1–Sub7		都匀运动						
	O		O_{2+3}	SB6	O_{2+3}–Sub6				被动大陆边缘台地	海平面上升			
510			O_1	SB5	O_1–Sub5		郁南运动						
	∈		$∈_{2+3}$	SB4	$∈_{2+3}$–Sub4								
570			$∈_1$	SB3	$∈_1$–Sub3								
	Z		Z_2	SB2	Z_2–Sub2								
800			Z_1	SB1	Z_1–Sub1		晋宁运动(雪峰运动)						
AnZ											罗丁尼亚	潘基亚E	

Z_1—S_3 一级层序及加里东期旋回　其演化受前古特提斯动力体制控制，发育 9 个准二级层序(Sub1～Sub9)。分为四个构造阶段：早震旦世为离散阶段；晚震旦世—早奥陶世海平面上升，发育碳酸盐岩台地和被动大陆边缘沉积；晚奥陶世—早志留世聚敛收缩，海平面下降；中志留世大部分地区抬升剥蚀。

D_1—T_2 一级层序及海西—早印支期旋回　其演化受古特提斯动力体制控制，发育 9 个准二级层序(Sub10～Sub18)。泥盆纪—早石炭世为离散阶段；晚石炭世—早二叠世为碳酸盐岩台地及大陆边缘发育阶段；晚二叠世—中三叠世构造逆转，古特提斯洋两侧被动大陆边缘多数变为活动大陆边缘。

T_3—J_2 一级层序及晚印支-早燕山期旋回　包括 3 个准二级层序(Sub19～Sub21)。中国南方普遍发生海平面下降，发育向上变浅的同造山期前陆盆地。

J_3—K_2 一级层序及中燕山期旋回　包括 3 个准二级层序(Sub22～Sub24)。南方大陆形成以挤压走滑为主的陆内造山、造盆阶段，形成西部逐渐收缩的内陆盆地和东部的火山盆地。

K_3—E 一级层序及晚燕山-早喜马拉雅期旋回(Sub25～Sub26)西部特提斯海最后关闭，东部由于伸展作用形成一系列断陷盆地。

N 一级层序及中—晚喜马拉雅期旋回　(Sub27)西太平洋岛弧体系形成，印度板块与欧亚板块碰撞，在青藏高原急剧上升背景下，南方大陆主要为陆相沉积，与下伏盆地走向明显相悖。

3　南方海相石油地质基本特征

受上述构造、沉积基本格架和多旋回构造演化的控制，中国南方广大地区震旦纪以来接受了巨厚的海相沉积，发育多套生储盖组合，原始成油地质条件良好，但由于多期次构造变动的影响，其油气地质特征表现出复杂性与特殊性。

3.1　海相原型沉积盆地优质烃源岩丰富

南方地区震旦纪至中三叠世发育了两个世代的海相原型沉积盆地，其中震旦纪至早古生代为第一个世代的海相原型盆地，泥盆纪至中三叠世为第二世代原型盆地。这两个世代的原型沉积盆地均在南北两被动大陆边缘发育了丰富的优质烃源岩，包括四套区域性烃源层和六套地区性分布的烃源岩。四套区域烃源层是指下寒武统、上奥陶统—下志留统、下二叠统和上二叠统，前二者主要发育于扬子地区，后二者展布于扬子、华南和兰坪—思茅地区。地区性烃源层包括中—上扬子区的上震旦统陡山沱组和下三叠统、下扬子区的下奥陶统和下三叠统、湘桂地区的中泥盆统和下石炭统及扬子西缘海陆交互相的上三叠统。

下寒武统烃源岩　主要分布于扬子古板块的南北两个被动大陆边缘，厚度较大，向台区减薄。北被动边缘的南秦岭生油区，烃源岩厚度 100～500m，有机碳 0.5%～2%；南被动边缘厚度一般为 50～400m，有机碳 0.5%～5%。

上奥陶统—下志留统烃源岩　上奥陶统烃源岩厚度不大，数米至 30m，但分布几乎遍及整个扬子区，岩性为灰黑色硅质页岩、含砂质页岩、碳质页岩。下志留统烃源岩发育于龙马溪组底部，厚度一般为 30～80m，为一套黑色笔石页岩。上扬子厚 40～80m，有机碳 0.5%～2.34%；中扬子厚 80m，有机碳 1.0%～1.22%；下扬子厚 65m，有机碳 0.9%～1.24%。

下二叠统烃源岩　主要发育于栖霞组，为一套泥质碳酸盐岩烃源岩，分布于整个扬子区和湘桂地区及兰坪—思茅地区，有机碳含量一般较低，0.4%～1.0%，但厚度一般较大，100～500m 不等。

上二叠统烃源岩　在中扬子区和湘桂地区主要发育于下部吴家坪组，为一套煤系烃源岩，厚度在中扬子区20~50m，湘桂地区50~200m，有机碳含量较高，一般1%~6%。上扬子和下扬子区主要发育于上部长兴组，为泥质烃源岩，上扬子区厚度20~50m，有机碳4%~6%；下扬子区厚度50~200m，有机碳1%~3%。兰坪—思茅地区则为泥质碳酸盐岩，厚度300~600m，有机碳1%~2%。

上述四套区域主力烃源岩的发育与一级大层序的最大海进期相一致，而地区性烃源岩则与二级或三级准层序的海进高潮期或凝缩段相吻合，它们形成于不同的构造环境，与全球性缺氧事件或局部还原环境有关。

3.2　五套区域性盖层

下寒武统、下志留统、下三叠统这三套地层既是烃源层又是岩性盖层和浓度盖层，呈区域性分布。除此之外，在海相油气系统上方于后期又叠覆了两套陆相成因的区域盖层，即形成于前陆盆地中的晚三叠世—早侏罗世沉积盖层和形成于陆相断陷盆地中的晚白垩世—晚第三纪沉积盖层。

3.3　五类重要储层

南方海相储层主要发育于各准二级层序的海平面下降时期，以台地相碳酸盐岩和白云岩为主，包括以下五个重要类型。

裂缝型碳酸盐岩　这是四川盆地下寒武统、中—下奥陶统、下二叠统等的主要储层类型，在川中地区的下寒武统、下二叠统，川西地区的中—下奥陶统已获得油气产层。

孔隙型礁滩相灰岩储层　礁相灰岩储层主要分布于川东气区的上二叠统长兴组和南盘江地区的上二叠统，主要为台缘礁。孔隙度一般为2%~8%。滩相储层主要发育于上扬子的下三叠统飞仙关组和嘉陵江组。

孔隙型白云岩储层　主要分布于四川盆地的上震旦统灯影组和中石炭统黄龙组，前者为藻白云岩，后者为溶蚀针孔白云岩和云灰岩，厚度一般为20~50m，孔隙度一般为2%~8%。

海进上超砂岩　主要分布于湘桂地区的中—下泥盆统、下石炭统、上二叠统，为夹于泥质烃源层或煤系烃源层中的海进上超砂岩。

古风化壳　上扬子区中石炭统黄龙组溶蚀溶孔白云岩储层与古剥蚀面的溶蚀溶滤有关；下扬子区的印支期不整合面，此类储层较发育。

3.4　五个原始超油气系统

超油气系统是指在时间域和空间域上具有共生联系的油气系统组合。在印支—早燕山同造山期原型大陆边缘盆地和前陆盆地，曾形成了五个原始超油气系统。

南方大陆自晚震旦世至早—中侏罗世由于多旋回盆地演化而形成了不同时间和空间域上的五大超级油气系统(图2)，其划分以原盆沉积构造格局为依据：

Ⅰ扬子板块上震旦统至下古生界超油气系统。

Ⅱ扬子板块上古生界至中—下三叠统超油气系统。

Ⅲ湘桂地块上古生界至中—下三叠统超油气系统。

Ⅳ兰坪—思茅上古生界至中—下三叠统超油气系统。

Ⅴ扬子板块西缘上三叠统前陆盆地超油气系统。

根据对烃源岩生烃演化史的分析，海相烃源岩在印支运动以前均已成熟生烃，油气主要沿印支期古隆起分布。晚印支期至早燕山期前陆沉积层序发育时期，海相源岩进一步增熟进入生气阶段，同时上三叠统烃源岩也进入成熟生烃阶段。

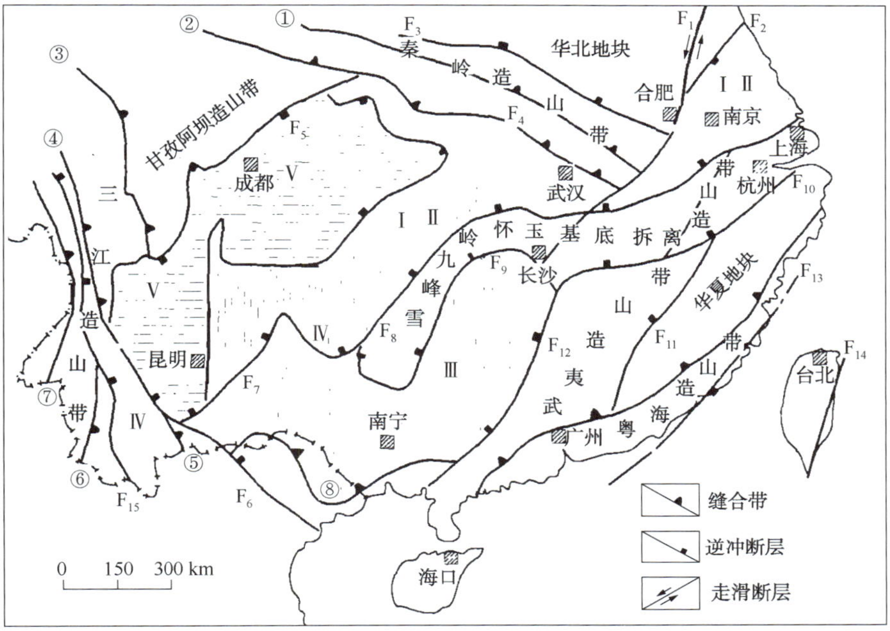

图 2　南方海相超油气系统划分(据马力等❶修改)

缝合带：①商丹；②勉略；③甘孜—理塘；④金沙江；⑤墨江；⑥碧土—昌宁—孟连；⑦丁青—怒江；⑧八布—小董

主要断裂：F_1—郯庐；F_2—嘉山—响水；F_3—周口—合肥；F_4—襄广；F_5—龙门山；F_6—红河；F_7—师宗—弥勒；F_8—江南；F_9—溆浦—四堡；F_{10}—江绍；F_{11}—崇安—河源；F_{13}—长东—南奥；F_{14}—台东；F_{15}—澜沧江

超油气系统(不同阴影表示各油气系统)：Ⅰ—扬子晚震旦世—早古生代超油气系统；Ⅱ—扬子晚古生代—中三叠世超油气系统；Ⅲ—湘桂晚古生代—中三叠世超油气系统；Ⅳ—兰坪—思茅晚古生代—中三叠世超油气系统；Ⅴ—扬子西缘前陆盆地超汕气系统

4　油气系统演化

4.1　原始油气系统已演化为现今的纯气系统

经历了巨厚的沉积埋藏和多期次构造热事件，南方海相烃源岩有机质热演化程度普遍较高，原始油气系统已演化为现今的纯气系统。如表 2 所示，下古生界烃源岩均达过成熟阶段，上古生界烃源岩处于高成熟至过成熟。

表 2　中国南方海相盆地烃源岩热演化 R_o(%)数据表(据马力等❶)

层位	四川盆地	湘鄂西地区	江汉盆地	苏南皖南地区	苏北地区	黔北地区	南盘江坳陷	十万大山盆地	楚雄盆地	思茅坳陷
T_3	1~2	—	—	—	—	—	—	—	1.3~3	2~2.5
T_1—T_2	—	—	—	0.6~1.5	1.5~2.0	—	3~4	1.3~2.0	—	—
P_2	2~3	2~3	1.3~2.0	0.8~3.0	2~3	2~3	3~4	1.3~2.0	—	2~3

续表

层位	四川盆地	湘鄂西地区	江汉盆地	苏南皖南地区	苏北地区	黔北地区	南盘江坳陷	十万大山盆地	楚雄盆地	思茅坳陷
P_1	2~3	2~3	1.3~2.0	1.3~3.0	1.3~3.0	2~3	3~4	2.0	—	2~3
C	—	—	—	—	—	—	3	—	—	—
D	—	—	—	—	—	—	3~4	2~3	—	—
S_1	2~3	2~3	2~3	2~3	2.0~3.5	2~3	—	—	—	—
$Є_1$	3~4	3~4	2~3	3~4	3~4	2~3	—	—	—	—
Z_2	>4	—	—	>4	—	—	—	—	—	—

按烃源岩最大 R_o 值可分三类地区：

$R_o \geq 3\%$地区　川西，川东，石柱复向斜，湘鄂西地区，江汉盆地当阳复向斜，下扬子区，南盘江坳陷，楚雄盆地西部推覆带和中部深坳陷，思茅盆地；

R_o 为 2%~3%地区　江汉盆地沉湖—土地堂复向斜，十万大山盆地；

$R_o<2\%$地区　江南隆起带，康滇古陆，黄陵背斜，西大明山隆起。

导致有机质高热演化的原因除与巨厚的沉积埋藏有关外，还与后期构造动力及热力作用有关。如楚雄西部推覆带与中部深坳区，R_o 值比楚雄盆地东部、北部高。其解释是：西部在印支期表现为较高热流值（>70mW/m²），新构造运动强烈、现代地震区的区域热流值高（50~60mW/m² 以上），地温梯度 3~3.5℃/100m，滇西、腾冲热流值达 100mW/m² 以上❶。构造加厚的增熟作用在下扬子圣科 1 井表现相当明显，如钻遇向斜上翼二叠系龙潭组井深 600~620m 的 R_o 为 0.84%~0.89%，而下翼同层位井深 2075~2350m 的 R_o 则为 1.32%~1.45%（图 3）。

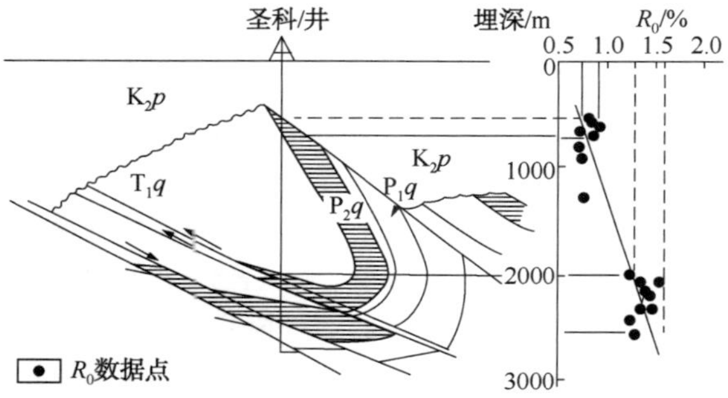

图 3　圣科 1 井钻遇的上二叠统龙潭组有机质增熟作用（据陈安定等[6]）

K_2p—上白垩统浦口组；T_1q—下三叠统青龙组；P_2l—上二叠统龙潭组；P_1q—下二叠统栖霞组

高热演化对南方海相油气评价产生了重要的影响：

（1）$R_o>2\%$的地区，一般液态烃难以存在，勘探工作应立足于找气为主，兼顾找油，运用天然气成藏理论来指导勘探和研究工作。

（2）含气系统充注源呈多样化，存在烃源岩直接供烃、原油裂解气、水溶脱气、煤层气和深盆气解吸等多种充注源。

（3）高演化对储、盖层均产生影响。对储层，由于压实、压溶、胶结、砂岩颗粒次生加大等地质作用加剧，储层原始孔隙基本消失，孔隙度很低，主要依靠构造裂隙、古暴露淋滤、埋深溶蚀、白云岩化等作用形成次生储渗空间。对盖层，一方面使盖层致密，突破压力升高，封盖能力变好；另一方面，泥岩失去可塑性，产生裂隙、断层，失去封盖能力，天然气沿它们垂直向上运移而逸散或形成次生气藏。

值得指出的是，以往资料表明南盘江地区上古生界是热演化程度最高的，包括中三叠统在内，R_o 高达 3%～4%。但近期于秧 1 井所获的数据比以往要低得多，中三叠统 R_o 为 1.36%～1.52%，下二叠统茅口组 R_o 值为 1.87%，这是一个值得注意的现象。

总之，从上述有机质热成熟度数据可看出，南方海相是一个以天然气为主的勘探领域。经历多期构造演化，原始海相油气系统已向现今纯含气系统转化。

4.2 现实含气系统的有效保存

经历了造山期后的多期次构造运动改造，现实的含气系统只能残存于整体封闭或局部构成封闭的有效保存单元之内。

南方大陆海相含油气系统在印支期以后至少经历了三次重大的改造，即中燕山运动的陆内造山作用、晚燕山至早喜马拉雅期的伸展裂陷作用和晚喜马拉雅期全区性的隆升剥蚀改造。

经过造山期后的多次改造，南方大陆海相油气系统的现实保存条件已变得十分复杂。除四川盆地外，许多地区构造变形强烈、抬升剥蚀幅度大，海相油气系统上方由于缺失区域盖层，油气系统和油气藏直接暴露于地表或近地表而被破坏。碳酸盐岩裸露区的钻孔资料表明，这些地区的水文地质条件较差，地表水下渗深度很大，如下扬子地区圣科 1 井、湘鄂西利 1 井、楚雄盆地东部云参 1 井资料反映出地表水可下渗达 3000～4000m。这类地区大多已失去油气勘探潜力。

四川盆地，其油气得以保存的关键主要是盆地结构稳定、四周为盆山耦合关系良好的压性边界和巨厚的上三叠统—侏罗系区域盖层。勘探证实，四川盆地普遍存在压力封闭，川西和川东北地区二叠系阳新统压力系数达 1.3～1.7。

中—下扬子中—新生代巨厚陆相沉积覆盖区，尽管在中—新生代沉积覆盖前经历了较强构造运动的改造与破坏，但被中—新生代沉积覆盖后，重建了封闭保存体系。目前在下扬子区找到了朱家墩和黄桥气田，中扬子区发现了沔阳开先台断块上白垩统油藏。

南盘江坳陷的秧坝区块是后期构造改造较强的地区，但由于局部压性边界和区域盖层得以保存，其油气保存条件亦较好。近期施工的秧 1 井揭示二叠系栖霞组裂缝储层含油气，地层水矿化度为 29.8mg/L，水型为 $CaCl_2$ 型，反映为良好保存条件，并于二叠系栖霞组试获日产 2300m^3 的含烃 CO_2 气。与此类似的地区还包括楚雄盆地西部、十万大山盆地南部区块以及甘孜阿坝造山带中若尔盖等山间盆地。

根据上述三类地区现实保存条件的差异，我们将南方海相地层区分为三类有效油气保存单元。一类为持续型油气保存单元，如四川盆地；二类为残留型油气保存单元，包括四川盆地东缘的鄂西渝东区和南盘江坳陷秧坝区等局部残留区块；三类为重建型，又可分为沉积重建型和构造重建型，前者如江汉平原和苏北盆地，后者包括扬子西缘和北缘的龙门山前带等逆掩推覆构造区和大巴山推覆构造区，也可能还包括江南隆起带北缘的一些推覆断层下盘。因此，寻找有利油气保存单元是南方海相油气勘探的重要思路。

4.3 多期多源成烃、晚期成藏的复合油气系统

多源多期成烃、晚期复合成藏是南方海相油气系统的基本特点。根据对四川和苏北下扬子区油气成藏特点的研究可初步总结出两种模式：四川为多源多期成烃、晚期复合成藏；苏北为二次生烃、晚期复合成藏。

孙肇才等[7]曾描述了四川盆地威远气田的成烃成藏历史。该气田共发生了四期生烃成藏。

第一次生烃成藏　发生在加里东期，当时主力有效烃源岩为台地外侧盆地相下寒武统黑色泥页岩，有效储集空间为成岩序列中较早形成的白云岩化晶间孔和保留下来的一、二期溶孔和溶缝，有效圈闭为加里东期隆起边缘的构造-岩性复合圈闭，有效盖层为志留系泥页岩。经过加里东构造运动的改造和破坏，形成了早期的氧化沥青。

第二次生烃成藏　发生在印支运动初期，此时下志留统盆地相黑色泥页岩已进入生油高峰，构成主力有效烃源岩，适时的储集空间为成岩序列中的第四期溶孔和溶缝，有效圈闭为印支期大型平缓背斜和构造-岩性复合体，有效盖层为中—下三叠统膏盐岩。同时震旦系—寒武系烃源岩再次埋藏成烃，早期生成的原油和氧化沥青裂解成气。

第三次生烃成藏　发生在早燕山期或晚三叠世—早侏罗世前陆盆地形成之后，此时以二叠系台盆相黑色泥岩、泥质碳酸盐岩为主力的烃源岩已进入生油高峰，储层是成岩序列中的第五期溶孔、溶缝，圈闭为同期形成的挤压背斜。早期的原油和沥青等进一步裂解。

第四次生烃成藏　发生在喜马拉雅期，包括威远气田在内的四川盆地大部分气藏最终均定位于此期定型的晚期圈闭之中。

四川盆地的天然气藏具有混源特征，以裂解气为主，这种混源包括不同层位、不同类型和不同成熟度的天然气的混合成藏，是一种名符其实的复合油气系统。晚期成藏的气源包括早期气藏的再次运移聚集、水溶气和岩石吸附气等因隆升减压而释放的气源等。

与四川盆地不同，中—下扬子覆盖区的晚期成藏气源为海相地层的二次生烃气源，亦具有混源成藏的特征。据对苏北盐阜凹陷朱家墩气田气体组分及碳同位素对比研究，上白垩统泰州组的气源具混源特征(图 4)，其中部分气源来自高成熟度的上古生界煤系烃源岩及下古生界，部分来自中—新生界低成熟气源层。在中—下扬子地区海相烃源既可聚集在古生界内幕构造中成藏，亦可穿过印支期不整合面聚集在中—新生界陆相地层中，形成古源新储、深源浅储的复合油气系统。

碳数	C_1—C_5	C_6—C_{12}	C_{13}—C_{40}
组分	气	轻烃	液态烃
母质指标	$\delta^{12}C_{2\text{-}4} \geq -27.1\%$	高含苯 $\delta^{12}C_{6\text{-}9} \geq -27\%$	Pr/Ph=1：$\delta^{12}C_{12} \geq -29\%$
成熟度指标		异庚烷 3.5~8　高熟	MPI　0.33~0.34　低熟
地化特征	腐殖、高熟		腐泥、低熟
(二元) 混合模式	源自上古生界的干气		源自泰山组的油气

图 4　苏北盆地朱家墩气田混源模式

5　勘探潜力分析

总体来看，南方海相领域的油气勘探潜力是巨大的，这可从以下三方面来分析。

(1) 油气资源巨大。

“八五”期间对南方两个前陆盆地带 16 个盆地预测的总资源量为：石油 31. 1×10^{8}t，天然气 3. 89415×10^{12}m^3。“九五”期间对当时认为的九个有利勘探区块进行资源评估，其总油气资源量为 120. 30×10^{8}t(油当量)，占我国陆上 694×10^{8}t 油气总资源量(据 1994 年全国第二轮油气资源评价资料）的 17%。近期我们在组织南方海相油气勘探时对九个重点勘探区块的远景资源量重新作了估算并建立了资源序列（表 3），其远景资源总量为 $8.2882\times10^{12}m^3$（气当量）。

表 3 中国南方 9 个重点区块海相中、古生界油气资源量*

区块（盆地）	面积/km^2	沉积岩厚度/km	主要目的层系	潜在资源量		总资源量
				油/10^4t	气/10^8m^3	气当量/$10^{12}m^3$
川东北	5400	—	C_2h—P_2ch，T_1f^{2-3}，T_1f^2	—	1450.42	0.8387
鄂西—渝东	20200	14~15	P_2ch，C_2h，T_1f	—	1572.13	1.1963
楚雄盆地北部	20000	20	T_1，D，∈	7343	2893.75	0.7963
秧坝区块	13000	6	P，D，∈	—	845	0.4844
江汉盆地南部	31900	5~6	T_1，P，C_2h	—	5953	0.9873
句容—海安	50000	6~10	∈，C_2dn	—	866	1.0350
十万大山盆地南部	7000	10~15	T_1，P，C_{2+3}	5702.9	302.6	0.8021
湘鄂西	56800	14~15	O_1，∈，C_2	—	—	1.4983
思茅坳陷	30255	5~11	J，T，P	—	—	0.6498
合计				13045.9	13882.9	8.2882

* 据中国石化第三次资源评价结果。

（2）大部分地区勘探程度仍很低。

如勘探程度较高的四川盆地，到目前为止，资源探明率约为 14%。中扬子地区钻遇海相地层的各类探井为 91 口，其中以覆盖区海相地层为目的的探井为 78 口，平均每平方千米仅 0.0039 口。下扬子区钻遇古生界的探井为 213 口，但大部分为苏南地区的浅井，若以中—古生界进尺大于 500m 的探井统计，其探井密度为 0.0012 口/km^2。其他探区的探井密度则更低。

（3）勘探发现开拓了思路和新领域。

如苏北盆地盐阜坳陷发现的朱家墩气田，系由古生界煤系地层再次深埋二次生烃，经断层向上运移至中生界甚至新生界储层中聚集成藏，是一深源浅储、古源新储、二次生烃、晚期成藏的油气藏组合。这无疑给我们以重要启示，即中—下扬子白垩系—第三系深坳区以古生界为源寻找古源新储油气是一个重要勘探方向。川西龙门山山前带的勘探发现则表明一些类似的推覆构造带亦是今后的重要勘探领域。南盘江坳陷秧坝区块秧 1 井油气显示及保存单元的发现则向我们展示出类似的复杂变形区仍具有一定的油气勘探前景。

通过近期的进一步勘探选区，目前我们已优选出包括四川盆地的川东北和鄂西渝东区在内的几个有利区块展开勘探工作。

四川盆地的川东北和鄂西渝东区块　为持续型油气保存单元，主要以寻找中—古生界原生与改造型天然气为主，其中川东北区勘探程度较低，具有较大的勘探资源潜力与勘探空间。

中—下扬子覆盖区的江汉盆地南部和句容—海安区块　为重建型油气保存单元，主要以寻找中—古生界改造型和再造型油气藏为主。

扬子西南缘前陆盆地的楚雄盆地北部和广西十万大山盆地南部区块 为残留型或重建型油气保存单元，以寻找类似川西坳陷中生界致密砂岩天然气藏为主。

湘桂地块复杂变形区的南盘江坳陷秧坝区块 为残留型油气保存单元。

参 考 文 献

[1] 张国伟 张本仁，袁学诚. 秦岭造山带造山过程和岩石圈三维结构图丛. 北京：科学出版社，1996.

[2] 许志琴. 中国松潘甘孜造山带的造山过程. 北京：地质出版社，1992.

[3] 潘桂棠，陈智强，等. 东特提斯地质构造形成演化. 北京：地质出版社，1997.

[4] 张伯友，石潘全，杨树峰. 古特提斯造山带在华南两广交界地区新证据. 地质论评，1995，41(1)：1-6.

[5] 高天钧，黄辉. 台湾海峡地质构造特征及演化. 地质学报，1994，68(3)：197-207.

[6] 陈安定，刘东鹰，刘子满. 江苏下扬子区海相中、古生界烃源岩晚期生烃的论证与定量研究. 海相油气地质，2001，6(4)：27-33.

[7] 孙肇才，邱蕴玉，郭正吾. 板内变形与晚期次生成藏——扬子海相油气总体形成规律的探讨. 石油实验地质，1991，13(1)：107-142.

关于开江-梁平海槽的认识

马永生[1]　牟传龙[2]　谭钦银[2]　余　谦[2]

（1. 中国石油化工股份有限公司南方勘探开发分公司，云南昆明 650200；
2. 成都地质矿产研究所，四川成都 610082）

摘要： 前人认为开江-梁平地区在晚二叠世长兴期—早三叠世印支早期为海槽沉积区，并称为"开江-梁平海槽"。由于对该区沉积格局的认识和确定直接涉及川东北地区的油气勘探部署。因此，在沉积学研究的基础上，利用钻井、地震资料获得的新成果，从区域构造背景、海槽的概念和沉积等角度，进一步系统阐述了开江-梁平地区长兴期—早三叠世早期不是海槽沉积环境，而是碳酸盐台地中水体相对较深的台棚环境，且以沉积泥晶灰岩为主，并有高能滩沉积。

关键词： 海槽　台棚　沉积格局　开江-梁平　四川盆地

晚二叠世长兴期—早三叠世印支早期在四川开江-梁平地区存在一个海槽[1]，称为开江-梁平海槽(图 1)。该海槽始于长兴期，终于印支末期(飞仙关组四段)。海槽呈北西-南东走向，自开江-梁平向北西经达县、平昌与广旺海槽相连，并从川东地区大地构造演化、基底断裂及沉积相等 3 个方面论述了该海槽的形成与演化。从沉积方面论述海槽的存在主要有以下依据：(1)海槽区长兴组沉积物厚度薄，不足 100m，远远低于研究区平均厚度 250m；(2)海槽区沉积物为暗色薄层状含钙球、骨针、放射虫、微体有孔虫生物泥晶灰岩、

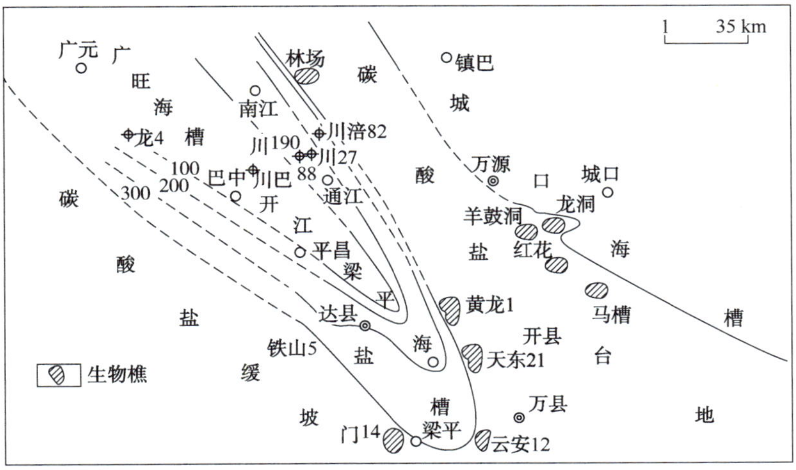

图 1　"开江-梁平海槽"区域展布

石油与天然气地质，2006，27(3)：326-331

泥质泥晶灰岩及少量硅质泥岩；(3)长兴期沿开江-梁平海槽边缘发育大量生物礁，迄今已发现10余个；(4)该海槽持续到早三叠世，海槽的存在影响到鲕粒灰岩分布，槽区内无鲕粒灰岩分布。

笔者等[2,3]从地层、沉积学、钻井和地震资料等方面，论述了开江-梁平地区在晚二叠世长兴期—早三叠世印支早期只是碳酸盐台地中相对深水的台棚(缓坡)沉积环境，不宜称之为海槽。

1　概念及基本特征

1934年以来，Vening Meinesz提出了海槽是与下陷山系邻接的深沟的概念，通过长期的发展已经有了明确的地质内涵。多数人认为海槽是由于拉张作用，在陆壳内部或边缘产生的、以高角度正断层为边界的、一种长期发育的具有深水沉积特点的沟槽状构造[4-12]。海槽进一步开裂，将出现洋壳，此时称之为有限洋盆或小洋盆，继续开裂，不再是狭长状，为洋盆。当洋壳由于俯冲作用完全消失于陆壳之下时，陆陆碰撞点之间保留的古洋盆被称为残留洋盆或残留海槽。海槽具有以下特征：(1)发育于陆壳之上；(2)发育有控制海槽边界的同生正断层；(3)岩浆活动频繁；(4)海槽边部发育重力垮塌，槽底重力流发育；(5)具备深水沉积物。

海槽在生长阶段，平面上呈长条状，剖面上特征是两侧为一系列阶梯正断层组成的向海槽中央下落的“V”或“U”型沟槽状构造。海槽在萎缩阶段，平面上依然呈长条状，剖面形态不定，以形成挤压型构造为特征。靠前陆一侧以(类)磨拉石建造为特征，并在已抬升、褶皱成为造山带内的区域内有大量的花岗岩体侵入。

2　基本依据

2.1　区域构造背景

川东北地区构造演化以元古代末的晋宁运动、中三叠世末的印支运动作为两个重要的构造界面，可划分为基底形成、被动大陆边缘-陆陆碰撞以及陆内造山3个阶段。

基底形成阶段：中条运动后，扬子地块结晶基底(古陆核)已基本形成。康定群为扬子地块上最古老的地层，属于吕梁期的产物。吕梁期的构造动力学属拉张环境，地幔上隆，古陆壳康定群的一部分相对隆升浮出洋面，形成扬子地块的雏形-古陆块。

中元古代末的四堡运动，在古陆块西侧和北侧为挤压环境，在挤压应力作用下，使四堡期建造的峨边群、黄水河群和火地垭群全部褶皱回返，形成西部褶皱基底；古陆块东侧仍为拉张环境，接受晚元古代的地槽沉积。

晚元古代的晋宁运动在扬子区为挤压环境，在区域挤压应力作用下使晋宁期建造的板溪群全部褶皱回返，形成扬子地块最年轻的褶皱基底。

上述表明，扬子地块基底形成与演化的动力学特征属吕梁期的拉张环境、四堡期的拉张-挤压环境、晋宁期的挤压环境。

被动大陆边缘、陆陆碰撞演化阶段：震旦纪—三叠纪时期是经新元古代晋宁运动以后，在伸展构造体制下，联合古陆裂解，古秦岭洋打开，华北与扬子地块分离，川东北地区北部的秦岭形成东西向裂陷海槽，即古特提斯海域，从此开始了古特提斯构造的长期演化历史。根据受构造控制的沉积建造特征，这一阶段又可分为震旦纪—志留纪（加里东期）、泥盆纪—二叠纪（华力西期）和三叠纪（印支期）3个发展时期。

震旦纪—志留纪（加里东期），在总体伸展构造背景上，秦岭地区产生裂陷海槽，南秦岭大巴山一带演化成扬子地块的被动大陆边缘，沉积了一套海相类复理石沉积建造；川东北其他地区主要为地块区的陆表海，多滨-浅海环境，沉积了以稳定型内源碳酸盐为主的沉积建造。盆地范围内该沉积期及剥蚀期均呈现出“一隆两凹”的区域古构造格局。

泥盆纪—二叠纪（华力西期），南秦岭是以勉略主缝合带为标志的泥盆纪—早二叠纪的洋盆打开扩张期，川东北盆地再次处于伸展构造体制。虽说其间发生了云南及东吴两期构造抬升运动，但盆地总体是以海侵和扩张为主。早期盆地范围内继承加里东期“一隆两凹”的格局演化。

三叠纪（印支期），该阶段是东原特提斯与古特提斯发生发展与关闭，中国大陆完成其主体拼合的重要演化阶段。早—中三叠世，研究区继承了二叠纪古地理格局，主要为浅海相碳酸盐岩和蒸发岩沉积。中三叠世末期，南北大陆俯冲碰撞造山作用强烈发生，致使勉略小洋盆关闭并褶皱隆起成山，并在其碰撞带的前陆一侧产生逆冲推覆，使得川东北地区普遍抬升，海水退出，转变为陆相沉积盆地。

中新生代陆内造山、前陆盆地构造演化阶段：中生代中晚期至新生代时期为燕山—喜马拉雅陆内造山运动阶段。燕山期，南北两大地块于此期继续插入秦岭造山带之下，导致表层构造向相反方向运动，形成了叠置于印支期推覆构造之上的大巴山弧形逆冲推覆构造带，并对前者进行了改造。喜山早期，扬子地块向龙门山之下的A型俯冲，以及东部太平洋域地质事件影响，盆地总体处于北西—南东向挤压应力背景中，川中盖层形成北东向宽缓褶皱。川北米仓山继续隆升，形成穹隆状背斜。喜马拉雅早期，中国东部受西太平洋板块的俯冲影响，产生北西—南东向挤压应力场，川东北东向滑脱推覆带的西带形成，其北端在黄金口背斜一带横跨在早期形成的北西向南大巴山弧形褶皱带上，并受到后者限制。喜山运动晚期，大巴山北东—南西向应力场活动增强，推覆构造前锋向盆地扩展，形成一系列北西向分布的逆冲断裂及相关褶皱，横跨叠加在早期形成的北东向构造上，并对其进行改造。

上述可以看出，在震旦纪—三叠纪扬子地块被动大陆边缘构造演化阶段，由于联合古陆裂解，古秦岭洋打开，华北与扬子地块分离，在川东北地区北部的秦岭形成东西向裂陷海槽，即古特提斯海域，而川东北地区处于陆表海构造背景。

2.2 古地理环境

从四川及邻区海域来看，长兴期康滇古陆是主要的物源区，在古陆的前缘为河流平原相，向东依次为海陆交互区、碳酸盐台地和城口-鄂西海盆，南邻桂西北海槽，北靠南秦岭洋。到了飞仙关早期，康滇古陆仍然是主要的物源区，随着龙门山岛弧的形成，它们构成了当时四川海域西侧的主要物源区，自西向东可划分出川西冲积平原、川中半局限海、川东碳酸盐台地和鄂西-城口海盆4个大的沉积单元，北为南秦岭洋，东、南分别为鄂西海槽、滇黔桂广海。众多研究表明，长兴期—飞仙关期，四川盆地主体是碳酸盐台地环境[13,14]，开江-梁平地区的沉积环境自然受控于区域沉积背景，不会形成海槽。即使由于同生断裂的作用，也只是在碳酸盐台地上形成相对深水的沉积环境，如台间盆地或台棚等。由此认为，川东北地区不具备形成海槽的区域古地理背景。

2.3 沉积格局及沉积模式

按照海槽的概念，海槽是狭长而水体相对深的沉积区，而且槽区与台区之间多发育同生断裂，两者之间存在明显的地形上的差异，沉积模式应该是镶边台地模式。然而，开江-梁平地区与其东部地区沉积模式、沉积格局与海槽完全不同。首先，台地区与海槽区为缓坡沉积模式。毛坝3井、毛坝2井及毛开1井位于缓坡区，飞仙关组一段至三段中发育大量瘤状灰岩及条带状灰岩，包卷层理及变形层理丰富，没有或者很少发育碎屑流沉积。其次，地震剖面显示，达县-宣汉地区不是海槽格局。台地区与海槽区之间坡度小于10°。如图2显示，毛坝2井及东南地区位于开江-梁平海槽区，毛坝1井、毛坝3井及以东为碳酸盐台地区。在毛坝3井与毛坝2井之间发育大量前积构造，由毛坝3井向毛坝1井及毛坝2井倾斜，显示当时地形东高西低，由东向西倾斜。但是，碳酸盐台地与“海槽”之间沉积物平坦，没有明显的地形坡折、断陷。图3为过普光2井与川岳83井地震剖面，中部断层（后期逆冲断层）与普光2井以东为台地沉积区，断层与川岳83井以西为“海槽”。与图2相似，长兴期时地势东高西低，海水由东向西逐渐加深，但是，东西部之间地势没有明显的坡折及断陷。

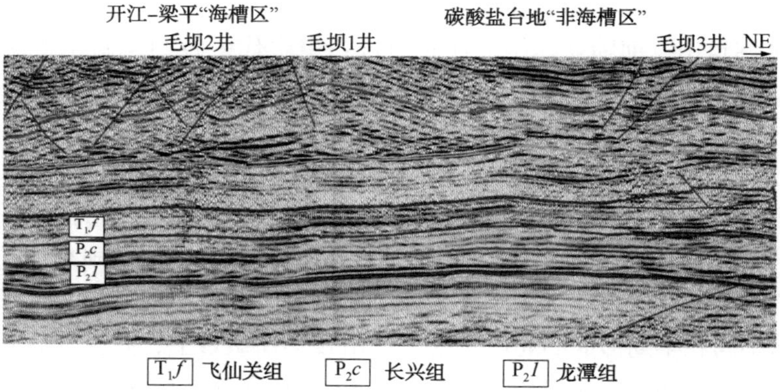

图2 达县-宣汉地区长兴组—飞仙关组沉积格局
（过毛坝3井—毛坝1井地震剖面）

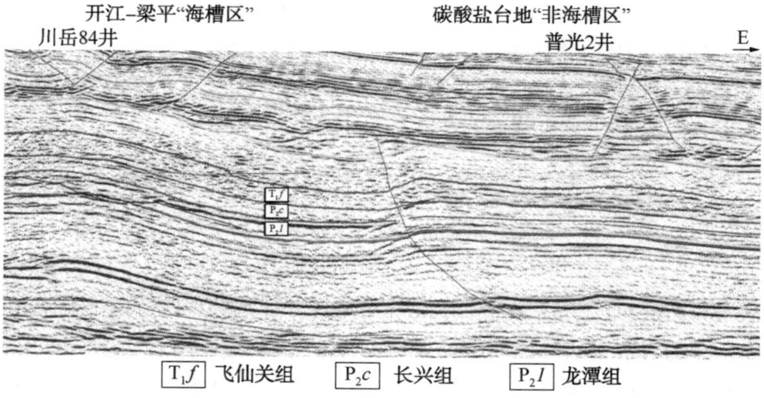

图3 达县-宣汉地区长兴组—飞仙关组沉积格局
（过川岳84井—普光2井地震剖面）

2.4 沉积物

前人认为北部广元、旺苍、南江及东部城口万原一带，长兴期为典型的“海槽区”沉积物，岩性为深灰—灰黑色薄层硅质岩夹页岩，厚度小，20~50m 不等。然而，地震解释及钻井揭示，开江-梁平海槽区长兴组为碳酸盐岩沉积，厚度 200m 左右，没有海槽沉积物。如图 2 显示，东部为台地区，西部为“海槽区”，但是，东西部无论在厚度还是在地震反射影像方面都很相似，表明其沉积环境及岩性相似。钻井与地震解释完全吻合，毛坝 2 井、川付 85 井、川岳 83、川岳 84 井、双庙 1 井及黄龙 2 井等位于开江-梁平海槽区，长兴组为碳酸盐岩沉积，厚度较大，200m 左右。

2.5 沉积标志

川付 85 井，在井深 4857m 处的长兴组中发育一层厚 2.5m 的亮晶鲕粒灰岩，为浅滩相沉积环境。毛坝 2 井，长兴组中虽然白云岩发育不多，但是，岩石中白云石化比较普遍，白云质灰岩广为发育。在井深 4579~4586m 发育两层厚分别为 2m 和 3m 的浅滩相亮晶砂屑灰岩，在井深 4611m 及 4625m 处发育浅滩相亮晶鲕粒灰岩(图 4)。在井深 4740~4741m 发育石膏。亮晶鲕粒灰岩、亮晶砂屑灰岩、白云石化及石膏等，都是浅水沉积标志，不会出现在深水海槽中。

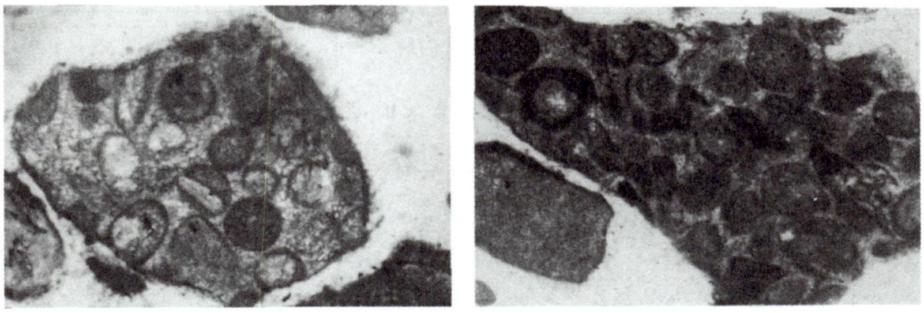

图 4 毛坝 2 井长兴组中的鲕粒灰岩(岩屑薄片，10 倍)

2.6 沉积相展布与“海槽”环境

在北部广旺海盆沉积区，虽然晚二叠世为深水盆地相沉积，但飞一时已演变为碳酸盐缓坡沉积环境，岩性为灰—深灰色薄层泥晶灰岩、泥质泥晶灰岩夹少量钙屑浊积岩、钙质碎屑流，斜坡沿广元明月峡、旺苍立溪岩、三江、五权至南江桥亭，相带近东西向展布，北部为深水沉积区，南部为浅水碳酸盐台地(图 5)。而开江-梁平海槽呈北西-南东向展布，两者空间配置不一致。

3 结论

四川盆地通过长期的演化发展，古生代主要为碳酸盐台地环境，构造活动相对稳定，形成了厚度巨大的碳酸盐沉积体。晚二叠世长兴期，由于受中国南方总体海平面变化的影响以及同生断裂的制约，其沉积格局在早期的基础上发生分割，出现了一些台地上的较深水沉积区，如西北的广旺海盆、东边的鄂西海盆，总体上为碳酸盐台地环境，并形成了礁滩相带(图 6)。因此，在这种沉积背景下不可能出现真正意义上的海槽沉积环境。早三叠世早期，川东北地区的沉积环境，包括开江-梁平地区具有继承性，由于受新一轮海平面升降的影响，在大面积范围内，其沉积环境较长兴期晚期深，尔后台地变浅，早三叠世末期成为统一的浅水碳酸盐台地。因此，开江-梁平地区在晚二叠世长兴期—早三叠世印支早期只是碳酸盐台地中相对深水的台棚(缓坡)沉积环境，不存在海槽。

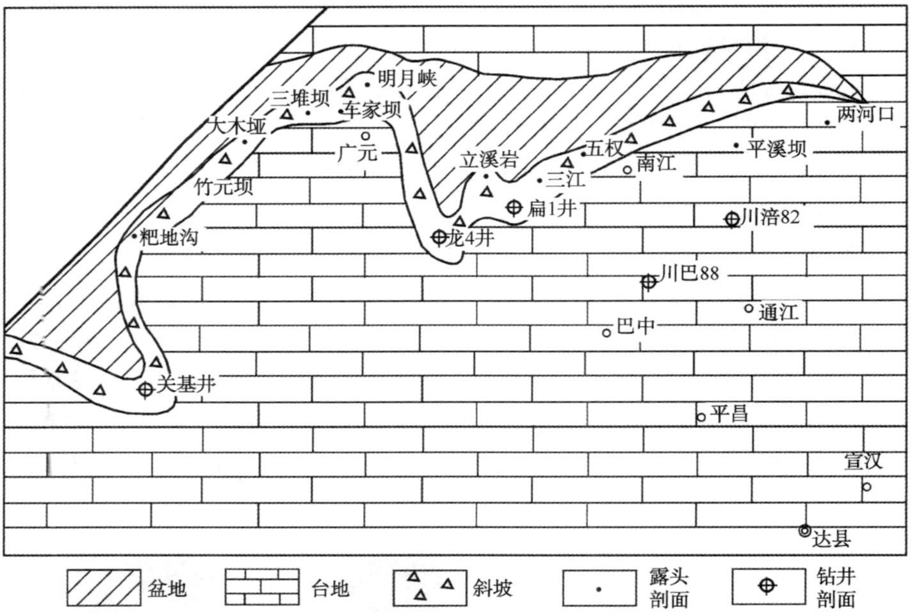

图 5　四川盆地东北部印支早期岩相古地理略图

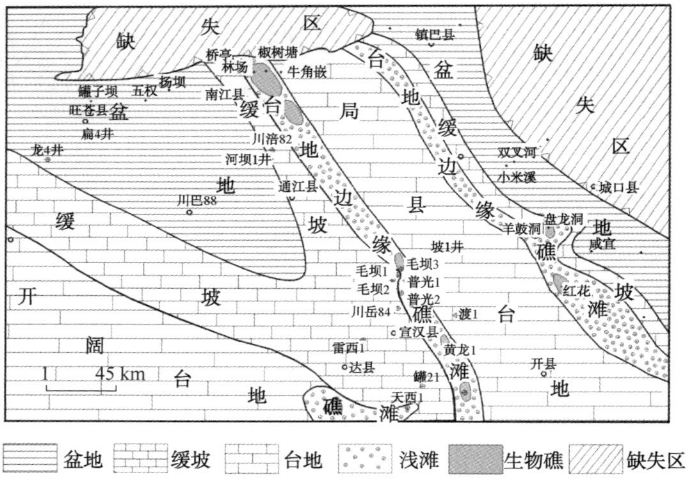

图 6　四川盆地东北部长兴组岩相古地理图

参 考 文 献

[1] 王一刚，陈盛吉，徐世琦. 四川盆地古生界—上元古界天然气成藏条件及勘探技术[M]. 北京：石油工业出版社，2001. 67-78.

[2] Ma Yongsheng, Mou Chuanlong, Guo Xusheng, et al. Sedimentary facies and distribution of the reservoir rocks from the Feixianguan Formation in the Daxian - Xuanhan region, northeastern Sichuan [J]. Acta Geologica Sinica, 2006, 80(1): 137-151.

[3] 马永生，牟传龙，郭旭升，等. 川东北地区长兴组沉积特征与沉积格局[J]. 地质论评，2006，52(1)：25-29.

[4] Hsü K J. 大地构造与沉积作用[M]. 何起祥，赵霞飞，宋鸿林，译. 北京：地质出版社，1985.

[5] 中国大百科全书编写组. 中国大百科全书[M]. 北京：中国大百科全书出版社，1993.

[6] 杨文达. 冲绳海槽现代张裂的地球物理特征[J]. 海洋地质与第四纪地质，2004，24(3)：77-82.

[7] 赵金海，唐建，王舜杰. 冲绳海槽新生代构造演化讨论[J]. 海洋石油，2003，23(3)：1-9.

[8] Dio'genes Custo'dio de Oliveira, Webster Ueipass Mohriak. Jaibaras trough: an important element in the early tectonic evolution of the Parnaíba interior sag basin, Northern Brazil[J]. Marine and Petroleum Geology, 2003, 20: 351-383.

[9] Rangin C, Bader A G, Pascal G. Deep structure of the Mid Black Sea High (offshore Turkey) imaged by multi-channel seismic survey (Blacksis cruise)[J]. Marine Geology, 2002, 182: 265-278.

[10] Takahashi N, Amano H, Hirata K. Faults configuration around the eastern Nankai trough deduced by multichannel seismic profiling[J]. Marine Geology, 2002, 187: 31-46.

[11] Krzywiec P, Kramarska R, Zientar P. Strike-slip tectonics within the SW Baltic Sea and its relationship to the inversion of the Mid-Polish trough-evidence from high-resolution seismic data[J]. Tectonophysics, 2003: 373, 93-105.

[12] Pairault A A, Hall R, Elders C F. Structural styles and tectonic evolution of the Seram trough, Indonesia [J]. Marine and Petroleum Geology, 2003, 20: 1141-1160.

[13] 牟传龙，丘东洲，王立全，等. 湘鄂赣地区二叠纪层序岩相古地理与油气[M]. 北京：地质出版社，2000.

[14] 郭正吾，邓康龄，韩永辉，等. 四川盆地形成与演化[M]. 北京：地质出版社，1996.

川东北达县-宣汉地区
飞仙关组沉积相与储层分布

马永生[1]　牟传龙[2]　郭旭升[1]　余　谦[2]　李国雄[1]　谭钦银[2]

（1. 中国石化南方勘探开发分公司，昆明 650200；
2. 成都地质矿产研究所，成都 610082）

摘要：达县-宣汉地区下三叠统飞仙关组是受控于鄂西渝东海盆和广旺海盆之间的碳酸盐台地。通过地表露头、钻井和地震等资料的研究，认为飞仙关组主要发育开阔台地、碳酸盐台地暴露浅滩和局限台地3个沉积相单元。飞仙关早期，继承了晚二叠世沉积格局，西部为开阔台地，向东依次为台地暴露浅滩、局限台地和开阔台地。随着滩规模的逐渐扩大，浅滩逐渐向东迁移。飞三期，全区经历短暂的海侵，至飞四期演变为均一的局限台地相，属于典型的碳酸盐台地浅滩沉积模式。储层以发育大套溶孔白云岩为特征，岩石类型主要为鲕粒白云岩、残余鲕粒白云岩、糖粒状残余鲕粒中粗晶白云岩，测井深浅双侧向电阻率较高、幅度差明显，部分层段具声波时差跳跃现象，而地震响应主要表现为低频强变振幅和杂乱反射结构。物性较好，以高孔高渗和中孔中渗为主，孔渗相关性明显。岩石中溶孔极为发育，包括铸模孔、粒间溶孔、晶间孔、晶间溶孔、溶孔(洞)和微细裂缝等多种类型的储集空间，以大孔粗喉型为主。储层相控明显，纵向上主要分布于飞二至飞一段，横向上台地暴露浅滩与局限台地为有利的储层分布区，还有希望获得较大的天然气突破。

关键词：宣汉-达县地区　飞仙关组　碳酸盐台地　暴露浅滩　物性　储层分布

引言

达县-宣汉地区位于四川盆地东北部，北部为米仓山，东部为大巴山(图1)。靠北部米仓山前缘主要出露古生代和中生代地层，构造形迹表现为东西向为主，而靠研究区东部的大巴山一带则主要出露中生代的地层，构造则以北东向为特点。

下三叠统飞仙关组是四川盆地东北部重要的海相地层之一，分布广泛，地表出露于盆地边缘山前地带，因发育大规模鲕粒滩而成为重要的油气勘探目的层。

自1963年四川石油管理局在川东石油沟构造巴3井三叠系飞仙关组鲕滩气藏中获工业气流以来，至20世纪末在四川盆地东北部取得鲕滩气藏勘探上的重大突破。由此也引起众多学者围绕鲕粒滩相关地质问题和勘探技术方法的研究[1-12]，包括鲕粒滩的分布、沉积模

地质学报，2006，80(2)：293

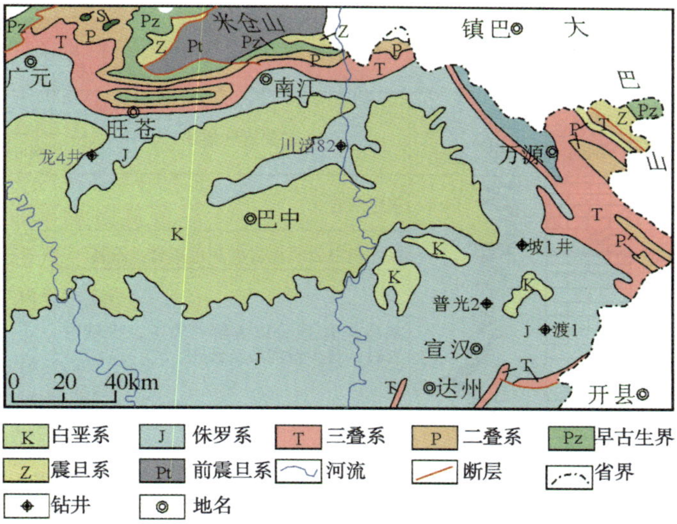

图1 四川盆地东北部三叠系地层分布

式、成因及其识别技术等。综观前人的研究成果，涉及鲕粒滩的分布和沉积模式等研究更多的是集中于四川盆地东北部开展，尤其集中于川东北的达县-宣汉等地区。对米仓山前缘虽有所涉及，但研究程度相对较低。近年来，由于中国石化在四川盆地的油气勘探工作的开展，所取得的资料不仅对以前的相关认识需进行重新审视，而且为了实现四川盆地的油气勘探工作的全面突破，需要从更大范围来进行相关地质问题的研究，飞仙关组沉积相、沉积模式以及储层分布问题就是其中非常重要的地质问题。达县-宣汉地区已陆续发现了五宝场、罗家寨、渡口河、金珠坪、铁山坡、毛坝场等飞仙关组气藏，已成为四川盆地重要的天然气富集区；特别是中国石化南方分公司新发现的普光飞仙关组暴露浅滩-局限台地相白云岩气藏，是国内最大的海相碳酸盐岩气藏之一。到目前为止，尽管已获数千亿立方米探明储量，但占估算资源量的比例仍很小[13]，说明还存在较大的勘探潜力。已有研究表明，四川盆地东北部飞仙关早期继承了晚二叠的沉积格局，晚期成为统一的碳酸盐台地，储层明显受沉积相控制，这是普遍共识；但不同学者对于沉积相的控制因素及沉积相的划分、沉积模式等的认识还存在着分歧。事实上，储层分布不但受沉积相控制，而且随沉积相的变化发生有规律的迁移，并决定了不同的储层类型。

本文详细分析了达县-宣汉地区飞仙关组沉积特征、沉积演化、沉积模式与储层特征，确定了储层的纵横向分布规律，对于天然气的进一步勘探具有重要意义。

1 沉积相特征

区域上，飞仙关组四分性明显，飞二、飞四段以紫红色为背景，泥质含量较高；飞一、飞三段为灰岩，飞三段中上部发育浅灰色厚块状亮晶鲕粒灰岩、亮晶砂屑灰岩[3-6]。达县-宣汉地区四分性不明显，除飞四段与区域上的紫红色泥岩一致外，飞三-飞一段难以分开，中下部(相当于飞二-飞一段)普遍发育厚度几十至数百米的鲕粒白云岩、溶孔白云岩(图2)。大致以赶场、毛坝1井、普光2井、黄龙1井为界，西部厚度较大，东部较小。飞仙关组与其下伏的长兴组厚度互为消长，西部飞仙关组厚度大，长兴组(大隆组)厚度小；东部飞仙关组厚度小，长兴组厚度大，但长兴组与飞仙关组厚度则基本一致。显然，飞仙关组继承了长兴组的沉积格局，并于飞仙关末期形成了统一的蒸发台地。

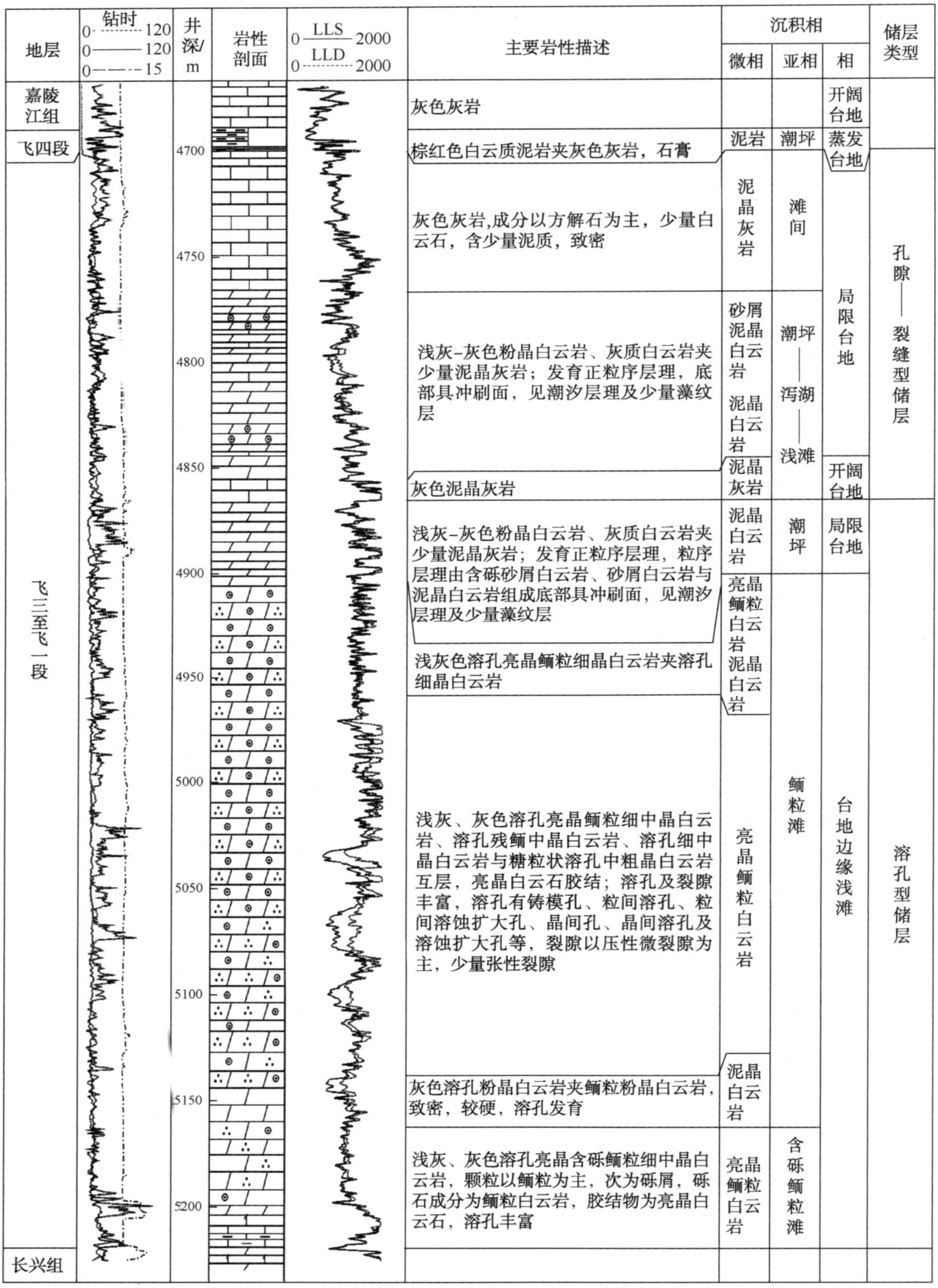

图2 达县-宣汉地区(普光2井)飞仙关组沉积相柱状图

达县-宣汉地区，位于晚二叠晚期—早三叠世早期鄂西-渝东海盆和广旺海盆之间的台地上。根据地表露头、钻井与地震资料，飞仙关组可划分为开阔台地、台地浅滩和局限台地相。

1.1　开阔台地相

主要分布于西部地区和东部鄂西-渝东海槽西部边缘的飞仙关组飞三至飞一段。岩性主要为灰、深灰、灰黑色薄至中厚层状泥晶灰岩、泥灰岩，夹砾屑灰岩、扁豆状灰岩[图3(a)]。沉积物粒度细，以泥晶为主，生屑和砂屑不发育或发育较少，含量一般小于15%，没有白云石化。岩石中发育水平层理，具同生滑动构造[图3(b)]；偶受风暴影响，形成具正粒序层理的风暴沉积物，底部发育冲刷面[图3(c)]；生物钻孔丰富，可见丰富的生物扰动构造[图3(d)]。地震呈平行反射、低频、中-强振幅特征。

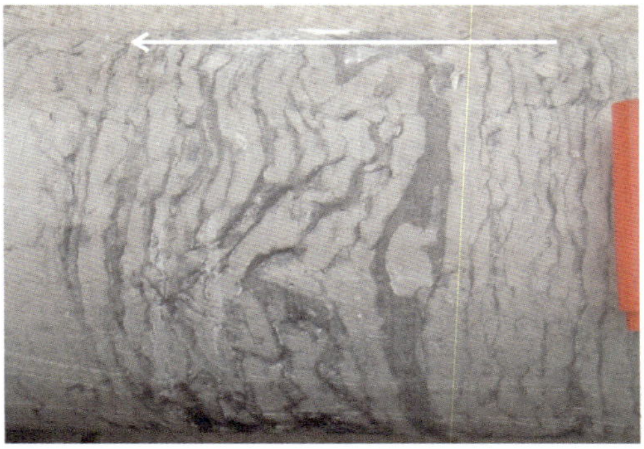

(a)灰、浅灰色泥晶灰岩：浅灰色呈扁豆状，具较为强烈的塑性变形
3901.5m T_1f，毛坝3井

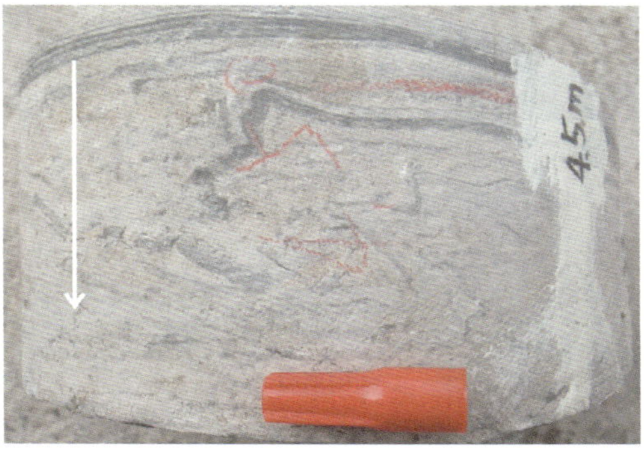

(b)灰、浅灰色泥晶灰岩：滑动构造，塑性变形明显
3902.6m T_1f，毛坝3井

(c)灰色泥晶灰岩：具粒序层理，底部见冲刷面构造
4157.2m T_1f，毛坝2井

(d)灰色泥晶灰岩：具生物扰动构造
4343.3m T_1f，毛坝2井

图3　开阔台地典型沉积构造特征

1.2　台地暴露浅滩相

是台地迎风边缘具有障壁性质的高能环境沉积，除潮汐作用外，还受较强风浪作用影响，形成鲕粒、砂屑及核形石混合沉积体。由于受潮汐、风浪作用的控制，常在台地、台地边缘呈条带状分布，并随台地的发展而逐渐迁移，纵向上表现出明显的穿时性。以沉积亮晶鲕粒灰岩、亮晶含砂屑鲕粒灰岩为主，沉积后因为海平面下降，发生暴露，岩石普遍

发生白云石化，演变为鲕粒白云岩、残余鲕粒白云岩[图4(a)]及糖粒状残余鲕粒白云岩[图4(b)]，常与泥晶白云岩组成向上变浅沉积序列(图5)。地震呈透镜状、浑圆状，杂乱反射、弱反射与空白反射，高频与弱振幅特征。沉积厚度大、分布稳定，溶蚀作用强，溶孔丰富，储集空间发育，常形成很好的孔隙(溶孔)型储层。

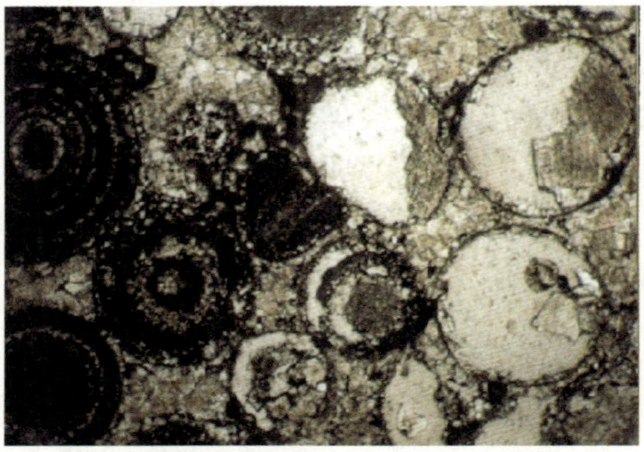

(a)鲕粒白云岩，鲕内溶孔及多层圈高能鲕，溶孔发育似“示底构造”，鲕粒圈层被沥青污染
4902.59m T_1f，2.5×4 (—)普光2井

(b)糖粒状残余鲕粒白云岩，白云石重结晶强烈，呈“糖粒状”，沥青充填白云石晶间孔和晶间溶孔
5095.68m T_1f，2.5×4 (—)普光2井

图4 飞仙关组台地浅滩相岩石特征

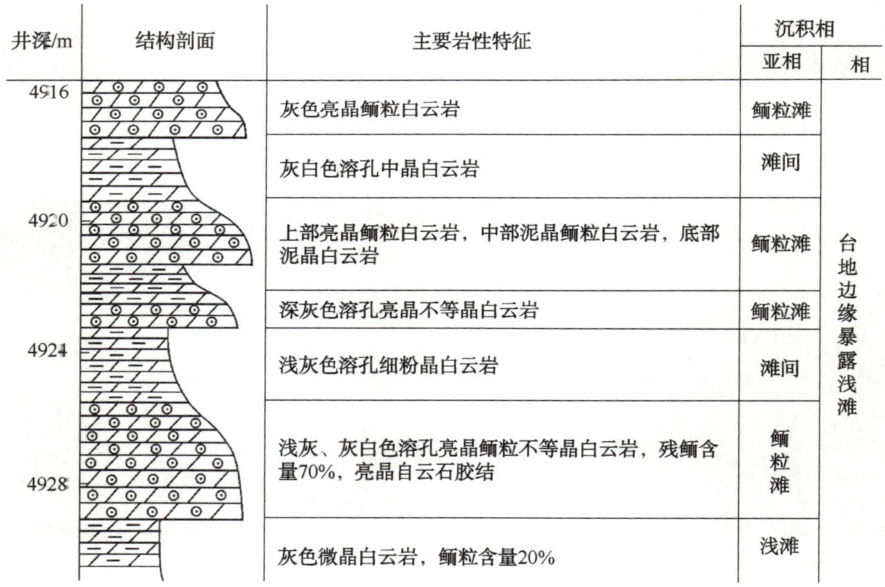

图5 飞仙关组台地浅滩相沉积序列特征

1.3 局限台地相

主要分布在东部地区的飞仙关组，发育有潮坪、泻湖、台内暴露浅滩等亚相。

1.3.1 泻湖亚相

由灰、深灰色薄-中层状泥-微晶白云岩、含生屑-砂屑白云岩组成。沉积时能量低，以薄-中层状为主，层面平直，沉积物粒度细，以白云质灰泥为主，发育水平层理。沉积时海水咸化程度较高，但未到达沉积膏盐地步，以沉积白云岩为主。由于沉积物始终被海水淹没，白云石化为回流模式，岩石类型为准同生沉积白云岩。发育有泥-微晶白云岩、含生屑砂屑白云岩等微相。

1.3.2 潮坪亚相

沉积物以泥-微晶白云岩、藻白云岩及砂屑白云岩为主，发育潮汐层理、藻纹层、鸟眼、风暴沉积[图6(a)]和泄水沟造[图6(b)]。包括泥-微晶白云岩、藻白云岩、砂屑白云岩及角砾岩等微相。

(a)深灰色泥晶灰岩：岩石中发育的风暴层
4140.8m T_1f，毛坝2井

(b)深灰色泥晶灰岩:岩石中较为发育的泻水沟造
4141.5m T_1f，毛坝2井

图6 飞仙关组局限台地相沉积特征

1.3.3 暴露浅滩亚相

为碳酸盐台地内部中规模不大的浅滩，由灰、灰白、浅灰色中-厚层状砂屑白云岩、鲕粒白云岩组成。沉积时能量高，岩石组成以颗粒为主，粒间颗粒支撑，亮晶胶结。浅滩与泻湖或潮坪共生，沉积物要遭受超咸卤水影响，沉积物经常暴露，还要遭受大气淡水影响，由于超咸卤水和大气淡水双重影响，岩石容易发生混合水白云石化及溶蚀作用。与普通浅滩沉积物不同，暴露浅滩沉积物为白云岩，溶孔丰富；与台地边缘浅滩沉积物相比，规模相对较小[8]。

2 沉积相展布与沉积模式

2.1 沉积相展布

飞仙关期，是受控于鄂西渝东海盆和广旺海盆之间的碳酸盐台地(图7)。大致以毛坝2井、老君山及清溪场为界，西部水体深，为开阔台地，中部水体浅，为台地暴露浅滩及局限台地，东部为开阔台地，与鄂西-渝东海盆相接。台地西部台地暴露浅滩西部边界大致从毛坝1井与2井之间、普光2井与川付85井之间、普光2井与川岳84井之间及老君山等地通过。

开阔台地相：位于达县-宣汉地区西部的开江-梁平地区，代表井有川岳83井、84井、双庙1井、毛坝2井、普光3井等，长兴期水体较深，为深水陆棚沉积环境，飞仙关时水体变浅，演变为开阔台地沉积环境，北西方向与广旺海盆相接。以发育灰、深灰色泥晶灰岩、含泥灰岩为主，储层不发育。

台地暴露浅滩相：分布于铁山坡、普光场、渡口河、开县临江镇一带，北西南东展布，其西为开阔台地、东为台地蒸发岩。滩体规模大，宽度7~15km，向东规模逐渐变小，北西

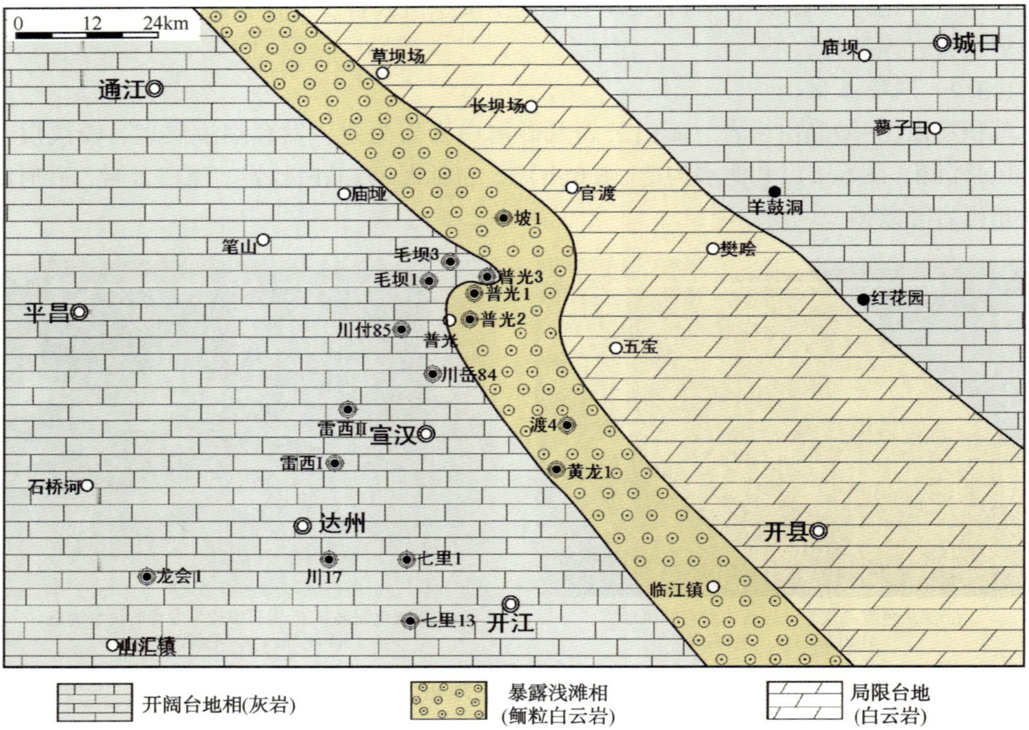

图7　宣汉-达县地区飞仙关期岩相古地理图

方向可延入通南巴构造，南东方向可进一步延伸到铁山一带。普光场浅滩规模较大，以大套鲕粒白云岩为主，厚度可达316.0m，储层极为发育。

局限台地相：位于台地边缘暴露浅滩东部地区，包括台内暴露浅滩(五宝)、潮坪-泻湖(金珠坪)等亚相，北西南东相展布。规模较大，宽度20~60km，北西方向已延入通南巴地区。以发育浅灰色亮晶鲕粒白云岩、泥晶白云岩夹砂屑白云岩及石膏为特征，储层发育。

2.2　沉积相演化

飞仙关组期基本延续了长兴期格局，东浅西深格局犹存，但水体已明显变浅。飞一—飞二时，西部水体变浅，演变为开阔台地，以沉积灰岩为主；中部由东向西分别为台地浅滩和局限台地蒸发岩，以沉积巨厚的鲕粒白云岩、砂屑白云岩及泥晶白云岩为主；东部为与鄂西-渝东海盆相接的开阔台地。飞三时，由于短暂的海侵，全区演变为开阔台地沉积环境，以沉积灰岩为主，在飞二时边缘滩高地基础上，发育了小规模浅滩；而局限台地则以沉积泥晶灰岩为主；紧邻鄂西-渝东海盆的东部地区则发育规模不大，但较为连续的浅滩，可能与通南巴地区紧邻广旺海盆的浅滩相连。飞四时，发生海退，东西部地势基本持平，全区演变为蒸发台地沉积环境，沉积紫红色泥岩、膏盐岩。

2.3　沉积模式

根据地表、钻井、地震资料，达县-宣汉地区飞仙关组为碳酸盐台地浅滩沉积模式(图8)，西部梁平-开江地区如毛坝2井、川岳83-84井、川附85井、七里峡构造、芭蕉场构造、雷西构造等地区为开阔台地沉积环境，水体相对较深，沉积时海水能量小，以沉积灰岩为主。其东的铁山坡、普光场、渡口河、开县临江镇一带为台地边缘暴露浅滩环境，以沉积大套鲕粒白云岩为主。中东部为局限台地蒸发岩环境，发育了暴露浅滩(如五宝、罗家寨)、潮坪-泻湖(如金珠坪)，以沉积白云岩、鲕粒白云岩为主；东部为开阔台地，与西部沉积相似。

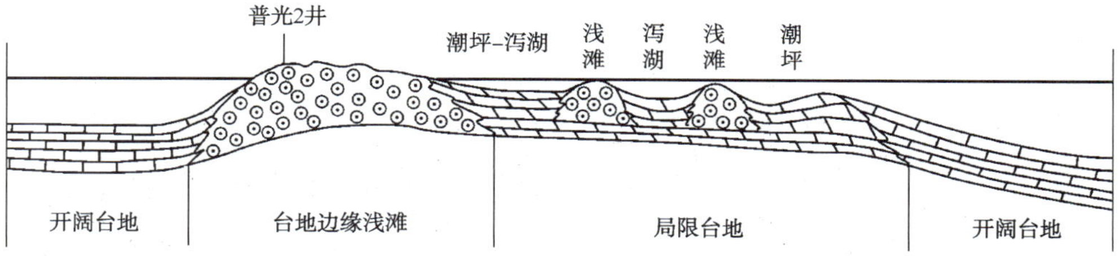

图 8 达县-宣汉地区飞仙关组沉积模式

3 储层特征及其分布

3.1 储层测井、地震响应特征

飞仙关组以大套溶孔鲕粒白云岩为特征，测井响应特征明显(图 9)，GR 曲线层基本与基线重合；井径基本平直；深浅双侧向电阻率较高，具有较为明显正幅度差，下部电阻率相对较低；密度较为均一，呈弱相对高低变化；声波值较低，部分层段发育“时差跳跃现象”；中子与声波曲线相似；气测异常明显，但幅度不大。

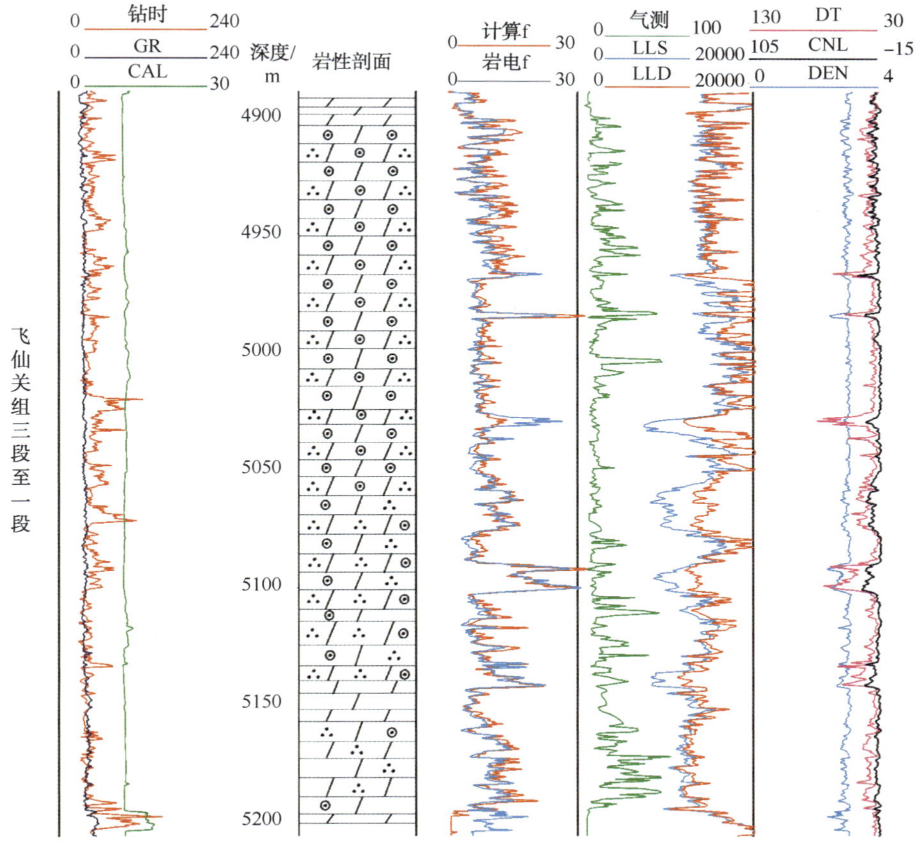

图 9 飞仙关组储层测井响应特征(普光 2 井)

地震剖面上，鲕粒滩主要表现为两种类型，即低频强变振幅反射(图10)和杂乱反射(图11)，以前者为主，常称为"亮点型"反射，通常距阳新统顶部时差约为200~250ms；部分地区可见进积反射结构，常呈叠瓦状变振幅反射，分布相对较为稳定，时断时续。

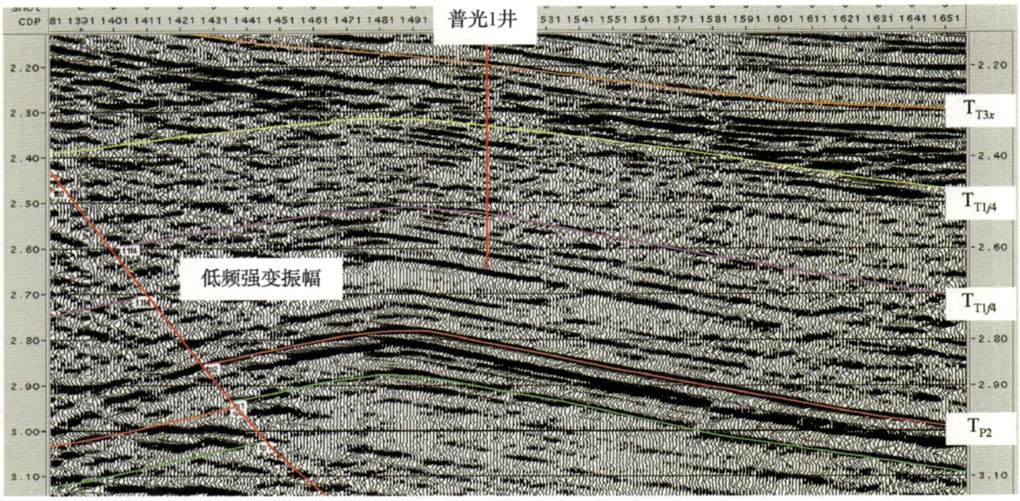

图10 普光构造飞仙关组鲕粒滩储层地震响应特征(XH-NW-00-59测线二维偏移剖面)

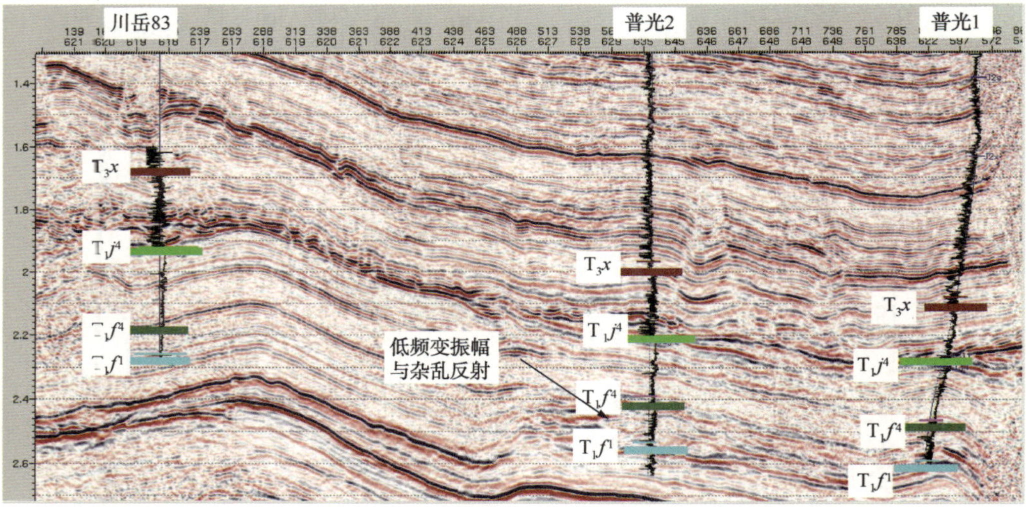

图11 普光构造飞仙关组鲕粒滩储层地震响应特征(三维联井剖面)

3.2 储层岩石学特征

飞仙关组储层岩石类型复杂，以鲕粒白云岩、残余鲕粒白云岩、糖粒状残余鲕粒中粗晶白云岩为主，次为含砂屑泥晶白云岩、和含砾屑鲕粒白云岩。

鲕粒白云岩(图12)：以中细晶至粗晶为主。鲕粒含量一般60%~70%，最高80%，分选好，多呈圆形，以层圈少的低能鲕为主；填隙物主要为亮晶白云石，由于强烈溶蚀作用和重结晶，多数世代关系不明显，可见2~3个世代，垂直粒边生长的纤状，马牙状白云石—整细粒状白云石—整粗粒状白云岩。岩石选择性溶蚀作用极为强烈，形成大量粒内溶孔及部分鲕模孔，有的粒内溶孔具明显的示底构造，平均孔隙度 9.73%，储集性较好。

残余鲕粒白云岩(图 13)：由于构造和溶蚀作用，鲕粒白云岩破碎溶蚀，鲕粒已重结晶或基本重结晶，但仍见鲕粒轮廓或层圈阴影，形成了残余鲕粒结构。颗粒与胶结物部分或全部重结晶，形成残余鲕粒中粗晶结构。晶间孔极为发育，部分溶蚀扩大形成残晶间溶孔，平均孔隙度 8.74%，为好的储集岩。

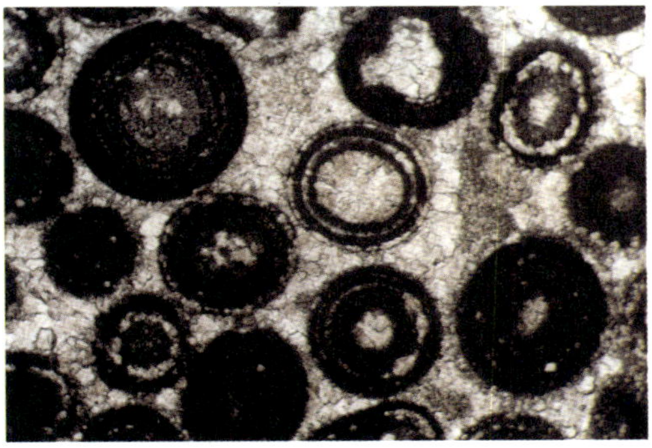

图 12 残余鲕粒白云岩(普光 2 井 X20)

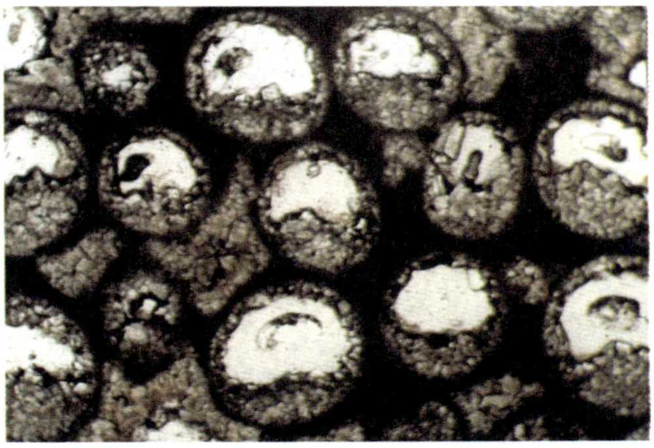

图 13 残余鲕粒白云岩，粒内溶孔发育(普光 2 井 X20)

糖粒状残余鲕粒中粗晶白云岩：以中至粗晶为主，少量中细晶，似“糖粒状”。鲕粒含量较高，一般 60%~80%，由于重结晶影响，原始结构基本破坏，仅见残余结构。岩石中孔隙极为发育，以晶间孔和晶间溶蚀扩大孔占绝对优势，局部呈“筛状结构”，平均孔隙度 12.71%，为最好的储集岩。

含砂屑泥晶白云岩：岩石成分主要为泥晶白云石，次为 10%左右的砂屑，含少量的砾屑和生物碎屑；砂屑成分以内碎屑为主，因重结晶作用形成了较为均一的细晶结构。孔隙不发育，以晶间孔为主，平均孔隙度 3.61%，储集性中等至较差。

含砾屑鲕粒白云岩：颗粒成分为鲕粒及砾屑，以鲕粒为主，含量 65%~70%，砾屑次之，含量 10%~15%，砾屑呈次圆状，粒径 3~4cm，颗粒边缘多具泥晶环边，粒间为颗粒支撑，亮晶胶结。主要发育鲕模孔与粒内溶孔，连通性较差，平均孔隙度 9.89%，储集性较好。

3.3 储层物性与孔隙结构特征

3.3.1 物性特征

飞仙关组储层孔渗变化较大，孔隙度 0.91%~28.86%，主要分布于 6%~12%，次为 2%~6%和“大于”12%，平均值为 7.88%，大于 2%的平均值为 8.85%；渗透率变化很大，最小值为 $0.0093\times10^{-3}\mu m^2$，最大值可达 $3354.6965\times10^{-3}\mu m^2$，二者相差竟有 6 个数量级，主要分布于$(0.02\sim0.25)\times10^{-3}\mu m^2$ 和“>”$1.0\times10^{-3}\mu m^2$，具双众数分布特点(图 14)。显然，以中高孔中高渗储层为主，储集性较好。

孔、渗之间具有较好的相关性，以孔隙(溶孔)型储层为主。大部分储层孔渗相关性较好，呈正线性相关，即随着孔隙度的增加，渗透率均匀增大(图 15)，以孔隙(溶孔)型储层为主，主要分布于飞二至飞一段；而另外一部份储层孔渗相关性较差，即孔隙度变化不大，而渗透率却成倍增大，属裂缝-孔隙型储层或孔隙-裂缝型储层，主要分布于飞三段；

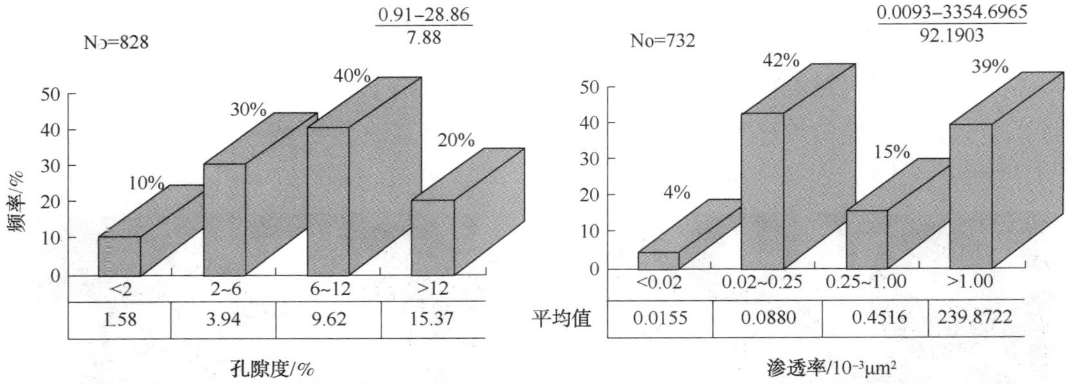

图 14　飞仙关组鲕粒滩–白云岩储层孔渗频率直方分布

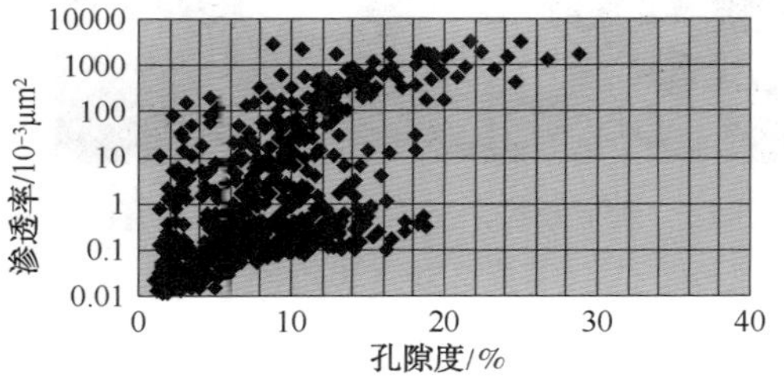

图 15　飞仙关组孔渗相关关系分布图

纵向上，飞三段物性相对较差，孔隙度介于 1.02%～17.24%，平均值为 3.12%，渗透率介于（0.0116～83.9589）$\times10^{-3}\mu m^2$，平均值为 $3.14\times10^{-3}\mu m^2$；飞二至飞一段物性较好，孔隙度介于 0.94%～28.86%，平均值为 9.89%，渗透率介于（0.0112～3354.6965）$\times10^{-3}\mu m^2$，平均值为 $108.6092\times10^{-3}\mu m^2$。横向上，普光 2 井、普光 1 井物性最好，坡 1 井、渡 4 井物性好至较好，宣汉樊哙较好（表 1），表明飞仙关期滩体规模较大，而普光构造为滩体中心部位，与沉积相分析一致。

表 1　飞仙关组鲕粒滩–白云岩储层孔渗参数统计表

地　点	孔隙度				渗透率			
	样品数/件	最小值/%	最大值/%	平均值/%	样品数/件	最小值/%	最大值/%	平均值/%
达县–宣汉地区	828	0.91	28.86	7.88	732	0.0093	3354.6965	92.1903
宣汉樊哙	13	1.01	13.53	4.26	13	0.0212	0.0867	0.0431
渡 4 井	51	0.58	25.22	7.25	51	0.0685	1090.0	3.8100
普光 2 井	780	0.94	28.86	8.11	713	0.0112	3354.6965	94.6393
普光 1 井	27	0.69	9.27	6.13	27	0.0040	33.64	2.3158
坡 1 井	43	0.25	16.96	7.22	43	0.01	91.60	6.8763

3.3.2　孔隙结构特征

（1）储集空间类型。

储集空间包括孔隙和裂缝两种类型（图 16），以孔隙为主。

孔隙类型：主要包括两种类型，一种是由于强烈的溶蚀作用形成的各种类型的溶孔溶洞，主要有鲕模孔、粒内溶孔、粒间溶孔、粒间溶蚀扩大孔、晶间溶孔、晶间溶蚀扩大孔以及溶孔等，分布普遍，主要分布于飞二至飞一段；另一种为与溶蚀无关的孔隙，如晶间孔及极少量的原生粒间孔。以溶蚀孔（洞）占绝对优势，含量达 80%以上，次为晶间孔，含量 10%～15%；溶孔中又以晶间溶孔和晶间溶蚀扩大孔为主，占总溶孔的 75%左右，次为

20%的鲕模孔、粒内溶孔。而原生粒间孔基本消失或多数经过后期溶蚀改造后不易识别。

裂缝类型：主要包括两种类型，即压性微裂隙和张性裂隙，压性裂隙由构造挤压而成，一般包括两期，缝宽小于0.5mm，外观呈线状，充填少量炭质沥青和白云石晶体；张性裂隙由拉张作用而形成，宽2~10mm，有三期张性裂缝，早两期充填方解石，晚期未被充填。

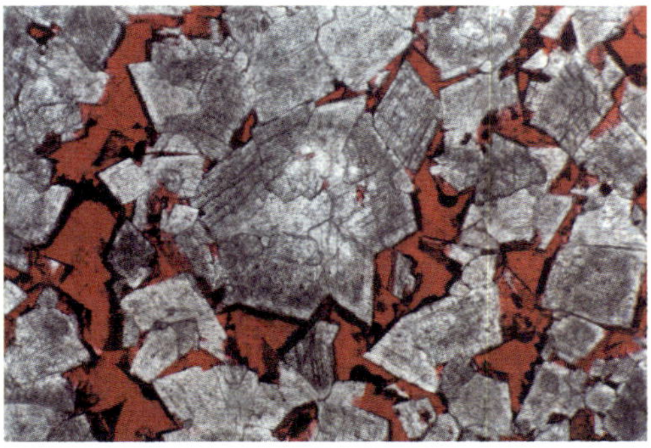

(a)N034-002：残余鲕粒中粗晶白云岩，T_1f，2.5×4-因白云石重结晶形成了大量的晶间孔，连通性较好，孔壁允填沥青（普光2井）

(b)N033-002：残余鲕粒中晶白云岩 T_1f，2.5×4-白云石重结晶形成了丰富的晶间孔，并经溶蚀作用形成了连通性极好的晶间溶蚀扩大孔，充填沥青（普光2井）

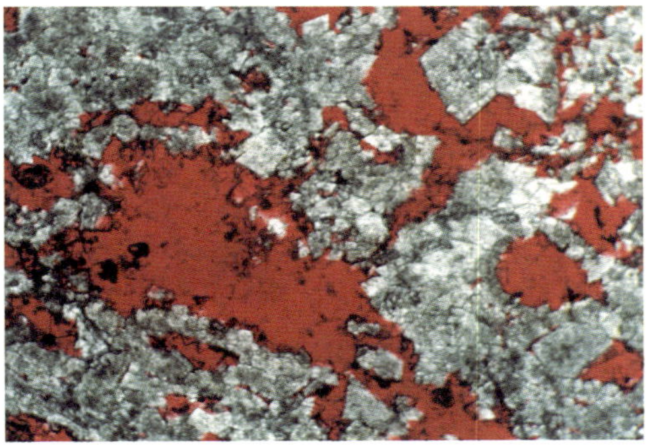

(c)N038-005：残余鲕粒不等晶白云岩，T_1f，2.5×4-岩石中发育丰富的溶孔和晶间溶蚀扩大孔（普光2井）

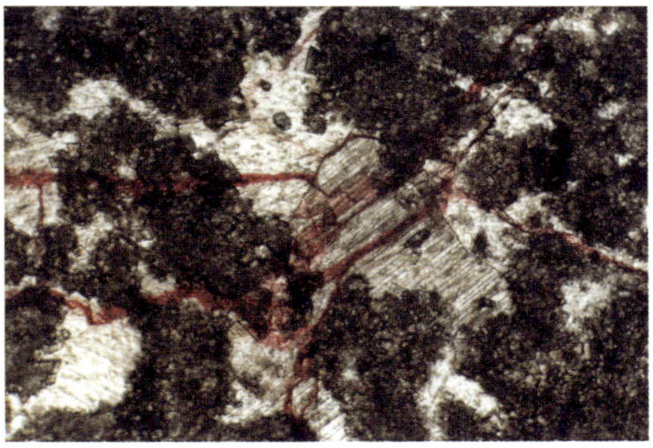

(d)N05-010：残余鲕粒细晶白云岩，T_1f，2.5×4-岩石结构致密，早期溶裂缝被方解石允填，晚期溶缝干净、透明（普光2井）

图16 飞仙关组典型储集空间类型显微特征

（2）孔隙结构。

飞仙关组储层具较强的非均质性，孔隙结构也具有明显的反映。储层排驱压力较低，主要分布于0.1~1.0MPa，次为“<”0.1MPa为主；最大连通孔喉半径较大，以大于1.0μm为主；中值压力中等至较低，主要分布于“<”1.0MPa和1.0~10.0MPa；中值半径中等至较高，具有双众数分布特点，以“>”1.0μm为主，次为0.022~0.303μm。储层以大孔隙占绝对优势，含量68%，次为中孔隙；喉道则以粗喉道为主，次为细喉道。孔喉组合以大孔粗喉为主，次为大孔中细喉和中孔细喉。横向上，普光场、渡口河、铁山坡等地孔隙结构较好，储集性好。

3.4 储层分布

达县-宣汉地区飞仙关组储层明显受沉积相控制。根据沉积与储层特征，横向上可划分为最有利储层分布区、有利储层分布区和较差储层分布区。

最有利储层分布区：主要分布于铁山坡-普光场-老君山-清溪场-渡口河一线的台地边缘暴露浅滩相沉积区，北西-南东展布，向北断续延伸到通江的平溪坝一带。纵向上分布于飞三至飞一段，以飞二至飞一段为主，岩性为浅灰、灰白色溶孔鲕粒白云岩、残余鲕粒白云岩、糖粒状残余鲕粒白云岩，含砾屑鲕粒白云岩，暴露鲕粒滩与滩间沉积。储层厚度56.10~277.12m，普光1、2井为滩体中心部位，规模最大。成岩变化复杂，混合白云石化和溶蚀作用强，溶孔白云岩，溶蚀作用极强，主要经历暴露-埋藏型渗流-混合水-埋藏亚型成岩环境。孔隙发育，以粒内溶孔、鲕模孔、晶间孔、晶间溶孔、溶孔、溶缝和微细裂隙为主；孔隙度较高，平均值7.85%，最大值可达28.86%；渗透率以大于$1.0\times10^{-3}\mu m^2$为主，最大可达$3354.6965\times10^{-3}\mu m^2$。渡口河、五宝场、铁山坡、普光场等构造已获得高产气流，孔隙(溶孔)型储层。

有利储层分布区：主要分布于东部的局限台地相区，北西-南东相展布。纵向上主要分布于飞三至飞一段，岩性主要为含砂屑泥晶白云岩、泥至微晶白云岩夹鲕粒白云岩、砂屑白云岩、鲕粒灰岩，暴露浅滩、滩间和潮坪-泻湖亚相沉积，储层厚度一般小于50m。混合白云石化、准同生白云石化强，溶蚀作用发育，主要经历蒸发-埋藏成岩环境。以晶间孔、晶间溶孔、溶孔、溶缝、裂隙，孔隙度平均值5.35%，渗透率主要介于$(0.1\sim1.0)\times10^{-3}\mu m^2$。金珠坪等地已获工业气流，孔隙-裂缝型或裂缝-孔隙型储层。

较差储层分布区：主要分布于西部的开阔台地相区。储层不发育，仅飞三、四段零星分布，储层厚度20m左右，但储层向西可进一步延伸到通江-旺苍-广元地区。岩性主要为灰、深灰色亮晶鲕粒灰岩、砂屑鲕粒灰岩、砂屑灰岩，溶孔泥灰岩与泥质白云岩，台内滩相沉积；无或弱白云石化，溶蚀作用不发育，主要经历海底-埋藏成岩环境；孔隙不发育，见少量的粒间孔、粒间溶孔，孔隙度平均值2.04%；裂缝较为发育，以微细裂缝为主，局部缝密度较高，渗透度平均值为$0.0307\times10^{-3}\mu m^2$。毛坝1井获工业气流，典型的裂缝型储层。

4 结论

(1) 达县-宣汉地区飞仙关期可划分为开阔台地、台地边缘暴露浅滩、局限台地三个基本沉积单元。

(2) 达县-宣汉地区飞仙关组属碳酸盐台地浅滩沉积模式。

(3) 储层主要为大套溶孔鲕粒白云岩，测井与地震响应特征明显，具有中孔中渗、高孔高渗，孔渗相关性较好的特点，典型的孔隙型储层。岩石中储集空间丰富，以发育多种类型的溶孔和微细裂隙为主；孔隙结构较好，以大孔粗喉型孔喉组合为主，储集性较好。

(4) 有利沉积相带控制了储层分布，台地暴露浅滩是最有利的储层发育区，局限台地是有利的储层发育区。围绕台地暴露浅滩和局限台地相区寻找有利的圈闭，还将获得丰富的飞仙关组气藏。

参 考 文 献

[1] 王一刚，刘划一，文应初，杨雨，张静. 川东北飞仙关组鲕滩储层分布规律勘探方法与远景预测[J]. 天然气工业，2002，22(增刊)：14-19.

[2] 杨雨，张静，张光荣. 川东下三叠统飞仙关组鲕滩分布及其天然气勘探前景[J]. 成都理工学院学报，2000，27(增刊)：147-149.
[3] 穆曙光，周茂，华永川. 川东北地区下三叠统飞仙关组白云岩成因[J]. 天然气工业，1994，14(3)：23-30.
[4] 王罗兴，谢芳，李油. 川东北飞仙关组鲕滩气藏地震响应特征及勘探展望[J]. 天然气工业，2000，20(5)：26-30.
[5] 王兴志，张帆，马青，杨满平，王一刚，文应初，杨雨，张静. 四川盆地东部晚二叠世-早三叠世飞仙关期礁、滩特征与海平面变化[J]. 沉积学报，2002，20(2)：249-254.
[6] 吴应林，朱宏发，朱忠发，颜仰基等. 中国南方三叠纪岩相古地理与成矿作用. 中国南方岩相古地理系列丛书[M]，地质出版社，北京：1994.
[7] 吴应林，朱忠发，王吉礼，袁敬阆，王泽文. 上扬子台地早、中三叠世岩相古地理及沉积矿产的环境控制[M]，重庆出版社，重庆：1989.
[8] 曾萍，谭钦银，余谦等. 四川盆地东北部飞仙关组浅滩、非浅滩与储层. 沉积与特提斯地质[J]，2003，23(4)：41-45.
[9] 四川石油管理局，西南油气田分公司. 中国第一个天然气工业基地——四川气田[M]. 石油工业出版社，2003，86-87.
[10] 彭平，文敏，孟琳. 川东地区飞仙关组沉积模式对储层展布特征的影响[J]. 天然气勘探与开发，2004，27，(2)：5-8.
[11] 杨雨，曾云贤，刘薇. 川东北部地区飞仙关组沉积相对鲕滩储层分布的控制[J]. 天然气勘探与开发，2002，25，(3)：1-9.
[12] 刘殊，甘其刚. 碳酸盐岩沉积相分析在飞仙关组鲕滩储层预测中的应用[J]. 勘探地球物理进展，2003，26，(3)：190-197.
[13] 汪责成，赵文智，张林，吴世详. 四川盆地构造程序与天然气勘探[M]. 地质出版社，2002，220.

四川盆地普光大型气藏基本特征及成藏富集规律

马永生　蔡勋育　李国雄

（中国石油化工股份有限公司南方勘探开发分公司，云南昆明 650200）

摘要： 普光气田是在四川盆地近期发现的规模最大、埋藏最深、资源丰度最高的气田，2005 年初向国家储委上交飞仙关组探明储量 $1144\times10^8m^3$，普光气田已初步落实的三级储量超过 $3500\times10^8m^3$。普光气田下三叠统飞仙关组储层岩性以单一的白云岩为主，发育鲕粒白云岩、残余鲕粒白云岩等储层；储层物性以中孔中渗、高孔高渗储层为主，为优质储层。深埋藏条件下的孔隙形成可能与深部热水溶蚀作用有关。临近主力生烃凹陷、优质储层发育、适时的古隆起可能是普光大型气田形成的有利条件。

关键词： 四川盆地　普光气藏　飞仙关组　气藏特征　白云岩

1　概况

普光气田位于四川盆地东北部宣汉—达县地区黄金口构造双石庙—普光构造带，为一构造-岩性复合型大型气藏[图 1(a)(b)]。气藏圈闭面积 $50km^2$，主要含气层段为下三叠统

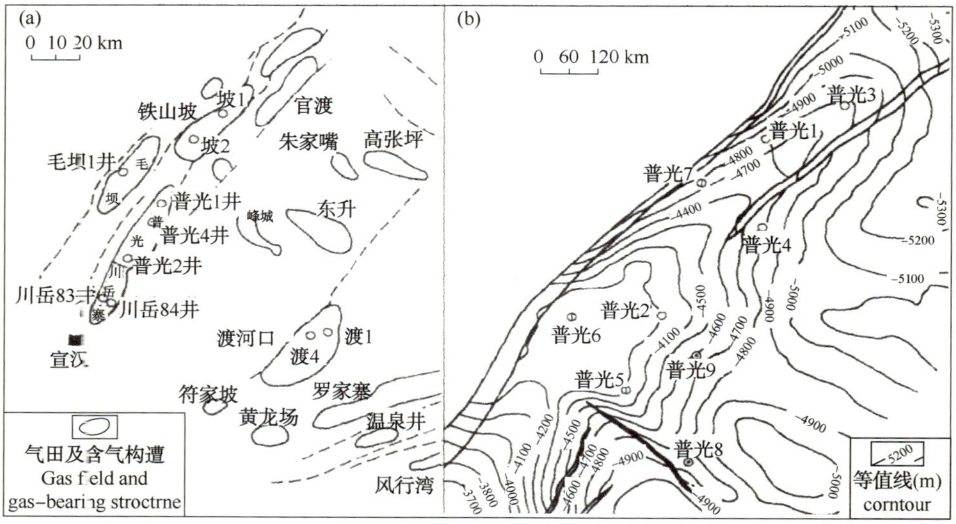

图 1　普光气田地理位置(a)及井位分布图(b)

地质学报，2005，79(6)：858-865

飞仙关组及上二叠统长兴组，均为白云岩储层。气藏埋藏深度大，飞仙关组气藏中部埋深大于4980m。气藏北邻铁山坡气田，东南与渡口河、罗家寨等气田相邻，区内具有巨厚的烃源岩系和巨大的资源量、良好的区域盖层、多套储集层，资源丰度高，具有形成大中型气田的基本地质条件。目前该气田已完钻4口井，正钻3口井，初步控制了气田的范围。2005年初向国家储委上交飞仙关组探明储量$1144\times10^8m^3$，普光气田已初步落实的三级储量超过$3500\times10^8m^3$，该气田是四川盆地已发现气藏中规模最大的(马永生等，1999，2005；康竹林等，2000)。

2 气藏基本特征

2.1 典型的构造—岩性复合型圈闭

川东北构造形变主要受东部的川东褶皱冲断带及北部的大巴山褶皱冲断带的影响，发育两种走向的构造圈闭。一类是川东高陡构造带NE向构造圈闭；另一类是NW向构造圈闭，主要分布在华蓥山以西广大地区及大巴山山前地带。由于所处构造位置不同，构造圈闭形态有所差异。在马头寨—老鹰岩一带因靠近大巴山前，以NEE向为主，构造圈闭呈紧闭状排列，向南往盆地方向逐渐宽缓；在黄金口、罗家寨一带以发育NE正向断层和紧闭褶皱为特征。从地震预测的鲕滩分布看，鲕滩储层分布面积往往超过构造圈闭范围，两者构成构造—岩性复合型圈闭。如七里北为一向NE方向倾伏的鼻状构造，根据地震储层预测，飞仙关组鲕滩储层向西南逐渐消失，储层尖灭区即位于七里北鼻状构造西南上倾端，形成构造—岩性复合型圈闭(图2)。渡口河飞仙关鲕滩气藏，其构造最低圈闭线海拔为-3950m，而已钻的渡2井、渡3井的含气有效储层的最低界面海拔分别为-3966m、-3978m，低于最低构造圈闭线(表1)。

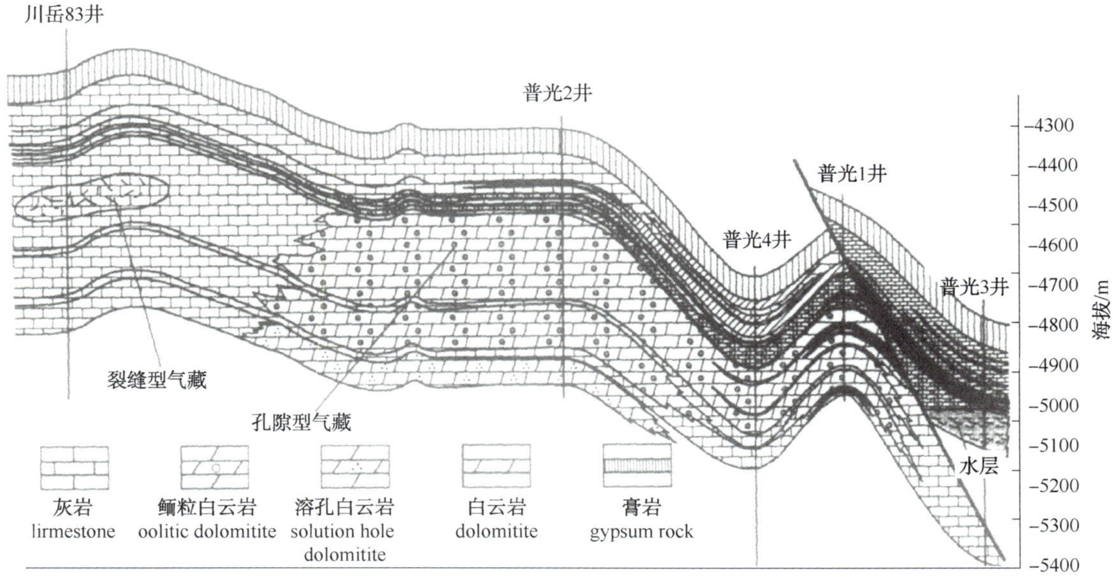

图2 普光气田气藏剖面图

表 1　普光气田(1-2-4 井区)基本参数表

气藏特征	圈闭类型	构造-岩性复合型圈闭
	圈闭形成时间	喜马拉雅期
	闭合面积	38.2km^2
	闭合高度	500m
	气藏深度	5259m
	有效厚度	229.6m
	含气面积	27.2km^2
	气源	上三叠统龙潭组，志留系龙马溪组
	天然气类型	高含 H_2S 和 CO_2 的干气
	天然气成分	$CH_4$76.17%，H_2S15.82%，$CO_2$7.96%
	压力系数	1.09~1.2
	盖层	飞仙关组四段、嘉陵江组、须家河组、沙溪庙组
储层特征	层位	下三叠统飞仙关组一段至三段
	沉积环境	局限海台缘鲕粒滩
	总厚度	100~400m
	主要岩性	溶孔白云岩、粉晶白云岩、鲕粒白云岩
	孔隙类型	溶蚀孔、洞、粒间孔
	孔隙度	6.3%~28.0%，平均 8.11%
	含气饱和度	90%

东岳寨—普光背斜带表现为与逆冲断层有关的西南高北东低、西陡东缓、NNE 走向的大型断背斜型构造，普光气藏处于东岳寨—普光背斜带的北段。从地震预测及钻探情况分析，与七里北、渡口河等具有相似的圈闭性质。普光构造与东岳寨构造之间有一构造鞍部。钻探在构造南高点的川岳 83 井和川岳 84 井，飞仙关组、长兴组未发现储层及油气显示，在构造北翼低部位的普光 1 井、普光 2 井和普光 4 井发现了巨厚白云岩储层和高产天然气流。这种分异主要靠台地边缘—台地相沉积与陆棚相沉积的分隔，台地边缘—台地相沉积在地震剖面上反射清楚。相变带两侧的沉积、储层发育完全不同，其西侧受 NE 向逆冲断层控制，北侧与东侧受构造线控制，南部受相变带控制，是一受鼻状构造与相变线共同控制的构造—岩性复合型圈闭，是两个独立的成藏系统。

2.2　下三叠统飞仙关组优质白云岩储层

2.2.1　*储层岩性单一*

普光气田下三叠统飞仙关组储层岩性以单一的白云岩为主，但储集岩的结构特征具有一定的复杂性。储层岩石类型复杂，主要包括含砂屑泥晶白云岩，鲕粒白云岩，残余鲕粒白云岩，糖粒状残余鲕粒白云岩，含砾屑鲕粒白云岩，中、细晶白云岩和含生屑白云岩等，其中鲕粒和残余鲕粒白云岩是最重要的两种储层岩石类型(图 3、图 4)。

系	统	组	段	地层代号	岩性剖面	深度/m	岩性描述	沉积相
侏罗系	中统	上沙溪庙组		J_2s	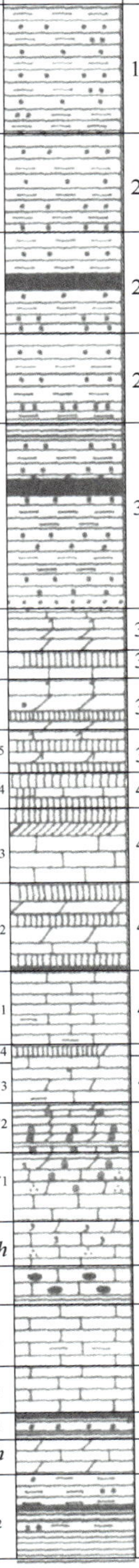	1459	棕色泥岩、粉砂质泥岩与灰色细、中粒砂岩不等厚互层，含钙质团块	湖泊—三角洲—河流
		下沙溪庙组		J_2x		2056	棕色夹灰绿色泥岩与灰、浅灰、绿灰色砂岩不等厚互层，顶部叶肢介页岩，底部厚层块状砂岩	
		千佛崖组		J_2q		2680	上、下部都有以棕色、灰色泥岩与浅灰—灰绿色砂岩互层，中部深灰、黑灰色页岩与砂岩不等厚互层	
	下统	自流井组		J_1z		2829	灰、褐灰色介屑灰岩、灰绿色、黑灰色泥岩、灰色砂岩，底部灰色泥岩与细粒岩屑砂岩不等厚互层	
三叠系	上统	须家河组		T_3x		3473	黑—黑灰色泥、页岩、灰—灰白色块状细—粗粒岩屑砂岩与下伏地层呈假整合接触	湖泊—三角洲
	中统	雷口坡组	三段	T_2l^3		3595	灰、深灰色灰岩。灰白、灰色硬石膏岩、灰岩、深灰色白云岩、砂屑白云岩及云质灰岩	潮坪—泻湖
			二段	T_2l^2		3686		
			一段	T_2l^1		3866		
	下统	嘉陵江组	五段	T_1J^5		3957	上部硬石膏岩与盐岩不等厚互层，间夹白云岩。中部硬石膏岩、粒屑白云岩，下部为深灰、 灰色灰岩与泥质灰岩不等厚互层	开阔台地—局限台地
			四段	T_1J^4		4068		
			三段	T_1J^3		4260		
			二段	T_1J^2		4445		
			一段	T_1J^1		4678		
		飞仙关组	四段	T_1f^4		4708	顶部灰、灰绿硬石膏岩、灰岩、白云岩，三段到一段为鲕粒溶孔白云岩、灰岩、白云岩	局限台地—台地边缘浅滩
			三段	T_1f^3		4864		
			二段	T_1f^2		4986		
			一段	T_1f^1		5216		
二叠系	上统	长兴组		P_2ch		5466	溶孔白云岩或生物灰岩	陆棚—台缘生物礁—开阔台地
		龙潭组		P_2l		5526	含燧石灰岩，底为页岩	
	下统	茅口组		P_1n		5726	灰岩，下部夹泥质灰岩	
		栖霞组		P_1q		5856	灰岩	
		梁山组		P_1h		5866	页岩夹砂岩	
石炭系	中统	黄龙组		C_2h		5886	灰岩或云岩	
志留系	中下统	S_{1-2}		S_{1-2}		6686	黑色页岩、粉砂质泥岩	

图 3 普光气田地层综合柱状图

组	段	井深/m	岩性剖面	主要岩性描述	沉积相		
					微相	亚相	相
嘉陵江组			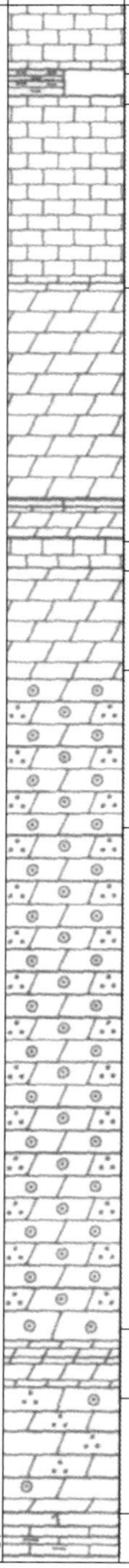	灰色灰岩			开阔台地
飞仙关组	四段	4700		棕红色白云质泥岩夹灰色灰岩	泥岩	泥坪	蒸发台地
	三段	4750		灰色灰岩，成分以方解石为主，少量白云岩，含少量泥质。致密，较硬	泥晶灰岩	滩间	开阔台地
		4800		浅灰—灰色粉晶白云岩、灰质白云岩夹少量泥晶灰岩。发育正粒序层理，粒序层理由含砾砂屑白云岩、砂屑白云岩与泥晶白云岩组成底部具冲刷面。见潮汐层理及少量藻纹层	砂屑泥晶白云岩 泥晶白云岩	蒸发坪 ↑ 泻湖	局限台地
		4850		灰色泥晶灰岩，主要由泥晶方解石组成	泥晶灰岩		
	二段+一段	4900		浅灰—灰色粉晶白云岩、灰质白云岩夹少量泥晶灰岩。发育正粒序层理，粒序层理由含砾砂屑白云岩、砂屑白云岩与泥晶白云岩组成底部具冲刷面。见潮汐层理及少量藻纹层	泥晶白云岩		
		4950		浅灰色溶孔亮晶鲕粒细晶白云岩夹溶孔细晶白云岩	亮晶鲕粒白云岩 泥晶白云岩	鲕粒滩 蒸发坪	台地边缘浅滩
		5000 5050 5100		浅灰、灰色溶孔亮晶鲕粒细中晶白云岩、溶孔残鲕中晶白云岩。溶孔细中晶白云岩与糖粒状溶孔中粗晶白云岩互层。矿物成分以白云石占绝对优势，极少量方解石。颗粒以鲕粒、残鲕为主，少量豆粒、砾屑及砂屑，颗粒含量78%居多。粒间为颗粒支撑，亮晶白云石胶结。榕孔及裂隐丰富。溶孔有颗粒溶孔、粒间溶孔、粒间溶蚀扩大孔、晶间孔、晶间溶孔及溶蚀扩大孔等。裂隙以压性微裂隙为主，少量张性裂隙	亮晶鲕粒白云岩	鲕粒滩	
		5150		灰色溶孔粉晶白云岩夹鲕粒粉晶白云岩。成分以粉晶白云石为主。致密，较硬。溶孔发育	泥晶白云岩	蒸发坪	
		5200		浅灰、灰色溶孔亮晶含砾鲕粒细中晶白云岩，矿物成分以白云石为主，含一定方解石，颗粒成分以鲕粒为主，次为砾屑，砾成分为鲕粒白云岩，胶结物为亮晶白云岩。溶孔丰富	亮晶含砾鲕粒白云岩	含砾鲕粒滩	
		5216.5		白云质灰岩与泥晶灰岩互层	泥晶灰岩		开阔台地

图4　普光2井飞仙关组储层综合图

鲕粒白云岩以中细晶至粗晶为主，部分为泥晶白云岩。鲕粒含量不等，最高可达80%，多为高能鲕。分选好，多呈圆形。鲕粒部分由晶粒白云石和微泥晶白云石组成，局部重结晶，晶粒由细变粗。填隙物由于强烈溶蚀作用和重结晶，多数世代关系不明显，部分可见2~3个世代，垂直粒边生长纤状、马牙状白云石—细粒状白云石—粗粒状白云石。鲕粒白云岩的最大特点是选择性溶蚀作用极为强烈，形成大量粒内溶孔及部分鲕模孔，有的粒内溶孔具明显的示顶底构造。鲕粒白云岩平均孔隙度9.73%，储集性能较好(Loucks et al.，2003)。

残余鲕粒白云岩由于构造和溶蚀作用，多破碎溶蚀，鲕粒已重结晶或基本重结晶，但仍可见鲕粒轮廓或层圈阴影，形成了残余鲕粒结构。有的白云岩部分或全部重结晶，形成残余鲕粒中粗晶白云岩。由于白云岩普遍重结晶，形成大量晶间孔，部分晶间孔溶蚀扩大形成残余晶间溶孔。残余鲕粒白云岩平均孔隙度8.74%，为好的储集岩。

糖粒状残余鲕粒中粗晶白云岩，以中至粗晶白云岩为主，少量中细晶，似"糖粒状"。鲕粒含量较高，一般达60%~80%。由于重结晶影响，原始结构基本破坏，仅见残余结构。岩石中孔隙极为发育，以晶间孔和晶间溶蚀扩大孔占绝对优势，局部呈"筛状结构"。糖粒状残余鲕粒中粗晶白云岩平均孔隙度12.71%，为最好的储集岩。

2.2.2 储层物性好

据钻井密闭取芯资料分析，飞仙关组储层物性以中孔中渗、高孔高渗储层为主，储集性较好。储层段孔隙度介于2%~28.86%，平均值为8.11%，主要分布于6%~12%。渗透率变化大，最小值为0.0112μm^2，最大值可达3354μm^2，以大于1.0μm^{2}占优势，占样品总数的41%，具有较好的渗透性。

2.2.3 储集空间类型多

从岩芯观察及分析结果显示，储层储集空间主要为孔隙与裂缝及其组合。

储层孔隙较为发育，主要有与溶蚀作用有关的孔隙(溶孔、溶洞、溶缝)和晶间孔及极少量的原生粒间孔。以溶蚀孔(洞)占绝对优势，占总孔隙的80%以上，晶间孔占10%~15%。

裂缝对储层起到一定的改善作用，主要包括两种类型，即压性微裂隙和张性裂隙。压性裂隙由构造挤压作用而形成，发育有两期，缝宽小于0.5mm。外观呈线状，充填少量碳质沥青和白云石晶体；张性裂隙由拉张作用而形成，缝宽2~10mm，岩芯观察显示，大致发育有三期张性裂缝，早两期充填方解石，晚期未被充填。

2.2.4 优质储层发育

统计表明，飞仙关组储层以Ⅱ类储层为主，占总储层段厚度的41%，Ⅲ、Ⅰ类储层分别为29%、23%，Ⅳ类储层仅占7%(表2)。

表2 普光2井飞仙关组孔渗统计表

岩石类型	厚度/m	孔隙度/%	渗透率/10^{-2}μm^2
		均值(样品数)	均值(样品数)
鲕粒白云岩	41.90	2.30~21.14	0.0163~2823.2115
		9.73(169)	31.0815(124)
残余鲕粒白云岩	97.60	1.95~21.98	0.0126~1816.0716
		8.74(161)	143.5190(152)
糖粒状残余鲕粒白云岩	34.46	3.17~28.86	0.0379~3354.6965
		12.71(122)	479.3390(116)

续表

岩石类型	厚度/m	孔隙度/%	渗透率/$10^{-2}\mu m^2$
		均值(样品数)	均值(样品数)
含砾屑鲕粒白云岩	23.92	0.94~18.86	0.031~551.9429
		9.89(123)	6.0283(106)
含砂屑泥晶白云岩	17.74	1.02~17.24	0.0112~240.6132
		3.10(102)	3.2436(96)
结晶白云岩	38.90	1.02~17.56	0.0123~954.8462
		3.97(101)	17.8417(89)

Ⅰ类储层为孔隙度大于12%、喉道半径中值(R_{50})大于1.0μm。岩性主要为残余鲕粒白云岩、糖粒状残余鲕粒白云岩、鲕粒白云岩、含砾屑鲕粒白云岩的储层。孔隙结构为大孔粗喉、大孔中喉型。毛细管压力曲线表现出粗歪度，分选较好，储集性能好。主要分布于飞二段至飞一段。

Ⅱ类储层为孔隙度介于6%~12%，渗透率介于0.25×10^{-2}~$1.0\times10^{-2}\mu m^2$或大于$1.0\times10^{-2}\mu m^2$，喉道中值介于0.2~1.0μm。岩性主要为鲕粒白云岩、残余鲕粒白云岩。孔隙结构为大孔中喉、中孔中喉型。毛细管压力曲线显示出中—细歪度，分选中等，储集性能中等。主要分布于飞二段至飞一段中上部。

Ⅲ类储层孔隙度介于2%~6%，渗透率介于0.02×10^{-2}~$0.25\times10^{-2}\mu m^2$。岩性主要为鲕粒中细晶白云岩、残余鲕粒细晶白云岩。喉道中值介于0.024~0.2μm。孔隙结构为中孔细喉和小孔细喉型。毛细管压力曲线显示出中—细歪度，分选中等至差，储集性中等至较差。主要分布于飞三段、飞二段至飞一段中上部。

2.3　低温、常压、高含硫化氢气藏

根据普光1井、2井实测飞仙关组气藏地层温度，计算气藏地温梯度为2.18℃/100m，与川东地区平均地温梯度2℃/100m基本一致，普光气藏为一低温异常系统。

从川东北地区目前所发现的飞仙关组鲕滩气藏分析，各气田或含气构造的压力系数相差较大，不存在统一的压力系统。表现为一个气藏一个压力系统，气藏压力系数的变化一般反映在含气柱高度的变化，如渡口河、罗家寨气田都为单一的压力系统，铁山坡气田由于坡1井、坡2井之间断层及隔层的发育则存在多个压力系统。普光1井、普光2井长兴组—飞仙关组各储层段经测试均获得了高产工业气流。测试结果表明，普光气田飞仙关组气藏横向上从普光1井到普光2井同属一个压力系统，纵向上从长兴组储层到飞三段储层同样属同一个压力系统，压力系数在1.0~1.12。

普光气藏天然气组分中CH_4含量为74.46%~77.91%(表3)，平均为75.9%，硫化氢含量为12.31%~16.89%，平均为15.2%，CO_2含量为7.89%~9.1%，平均为8.3%。普光2井天然气非烃组分含量较高，长兴组天然气H_2S含量高达15.66%，CO_2含量达8.57%；飞仙关组一段天然气中H_2S含量高达15.82%，CO_2含量达7.96%。气藏天然气常规组成呈CH_4含量高，C_2H_8、C_3H_{12}含量低特点，与川东北地区其他构造如毛坝、罗家寨等气藏基本一致，天然气干度C_1/C_{2+}为94.70~3537，干燥系数$C_1/(C_1\sim C_5)$介于0.9896~0.9996。在储层中常见碳质沥青。

高含硫化氢是川东北地区飞仙关组—长兴组气藏共同的特点。罗家寨气藏硫化氢含量为10.5%，铁山坡为14.5%，渡口河为17.1%，金珠坪为6.73%。值得注意的是在其下伏的石炭系气藏和上覆的嘉陵江气藏及须家河气藏硫化氢含量低，甚至不含硫化氢。初步测算普光气藏硫化氢储量为$145\times10^8m^3$。

通过对四川盆地4个主要含气区近100个气藏的统计，普光气藏现今埋藏深度最大，为5259m，气藏中部深度为5125m；高峰场石炭系气藏现今埋藏深度为4923~5284m，气藏中部深度为4700m；罗家寨飞仙关气藏现今埋藏深度为3200~4600m；七里北气藏飞仙关气藏顶部深度为4900m。

表3 普光气田飞仙关组气藏天然气组分分析表

井号	层位	井深/m	分析项目及含量/%											相对密度/(g/cm^3)	临界温度/K	临界压力/MPa
			甲烷	乙烷	丙烷	异丁烷	正丁烷	异戊烷	正戊烷	CO_2	H_2S	N_2	He	H_2			
普光1井	T_1f^{1-2}	5601.5~5667.5	77.91	0.02	0	0	0.02	0	0	9.07	12.31	0.64	0.01	0.02	0.7199	223	5.388
普光2井	T_1f^3	4776.8~4826.0	76.69	0.19	0	0	0	0	0	7.89	14.80	0.40	0.01	0.02	0.7233	226.52	5.469
	T_1f^{1-2}	4933.8~4985.4	74.46	0.22	0	0	0	0	0	7.89	16.89	0.51	0.02	0.01	0.7370	230.32	5.560
	T_1f^1	5007.5~5102.0	75.63	0.11	0	0	0	0	0	7.96	15.82	0.44	0.01	0.03	0.7302	228.37	5.516

对23个已发现储量规模超百亿的气藏统计，储量范围从101.7×10^8~$1144\times10^8m^3$。超过$500\times10^8m^3$的气藏中，普光气藏已提交探明储量$1144\times10^8m^3$；罗家寨气藏探明储量$581\times10^8m^3$；五百梯气藏探明储量$539\times10^8m^3$。资源丰度普光气藏$38.53\times10^8m^3/km^2$，川西中坝$18.63\times10^8m^3/km^2$，渡口河气藏$12\times10^8m^3/km^2$，卧龙河气藏$12.97\times10^8m^3/km^2$，罗家寨气藏$7.56\times10^8m^3/km^2$(戴金星1997；王庭斌，2003)。值得一提的是，普光气藏的储量仅为3口井控制范围的储量，预计气藏最终探明储量将超过$2000\times10^8m^3$。

3 成藏富集基本规律

3.1 处于早期生烃中心，生气强度大

生烃中心系指生气强度最大区，它是烃源岩厚度、有机质丰度、有机质类型及成熟度等的综合体现。生气中心及其周缘不仅可以源源不断获得高丰度的气源，而且运移距离短，避免了天然气在长途运移中的大量散失，故利于气的富集而形成大气田。川东北地区发育泥质岩、碳酸盐岩和煤系地层等三大类烃源岩。层系上主要有5套烃源岩：中、下寒武统黑色页岩、灰色碳酸盐岩，下志留统深灰色页岩，下二叠统深色碳酸盐岩、黑色泥质岩，上二叠统黑色泥质岩、深灰色灰岩以及上三叠统黑色泥质岩、煤系地层。以二叠系和志留系有机碳丰度最高，为区域性主力烃源岩。下二叠统烃源岩有机质在印支期晚期开始成熟，燕山期早期进入成熟早期，至燕山期中期进入高成熟期，为油气大量生成期；在燕山晚期进入过成熟期，现今R_o为2.5%~3.3%，已进入过成熟中、晚期，早期生成的液态烃已全部热裂解为天然气。志留系烃源岩在中三叠世达到生烃门限，晚侏罗世前进入生油高峰期，

新近纪前进入过成熟期。区域研究表明，四川盆地志留系、二叠系龙潭组主力生烃凹陷位于川东北地区，生气中心位于通南巴—罗家寨一带，最大生气强度为 $125\times10^8m^3/km^2$。大中型气田均位于生气强度 $50\times10^8\sim125\times10^8m^3/km$ 或更大处。综合对比研究结果表明，普光气藏天然气主要来源于上二叠统黑色泥质岩、深灰色灰岩。

3.2　沉积相带控制了优质储层的发育

3.2.1　有利的相带发育了优质储层

区域沉积分析表明，川东北飞仙关期基本继承了长兴期的岩相古地理格局，岩相带呈北西南东向展布。主要发育有盆地、缓坡、开阔台地、局限台地及台地边缘礁滩等沉积单元。研究表明，储层的发育严格受到沉积相带的控制。

盆地相分布于碳酸盐台地东西两侧，主要沉积深水相硅质岩、页岩等，储层不发育。

缓坡带位于邻近盆地的碳酸盐台地两侧，为台地与盆地之间的过渡地带，坡度小，以沉积深灰色薄中层泥晶灰岩、生物扰动灰岩夹瘤状灰岩为主。储层不发育。

开阔台地主要由滩间亚相与浅滩亚相组成，沉积灰色泥晶灰岩、泥晶砂屑灰岩、泥晶生屑灰岩等。储层储集性能差。

局限台地分布在中部碳酸盐台地上。呈北西南东走向，东西两侧为台地边缘礁滩相，由于礁滩障壁作用，礁滩后为低能泻湖环境，早期海侵时为淡化泻湖，沉积泥晶灰岩，晚期海退时成为咸化泻湖-潮坪环境，发育白云岩。局部高地貌区因海平面下降而暴露，成为古喀斯特环境，发育白云岩与角砾岩。储层发育。

台地边缘浅滩、生物礁分布在中部碳酸盐台地东西两侧，西邻广旺海域及梁坪-开江缓坡，东邻鄂西海域，为生物礁与浅滩混生的礁滩组合相带。为储层发育的有利相带。

普光气藏位于碳酸盐台地边缘，发育有台地边缘暴露浅滩相、开阔台地相及台地蒸发岩相等，以台地边缘暴露浅滩相为主，有利于储层的形成与发育。对储层亚相、微相与孔隙度关系进行了统计分析，发现沉积相与储层关系极为明显，最好的储集层段位于鲕粒浅滩亚相中，为台地边缘高能鲕粒滩相沉积产物。主要有鲕粒白云岩、残余鲕粒白云岩、糖粒状残余鲕粒白云岩。

3.2.2　成岩及成岩后生作用控制了储层的演化

飞仙关组、长兴组储层主要发生了泥晶化作用、胶结作用、压实-压溶作用、白云化作用、重结晶作用、破裂作用及溶蚀作用。影响孔隙发育的主要为白云化与溶蚀作用。

大量岩芯薄片分析结果显示，飞仙关组、长兴组储层白云化作用可分为 2 种成因类型：其一是准同生白云化作用，其白云化作用的产物主要为含有硬石膏组分的泥晶-微晶白云岩、藻凝块白云岩和藻球粒白云岩。由准同生作用形成的白云石主要呈泥晶-微晶级的半自形晶-自形晶结构，晶间孔很小，相互间连通性很差。岩性极为致密，孔渗性差，对白云岩储层的发育无直接的意义；其二是成岩白云化作用，白云化的产物为粉晶-细晶藻团块白云岩、鲕粒白云岩和晶粒白云岩。由成岩白云化作用形成的白云石晶粒较粗，晶形极好，晶体之间呈点、线接触。规则的多面体状晶间孔非常发育，岩性相对较纯，对储层发育有直接贡献，为形成储层的重要成岩作用方式之一。

飞仙关组、长兴组白云岩储层溶蚀作用主要发生在晶粒白云岩和鲕粒白云岩中。分析表明储层发生了二期溶蚀作用，即准同生-早期成岩溶蚀作用和深埋期溶蚀作用。准同生-

早期成岩溶蚀作用即大气淡水溶蚀作用，以形成鲕模孔为主，鲕模孔发育示顶底构造。深埋藏期溶蚀形成的溶蚀孔隙以晶间溶孔、粒内溶孔为主，溶孔中除充填有少量自生石英、伊利石、硬石膏和溶蚀成因的白云石晶屑外，主要被碳化沥青充填，说明溶蚀作用发生在地层深处，很可能与深部热液溶蚀作用相关。此类溶孔的形成时间与油气运移聚集有很好的配置关系，为普光大型气藏的形成创造了良好的条件。

白云岩储层的溶蚀作用有很强的岩性选择性，其基本特点为基质孔隙度较高的岩性，如粉-细晶白云岩和鲕粒白云岩中的各类溶孔非常发育。微-粉晶白云岩和隐藻白云岩中虽含有较多易溶的硬石膏矿物，但很少受溶蚀作用改造，表明发育于细晶和鲕粒白云岩中的各类溶孔，以及溶蚀碎屑状结构的白云岩中的各类溶孔和溶洞，都与深部热液流体的选择性溶蚀作用有关。由溶蚀作用产生的各种溶蚀孔、洞、缝，大大提高和改善飞仙关组白云岩储层孔渗性，是最重要的成岩作用。在有利的滩相鲕粒白云岩沉积发育的基础上，成岩变化中的多期溶蚀作用是控制储层储集性能的关键因素。

3.3 古构造背景控制油气的聚集成藏

古构造或习惯称之为古隆起的存在，对油气聚集成藏的建设性作用主要表现在两个方面：其一是控制了早期的沉积相带分布，即储层的发育，有利的碳酸盐岩储层发育在台地边缘相带；其二是控制了油气的运移，古隆起往往是油气运移的主要指向区。早于主成气期的古构造或与生气期同期形成的构造，接受供气聚集时间长，与主要生烃期的时间匹配上，或与保存早期形成的气藏的功能及为二次成藏提供优秀条件上，利于大气田的形成。

四川盆地在地史演化过程中存在多期、多个古隆起，如加里东期古隆起(乐山-龙女寺古隆起、龙门山古隆起)、印支期古隆起(泸州古隆起、开江古隆起、石柱古隆起)、燕山期古隆起(大兴古隆起、新场古隆起、江油古隆起)。不同时期形成的古隆起具有继承性发育的特点。例如乐山-龙女寺加里东期古隆起自形成后持续演化到印支期、燕山期、喜马拉雅期；泸州印支期古隆起、开江印支期古隆起持续演化到燕山期。开江型大气田是由古构造控制的古气藏，经后期构造运动改造调整后，在原地或附近或其上二次成藏。

开江古隆起印支期基本定型，燕山期继续发展，至喜马拉雅期四川盆地全面褶皱前，该古隆起石炭系顶面古构造闭合度为450m，闭合面积为2812km^2。古隆起的存在，为石炭系上倾边界形成大型地层-古构造复合型圈闭提供了构造条件，控制了川东上古生界-三叠系储层中油气的运移和早期聚集，这也是宣汉-达县区块长兴组—飞仙关组鲕粒灰岩发育、白云化作用、溶蚀改造储层、油热裂解转化为气，最终定位形成现今富集天然气藏的基础条件。喜马拉雅期四川盆地全面褶皱，第一次成藏的开江大面积的古气藏被解体，在古气藏原地或附近异地喜马拉雅形成的圈闭中二次成藏，形成了五百梯、卧龙河(原地)、沙坪场(异地)、罗家寨(原地)、铁山坡(异地)、普光(原地)等大气田(胡朝元等，1995)。

3.4 早期深埋、多源供烃、晚期调整成藏

普光气藏十个天然气样品的同位素组成，甲烷碳同位素值分布较为集中(表4)，$\delta^{13}C_1$为-29.32‰~-31.06‰，反映出高演化过成熟天然气特征，但乙烷碳同位素值却分布较宽，$\delta^{13}C_2$为-25.04‰~-32.02‰，其中川岳83井、84井乙烷碳同位素值为-29.21‰~-32.02‰，呈现腐泥型天然气特征，普光气藏天然气乙烷碳同位素值主要分布于-27‰~-29‰。普光2井飞仙关组储层沥青以贫锥满烷，富C_{29}、C_{30}断藿烷；富C_{21}孕甾烷，规则

甾烷呈 $C_{27}>C_{28}<C_{29}$ 分布；富三环萜（以 C_{23} 为主峰，$C_{23}>C_{21}$），Σ五环萜>Σ三环萜，Ts、Tm 丰度均等，富含伽马蜡烷等为特点。与下寒武统、下志留统以及上、下二叠统等诸层烃源岩均具有较好的可比性，尤其是下志留统龙马溪组深灰色泥岩，m/z123、217、191 三个系列特征化合物几乎完全吻合，而下寒武统以及二叠系源岩则在倍半萜特征分布上以富锥满烷而与沥青有一些差异。通过油/源、气/源、沥青/源对比以及沥青热模拟实验综合分析，普光古油藏的油源主要来自二叠系有效烃源岩，现今气藏气源主要来自古油藏原油的二次裂解以及二叠系、下志留统源岩干酪根的热裂解，现存沥青作为次要烃源对普光气藏也有一定的贡献，尤其是该气藏非烃类气体的重要气源。

表 4　普光气藏天然气碳同位素组成特征表

井号	井深	层位	$\delta^{13}C$/‰					
			C_1	C_2	C_3	C_4	C_5	C_{2-1}
普光 1 井	井口窜层气		-31.06	-25.04	-27.96	—	—	6.02
普光 2 井	5311.2~5318.0	P_2c	-30.61	-25.19	—	—	—	5.42
普光 2 井	5237.0~5281.6	P_2c	-30.05	-27.67	—	—	—	2.38
普光 2 井	5027.5~5102.0	T_1f^1	-30.96	-28.81	—	—	—	2.15
普光 2 井	4933.8~4985.4	T_1f^2	-30.49	-29.07	—	—	—	1.42

对烃类流体包裹体及与其共生的盐水包裹体进行了详细的冷热台分析。有机包裹体均一化温度一般代表包裹体被捕获时的最低温度，即烃类运移进入储层时的温度，其温度的高峰值代表油气二次运移的高峰期。普光 2 井与烃类流体包裹体共生的盐水包裹体均一化温度分布范围为 111~215℃，统计结果表明均一温度存在两个主峰，第一主峰温度在 140~160℃，平均 150℃，第二主峰温度在 170~190℃，平均 180℃；结合显微镜下包裹体相态特征，推测至少应存在三期烃类流体注入，由此推算出第一期运移的深度为 2900m 左右，第二期运移的深度为 4500m 左右，第三期运移的深度为 5600m 左右。结合宣汉区块烃源岩埋藏史，估算油气三次成藏时间分别是印支晚期—燕山早期、燕山中晚期以及燕山晚期—喜马拉雅期。

初步推测普光气藏成藏模式为：印支期晚期—燕山期早期液态烃运聚形成油藏；燕山期深埋，液态烃裂解进入气态烃演化阶段，油→气转化，沥青残留；燕山期晚期—喜马拉雅期隆升脱气，再次调整成藏，形成现今构造-岩性复合型气藏。

参 考 文 献

[1] 戴金星. 中国大中型天然气田形成条件与分布规律. 北京：地质出版社. 1997.
[2] 胡朝元，等. 中国中部大气田研究与勘探. 北京：石油工业出版社. 1995.
[3] 康竹林，傅诚德，等. 中国大中型气田概论. 北京：石油工业出版社. 2000.
[4] Loucks R G，等. 碳酸盐岩层序地层学. 马永生，刘波等译. 北京：海洋出版社. 2003.
[5] 马永生，田海芹. 碳酸盐岩油气勘探. 山东：石油大学出版社. 1999.
[6] 马永生，郭旭升，郭彤楼，黄锐，蔡勋育，李国雄. 四川盆地普光大型气田的发现与勘探启示. 地质论评，2005，51(4)：477~480.
[7] 王庭斌. 中国气田的成藏特征分析. 石油与天然气地质，2003，24(2)：103~110.

普光气田深部优质白云岩储层形成机制

马永生[1]　郭彤楼[1]　赵雪凤[2]　蔡勋育[1]

（1. 中国石化南方勘探开发分公司，昆明 650200；
2. 中国矿业大学（北京），北京 100083）

摘要： 普光大型气田的发现为我国深层海相碳酸盐岩的勘探提供了重要参考。普光气田发现了目前国内最好的深部白云岩储层，储层不仅厚度大，分布范围广，而且次生孔隙也异常发育。研究认为，普光气藏的油气充注时间早、埋藏深、有机质热演化程度高，烃（油气）—岩（碳酸盐岩储层）—水相互作用的时间长。该地区次生孔隙的发育受多期次成岩作用的影响，成因机理复杂。通过对普光气田长兴组—飞仙关组沉积环境、沉积相带和储层孔隙特征的研究，认为普光优质白云岩储层的形成是发育在有利沉积相带的基础上，受表生溶蚀、埋藏溶蚀、超压作用和构造运动等多种因素共同作用的结果，其中 TSR 对储层的埋藏溶蚀作用和有机质热演化形成的超压作用对长兴组—飞仙关组次生孔隙发育的具有重要的影响。

关键词： 深部优质储层　白云岩　溶蚀作用　普光气田　四川盆地

碳酸盐岩储层在油气勘探领域中具有十分重要的地位，世界上超过 60% 的油气产量都是来自碳酸盐岩储层，其中多半是白云岩储层；且随着深度的增加白云岩储层所占比重呈逐渐增大的趋势[1-3]。我国海相地层分布十分广泛，面积逾 300 多万平方千米。我国海相油气资源量丰富，海相碳酸盐岩具有良好的勘探潜势。目前四川盆地川东北地区和塔里木盆地塔中和塔北地区海相碳酸盐岩勘探已取得了重大突破，为我国海相油气勘探增加了信心。

由于我国海相地层主要分布在古生界（中生界也有一些分布），目前埋藏比较深（大部分在 4000m 以上），同时这些地层在沉积后或成藏后又经历了多期次构造运动的改造，储层成岩和油气成藏都非常复杂，勘探难度较大。对于碳酸盐岩优质储层的形成，多数学者研究认为：白云岩化[3-9]、表生溶蚀[10,11]、有机酸溶蚀[12]、热液溶蚀[13]和裂缝作用[12]等是深部碳酸盐岩孔隙发育的主要控制因素。近年来一些新的观点如 TSR 作用[14]、烃—水—岩相互作用[15-17]、原油裂解超压效应[18,19]、构造抬升效应等逐渐受到关注。如何解释普光气田长兴组—飞仙关组这个目前国内最好的深部碳酸盐岩储层孔隙发育的机理，是海相地质研究者研究的热点。

中国科学（D 辑：地球科学），2007，37（增刊 11）：43-52

1 普光气田石油地质特征

1.1 地质概况

普光气田位于川东北断褶带双石庙—普光 NE 向背斜构造带北段的鼻状构造带上[图 1(b)]，气藏类型属于构造—岩性复合圈闭，储层主要位于上二叠统长兴组(生物礁储层)和下三叠统飞仙关组(鲕粒滩储层)[图 1(c)]，其中长兴组上部礁盖白云岩最为发育，下部的礁核相白云岩则不发育；飞仙关组主要发育台地边缘浅滩相储层[20,21]。飞仙关组上部飞四段的膏岩、致密含泥灰岩及其二者的互层组成了飞一至飞三气藏的直接盖层，三叠系嘉陵江组和雷口坡组的巨厚膏岩层组成了该气藏直接盖层和区域盖层。该区发育多套烃源岩，主要有下寒武统灰黑色泥页岩、下志留统龙马溪组黑色页岩、泥岩和上二叠统龙潭组的煤系、暗色泥岩。其中龙马溪组烃源岩和龙潭组烃源岩是普光气田的主力气源[22]。

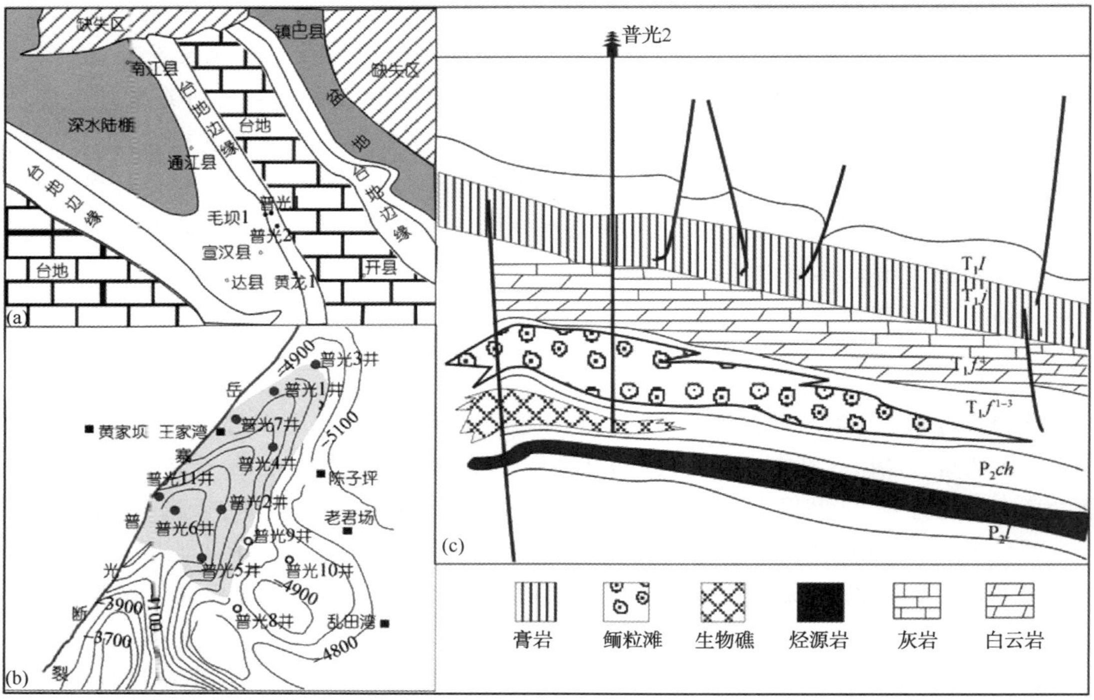

图 1 四川盆地普光地区长兴组初期沉积相图(a)、普光气田构造位置(b)、普光气藏剖面图(c)

1.2 古沉积环境

川东北地区长兴组—飞仙关组时期海平面整体上经历了先上升后下降的过程[23,24](图 2)，普光地区根据沉积环境的不同大致可分为 3 个区域：深水陆棚区域、碳酸盐台地区域和碳酸盐斜坡区域。普光气田的优质储层主要发育在碳酸盐台地和深水陆棚之间的碳酸盐台地边缘带区域[图 1(a)]。台地边缘带区域在长兴组初期主要为开阔台地相沉积，沉积物以泥晶灰岩和含砾生屑灰岩为主，原生孔隙相对不发育；长兴组中期海平面呈不断上升趋势，沉积相逐渐演化为台地边缘生物礁相，沉积物以生物礁骨架为主，原生骨架孔发育；长兴组中后期海平面上升过程中有小幅度升降变化，生物礁反复暴露在海平面以上，发育多旋回生物礁—滩相沉积组合，沉积物以生屑、生物礁骨架、鲕粒、团块为主，原生骨架孔、粒间孔发育；长兴组沉积末期—飞仙关组沉积初期为大规模的海侵期，沉积物以泥晶灰岩为主，原生孔隙不发育；飞一段中期至飞二段海平面开始呈下降趋势，沉积相为台地边缘浅滩相，沉积了较厚的鲕粒、颗粒灰岩，粒间孔广泛发育，其中海平面的旋回变化，也沉积了多层薄层膏岩；飞二段末期至飞三段沉积相演化为局限台地相，沉积物主要为灰质白云岩、粉晶白云岩、泥晶白云岩和膏岩，原生孔隙不发育；飞四段主要为蒸发坪沉积环境，蒸发岩最为发育，比较致密，是飞仙关组的盖层之一(图 2)。

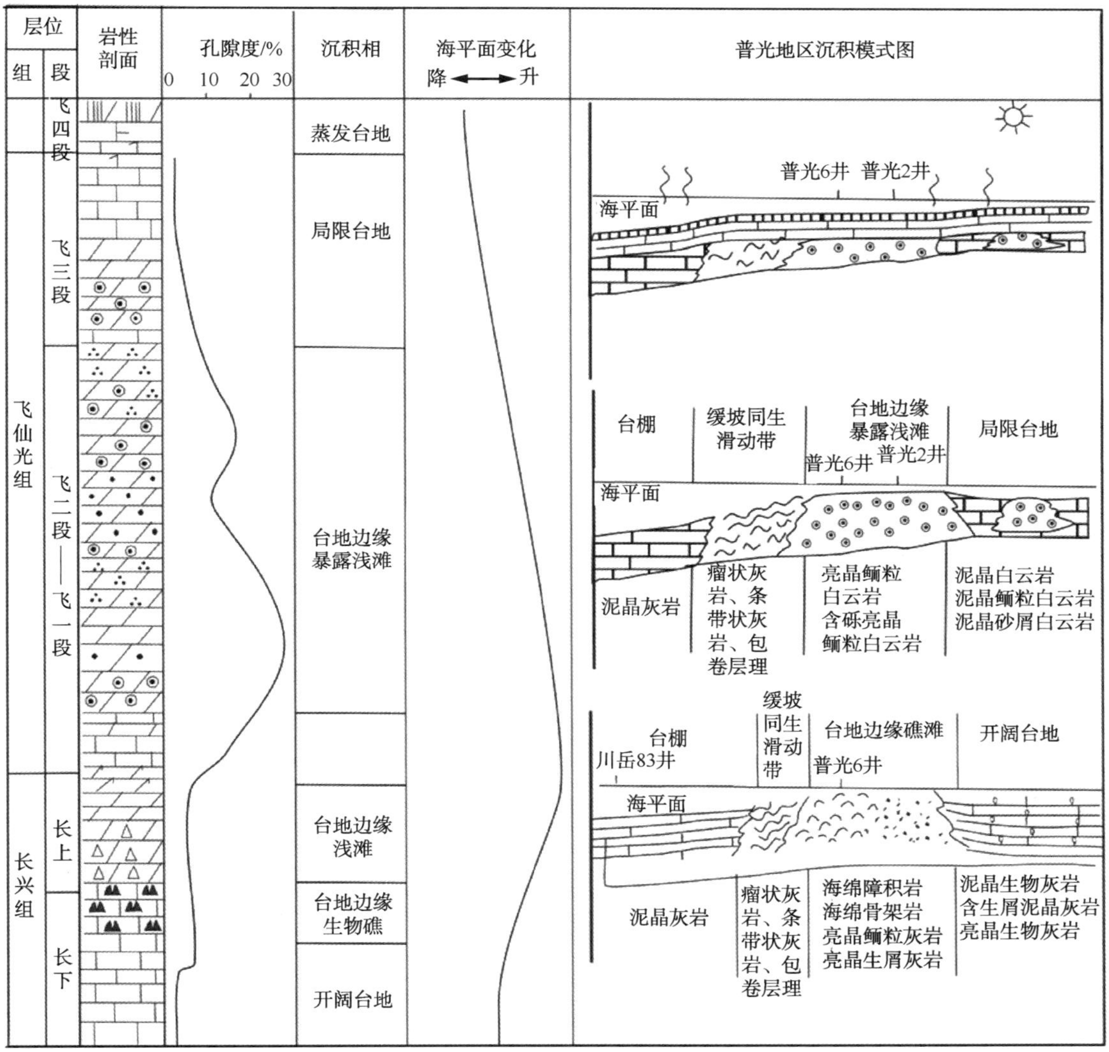

图 2　普光地区长兴组—飞仙关组沉积演化及沉积模式图

普光地区的碳酸盐台地区域，长兴期主要为开阔台地沉积环境，沉积物主要为生屑灰岩、砂屑灰岩，顶部为泥晶灰岩，原生孔隙不发育；飞仙关期由局限台地向蒸发台地演化，沉积物主要为泥—粉晶白云岩、灰岩和膏岩，孔隙度和渗透率比较低，储层不发育。普光地区的深水陆棚区域，长兴期主要为深水盆地沉积，沉积物主要为硅质岩和页岩，飞仙关期逐渐变浅，沉积物以灰岩和泥灰岩为主，沉积物比较致密，也没有良好的储层发育。

1.3 天然气特征

普光气田的天然气为典型的干气[24]，甲烷含量在72%~80%，乙烷含量基本上在0.05%以下，乙烷以上的重烃几乎检测不到，二氧化碳的含量大致在3%~10.5%，硫化氢的含量在12.7%~17.2%的范围内(表1)，属于高含硫化氢天然气，也是国内目前发现的硫化氢含量最高的天然气之一[25]。

表1 普光气田天然气组分特征

井号	层位	井段/m	天然气组分/%							
			CH_4	C_2H_6	C_3H_8	H_2S	CO_2	N_2	H_2	He
普光1	T_1f	5610	77.5	0.02	0	12.7	9.1	0.62	0.04	0.01
普光2	T_1f	5062	75.6	0.11	0	15.8	7.96	0.44	0.03	0.01
	T_1f	5027	80	0.06	0	14.7	2.55	0.46	2.19	0.01
	T_1f	4958	74.3	0.22	0	17.2	7.9	0.42	0.01	0.01
	T_1f	4801	76.1	0.02	0	15.5	7.71	0.44	0.01	0.01
	P_2ch	5315	74.2	0.02	0.001	16.0	9.46			
	P_2ch	5259	75	0.33	0.001	15.4	8.73	0.47	0.02	0.01
普光4	T_1f	5770	73.8	0.03	0	17.1	8.47	0.59	0	0.02
普光6	T_1f	5044	74.7	0.03	0	14.1	10.5	0.65	0.06	0.01
	P_2ch	5240	75.9	0.05	0	14.7	8.74	0.49	0.06	0.01

2 长兴组—飞仙关组储层特征

飞仙关组储层主要分布在飞一至飞三段，岩性主要为鲕粒灰岩、鲕粒白云岩、残余鲕粒白云岩、溶孔白云岩等，其中鲕粒白云岩和残余鲕粒白云岩为两种重要类型。鲕粒白云岩以中细晶为主，多为低能鲕，选择性溶蚀比较强烈，溶蚀孔隙较发育，储层以高孔高渗为主；残余鲕粒白云岩由于重结晶现象比较普遍，除了溶蚀孔隙发育外，还发育大量的晶间孔隙，以高孔高渗储层为主；糖粒状残余鲕粒中粗晶白云岩，晶间孔和晶间溶蚀孔极为发育，储集性能极好；含砾屑鲕粒白云岩以细—粗晶为主，主要发育鲕模孔和粒内溶孔，孔隙度较好，但渗透率较低；含砂屑泥晶白云岩以粉细晶为主，孔渗性都较差；结晶白云岩以粉—中晶为主，储层主要为低孔高渗储层。

长兴组储层主要为一套礁滩—白云岩组合储层，主要岩性为结晶白云岩、生屑白云岩、砂屑白云岩、砾屑白云岩、海绵礁白云岩、海绵礁灰岩。其中结晶白云岩、砾屑白云岩和海绵礁白云岩为重要的岩石类型。结晶白云岩以粉—中晶白云岩为主，因新生变形作用强烈，溶孔和晶间孔发育，多为中孔高渗储层；砂屑白云岩多以细—粉晶为主，储层主要为中低孔中高渗储层；生屑白云岩含极少量泥质成分，生物颗粒含量较高，新生变形不均匀，储层以中低孔高渗为主；砾屑白云岩成分复杂，多以残余鲕粒粉细晶白云岩、粉细晶白云岩、以及残余生屑白云岩为主，溶孔较发育，储层以中高孔高渗为主；海绵礁白云岩多为细晶结构，孔隙类型多见生物格架孔和溶孔，溶孔孔壁多见沥青残余物质。储层以中高孔高渗为主；海绵礁灰岩溶孔不发育，储层以低孔低渗为主(图3)。

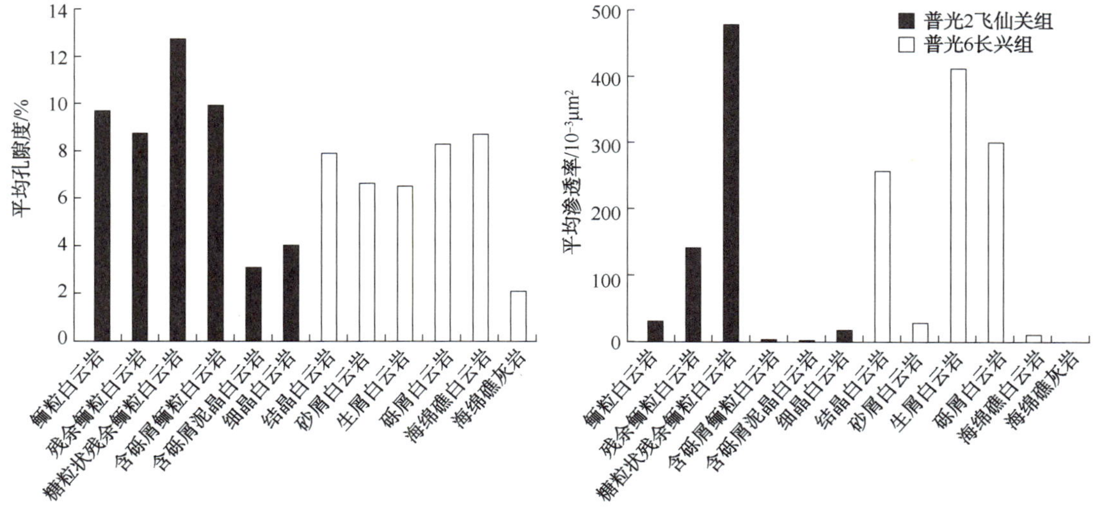

(a)飞仙关—长兴组不同岩性的孔隙度对比图　　(b)飞仙关—长兴组不同岩性的渗透率对比图

图3　飞仙关—长兴组不同岩性的孔隙度和渗透率

飞仙关—长兴组储层的孔隙类型可分为两大类型：一种是与溶蚀有关的孔隙，主要包括溶孔、溶洞、溶缝等；另一种是与溶蚀无关的孔隙，主要包括晶间孔和原生粒间孔。飞仙关组储层以溶蚀孔(洞、缝)具有绝对优势，所占比例>80%，次为晶间孔，所占比例在1%~15%之间；原生粒间孔基本消失或多数经后期溶蚀改造后不易识别。长兴组的白云岩储层主要发育晶间孔、晶间溶缝、超大溶孔等；石灰岩除少数具溶蚀孔、洞、铸模孔之外，基本上以泥晶微孔为主。生物礁的骨架孔，一般都被亮晶方解石填充，未白云石化者多是泥晶胶结。

裂缝系统作为有效孔隙和流体的运移通道对普光优质储层的发育起着重要的作用。飞仙关组的裂缝主要包括压性微裂隙和张性微裂隙，两期压性微裂隙分别被少量碳质沥青和白云石晶体充填，三期张性裂隙前两期被方解石充填，晚期未被充填。对长兴组—飞仙关组储层来说，虽然裂缝广泛发育，但其主要的储集空间还是溶蚀孔隙。

长兴组中的裂缝主要包括压溶缝合线和构造裂缝两种类型。统计表明长兴组共发育两期缝合线和三期构造裂缝，早期缝合线多被泥质或其他不溶残余物充填，对储层物性没有贡献；晚期缝合线多被沥青填充或半填充。早期的构造裂缝发生在浅埋阶段，仅局部地区发育，多被白云石脉填充；中期裂缝多被沥青充填；晚期裂缝无充填。

3　长兴组—飞仙关组储层发育的控制因素

3.1　有利的沉积相带

有利的沉积相带是优质储层发育的基础，因为沉积相带不仅控制着沉积物的结构、组分和原生孔隙的发育程度，而且还影响着沉积后的成岩作用(孔隙水中的一些离子和与孔隙水作用的矿物来源于古沉积物质)。虽然原生孔隙在后期的压实和压溶过程中会大量损失，但残余的原生孔隙是溶蚀流体主要的运移通道，也是一些溶蚀孔隙的前身，还对次生孔隙的发育具有重要的作用。普光地区不同的沉积环境下，储层的发育也各不相同(表2)，优质储层主要发育在浅海高能沉积环境下的原生孔隙发育的地区。普光气田长兴组—飞仙关组储层主要为浅海高能生物礁和鲕粒滩相沉积[26,27]，原生骨架孔和粒间孔广泛发育，为次生溶蚀孔隙的发育打下了良好的基础。邻区的深水陆棚和碳酸盐台地沉积物多为比较致密的泥-粉晶白云岩或灰岩，原生孔隙不发育，一般不能发育成优质储层。

表2 沉积环境和原生孔隙发育情况

层位	沉积亚相	沉积物	岩性	原生孔隙发育程度	储层发育程度
长兴组	滩间	泥晶灰岩、生屑灰岩	灰岩	不发育	不发育
	生物礁	黏结岩、障积岩	灰岩	发育	不发育
	生物礁—滩	生屑、鲕粒灰岩、蒸发岩	白云岩	发育	发育
	深水盆地	硅质岩、页岩		不发育	不发育
	开阔台地	生屑、砂屑灰岩、泥晶灰岩	灰岩	不发育	不发育
飞仙关组	浅滩	鲕粒灰岩、颗粒灰岩	白云岩	发育	发育
	局限台地		白云岩	不发育	不发育
		灰岩、泥灰岩	灰岩	不发育	不发育
	泻湖	泥—粉晶云岩、膏岩	白云岩	不发育	不发育

3.2 同生期岩溶作用

同生期岩溶作用对碳酸盐岩储层的形成具有重要的贡献[28]。普光地区长兴组—飞仙关组沉积阶段，海平面多期次旋回下降，使长兴组生物礁和飞仙关组的鲕粒滩沉积不断暴露在大气水渗滤带，发生表生溶蚀。最易溶蚀的是一些不稳定矿物：文石、高镁方解石，其次是石膏和方解石(此阶段石膏的溶解度大于方解石)。形成的孔隙主要是铸模孔，包括鲕模孔和生物模孔，该阶段形成的鲕模孔多具有示底构造[图4(a)]。

3.3 早期白云岩化作用

白云岩具有有利于孔隙发育和保存的性质。由于白云石的比重比较大，白云岩化的过程可能有利于粒内孔和晶间孔的发育，而且相对于方解石来说，白云石的机械性能比较好，在压溶阶段方解石倾向于被压溶，白云石则倾向于被压裂，这种性质有利于白云岩中粒间孔的保存和裂缝的发育；而且白云岩裂缝易保持开启状态。国内外的研究和勘探实践也证实随着埋藏深度的增加，白云岩中原生孔隙减少的速度比灰岩慢[29,30]。

长兴晚期和飞一至飞二段的淡水淋滤过程一方面产生了表生溶蚀孔隙，同时也形成了混合水环境，发生了早期混合水白云化作用。长兴组中期为海平面的持续上升期，有利于生物礁的持续生长，但不适于发生白云岩化，主要发育礁灰岩；长兴组后期海平面多期旋回变化，形成的礁滩混合储层不断暴露在大气环境中，形成混合水环境，发生了白云化作用，储层岩性主要为白云岩。长兴组中期和后期岩性的差别是长兴组后期发生混合水白云岩化成因的良好证据。飞一至飞二段的鲕粒滩白云岩储层也具有混合水成因。早期形成的白云岩，有序度相对较低，但也具有了一定的白云岩的性质，对原生孔隙还是起到了一定的保存作用。而且早期的白云岩化为后期埋藏白云岩化打下了基础[31,32]，在深埋的过程中又不断进行了调整和重结晶，形成今天有序度较高结晶程度较好的白云岩。

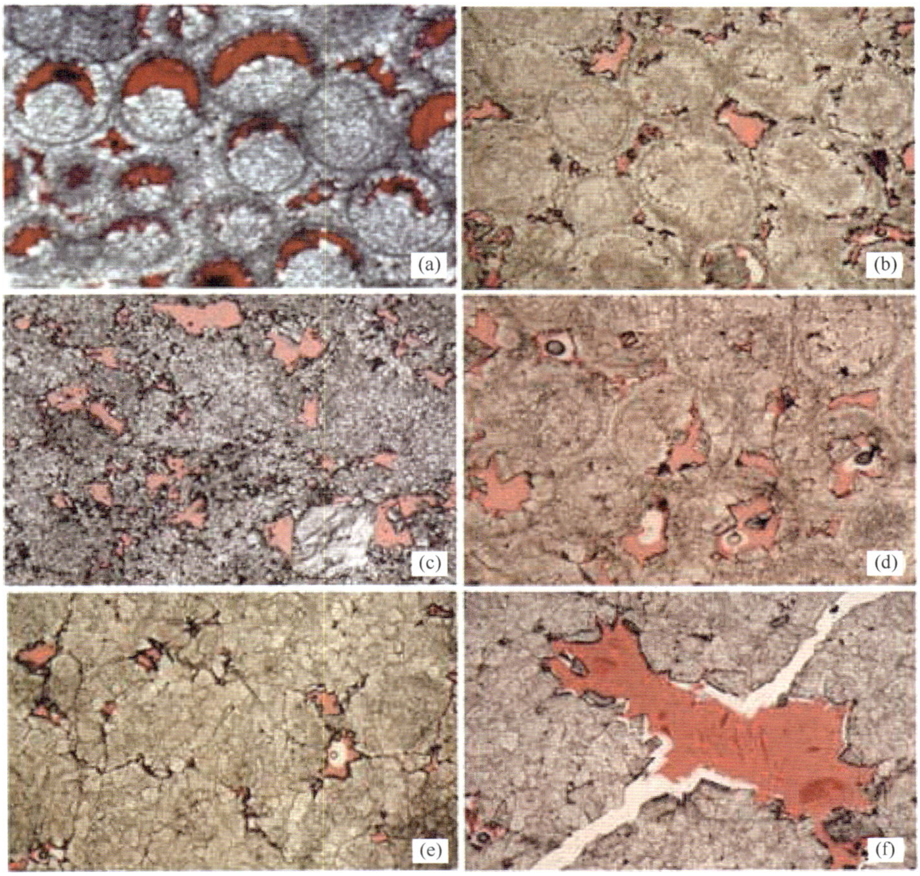

图 4　普光气田储层微观特征

(a)残余鲕粒白云岩，显著的示顶底构造，表生溶蚀作用的产物，普光 2 井，飞仙关组；(b)溶孔细晶鲕粒白云岩，晶间和粒间溶孔，粒内溶孔非常发育，孔内普遍充填有沥青，普光 2 井，井深 4965.72m；(c)溶孔微—粉晶白云岩，以发育超大溶孔，溶孔普遍充填有沥青，个别溶孔内充填有自形白云石晶体，普光 2 井，井深 4775.78m；(d)川东北飞仙关组细—中晶白云岩，受 H_2S 溶蚀强烈，大的溶蚀孔洞，后有自生白云石半填充，5145.5m；(e)碎裂化溶孔细晶白云岩，具残余鲕粒结构，溶孔主要沿裂缝发育，普光 2 井，井深 5033.71m；(f)碎裂化溶孔细晶白云岩中的超大溶孔，普光 2 井，井深 5026.50m

3.4　早期快速埋藏和烃类充注

研究表明持续浅埋—快速深埋过程有利于储层的发育[33]。普光气田长兴组—飞仙关组早期埋藏不仅是快速埋藏，而且快速埋藏末期和烃类充注具有良好匹配关系这更有利于原生孔隙的保存。

川东北地区受早印支运动的影响，早三叠世开始大幅度沉降(图 5)，飞仙关组和嘉陵江组沉积了近 2000m 厚的沉积物。到晚三叠世长兴组—飞仙关组快速埋藏到 3000m 左右，此时志留系烃源岩开始进入生烃门限，有机酸和一些烃类物质开始逐渐侵入储层，改变了孔隙水的性质使其呈弱酸性，抑制了碳酸盐岩的胶结作用，更好地保持了原生孔隙。

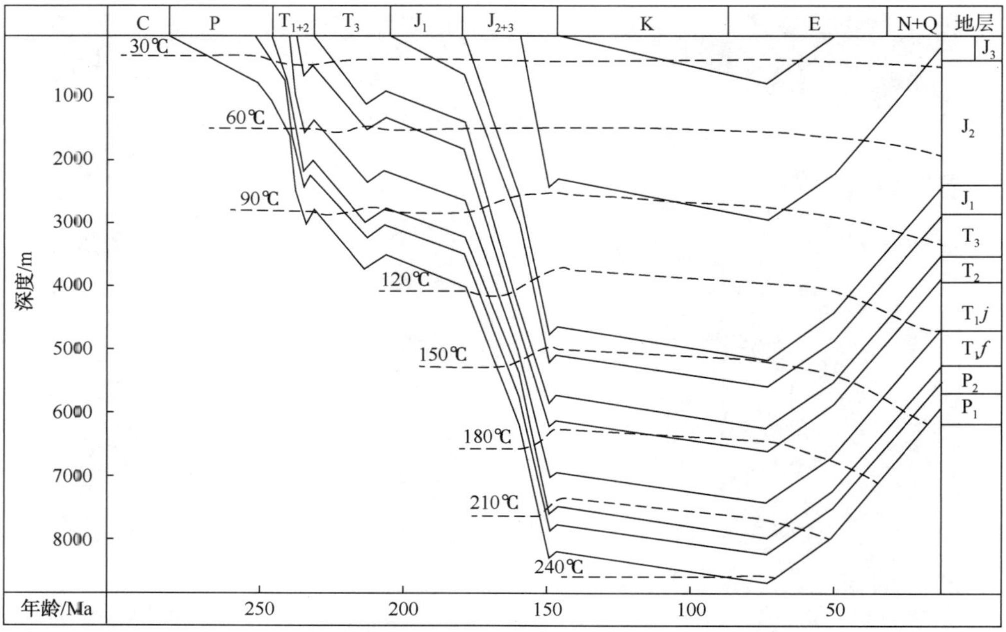

图 5　普光 2 埋藏历史曲线

3.5　有机酸的溶蚀作用

有机酸是造成碳酸盐岩储层深埋溶蚀的主要应力之一，普光地区在晚三叠世时志留系烃源岩开始进入生油门限[22]，有机酸和烃类进入储层，对保存下来的原生孔隙进行扩容或增加新的溶蚀孔隙。因为有机酸的酸性有限，增加的溶蚀孔隙也有限，该期形成的溶蚀孔隙多被沥青填充或半填充[图 4(b)(c)]。随着埋深继续增加温度升高，有机酸开始发生脱羧反应，产生 CO_2，腐蚀性逐渐减弱，地层水的化学性质逐渐过渡为受 CO_2 等酸性气体的控制。

3.6　TSR 造成的溶蚀作用

普光气田天然气具有 H_2S 含量高(>14%)的特点，研究证明该区的 H_2S 主要是硫酸盐热化学还原反应(TSR)造成的[34]。TSR 是指高温条件下(一般大于 120℃)，烃类和硫酸盐反应，硫酸根离子被还原，烃类被氧化，生成 H_2S 和 CO_2，并常见金属硫化物(黄铁矿、闪锌矿等)伴生。普光长兴组—飞仙关组多层薄的膏岩夹层提供了充足的硫酸根来源，古油藏的早期充注提供了充分的烃类物质，再加上从侏罗系开始储层温度就一直在 120℃以上，为 TSR 提供了充足的反应时间，这些条件表明普光气田具备发生 TSR 反应的条件。TSR 反应可能从两方面来改善储层的性质：一方面是白云岩化；另一方面是溶蚀作用。

TSR 反应大量消耗孔隙水中的 SO_4^{2-} 离子，SO_4^{2-} 离子的减少会降低白云石的溶解度。已有研究表明浅埋环境下，硫化细菌引起的硫酸盐还原作用(BSR)会引发白云石的沉淀[35]，也有研究表明硫酸盐热化学还原反应会引发鞍状白云石的产生[36,37]。普光气田优质的白云岩储层，除了早期混合水白云岩化成因外，也发生了后期的埋藏白云岩化，扫描电镜下，可见晶形良好的白云石和鞍状白云石，是典型后期埋藏白云岩化的产物，TSR 则可能是其埋藏白云岩化的动力因素之一。

TSR 反应对储层的溶蚀作用主要是通过 H_2S 来改变储层孔隙水的性质。目前关于 H_2S 溶蚀机理存在有多种解释，最广为接受观点认为 H_2S 和孔隙水中的碱金属阳离子反应，生成金属硫化物并游离出 H^+，金属硫化物的溶解度特别低，S^{2-} 遇到金属阳离子就能快速沉淀，如果有充足的 H_2S 和阳离子，游离出的大量 H^+ 和其他酸根离子结合，便可生成大量的具有腐蚀性的酸，对碳酸盐岩储层造成强烈的溶蚀[38,39]；若阳离子不充分，H_2S 也会溶于水生成的氢硫酸，对碳酸盐岩具有强烈的腐蚀作用[40-44]，而且模拟试验也证实了硫化氢对碳酸盐岩储层具有十分强烈的溶蚀作用[45]。

普光长兴组—飞仙关组孔壁和裂缝处可见分散的黄铁矿，说明该区发生了 H_2S 和金属阳离子的反应，而且黄铁矿的硫同位素分析也证实该硫来自于 TSR 反应形成的硫化氢[34]。川东北地区高含 H_2S 气藏对比研究发现其白云岩储层孔隙的发育程度与气藏中 H_2S 的浓度成正比，即硫化氢含量越高，储层的次生孔隙越发育，有效储层的厚度和优质储层的厚度也越大[14,46]，这说明了 H_2S 对储层起到了强烈的溶蚀作用，这也是普光地区飞仙关组—长兴组优质白云岩储层形成的最重要机制。该阶段形成的次生孔隙溶蚀面比较干净[图 4(d)]，溶蚀孔洞较高大。

3.7 超压作用

原油裂解成气会产生强烈的增压效应。理论计算表明，理想封闭系统内，1%体积的原油裂解产生的气体可使储层压力达到静岩压力[18]。模拟实验表明，在标准温度、压力条件下，单位体积的标准原油可裂解产生 534.3 体积的气体[17]。超压对次生孔隙的发育和保存具有积极的作用：(1)超压可以增大酸性气体(CO_2 和 H_2S 等)在地层水中的溶解度，增强地层水的腐蚀性；(2)超压在一定阶段可以产生微裂缝，使储层孔隙间的连通性大大提高，改善储层性质；(3)超压可以支撑次生孔隙，使其在埋深的过程中不被压实，起到良好的孔隙保持作用。

普光气藏 TSR 广泛发生，致使气藏的压力演化不同于一般气藏。TSR 对储层压力的影响表现在两个方面，首先在 TSR 反应过程中，硫酸根离子和重烃先发生反应，这使 TSR 作为烃类热裂解的催化剂，不仅加速了烃类裂解成气而且还可以使烃类裂解比较充分，理论上会造成比一般热裂解更大的超压。TSR 产生的 H_2S 造成的溶蚀会增大气体的存储空间，随着烃类裂解压力不断增大，H_2S 和 CO_2 在孔隙水中的溶解度也在不断增大，更增强了溶蚀效应，增大存储空间，对压力增长起到负效应。川东北气藏的对比研究表明高含 H_2S 气藏都不属于高压气藏，而且储层的压力系数和 H_2S 浓度成反比[46]，这说明了 TSR 最终对超压起到的负效应也非常显著，因此普光气田经历过超压到卸压的过程。

3.8 构造运动的影响

对普光气田长兴组—飞仙关组储层来说，构造运动对次生孔隙的影响主要表现在构造裂缝作用和构造抬升作用两个方面。构造微裂缝是埋藏溶蚀流体和烃类运移的重要通道，一些次生溶蚀孔隙多沿裂缝发育[图 4(e)]，烃类充注前形成的裂缝多见沥青充填现象，烃类充注后形成的裂缝多见方解石脉充填现象[图 4(f)]。长兴组—飞仙关组发生了五期断裂活动，两期为张性破裂，三期为压性破裂，形成了张性裂缝和压性微裂缝。这些微孔隙的发育很好的改善了储层的连通性，增大了储层有效的储集空间。

构造抬升作用主要发生在晚白垩世以后，TSR 反应已经广泛发生，储层埋深从 7000 多米上升到5000m左右。构造抬升使储层温度降低，增大了 H_2S 和 CO_2 在孔隙水中的溶解度，增强了孔隙水的溶蚀能力，增加了次生孔隙的发育。

由此来看，普光气田优质储层的发育是在有利沉积相带的基础上，经多因素相互影响，共同控制的结果(图6)。

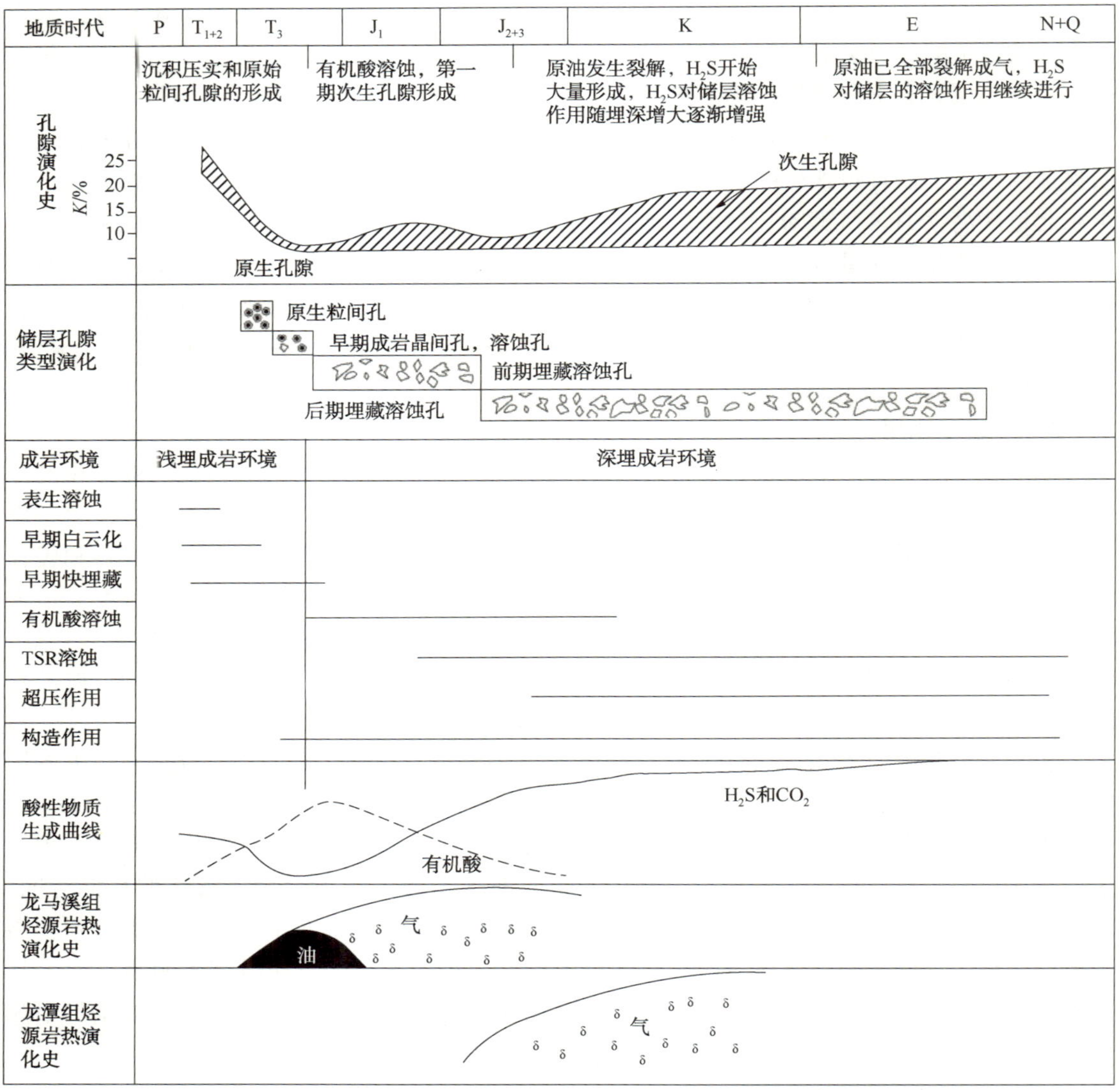

图6 普光气田飞仙关组储层发育主要控制因素和孔隙演化图

4 结论

普光气田长兴组的生物礁滩沉积相、飞仙关组鲕粒滩沉积相和同生期多期大气淡水的淋滤，不仅使长兴组—飞仙关组沉积原生孔隙大量发育，同时还发生了同生期混合水白云岩化，为后期次生孔隙和白云岩化的发生打下了坚实的基础。早期的白云岩化和快速深埋更使一部分原生孔隙得以有效保存，对普光优质储层的发育做出了贡献。

有机酸溶蚀和 TSR 溶蚀是普光优质储层次生孔隙大量发育的关键控制因素，普光气藏烃类充注时间早和储层相互作用时间长，烃类充注后储层又经历了大幅度深埋，有机质热演化程度高，TSR 不仅对有机质热演化起到了催化作用，更加强了烃类的热演化和成岩作用的相互影响，对储层造成了强烈的溶蚀。

参 考 文 献

[1] 戴金星，秦胜飞，陶士振，等. 中国天然气工业发展趋势和天然气地学理论重要进展. 天然气地球科学，2005，16(2)：127-142.

[2] 金之钧. 中国海相碳酸盐岩层系油气勘探特殊性问题. 地学前缘，2005，12(3)：15-22.

[3] Sun S Q. Dolomite reservoirs：porosity evolution and reservoir characteristics. AAPG Bull，1995，79(2)：186-204.

[4] 马永生，郭旭升，郭彤楼，等. 四川盆地普光大型气田的发现与勘探启示. 地质论评，2005，51(4)：477-480.

[5] 张水昌，朱光有，梁英波. 四川盆地普光大型气田 H_2S 及优质储层形成机理探讨——读马永生教授的《四川盆地普光大型气田的发现与勘探启示》有感. 地质论评，2006，52(2)：46-50.

[6] 张水昌，梁狄刚，张大江. 关于古生界烃源岩有机质丰度评价标准. 石油勘探与开发，2002，29(2)：8-12.

[7] Moore C H. Carbonate reservoirs：porosity evolution and diagenesis in a sequence stratigraphic framework. Developments in Sedimentology，2001，55：1-423.

[8] 邵龙义，何红，彭苏萍，等. 塔里木盆地巴楚隆起寒武系及奥陶系白云岩类型及形成机理. 古地理学报，2002，4(2)：19-30.

[9] Davies G R，Smith J L B. Structurally controlled hydrothermal dolomite reservoir facies：An overview. AAPG Bull，2006，90(11)：1641-1690.

[10] 顾家裕，贾进华，方辉. 塔里木盆地储层特征与高孔隙度、高渗透率储层成因. 科学通报，2002，47(增刊)：9-15.

[11] 康玉柱. 塔里木盆地寒武-奥陶系古岩溶特征与油气分布. 新疆石油地质，2005，26(5)：472-480.

[12] 强子同. 碳酸盐岩储层地质学. 东营：石油大学出版社，1995.

[13] Wierzbicki R，Dravis J J，Al-AasmI，et al. Burial dolomitization and dissolution of Upper Jurassic Abenaki platform carbonates，Deep Panuke reservoir，Nova Scotia，Canada. AAPG Bull，2006，90 (11)：1843-1861.

[14] 朱光有，张水昌，梁英波，等. TSR 对深部碳酸盐岩储层的溶蚀改造——四川盆地深部碳酸盐岩优质储层形成的重要方式. 岩石学报，2006，22(8)：2182-2194.

[15] Machel H G，Krouse H R，Riciputi L R. Devonian Nisku sour gas play，Canada：A unique nature laboratory for study of thermochemical sulfate reduction. Geochemical Transformations of Sedimentary Sulfur，1995，612：439-454.

[16] Worden R H，Smalley P C. H_2S-producing in deep carbonate gas reservoirs：Khuff Formation Abu Dhabi. Chem Geol，1996，133：157-171.

[17] 朱光有，张水昌，梁英波，等. TSR(H_2S)对石油天然气工业的积极性研究——H_2S 的形成过程促进储层次生孔隙的发育. 地学前缘，2006，13(3)：141-149.

[18] Swarbrick R H，Osborne M J. Mechanisms that generate abnormal pressure：An overview. In：Law B E，Ulmishek G F，Slavin V，eds. Abnormal pressures in hydrocarbon environments. AAPG Memoir，1998，

70：13-34.

[19] Barker C. Thermal modeling of petroleum generation：theory and application. Developments in Petroleum Science，1996，45，Elsevier，512.

[20] Ma Y S，Guo X S，Guo T L，et al. The Puguang gas field：New giant discovery in the mature Sichuan Basin，southwest China. AAPG Bull，2007，91(5)：627-643.

[21] 王一刚，刘划一，文应初，等. 川东北飞仙关组鲕滩储层分布规律、勘探等方法与远景预测. 天然气工业，2002，22(增刊)：14-18.

[22] 张水昌，朱光有，陈建平，等. 四川盆地川东北部飞仙关组高含硫化氢大型气田群气源探讨. 科学通报，2007，52(增刊Ⅰ)：86-94.

[23] 王兴志，张帆，马青，等. 四川盆地东部晚二叠世—早三叠世飞仙关期礁、滩特征与海平面变化. 沉积学报，2002，20(2)：249-254.

[24] 马永生，蔡勋育，郭彤楼. 四川盆地普光大型气田油气充注与富集成藏的主控因素. 科学通报，2007，52(增刊Ⅰ)：149-155.

[25] 朱光有，张水昌，李剑，等. 中国高含硫化氢天然气田的特征及其分布. 石油勘探与开发，2004，31(3)：18-21.

[26] 马永生，蔡勋育，李国雄. 四川盆地普光大型气藏基本特征及成藏富集规律. 地质学报，2005，79(6)：858-865.

[27] 马永生，牟传龙，郭旭升，等. 四川盆地东北部长兴期沉积特征与沉积格局. 地质论评，2006，52(1)：25-29.

[28] Heydari E. Meteoric versus burial control on porosity evolution of the Smackover Formation. AAPG Bulletin，2003，87(11)：1779-1797.

[29] Halley R B，Schmoker J M. High-porosity Cenozoic carbonate rocks of South Florida：progressive loss of porosity with depth. AAPG Bull，1983，67：191-200.

[30] Lucia F J. Carbonate Reservoir Characterization. Berlin：Springer-Verlag，1999. 1-226.

[31] Ayalon A，Longstaffe F J. Stable isotope evidence for the origin of diagenetic carbonate minerals from the Lower Jurassic Inmar Formation，Southern Israel. Sedimentology，1995，42(1)：147-160.

[32] Gao G，Land L S，Elmore R D. Multiple episodes of dolomitization in the Arbuckle Group，Arbuckle Mountains，south - central Oklahoma；field，petrographic，and geochemical evidence. J Sediment Res，1995，A65(2)：321-331.

[33] 朱如凯，郭宏莉，高志勇，等. 中国海相储层分布特征与形成主控因素. 科学通报，2007，52(增刊Ⅰ)：40-45.

[34] 朱光有，张水昌，梁英波，等. 川东北地区飞仙关组高含 H_2S 天然气 TSR 成因的同位素证据. 中国科学 D 辑：地球科学，2005，35(11)：1037-1046.

[35] Chellie S T，Mazzullo S J，Bischoff W D. Dolomitization of Holocene shallow-marine deposits mediated by sulfate reduction and methanogenesis in normal-salinity seawater，northern Belize. J Sediment Res，2000，70(3)：649-663.

[36] Radke B M，Mathis R L. On the formation and occurrence of saddle dolomite. J Sediment Petrol，1980，50(4)：1149-1168.

[37] Warren J. Dolomite：occurrence，evolution and economically important associations. Earth-Sci Rev，2000，52：181.

[38] Machel H G. Bacterial and thermochemical sulfate reduction in diagenetic setting-old and new insight. Sediment Geol，2001，140：143-175.

[39] Moore C H, Heydary E. The role of burial diagenesis in hydrocarbon destruction and H_2S accumulation, Upper Jurassic Smackover Formation, Black Creek Field, Mississipian. AAPG Bull, 1997, 81: 26-45.
[40] 朱光有，张水昌，梁英波. 中国海相碳酸盐岩气藏硫化氢形成的控制因素和分布预测. 科学通报，2007，52(增刊Ⅰ)：115-125.
[41] 张水昌，梁狄刚，朱光有，等. 中国海相油气田形成的地质基础. 科学通报，2007，52(增刊Ⅰ)：19-31.
[42] 赵雪凤，朱光有，刘钦甫，等. 深部海相碳酸盐岩储层孔隙发育主控因素研究. 天然气地球科学，2007，8(4)：514-521.
[43] 马永生. 四川盆地普光超大型气田的形成机制. 石油学报，2007，28(2)：9-14.
[44] 朱光有，张水昌，梁英波. 四川盆地深部海相优质储集层的形成机理及其分布预测. 石油勘探与开发，2006，33(2)：161-166.
[45] 马永生，郭彤楼，朱光有，等. 硫化氢对碳酸盐储层溶蚀改造作用的模拟实验证据——以川东飞仙关组为例. 科学通报，2007，52(增刊Ⅰ)：136-141.
[46] 朱光有，张水昌，梁英波，等. 川东北飞仙关组高含 H_2S 气藏特征与 TSR 对烃类的消耗作用. 沉积学报，2006，24(1)：79-85.

扬子地块中、新生代构造演化对海相油气成藏的制约

郭旭升[1]　梅廉夫[2,3]　汤济广[2]　沈传波[2]

（1. 中国石油化工股份有限公司南方勘探开发分公司，云南昆明 650200；
2. 中国地质大学，湖北武汉 430074；
3. 中国地质大学湖北省油气勘探开发理论与技术重点实验室，湖北武汉 430074）

摘要：扬子地块中、新生代宏观构造演化和动力学的差异制约着中、古生界海相油气成藏。通过对扬子地块印支期以来构造演化的分析和扬子地块不同段典型油气藏的解析，显示差异的构造演化造成扬子地块不同段的主要烃流体源、保存环境和成藏演化的不同。上扬子地块的烃流体源以油裂解气和干酪根裂解气为主，海相地层中整体封闭环境发育，存在古油藏—早期气藏—晚期气藏的成藏演化系列，具有早期成藏、后期转化、晚期聚气的成藏模式。中、下扬子地块的烃流体源主要为二次生烃和海相早期原生油气源，在陆相地层与海相地层中均存在封闭体系，具有反复的成藏、改造、成藏、破坏的成藏演化过程，在断陷反转区具有下生上储、原生残余油气藏以及二次生烃等成藏模式，而在反转断块区可能的成藏模式包括原生残余成藏和晚期次生成藏。

关键词：构造演化　海相油气成藏　成藏模式　中、新生代　扬子地块

传统上较狭义的扬子地块指介于中央造山系[1]东段秦岭—大别—苏鲁造山带与江南隆起之间的中、古生界出露和覆盖地区，并以齐岳山断裂和郯庐断裂为界分成上、中、下扬子 3 个次一级地块，其中上扬子地块一般框定为四川盆地及其邻区较局限的范围。

扬子地块海相中、古生界具有优越的成藏条件，主要表现为巨厚的海相目的层、优质的烃源岩条件和好的生储盖组合[2-5]。已有的勘探实践在扬子地块发现了大量不同规模的油气藏和众多不同程度的油气显示，如上扬子地块早期发现的威远气藏[6,7]、新近发现的普光气藏[8]和罗家寨气藏[9]、中扬子地块的建南气藏[10]和沔 31 残余油藏[11]、下扬子地块的朱家墩气藏[12]和句容残余油藏[13]等。这些油气藏具有不同的成藏特征和成藏动力学机制及模式[6-14]。一些学者从南方宏观上[2,15-17]和上[18]、中[19]、下扬子[20]区域上对产生这种差异的原因有过较为深入的讨论，趋于统一地认为除了这些油藏或气藏自身成藏条件的不同外，更主要的原因是中、新生代宏观构造演化和动力学的差异影响和控制了这些油藏或气藏的成藏特征和成藏模式，即构造作用是影响和控制扬子地块海相油气成藏的主要因素。

扬子地块中、新生代构造空间上主要表现为多作用边界的交接、不同层次构造的相互

石油与天然气地质，2006，27(3)：295-304，325

作用在构造格局上的叠加和变异；演化上表现为既有同一期构造发展上的连续性和叠加转换，更有不同期构造的深刻转型(反转)导致不同性质构造的叠加。而它们在时空组合上的变化对扬子地块中、古生界海相油气成藏的影响和控制具体会表现在哪些方面还值得从扬子地块不同段中、新生代构造演化的差异、典型油气藏解剖以及它们之间相互响应关系上展开讨论，以进一步明确中、新生代构造演化对海相油气成藏的制约作用和指导扬子地块不同区块海相油气的优选和评价。

1 构造演化

扬子地块中、新生代构造大体经历了印支期到燕山早期以挤压作用为主的变形、燕山晚期到喜马拉雅早期以伸展作用为主的变形以及喜马拉雅晚期以隆升挤压作用为主的变形。但不同地区构造变形仍然有很大的差异。由于不同时期构造变形性质的明显转变和多次叠加，使扬子地块不同段中、古生界具有十分复杂的变形机制，形成了各地块特有的构造特征和改造格局。

1.1 印支期

印支期扬子与华北地块完全拼合在一起，而且印支地块和三江地区分别与华南和扬子地块相拼合。从印支运动开始，扬子地块开始进入中、新生代大陆构造演化阶段，该阶段扬子地块的构造格局表现为下扬子以断褶隆升构造为主和中、上扬子以隆坳构造为主，两地块间存在一定的差异(图1)。

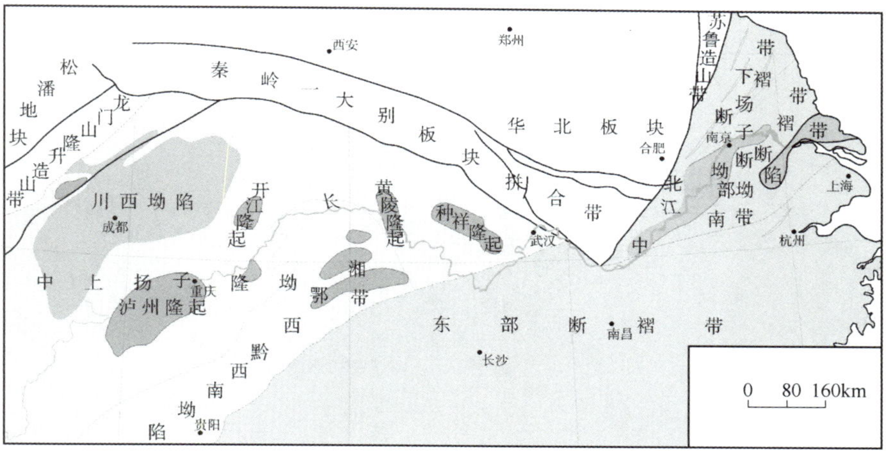

图1 印支期扬子地块构造格局

1.1.1 下扬子地块

下扬子地块从基底到盖层，具有很大的特殊性，相对于中、上扬子地块，它的活动性较大而且活动时间较早。印支期由下扬子地块与华北地块通过郯庐断裂和苏鲁造山带拼合后形成断坳带，包括中央坳陷带和南、北断褶带。印支期，下扬子地块处于华北和华南两大地块夹持之间，在区域挤压背景下同时遭受来自南北两侧的挤压作用，发育南北对称的构造格局，以压性断块以及逆冲褶皱为主的构造样式。大致以长江为界，南部由南向北逆冲，北部由北向南逆冲。

1.1.2　中、上扬子地块

中扬子地块印支期受到来自北部秦岭和南部江南隆起的联合挤压，形成了主体的近东西向构造。受大别造山带挤压作用影响，钟祥北西向隆起发育，黄陵隆起亦开始于水下发育。

印支期上扬子地块整体为坳陷背景，同时由于四川盆地西缘龙门山以及江南隆起的崛起导致北西—南东向挤压作用使得开江、泸州古隆起发育。印支期秦岭发生陆—陆碰撞造山过程中因岩石圈强烈挤压使扬子地块北缘向北俯冲，造成北大巴山构造冲断。对北大巴山褶皱回返时期前人曾有加里东期和印支期两种归属，近期成果认为两期褶皱均存在[22]。南大巴山构造带在印支期已开始表现为挤压隆升的态势。

中、上扬子地块差异隆升变形的原因是印支期的挤压造山尚未推进到盆地内，因此盆内以差异隆升为主要特征。在整体坳陷的基础上，由于基底的不规则活动，在特定部位隆升导致沉积盖层变形，形成与基底隆升有关的构造样式。例如开江隆起、泸州隆起、黄陵隆起、钟祥隆起等。印支期在造山带边缘发育大量与挤压作用有关的压性断块或逆冲褶皱构造样式。如龙门山、米仓山、大巴山、大洪山等造山带及其前缘的逆冲推覆构造。它们基本上具有类前陆盆地的大致模式。

1.2　燕山早期

印支期南、北完成地块拼合以后，扬子地块进入燕山早期的陆内造山阶段，它秉承了印支期挤压作用的基本格局，但构造强度和范围都远大于印支期，其构造运动对扬子地块影响范围广、强度大，奠定了扬子地块现今基本的构造格局(图2)。

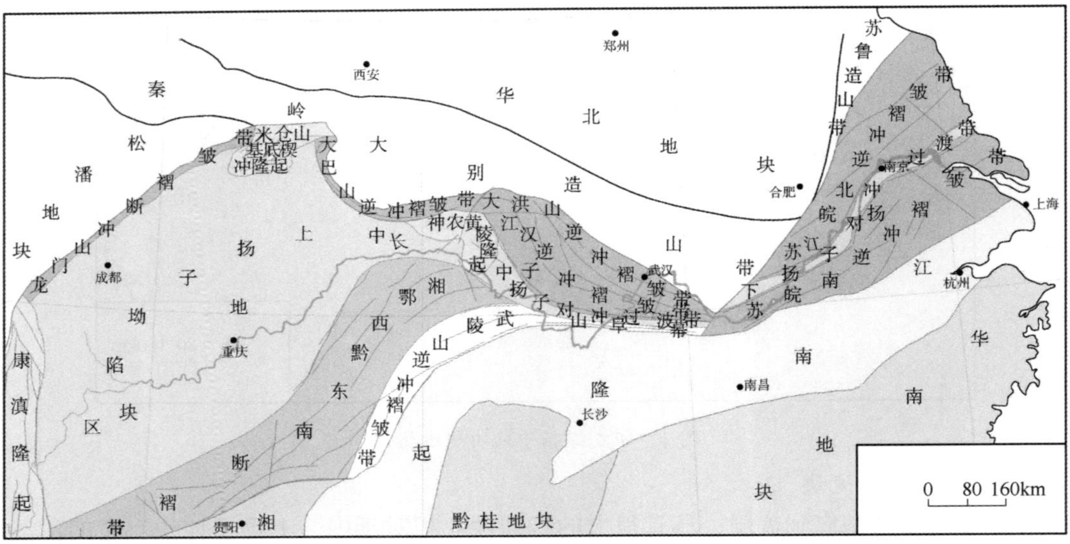

图2　燕山早期扬子地块构造格局

1.2.1　中扬子地块

中上扬子构造带是以南北挤压下形成的陆内造山带为主体，包括神农—黄陵、米仓山等隆起的格局。可以鉴别出南北两个大的陆内挤压推覆造山带，其中南带较宽，北带较窄。

（1）北部逆冲褶皱带及隆起。

北部逆冲褶皱带及隆起包括神农—黄陵隆起、大洪山逆冲褶皱带和江汉逆冲褶皱带等。黄陵隆起在侏罗纪末强烈隆起，与中扬子地块燕山早期强烈的构造运动是一致的。大洪山弧形构造带形成与神农—黄陵隆起的砥柱作用有关。江汉逆冲褶皱带主体包括潜江翟家湾背斜和沉湖土地堂向斜等构造。

（2）南部逆冲褶皱带。

南部逆冲褶皱带包括有幕阜山武陵山逆冲褶皱带、湘鄂西黔东南断褶带。两带基本上为厚皮构造带。龙山、咸丰以南主要为隔槽式和等宽褶皱，呈狭长带状分布。龙山、咸丰以北为隔挡式和等宽箱状褶皱，走向逐渐向北东东偏转呈弧形、斜列式展布。

（3）中扬子对冲过渡带。

中扬子对冲过渡带处于南、北两个逆冲褶皱带之间，形成机制与大洪山和雪峰山的陆内造山活动有关。燕山早期，雪峰山等川黔湘交界区陆内造山的褶皱—冲断作用向北西扩展，而大洪山陆内造山的褶皱—冲断作用向南西扩展，分别通过远程和近程的陆壳挤压效应，南北双向挤压在中扬子南缘形成对冲过渡带。

1.2.2 上扬子地块

上扬子地块东北部包括米仓山隆起和大巴山逆冲褶皱带等，大巴山逆冲褶皱带形成与米仓山隆起以及川东构造有关。燕山早期，龙门山前陆造山带转换为隆升调整阶段，并伴有左旋走滑作用，大巴山前缘表现为向南西扩展褶皱—冲断作用。以建始—彭水断裂到齐岳山断裂间的深断裂带为界，武陵—黔江隆起带和川东构造带厚、薄皮构造被分开，而四川盆地的大部为逆冲褶皱带间的坳陷区，即从幕阜山武陵山逆冲褶皱带到四川盆地整体为一个构造渐变的过程。

1.2.3 下扬子地块

在印支期对冲挤压递进变形的基础上，下扬子地块进一步发展成为全区逆冲挤压格局，其逆冲推覆构造具有显著的对冲构造样式。如安徽境内，大致以长江为界，北侧主要呈向南东运动的推覆构造，而南侧则主要表现为由南向北的逆冲推覆构造，沿江前陆盆地的形成是处在南北对冲的构造背景。

1.3 燕山晚期—喜马拉雅早期

燕山晚期—喜马拉雅早期，扬子地块东、西部构造作用方式和格局发生重大改变，并朝不同的方向演化。东部中、下扬子地块进入了濒太平洋构造域、具有重大意义的伸展作用阶段，中古生界以断块活动为主要特征。而西部上扬子地块继续处于递进挤压变形叠加作用阶段(图3)。

1.3.1 下扬子伸展断陷构造带

晚白垩世起，下扬子地块从早期的挤压应力环境转为区域拉张环境，进入拉张-断陷阶段，印支期—燕山早期形成的北北东、北西向断裂发生大规模拉张断陷，形成一系列叠置在不同基底或构造单元之上的半地堑或地堑。

1.3.2 中扬子伸展断坳构造带

以神农架隆起和黄陵隆起的西缘到长阳、松滋和澧县一线为界，中扬子地块可以划分

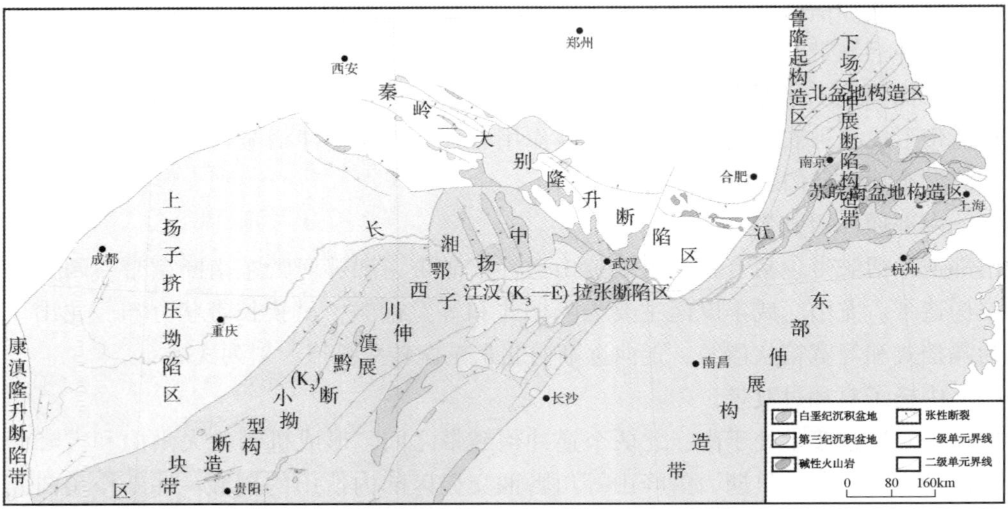

图 3　燕山晚期—喜马拉雅早期扬子地块构造格局

为两大主要构造区：(1)江汉拉张断陷区，即中、新生代陆相地层覆盖区。伸展作用使区内发育大量的正断层，使已经在燕山早期遭受了强烈挤压的中、古生界呈断块活动。(2)湘鄂西断块区，即海相地层裸露区。区内正断层发育，但强度小于断陷区，以断块为主，如湘鄂西、大洪山断块区。断块区的正断层发育的强度和密度越往西越小，到中、上扬子分界的齐岳山断裂消失。

1.3.3　上扬子挤压断褶区

在雪峰山、大巴山、米仓山和龙门山联合作用下，上扬子地块仍然继续了燕山早期的构造挤压作用。由于不同构造向四川盆地内部的挤压作用具有时间上的同时性和先后性，导致了构造过渡带和叠加带的形成。到燕山中期形成了中、上扬子对冲过渡带。燕山晚期—喜马拉雅早期形成了米仓山川东对冲过渡带，该带向南可以与川中褶皱带和川西南断褶带相连。到古近世末，由于大巴山构造域向南西的继续推进，形成北西向的构造叠加在川东、川东北北东向构造上形成叠加构造格局。

1.4　喜马拉雅晚期

受太平洋板块向中国大陆的俯冲以及西部印度板块在三江地区与中国大陆的碰撞，中、下扬子地块从燕山早期—喜马拉雅早期的伸展作用转变为喜马拉雅晚期的挤压隆升作用，上扬子地块表现为挤压隆升及褶皱叠加作用(图 4)。

1.4.1　下扬子挤压隆升区

下扬子在经历了印支-早燕山期到晚燕山-早喜马拉雅期的构造反转后，又一次从晚燕山-早喜马拉雅期的伸展构造反转为晚喜马拉雅期的挤压构造。在中新生代盆地边缘及盆地内部逆冲断裂发育，出现局部的盆地反转。盆地内部的褶皱隆升，造成差异升降和浦口组的剥蚀。如句容海安盆地新近纪以来，受挤压作用，发生构造反转，伴有 K_2—E 地层的褶皱作用。该期盆地反转的另一个显著特点是差异隆升，如 23Ma 以来苏南地区的差异抬升、剥蚀，使句容地区原先的 K_2—E 断陷盆地被分割成一系列小型构造残留盆地，并发生强烈的抬升剥蚀。

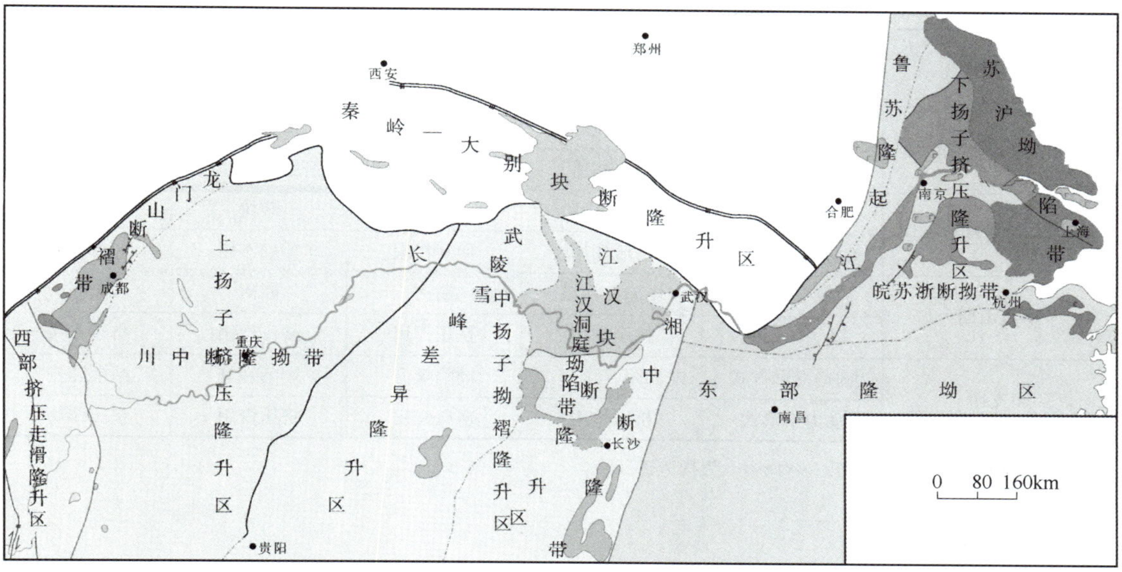

图 4 喜马拉雅晚期扬子地块构造格局

1.4.2 中扬子坳褶隆升区

晚喜马拉雅期中扬子地块表现为弱挤压，并以隆升、剥蚀为主，伴有微弱的褶皱，从而造成区内凸起、凹陷相间排列的构造格局。整体抬升剥蚀作用使古近系与新近系—第四系之间普遍出现角度不整合，而且挤压作用造成逆冲断层的复活。

1.4.3 上扬子挤压隆升区

川西前陆盆地和龙门山地区在晚喜马拉雅期发生过两次较大的构造运动，它们发生的时间分别为中中新世和晚中新世之间及早更新世和中更新世之间。形变特征主要是从北西向南东的挤压作用，与印支—早燕山方式相似，所以从构造叠加和构造样式的角度而言是一种同方向的叠加和加强[23]。川东北地区北西—南东向的挤压作用已经结束，代之而起的是从北东的大巴山向南西盆内的新一轮的挤压作用。在该挤压作用下形成了川东北地区广泛的北西向构造，其发育从大巴山山前一直可以延伸到盆内的南部县和蓬安县一带，形成了大量的北西向逆断层和褶皱。

总之，由于所处构造部位的不同，扬子地块中、新生代以来经历了差异性的构造发展。上扬子地块印支期以来的构造动力学性质单一，挤压构造持续发展，但方向有变而导致压性构造的持续相互叠加。中、下扬子地块构造动力学性质多变，在印支期—燕山早期，处于挤压环境中，而在晚燕山-早喜马拉雅期，处于伸展构造环境，发生构造负反转，断陷(陆相地层覆盖区)和断块(海相裸露区)发育，至喜马拉雅晚期，中、下扬子地块再次受到挤压作用，在晚燕山-早喜马拉雅期的伸展构造基础上发生构造正反转，形成断陷反转区和断块反转区，因此，中、下扬子地块发育多次构造变形性质的转换和构造反转(表 1)。在一定的构造演化段中，相邻的两个地块也可以具有一定的相似性，而区别于另一地块。整体而言中、下扬子具有更大的相似性。

表 1　扬子地块不同段印支期以来构造发展差异表

构造阶段	构造变形	上扬子地块	中扬子地块		扬子地块
			陆相覆盖区	海相露头区	
晚喜马拉雅期	构造变形方式	断褶、隆升	坳陷褶皱隆升	褶皱隆升	褶皱隆升
	动力学形式	挤压作用	挤压隆升作用	挤压隆升作用	挤压隆升作用
晚燕山-早喜马拉雅期	构造变形方式	断褶、坳陷	断陷	断块	断陷
	动力学形式	挤压作用	伸展作用	伸展作用	伸展作用
早燕山期	构造变形方式	坳陷、褶皱	断褶	断褶	断褶
	动力学形式	挤压作用	挤压作用	挤压作用	挤压作用
印支期	构造变形方式	坳陷、隆起	坳陷隆升	坳陷隆升	断褶隆升
	动力学形式	挤压作用	挤压作用	挤压作用	挤压作用

注：▬▬为构造负反转；////////为构造正反转。

2　成藏特征

2.1　下扬子地块

下扬子地块海相中、古生界中已发现朱家墩气藏和句容残留油藏，各具相异的成藏机理和成藏模式。

2.1.1　朱家墩气藏

朱家墩构造位于苏北盆地盐阜坳陷的盐城凹陷，为由盐②、盐③两条走向北东，倾向北西的高角度正断层所夹持的断背斜。气藏位于盐③断层上升盘，即背斜的主体部位，油气分布于阜宁组、泰州组、浦口组、五通组等层位。印支期—燕山早期，朱家墩构造位于上扬子地块北部，燕山早期的逆冲推覆作用使得海相烃源岩的埋深变浅。燕山晚期—喜马拉雅早期，苏北地区受伸展构造作用，发生构造负反转，处于断陷—坳陷发育阶段，接受厚层中、新生代陆相沉积，因而盐城凹陷底部的海相烃源岩再次深埋，再次进入生烃门限，发生“二次生烃”。喜马拉雅晚期，朱家墩构造再次反转，在压性环境下，形成了陆相地层封闭体系，使“二次生烃”所生成的天然气在其内聚集成藏。因此朱家墩气藏具有成藏时间晚、成藏过程短的特点，表现为古生界二次生烃和古生新储[12]的成藏模式。

2.1.2　句容残留油藏

句容残留油藏位于南陵—句容推覆带北端，隐伏于苏南茅山逆冲造山带西侧句容断陷白垩系地层之下的一个燕山侵蚀面潜山高部位。产油层位主要为三叠系下青龙组，压力系数为 0.5~0.6，属低压残留油藏。

印支期—燕山早期的压性构造环境使得句容地区处于断褶—逆冲推覆带，而晚侏罗世至早白垩世的逆冲推覆作用是中、古生界海相的内幕圈闭的形成期，而句容地区中、上古生界烃源岩主要生烃期为晚白垩世[13]，因此具有良好的成藏时空配置关系，有利于油气的成藏。但燕山晚期—喜马拉雅早期的构造负反转作用使得张性断裂持续活动，地表水下渗，原生油藏被破坏。由于部分储集体的渗透性差，在印支面上整体开放环境下形成了一个自封闭式的储集空间，原油既不逸散也不发生次生变化而保存下来，形成残留原生油藏。

2.2 中扬子地块

中扬子不同地区中、新生带构造演化不尽相同，在构造上，既存在断陷反转区，也发育反转断块区，差异的构造变形导致了油气成藏的多样性。

2.2.1 沔31油藏

沔31井区为江汉盆地沔阳凹陷的一个鼻状圈闭，披盖在古生界越舟湖构造之上，与圈闭伴生的越舟湖断层，深切中生界和上古生界烃源层。油藏产于白垩系中。对沔31油藏的油源有两种不同的认识，其一认为沔31井原油组分与 T_3—J_1 烃源层产烃较为接近，为“二次生烃”，即燕山晚期—喜马拉雅早期的构造负反转使烃源岩再次埋深而进入生烃门限。其二认为沔31井区在印支期为位于两个生烃凹陷之间的梁部，早燕山早期，位于北东向褶皱隆起带的中心部位，在早燕山末期，形成逆冲推背斜构造。燕山晚期—喜马拉雅早期的构造反转活动，未对背斜主体形态产生破坏，而越舟湖断层深切中生界和上古生界，使得下二叠统原生油气藏的原油运移至白垩系而聚集成藏。对于沔31油藏，可能存在古、中生界两种油源，其成藏模式为古生新储型。

2.2.2 宜3井

宜3井位于湘鄂西地区宜都-鹤峰复背斜宜都构造，核部出露最老地层为下寒武统石牌组，地表见多条高角度正断层切割。在灯影组和完井后井口见可燃气体。

印支期—燕山早期，湘鄂西地区处于坳陷—断褶阶段，其中燕山早期的断褶作用造成地层的抬升剥蚀。燕山晚期—喜马拉雅早期的构造负反转使湘鄂西地区处于断块发育阶段，未接受陆相沉积。喜马拉雅晚期，该区再次发生构造反转，处于隆升剥蚀阶段，使得宜都构造的寒武系地层大量被剥蚀，如该构造上的宜2井、宜4井、宜7井、宜8井下寒武统盖层埋深均不足800m，盖层埋藏深度达到800m的宜1井、宜6井、宜9井又由于盖层质量较差，为断层所切割，因而钻探均失败。仅宜3井，由于下寒武统盖层埋深达948m，为有效盖层，钻井中未出现漏失现象，下寒武统盖层有一定的保存条件，故有可燃气显示。

2.3 上扬子地块

上扬子地块中、新生代处于单一的构造旋回，印支期的造山作用和盆地演化间统一的运动学过程延续到燕山期和喜马拉雅期盆地，构造演化具有继承性，从而具有与中、下扬子地块截然不同成藏模式。

2.3.1 普光气藏

普光气藏位于四川盆地川东断褶带宣汉—达县地区的双石庙—东岳寨第5排北东向构造带的北部。圈闭类型为构造—岩性复合圈闭，产气层位为上二叠统长兴组和下三叠统飞仙关组。印支期—早燕山期，普光地区志留系—二叠系烃源岩正处于生油高峰期，大量烃类(油为主)向普光隆起运聚，形成古油藏。晚燕山—喜马拉雅早期，川东北地区处于挤压坳陷阶段，地层埋藏加深，当温度进入“石油窗”(150~200℃)，油裂解而生成天然气[24]，且该阶段川东北地区发生褶皱作用，北东向构造形成。在上覆嘉陵江组膏盐层的封盖下，海相地层处于整体封闭环境中，油裂解的气态烃类在普光飞仙关组构造—岩性复合圈闭内聚集成天然气藏。喜马拉雅晚期，受大巴山由北东向南西的逆冲挤压，构造发生调整，但北西向构造所受影响较小，整体封闭环境未被破坏，普光飞仙关组气藏从而最终定位。普光气藏具有“早期成藏(油)，后期转化，晚期聚气”的特征。

2.3.2 威远气藏

威远构造为四川盆地川中隆起带西南部乐山—龙女寺古隆起上的一穹隆背斜。该气藏由两个主要气藏组成：上震旦统气藏和下二叠阳新统气藏，以上震旦统气藏为主。威远震旦系气藏的形成主要经历了3个阶段：(1)加里东—印支期威远地区为一小型古鼻状构造，此时南部坳陷区烃源岩开始大量生成液态烃，并逐渐在威远等震旦系顶部小规模充注液态烃，主要聚集在印支期形成的资阳古背斜低部位的缝洞系统中；(2)燕山期，威远古鼻状构造经过长期演变成为古背斜圈闭，主要捕集来自古隆起顶部及北部烃源岩区的干酪根热解气；(3)喜马拉雅期，威远地区成为老龙坝—威远—磨溪—龙女寺隆起带的高部位，威远背斜除继续捕集烃源岩干酪根热解天然气外，资阳地区的古背斜及非背斜气藏中的天然气发生再次运移也可运移至威远背斜。同时，喜马拉雅期威远背斜隆升幅度较大，地层水中的脱附气也可能成为威远背斜的天然气来源[25]。

3 中、新生代构造演化对海相油气成藏的制约

由于构造演化的差异，造成扬子地块不同段的主要烃流体源、保存环境和成藏演化的不同，从而制约着扬子地块不同段海相油气成藏模式(表2)。

表2 扬子地块构造运动对油藏成藏的制约因素表

地区		上扬子地块		中扬子地块		下扬子地块	
动力学性质		单一持续挤压作用		挤压-伸展交替，多次反转		挤压-伸展交替，多次反转	
构造变形		压性构造持续叠加		断陷反转(陆相覆盖区)	断块反转(海相裸露区)	断陷反转	
典型油气藏	油气藏	威远气藏	普光气藏	沔31油藏	宜3井	朱家墩气藏	句容残留油藏
	烃流体源	油和干酪根裂解气	油裂解气	二次生烃或原生油源	干酪根裂解气	二次生烃	原生油源
	保存条件	整体构造保存环境和寒武系形成的整体封闭环境	整体构造保存环境和嘉陵江组形成的整体封闭环境	陆相地层形成的封闭体系	地层被剥蚀，保存条件较差	陆相地层形成的封闭体系	整体开放环境下的自封闭体系
	成藏演化	古油藏—气藏	古油藏—气藏	原生油藏(残余或二次生烃)或原生油藏—次生油藏	原生油气藏为后期构造运动所破坏	原生气藏	原生油藏—原生残留油藏
成藏规律		早期油藏，后期气藏，晚期调整，最终定位聚集		海相地层再次埋深，烃源岩二次生烃，聚集而成原生油气藏，或燕山晚期—喜马拉雅早期对早期构造调整，次生成藏	原生油气藏因构造运动造成地层抬升剥蚀而被破坏	海相地层再次埋深，烃源岩二次生烃，聚集而成原生油气藏或者海相原生油气藏受晚期构造破坏，在微观封闭环境中部分油气残留	
成藏模式		早期成藏，后期转化，晚期聚气		下生上储、原生残留油气藏、二次生烃	原生残余成藏和晚期次生成藏	下生上储、原生残留油气藏、二次生烃	

3.1　对烃流体源的制约

构造变形的差异导致烃流体源的不同，上扬子地块以干酪根裂解气和油裂解气为主，中、下扬子地块则有二次生烃、原生残留烃源和干酪根裂解气。

3.1.1　上扬子地块

上扬子地块古生界烃源岩的演化可分为两个阶段：印支期—燕山期液态烃类的生成阶段和喜马拉雅期气态烃类的生成阶段。由于上扬子地块构造动力学性质单一，挤压构造持续叠加发展，海相地层内部的整体封闭体系保存较好，因而印支期—燕山期所形成的古油藏在随后的时间内逐步埋深，在喜马拉雅期温度升高至“石油窗”后而裂解成气态烃类。因此，上扬子地块海相地层存在干酪根裂解气和油裂解气两种重要的气态烃源，而以油裂解气最重要[24]。

3.1.2　中、下扬子地块

中、下扬子地块构造上存在断陷反转区（下扬子地块、江汉断陷区）和反转断块区（湘鄂西、大洪山等地区），而不同的构造变形区，烃流体源不同。

断陷反转区中，燕山晚期—喜马拉雅早期的伸展作用使海相中、古生界整体处于开放环境，地表水下渗造成古油藏的破坏，但在封闭条件较好的环境中，原生油藏可以被保存下来，如句容油藏。同时该期的断陷作用促使海相地层的再次埋深，使由于燕山早期的逆冲推覆作用抬升而停止生烃的中、古生界烃源岩再次进入生烃门限而“二次生烃”。反转断块区中，燕山晚期—喜马拉雅早期的伸展作用较弱，以断块作用为主，主要为次生改造型气源。

3.2　对保存条件的制约

3.2.1　上扬子地块

上扬子地块自印支期以来，在雪峰山、大巴山、米仓山和龙门山等构造系的联合作用下，继承性的挤压作用持续发展，其后期构造运动对早期的构造主要起调整及叠加作用。在下寒武统、下志留统和下三叠统等区域盖层的封盖下，中、古生界构造易于形成一个整体的封闭环境，从而使烃类能够在喜马拉雅期最终定型的构造中聚集成藏。

3.2.2　中、下扬子地块

对于海相地层，中、下扬子地块存在海相地层和陆相地层两种封闭体系。

燕山晚期—喜马拉雅早期的断陷作用虽然极大地破坏了中、下扬子地块早期海相封闭体系，但依然可能存在一些未被完全破坏的封闭体系，如句容残留油藏的自封闭体系。同时在海相地层裸露区，该时期的构造作用主要以断块作用为主，张性构造对天然气的保存具有不同的影响，不排除海相地层内幕可以存在较好封闭环境。

中、下扬子陆相地层覆盖区，在燕山早期进入至燕山晚期—喜马拉雅早期发生构造负反转，其断陷作用使得陆相地层大量沉积，白垩系—古近系膏盐岩和泥岩发育，同时在喜马拉雅晚期再次发生构造反转，使中、下扬子地块处于压性环境下，因此在陆相地层可以形成封闭体系，从而使海相烃源进入陆相储集层中聚集成藏，形成下生上储的成藏模式。

3.3　对成藏模式的制约

成藏要素和成藏演化的差异导致不同区域成域藏规律的不同，进而使得成藏模式呈多样化。

上扬子地块印支期以来构造变形性质单一，挤压构造持续叠加，因而具有完整的油藏到气藏演化过程：古油藏—早期气藏—晚期气藏，即早期形成油藏，后期经深埋转化为气藏，到喜马拉雅晚期通过构造调整而最终成藏并聚集。成藏模式可以归结为早期成藏(油)，后期转化，晚期聚气。

断陷反转和断块反转控制着中、下扬子地块不同的成藏演化。在断陷反转区，燕山晚期—喜马拉雅早期的断陷阶段使烃源岩再次深埋而成熟，生产的烃类运移至陆相圈闭内而聚集成藏，因此成藏模式为二次生烃和古生新储，同时在类似构造区内，伸展断裂可以沟通海相地层的油气使之进入上覆陆相地层中，形成古生新储的次生油气藏。在反转断块区，后期构造的伸展改造作用较弱的地区，可能存在晚期次生油气藏。断陷反转区和断块反转区同时还可具有相同的成藏模式，即未被完全破坏的海相封闭体系中，断陷反转区和断块区可以发现原生残留油气藏。

4 结论

(1) 中、新生代以来，由于所处构造部位的差异，扬子地块不同段构造特征和演化表现出明显的不同。而且在不同的演化期，上、中、下扬子 3 个地块表现出一定程度的联合和分异，反映出构造演化和动力学背景上的差异。中、下扬子由于受北部秦岭—大别—苏鲁造山带和南部江南隆起构造带以及濒太平洋域的控制和影响较为归一，具有演化和特征上的相似性，印支期—早燕山期的南北对冲作用、晚燕山期的伸展反转和晚喜马拉雅期的挤压反转都具有相似的表现，即燕山早期至燕山晚期—喜马拉雅早期的构造负反转和燕山晚期—喜马拉雅早期至喜马拉雅晚期的构造正反转，构造变形在陆相覆盖区为断陷反转，海相露头区为断块反转。上扬子地块构造力学性质较为单一，挤压构造在中、新生代以来继承性叠加发展为其主流，与中扬子的过渡通过湘鄂西到川东构造带之间的齐岳山断裂分割，其既是从湘鄂西到川东逆冲挤压构造中厚皮构造和薄皮构造的过渡带，又是中、上扬子伸展和挤压作用的分野。

(2) 由于构造特征和构造演化上的巨大差异，扬子地块不同段的海相油气的成藏要素明显不同。宏观上可以认为构造特征和演化上的不同控制了海相油气如烃流体源、整体封闭环境和保存条件、圈闭类型和其埋藏过程等核心的成藏要素。上扬子地块的烃流体源以油裂解气和干酪根裂解气为主，且在海相地层中存在整体封闭环境，圈闭具有持续的埋藏和有效的保存。中、下扬子地块的烃流体源主要为二次生烃和海相早期原生油气源，其保存体系既可存在于陆相地层中，也可残存在整体开放的海相地层中，保存条件复杂和多变，圈闭具有反复埋藏、隆升剥蚀以及反转改造的特点。

(3) 构造环境的差异使得扬子地块不同段在中、新生代以来具有明显的构造特征和演化上的不同，它们在宏观上控制了海相油气核心成藏要素，也可以理解为对海相油气成藏的显著的制约作用。表现在油气成藏的主控因素上是对成藏演化和成藏模式的深层制约。因此，扬子地块不同段可以建立不同的成藏演化和成藏模式，上扬子地块存在古油藏—早期气藏—晚期气藏的成藏演化过程，成藏模式可以表达为早期成藏，后期转化，晚期聚气。中、下扬子地块具有反复的成藏、改造、成藏、破坏的成藏演化过程，在断陷反转区具有下生上储、原生残余油气藏以及二次生烃等成藏模式，而在反转断块区可能的成藏模式包括原生残余成藏和晚期次生成藏。对上、中、下扬子地块海相油气成藏演化和模式的深刻理解有助于对上述3个地块中勘探区块的评价和优选，以及勘探对策和先后次序的确定。

参 考 文 献

[1] 张国伟，董云鹏，赖绍聪，等. 秦岭-大别造山带南缘勉略构造带与勉略缝合带[J]. 中国科学(D辑)，2003，33(12)：1121-1135.

[2] 马力，陈焕疆，甘克文，等. 中国南方大地构造和海相油气地质[M]. 北京：地质出版社，2004.

[3] 戴少武，贺自爱，王津义. 中国南方中、古生界油气勘探的思路[J]. 石油与天然气地质，2001，22(3)：195-202.

[4] 郭彤楼，田海芹. 南方中、古生界油气勘探的若干地质问题及对策[J]. 石油与天然气地质，2002，23(9)：244-247.

[5] 戴少武. 中国南方油气晚期成藏勘探实践及讨论[J]. 天然气工业，2004，24(1)：7-9.

[6] 方朝亮，蒋有录，黄志龙. 典型油气藏地质特征与成因模式[M]. 北京：石油工业出版社，2003.

[7] 邱蕴玉，徐濂，黄华梁. 威远气田成藏模式初探[J]. 天然气工业，1994，14(1)：9-13.

[8] 马永生，郭旭升，郭彤楼，等. 四川盆地普光大型气田的发现与勘探启示[J]. 地质论评，2005，51(4)：477-480.

[9] 谢增业，李剑，单秀琴，等. 川东北罗家寨飞仙关组气藏成藏过程及聚集效率[J]. 石油与天然气地质，2005，26(6)：765-769.

[10] 严金泉，孙卫. 鄂西-渝东区石炭系油气成藏模式及富集规律[J]. 西北大学学报(自然科学版)，2001，31(5)：415-417.

[11] 叶舟，支家生，梁兴，等. 江汉盆地前白垩系油气勘探前景展望[J]. 天然气工业，2005，25(2)：14-19.

[12] 马安来，包建平，王培荣，等. 盐城凹陷天然气成藏模式[J]. 天然气工业，2002，22(5)：23-27.

[13] 刘东鹰，王军. 下扬子句容地区油藏特征分析[J]. 江汉石油学院学报，2004，26(3)：48-49.

[14] 袁彩萍，徐思煌，梅廉夫，等. 中国南方海相地层油气成藏要素的层次性分析[J]. 石油天然气学报(江汉石油学院学报)，2005，27(2)：137-141.

[15] 赵宗举，朱琰，李大成，等. 中国南方构造形变对油气藏的控制作用[J]. 石油与天然气地质，2002，23(1)：19-25.

[16] 刘树根，罗志立. 从华南板块构造演化探讨中国南方油气藏分布的规律性[J]. 石油学报，2001，22(4)：24-30.

[17] 赵宗举，俞广，朱琰，等. 中国南方大地构造演化及其对油气的控制[J]. 成都理工大学学报(自然科学版)，2003，30(2)：155-168.

[18] 郭正吾，邓康龄，韩永辉，等. 四川盆地形成与演化[M]. 北京：地质出版社，1996.

[19] 徐政语，林柯. 中扬子地区显生宙构造演化及其对油气系统的影响[J]. 大地构造与成矿学，2001，25(1)：1-8.

[20] 陈沪生，张永鸿. 下扬子及邻区岩石圈结构构造特征与油气资源评价[M]. 北京：地质出版社，1999.

[21] 叶舟，马力，梁兴，下扬子独立地块与中生代改造型残留盆地[J]. 地质科学，2006，41(1)：81-101.

[22] 乐光禹. 大巴山造山带及其前陆盆地的构造特征和构造演化[J]. 矿物岩石，1998，18(增刊)：8-15.

[23] 刘树根，赵锡奎，罗志立，等. 龙门山造山带——川西前陆盆地系统构造事件研究[J]. 成都理工

学院学报，2001，28(3)：221-230.
[24] 赵文智，王兆云，何海清，等. 中国海相碳酸盐岩烃源岩成气机理[J]. 中国科学(D)，2005，35(7)：638-648.
[25] 王一刚，陈盛吉，徐世琦. 四川盆地古生界—上元古界天然气成藏条件及勘探技术[M]. 北京：石油工业出版社，2001.

四川盆地二叠系和三叠系礁滩天然气富集规律与勘探方向

郭旭升　黄仁春　付孝悦　段金宝

（中国石化勘探南方分公司，四川成都 610041）

摘要：通过系统的天然气组分、碳同位素以及微观薄片、包裹体分析，明确了二叠系和三叠系礁滩气藏中天然气主要为原油二次裂解气，龙潭组（吴家坪组）为天然气藏的主力烃源岩层，气藏经历了早期岩性古油藏聚集、古原油裂解和天然气调整再聚集3个阶段；天然气藏（田）具有多元供烃、近源聚集、岩性控藏、气油转化、晚期调整的成藏富集模式，现今气藏的富集主要受控于3个方面：一是二叠系烃源岩的生烃灶分布控制了油气来源的充足程度；二是礁滩相储层的分布与规模控制了油气聚集的场所与规模；三是晚期保存条件决定了天然气的最终聚集。通过系统总结已发现礁滩气藏（露头）沉积储层、油气富集规律，进一步探讨了下步勘探发展的方向，认为长兴组、飞仙关组和嘉陵江组台缘礁滩、台内浅滩和下二叠统浅滩勘探领域仍存在良好勘探前景。

关键词：碳酸盐岩　礁滩气藏　二叠系　三叠系　四川盆地

目前，四川盆地二叠系和三叠系碳酸盐岩层系累计探明 $15334.77\times10^8m^3$，前期勘探发现多为裂缝性、裂缝—孔隙性气藏。2000年以后，调整油气勘探思路，以长兴组—飞仙关组台缘礁滩构造—岩性复合圈闭为勘探对象[1]，获得重大突破，相继发现了普光、元坝等大中型气田，累计探明储量达 $7414.14\times10^8m^3$。

二叠系—三叠系礁滩天然气藏（田）纵向上包括多个含气层系，经历了叠合构造背景下油气藏调整改造，针对性地对二叠系—三叠系礁滩气藏天然气富集规律与下步勘探领域的梳理，对四川盆地及其他地区礁滩领域的勘探具有重要指导意义。

1　成藏机理与模式

1.1　天然气成因类型与来源

对于四川盆地的天然气地球化学特征与气源，前人开展了大量的研究工作[2-7]。目前，四川盆地海相二叠系和三叠系在孔隙型储层和裂缝型储层均发现了气藏[8]。这两类气藏的天然气组成的最大差别在于，孔隙型气藏的天然气含有一定的 H_2S，而裂缝型气藏的天然气基本不含 H_2S，说明这两种类型气藏的天然气成因可能存在差别。

石油与天然气地质，2014，35(3)：295-302

从两类气藏的天然气的 $\ln(C_1/C_2)$ 和 $\ln(C_2/C_3)$ 关系图上看（图 1），孔隙型气藏的天然气的 $\ln(C_1/C_2)$ 值多大于 6.0，$\ln(C_2/C_3)$ 值小于 2.5；裂缝型气藏的天然气的 $\ln(C_1/C_2)$ 值大多小于 6.0，$\ln(C_2/C_3)$ 值均在大于 2.5[9]。模拟实验资料显示，原油裂解气中 $\ln(C_2/C_3)$ 比值确实明显低于相应烃源岩干酪根的裂解气[10]。与前人提出的原油二次裂解气和烃源岩裂解气的 $\ln(C_1/C_2)$ 和 $\ln(C_2/C_3)$ 的关系[11]比较，川东北地区二叠系和三叠系长兴组—飞仙关组礁滩孔洞型气藏的天然气应该主要是原油二次裂解气，部分混有烃源岩裂解气；裂缝型气藏的天然气为烃源岩裂解气，而且该类天然气落在陆相层系天然气的演化趋势线上，而陆相层系的天然气多为烃源岩裂解气，进一步证实了其主要为烃源岩初次裂解气。

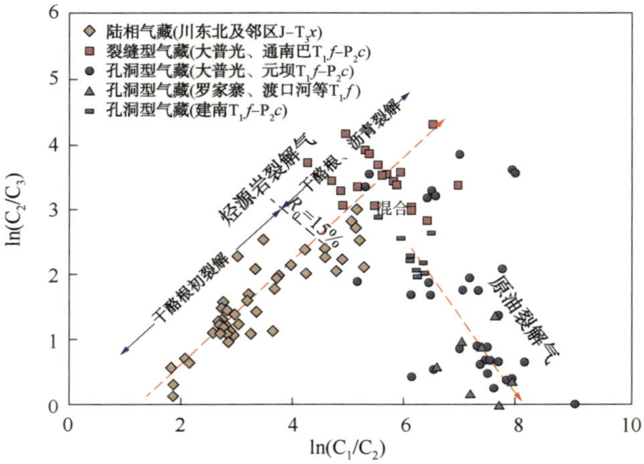

图 1　川东北及邻区烃源岩裂解气与原油裂解气 $\ln(C_1/C_2)$ 和 $\ln(C_2/C_3)$ 比值分布

另外，四川盆地二叠系—三叠系已经发现的大中型气田，如普光气田、元坝气田、兴隆场气田和建南气田等，在飞仙关组—长兴组储层孔洞内普遍见有大量沥青充填物[图 2(a)(b)(c)]，以及在储层的胶结物中可见黑色的沥青包裹体[图 2(d)(e)(f)]，可见这类气藏在地史上曾是古油藏，现今气藏的天然气是原油在高温条件下的裂解产物。普光 2 井钻井岩芯揭示的含沥青层段厚度超过 200m，这些固体沥青的存在是原油裂解作用的有力证据。

四川盆地不同层系的天然气组分和碳同位素分布范围不同，表明可能具有不同的气源层。二叠系和三叠系的长兴组和飞仙关组天然气的 H_2S 含量普遍大于 5%，高者可达 60%；石炭系的天然气的 H_2S 含量一般小于 1%；陆相的三叠系须家河组和侏罗系的天然气基本不含 H_2S。此外，石炭系的天然气乙烷碳同位素轻于-32‰，乙烷和甲烷碳同位素的差值一般小于 0；二叠系和三叠系海相的长兴组、飞仙关组的天然气乙烷碳同位素大多分布在-32‰～-25‰，乙烷和甲烷碳同位素的差值一般在-5‰～8‰；陆相三叠系须家河组和侏罗系的天然气乙烷碳同位素分布在-35‰～-23‰；陆相地层的天然气乙烷和甲烷碳同位素的差值一般大于 8‰。上述特征表明这 3 个层系的天然气可能来源于不同的气源层。

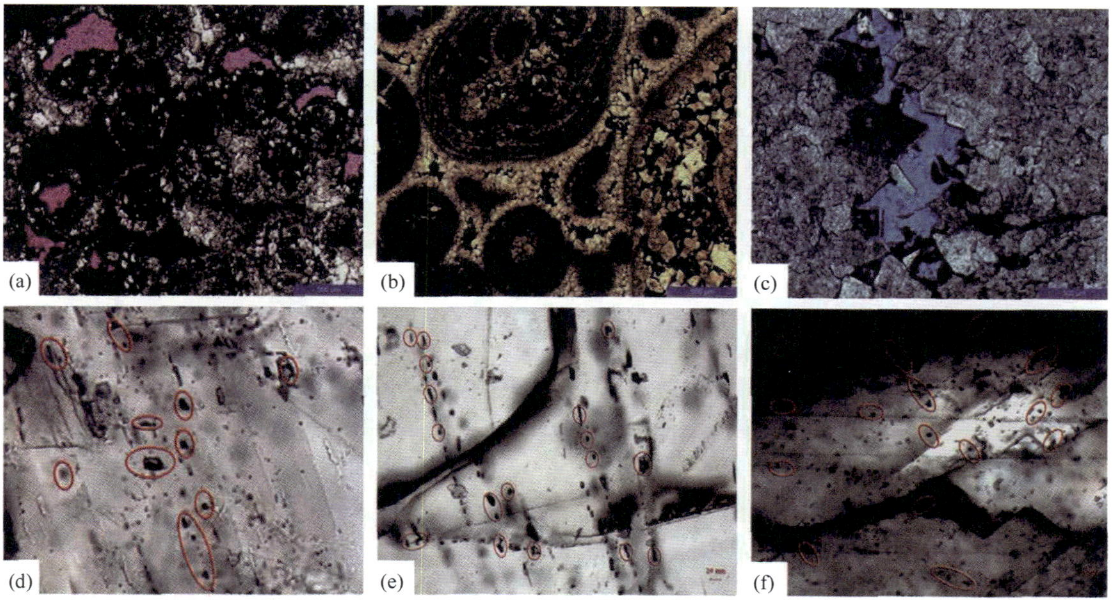

图 2　川东北典型气田储层中的固体沥青和沥青包裹体

(a)普光 2 井，飞二段，残余鲕粒白云岩粒间和粒内见黑色沥青充填；(b)元坝 204 井，飞二段，鲕粒灰岩的粒内和粒间见黑色沥青充填；(c)兴隆 1 井，白云岩晶间可见黑色沥青充填；(d)普光 2 井，亮晶方解石胶结物中可见黑色沥青包裹体；(e)元坝 2 井，亮晶方解石胶结物中可见黑色沥青包裹体；(f)兴隆 1 井，亮晶方解石胶结物中可见黑色沥青包裹体

对于经历高热演化程度的天然气而言，比较可靠的气-源对比方法是利用碳同位素资料[6]。一般认为，天然气的乙烷碳同位素比其气源岩的干酪根碳同位素轻 1‰~2‰[12]。飞仙关组—长兴组天然气的 $\delta^{13}C_2$ 值主要分布在-28‰~-32‰，龙潭组(吴家坪组)、下二叠统、下志留统和下寒武统烃源岩干酪根的 $\delta^{13}C_2$ 值分别为：-26.3‰~-28.6‰，-26.0‰~-28.2‰，-28.8‰~-32.1‰和-31.6‰~-35.0‰(图 3)。根据前文所述的乙烷和烃源岩的同位素对应关系，结合前文讨论的不同层系的天然气组分和同位素的差异，判断飞仙关组—长兴组天然气可能来源于上、下二叠统烃源岩层，其中龙潭组(吴家坪组)经源若干酪根的 $\delta^{13}C$ 值与飞仙关组—长兴组储层沥青的 $\delta^{13}C$ 值最相近，表明龙潭组(吴家坪组)为四川盆地二叠系—三叠系天然气藏的主力烃源岩。

1.2　烃源岩分布与生烃潜力

四川盆地目前所发现的二叠系和三叠系礁滩气藏的天然气的聚集与规模，与二叠系烃源岩的分布，特别是龙潭组(吴家坪组)主力烃源岩的分布具有密切关系。总体来看，这些气田(藏)具有垂向近源、侧向近灶的基本特点。

根据对典型气田(藏)的储集层底界与二叠系烃源岩的垂向距离统计，普光气田为 230~250m，元坝气田为 110~150m，兴隆场气田为 150m，建南气田的长兴组为 90~120m，飞仙关组为 450~500m，可知这些气田(藏)的储集层在垂向上与二叠系烃源岩非常接近。

从平面上来看，目前所发现的二叠系、三叠天然气田(藏)的分布可知，天然气田(藏)主要分布在川东北地区，与二叠系烃源岩的分布与生烃中心基本吻合(图 4)。川东北地区

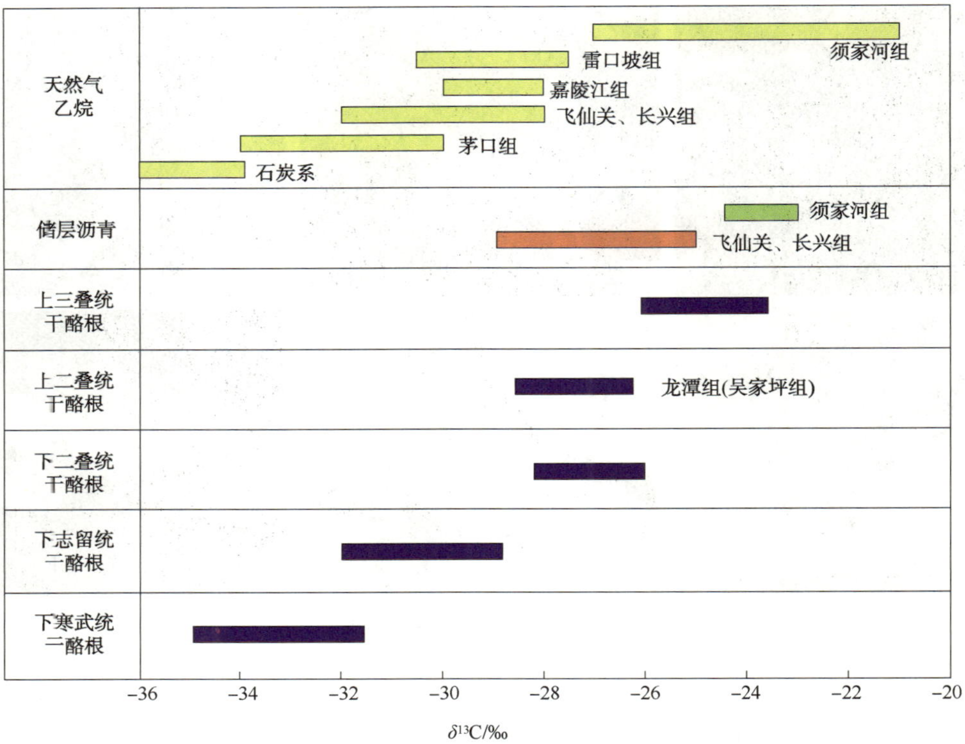

图 3 川东北长兴组—飞仙关组沥青和天然气乙烷与各层系烃源岩干酪根 $\delta^{13}C$ 值分布

的二叠系烃源岩的生烃中心位于宜汉—开县一带，烃源岩的厚度在 60～150m，生气强度在 10×10^8～$100\times10^8m^3/km^2$。目前所发现的普光气田就位于二叠系烃源岩的生烃中心，元坝气田、龙岗气田和兴隆场气田等均邻近二叠系烃源岩的生烃中心，生气强度均大于 $20\times10^8m^3/km^2$。

1.3 天然气成藏过程与模式

四川盆地是我国西部的典型叠合型盆地，而叠合型盆地的天然气成藏过程多具有较为复杂的天然气聚集过程。前已述及，四川盆地二叠系和三叠系礁滩气藏的天然气主要为原油裂解气，表明天然气的聚集过程中发生相态的转化(油转化为气)。此外，四川盆地在自燕山期发生大规模的挤压变形，地层抬升剥蚀，圈闭的形态可能发生改变，甚至破坏圈闭的保存条件。因此，二叠系和三叠系礁滩天然气的成藏大致经历了早期岩性古油藏聚集、古原油裂解和天然气调整再聚集 3 个阶段。

以元坝气田为例，分别阐明这 3 个阶段的油气聚集特点(图 5 左)。(1)晚三叠世—早侏罗世，古岩性油藏形成。此期上二叠统吴家坪组烃源岩和大隆组烃源已经进入生油窗，原油主要沿裂缝垂向和侧向运移至礁滩岩性圈闭聚集，各岩性圈闭之间为独立的油藏，且具有不同的油水界面。根据岩芯和薄片观察，在元坝 9 井区和元坝 123 井区发现了独立的古油水界面。(2)中侏罗世—早白垩世，古原油发生裂解，古岩性气藏形成。随着地层的持续埋深，储层的温度逐渐超过 150℃，在地层埋深最大期(早白垩世)，储层温度超过 200℃(图 6)。根据前人研究，150℃是地层条件下原油稳定存在的上限[13]。因此，古原油在必然

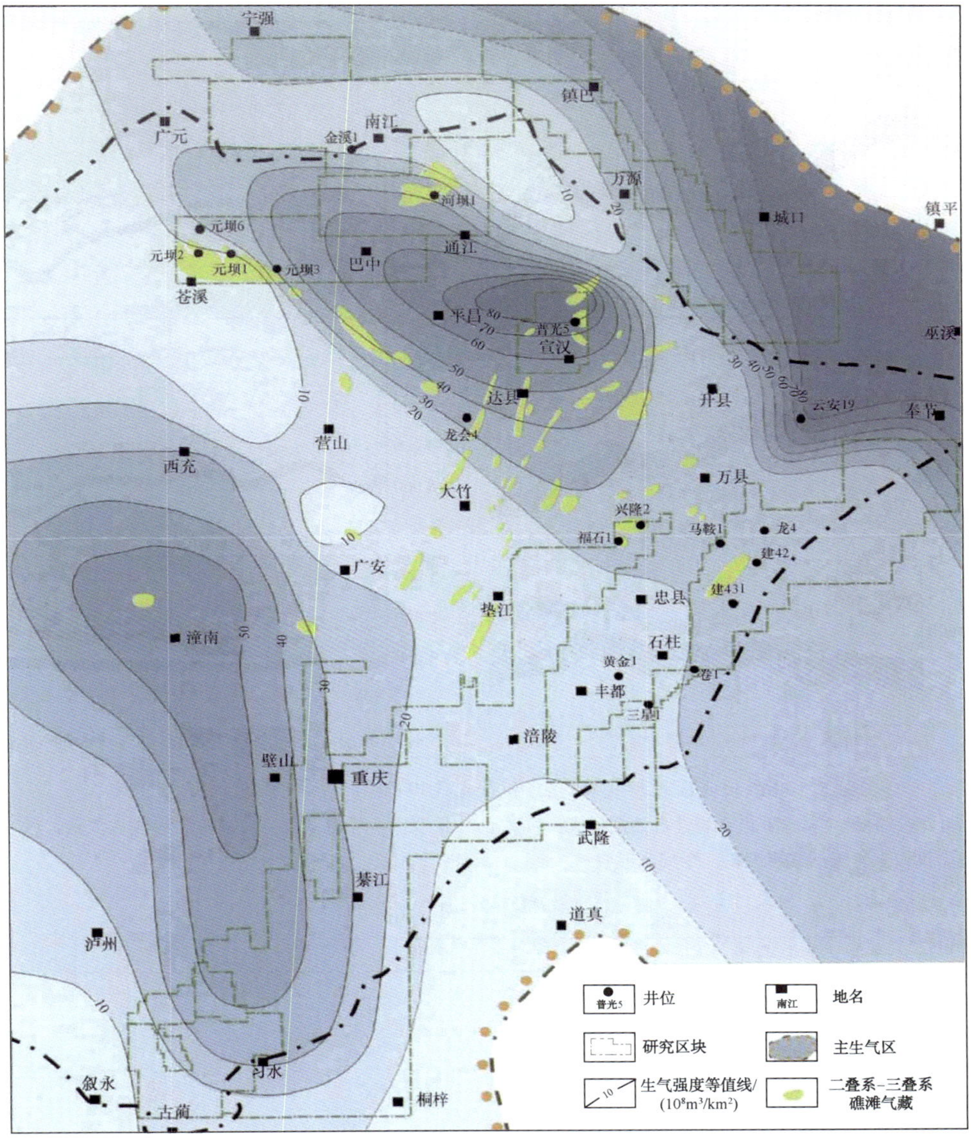

图 4 川东北及邻区二叠系烃源岩生气强度与二叠系—三叠系主要气田(藏)分布

发生裂解，完成了油到气的相态转化。在原油裂解过程中会产生超压，部分天然气可能沿裂缝发生再运移。(3)早白垩世以来，天然气调整再聚集。受北部九龙山背斜隆起的影响，元坝 27 地区地层持续整体抬升，天然气向北再次运移与聚集，岩性气藏最终定位。受天然气调整再聚集的影响，位于现今相对高部位的圈闭不发育边底水。此阶段的各礁滩岩性圈闭仍然具有独立的气水界面，如元坝 16 和元坝 9 井区的圈闭的气水界面不同。普光气田的天然气成藏过程也大致经历上述 3 个过程(图 5 右)。与元坝气田不同的是，普光气田所在的圈闭的高点发生了显著的变化，天然气的调整再聚集过程更为明显。

综合来看，二叠系和三叠系天然气的成藏过程具有岩性控藏(各礁滩圈闭的油气水界面不同)油气转化和晚期调整再聚集的特点。

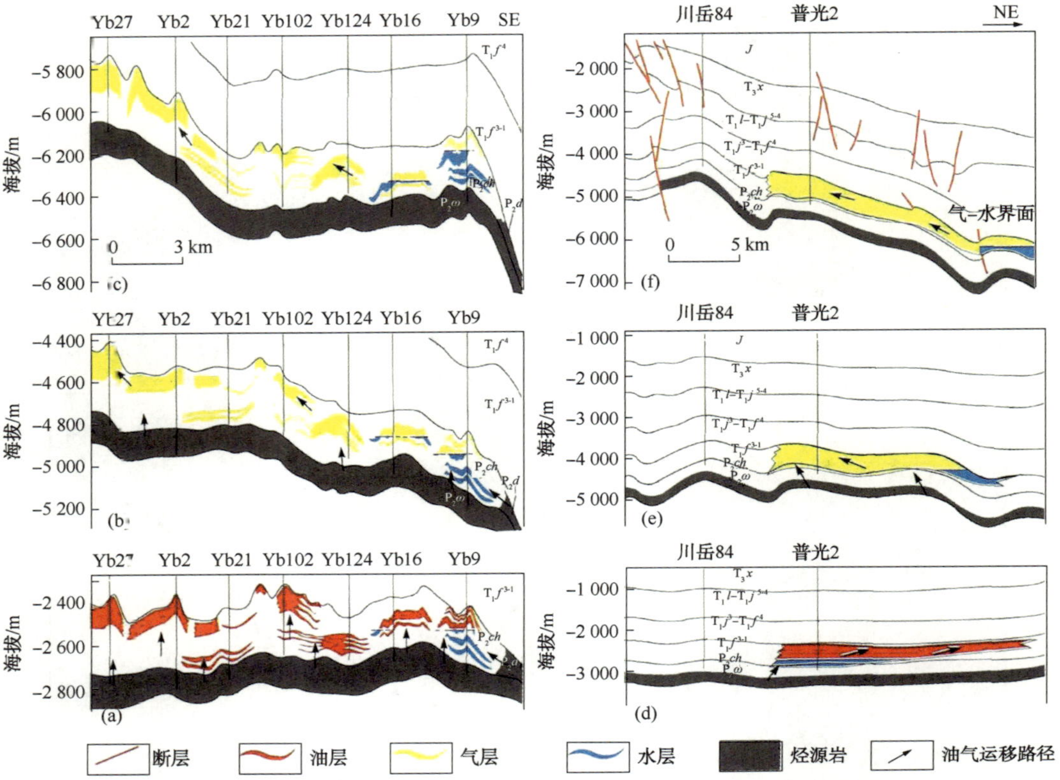

图 5　川东北地区元坝气田(左)和普光气田(右)天然气成藏过程与模式

(a)(d)晚三叠世—早侏罗世，岩性古油藏形成；(b)(c)中侏罗世—早白垩世，古油藏裂解成古气藏；(e)(f)中白垩世以来，天然气再聚集，今气藏形成

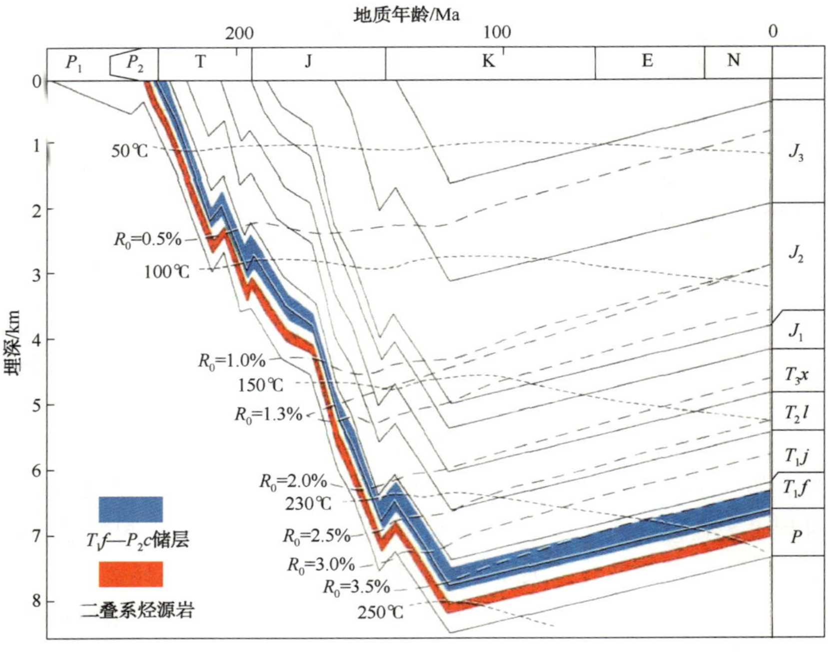

图 6　川东北地区元坝 2 井区烃源岩埋藏史与有机质热演化史

2 成藏主控因素

2.1 二叠系烃源岩的生烃灶分布控制了油气来源的充足程度

四川盆地二叠系龙潭组(吴家坪组)主力烃源岩的厚度在平面上存在差异。川东北地区烃源岩厚度最大，单井最大厚度可达171m；川西与川西南地区烃源岩厚度也较大，最大厚度大于120m；川东鄂西渝东地区烃源岩厚度较小，一般小于40m。此外，川东北地区为吴家坪组海相烃源岩，有机质丰度高、类型好，生烃能力最好。此外，川东北长兴组(大隆组)深水陆棚区也存在一定厚度的烃源岩[14]。川东北地区二叠系烃源岩的累计生气强度一般大于$20\times10^8m^3/km^2$，满足戴金星等(2007)提出的形成大中型气田的气源条件——烃源岩的生气强度大于$20\times10^8m^3/km^2$[15]。目前所发现的大中型气田均位于川东北二叠系烃源岩的生烃中心及邻区，也证实了二叠系烃源岩可以提供充足的油气来源，成为本区形成大中型气田的物质基础。

2.2 礁—滩相储层的分布与规模控制了油气聚集的场所与规模

礁滩相储层的分布与规模决定了古油藏的规模和现今气藏的规模。而礁滩相储层的分布与规模明显受到了沉积环境与沉积相的控制，目前发现的礁滩圈闭主要是环绕“开江-梁平”陆棚的台地边缘分布。对于长兴组而言，缓坡型台地边缘的礁滩复合体有利于储层的发育和古油藏的聚集，例如元坝地区礁滩复合体的面积大于$500km^2$，储层厚度在15~160m。普光地区发育陡坡型台地边缘生物礁，但礁后浅滩不发育，导致储层的规模明显不如元坝地区。对于飞仙关组而言，陡坡型台地边缘的暴露浅滩发育，可以形成大规模的储集层和聚集大量的天然气。例如普光地区飞仙关组的储层厚度可达150~350m。礁滩储集层的规模决定了古原油和现今天然气的规模。如普光气田的长兴组—飞仙关组古油藏的原油裂解气接近$6000\times10^8m^3$，元坝气田的古原油裂解气量接近$3500\times10^8m^3$，是现今在这两个地区发现大气田的重要原因。

2.3 天然气晚期保存条件决定了天然气的最终聚集

对于经历多旋回构造变形的川东北地区而言，古原油裂解气的最终聚集取决于晚期的天然气保存条件。现今四川盆地嘉陵江组和雷口坡组膏盐岩层的厚度差异，盖层是否遭受剥蚀和剥蚀程度，以及断层对盖层的破坏程度，这三方面决定了天然气藏的保存条件。川东北地区膏盐岩盖层累积厚度多在200~800m[16-17]，向南过渡到鄂西—渝东地区，膏盐岩盖层厚度有所减薄，累积厚度在150m左右[18]。川东北地区嘉陵江组和雷口坡组膏盐岩层均未出露地表，盖层未遭受剥蚀；川东北元坝地区断层不发育，通南巴和普光地区断层发育，但是断层主要是未断穿膏盐岩盖层的逆断层，断层自封闭能力强。而鄂西—渝东地区的石柱复向斜两侧齐岳山、方斗山、龙驹坝等高陡背斜轴部，膏盐岩盖层不仅遭受剥蚀，并且大气淡水的垂向渗入膏盐岩层，将会使膏盐岩盖层受到破坏[19-20]，圈闭的保存条件变差；并且高陡构造发育断层，断层与大气淡水渗入形成的渗透层的沟通，共同组成了油气逸散系统[21]。因此，膏岩盖层的缺失以及断层直接沟通海相地层，是晚期天然气聚集保存的最大风险。

3 下一步勘探方向

近年来，二叠系和三叠系礁滩相继发现了普光、元坝以及罗家寨、龙岗等大中型气田，展示了巨大的勘探潜力，目前评价研究认为台缘礁滩领域存在开江-梁平陆棚东侧、城口—鄂西深水陆棚西侧台地边缘礁滩以及台地中部台洼边缘礁滩，台内浅滩勘探领域包括长兴组、飞仙关组、嘉陵江组台内浅滩，下二叠统浅滩勘探领域主要包括栖霞组川西—川西北地区台缘及中缓坡浅滩相(图7)。

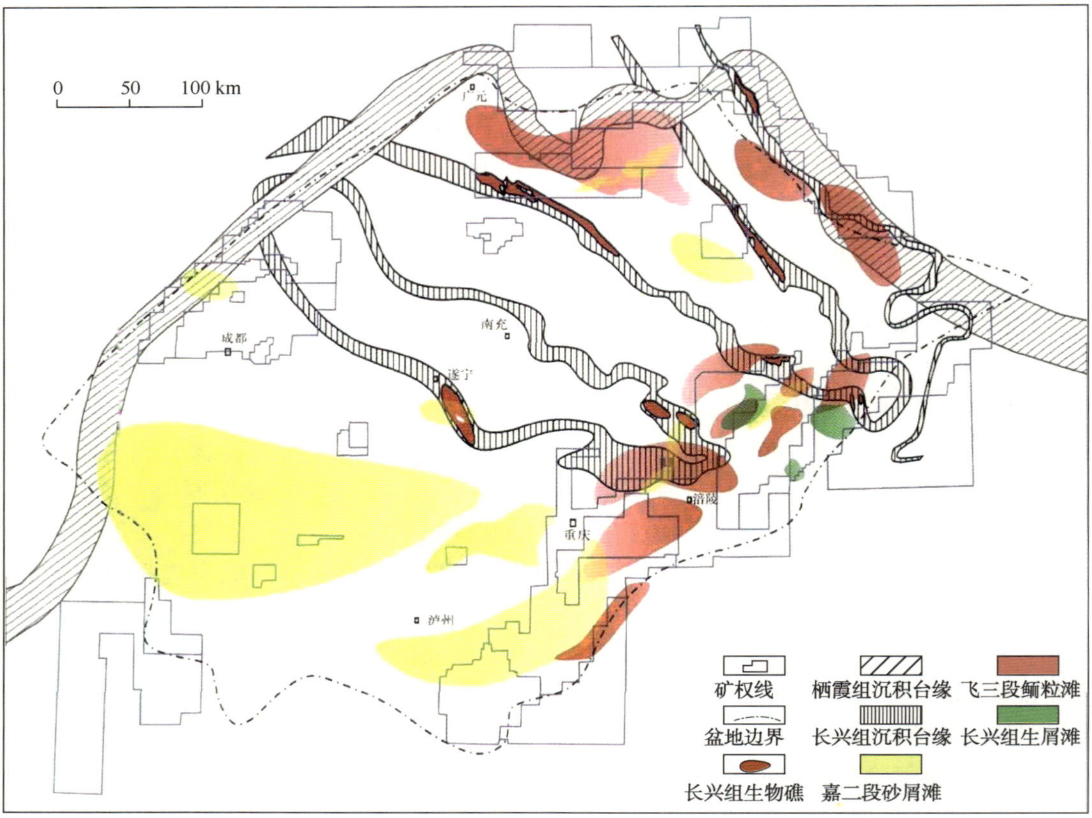

图7　四川盆地二叠系和三叠系礁滩勘探目标叠合图

3.1　台缘礁滩勘探领域

围绕长兴组—飞仙关组台缘礁滩勘探领域存在开江-梁平陆棚东侧、城口—鄂西深水陆棚西侧台地边缘礁滩以及台地中部拉张凹陷台洼边缘礁滩。

沉积相带展布、野外露头剖面及钻井资料的研究结果表明，开江-梁平陆棚与城口—鄂西深水陆棚之间为一稳定台地，台地两侧发育台缘礁滩，台地西侧由普光向西北延伸到南江—黑池梁地区，台地东侧由黄莲峡向西北延伸到镇巴地区，台缘礁滩有利勘探目标主要集中在米仓—大巴山前带，该地区基础成藏条件优越，具有印支期前被动大陆边缘盆地广泛分布的烃源岩气源充足[22]，发育中上三叠统膏盐岩以及巨厚碎屑岩沉积，但受后期剧烈构造作用，油气保存在一定风险，同时面临地表、地下构造复杂的双重影响，地震资料品质差，解决山前带地震成像、构造模式和圈闭落实问题是该领域勘探获得成功的关键。

通过对川中地区钻井、露头结合地震资料研究，在晚二叠世拉张背景下，台地中部也出现拉张凹陷，即在江油—涪陵一带存在一台洼(台内相对深水区)，其两侧为台洼边缘区，发育台洼边缘礁滩。目前多口探井已钻遇台洼边缘礁滩相储层，储层主要发育在长兴组顶部。长兴组台洼边缘礁滩气藏主力烃源岩层系为上二叠统吴家坪组，其上覆飞仙关组一段泥质灰岩，灰质泥岩可作为直接盖层；侧向相变为局限台地相粉晶—微晶灰岩或斜坡—台洼相泥质灰岩、泥晶灰岩，其侧向封堵性较好，单个台洼边缘生物礁滩可形成独立的气藏。

3.2 台内浅滩勘探领域

四川盆地二叠系—三叠系碳酸盐岩层系除台缘高能礁滩优质储层外，还广泛发育以3类储层为主的台内浅滩相致密碳酸盐岩储层，目前已有多井获得突破，但产能低。通过加强储层改造攻关，攻克产能关，有望成为增储上产的重要领域。

川东南北部涪陵地区长兴组—飞仙关期陆棚水体深度浅，与台地深度变化较小，在一定范围内沉积环境相似，海平面的升降有利于礁滩的侧向迁移，发育大面积浅滩；川东南南部綦江地区嘉陵江期位于泸州水下隆起的东北侧，嘉二段—嘉一段发育台内浅滩，浅滩具有厚度薄、分布范围广的特点。综合分析川东南地区嘉陵江组、飞仙关组、长兴组广泛发育台内滩相致密碳酸盐岩储层，分布广、埋藏相对较浅，资源潜力大。但该类型勘探目标储层薄、物性较差，影响油气富集高产主控因素多，有待进一步探索针对性的目标描述评价技术，优选有利靶区开展水平井钻井工艺试验，突破产能关。

3.3 下二叠统浅滩勘探领域

下二叠统栖霞组—茅口组沉积时期，受加里东末期“西陡东缓”古地貌特征影响，川东北、川西地区沉积环境和沉积特征存在明显差异，川西北地区为碳酸盐岩镶边台地沉积，西北乡、矿2井、周公1井发育台缘浅滩储层；川东北地区下二叠统为缓坡沉积，中缓坡发育浅滩储层，主要位于广元西北乡—龙门山前—雅安一带。

烃源岩以下二叠统和志留系为主，发育中三叠统雷口坡组及下三叠统嘉陵江组膏盐岩盖层，成藏条件好，具备较大的勘探潜力。

4 结论

（1）二叠系和三叠系礁滩天然气主要为原油二次裂解气，龙潭组（吴家坪组）为四川盆地二叠系—三叠系天然气藏的主力烃源岩，气藏经历了早期岩性古油藏聚集、古原油裂解和天然气调整再聚集3个阶段。

（2）二叠系和三叠系礁滩天然气藏（田）具有多元供烃、近源聚集、岩性控藏、气油转化、晚期调整的成藏富集模式，现今气藏富集主要受控于二叠系烃源岩生烃灶分布、礁滩相储层分布与规模以及晚期保存条件。

（3）长兴组—飞仙关组开江-梁平陆棚东侧、城口—鄂西深水陆棚西侧台地边缘以及台地中部拉张凹陷台洼边缘礁滩勘探领域，长兴组、飞仙关组、嘉陵江组台内浅滩勘探领域，下二叠统台缘及中缓坡浅滩勘探领域，仍存在良好勘探前景。

参 考 文 献

[1] 郭旭升，胡东风. 川东北礁滩天然气勘探新进展及关键技术[J]. 天然气工业，2011，31(10)：6-11.

[2] 王兰生，陈盛吉. 杨家静，等. 川东石炭系储层及流体的地球化学特征[J]. 天然气勘探与开发，2001，24(3)：28-38.

[3] 杨家静，王一刚，文应初，等. 四川盆地东部长兴组—飞仙关组气藏地球化学特征及气源探讨[J]. 沉积学报，2002，20(2)，349-353.

[4] 谢增业，田世澄，李剑，等. 川东北飞仙关组鲕滩天然气地球化学特征与成因[J]. 地球化学，2004，33(6)：567-573.

[5] 朱光有，张水昌，梁英波，等. 四川盆地天然气特征及气源[J]. 地学前缘，2006，13(2)：234-248.

[6] 朱扬明，王积宝，郝芳，等. 川东宣汉地区天然气地球化学特征及成因[J]. 地质科学，2008，43(3)：518-532.

[7] 王兰生，陈盛吉，杜敏，等. 四川盆地三叠系天然气地球化学特征及资源潜力分析[J]. 天然气地球科学，2008，19(2)：222-228.

[8] 郭彤楼. 川东北地区碳酸盐岩层系孔隙型与裂缝型气藏成藏差异性[J]. 石油与天然气地质，2011，32(3)：311-317.

[9] 郭彤楼. 元坝深层礁滩气田基本特征与成藏主控因素[J]. 天然气工业，2011，31(10)：12-16.

[10] Guo Liguo，Xiao Xianming，Tian Hui，et al. Distinguishing gases derived from oil cracking and kerogen maturation：Insights from laboratory pyrolysis experiments[J]. Organic Geochemistry，2009，40(10)：1074-1084.

[11] Prinzhofer A，Huc A Y. Genetic and post-genetic molecular and isotopic fractionations in natural gases[J]. Chemical Geology，1995，126：281-290.

[12] Isaksen G H. Central north sea hydrocarbon systems：generation，migration，entrapment，and thermal degradation of oil and gas[J]. AAPG Bulletin，2004，88(11)：1545-1572.

[13] Barker C. Calculated volume and pressure changes during the thermal cracking of oil to gas in reservoirs[J]. AAPG Bulletin，1990，74(9)：1254-1261.

[14] 杜金虎，徐春春，汪泽成，等. 四川盆地二叠—三叠系礁滩天然气勘探[M]. 北京：石油工业出版社，2010，109-110.

[15] 戴金星，邹才能，陶士振，等. 中国大气田形成条件和主控因素[J]. 天然气地球科学，2007，18(4)：473-485.

[16] 魏水建，冯琼，冯寅. 川东北通南巴地区三叠系膏盐岩盖层预测[J]. 石油实验地质，2011，33(1)：81-86.

[17] 张元春，陆黄生，吴海燕. 川东北元坝地区膏盐岩盖层分布特征[J]. 新疆石油地质，2012，33(4)：450-452.

[18] 邓模，吕俊祥，潘文蕾，等. 鄂西渝东区油气保存条件分析[J]. 石油实验地质，2009，31(2)：202-206.

[19] 胡光灿，谢姚祥. 中国四川东部高陡构造石炭系气田[M]. 北京；石油工业出版社，1997.

[20] 路中侃，魏小薇，陈京元. 川东地区石炭系气—水分布规律与保存条件[J]. 石油勘探与开发，1994，21(1)：114-115.

[21] 姚雪根. 四川盆地天然气气藏的破坏与保存条件剖析[J]. 海相油气地质，2007，12(4)：21-36.

[22] 马永生，蔡勋育，赵培荣，等. 四川盆地大中型天然气田分布特征与勘探方向[J]. 石油学报，2010，31(3)：347-354.

陆上超深层油气勘探理论进展与关键技术

郭旭升[1] 胡东风[1] 李宇平[1] 段金宝[1] 张学丰[2] 范小军[1] 段 华[1] 李文成[1]

（1. 中国石化勘探分公司，成都 610041；
2. 北京大学地球与空间科学学院、石油与天然气研究中心，北京 100871）

摘要：中浅层越来越难以发现新的大型油气藏，世界油气勘探有向深层—超深层进军的趋势。近些年来，中国在超深层领域，包括在碳酸盐岩和碎屑岩储层中，取得了令人瞩目的油气勘探成果，发现了（超）大型油（气）田。为了分享这些油气藏的勘探开发经验，本文从油气成藏机制和关键技术两方面进行了总结。超深层油气来源于多元供烃和多期充注。由于低地温梯度或超压作用，在超深层仍然可发育液态烃；且由于深部烃—水—岩反应或深源气体的加入而使超深层天然气组分复杂化。这些油气主要储存于原始高能礁滩或砂体沉积体中，它们具有较高的原始孔隙度。后期溶蚀、白云岩化、破裂作用常使得储层次生孔隙发育。而烃类较早充注等保持性成岩作用，则使得早期孔隙得以保存至今。超深层油气成藏一般呈现近源富集和持续保存的规律。超深层油气藏的有效勘探开发离不开关键技术的支撑。采用最新的地震信号采集及处理、低孔渗带预测和气水识别等技术使得超深层油气得以被发现，而先进的钻完井和油气测试技术则保证了这些油气田的有效开发。

关键词：油气勘探 超深层 油气来源 储层 油气富集 勘探开发技术

1 引言

经过多年的油气勘探，中浅层发现油气田的难度越来越大。随着理论发展和技术进步，全球油气勘探有向深层（4500~6000m）、超深层（>6000m）进军的趋势，深层发现了越来越多的油气田。2008 年以来，超深层油气产量大幅度增加。

超深层油气勘探潜力巨大。全球范围内，超深层油气最富集的六大盆地为：墨西哥湾盆地、塔里木盆地、南加勒比海盆地、阿拉伯盆地、桑托斯盆地及四川盆地。目前已在这些盆地发现了 120 个超深层油气田，获得大量探明储量。

中国超深层领域也是油气勘探的重要目标。目前已发现了几大油气田。本文将介绍这些勘探进展，重点分析了这些油气田的油气来源、储层发育、油气富集规律等特征，并介绍了油气勘探开发过程中用到的关键技术。

Engineering，2019，5(3)：458-470

2 中国超深层领域勘探发现

目前中国的超深层勘探主要集中在四川盆地和塔里木盆地。近年来，发现了几个大型油气田，如四川盆地元坝气田以及塔里木盆地塔河油田和克深—大北气田。目前为止，已探明 2.55×10^9t 油当量，占资源量的 11.6%(表 1、图 1)。这些勘探与研究进展已被中国石油天然气集团有限公司(China National Petroleum Corporation，CNPC)、中国地质学会(Geological Society of China，GSC)、中国石油学会(Chinese Petroleum Society，CPS)等列入中国年度“十大科技进展”(表 1)。然而，超深层领域资源潜力巨大，大部分还有待发现。

表 1　2010 年以来国内石油超深层领域十大科技进展

Year	Major progress in ultra-deep petroleum exploration	Awarded organization
2010	(Ultra) Deep exploration technology in the shallow sea region promoted the discovery of a giant gas pool in the mature exploration area in the Gulf of Mexico	CNPC
2011	The Yuanba exploration project, a sub - project of Marine Exploration in Northeastern Sichuan Basin, found the deepest large gas field in China	GSC
2012	The hydrocarbon supply theory for deep stratum was widely promoted	CNPC
2012	A giant gas field was found in the carbonate strata with a depth greater than 6500m in the Hanilcatam area, Tarim Basin	GSC
2014	A natural gas exploration project was undertaken in Kelasu, Tarim Basin	GSC
2015	The tolerance temperature of downhole tools broke the record and reached 200℃	CNPC
2016	High and stabilized production technology was developed for big reef gas fields with ultra depth and high sulfur content in the Yuanba Area	GSC
2016	Ultra-deep horizontal well drilling and completion technology was developed	CPS

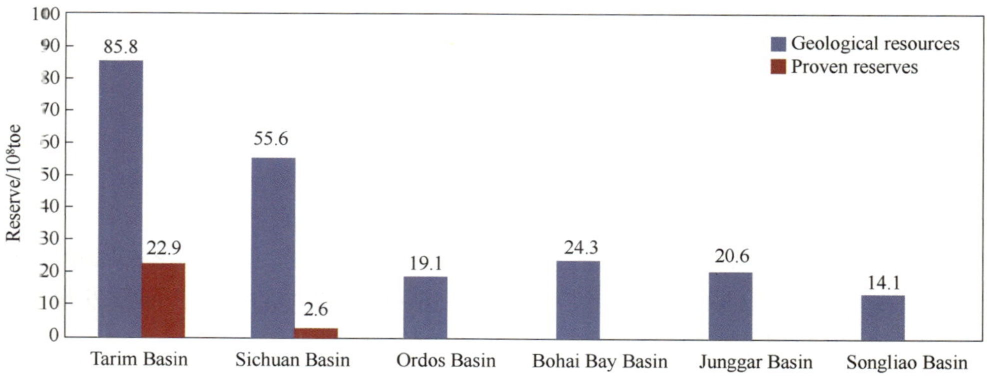

图 1　中国六大主要盆地超深层领域地质资源量和探明储量。toe：吨油当量

这些勘探发现表明，超深层油气藏储层类型丰富，包括碳酸盐岩、碎屑岩和火成岩，其中以海相碳酸盐岩和陆相三角洲相碎屑岩为主(表 2)。

2.1　碳酸盐岩储层

中国的超深层碳酸盐岩储层主要分布于四川盆地和塔里木盆地的古生界到元古界地层中。四川盆地超深层主要产出天然气，潜力储层在全盆地均有分布，但目前在超深层领域主要发现了元坝气田，少部分发现位于龙岗气田(图 2)。

表 2 超深层储层类型及主要发现

Reservoir types	Sedimentary facies	Major discoveries with formations and locations
Carbonates	Marginal platform reef-shoal	Upper Permian Changxing formation and Lower Triassic Feixianguan Formation (Yuanba, Sichuan Basin)
		Ordovician(Tazhong No. 1 structure, Tarim Basin)
	Shoal(grain beach)	Carboniferous(Tazhong No. 4 structure, Tarim Basin)
	Dolostone	Carboniferous(Sichuan Basin)
	Karstic weathering crust	Ordovician(Tahe, Halahatang, Lunnan and Lungu, Tarim Basin)
	Fault/fracture	Ordovician(Shunbei, Tarim Basin)
Clastic rocks	Delta deposits	Cretaceous(Keshen-Dabei Gasfield, northern Tarim Basin)

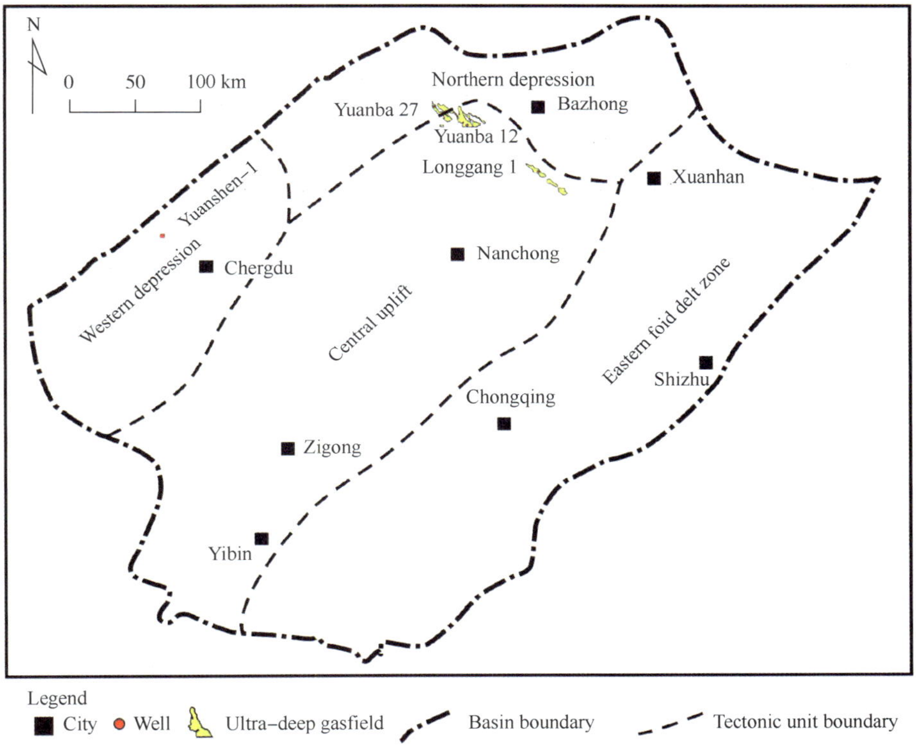

图 2 四川盆地超深层大气田分布图

元坝气田位于川北坳陷。天然气主要储存于上二叠统长兴组和下三叠统飞仙关组礁滩储层，埋深6500~7110m，平均孔隙度为5.2%，探明储量为$2.19\times10^{11}m^3$，其中，CH_4含量为88.35%、H_2S含量为5.22%、CO_2含量为6.8%[1]。在元坝气田东南几十千米处，发现了龙岗礁滩气田埋深略浅且类型基本相同的超深储层，天然气探明储量为$4.1\times10^{10}m^3$。

在川西坳陷山前带，埋深大于6000m的雷口坡组顶部储层中也发现了高产气流。其中，Yangshen-1井在雷口坡组四段日产气达$6\times10^5m^3$，展示了良好的勘探潜力。

塔里木盆地超深层大油气田主要分布于塔北、塔中(图3)，主力产层为中下奥陶统，寒武系也具有一定勘探潜力。

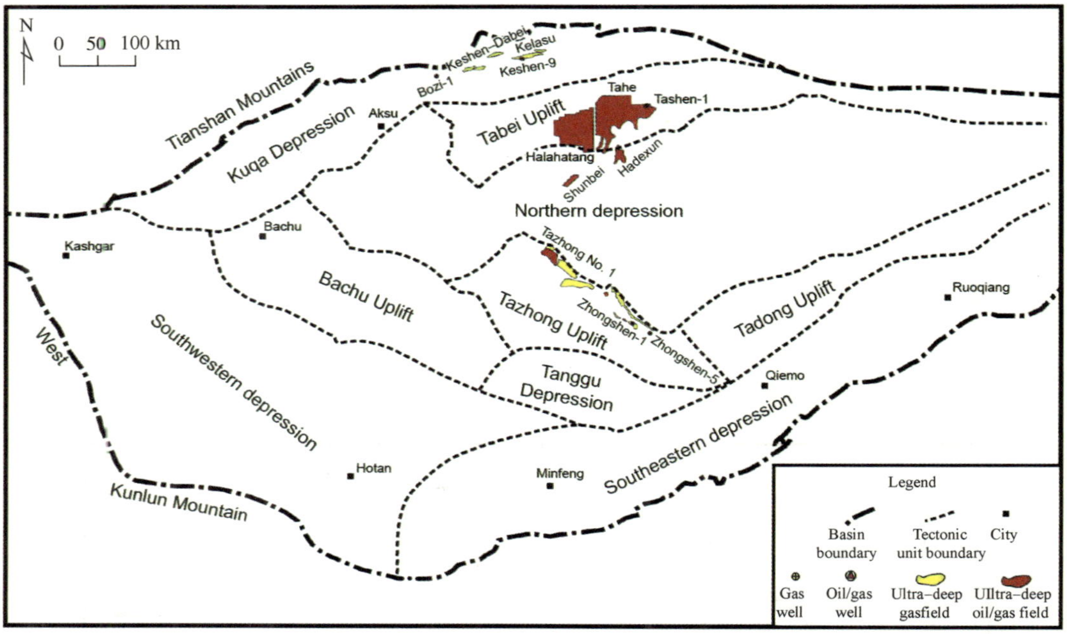

图 3　塔里木盆地超深层大油气田分布图

塔北地区所发现的最大油田是轮南—塔河岩溶缝洞型油田。其含油面积达 $2800km^2$，由100多个大小不一的岩溶缝洞储油单元组成。即使是在埋深达6000m以上的层段，这些表生岩溶缝洞依然完好保存至今。2006年，在塔北阿克库勒凸起东南部钻探了深达8408m的Tashen-1井，在寒武系优质白云岩储层中发现了液态烃。2014年年底，Tashen-3井区中—下奥陶统单井完钻井深为6168.24～6724.00m，先后发现了厚达160～350m的古风化壳之下的缝洞体，并获得高产油流。截至2014年底，塔河奥陶系提交探明地质储量为 1.377×10^9t。

在塔中，超深层油气主要沿塔中Ⅰ号断裂带分布。2013年，Zhongshen-1井在6861～6944m下寒武统肖尔布拉克组也获得油气突破，获得日产 $1.585\times10^5m^3$ 天然气。之后，Zhongshen-5井在6562～6671m发现液态烃，经酸压后用6mm油嘴最高日产油 $24.17m^3$、气 $11804m^3$[2]。在塔中Ⅰ号断裂带下盘的顺托果勒低隆地区，储层埋深一般为6600～8000m，地层压力达82～172MPa，地层温度达184～207℃。其中，井深达7874m的Shuntuo-1井在奥陶系储层中日产天然气 $3.88\times10^5m^3$。其南边的顺南地区，在奥陶系6300～6700m井深处钻获日产 2.6×10^5～$1.1\times10^6m^3$ 的天然气；其北边的顺北地区也在奥陶系发现了埋深超过6300m的超深层石油，其中，Shunbei-1CX井日产油 $132m^3$、气 $4.5\times10^4m^3$，深部热液使得基底断裂附近发生溶蚀，形成缝洞储层。

2.2　碎屑岩储层

针对超深层碎屑岩储层，我国钻探了多口超深层钻井，如塔里木盆地以白垩系为目的层的Keshen-1井(8023m)、Keshen-902井(8038m)、Bozi-1井(7014m)等，以上奥陶统为目的层的Adong-1井(7680m)以及渤海湾盆地以古近系为目的层的Niudong-1井(6027m)。目前仅在塔里木库车坳陷发现了克深—大北气田。

克深—大北气田位于塔里木盆地库车坳陷的克拉苏断裂下盘克深区带，其碎屑岩储层中具有丰富的天然气资源。超深层发现了白垩系优质三角洲砂体储层，埋深达6000~8000m，地层压力为88~136MPa，地层温度为120~184℃，储层厚200~300m，纵向叠置、横向连片，面积为$1.8\times10^4km^2$，孔隙度为5.7%~7.9%[3]。其中，2008年8月28日钻探的Keshen-2井在6573~6696m白垩系井段获得日产$4.66\times10^5m^3$的工业油气流，由此发现了克深气田。Keshen-9井在7445~7552m井段砂岩测试，更是获得日产$1.13\times10^6m^3$高产工业气流，气藏压力为127.4MPa，井口油压为100MPa。目前已发现14个气藏，其中，大型气藏5个(Keshen-8、Keshen-9、Keshen-6、Keshen-13、Bozi-1)，探明储量为$8.3\times10^{11}m^3$，控制及预测储量为$3\times10^{11}m^3$。

另外，在松辽盆地，超深层碎屑岩储层已实现工业开发。在渤海湾歧口地区，超深层也被确定为潜力区。

3 超深层油气来源

超深层油气勘探首先要解决的是油气来源的问题。经典的“干酪根热解成烃理论”[4]利用干酪根成烃油气地化特征图版，建立了油气成因模型。但这一模型过于笼统[5-7]，越来越难以解释超深层复杂的油气来源。经过长期的地质演化后，超深层油气的成分异常复杂，常显示为多种来源混合、多期形成的特征，这是因为超深层油气藏常具有多源供烃和多期充注机制。

3.1 多源供烃

超深层天然气主要有两大类来源，一是原油裂解，包括直接裂解成气和裂解产物沥青再次生烃成气。另一种为烃源岩(干酪根)裂解气，烃源岩成熟后，由烃源岩(干酪根)直接裂解成气。

3.1.1 原油裂解气

烃源岩经长时间深埋达到成熟后，开始生烃；再经过运移，聚集到有效圈闭中，形成古油藏；随着埋深进一步增加，温度升高至160℃以上，古油藏开始裂解，一方面形成古气藏，在后期构造调整与再聚集的作用下，形成现今气藏；另一方面，原油裂解的另一产物是固体沥青，其在热作用下，可再次生烃，构成天然气的另一重要来源[8,9]。

古油藏或沥青裂解可能为超深层天然气的重要来源。对于偏腐泥型有机质，天然气绝大部分来自于干酪根先期生成的原油的裂解，只有少部分天然气来自于干酪根的裂解[10]。

中国四川盆地的元坝长兴组海相礁滩大气田、塔里木盆地塔中地区Zhongshen-1井寒武系盐下气藏等均属于典型的原油裂解气[11-13]。通过对元坝长兴组礁滩气田天然气的$\ln(C_2/C_3)-\ln(C_1/C_2)$值的变化和$(\delta^{13}C_2-\delta^{13}C_3)$与$\ln(C_2/C_3)$的关系分析，表明天然气来源于上二叠统烃源岩，$C_2/C_3$值增大明显，$C_1/C_2$值变化相对较小，且主要为原油裂解气(图4[1])，储层中可见大量焦沥青。同位素资料分析表明，塔中的Zhongshen-1井天然气也主要源自原油裂解[13]。

3.1.2 烃源岩(干酪根)裂解气

对于腐殖型有机质，天然气绝大部分是来自于干酪根裂解[10]。塔里木盆地克深—大北气田白垩系砂岩气是干酪根裂解气，主要来自三叠系烃源岩，其现今R_o达到1.5%以上，达到裂解气的形成条件[14]。

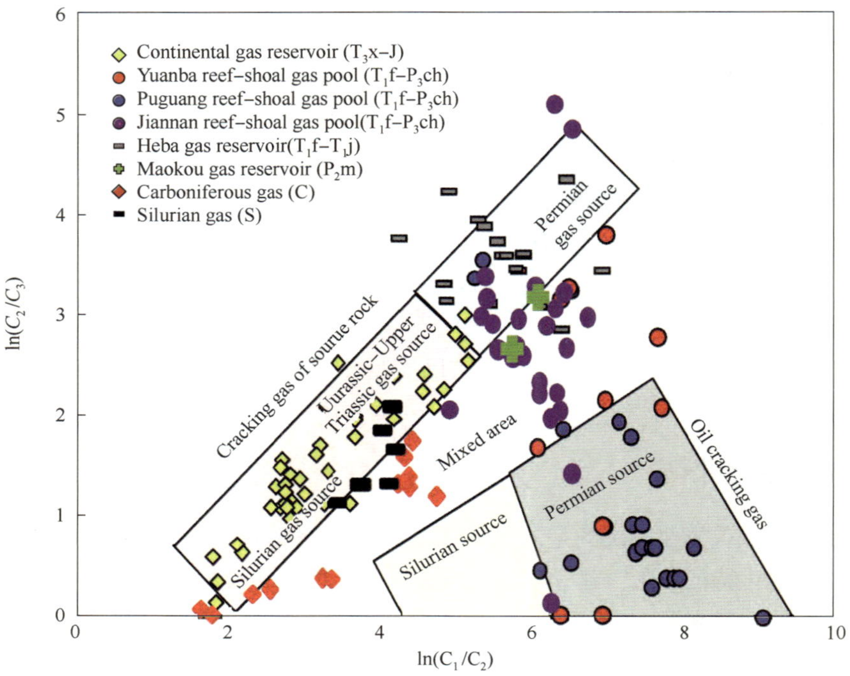

图 4 四川盆地天然气 $\ln(C_2/C_3)$ 与 $\ln(C_1/C_2)$ 交汇图

（Reproduced from Ref.[1] with permission of Marine Origin Petroleum Geology，© 2014）

总的来看，多源供烃理论突破了干酪根降解生烃的已有理论框架，不仅证明超深层领域具有丰富的烃源和巨大勘探潜力，而且对其他烃源岩过成熟地区的油气勘探具有重要指导意义[12]。

3.1.3 热化学硫酸盐还原反应作用改变气藏组分

H_2S 含量高低是不同超深层天然气藏气体组分的最大差异之一。天然气藏中的 H_2S 不外乎以下 3 种来源：①干酪根或原油中含硫化合物的热裂解；②细菌或微生物的硫酸盐还原作用(bacterial sulfate reduction，BSR)；③热化学硫酸盐还原作用(thermochemical sulfate reduction，TSR)。目前普遍认为，超深层天然气中高浓度(>5%)的 H_2S 只能来源于 TSR[15-18]，即硫酸盐(石膏或硬石膏)和烃类之间的反应：

$$CaSO_4+\text{hydrocarbon} \longrightarrow CaCO_3+H_2S+H_2O \pm S \pm CO_2 \qquad (1)$$

元坝地区长兴组超深层天然气中 H_2S 与 CO_2 气体含量较高。统计表明，元坝 Ⅰ 区块 H_2S 含量一般大于 5.0%，最高在 12.0%~15.0%，CO_2 含量一般在 5.0%~20.0%；元坝 Ⅱ 区块的 H_2S 含量一般在 1.0%~6.0%，CO_2 含量一般在 2.5%~12.5%。尽管 Ⅰ、Ⅱ 区块各个井区非烃气体的含量有明显变化，但是，各个井区 H_2S 与 CO_2 含量存在明显的正相关关系[19]，表明它们都是 TSR 反应的产物，是该区天然气被化学改造的结果。

3.1.4 深源气体加入使天然气组分复杂化

深部幔源或壳源如 He、N_2 和 CO_2 等气体的加入会使超深层天然气成分复杂化。大量实例表明，这些气体本身可能具有商业开采价值。在我国所发现的深源非烃气藏主要分布在中东部郯庐断裂带附近气井中，He 气浓度超过 0.05%，CO_2 含量超 80%甚至可达近 100%[20]。这些实例包括：①苏北黄桥二叠系 CO_2 气田，纯度达 99.9%，目前探明储量 $1.42\times10^{10}m^3$；②松辽盆地万金塔构造、辽河盆地 Jie-3 井氦气含量丰富；③西部四川威远气田氦气含量达 0.1%～0.34%；④大南方外围地区南盘江北缘 Yang-1 井氦气含量达 1.28%，Shuang-1 井氦气 0.1%～1.28%。

深源气体一般沿深大断裂运移，进入气藏后，使得天然气组分中非烃气体的含量异常，改变了气藏的原有组分特征。反过来，气藏组分的复杂化增加了对超深层油气源的判别及气藏成藏规律的认识难度。

3.2 超深层液态烃发育

地层温度随着埋深增加而升高，而烃类的形成和演化又与温度密切相关。不但烃源岩的生烃过程会在一定温度线以上趋于停止，而且在高温条件下液态烃常会裂解成气。因此，油气勘探存在“生油窗”和“生烃死亡线”[21]，绝大多数油气储存在地层温度为 60～120℃的地带[22]。而在超深层温度常高于 120℃的条件下，找到液态烃的机会非常渺茫。

然而，勘探已证实超深层仍可见液态烃。在塔里木盆地 Zhongshen-1 井 6000m 以下的寒武系、Tashen-1 井 8000m 以下的寒武系及渤海湾盆地 Niudong-1 井的中元古界蓟县系，均发现了液态原油。这些实例和研究成果表明，石油液态窗可随地质条件而发生改变，特别是低地温梯度和超压作用常常是超深层液态烃得以发育的主要因素。

3.2.1 低地温梯度

超深层地层常具有高温。但低地温梯度盆地由于受低热流值的控制，地层压实作用往往较高地温梯度盆地弱，在一定程度上使得烃源岩生烃时间滞后，有利于冷盆超深层油气生成。由于晚期快速深埋，我国西部如塔里木盆地具低地温梯度（15～25℃·km^{-1}），在超深层仍然具备生烃能力；而东部如松辽盆地等具高地温梯度（38～42℃·km^{-1}），基本无生烃能力[23]。近期，在塔中北部顺托果勒隆起的勘探发现表明，由于长期处于低地温背景，下寒武统烃源岩在喜马拉雅期仍处于凝析油-天然气生成阶段[24]。甚至有学者认为，塔里木盆地海相原油在低地温梯度和晚期快速深埋背景下，液态石油因裂解而大量消亡的深度下限在 9000～10000m 以下，对应的储层温度大于 210℃[25]。

3.2.2 超压效应

超深层储层常发育高压[26]。在超压条件下，有机质的热演化受到抑制，有机质生烃和原油裂解均会延后发育[27]。因此，在超深层领域仍然可能形成液态石油，或被完好保存下来。

3.3 多期充注

叠合盆地多期构造运动叠加，控制了多元母质的多期生烃过程。受此影响，超深层油气藏往往具有多期充注的特征。

超深层气藏常来源于已聚集原油的裂解，不同演化阶段、不同赋存状态的沥青其热裂解及多期（一次、二次甚至三次）生烃常是深层-超深层天然气的主要富集机制[28]。库车前陆盆地大北气田白垩系超深砂岩储层中，油气地球化学及流体包裹体数据表明，大北地区存在两期油和一期天然气充注，是其高产富集的重要因素[29,30]（图 5）。

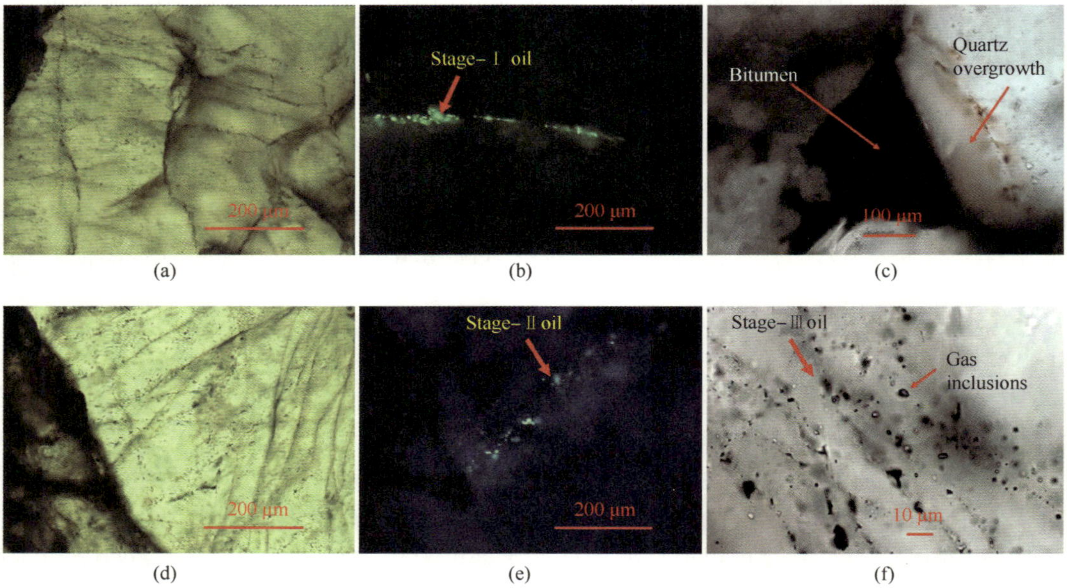

图 5 大北 1 井荧光薄片显示有三期油气充注过程

(a)单偏振光；(b)(a)的荧光，其中，黄色荧光油包裹体为第一阶段成熟度较低的原油充填体；(c)单偏振光焦沥青(原油裂解产物)；(d)单偏振光；(e)(d)的荧光，其中，蓝白色荧光油包裹体为第二相成熟度较高的原油充填体；(f)流体包裹体，其中，黑色气体包裹体代表晚期天然气充填

4 储层形成主控因素

储层是否发育及其规模大小是制约超深层油气勘探成功与否的关键因素之一。超深埋条件下，地层一般处于高温、高压条件，且一般都经历过长期、多期的构造运动和成岩作用，常常因压实、压溶、胶结等破坏性成岩作用而使储层孔隙消失[31]。

超深层储层发育的关键因素要从原始孔隙发育、次生孔隙形成以及储层孔隙的持续有效保存三个方面来理解。

4.1 高能相带控制原始孔隙发育

大型高能沉积体是大型油气储层形成的物质基础。对碳酸盐岩来讲，高能沉积主要是台地边缘的礁滩复合体及台内滩沉积，其沉积面积较大，初始孔隙度较高。在元坝地区，这些礁滩面积可达 350km^2(图 6)[12]，原始孔隙度可高达 40%[32]。

在碎屑岩领域，高能沉积主要是三角洲和潮道砂体沉积。例如，在挪威的斯瓦尔巴特群岛东部(Eastern Svalbard)，中—上三叠统的潜力储层就位于三角洲前缘和潮道砂体中[33]。我国在塔北克深—大北气田找到了优质三角洲砂体，厚 200~300m，孔隙度达 5.7%~7.9%(图 7)[3]。

4.2 次生孔隙形成机制

碳酸盐岩、碎屑岩储层中常发育次生孔隙。且大多数情况下，碳酸盐岩储层孔隙是以次生孔隙为主的[31,34]。储层次生孔隙的形成常与溶蚀、白云岩化和破裂作用有关。

4.2.1 溶蚀

溶蚀作用是形成次生孔隙的关键。在长期地质历史过程中，地层与海水、淡水、地层水或深部热液(热水)接触，常发生溶蚀作用。

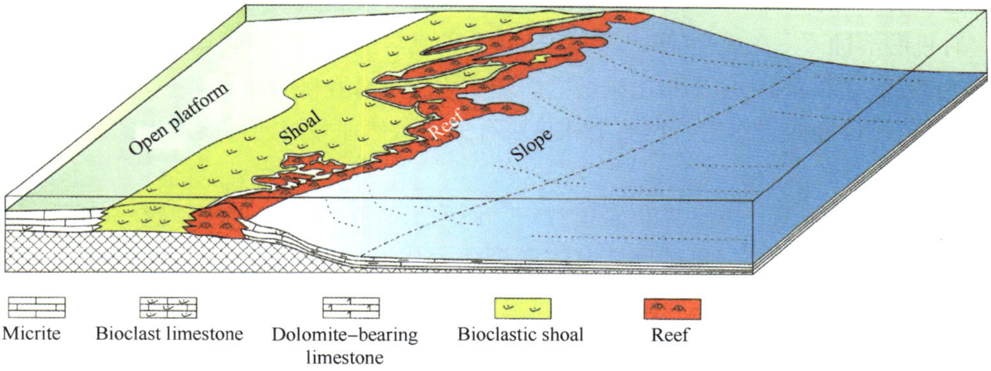

图 6 元坝礁滩沉积模型（Reproduced from Ref.[12] with permission of Research Institute of Petroleum Exploration & Development，PetroChina，© 2018）

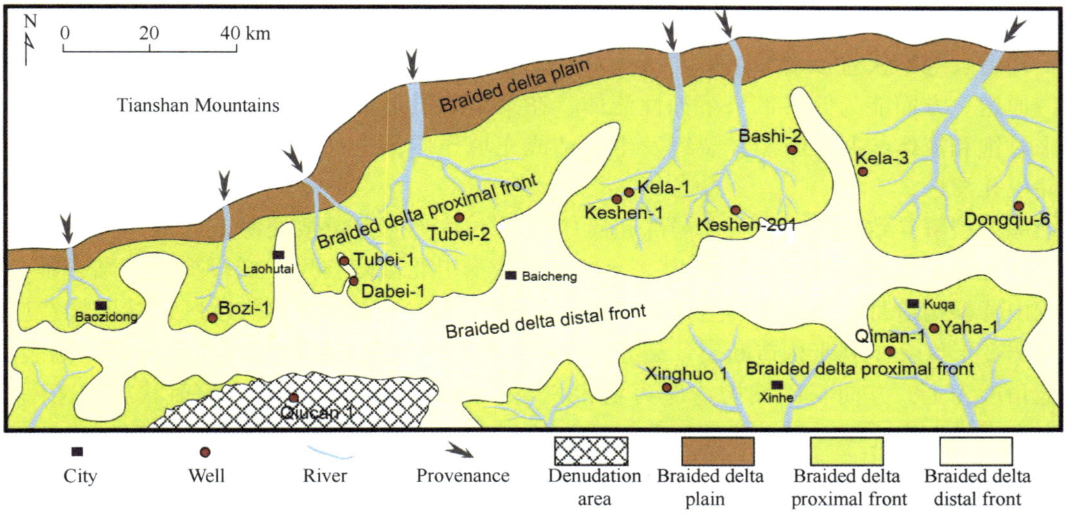

图 7 克深—大北地区白垩纪沉积相图

（Reproduced form Ref.[3] with permission of Natural Gas Geoscience，© 2014）

准同生溶蚀作用在礁滩相储层中常见。台地边缘礁滩或台内滩因其处于古地貌高部位，对海平面的升降比较敏感。在频繁的海平面升降过程中，礁滩储层易发生暴露、淋滤并被大气淡水溶蚀。这些作用过程可由 C、O 同位素等地球化学数据及大量的结构选择性孔隙等反映[11]。

与大型不整合相关的表生岩溶作用常常是大型不整合岩溶储层、潜山储层发育的关键。大型不整合之下常发育大规模溶蚀，形成岩溶型储层。与大型不整合面相关的油气田有很多，其中，塔河油田是中国最大的油田[35]。

深部溶蚀作用是深层、超深层碎屑岩有效储层形成的普遍机制。一般认为，主要通过有机质成熟产生的有机酸和无机酸等对粒间碳酸盐胶结物和长石、岩屑等易溶组分的溶蚀，从而形成次生孔隙[36]。不过，另一方面，伴随着溶蚀作用的发生，也会形成自生黏土矿物和硅质胶结物等，这些产物如果留在溶蚀部位附近而未能有效带出，则会堵塞孔隙[37]。

但是，关于深部溶蚀在碳酸盐岩中的贡献，一直争议较大。很多学者认为深埋条件下，常发生有机酸溶蚀[38]、CO_2 溶蚀[39]、H_2S 溶蚀[40]或热液溶蚀[41]等，是深部储层发育的关键。但 Ehrenberg 和 Nadeau[31]指出碳酸盐岩储层中大部分孔隙发育的差异与沉积(控制岩石组成和结构)、早期成岩作用、埋藏史和热史有关，虽然埋藏溶蚀可能发生，但贡献较小。

4.2.2 白云岩化

世界上很多地方的下古生界灰岩很致密，而白云岩孔隙发育[42,43]。这一方面，可能是在早期开放体系下，白云岩化过程是 Mg^{2+} 等摩尔交代 Ca^{2+}，从而使得晶体体积变小，而孔隙空间变大；另一方面，白云岩化之后，岩石的成分和结构组成发生改变，而白云岩相对灰岩更抗压实压溶，因此可以更好地保存孔隙，在深部相对灰岩更易溶，且更易发生破裂，可能有更多的孔隙形成，因此，超深层白云岩储层品质总体优于灰岩储层[44]。符合这一规律的典型实例如四川盆地超深层元坝气田长兴组白云岩储层，我们提出了浅埋藏白云岩化的观点，并认为白云岩化是超深层优质储层发育的重要因素[11]。

4.2.3 破裂作用

构造裂缝不仅直接增加储集空间，大幅度改善渗透率，而且还是多种性质流体的通道。这些通道一方面能为储层带来溶蚀性流体，在某个阶段形成溶蚀孔洞；另一方面，也可能带来过饱和流体，并沿断裂、裂缝发生胶结或充填作用，这种情况下，会堵塞孔隙，并降低储层孔渗性。

原油裂解导致超压，岩石在局部超压的情况下易产生大量微裂缝。这是一种特殊的破裂缝，是储层渗透性改善的关键[11]。元坝气田处于川北坳陷与川中低缓构造带结合部，为九龙山背斜构造带、通南巴构造带及川中低缓构造带所围限的负向构造区，处于构造应力挤压弱变形区，不利于构造断裂、裂缝的发育。但长兴组白云岩储层段发育密集微细裂缝，以低角度为主，方向与区域构造应力场相关性不强，往往呈树枝状、放射状或交叉网状，其中大多被沥青充填，而在非储层灰岩段裂缝不发育。这种微裂缝与古油藏裂解成气引起储层超压(在晚侏罗世-早白垩世压力系数高达 2.19)并导致水力破裂有关(图 8)。

图 8　原油裂解引发的水力破裂微裂缝。箭头所指的是充满焦沥青的孔隙，周围发育有微裂缝；P_3ch，Well Yuanba-204，6550m

4.3　原始孔隙和次生孔隙的保存

原始孔隙和早期次生孔隙易被压实、压溶、胶结等成岩作用破坏，因此，超深层地层必须经历有效的保持性成岩作用，才能形成超深层优质储层[44]。对碳酸盐岩和碎屑岩来讲，低地温梯度、早期长期浅埋-晚期快速深埋过程、早期黏土或碳酸盐矿物胶结、异常高压、膏盐效应和早期烃类充注等因素是超深层储层孔隙得以有效保持的主要因素[36,44,45]。

早期烃类的充注对于储层孔隙的保持具有重要意义。烃类充注伴随大量有机酸及含 CO_2 和 H_2S 的流体进入储层，不仅使原有孔隙进一步溶蚀扩大，而且使孔隙流体呈弱酸性，抑制成岩胶结作用，从而有效地保存了孔隙，保护了储层。另外，烃类进入储层，改变了储层岩石的润湿性，从亲水性变为亲油性，并在储层孔隙表面形成一层油膜，后期原油裂解形成的炭质沥青附着于孔壁，均能有效地分割岩石与其他地层流体作用，从而阻碍了水—岩反应，抑制孔隙内部白云石的自形生长与重结晶作用以及方解石和石英等颗粒的胶结，对储层孔隙具有较好的保存作用。

5 油气富集机制

如何理解超深层油气藏的油气富集机制是确定油气勘探目标的关键。超深层油气之所以能成藏，最重要的就是近源富集和持续保存机制。

5.1 近源富集机制

统计发现，大中型超深层油气田一般分布于生烃中心附近。储层紧邻烃源岩，则运移路径短，油气充注强度大，在保存条件较好的储层发育带往往易形成大-中型油气田。元坝长兴组台缘礁滩气田紧邻二叠系吴家坪组—大隆组优质烃源岩[12]。其中，吴家坪组烃源岩厚度为30~80m，总有机碳（total organic carbon，TOC）含量可达2%以上，有机质生物源主要以水生生物为主，类型为ⅡA型。该套烃源岩具有厚度大、丰度高、类型好的特点，至早侏罗世烃源岩处于生烃高峰，加上纵向上紧邻长兴组台地边缘相带储层，有利于烃源岩初次排出的烃类进入储层。同时，该气田横向上紧邻与长兴组同期异相的大隆组烃源岩。总体上两套优质烃源岩生烃强度达$3\times10^9\sim7\times10^9m^3\cdot km^{-2}$[12]，生烃强度大，元坝是油气运移的有利富集区。在塔里木盆地，克深-大北地区白垩系砂岩储层也是紧邻库车坳陷三叠系优质烃源岩[3]。

5.2 持续保存机制

持续保存包括良好的盖层条件与相对稳定的构造背景。盖层是盆地或坳陷油气成藏的关键因素之一，一个盆地或坳陷中有无盖层决定了其勘探前景。盖层的规模（分布面积、厚度、连续程度等）及质量直接决定了油气藏的形成、保存以及油气藏的规模，特别是经过多期次的隆升剥蚀及构造断裂活动，盖层的有效性是决定性的。盖层性质除受宏观岩性、厚度、分布范围及连续性影响外，还取决于岩石性质，如矿物组成（特别是黏土矿物和伊蒙混层矿物）、成岩作用阶段、孔隙度、渗透率（尤其是在地层条件下的孔、渗条件）、比表面积、突破压力、封盖高度、扩散系数等。例如，川东北元坝地区长兴组气田发育飞仙关组致密灰岩直接盖层及嘉陵江组—雷口坡组厚层（300~600m）膏岩区域盖层。克深—大北气田古近系发育巨厚（100~1000m）的膏盐与泥岩组成的区域性盖层[29]，致密且品质较好，突破压力可达60MPa，封盖能力较好。

相对稳定的构造背景保证了早期形成的超深层油气藏得以保存至今。元坝气田位于龙门山北段前缘，为龙门山、米仓山和大巴山造山带所影响的低缓构造区，总体构造变形弱[12]，是原油裂解气得以持续保存的关键。克深—大北气田库车前陆坳陷带的构造相对稳定，晚期快速一次性充注形成的气藏同样得到较好的保存。

总之，良好的盖层条件加上相对稳定的构造背景，是元坝大气田与克深-大北气田形成的关键成藏因素。

6 超深层勘探开发关键技术

超深层储层一般埋深大、隐蔽性强，加之常位于山地地区，构造与地形复杂，地表最大高差可达1000m以上。使用常规地震手段识别超深层储层常存在识别率不高的问题。另外，超深层领域还具有钻井深、层系多、压力体系复杂、井温高、井壁稳定性复杂、地层非均质性强等特点，常使得超深层钻探面临钻井速度慢、复杂事故多、质量控制难度大、安全风险高、钻探能力不足等问题。因此，对于超深层油气勘探，必须要用到最新的、合适的地震勘探技术和钻完井与测试技术。

6.1 地震勘探技术

6.1.1 地震信号采集及处理技术

要准确识别储层，首先就要提升超深层地震资料的采集与处理水平。

采集时基于“饱和激发”理论[46]提升了超深目的层的有效能量。处理时采用了“层析成像静校正与分频静校正相结合”的方法，解决了复杂山地近地表效应难题；同时形成基于各向异性和吸收衰减介质模型的超深储层弱信号提取与补偿技术。

新的地震采集与处理技术相结合实现了复杂山地超深层礁滩储层地震高精度、高分辨率成像的技术突破。以元坝为例，相比于老资料，埋深大于6500m的目的层有效能量提高70%以上，频带范围由原来的8~50Hz拓展到4~80Hz，主频提高15~18Hz(图9[12])。

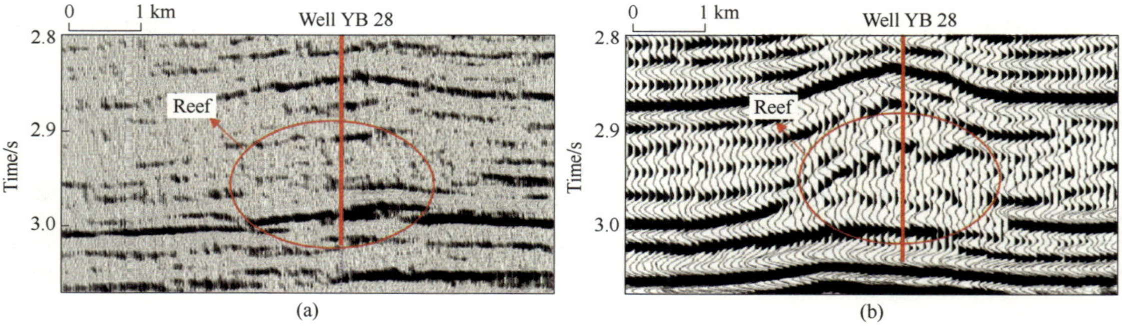

图9 过元坝28井的老(a)、新(b)地震剖面信号对比图(Reproduced from Ref.[12] with permission of Research Institute of Petroleum Exploration & Development, PetroChina, © 2018)

6.1.2 低孔高渗带预测技术

超深层储层埋深大，特别是碳酸盐岩储层经过复杂的白云岩化、溶蚀等建设性成岩作用及压实、胶结等破坏性成岩作用后，储层常呈致密化或强非均质性，孔隙结构与孔渗关系复杂。元坝地区长兴组83.5%的储层段孔隙度小于2%，但是这类低孔高渗储层同样可以获得高产气流。因此，对于低孔高渗储层的预测是超深层油气勘探的重要方面。

传统的如Wyllie模型、Raymer模型等一元预测模型对于超深层碳酸盐岩储层的预测存在较大误差。根据岩芯岩石物理测试数据，对Sun氏模型[47-49]进行简化计算，得到描述孔隙结构的“孔构参数”[11]。孔构参数越高，岩芯裂缝越发育，渗透率越高。利用密度孔隙度—纵波速度交会图，分区建立孔隙度—速度、孔隙度—渗透率、渗透率—孔构参数关系(图10[12,50])，提高了孔隙度预测精度，并可成功预测高渗透率储层。

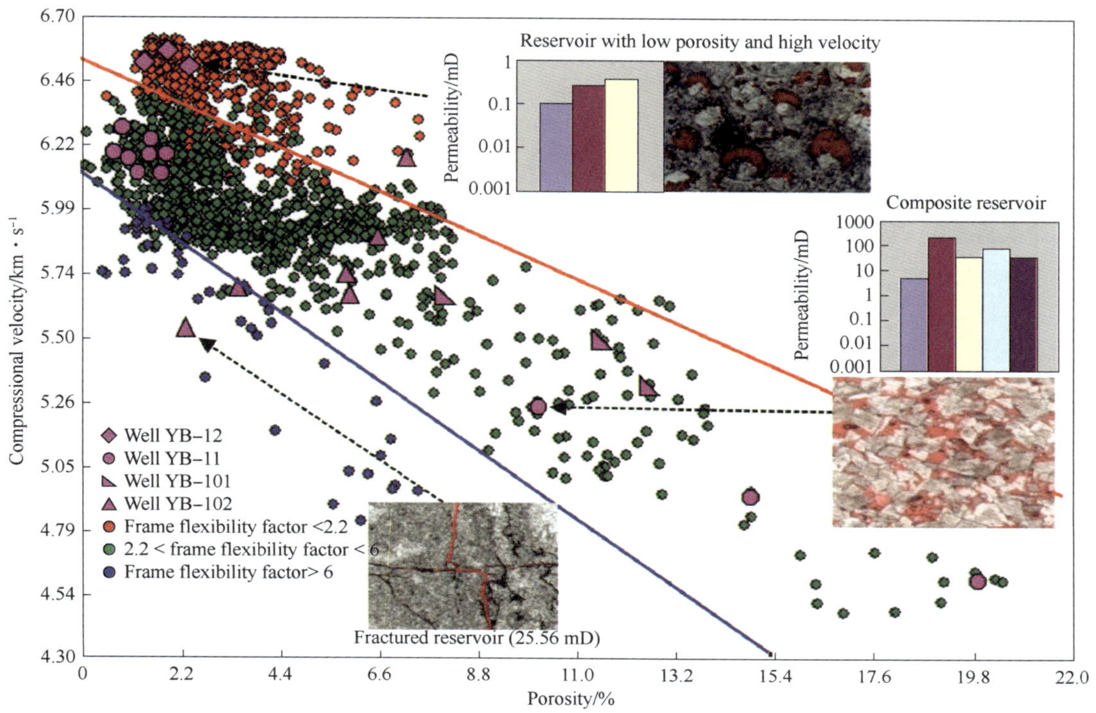

图 10 元坝地区双元结构孔构参数-速度模型。1mD = 0.9869233μm²(Reproduced from Ref.[12] with permission of Research Institute of Petroleum Exploration & Development, PetroChina, © 2018)

6.1.3 气水识别技术

勘探实践表明，超深层储层气水分布情况复杂，因此常常难以准确进行气水识别。在元坝地区，以前主要利用叠后吸收衰减类属性进行预测，钻探结果与预测结果出入较大。在元坝气田的勘探与开发过程中，开展了礁滩相碳酸盐岩岩石物理测试，发现含气白云岩储层的拉梅常数乘以密度值($\lambda\rho$)比含水时下降 31.59%[51]。但是，元坝气田礁滩气藏平均埋深在 7000m 左右，难以获得大角度地震信息。从实际资料来看，其入射角一般就 27°左右，最大不超过 30°。可利用叠前二项式弹性波阻抗反演方法[52]进行储层含流体识别，克服缺少大角度资料的问题。最终预测元坝气田高产富集带面积为 98.5km²，实施的 10 口探井均获日产百万立方米高产天然气流(图 11)。

6.2 钻完井与测试技术

20 世纪 90 年代以来，国内通过在塔里木、四川盆地的攻关实践，使得超深井钻井技术从理论到工艺均取得了长足的发展和进步。在元坝地区，随着钻井装备和配套工艺技术的不断进步，钻深能力逐步提高，钻达了前人未能钻达的地质层位。由于超深井工程地质条件的复杂性，传统的井身结构设计方法难以保证顺利完钻，通过非常规井身结构设计技术应用，优化了超深井井身结构(表 3)。增加套管层次，在钻井过程中，浅层以气体取代钻井液，中深层采用配套的聚晶金刚石复合片(polycrystalline diamond compact, PDC)钻头+螺杆、孕镶金刚石钻头+高速涡轮、扭力冲击发生器、旋冲钻具、混合钻头等[12]，大幅度提高了钻井速度。最新的堵漏和固井技术，则保证了钻井的成功率。这些超深井钻完井关键技术的应用，使得亚洲最深直井的纪录被刷新。

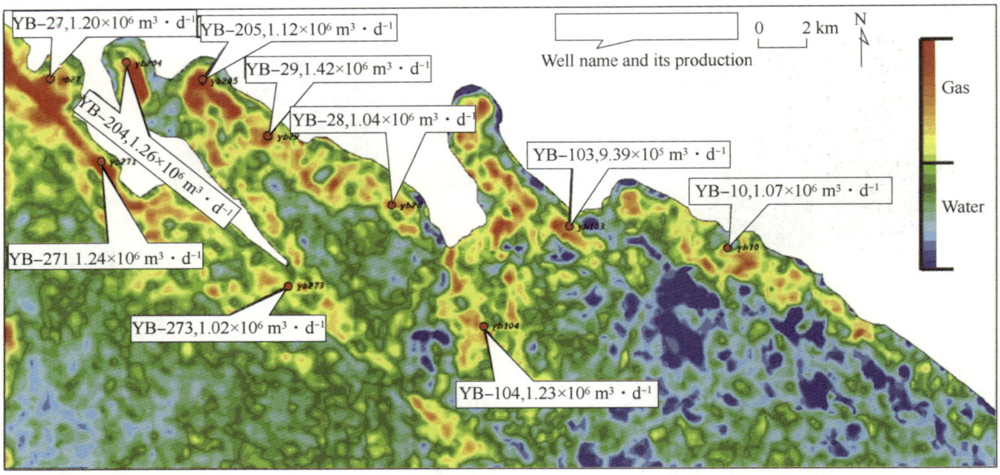

图 11 元坝长兴组生物礁储层气水识别与预测平面图

表 3 某井实钻井身结构数据表

Spudding	Bit size/mm	Well depth/m	Casing size/mm	Lower depth/m	Cement return depth/m
Conductor pipe	914. 4	50	720. 0	50. 00	Ground
1st spudding	660. 4/609. 6	961	482. 6	959. 64	Ground
2nd spudding	406. 4	4295	346. 1/339. 7	4292. 85	Ground
3rd spudding	311. 2	6204	282. 6/273. 1/284. 2	6203. 50	Ground
4th spudding	241. 3	7699	206. 4/193. 7	7699. 00	Ground
5th spudding	165. 1	8418	146. 1/139. 7	7481. 92-8418. 00	7481. 92

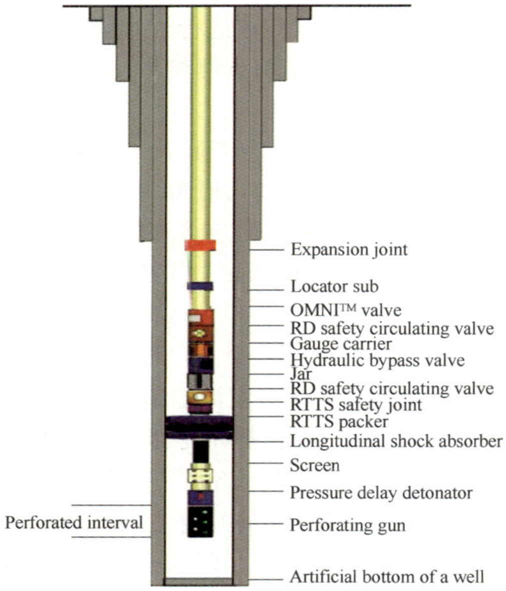

图 12 射孔酸压测试三联作管柱示意图(Reproduced from Ref.[12] with permission of Research Institute of Petroleum Exploration & Development, PetroChina, © 2018)

川东北海相超深层普遍具有“四高一超”的特点，即高温、高压、高含硫、高产、超深。超深层油气勘探开发工作在完井后，面临着如何安全高效测试的难题。在对常规环空压力响应(annular pressure-responsive, APR)测试管柱改进与提高的基础上，元坝地区形成了以“超正压射孔酸压测试技术”为核心的安全高效测试技术[12]。

采用三联作工艺能够缩短施工周期、有效降低测试成本(图 12)，元坝 1 井采用密度为 1. 8g · cm^{-3}加重酸，创造了井底压力(212MPa)的液体加重最高纪录。同时，为了控制气藏高含量 H_2S 气体的危害，发展了高含硫超深层试气的地面安全控制技术，研发出防硫整体式结构、多重密封技术的 FF 级高压防硫采气井口，设计出液控式“四闸板”防硫高压防喷器组合和安全联动装置，形成高压动态井口密封技术，配套自动采集装置，确保了元坝气田的安全、高效开发。

7 结论与展望

超深层领域油气勘探潜力巨大。中国在超深层碳酸盐岩和碎屑岩中发现了(超)大型油(气)田，其中的油气来源于多元供烃和多期充注。由于低地温梯度或超压作用，在超深层仍然可发育液态烃。而由于深部烃—水—岩反应或深源气体的加入，超深层天然气组分呈复杂化特征。这些油气主要储存于原始高能礁滩或砂体沉积体中，它们具有较高的原始孔隙度。后期溶蚀、白云岩化、破裂作用常使得次生孔隙发育，而烃类较早充注等保持性成岩作用则使得早期孔隙得以保存至今。超深层油气成藏一般呈现近源富集和持续保存的规律。超深层油气藏的有效勘探开发，离不开地震勘探、钻完井和油气测试等关键技术的支撑。

超深层油气勘探起步较晚，目前，特别是面对新地区、新层系时，仍存在许多科学和技术方面的难题。这些难题包括：①优质储层类型及发育主控因素；②超深埋条件下低孔—低渗储层油气富集规律；③不同类型储层的预测技术；④在超深层的高温、高压条件下的钻探、测试技术及相关的装备。困难虽多，但我们相信超深层一定会成为油气勘探开发的重要领域。

致谢

本工作得到了国家科技重大专项(2017ZX05005)和国家自然科学基金项目(41672123)的支持。感谢三位匿名审稿人的建设性意见。

参考文献

[1] Guo XS, Guo TL, Huang RC, Duan JB. Cases of discovery and exploration of marine fields in China (part 16): Yuanba gas field in Sichuan Basin. Mar Origin Pet Geol 2014; 19(4): 57-64. Chinese.

[2] He ZL, Jin XH, Wo YJ, Li HL, Bai ZR, Jiao CL, et al. Hydrocarbon accumulation characteristics and exploration domains of ultra-deep marine carbonates in China. China Petro Explor 2016; 21(1): 3-14. Chinese.

[3] Wang ZM. Formation mechanism and enrichment regularities of Kelasu subsalt deep large gas field in Kuqa Depression, Tarim Basin. Nat Gas Geosci 2014; 25(2): 153-66. Chinese, URL: http://www.nggs.ac.cn/EN/10.11764/j.issn.1672-1926.2014.02.153.

[4] Tissot BP, Welte DH. Petroleum formation and occurrence. 2nd ed. Berlin: Springer Verlag; 1984.

[5] Dahl B, Speers GC. Geochemical characterization of a tar mat in the Oseberg Field Norwegian Sector, North Sea. Org Geochem 1986; 10(1-3): 547-58.

[6] Behar F, Vandenbroucke M, Teermann SC, Hatcher PG, Leblond C, Lerat O. Experimental simulation of gas generation from coals and a marine kerogen. Chem Geol 1995; 126(3-4): 247-60.

[7] Behar F, Vandenbroucke M, Tang Y, Marquis F, Espitalie J. Thermal cracking of kerogen in open and closed systems: determination of kinetic parameters and stoichiometric coefficients for oil and gas generation. Org Geochem 1997; 26 (5-6): 321-39.

[8] Qin JZ, Fu XD, Liu XC. Solid bitumens in the marine carbonate reservoir of gas field in the northeast area of the Sichuan Basin. Acta Geol Sin 2007; 81(08): 1065-71. 1161. Chinese.

[9] Li HL, Shao ZB, He ZL. Hydrocarbon generation characteristics and potential of bitumen in the Tarim Basin.

Pet Geol Exp 2009; 31(04): 373-8. Chinese.

[10] Burnham AK. A simple kinetic model of petroleum formation and cracking. Report. Livemore: Lawrence Livermore National Lab; 1989. Report No.: UCID-21665.

[11] Guo XS, Hu DF, Huang RC, Duan JB, Ji CH. Developing mechanism for high quality reef reservoir (Changxing Formation) buried in ultra-depth in the big Yuanba gas field. Acta Petrol Sin 2017; 33(4): 1107-14. Chinese.

[12] Guo XS, Hu DF, Li YP, Duan JB, Ji CH, Duan H. Discovery and theoretical and technical innovations of Yuanba gas field in Sichuan Basin, SW China. Pet Explor Dev 2018; 45(1): 14-26.

[13] Zhang JZ, Wang ZM, Yang HJ, Xu Z, Xiao Z, Li Z. Origin and differential accumulation of hydrocarbons in Cambrian sub-salt dolomite reservoirs in Zhongshen Area, Tarim Basin, NW China. Pet Explor Dev 2017; 44(1): 40-7. Chinese.

[14] Sun NF, Guo FX. Natural gas identification under evaporite bed of Dabei-Kelasu tectonic belt. Compl Hydroc Reserv 2014; 7(3): 20-3. Chinese.

[15] Orr WL. Changes in sulfur content and isotopic ratios of sulfur during petroleum maturation—study of Big Horn Basin Paleozoic oils. AAPG Bull 1974; 58(11): 2295-318.

[16] Orr WL. Geologic and geochemical controls on the distribution of hydrogen sulfide in natural gas. Adv Org Geochem 1977: 571-97.

[17] Krouse HR, Viau CA, Eliuk LS, Ueda A, Halas S. Chemical and isotopic evidence of thermochemical sulphate reduction by light hydrocarbon gases in deep carbonate reservoirs. Nature 1988; 333(6172): 415-9.

[18] Worden RH, Smalley PC, Oxtoby NH. The effects of thermochemical sulfate reduction upon formation water salinity and oxygen isotopes in carbonate reservoirs. Geochim Cosmochim Acta 1996; 60(20): 3925-31.

[19] Duan JB, Li PP, Chen D, Feng C. Formation and evolution of the reef flat facies lithologic gas reservoir of Changxing Formation in Yuanba gas field, Sichuan Basin. Lith Res 2013; 25(3): 43-7. 91. Chinese.

[20] Tao MX, Xu YC, Han WG, Gao B, Ma JL, Wang WC. Active characteristics and accumulative effects of mantle-derived fluids in eastern china. Geotecton Metallog 2001; 25(3): 265-70. Chinese.

[21] Tissot BP, Welte DH. Petroleum formation and occurrence: a new approach to oil and gas exploration. New York: Springer-Verlag; 1978: 185-8.

[22] Zhang GY, Ma F, Liang YB, Zhao Z, Qin YQ, Liu XB, et al. Domain and theory-technology progress of global deep oil & gas exploration. Acta Petrolei Sinica 2015; 36(09): 1156-66. Chinese.

[23] Jia CZ, Pang XQ. Research processes and main development directions of deep hydrocarbon geological theories. Acta Petrolei Sinica 2015; 36(12): 1457-69. Chinese.

[24] Qi LX. Oil and gas breakthrough in ultra-deep Ordovician carbonate formations in Shuntuoguole Uplift, Tarim Basin. China Pet. Explor. 2016; 21(03): 38-51. Chinese.

[25] Zhu GY, Yang HJ, Su J, He K, Han JF, Gu LJ, et al. True exploration potential of marine oils in the Tarim Basin. Yanshi Xuebao 2012; 28(3): 1333-47. Chinese.

[26] Wang WY, Pang XQ, WuLY, Chen DX, Huo ZP, Pang Y, et al. Pressure distribution features of deep and middle-shallow hydrocarbon reservoir in global oil and gas-bearing basins. Acta Petrolei Sinica 2015; S2(36): 194-202. Chinese.

[27] Lu SF, Wang M, Wang YW, Xu LH, Xue HT, Li JJ. Comparison of simulation results from the closed and open experimental systems and its significance. Acta Sedimentol Sin 2006; 24(02): 282-8. Chinese.

[28] Ma YS. Geochemical characteristics and origin of natural gases from Puguang gas field on eastern Sichuan Basin. Nat Gas Geosci 2008; 19(1): 1-7. Chinese.

[29] Cao LY. The hydrocarbon accumulation mechanism of Dabei–Kelasu structural zone in Kuqa Depression [dissertation]. Beijing: China University of Geosciences; 2010. Chinese.

[30] Mao YK, Zhong DK, Neng Y, Zhang CW, Liu YL, Wang A, et al. Fluid inclusion characteristics and hydrocarbons accumulation of the Cretaceous reservoirs in Kuqa foreland thrust belt, Tarim Basin, Northwest China. J China U Min Techno 2015; 44(6): 1033–42. Chinese.

[31] Ehrenberg SN, Nadeau PH. Sandstone vs. carbonate petroleum reservoirs: a global perspective on porosity–depth and porosity–permeability relationships. AAPG Bull 2005; 89(4): 435–45.

[32] Heydari E. Porosity loss, fluid flow, and mass transfer in limestone reservoirs: application to the Upper Jurassic Smackover Formation, Mississippi. AAPG Bull 2000; 84(1): 100–18.

[33] Haile BG, Klausen TG, Czarniecka U, Xi K, Jahren J, Hellevang H. How are diagenesis and reservoir quality linked to depositional facies? A deltaic succession, Edgeøya, Svalbard. Mar Pet Geol 2018; 92: 519–46.

[34] Choquette PW, Pray LC. Geologic nomenclature and classification of porosity in sedimentary carbonates. AAPG Bull 1970; 54(2): 207–50.

[35] Kang YZ. Cases of discovery and exploration of marine fields in China (part 4): Tahe oilfield in Tarim Basin. Mar Orign Pet Geol 2005; 10(4): 31–8. Chinese.

[36] Feng JR, Gao ZY, Cui JG, Zhou CM. The exploration status and research advances of deep and ultra–deep clastic reservoirs. Adv Earth Sci 2016; 31(7): 718–36. Chinese.

[37] Chen Y, Wang CJ, Sun XF, Wang M, Han Y, Yan SY. Progress on mineral solubility and mechanism of dissolution secondary porosity forming in clastic reservoir. Bull Mineral Petrol Geochem 2015; 34(4): 830–6. Chinese.

[38] Surdam RC, Boese SW, Crossey LJ. Role of organic and inorganic reactions in development of secondary porosity in sandstones: abstract. AAPG Bull 1982; 66(66): 635.

[39] Druckman Y, Moore Jr CH. Late subsurface porosity in a Jurassic grainstone reservoir, Smackover Formation, Mt., Vernon field, southern Arkansas. In: Roehl PO, Choquette PW, editors. Carbonate petroleum reservoir. New York: Springer–Verlag; 1985. p. 371–83.

[40] Hill CA. H2S–related porosity and sulfuric acid oil–field karst. AAPG Mem 1995; 37: 301–5.

[41] Jin ZJ, Zhu DY, Hu WX, Zhang XF, Wang Y, Yan XB. Geological and geochemical signatures of hydrothermal activity and their influence on carbonate reservoir beds in the Tarim Basin. Acta Geol Sin 2006; 80(2): 245–53. Chinese.

[42] Warren J. Dolomite: occurrence, evolution and economically important associations. Earth–Sci Rev 2000; 52(1–3): 1–81.

[43] Zhang XF, Hu WX, Zhang JT. Critical problems for dolomite formation and dolomitization models. Geol Sci Tech Info 2006; 25(5): 32–40. Chinese.

[44] Zhang XF, Shi KB, Liu B, Yang YK, Wang JQ. Retention processes and porosity preservation in deep carbonate reservoirs. Geol Sci Tech Info 2014; 33(02): 80–5. Chinese.

[45] Guo XS, Guo TL, Huang RC, Chen ZQ. Reservoir development characteristics and predication technologies of large Puguang–Yuanba gas field. Eng Sci 2010; 12(10): 82–90. Chinese.

[46] Yang GX, He ZH, Zhu X. Research on seismic acquisition methods for lower assemblage of marine strata in South China. Geophy Pros Petrol 2006; 45(1): 158–68. Chinese.

[47] Sun YF. Core–log–seismic integration in hemipelagic marine sediments on the eastern flank of the Juan de Fuca Ridge. ODP Sci Results 2000; 168: 21–35.

[48] Sun YF. Seismic signature of rock pore structure. Appl Geophys 2004; 7(1): 42-8.

[49] El-Wazeer FA, Vizamora A, Hamedi AA, Al-Housam H, Abram P, Busman S. Integrating rock physics, seismic reservoir characterization and static modeling of carbonates: a case study from the UAE. In: Proceedings of the AAPG 2010 Middle East Geoscience Conference; 2010 March 7-10; Manama, Bahrain. Houten: EAGE Publications; 2010.

[50] Zhang HR, Sun YF, Dou QF, Zhang TT. Preliminary application of the frame flexibility factor in Puguang gas field. Oil Gas Geol 2012; 33(6): 877-82. Chinese.

[51] Yin ZW. Gas-water identification technologies for ultra deep reef reservoirs in the Yuanba gas field, Sichuan Basin. Nat Gas Idn 2014; 34(5): 66-70. Chinese.

[52] Lu SM, McMechan GA. Elastic impedance inversion of multichannel seismic data from unconsolidated sediments containing gas hydrate and free gas. Geophysics 2004; 69(1): 164-79.

中国南方海相油气勘探展望

郭旭升　胡东风　段金宝

（中国石油化工股份有限公司勘探分公司，成都 610041）

摘要：中国南方海相地层主要分布在古生界与中生界，地层年代老，演化程度高，受多旋回沉积及多期构造演化史控制，虽油气基础地质条件优越，但油气分布与成藏复杂；勘探主要经历了油气普查、构造油气藏、大规模岩性气藏与页岩气勘探3个阶段。前期虽取得多个领域重大突破，但整体探明率低，为明确其油气勘探前景，对先期发现的大气田与近期勘探新进展进行了系统总结。中国南方海相油气勘探潜力大，四川盆地深层—超深层与新领域是重点勘探突破方向，其中上奥陶统五峰组—下志留统龙马溪组非常规页岩气与阆中—元坝上震旦统灯影组台缘区带、通南巴震旦系—寒武系台内滩、川南綦江下组合盐下、二叠—三叠系礁滩等常规气深层—超深层领域，总资源量达数万亿方，有望实现新一轮大突破、大发现；此外，二叠系、侏罗系非常规页岩气与二叠系热液白云岩、岩溶缝洞群、灰泥灰岩、沉凝灰岩等常规气新领域勘探潜力大。四川盆地盆缘构造复杂区油气勘探不断取得新发现，盆缘残留向斜区页岩气与常规山前带领域是主要勘探方向；南方外围古隆起周缘及递进变形区，构造变形弱，保存条件有利，具有一定的勘探潜力，有望成为油气战略接替区。

关键词：常规气　页岩气　储层发育机理　成藏机理　深层—超深层　南方海相　中国

中国南方发育广阔的海相沉积地层，面积约$170\times10^4km^2$，主要分布在扬子、滇黔桂等地区，油气勘探潜力大(图1)。朱夏先生20世纪60—70年代组织对南方各省的油气地质进行了调查研究，并指导编制了上震旦统—下三叠统海相基础地质图件，基于区域构造演化控制盆地沉积、成藏与油气分布的认识，指出“我国未来油气资源的希望在海相”[1-3]。在中国南方海相找到大油气田是几代中国地质学家和石油人共同的心愿。

至20世纪末，南方海相油气勘探历经50余年的艰苦探索，在四川盆地发现了威远震旦系、二叠—三叠系以及川东石炭系白云岩等多个气田(藏)[4-5]，盆缘及南方外围发现了建南气田、苏北朱家墩气田、贵州虎庄残留油藏等油气田(藏)，累计提交天然气探明储量$3033\times10^8m^3$，但大中型油气田(藏)相对较少。进入21世纪，通过理论与技术创新，四川盆地海相油气勘探迅速展开，发现了一大批常规(普光、元坝、龙岗、安岳、彭州等)[6-13]与非常规页岩气(涪陵、长宁、威远、昭通、威荣和永川等)大中型气田[14-15]，累计提交天然

石油实验地质，2020，42(5)：675-686

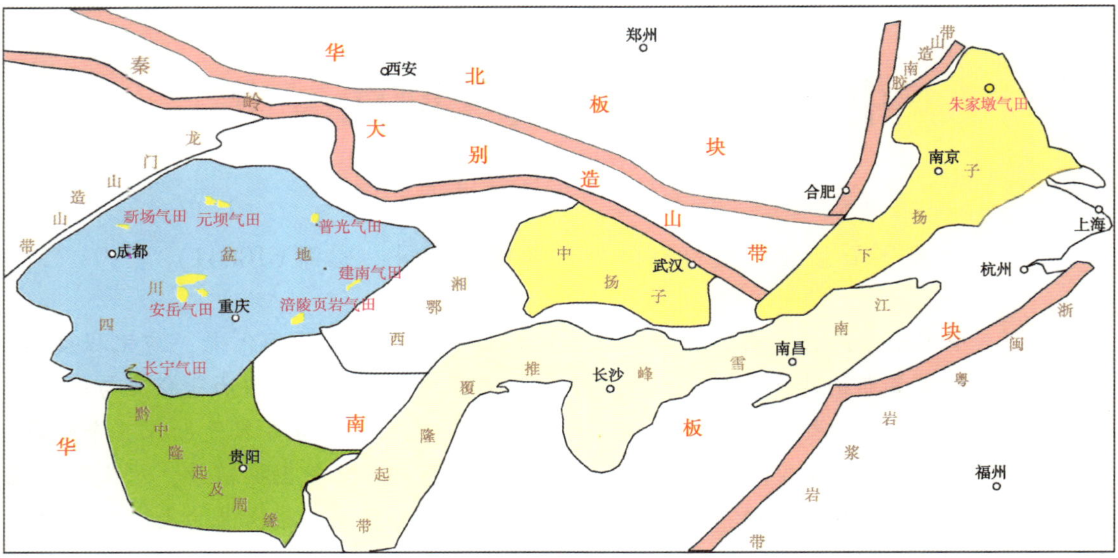

图 1　中国南方构造区划

气探明储量 39663×10^8m^3，天然气产量由 2000 年的年产 88×10^8m^3 增长至 2019 年的 504×10^8m^3，形成四川盆地天然气生产基地；盆缘复杂构造区（ZY1HF 井）、南方外围（EYY1 井、EYY2 井）非常规页岩气领域等均试获了页岩气流，宜州 YY1 井在石炭系见良好油气显示，进一步坚定了南方海相寻找勘探大突破的信心。笔者通过系统梳理中国南方海相油气勘探实践、理论与关键技术进展，进一步明确了我国南方海相具有广阔的油气勘探前景。

1　勘探历程与成果

1.1　油气普查勘探阶段（1952—1964 年）

该时期油气勘探以“槽台学说、背斜控油理论”[16]为指导，开展了大规模的地面地质调查，以油气显示为线索，对南方海相地层进行大区评价和盆地优选的前期勘探，综合利用地质调查、重磁力、地面电法等技术方法，寻找地面构造，进行浅井钻探。油气普查主要集中在贵州凯里、浙江长兴等地区，后期逐步扩展到黔南、黔中、广东茂名、桂中、广西百色、苏南、湖南麻阳盆地，发现了贵州虎庄残留油藏。而当时四川盆地集中优势力量开展“找气找油会战”，在四川盆地发现数百个地面构造，在川南与川中地区的重点构造区部署实施一批钻井，发现了二叠—三叠系（圣灯山、石油沟、黄瓜山等）、震旦系（威远）等气田，其中威远气田探明储量 400×10^8m^3，逐步拉开了四川盆地油气勘探序幕，初步建成川中与川南重点气区。该阶段“成藏组合”、“上、下组合”[16]等勘探认识尚未提出，受研究认识、勘探技术以及南方海相领域成藏的复杂性的限制，虽见到了一些发现，但未能获得勘探大发现、大突破。

1.2　构造油气藏勘探阶段（1965—1999 年）

该阶段以“含油气盆地找油理论”为指导，除继续对前期发现的气田进行详探外，通过夯实基础研究与持续性技术攻关，逐步认识到碳酸盐岩储集空间主要是裂缝，因此，攻关形成大量裂缝评价描述技术。勘探部署主要寻找与构造相关的裂缝系统，按照“三占三沿”

部署思路，在四川盆地发现了一批构造、裂缝型气田群，其中泸州隆起及周缘发现了阳高寺、河包场、花果山、卧龙河、观音场等与岩溶和裂缝相关的中二叠统茅口组气田群。建南、相国寺石炭系气藏发现后，川东石炭系成为当时四川盆地天然气增储上产的重点层系，勘探重点转向寻找裂缝—孔隙型储层目标。通过攻克高陡构造地震成像技术与目标识别方法及酸化压裂技术的进步，相继探明了相国寺、五百梯、大池干井等一批石炭系大中型气田，提交储量 $2962.19\times10^8m^3$，四川盆地进入油气勘探发展和储量增长的第一个高峰期。

从南方外围勘探来看，20 世纪 70 年代末之前开展石油会战，发现了江汉和苏北油田；同时，组织了湘鄂西会战[17]。受威远构造震旦系气田发现的启发，60 多口钻井于 1966—1972 年间在湘鄂西、贵州、桂中、滇东景平等地一批构造中实施，但未能获油气。通过反思总结后，提出“南方外围海相地层生储盖组合配置好，但晚期构造改造强烈，保存条件的评价是油气勘探部署的关键”新认识，勘探思路由早期的浅层向深层转移，发现了建南气田。1974 年受任丘古潜山“新生古储”油藏发现的启示，在中、下扬子地区组织了“古潜山”找油会战，打了 40 余口井，发现了下扬子句容海相残留轻质油藏(R2 井、R3 井)。20 世纪 80 年代，随着数字地震勘探技术在部分区块概查、普查的实施及加强油气勘探工作，发现了百色油田。针对扬子海相领域“板内形变、晚期次生成藏”的特征，认为“有效成藏组合”是南方外围地区选区评价研究重点。这些成果无疑为“七五”成果总结及“八五”油气勘探工作的展开，在理论认识和技术上做了很好的准备。进入 20 世纪 90 年代，重点研究油气有效保存单元与晚期成藏 2 个方面。在此期间，针对重点盆地部署了一批探井，仅石柱复向斜洋渡溪构造 YD3 井在下三叠统嘉陵江组中获日产 $2\times10^4m^3$ 天然气流，勘探一度陷入停滞阶段。

1.3 岩性气藏与页岩气勘探阶段(2000 年以来)

2000 年以来，针对南方海相油气勘探成盆、成烃、成藏等难点问题，通过科研技术攻关与地质理论认识创新，南方海相岩性气藏与页岩气勘探取得快速发展，特别是四川盆地进入储量快速增长阶段。

针对海相常规领域，四川盆地海相勘探以岩性、构造—岩性复合圈闭为勘探目标，创新提出了二叠—三叠纪“开江-梁平陆棚”新认识，发现了普光、元坝、龙岗等多个大中型礁滩气田，形成了天然气探明储量近万亿立方米的川东北二叠系—三叠系大中型气田群。紧随着“绵阳—长宁裂陷槽”新认识的提出，发现了安岳震旦系—寒武系大气田，探明天然气储量近万亿方。与此同时，海相常规勘探在川西雷口坡组、川西北栖霞组、泥盆系高能滩、川北—川南茅口组等新领域不断取得勘探突破，此阶段共探明常规天然气储量 $21567.4\times10^8m^3$。勘探实践与研究认为，大型台缘、大型不整合面控制规模储集体分布，礁滩大型储集体发育首先受控于大型高能相带展布规模[18]，其次由于礁滩体为正地形沉积，暴露溶蚀和白云岩化作用强，基质孔隙发育，广泛发育的裂缝可有效改善渗透性，加上烃类及时充注，抑制了胶结作用发生，有利于孔隙保存；而“浅滩+岩溶”类大型储集体主要受大型高能相带与不整合岩溶作用共同控制，大中型礁滩气田成藏具有典型的“近源富集、多元供烃、多期充注、相态转化、动态调整、持续保存”[7-11]特征。一大批大中型油气田的发现，除得益于思路与认识创新，与勘探关键技术的快速进步密不可分。“相控三步法”礁滩综合预测技术、基于“孔缝双元结构模型”的孔构参数反演方法、超深层小角度叠前弹性参数反演方法等物探关键技术[9-10,19]及超深井钻完井与测试技术，是发现大中型气田的重要技术支撑与保障。这一时期，南方外围勘探在充分利用和继承上一阶段大区评价成果的基础上，借鉴四川盆地成功勘探经验，勘探目标由构造圈闭转向有利保存单元区内的构造—岩性、岩性圈闭，针对重点勘探盆地(区块)实施地震资料采集，发现一些有利目标，部署实施 Y1 井、SHUANG1 井、GZ1 井、XQ1 井、PS1 井、AS1 井、DS1 井等一批钻井，部分井见一定的油气显示，但由于后期构造改造强烈，使晚期油气保存条件变差，均未获油气大突破。

而对非常规页岩气领域而言，中国南方海相借鉴北美的勘探经验，对海相页岩气进行选区评价研究，主要从页岩层段生气、储气与易开采性等三方面进行了评价，先后实施了 120 余口页岩气探井，勘探效果并不理想。这是由于缺乏对中国南方海相页岩气独特地质特征的了解，缺乏现成的理论指导，尚未建成适用的评价方法，没有形成关键的技术手段，照搬美国成功的经验，几经探索，均未获得大型商业发现。针对中国南方海相页岩具有热演化程度高、晚期经历多期构造改造、地表条件相对更加复杂等方面的特点，通过开展南方海相页岩气的理论与技术攻关，2012 年在焦石坝地区部署实施 JY1 井，发现了涪陵页岩气大气田(累计探明储量 $6008.14\times10^8m^3$)。此外相继发现威远、长宁、昭通、威荣和永川等页岩气田，累计探明地质储量 $1.81\times10^{12}m^3$。提出了深水陆棚相优质页岩发育是“成烃控储”的基础，深水陆棚相区页岩厚度大、TOC 高、硅质、磷、钡含量高[14]，页岩品质好；良好的保存条件是“成藏控产”的关键，页岩气层岩性致密且多表现为连续沉积，属于具有良好自我封闭能力的低渗透率储层，加上良好的顶底板条件，使得烃类早期滞留成藏并长期保存[14]，后期构造改造较弱，利于保存[15]；而页岩气“甜点”地震预测技术[20]、水平井钻完井及分段压裂改造技术等关键技术的引入，有效地助力大气田的持续发现。近期在川东南地区丁山—东溪深层页岩气(埋深大于 4000m)勘探取得重大突破，盆缘复杂构造区(SY2 井、JY10 井)、盆外常压区(LY1 井、PY1 井、ZY1HF 井)、宜昌(EYY1 井、EYY2 井等)、宜州(YY1 井)等南方外围区试获页岩气流或见良好显示，展示良好的勘探前景。

总之，随着南方海相大中型气田持续发现，油气勘探进入快速增长阶段，形成了一系列新的勘探理论成果认识、物探与工程关键技术，为后续勘探大发现、大突破奠定了坚实的理论基础和提供了技术保障。

2 勘探潜力分析与展望

2.1 四川盆地深层—超深层与新领域

四川盆地深层—超深层与新领域是近期有望获得大突破、大发现的重点勘探领域。

2.1.1 *深层—超深层勘探领域*

(1) 上奥陶统五峰组—下志留统龙马溪组深层—超深层页岩气领域勘探潜力大。

前期四川盆地五峰组—龙马溪组勘探实践揭示，页岩气勘探主要集中分布在埋深 3500m 以浅[21]，已发现涪陵等 6 个页岩气田，截至 2019 年底累计产气 $488\times10^8m^3$，实现了五峰组—龙马溪组中浅层规模效益开发。与美国页岩气资源相比，四川盆地页岩气藏以深层为主[22]，埋深小于 3500m 范围的页岩气资源相对较少，估算埋深 3500~6000m 的页岩气资源量超过 $20\times10^{12}m^3$，占总资源量 70%以上，是非常规油气资源接替的重要现实领域。

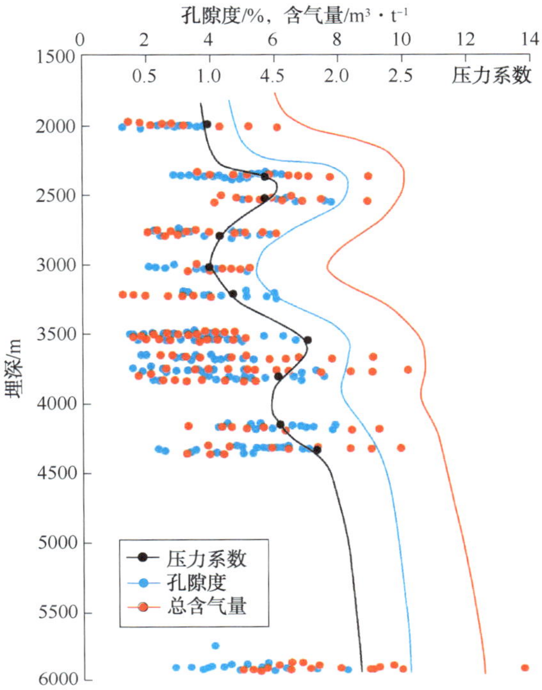

图 2 四川盆地东南部五峰组—龙马溪组深层页岩典型探井孔隙度、压力系数、含气量对比

五峰组—龙马溪组深层—超深层深水陆棚相优质页岩发育，为深层页岩气富集高产提供了物质基础，而且深层—超深层经历的最大埋深与中浅层相似，后期抬升剥蚀的差异决定了现今埋深的差异，优质页岩的TOC、R_o、脆性矿物含量、岩相等均与中浅层相似(图 2)；同时，由于后期抬升改造弱，保存条件好，超压持续保持，多具“超压、高孔隙度、高含气量”的特征。PS1 井(垂深 5969m)实钻同样证实了以上观点，其优质页岩孔隙度为 5.22%，总含气量为 7.74m³/t，进一步证实了深层、超深层页岩气普遍具有“超压富气”特征。同时分析认为，充填于石英格架孔内以及部分充填于黏土矿物孔缝之间的原油，经后期热演化作用，形成大量有机质孔，孔内压力也随之增加，在抗压实作用较强的硅质格架和孔隙内超压的作用下，有机孔得以保存，大多以微孔、介孔为主，呈圆状、椭圆状产出，压实程度较低。另外，在保存条件好、流体压力高的情况下，随埋深、温度增大，页岩气层吸附能力降低，游离气占比增大，表现出游离气更富集的特征，利于页岩气的产出。

2013 年，DY2 井(垂深 4417m)成为国内首口针对深层页岩气并获得工业气流的井，之后 DYS1、DY4、DY5、ZU201-H1 和 HUANG202 等多口井持续取得了深层页岩气勘探重大突破，展现了良好的勘探潜力，其中丁山、东溪、大足、合江、泸州区块等是深层页岩气持续突破、增储上产的重要阵地(图 3)。

(2) 震旦—寒武系超深层是近期实现战略突破有利目标。

晚震旦—早寒武世，四川盆地发育呈带状展布的绵阳—长宁裂陷槽，控制了台缘高能相带和优质烃源岩的发育分布，进而控制了灯影组、龙王庙组大气田的形成[23-25]。

勘探证实，绵阳—长宁裂陷槽两侧发育 2 套台缘丘滩相储层：灯二段和灯四段。位于川北台缘带的胡家坝剖面灯四段储层厚度达 188m，孔隙度为 2.01%～13.83%，平均 4.58%。钻井及野外剖面证实，裂陷槽内下寒武统泥页岩沉积厚度大，TOC 含量高。B1 井位于裂陷槽内，其筇竹寺组烃源岩 TOC 含量为 0.52%～3.10%，平均 1.36%，其中大于 0.5%的厚度为 178m，大于 2.0%的厚度为 50m。两者形成“棚生缘储”式成藏模式，油气充注程度高。此外，深大断裂的沟通使得下寒武统烃源岩与台内龙王庙组等多套优质储层形成良好的源储配置关系，有利于早期油气富集。

综合研究认为，震旦—寒武系是实现战略突破的重点层系，具有 3 个有利勘探区带(图 4)。其一是绵阳—长宁裂陷槽两侧的台缘带。已发现的安岳大气田就位于裂陷槽东侧，而裂陷槽西侧的资阳—威远地区也获得发现，位于裂陷槽东侧北部的阆中—元坝地区，发育大型

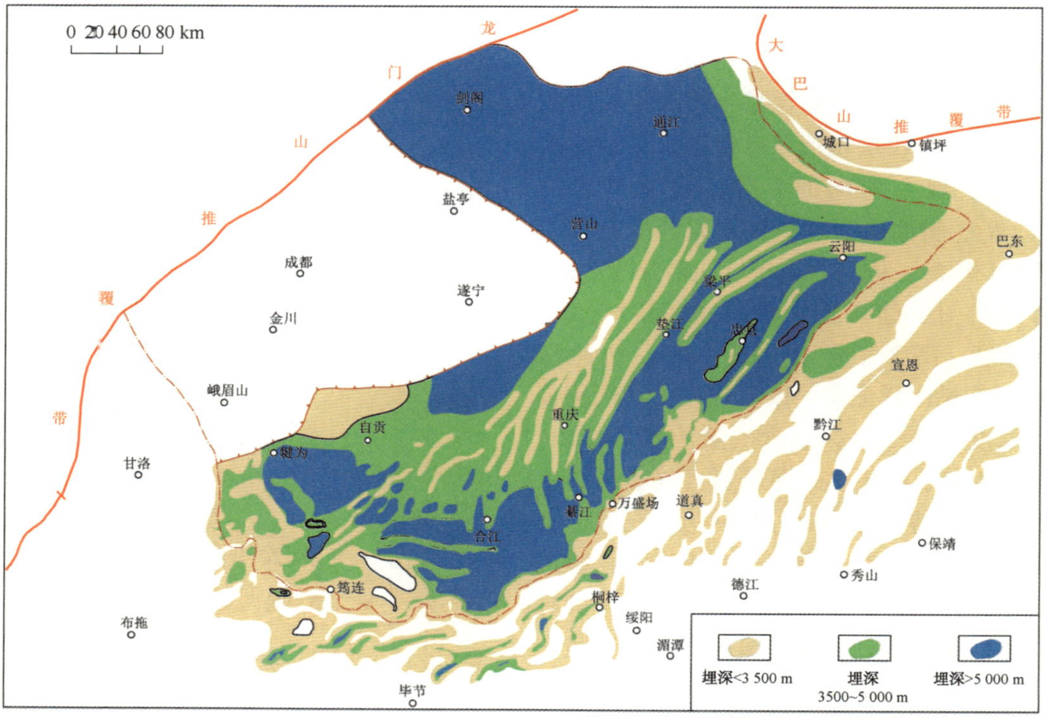

图 3　四川盆地及周缘龙马溪组页岩气底界埋深

台缘丘滩相控型储层，具有“棚生缘储”型成藏模式，是灯影组油气成藏富集有利区，目前正实施 YS1 井。其二是川中古隆起的斜坡部位。灯影组以岩性气藏为主，现今斜坡区也具有良好的勘探潜力，向台内甩开部署的多口探井已获得突破；同时受水下古隆起及古陆联合控制，川中—川北地区龙王庙组、洗象池群围绕古陆及水下古隆起发育浅水颗粒滩相带，浅滩叠合溶蚀作用形成有利储层，邻区已有多口井测试获工业气流，目前在通南巴—仁和场地区正实施 RT1 井等。其三是川南綦江地区高陡构造带。寒武系盐下灯影组与川东石炭系类似，台内浅滩叠加不整合岩溶储层大面积分布，早期油气藏大面积分布，晚期受构造调整影响，油气向现今构造高部位富集，盐下低缓构造成排发育，构造保存条件好，是下步有利勘探区带。

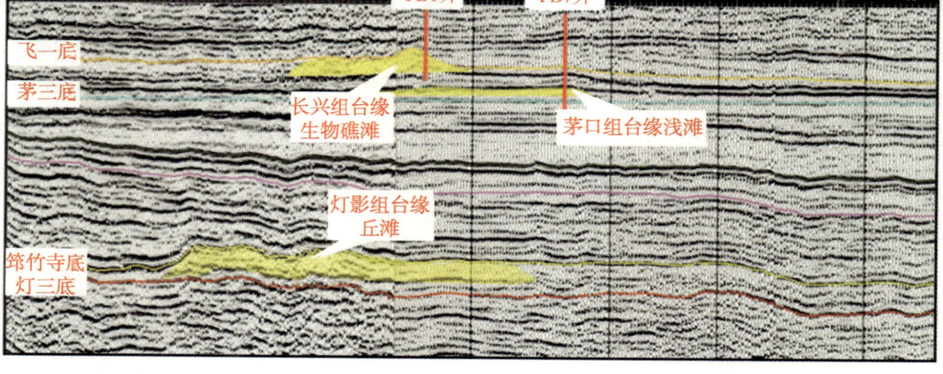

图 4　川北地区灯影组、茅口组、飞仙关组台缘结构特征剖面

（3）二叠—三叠系深层—超深层仍有较大拓展空间。

前期针对四川盆地二叠—三叠系勘探发现了一批大中型气田，但总体探明率不高。近期通过加强基础地质研究与评价，突破了前期开江-梁平陆棚形成于长兴期的认识，提出茅三段沉积期受峨眉地幔柱活动影响，造成川北地区地壳差异性升降，元坝—龙岗—双鱼石一带发生台棚分异，形成镶边台地沉积格局，茅三段沉积晚期开江-梁平陆棚已见雏形。结合实钻资料来看，元坝地区茅三段发育台缘浅滩[26-27]（图4），沉积期古地貌发生分异，并继承性演化为岩溶古地貌高。一方面古地貌高部位浅滩具有一定基质孔隙，良好的物质基础有利于后期不整合岩溶叠加改造，形成茅口组顶部孔隙—孔洞型储层；另一方面东吴期长达10Ma的暴露溶蚀，也使茅三段中部发育半充填岩溶缝洞储层，东吴期后，吴一段在茅三段台缘地貌基础上，继承性发育层状稳定分布的浅滩（图4），经历准同生期暴露溶蚀作用和白云石化作用后，形成良好的储层。该领域生储配置关系优越，具有“棚生缘储、近源富集”的特点。针对该领域已完钻的YB7井，试获日产$105.9\times10^4m^3$，目前正在甩开预探与评价部署，是近期实现增储上产的主要阵地。此外，前期中石油在川西双鱼石地区下二叠统栖霞组台缘浅滩领域取得勘探突破，通过四川盆地北部露头、钻井及地震资料综合对比分析，认为栖霞组台缘带向川东北延伸，同时盆内围绕局部洼地具备发育高能浅滩的地质背景。川西地区雷口坡组云坪—藻云坪白云岩储层，实施的几口钻井相继试获高产工业气流，揭示该领域具有良好的油气勘探前景。综合研究表明，潮坪相带沿北东向展布，在川北南江至通南巴地区也发育该类型储层，同时该区域还有印支运动早幕不整合岩溶作用叠加改造，是下一步拓展勘探的重点领域。

2.1.2　勘探新领域

（1）非常规新层系、新领域有望取得勘探大突破。

与海相页岩气相比，侏罗系湖相页岩油气勘探有利层系多、累计厚度大、保存条件好，浅湖—半深湖相暗色富有机质泥页岩的发育（TOC大于1.0%），是页岩气富集成藏的基础[28-30]。有机孔、无机孔、微裂缝均是有效储集空间，研究认为高流体压力及微裂缝发育区有利于湖相页岩气渗流富集高产。元坝地区千佛崖组二段和大安寨段二亚段，以及涪陵地区凉二下亚段、东岳庙段一亚段为有利勘探区，初步评价元坝、涪陵地区侏罗系湖相页岩气资源量上万亿立方米。

四川盆地二叠系发育海陆过渡相和深水陆棚相2种类型富有机质页岩。龙潭组海陆过渡相含煤页岩层系主要发育在川东南地区，岩性复杂，碳质泥页岩多与煤层相伴生，累计厚度介于60~80m，TOC较高（1.5%~16.6%）；受有机质类型（Ⅲ型）影响，有机质孔基本不发育，页岩储集空间以黏土矿物孔、粒间孔及微裂缝为主；含煤碳质泥页岩现场解吸总含气量高达$18.50m^3/t$，初步评价龙潭组页岩气资源量超$6000\times10^8m^3$；但由于页岩硅质矿物含量较低（<40%），压裂改造难度较大，相关工程工艺技术需要进一步攻关研究。上二叠统大隆组及吴家坪组深水陆棚相富硅高碳页岩主要分布于川北广元—开江-梁平，厚度较大（20~40m），丰度高（TOC多大于2%），有机质类型为$Ⅱ_1$型，有机质孔较发育，储集性能好；页岩现场解吸总含气量均值$6.11m^3/t$，硅质矿物含量普遍大于50%，页岩可压裂性较好，具有较好的勘探潜力，初步评价有利区面积超$200km^2$，资源量近$2000\times10^8m^3$。

（2）常规新类型储层值得进一步探索拓展。

前期研究认为，四川盆地广泛分布的茅口组沉积相对较稳定，以开阔台地沉积为主，勘探发现主要集中在位于泸州古隆起周缘的蜀南地区，储层类型以岩溶缝洞灰岩储层为主。近期茅口组新领域在四川盆地多地区（川中、川北、川东南等）不断取得勘探突破，涪陵地区 TL6 井在茅口组钻遇 23m 厚层热液白云岩，测试获工业气流；在川东南地区发现了大面积稳定分布的茅一段灰泥灰岩气藏；川南地区 YJ2 井位于斜坡—向斜区，茅口组岩溶储层发育，测试获得工业气流，进一步拓展了勘探领域[图 5(a)(b)(c)(d)]。

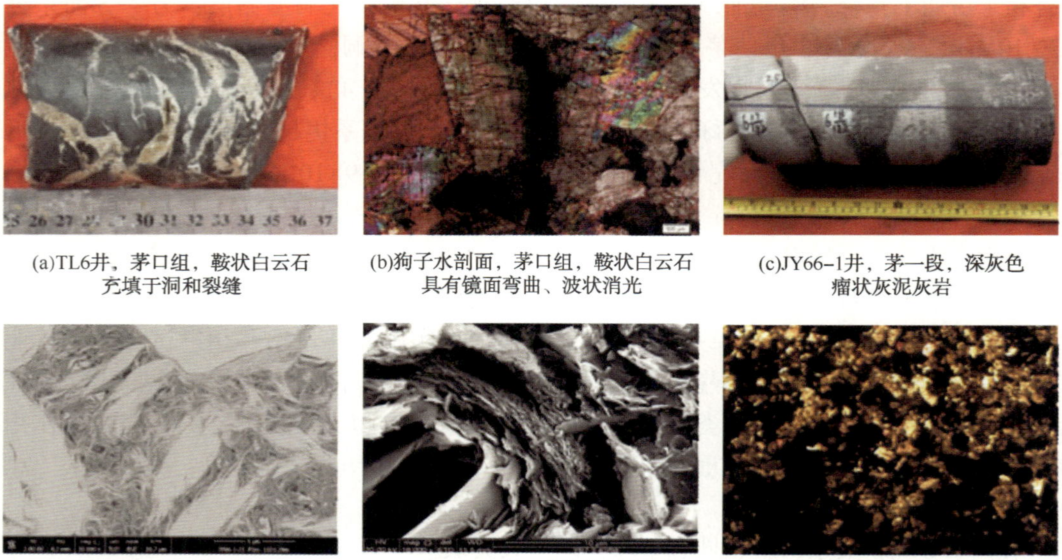

(a)TL6井，茅口组，鞍状白云石充填于洞和裂缝
(b)狗子水剖面，茅口组，鞍状白云石具有镜面弯曲、波状消光
(c)JY66-1井，茅一段，深灰色瘤状灰泥灰岩
(d)JY66-1井，茅一段，成岩收缩缝(孔)
(e)YB7井，吴一段，矿物收缩孔发育，沉凝灰岩
(f)YB8井，7221.56 m，有机酸溶蚀孔发育，凝灰质泥岩

图 5　四川盆地茅口组多类型储层特征

评价落实川中—川东茅口组热液白云岩、川东南地区茅一段灰泥灰岩、川北—川南茅口组岩溶缝洞等 3 个有利油气勘探区带。受茅口组沉积晚期—吴家坪组沉积早期峨眉地裂运动形成拉张性基底断裂的控制，川中—川东茅口组发育缓坡型高能浅滩，浅埋过程中深部富镁热液流体沿基底断裂上涌，改造高能浅滩形成似层状白云石；后期热液破裂改造形成缝洞系统，半充填粗晶鞍状白云石，仍保留大量缝洞，储层沿北西向基底断裂分布。热液白云岩具有“多源供烃，基底断裂控储、断裂输导，岩性成藏、构造富集”成藏特征，近期 TL6 井等井试获工业气流，证实该领域具备较好的勘探前景。川东南地区茅一段主要位于外缓坡沉积相带，灰泥灰岩主要发育于水体能量相对较低时期，在茅一段下部较为发育，岩石颜色整体较深、有一定基质物性、TOC 较高、脆性矿物含量较低，为一套以“灰泥灰岩滑石化成岩收缩孔”为主要储集空间的新类型储层，具有大面积稳定分布特征。茅一段灰泥灰岩油气成藏具有“源储共生、构造裂缝控富”的特征，灰泥灰岩叠加有利构造和裂缝有利于高产富集，JS1、YH1 和 DS1 井等多口井试获工业气流。对茅口组岩溶缝洞领域研究表明，川南地区为表生期岩溶，储层发育受古地貌、古断裂和古水系“三古”联合控制；川北地区主要发育早成岩期岩溶，受沉积相、古地貌和古水系三者共同控制，目前正在实施预探，有望实现新的勘探突破。

此外，二叠纪末峨眉地裂运动期，多期火山喷发，川北—川东处于火山碎屑岩沉积相区，发育广泛分布的与火山灰沉积相关的凝灰质岩类储层。从吴二段取芯资料来看，凝灰质泥岩平均孔隙度可达7.2%，沉凝灰岩与泥岩呈互层分布的样品平均孔隙度为6.4%，而纯的沉凝灰岩孔隙度仅为3.9%。分析认为，一方面在成岩早期，火山灰脱玻化及蚀变作用形成新的矿物时体积缩小可产生大量收缩孔缝；另一方面在后期热演化过程中，有机质成熟释放的有机酸对易溶矿物进一步溶蚀，形成大量的溶蚀孔隙[图5(e)(f)]，因而凝灰质泥岩的储集物性相对更优。凝灰质岩类储层在川东—川北地区具有大面积分布的特点，有望成为新的突破增储领域。

2.2 四川盆地盆缘构造复杂区油气勘探领域

四川盆地盆缘构造复杂区油气勘探不断取得新发现，是勘探有利方向。

2.2.1 盆缘残留向斜区页岩气领域

川东南地区盆缘转换带五峰组—龙马溪组常压页岩气领域具有良好的开发潜力，盆缘多口钻井，如南川地区东胜斜坡SY2井(压裂试气超过$30\times10^4m^3/d$)、金佛断坡JY10井(试获产量近$20\times10^4m^3/d$)，盆外槽挡转换带武隆向斜的LY1井(测试产量超过$6\times10^4m^3/d$)，彭水向斜的PY1井(试获$2.5\times10^4m^3/d$天然气流)都获得了工业气流或具有良好的油气显示。

勘探实践证明，川东南盆缘及槽档转换带深水陆棚相优质页岩发育，厚度介于20~40m之间，由于盆缘及槽挡转换带相对隔槽式变形带抬升剥蚀时间较晚、抬升剥蚀程度较低、断裂发育较少，保存条件总体较好。通过总结对比，认为盆缘复杂构造区发育2类有利的构造保存样式：第一类为有效断凹封挡的断鼻、断背斜、断坡，典型构造如丁山断鼻中浅层、林滩场断背斜、白马向斜东部斜坡；第二类为不发育破坏性断裂的斜坡，典型构造如南川地区东胜斜坡及金佛断坡。盆外槽挡转换带发育复向斜内“洼中隆”、宽缓残留向斜中心、逆断层遮挡向斜3种有利的页岩气构造保存样式[15]，典型构造如松坎复向斜、金场断背斜、武隆向斜、道真向斜。目前，川东南盆缘东胜斜坡、金佛断坡及槽挡转换带武隆向斜、桑柘坪向斜已取得勘探突破，整体表现出常压页岩气具有一定的产能。近期道真向斜ZY1HF井压裂测试获$7.49\times10^4m^3/d$页岩气流，取得川东南槽挡转换带常压页岩气勘探新突破，展示了较好的勘探潜力。

总之，常压页岩气藏的压力系数和含气量相对较低，地层能量较弱，具有中—低丰度、中—低品位、资源总量大和储量规模大等特征，是现阶段页岩气勘探开发的重要接替资源领域之一。

2.2.2 常规山前带勘探领域

印支末期以来，受青藏构造域和秦岭构造域多期联合挤压，四川盆地北缘形成龙门山—米仓山—大巴山前带“扇状冲断”的构造变形特征。由造山带向盆内依次发育逆冲推覆构造带、冲断构造带、前缘滑脱断褶带和低缓褶皱带。纵向上受嘉陵江—雷口坡膏岩层和志留系、寒武系泥页岩等多套滑脱层控制，前缘滑脱断褶带和低缓褶皱带具有上下分层变形特征，发育断背斜、冲起及反冲、双重等构造样式，整体变形较弱，断裂发育，向上一般未穿嘉陵江—雷口坡组膏岩层，保存条件和输导体系优越(图6)。该领域勘探程度相对较低，是未来油气勘探发现的重要接替领域。近期落实米仓山前南江地区发育多个构造—

岩性与岩性圈闭目标。此外在大巴山前带的镇巴区块晚二叠世—早三叠世位于鄂西海槽西岸，存在长兴—飞仙关组台缘礁滩潜在有利勘探区带；早古生代—震旦纪持续位于被动大陆边缘，巫溪康家坪、镇巴巴山等野外露头证实灯影组四段、龙王庙组、洗象池群发育台地边缘沉积体系，海相下组合也具有一定的勘探潜力。龙门山前缘地区处于龙门山古断裂及巴颜喀拉海槽边缘，发育泥盆系、栖霞组及雷口坡组等多个高能浅滩相带，已取得油气重大突破，是持续勘探及重点增储有利区。

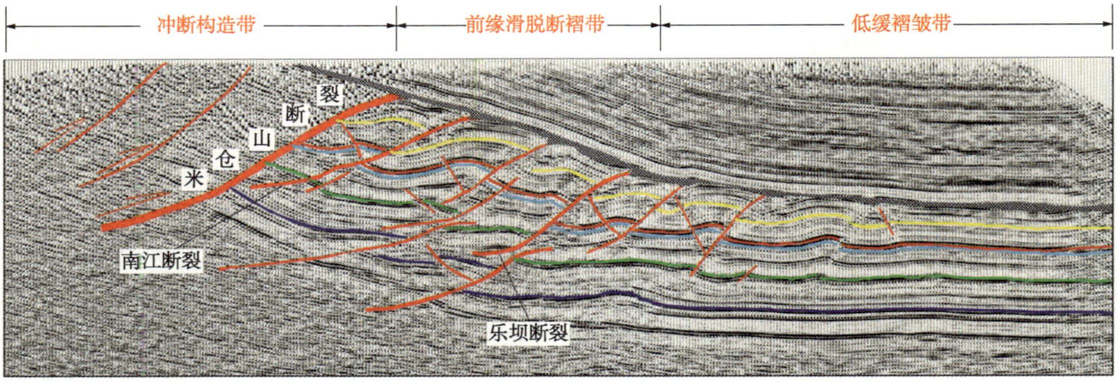

图6　四川盆地米仓山前带构造结构剖面和变形特征

2.3　南方外围古隆起周缘及递进变形区

南方外围古隆起周缘及递进变形区具有一定的勘探潜力，有望成为油气战略接替区。

2.3.1　古隆起周缘弱变形区

南方外围地区存在多个古隆起，由于具有基岩硬度大、抗挤压能力强的特性，受其砥柱作用影响，周缘存在构造变形较弱的稳定区，目前已有多口井、多层系获得突破，揭示了该领域良好的勘探前景。以黄陵古隆起、康滇古隆起为代表，坚硬的花岗岩体作为稳定地质体（硬度 $f=15\sim20$），周缘沉积体（硬度 $f=3\sim8$）向其冲断、滑脱，边部形成大型区域逆冲断裂（图7）；区域逆冲断裂上盘构造复杂，下盘则表现相对稳定，保存条件较好，是南方外围油气勘探的有利区域。

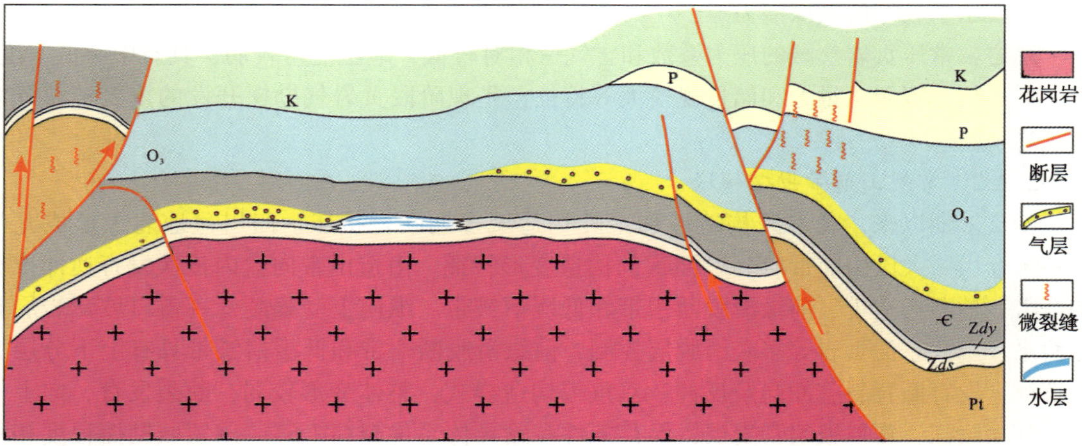

图7　中国南方外围黄陵隆起周缘成藏模式

黄陵隆起作为印支期以来一直存在的继承性古隆起，周缘是中扬子地区海相油气运聚有利指向区[31-32]。黄陵隆起周缘晚震旦世形成近南北向的鄂西裂陷槽，在其边缘带灯影组发育大型高能丘滩。晚二叠世再度演变为台棚格局，区内长兴组发育南北方向台地边缘生物礁滩。此外区内早寒武世和晚奥陶世—早志留世发育海侵背景下的深水陆棚相优质页岩，为非常规油气勘探提供了良好物质基础。地震及钻井资料揭示，受黄陵隆起刚性地块的砥柱影响，黄陵隆起东南缘通城河断裂与天阳坪断裂夹持的宜昌地区整体构造形变弱。近年来，中国地质调查局先后在水井沱组、五峰组—龙马溪组及陡山沱组等层系取得突破，EYY1 井、EYY2 井等均试获了页岩气流，证实了黄陵隆起周缘良好的勘探潜力。

康滇隆起在震旦纪即隆升为古陆，其后直到中三叠世主要为古陆剥蚀区[33]，在其西部的宁蒗—盐源地区存在志留系岩溶白云岩与泥盆系台地边缘两大有利勘探领域。上志留统为局限台地相碳酸盐岩沉积，发育潮坪—浅滩相白云岩，经充分暴露，形成岩溶储层。地震资料表明围绕康滇古隆起，志留系顶部存在削截现象，叠合现今斜坡构造背景，具有发育构造—地层圈闭的背景。泥盆系台地边缘相带则主要发育在中泥盆统碳山坪组，沿康滇隆起西缘—川西一线，呈北东—南西向展布，野外露头揭示宁蒗泥盆系礁滩油气充注条件较好，见丰富沥青显示，也是值得突破的重点方向。康滇隆起为晋宁期花岗岩刚性基底，具有相对稳定的区域构造背景，其西缘为构造平缓、埋深适中的宽缓构造，发育断块、断鼻及单斜局部构造，保存条件较好。2019 年中国地质调查局油气中心在云南省宁蒗县内钻探的 YND1 井在泥盆系发生气涌[34]，点火成功，焰高 0.4～1.0m，且长时间稳定，证实了区内相对稳定的构造背景。

“雪峰隆起”存在于“江南—雪峰隆起”西段，是一个自震旦纪以来长期存在并多次改造的古隆起。震旦纪—奥陶纪，雪峰隆起表现为水下隆起的特征。志留纪中晚期的加里东运动使其隆起成为古陆[33]，并使核部下古生界受到剥蚀。早寒武世雪峰隆起西部地区处在扬子台地东南缘，发育了较为宽阔的被动大陆边缘型沉积，由于水深适中，利于生物的生长和有机质的保存，形成了寒武系扬子地区最为有利的一套页岩，具有“高 TOC、高硅质、厚度大”的特点。同时，区内震旦—寒武纪为继承性深水陆棚—盆地相区，震旦系老堡组主要为硅质岩、硅质云岩沉积，与上覆寒武系为整合接触，底板条件好，利于页岩气深埋期的保存。加里东晚期，雪峰隆起开始隆升，上覆地层沉积厚度薄，造成寒武系页岩适中的演化程度（R_o=2.5%～3.0%），利于有机孔的发育与保持，孔隙度一般在 3%～5%之间。雪峰隆起西缘与黄陵隆起宽缓构造发育机理相似，构造变形以垂直隆升为主，侧向挤压相对较弱，形成隆凹相间的构造格局，发育多个稳定负向构造，面积最大的可达 700km^2 以上。目前，针对雪峰隆起寒武系页岩气的勘探仍处于探索阶段，以地质调查浅井为主，油气显示较为活跃，推测埋深更大的向斜主体部位是有利的勘探方向。

2.3.2 南盘江—桂中坳陷北缘递进变形区

在南方的某些地区，构造变形剧烈程度具有沿主要造山带近端往远端递减的特征，在靠近山前带的区域主要发育冲断构造，远端因受力较弱，则发育相对宽缓、埋深适中的残留(复)向斜，是勘探突破的另一有利方向。目前，典型的递进变形区主要包括了雪峰—川东地区与南盘江—桂中坳陷 2 个主要地区，其构造变形分别受控于雪峰山隆起及马关—大明山隆起。其中，南盘江—桂中坳陷海西期为陆缘裂陷盆地，具有槽台相间的特征，存在常规台地边缘礁滩储层和非常规页岩气两大领域。

在海西期拉张背景下，南盘江—桂中坳陷纵向可分为（D-C、P-T_2）2 期构造沉积充填旋回，发育泥盆、石炭及二叠系 3 套主要页岩。泥盆系发育陆内裂陷滞留闭塞深水陆棚泥页岩，表现为分布局限、纵向多套叠合、累计厚度大，具有早期缓慢海侵、晚期剧烈拉张的特点；最优质的页岩发育在罗富组沉积晚期，平均 TOC 约 4.0%，硅质含量达 50%，存在生物硅及热水硅 2 种类型，压裂品质好。钻井揭示罗富组页岩有机质孔较发育，平均孔隙度为 3.84%，孔径在 20~800nm 之间，具有较好的物性条件。罗富组优质泥页岩厚度在 20~90m 之间，南盘江坳陷厚度最大，桂中坳陷次之。石炭系为全球海平面上升背景下的一套陆内坳陷深水陆棚滞留闭塞泥页岩，具有面积广、相对稳定、TOC 含量高的特点。相对于泥盆系，石炭系优质页岩发育在早期，优质页岩靠下分布，厚度一般在 20~120m，平均 TOC 超过 3%，硅质矿物含量达 40%以上，以生物硅为主。石炭系页岩具有较好的储集条件，页岩有机质孔发育，钻井统计平均孔隙度在 2.36%~5.83%。峨眉地裂运动开启了一个新的拉张背景，茅口组沉积晚期，火山作用频繁，之后火山活动逐渐减弱，水体逐渐加深，优质泥页岩主要发育于大隆组，TOC 含量高，平均 2.83%，有机质主要为 Ⅰ 型，厚度可超过 70m。页岩中脆性矿物含量较高，占比为 42.8%，以石英、碳酸盐矿物为主，火山作用也使该套页岩具有高含凝灰质的特点。

区内生物礁储层纵向发育在中泥盆统，岩性为礁盖白云岩及生物礁灰岩，主要发育晶间溶孔、溶洞和微裂缝，属于孔隙型、裂缝—孔隙型储层，平均孔隙度超过 5%，累计厚度可达 300m 以上。常规油气勘探成藏条件复杂，前期实施的 DS1 井、AS1 井虽然钻遇巨厚的礁滩储层，但沥青含量较少，圈闭目标烃源及充注等方面的风险大。

受到南部马关—大明山隆起影响，南盘江—桂中坳陷变形具有由南往北逐渐减弱的特点，依次发育南部冲断带、中部断褶带及北部低缓褶皱带。北部低缓褶皱带远离马关—大明山隆起推覆挤压，保存条件较好。同时，北缘早期存在控相的垭紫罗断裂，作为后期走滑的边界条件，释放和阻隔后期走滑应力，周缘可形成弱变形区。早期地表构造勘探阶段，南盘江—桂中坳陷北缘构造复杂区也见到大量油气显示，侧面印证埋深适中的完整向斜构造良好的含气性，有望获得突破。评价南盘江—桂中坳陷北缘低缓褶皱带内发育多个二叠—三叠系覆盖的残留向斜，保存条件较好，是值得重点探索的有利目标。2019 年在广西壮族自治区宜州市部署实施的 YY1 井在石炭系鹿寨组钻遇了较好的油气显示，含气量最高可达 3.8m^3/t，有望在该领域获得油气发现。

除了上述 2 类主要的构造变形外，在中下扬子地区还存在着一种由多期多方向应力改造形成的对冲型构造，如下扬子地区，受江南隆起及苏鲁造山带挤压，南北发育产状相反的 2 组断裂，后期又叠加了与郯庐断裂相关的走滑拉分作用，保存条件相对复杂，也是目前中下扬子地区海相油气勘探未获得重大发现的关键原因。

3 结论

（1）中国南方海相油气地质条件优越，但地层年代老，演化程度高，油气分布与成藏复杂。油气勘探主要经历了油气普查、构造油气藏、大规模岩性气藏与页岩气勘探 3 个阶段。1950 年至上世纪末，发现了一些油气田（藏），未能持续获得勘探大发现；在前期勘探评价基础上，新世纪以来，通过勘探理论成果创新、物探与工程关键技术进步，油气勘探进入大发现和储产量快速增长阶段。

（2）四川盆地海相油气资源丰富，勘探潜力大。盆地深层—超深层与新领域是近期有望获得大突破、大发现的重点勘探领域。五峰组—龙马溪组非常规页岩气与阆中—元坝灯影组台缘区带、通南巴震旦系—寒武系台内滩、川南綦江下组合盐下、二叠—三叠系礁滩等常规气深层—超深层领域，总资源量达数万亿方，有望实现新一轮大突破、大发现。此外，二叠系、侏罗系非常规页岩气与二叠系热液白云岩、岩溶缝洞群、灰泥灰岩、沉凝灰岩等常规气新领域勘探潜力大。盆缘构造复杂区油气勘探不断取得新发现，盆缘残留向斜区页岩气与常规山前带领域是主要勘探方向。

（3）南方外围古隆起周缘及递进变形区具有一定的勘探潜力，有望成为油气战略接替区。南方外围地区整体构造保存复杂，但仍存在古隆起周缘弱变形区及递进变形区远端残留向斜2类稳定区，钻井显示丰富，局部已获得突破与发现，但整体为常压的特征。如何寻找相对富气区及开展低成本工程工艺技术攻关试验，是下一步这类地区的重点勘探研究方向。

参 考 文 献

[1] 朱夏. 我国中新生界含油气盆地的大地构造特征及有关问题[C]//中国大地构造问题. 北京：科学出版社，1965：6-42.

[2] 朱夏，陈焕疆. 中国大陆边缘构造和盆地演化[J]. 石油实验地质，1982，4(3)：153-160.

[3] 朱夏. 朱夏论中国含油气盆地构造[M]. 北京：石油工业出版社，1986.

[4] 刘树根，徐国盛，梁卫，等. 川东石炭系气藏的封盖条件研究[J]. 成都理工学院学报，1996，23(3)：69-78.

[5] 胡光灿，谢姚祥. 中国四川东部高陡构造石炭系气田[M]. 北京：石油工业出版社，1997.

[6] 马永生. 中国海相油气田勘探实例之六：四川盆地普光大气田的发现与勘探[J]. 海相油气地质，2006，11(2)：35-40.

[7] 郭旭升，郭彤楼，黄仁春，等. 普光—元坝大型气田储层发育特征与预测技术[J]. 中国工程科学，2010，12(10)：82-90.

[8] 郭旭升，郭彤楼. 普光、元坝碳酸盐岩台地边缘大气田勘探理论与实践[M]. 北京：科学出版社，2012.

[9] 郭旭升，胡东风，李宇平，等. 四川盆地元坝气田发现与理论技术[J]. 石油勘探与开发，2018，45(1)：14-26.

[10] GUO Xusheng，HU Dongfeng，LI Yuping，et al. Theoretical progress and key technologies of onshore ultra-deep oil/gas exploration[J]. Engineering，2019，5(3)：458-470.

[11] 胡东风. 普光气田与元坝气田礁滩储层特征的差异性及其成因[J]. 天然气工业，2011，31(10)：17-21.

[12] 尹正武，凡睿，陈祖庆，等. 生物礁滩岩性气藏含气面积的圈定方法：以元坝气田长兴组气藏为例[J]. 石油实验地质，2012，34(5)：499-505.

[13] 范小军. 超深层礁滩岩性气藏中高产井成因分析：以川东北元坝地区长兴组礁滩相储层为例[J]. 石油实验地质，2014，36(1)：70-76.

[14] 郭旭升. 南方海相页岩气“二元富集”规律：四川盆地及周缘龙马溪组页岩气勘探实践认识[J]. 地质

学报，2014，88(7)：1209-1218.
[15] 魏祥峰，李宇平，魏志红，等. 保存条件对四川盆地及周缘海相页岩气富集高产的影响机制[J]. 石油实验地质，2017，39(2)：147-153.
[16] 牟书令，金之钧，刘家铎，等. 中国海相油气勘探理论技术与实践[M]. 北京：地质出版社，2009：15-16.
[17] 焦方正，冯建辉，易积正，等. 中扬子地区海相天然气勘探方向、关键问题与勘探对策[J]. 中国石油勘探，2015，20(2)：1-8.
[18] 段金宝，黄仁春，程胜辉，等. 川东北元坝地区长兴期—飞仙关期碳酸盐岩台地沉积体系及演化[J]. 成都理工大学学报(自然科学版)，2008，35(6)：663-668.
[19] 尹正武 四川盆地元坝气田超深层礁滩气藏储层气水识别技术[J]. 天然气工业，2014，34(5)：66-71.
[20] 陈祖庆，杨鸿飞，王静波，等. 页岩气高精度三维地震勘探技术的应用与探讨：以四川盆地焦石坝大型页岩气田勘探实践为例[J]. 天然气工业，2016，36(2)：9-20.
[21] 陈红宇，卢龙飞，刘伟新，等. 蛋白石硅质页岩成岩过程中的孔隙结构变化特征[J]. 石油实验地质，2017，39(3)：341-347.
[22] 黄仁春，魏祥峰，王强. 四川盆地东南缘丁山地区页岩气成藏富集的关键控制因素[J]. 海相油气地质，2017，22(2)：25-30.
[23] 段金宝，梅庆华，李毕松，等. 四川盆地震旦纪—早寒武世构造—沉积演化过程[J]. 地球科学(中国地质大学学报)，2019，44(3)：738-755.
[24] 段金宝，代林呈，李毕松，等. 四川盆地北部上震旦统灯影组四段储层特征及其控制因素[J]. 天然气工业，2019，39(7)：9-20.
[25] 郭旭升，胡东风，段金宝，等. 四川盆地北部宁强胡家坝灯影组四段岩石特征及沉积环境分析[J]. 石油实验地质，2018，40(6)：749-756.
[26] 胡东风. 四川盆地元坝地区茅口组台缘浅滩天然气勘探的突破与启示[J]. 天然气工业，2019，39(3)：1-10.
[27] 胡东风，王良军，黄仁春，等. 四川盆地东部地区中二叠统茅口组白云岩储层特征及其主控因素[J]. 天然气工业，2019，39(6)：13-21.
[28] 周德华，焦方正，郭旭升，等. 川东北元坝区块中下侏罗统页岩油气地质分析[J]. 石油实验地质，2013，35(6)：596-600.
[29] 郭旭升，胡东风，刘若冰，等. 四川盆地二叠系海陆过渡相页岩气地质条件及勘探潜力[J]. 天然气工业，2018，38(10)：11-18.
[30] 魏祥峰，黄静，李宇平，等. 元坝地区大安寨段陆相页岩气富集高产主控因素[J]. 中国地质，2014，41(3)：970-981.
[31] 沈传波，梅廉夫，刘昭茜，等. 黄陵隆起中—新生代隆升作用的裂变径迹证据[J]. 矿物岩石，2009，29(2)：54-60.
[32] 张君峰，许浩，周志，等. 鄂西宜昌地区页岩气成藏地质特征[J]. 石油学报，2019，40(8)：887-899.
[33] 赵宗举，朱琰，邓红婴，等. 中国南方古隆起对中、古生界原生油气藏的控制作用[J]. 石油实验地质，2003，25(1)：10-17.
[34] 张子亚，张聪，石砥石，等. 宁蒗—盐源地区(云宁地1井)泥盆系获天然气重大发现[J]. 中国地质，2019，46(2)：432-433.

南方中-古生界油气勘探的若干地质问题及对策

郭彤楼[1,2]　田海芹[3]

（1. 同济大学，上海 210092；
2. 中国石化南方勘探开发分公司，云南昆明 650233；
3. 中国石化石油勘探开发研究院，北京 100083）

摘要： 中国南方海相盆地经历了多旋回运动的叠加改造，导致各地区油气保存状况存在较大差异。因此，须探索此类盆地独特的油气成藏规律。研究过程中，应注重突出重点、以点带面，针对不同地区的特点，总结出各自的成藏模式。目前，南方海相研究应重点放在重点区块构造评价、烃源岩重新确定和保存条件再评价等方面。通过解剖典型油气藏的成藏条件，了解成藏要素的有利匹配，优选出近期的勘探目标。

关键词： 多旋回盆地　叠加改造　油气保存　中古生界　南方

1　问题

1.1　盆地改造与保存条件

南方海相盆地经历多旋回构造运动叠加、改造，包括加里东期、海西期、印支期、燕山期、喜山期等，但主要是印支以来的 3 期构造运动的改造。改造的形式有挤压褶皱变形、抬升剥蚀、张性断块运动、区域沉积沉降。由于各区块所处的区域构造位置和边界条件不同，其改造形式和过程也有所不同，导致各地区油气保存状况存在较大的差异。总体上讲，构造变形较弱、抬升剥蚀幅度较小的地区油气保存较好，如四川盆地；而构造变形复杂、长期抬升剥蚀地区，如云贵高原和华南褶皱带，油气保存条件较差；而经过张性断块运动后期又发生区域沉积沉降的中、下扬子区重建封闭保存体系的规模及潜力尚须进一步研究。

保存问题及区域保存与局部封闭保存，“九五”期间在理论上提出了持续型、重建型、残留型等有效保存单元概念，而在实际勘探过程中也发现在整体保存较差地区由于局部存在良好的封盖条件，保存较好，如秧坝区块。在保存条件研究中，盖层条件、断层封堵性研究最为重要，压力封闭、水力封闭也应考虑，如何将这几个方面有机地结合起来，动态历史地、全面系统地研究评价，以确定一个盆地、区带或者是具体的勘探目标的保存条件优劣仍须进行大量研究。

石油与天然气地质，2002，23(3)：244-246

1.2 成藏理论

多期成藏与多期改造，最终定位于晚期成藏是南方海相油气成藏的基本特点。如四川盆地经历加里东期(下组合)和印支期两个重要成藏关键时期，但油气最终定位于喜山期形成的挤压背斜之中。而中下扬子覆盖区经历晚印支-早燕山期的强烈挤压和晚燕山-早喜山期的张性断块运动，早期油气聚集已遭到较严重的破坏，气源主要是残存与二次生烃，在这种情况下油气系统最终将如何定位？二次烃源如何评价？四川盆地油气分布主要受加里东期和印支期古隆起控制，那么，中下扬子和华南广大地区油气分布又受何种因素控制？用于指导陆相盆地油气勘探的“源控论”[1]对南方海相勘探是否还有指导意义等一系列问题，是南方海相油气勘探面临而又必须解决的问题。

1.2.1 有效烃源与有效成藏组合

地史上，南方曾发育有多套优质的主力烃源岩，但由于后期构造-热演化作用的叠加、改造，部分已失去生烃能力，部分生成的油气经氧化、演化进而转化为沥青。现今的烃源还包括古油藏、沥青、水溶气等。因此，如何认识与评价有效烃源岩是多旋回叠加盆地油气资源计算的关键。南方中古生界油气勘探必须重视有效烃源岩的辨别与对比，以及对现今油气成藏的贡献，建立相应的评价标准[2]。

1.2.2 成藏规律

“七五”~“八五”南方海相攻关研究中提出了以四川为代表的上扬子具有“相态转换、水溶掺混、溶解释放(隆升脱气)、多源成烃、生聚散动态平衡”的特点，中、下扬子为“重建整体封闭体系，晚期二次成烃和油气次生(晚期)聚集成藏”的成藏规律。虽然如此，除四川外，勘探并没有形成更大的突破，石柱复向斜，自20世纪70年代发现建南气田后，处于徘徊局面，说明对南方中古生界成藏规律的认识和具体研究方法上还存在许多问题。

(1) 目前普遍采用的含油气系统方法并不适合在叠合盆地、构造变动强烈的盆地中简单应用。南方中古生界经历了多旋回构造的强烈改造，油气经历了早期成藏、后期破坏和调整、二次生烃及晚期再成藏等复杂历程，油气藏具有多源混杂、多期充注、相态调整，不能生搬硬套现有的含油系统分析方法。

(2) 对目前处于有机质高演化阶段，后期又经历多期构造运动改造地区的原生油气藏的形成和保存机理尚不清楚，直接影响了油气勘探的成效。

(3) 多旋回叠合盆地中，烃源的有效充注、储层展布、圈闭成藏要素的匹配关系如何，尚待研究。

(4) 南方中、古生界分布区内不同区块，如四川盆地、滇黔桂、中下扬子等具有不同的盆地演化史，各区块应具有不同的油气成藏特征。

(5) CO_2 气藏的研究应得到足够的重视。目前在南方海相地层中已发现黄桥 CO_2 气田，在乌龙1井、秧1井亦见到较强的 CO_2 显示，但其成藏机理、富集规律仍不甚清楚。

2 对策

2.1 整体思路

原型盆地叠加改造对成藏的控制、有效烃源、特殊储层预测、整体保存条件、成藏组合的有效性等方面的研究是“多旋回叠加盆地油气成藏理论”研究的重点。

“多旋回叠加盆地油气成藏理论研究”总体思路是以构造地质学、石油地质学基本原理为指导，根据天然气的多源性、保存条件的关键性、成藏过程的复杂性，采用区域研究与重点气藏解剖相结合的方法，以成盆、成烃、成藏条件和成藏模式研究为主线，深入探讨和总结多旋回叠加盆地油气的成藏规律，进而建立油气藏形成的地质概念模式。在此基础上，通过计算机数值模拟和物理模拟实验，进行油气藏定量成藏过程研究和成藏微观机理研究，建立油气藏形成的定量模式。

研究过程中，注重从已知入手、从宏观到微观、突出重点、以点带面；同时要针对不同地区的特点开展研究。以理论创新为目标，以勘探突破为目的。

特别是“从已知入手，由浅入深，循序渐进”非常重要。对地质条件类似的地区已发现的油气田(藏)，进行全面、认真的解剖，总结规律，进行类比预测和勘探，如四川含油气聚集区、朱家墩气田、黄桥 CO_2 气田、沔31井白垩系油藏和一批古油藏等重要典型油气藏的成藏条件解剖及规律总结。特别要重视气、源的对比和油气藏动态调整的研究，真正解决下组合烃源岩的有效供给及上组合烃源岩的地位问题。

多旋回叠加盆地油气成藏理论研究的是三维空间和一维时间范围内油气的生成、运移和聚集的过程，并指出现今油气聚集成藏的位置，达到有效发现油气资源的目的。因此，要强调“整体、动态与层次”的原则。整体原则强调，只有对油气的生成、运移和聚集基本单元内部的石油地质全貌有了清楚的了解之后，才能有效地研究和选择勘探目标；动态原则的关键是始终将油气的可流动性与迁移性放在首位，强调地质历史过程中各成藏地质要素与作用过程的组合关系；层次性则体现在油气藏形成和分布的各成藏要素与作用过程的组合关系是渐进有序的。

2.2 具体对策

2.2.1 研究重点区块构造特征

在总结南方油气勘探和基础地质研究成果基础上，以构造地质学研究为主线，开展受区域构造控制的盆地形成、盆地性质、盆地演化过程研究，编制不同地质历史时期的盆地类型及其分布图；开展构造活动的时期、性质、强度及地层形变过程、形变程度的研究，编制重要构造变革时期的古构造纲要图，总结中国南方不同区域、不同地质时代的盆地构造特征的共性和个性；选择重点区块作为“研究示范”区块，开展区块构造特征与成藏关系的研究。

2.2.2 重新定义烃源岩

根据南方中古生界烃(包括 CO_2 气，下同)源岩实际，对有效烃源岩进行重新定义。

在已知油气藏研究的基础上，进行气、源对比研究和技术方法探索。

充分利用前人的研究成果，近期钻探取得的相关成果和资料，以及最近完成的5条地球化学大剖面的成果，通过地面、井下油气显示和油气流与潜在烃源岩的精细地球化学对比，建立南方海相不同层位、不同区域有效烃源岩的识别标志，探索有效烃源岩地球化学参数，研究各区带有效烃源岩的时空分布特征。同时结合有效烃源岩发育区的沉积学、古生物学和地球化学研究成果，探索有效烃源岩形成和分布的规律。进行有效烃源岩的生烃期、生烃量和排烃量研究，进行烃类演化阶段及烃类转化对成藏条件的影响等研究工作。

2.2.3 研究保存条件

包括整体保存条件以及具体勘探目标保存条件有效性评价研究两个方面的内容。

整体保存条件是指由区域盖层和受其控制的水动力封闭系统所组成的立体封闭体系。盆地整体封闭保存条件的有效性是形成和保持工业性油气聚集的重要条件，要充分利用沉积、构造及烃源岩研究的成果，主要研究区域盖层的时空分布及其有效性；研究区域或区块整体封存条件及勘探目标封存条件；研究水文地质条件与保存条件的关系；研究烃源岩生烃史、排烃史、油气运移史及与保存之间的匹配关系；研究盆地演化、构造活动及岩浆活动对保存条件的影响。

保存条件研究以成藏保存为目标，开展全面研究，如圈闭有效性、特别是断层封堵作用、水动力系统、盖层有效性等多种研究内容，是此项研究的核心内容。

2.2.4 评价和预测储层

一是充分利用前人的成果，从地层、沉积、储层这些基础研究角度为南方海相油气地质综合评价提供扎实的基础资料，从区域上搞清主要目的层段沉积体系的时空展布及演化规律。

二是在宏观控制的基础上，完成主力储层的厘定；同时研究重点区块主力储层的成因类型、分布、性质、影响因素、演化规律以及与其他成藏要素的匹配关系。

三是通过对南方海相天然气复杂储层，特别是裂缝、岩溶及生物礁等特殊储层的研究，建立起海相天然气复杂储层识别、预测及评价的配套方法技术。

2.2.5 优选勘探目标

从盆地分析入手，把研究区构造演化在时、空上作为一整体对象考虑，以全球板块运动观点、有效成烃观点、流体封存箱、油气动态成藏等方法为指导，综合利用地质、地球化学、地球物理等各种资料，抓住有效烃源条件、有效成藏、有效保存及有效成藏组合等主要矛盾，通过解剖典型油气藏的成藏要素匹配条件，对南方海相领域重点区块的油气成藏条件进行综合分析，研究不同区块油气成藏的主要控制因素，建立南方不同区块中古生界的成藏模式，提出适合南方中古生界油气勘探的思路。同时紧密结合南方中古生界油气勘探的现状和进展，贴近生产，在区带评价基础上，进行勘探目标优选，进行圈闭资源量计算及经济评价分析，提出勘探部署建议。

致谢：本文参考了大量未公开发表的资料，成文过程中得到中国石化石油勘探开发研究院天然气室、中国石化石油勘探开发研究院荆州所、江苏油田研究院勘探三室、江汉油田研究院海相所、滇黔桂油田研究院地质所、南方海相油气勘探项目经理部等有关单位领导的大力支持和帮助，在此一并致谢。

参 考 文 献

[1] 戴金星，王庭斌. 中国大中型天然气田形成条件与油气分布规律[M]. 北京：地质出版社，1997.
[2] 马永生，田海芹. 碳酸盐岩油气勘探[M]. 东营：石油大学出版社，1999.

川东北元坝地区长兴组—飞仙关组台地边缘层序地层及其对储层的控制

郭彤楼

（中国石化勘探南方分公司，四川成都 610041）

摘要： 在野外露头、钻井岩芯观察与测井、地震资料解释的基础上，开展了四川盆地东北部元坝地区长兴组—飞仙关组层序地层研究，将长兴组—飞仙关组划分为 4 个Ⅲ级层序，分别为 SQ1、SQ2、SQ3 及 SQ4。对层序与储层的综合研究表明：储层分布明显受Ⅲ级层序体系域及沉积相控制，储层主要分布于 SQ1、SQ2 及 SQ3 的高位体系域中，为台地边缘浅滩相及台地边缘礁滩相沉积；长兴组储层岩性以生屑白云岩及生屑灰岩为主，储层物性好；飞仙关组储层岩性以亮晶鲕粒灰岩为主，储层物性一般

关键词： 元坝地区　长兴组　飞仙关组　礁滩相　层序　体系域　储层

1995—2000 年在四川盆地东北部地区先后发现了渡口河、罗家寨、铁山坡飞仙关组鲕滩气藏，2003 年又发现了普光长兴组—飞仙关组台缘礁滩相大型气田，其后又陆续发现了元坝、龙岗等长兴组—飞仙关组大型台缘礁滩相气藏，围绕“广旺—开江—梁平陆棚”两侧长兴组—飞仙关组台缘礁滩相油气勘探正在快速展开。元坝地区是中国石化继普光气田后在川东北地区台地边缘超深层领域又一个取得重大突破的区块。

前人针对川东北地区长兴组—飞仙关组沉积相、成岩作用、储层特征等方面开展了大量研究工作，认为川东北地区长兴组生物礁为缓坡边缘礁，造礁生物以海绵、层孔虫及苔藓虫为主，储层主要发育于礁顶浅滩相白云岩中[1-4]；飞仙关组储层主要分布于广旺—开江—梁平陆棚台地边缘浅滩相带，储层岩石类型以鲕粒白云岩为主[5]。同时，众多学者广泛开展了川东北地区长兴组—飞仙关组层序地层研究，所得结论基本一致，即长兴组可划分为两个Ⅲ级层序，飞仙关组也可划分为两个Ⅲ级层序，储层分布于Ⅲ级层序高位体系域中[6-12]。

笔者在野外露头、钻井岩芯观察与测井、地震资料解释的基础上，结合前人研究成果，开展了元坝地区长兴组—飞仙关组台地边缘礁滩相层序地层研究，以期为长兴组—飞仙关组储层的时空展布提供预测依据，促进该区天然气勘探的快速发展。

1　区域地质背景

元坝地区位于四川盆地东北缘巴中低缓构造带，是川北坳陷与川中隆起的过渡带。行

石油学报，2011，32(3)：387-394

政区划位于四川省巴中、苍溪、阆中、旺苍、南江 5 县区，勘查面积为 3251.48km^2。至 2010 年底，该区已完成 B1 等 9 口超深探井的测试，其中工业气井 8 口，主要产层为长兴组礁滩相储层。

在长兴组—飞仙关组沉积时期，元坝地区位于“广旺—开江—梁平陆棚”西部。其中在长兴组沉积期，元坝地区地势西高东低，自西向东分别发育开阔台地、台地边缘礁滩、台地边缘斜坡及陆棚等沉积单元[图 1(a)]，储层分布于台地边缘礁滩相带，岩性以残余生屑结晶白云岩为主。在飞仙关组一段至二段沉积时期，西高东低格局犹存，自西向东发育台地边缘浅滩及台地边缘斜坡等沉积单元[图 1(b)]，储层分布于台地边缘浅滩相带，岩性以亮晶鲕粒灰岩为主；经历了飞一、二时期的沉积充填之后，斜坡—陆棚台地化，飞仙关组三段沉积时期总体为局限台地相沉积；在飞仙关组四段沉积时期水体进一步变浅，演化为局限台地—台地蒸发岩相，沉积了紫红色泥岩、石膏及膏质云岩。

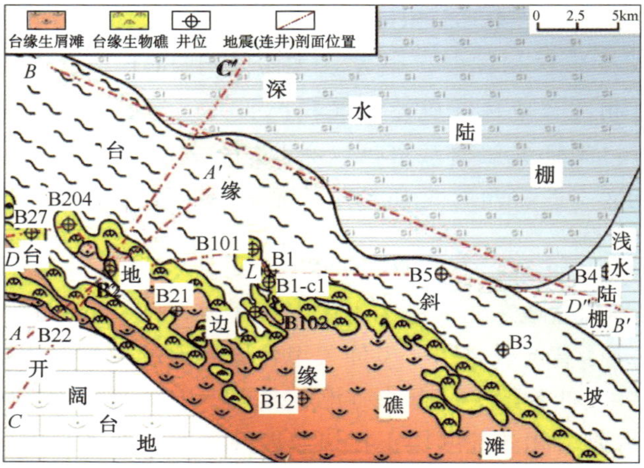

(a) 长兴组

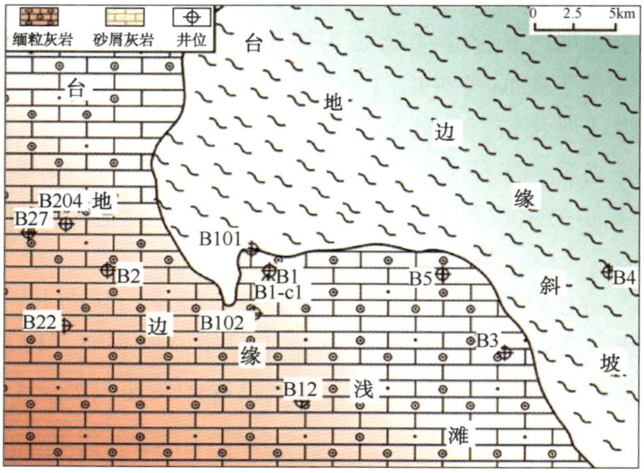

(b) 飞仙关组

图 1 元坝地区长兴组、飞仙关组沉积相平面分布特征

2 层序及体系域界面

2.1 层序界面

根据层序界面特征及形成机理等因素，将研究区长兴组—飞仙关组层序界面划分为暴露不整合层序界面及岩性岩相转换层序界面两种类型。

2.1.1 暴露不整合层序界面

该类层序界面是盆地处于相对稳定时期，以海平面相对下降为主导因素，使原沉积区暴露地表造成原岩部分溶蚀或溶解而形成的。元坝地区长兴组台地边缘礁滩相带顶部为暴露不整合层序界面，B2 井、B101 井和 B102 井长兴组顶部 $\delta^{13}C$ 值明显变小，$\delta^{18}O$ 值明显变大，薄片鉴定时也发现了暴露标志——渗流黏土；过 B2 井地震剖面显示为强振幅(图 2)。在江油二郎庙剖面，飞二段与飞三段之间为暴露不整合层序界面(图 3)，飞二段顶部为浅滩相鲕粒白云岩，飞三段薄层状泥晶灰岩覆盖在暴露不整合层序界面之上。

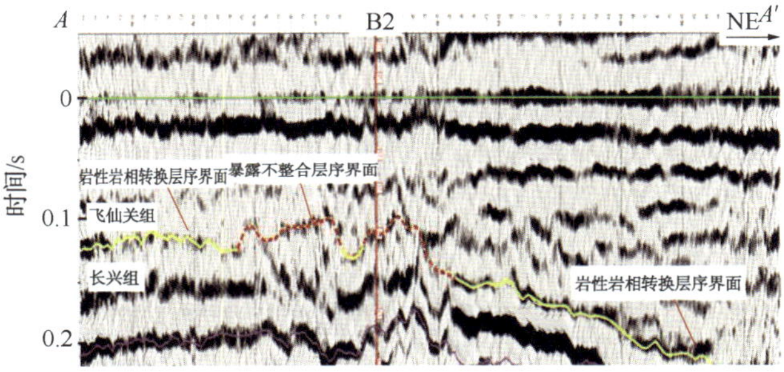

图 2 元坝地区层序界面地震反射特征

2.1.2 岩性岩相转换层序界面

该类层序界面是在构造活动处于相对稳定时期，当海平面下降速率小于盆地沉降速率而形成的。因海平面下降速率小于盆地沉降速率，沉积物没有暴露。但是在界面形成以前，海平面一直处于相对变浅过程中，当新的旋回开始后，海侵作用导致上、下沉积环境变化，从而导致沉积物岩性发生变化。二郎庙剖面中，长兴组与飞仙关组之间为岩性岩相转换层序界面(图 4)。过 B2 井地震剖面显示(图 2)，斜坡区长兴组与飞仙关组之间为一岩性岩相转换层序界面，以强振幅形式表现，下部长兴组为斜坡相泥晶灰岩及瘤状灰岩，泥质含量低，上部飞仙关组为斜坡相泥质灰岩及泥灰岩，泥质含量高。

2.2 体系域界面

在进行层序地层研究时，只有识别了体系域中的一些重要界面，才能正确划分体系域。这些界面包括下超及下超面、上超及上超面等。

2.2.1 下超及下超面

下超是指沉积物不断地从浅水台地区向深水陆棚区进积，下超体的底部往往受一界面控制，该界面即为下超面(DLS)。下超及下超面是由于海平面相对下降而形成的，下超面是划分海侵体系域与高位体系域的重要界面。元坝地区飞一至飞二段发育丰富的前积下超体，前积体不断自台地向陆棚区推进，下超体的底部受下超面控制[图 5(a)]。

图 3　江油二郎庙飞二段与飞三段之间的暴露不整合层序界面

图 4　江油二郎庙长兴组与飞仙关组之间的岩性岩相转换层序界面

2.2.2　上超及上超面

上超与下超刚好相反，是指沉积物不断地从深水陆棚区向浅水台地区推进，上超也往往受一界面的控制，该界面即为上超面。上超及上超面是由于海平面相对上升造成的，是识别海侵体系域的重要标志。过 B22 井和 B2 井南北向三维地震剖面显示，飞仙关组发育丰富的上超体，上超体不断地由北部陆棚向南部斜坡推进[图 5(b)]。

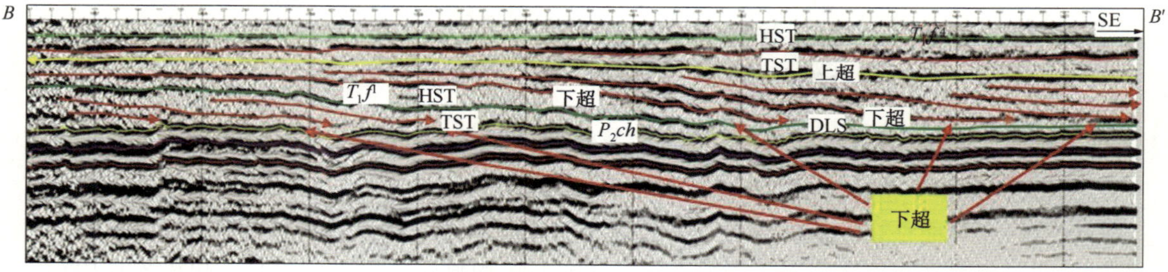

(a)元坝区块三维地震任意测线层拉平剖面

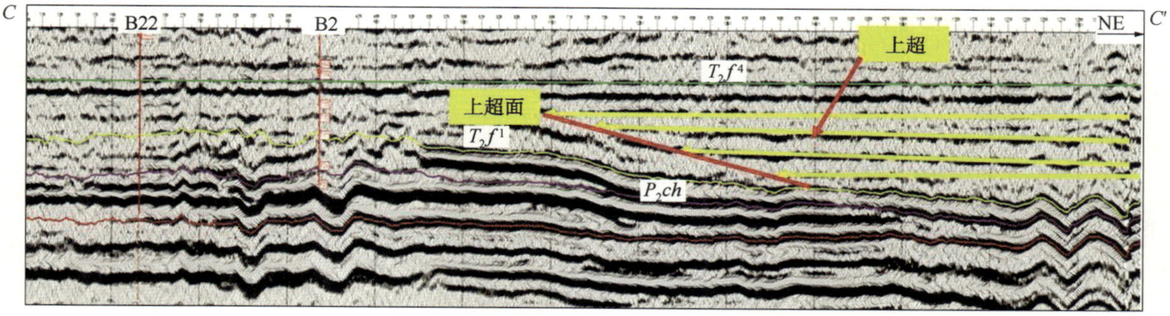

(b)元坝区块过B22井和B2井三维地震测线层拉平剖面

图 5　体系域界面地震反射特征

3　单井层序划分及特征

元坝地区长兴组与飞仙关组之间的层序界面，有些是暴露不整合层序界面，有些是岩性岩相转换层序界面，但无论是哪类界面，它们都是古生物的突变面。在地震剖面上，长兴组上部层序与下部层序之间、飞一段—飞二段与飞三段—飞四段之间的层序界面多表现为强振幅。基于此，将长兴组划分为两个Ⅲ级层序 SQ1 和 SQ2，其中 SQ2 高位体系域岩石重结晶作用及溶蚀作用较强；将飞仙关组划分为两个Ⅲ级层序 SQ3 和 SQ4，SQ3 高位体系域沉积的鲕粒灰岩白云石化及溶蚀作用较弱，储层分布局限。现以 B27 井为例，论述元坝地区长兴组—飞仙关组Ⅲ级层序特征(图 6)。

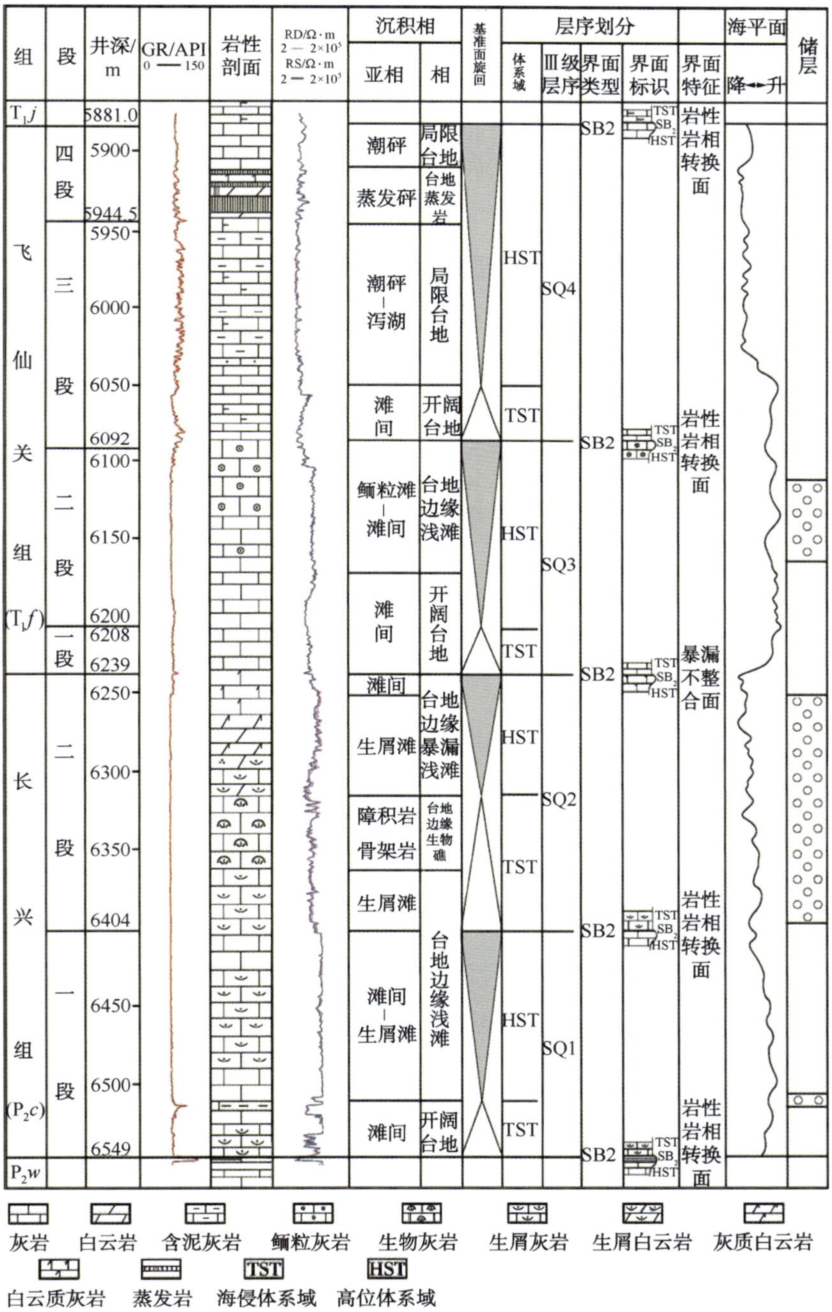

图 6 B27 井沉积与层序地层柱状图

3.1 Ⅲ级层序1(SQ1)

本层序由长一段组成，上、下层序界面都为岩性岩相转换面。海侵体系域为开阔台地相沉积，岩性为灰色泥晶灰岩、生屑灰岩及灰质泥岩；高位体系域为台地边缘浅滩相沉积，岩性为灰色泥晶灰岩及生屑灰岩。

3.2 Ⅲ级层序2(SQ2)

本层序由长二段组成，下层序界面为岩性岩相转换面，上层序界面为暴露不整合面。海侵体系域为台地边缘礁滩相沉积，岩性主要为灰色生屑灰岩和生物灰岩；高位体系域主要为台地边缘浅滩相沉积，岩性为灰色白云质灰岩、灰质白云岩及灰色生屑白云岩。该层序整体发育储层，储层岩石类型以残余生屑白云岩为主，岩石重结晶作用强，晶间孔及晶间溶孔非常丰富(图7)。据30个样品统计结果，平均孔隙度为5.3%，渗透率为23.15×$10^{-3}\mu m^2$。

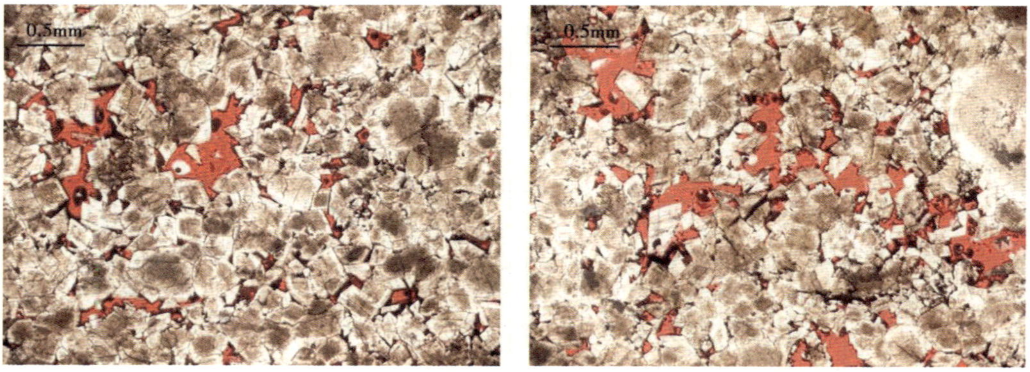

图7 B27井长兴组中晶白云岩微观特征

3.3 Ⅲ级层序3(SQ3)

本层序由飞一段和飞二段组成，下层序界面为暴露不整合面，上层序界面为岩性岩相转换面。海侵体系域为开阔台地相滩间亚相沉积，岩性为泥晶灰岩；高位体系域为开阔台地相滩间亚相及台地边缘浅滩相鲕粒滩亚相和滩间亚相沉积，岩性为灰色亮晶鲕粒灰岩及泥晶灰岩。诸层分布于高位体系域中，岩性为亮晶鲕粒灰岩(图8)，局部发育溶孔，没有充填物。据40个样品统计结果，平均孔隙度为3.2%，渗透率为2.35×$10^{-3}\mu m^2$。

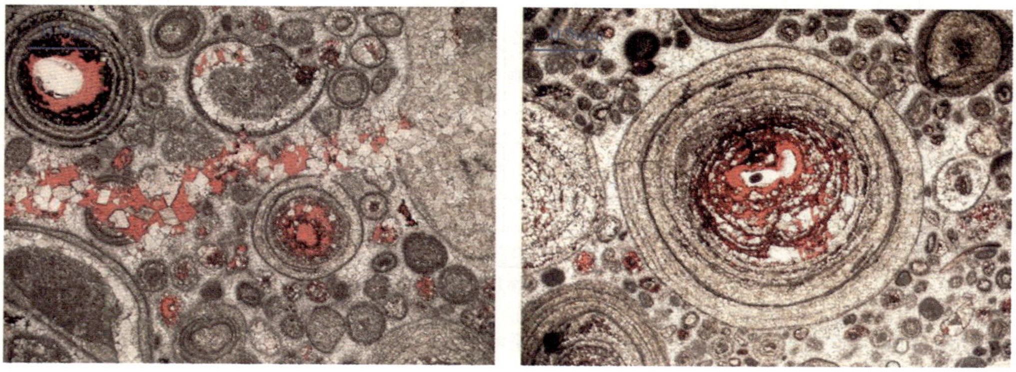

图8 B27井飞仙关组亮晶鲕粒灰岩微观特征

3.4 Ⅲ级层序 4(SQ4)

本层序由飞三段和飞四段组成，上、下层序界面都为岩性岩相转换面。海侵体系域为开阔台地相滩间亚相沉积，岩性为灰色含泥灰岩；高位体系域为局限台地相和台地蒸发岩相沉积，局限台地相岩性为灰紫色泥质灰岩及含泥灰岩，台地蒸发岩相岩性为灰色硬石膏岩和膏质白云岩夹白云质灰岩。

B27 井长兴组发育上、中两套储层，分别位于 SQ2 高位体系域及海侵体系域中，前者为台地边缘浅滩相沉积，后者为台地边缘礁滩相沉积。飞仙关组发育一套储层，位于 SQ3 高位体系域中，为台地边缘浅滩相沉积。飞仙关组发育一套盖层，位于上部层序高位体系域中，岩性为石膏岩及膏质白云岩。

4 层序格架及其对储层的控制作用

通过露头及钻井等层序研究，可以了解某局部台地边缘礁滩相沉积特征及储层的纵向分布，但是对台地边缘礁滩相带整体沉积特征及储层分布还不清楚，因此需要建立层序地层格架。用过 B2、B102、B1-c1、B1、B3、B5 及 B4 等井的地震剖面，建立了垂直相带的长兴组—飞仙关组地震层序地层格架(图 9)，在此基础上利用相关钻井资料建立了与地震剖面相对应的连井层序格架，对长兴组—飞仙关组台地边缘礁滩相及储层分布进行了预测。

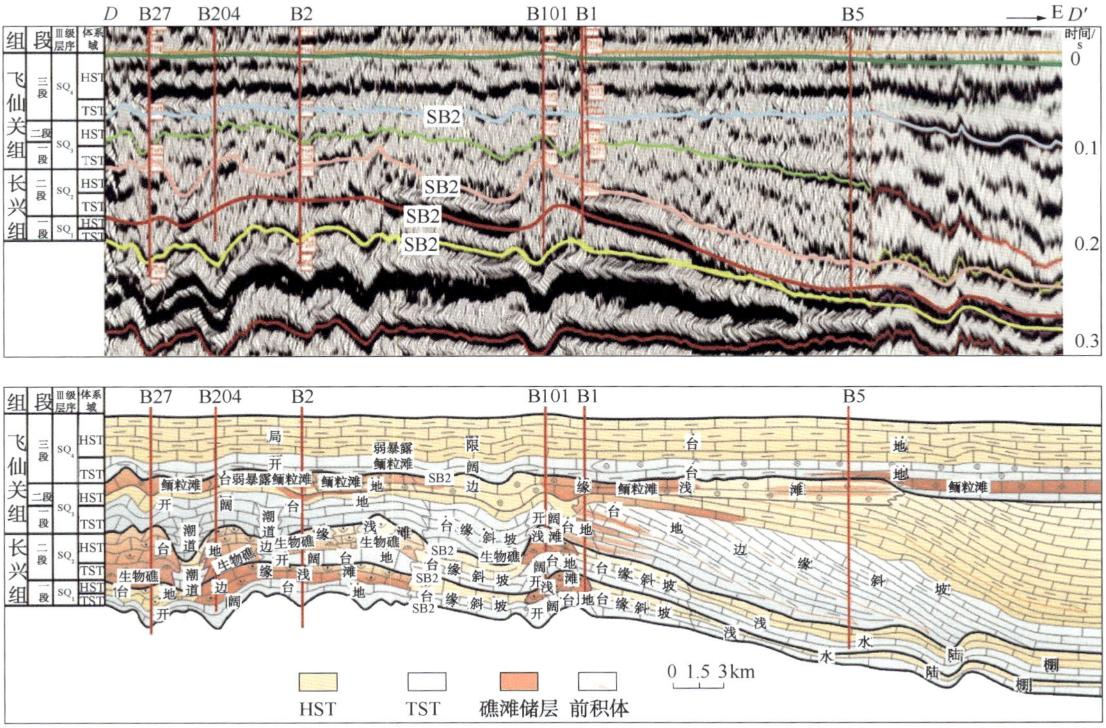

图 9 B27 井—B5 井长兴组—飞仙关组层序格架剖面

4.1 长兴组Ⅲ级层序格架及其对储层的控制作用

长兴组连井层序格架剖面显示(图 10)，两个Ⅲ级层序及体系域全区贯通，储层受体系域控制明显，主要发育于高位体系域中，而在同一层序格架内，储层的发育明显受沉积相分布控制。

SQ1 底部层序界面为长兴组与龙潭组（吴家坪组）分界面，为岩性岩相转换层序界面。海侵体系域由长一段下部组成，B1 井及西部地区的 B2、B102、B1-c1 等井为开阔台地相沉积，岩性为泥晶灰岩夹生屑灰岩；B1 井以东的 B3、B5、B4 等井相变为台地边缘斜坡—陆棚沉积，岩性为瘤状灰岩及泥晶灰岩。总之，当 SQ1 海侵体系域沉积时，元坝地区主要为深缓坡沉积，岩性为含泥质灰岩夹硅质灰岩，储层不发育。高位体系域由长一段上部组成，此时元坝地区相分异明显，B1 井及西部的 B2、B102、B1-c1 等井为台地边缘浅滩相沉积，岩性为泥晶灰岩夹生屑灰岩，局部含少量白云质，后经溶蚀改造可形成较好的储层；B1 井以东的 B3、B5、B4 等井相变为台地边缘斜坡—陆棚沉积，岩性以瘤状灰岩和泥晶灰岩为主，地层薄，溶蚀作用微弱，储层不发育。

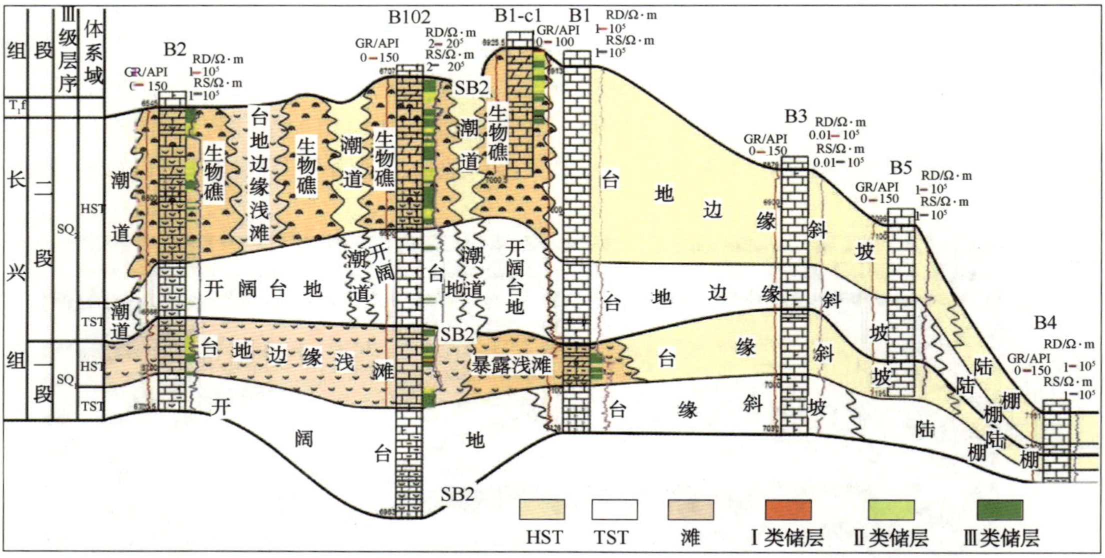

图 10 B2 井—B4 井长兴组连井层序地层格架

SQ2 底部层序界面为岩性岩相转换层序界面。海侵体系域由长二段下部组成，其沉积格局与 SQ1 海侵体系域基本一致，即 B1 井及以西的 B2、B102、B1-c1 等井为开阔台地相沉积，岩性为生屑灰岩，局部地势较高部位，如 B101 井顶部为生屑白云岩；B1 井以东的 B3、B5、B4 等井相变为台地边缘斜坡—陆棚沉积，岩性为瘤状灰岩及泥晶灰岩，其储层不如前者发育，仅局部地区见薄层生屑灰岩储层。高位体系域由长二段上部组成，此时元坝地区相分异作用更加明显，B1 井及以西的 B2、B102、B1-c1 等井为台地边缘礁滩沉积，岩性为生屑灰岩、生物礁灰岩及生屑白云岩，沉积速率快，为明显的正地貌单元，经后期白云石化及溶蚀作用，形成良好的储层，具有物性好、厚度大、分布广的特点。据 B102 井 20 个样品统计，储层岩性主要为生屑白云岩，平均孔隙度为 5.1%，渗透率为 $5.34\times10^{-3}\mu m^2$；而最近刚完钻的 B29 井 13 个样品平均孔隙度为 16.7%，渗透率为 $306\times10^{-3}\mu m^2$，储层物性好；B1 井以东的 B3、B5、B4 等井相变为台地边缘斜坡—陆棚沉积，岩性为瘤状灰岩及泥晶灰岩，为明显的负地貌单元，白云石化及溶蚀作用微弱。B3 井 6 个样品统计结果显示，平均孔隙度为 2.26%，渗透率为 1.17×10^{-3}μm^2，储层物性较差。

因此，长兴组的储层明显受到沉积体系域的控制，主要发育在高位体系域内的台地边缘礁滩相中，并且表现为早期以滩相沉积为主，晚期以礁相沉积为主，平面上具有前礁后滩的特点。

4.2 飞仙关组Ⅲ级层序格架及其对储层的控制作用

飞仙关组连井层序格架剖面显示(图 11)，两个Ⅲ级层序及体系域全区贯通，储层与体系域关系明显，储层主要发育于下部层序高位体系域中，而在同一层序格架内，储层的发育也明显受沉积相控制。

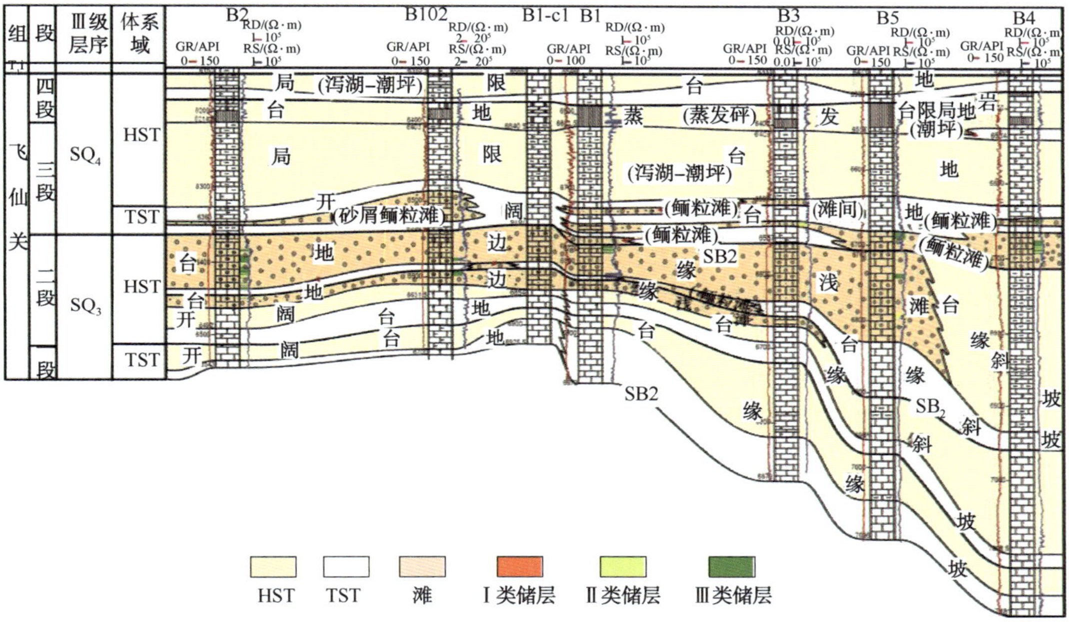

图 11 B2 井—B4 井飞仙关组连井层序地层格架

SQ3 底部层序界面为长兴组与飞仙关组分界面，在研究区西部为暴露不整合层序界面，东部为岩性岩相转换层序界面。海侵体系域由飞一段组成，B2 井与 B1-c1 井之间为开阔台地相沉积，岩性为灰色泥晶灰岩夹含泥灰岩，东部的 B1 井与 B4 井之间为台地边缘斜坡相沉积，岩性为瘤状灰岩及薄层含泥灰岩，该体系域储层不发育。高位体系域由飞二段组成，早期高位体系域在 B2 井附近为开阔台地相沉积，岩性为泥晶灰岩夹泥质灰岩，东部的 B1 井与 B4 井之间相变为台地边缘斜坡，岩性为瘤状灰岩及含泥灰岩；晚期高位体系域在 B1-c1 井及 B5 井等地为台地边缘浅滩相沉积，岩性为浅灰色亮晶鲕粒灰岩及亮晶砂屑鲕粒灰岩，B5 井以东为台地边缘斜坡相沉积，岩性为瘤状灰岩及含泥灰岩。总之，SQ3 高位体系域沉积时期，进积作用明显，台地边缘不断向东北迁移，形成大面积叠置连片分布的鲕粒灰岩，该鲕粒灰岩经溶蚀改造可形成较好的储层，主要分布在 B1-c1 井及以西的台地边缘浅滩相带。如 B102 井储层岩性以浅灰色亮晶鲕粒灰岩为主，据 20 个样品统计结果显示，储层平均孔隙度为 3.05%，渗透率为 1.34×10^{-3}μm^2，储层物性一般；而在 B2 井、B1-c1 井一线东北的广大地区主要为斜坡—开阔台地沉积，储层不发育，如 B3 井储层岩性也以浅灰色亮晶鲕粒灰岩为主，据38个样品统计显示，储层平均孔隙度仅为1.98%，渗透率仅为0.02×10^{-3}μm^2，储层物性很差。

SQ4底部层序界面为飞三段与飞二段的分界面，为岩性岩相转换层序界面。海侵体系域由飞三段下部组成，沉积环境全区相似，为开阔台地相滩间亚相沉积，岩性以泥晶灰岩为主。海侵体系域沉积早期，局部地区(如B2井、B1井和B4井等)发育鲕粒滩亚相沉积，岩性为亮晶鲕粒灰岩，可以储集油气，但物性一般。高位体系域由飞三段上部及飞四段组成，沉积环境全区相似，为局限台地—台地蒸发岩相沉积，整体储层不发育(图11)。其中早期高位体系域为局限台地相潮坪亚相及泻湖亚相沉积，岩性为灰紫色泥灰岩及泥晶灰岩，局部夹白云岩；中期高位体系域为台地蒸发岩相沉积，岩性为泥晶白云岩夹石膏；晚期高位体系域为局限台地相沉积，岩性为灰紫色泥灰岩及泥晶灰岩。

总之，高位体系域内台地边缘礁滩相是储层发育的有利相带。元坝地区长兴组储层主要分布在工区中部NW向展布的B204—B3井以南的礁滩复合区，B12井区为滩相储层分布的有利地区(图1)。

5 结论

元坝地区长兴组、飞仙关组可分别划分为两个Ⅲ级层序，层序界面包括暴露不整合面及岩性岩相转换面两种类型。元坝地区长兴组—飞仙关组储层严格受层序格架及沉积相控制，主要发育在SQ1、SQ2与SQ3高位体系域中，并以SQ2高位体系域储层物性最好、分布最广；长兴组储层主要为台地边缘浅滩相及台地边缘礁滩相沉积，储层岩性以生屑白云岩为主，生屑灰岩次之，储层物性较好，纵向上具有早滩、晚礁，平面上具有前礁、后滩的分布特征；飞仙关组储层为台地边缘浅滩相沉积，储层岩性以亮晶鲕粒灰岩为主，储层叠置连片，分布范围广，单层厚度薄，储层物性一般。

致谢 本文成文过程中，中国石化勘探南方分公司段金宝工程师，中国地质调查局成都地质调查中心王正和博士、谭钦银高级工程师给予了大力协助，在此表示感谢！

参 考 文 献

[1] 马永生，蔡勋育，赵培荣，等．四川盆地大中型天然气田分布特征与勘探方向[J]．石油学报，2010，31(3)：347-354.

[2] 马永生．四川盆地普光超大型气田的形成机制[J]．石油学报，2007，28(2)：9-14.

[3] 徐强，刘宝珺，何汉漪，等．四川晚二叠世生物礁层序地层岩相古地理编图[J]．石油学报，2004，25(2)：47-50.

[4] 牟传龙，谭钦银，余谦，等．川东北地区上二叠统长兴组生物礁组成及成礁模式[J]．沉积与特提斯地质，2004，24(3)：65-71.

[5] 马永生，郭旭升，凡睿．川东北普光气田飞仙关组鲕滩储集层预测[J]．石油勘探与开发，2005，32(4)：60-64.

[6] 马永生，牟传龙，郭彤楼，等．四川盆地东北部长兴组层序地层与储层分布[J]．地学前缘，2005，12(3)：179-185.

[7] 马永生，牟传龙，郭彤楼，等．四川盆地东北部飞仙关组层序地层与储层分布[J]．矿物岩石，2005，

25(4)：73-79.
[8] 周琦，卓胜广，魏国齐，等．四川盆地北部下三叠统飞仙关组层序地层分析[J]．地层学杂志，2008，32(4)：406-410.
[9] 朱永进，刘玲利，赵睿，等．普光气田飞仙关组层序地层划分[J]．断块油气田，2009，16(2)：1-4.
[10] 李国军，郑荣才，唐玉林，等．川东北地区飞仙关组层序-岩相古地理特征[J]．岩性油气藏，2007，19(4)：64-70.
[11] 郑荣才，罗平，文其兵，等．川东北地区飞仙关组层序-岩相古地理特征和鲕滩预测[J]．沉积学报，2009，27(1)：1-8.
[12] 戴荔果，郑荣才，李爽，等．川东—渝北地区飞仙关组层序-岩相古地理特征[J]．中国地质，2009，36(1)：110-119.

南方海相烃源岩特征分析

蔡勋育[1,2]　韦宝东[1,2]　赵培荣[2]

(1. 成都理工大学；2. 中国石化南方勘探开发分公司)

摘要： 文章通过对地化基干剖面及重点盆地南方海相烃源岩的解剖，分析了中国南方海相烃源岩的地球化学特征及沉积成岩环境，探讨了有关南方海相烃源岩评价的几个关键问题。认为：①南方海相发育4套区域性主力烃源岩层和7套地区性烃源层；海相烃源岩主要是泥岩，有机质丰度高，但热演化程度普遍很高；②海相烃源岩发育于5种有利的构造沉积环境中；③海相烃源岩往往具有"双重母质"—浮游藻类和底栖叶状体植物(宏观藻类)；④南方海相烃源岩研究还存在着碳酸盐岩丰度下限值、评价指标、油源对比指标、二次生烃等多方面的问题，需要继续深化研究讨论。

关键词： 中国南方　海相地层　烃源岩　特征　存在问题

1　南方海相烃源岩特征

1.1　发育多套海相烃源岩，资源潜力巨大

伴随两个世代海相盆地的形成，我国南方发育了4套区域性主力烃源岩层(下寒武统、下志留统、下二叠统和上二叠统)和7套地区性烃源层(上震旦统陡山沱组、上奥陶统—下奥陶统、中泥盆统和下石炭统、下三叠统以及上三叠统—下侏罗统的煤系烃源岩)。

1.1.1　下寒武统烃源岩

下寒武系烃源岩主要分布在扬子克拉通(包括川东南、川东北、鄂西渝东、中扬子、下扬子和楚雄盆地)上，烃源岩主要是早寒武世沉积的、与最大海泛面相对应的低能黑色页岩(包括碳质页岩和硅质页岩)和含泥质的碳酸盐岩，为克拉通基底盆地内的第一套区域性烃源岩，厚度20~700m，大部分地区厚度大于100m。从残余有机碳含量看，烃源岩级别属于好、很好烃源岩，大部分烃源岩有机碳含量均在2.0%以上，有机质类型为I型。南盘江坳陷、桂中坳陷和十万山盆地因地处华南褶皱系，该套烃源岩褶皱变质已不复存在。

1.1.2　下志留统烃源岩

下志留统烃源岩的空间展布与下寒武统相似，仅楚雄盆地有差异，主要分布在川东南、川东北、鄂西渝东、中扬子、下扬子等区。烃源岩主要是深海、次深海、大陆架缺氧环境下沉积的硅质岩、页岩、碳质页岩、深灰色泥岩。厚度在20~800m，一般厚200m。其残余有机碳含量高—较高，其中以上扬子地区最好；有机质类型为I型。

天然气工业，2005，25(3)：20-22

1.1.3 下二叠统烃源岩

早二叠世是晚古生代以来南方最大的海侵时期，是烃源岩发育的有利时期。下二叠统烃源岩遍及整个南方地区，烃源岩以泥灰岩、硅质灰岩、硅质岩为主，仅有少量泥岩，泥岩烃源岩厚度较薄，一般几米至 60m 不等，而碳酸盐岩烃源岩厚度 100～600m，平均约 200m，但在滇黔桂地区厚度不大。碳酸盐岩有机碳含量较高，一般为 0.4%～2.72%（滇黔桂地区丰度较低），有机质类型为 I 型，是南方地区一套好的烃源岩。

1.1.4 上二叠统烃源岩

上二叠统烃源岩为泥岩，分布面积广，除楚雄盆地和桂中坳陷外，遍及南方其余所有地区。其中以十万大山盆地和南盘江坳陷最厚，厚度分别为 200～1000m 和 100～412m。其次是下扬子地区，厚为在几十至 200m 不等，南方其他地区一般在 50m 左右。从残余有机碳含量看，烃源岩为很好的烃源岩，有机碳含量 0.4%～22.0%，各区块平均在 1.05%～3.4%。

除上述 4 套区域性分布的主力烃源岩外，还有地区性烃源岩，如南盘江坳陷、桂中坳陷、十万大山盆地、楚雄盆地的泥盆系烃源岩，是这几个地区又一套主力的烃源岩，南盘江坳陷、下扬子石炭系，中、下扬子和鄂西渝东的震旦系，川东北、川东南、楚雄盆地的上三叠统和侏罗系、十万山盆地的上三叠统和下三叠统，均是地区性的优质烃源岩（表 1），对南方油气资源也有着不可忽视的潜力。

1.2 南方海相烃源岩以泥岩为主

根据滇黔桂地区从下泥盆统到下三叠统 7 个层位 3704 个碳酸盐岩的测定结果，TOC 平均含量为 0.16%，各层系平均值为 0.02%～0.18%，显然属非烃源岩；而 2128 个泥岩的 TOC 平均含量为 0.62%，各烃源层系的平均值为 0.65%～1.51%，达到了中等—好烃源岩的水平，这表明泥岩才是主要烃源岩。在南方其他地区，虽然碳酸盐岩丰度较高，达到烃源岩标准，但与同地区的泥岩相比，还是远不如泥岩，也表明泥岩才是主力烃源岩。

1.3 海相烃源岩有两类发育模式，发育于五种有利的构造沉积环境中❶

（1）海相烃源岩的发育有“生产力型”和“保存型”两种模式。

生产力模式：特点是台缘斜坡部位水体清澈、温暖、安静，适合浮游藻类生长；上升洋流输入了大量无机盐类，特别是反气旋洋流引起底栖藻类（褐藻等）极为繁盛，季节性回水将底层丰富的营养元素携入光合作用带的表层水，引起藻类勃发；底层水有氧，浮游、底栖动、植物形成了很高的生物生产率；富含有机质的烃源岩形成于台缘斜坡带上，而不在沉降或沉积中心。十万大山盆地 D、T 台缘斜坡灰泥丘相烃源岩属这种模式。

保存模式：特点是欠补偿盆地水体较深，生物链短，表层水清澈温暖，沉积速率缓慢，海水透光性好，浮游生物繁茂，形成高生产力；水体分层又造成海底缺氧而富 H_2S 和 CH_4，从而使表层水中的浮游生物呈“海雪”式降落在强还原的海底，并完好地保存下来；蒸发泻湖与闭塞海湾在干热气候下的高温、高盐海水富集了营养盐，生物链短，适应高盐环境的菌藻类大量繁盛，死亡后降落到盐跃层之下的强还原水底，同样保存完好。水体分层和强还原环境是这类烃源岩发育的主要控制因素，如十万大山盆地下三叠统闭塞海湾相及局部海台地相泥质烃源岩属这种模式。

（2）烃源岩的发育受沉积环境的控制。

烃源岩形成于 5 类不同的构造环境中：①上升洋流控制的缓坡陆棚环境（下寒武统烃源

岩)；②活动大陆边缘海槽盆相区(湘桂上古生界烃源岩)；③前陆挠曲阶段形成的滞流盆地(上奥陶统顶部—下志留统底部，下三叠统及上三叠统烃源岩)；④克拉通台内滞流盆地(下二叠统碳酸盐岩烃源岩)；⑤滨海平原—三角州相带(上二叠统、上三叠统煤系烃源岩)。以十万大山为例，各层系的有效烃源岩都发育在斜坡相带的陡坡、缓坡、陆棚和三角洲4种环境之中，包括陡坡揉皱藻纹层、盆地边缘相泥岩、淹没台地及台缘陆棚泥岩、闭塞海湾泥岩、前三角洲及三角洲前缘泥岩、台缘缓坡灰泥丘等7种微相。陆表海碳酸盐岩台地和深水沟槽浊积体系的有机质丰度甚低，不发育烃源岩。除斜坡相带外，海相烃源岩还发育在欠补偿盆地相和蒸发泻湖相两个有利相带之中。

(3) 海相烃源岩往往具有"双重母质"——浮游藻类和底栖叶状体植物(宏观藻类)。浮游藻类主要是疑源类和塔斯马尼亚藻(绿藻)，底栖叶状体植物(宏观藻类)主要是线状体植物、红藻、褐藻和发育微孔的底栖藻类。古生代浅海台地相碳酸盐岩的干酪根还有一个鲜明特点是陆表海台地相碳酸盐岩中的藻类腐泥干酪根富氧贫氢，不是好的生烃母质❷。

2 值得思考的几个问题

近几年的海相烃源岩研究工作虽然取得了重大的进展，然而研究过程中也发现一些问题值得我们去深化研究，这些问题的解决对海相烃源岩的深入评价十分关键。

2.1 碳酸盐岩有机质丰度下限值的问题

20世纪70年代开始，石油勘探部门一直使用0.1%作为碳酸盐岩烃源岩的残余有机碳含量下限值。但1999年在开展的南方海相烃源岩地化剖面研究时，由于各家采用的标准不统一，引起了广泛的讨论。针对这一问题，近来形成了3种观点，一种是认为碳酸盐岩烃源岩的有机质丰度下限值应该低于泥岩(如陈义才(2002)[2]等)；第二种观点是由秦建中(2002年)[3]提出的，主要是根据不同的热演化程度和不同的有机质类型，分别在0.1%~0.4%之间选用不同值作为下限值。第三种观点认为，碳酸盐岩烃源岩的有机质丰度下限值应与泥岩接轨，即应取0.4%或0.5%(梁狄刚[4]、张水昌[5]、中国石化南方分公司等)。

随着南方油气勘探的不断深入，根据本轮研究的成果，我们认为海相烃源岩有机质丰度下限值取0.5%或0.4%较为合适，且碳酸盐岩类也应采用相同的标准。因为烃源岩生油指标的下限定得过低，造成碳酸盐岩烃源岩无处不在的假象，反倒使足以形成工业油气藏的地区不突出，失去了勘探中"优选"的意义。毕竟，南方地区经过了多旋回构造发展历史，有机质本身以及它生成的油气都不断经历着变化(热演化和多期生烃、多次破坏)，因此有效烃源生烃指标的下限不能过低。

2.2 有效烃源岩的评价指标问题

(1) 有机质丰度指标：由于南方海相烃源岩普遍高、过成熟，氯仿沥青"A"、烃含量、热解生烃潜量(S_1+S_2)等指标已不适用，目前主要用残余有机碳含量来作为有机质丰度指标。

(2) 有机质类型指标：因为有机质高、过成熟，干酪根的元素组成、热解氢指数(HI)、类型指数(S_2/S_3)等指标已不适用；有机显微组分的准确鉴别也会因为成熟度高而变得困难，干酪根碳同位素在高演化阶段也会发生分馏作用，如何正确应用这些指标来确定母质类型，还需要深入研究。

（3）有机质成熟度指标：由于前泥盆纪地层中缺乏来源于陆生高等植物的镜质体，目前主要用测定沥青反射率、海相镜状体反射率、牙形刺相对荧光强度、芳核平均结构尺寸等，再换算成镜质体反射率来确定有机质的成熟度，再辅以地层流体包裹体类型、均一化温度及其成分等，反映有机质热演化程度；这些指标，在测定技术、换算方法上都还存在一定问题，以致往往同一地区相同地层的烃源岩样品，不同实验室的成熟度测定结果相差悬殊。

2.3 油气源对比指标问题

根据以往的研究，在成熟度高的条件下，烃源岩抽提物的常规生物标志物对比指标都趋于一致，难以作为油源对比的有效指标；原油、沥青与烃源岩的生物标志物分布差异极大，碳同位素因为具有热演化分馏效应，也难以进行精确的油源对比，需要寻找新的、既有明确生源意义又不大受热演化程度影响的油源对比指标。气源对比以往只偏重依靠天然气烷烃系列的碳同位素来作气/气对比，间接判断气源，气/岩直接对比还缺少一套可靠指标和方法；天然气碳同位素同样存在热演化分馏效应，以往气源对比中对这一效应的影响考虑的也少。

2.4 二次生烃及生烃量问题

因为找不到低成熟度的各层系烃源岩样品来求取产烃率曲线，生烃量计算往往缺少本地区实测数据的支持。“二次生烃”在理论上不成问题，但是二次生烃区和层系的准确划定、二次生烃产烃率曲线的建立和二次生烃量的准确计算，都还有待进一步深化。

2.5 关于古油藏是否可作为“源”及其相关的一些问题

有人认为古油藏的固体沥青是原油氧化沥青，再次埋藏后可成为新的烃源，因此要研究这部分沥青的生烃史和生烃量；有人则认为古油藏沥青是原油在地下高温埋藏过程中裂解为气的残余焦沥青，不再具有生烃能力。如何区分这两种不同的沥青成因，还要做大量工作。

撰写本文过程中，参考了以下内部资料：❶广西十万大山盆地生烃成藏研究．中国石油化工集团公司，2004；❷秧坝区块秧1井天然气成因研究——兼论烃源岩评．中国石化股份有限公司南方分公司，2002。

参 考 文 献

[1] 陈安定等．江苏下扬子区海相中、古生界烃源岩晚期生烃的论证与定量研究[J]．海相油气地质，2001；6(4)：27-33.

[2] 陈义才等．过成熟碳酸盐岩烃源岩有机碳含量下限值探讨——以鄂尔多斯盆地奥陶系马家沟组为例[J]．石油实验地质，2002；24(5)：427-430.

[3] 秦建中等．关于碳酸盐岩烃源岩的生排烃理论 II[J]．古潜山，2002；(3)：1-6.

[4] 梁狄刚等．从塔里木盆地看中国海相生油岩问题[J]．地学前缘，2000；7(4)：534-547.

[5] 张水昌等．关于古生界烃源岩有机质丰度的评价标准[J]．石油勘探与开发，2002；29(2)：8-12.

普光气田沥青地球化学特征及成因

蔡勋育[1]　朱扬明[2]　黄仁春[1]

(1. 中国石油化工股份有限公司南方勘探开发分公司勘探开发研究院，云南昆明 650200；
2. 浙江大学地球科学系，浙江杭州 310027)

摘要： 系统的地球化学分析表明，普光气田飞仙关和长兴组气藏沥青为古油藏原油经热裂解成气的残留物。其有机元素组成以贫氢、富氧、富硫为特征，属高热演化且受硫酸盐热化学还原作用影响的焦沥青类。它们的碳同位素变化介于 −25.60‰～−27.78‰，与本区上二叠统烃源岩干酪根相当(−26.50‰～−29.20‰)，两者具有成因关系。这些沥青的饱和烃中正烷烃系列碳数分布完整，没有遭受过严重生物降解作用的迹象。它们呈植烷优势，Pr/Ph 值小于 1.0；甾烷系列中 C_{27} 化合物占优势，检出 C_{30} 和 C_{26} 甾烷；萜烷中三环萜烷丰富，伽马蜡烷含量较高。这表明有机质来源以水生生物为主，是在还原环境中沉积的海相烃源层。沥青的芳烃组成独特，富含四、五环芳烃化合物，且以萤蒽、芘、屈和苯并萤蒽等无烷基取代的母体芳烃化合物为主，反映出沥青裂解成气过程中的有机质芳构化作用。芳烃分布模式及甲基菲指数显示，这些沥青已达高演化阶段，相当的镜质体反射率在 2.0 以上。

关键词： 有机元素　碳同位素　生物标志物　芳烃　沥青　普光气田　四川盆地

普光气田位于四川盆地东部宣汉–达县断褶带的东北段，是我国迄今发现的最大的整装海相碳酸盐岩大气田[1]。在普光气田及相邻构造上，中、下三叠统飞仙关组和上二叠统长兴组气藏储层中普遍含有沥青[2,3]。由于天然气与沥青在成因上有密切联系，所以研究沥青的地球化学性质是揭示该地区天然气成因与来源的重要途径。为此，本文在对普光气田飞仙关组、长兴组及邻区须家河组 10 余个固体沥青样品进行元素、生物标志物和碳同位素等分析的基础上，结合烃源岩资料，剖析其地球化学特征及成因，为本区的油气勘探提供科学依据。

石油与天然气地质，2006，27(3)：340-347

1 沥青的产状及类型

普光气田主要储层为下三叠统飞仙关组和上二叠统长兴组鲕粒白云岩层❶。气藏中的固体沥青属于后生储层沥青，在成因上为焦沥青类。岩芯和镜下观察发现，区内固体沥青有多种产出形态。在普光飞仙关组气藏中沥青主要存在于晶间和粒间孔隙中，在长兴组中沥青主要充填在溶洞(孔)内，而毛坝气藏中则有大量沥青分布于裂缝里[4]。此外，在上三叠统须家河组砂岩层也普遍见有沥青脉。现今这些沥青近乎不溶，用二氯甲烷浸泡萃取的抽提物极少。在储集岩热解分析中，其可溶烃峰很低，产率指数在 0.1 以下，远低于正常的储层原油(一般大于 0.5)，表明它们经历过强烈的热蚀变作用。

2 沥青的有机元素和碳同位素组成

2.1 元素组成

普光、毛坝气田的须家河、飞仙关和长兴组沥青元素分析结果表明，除普光 2 井飞仙关组 1 个样品因混有部分储集岩碎屑外，其他沥青均较纯，含碳量都在 50%以上，变化在 59.62%~89.50%之间。不同层位沥青在氢、氧、硫 3 种元素与碳的相对含量上有明显变化。飞仙关和长兴组沥青以贫氢、富氧、富硫为特征，其 H/C 原子比仅 0.14~0.37，O/C 和 S/C 原子比分别为 0.12~1.12 和 0.033~0.075。相比较而言，须家河组沥青中氢较多，氧和硫较少，H/C 原子比相对较高，变化范围为 0.45~0.61，O/C 和 S/C 原子比较低，分别为 0.02~0.06 和 0.005~0.010，显著低于飞仙关和长兴组沥青。在这些元素比值的分布图上，两者呈不同的点群(图 1)。

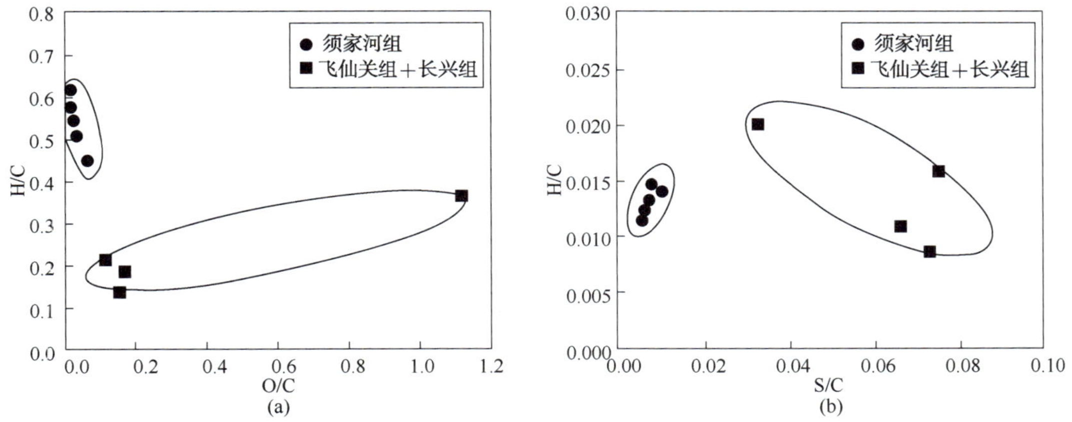

图 1 宣汉–达县地区气藏固体沥青有机元素组成

这些沥青元素组成之间的差异主要与两方面的因素有关。一是热演化程度的差别。与

❶黄藉中，陈盛吉，宋家荣，等．四川盆地碳酸盐发育区主要烃源岩分布及有机质演化研究．成都：中国石油天然气股份有限公司西南油气田分公司勘探开发研究院，1995

下部地层相比，须家河组沥青热演化程度相对较低，因而其氢的含量要高一些；飞仙关和长兴组沥青埋深大，热演化程度更高而更为贫氢。二是受气藏中发生的硫酸盐热化学还原作用的影响。在此过程中不断形成的低价硫可能与沥青相结合，同时沥青被氧化，导致其硫和氧的含量增加。这些层位沥青的氮含量没有明显差别，它们的 N/C 原子比变化在 0.009～0.020 之间，表明氮的含量主要取决于原始原油的组成，受成藏期后次生作用的影响较小。

2.2 碳同位素组成

普光气田所分析的飞仙关和长兴组沥青碳同位素变化在-25.60‰～-27.78‰之间，分布范围小于川东石炭系的储层沥青(-24.34‰～-29.66‰)，明显重于震旦系灯影组储层固体沥青(平均值为-35.25‰)[5-7]，意味着其原始烃源岩性质不同。大量分析资料表明，正常原油的碳同位素比相应源岩干酪根轻 1‰～2‰，而固体沥青的碳同位素要比其原始原油重 2‰～3‰[8]。这样，固体沥青的 $\delta^{13}C$ 值要高出烃源岩干酪根 1‰～2‰。川东北地区毛坝 3、河坝 1 和川岳 84 井的上二叠统烃源岩干酪根 $\delta^{13}C$ 值为-26.50‰～-29.20‰，比所研究的沥青低 1‰～2‰，由此可证实这些沥青的原始油源来自该套烃源层。为了比较，笔者同时分析了本区须家河组沥青样品。须家河组沥青碳同位素明显重于飞仙关和长兴组沥青，其 $\delta^{13}C$ 值分布在-22.97‰～-24.38‰范围内，表明两者具有不同的烃源。须家河组沥青可能为自生自储沥青。

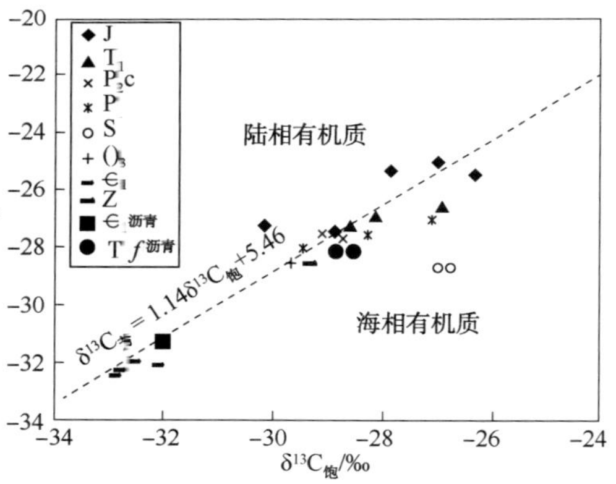

图 2　川东地区烃源岩和沥青饱和烃、芳烃碳同位素值分布

来源于不同类型成油母质的原油(沥青)，其饱和烃和芳烃组分的碳同位素组成及两者间的差值有明显区别。图 2 是川东地区各时代烃源岩和普光 2 井飞仙关组沥青及寒武系沥青的饱和烃、芳烃 $\delta^{13}C$ 值分布范围。图中的直线($\delta^{13}C_{芳} = 1.14\delta^{13}C_{饱} + 5.46$)是 Sofer[9] 依据大量原油数据统计回归出来作为区分海相与陆相原油的分界线。实际上，这种用碳同位素组成划分原油类型的方法并非区分原油源岩的沉积相，而是区分其有机质类型。海相沉积中有机质来源主要为水生生物，其饱和烃和芳烃组分可能源于相似的原始生物生化成分的演化，因而两者的碳同位素值比较接近，相应的数据点在该图版中位于直线的下方；而陆相地层中，富含芳香结构的陆源高等植物在有机质来源中占有重要比例，因而芳烃的碳同位素要明显重于饱和烃组分，相应的数据点落在直线的上方。

普光 2 井飞仙关组 2 个沥青的饱和烃和芳烃碳同位素值分别为-28.60‰、-28.10‰和-28.80‰、-28.00‰，数据点落在图中的海相有机质范围，为其海相成因提供了佐征。在图 2 中还可看到，典型海相成因的寒武系源岩及沥青和奥陶系、志留系、下二叠统等烃源岩的数据点均在海相有机质区域，说明这种区分海、陆相有机质的方法是合理的。

3 饱和烃生物标志物及其地球化学意义

3.1 正烷烃与类异戊二烯烃

普光2、普光6、毛坝3等井飞仙关组、长兴组及须家河组的沥青样品经粉碎后用氯仿进行浸泡萃取，沥青可溶物用柱层析方法分离出饱和烃和芳烃组分，分别进行了GC-MS分析。分析结果表明，这些沥青有完整碳数的正构烷烃分布（图3），碳数一般在C_{13}~C_{30}范围，说明它们没有受到明显的生物降解作用。虽然在色谱图上基线出现较平缓的鼓包，但并不是生物降解所致。从它们低碳数化合物较少的情况看，可能是热裂解作用使正烷烃损失较多所造成的。这些沥青正烷烃的主峰碳数在C_{20}左右，由于它们已经遭受过热降解作用，不具有表征有机质来源的地球化学意义。

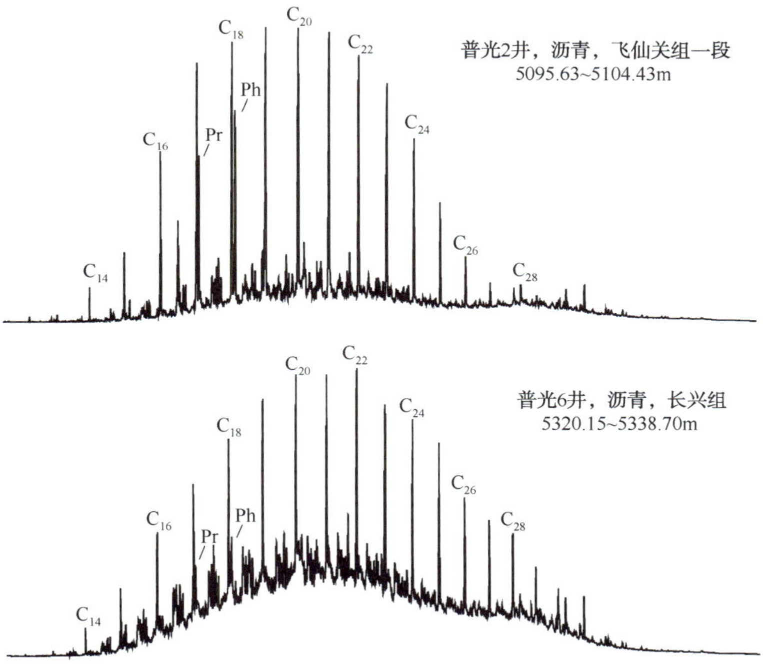

图3 宣汉-达县地区沥青饱和烃气相色谱

这些沥青的类异戊二烯烃系列化合物含量较高，Ph/nC_{18}比值在0.4~0.9之间，表明含叶绿素的有机质对其成烃母质贡献较大。它们均呈植烷优势，Pr/Ph比值大都在0.6左右，意味着这些沥青的原始烃源来自沉积于还原环境中的有机质。

3.2 甾烷

GC-MS分析表明，飞仙关组、长兴组沥青甾烷系列中C_{27}化合物占优势，C_{27}~C_{29}甾烷呈不对称的“V”字形分布，说明它们成油母质的有机质来源中水生生物贡献较大。同时，笔者注意到在普光2井飞仙关组沥青之间甾烷的碳数分布有所不同。飞仙关组二段和飞仙关组一段下部储层沥青中C_{27}甾烷相对含量高于飞仙关组一段中、上部样品，前者的C_{27}/C_{29}

甾烷比值在 1.1 左右，而后者大都在 1.0 以下。这说明该古油藏中可能曾有两期不同油源的原油注入。这种差别还反映在孕甾烷相对含量上，飞仙关组二段和飞仙关组一段下部储层沥青中其含量要明显低于飞仙关组一段中、上部样品。成熟度参数的对比显示，它们的孕甾烷含量高低并非成熟度不同所致，可能是有机质来源或沉积环境性质上的差异。

在此值得指出的是，这些沥青甾烷的异构化率似乎尚未达到其平衡值，它们的 $C_{29}S/(S+R)$ 比值均在 0.5 上下。这与邻近烃源岩的有机质热演化程度不一致。实测的飞仙关组源岩 R_o 值已达到 2.0%左右[10,11]。这种情况也见于烃源岩可溶抽提物中。对于这样的异常现象(有人称为倒转)目前尚无法作出合理的解释。不过，该现象提醒我们在应用生物标志物确定成熟度时要考虑这个问题。

为了检测一些具指相和断代意义的生物标志物，本研究选取一些沥青饱和烃样品进行 GC-MS-MS 分析。在这些样品中检测到 C_{30} 甾烷和 C_{26} 甾烷。C_{30} 甾烷有两类：一类是 24-异丙基胆甾烷，另一类是 24-正丙基胆甾烷。不同时代地层中这两类 C_{30} 甾烷有不同的含量。震旦系和下寒武统海相地层中以 24-异丙基胆甾烷为主，而寒武纪之后的海相地层中以 24-正丙基胆甾烷为主[12]。这两种 C_{30} 甾烷在湖相样品中都未检测到，因而是判识海相有机质的特殊生物标志物。

本区这些沥青中检测到的主要是 24-正丙基胆甾烷，说明其源岩时代在寒武纪之后，同时也证实这些沥青源于海相烃源岩。C_{26} 甾烷有 21-、24-和 27-降胆甾烷 3 个系列，21-和 27-降胆甾烷在海相和陆相原油及生油岩中均有，而 24-降胆甾烷只在海相地层中检出。在本样品中也检测到 24-降胆甾烷，这进一步证实这些沥青来自海相有机质。

3.3 萜烷

普光气藏飞仙关组和长兴组沥青样品中萜烷含量较丰富。由于成熟度高，它们的三环萜烷含量很高，在长兴组样品的 m/z191 质量色谱图上其峰高超过藿烷。这个系列化合物主要来源于细菌和其他微生物，通常来源于有机质类型较好的源岩原油(沥青)中其相对含量较高。与孕甾烷的含量变化相似，普光 2 井飞仙关组沥青中三环萜烷相对含量也存在差别。飞仙关组二段和飞仙关组一段下部储层沥青中其相对含量较低，而在飞仙关组一段中、上部样品中较高。在碳数分布上，这些沥青之间也存在一定差别。长兴组沥青中 C_{23} 三环萜烷相对含量很高，表征水生生物有机质来源；而部分飞仙关组沥青中 C_{21} 化合物(C_{20} 中可能混有污染峰)含量与 C_{23} 相当，可能与成熟度或烃源岩类型不同有关。

沥青的五环三萜烷中，伽马蜡烷的含量较高。在 m/z191 质量色谱图上其峰高与 C_{31} 藿烷相近，表征原始有机质的沉积水体咸度较高，也可作为沥青来源于海相地层的一个佐证。

它们的藿烷分布没有显示出特殊性，C_{31} 以上化合物随碳数增加呈递减型分布模式，表明它们并非来源于典型的强还原环境中的碳酸盐烃源岩，可能源于泥质岩。值得探讨的是，这些沥青中均存在含量较高的 25-降藿烷系列化合物。该系列化合物常被认为是由藿烷经微生物的降解作用而来，在许多遭受过严重生物降解的原油中确实检测到高含量的这类化合物。但一些学者对该系列化合物的成因提出质疑。他们指出，25-降藿烷在一些生物降解原油中没有被检出，而在一些生油岩中却以一定的含量存在。对此，B lanc 和 Conna[13] 得出的结论是，25-降藿烷是原油和生油层中原先就存在的生物标志物，之所以在降解油中含量高，是因为生物降解作用选择性地消耗了更易降解的规则藿烷所致，并非由藿烷的脱甲基作用形成。

本区沥青样品中均检出了含量较高的25-降藿烷系列化合物(图4)。据此，前人在相关研究报告中认为这些沥青经历过生物降解作用。实际上，这种观点是有误的。因为在本区各层位烃源岩中普遍存在该系列化合物(图4)，表明这些化合物不是由于生物降解作用而来。之所以在这些沥青和烃源岩中存在这类化合物，是因为成熟度高的缘故。根据实测的 R_o 值和芳烃化合物成熟度参数，宣汉-达县地区飞仙关组沥青和邻近层位的烃源岩有机质已处于高成熟或过成熟演化阶段。与规则藿烷相比，25-降藿烷的热稳定性更高。据分子热力学计算，C_{25}-甲基在藿烷分子结构中占据有位阻的位置，这个甲基的失去会释放 21kJ/mol 的能量；因而在高热演化的这些沥青中这类化合物的相对含量就较高。这进一步说明这些沥青没有遭受过明显的生物降解作用，与它们有完整的正烷烃分布相吻合。

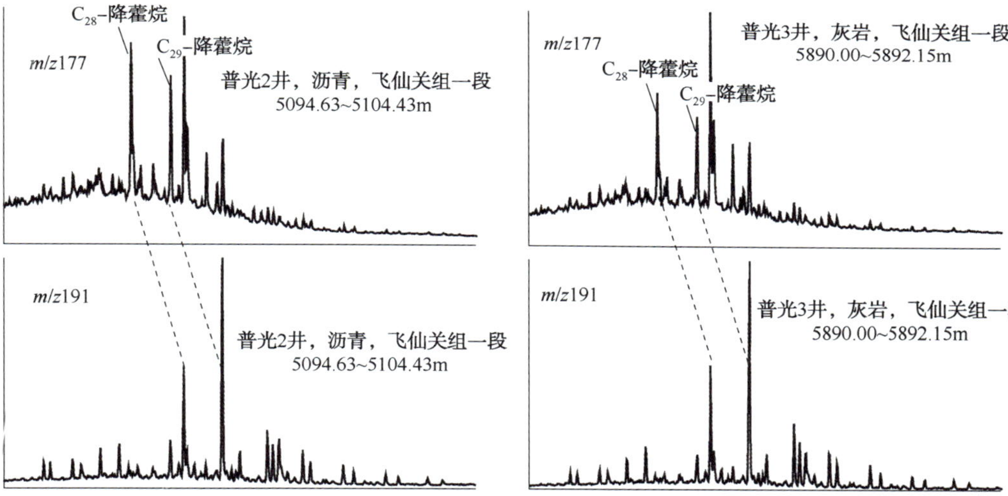

图4　普光构造飞仙关组沥青和烃源岩25-降藿烷分布

4　芳烃组成特征及演化程度

芳烃化合物是原油和生油岩中有机质的重要组成部分，一般占 20%~30%。目前检测到的芳烃种类繁多、结构多样，包含着丰富的地球化学信息，广泛被应用于区分有机质母质类型、沉积环境和确定热演化程度。地质体中芳烃化合物基本上都是沉积有机质的热演化产物，不像饱和烃生物标志物那样与生物标志物有明确的对应关系。在一般的成熟生油岩和原油中，芳烃大都以萘、菲系列为主，两者总量常在 50%以上；在海相碳酸盐岩和蒸发岩及其原油中，含硫有机物通常占有较高的相对含量。

令人感兴趣的是，本区沥青的芳烃化合物组成与一般的原油不同。它们的萘、菲系列化合物较少，而以四、五环芳烃化合物为主(图5)。四环芳烃主要有萤蒽、芘、屈和苯并[a]蒽等，五环芳烃主要有苯并萤蒽、苯并[a]芘、苯并[e]芘、苝等。这样的芳烃组成在地质样品中并不多见。同时我们注意到，本区烃源岩芳烃也具有相似的组成特征。这说明在高热演化阶段，伴随有机质不断裂解成气，残余有机质需通过芳构化作用以达到氢原子分配的平衡。在这种过程中，低碳环数的芳烃可能发生脱氢稠合，并使芳烃化合物侧链断裂逐渐失去烷基，从而导致具有较高热稳定性的无侧链多环母体芳烃化合物得以富集。在可溶物的族组分中，这些高演化程度的沥青及源岩芳烃组分的含量一般都比饱和烃高，有的样品饱/芳比值可低至0.2，反映了这种芳构化作用的存在。

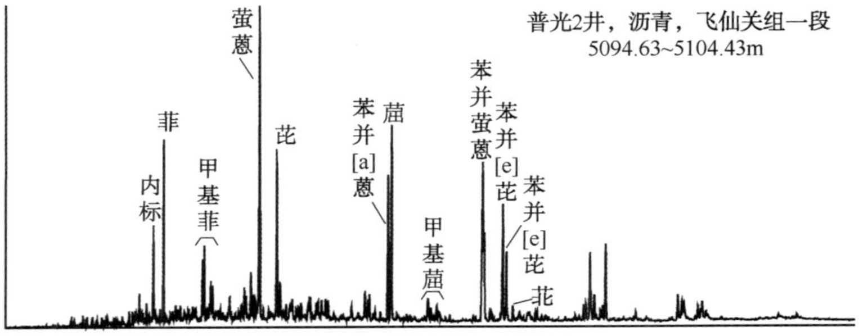

图5　普光构造飞仙关组沥青芳烃化合物分布

地质体中，烷基以α取代的芳烃化合物由于存在位阻效应而不稳定，在热演化过程中要向更稳定的β取代化合物转变，因而这两类结构的芳烃化合物相对比值可作为有机质的成熟度参数。与饱和烃相比，芳烃的成熟度参数有更宽的化学动力学范围。一般的甾、萜烷异构化率在达到生油高峰前就达到其平衡值，而芳烃成熟度参数可延伸通过生油窗，适用于高演化阶段的成熟度确定。在繁多的芳烃成熟度参数中，甲基菲指数是应用最广的指标。

甲基菲指数(MPI_1)主要基于菲(P)和4个甲基菲异构体(3-MP，2-MP，9-MP，1-MP)之间的比值，计算公式为：$MPI_1=1.5(2\text{-}MP+3\text{-}MP)/(P+1\text{-}MP+9\text{-}MP)$。Radke等[8]的研究表明，生油岩中$MPI_1$与镜质体反射率($R_o$)具有线性关系：在$R_o$小于1.35%时，$R_c=0.6MPI_1+0.4$($R_c$为换算的镜质体反射率)；当$R_o$大于1.35%时，$R_c=-0.6MPI_1+2.3$。

图6为普光2井飞仙关组沥青及毛坝2井同层位烃源岩芳烃的菲系列分布图。图中显示，沥青的菲化合物含量最高，甲基菲、二甲基菲和三甲基菲化合物含量依次减少，呈高演化的分布模式[14]。在甲基菲系列中，α取代的9-MP和1-MP化合物(后两个峰)显著低于β取代的3-MP和2-MP化合物(前两个峰)，表征相当高的热演化程度。这些飞仙关组沥青由MPI_1指数换算的镜质体反射率(R_c)值在2.00%上下。毛坝2井飞仙关组三段灰岩的菲系列化合物分布与这些沥青相似。该烃源岩样品换算的R_c值为1.91%，接近实测的R_o值(为2.18%)，可佐证该参数表征的沥青成熟度。

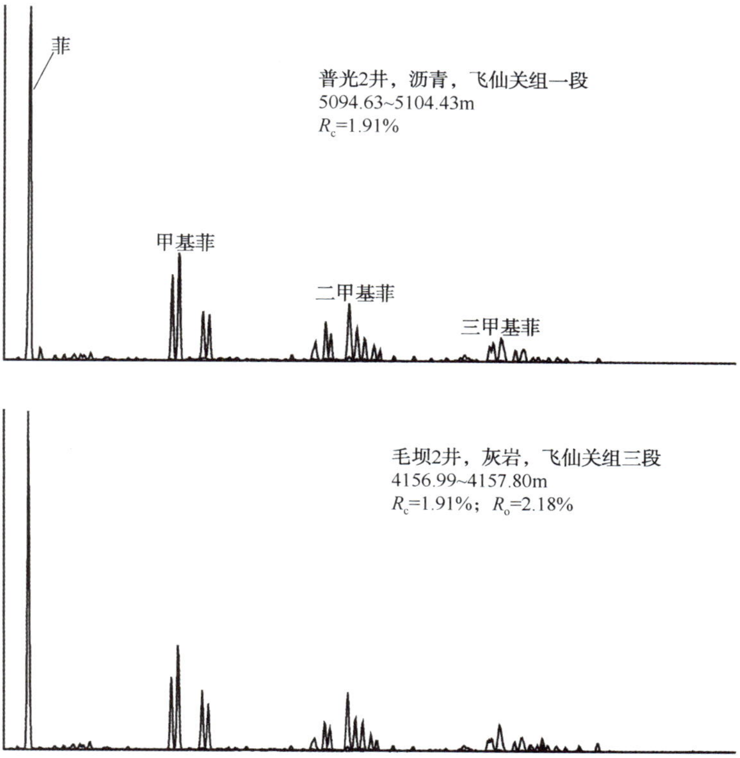

图 6　飞仙关组沥青和烃源岩菲系列化合物分布

5　结论

（1）普光气田飞仙关组和长兴组储层沥青为古油藏原油经裂解成气之后的残留物。其有机元素组成以贫氢、富氧、富硫为特征，属高热演化且受碳酸盐热化学还原作用影响的焦沥青类。碳同位素与本区上二叠统烃源岩干酪根相当，证实两者具有成因关系。

（2）沥青的饱和烃中正烷烃系列碳数分布完整，表明它们没有遭受过严重的生物降解作用，其所含的25-降藿烷是高成熟所致。生物标志物组合表征，本区沥青源于有机质来源以水生生物为主、沉积在还原环境中的海相烃源层。

（3）沥青的芳烃化合物组成独特，富含四、五环芳烃化合物，且以萤蒽、芘、屈和苯并萤蒽等无烷基取代的母体芳烃化合物为主，反映出沥青裂解成气过程中的有机质芳构化作用。

参 考 文 献

[1] 马永生，郭旭升，郭彤楼，等．四川盆地普光大型气田的发现与勘探启示[J]．地质论评，2005，51(4)：477-480.

[2] 马永生，蔡勋育，李国雄．四川盆地普光大型气藏基本特征及成藏富集规律[J]．地质学报，2005，79(6)：858-865.

[3] 王金琪．四川盆地油气地质特征[J]．石油实验地质，2004，26(2)：115-120.

[4] 蔡勋育，马永生，李国雄，等．普光气田下三叠统飞仙关组储层特征[J]．石油天然气学报，2005，27(1)：43-45.

[5] 王兰生，陈盛吉，杨家静，等．川东石炭系储层及流体的地球化学特征[J]．天然气勘探与开发，2001，24(3)：28-38.

[6] 黄籍中，冉隆辉．四川盆地震旦系灯影灰岩黑色沥青与油气勘探[J]．石油学报，1989，10(1)：27-36.

[7] 谢增业，李剑，单秀琴，等．川东北罗家寨飞仙关组气藏成藏过程及聚集效率[J]．石油与天然气地质，2005，26(6)：765-769.

[8] Machel HG，K rouse HR，Sassen R. Products and distinguishing criteria of bacterial and thermochemical sulfate reduction [J]．Applied Geochemistry，1995，10(4)：373-389.

[9] Sofer Z. Stable carbon isotope composition of crude oils：application to source depositional environments and petroleum alteration[J]．AAPG Bulletin，1984，68(1)：31-49.

[10] 蔡勋育，韦宝东，赵培荣．南方海相烃源岩特征分析[J]．天然气工业，2005，25(3)：20-22.

[11] 沃玉进，肖开华，周雁，等．中国南方海相层系油气成藏组合类型与勘探前景[J]．石油与天然气地质，2006，27(1)：11-16.

[12] M c c affrey MA，Moldow an JM，Lipton PA，et al. Paleoenvironmental implications of novel C_{30} steranes in Precambrian to Cenozoic Age petroleum and bitumen [J]．Geochimica et Cosmochimica Acta，1994，58(1)：529-532.

[13] Blanc P，Connan J. Origin and occurrence of 25-norhopanes：a statistical study [J]．Organic Geochemistry，1992，18(6)：813-828.

[14] 范善发，周中毅，韩林，等．塔里木古地温与油气[M]．北京：科学出版社，1990. 52-55.

普光气田与元坝气田礁滩储层特征的差异性及其成因

胡东风

（中国石化勘探南方分公司）

摘要：中国石化勘探南方分公司在川东北地区先后发现了普光气田和元坝气田。为弄清两个气田的成藏规律，指导该区下一步的油气勘探部署，以碳酸盐岩沉积学、层序地层学、地震地层学等理论为指导，充分利用普光气田与元坝气田的地质录井、测井和高精度三维地震资料，对两个气田二叠系长兴组、三叠系飞仙关组礁滩储层岩石学特征、储集空间类型、物性特征、分布特征等进行了对比分析。结果表明：普光气田与元坝气田台缘相带储层发育既有相似性，又有明显的差异性；储层发育情况受台地边缘相带控制，普光地区储层以飞仙关组台缘滩白云岩为主，元坝地区储层则以长兴组台缘礁滩白云岩为主。分析其原因后认为，早期古地貌和构造作用以及白云岩化作用的差异可能是造成两个气田储层发育差异的主要控制因素。该研究成果对认识川东北及相似地区的地质规律，指导油气勘探具有现实意义。

关键词：四川盆地东北部　普光气田　元坝气田　台缘礁滩　储层特征　对比差异性　控制因素

2003 年在开江—梁平陆棚东缘宣汉—达州地区二叠系长兴组—三叠系飞仙关组钻获高产天然气流，发现了普光气田，其后以普光气田勘探思路技术为指导，综合研究认为陆棚西侧元坝地区具有发育长兴组—飞仙关组礁滩储层的沉积背景，发现了元坝长兴组—飞仙关组礁滩地震异常体，2007 年元坝长兴地区勘探获得突破，发现了元坝气田（图 1）[1]。

已有的研究成果表明，储层是控制川东北地区碳酸盐岩油气成藏与聚集的关键因素，有利沉积相带、白云岩化作用、多期溶蚀作用、构造破裂作用和良好的封存环境是深层优质碳酸盐岩储层形成的有利因素[2]。位于开江—梁平陆棚东西两侧的普光气田与元坝气田在储层发育特征方面具有一定的相似性[3]，但也存在明显的差异性，是什么因素造成了两地区的差异？笔者认为这是关乎深化认识川东北礁滩相储层、导向油气勘探部署的关键问题之一。

天然气工业，2011，31(10)：17-21

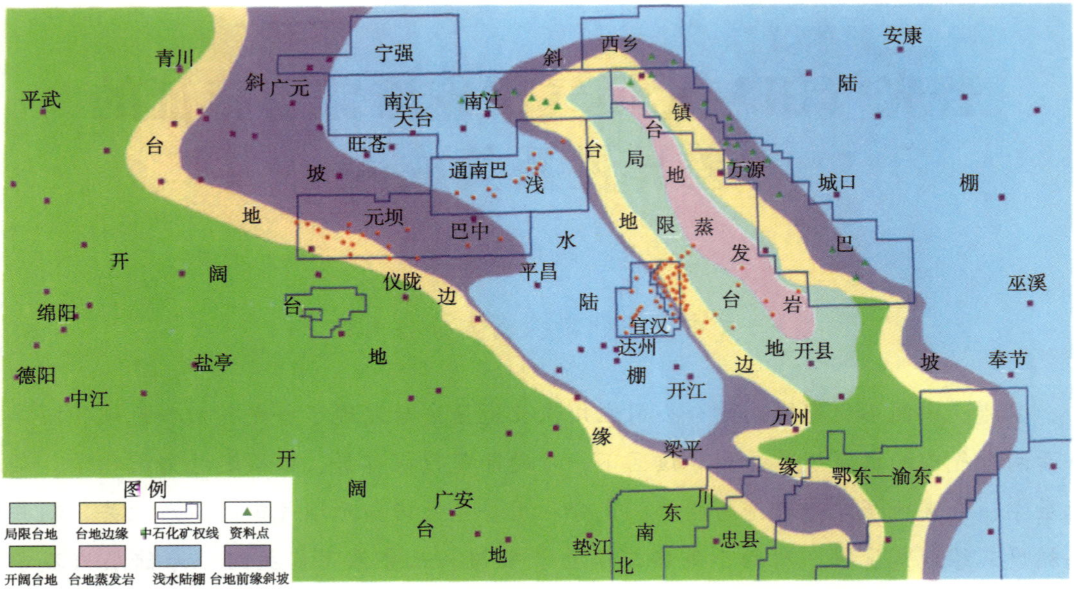

图 1　川东北长兴组—飞仙关组沉积相平面分布图

1　储层特征对比分析

普光地区与元坝地区长兴组—飞仙关组均发育台缘礁滩相储层，但在储层厚度、岩性、储集性能等方面存在差异(表 1)，特别是飞仙关组储层在两地区差别较大，普光地区飞仙关组储层表现为厚度大、物性好的特征，探明储量超过 94%，而元坝地区飞仙关组储层厚度薄、物性较差；但元坝地区长兴组储层的厚度和物性又比普光地区要好，构成了前者的主力储层[4]。

表 1　普光、元坝地区长兴组—飞仙关组储层特征统计表

类别	普光地区		元坝地区	
	飞仙关组	长兴组	飞仙关组	长兴组
储层厚度	17~368.8m (平均 191.1m)	22.3~187.4m (平均 95.8m)	12.8~35.7m (平均 24.5m)	17.9~117.8m (平均 86.3m)
储层主要岩性	残余鲕粒结晶云岩	残余生屑结晶云岩	亮晶鲕粒灰岩	残余生屑结晶云岩
储层分类	Ⅰ、Ⅱ类为主	Ⅱ、Ⅲ类为主	Ⅲ类为主	Ⅱ、Ⅲ类为主
沉积相	台地边缘浅滩	台地边缘生物礁	台地边缘浅滩、台内浅滩	台地边缘礁滩
前积体	不发育		极发育	
储量	飞仙关组为主		长兴组为主	
长兴期沉积展布	发育礁滩复合体，礁后滩不发育		发育礁滩复合体和大面积礁后浅滩	

1.1　储层岩石学特征

普光气田与元坝气田长兴组储层岩石类型以残余生屑结晶云岩、残余生物礁结晶云岩、粉细晶云岩为主，发育少量的生物礁灰岩储层(图 2)。普光地区飞仙关组储层岩石类型以残余鲕粒结晶云岩为主(图 3)，糖粒状云岩及粉细晶云岩次之；元坝地区飞仙关组储层岩石类型主要为亮晶鲕粒灰岩，仅局部如元坝 9 井飞二段发育残余鲕粒结晶云岩储层。

1.2 储层储集空间类型

通过对岩芯和薄片的观察，元坝地区飞仙关组储层仅局部层段发育较多粒内孔(包括铸模孔)，少量方解石晶间孔发育(图 4)；普光地区飞仙关组储层粒内孔极其发育，另有部分残留的粒间孔和少量晶间孔。长兴组储层在两地区具有相似性，孔隙主要有两种类型：①与白云岩化和白云岩重结晶作用相关的晶间孔；②与溶蚀作用相关的粒内孔、生物体腔孔、溶洞等(图 5)。

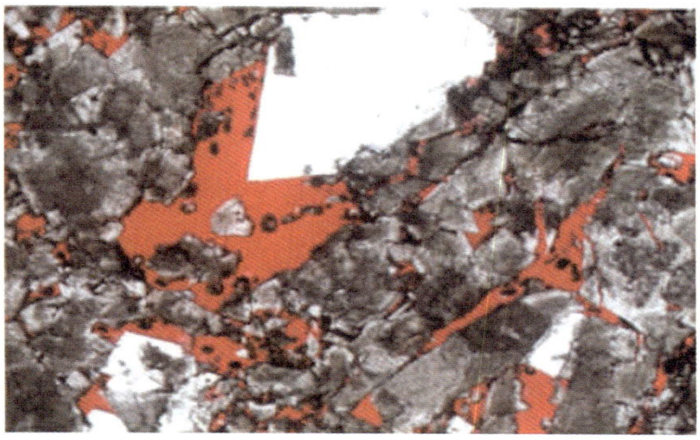

图 2 元坝 27 井薄片镜下照片
(长兴组中—细晶云岩，放大 25 倍)

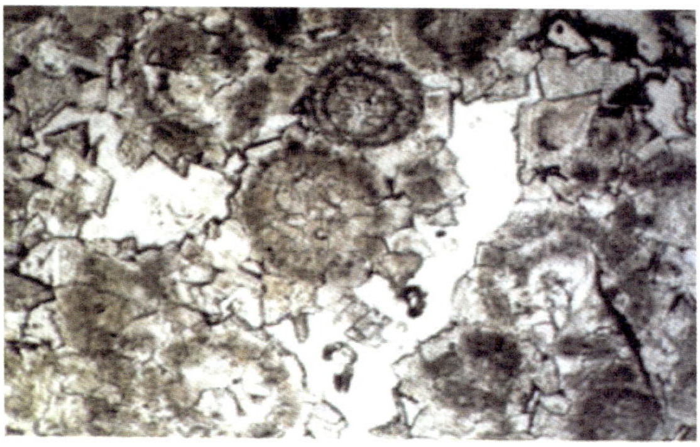

图 3 普光 2 井薄片镜下照片
(飞仙关组鲕粒云岩)

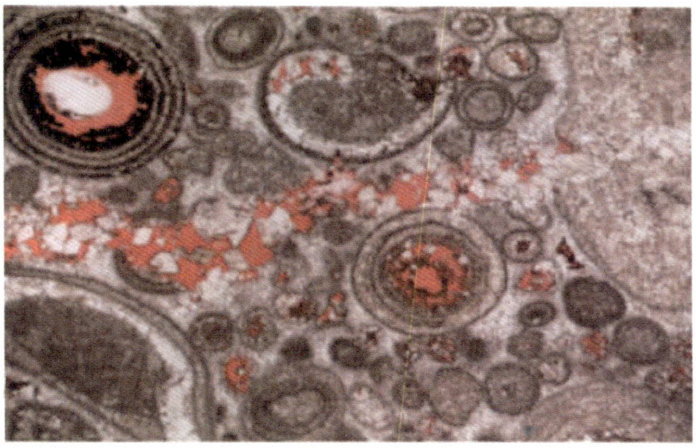

图 4 元坝 27 井薄片镜下照片
(飞仙关组亮晶鲕粒灰岩，放大 25 倍)

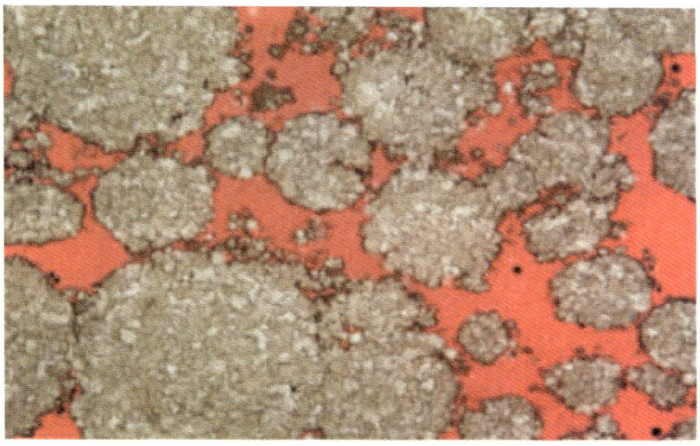

图 5 普光 2 井薄片镜下照片
(飞仙关组鲕粒云岩粒间孔)

1.3 储层物性

对普光气田 26 口井与元坝气田 10 口井岩芯物性分析样品统计的结果发现，两地区飞仙关组储层物性差别明显[5]。长兴组储层孔隙度、渗透率具有一定的可比性，孔隙度最大值分别为 27.9%、24.65%，主要介于 2%~5%(图 6)，孔隙度介于 5%~10%的样品数普光气田略高于元坝气田，渗透率两地区都集中分布在介于(0.02~0.25)×$10^{-3}\mu m^2$ 与大于 1×$10^{-3}\mu m^2$ 区间。

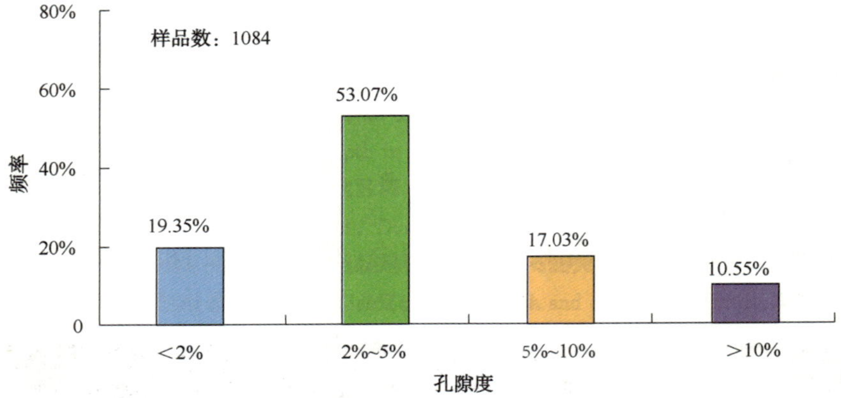

图 6　元坝气田长兴组孔隙度分布直方图

飞一段—飞二段储层物性普光地区明显优于元坝地区：普光地区孔隙度主要介于 5%～10%，最大值达 28.86%(图 7)，平均值为 7.73%，而元坝地区孔隙度则主要介于 2%～5%，最大值为 14.15%，平均值为 3.12%；元坝地区 65%样品的渗透率集中分布在小于 $0.25\times10^{-3}\mu m^2$ 区间，而普光地区 50%以上样品的渗透率都大于 $1\times10^{-3}\mu m^2$。

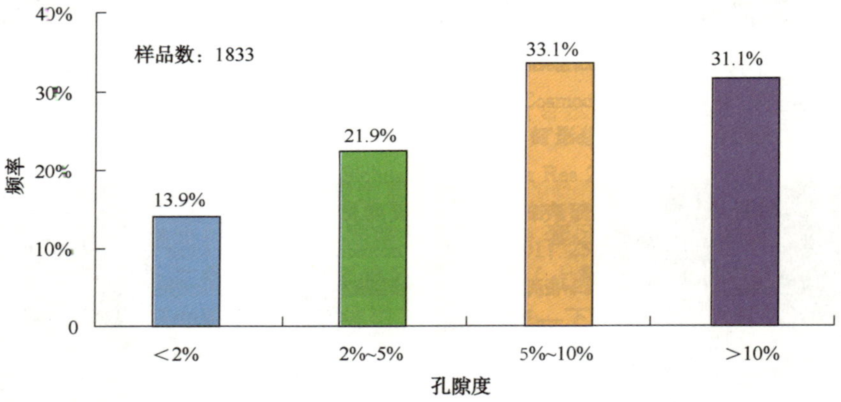

图 7　普光气田飞仙关组孔隙度分布直方图

飞三段储层物性在普光地区与元坝地区差异不大，两地区样品测试孔隙度集中分布于小于 5%区间，渗透率小于 $0.25\times10^{-3}\mu m^2$ 区间；但普光地区孔隙度介于 2%～5%、渗透率介于 0.02×10^{-3}～$0.25\times10^{-3}\mu m^2$ 的样品数多于元坝地区。整体上飞三段储层在普光地区的孔、渗条件稍优于元坝地区。

1.4　储层与沉积相带

长兴组储层在普光地区纵向分布于该组顶部，横向分布范围窄，而元坝地区则发育长兴组礁滩复合体与礁后浅滩储层，分布范围宽；飞仙关组储层在普光地区具有纵向加积特征，储层厚度大，而在元坝地区则具有叠置迁移特征，储层较普光地区薄但却具有分布广的特点[4]。综合分析结果表明：两地区长兴组—飞仙关组储层主要发育于台地边缘礁滩相带，台地边缘礁滩相储层主要包括长兴组台地边缘礁滩复合体、礁后浅滩储层以及飞仙关组台地边缘浅滩储层，该类储层的发育有着很强的规律性，沿陆棚东西两侧边缘分布[6]。

1.4.1 长兴组台地边缘礁滩复合体储层

该类储层在元坝、普光地区均有钻遇，在铁厂河林场、椒树塘、宣汉盘龙洞等露头区有出露，储层主要发育于早期生屑滩与生物礁生长后期的礁盖白云岩中[7]。

川东北地区的生物礁主要为台地边缘礁，台地边缘生物礁是在生物碎屑滩的基础上，由钙质海绵、水螅等原地造礁生物所建造的具有抗浪特征的隆起构造，以海绵障积岩为主，骨架岩次之，黏结岩最少[8]。

长兴组台地边缘礁滩复合体储层：元坝地区元坝1-侧1、2、101、102、204、27、9井有钻遇，储层主要发育于生物礁礁盖白云岩中；在普光地区普光5、普光2、老君1、毛坝3等井有钻遇。

台地边缘礁滩复合体储层：在川东北地区分布较为广泛，整体沿着陆棚两侧北西向分布在元坝—龙岗—涪陵地区、黑池梁—分水岭—普光、老君等地区。

1.4.2 元坝长兴组礁后浅滩储层

主要发育在元坝地区，而在普光地区则不发育。长兴组台地边缘礁后浅滩储层发育在开阔台地与台缘礁带之间，以元坝地区元坝 12 井为代表，发育大面积的生屑滩和局部礁丘，生屑滩堆积方式以加积为主，加积生屑滩在高水位体系域发生暴露和部分白云石化后，成为有效储层，该类型储层具有厚度大的特点。

礁后浅滩的发育受早期微地貌控制，此时生物礁并未形成规模，未对礁后形成障壁作用，生屑滩储层的发育主要受到其微地貌高低所控制；后期受礁体相对位置与水动力条件控制，生物礁已经形成规模对礁后起到障壁作用，此时生屑滩水动力强度受到迎风面礁体影响，直到礁生长后期在礁后形成局限环境。通过元坝地区过元坝 12、11、102、1-侧 1、101 井近南北相剖面储层发育情况对比，也很好地说明了生屑滩储层与礁滩复合体储层的发育关系——生屑滩储层发育在礁生长早期，与生物礁早期储层可以相对比，在礁生长过程中礁后浅滩储层也有发育，但到生物礁生长晚期发育礁盖白云岩储层时，元坝 12 井沉积演化为礁后局限环境，储层不发育。

1.4.3 飞仙关组台地边缘浅滩储层

川东北地区飞仙关组总体为一个向上变浅的沉积序列，由陆棚(斜坡)—开阔台地—局限台地—蒸发台地转变。在这个大的层序格架下，储层发育情况，与海平面升降密切相关，但海平面的升降，又对不同古地貌背景下的沉积物的控制作用不同[8]。

在普光地区发育厚层鲕粒滩坝，构成普光气田的主要储层；而元坝地区则发育大片的鲕粒滩，但单层厚度较小，横向变化快。普光地区飞一段—飞二段主要由鲕粒云岩、石灰岩组成，飞三段由石灰岩夹膏岩和白云岩组成，储层主要分布于飞一段—飞二段的鲕粒云岩和粉—细晶云岩中，储集厚度大、分布广、物性好；元坝地区飞仙关组以两个大的向上变浅的旋回为特征，飞一段—飞三段储层主要分布在飞二段—飞三段的鲕粒灰岩中，储集性能总体较差。

总起来看，普光地区储层主要发育飞仙关组，具有厚度大、物性好的特点；元坝地区储层主要发育长兴组，具有面积大、礁后滩发育的特点。

2 储层发育差异性控制因素探讨

台地边缘相带控制了该区长兴组和飞仙关组储层发育。在对大量地质和地震资料研究的基础上，分析认为：普光地区与元坝地区储层发育差异是早期沉积古地貌差异、中期构造作用演化差异与白云岩化程度差异等共同作用的结果。古地貌、构造作用差异控制了礁滩的沉积与早期的大气淡水溶蚀的差异，白云岩化程度的差异控制了储层晶间孔隙与孔隙后续的溶蚀扩大。

2.1 早期“东陡西缓”的沉积构造差异控制了长兴组礁滩相储层的发育

运用二维、三维地震资料与钻井资料相结合对元坝、普光地区长兴组—飞仙关组沉积时期沉积充填模式进行了分析(图8)，结果认为：两地区长兴期沉积主要受早期古地貌控制，元坝地区长兴组沉积早期由台地沉积逐渐演化为深水沉积，坡度缓(仅3°~5°)，斜坡宽，这也就造就了早期生屑滩沉积在一个环境相似的范围内叠置迁移，滩体发育面积大，在生物生长过程中逐渐形成最为适合生物生长的位置发育成为生物礁快速沉积，礁后滩发育；同时侧向快速迁移，生物礁分布面积大；而普光地区长兴组沉积早期，台地—斜坡有明显的坡折，坡度大(15°左右)，适合生物生长的范围被局限在一定的范围，礁滩沉积具有垂向加积特征，礁后滩不发育(图8)。在地震剖面上元坝地区发育前积体，而普光地区前积体则不发育。

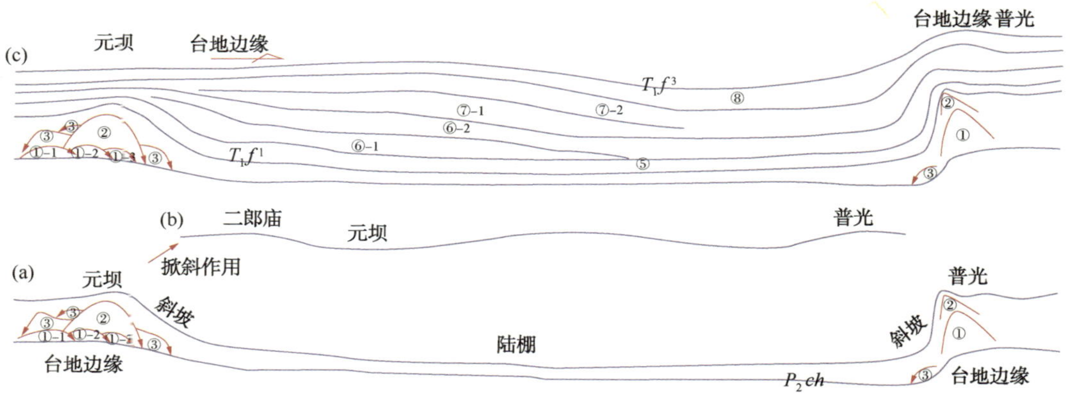

图8 元坝、普光地区长兴期—飞仙关期沉积充填示意图

综上认为，长兴期元坝坡缓有利于大面积礁滩储层发育；普光陡坡发育台缘鲕滩储层，礁后滩不发育。

2.2 中期东西构造演化差异控制了飞仙关组储层的发育

飞仙关组储层主要受到沉积时期构造作用差异性影响，飞仙关组沉积总体可以分为两个阶段，初期川东北地区受盆地西北部摩天岭挤压掀斜作用影响(谭钦银等)，陆棚西北部沿二郎庙—上寺—五权一带隆起为台地边缘，在元坝地区表现为水体变深，这也造就了元坝地区飞仙关期早期古地貌比普光地区低，元坝地区飞一—飞二时早期主要沉积了一套泥晶灰岩；而普光地区构造稳定连续沉积了一套鲕粒云岩；在接下来的沉积过程中，元坝台地边缘从西北部逐渐向东南部迁移，鲕粒滩也随之向陆棚迁移；在普光地区相对稳定，总体表现为垂相加积的沉积特征，沉积了巨厚的鲕粒云岩储层。

2.3 晚期统一台地均一化

飞仙关期晚期川东北地区表现为台地均一化，飞三时早期川东北地区陆棚基本填平，演化为均一的台地相沉积。进入飞四时期，发育蒸发台地相膏岩沉积。

2.4 白云岩化差异

普光、元坝地区白云岩化程度存在较大差异，长兴组两地区都发育了礁盖云岩储层，具有相似性；但飞仙关组普光地区发育巨厚的鲕粒云岩储层，元坝地区则主要为鲕粒灰岩储层，白云岩化程度较弱。

综合两地区钻井及邻区钻井资料分析，鲕粒白云岩的分布与蒸发台地关系密切。从飞一段—飞二段白云岩的区域分布可以发现，鲕粒云岩主要分布在开江—梁平陆棚东侧，连片的块状鲕粒云岩储层主要分布在富石膏沉积的川东北碳酸盐岩蒸发台地边缘相区，在普光地区和东部的渡口河、罗家寨地区以及盘龙洞露头区形成了一个鲕粒云岩发育区；向陆棚方向白云岩化作用逐渐减弱，如毛坝1井、川付85井、川岳84井和渡4井一带沉积环境主要为陆棚相的灰—深灰色灰岩、含泥灰岩和泥灰岩；陆棚相区的层状—块状鲕粒岩几乎都是致密灰岩；而在陆棚西侧元坝地区的元坝2井飞一段、飞二段为鲕粒灰岩和泥晶灰岩互层，整个元坝地区的飞仙关组极少见到白云岩，仅在东侧靠近龙岗地区的元坝9井、元坝10井有钻遇，龙会、铁山、七里和天东等地区也发育鲕粒灰岩，不发育白云岩。

研究认为，飞一段—飞二段优质鲕粒云岩储层的白云岩化，与同期通江—开县蒸发台地的卤水相关。正是这一时期的浓缩海水或卤水，携带了大量镁离子，通过一定渠道进入了先前的鲕粒灰岩中，并使之在一定条件下白云岩化，从而形成了现今优质的鲕滩云岩储层，而这种情况下富镁流体通常认为是通过“渗透回流”的方式运动并白云岩化的。

3 结论

（1）普光、元坝地区长兴组—飞仙关组储层主要发育于台地边缘礁滩相带，主要包括长兴组台地边缘礁滩复合体、礁后浅滩储层及飞仙关组台地边缘浅滩储层，储层发育有很强的规律性，沿陆棚东西两侧边缘分布。

（2）元坝型台缘相储层主要发育于长兴组，具有面积大，礁后滩储层发育特点，飞仙关组储层发育较差；普光型台缘相储层主要发育飞仙关组，具有厚度大的发育特点，而长兴组礁后滩则不太发育。

（3）古地貌和构造作用及白云岩化的差异是造成两地储层发育差异的主要因素。

参 考 文 献

[1] 徐强，刘宝珺，何汉漪，等. 四川晚二叠世生物礁层序地层岩相古地理编图[J]. 石油学报，2004，25(2)：47-50.

[2] 马永生，牟传龙，郭旭升，等. 四川盆地东北部长兴期沉积特征与沉积格局[J]. 地质论评，2006，52(1)：25-29.

[3] 胡东风. 川东北元坝地区隐蔽气藏的勘探突破及其意义[J]. 天然气工业，2010，30(8)：9-12.

[4] 段金宝，黄仁春，程胜辉，等. 川东北元坝地区长兴期—飞仙关期碳酸盐岩台地沉积体系及演化[J]. 成都理工大学学报：自然科学版，2008，35(6)：663-668.

[5] 倪新锋，陈洪德，田景春，等．川东北地区长兴组—飞仙关组沉积格局及成藏控制意义[J]．石油与天然气地质，2007，28(4)：458-465.
[6] 陈洪德，覃建雄，王成善，等．中国南方二叠纪层序岩相古地理特征及演化[J]．沉积学报，1999，17(4)：511-521.
[7] 何鲤，罗潇，刘莉萍，等．试论四川盆地晚二叠世沉积环境与礁滩分布[J]．天然气工业，2008，28(1)：28-32.
[8] 曾萍，谭钦银，余谦，等．四川盆地东北部飞仙关组暴露浅滩、非暴露浅滩与储层关系[J]．沉积与特提斯地质，2003，23(4)：41-45.

四川盆地元坝地区茅口组台缘浅滩天然气勘探的突破与启示

胡东风

（中国石化勘探分公司）

摘要：2018 年，元坝地区元坝 7 井在中二叠统茅口组钻遇台缘浅滩储层并获得高产工业气流，取得了四川盆地茅口组台缘高能相带新领域油气勘探的重大突破。为了进一步深化对于茅口组的地质认识，在分析区域构造运动的基础上，利用岩石矿物学等手段，结合地震剖面精细解剖成果，研究了茅口组的岩性、厚度、古地貌、地震反射结构，明确其沉积相展布；利用岩芯观察、薄片鉴定、扫描电镜及物性分析等资料研究了茅口组储层的特征及控制因素，并初步确定其天然气成因与来源、盖层特征及天然气成藏的主要控制因素。研究结果表明：①元坝地区受茅口晚期峨眉地裂运动的影响，发育碳酸盐岩台缘—斜坡—陆棚沉积相带，台缘发育高能浅滩碳酸盐岩和沉凝灰岩两类储层；②茅口组储层的发育主要受台缘相带、暴露溶蚀、东吴运动抬升和火山灰沉积蚀变作用等的联合控制；③四川盆地海相碳酸盐岩天然气勘探潜力大，台缘相带是大中型气田发育的有利区域。结论认为，加强地质研究、创新地质认识是油气勘探取得突破的基础，发展面向储层识别的地震勘探关键技术是高效勘探获得成功的保障。

关键词：四川盆地　元坝地区　中二叠世　台缘浅滩　岩性气藏　储集层特征　天然气成藏条件　勘探突破与启示

0　引言

四川盆地中二叠统茅口组油气勘探始于 20 世纪 50 年代，当时因缺少地震资料，根据地面构造布井，采取“占高点、沿长轴”的思路，选择在川东—川南地区一批背斜高点或长轴上开展钻探工作，取得了油气的发现。随着 20 世纪 60 年代初川南地区钻获一批高产天然气井，掀起了泸州古隆起茅口组勘探高潮，以茅口组顶部不整合岩溶型储层或构造—裂缝型储层为主，钻至茅口组探井多达千余口，先后发现板桥、卧龙河、相国寺、麦子山等多个气藏，但单个气藏储量规模总体较小，仅卧龙河、自流井等少数构造茅口组气藏储量规模超过 $50\times10^8m^3$；20 世纪 80 年代末至 2000 年，茅口组进入以滚动勘探为主，开展岩溶—裂缝型气藏勘探开发评价阶段；2000 年以后，在川北地区九龙山、川东南地区涪陵及綦江地区茅口组的勘探工作也取得了一些新的发现，但仍然以构造—裂缝型或不整合岩

天然气工业，2019，39(3)：1-10

溶—缝洞型储层为主[1-8]。截至2015年底，四川盆地茅口组累计提交天然气探明地质储量超过$840\times10^8m^3$，展示了茅口组较大的勘探潜力，以及储层发育的复杂性和勘探的艰难度。

前人研究认为四川盆地茅口期构造稳定，整体处于开阔台地[9]或碳酸盐岩缓坡沉积环境[10-12]，2015年以来，在区域地质背景指导下，立足全盆，以关键井、露头研究为基础，从地层对比、岩性组合、古生物类型等多方面研究，明确茅口组地层分层界线和地层划分标准，同时重点加强地质与物探结合，建立了四川盆地多条地质地震基干对比剖面，认为在川东北地区发育茅口组晚期台缘浅滩相沉积，并于同年论证实施了针对茅口组台缘目标的元坝7井，2018年该井钻遇茅口组台缘浅滩储层，并获良好的油气显示，采用16mm+18mm油嘴两级节流放喷，35mm孔板临界速度流量计求产，在油压为18.66MPa条件下，测得日产量为$105.9\times10^4m^3$的高产工业气流，实现了四川盆地茅口组台缘高能相带新领域的油气勘探重大突破。笔者以元坝7井为研究关键井，通过系统开展茅口组地层划分、沉积演化、储层发育及主控因素、成藏条件等多方面研究，进一步明确茅口组晚期台缘发育特征及其对成储、成藏等的控制作用，总结勘探发现启示，以期为四川盆地及其他地区茅口组研究与勘探提供借鉴作用。

1 沉积特征

川北地区茅口组与上覆上二叠统吴家坪组地层为不整合接触关系，与下伏中二叠统栖霞组地层为整合接触关系，区域地层厚度介于180~320m。通过区域地层对比分析可将茅口组自下而上划分为茅一段、茅二段和茅三段(图1)。研究区茅一段岩性主要为深灰色泥质灰岩、生屑灰岩、含燧石条带灰岩。茅二段岩性主要为灰色含生屑灰岩、生屑灰岩、深灰色含泥灰岩，茅一、茅二段地层厚度整体变化不大。茅三段是储层主要发育层段，岩性组合类型大体分为4类，灰色生屑灰岩、云质灰岩夹薄层灰质云岩为第1类岩性组合，灰色生屑灰岩、石灰岩为第2类岩性组合，深灰色灰质泥岩、碳质泥岩夹薄层石灰岩为第3类岩性组合，深灰色硅质页岩、硅质岩、硅质灰岩、碳质泥岩不等厚互层为第4类岩性组合，这4类岩性组合厚度介于18~178m，反映茅三时期在沉积物厚度、岩性组合特征等方面存在明显差异，属于不同沉积环境控制下的沉积物。

沉积格局在地质历史时期受区域构造运动控制。川北地区茅口组沉积过程分为两个阶段，茅一、茅二沉积期为稳定沉降的碳酸盐岩缓坡沉积，茅三晚期沉积发生明显分异，发育台地边缘—斜坡—陆棚沉积相带，盆地基底从受挤压向拉张转变的重要变革。受峨眉地裂运动影响，早期存在的基底断裂活动并产生差异性升降使得川北地区茅口组早期缓坡沉积格局转变为晚期拉张裂陷形成台棚格局，形成开江—梁平陆棚雏形(图1)。元坝地区地处开江—梁平陆棚西侧，茅口晚期拉张裂陷作用使其形成台地边缘沉积，至长兴期拉张作用达到鼎盛时期，形成了上二叠统长兴组—下三叠统飞仙关组大型礁滩体沉积[13-14]，直至飞仙关中晚期拉张作用消亡，呈现填平补齐作用，台棚格局消失。

根据元坝7井岩石矿物学等分析，该井茅三段发育典型台缘浅滩相沉积。阆中—元坝224井区为台地相沉积，岩性主要为生屑灰岩、石灰岩，厚度介于80~100m，台缘相区茅三段岩性为厚层亮晶生屑(砂屑)灰岩、云质灰岩和薄层白云岩，沉积明显增厚，厚度为176m(元坝7井)；往斜坡相区则发育泥灰岩、碳质泥岩沉积，厚度介于65~80m；陆棚相区内发育一套以硅质岩、硅质页岩为主的深水沉积，厚度介于18~25m(图2)。沉积厚度的差异和岩性组合的变化在一定程度上反映了可容纳空间和沉积物供给速率比值的变化，代表古地貌高地、沉积水体能量的强弱变化。台缘相带较台地、斜坡和陆棚相区沉积厚度大，水体能量高，并且分布上具有“成排成带”的特征。

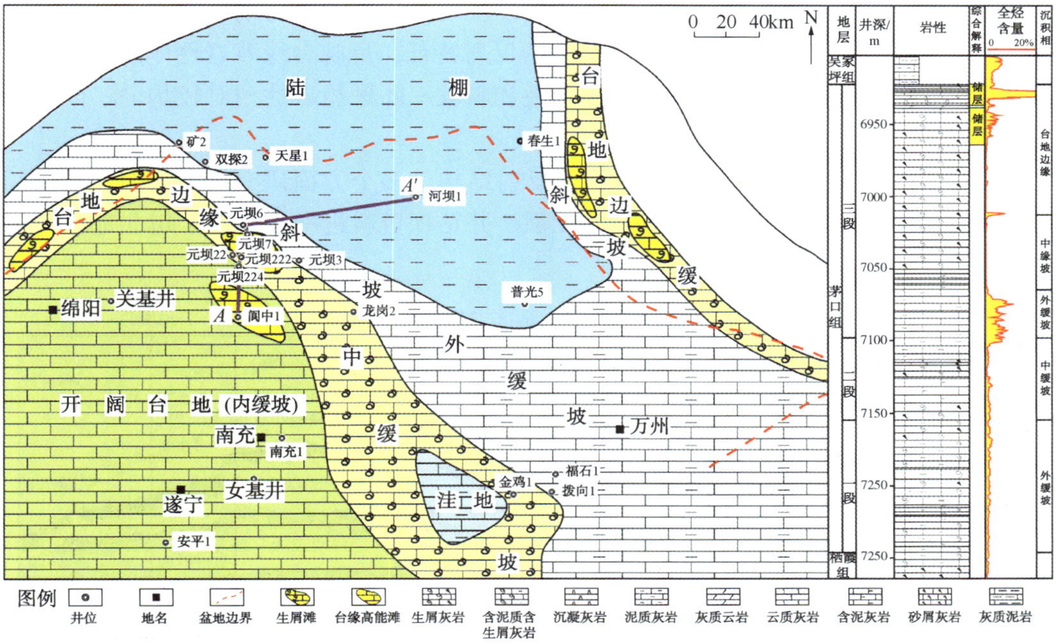

图1 四川盆地茅口组晚期沉积相与茅口组地层柱状图（元坝7井）

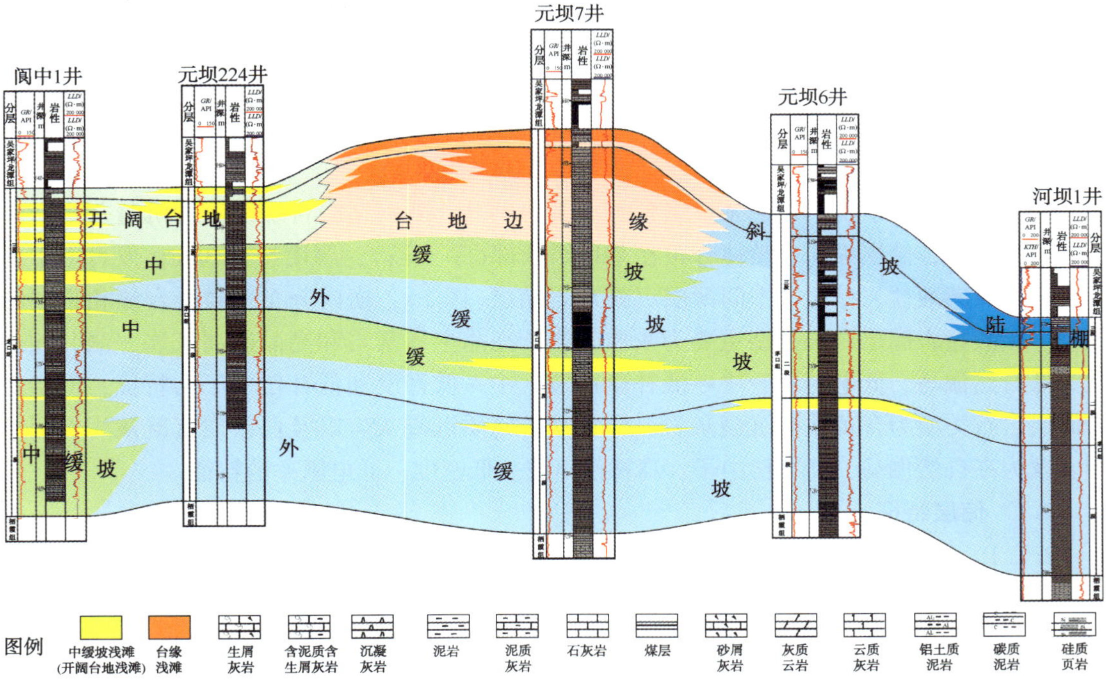

图2 茅口组沉积相对比剖面图

地震剖面精细解剖发现，川北地区茅一、茅二段整体地层厚度变化不大，阆中地区处于中缓坡相带内，内部反射结构变化较快，局部出现“蚯蚓状亮点”的特征，表明滩体相对发育，外缓坡反射结构比较单一，反映整体岩性较均一；茅三段时期则出现明显差异，台缘相区地层明显增厚，并且呈现“微幅丘状”的反射特征，反映台缘滩岩性体发育使得台缘内部出现明显的丘形发射结构所致，开阔台地和斜坡—陆棚相岩性相对较均一，因此未见明显的地震波组的变化(图3)。

茅三段岩性、沉积厚度、古地貌、地震反射结构等多个方面研究结果表明，川北元坝地区茅三段发育碳酸盐岩台地边缘沉积，元坝7井钻探资料进一步印证了川北地区茅口组存在台地边缘沉积格局。

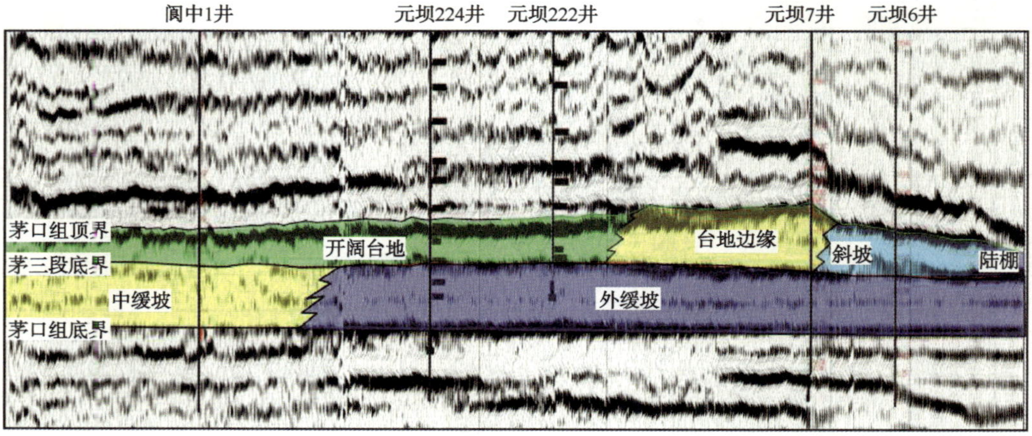

图3　阆中1井—元坝224井—元坝222井—元坝7井—元坝6井连井地震剖面图(茅口组底界拉平)

2　储层特征及其发育主控因素

元坝7井是目前唯一钻遇茅口组台缘相带内的井，分别钻遇台缘浅滩和沉凝灰岩两种不同类型储层，储层纵向上整体分布在茅口组顶部(茅三段)，厚度约为38m，发育上下两套台缘浅滩碳酸盐岩储层、中间薄层沉凝灰岩储层(图1)，横向分布主要受台缘相带展布控制。碳酸盐岩储层岩石类型主要为灰质云岩、亮晶生屑灰岩和亮晶砂屑灰岩，测井相表现为低自然伽马、低电阻率、中—低补偿声波、中—低密度和低补偿中子的特征；沉凝灰岩储层岩石类型为含黄铁矿沉凝灰岩、含黄铁矿钙质沉凝灰岩以及白云质沉凝灰岩，测井相表现为高自然伽马、高补偿中子、高补偿声波、低密度、低电阻率的特征。

2.1　储层特征

2.1.1　台缘浅滩储层

茅三段上储层岩性以灰质白云岩和亮晶生屑灰岩为主，储集空间类型主要为生物体腔溶孔、晶间溶孔、晶间孔，少量晶内溶孔和有机质孔，溶孔和裂缝较发育(图4)。测井资料显示储层物性和含气性较好，测井解释孔隙度介于4.0%~6.2%，平均值为4.4%。实测岩芯孔隙度介于1.26%~8.37%，平均值为4.81%；渗透率介于0.0001×10^{-3}~0.0014×10^{-3} μm^2，平均值为$0.0002\times10^{-3}\mu m^2$。根据四川盆地碳酸盐岩礁滩储层分类评价标准[15]，为中孔、特低渗孔隙型储层。毛细管压力曲线特征表现为细歪度，颗粒分选较好，孔喉中值半径为 0.22μm，中值压力为 6.80MPa，为中孔细喉型。

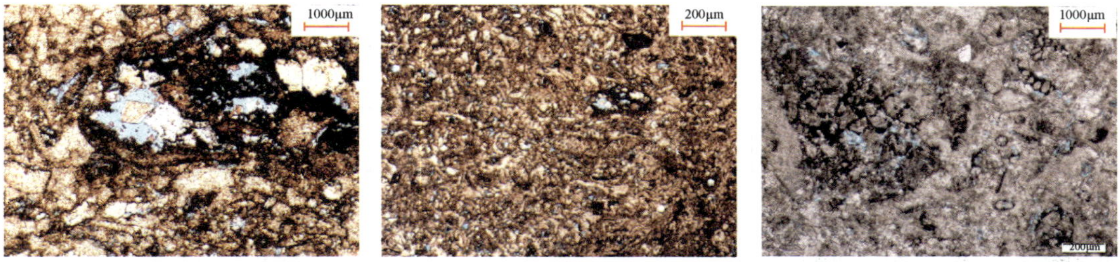

(a)井深6932.03m，生屑灰岩，生物体腔孔　(b)井深6933.22m，生屑灰岩，生物体腔孔　(c)井深6932.03m，生屑灰岩，溶孔

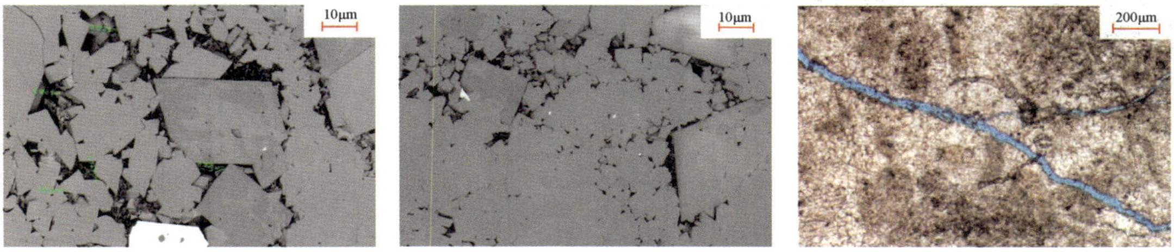

(d)井深6932.60m，晶间孔，有机质和黏土矿物的混合物充填　(e)井深6932.60m，晶间孔及溶蚀孔　(f)井深6933.06m，亮晶砂屑灰岩，微裂缝

图 4　元坝 7 井台缘浅滩储层孔隙空间类型图

茅三段下储层岩性主要为灰质云岩、亮晶生屑（砂屑）灰岩，其岩石类型、孔隙空间以及测井响应特征与上储层无差异。下储层测井解释储层厚度为 23.7m，孔隙度介于 3.2%~5.7%，平均值为 3.7%，为中—低孔、特低渗孔隙型储层。

元坝 7 井茅三段台缘浅滩碳酸盐岩储层岩芯样品的孔隙度与渗透率相关性分析表明，总体属于中—低孔、特低渗孔隙型储层。总之，茅三段发育高能生屑滩沉积，储层基质物性较好，受早期选择性溶蚀形成大量溶蚀孔隙，同时东吴运动抬升，使得早期储层受到不整合岩溶作用的改造，储层发育。

2.1.2　沉凝灰岩储层

沉凝灰岩储层岩性主要为深灰色含黄铁矿含云沉凝灰岩、白云质沉凝灰岩。沉凝灰岩具有明显的定向排列特征，反映流水成因构造。同时，从岩芯全岩 X 射线衍射分析来看（表 1），石英含量介于 20.8%~24.6%，斜长石含量介于 3.9%~5.5%，重晶石含量为 0.3%，加上黏土矿物中凝灰质成分，凝灰质含量整体大于 50%，但小于 90%，故定名为沉凝灰岩。

元坝 7 井茅三段沉凝灰岩段岩芯观察、薄片鉴定以及扫描电镜分析表明，沉凝灰岩段储集空间类型主要为矿物收缩孔、黏土矿物层片间微孔隙、晶间（溶）孔、晶内溶孔、有机质孔以及少量裂缝（图 5）。元坝 7 井茅三段沉凝灰岩储层测井资料显示储层物性和含气性均较好，测井解释储层厚度为 4.6m，孔隙度为 9.2%，渗透率为 $2.16\times10^{-3}\mu m^2$。岩芯样品物性分析沉凝灰岩孔隙度介于 7.29%~11.60%，平均值为 9.63%，为高孔、低渗孔隙型储层。

表 1　元坝 7 井含黄铁矿含云沉凝灰岩 X 射线衍射全岩分析表

岩芯编号	井深/m	黏土矿物含量	石英含量	斜长石含量	方解石含量	白云石含量	菱铁矿含量	黄铁矿含量	重晶石含量	石膏含量	硬石膏含量
3-44/56	6935.5	47.2%	20.8%	5.5%	1.2%	10.1%	0.7%	13.1%	0.3%	0.2%	0.9%
3-51/56	6936.3	43.2%	24.6%	3.9%	0.8%	20.8%	0.5%	5.1%	0.3%	—	0.8%

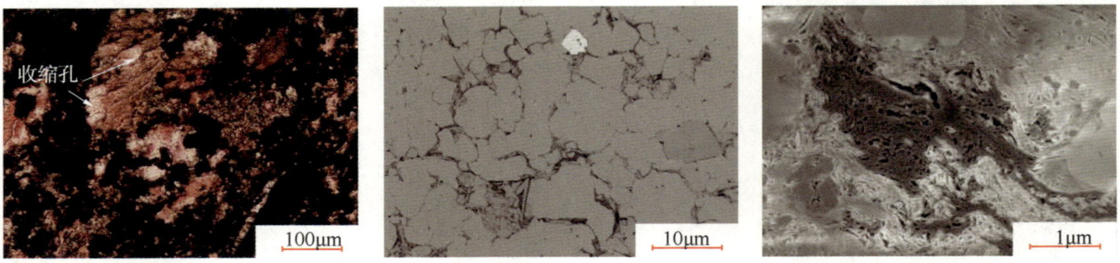

(a)井深6936.49m，白云质沉凝灰岩收缩孔　(b)井深6933.06m，晶间孔和晶间溶孔　(c)井深6936.07m，有机质内微孔隙

图 5　元坝 7 井茅三段沉凝灰岩储集空间类型照片图

2.2　储层发育控制因素

沉积相、沉积微相受海平面相对升降、古地貌、水动力条件控制，进而控制原始沉积物的类型及早期成岩作用，元坝地区茅口早期为缓坡沉积，在中缓坡相带内发育浅滩相沉积。茅三晚期受到拉张作用形成台地边缘相带，台地边缘滩体形成于浪基面附近，水动力相对较强，具有良好分选、磨圆，沉积体粒间孔隙发育，由于其沉积水体相对较浅，在频繁海平面升降的影响下，沉积岩暴露溶蚀形成溶蚀孔、晶间溶孔，为后期成岩作用过程中白云岩化及溶蚀扩大奠定了基础[16]，茅口组顶部发育厚度近 8m 的灰质白云岩储层表明基岩具有一定的孔渗性，有利于白云岩化流体改造。这种相对高能的沉积环境有利于孔隙型储层的形成与演化，是储层形成与演化的地质基础。同时，茅口组地层受到东吴运动影响，发生了短暂的暴露剥蚀作用。在大气淡水淋滤作用下产生孔隙，一方面形成粒内孔、体腔孔等组构选择性孔隙；另一方面产生非组构选择性的溶蚀洞。这些溶蚀形成的溶孔、溶洞，使得滩体储层物性进一步改善，可形成良好的孔隙性储层[17-18]（图 6）。

沉凝灰岩储层作为一种特殊的储层类型，主要是受凝灰质脱玻化或蚀变作用形成的矿物收缩孔，还有黏土矿物层片间微孔隙受到火山灰的沉积影响。由于火山灰为方解石白云石化提供充足的 Mg^{2+} 来源，有利于白云石孔隙的形成。同时由于元坝 7 井侧向紧邻生烃中心，有机质在成熟过程中能释放出有机酸，对白云石或方解石晶体进行溶蚀作用，也可形成较多的有机酸溶孔（晶间溶孔和晶内溶孔），有机质在热演化过程中生烃并产生孔隙（有机质孔）。总体而言，火山灰和有机质热演化是其储层形成的主控因素。

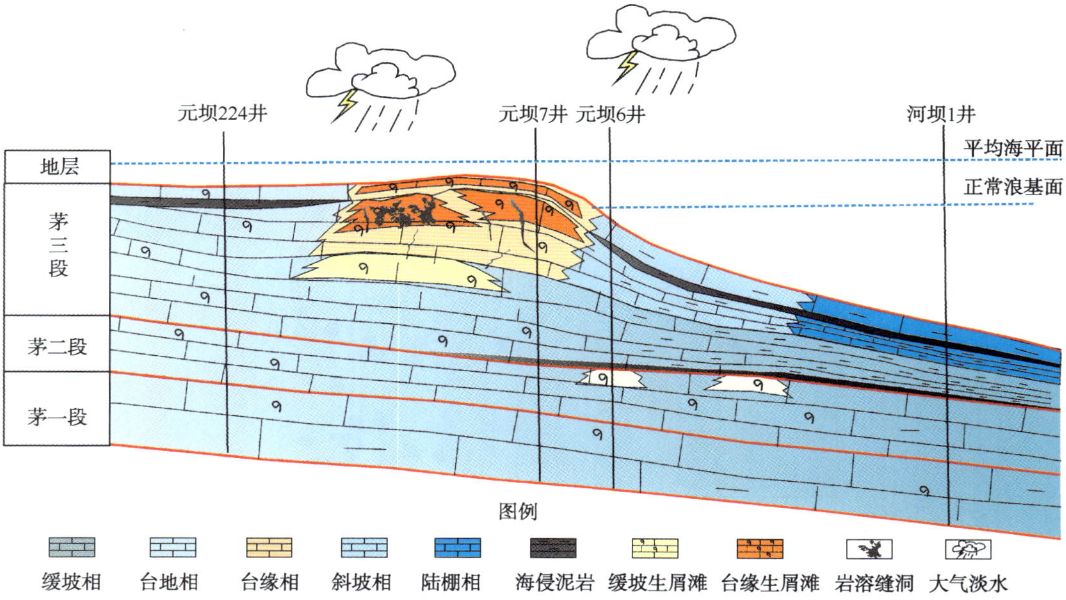

图 6 川北地区茅口组储层发育模式图

3 天然气成藏条件

3.1 天然气成因与来源

3.1.1 天然气组成与成因

元坝地区茅口组天然气中甲烷含量超过 95%，干燥系数大于 0.99，为干气，表明热演化程度较高。纵向上，茅口组天然气与上二叠统吴家坪组天然气组分上具有相似性，为微含 H_2S 的干气，与长兴组高含 H_2S 天然气有显著的差异。前人研究认为元坝地区长兴组天然气主要为原油裂解气[19]，茅口组和吴家坪组天然气组分与长兴组显著不同，表明其成因上有较大差异性。从四川盆地天然气类型判别图版(图 7)可看出，元坝地区茅口组天然气落在原油裂解气与干酪根裂解气之间，偏向于干酪根裂解气。元坝 7 井茅口组储层孔隙及裂缝中见沥青发育，表明元坝地区茅口组在油气成藏时期存在原油充注及古原油裂解过程，综合分析认为元坝地区茅口组天然气为原油裂解气与干酪根裂解气的混合气，来源于茅口组侧向陆棚烃源岩，上覆吴家坪组烃源岩也有一定的贡献。

3.1.2 烃源岩特征

元坝 7 井钻遇吴家坪组、茅口组和栖霞组等 3 套烃源岩，其中吴家坪组烃源岩岩性以深灰色、灰黑色灰质泥岩、泥灰岩为主，厚度为 44.5m，总有机碳含量(TOC)介于 0.59%～4.19%，平均值为 2.18%，烃源质量较好。茅口组烃源岩主要分布于茅三段，岩性以深灰色、灰黑色沉凝灰岩、泥灰岩为主，厚度为 33.5m，TOC 介于 0.11%～7.35%，平均值为 3.59%，镜质体反射率为 2.28，烃源岩质量好，演化程度高。栖霞组烃源岩主要分布于栖一段，岩性以灰黑色含泥灰岩，厚度为 42m，TOC 介于 0.42%～1.26%，平均值为 0.74%。平面上，元坝地区邻近茅三段—吴家坪组烃源岩生烃中心，生烃强度介于 30×10^8～70×

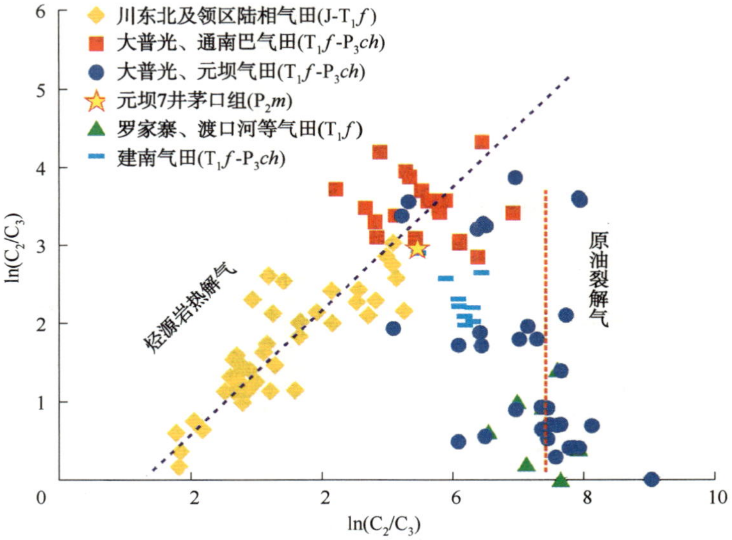

图 7　四川盆地天然气类型判别图版

$10^8m^3/km^2$，生烃条件优越，具有形成大气田的气源条件。

3.2　盖层特征

元坝地区发育优质区域性盖层，主要为巨厚的陆相砂泥岩地层和中下三叠统膏盐岩盖层。盖层具有分布稳定、对比性好、连续性好的特点。另外，元坝地区茅口组之上发育吴家坪组泥岩与致密生屑灰岩直接盖层，厚度介于 50~80m，油气保存条件优越。

3.3　成藏演化

烃源条件优越、近源运聚和成藏配置关系好是元坝 7 井茅口组获得高产的关键。元坝地区发育栖霞组、茅口组、吴家坪组与大隆组等多套烃源岩，岩性以黑色泥页岩与泥质碳酸盐岩为主，厚度介于 50~200m。气藏分布具有“横向近灶、纵向近源”的特征。其中“横向近灶”表现为邻近茅三段、吴家坪组与大隆组生烃中心。茅三段深水泥岩厚度介于 10~30m，TOC 为 2.73%，吴家坪组泥岩厚度介于 30~80m，TOC 为 1.79%，大隆组泥岩厚度介于 20~30m，TOC 为 1.65%，平面分布均受控于沉积相带，主要发育于斜坡—陆棚相区。“纵向近源”表现为茅口组泥质碳酸盐岩厚度大，具有一定的生烃潜力。多套优质烃源生烃强度介于 30×10^8~$70\times10^8m^3/km^2$，具有充足的油气来源。

对茅口组天然气成藏演化研究认为，元坝地区茅三段台缘浅滩具有侧向和纵向烃源充注的成藏条件，紧邻同期斜坡相泥页岩—陆棚相泥页岩烃源岩生烃中心，侧向接触，具良好输导体系。纵向上紧邻吴家坪组和茅口组烃源层。成藏过程可分为 3 个阶段：①原油充注阶段：二叠系烃源岩于晚三叠世进入生烃门限，早中侏罗世进入生油高峰，通过裂缝、不整合面输导体系聚集成藏，早期古油藏形成[图 8(a)]；②原油裂解阶段：晚侏罗世至早白垩世受深埋作用影响，古油藏裂解转变为气藏[图 8(b)]；③调整定型阶段：晚白垩世至今，早期气藏在岩性圈闭内调整聚集，成藏匹配关系好[图 8(c)]。

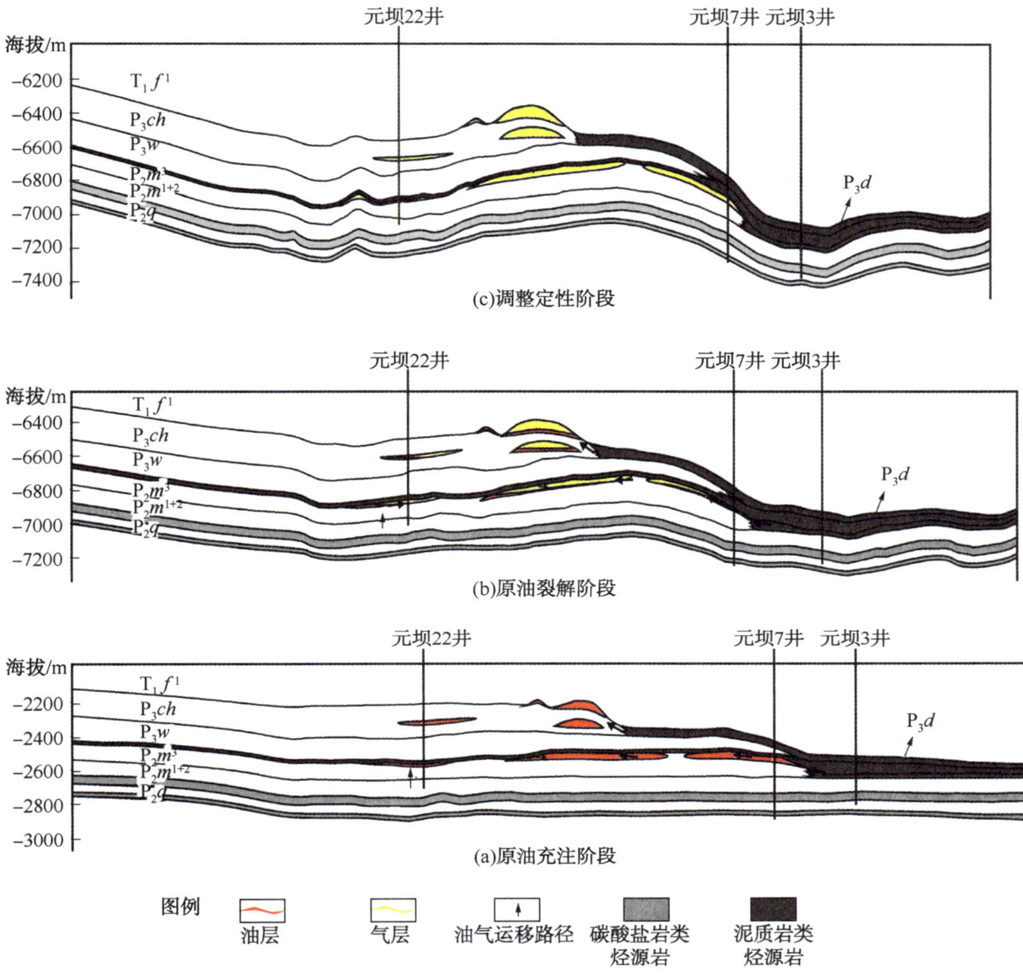

图 8 元坝地区油气成藏过程示意图

4 勘探启示

普光、元坝、磨溪、焦石坝等气田的发现带来了四川盆地新一轮天然气储量增长的高峰，2001 年以前四川盆地天然气探明储量不足 $7000\times10^8m^3$，到 2017 年底天然气探明储量已超过 $4.65\times10^{12}m^3$，这些成果的取得得益于地质认识的创新、勘探技术的进步和勘探思路的转变[20]，元坝 7 井茅口组新领域的突破亦是如此。

4.1 解决储层问题是勘探突破的关键

普光、元坝等气田勘探实践揭示规模优质储层是四川盆地内部实现油气高产富集的重要因素。围绕四川盆地茅口组前期勘探认识，立足盆地整体，解决储层核心问题是勘探的关键。①通过老井复查和露头剖面调查，加强了精细地层对比划分工作，重新厘定了上、中、下二叠统之间的界线[21]，解决了地层地质划分与地震解释之间的矛盾，统一了全盆地层划分方案；②钻井、地震紧密结合，强化区域沉积地质背景研究，立足盆地整体，以中二叠统层序地层对比划分为切入点，加强四川盆地茅口期古构造恢复与沉积演化研究，突破前期认识，形成了四川盆地茅口期晚期构造—沉积格局的新认识：茅口晚期沿广旺—开江—梁平台内裂陷边缘发育大型高能浅滩相带，叠加不整合风化岩溶改造形成孔隙型规模优质储层。

4.2 超深层地震储层预测技术攻关是勘探突破的保障

随着勘探的深入，勘探对象日趋复杂，与普光、元坝等气田长兴组—飞仙关组礁滩相储层相比，茅口组储层埋藏深(大于7000m)、厚度薄，储层地震响应特征不明显。为解决储层预测关键问题，在“相控三步法”[22]碳酸盐岩储层综合预测技术的基础上，以碳酸盐岩薄储层预测为切入点，重点开展了基于稀疏非线性谱反演的提高分辨率处理、基于全局等时地层格架的地震切片属性分析、地震波形指示反演、多属性反演及多参数自动降维等技术方法的研究，有效地解决碳酸盐岩薄储层的预测评价。

4.3 台缘高能相带是大中型气田的有利勘探区域

勘探证实，四川盆地目前已发现的普光、元坝、磨溪—高石梯等常规海相大中型气田，虽然发育层系不同，但发育沉积相带的位置均在碳酸盐岩大型台地边缘相带。通过野外露头、钻井高频层序精细分析和地震沉积学研究，突破前人“四川盆地茅口期整体为稳定的碳酸盐岩开阔台地沉积”认识，发现茅口晚期沿广旺—开江—梁平台内裂陷边缘发育大型高能浅滩相带，叠加不整合风化岩溶改造形成孔隙型规模优质储层，具有“棚生缘储”侧向近源富集的有利条件。元坝7井茅口组油气突破进一步表明台地边缘高能相带是发育大中型气田的有利地区。

4.4 沉凝灰岩是一种新的储层类型，值得重视

对川北地区茅口组研究和勘探实践证实，该地区发育大型台地边缘有利勘探区，茅口组发育新的储层类型——沉凝灰岩。沉凝灰岩介于火山碎屑岩和沉积岩之间过渡的岩石类型，由于火山碎屑物不稳定矿物发生物理和化学作用而形成孔隙，因此沉凝灰岩可成为一种特殊的储层类型。该类储层分布范围广、厚度薄，但孔隙度较高，可作为一种新的勘探方向。

5 结论

(1) 川北元坝地区受茅口晚期峨眉地裂运动影响发育碳酸盐岩台缘—斜坡—陆棚沉积相带，台缘发育高能浅滩碳酸盐岩和沉凝灰岩两类储层。

(2) 茅口组储层发育主要受台缘相带、暴露溶蚀、东吴运动抬升和火山灰沉积蚀变作用等的联合控制。

(3) 四川盆地海相碳酸盐岩勘探潜力大，台缘相带是大中型气田发育的有利领域。加强地质研究、创新地质认识是勘探突破的基础，发展面向储层识别的地震勘探关键技术是高效勘探的保障。

参考文献

[1] 马永生．中国海相油气田勘探实例之六——四川盆地普光大气田的发现与勘探[J]．海相油气地质，2006，11(2)：35-40.

[2] 郭旭升，李宇平，魏全超．川东南地区茅口组古岩溶发育特征及勘探领域[J]．西南石油大学学报(自

然科学版)，2012，34(6)：1-8.
[3] 江青春，胡素云，汪泽成，池英柳，杨雨，鲁卫华，等．四川盆地茅口组风化壳岩溶古地貌及勘探选区[J]．石油学报，2012，33(6)：950-960.
[4] 洪海涛，杨雨，刘鑫，陈文，夏茂龙，张静，等．四川盆地海相碳酸盐岩储层特征及控制因素[J]．石油学报，2012，33(增刊2)：64-73.
[5] 戴永定，李菊英，蒋协光，赵生才，侯奎，黄华樑，等．四川盆地南部二叠系茅口组碳酸岩岩石学与储集性质[J]．地质科学，1978，13(3)：203-219.
[6] 余波，赵泽君．四川盆地北部阆中地区茅口组缝洞型储层特征[J]．西部探矿工程，2011，23(3)：59-62.
[7] 汪泽成，江青春，黄士鹏，周慧，冯庆付，戴晓峰，等．四川盆地中二叠统茅口组天然气大面积成藏的地质条件[J]．天然气工业，2018，38(1)：30-38.
[8] 孟伟．碳酸盐岩岩溶缝洞型油气藏勘探开发关键技术——以塔河油田为例[J]．海相油气地质，2006，11(4)：48-53.
[9] 张健，周刚，张光荣，李国辉，汪华．四川盆地中二叠统天然气地质特征与勘探方向[J]．天然气工业，2018，38(1)：10-19.
[10] 陈宗清．四川盆地中二叠统茅口组天然气勘探[J]．中国石油勘探，2007，12(5)：1-11.
[11] 赵宗举，周慧，陈轩，刘银河，张运波，刘玉娥，等．四川盆地及邻区二叠纪层序岩相古地理及有利勘探区带[J]．石油学报，2012，33(2)：59-62.
[12] 胡明毅，胡忠贵，魏国齐，杨威，刘满仓．四川盆地茅口组层序岩相古地理特征及储集层预测[J]．石油勘探与开发，2012，39(1)：35-50.
[13] 胡东风．川东北元坝地区隐蔽气藏的勘探突破及其意义[J]．天然气工业，2010，30(8)：9-12.
[14] 胡东风．普光气田与元坝气田礁滩储层特征的差异性及其成因[J]．天然气工业，2011，31(10)：17-21.
[15] 蔡希源，郭旭升，何治亮，付孝悦，刘光祥．四川盆地天然气动态成藏[M]．北京：科学出版社，2016.
[16] 段金宝，彭劲．四川盆地东北部元坝地区下三叠统飞仙关组层序—沉积相特征[J]．海相油气地质，2014，19(2)：47-53.
[17] 郭旭升，黄仁春，付孝悦，段金宝．四川盆地二叠系和三叠系礁滩天然气富集规律与勘探方向[J]．石油与天然气地质，2014，35(3)：295-302.
[18] 马永生，蔡勋育，赵培荣．元坝气田长兴组—飞仙关组礁滩相储层特征和形成机理[J]．石油学报，2014，35(6)：1001-1011.
[19] 郭彤楼．元坝深层礁滩气田基本特征与成藏主控因素[J]．天然气工业，2011，31(10)：12-16.
[20] 郑志红，李登华，白森舒，贾君，昝昕，刘卓亚，等．四川盆地天然气资源潜力[J]．中国石油勘探，2017，22(3)：12-20.
[21] 梅仕龙，金玉玕，Wardlaw BR. 四川宣汉渡口二叠纪“孤峰组”牙形石序列及其全球对比意义[J]．古生物学报，1994，33(1)：1-14.
[22] 郭旭升，郭彤楼，黄仁春，陈祖庆．普光—元坝大型气田储层发育特征与预测技术[J]．中国工程科学，2010，12(10)：82-90.

碳酸盐岩烃源岩气藏的发现及其油气地质意义
——以四川盆地涪陵地区中二叠统茅口组一段气藏为例

胡东风　王良军　张汉荣　段金宝　夏文谦　刘珠江　魏全超　王　昆　潘　磊

（中国石化勘探分公司）

摘要：四川盆地中二叠统茅口组一段（以下简称茅一段）以往一直都被视为一套碳酸盐岩烃源岩，未有针对性地对其开展储层评价与测试工作。近年来，借鉴非常规天然气的勘探思路，借助于兼探井对川东南涪陵地区茅一段进行测试并获得了工业气流。为了进一步弄清该区茅一段的天然气勘探潜力，基于野外剖面实测、钻井系统取芯以及实验室分析化验等资料，对其沉积特征、天然气成藏条件及主控因素等进行了研究。研究结果表明：①涪陵地区茅一段气藏源储一体，天然气主要富集在黑灰色灰泥灰岩和瘤状灰泥灰岩中；②储集空间主要为粒缘孔（缝）、成岩收缩孔（缝）、有机质孔和裂缝；③孔隙以纳米级孔为主，主体孔径为5～50nm，介于页岩储层与常规储层之间，并且非均质性强；④气藏具有源储共生、岩性控藏、大面积层状分布的特点，表现为两段式油气差异富集——“早期层内近源富集”与“晚期层间泄压调整”；⑤外缓坡相带中伴随阵发性上升流沉积的黑灰色富有机质细粒灰泥灰岩的发育是天然气成藏的基础，黏土矿物转化控制了相对优质储层的发育，良好的保存条件是天然气成藏的关键，裂缝发育有利于天然气的富集高产。结论认为，该区茅一段是一种特殊类型的气藏——碳酸盐岩烃源岩气藏，并且具有较大的天然气勘探潜力，已有多口井获气；该类气藏的发现，不仅拓展了四川盆地天然气勘探的领域，而且还可以为中国南方其他地区的天然气勘探提供借鉴。

关键词：四川盆地东南　涪陵地区　中二叠统茅口组　碳酸盐岩　烃源岩气藏　灰泥灰岩储集层　致密气藏　源储一体

0　引言

四川盆地川东南地区中二叠统茅口组一段（以下简称茅一段）以往长期被业界视为一套碳酸盐岩烃源岩[1-5]，虽然大量钻井都曾在茅一段钻遇过良好的天然气显示，但多被认为是烃源岩裂缝气显示，未有针对性地对其开展储层评价与测试工作。

近年来，借鉴四川盆地页岩气勘探的技术思路[6-22]，中国石化勘探分公司加强了对川东南地区茅一段的油气地质综合评价研究工作。通过野外基干剖面实测和探井系统取芯，

天然气工业，2020，40(7)：23-33

借助于非常规油气的分析测试手段，研究了茅一段的天然气成藏基本条件；重点研究了其富含有机质碳酸盐岩的储集空间以及天然气成藏过程；进而认为该区茅一段是一种特殊类型的气藏，并且具有较大的天然气勘探潜力。借助于上述非常规天然气的研究思路，在川东南涪陵地区兼探井——JS1 井、YH1 井茅一段开展直井酸化测试，分别获得日产 1.68×10^4m^3 和 3.06×10^4m^3 的工业气流，不仅证明了该区茅一段灰泥灰岩储层具有良好的含气性[23]，而且还进一步证实了茅一段碳酸盐岩烃源岩气藏具有较大的天然气勘探潜力。

1 沉积特征

二叠系茅口组沉积早期，四川盆地主体处于碳酸盐岩缓坡沉积环境[24-27]，茅一段顶底识别标志明显、沉积厚度稳定(85~130m)。川东南地区水体相对较深，沉积了一套瘤状灰岩，俗称眼球状灰岩[28-33]。通过对川东南冷水溪、老黄钎等野外露头茅一段的观察与实测(图 1)，认为茅一段地层整体具有成层性，根据岩性组合特征将茅一段分为上、下两个亚段，分别对应于两个完整的沉积旋回。鉴于涪陵地区钻井岩性组合与野外地质剖面具有可对比性，因而借助于该区 JY66-1 井的岩芯资料，综合分析后将茅一段细分为 8 个小层(图 2)。

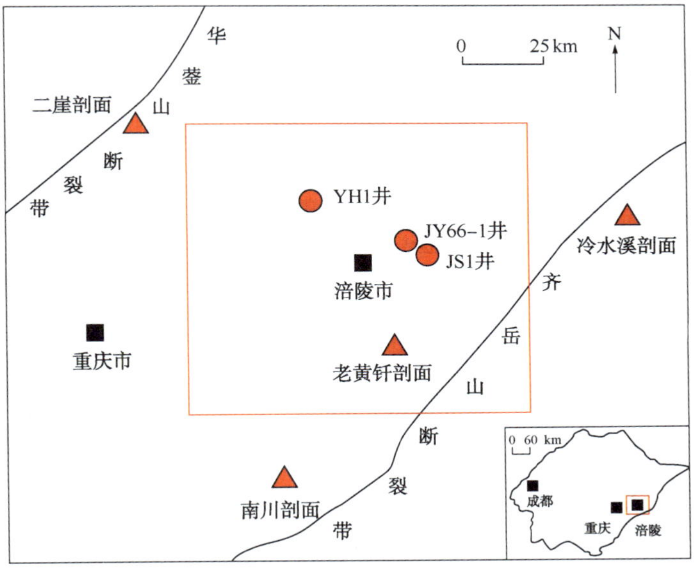

图 1 研究区位置及重点资料点分布图

茅一段岩性主体由黑灰色灰泥灰岩(俗称眼皮)与灰色灰岩(俗称眼球)组成[28-29]，前者的 X 射线衍射分析结果表明，碳酸盐矿物含量介于 30%~90%、石英含量介于 0~20%、滑石含量多介于 0~30%(个别点超过 50%)；后者为典型的石灰岩，碳酸盐矿物含量超过 90%。上述两种岩性根据其比例的不同，形成了以下 4 种岩性组合，其矿物成分的比例也随着岩性组合的不同而变化：①灰泥灰岩[图 3(a)(b)]，具纹层状层理，是一种碳酸盐岩细粒沉积物，深灰—黑灰色，薄层状，单层厚度较小，局部页理发育，主要发育在茅一段 1、3 小层；②瘤状灰泥灰岩(小疙瘩)[图 3(c)(d)]，具透镜状层理，灰泥灰岩占比大于

50%，石灰岩占比小于50%，长轴沿顺层方向排列，主要发育在茅一段5、6小层；③瘤状灰岩(大疙瘩)[图3(e)(f)]，具脉状层理，石灰岩占比大于50%，灰泥灰岩填隙于瘤状缝隙之间，占比小于50%，主要发育在茅一段2、7小层；④石灰岩[图3(g)(h)]，具中层块状层理，灰—浅灰色厚层—块状，横向分布稳定，主要发育在茅一段4、8小层。钻井岩性组合和野外地质剖面具有较好的可对比性。

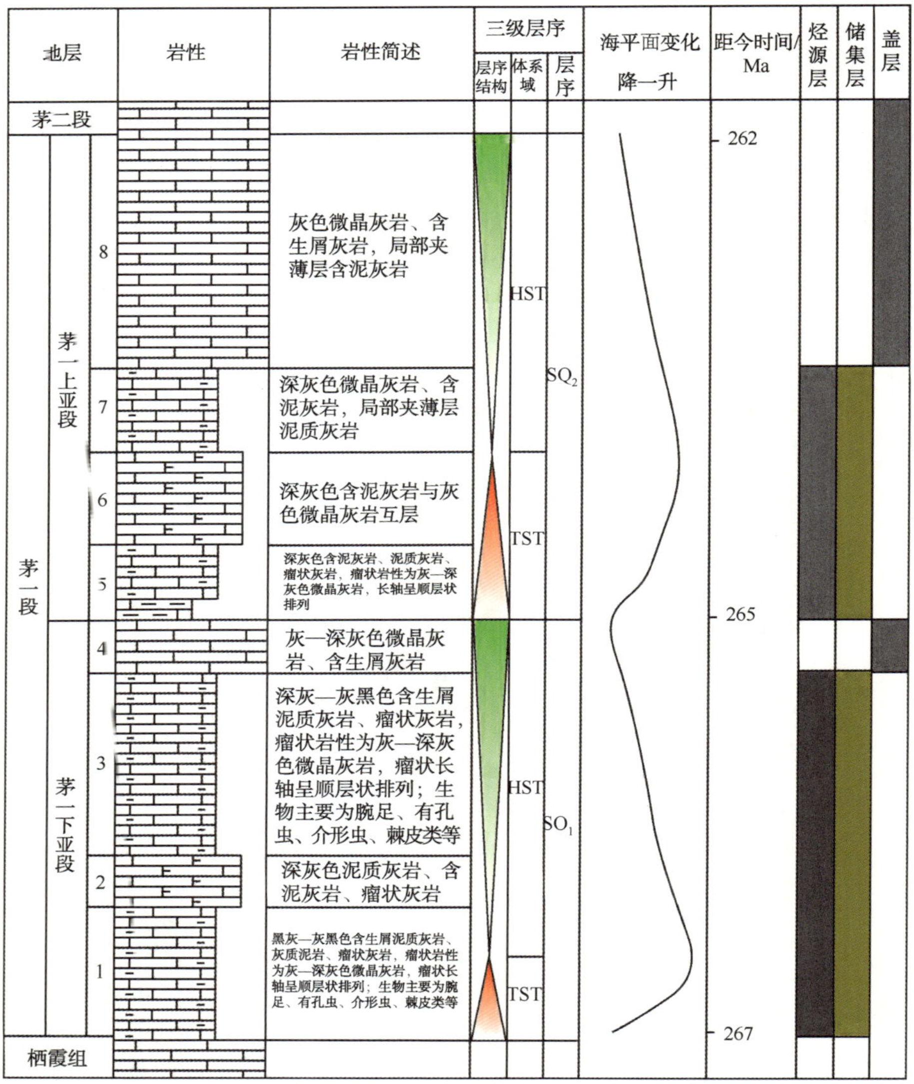

图2 涪陵地区茅一段综合地层剖面图

2 天然气成藏条件

2.1 烃源岩及其持征

JY66-1井系统岩芯取样分析结果表明，85个样品的总有机质含量(TOC)测试值为0.03%~2.41%，平均值为0.62%。进一步分析认为，黑灰色灰泥灰岩与灰色灰岩两种基质岩性的 TOC 差异大(图 4)：前者的 TOC 介于 0.21%~2.41%，平均为 0.86%，TOC>0.5%的占 81.4%，为有效碳酸盐岩烃源岩；后者的 TOC 介于 0.03%~0.43%，平均为 0.13%，TOC<0.5%，不具备生烃能力。这说明茅一段的烃源岩主要为黑灰色灰泥灰岩和瘤状灰泥灰岩，JY66-1 井茅一段有效烃源岩的厚度为 44.68m。钻井统计和测井解释结果表明，涪陵地区灰泥灰岩及瘤状灰泥灰岩分布广泛，厚度介于 40~50m。

从碳酸盐岩干酪根碳同位素和镜检实验分析结果可知，涪陵地区茅一段烃源有机质类型主要为腐泥型—偏腐泥混合型，热演化程度适中，R_o 介于 1.71%~2.18%，平均为 1.94%。

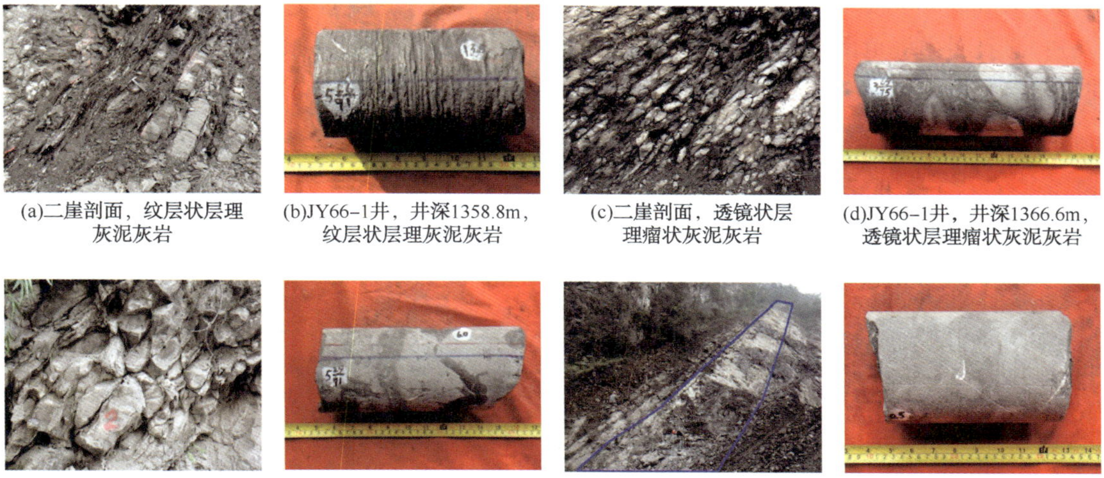

(a)二崖剖面，纹层状层理灰泥灰岩　(b)JY66-1井，井深1358.8m，纹层状层理灰泥灰岩　(c)二崖剖面，透镜状层理瘤状灰泥灰岩　(d)JY66-1井，井深1366.6m，透镜状层理瘤状灰泥灰岩

(e)老黄钎剖面，脉状层理瘤状灰岩　(f)JY66-1井，井深1307.3m，脉状层理瘤状灰岩　(g)二崖剖面，厚层块状层理灰岩　(h)JY66-1井，井深1313.3m，厚层块状层理灰岩

图 3　涪陵地区茅一段岩性特征及层理构造照片

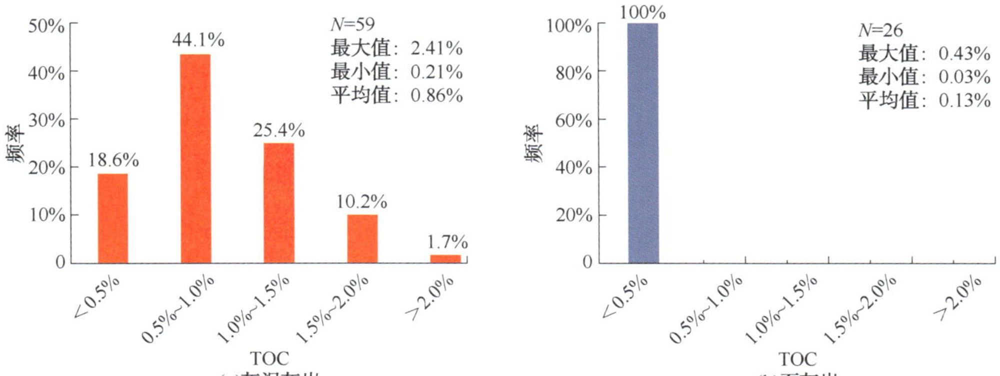

(a)灰泥灰岩　(b)石灰岩

图 4　JY66-1 井茅一段 TOC 分布频率图

2.2　储集层及其特征

2.2.1　储集空间类型

通过分析 JY66-1 井、冷水溪、老黄钎剖面氩离子扫描电镜照片与大视域背散射扫描电

镜照片，发现茅一段储集空间主要为粒缘孔(缝)、成岩收缩孔(缝)、有机质孔和裂缝。以下分述之。

(1) 粒缘孔(缝)：是方解石颗粒、石英、有机质、黏土矿物之间的孔(缝)，多呈一定弧度，延伸不远，倾向和倾角不固定。孔径分布范围介于 10~1100nm，主要分布在 20~400nm 之间；缝宽大多数都在 50nm 左右，连通性好。在茅一段下部黏土矿物及碳酸盐岩矿物含量均较高的层段中比较常见[图 5(a)]。

(2) 成岩收缩孔(缝)：X 射线衍射测试结果发现灰泥灰岩中含有滑石，氩离子抛光高精度扫描电镜测试揭示其成岩收缩孔(缝)非常发育，系沉积的海泡石在成岩过程中向滑石转化时形成的。主要发育在灰泥灰岩中，滑石晶面孔(缝)缝宽介于 10~200nm，多在 50nm 左右；滑石界面缝范围介于 160~960nm，最大可以达到 1300nm；倾向和倾角不固定，连通性较好，开度变化大。在茅一段下部黏土矿物含量较高的层段中比较常见[(图 5(b)(c)]。

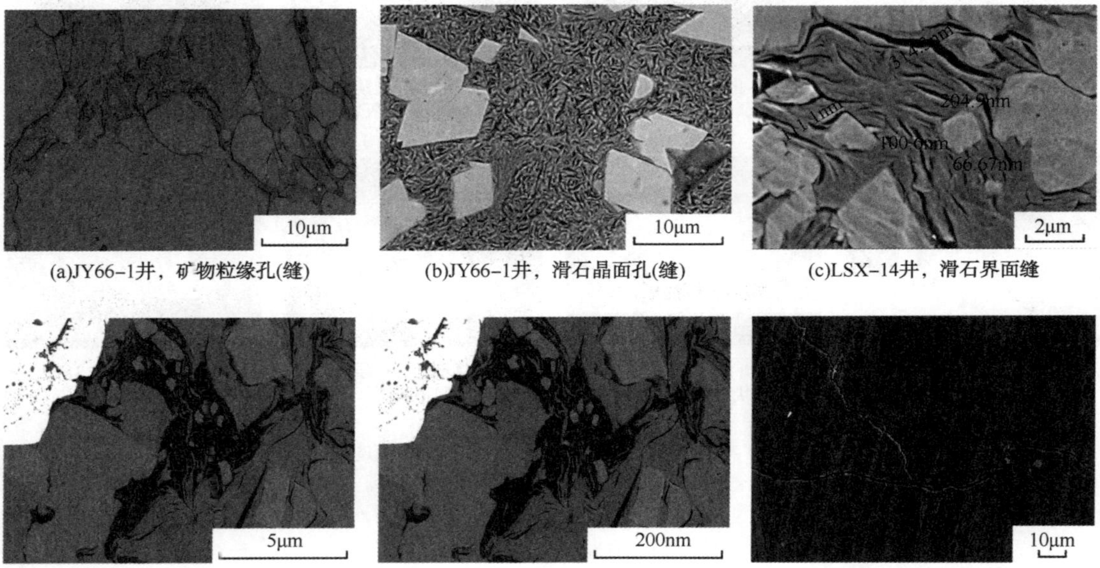

(a)JY66-1井，矿物粒缘孔(缝)　(b)JY66-1井，滑石晶面孔(缝)　(c)LSX-14井，滑石界面缝

(d)JY66-1井，有机质孔　(e)JY66-1井，有机质孔　(f)JY66-1井，微裂缝

图 5　茅一段主要储集空间类型电镜照片

(3) 有机质孔：主要发育在灰泥灰岩中，与下志留统龙马溪组页岩有机质孔类似，孔隙大小通常为纳米级，大小一般介于 2~100nm，大多呈不规则形状，连通性较差。在茅一段有机质含量较高的层段中均有发育[图 5(d)(e)]。

(4) 裂缝：包含微裂缝和宏观裂缝。氩离子抛光扫描电镜发现，微裂缝长度一般介于 3~5μm[图 5(f)]。JY66-1 井茅一段岩芯观察、描述统计结果表明，茅一段宏观裂缝主要发育低角度裂缝、高角度裂缝、压溶缝和岩性过渡缝。其中低角度裂缝最为发育，其在茅一段 1—3 小层零星分布，而在 4—6 小层则分布较为密集，多被方解石半—全充填。高角度裂缝发育，被方解石全充填，多发育于 2、4 小层的石灰岩中。

2.2.2　储层物性

茅一段因常常被视为碳酸盐岩烃源岩，故多年来其储集性能一直未被研究过。为此，笔者从 JY66-1 井茅一段岩芯上等间距连续取样 85 个，对其进行物性分析。分析结果表明：孔隙度介于 0.01%~6.08%，平均为 1.42%，孔隙度大于 2.0%的样品占比为 21.2%；渗透率介于 0.006×10^{-3}~$4.752\times10^{-3}\mu m^2$，平均为 $0.041\times10^{-3}\mu m^2$，渗透率介于 0.01×10^{-3}~$0.10\times10^{-3}\mu m^2$ 的样品占比为 76.70%。因此，茅一段储层为特低孔隙度、特低渗透率裂缝—孔隙型致密储层。

同样将前述两种基质岩性分开来统计发现(图 6)，黑灰色灰泥灰岩孔隙度介于 0.38%~6.08%，平均为 1.90%，具有一定的储集能力；而灰色灰岩孔隙度则介于 0.01%~1.09%，平均为 0.56%，基本上不具备储集能力。这说明茅一段储层岩性主要为黑灰色灰泥灰岩和瘤状灰泥灰岩，也就是说茅一段生烃层与储集层为同一套岩性，天然气成藏受岩性的控制。

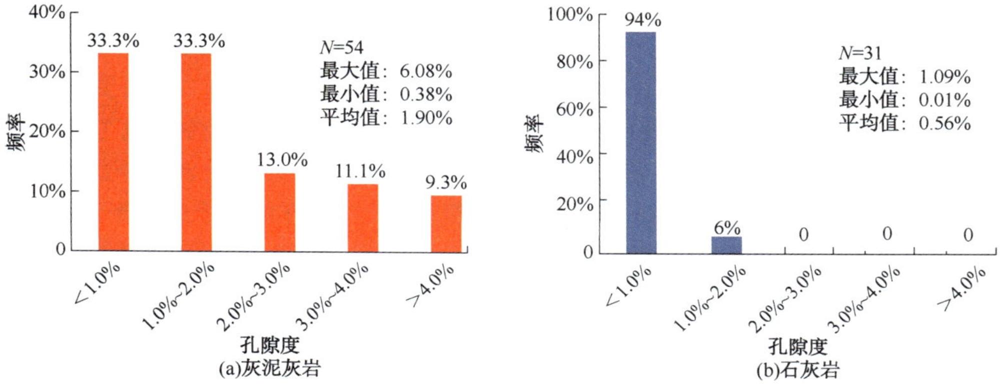

图 6 JY66-1 井茅一段孔隙度分布频率图

2.2.3 孔隙结构

氮气吸附—脱附实验结果表明，孔径介于 5~50nm 的中孔提供了主要的孔体积，孔径大于 50nm 的大孔提供了次要的孔体积，孔径小于 5nm 的微—中孔仅提供了部分孔体积；对茅一段样品的液氮吸附—压汞联合测定结果表明，孔隙主要分布由中孔组成，其结论与氮气吸附—脱附实验分析结果一致(图 7)。

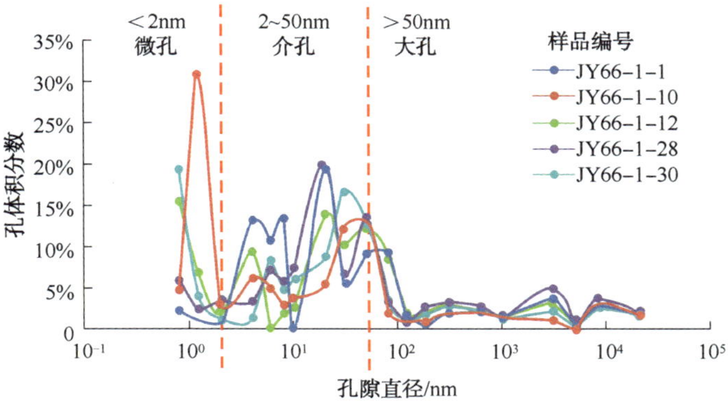

图 7 JY66-1 井茅一段储层孔径分布图

注：液氮吸附—压汞联合测试

2.3 顶、底板发育情况

(1) JY66-1 井岩芯描述和野外地质剖面观察结果表明：茅一段 4 小层是一套灰—浅灰色厚层块状灰岩，横向分布稳定[(图 3(g)(h)]，岩芯分析突破压力介于 49.2~51.1MPa；野外地质剖面观察发现，茅一段 8 小层(图 2)及茅二段也为一套灰—浅灰色厚层块状灰岩。这说明顶板具有良好的封盖性能。

(2) JY66-1 井岩芯描述结果表明，中二叠统栖霞组为一套浅灰—灰色含生屑粉—泥晶灰岩，裂缝不发育，岩芯分析突破压力介于 50.6~51.5MPa。这说明底板也具有良好的封闭性能。

2.4 天然气成因与来源

2.4.1 天然气成因分析

通过研究 JS1 井、YH1 井茅一段气体组成的分析资料得出，茅一段天然气组成以甲烷为主(含量介于 91.40%~97.64%)，不含 H_2S，其烷烃气中 C_2^+ 重烃含量很少(相对含量仅 0.37%~1.13%)，干燥系数($C_1/C_1\sim C_5$)达 0.99。

在 $\delta^{13}C_1$ 与 $lg[C_1/(C_2+C_3)]$ 比值的分类图版上[图 8(a)]，涪陵及邻区包括 JS1 井茅一段气层在内的茅口组天然气样品点都落在油型裂解气区域，$ln(C_1/C_2)$ 和 $ln(C_2/C_3)$ 值主要落在烃源岩裂解气分布线上[图 8(b)]。这表明茅口组天然气在成因上属于烃源岩裂解气，源于烃源岩干酪根和可溶沥青的裂解。

2.4.2 气源分析

涪陵地区存在着多个层系的天然气，JY3HF 井上二叠统长兴组气样的干燥系数为 0.97，C_2^+ 重烃含量为 2.94%，明显高于 JS1 井的茅一段天然气；并且其甲烷碳同位素值较轻($\delta^{13}C$ 介于-31.8‰~-32.8‰)，而乙烷碳同位素值则较重($\delta^{13}C_1$ 介于-32.7‰~-33.5‰)，明显有别于茅一段天然气[图 9(a)]。这表明二者没有成因上的联系。

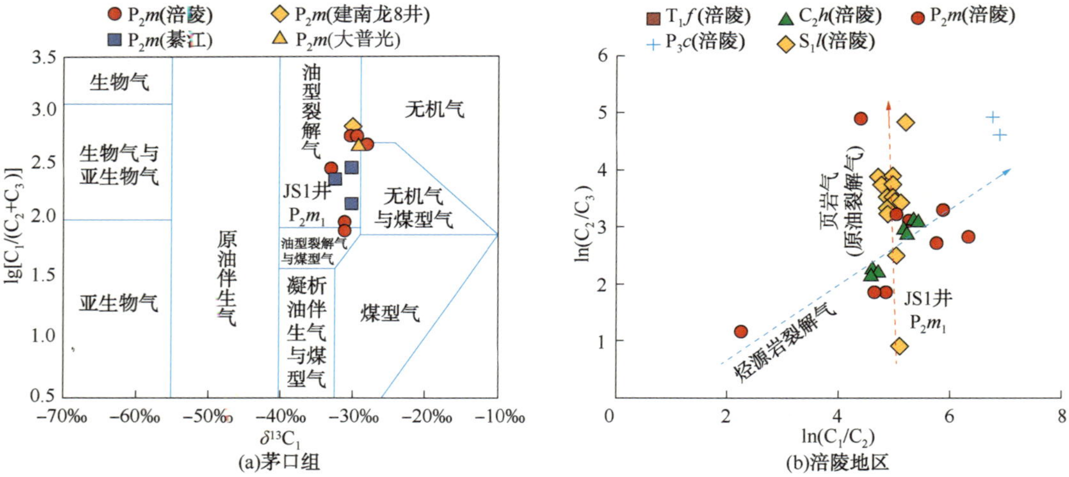

图 8 涪陵及邻区茅口组天然气碳同位素特征图

与下志留统龙马溪组的多数气样相比，JS1 井茅一段天然气的甲烷和乙烷碳同位素值显得较轻，并且 $\delta^{13}C_2$—$\delta^{13}C_1$ 差值较大[图 9(b)]。这说明茅一段天然气并非来自志留系，而具有独立的气源，为其自身的烃源岩。

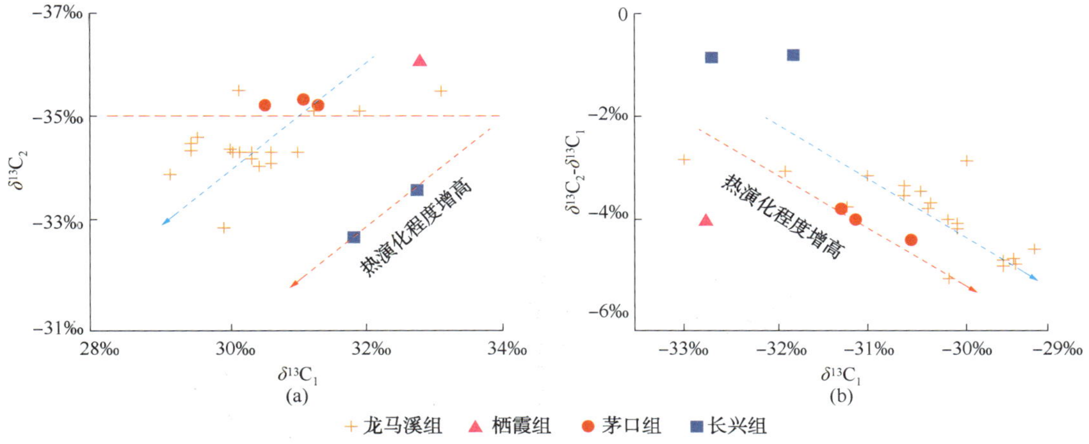

图 9 焦石坝区块茅口组及邻层天然气甲、乙烷碳同位素值及其差值分布对比图

从天然气与气源岩的碳同位素组成关系来分析，JS1 等井茅一段天然气的 $\delta^{13}C_1$ 介于 −30.5‰~−31.3‰，按天然气与气源岩的碳同位素组成关系，其气源岩干酪根 $\delta^{13}C$ 值应在 −27‰上下。研究区烃源岩的分析资料表明，各层位海相烃源岩的干酪根碳同位素值有着不同的分布范围。上二叠统龙潭组烃源岩干酪根 $\delta^{13}C$ 介于−23.0‰~−24.8‰，12 个样品的平均值为−23.8‰；茅一段烃源岩目前分析的 JY66−1 井及二崖、老黄钎剖面的样品 $\delta^{13}C$ 介于−26.1‰~−30.1‰，平均值为−27.5‰；冷水溪剖面的栖霞组烃源岩介于−26.8‰~−28.8‰，12 个样品的平均值为−28.0‰；龙马溪组 7 个泥岩样品 $\delta^{13}C$ 介于−27.8‰~−30.5‰，平均值为−29.1‰。邻区下寒武统烃源岩的泥岩干酪根 $\delta^{13}C$ 介于−29.4‰~−31.8‰，12 个样品的平均值为−30.1‰。从这些烃源岩碳同位素值的分布情况看，茅一段烃源岩与茅一段天然气具有上述气—岩碳同位素组成上的相关性，结合天然气成因类型和气—气对比结果，可以判断茅一段天然气的气源来自同层位地层。

2.5 天然气成藏演化

涪陵地区经历了早期沉积和后期抬升两大阶段，结合 JY66−1 井的埋藏史资料(图 10)，将茅一段天然气成藏分为“早期层内近源富集”及“晚期层间泄压调整”两个阶段，以下分述之。

2.5.1 早期层内近源富集

(1) T_1 末—T_2[图 11(a)]：R_o 介于 0.6%~0.9%，黑灰色灰泥灰岩和瘤状灰泥灰岩中有机质达到早期生烃的门限值，开始有少量石油生成。

(2) T_2 末—J_1[图 11(b)]：R_o 介于 0.9%~1.2%，进入生油高峰期的有机质开始大量生烃，随着埋深和温度、压力的增大，黑灰色灰泥灰岩和瘤状灰泥灰岩中海泡石脱水、析硅向富镁蒙脱石转化，晶体体积由大变小，形成少量收缩孔(缝)。

(3) J_1 末—J_2[图 11(c)]：R_o 介于 1.2%~1.6%，进入干酪根裂解阶段，有较多的有机质孔隙发育；富镁蒙脱石进一步向滑石转化，成岩收缩孔(缝)发育。裂解生成的天然气在满足有机质自身储集的前提下，会有少量的天然气分子向有机质外的成岩收缩缝进行扩散，储集在黏土矿物转化形成的成岩收缩缝中。

(4) J_2 末—K_2[图 11(d)]：R_o 介于 1.6%~2.0%，有机质热演化进入高—过成熟阶段，

原油及重质烃类发生裂解，产生更多的天然气。有机质孔隙更发育，黏土矿物转化也进入高峰期，发育更多的成岩收缩缝，有机质孔数量总体上较之成岩收缩缝少。此阶段生成的天然气在满足自身有机孔储集之后，其余的天然气分子会扩散储集于灰泥灰岩中成岩收缩孔（缝）和粒缘孔（缝）中，形成茅一段源储共生、岩性控制的碳酸盐岩近源性气藏。

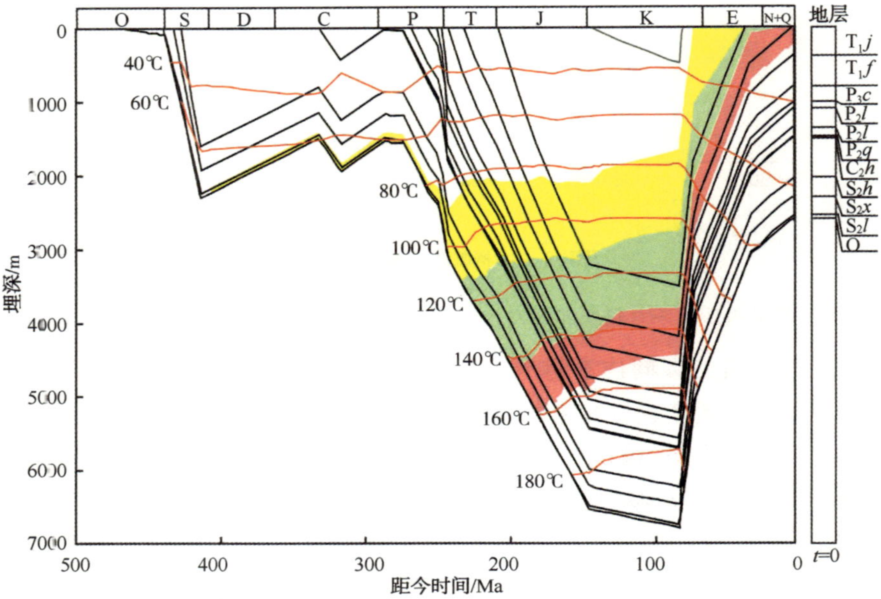

图 10　JY66-1 井埋藏史图

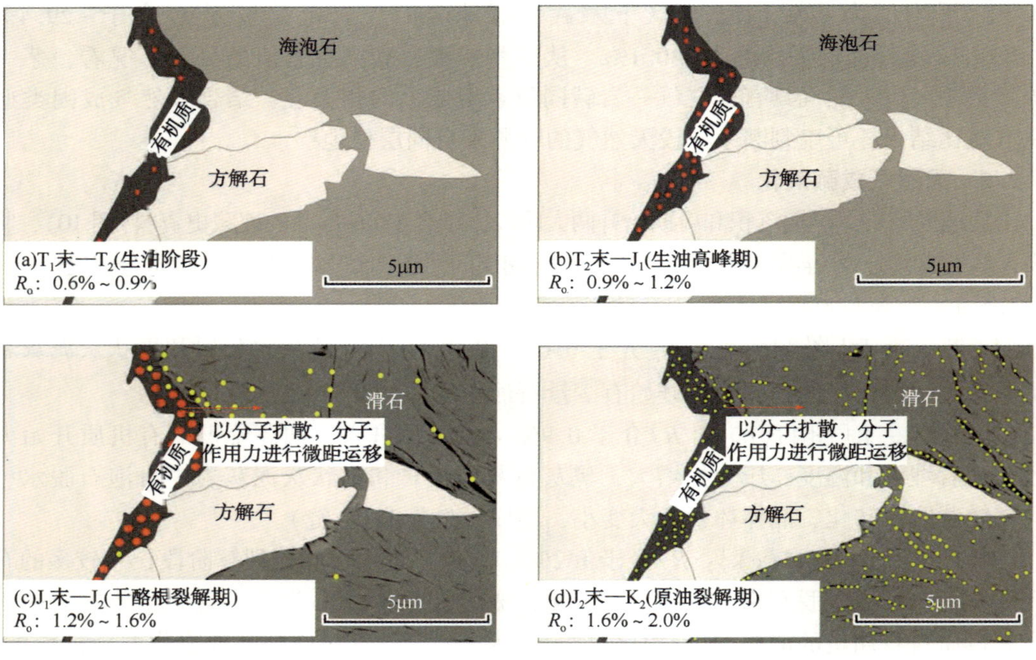

图 11　涪陵地区焦石坝区块茅一段近源性气藏成藏演化模式图

2.5.2 晚期层间泄压调整

K_2 末至今：喜马拉雅期，构造运动强度加剧，地层发生不同程度的抬升剥蚀，并发育一些断裂。抬升泄压过程导致有机质及黏土矿物的吸附能力降低，部分吸附气发生了解析作用，转变为游离气，通过断裂及其伴生的高角度裂缝进行调整，特别是高角度裂缝(包括网状裂缝)系统，其有效地改善了储层的物性，形成了有利的储层甜点。在涪陵地区的钻井显示，在裂缝发育且保存条件好的钻井中，油气显示更加活跃。

3 天然气成藏主控因素

3.1 外缓坡相带富有机质灰泥灰岩的发育是天然气成藏的基础

涪陵地区茅一段沉积时期处于浪基面以下的外缓坡低能环境[32]，同时又有阵发性的上升流存在[3]，当上升流来临时带来供给生物繁殖、生长的氧和营养盐，促使水体中生物大量繁殖，而生物在繁殖和死亡过程中消耗大量的氧，在浪基面以下的水体较深区域容易形成缺氧环境利于有机质的保存，此时发育富有机质的灰泥灰岩；当上升流消失时，容易形成富氧层，不利于有机质的保存。

地球化学分析数据也显示，在茅口组一段所发育的 4 种岩相中，灰泥灰岩及瘤状灰泥灰岩具有较高的有机质含量，一般介于 0.21%~2.41%，平均为 0.86%；另外，其有机质类型为偏腐泥混合型，并且热演化程度适中，已进入干气阶段。这种良好的烃源岩条件为茅一段气藏的形成提供了有利的物质基础。

3.2 灰泥灰岩的黏土矿物转化控制了相对优质储层的发育

茅一段所有取芯段中均发育有一定量的滑石矿物，结合孔隙度的变化分析发现，滑石富集程度最高的 5.5m 厚黑灰色灰泥灰岩孔隙度介于 1.089%~6.082%，8 个样点的平均值为 4.1%；滑石含量较高的瘤状灰泥灰岩(小疙瘩)孔隙度为 2.34%；瘤状灰岩(大疙瘩)滑石含量相对较少，其孔隙度为 1.33%，不含滑石的中—厚层状石灰岩孔隙度仅为 0.76%。上述情况说明，滑石化提高了储层的储集性能。

研究发现，出现这种现象的原因在于当海泡石向滑石转化过程中，随着埋深的增加，温度升高、压力增大，海泡石会以脱水、析硅的方式向滑石转化。在转化过程中，相对分子质量由 1148 变为 378、分子结构由链状结构变为层状结构。由于这种脱水和矿物相变的存在，在滑石矿物内部及边缘发育呈“菊花状”的成岩收缩缝。这种成岩收缩缝作为茅一段的主要储集空间类型，为增大孔隙度做出了一定的贡献。因此，灰泥灰岩的黏土矿物转化控制了茅一段中相对优质储层的发育。

3.3 良好的保存条件是天然气富集成藏的关键，裂缝发育有利于天然气高产

由于茅一段气藏存在着晚期泄压调整，保存条件就成为天然气能否富集成藏的关键。通过对典型井的解剖，明确了有利的构造背景与裂缝发育是茅一段这套新类型储层获得天然气富集高产的关键。通过研究横切焦石坝区块的气藏剖面后认为(图 12)，焦石坝区块主体构造稳定，大断层不发育，保存条件较好，对茅一段气藏的破坏作用小，利于后期气藏的保存；JY61-2 等井在茅一段钻进过程中见到了较好的油气显示，越靠近控制焦石坝宽缓背斜构造的边界断层——大耳山断裂和乌江断裂，茅一段钻井油气显示就越差。

在保存条件好的前提下，裂缝的发育有利于天然气的富集高产。DS1、TT1 等井在茅一段测试获得高产工业气流，并通过实施水平井进一步提高了天然气产能。

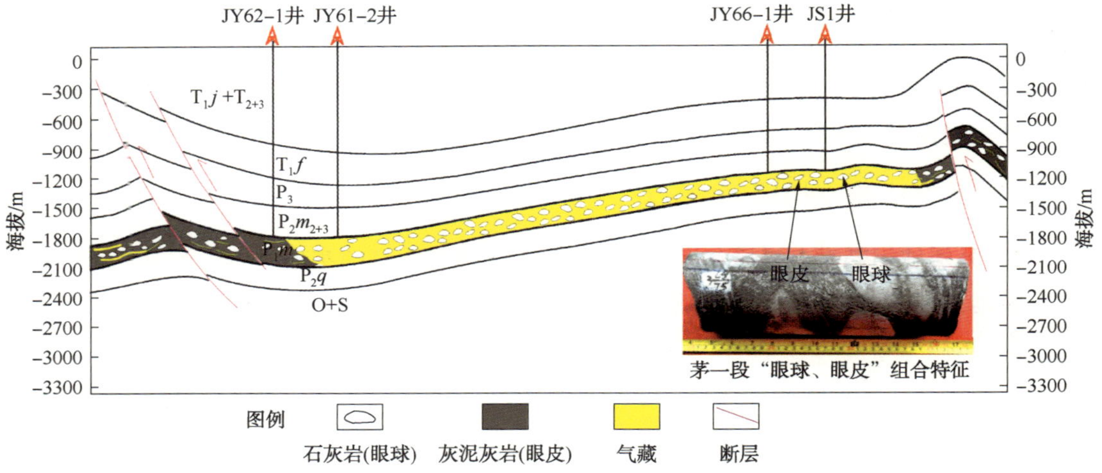

图 12　焦石坝区块茅一段天然气成藏示意图

4　天然气勘探的意义及方向

川东南涪陵地区茅一段灰泥灰岩致密气藏的发现，为中国南方碳酸盐岩烃源岩气藏的勘探提供了借鉴。后者海相碳酸盐岩地层发育，相对有利的深水沉积相带广泛分布，发育多套类似茅一段的富含有机质碳酸盐岩地层，四川盆地三叠系雷口坡组、二叠系栖霞组、志留系石牛栏组、奥陶系宝塔组等都可以作为碳酸盐岩烃源岩气藏的重点准备领域。

川东南地区栖霞组碳酸盐岩烃源岩储层厚度介于 20~30m，岩性为灰黑色灰泥灰岩、瘤状灰泥灰岩，钻井过程中油气显示全烃含量最高可达 10%，地球化学参数、储层物性和储集空间类型与茅一段基本相同。川东南地区雷口坡组三段碳酸盐岩烃源岩储层厚度介于 20~25m，岩性主要为石灰岩、泥质灰岩、灰质泥岩，油气显示较好，同样具有较大的碳酸盐岩烃源岩气藏勘探潜力。

在广大的南方外围地区也见到了良好的碳酸盐岩烃源岩气藏的苗头，如湘中地区的下石炭统，碳酸盐岩烃源岩层厚度高达 400m，也是值得关注的勘探有利区。在勘探过程中，可以先结合地层埋深及有机质含量优选碳酸盐岩烃源岩气藏的有利靶区，再以兼探的方式进行试验，取得突破后再施以水平井提高产能。一旦勘探开发取得成功，必将展现出类似于页岩气的广阔勘探前景。

5　结论

（1）茅口组碳酸盐岩烃源岩主要岩性为深灰—黑灰色灰泥灰岩，TOC 平均 0.86%，有机质类型为腐泥型—偏腐泥混合型，R_o 为 1.94%，为差—中等烃源岩，烃源岩厚度在涪陵地区介于 40~50m。

（2）涪陵地区茅一段储层也为深灰—黑灰色灰泥灰岩，储集空间类型为裂缝—孔隙型，为特低孔特低渗储层，储集空间主要为粒缘孔（缝）、成岩收缩孔（缝）、有机质孔和裂缝，以纳米级孔为主。孔径主要介于5~50nm，介于龙马溪组页岩和常规碳酸盐储层之间，是一种特殊类型的储层。

（3）茅一段气藏为自生自储的灰泥灰岩致密气藏，气藏具有源储共生、岩性控藏、大面积层状分布的特点，呈现出“早期近源富集”与“晚期泄压调整”两段式的油气差异富集模式。外缓坡相带中伴随阵发性上升流沉积的黑灰色富有机质的细粒灰泥灰岩的发育是天然气成藏的基础，黏土矿物转化控制了相对优质储层的发育，良好的保存条件是天然气成藏的关键，裂缝发育有利于天然气的富集高产。

（4）涪陵地区茅一段灰泥灰岩致密气藏的发现，不仅拓展了所在地区天然气勘探的领域，而且还为中国南方其他碳酸盐岩烃源岩层系的天然气勘探提供了借鉴。

参 考 文 献

[1] 黄籍中，吕宗刚．碳酸盐岩烃源岩判识与实践——以四川盆地为例[J]．海相油气地质，2011，16(3)：8-14.
[2] 黄士鹏，江青春，汪泽成，等．四川盆地中二叠统栖霞组与茅口组烃源岩的差异性[J]．天然气工业，2016，36(12)：26-34.
[3] 李红敬，解习农，黄俊华，等．川西北二叠系茅口组海相优质烃源岩发育控制因素[J]．地球科学——中国地质大学学报，2012，37(1)：171-180.
[4] 梁狄刚，郭彤楼，陈建平，等．中国南方海相生烃成藏研究的若干新进展(一)：南方四套区域性海相烃源岩的分布[J]．海相油气地质，2008，13(2)：1-16.
[5] 胡东风．四川盆地元坝地区茅口组台缘浅滩天然气勘探的突破与启示[J]．天然气工业，2019，39(3)：1-10.
[6] 马永生，楼章华，郭彤楼，等．中国南方海相地层油气保存条件综合评价技术体系探讨[J]．地质学报，2006，80(3)：406-417.
[7] 王志刚．涪陵页岩气勘探开发重大突破与启示[J]．石油与天然气地质，2015，36(1)：1-6.
[8] 贾承造，郑民，张永峰．中国非常规油气资源与勘探开发前景[J]．石油勘探与开发，2012，39(2)：129-136.
[9] 郭旭升，郭彤楼，魏志红，等．中国南方页岩气勘探评价的几点思考[J]．中国工程科学，2012，14(6)：101-105.
[10] 郭旭升，胡东风，李宇平，等．海相和湖相页岩气富集机理分析与思考：以四川盆地龙马溪组和自流井组大安寨段为例[J]．地学前缘，2016，23(2)：18-28.
[11] 郭旭升，胡东风，魏志红，等．涪陵页岩气田的发现与勘探认识[J]．中国石油勘探，2016，21(3)：24-37.
[12] 郭旭升．南方海相页岩气“二元富集”规律——四川盆地及周缘龙马溪组页岩气勘探实践认识[J]．地质学报，2014，88(7)：1209-1218.
[13] 郭旭升，胡东风，文治东，等．四川盆地及周缘下古生界海相页岩气富集高产主控因素——以焦石坝地区五峰组—龙马溪组为例[J]．中国地质，2014，41(3)：893-901.
[14] 郭旭升．涪陵页岩气田焦石坝区块富集机理与勘探技术[M]．北京：科学出版社，2014.
[15] 胡东风，张汉荣，倪楷，等．四川盆地东南缘海相页岩气保存条件及其主控因素[J]．天然气工业，2014，34(6)：17-23.
[16] 郭彤楼，张汉荣．四川盆地焦石坝页岩气田形成与富集高产模式[J]．石油勘探与开发，2014，41(1)：28-36.

[17] 邹才能，董大忠，王社教，等．中国页岩气形成机理、地质特征及资源潜力[J]．石油勘探与开发，2010，37(6)：641-653.

[18] 魏祥峰，黄静，李宇平，等．元坝地区大安寨段陆相页岩气富集高产主控因素[J]．中国地质，2014，41(3)：970-981.

[19] 董大忠，邹才能，李建忠，等．页岩气资源潜力与勘探开发前景[J]．地质通报，2011，30(2)：324-336.

[20] 郭旭升，胡东风，刘若冰，等．四川盆地二叠系海陆过渡相页岩气地质条件及勘探潜力[J]．天然气工业，2018，38(10)：11-18.

[21] 李新景，胡素云，程克明．北美裂缝性页岩气勘探开发的启示[J]．石油勘探与开发，2007，34(4)：392-400.

[22] 赵靖舟，方朝强，张洁，等．由北美页岩气勘探开发看我国页岩气选区评价[J]．西安石油大学学报(自然科学版)，2011，26(2)：1-7.

[23] 郭旭升，胡东风，黄仁春，等．四川盆地深层—超深层天然气勘探进展与展望[J]．天然气工业，2020，40(5)：1-14.

[24] 马永生，陈洪德，王国力．中国南方层序地层与古地理[M]．北京：科学出版社，2009.

[25] 王成善，陈洪德，寿建峰．中国南方海相二叠系层序地层与油气勘探[M]．成都：四川科学技术出版社，1998.

[26] 冯增昭，杨玉卿，金振奎，等．中国南方二叠纪岩相古地理[J]．沉积学报，1996，14(2)：3-12.

[27] 陈洪德，覃建雄，王成善，等．中国南方二叠纪层序岩相古地理特征及演化[J]．沉积学报，1999，17(4)：509-520.

[28] 金若谷．一种深水沉积标志——“瘤状结核”及其成因[J]．沉积学报，1989，7(2)：51-61.

[29] 薛武强，刘喜停，颜佳新，等．重庆南川地区中二叠统茅口组眼球状灰岩成因[J]．地质科学，2015，50(3)：1001-1013.

[30] 张继庆．四川盆地早二叠世碳酸盐沉积相及风暴沉积作用[M]．重庆：重庆出版社，1986.

[31] 冯增昭，杨玉卿，金振奎，等．中国南方二叠纪岩相古地理[M]．东营：石油大学出版社，1997：49-50.

[32] 罗进雄，何幼斌．中—上扬子地区二叠系眼球状石灰岩特征及成因研究[J]．地质论评，2010，56(5)：629-637.

[33] 刘杰，李蔚洋，何幼斌．四川旺苍双汇下二叠统茅口组眼球状石灰岩成因分析[J]．海相油气地质，2011，16(1)：63-67.

中国南方页岩气勘探评价的几点思考

郭旭升　郭彤楼　魏志红　张汉荣　刘若冰　柳智利　王　炜

（中国石化勘探南方分公司，成都 610041）

摘要： 中国南方广泛发育下寒武统、下志留统、上二叠统三套海相区域性富有机质泥页岩，同时在四川盆地、江汉盆地和苏北盆地发育陆相富有机质泥页岩，具备形成页岩气的地质条件。但是，与美国页岩气相比，南方海相页岩气具有多期构造运动叠加改造、热演化程度高、保存条件复杂的特点，而陆相泥页岩有机碳含量、孔隙度相对较低，因此南方页岩气勘探面临诸多挑战，不能盲目乐观。笔者等对比研究认为，四川盆地海相、陆相是实现页岩气规模勘探开发的现实领域，江汉盆地、苏北盆地陆相可作为南方页岩气勘探的后备领域。

关键词： 中国南方　页岩气　勘探评价

1　前言

页岩气作为油气勘探新领域，越来越受到人们的重视。中国南方是我国页岩气勘探评价的重点地区，发育海相、陆相多套富有机质泥页岩，具备形成页岩气的基本地质条件。但与美国已成功开发的页岩气相比，具有明显的差异性，面临诸多挑战。

2　区域性海相泥页岩及形成页岩气的原始地质条件

我国南方发育下寒武统、下志留统和上二叠统等多套区域性海相泥页岩[1]，页岩气形成地质条件较好。

2.1　下寒武统

下寒武统富有机质泥页岩主要发育于早寒武世早期，扬子克拉通南北两侧被动大陆边缘盆地。厚度一般为 50~500m，现今残留面积约 $90\times10^4km^2$，其中厚度大于 50m 的分布面积达 $58\times10^4km^2$。

下寒武统富有机质泥页岩有机碳含量（TOC）在上扬子地区一般为 1%~4%，其中川南、黔西北、湘西较高，一般大于 2.0%；在中扬子地区较低，一般为 0.2%~2.4%；在下扬子地区一般大于 1.0%，在皖南休宁—宁国—浙西北安吉一带平均有机碳含量高达 4.7%左右。有机质类型主要为Ⅰ型或$Ⅱ_1$型。有机质热演化程度高，镜质体反射率 R_o 一般大于 2.0%，四川盆地 R_o 平均 3.4%，中扬子地区 R_o 最高达 6.28%，下扬子地区自北西到南东的金湖—巢北冲断体、沿江冲断前缘带和黄桥—如皋冲断体是 R_o 大于 3.0%的高演化区。

中国工程科学，2012，14(6)：101-105

对上扬子地区下寒武统富有机质泥页岩地表样品进行氦气法分析，所得平均孔隙度为1.28%~16.05%。

2.2 下志留统

下志留统富有机质泥页岩主要发育于早志留世早期，扬子克拉通周围古隆起所围限的克拉通内坳陷盆地。在上扬子地区主要分布于川东北、川东南—黔北、川西南地区，厚度一般为40~200m；在中扬子地区厚度仅35~50m；在下扬子地区主要分布在句容—海安—东台地区，厚度40~80m。

下志留统富有机质泥页岩TOC在中、上扬子地区一般为0.5%~2.34%，下扬子地区多大于1%。主要为Ⅰ型或$Ⅱ_1$型。有机质热演化程度高，在四川盆地南部R_o达到1.83%~3.26%；中扬子地区R_o西高东低，在2.0%~3.0%；下扬子地区沿江冲断带、常州一带、西部巢湖—枞阳冲断体、东南部太湖逆掩构造区的无锡—长兴一带R_o大于3.0%，苏皖地区R_o大于4.0%，其余地区R_o在1.5%~2.5%。

对上扬子地区下志留统富有机质泥页岩地表样品进行氦气法分析，所得平均孔隙度为2.95%~10.14%。

2.3 上二叠统

扬子地块上二叠统富有机质泥页岩主要发育在龙潭组(吴家坪组)和大隆组，分布面积$80\times10^4km^2$。在上扬子地区，龙潭组泥页岩主要分布在四川盆地，厚度在30~100m，大隆组泥页岩主要分布于广元—旺苍陆棚和城口—鄂西陆棚、开江—梁平陆棚内，厚度在5~30m；中扬子地区上二叠统富有机质泥页岩主要分布于荆门—京山—仙桃—潜江地区，厚度在20~40m；下扬子地区龙潭组泥页岩的厚度在50~200m，大隆组泥页岩厚度一般在20~50m。除扬子地块外，在湘桂地块，上二叠统富有机质泥页岩也较发育，主要分布于南盘江—桂中—湘中地区，厚度一般为50~200m。

上二叠统富有机质泥页岩TOC在上扬子地区大多为0.5%~4%，中扬子地区一般为1.0%~1.5%，下扬子地区平均为1.96%，南盘江—桂中—湘中地区一般为1.0%~3.0%。

上二叠统有机质热演化程度较高，上扬子地区和南盘江—桂中—湘中地区一般为1.3%~3.0%，中扬子地区一般为0.8%~3.0%，下扬子地区一般为1.5%~2.9%，南盘江—桂中—湘中地区一般为1.3%~4.0%。

3 三大盆地发育陆相泥页岩

中、晚三叠世发生的印支运动，使中国南方结束了海相沉积，从此转入陆内盆地发育演化阶段，在四川盆地、江汉盆地、苏北盆地发育了陆相富含有机质泥页岩。

3.1 四川盆地

四川盆地陆相富含有机质泥页岩主要发育于中下侏罗统，包括下侏罗统自流井组东岳庙段、马鞍山段、大安寨段和中侏罗统千佛崖组中下部，为浅湖—半深湖相沉积，主要分布于川东北地区。东岳庙段富有机质泥页岩厚度为40~100m，马鞍山段为20~60m，大安寨段为40~60m，千佛崖组为40~100m。

东岳庙段富有机质泥页岩TOC为0.51%~11.82%，平均2.09%；马鞍山段为0.57%~0.67%，平均0.62%；大安寨段为0.58%~3.64%，平均1.2%；千佛崖组为0.74%~

2.05%，平均1.15%。有机质类型以II_2型、III型为主，少量为II_1型、I型，总体以II_2型最多。有机质演化程度适中，均主要处于凝析油—湿气的高成熟阶段，R_o主要为1.0%~1.8%。

对东岳庙段富有机质泥页岩岩芯样品进行氦气法和GIR法分析，所得平均孔隙度为2.49%~3.28%；马鞍山段为2.01%~2.07%；大安寨段为4.23%~4.68%；千佛崖组为4.08%。

3.2 江汉盆地

江汉盆地陆相富有机质泥页岩主要发育在古近系，包括新沟咀组下段和潜江组，主要分布在江陵凹陷、潜江凹陷、小板凹陷、陈沱口凹陷等，为盐湖沉积。新沟咀组下段富有机质泥页岩厚度为50~112m，潜江组为200~723m。潜江组和新沟咀组下段TOC含量一般在1.0%左右。潜江组有机质类型以I型、II_1型为主；新沟咀组下段以II_1型和II_2型为主。江汉盆地古近系R_o变化范围较大，一般在0.6%~2.0%，演化程度相对较高的地区主要集中分布在江陵、潜江、小板三个地区。

3.3 苏北盆地

苏北盆地陆相富有机质泥页岩主要发育在古近系阜宁组二段和四段，主要分布在金湖凹陷、高邮凹陷、盐城凹陷等，属浅湖—半深湖相沉积。阜宁组二段富有机质泥页岩厚度为100~250m，阜宁组四段为80~200m。泰州组二段富有机质泥页岩TOC平均为1.28%，阜宁组二段为1.59%，阜宁组四段为1.22%。有机质类型以I型和II_1型为主。R_o变化范围较大，为0.5%~1.81%。富有机质泥页岩孔隙度较低，分布在0.34%~1.28%。

4 区别于美国页岩气勘探的显著特点

中国南方页岩气应以热成因为主，与美国已成功开发的热成因的Barnett、Fayetteville、Woodford、Haynesville、Marcellus页岩气相比，具有明显的差异性。

4.1 海相泥页岩热演化程度偏高，多期构造运动叠加改造强烈，页岩气保存条件复杂

美国已开发的热成因页岩气层R_o均小于4.0%(表1)，一般为1.1%~3.0%[2]；南方海相R_o一般大于2.0%，局部地区大于4.0%，热演化程度偏高。页岩气赋存的热演化程度上限目前尚无定论，但川西南研究资料显示，R_o高达3.7%~4.5%的下志留统龙马溪组页岩，其离子束抛光扫描电镜分析表明有机质孔隙丰富(图1)，等温吸附试验(图2)说明吸附能力较强，亦即高热演化程度页岩也具有较好的页岩气赋存条件。

表1 美国主要热成因页岩气层R_o统计表

页岩名称	时代	R_o/%
Barnett	C_1	1.1~2.0
Fayetteville	C_1	1.2~4.0
Woodford	D_3	1.1~3.0
Haynesville	J_3	2.2~3.0
Marcellus	D_2	1.5~3.0

热演化程度不是页岩气赋存的关键因素，其关键在于高热演化页岩一般生气高峰或热演化定型较早，页岩气层形成后经历的改造时间长，这给页岩气的保存带来了风险。

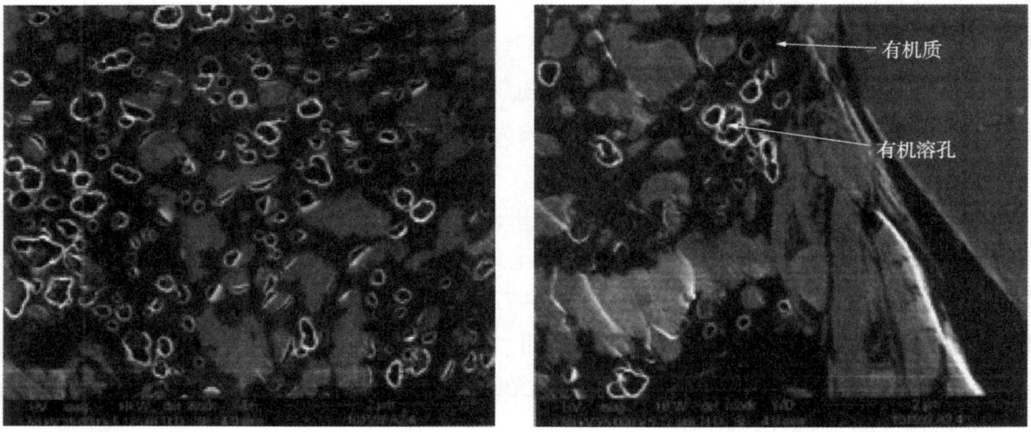

(a) (b)

图 1 雷波芭蕉滩剖面龙马溪组泥页岩扫描电镜照片

一定厚度(大于 30m)的页岩对烃类气具有自封存作用，页岩气对保存条件的要求没有常规气高。但勘探实践证实，当页岩气层遭受抬升剥蚀从而埋深过浅并与地表大气水连通或由于断裂与地表沟通时，除游离气散失外，吸附气一方面由于降压解吸变为游离气散失，另一方面由于氮气、二氧化碳具有更强的吸附性而置换甲烷，页岩气保存条件丧失。

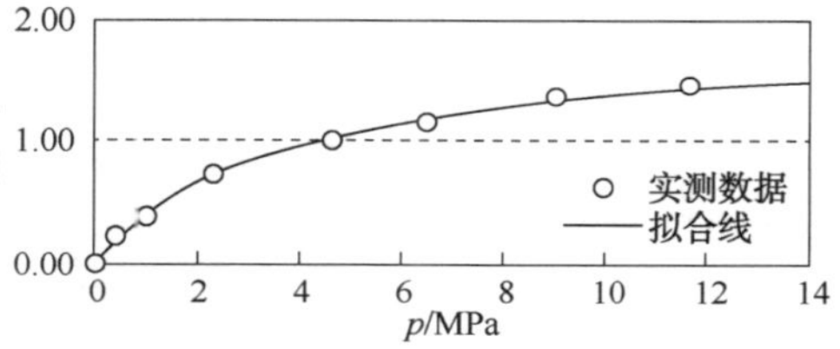

图 2 雷波芭蕉滩剖面龙马溪组泥页岩等温吸附试验

与北美陆台在历次构造运动中未受巨大变动不同，多陆块、地块拼合形成的统一中国南方大陆经历了多期次构造运动叠加改造，隆升剥蚀强烈，断裂极其发育，导致保存条件复杂。与北美页岩气评价较少涉及保存条件不同，生气高峰或热演化定型后的构造—保存条件是南方海相页岩气评价的重点内容。

利用 BasinMOD1—D 盆模软件，对南方海相不同类型构造—沉积区的各套泥页岩埋藏史和热史进行了模拟，推断南方海相下寒武、下志留、上二叠统泥页岩主要在印支期—燕山期达到生气高峰，在印支期—喜山早期热演化定型。印支运动以来的多期抬升剥蚀、断层活动，使南方海相油气保存条件发生分异。

印支期区域隆升剥蚀使扬子地块东南缘、华南褶皱带及华夏地块剥蚀强烈，中三叠统几乎剥蚀殆尽，上三叠统普遍以角度不整合覆于下三叠统或古生界及元古界之上；燕山期及其以后是中国南方剥蚀作用最为强烈的时期，上扬子区四川盆地陆相地层遭受强烈剥蚀，中下扬子地区三叠统—侏罗系除陆相地层遭受剥蚀仅局部残留外，其海相层系遭受肢解，残留不均匀剥蚀，除上述地区外，中国南方其他地区仅局部残留陆相地层，海相地层剥蚀强烈。

经过多期构造运动叠加改造后，中国南方断层发育，有形成时间较早的主干断层(构造边界大断层和一些长期活动的深断裂)以及晚期发育的大量张性正断层。平面上，主干断层在大巴山、大洪山逆冲褶皱带，中扬子江汉盆地、湘鄂西地区，下扬子苏皖南断块区、江南隆起怀玉山、雪峰构造带，滇黔桂大部分地区十分发育，一般 5~10 条，多的可达 15 条，如雪峰构造带南缘、康滇隆起区；而四川盆地、娄山断褶带、苏皖北断块区、湘中桂东北断褶带、桂中坳陷则相对发育较少，一般2~3条(图3)。晚期正断层则主要发育在以齐岳山断层向南西经遵义北、六盘水、曲靖抵康滇隆起一线以东的地区，以西为正断层不发育区。

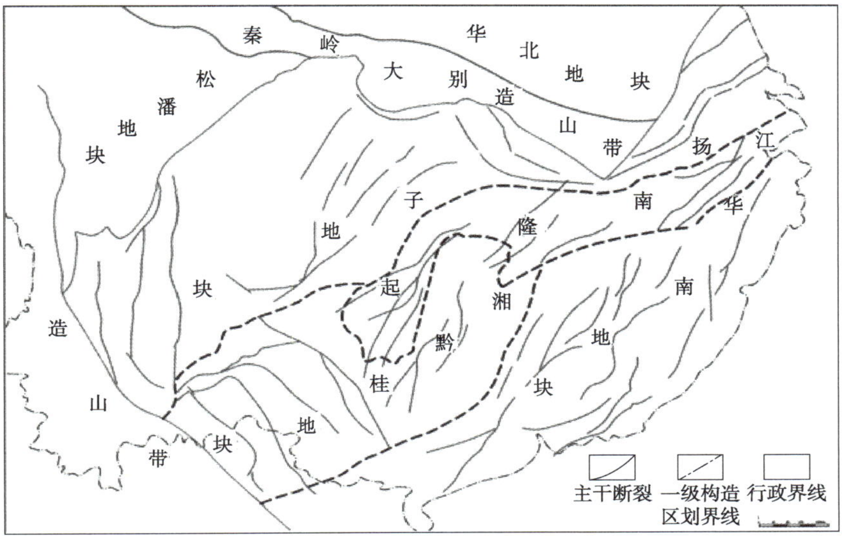

图3 中国南方中、古生界主干断裂平面分布图

综合断裂、剥蚀和盖层条件，南方海相页岩气保存条件有利的地区是四川盆地及其周缘(图4)。保存条件较好的地区包括江汉盆地、苏北盆地、黔中隆起及其周缘、南盘江坳陷、桂中坳陷、湘中坳陷和十万大山盆地。

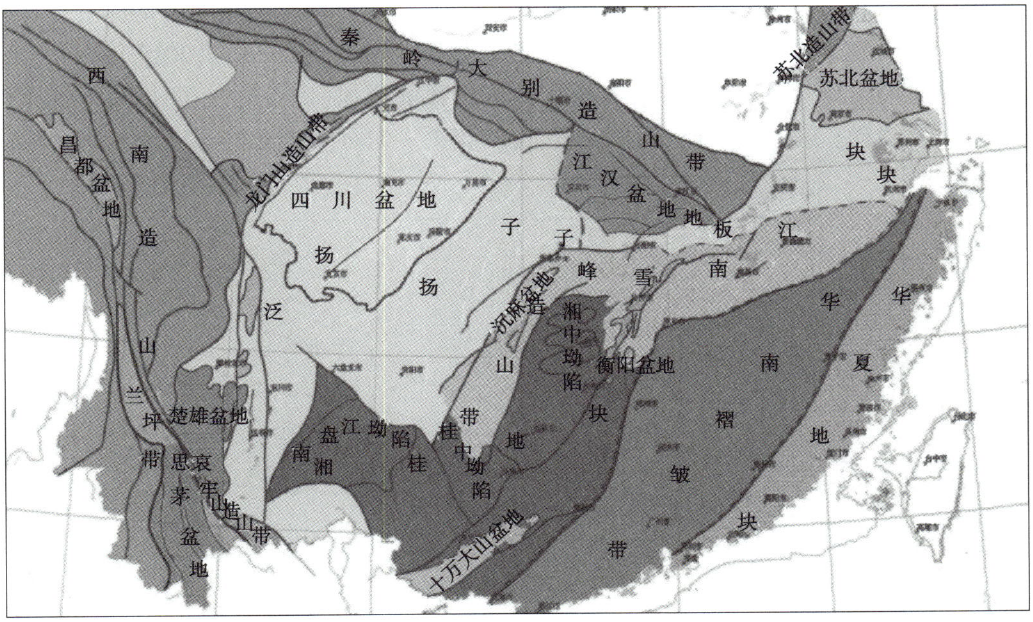

图4 南方海相页岩气保存有利单元综合评价图

南方海相页岩气原始地质条件较好，四川盆地及其周缘保存条件较好，是南方海相页岩气规模勘探开发现实区。

4.2 陆相泥页岩 TOC、孔隙度相对较低

四川盆地中下侏罗统、江汉盆地古近系、苏北盆地白垩系—古近系页岩气保存条件较好，已勘探开发众多致密储层油气田。但与美国已成功开发的热成因页岩气相比，TOC、孔隙度相对较低。

美国已开发的热成因页岩气层 TOC 一般大于 2.0%（表 2），总孔隙度一般为 3.0%～8.0%[2]；南方三大陆相盆地 TOC 平均在 1.0%～2.0%，总孔隙度除四川盆地川东北地区大安寨段、千佛崖组外，均明显偏低。

表 2　美国主要热成因页岩气 TOC、总孔隙度统计表

页岩名称	时代	TOC/%	总孔隙度/%
Barnett	C_1	2.0～7.0	4.0～5.0
Fayetteville	C_1	2.0～9.8	2.0～8.0
Woodford	D_3	1.0～14.0	3.0～9.0
Haynesville	J_3	0.5～4.0	8.0～9.0
Marcellus	D_2	3.0～12	约 10.0

南方陆相 TOC 明显偏低，可能与南方陆相湖盆范围相对局限、沉积速率较快、有机质被稀释有关，具体原因尚待进一步评价研究。

富有机质泥页岩中孔隙包含有机孔和无机孔两部分，其孔隙度影响因素较多。南方陆相孔隙度明显偏低，一方面与 TOC 明显偏低相对应，在热演化程度相同的情况下，有机孔隙发育与 TOC 呈正相关关系；另一方面，与热演化程度相关，Jarvie 等（2010 年）研究认为，随着有机碳向烃类和碳质残渣转化，孔隙空间将会显著增加（图 5）[3]。四川盆地富有机质泥页岩孔隙度较高，可能与其较高的热演化程度相关。泥页岩中无机孔应该与矿物成分和成岩作用相关。

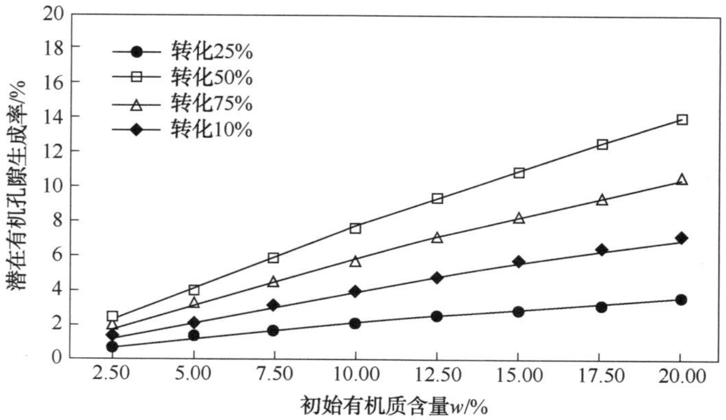

图 5　有机质含量、转化率与孔隙空间的关系

南方三大盆地陆相泥页岩中，四川盆地中下侏罗统具有适中的热演化程度和较高的孔隙度，勘探开发潜力较大。

4.3　地表条件复杂

页岩气的勘探开发需要大规模的压裂，因此对地表条件要求比较苛刻。

美国本土的地形特征是东西两侧高，中间低，没有东西走向的山脉。东部为阿巴拉契亚山脉和大西洋沿岸低地，西部属科迪勒拉山系，中部为大平原，从北到南贯穿整个美国中部，约占美国国土面积的二分之一。而我国南方地区中高山地形多，海拔落差较大，局部的丘陵、平原地区亦湖泊众多、水网发达，总体地表条件复杂，为页岩气勘探与开发带来一定困难。

地形在一定程度上是以地质构造为基础的。中国南方复杂的地质构造决定了中国南方地形复杂。

5　结语

中国南方地区海相、陆相多层系均具备页岩气形成的地质条件，但同样面临诸多挑战，不能盲目乐观。因此：

（1）南方海相页岩气勘探评价要把泥页岩生烃史与保存条件作为选区的首要条件；

（2）四川盆地海相、陆相页岩气是实现中国南方页岩气规模勘探开发的现实地区；

（3）江汉盆地、苏北盆地可作为南方页岩气勘探的后备领域。

参　考　文　献

[1] 马永生，陈洪德．中国南方构造——层序岩相古地理图集[M]．北京：科学出版社，2009.

[2] 董大忠，邹才能，李建忠，等．页岩气资源潜力与勘探开发前景[J]．地质通报．2011，30(2/3)：324 -336.

[3] Daniel M Jarvie. Shalle gas：making gas and oil from shale resouse system [R]. USA：Dalas Geological Society，2010.

四川盆地焦石坝地区龙马溪组页岩微观孔隙结构特征及其控制因素

郭旭升　李宇平　刘若冰　王庆波

（中国石化勘探南方分公司）

摘要： 页岩储层岩石的孔隙结构是影响页岩气藏储集能力和页岩气开采效果的主要因素。为此以四川盆地焦石坝地区下志留统龙马溪组页岩为研究对象，运用氩离子抛光扫描电镜技术、低温氮气吸附脱附法和高压压汞实验对该区页岩储层的微观孔隙结构进行了系统研究。结果表明：①焦石坝地区龙马溪组页岩孔径主要为纳米级，孔隙类型可分为有机质孔、无机孔（粒间孔、粒内孔、晶间孔、溶蚀孔）、微裂缝（矿物颗粒内构造缝、层间滑动缝、成岩收缩缝、有机质演化异常压力缝），以有机质孔和黏土矿物粒间孔为主，其中有机质孔分布最为广泛；②TOC与有机质孔含量存在着明显的正相关性，在底部优质泥页岩段（TOC>2%）有机质孔最为发育，含量高达50%；③微观孔隙结构复杂，多呈开放形态，以两端开口的圆筒状孔及四边开放的平行板状孔为主，孔径大小主要分布在2~30nm，以中孔为主。在此基础上，分析了该区页岩储层微观孔隙结构的控制因素，结论认为，有机质丰度和热演化程度为其主控因素，黏土矿物含量对其影响相对不明显。

关键词： 四川盆地　焦石坝地区　早志留世　页岩　微观孔隙结构　控制因素　有机质孔　热演化程度　页岩气

四川盆地涪陵地区下志留统龙马溪组气田是中国首个日产气量达到百万立方米的页岩气田，其储层受到国内外学者的广泛关注，有关专家和学者指出泥页岩储层是影响其储集能力和页岩气开采效果的主要因素[1-3]。为深入研究该区龙马溪组页岩的微观孔隙结构特征，笔者运用液氮吸附脱附法和高压压汞法技术进行了综合研究，并利用岩石物理模型和3类孔隙计算模型，定量表征了孔隙类型比例，探讨了控制储层微观孔隙结构的主要因素，以期正确评价泥页岩的微观孔隙结构，揭示该区页岩气的富集机理，以指导我国南方海相页岩气下一步的勘探和开发工作。

1　研究区概况

涪陵页岩气田位于重庆市涪陵区焦石坝镇，构造位置上位于四川盆地东部川东隔挡式褶皱带、盆地边界断裂齐岳山（也称七曜山）断裂以西，是万州复向斜内一个特殊的正向构

天然气工业，2014，34（6）：9-16

造。与其两侧的北东向或近南北向狭窄高陡背斜不同，焦石坝构造主体为似箱状断背斜构造，主体平缓，变形较弱，断层不发育，边缘被北东向和近南北向两组逆断层夹持围限，呈菱形，以断隆、断凹与齐岳山断裂相隔[4]。

震旦纪以来，四川盆地受多期构造作用的影响，形成了现今的盆地格局[5-6]，晚奥陶世时期，南部黔中隆起、西部川中隆起、东部雪峰古隆起，使早中奥陶世从具有广海特征的海域转变为被隆起所围限的局限海域[7-8](图 1)，形成了大面积低能、欠补偿、缺氧的沉积环境。奥陶纪末和志留纪初，发生了 2 次全球性海侵，形成了龙马溪组富有机质页岩[9]。焦石坝 4 口井的钻探结果表明，龙马溪组富有机质泥页岩厚度介于 80~120m，底部优质泥页岩分布稳定，厚度介于 38~42m，有机碳含量高，现场测试含气量高。

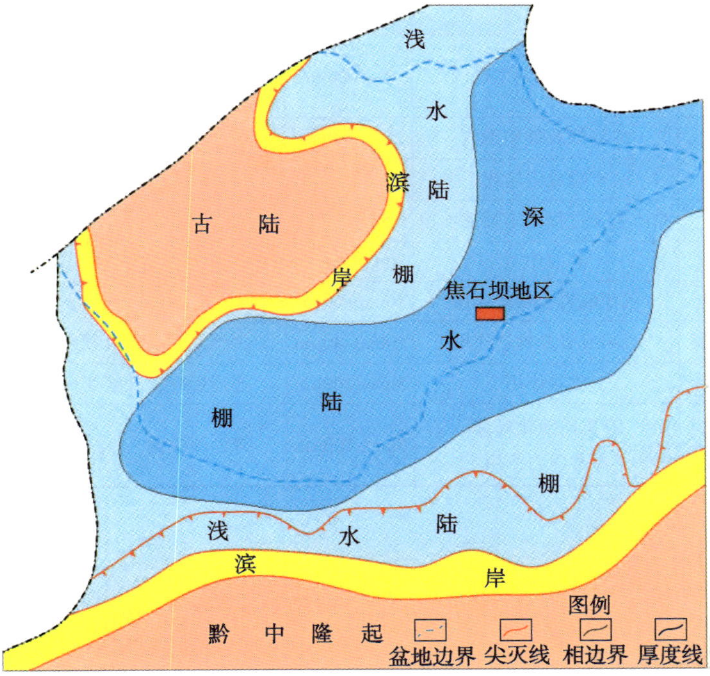

图 1 四川盆地上奥陶统五峰组—下志留统龙马溪组沉积相图

2 孔隙空间类型及特征

泥页岩作为低孔特低渗的致密储层，其孔径更小(微纳米级)、成因复杂、类型多样，国外不少学者已对其进行了相应研究并对孔隙类型[10-11]进行了分类，然而每个地区受地质作用影响不用，孔隙特征也不同。笔者借助氩离子抛光扫描电镜技术对焦石坝地区龙马溪组页岩(JY1、JY2、JY4 井)样品进行了系列研究，并根据页岩孔隙成因、孔径大小、形态等特征对孔隙空间类型进行了以下分类(表 1)。

2.1 孔隙

2.1.1 有机质孔

泥页岩中有机质孔隙是泥页岩中有机质在热裂解生烃过程中形成的孔隙，主要发育在有机质间和有机质内，有机质纳米孔是页岩中存在最广泛的孔隙类型之一，该类孔隙对页岩气的生成和存储具有重要意义。镜下观察主要呈近球形、椭球形、片麻状、凹坑状、弯月形和狭缝形等[图2(a)]，孔径主要分布在2~1000nm，多属中孔范围。有机质孔的形成主要受干酪根类型、有机质丰度以及热演化程度的控制，面孔率介于10%~50%，平均面孔率为30%。有机质孔也会受到埋藏压实的影响，电镜扫描发现在龙马溪组底部有机质压实变形成不规则形态，有机质孔不是孤立存在的，而是存在某种程度上的连通性[图2(a)]。有机质孔隙具有亲油性，更有利于页岩气的吸附和储集，因此，富含大量连通性的有机质孔可以形成良好的天然气导流微通道，提高了页岩的渗透性。

表1 焦石坝地区龙马溪组页岩孔隙类型特征表

孔隙类型		成因机制	孔径	常见分布特征
有机质孔		有机质成熟生烃	2~1000nm	常呈近球形、椭圆形、凹坑状或片麻状等分布于热演化程度较高的有机质中
无机孔	粒间孔	矿物颗粒堆积形成	5~1200nm	多见于软硬颗粒接触处和黏土矿物聚合体中
	粒内孔	矿物成岩转化	8~100nm	多见于层状或薄片状黏土矿物颗粒层间
	晶间孔	晶体生长过程中不紧密堆积	5~200nm	见于骨架颗粒或胶结物晶体接触处
	溶蚀孔	溶蚀作用	200~1200nm	见于石英、长石、方解石等化学不稳定矿物中
微裂缝	层间页理缝	沉积成岩及构造作用	10nm~60μm	多数被完全充填，一段与高角度张裂缝连通
	层面滑移缝裂	沉积成岩及构造作用	10nm~40μm	平整、光滑或具划痕、阶步的面，地下不闭合
	成岩收缩缝	成岩作用	5nm~100μm	连通性好，开度变化大，部分被充填
	有机质演化异常压裂缝	有机质演化局部异常压力作用	5nm~100μm	缝面不规制，不成组出现，多充填有机质

2.1.2 无机孔

2.1.2.1 粒间孔

通常发育于矿物颗粒接触处，成因为各种颗粒间的不完全胶结或后期成岩改造，多呈多角形、拉长形等，孔隙孔径介于5~1200nm。黏土矿物发育大量的粒间孔，该地区龙马溪组黏土含量介于16.6%~62.8%，平均值为40.9%，黏土矿物{尤其是伊利石[图2(b)]}在页岩沉积形成过程中可形成片粒状集合体，颗粒之间通过边缘连接富集[12]，并产生孔隙。JY1井镜下观察表明，发育大量的黏土片粒集合体及孔隙。这些粒间孔提供了甲烷分子(0.38nm)的储集空间，同时为页岩气的渗流提供了良好通道。

2.1.2.2 粒内孔

该类孔隙孔径多分布在8~100nm，特别是化学不稳定矿物，蒙脱石在沉积埋藏转变为伊蒙混层或伊利石的过程中会产生大量粒内孔[13]，这些层间微孔隙大大增加了页岩气赋存的空间。早期浅埋泥页岩发育的大量粒间孔及少量的粒内孔连通性很好，是非常有效的孔隙网络，镜下观察该地区这类孔隙相对含量较少。

2.1.2.3 晶间孔

晶间孔是在环境稳定和介质条件适当情况下，矿物结晶形成的晶间微孔隙[12]，其孔径多分布在5~200nm。该地区该类孔隙分布广泛，多为缺氧环境下形成的草莓状黄铁矿晶粒间的孔隙[图 2(c)]，这种缝隙边缘平整，相互之间具有一定的连通性。

2.1.2.4 溶蚀孔

泥页岩中常含有石英、碳酸盐、长石等不稳定性矿物，由于在空气、地下水或干酪根热解过程中的脱碳酸基作用，使得部分化学易溶蚀性矿物颗粒发生化学溶解形成溶蚀孔[图 2(d)]。从镜下观察来看，该地区溶蚀孔发育较少，孔径介于 200~1200nm。

2.2 裂缝

泥页岩内部的天然微裂缝能够极大提高水力压裂效应的有效性，从而改善泥页岩的渗流能力，为页岩气从基岩孔隙进入井筒提供必要的运移通道[14-17]。控制裂缝形成的因素复杂，从地质角度来看，主要受内因和外因控制。其中，外因主要包括区域构造应力、构造部位、沉积成岩作用和生烃过程中产生的高异常地层压力；内因主要包括岩石、岩相和岩石矿物组成特征。通过岩芯观察、氩离子抛光扫描电镜观察发现，该地区主要发育以下几种类型的裂缝系统。

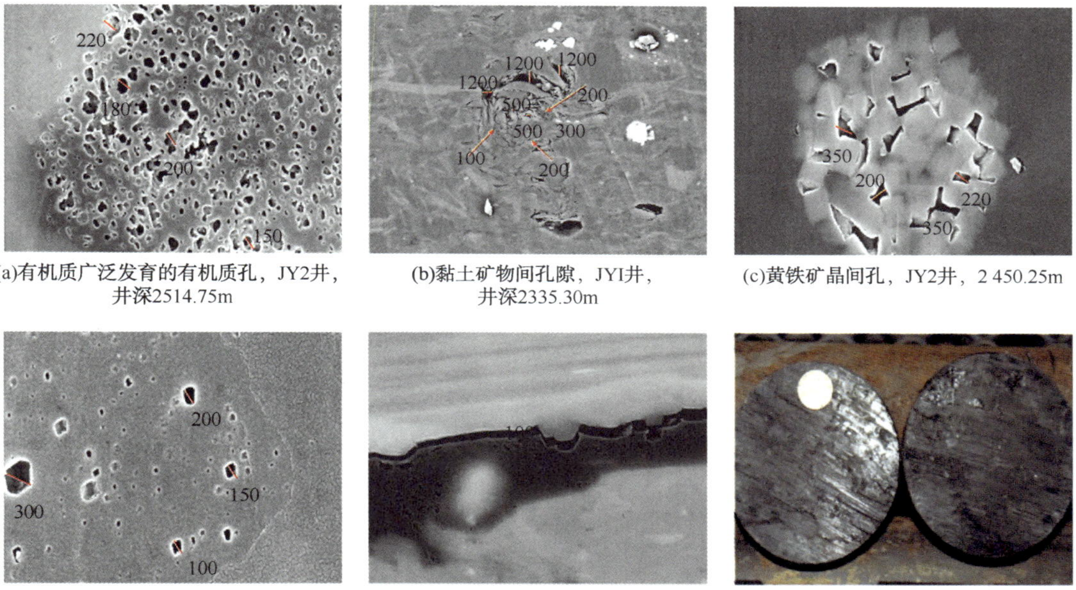

(a)有机质广泛发育的有机质孔，JY2井，井深2514.75m

(b)黏土矿物间孔隙，JYI井，井深2335.30m

(c)黄铁矿晶间孔，JY2井，2 450.25m

(d)方解石粒内溶蚀孔，JY4井，井深2570.71m

(e)有机质与黏土之间微裂缝，JY1井，井深2381.91m

(f)层间滑动缝，JY2井，井深2521.99m

图 2 焦石坝地区龙马溪组页岩孔隙空间类型图

2.2.1 矿物颗粒内构造缝

由于局部构造作用所形成或与局部构造作用相伴生的裂缝。根据力学性质可分为张裂缝和剪裂缝。微张裂缝在扫描电镜下裂缝与层面交角不等，最常见为近垂直于层面，常切穿顺层缝，产状变化较大。

2.2.2 有机质演化异常压力缝

有机质在演化过程中产生局部异常压力使岩石破裂而形成的裂缝，有机质演化异常压力缝在有机碳含量较高的炭质泥页岩中普遍发育。该种裂缝一般缝面不规则，不成组系，多充填有机质，多发育在有机质与其他矿物边缘[图 2(e)]。

2.2.3　成岩收缩缝

指成岩过程中由于岩石收缩体积减小而形成的裂缝，主要原因有干缩作用、脱水作用、矿物相变作用或热力收缩作用，与构造作用无关[18-19]。在扫描电镜下区内该类裂缝较为常见，连通性好，开度变化大，底部优质段硅质含量高，在成岩过程中由于化学变化而发生收缩作用，形成广泛分布的成岩收缩缝。

2.2.4　层间页理缝

主要为具剥离线理的水平层理纹层面间的孔缝，为沉积作用所形成，由一系列薄层页岩组成，页岩间页理为力学性质薄弱的界面，极易剥离，层间页理缝为页岩中最基本的裂缝类型[20]。区内该类型裂缝极为常见，层间页理面上多含砂质，开张度一般较小。

2.2.5　层间滑动缝

是平行于层面且具有明显滑移痕迹的裂缝，层面一般具有大量平整、光滑或具有划痕、阶步等特征[图2(f)]。层面结构是页岩最基本的岩石结构，层面也是最薄弱的力学结构面，无论在拉张盆地还是挤压盆地中，层面滑移缝是页岩中最基本的裂缝类型之一[20]。受构造作用影响，区内滑动缝极为常见，主要发育于底部五峰组，龙马溪组相对较少。

3　氮气吸附脱附实验对页岩孔隙形态的表征

泥页岩主要由黏土矿物和有机质成分组成，它们形成了不同类型、大小及形态的孔隙，而孔隙的性质影响着泥页岩的比表面积和微孔隙的相对丰度，这直接关系到页岩气的吸附性、解吸性及其在泥页岩中的流动性。为分析孔隙形态特征，国际纯粹与应用化学联合会(IUPAC)推荐了4种类型[21]。焦石坝地区龙马溪组页岩孔隙形态复杂，JY1井2个样品产生的吸附脱附曲线[图3(a)(b)]具有如下特征：总体上2个样品的吸附曲线在饱和蒸气压附近很陡，脱附曲线在中值压力处很陡，表明龙马溪组页岩气储层的孔隙主要由纳米孔组成且结构具有一定的不规则(无定形)孔特征，颗粒内部孔结构具有平行壁的狭缝状孔特征且含有多形态的其他孔。孔隙形态呈开放状态，以两端开口的圆筒孔及四边开放的平行板状孔等开放性孔为主。

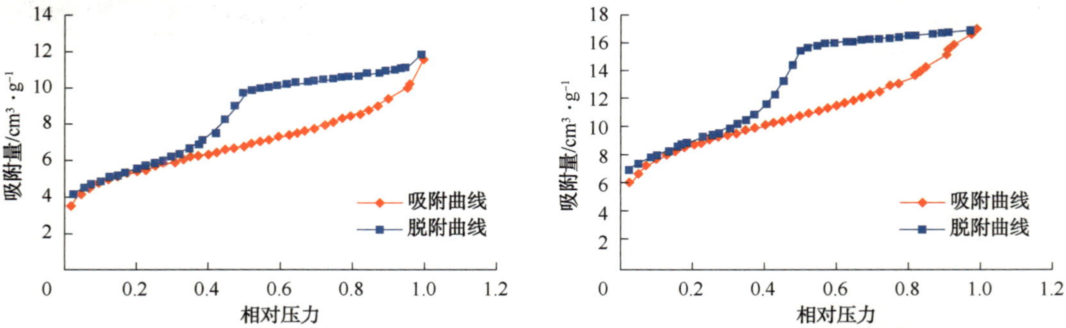

(a)JY1井龙马溪组页岩吸附脱附曲线(井深2394.9m)　(b)JY1井龙马溪组页岩吸附脱附曲线(井深2405.8m)

图3　龙马溪组页岩吸附、脱附曲线图

4　讨论

4.1　泥页岩储层纳米级孔隙主孔范围

氮气吸附法是利用氮气在固体表面的吸附原理，主要是对微孔和中孔进行定量表征，而高压压汞能够对中孔和大孔进行准确评价[22-23]，两者联合测试，能够更好地反映储层孔径分布范围和特征。

根据对JY1井9个样品测试结果表明(图4)，页岩孔径在2~30nm的孔隙占总孔隙比例近70%，按照IUPAC[21]分类标准，以中孔发育为主，微孔次之，大孔含量较少。

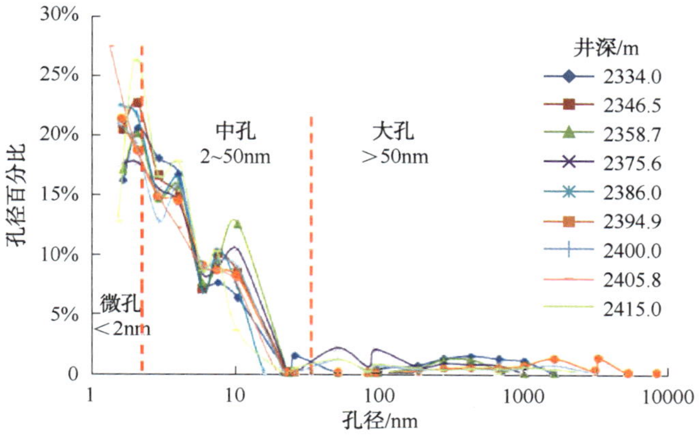

图4 JY1井龙马溪组页岩孔径分布特征图

4.2 孔隙构成

页岩基质孔隙按有机质、矿物的类型可划分为脆性矿物微孔隙、有机质孔隙以及黏土矿物间孔隙，这是海相泥页岩储集空间定量表征的重要依据[24-25]。王道富等提出了孔隙度计算的岩石物理模型和基质孔隙度数学模型[24]。该模型的孔隙度计算公式：

$$\varphi=\rho A_{Bri}V_{Bri}+\rho A_{clay}V_{clay}+\rho A_{Toc}V_{Toc}$$

式中，φ为页岩孔隙度；ρ为页岩岩石密度，t/m^3；A_{Bri}、A_{clay}、A_{Toc}分别为脆性矿物、黏土和有机质3者的质量百分含量；V_{Bri}、V_{clay}、V_{Toc}分别为脆性矿物、黏土和有机质3类矿物单位质量内微孔隙体积，m^3/t，即在3类矿物内的孔容，反映孔隙密度的大小。

运用该模型求取了JY1井龙马溪组页岩脆性矿物、黏土和有机质矿物内的单位质量孔容，分别为0.0017m^3/t、0.0270m^3/t、0.2688m^3/t。利用以上结果进一步求取了不同有机碳含量(TOC)层段3类孔隙所占的比例，发现TOC与有机质孔含量存在明显的正相关性，底部优质页岩段(TOC>2%)有机质孔含量高达50%(表2)，对底部优质段高基质孔隙度具有重要的影响。

表2 焦石坝地区JY1井龙马溪组页岩基质孔隙构成统计表

井段/m	含量			孔隙度	各类孔隙所占比例			备注
	脆性矿物	黏土矿物	TOC		脆性矿物	黏土矿物	有机质	
2.326~2.353	57.2%	40.9%	1.96%	4.50%	5%	71%	24%	20个样点
2.353~2.378	54.8%	42.6%	2.66%	5.04%	6%	64%	30%	26个样点
2.378~2.415	66.2%	29.5%	4.30%	5.17%	6%	36%	58%	40个样点

4.3 页岩气储层孔隙结构的控制因素

4.3.1 有机碳含量

泥页岩有机碳含量是衡量烃源岩生烃潜力的重要参数，也是有机孔发育的重要控制因素[26-27]，有机质内发育大量的纳米级孔隙，提供了主要比表面积和孔体积。根据 JY1 井氮气吸附脱附测试结果，孔体积介于 0.008～0.024cm^3/g，平均为 0.013cm^3/g；比表面积介于 8.4～33.3m^2/g，平均为 18.9m^2/g。通过 TOC 与比表面积、孔体积相关性分析(相关系数分布为 0.6941、0.7204)[图 5(a)(b)]，发现呈明显的正相关性，反映了 TOC 是控制龙马溪组泥页岩微观孔隙的主要控制因素之一，有机质孔隙具有复杂的内部结构，孔隙表面粗糙，内部形态多样[图 2(a)]，这种特殊结构大大增加了比表面积和孔体积，从而增大了吸附和储集能力，对页岩气的富集起到重要作用。

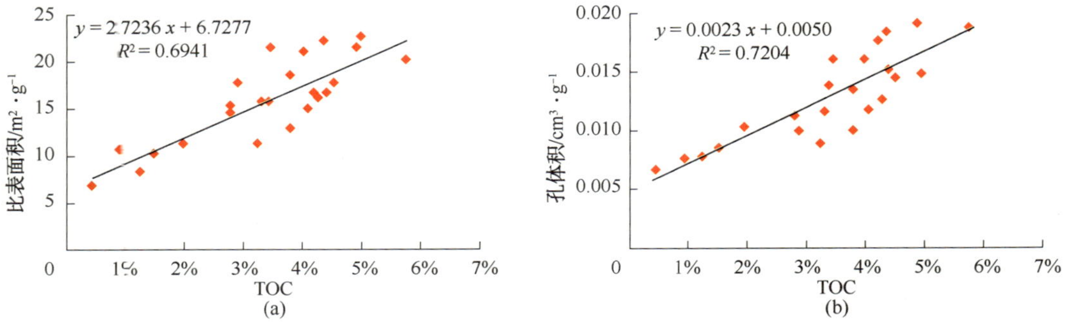

图 5　JY1 井龙马溪组泥页岩 TOC 与比表面积及孔体积关系图

4.3.2 黏土矿物含量

Ross 和 Bustin[28] 认为页岩气储层中黏土矿物具有较高的微孔隙体积和较大的比表面积。笔者对焦石坝地区龙马溪组页岩中黏土矿物与孔体积、比表面积进行了相关性分析[图 6(a)(b)]，发现呈一定的负相关性，因此黏土矿物对孔体积和孔表面积的贡献相对较小，可能提供了其他孔径尺度的孔体积和比表面积。

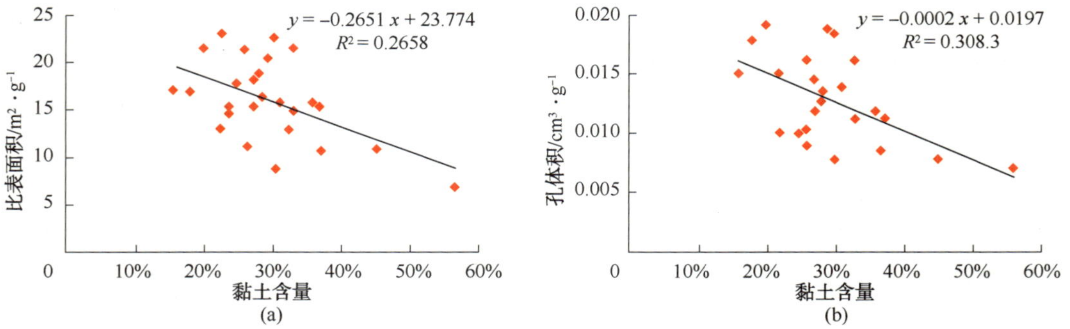

图 6　JY1 井黏土矿物与比表面积及孔体积关系图

4.3.3 热演化程度

程鹏等[29] 对富有机质页岩进行了纳米孔隙结构随成熟度变化的热模实验分析，结果表明(图 7)，当热演化程度介于 0.7%～3.5%时，孔隙结构与热演化程度有着明显的正相关关系。

邹才能等通过对威远地区筇竹寺组（R_o 介于 3.2%~3.6%）和龙马溪组（R_o 介于 2.3%~2.8%）页岩样品开展高倍电镜（氩离子抛光处理后）观察发现，筇竹寺组页岩有机质产生的微孔隙体积明显比龙马溪组少[24,30]，也说明热演化程度过高，会造成有机质孔隙发育程度降低。焦石坝地区龙马溪组页岩热演化程度 R_o 介于 2.42%~3.13%，平均为 2.65%，正处于纳米级孔大量发育阶段，适中的演化程度是有机孔发育的重要影响因素。

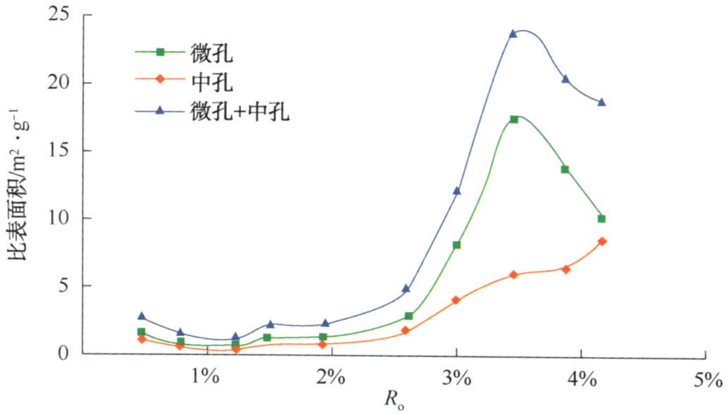

图 7 富有机质页岩纳米孔隙结构随成熟度的变化图

（据程鹏等，2013）

5 结论

（1）焦石坝地区龙马溪组页岩气储层储集空间多样，包括了有机质孔、无机孔（粒间孔、粒内孔、晶间孔、溶蚀孔）、微裂缝（矿物颗粒内构造缝、层间滑动缝、成岩收缩缝、有机质演化异常压力缝），其中，有机质孔和黏土矿物孔是该区页岩中发育最广泛的两种孔隙类型，对页岩气的赋存具有重要意义，而微裂缝是页岩气储集空间和渗流的主要通道。

（2）该区内龙马溪组泥页岩孔隙形态呈开放状态，以两端开口的圆筒状孔及四边开放的平行板状孔等开放性孔为主，孔径大小主要分布在 2~30nm，以中孔为主。

（3）孔隙类型以有机质孔和黏土矿物孔为主，TOC 与有机质孔含量存在明显的正相关性，底部优质泥页岩层段（TOC>2%）以有机质孔为主，含量高达 50%。

（4）TOC 与热演化程度（R_o）是控制页岩储层微观孔隙结构的主要因素；而与黏土矿物含量的相关性较低，可能提供了其他孔径尺度的孔体积和比表面积。

参 考 文 献

[1] 邹才能，朱如凯，吴松涛，等．常规与非常规油气聚集类型、特征、机理及展望——以中国致密油和致密气为例[J]．石油学报，2012，33(2)：173-187.

[2] 聂海宽，张金川，李玉喜．四川盆地及其周缘下寒武统页岩气聚集条件[J]．石油学报，2011，32(6)：959-967.

[3] 陈尚斌，朱炎铭，王红岩，等．四川盆地南缘下志留统龙马溪组页岩气储层矿物成分特征及意义[J].

石油学报，2011，32(5)：775-782.

[4] 郭彤楼，张汉荣．四川盆地焦石坝页岩气田形成与富集高产模式[J]．石油勘探与开发，2014，41(1)：28-36.

[5] 张春明，张维生，郭英海．川东南—黔北地区龙马溪组沉积环境及对烃源岩的影响[J]．地学前缘，2012，19(1)：136-145.

[6] 陈宗清．论四川盆地下古生界5次地壳运动与油气勘探[J]．中国石油勘探，2013，18(5)：15-23.

[7] 苏文博，李志明，ETTENSOHNF R，等．华南五峰组—龙马溪组黑色岩系时空展布的主控因素及其启示[J]．地球科学：中国地质大学学报，2007，32(6)：819-827.

[8] 陈宗清．四川盆地下寒武统九老洞组页岩气勘探[J]．中国石油勘探，2012，17(5)：71-78.

[9] 朱志军，陈洪德，林良彪，等．黔北—川东南志留系层序格架下的沉积体系演化特征及有利区带预测[J]．沉积学报，2010，28(2)：243-253.

[10] LOUCKS R G，REED R M，RUPPEL S C，et al. Mor- phology，genesis，and distribution of nanometer-scalepores in siliceous mudstones of the Mississippian Barnett Shale [J]. Journal of Sedimentary Research，2009，79(12)：848- 861.

[11] 钟太贤．中国南方海相页岩孔隙结构特征[J]．天然气工业，2012，32(9)：1-4.

[12] 陈尚斌，朱炎铭，王红岩，等．川南龙马溪组页岩气储层纳米孔隙结构特征及其成藏意义[J]．煤炭学报，2012，37(3)：438-444.

[13] SING K S W，EVERETT D H，HAUL R A W，et al. Re- porting physisorption datafor gas/solid systems：With special reference to the determination of surface area and porosity[J]. Pure and Applied Chemistry，1985，57(4)：603-619.

[14] 龙鹏宇，张金川，唐玄，等．泥页岩裂缝发育特征及其对页岩气勘探和开发的影响[J]．天然气地球科学，2011，22(3)：525-532.

[15] 聂海宽，张金川，包书景，等．页岩气成藏体系研究———以四川盆地及其周缘下寒武统为例[J]．西安石油大学学报：自然科学版，2012，27(3)：8-14.

[16] 王炜，刘若冰，倪凯．川东北侏罗系千佛崖组页岩气勘探潜力分析[J]．西安石油大学学报：自然科学版，2012，27(6)：36-41.

[17] 陈桂华，祝彦贺，徐强．页岩气成藏的四性特征及对下扬子地区页岩气勘探的启示[J]．中国石油勘探，2012，17(5)：63-70.

[18] 吴元燕，吴胜和，蔡正其．油矿地质学[M]．北京：石油工业出版社，2005：207-224.

[19] 李琦，康仁华，刘魁元，等．泥岩裂缝油气藏地质模型与成因机制———以河口地区沙三段泥岩裂缝油气藏为例[M]．武汉：中国地质大学出版社，2005.

[20] 张金功，黄传卿，修艳敏，等．中国典型盆地页岩层面滑移缝的特征、成因及其与页岩气藏形成的关系[C]//第376次香山科学会议．北京：中国地质大学，2010：57.

[21] 刘辉，吴少华，姜秀民，等．快速热解褐煤焦的低温氮吸附等温线形态分析[J]．煤炭学报，2005，30(4)：507-510.

[22] 杨峰，宁正福，张世栋，等．基于氮气吸附实验的页岩孔隙结构表征[J]．天然气工业，2013，33(4)：135-140.

[23] 杨峰，宁正福，胡昌蓬，等．页岩储层微观孔隙结构特征[J]．石油学报，2013，34(2)：301-311.

[24] 王道富，王玉满，董大忠，等．川南下寒武统筇竹寺组页岩储集空间定量表征[J]．天然气工业，2013，33(7)：1-10.

[25] 侯读杰，包书景，毛小平，等．页岩气资源潜力评价的几个关键问题讨论[J]．地球科学与环境学报，2012，34(3)：7-16.

[26] LEE J O, KANG I M, CHO W J. Smectite alteration and its influence on the barrier properties of smectite clay for a repository[J]. Applied Clay Science, 2010, 47 (1/2): 99-104.
[27] 孟庆峰，侯贵廷．阿巴拉契亚盆地 Marcellus 页岩气藏地质特征及启示[J]．中 国石油勘探，2012，17(1)：67-73.
[28] ROSS D J K, BUSTIN R M. Characterizing the shale gas resource potential of Devonian Mississippian strata in the western Canada sedimentary Basin: Application of an inte- gratedformationevolution[J]. AAPG Bulletin, 2008, 92(1): 87-125.
[29] 程鹏，肖贤明．很高成熟度富有机质页岩的含气性问题[J]．煤 炭学报，2013，38(5)：737-741.
[30] 邹才能，董大忠，王社教，等．中国页岩气形成机理 、地质特征与资源潜力[J]．石油勘探与开发，2010，37(6)：641- 653.

南方海相页岩气“二元富集”规律
——四川盆地及周缘龙马溪组页岩气勘探实践认识

郭旭升

（中国石化勘探南方分公司，成都 610041）

摘要：继 JY1 井龙马溪组页岩测试获得高产工业气流，实现南方海相页岩气的战略突破之后，近期焦石坝地区多口开发井获得高产天然气流，展现出四川盆地海相页岩气勘探的良好前景。通过对四川盆地及周缘多口井的岩性、有机地球化学、岩石矿物含量、物性、储集类型、微观孔隙结构特征、裂缝发育程度、含气量和气井产量、压力等钻探成果及分析测试资料进行深入解剖研究，探索并提出了复杂构造区海相页岩气“二元富集”规律，即：深水陆棚优质泥页岩发育是页岩气“成烃控储”的基础；良好的保存条件是页岩气“成藏控产”的关键。本文对中国南方海相页岩气的高效勘探开发具有重要的借鉴、指导意义。

关键词：富集规律　五峰组　龙马溪组　页岩气　主控因素　保存条件

中国南方广泛发育上奥陶统五峰组—下志留统龙马溪组（下扬子地区称高家边组，本文以龙马溪组统称）以及下寒武统牛蹄塘组两套优质烃源岩，地质特征与北美五大页岩气层系相似（Bustin，2005；Warlick，2006；Martineau，2007；Pollastro R M et al.，2007），是值得高度重视的页岩气勘探开发领域（程克明等，2009；董大忠等，2010；王祥等，2010；邹才能等，2010；刘洪林等，2012）。前人对这两套页岩层系开展了基础地质工作（陈尚斌等，2011；Mu et al.，2011；Chen et al.，2012）。近年来，海相页岩气勘探和研究工作以四川盆地及其周缘志留系龙马溪组为重点，在储层特征、成藏基本条件、勘探评价、高产主控因素等方面取得了诸多进展（张金川等，2008；蒲泊伶等，2010；聂海宽等，2011，2012；吴礼明等，2011；王飞宇等，2011）。从勘探成果和效果上看，南方海相页岩气勘探的商业性发现也经历了前期艰苦的探索过程（郭旭升等，2012；王社教等，2012；郭彤楼，2013；郭彤楼等，2014）。本文主要从四川盆地及周缘具有代表性的海相龙马溪组勘探实际资料出发，解剖涪陵页岩气田高产富集特征，分析代表不同区块和类型的 YY1 井、PY1 井、ZH101 井等资料，放在南方区域地质背景之下思考总结海相页岩气成藏特征和富集高产规律，以期对南方海相页岩气勘探有所裨益。

1　区域构造沉积背景

四川盆地及周缘龙马溪组和牛蹄塘组优质烃源岩主体分布于川东高陡褶皱带和川黔坳

地质学报，2014，88（7）：1209-1218

陷断褶带；这两个构造带以齐岳山断裂为分界，西部即四川盆地，地表出露主要为侏罗系—三叠系，断裂发育，呈现出由北东向、北北东向高陡背斜带与宽缓向斜和断裂带组成的隔挡式褶皱，成排成带平行排列(张金川等，2008；聂海宽等，2009；郭彤楼等，2013)，东部地表出露三叠系嘉陵江组—志留系直至寒武系，断裂发育，由隔挡式褶皱过渡为隔槽式褶皱(图1)。

早寒武世，经过震旦纪稳定热沉降的演化阶段后，扬子地块南、北两侧的拉张裂解作用再次活跃，海水快速侵入，四川盆地东北部及东南部被动大陆边缘地区，在四川盆地川东北地区宁强区块、南江区块东部及镇巴区块南部、川南宜宾—长宁—泸州地区和黔中隆起及周缘、湘鄂西、鄂西渝东等地区深水陆棚相区及盆地相区沉积了下寒武统暗色泥页岩(杨振恒等，2011；李延钧等，2013)。

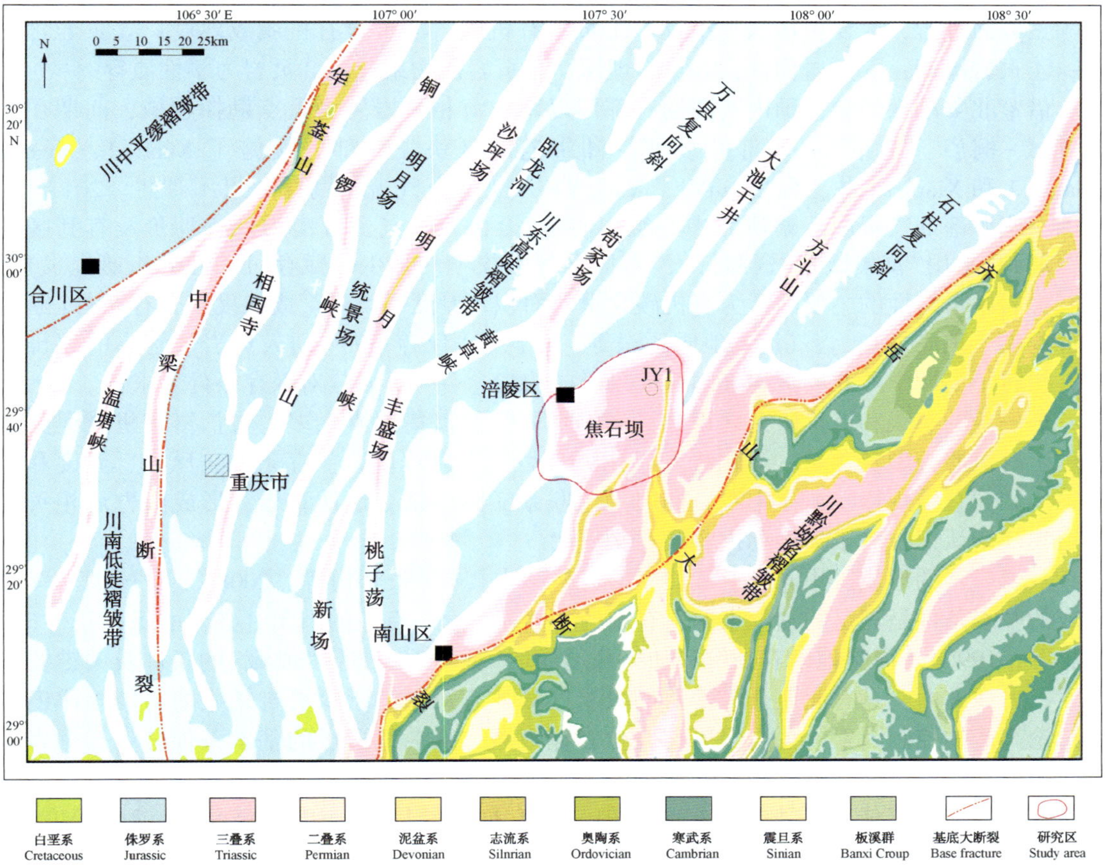

图1 焦石坝地区构造位置图

晚奥陶世—早志留世，四川盆地及周缘地区夹持在乐山-龙女寺、黔中、江南三大古隆起之间，向北与秦岭相通，形成“三隆夹一坳”的半闭塞滞流环境，发育克拉通内坳陷沉积(王清晨等，2008)。三个古隆起向外，由滨岸相过渡到浅水陆棚相再到深水陆棚相。深水陆棚相主要分布在川中、黔中、雪峰三个古隆起所围限的坳陷的中心部位，靠近古隆起主要发育浅水陆棚沉积(郭英海等，2004)。不同地区，纵向上海退速度的差异决定了深水陆棚沉积厚度。志留纪末广西运动，总体隆升为陆，志留系遭受剥蚀，四川盆地及周缘志留系一般残留下统，仅局部残留有中志留统(牟传龙等，2011)。

2 “二元富集”规律认识的提出

页岩气的富集规律用于指导选区评价，选区评价的目的是寻找页岩气富集区及有利勘探目标区。国内从2004年开始页岩气研究，首先从调研学习北美页岩气成果认识开始。国外油公司根据自身所在探区的地质条件和勘探开发技术的不同，采用了不同的选区评价方法和指标体系，归纳总结主要有3种：即以BP公司、新田公司为代表的综合风险分析法(CCRS)、以埃克森美孚为代表的边界网络节点法(BNN-Boundary Network Node)和以雪佛龙、HESS、哈丁-歇尔顿等能源公司为代表的地质参数图件综合分析法，这些选区评价方法及参数因每个公司侧重点不同而有所差异，基本思路是从生气能力、储气能力、易开采性等三方面进行，主要包括八类指标：①页岩有机碳；②页岩有机质成熟度；③页岩含气性；④页岩厚度；⑤页岩物性；⑥页岩埋深；⑦页岩矿物组成；⑧页岩力学性质等。

借鉴北美勘探经验，国内资源勘查部门以南方海相页岩气为重点勘探领域，前期在安徽宣城-桐庐、湘鄂西、滇东南黄平、湘中涟源区块先后部署实施了XuanY1、HeY1、HuangY1和XiangY1井，仅XuanY1、XiangY1井获低产气流，勘探效果不理想。2011年，由国土资源部油气资源战略研究中心组织实施“全国页岩气资源潜力调查评价及有利区优选”项目，采用“富集概率-资源价值”双因素评价模型。从生烃赋存可采性分析研究发现，控制页岩气富集性的主要因素为有机碳含量、面积、厚度、类型、成熟度、保存条件(断裂发育程度、顶底板)、含气量及地质认识等，首次将“保存条件”列入页岩气富集的评价因素，扭转了早期学习北美页岩气勘探成果形成的观念——页岩气对保存条件要求低。

进一步的实践和评价研究认识到，影响页岩气的富集因素众多，包括富有机质泥页岩厚度、有机质类型及含量、演化程度，孔隙与裂缝发育程度，保存条件、压力、温度和埋深等。如何总结规律、抓住主线，同时理论联系实际、结合地质背景，形成南方海相页岩气富集规律认识，对于指导勘探实践意义重大。

页岩气藏的形成富集同样遵从油气形成的基本规律(张金川等，2008)。常规大油气田形成的基本条件是充足的油气来源、有利的生储盖组合、有效的圈闭、必要的保存条件(戴金星等，1996)。简单地说就是解释油气藏形成的“成烃”“成储”“成藏”的条件及关键控制因素；另一方面，具有商业开采价值的页岩气藏才有意义，所以页岩气藏的富集规律还需要讨论高产的控制因素。页岩气属于自生自储成藏，从油气形成的基本条件分析，页岩本身的品质和保存条件是分析富集规律的基本端元要素。中国南方海相页岩与北美大陆一样具有相似的页岩气成藏基本地质条件，但又具有自身的特点，如埋藏深，热演化程度高，海相地层后期改造强烈等(董大忠等，2012；郭旭升等，2012)。深水陆棚相优质泥页岩和保存条件两类主控因素，决定着页岩气能否形成规模气藏。由于四川盆地周缘页岩地层抬升出露，盆地内部页岩遭受断层切割，构造环境复杂，保存条件成为制约页岩气成藏的关键因素之一(郭旭升等，2012)。

深水陆棚相优质泥页岩具有高的生烃能力、适中的热演化程度和良好的页岩储层品质，是页岩气“成烃控储”的基础条件；保存条件决定页岩气藏破坏程度、是否具备商业价值以及产量高低，是“成藏控产”的关键要素。

3 “成烃控储”的基础条件

3.1 富有机质页岩的分布

晚奥陶世—早志留世，四川盆地东南缘一带属于深水—浅水陆棚沉积环境，受沉积相控制，区域上沉积了一套较大厚度的暗色富有机质泥页岩(张春明等，2012)，深水陆棚亚相岩性主要为含放射虫炭质笔石页岩，浅水陆棚亚相岩性主要有含炭含粉砂泥岩、含炭含笔石页岩、含炭粉砂质泥岩。五峰组—龙马溪组岩性剖面下部为深水陆棚沉积，笔石含量较多，以栅笔石为主，黄铁矿局部以薄层、条带状富集；上部为浅水陆棚沉积，笔石含量较少，以单笔石为主，黄铁矿常以团块、结核状富集。总体上，龙马溪组中上部为灰色、灰黑色泥页岩夹少量粉砂岩薄层或条带，在龙马溪组底部40m左右则为质地较纯的灰黑色—黑色含笔石炭质页岩。在深水陆棚沉积区，富有机质泥页岩厚度一般介于40~120m，例如，在石柱漆辽—焦石坝—丁山—长宁双河—雷波芭蕉滩一带厚度达80~120m。优质泥页岩(TOC大于2.0%)厚度一般为20~50m，四川盆地周缘分布镇巴南、石柱漆辽、涪陵焦石坝、习水丁山、长宁双河—雷波芭蕉滩四个优质泥页岩发育区，厚度可达40~60m(图2)。

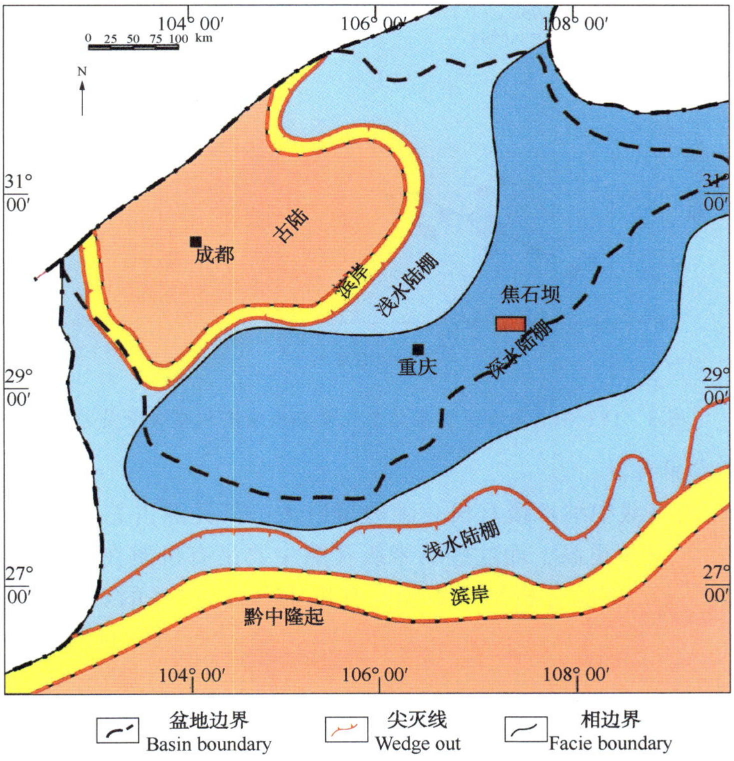

图2 四川盆地及周缘五峰—龙马溪组岩相古地理图

3.2 有机地球化学特征

根据岩芯分析测试结果，研究区龙马溪组页岩具有残余有机碳含量高、类型好、热演化程度高等特点。JY1井五峰组—龙马溪组总有机碳测试样品173个，岩性主要为灰黑色炭质页岩、灰黑色泥页岩、灰黑色粉砂质泥岩。有机碳最小值 0.55%，最大值 5.89%，平均值 2.54%；下部优质页岩层段残余有机碳含量介于 1.06%~6.28%之间，平均 3.50%。干酪根镜检样品 2 个，测试结果表明泥页岩有机质类型为 I 型，为成烃的有利类型。镜质组反射率样品 9 个，R_o 最小值 2.20%，最大值 3.13%，平均值 2.65%，热演化程度处于过成熟阶段，天然气以干气为主。

演化程度适中的富有机质泥页岩决定着成烃潜力。有机质丰度越高，其生烃潜力就越大。现场岩芯含气量测试表明，JY1 井下部富有机质页岩层段含气量 1.52~8.85m^3/t，平均 4.30m^3/t，具有高含气丰度，且总含气量与残余有机碳含量呈明显的正相关关系(图 3)。

3.3 储集条件

3.3.1 储层物性

优质页岩具有良好的储集物性。JY1 井五峰组—龙马溪组物性分析样品 181 个，孔隙度最小 1.17%，最大 7.98%，平均 4.61%；渗透率最小 $0.0015\times10^{-3}\mu m^2$，最大 $335.2092\times10^{-3}\mu m^2$，平均 $21.94\times10^{-3}\mu m^2$。其中，龙马溪组优质页岩层段孔隙度介于 2.78%~7.08%之间，平均 4.80%，渗透率为 0.0016×10^{-3}~$71.2699\times10^{-3}\mu m^2$，平均为 $0.16\times10^{-3}\mu m^2$。

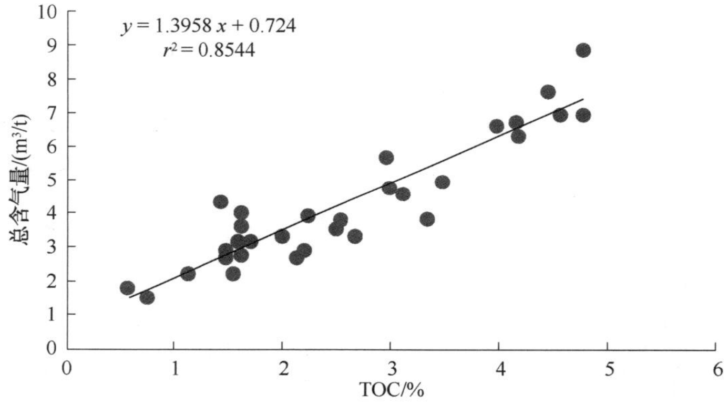

图 3 JY1 井龙马溪组页岩总含气量与残余有机碳含量关系图

3.3.2 储集空间类型

研究表明，页岩气藏中纳米级有机孔隙数量巨大，其孔隙占总孔隙的比例可达 24.9%(王道富等，2013)，甚至更高，而这些纳米级孔隙主要是有机质在埋藏成烃演化过程中形成的。Jarvie 等(2007)的实验分析结果表明，有机质含量为 7%的页岩在生烃演化过程中，消耗 35%的有机碳可使页岩孔隙度增加 4.9%。有机碳含量愈高，页岩基质中的超微孔隙愈多，孔隙与微裂缝愈发育，页岩气藏的富集程度愈高(崔景伟等，2013)。因此，富有机质泥页岩控制着页岩气藏中有机孔隙的发育，进而控制页岩气藏的富集程度。

岩芯、薄片、氩离子抛光扫描电镜观察发现，富有机质泥页岩中储集空间类型多样，主要包含有机质孔、晶间孔、粒间孔和溶蚀孔、有机质收缩孔、构造裂缝、页理缝等储集空间类型(图 4)。

3.3.3 微观孔隙结构特征

泥页岩储层岩石的孔隙结构是影响其储集能力和页岩气开采的主要因素(Ambrose et

al.，2010；陈尚斌等，2012），大多数页岩的孔隙率主要依赖于小于 10μm 孔隙的孔隙体积发育程度（Bustin et al.，2008；吉利明等，2012），其中 10nm 左右的纳米孔隙含量丰富（Bowker et al.，2003；陈尚斌等，2012，吉利明等，2012）。

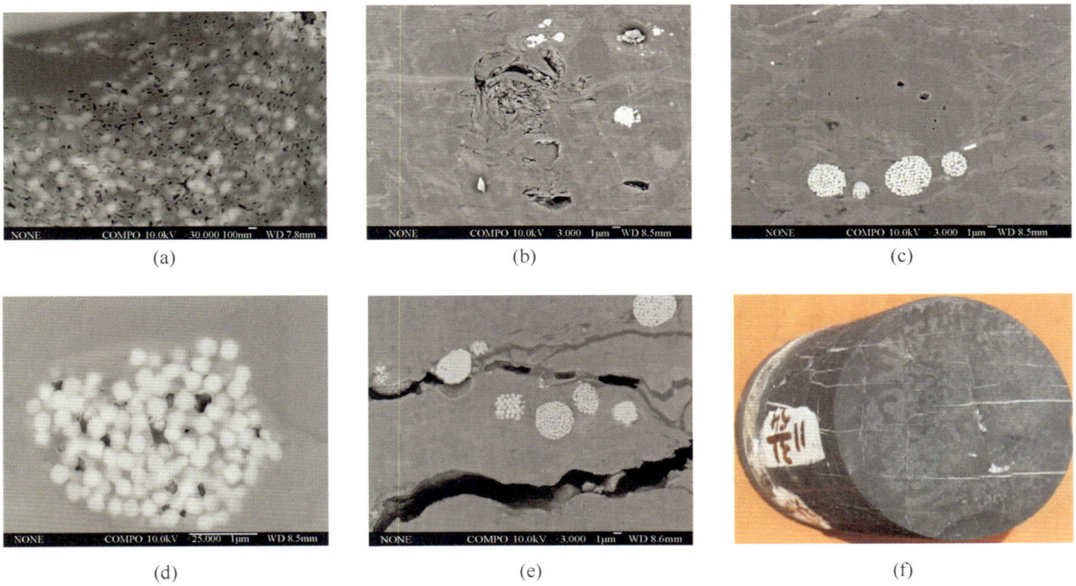

图 4 龙马溪组海相页岩储集空间类型（据郭彤楼等，2014）

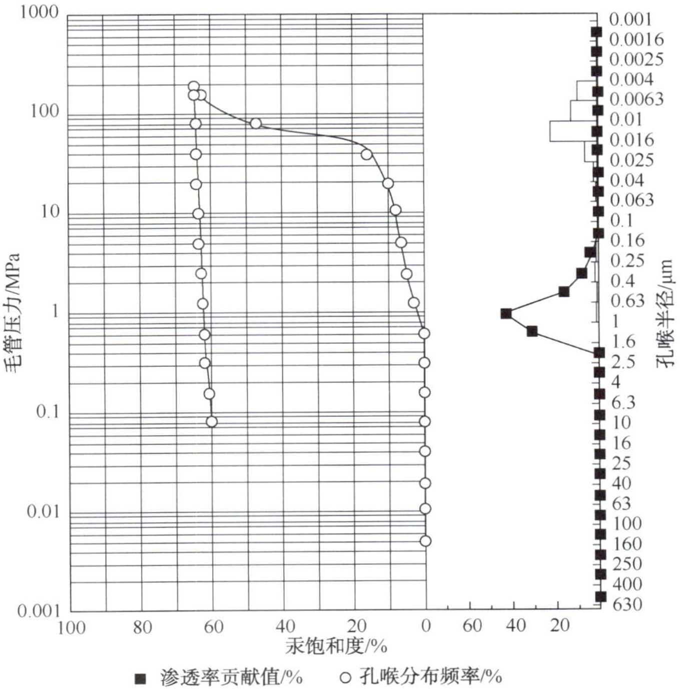

图 5 Ⅰ类毛细管压力曲线（JY1 井，2379.78m）

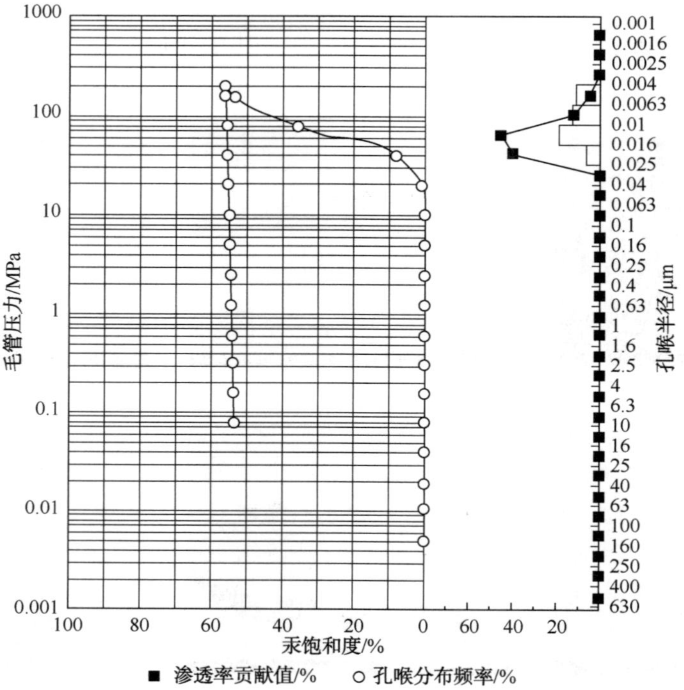

图 6 Ⅱ类毛细管压力曲线(JY1 井，2411.05m)

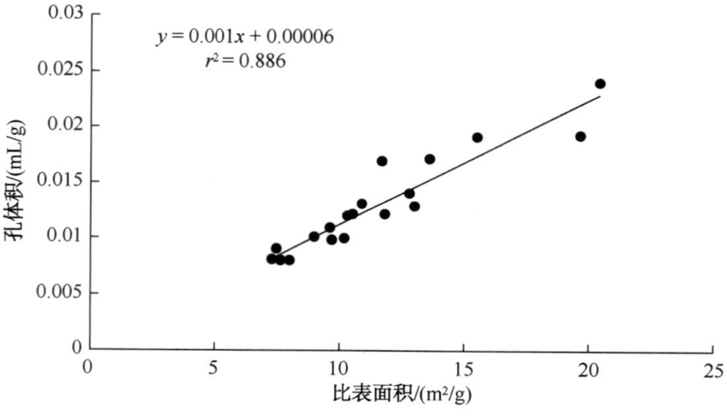

图 7 JY4 井龙马溪组泥页岩比表面积与孔体积关系图

压汞分析揭示焦石坝地区五峰组—龙马溪组泥页岩具有两类不同的孔隙结构特征。Ⅰ类为裂缝+孔隙型毛细管压力曲线(图 5)，典型样品表现为低孔隙度、较高渗透率，曲线上为较低压力下开始进汞，进汞曲线为上升直线；孔隙孔径的分布范围宽，表现为双峰。以孔径小于 50nm 的纳米级孔隙为主，同时也具有孔径为 0.1~50μm 的大孔径孔隙以及微裂隙，其中大孔径孔隙以及微裂隙对渗透率贡献大，具有此种孔隙结构的泥页岩孔隙度的微小变化能引起渗透率数量级的变化。Ⅱ类为孔隙型毛细管压力曲线(图 6)，典型样品表现为低孔隙度、低渗透率，排驱压力较大(多数大于 20MPa)，孔喉半径较小，孔径多小于 50nm，表现为单峰，反映了泥页岩中的孔隙主要为纳米级孔隙，其自身的喉道提供了主要的渗滤通道，具有此种孔隙结构的泥页岩孔隙度与渗透率常呈线性正相关关系。

虽然泥页岩具有两种不同的孔隙结构特征，但不管具有何种孔隙结构特征，都表现为泥页岩的纳米级孔隙为其提供了绝大多数的比表面积，这与研究区对泥页岩样品的低温氮比表面积及孔体积测试(孔径测试范围在 1.5~300nm)结果分析相一致。

泥页岩样品的低温氮比表面积及孔体积测试显示，泥页岩的比表面积和孔体积二者具有很好的正相关性(图 7)，即随着比表面积的增大，孔体积也增大；另外一个明显的特点是，泥页岩孔隙主要为纳米级，平均孔径处在 4.60~6.56nm 范围之间，且几乎所有样品的共同特点是孔径在 3~7nm 范围内的微孔隙对孔体积值贡献最大(图 8)；从累计曲线图看出，样品的孔径 $r<10$nm 时，累积曲线很陡；而在 $r\geq10$nm 时，累积曲线逐渐得平缓，这说明了泥页岩的微孔占据了最大的孔体积。因此综合分析认为微孔占据泥页岩的比表面积和孔隙体积最大，即微孔隙对页岩气的吸附和储集提供了巨大的贡献。

3.4 岩石矿物学特征

深水陆棚优质页岩除具备有机碳含量高、储集物性好特征之外，还具有页岩气储层另一重要特征，即脆性矿物含量高。X-衍射分析显示，JY1 井龙马溪组优质页岩层段黏土矿物含量介于 16.6%~49.1%之间，平均为 34.6%。黏土矿物以伊蒙混层和伊利石为主，分别占黏土总量的 63.5%和 31.4%，绿泥石次之，占黏土总量的 4.9%；未见蒙脱石和高岭石。石英、长石等脆性矿物含量介于 50.9%~80.3%之间，平均 62.4%。脆性矿物以石英为主，平均含量为 44.4%；其次为长石，平均含量 8.3%；白云岩、方解石平均含量分别为 5.9%、3.8%，另有少量的黄铁矿等。总体上，石英、长石等脆性矿物含量由上向下呈增加的趋势，且石英与残余有机碳含量呈正相关关系(图 9)。JY1 井龙马溪组页岩下部见到大量硅质海绵骨针、放射虫生物化石，是页岩脆性矿物含量高的主要原因之一。

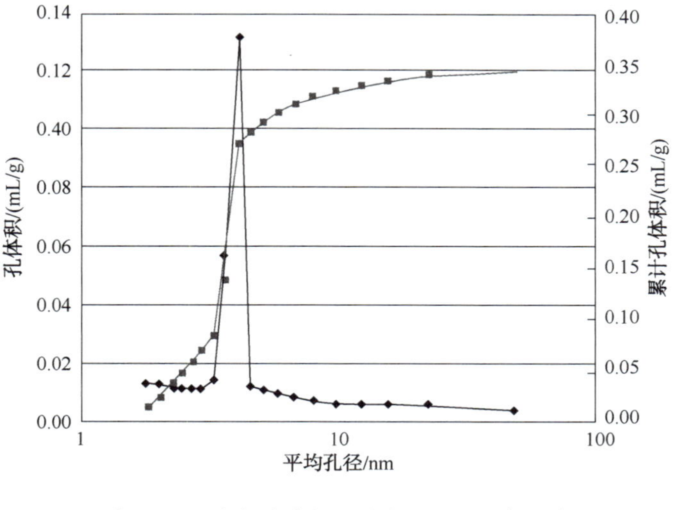

图 8 JY4 井龙马溪组泥页岩孔体积分布曲线

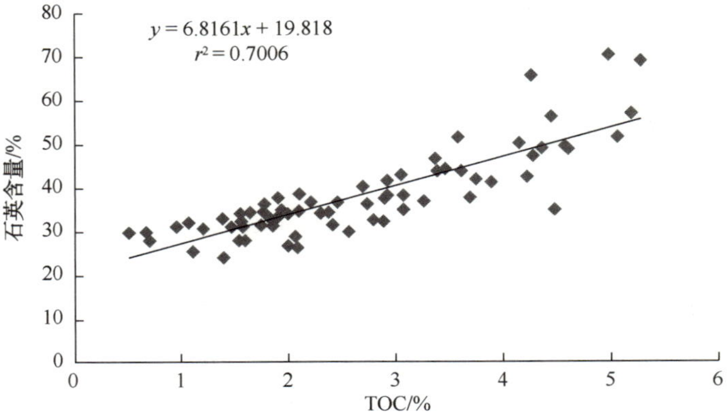

图9　JY1井龙马溪组页岩石英含量与残余有机碳含量关系图

4　“成藏控产”的关键要素

页岩气藏中无论游离气或是吸附气均与压力呈正相关关系，压力的高低决定页岩气丰度和储量大小。近年来勘探实践证实良好的保存条件是海相页岩气富集与高产的关键决定因素，若保存条件不好，页岩气藏遭到破坏，地层压力为常压或异常低压，页岩气难以保存形成工业价值，甚至散失殆尽。因此，高有机质丰度的泥页岩并不一定能形成高含气量的页岩气藏，只有两者兼备时才可能形成高富集程度的页岩气藏，保存条件是页岩气藏富集高产的关键因素。

4.1　保存条件决定页岩气藏的压力和产量

上扬子地块经历了加里东等多期构造运动的叠加改造，导致地层强烈褶皱形变、抬升、剥蚀，油气保存条件复杂。在四川盆地东南缘，由于受齐岳山大断裂的影响，保存条件变得尤为复杂。川东南构造样式主要由盆内的隔挡式—盆缘的“槽-挡”过渡带—盆外的隔槽式等变形带所组成(颜丹平等，2000)，其中，隔挡式变形带构造变形强度较弱，“槽-挡”过渡带构造变形中等，隔槽式变形带构造变形较强，从而导致不同构造带、不同构造部位保存条件存在明显差异。

JY1井位于焦石坝背斜高部位，处于盆缘“槽-挡”过渡带上，在下志留统龙马溪组页岩段钻获高产工业气流，压力系数1.55，为异常高压地层。PY1井处于“槽-挡”转换带的桑柘坪向斜内，龙马溪组测试获得日产$2.5\times10^4m^3$工业天然气流，地层压力系数为0.9~1.0，属于常压偏低，说明向斜区龙马溪组页岩气具有一定的保存条件，但由于地层以单斜的形式直接出露地表，侧向保存条件受到一定的破坏，仅获低产气流(图10)。因此，正向构造、超压对页岩气的富集具有重要作用，但并非正向构造就能形成高产富集，而要结合构造—沉积演化分析，是否具有形成高压的过程。例如，同在盆内的威远构造同为背斜构造，且一直位于隆起区，但是W201井龙马溪组钻探结果表明日产天然气$0.26\times10^4m^3$，压力系数0.92，为常压、低产页岩气层。此外，而JY1井岩芯现场含气量测试龙马溪组页岩中游离气含量高达65%，也说明高演化程度地区，页岩气藏的形成对保存条件的要求高于以吸附气为主的页岩层系。

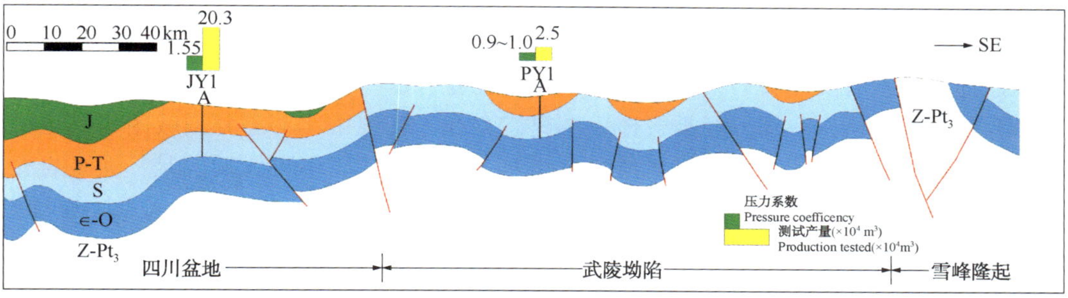

图 10 川东南彭水—焦石坝地区龙马溪组页岩气层剖面图

昭通—长宁地区龙马溪组页岩气层也表现出同样的特征。从盆外的 Z101 井、Z103 井到盆内的 Z104、YSH-1 井、N201-H1 井，压力系统从异常低压、正常压力至异常高压呈逐渐过渡趋势，同时，天然气产量由无显示、微含气、低产至中—高产依次升高(图 11)，显示从盆外到盆内保存条件逐渐变好，也说明在盆缘附近不同构造部位保存条件存在差异性，导致页岩气藏压力系统的不同，最终影响页岩气层的富集程度和气井的产量。压力与页岩气藏的资源规模、气井产能呈正比例关系，压力越高，气藏资源规模越大，气井越容易形成高产。表 1 中对比了川渝地区几口页岩气实钻井的情况，充分说明了地层压力与气产量及保存条件的依存关系。

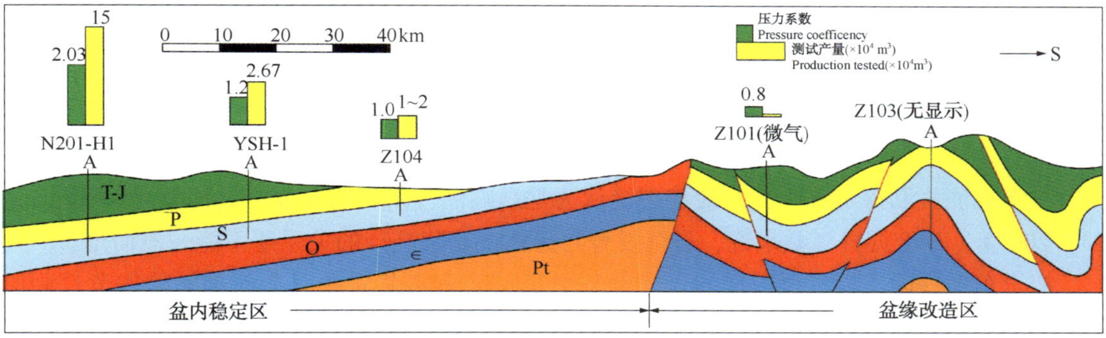

图 11 川南昭通—长宁地区龙马溪组页岩气层剖面图

综上，与常规油气藏一样，在复杂构造区、高演化程度海相页岩气勘探，保存条件是页岩气富集成藏的关键因素，决定页岩气藏的压力和富集程度。

表 1 四川盆地及其周缘实钻井页岩气保存条件评价

构造位置	井号	气产量/($10^4m^3/d$)	压力系数	气体组分	保存条件评价
盆内	JY1HF 井	20.3	1.55	CH_4	好
	W201-H1 井	1	1.0	CH_4	好
	N201-H1 井	15	2.03	CH_4	好
	Y201-H2 井	43	2.2	CH_4	好
盆缘	PYHF-1 井	2.5	0.9~1.0	CH_4	好
	Z101 井	微含气	0.8	N_2、CO_2	差
	YY1 井	微含气		N_2、CO_2	差

4.2 压力影响页岩气藏富集程度

前已述及，富有机质页岩中发育大量纳米级孔隙，这些微米级、纳米级孔隙是页岩气赖以赋存的主要场所，一部分烃类气体以游离态存在于孔隙中，一部分则吸附于黏土矿物或有机质的表面，少量则溶解于有机质和自由水、束缚水中。不可置疑的是，泥页岩孔隙度越大，其容纳天然气的空间就越大。地层压力吸附气量均呈明显的正相关关系，通过JY1井四个样品不同TOC的等温吸附测试结果表明，随着压力增加，吸附气量增加(图12)。因此，孔隙度和地层压力共同决定页岩气富集程度和总资源量的大小。

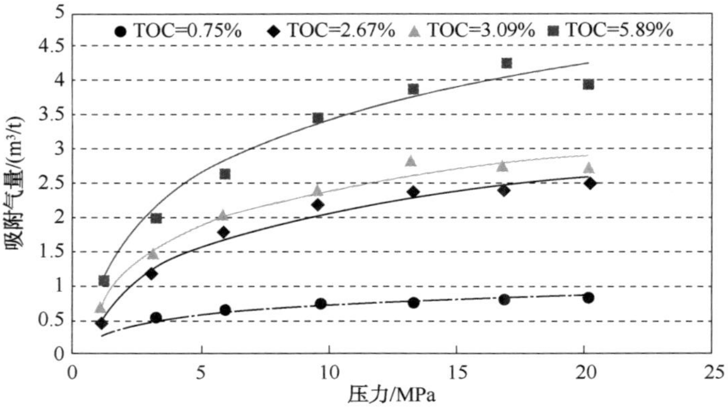

图12 JY1井龙马溪组页岩压力与吸附气量相关性图

5 问题讨论

在常规油气勘探实践中，一般将裂缝认为是影响油气高产的主要有利因素之一(Julia et al.，2007)。对于页岩气藏来说，裂缝发育与天然气富集高产的关系还不能一概而论。

加里东期、印支期、燕山期和喜马拉雅期是四川盆地及周缘四个最重要的构造控制时期，加里东期强烈的构造运动(徐备，1990；舒良树，2012)引发区域内盖层强烈褶皱与推覆，发生韧性剪切变形，在龙马溪组地层形成高角度剪切裂缝和张剪性裂缝。

岩芯观察和FMI成像测井解释，JY1井龙马溪组下部暗色泥页岩层由于剪切应力影响导致沿页理层间滑脱形成低角度的滑脱裂缝，在泥页岩裂缝面可见清晰的滑痕、阶步或光滑平整的镜面特征；另外，在五峰组—龙马溪组底部发育水平和高角度方解石充填裂缝(图13)。滑脱页理缝和充填微细裂缝在水平井压裂时为结构弱面(杨峰等，2013；Engelder et al.，2009)，与压裂形成的人工缝构成网状裂缝，对焦石坝页岩气高产稳产起到重要作用(郭彤楼等，2014)。

然而，裂缝发育，特别是开启缝、未充填缝的发育对于页岩气富集、高产却未必是有利因素。一方面，开启裂缝的发育易于造成页岩气特别是游离气的散失。极端的例子是，靠近断裂发育带的钻井，如Z101井、Z103井页岩气显示差、含气量低，虽然储层裂缝发育，但已经不具商业价值，断裂及裂缝的存在造成页岩气散失。

另一方面，页岩气藏需要压裂改造才具有商业开采价值，开启裂缝、高角度裂缝的存在会导致储层应力差异大，在压裂时不易形成网状裂缝(李新景等，2007；龙鹏宇等，

2011)，致使压裂效果差。JY1 井水平地应力差异系数在 0.06~0.14 之间，相对较小，能够形成充分的裂缝网络；实验测试结果，水平主应力大于垂向应力，地层易形成垂直缝，因此，焦石坝地区龙马溪组压力品质总体较好。

图 13　五峰组—龙马溪组下部滑脱面中的擦痕、镜面特征和网状裂缝

6　结论

（1）中国南方海相页岩气在泥页岩厚度、有机质丰度、储集物性与压裂品质等基本地质特征方面与北美相似，但同时又具有晚期改造强烈、构造复杂的特点，分析总结南方海相自身的页岩气富集规律有重要意义。

（2）南方复杂构造区海相页岩气具有“二元富集”规律，深水陆棚优质泥页岩发育是页岩气“成烃控储”的基础；良好的保存条件是页岩气“成藏控产”的关键。

（3）裂缝发育对页岩气富集高产具有两面性，层间页理缝、网状充填微细缝有利，开启缝、高角度缝，特别是靠近断裂的裂缝发育可能造成页岩气散失和压裂改造效果差。

参考文献

[1] 程克明，王世谦，董大忠，等 . 2009. 上扬子区下寒武统筇竹寺组页岩气成藏条件 . 天然气工业，29(5)：40-44.

[2] 陈尚斌，朱炎铭，王红岩，等 . 2012. 川南龙马溪组页岩气储层纳米孔隙结构特征及其成藏意义 . 煤炭学报，37(3)：438-444.

[3] 崔景伟，朱如凯，崔京钢 . 2013. 页岩孔隙演化及其与残留烃量的关系：来自地质过程约束下模拟实验的证据 . 地质学报，87(5)：730~735.

[4] 戴金星，宋岩，张厚福 . 1996. 中国大中型气田形成的主要控制因素 . 中国科学(D 辑)，26(6)：481-487.

[5] 董大忠，程克明，王玉满，等 . 2010. 中国上扬子区下古生界页岩气形成条件及特征 . 石油与天然气地质，31(3)：288-299.

[6] 董大忠，邹才能，杨桦，等 . 2012. 中国页岩气勘探开发进展与发展前景 . 石油学报，32(4)：107-114.

[7] 郭彤楼 . 2013. 四川盆地北部陆相大气田形成与高产主控因素 . 石油勘探与开发，40(2)：139-149.

[8] 郭彤楼，刘若冰 . 2013. 复杂构造区高演化程度海相页岩气勘探突破的启示 . 天然气地球科学，24(4)：643-651.

[9] 郭彤楼，张汉荣 . 2014. 四川盆地焦石坝页岩气田形成与富集高产模式 . 石油勘探与开发，41(1)28-36.

[10] 郭旭升，魏志红，刘若冰，等. 2012. 中国南方页岩气勘探评价的几点思考. 中国工程科学，14(6)：101-105.
[11] 郭英海，李壮福，李大华，等. 2004. 四川地区早志留世岩相古地理. 古地理学报，6(1)：20-29.
[12] 吉利明，邱军利，夏燕青，等. 2012. 常见黏土矿物电镜扫描微孔隙特征与甲烷吸附性. 石油学报，33(2)：249-256.
[13] 李新景，胡素云，程克明. 2007. 北美裂缝性页岩气勘探开发的启示. 石油勘探与开发，34(4)：392-400.
[14] 李延钧，赵圣贤，黄勇斌，等. 2013. 四川盆地南部下寒武统筇竹寺组页岩沉积微相研究. 地质学报，87(8)：1136-1147.
[15] 龙鹏宇，张金川，唐玄，等. 2011. 泥页岩裂缝发育特征及其对页岩气勘探和开发的影响. 天然气地球科学，22(3)：525-532.
[16] 刘洪林，王红岩，刘人和，等. 2012. 中国页岩气资源及其勘探潜力分析. 地质学报，84(9)：1374-1377.
[17] 牟传龙，周恳恳，梁薇，等. 2011. 中上扬子地区早古生代烃源岩沉积环境与油气勘探. 地质学报，85(4)：526-532.
[18] 聂海宽，唐玄，边瑞康. 2009. 页岩气成藏控制因素及我国南方页岩气发育有利区预测. 石油学报，30(4)：484-491.
[19] 聂海宽，张金川. 2011. 页岩气储层类型和特征研究：以四川盆地及其周缘下古生界为例. 石油实验地质，33(3)：219-225.
[20] 聂海宽，张金川，等. 2012. 页岩气聚集条件及含气量计算——以四川盆地及其周缘下古生界为例. 地质学报，86(2)：349-360.
[21] 蒲泊伶，蒋有录，王毅，包书景，刘鑫金. 2010. 四川盆地下志留统龙马溪组页岩气成藏条件及有利地区分析. 石油学报，31(2)：225-230.
[22] 舒良树. 2012. 华南构造演化的基本特征. 地质通报，(07)：1035-1053.
[23] 王清晨，严德天，李双建. 2008. 中国南方志留系底部优质烃源岩发育的构造-环境模式. 地质学报，82(3)：289-297.
[24] 王祥，刘玉华，张敏，等. 2010. 页岩气形成条件及成藏影响因素研究. 天然气地球科学，21(2)：350-356.
[25] 王飞宇，贺志勇，孟晓辉，等. 2011. 页岩气赋存形式和初始原地气量(OGIP)预测技术. 天然气地球科学，22(3)：501-510.
[26] 王社教，杨涛，张国生，等. 2012. 页岩气主要富集因素与核心区选择及评价. 中国工程科学，14(6)：94-100.
[27] 王道富，王玉满，董大忠，等. 2013. 川南下寒武统筇竹寺组页岩储集空间定量表征. 天然气工业，33(7)：1-10.
[28] 吴礼明，丁文龙，张金川，等. 2011. 渝东南地区下志留统龙马溪组富有机质页岩储层裂缝分布预测. 石油天然气学报，33(9)：43-46.
[29] 徐备. 1990. 论赣东北—皖南晚元古代沟弧盆体系. 地质学报，(01)：33-42.
[30] 杨振恒，腾格尔，李志明. 2011. 页岩气勘探选区模型——以中上扬子下寒武统海相地层页岩气勘探评价为例. 天然气地球科学，22(3)：8-14.
[31] 颜丹平，汪新文，刘友元. 2000. 川鄂湘边区褶皱构造样式及其成因机制分析. 现代地质，14(1)：37-43.
[32] 杨峰，宁正福，胡昌蓬，等. 2013. 页岩储层微观孔隙结构特征. 石油学报，34(2)：301-311.

[33] 张金川，聂海宽，徐波，等.2008. 四川盆地页岩气成藏地质条件. 天然气工业，28(2)：151-156.

[34] 张春明，张维生，郭英海.2012. 川东南—黔北地区龙马溪组沉积环境及对烃源岩的影响. 地学前缘，19(1)：136-145.

[35] 邹才能，董大忠，王社教，等.2010. 中国页岩气形成机理、地质特征及资源潜力. 石油勘探与开发，37(6)：641-653.

[36] Ambrose R J，Hartman R C，Diaz-Campos M，et al. 2010. New pore-scale considerations for shale gas in place calculations. SPE 131772，1-17.

[37] Bustin R M. 2005. Gas shale tapped for big pay. AAPG Explorer，26(2)：5-7.

[38] Bustin R M，Bustin A M M，Cui X，et al. 2008. Impact of shale properties on pore structure and storage characteristics. SPE 119892.

[39] Bowker K A. 2003. Recent development of the Barnett Shale play，Fort Worth Basin：West Texas. Geological Society Bulletin，42(6)：1-11.

[40] Chen X，Bao S，Hou D，et al. 2012. Methods and key parameters of shale gas resources evaluation. Petroleum Exploration and Development，39(5)：566-571.

[41] Engelder T，Lash G，Uzcátegui R S. 2009. Joint sets that enhance production from Middle and Upper Devonian gas shales of the Appalachian Basin. AAPG Bulletin，93(7)：857-889.

[42] Julia F W G，Robert M R，Jon H. 2007. Natural fractures in the Barnett Shale and their importance for hydraulic fracture treatments. AAPG Bulletin，91(4)：603-622.

[43] Martineau D F. 2007. History of the Newark East field and the Barnett shale as a gas reservoir. AAPG Bulletin，91(4)：399-403.

[44] Mu C，Zhou K，Liang W，et al. 2011. Research on sedimentary environments and oil & gas exploration on early Paleozoic source rocks in mid-upper Yangtze area. Journal of Geology，85(4)：526-532.

[45] Pollastro R M. 2007. Total petroleum system assessment of undiscovered resources in the giant Barnett Shale continuous (unconventional) gas accumulation，Fort Worth Basin，Texas. AAPG Bulletin，91：551-578.

[46] Warlick D. 2006. Gas shale and CBM development in North America. Oil and Gas Financial Journal，3(11)：1-5.

四川盆地五峰组—龙马溪组深水陆棚相页岩生储机理探讨

郭旭升[1]　李宇平[1]　腾格尔[2]　王　强[1]　袁　桃[1]
申宝剑[2]　马中良[2]　魏富彬[1]

（1. 中国石化勘探分公司，成都 610041；
2. 中国石化石油勘探开发研究院无锡石油地质研究所，江苏无锡 214126）

摘要：针对上奥陶统五峰组—下志留统龙马溪组优质页岩生储机理不清的问题，以四川盆地五峰组—龙马溪组深水 陆棚相优质页岩为研究对象，结合页岩气形成地质条件和实验分析模拟，从岩石学、矿物学、地球化学等多方面对 页岩成烃、成储机制及内在耦合关系等进行分析。结果表明，四川盆地五峰组—龙马溪组优质页岩热演化程度高、生烃强度大、物质基础好，具有良好的顶底板条件；深水陆棚相优质页岩不仅具有高生物成因硅、高有机碳含量，而且具有相对高孔隙度耦合特征。研究认为：①四川盆地五峰组—龙马溪组高演化深水陆棚相优质页岩保存条件好，早期原油滞留效率高，其气源主要来自原油滞留裂解气。②深水陆棚相生物成因的硅质(蛋白石 A)，在埋藏成岩早 期转化成高硬度晶态石英，伴生形成大量微米级粒间孔，而生物成因的硅质格架抗压性强，为优质页岩储集层早期 原油充注及纳米级蜂窝状有机孔的发育和保持提供了空间和保护，是有机孔得以保存的关键因素。③五峰组—龙马 溪组优质页岩脆性好，均质性强，微米级硅质粒间孔与纳米级有机孔共生，是压裂形成复杂缝网、硅质粒间纳米级 有机孔实现高效连通的关键，有利于页岩气高产、稳产。

关键词：生储机理　上奥陶统五峰组　下志留统龙马溪组　深水陆棚　硅质页岩　四川盆地　孔隙保存

0　引言

上奥陶统五峰组—下志留统龙马溪组页岩是中国唯一实现页岩气商业开发的页岩层系，四川盆地及周缘地区已发现涪陵、威荣、威远、长宁、昭通等页岩气田[1-5]，累计探明页岩气地质储量 $10455\times10^8m^3$，建成 $150\times10^8m^3$ 产能。其中，涪陵页岩气田是中国首个实现商业开发的页岩气田，气田具有超压特征[6]。五峰组—龙马溪组页岩厚度约 90m，其中气藏优质页岩储集层段(TOC≥2%)厚度为 30~40m，热演化程度高，R_o 值为 2.0%~3.5%，页岩储集层孔隙度高，为 1.85%~8.32%，平均为 5.22%，且以有机孔为主；总含气量为

石油勘探与开发，2020，47(1)：193-201

3.52~8.90m^3/t，平均达 5.96m^3/t；页岩储集层压裂改造效果好，产量高，313 口井平均测试产量为 24.2×$10^4m^3/d$。前人针对四川盆地五峰组—龙马溪组这套深水陆棚相页岩发育的沉积环境、储集层特征、富集高产主控因素等多方面的研究，取得诸多成果[7-14]，提出了南方海相页岩气“二元富集”规律等认识[14]，对于深水陆棚相页岩生烃、储集机理的研究也取得了一定的认识，但大多只是针对生烃机理或储集机理进行分析研究[6,10-11,15-16]，并未对这二者之间的动态演化过程和内在关系进行深入的分析探讨。本文从四川盆地五峰组—龙马溪组页岩气储集层特征分析入手，通过实验模拟，开展五峰组—龙马溪组深水陆棚相页岩生(成烃)、储(成储)机理及其内在关系的研究，探讨不同埋藏深度深水陆棚相优质页岩成烃、成储的主控因素，以期揭示高演化深层优质页岩(埋深为 4000~5000m)储集层富集高产/稳产的内在机制。

1 研究区概况

四川盆地位于中国西南部，可划分为川西低陡构造带、川北低缓构造带、川中平缓构造带、川西南低陡构造带、川东高陡构造带和川南低陡构造带 6 个构造带。四川盆地及周缘地区已发现涪陵、威荣、威远、长宁、昭通等页岩气田，主要分布在川东高陡构造带、川南低陡构造带和川西南低陡构造带(图 1)。上奥陶统—下志留统富有机质泥页岩(TOC>0.5%)主要发育在五峰组—龙马溪组一段，为陆棚相沉积，优质泥页岩(TOC>2%)发育在五峰组—龙马溪组一段一亚段，为深水陆棚相沉积，厚度一般为 20~40m，主要发育在川西南、川南、川东地区，以含钙硅质页岩和硅质页岩两种类型为主，前者主要分布在川西南、川南地区威远—长宁—仁怀—林滩场一带，后者则分布在川东南焦石坝以北和川东北地区。

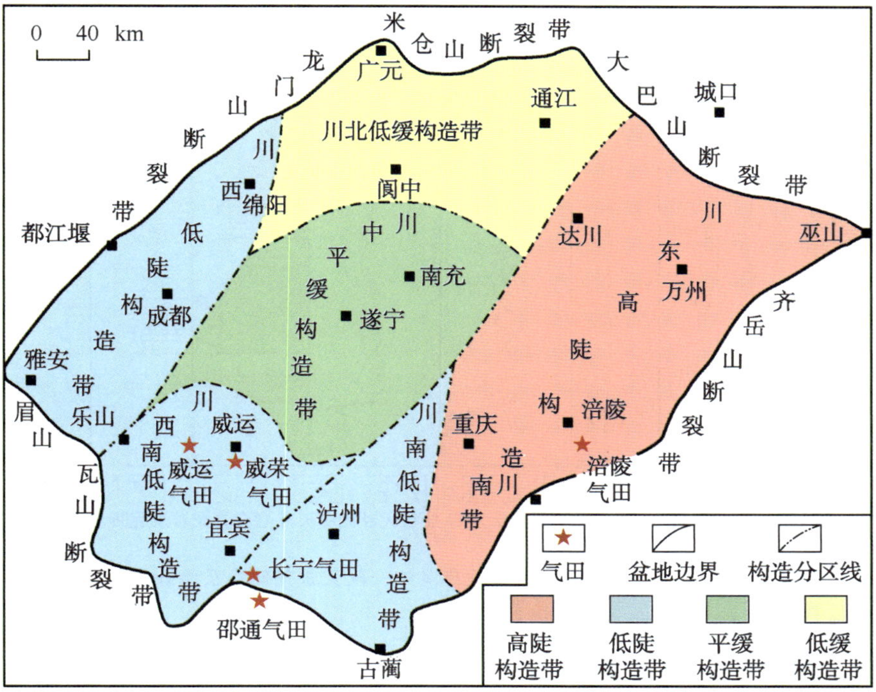

图 1 四川盆地及周缘构造特征及构造单元划分图

2 深水陆棚页岩具有高 TOC 值、高硅质的耦合规律

五峰组—龙马溪组深水陆棚相页岩具有较高的有机碳含量和硅质含量，*TOC* 值为 1.04%~5.89%，平均值为 3.50%，硅质含量为 31.00%~70.60%，平均为 44.57%(图 2)，两者存在明显的正相关关系，总体表现出优质页岩层段高 TOC 值、硅质含量高的良好耦合特征(图 3)。分析其原因主要为两方面：一是优质页岩富含笔石、硅质放射虫和海绵骨针等生物化石，具有高有机质生产力，安静、缺氧、强还原的深水陆棚环境有利于有机质富集和保存，对有机质富集保存具有明显的控制作用；二是放射虫、海绵骨针大量发育，能够形成高含量的内生硅质矿物[1]。

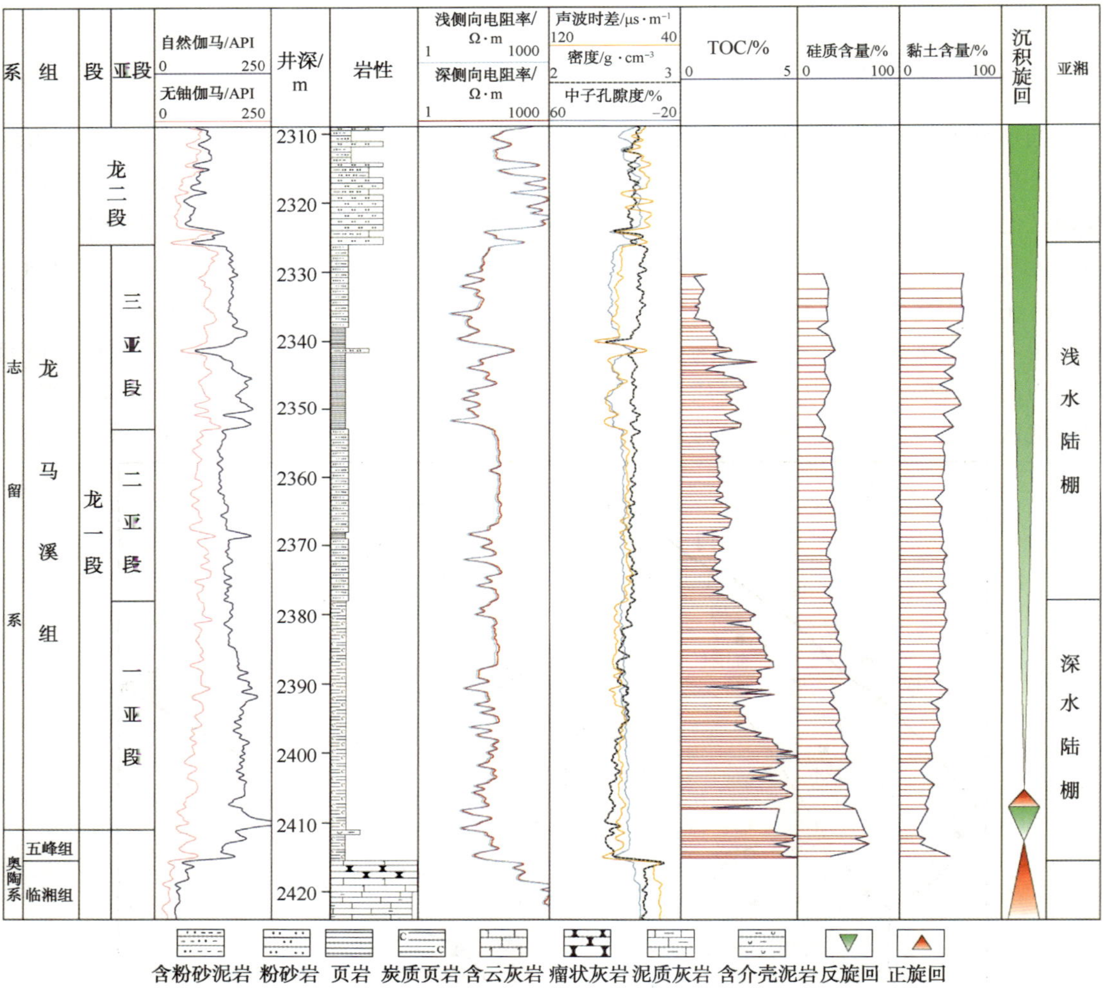

图 2 涪陵页岩气田五峰组—龙马溪组一段页岩气储集层综合柱状图

浅水陆棚相页岩陆源碎屑物质供给相对充足，对有机质具有一定的破坏和稀释作用，总体表现为 *TOC* 值和硅质矿物含量较低(图 2)，且硅质以陆源碎屑石英为主，硅质含量与 *TOC* 值相关性差(图 3)。

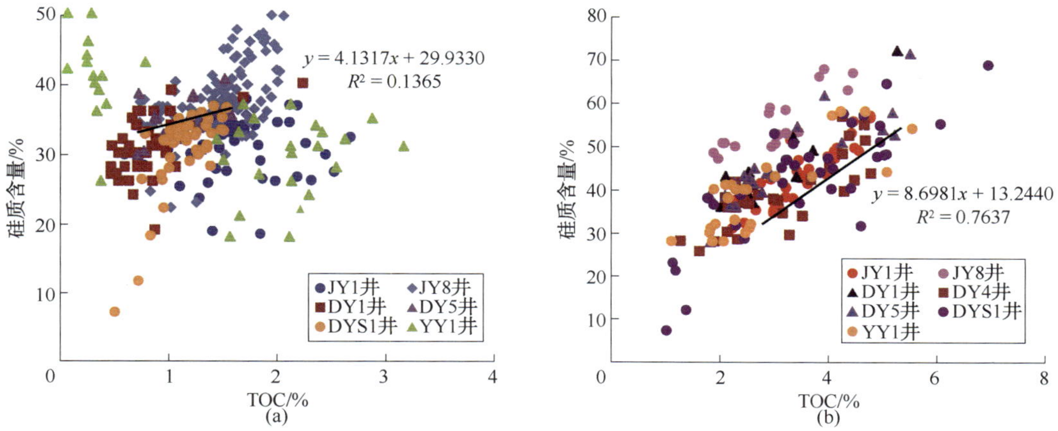

图 3 浅水陆棚(a)和深水陆棚(b)TOC 值与硅质含量相关关系图

3 原油裂解气为五峰组—龙马溪组页岩气的主要气源

不同成因类型的干酪根具有不同的生烃能力和降解产物[16]。五峰组—龙马溪组有机质类型以 Ⅰ—Ⅱ$_1$ 型为主，泥页岩 TOC 值高，热演化程度高。不同学者及单位采用不同的测试手段实测 R_o 值主要为 2.2%~3.4%[17-19]，按照生烃理论，通过 TOC 值、优质页岩厚度、R_o 值等参数模拟计算结果表明，五峰组—龙马溪组页岩产烃率高。以 JY1 井为例，浅水陆棚相页岩厚度为 51m，生烃强度为 $25\times10^8 m^3/km^2$；深水陆棚相优质页岩厚度为 38m，生烃强度为 $35\times10^8 m^3/km^2$，生烃潜力大[14]。

涪陵页岩气田五峰组—龙马溪组页岩干酪根和天然气 $\delta^{13}C$ 值与四川盆地各层系烃源岩干酪根对比表明，天然气来源于自身层系烃源[13]。涪陵页岩气田气体碳同位素值完全倒转，$\delta^{13}C_1>\delta^{13}C_2>\delta^{13}C_3$，同源不同期生成的天然气混合是造成这种现象的主要原因[20-23]。

根据 JY1 井五峰组—龙马溪组早期持续深埋生烃(图 4)，最大埋深裂解生气及晚期气藏调整、破坏的三阶段成烃演化史，选取与涪陵地区五峰组—龙马溪组页岩类似的海相深水陆棚烃源岩——云南禄劝泥盆系泥页岩，TOC 值为 2.64%，Ⅱ$_1$ 型干酪根，R_o 值为 0.48%，在中国石化石油勘探开发研究院无锡石油地质研究所油气成藏重点实验室进行实验模拟生烃过程，实验模拟原理及仪器详见文献[24]。模拟实验结果表明：干酪根裂解生气具有阶段性，3 个 R_o 高峰值分别为 1.0%、2.1%、3.2%，R_o 值为 1.0%是生油高峰期[图 5(a)]，有机质热解生油的同时，一部分活化能较低的小分子脱落生成气；R_o 值为 2.1%时，由于热裂解能量较高，生气能力最强，之后可能由于有机质的缩聚反应生成固体沥青，产率下降；R_o 值为 3.2%后由于水的作用又产生部分烃气，但从累计生烃产率趋势来看[图 5(b)]，后续生气量不大。干酪根累计生气能力为 $2m^3/t$ 岩石，滞留油对高—过热演化阶段天然气量贡献较大，生油高峰期排油效率 68%的页岩(原始 TOC 值为 2.64%)滞留油累计最大生气能力为 $6m^3/t$。

以实验结果为基础，计算出生油高峰期之后不同演化阶段干酪根裂解气和滞留油裂解气的比例，如图 5(b)所示，高—过成熟阶段后，滞留油裂解气约占 70%，干酪根裂解气约占 30%。

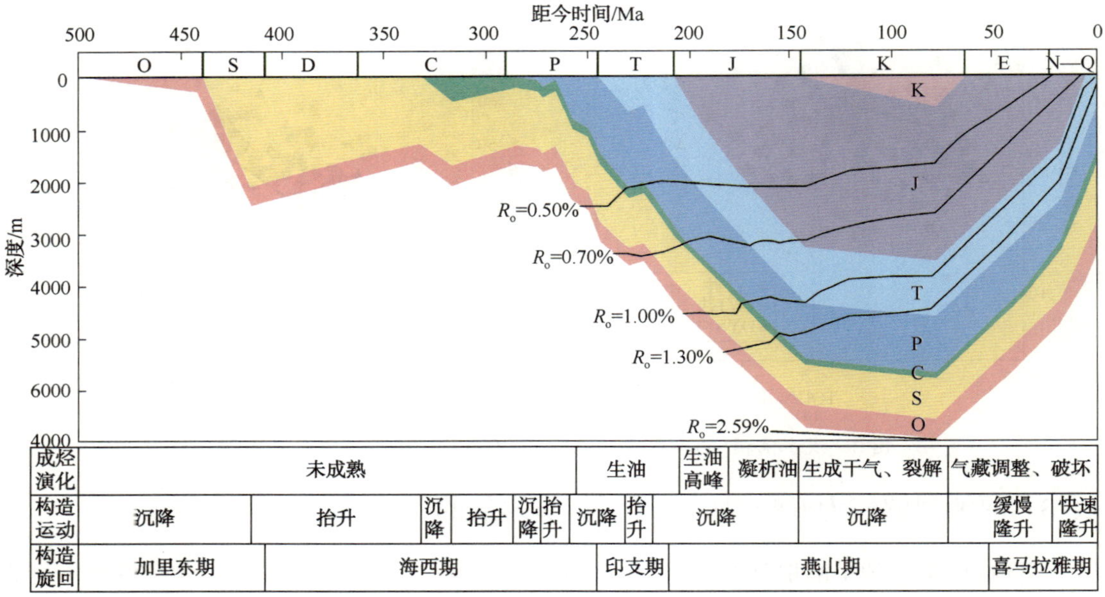

图 4　JY1 井五峰组—龙马溪组一段成烃演化图

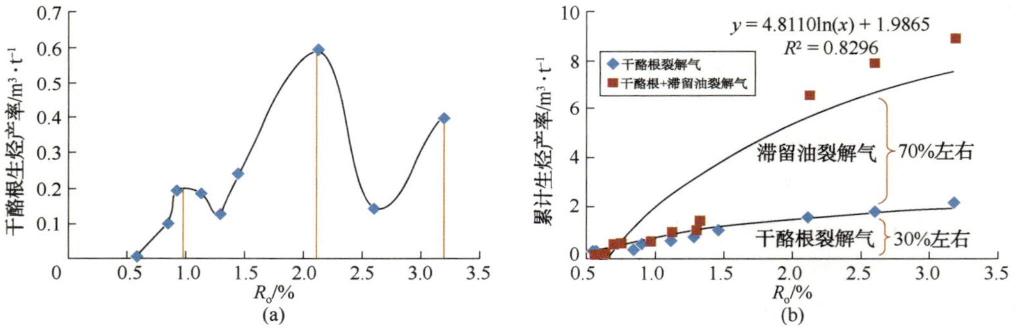

图 5　干酪根生烃产率和累计生烃产率

涪陵地区五峰组—龙马溪组页岩气层顶底板厚度大、展布稳定、岩性致密、突破压力高，封隔性好[21]。页岩气层顶板为龙马溪组二段灰色—深灰色中—厚层粉砂岩、泥质粉砂岩，厚度约为 50m；底板为上奥陶统临湘组深灰色含泥瘤状灰岩、灰岩等，总厚度为 30~40m，区域上分布稳定。涪陵焦石坝龙马溪组二段粉砂岩孔隙度平均值为 2.4%，渗透率平均值为 $0.0016\times10^{-3}\mu m^2$；成都理工大学国家重点实验室特殊岩石物理实验室采用 TS-100 突破压力试验仪分析测试表明，在 80℃ 条件下，地层突破压力为 69.8~71.2MPa；下伏临湘组孔隙度平均值为 1.58%，渗透率平均值为 $0.0017\times10^{-3}\mu m^2$，在 80℃ 条件下，地层突破压力为 64.5~70.4MPa，高顶底板突破压力对页岩气的聚集起到重要作用[17]。其中，顶底板的封存作用有利于早期生成的原油大量滞留，也有利于后期裂解生气阶段页岩气的滞留保存。基于大量两个端元气即干酪根与原油裂解气按照不同演化阶段、不同比列混合并测定其甲烷、乙烷等烷烃气同位素值的实验研究和碳同位素组成分馏的理论计算，建立了一种预测两种端元混合气在某一演化阶段某种比例条件下的烷烃气碳同位素值的图版[23]；反之，也可以根据两种端元混合气的甲烷、乙烷实测值来预测其成熟度和混合比例范围，判识该混合气中是否存在原油裂解气贡献。将现今焦石坝地区页岩气甲烷和乙烷同位素组成投点到干酪根和原油裂解气同位素组成的定量判别图版上发现，原油(滞留油)裂解气含量占比为60%~80%(图6)，进一步验证了模拟实验结果的可信度。

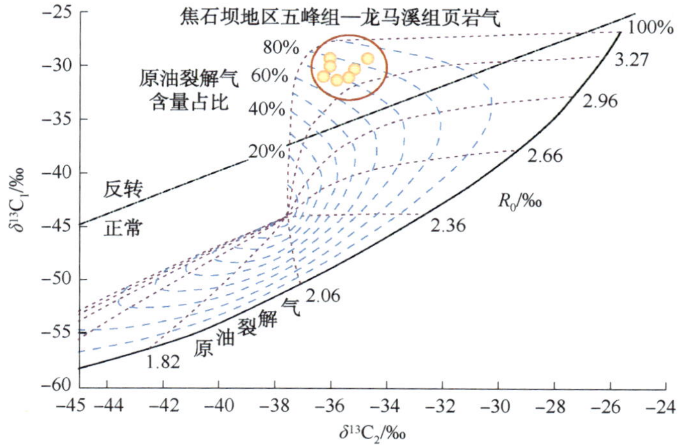

图6 焦石坝五峰组—龙马溪组页岩气干酪根和原油裂解气同位素组成的定量判别(底图据文献[23])

4 优质页岩生储机理及其主控因素分析

4.1 生物成因硅对页岩孔隙形成的作用

一般地，常见富硅的浮游生物主要包括硅藻、硅鞭毛藻、放射虫和海绵等4类生物群，其硅质壳体为蛋白石A，而蛋白石A是一种非晶质矿物，高度无序，为无定形结构[25]。在埋藏成岩早期，内部充填的硅质会比硅质壳体优先溶解，形成多孔结构，而硅质壳体蛋白石A会转化为晶态结构，形成高硬度结构，前人研究认为，现代和古代的海洋中沉积及成岩转化形成生物硅页岩孔隙的平均直径一般为5~10nm，孔隙度可达35%~50%[25]。

五峰组—龙马溪组优质页岩发育于深水陆棚相环境，页岩层中见大量笔石、有孔虫、放射虫、海绵骨针等生物化石，硅质含量高，且有机质含量与硅质含量呈明显的正相关性，另外在Al-Fe-Mn三角图上，绝大多数测量值落在了生物成因区[图7(a)]，因此认为，五峰组—龙马溪组深水陆棚相优质页岩的硅质矿物主要以生物成因为主[1]。通过分析DYS1井五峰组—龙马溪组页岩孔隙度与硅质矿物含量的关系表明，孔隙度与硅质含量具有正相关性[图7(b)]。由此推断生物成因的硅质含量是影响优质页岩孔隙度的一个重要影响因素。

4.2 生物成因硅对页岩孔隙保存的作用

随着埋深不断增加，温度、压力以及有机质热演化程度迅速增大，在大规模生烃之前(R_o<1.3)，蛋白石转化形成了石英微晶，并形成大量由石英微晶颗粒构成的刚性格架孔，有机质自身(煤层)硬度小，一般在1.5~3.0，容易被压实，而石英硬度达7.0，石英颗粒的格架孔易保持，不易被压实。一方面深水陆棚相早期结构不稳定的生物硅质(蛋白石)不断脱水转变成刚性的晶态石英[图8]，主要以斑块状、团块状的石英集合体产出，还会形成大量刚性石英粒间孔，抗压实作用强[图9(a)]；而浅水陆棚相黏土矿物页岩缺乏刚性石

英粒间孔，抗压实作用弱[图9(b)]。另一方面生物硅质溶蚀和黏土矿物蚀变过程中释放出的硅质重结晶后形成自生石英，以叠置的片状、卵状和椭球状产出，形成黏土矿物粒间孔[图9(c)(d)]，也能形成相对刚性矿物粒间孔。上述两方面的成岩作用，使得生物成因硅质页岩具有多孔、网状结构，原始孔隙度高[图9(e)(f)、表1]，为后期烃类演化原油充注、有机孔的发育及保持提供了空间。对此，在诸多含油气盆地石英砂岩孔隙演化中，孔隙得以有效保持也证实了这一点[26-27]。

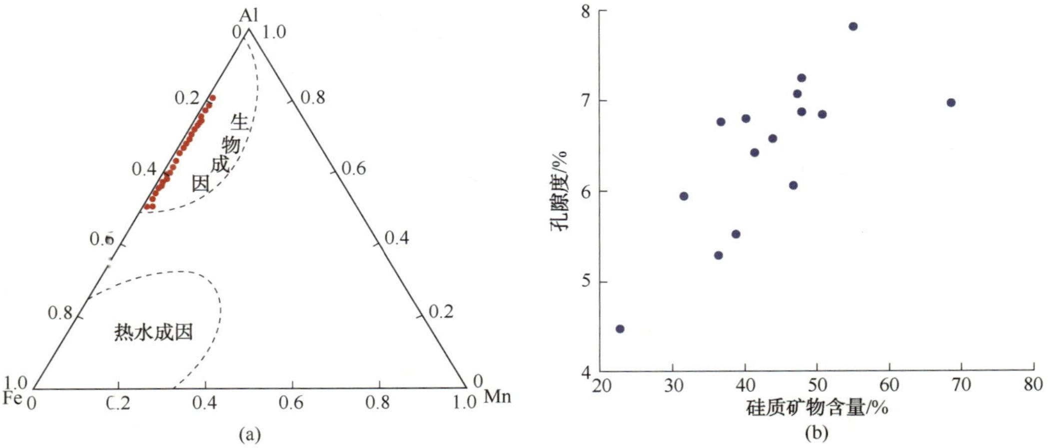

图7　Al-Fe-Mn三角判别图(a)和硅质矿物含量与孔隙度相关关系图(b)

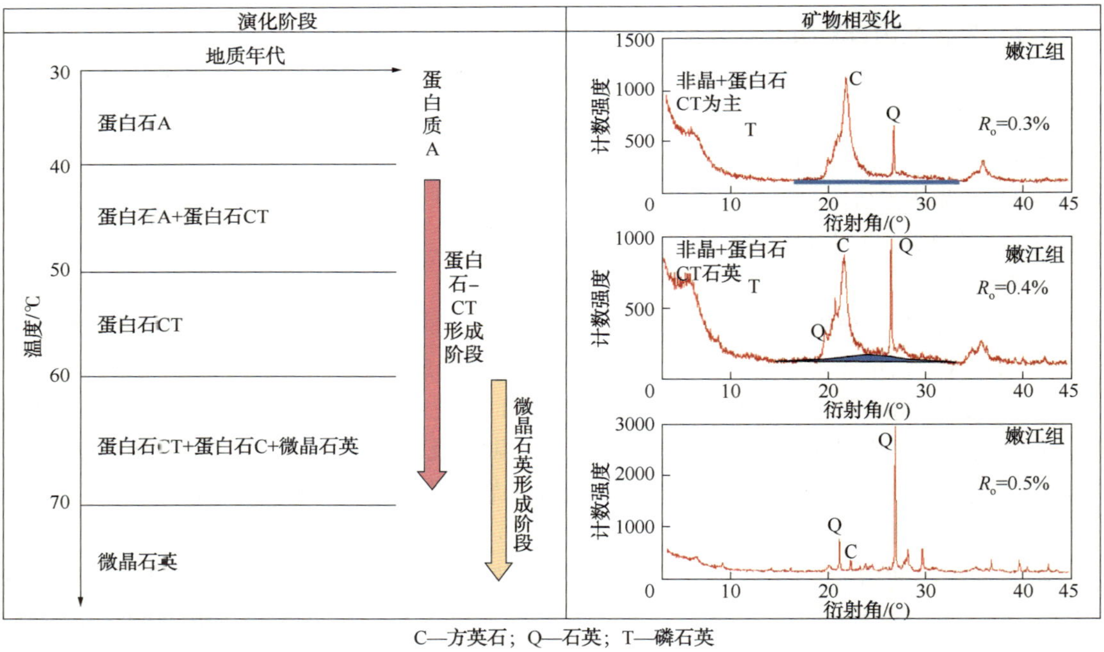

C—方英石；Q—石英；T—磷石英

图8　蛋白石CT向石英晶体转化演化阶段图

因此认为，在沉积成岩过程中，放射虫、海绵骨针等硅质生物内矿物相态结构的转化是五峰组—龙马溪组优质页岩高孔隙度的重要原因，是大量粒间孔、有机孔得以保存的关键。

成岩早期形成刚性石英粒间孔的同时，页岩热演化程度逐步升高，进入生油阶段，硅质矿物格架具有较高的抗压实能力[图9(a)]，生成的原油滞留于受硅质格架支撑的粒间孔内；随着埋深增大，热演化程度进一步升高，页岩干酪根与滞留于格架孔内的原油进入裂解生气阶段，粒间孔内开始发育大量纳米级有机孔，并得以保存。可见，深水陆棚相页岩的刚性石英粒间孔与有机质生油期的动态耦合关系，使得五峰组—龙马溪组优质页岩具有“高孔隙度、高比表面积”(图10)，利于页岩气的储集及吸附，从而表现出“高含气性”。

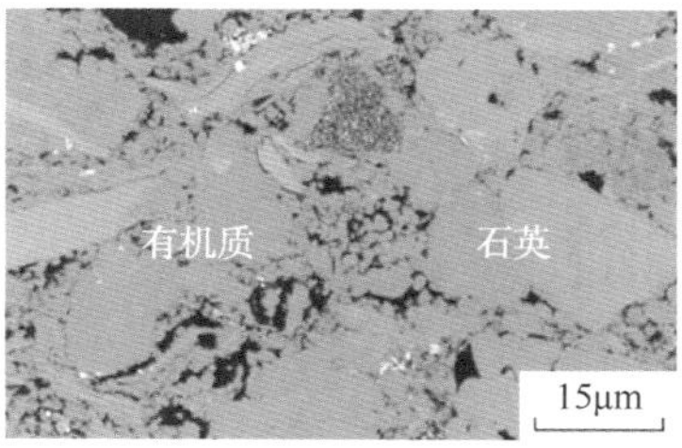

(a)DY5井，3812.34 m，有机孔、粒间孔，压实作用弱，硅质页岩，深水陆棚相

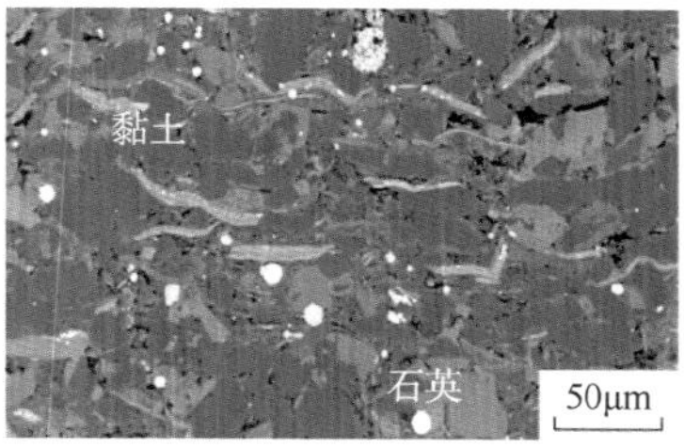

(b)JY2井，2526.41 m，强压实，黏土质页岩，浅水陆棚相

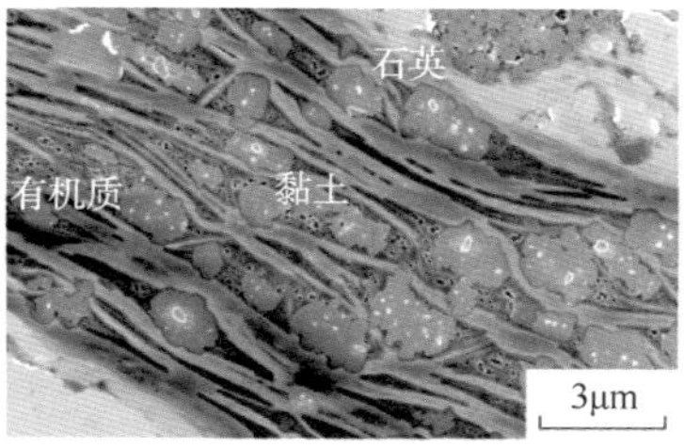

(c)JY7井，3419.43 m，黏土矿物粒间孔，有机孔呈圆形、椭圆形

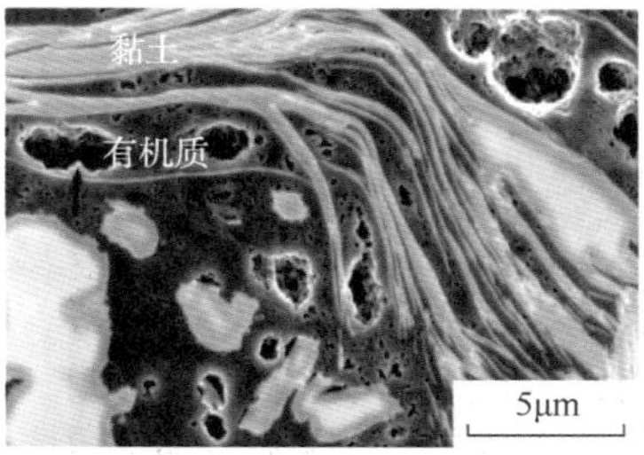

(d)JY7井，3419.43 m，黏土矿物粒间孔，有机孔呈圆形、椭圆形

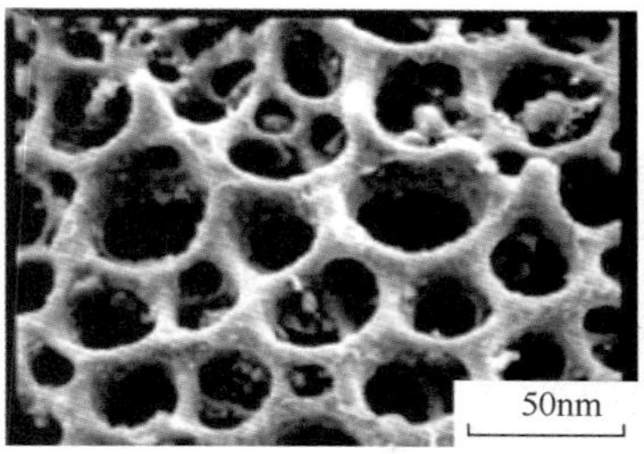

(e)波罗的海，硅质页岩(放射虫)

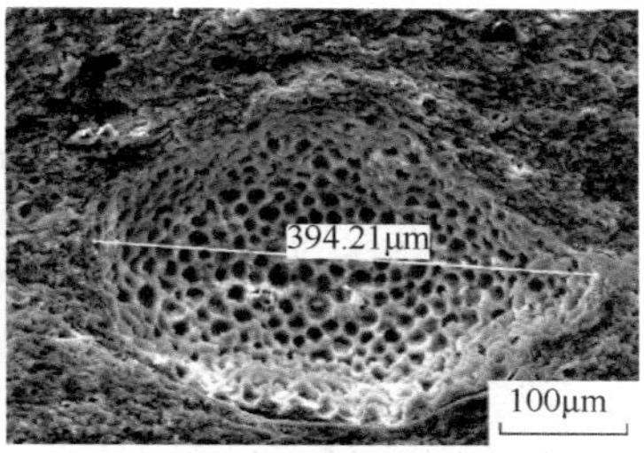

(f)四川盆地，硅质页岩(放射虫)

图9　页岩氩离子抛光扫描电镜照片

表1　硅质页岩孔隙度、比表面积变化特征表

样品类型	层位	孔隙度/%	比表面积/$m^2 \cdot g^{-1}$	R_o/%
硅藻土	第四系	80~90	19~65	
硅质页岩	上白垩统嫩江组	51.43	92.81	0.40
硅质页岩	上白垩统嫩江组	46.36	74.23	0.40
硅质页岩	上白垩统嫩江组	31.20	68.69	0.40
硅质页岩	下志留统龙马溪组(深水陆棚相)	6.34	25.30	2.63
黏土质页岩	下志留统龙马溪组(浅水陆棚相)	5.16	17.50	2.63

而浅水陆棚相黏土质页岩石英粒间格架孔发育程度差，后期压实作用强，不利于早期原油充注及有机孔形成与保持[图9(b)]。浅水陆棚相黏土质页岩孔隙度、比表面积明显降低(图9)，不利于页岩气的储集及吸附，从而表现出含气性明显降低的特征。

由此可见，生物成因硅是有机孔发育和保存的关键。

4.3　微米级粒间孔与纳米级有机孔的共生耦合关系

通过薄片、氩离子扫描电镜照片观察发现，五峰组—龙马溪组深水陆棚相优质页岩均质性好，不发育如五峰组—龙马溪组浅水陆棚相、二叠系龙潭组、侏罗系页岩的明显层状非均质性特征，有机质、硅质矿物呈分散状产出[图 11(a)(b)]，且较高的硅质矿物含量增加了岩石脆性(表 2)，压裂过程中有利于形成复杂、网状的孔-缝体系。另外，粒间孔内发育的有机孔大多为纳米级孔，镜下呈近球形、椭球形、凹坑状、弯月形和狭缝形等多种形态，通常以似蜂窝状的不规则椭圆形较为常见，内部连通性较好[图 11(c)(d)]。

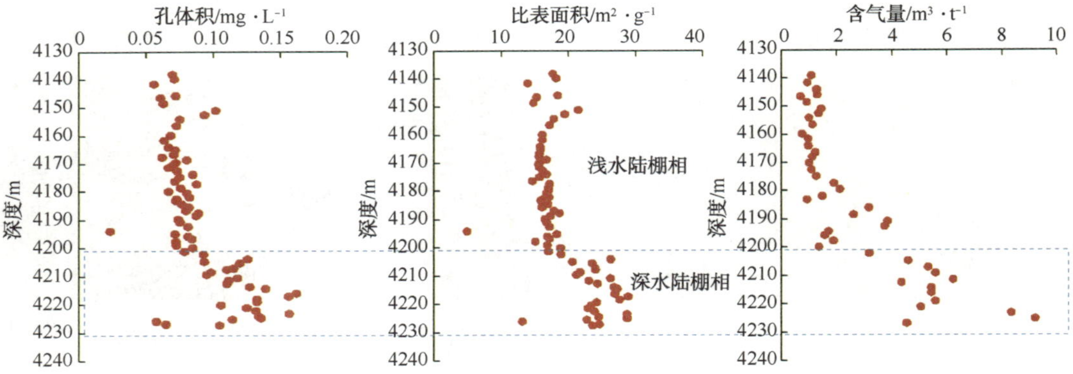

图 10　DYS1 井五峰组—龙马溪组页岩储集层物性纵向分布图

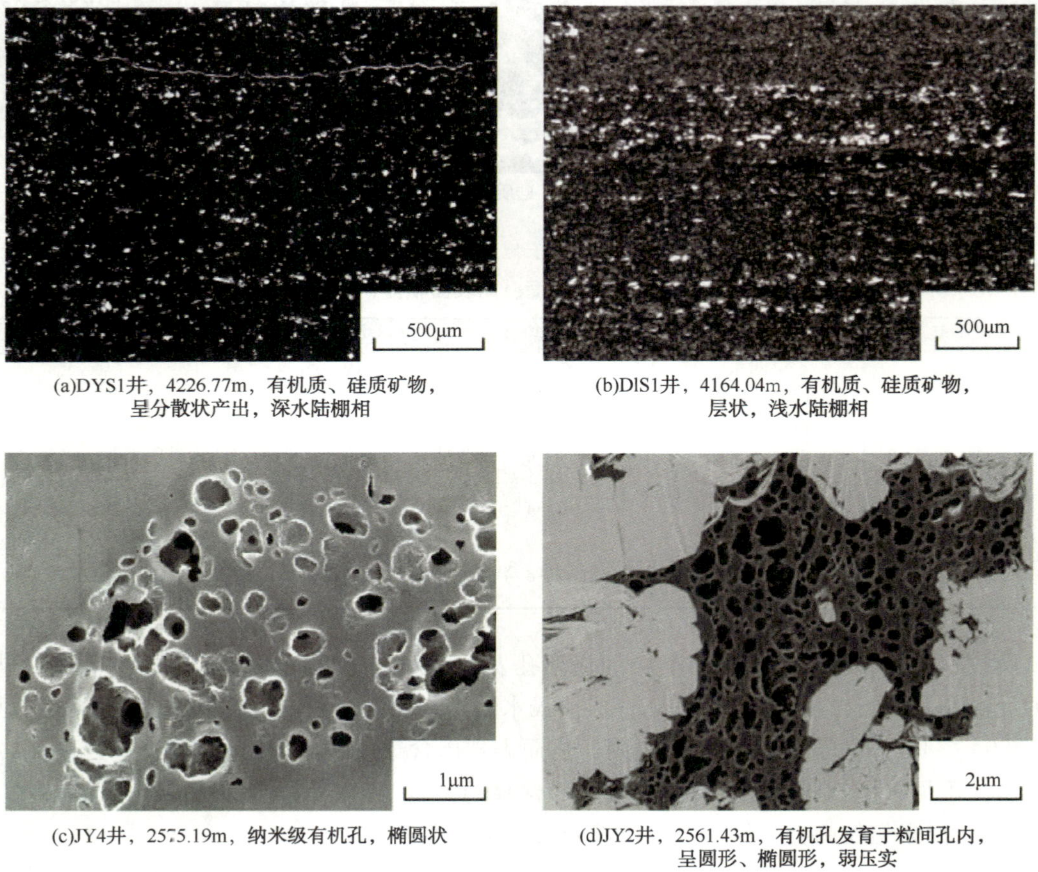

(a)DYS1井，4226.77m，有机质、硅质矿物，呈分散状产出，深水陆棚相

(b)DIS1井，4164.04m，有机质、硅质矿物，层状，浅水陆棚相

(c)JY4井，2575.19m，纳米级有机孔，椭圆状

(d)JY2井，2561.43m，有机孔发育于粒间孔内，呈圆形、椭圆形，弱压实

图 11　五峰组—龙马溪组页岩微观特征照片

综上所述，五峰组—龙马溪组深水陆棚相页岩硅质矿物格架孔和有机孔具有共生耦合的特征。

页岩中硅质矿物弹性模量高、泊松比低、脆性好，易于压裂形成缝网；而黏土矿物、有机质自身的弹性模量低、泊松比高、脆性差，可压性差(表2)。

表2 不同矿物岩石力学参数对比表(有机质数据来源于[28])

矿物名称	弹性模量/GPa	泊松比	归一化弹性模量/GPa	归一化泊松比	脆性指数/%
硅质(石英岩)	69.40	0.12	84.86	112.00	98.43
黏土矿物(泥岩)	24.10	0.34	20.14	24.00	22.07
有机质(煤)	10.50	0.39	0.71	4.00	2.36

压裂施工过程中，脆性好的硅质矿物颗粒首先易被压开，形成网状缝，从而连通相对分散、孤立的石英粒间孔，而有机质、黏土矿物与硅质矿物格架孔共生耦合，且有机孔、黏土矿物孔本身连通性好，从而实现石英压裂缝网与存储页岩气的有机孔、黏土矿物孔连通，使页岩中孔-缝体系得以有效沟通，形成了有机孔-粒间孔-微裂缝的流通通道(图12)，有利于页岩气的高效产出。

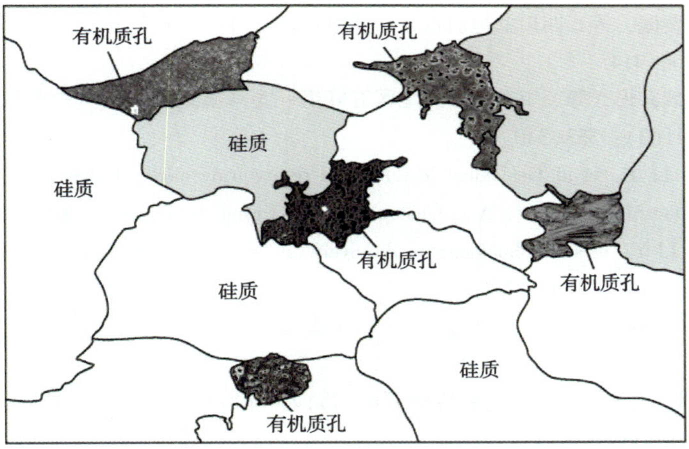

图12 涪陵页岩气田优质页岩储集层硅质格架粒内孔及纳米孔关系示意图

由此看来，虽然中国五峰组—龙马溪组优质页岩在深埋作用下具有高演化的特征，深层页岩(埋深大于4000m)相对中浅层页岩大(历史时期经历过相似最大埋深，后期构造抬升、剥蚀造成现今埋深差异)，但由于生物成因的刚性硅质矿物格架作用，深层优质页岩也能维持“高孔隙、高含气量”，利于页岩气富集，四川盆地及周缘五峰组—龙马溪组深层页岩气(埋深为4000~5000m)资源量超$7\times10^{12}m^3$，勘探潜力大。

5 结论

五峰组—龙马溪组优质页岩热演化程度高、生烃强度大、物质基础好，良好的顶底板条件使得早期原油滞留效率高，气源主要来自原油滞留裂解气，为高丰度优质页岩气的形成奠定了物质基础。

五峰组—龙马溪组深水陆棚相生物成因的硅质(蛋白石A)，在埋藏成岩早期转化成高硬度晶态石英，伴生形成大量微米级粒间孔，生物成因的硅质格架抗压性强，为优质页岩储集层早期原油充注及纳米级蜂窝状有机孔的发育和保存提供了空间和保护，是有机孔得以保存的关键因素。

五峰组—龙马溪组深水陆棚相硅质页岩脆性好，均质性强，微米级硅质粒间孔与纳米级有机孔共生，是压裂形成复杂缝网、有效沟通微米级硅质粒间孔，实现与硅质粒间内纳米级有机孔高效连通的关键，从而利于页岩气高产、稳产。

参 考 文 献

[1] 郭旭升. 涪陵页岩气田焦石坝区块富集机理与勘探技术[M]. 北京：科学出版社，2014.
[2] 郭旭升，胡东风，魏志红，等. 涪陵页岩气田的发现与勘探认识[J]. 中国石油勘探，2016，21(3)：24-37.
[3] 马新华，谢军. 川南地区页岩气勘探开发进展及发展前景[J]. 石油勘探与开发，2018，45(1)：161-169.
[4] 梁兴，王高成，张介辉，等. 昭通国家级示范区页岩气一体化高效开发模式及实践启示[J]. 中国石油勘探，2017，22(1)：29-37.
[5] 曾庆才，陈胜，贺佩，等. 四川盆地威远龙马溪组页岩气甜点区地震定量预测[J]. 石油勘探与开发，2018，45(3)：406-414.
[6] 王强，魏祥峰，魏富彬，等. 川东南涪陵地区五峰组—龙马溪组页岩气藏中的超压作用[J]. 石油实验地质，2019，41(3)：333-340.
[7] GUO X，HU D，LI Y，et al. Geological features and reservoiring mode of shale gas reservoirs in Longmaxi Formation of the Jiaoshiba Area[J]. Acta Geologica Sinica (English Edition)，2014，88(6)：1811-1821.
[8] GUO X，HU D，LI Y，et al. Technologies in discovery and exploration of Fuling shale gas field，China[J]. Natural Resources，2016，7(5)：271.
[9] 张金川，聂海宽，徐波，等. 四川盆地页岩气成藏地质条件[J]. 天然气工业，2008，28(2)：151-156.
[10] 聂海宽，张金川. 页岩气储层类型和特征研究：以四川盆地及其周缘下古生界为例[J]. 石油实验地质，2011，33(3)：219-225.
[11] 吴礼明，丁文龙，张金川，等. 渝东南地区下志留统龙马溪组富有机质页岩储层裂缝分布预测[J]. 石油天然气学报，2011，33(9)：43-46.
[12] 魏志红. 四川盆地及其周缘五峰组—龙马溪组页岩气的晚期逸散[J]. 石油与天然气地质，2015，36(4)：659-665.
[13] 黄仁春，魏祥峰，王强. 四川盆地东南缘丁山地区页岩气成藏富集的关键控制因素[J]. 海相油气地质，2017，22(2)：25-30.
[14] 郭旭升. 南方海相页岩气“二元富集”规律：四川盆地及周缘龙马溪组页岩气勘探实践认识[J]. 地质学报，2014，88(7)：1209-1218.
[15] 高占京，郑和荣，黄韬. 美国俄克拉荷马州伍德福德页岩甜点控制因素研究[J]. 石油实验地质，2016，38(3)：340-345.
[16] 郝芳，陈建渝. 论有机质生烃潜能与生源的关系及干酪根的成因类型[J]. 现代地质，1993(1)：

57-65.
[17] 郭旭升，胡东风，李宇平，等．涪陵页岩气田富集高产主控地质因素[J]．石油勘探与开发，2017，44(4)：481-491.
[18] 腾格尔，申宝剑，俞凌杰，等．四川盆地五峰组—龙马溪组页岩气形成与聚集机理[J]．石油勘探与开发，2017，44(1)：69-78.
[19] 肖贤明，王茂林，魏强，等．中国南方下古生界页岩气远景区评价[J]．天然气地球科学，2015，26(8)：1433-1445.
[20] 戴金星，倪云燕，黄士鹏．四川盆地黄龙组烷烃气碳同位素倒转成因的探讨[J]．石油学报，2010，31(5)：710-717.
[21] 刘若冰．中国首个大型页岩气田典型特征[J]．天然气地球科学，2015，26(8)：1488-1498.
[22] 冯子齐，刘丹，黄士鹏，等．四川盆地长宁地区志留系页岩气碳同位素组成[J]．石油勘探与开发，2016，43(5)：705-713.
[23] ZHANG S，HE K，HU G，et al. Unique chemical and isotopic characteristics and origins of natural gases in the Paleozoic marine formations in the Sichuan Basin，SW China：Isotope fractionation of deep and high mature carbonate reservoir gases[J]. Marine and Petroleum Geology，2018，89(Part 1)：68-82.
[24] 马中良，郑伦举，李志明．烃源岩有限空间温压共控生排烃模拟实验研究[J]．沉积学报，2012，30(2)：955-963.
[25] 秦亚超．生物硅早期成岩作用研究进展[J]．地质论评，2010，56(1)：89-98.
[26] 方少仙，侯方浩，孙逢育，等．百色盆地田东拗陷第三系砂岩成岩作用与孔隙演化研究[J]．天然气工业，1993，13(1)：32-41.
[27] 秦晓艳，林进，武富礼．鄂尔多斯盆地东南部本溪组致密石英砂岩成岩作用与孔隙演化[J]．西北大学学报(自然科学版)，2016，46(4)：579-584.
[28] 侯连浪，刘向君，梁利喜，等．滇东黔西松软煤岩三轴压缩力学特性及能量演化特征[J]．中国安全生产技术，2019，15(2)：105-110.

四川盆地元坝地区自流井组页岩气成藏条件

郭彤楼　李宇平　魏志红

（中国石油化工股份有限公司，四川成都 610041）

摘要： 按照页岩气勘探思路和成藏特点，四川盆地元坝地区一批探井针对自流井组泥页岩录取了资料，其中 3 口井测试获得了工业气流。研究表明，元坝地区自流井组形成于浅湖—半深湖环境，暗色泥页岩厚度较大，有机碳含量高，有机质热成熟度适中，处于生气高峰期。泥页岩矿物成分中石英含量普遍在 60%以上，黏土含量在 30%以下，泥页岩含气量高，具备页岩气形成和勘探的基本条件，是页岩气勘探的有利层系。

关键词： 页岩气　自流井组　油气成藏　元坝地区　四川盆地

0　引言

元坝地区位于四川盆地东北部，行政区划上属于四川省巴中和广元 2 市（图 1），近年来该区浅层、中层、深层常规天然气勘探不断取得突破。近期，在元坝地区优选了 4 口自流井组泥页岩段进行测试，其中 3 口井获得工业气流，1 口井获低产气流，预示着元坝地区页岩气勘探具有良好前景。

1　自流井组区域地质特征

1.1　沉积与地层分布

侏罗纪由于周缘造山带的形成，晚三叠世晚期形成的与海相连的湖盆逐渐消失，四川盆地四周全部被古陆所包围，中心地区演变为内陆湖泊（图 1）。

自流井组属于侏罗系下统，在四川盆地北、西边缘为白田坝组。自流井组自上而下可分为大安寨段、马鞍山段、东岳庙段和珍珠冲段（图 2）。

珍珠冲段沉积早期，由于印支晚期构造运动的作用，米仓山隆起强烈，使得湖水大面积退却而在山前形成冲积扇沉积，元坝地区此时为三角洲平原沉积环境，物源主要来自米仓山。此后，随着湖侵的持续，元坝地区向三角洲前缘—滨浅湖—半深湖环境演化，至大安寨段沉积中期达到最大湖泛。大安寨段沉积晚期，随着湖水逐渐退却，发育浅湖环境下的生物介壳滩。

元坝地区自流井组沉积厚度在 450~600m 之间，其中，珍珠冲段沉积厚度在 111~212m 之间，其上部岩性为深灰色粉砂质泥岩、泥岩和灰黑色页岩与灰色细—中砂岩、灰色粉砂

天然气地球科学，2011，22(1)：1-7

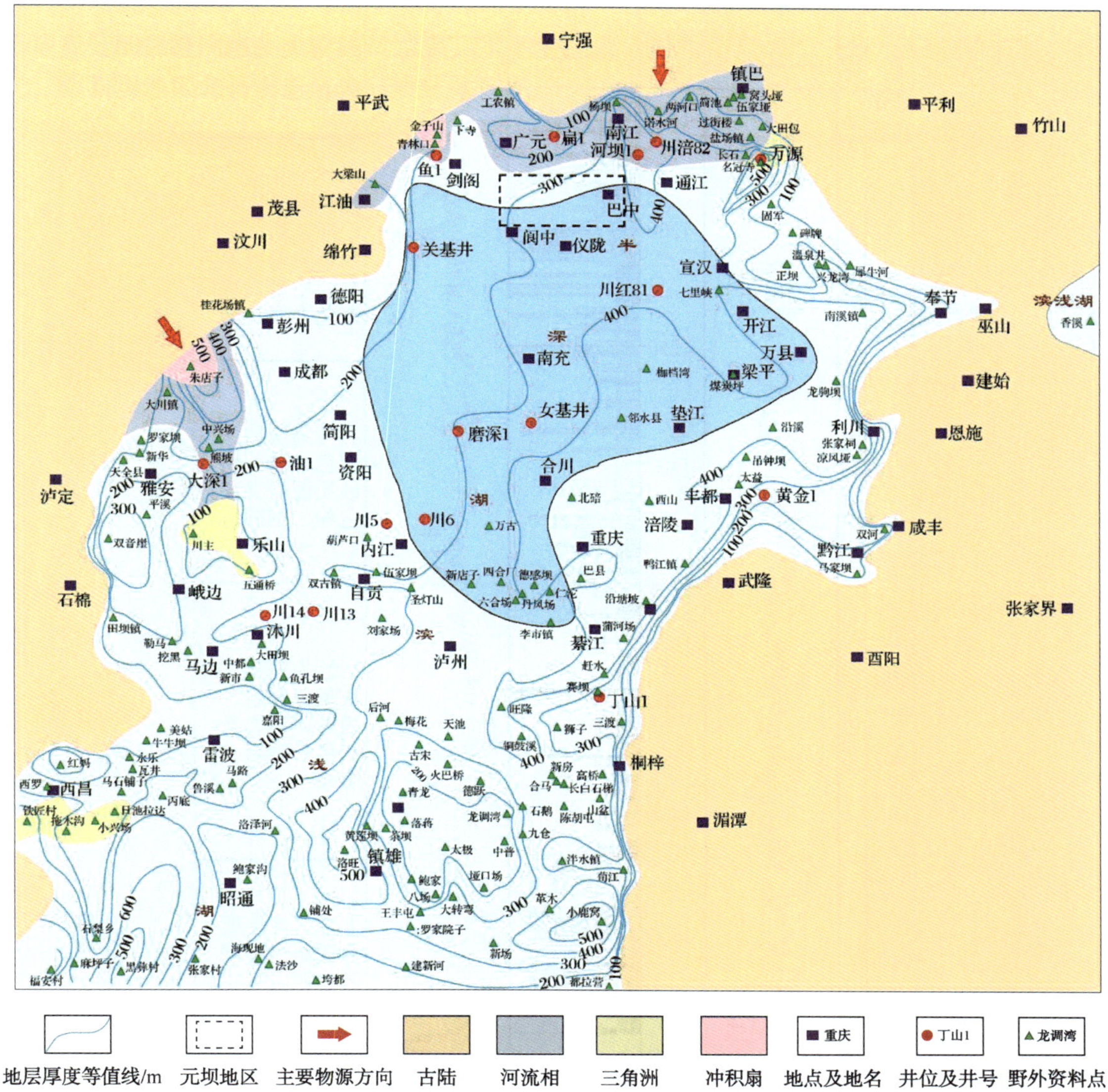

图 1 四川盆地自流井组沉积期岩相古地理特征(据南方分公司内部资料)

岩略等厚—不等厚互层；下部为浅灰色细砂岩、灰白色砾岩、含砾中砂岩夹深灰色粉砂质泥岩、泥岩。

东岳庙段沉积厚度在 82~263m 之间，一般厚 140m 左右，岩性为深灰、灰色泥岩、粉砂质泥岩、黑色页岩与灰色粉砂岩略等厚互层。

马鞍山段沉积厚度在 83~114m 之间，岩性为灰色泥岩、绿灰色泥岩、粉砂质泥岩夹灰色粉砂岩。

以上 2 段为泥页岩连续发育段，砂岩或灰岩厚度均小于 2m，且孔隙、裂缝不发育。

大安寨段沉积厚度在 70~138m 之间，一般厚 90m 左右，岩性为深灰、灰黑色泥岩、页岩与灰色泥灰岩、粉砂岩、细砂岩略等厚互层，局部发育浅灰色介壳灰岩。

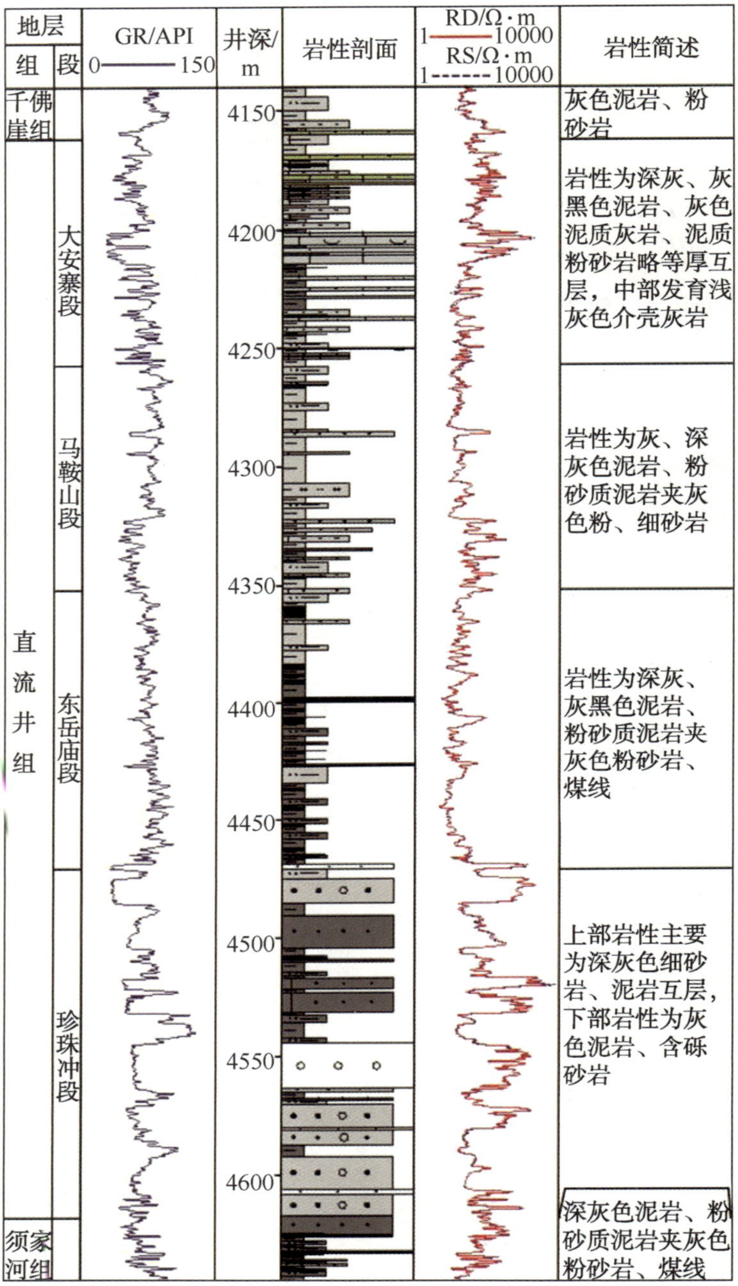

图 2　元坝地区 YB101 井自流井组柱状特征

1.2　构造特征

元坝地区地表为白垩系覆盖，区域构造属于川中隆起北部、米苍山—大巴山构造带的南部构造区，为九龙山隆起和川中隆起的鞍部。总体上，元坝地区中生界构造变形、断裂活动强度相对较弱。中生界由浅层到深层断层发育具有显著的分层特性，遂宁组及其以上地层发育小规模的逆冲，千佛崖组至遂宁组发育小型正断层，雷口坡组至千佛崖组发育高角度的逆冲断层，雷口坡组膏泥岩层以下断层不发育(图 3)。断层长度一般小于 10km，断距一般小于 100m。

自流井组构造相对平缓，埋深约为 3800～4500m，呈北高、中低、南次高的基本面貌。由北向南可划分为九龙山构造南翼斜坡带、中央凹陷带、南部褶皱凸起带，主要断裂走向为近南北向和北北东向。受断裂控制，在中央凹陷带和南部褶皱凸起带发育一些小型断背斜、断鼻和断块构造。

1.3 泥页岩厚度与分布

元坝地区自流井组暗色泥页岩厚度较大，在 188.6～272.7m 左右，平均厚度为 230m，占地层总厚度的比例均在 50%以上，一般为 60%～80%，横向上分布较稳定。平面上从西往东、从北西往南东，地层厚度、泥页岩厚度增大，东南部厚度最大，在 230m 以上。纵向上东岳庙段泥页岩厚度相对较大，为 50～150m(图 4)，马鞍山段泥页岩厚度为 60～80m，大安寨段泥页岩厚度为 50～80m。

图 3 元坝地区三维地震 Trace961 测线

2 泥页岩有机地球化学特征

2.1 有机质类型及丰度

四川盆地侏罗系部分源岩(或干酪根)的显微组分鉴定结果表明：中、下侏罗统腐泥组(含壳质组，下同)组分含量很高，分布在 26%～79%之间，大部分源岩干酪根样品腐泥组组分达 50%以上，高者达 79%，有机质类型主要为 $Ⅱ_1$ 型，少数样品为Ⅰ型。部分源岩干酪根样品腐泥组组分相对较低(小于 50%)，镜质组和惰性组组分相对较高，其有机质类型为 $Ⅱ_2$ 型，少数样品为 $Ⅱ_1$ 型[1]。中、下侏罗统烃源岩干酪根碳同位素、干酪根元素分析(川中地区)表明源岩有机质类型也主要为 $Ⅱ_1$ 型[2]。

有机碳含量(TOC)是页岩气评价的重要指标之一[3-6]。从元坝地区自流井组东岳庙段、马鞍山段、珍珠冲段泥页岩的有机碳含量可以看出，元坝地区自流井组东岳庙段—大安寨段泥页岩的有机碳含量最小值为 0.2%，最大值为 23.9%，平均有机碳含量为 1.7%，有机

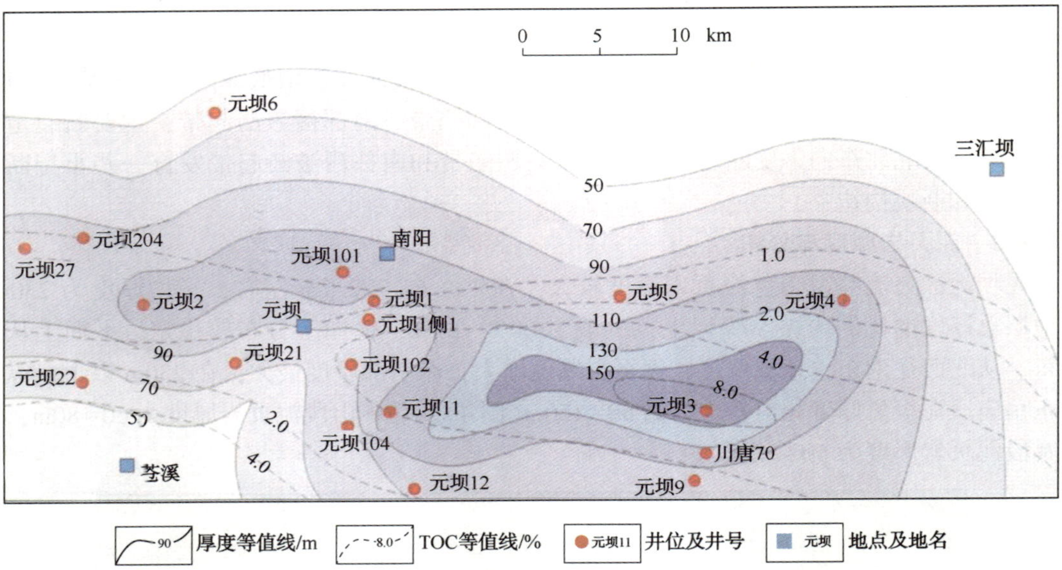

图 4 元坝地区自流井组东岳庙段泥页岩厚度与有机碳含量等值线关系

碳含量大于1%的厚度比例为57%（图5）。其中：东岳庙段的有机碳含量最小值为0.2%，最大值为9.95%，平均有机碳含量为1.92%；马鞍山段的有机碳含量最小值为0.22%，最大值为15.64%，平均有机碳含量为2.01%；大安寨段的有机碳含量最小值为0.2%，最大值为2.24%，平均有机碳含量为1.02%。由此可见，自流井组3个段泥页岩总体有机碳含量均达到了较好烃源岩的标准[7]。

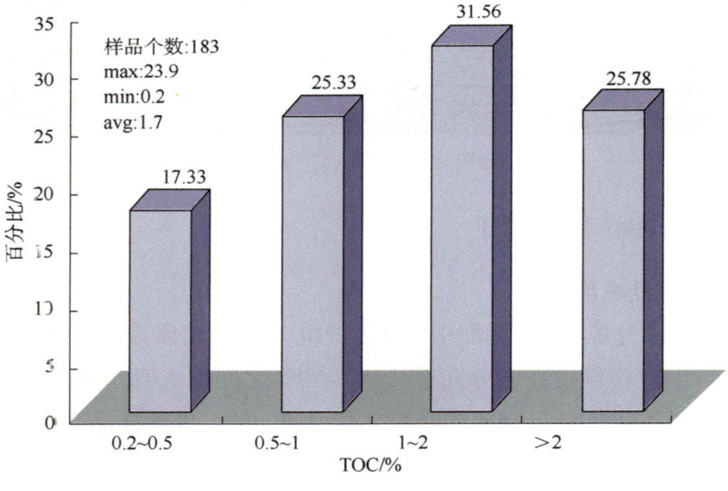

图 5 元坝地区东岳庙段—大安寨段泥页岩TOC分布特征

纵向上，东岳庙段的有机碳含量最高，且有从下往上呈逐渐降低的趋势。平面上，元坝地区泥页岩有机碳含量南部明显较北部高、东部相对较西部高（图4），因此自流井组有机质丰度总体是东南部高于西北部。

2.2 成熟度及生烃演化史

元坝地区自流井组的有机质热成熟度(R_0)在1.5%~1.8%之间，演化程度适中，处于生气高峰期。横向上元坝地区自流井组成熟度处于相对高演化中心。

元坝1井埋藏史分析表明(图6)，下侏罗统自流井组烃源岩于中侏罗世上沙溪庙期开始生烃，至晚侏罗世蓬莱镇期—早白垩世达到生油高峰，早白垩世晚期以来进入大量生气阶段。

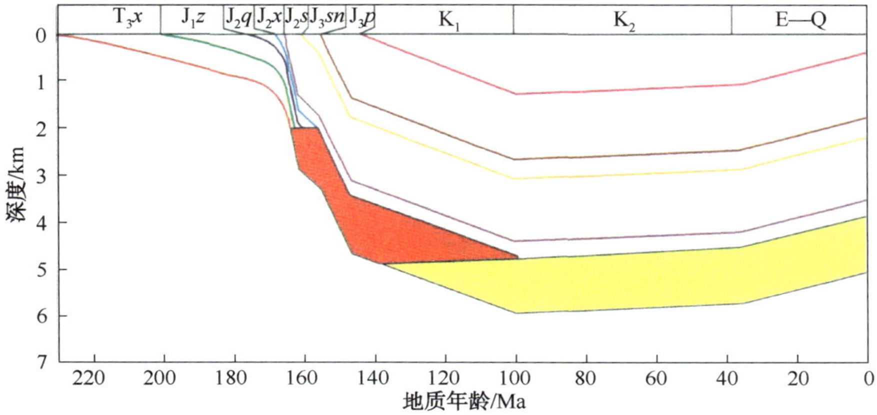

图6 元坝地区元坝1井埋藏史

3 含气性特征

3.1 储层特征

3.1.1 泥页岩储层物性及储集空间

元坝地区自流井组泥页岩储层物性较好，7口井大安寨段—马鞍山段泥页岩岩芯样品分析孔隙度为0.78%~3.67%，平均为2.5%，渗透率为(0.005~0.918)$\times10^{-3}\mu m^2$，平均为0.09$\times10^{-3}\mu m^2$。

元坝地区自流井组井下泥页岩扫描电镜分析结果显示，自流井组大安寨段—东岳庙段泥页岩微孔隙发育，主要为粒间、粒内次生孔、缝，粒间、层间缝隙，晶间孔，层状次生缝隙等(图7)。微孔隙孔径约在2μm×4μm~20μm×100μm之间，面孔率普遍在5%~13%之间，具有较好的储集空间。微裂缝发育情况好，裂缝宽度为1~50μm(表1)，有利于天然气储集和压裂改造。

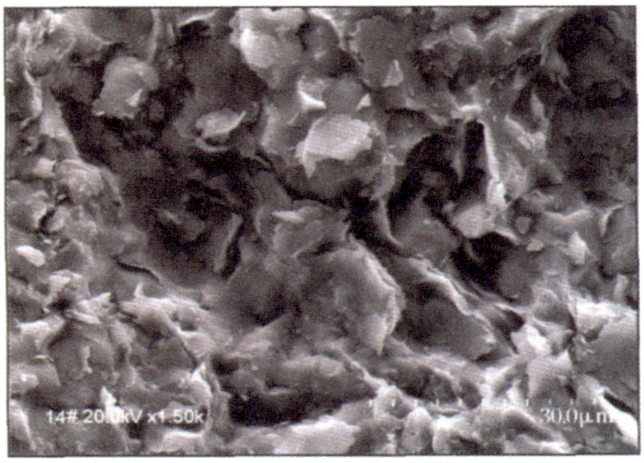

图7 YB9井东岳庙段(4058m)泥页岩粒间次生孔形貌(SEI，×1500)

3.1.2 泥页岩矿物成分及岩石力学参数

元坝地区自流井组泥页岩矿物成分以石英和黏土为主，有少量方解石、长石及菱铁矿。其中石英含量普遍在60%以上，黏土含量在30%以下(表2)，岩石脆性与造缝能力强，裂缝网络容易产生[8-9]。黏土矿物中伊/蒙混层和高岭石含量较高，在60%左右，水敏性强，对水力压裂有一定的影响，但黏土矿物的总体含量较低，因此总体水敏程度不大。如用岩屑膨胀率测定YB9井岩屑平均膨胀高度为0.0467mL，平均膨胀率仅为1.73%，属弱水敏储层。

表1　元坝地区扫描电镜分析孔隙、裂缝统计

层位	面孔率/%(区间/平均)	孔径/μm	裂缝规模/μm
大安寨段	(5~12)/10.2	5×10~20×100	5×20~20×100
马鞍山段	(8~12)/10	2×14~30×100	5×130~50×1000
东岳庙段	(5~13)/9.7	2×4~50×100	1×50~20×180

表2　YB9井泥页岩矿物成分

序号	深度/m	矿物含量/%				
		黏土	石英	斜长石	方解石	菱铁矿
1	4037.00	15.81	77.06	3.64	2.39	1.11
2	4045.00	10.77	47.76	2.49	38.99	
3	4048.00	17.86	79.93			2.21
4	4058.00	27.67	67.66		2.60	2.07
5	4085.00	24.84	69.39	3.14	1.29	1.34
6	4095.00	29.51	65.64	2.24	2.62	
7	4101.00	26.18	61.68	3.25	8.89	
8	4106.00	21.00	57.21			21.79
9	4111.00	21.06	74.66	2.39		1.90
10	4117.50	45.24	52.37	2.39		

利用测井资料计算YB9井自流井组东岳庙段—大安寨段泥页岩力学参数，泊松比一般在0.3左右，杨氏模量一般大于30，具低泊松比、高弹性模量特征，有利于页岩气勘探[10]。

3.2　页岩气显示

元坝地区自流井组泥页岩中油气显示活跃。统计24口井自流井组在泥页岩段显示为67层共计厚度为125.05m，而砂岩和灰岩中油气显示为59层共计厚度为118.3m，泥页岩中油气显示层数更多、厚度更大。元坝地区自流井组3口井获工业气流，其天然气显示主要发育于泥页岩或泥页岩与砂岩、灰岩界面，少量发育于砂岩、灰岩中。测试段泥页岩占地层厚度比例分别为61.30%、60%、31.60%，其次为灰岩、介壳灰岩，细砂岩、粉砂岩含量最少，说明测试段泥页岩中富含天然气。

3.3　天然气特征

3.3.1　天然气组分特征

元坝地区自流井组天然气相对较湿，天然气干燥系数达0.93，含有少量的丙烷—已烷等轻烃组分，不含硫化氢气体(表3)。而长兴组天然气为干气，干燥系数大，一般大于0.999，接近于1.0，天然气组分中除甲烷、乙烷外，丙烷以上组分含量甚微或者不含，特别是具有高含硫化氢的特征。雷口坡组与须家河组天然气特征接近，干燥系数均介于上述两者之间，也表现出相对较干燥特征，甲烷含量在95%以上，乙烷以上等重烃含量很低，基本不含戊烷等以上重烃，也不含硫化氢。

表 3 元坝地区海陆相天然气组分特征

井号	层位	组分含量/%														干燥系数
		甲烷	乙烷	丙烷	异丁烷	正丁烷	异戊烷	正戊烷	己烷	二氧化碳	氧	氮	氦	氢	硫化氢	
YB102	大安寨段	91.15	5.08	0.93	0.23	0.13	0.09	0.04	0.03	1.59	0.03	0.64	0.03	0	0	0.93315
		91.46	4.85	0.88	0.2	0.18	0.08	0.03	0.03	1.64	0.02	0.63	0.03	0	0	0.93594
		91.42	4.85	0.89	0.22	0.16	0.09	0.04	0.03	1.53	0.04	0.7	0.03	0	0	0.93572
YB9	东岳庙段	9179	5.66	0.48	0.06	0.04	0.0079	0.004	0.006	0.43	0.04	1.35	0	1.04	0	0.93618
YB1	须二段	96.6	2.39	0.35	0.04	0.04	0	0	0	0	0	0.58	0	0	0	0.97164
YB3	须四段	97.95	1.37	0.1	0.01	0.01	0	0	0	0.1		0.02	0.01	0.43	0	0.98502
YN4	雷口坡组	96.41	0.63	0.05	0	0.01	0	0	0	2.07	0.02	0.78	0.02	0.01	0	0.99289
YB12	雷口坡组	95.18	1.05	0.08	0.01	0.01	0	0	0	3.3		0.33	0.03	0.01	0	0.98806
YB1	长兴组	86.23	0.04	0	0	0	0	0	0	6.22	0	0.3	0.01	0.02	7.18	0.99954
YB11	长兴组	82.16	0.06	0	0	0	0	0	0	11.31	0	0.25	0.01	0.02	6.18	0.99927

3.3.2 天然气碳氢同位素特征

元坝地区陆相自流井组与须家河组天然气的甲烷碳同位素值($\delta^{13}C_1$)一般低于-30‰，而长兴组天然气甲烷碳同位素值($\delta^{13}C_1$)一般高于-30‰；天然气甲烷氢同位素分析显示，海相长兴组甲烷氢同位素值高于-150‰，陆相地层甲烷氢同位素值则低于-160‰，特征较明显(表4)。

表4 元坝地区海陆相天然气碳、氢同位素特征

采样井位	层位	深度/m	碳同位素/‰			氢同位素/‰		
			CH_4	C_2H_6	C_3H_8	δD_1	δD_2	δD_3
YB101	大安寨段	4207~4238	-37	-21.4		-178		
YB9	东岳庙段	4035~4110	-38.3	-24.3	-22.3			
YB3	须四段	4372~4410	-31.4			-158		
YB2	须三段	4350~4380	-30.9	-25.2	-24.4			
YB2	须二段	4600~4640	-32	-27	-23.4	-181	-141	-132
YB2	长兴组	6545~6593	-29.7	—		-144		
YB12	长兴组	6692~6780	-30			-136		

YB9井东岳庙段天然气属于偏干的湿气，相当于高成熟阶段天然气，天然气甲烷、乙烷、丙烷系列碳同位素组成依次变重，且甲烷碳同位素组成相对较轻，反映原地生成而且具有全捕获的特征，也聚集了低演化至目前高成熟阶段的全系列天然气[11-12]，具有原地成藏的页岩气地球化学特征。

3.4 页岩气含量

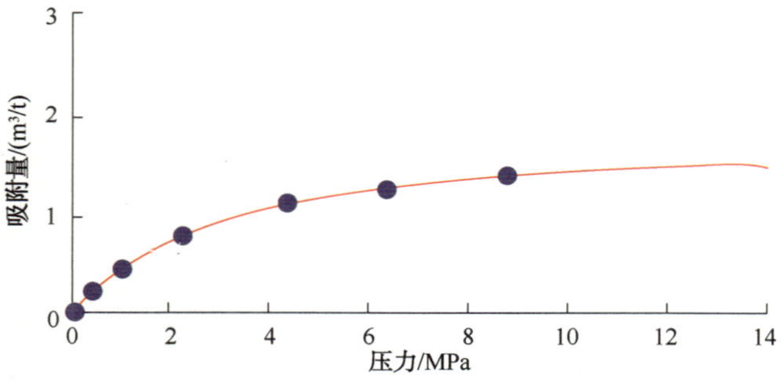

图8 元坝地区YB11井自流井组泥岩样品等温吸附曲线

选取自流井组4块泥岩样品进行等温吸附分析实验，在温度30℃条件下，逐渐加压至10.83MPa，吸附量从0升至0.89~1.74m³/t，YB11井样品等温吸附曲线如图8所示，30℃时吸附量的饱和压力大约在12MPa。而该区自流井组地层温度约为100℃，随着温度增高，吸附量将显著降低，加拿大Besa River组上部黑色页岩层吸附容量随温度变化实验表明，温度从30℃增加到100℃时，吸附气容量成倍降低[13]。推测元坝地区自流井组泥页岩吸附气含量在地层状况下小于1m³/t。

应用电阻率曲线与声波叠加法定性解释页岩气，通过声波曲线和双侧向电阻率曲线叠合，在伽马曲线约束的范围内，寻找高中子、低密度、高声波、高电阻率的模式识别典型的页岩气层[14]，并利用页岩气测井评价模型进行含气量解释。对元坝地区2口井自流井组井段进行初步解释，认为2口井自流井组东岳庙段—大安寨段页岩气层均较厚，多呈互层状分布，游离气含量较高，吸附气量较少，总含气量可达4.2~6.2m³/t，含气饱和度一般为70%~80%，属于具较高含气性、高游离气的页岩气层。

综上所述，元坝地区自流井组大安寨段—东岳庙段泥页岩具有较大的页岩气勘探潜力，但与国外已知的典型页岩气田(特别是北美地区)相比，元坝地区自流井组埋藏较深、地表复杂、勘探成本高，下一步将重点选择东西两端埋深相对较浅的地区，针对性地开展勘探与压裂改造工艺技术攻关。

4 结论

(1) 元坝地区自流井组形成于浅湖—半深湖环境，暗色泥页岩厚度较大，有机碳含量高，有机质热成熟度适中、处于生气高峰期，泥页岩矿物成分中石英含量普遍在60%以上，黏土含量在30%以下，是页岩气勘探的有利层系。

(2) 元坝地区自流井组大安寨段—东岳庙段泥页岩中油气显示活跃，储层物性较好，天然气具有原地生成、聚集的特点，初步评价页岩气层游离气含量较高，属于具较高含气性的页岩气层，已经试获工业气流，具有较大的勘探潜力。

参 考 文 献

[1] 杜敏，陈盛吉，万茂霞，等．四川盆地侏罗系源岩分布及地化特征研究[J]．天然气勘探与开发，2005，28(2)：15-17.

[2] 陈盛吉，万茂霞，杜敏，等．川中地区侏罗系油气源对比及烃源条件研究[J]．天然气勘探与开发，2005，28(2)：11-14.

[3] 张金川，金之钧，袁明生．页岩气成藏机理和分布[J]．天然气工业，2004，24(7)：15-18.

[4] 张林晔，李政，朱日房．页岩气的形成与开发[J]．天然气工业，2009，29(1)：124-128.

[5] 蒲泊伶，包书景，王毅，等．页岩气成藏条件分析——以美国页岩气盆地为例[J]．石油地质与工程，2008，22(3)：33-39.

[6] 张利萍，潘仁芳．页岩气的主要成藏要素与气储改造[J]．中国石油勘探，2009，14(3)：20-23.

[7] 陈更生，董大忠，王世谦，等．页岩气藏形成机理与富集规律初探[J]．天然气工业，2009，29(5)：17-21.

[8] 李新景，吕宗刚，董大忠，等．北美页岩气资源形成的地质条件[J]．天然气工业，2009，29(5)：27-32.

[9] 李新景，胡素云，程克明．北美裂缝性页岩气勘探开发的启示[J]．石油勘探与开发，2009，34(4)：392-400.

[10] 王祥，刘玉华，张敏，等．页岩气形成条件及成藏影响因素研究[J]．天然气地球科学，2010，21(2)：350-356.

[11] 刘婷，米敬奎，张敏，等．松辽盆地深层天然气碳同位素倒转数值模拟[J]．天然气地球科学，2008，19(5)：722-726.

[12] 杨春，刘全有，周庆华，等．松辽盆地庆深气田天然气成因类型鉴别[J]．地球科学：中国地质大学学报，2009，34(5)：792-798.

[13] Ross D J K，Bustin R M. Characterizing the shale gas resource potential of Devonian-Mississippian strata in the west Canada sedimentary basin：Application of an intergrated formation evaluation[J]. AAPG Bulletin，2008，92(1)：87-125.

[14] 潘仁芳，伍媛，宋争．页岩气勘探的地球化学指标及测井分析方法初探[J]．中国石油勘探，2009，14(3)：6-9.

复杂构造区高演化程度海相页岩气勘探突破的启示
——以四川盆地东部盆缘 JY1 井为例

郭彤楼　刘若冰

（中国石化勘探南方分公司，四川成都 610041）

摘要：四川盆地东部盆缘 JY1 井龙马溪组页岩测试获得高产工业气流，经过长时间试采，压力、产量稳定，实现了南方复杂构造、高演化程度海相页岩气的战略突破。通过对 JY1 井构造、岩性与龙马溪组 TOC、热演化程度及矿物含量特征的分析，结合区域地质资料，得到如下启示：①与北美地区不同，在多期构造演化和抬升剥蚀背景下，构造与保存条件是页岩气富集成藏的首要条件；②龙马溪组只有下部优质烃源岩才起到滑脱作用，多期层滑和构造作用形成的网状裂缝是页岩气富集高产的关键；③上奥陶统灰岩为龙马溪组页岩气的形成起到了良好的封隔作用；④与常规气藏不同，断裂和抬升的破坏作用对优质页岩层系的影响相对较弱，对南方广大地区页岩气的勘探具有示范意义。

关键词：JY1 井　龙马溪组　页岩气　保存条件　复杂构造　高演化程度

0　引言

页岩气作为一种资源量非常巨大的非常规天然气资源，在北美地区已经取得了良好的勘探开发效益[1-5]。而与美国东部页岩气发育盆地具有许多地质相似性的中国南方无疑也是一个值得被高度重视的页岩气勘探开发领域[6-10]。近年来针对四川盆地及周缘志留系龙马溪组等海相页岩层系开展了不少研究与勘探工作[11-15]。近期在四川盆地东缘焦石坝构造实施的 JY1 井，在下志留统龙马溪组—上奥陶统五峰组页岩中测试获得稳定高产工业气流，实现了南方海相页岩气的战略突破，增强了南方复杂构造区、高演化程度海相页岩气勘探的信心，具有重要的借鉴和启示意义。五峰组沉积厚度较薄，为了叙述方便，本文以龙马溪组代替下志留统龙马溪组—上奥陶统五峰组。

1　区域地质特征

JY1 井位于四川盆地东缘川东隔挡式褶皱向隔槽式褶皱的过渡地区，紧邻四川盆地东部边界齐岳山断裂，地表出露三叠系嘉陵江组—志留系，断裂发育。受华蓥山断裂带、齐

天然气地球科学，2013，24(4)：643-651

岳山断裂带及娄山断褶带的共同影响，川东地区呈现出由北东向、北北东向高陡背斜带与宽缓向斜和断裂带组成的隔挡式褶皱，成排成带平行排列(图1)。

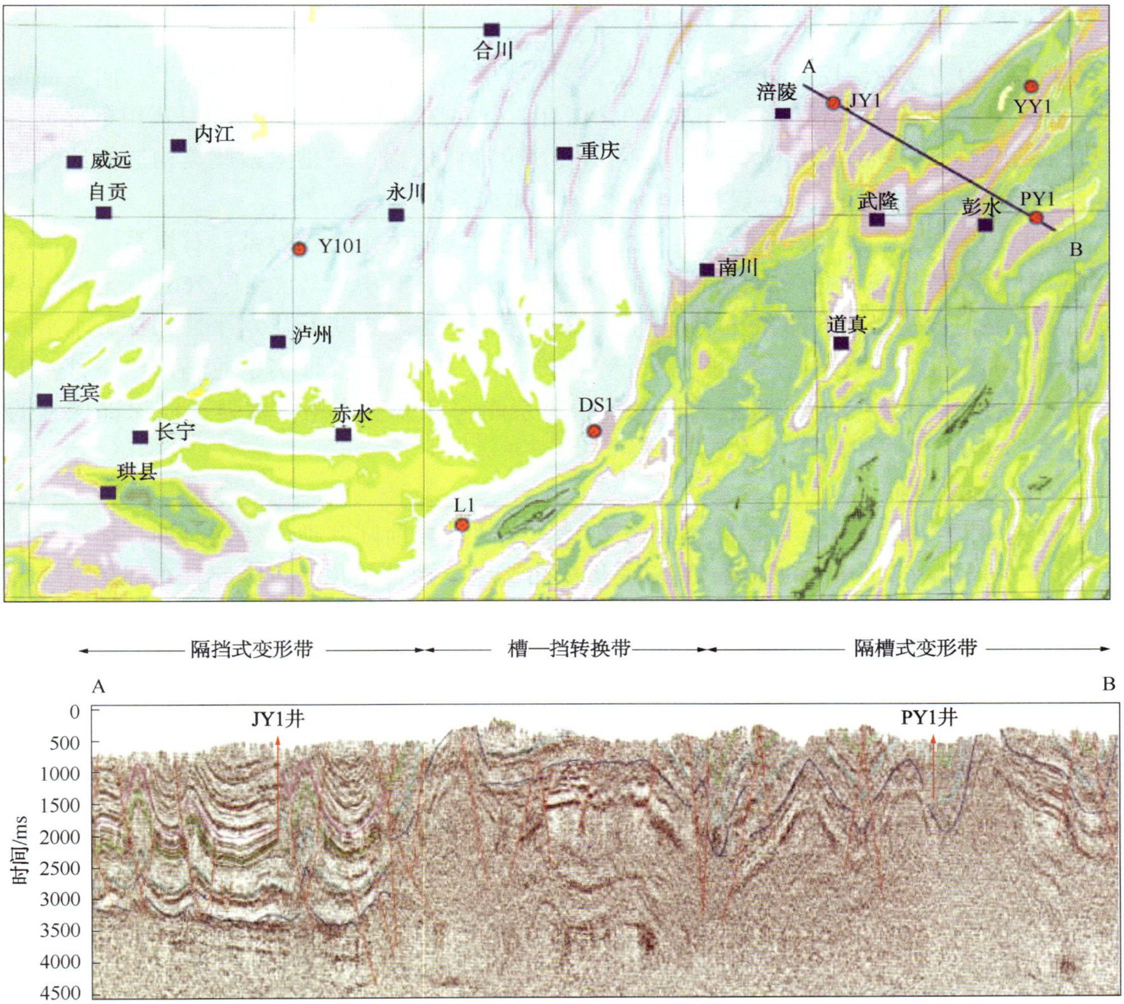

图1 JY1井区域位置与构造样式(下图剖面位置见上图A—B)

JY1井加里东期位于乐山—龙女寺古隆起东南下斜坡；印支期位于泸州古隆起东南斜坡；燕山—喜马拉雅期是四川盆地构造形成与定型、油气成藏的关键时期，焦石坝所在的川东褶皱区表现为快速沉降—缓慢隆升剥蚀—快速隆升剥蚀过程，快速沉降阶段主要发生于晚白垩世早期(约80~100Ma前)以前，而快速隆升剥蚀过程发生在中新世以来，剥蚀量最高达3km[16]。经过燕山—喜马拉雅期的构造改造，盆内背斜核部普遍出露下三叠统，向斜核部出露中、上侏罗统沙溪庙组和蓬莱镇组；而盆地边缘背斜核部普遍出露志留系甚至更老地层，向斜核部出露下三叠统—志留系。

主要的页岩气勘探层系———龙马溪组，在四川盆地东缘广泛分布，厚度变化较大，石柱漆辽剖面厚度为656m，而DS1井厚度仅为148m，富含有机碳(*TOC*>2.0%)的地层主要集中在龙马溪组下部和五峰组，为深水陆棚沉积。与下伏上奥陶统五峰组页岩、上覆志留系小河坝组砂泥岩地层均为整合接触。

2 JY1井区地质与含气特征

JY1井为一受断层控制的断背斜构造，整体地层较为宽缓，地层倾角仅2°，向翼部迅速变陡，背斜顶部断层不发育。JY1井的钻探有2个主要目的：一是探索龙马溪组下部页岩层系的含气性、有机地球化学特征，为页岩气评价提供依据；二是探索此类构造的油气保存条件，为钻探深部寒武系—震旦系含油气组合做准备。

JY1井开孔层位为下三叠统嘉陵江组，分别钻遇飞仙关组、二叠系、石炭系、志留系和中、上奥陶统，完钻井深2450m。志留系厚度为986m，其中龙马溪组厚266m，五峰组厚6m。JY1井对龙马溪组下部和五峰组进行了89m连续取芯，并进行了水平井钻探，水平段长为1008m，大型压裂改造后，试获稳产、高产工业气流，不仅证实了龙马溪组下部—五峰组发育优质页岩层系，而且证实该套页岩层系能起到盖层作用，增强了向深部探索的信心。

2.1 地层特征

晚奥陶世—早志留世，四川盆地处于被动大陆边缘向前陆盆地的转换时期，存在一个“三隆夹一坳”的向北开口的陆棚，南部是黔中古隆起，西部是川中古隆起，东部是雪峰古隆起。在宜宾—石柱发育深水陆棚，有2个沉积中心：一为川南的宜宾—泸州地区；另一个为川东的武隆—石柱地区。JY1井位于武隆—石柱沉积中心，钻井揭示龙马溪组—五峰组自上而下发育浅水陆棚和深水陆棚2套沉积。

龙马溪组—五峰组与上覆志留系小河坝组、下伏奥陶系涧草沟组呈整合接触，大体可以分成3个大的岩性段：上部2146～2326m发育砂泥质浅水陆棚相沉积，主要岩性为灰色泥质粉砂岩、粉砂质泥岩；中部2326～2377m为灰泥质浅水陆棚沉积，主要岩性为灰黑色含碳酸盐岩粉砂质泥岩，可见零星分布的笔石和黄铁矿；下部2377～2415m为灰泥质深水陆棚沉积，主要岩性为黑色炭质泥页岩，硅质含量明显增高，富含笔石，黄铁矿呈条带状分布(图2)。

2.2 有机地球化学特征

利用JY1井岩芯分析资料进行了测井标定，本井取芯段卡层准确，取芯段之上TOC值小于0.5%。龙马溪组、五峰组TOC值大于0.5%的地层厚89m，TOC平均值为2.54%；TOC值大于2.0%的地层位于五峰组—龙马溪组底部，地层厚为38m，TOC平均值为3.50%。干酪根镜检分析表明泥页岩有机质类型为Ⅰ型，$\delta^{13}C$(PDB，下同)值为-29.2‰~29.3‰；天然气碳同位素具有明显的倒转现象：$\delta^{13}C_1$值为-29.2‰，$\delta^{13}C_2$值为-34.05‰；R_0值为2.2%~3.06%。

2.3 物性特征

物性分析表明，龙马溪组38m优质页岩层段孔隙度介于2.78%~7.08%之间，平均为4.80%，渗透率介于$(0.0016\sim216.601)\times10^{-3}\mu m^2$之间，平均为$0.16\times10^{-3}\mu m^2$。岩芯、薄片、氩离子抛光扫描电镜观察发现，富有机质泥页岩中储集空间类型多样，主要包含了有机质孔、晶间孔、粒间孔、溶蚀孔、有机质收缩孔、构造裂缝及页理缝等储集空间类型(图3)。

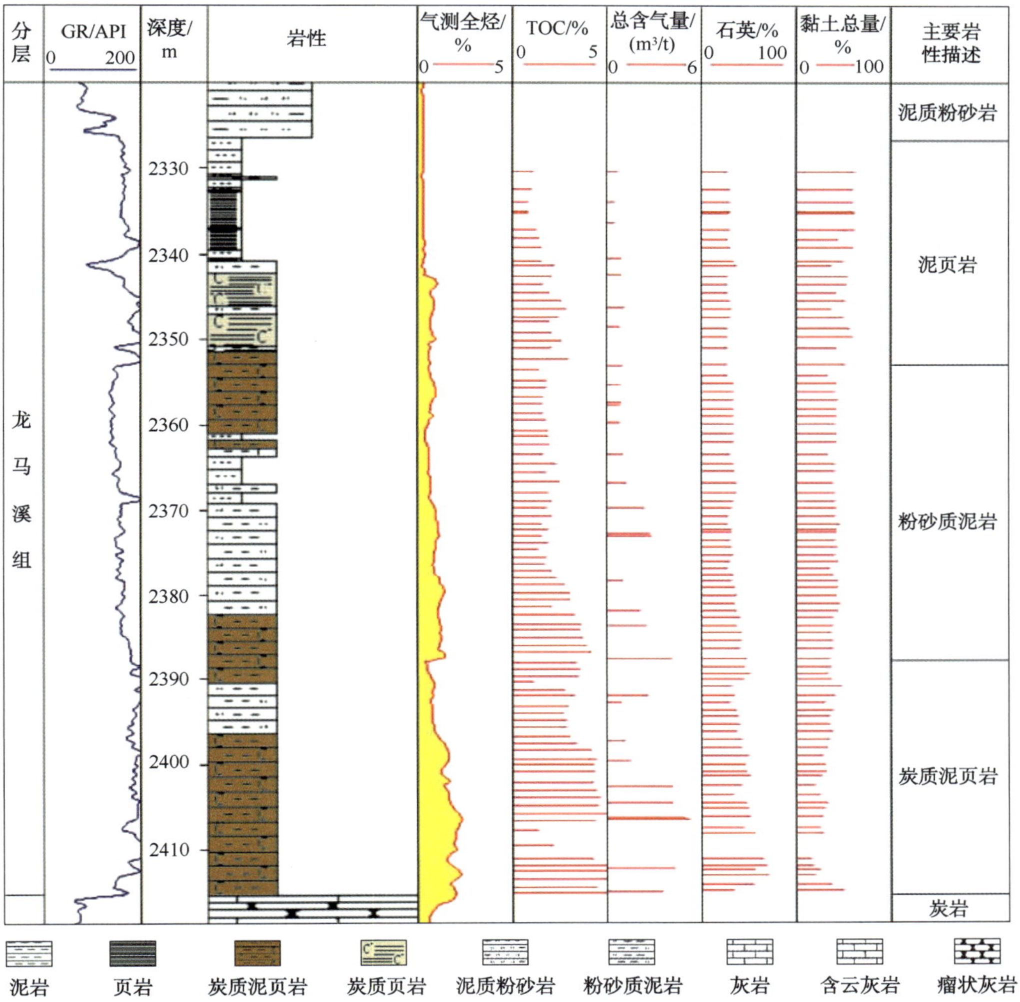

图 2 JY1 井龙马溪组综合柱状图

裂缝不发育段，渗透率均小于 $0.01\times10^{-3}\mu m^2$(表 1)。

研究表明，泥页岩储层岩石的孔隙结构是影响其储集能力和页岩气开采的主要因素[17-18]，大多数页岩的孔隙主要依赖于小于 10μm 孔隙的孔隙体积发育程度[19-20]，其中 10nm 左右的纳米孔隙含量丰富[18,20-21]。龙马溪组页岩压汞资料表明多数样品孔喉结构呈单峰特征，孔喉半径集中分布在 3.8~36nm 范围内，少数样品呈双峰特征，孔径分布在 3.8~2344nm 范围内(图 4)。

泥页岩比表面积分布于 $0.6739\sim2.3659m^2/g$ 范围内，平均为 $1.3691m^2/g$，比表面积与 TOC 呈正相关，即 TOC 值越高，比表面积就越大，说明泥页岩中孔隙以有机质孔隙为主。

2.4 矿物含量

X-射线衍射分析显示，下部优质页岩层段黏土矿物含量介于 16.6%~49.1%之间，平均含量为 34.6%。黏土矿物以伊/蒙混层和伊利石为主，分别占黏土总量的 63.5% 和 31.4%，绿泥石次之，占黏土总量的 4.9%；未见蒙脱石和高岭石。石英、长石等脆性矿物

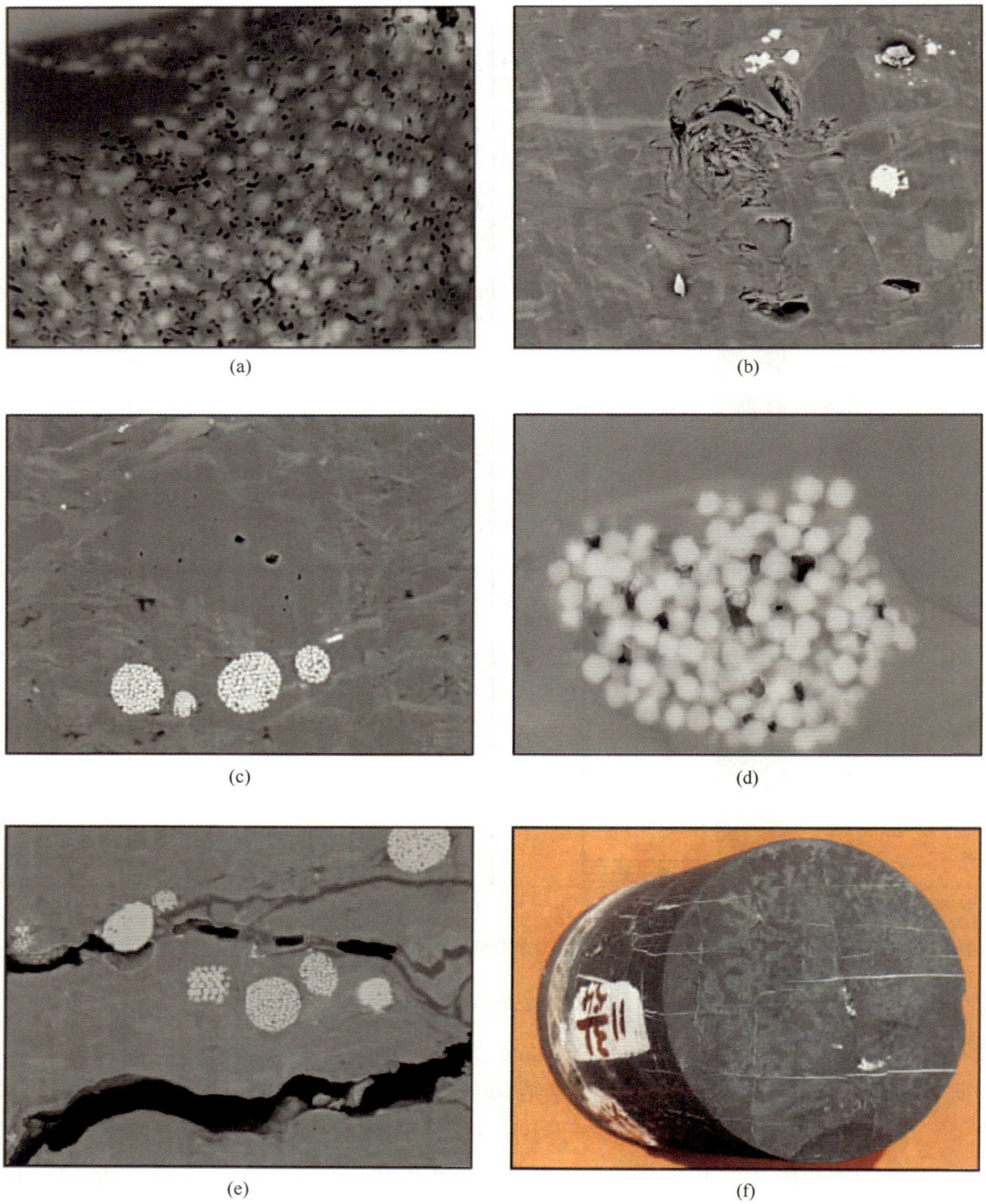

图 3　龙马溪组海相页岩储集空间类型

含量介于 50.9%~80.3%之间，平均为 62.4%。脆性矿物以石英为主，平均含量为 44.4%；其次为长石，平均含量为 8.3%(图 2)；白云岩、方解石平均含量分别为 5.9%、3.8%。另有少量的黄铁矿等。JY1 井龙马溪组页岩层段下部见到大量的硅化笔石、放射虫生物化石，也是页岩气层脆性矿物含量高的一个重要原因。总体上，石英等脆性矿物含量向下呈增加的趋势，且石英与残余有机碳含量呈正相关关系，有机质丰度高、脆性矿物含量高是龙马溪组页岩富集高产的重要地质因素。

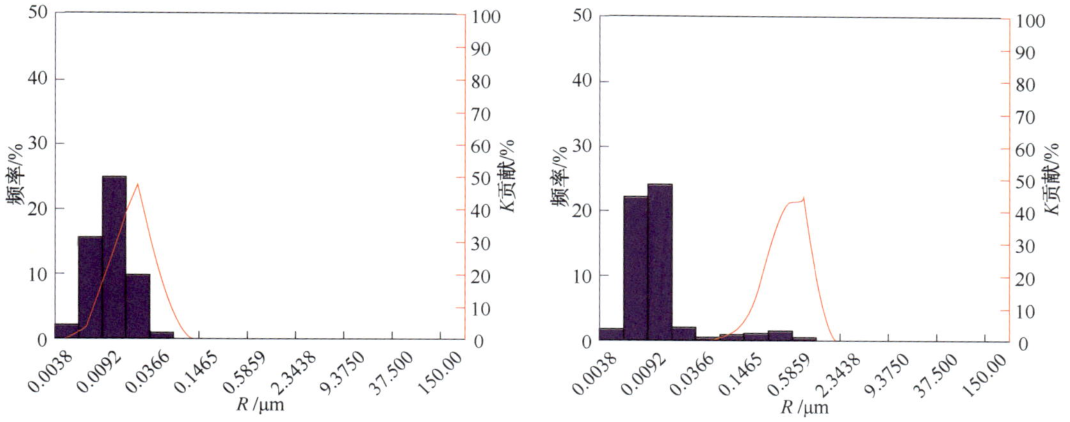

图 4 JY1 井龙马溪组页岩孔径分布直方图

表 1 JY1 井优质页岩段物性参数

层位	深度/m	岩性	氦气孔隙度/%	密度/(g/cm³)	平均渗透率/$10^{-3}\mu m^2$	备注
龙马溪组	2405.25	灰黑色炭质泥岩	5.17	2.4582	216.601	裂缝
龙马溪组	2405.77	灰黑色炭质泥岩	4.38	2.4586	142.1488	
龙马溪组	2406.16	灰黑色炭质泥岩	4.59	2.4754	0.0065	
龙马溪组	2407.42	灰黑色炭质泥岩	3.81	2.5482	0.0060	
龙马溪组	2408.02	灰黑色炭质泥岩	3.41	2.4734	0.0030	
五峰组	2411.05	灰黑色炭质泥岩	4.05	2.4896	0.0016	
五峰组	2411.38	灰黑色炭质泥岩	4.08	2.4921	0.0019	
五峰组	2411.92	灰黑色炭质泥岩	5.73	2.4597	0.0028	
五峰组	2412.33	灰黑色炭质泥岩	7.08	2.4386	0.5451	微裂隙
五峰组	2412.61	灰黑色炭质泥岩	5.62	2.4422	0.0097	
五峰组	2413.07	灰黑色炭质泥岩	4.70	2.4496	0.0017	
五峰组	2414.15	灰黑色炭质泥岩	4.47	2.4601	0.0053	

2.5 含气量

现场岩芯含气量测试表明，JY1 井下部富有机质页岩层段含气量介于 0.89~5.19m³/t 之间，平均为 2.96m³/t，具有高含气丰度，含气量与残余有机碳含量、脆性矿物含量呈明显的正相关关系。同时，岩芯等温吸附实验表明，泥页岩在 30℃条件下饱和吸附气量处于 1.72~4.66m³/t 之间，表明泥页岩具有良好的吸附性。与北美 Barnett 等典型页岩地质特征相比，JY1 井龙马溪组页岩 TOC、物性、含气量、黏土矿物含量、脆性矿物含量等参数指标与北美页岩基本相当，具有相似的页岩气形成条件，埋藏深度适中，但热演化程度偏高（表 2）。

表 2 国内外已开发典型页岩气参数对比

页岩来源	时代	沉积相	TOC/%	R_0/%	总孔隙度/%	含气量/(m^3/t)
Barnett	C_1	海相	2.0~7.0	1.1~2.0	4.0~5.0	8.50~9.91
Fayetteville	C_1	海相	2.0~9.8	1.2~4.0	2.0~8.0	1.70~6.23
Woodford	D_3	海相	1.0~14.0	1.1~3.0	3.0~9.0	5.66~8.50
Haynesville	J_3	海相	0.5~4.0	2.2~3.0	8.0~9.0	2.83~9.34
Marcellus	D_2	海相	3.0~12.0	1.5~3.0	10	1.70~2.93
Lewis	K_2	海相	0.45~2.5	1.6~1.9	3.0~5.5	0.4~1.3
Eagle Ford	K_2	海相	2~6/4.5	1.0~1.6	6~14	
JY1 井	S_1l	海相	1.06~6.28/3.5	2.2~3.13/2.65	2.78~7.08/4.80	0.89~5.19/2.96

注：据文献[22]等数据修编。

3 启示

通过对 JY1 井构造、岩性组合、有机地球化学、岩石矿物特征的综合分析，结合区域地质资料，除去 TOC、脆性矿物含量、厚度等常规评价参数外，对复杂构造区、高演化程度海相页岩层系的研究与勘探，有以下几点启示：

（1）多期构造演化和抬升剥蚀背景下，构造与保存条件是页岩气富集成藏的首要条件。

上扬子地块经历了加里东等多期构造运动的叠加改造，导致地层强烈褶皱形变、抬升、剥蚀，油气保存条件复杂。在四川盆地东缘，由于受齐岳山大断裂的影响，保存条件变得尤为复杂。常规天然气勘探表明，大断裂、高陡构造油气保存条件，往往受到影响，主要勘探目的层常变为水层，且是与地表沟通的淡水类型。

四川盆地东缘构造样式主要表现为由盆地内的隔挡式—盆缘的“槽—挡”过渡带—盆外的隔槽式等变形带所组成(图 1)，其中，隔挡式变形带构造变形强度较弱，“槽—挡”过渡带构造变形中等，隔槽式变形带构造变形较强，从而导致不同构造带、不同构造部位保存条件存在明显差异。

JY1 井位于焦石坝背斜高部位，处于盆缘“槽—挡”过渡带，Y101 井位于盆内阳高寺背斜构造带上，处于盆内隔挡式变形带，2 口井均在下志留统龙马溪组页岩层段获得高产工业气流，且均为异常高压地层；而同在盆内的威远构造同为背斜构造，且一直位于隆起区，但是钻探表明为常压、低产。因此，正向构造、超压对页岩气的富集具有重要作用，但并非正向构造就能形成高产富集，而要结合构造—沉积演化分析，其是否具有形成高压的过程；而 JY1 井岩芯现场含气量测试龙马溪组页岩中游离气含量高达 65%，也说明高演化程度地区，以游离气为主的页岩气的富集对保存条件的要求，要明显高于以吸附气为主的低演化程度的页岩层系。

PY1 井处于“槽—挡”转换带的桑柘坪向斜内，龙马溪组测试获得日产 $2.5\times10^4m^3$ 工业天然气流，地层压力系数为 0.9~1.0，属于常压偏低，说明向斜区龙马溪组页岩气具有一定的保存条件，但由于地层以单斜的形式直接出露地表，侧向保存条件受到一定的破坏，因此仅获低产气流。

综上所述，与常规油气勘探一样，在复杂构造区、高演化程度海相页岩气勘探，构造与保存条件是页岩气富集成藏的首要条件。

（2）龙马溪组下部优质烃源岩多期层滑和构造作用形成的网状裂缝是页岩气富集高产提供了储层条件。

南方地区2套主要页岩层系———龙马溪组和下寒武统烃源岩是南方构造变形中的主要滑脱层，在印支期、燕山期和喜马拉雅期多期构造演化中起着层滑作用。JY1井龙马溪组取芯段自上而下，有3个值得注意现象：一是下部高角度裂缝发育；二是下部在泥页岩裂缝面可见明显的滑痕、阶步或光滑平整的镜面特征(图5)；三是JY1井岩芯观察、物性、氩离子抛光扫描电镜、压汞等资料研究表明龙马溪组下部优质泥页岩中发育大量的纳米级有机孔隙，还有部分溶蚀孔、晶间孔，为龙马溪组页岩气的富集成藏提供了充分的、有效的储集空间。再者，龙马溪组下部泥页岩具有有机质丰度高、石英和长石等脆性矿物含量高、低泊松比、高杨氏模量等特点，杨氏模量为25~49GPa，泊松比为0.192~0.245，水平地应力差异系数为34%，且泊松比、最小主应力从上往下逐渐降低，因此，真正起到滑脱作用的是龙马溪组下部富含有机质、高脆性矿物含量的30~40m层段。与后期多期构造运动形成的高角度裂缝一起，在底部形成网状裂缝，有利于天然气的运聚和储层改造(图6)。

图5 龙马溪组下部滑脱面中的擦痕和镜面特征(岩芯直径为10cm)

图6 龙马溪组中发育的空间网状裂缝(岩芯直径为10cm)

（3）龙马溪组上部砂泥岩和上奥陶统灰岩为龙马溪组页岩气的形成起到了良好的封隔作用。

页岩气藏的形成除了具备良好的基本地质条件外，要形成超压、富气高产的页岩气藏，必须具备良好的顶板、底板封隔条件，因为：一方面有效阻止天然气快速垂向运移、散失而富集成藏；另一方面便于后期页岩气层大型压裂改造。

其下伏地层中、上奥陶统十字铺组为碳酸盐岩开阔台地滩间海含云泥质灰岩，宝塔组为台地边缘浅滩含生屑灰岩，涧草沟组为台地边缘斜坡灰色含泥质瘤状泥晶灰岩，连续厚度介于45~50m之间。研究区DS1井中、上奥陶统涧草沟组—宝塔组灰岩岩芯物性分析孔隙度为0.61%~1.66%，平均为1.01%，渗透率为(0.0058~0.1092)$\times10^{-3}\mu m^2$，平均为

$0.0201\times10^{-3}\mu m^2$，表现出典型的特低孔、特低渗致密灰岩特征，区域上呈厚层状连片分布，与龙马溪组呈整合接触；且在四川盆地及邻区尚未发现气层与水层，因而，起到了良好的底板封隔作用，有利于后期的大型压裂改造。龙马溪组上部泥岩具有有机质丰度相对较低、低孔低渗的特点，JY1 井钻探表明，全井共发生 7 次地层裂缝性井漏，其中中志留统韩家店组 5 次，下志留统小河坝组 2 次，而进入龙马溪组后未发生地层漏失，因此，龙马溪组顶部和小河坝组底部粉砂质泥岩、泥质粉砂岩，起到了顶板封隔作用。

（4）与常规气藏不同，断裂和抬升的破坏作用对以泥页岩为储层的页岩气藏的影响相对较弱，对南方复杂构造区页岩气的勘探具有示范意义。

页岩气藏中泥页岩自身既是烃源岩又是储层同时还是盖层，具有“自生自储”的成藏模式。与常规气藏相比，页岩气藏不易遭受破坏，断裂和抬升的破坏作用相对较弱。

这里需强调的是与常规气藏以孔隙、不整合、断裂等作为油气运移通道相比，对保存条件要求相对较弱，主要基于以下几个方面。首先，泥页岩作为页岩气储集层，发育大量纳米级有机微孔隙，一般具有低孔、低渗致密储层的特点，从而降低了天然气渗流、运移、散失的速率。JY1 井龙马溪组页岩气层段平均孔隙度为 4.52%，裂缝不发育段渗透率一般小于 $0.01\times10^{-3}\mu m^2$，对 89m 岩芯分析表明，裂隙发育段与不发育段是间互发育的（表 1），如此低的渗透率有效阻止了页岩储层中天然气的快速运移、散失。第二，与“常规气藏一旦保存条件不好，气藏便被破坏”不同，页岩气藏中 16%~80%的天然气是以吸附状态赋存于富有机质泥页岩中，即使游离气有损失，如果纵向保存条件未被破坏，吸附气也可较好的保存下来，不至于整个气藏遭受完全破坏[23]。岩芯现场含气量实测结果显示 JY1 井龙马溪组优质泥页岩中吸附气量高达 35%以上。第三，页岩气藏为连续性气藏，构造改造、应力的改变对吸附气具有解析作用，有利于持续供气、连续聚集。第四，泥页岩本身具有良好的塑性，在压应力作用下泥页岩的涂抹封闭作用仍然能够封存、遮挡页岩气。第五，地层倾角只有 2°，也是 JY1 井保存条件好的重要因素。

JY1 井处于川东南“槽—挡”过渡带焦石坝低缓背斜高部位，构造东侧紧邻大耳山断裂，由于历经长期剧烈的构造演化，区域上发育大量北东向和近南北向断层，多数断层切割甚至切穿志留系龙马溪组泥页岩地层，但 JY1 井龙马溪组页岩测试获得高产工业气流有力地佐证了其与常规气藏不同，断裂和抬升的破坏作用对以泥页岩为储层的页岩气藏的影响相对较弱，对南方复杂构造区页岩气的勘探具有示范意义。

4 结论

（1）JY1 井区五峰组—龙马溪组泥页岩具有厚度大、有机质丰度高、类型好、热演化程度较高、储集物性以及含气性好、脆性矿物含量高等特点，同时由于其构造位置处于盆缘相对较稳定区，构造宽缓，地层倾角小，保存条件好，具备了页岩气富集高产的有利条件。

（2）JY1 井页岩气的突破为南方复杂构造、高演化程度区海相页岩气的勘探提供了重要的启示：①与北美不同，在多期构造演化和抬升剥蚀背景下，构造与保存条件是页岩气富集成藏的首要条件；②龙马溪组只有下部优质烃源岩才起到滑脱作用，多期层滑和构造作用形成的网状裂缝是页岩气富集高产的关键；③龙马溪组上部砂泥岩和上奥陶统灰岩为龙马溪组页岩气的形成起到了良好的封隔作用，提供了良好的纵向保存条件；④与常规气藏不同，断裂和抬升的破坏作用对优质页岩层系的影响相对较弱，对南方广大地区页岩气的勘探具有示范意义。

参 考 文 献

[1] Durham L S. Barnett shale play going strong[J/OL]. http://www.aapg.org/explorer/2005.

[2] Martineau D F. History of the Newark east field and the Barnett shale as a gas reservoir[J]. AAPG Bulletin, 2007, 91(4): 399-403.

[3] Pollastro R M. Total petroleum system assessment of undiscovered resources in the giant Barnett shale continuous (unconventional) gas accumulation, Fort Worth Basin, Texas [J]. AAPG Bulletin, 2007, 91 (4): 551-578.

[4] Bustin R M. Gas shale tapped for big pay[J]. AAPG Explorer, 2005, 26(2): 5-7.

[5] Warlick D. Gas shale and CBM development in North America[J]. Oil and Gas Financial Journal, 2006, 3 (11): 1-5.

[6] 邹才能，董大忠，王社教，等．中国页岩气形成机理、地质特征及资源潜力[J]. 石油勘探与开发，2010，37(6)：641-653.

[7] 董大忠，程克明，王玉满，等．中国上扬子区下古生界页岩气形成条件及特征[J]. 石油与天然气地质，2010，31(3)：288-299.

[8] 程克明，王世谦，董大忠，等．上扬子区下寒武统筇竹寺组页岩气成藏条件[J]. 天然气工业，2009，29(5)：40-44.

[9] 王祥，刘玉华，张敏，等．页岩气形成条件及成藏影响因素研究[J]. 天然气地球科学，2010，21 (2)：350-356.

[10] 杨振恒，腾格尔，李志明．页岩气勘探选区模型——以中上扬子下寒武统海相地层页岩气勘探评价为例[J]. 天然气地球科学，2011，22(3)：8-14.

[11] 吴礼明，丁文龙，张金川，等．渝东南地区下志留统龙马溪组富有机质页岩储层裂缝分布预测[J]. 石油天然气学报，2011，33(9)：43-46.

[12] 聂海宽，张金川．页岩气储层类型和特征研究：以四川盆地及其周缘下古生界为例[J]. 石油实验地质，2011，33(3)：219-225.

[13] 张金川，聂海宽，徐波，等．四川盆地页岩气成藏地质条件[J]. 天然气工业，2008，28(2)：151-156.]

[14] 蒲泊伶，蒋有录，王毅，等．四川盆地下志留统龙马溪组页岩气成藏条件及有利地区分析[J]. 石油学报，2010，31(2)：225-230.

[15] 王飞宇，贺志勇，孟晓辉，等．页岩气赋存形式和初始原地气量(OGIP)预测技术[J]. 天然气地球科学，2011，22(3)：501-510.

[16] 邓宾，刘树根，刘顺，等．四川盆地地表剥蚀量恢复及其意义[J]. 成都理工大学学报：自然科学版，2009，36(6)：675-686.

[17] Ambrose Ray J, Hartman Robert C, Diaz-Campos Mery, et al. New Pore-scale Considerations for Shale gas in Place Calculations[C]. SPE 131772, 2010: 1-17.

[18] 陈尚斌，朱炎铭，王红岩，等．川南龙马溪组页岩气储层纳米孔隙结构特征及其成藏意义[J]. 煤炭学报，2012，37(3)：438-444.

[19] Bustin R M, Bustin A M M, Cui X, et al. Impact of Shale Properties on Pore Structure and Storage Charac-

teristics[C]. SPE 119892, 2008.

[20] 吉利明，邱军利，夏燕青，等. 常见黏土矿物电镜扫描微孔隙特征与甲烷吸附性[J]. 石油学报，2012，33(2)：249-256.

[21] Bowker K A. Recent development of the Barnett shale play, Fort Worth Basin: West Texas[J]. Geologi cal Society Bulletin, 2003, 42(6): 1-11.

[22] 董大忠，邹才能，李建忠，等. 页岩气资源潜力与勘探开发前景[J]. 地质通报，2011，30(2/3)：324-336.

[23] 陈更生，董大忠，王世谦，等. 页岩气藏形成机理与富集规律初探[J]. 天然气工业，2009，29(5)：17-21.

涪陵焦石坝五峰组—龙马溪组页岩气富集主控因素分析

冯建辉　牟泽辉

(中国石油化工股份有限公司油田勘探开发事业部)

摘要：在总结涪陵焦石坝页岩气田基本地质特征的基础上，对页岩气富集主控因素进行了分析。研究表明，五峰组—龙马溪组深水陆棚相优质页岩不仅有利于页岩气的生成，而且页岩的有机质丰度与含气量具有很好的正相关关系，为页岩气的富集提供了物质基础；页岩较高的有机质丰度和适中的热演化程度有利于有机质孔的发育，为页岩气的聚集提供了有利的储集空间；良好的顶底板条件和超压独立封存箱的形成，为页岩气富集提供了良好的保存条件，是页岩气富集高产的关键。

关键词：页岩气　富集条件　主控因素　五峰组—龙马溪组　涪陵页岩气田

1　概况

涪陵焦石坝页岩气田位于重庆市境内，构造隶属于四川盆地川东南构造区川东高陡褶皱带万县复向斜包鸾—焦石坝背斜带中的焦石坝构造。焦石坝构造为一被大耳山西、石门、吊水岩、天台场等断层所复杂化的断背斜构造，总体表现为南宽北窄、中部宽缓的特点。焦页1井水平井于2012年11月28日进行分段压裂测试，在奥陶系五峰组—志留系龙马溪组优质页岩段获日产20.3×$10^4$$m^3$高产工业气流。2013年开展18口井的开发井组试验，2014年正式投入商业开发，2015年建成50×$10^8$$m^3$年生产能力。涪陵焦石坝页岩气田是中国第一个投入商业开发的大型页岩气田[1-3]。

2　页岩气田特征

焦石坝页岩气田产层为上奥陶统五峰组—下志留统龙马溪组底部黑色富有机质页岩，主要岩性为含放射虫碳质笔石页岩、含骨针放射虫碳质笔石页岩、含碳质笔石页岩，页岩中笔石、放射虫、海绵骨针等化石十分发育。产气层段页岩岩性在气田主体区内4口探井具有较好的可对比性，气层厚度在40m左右，分布稳定。气层底部埋深以2250~3500m为主，具有西北浅、东南深的趋势。

产气层段页岩TOC为1.04%~5.89%，优质烃源岩段TOC平均为3.5%，有机质类型为Ⅰ型，有机质成熟度R_o为2.42%~2.8%，处于热裂解干气生成阶段。页岩矿物组成为石

中国石油勘探，2017，22(3)：32-39

英、黏土矿物、长石、碳酸盐、黄铁矿等，脆性矿物含量达到 50.95%～80.3%，平均为 62.4%，其中石英含量最高可达 70.6%，具有高脆性特征。

焦页1井五峰组—龙马溪组产气层段页岩储层孔隙度为 1.17%～7.98%，平均为 4.61%。水平渗透率介于 $0.0015 \sim 5.71 \times 10^{-3} \mu m^2$，平均为 $0.25 \times 10^{-3} \mu m^2$；垂直渗透率介于 $0.0002 \sim 0.024 \times 10^{-3} \mu m^2$，平均为 $0.00323 \times 10^{-3} \mu m^2$。页岩储层具有较高孔隙度、特低渗透率的特征。

焦石坝地区五峰组—龙马溪组页岩气藏属于中深层高压常温连续性气藏，气藏地层压力系数为 1.55，地温梯度为 2.73℃/100m。

页岩气层自然产量低，需要经过大规模水平井分段压裂改造才能获得工业气流。以焦页 11 号平台为例，焦页 11-4 井采用 APR 测射联作工艺，对上奥陶统五峰组页岩气气层 2359.5～2361.5m(2m/1 层)未压裂，射孔进行测试，测试产量为 $40 \sim 93m^3/d$。同一平台相邻的焦页 11-2 井，采用水平井分段压裂储层改造方式在 1385m 水平段分 14 段进行压裂，采用 3 个不同制度测试，获得日产气$(34.6 \sim 41.5) \times 10^4 m^3$ 的高产气流。

焦石坝地区所产页岩气组分以甲烷为主，含量为 97.22%～98.90%(平均 98.27%)，乙烷为 0.55%～0.84%，丙烷及以上重烃组分含量为 0.02%～0.266%，CO_2 含量为 0～0.22%，不含硫化氢等有毒气体。焦页 1HF 井天然气相对密度为 0.5656(临界温度 191.4K，临界压力 4.598MPa)。天然气类型属过成熟天然气，为干气，属于优质天然气。

3 页岩气富集主控因素

3.1 深水陆棚相优质页岩是物质基础

3.1.1 优质页岩段整体为深水陆棚相富有机质页岩

五峰组—龙马溪组优质页岩段主要岩性为含放射虫碳质笔石页岩、含骨针放射虫碳质笔石页岩、含碳质笔石页岩。水平层理发育，常见大量黄铁矿薄层、条带或小透镜体及大量分散分布的黄铁矿晶粒。页岩中生物化石十分发育，可见笔石、放射虫、海绵骨针等化石，笔石发育且种类丰富，包括直笔石、对笔石、栅笔石、四笔石和树笔石，含量约为 30%～60%，呈杂乱状排列。该段页岩沉积环境为稳定、缺氧、水体扰动作用影响较小的深水陆棚环境。

根据岩性岩相、水深、颜色、结构、构造、古生物、测井相、地震相等标志，自下而上可识别出 2 个三级层序(SSQ1 与 SSQ2)及 4 个体系域(图 1)。SSQ1 层序厚度相对较薄、富泥、进积明显；SSQ2 层序厚度大，相对富砂，退积明显。龙马溪组产气层段属于海侵体系域(TST)的深水陆棚沉积，沉积了一套富有机质页岩层系，TOC 大于 2.0%，厚度为 38～44m，为页岩气的生成和赋存提供了良好的物质基础。在单井沉积相分析的基础上，通过制图与综合分析，下部层序(SSQ1)内的 TST、HST 时期沉积格局呈现出“北面向次深海敞开、东西南三面受古陆围限、陆架广布”的沉积格局[4-5]。焦石坝地区位于有利的深水陆棚中心，有利于富有机质页岩的形成。

3.1.2 有机质丰度与总含气量呈正比关系

焦石坝地区焦页 1 井、焦页 2 井、焦页 3 井、焦页 4 井现场总含气量的测定表明，五峰

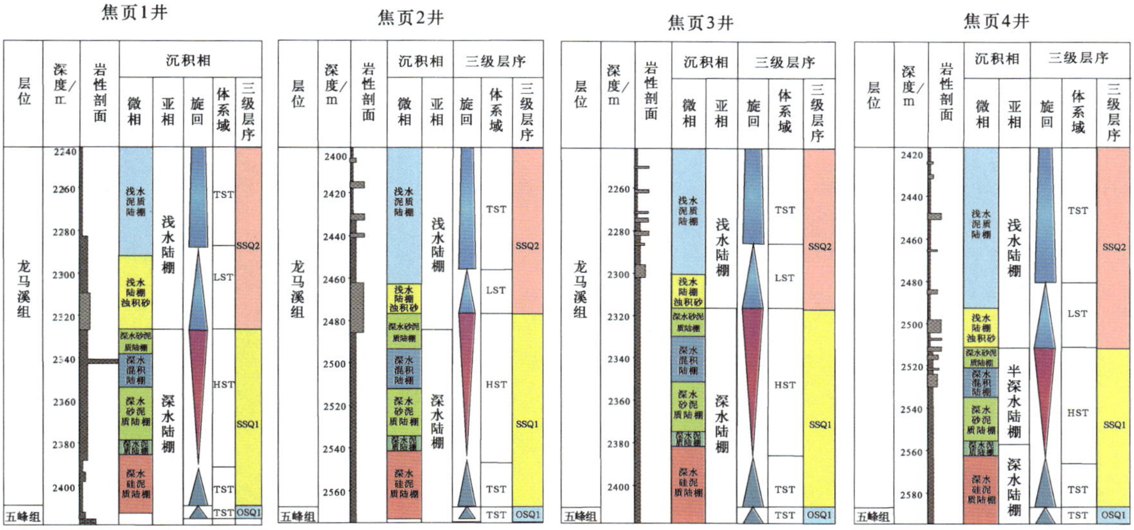

图 1 焦页 1 井—焦页 2 井—焦页 3 井—焦页 4 井下志留统层序对比

组—龙马溪组底部页岩总含气量总体较高。4 口井的总含气量主要分布在 0.63~9.63m³/t 范围之间，平均为 4.61m³/t，其中大于 4m³/t 的比例达到 54.9%。对上述样品进行页岩含气性敏感参数分析，从图 2 可以看出，总含气量与总有机碳含量（TOC）有很好的正相关关系，随着 TOC 增加，总含气量明显增大，相关系数达到了 0.9。

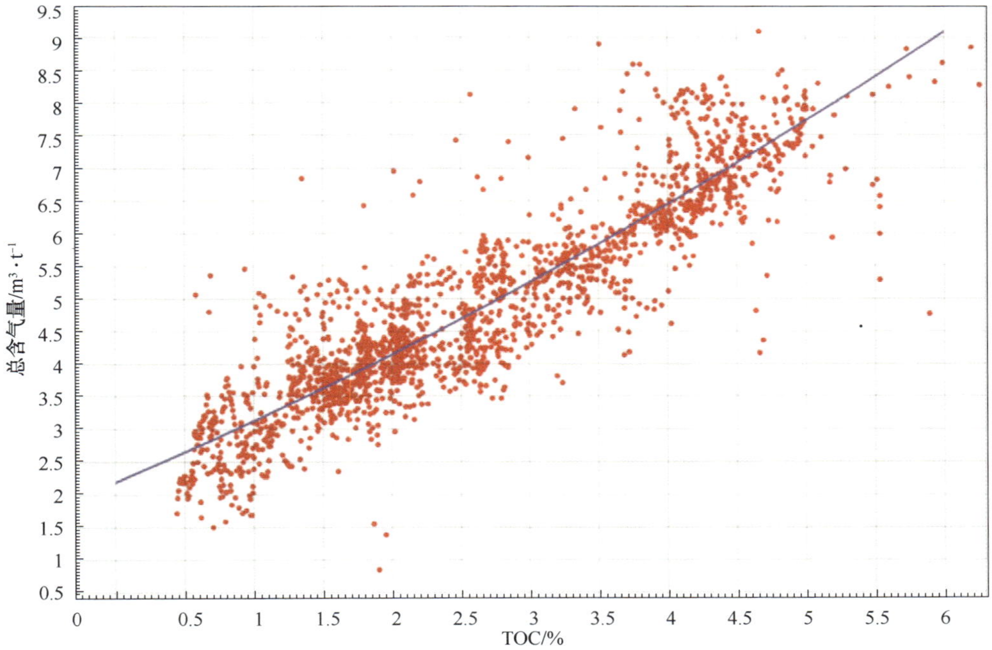

图 2 焦石坝地区五峰组—龙马溪组一段总含气量与 TOC 交会图

3.2 有机质孔是主要储集空间

3.2.1 页岩储层主要储集空间、类型

关于页岩储层孔隙分类方案，目前尚存在一定的分歧。较为成熟的分类方案是 Loucks

的三分法，将页岩中与基质有关的孔隙分为有机质孔隙、粒间孔隙和粒内孔隙[6]。本文依据孔隙发育的主要载体的不同，将五峰组—龙马溪组页岩储层储集空间类型分为有机质孔、碎屑矿物孔、黏土矿物孔和微裂缝等(图3)。

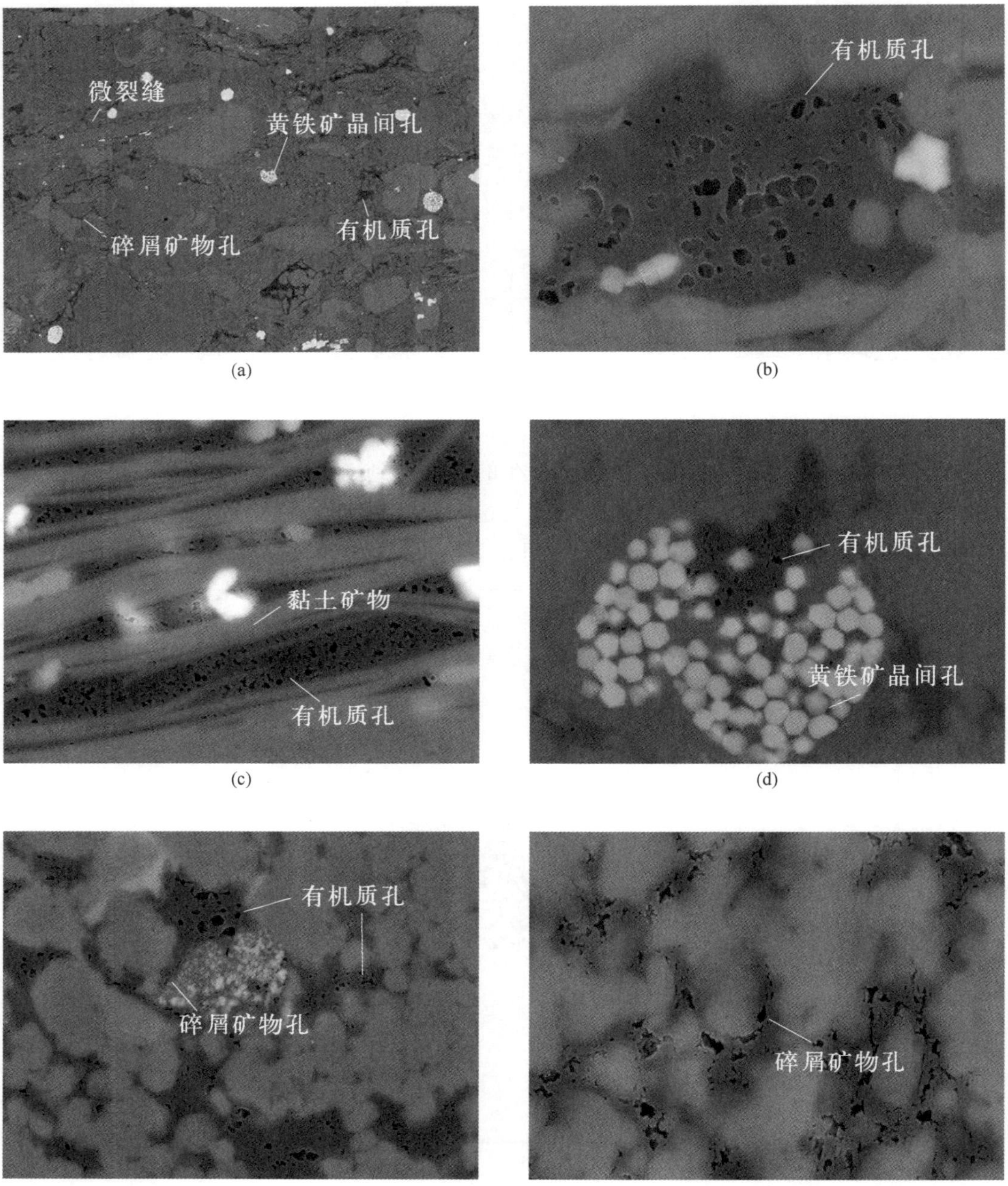

图3　焦页1井龙马溪组—五峰组页岩储集空间特征

(a)微裂缝、黄铁矿晶间孔、碎屑矿物孔、有机质孔，S_1ln，2397.13m；(b)有机质孔，S_1ln，2385.42m；(c)黏土矿物孔及有机质孔，S_1ln，2381.91m；(d)黄铁矿晶间孔及有机质孔，S_1ln，2381.91m；(e)碎屑矿物孔及有机质孔，S_1ln，2406.16m；(f)碎屑矿物孔，O_3w，2411.05m

有机质孔主要分布于干酪根、分散状固体沥青中，孔隙形状不规则，多呈泡沫状或椭圆状，孔径大小从几纳米到300~500nm不等。

碎屑矿物孔主要分布于石英、碳酸盐等刚性颗粒之间[图3(a)(e)(f)]，部分孔隙被分散状沥青充填。在扫描电镜下黄铁矿晶间孔较为常见，孔径一般为20~50nm，只有少量超过100nm。黄铁矿球状集合体经常与有机质相伴生[图3(d)]，与周围的石英等硬质颗粒共同形成支撑结构保存粒间孔隙，并在其中赋存有机质。

黏土矿物在页岩中的含量较高，由于黏土矿物的片状结构与塑性特征，难以形成坚固的支撑结构，相当部分与黏土矿物相关的孔隙在成岩过程中丧失，局部见到黏土絮凝粒间孔隙、晶片间孔隙[图3(a)(e)]。在黏土矿物晶片间常可见到黄铁矿晶粒和碳酸盐胶结物，说明在早期这些晶片是张开的，但在晚期晶片间孔隙闭合，仅在内部充填的胶结物尖端残存少量细小孔隙[图3(c)]。

此外，通过岩芯观察发现，焦石坝地区五峰组—龙马溪组页岩岩芯水平层理缝比较发育，且见垂直缝和高角度斜裂缝，部分裂缝被方解石所充填。对渗透率的测试分析表明，产气层段页岩水平渗透率为垂直渗透率的100倍以上，表明水平层理缝、微裂缝不仅是该区页岩储层重要的储集空间类型，而且也为后期页岩气的运移提供了渗流通道。

3.2.2 有机质丰度与有机质孔发育呈正比关系

对焦页1井不同TOC的泥页岩样品进行CT扫描，发现富有机质页岩与低有机质含量页岩的超微观孔隙的组成以及结构特征存在一定差异(图4、图5)。

龙马溪组底部产气层段的黑色碳质页岩TOC为5.89%。页岩储集空间以纳米级的有机质孔为主；孔隙形态为席状、片状、管状，喉道形态为针管状，局部片状、斑块状，孔径以30nm为主，属中型纳米孔，孔隙之间具有较好的连通性；孔隙度为5.06%[7]。

龙马溪组中下部的粉砂质页岩TOC较低，为1.27%。页岩储集空间主要以微米、纳米级的无机孔隙为主，可见有机质孔隙[8-9]；孔隙形态为席状、片状，喉道形态为针管状，局部球状，孔隙之间的连通性差；孔隙度为2.44%[7]。

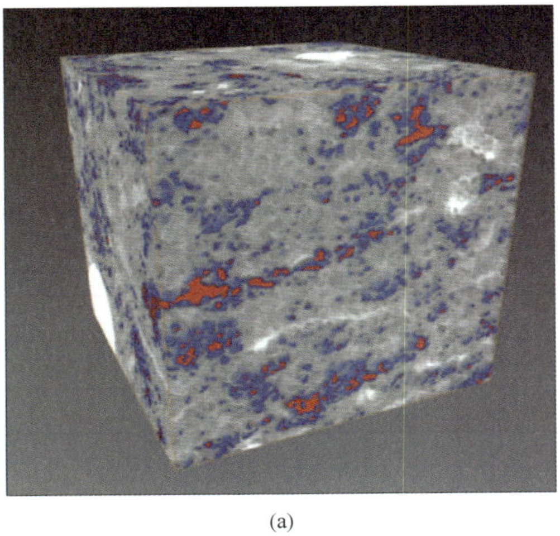

(a)

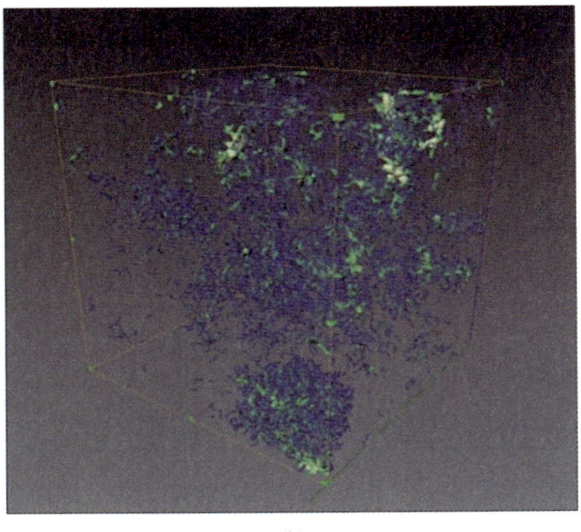

(b)

图4 富有机质页岩CT扫描图

(a)红色为有机质孔，蓝色为有机质；(b)孔隙连通图

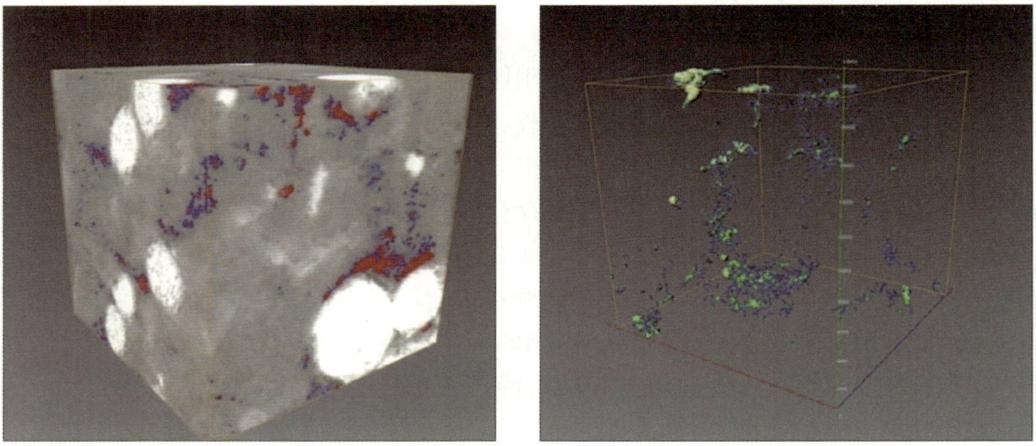

(a)　　　　　　　　　　(b)

图 5　较低有机质含量页岩 CT 扫描图

(a)红色为有机质孔，蓝色为有机质；(b)孔隙连通图

焦页 1 井、焦页 2 井、焦页 4 井龙马溪组下部 TOC、孔隙度、孔隙类型统计表明(表 1)，龙一段一亚段 TOC 高，以有机质孔为主，平均所占比例一般在 50%以上；龙一段二亚段 TOC 相对较低，有机质孔较少，为 27%~43%，黏土矿物孔增多，占 50%~60%；龙一段三亚段 TOC 进一步降低，有机质孔一般占 14%~37%，主要以黏土矿物孔为主，一般占 70%左右。

随着泥页岩中 TOC 的增高，泥页岩储层中的有机质孔在储集空间所占比例不断增大(图 6)，孔隙连通性不断变好，孔隙度增加，有利于改善泥页岩储集性能。

表 1　焦石坝地区龙马溪组一段页岩孔隙构成统计表

井名	层位		平均 TOC/%	平均总孔隙度/%	平均各类孔隙所占比例/%			样品个数
	段	亚段			碎屑矿物孔	土矿物孔	有机质孔	
焦页 1 井	龙一段	三	1.72	5.36	5	71	24	20
		二	1.81	3.72	6	64	30	26
		一	3.58	4.60	6	43	51	40
焦页 2 井	龙一段	三	1.97	5.33	3	60	37	11
		二	2	4.82	4	53	43	12
		一	3.72	6.34	3	37	60	26
焦页 4 井	龙一段	三	0.93	5.2	9.7	76	14.3	2
		二	1.65	5.01	13	60	27	5
		一	3.85	6.19	11	38	51	12

3.2.3　热演化成熟度控制有机质孔发育

国内外研究表明有机质内部孔隙的形成不仅与页岩有机显微组分的构成有关，而且与有机质的热演化程度密切相关。Jarvie 等[10]提出，有机质孔隙随有机质成熟生烃作用增强而增加，从干酪根到石油和从石油裂解成气的热转化过程中，会形成高含碳的残留碳及有机质孔，对页岩的储集能力造成一定的影响。Fishman 等[11]对 Eagle Ford 页岩研究表明，R_o 值在 0.7%左右时很少形成有机质孔，R_o 值 1.2%左右时，广泛发育有机质孔。王飞宇等[12]研究表明，海相页岩有机质孔隙度在生气阶段(R_o 值在 1.3%～2.0%)总体上随有机质成熟度升高而增加，但当 R_o 值大于 2.0%以后，有机质孔隙度总体上随深度增加而降低(图 7)。在生气窗内，干酪根内部的液态烃以及运移到干酪根外部的液态烃经历二次裂解转化成富含孔隙的固体沥青或焦沥青，Marcellus 页岩和 New Albany 页岩固体沥青中气泡状的有机质孔被证实形成于沥青的二次裂解。吴松涛等[13]对鄂尔多斯盆地三叠系延长组长 7 段低成熟泥页岩模拟实验表明，泥页岩 R_o 值大于 1.2%时有机质孔开始大量发育，随着成熟度增高，富有机质泥页岩中纳米孔隙不断增加，孔隙度不断增大；不同成分对泥页岩孔隙演化贡献具有差异性，有机质热演化贡献最大，黏土矿物转化贡献次之，脆性矿物转化贡献最小。

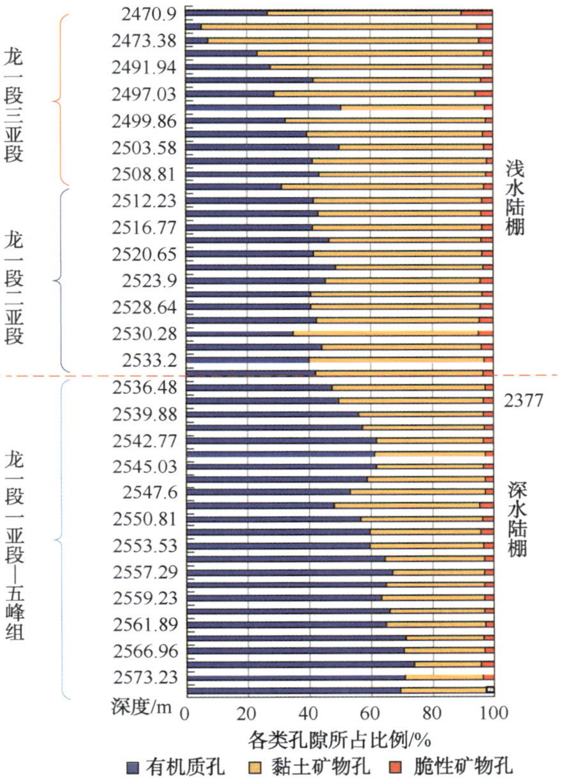

图 6　焦页 2 井五峰组—龙马溪组孔隙组成分布图

焦石坝地区五峰组—龙马溪组页岩热演化程度较高，等效镜质组反射率 R_o 介于 2.2%～3.06%，均值在 2.5%左右，处于过成熟生气阶段，有利于富有机质页岩中滞留液态烃的二次裂解及有机质孔的形成。

3.3　保存条件是页岩气富集高产的关键

3.3.1　顶、底板条件控制页岩气的保存

顶、底板为直接与含气页岩层段接触的上覆及下伏地层，其与页岩气层的接触关系及其性质的好坏对含气页岩的保存非常关键。以四川盆地金页 1 井寒武系为例，下部硅质页岩与上震旦统灯影组泥粉晶白云岩不整合接触。底板灯影组为灰色白云岩，属于风化壳缝洞型储层，钻井期间漏失钻井液 1400m^3，并通过酸化压裂后获得日产天然气 4.74×10^4m^3。由于底板封盖性差，导致筇竹寺组底部页岩气散失。筇竹寺组底部碳质页岩的气测显示、含气量均明显低于中上部页岩(图 8)。

反之，五峰组—龙马溪组页岩气层顶、底板与页岩气层位连续沉积，顶、底板岩性致密、厚度大、展布稳定、突破压力高，封隔性好。其中顶板为龙马溪组二段发育的灰色—深灰色中—厚层粉砂岩、泥质粉砂岩夹薄层粉砂质泥岩，孔隙度平均为 2.4%，渗透率平均为 0.0016×$10^{-3}\mu m^2$，地层突破压力为 69.8～71.2MPa。底板为涧草沟组和宝塔组连续沉积

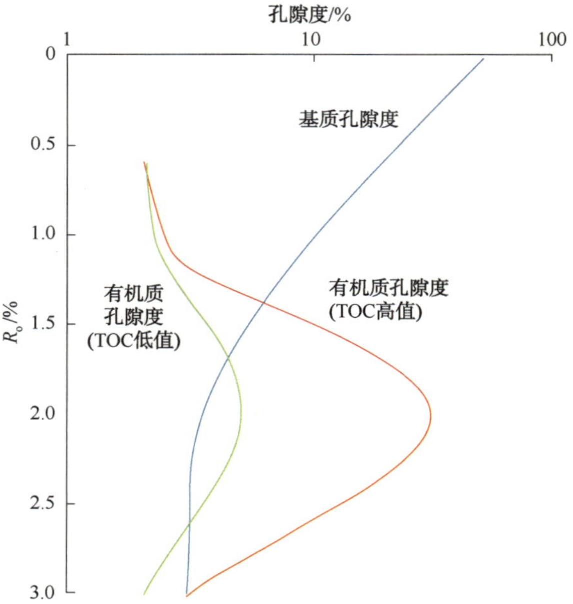

图7 *R* 值与页岩孔隙度关系图[12]

的灰色瘤状灰岩、泥灰岩等，孔隙度平均为1.58%，渗透率平均为$0.0017 \times 10^{-3} \mu m^2$，地层突破压力为64.5~70.4MPa。以上特征显示，顶、底板均属低孔、低渗致密地层，在页岩气形成和后期构造运动过程中对页岩气层都具有很好的封隔作用。龙马溪组底部页岩有较好的气测显示(图8)。

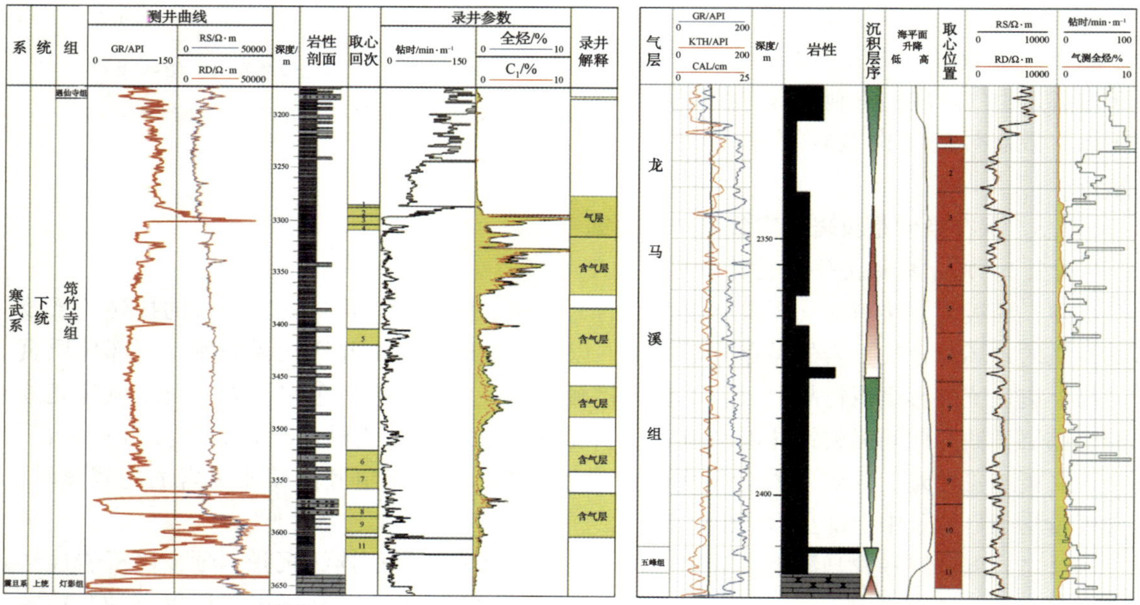

(a)金页1井　　(b)焦页1井

图8 金页1井与焦页1井气测显示对比图

3.3.2 超压独立封存箱是页岩气富集高产的关键

异常压力封存箱是一个在三维空间上被渗透性极低的封隔层所封闭的水动力系统和物理化学系统，是油气生成、运移、聚集的基本地质单元[14-15]。对渤海湾盆地济阳坳陷、莺歌海盆地、鄂尔多斯盆地大牛地气田等的研究表明[16-19]，压力封存箱的存在不仅有利于油气的生成，而且对储层物性的改善起到积极的作用。一方面，在超压封存箱内部，异常高压在一定程度上减缓或抑制了成岩作用，从而减少了对原生孔隙的损失；另一方面，异常高压支撑了部分上覆地层压力，减缓了对超压封存箱的压实作用，有利于孔隙的保存。

焦石坝地区五峰组—龙马溪组富有机质页岩段具有较好的顶、底板条件，封闭条件好，加之页岩气层段生烃增压作用，有利于超压流体封存箱的形成。有机质裂解形成气和孔，气体连续生成并在原地有机质孔中不断聚集，体积膨胀，流体压力不断积累增加，产生异常高压。利用产能测试和变流量试井理论，计算焦页1HF井地层压力为34.0~35.00MPa，地层压力系数为1.41~1.45。焦页1-3HF井关井最高井口压力为33.10MPa，利用产能测试和变流量试井理论，计算该井地层压力为37.69MPa，地层压力系数为1.55。

高键等[20]在涪陵焦石坝页岩气田五峰组—龙门溪组页岩石英和方解石脉体样品中发现了高密度甲烷包裹体，计算包裹体捕捉时的压力为102.6~137.3MPa，对应的压力系数达到1.68~2.18，均一温度范围在215~255℃，指示了该区在燕山期抬升前或抬升初期含气页岩处于超压状态。超压流体封存箱的存在，不仅有利于次生孔隙的形成和保存，而且泥页岩层系在超压条件下容易形成微裂缝，在为页岩气富集提供储集空间的同时，也提高了页岩储层的渗透性。勘探实践表明，四川盆地龙马溪组页岩气压裂试气时的最高产量与压力系数具有较好的相关性(图9)，揭示了超压独立封存箱是页岩气富集高产的关键因素。

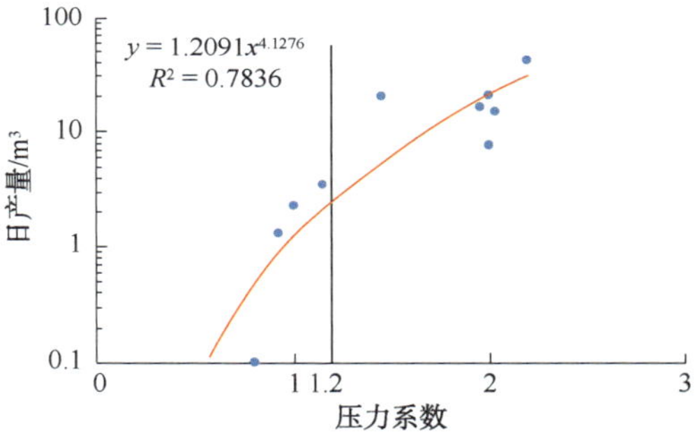

图9 四川盆地龙马溪组页岩气测试产量与压力系数关系图

4 结论

(1) 焦石坝地区五峰组—龙马溪组优质页岩形成于深水陆棚相，有机质丰度高，有利于页岩气的生成，页岩的有机质丰度与含气量呈现很好的正相关关系，优质页岩为页岩气的富集提供了物质基础。

(2) 五峰组—龙马溪组具有较高的有机质丰度和适中的热演化程度，有利于有机质孔的发育，为页岩气的聚集提供了有利的储集空间。

(3) 五峰组—龙马溪组页岩气目的层段具有良好的顶底板条件，页岩气层段生烃增压作用有利于超压封存箱的形成，为页岩气富集高产提供了良好的保存条件。

参 考 文 献

[1] 冯建辉，蔡勋育，牟泽辉，高山林．中国石油化工股份有限公司“十二五”油气勘探发现与“十三五”

展望[J]. 中国石油勘探，2016，21(3)：1-13.

[2] 韩克猷，查全衡，孙玮．扬子地台古生界页岩气资源及勘探前景[J]. 石油科技论坛，2016，35(2)：37-45.

[3] 郭旭升，胡东风，魏志红，李宇平，魏祥峰．涪陵页岩气田的发现与勘探认识[J]. 中国石油勘探，2016，21(3)：24-37.

[4] 梁狄刚，郭彤楼，陈建平，边立曾，赵喆，等．中国南方海相生烃成藏研究的若干新进展(二)：南方四套区域性海相烃源岩的地球化学特征[J]. 海相油气地质，2009，14(1)：1-15.

[5] 郑和荣，高波，彭勇民，聂海宽，杨斐然．中上扬子地区下志留统沉积演化与页岩气勘探方向[J]. 古地理学报，2013，15(5)：645-656.

[6] Loucks R G，Reed R M，Ruppel S C. Spectrum of pore types and networks in mudrocks and a descriptive classification for matrix-related mudrock pores [J]. AAPG Bulletin，2012，96(6)：1071-1098.

[7] 王志刚，孙健．涪陵页岩气田试验井组开发实践与认识[M]. 北京：中国石化出版社，2014.

[8] 尉鹏飞，张金川，隆帅，彭建龙，邓恩德，吕艳南，等．四川盆地及周缘地区龙马溪组页岩微观孔隙结构及其发育主控因素[J]. 中国石油勘探，2016，21(5)：42-51.

[9] 要继超，王兴志，罗兰，胡曦，李可．渝东地区龙马溪组页岩气成藏地质条件研究[J]. 特种油气藏，2016，23(4)：77-80.

[10] Jarvie D M，Hill R J，Ruble T E. Unconventional shale gas systems：The Mississippian Barnett Shale of north-central Texas as one model for thermogenic shale-gas assessment [J]. AAPG Bulletin，2007，91(4)：475-799.

[11] Fishman N，Guthrie J，Honarpour M. The stratigraphic distribution of hydrocarbon storage and its effect on producible hydrocarbons in the Eagle Ford Formation [C]. South Texas：Unconventional Resources Technology Conference，Denver，Colorado. 2013，URTec 1579007，1540-1544.

[12] 王飞宇，关晶，冯伟平，包林燕．过成熟海相页岩孔隙度演化特征和游离气量[J]. 石油勘探与开发，2013，40(6)：764-768.

[13] 吴松涛，朱如凯，崔京钢，崔景伟，白斌，张响响，等．鄂尔多斯盆地长7湖相泥页岩孔隙演化特征[J]. 石油勘探与开发，2015，42(3)：167-176.

[14] Hunt J M. Generation and migration of petroleum from abnormally pressured fluid compartments [J]. AAPG Bulletin，1990，74(1)：1-12.

[15] 李明诚，李剑，万玉金．盆地封隔体及其地质内涵 [J]. 中国海上油气（地质），1999，13(6)：396-400.

[16] 查明，曲江秀，张为海．异常超压与油气成藏机理[J]. 石油勘探与开发，2002，29(1)：19-23.

[17] 姜涛，解习农．莺歌海盆地高温超压环境下储层物性影响因素[J]. 地球科学—中国地质大学学报，2005，30(2)：215-220.

[18] 李仲东，张哨楠，周文，惠宽洋，李良，过敏，等．大牛地气田上古生界压力封存箱与储层孔隙演化[J]. 矿物岩石，2007，27(3)：73-80.

[19] 祝总祺，芷建宇，刘文荣，卢焕勇．论压力封存箱及其对次生孔隙的保护作用[J]. 西北大学学报：自然科学版，1997，27(1)：73-78.

[20] 高键，何生，易积正．焦石坝页岩气田中高密度甲烷包裹体的发现及其意义[J]. 石油与天然气地质，2015，36(3)：472-480.

四川盆地东南缘海相页岩气保存条件及其主控因素

胡东风　张汉荣　倪　楷　余光春

（中国石化勘探南方分公司）

摘要：中国南方构造运动复杂，海相泥页岩热演化程度高，保存条件的好坏是该区页岩气能否富集高产的关键因素。为此，根据近年来四川盆地东南缘志留系页岩气的勘探实践，分析了页岩气与常规气在保存条件上的差异性：优越的顶底板条件是页岩气保存的基础；页岩气具有的自封闭性和纵、横向渗透率2~8倍的差异性，决定了侧向扩散是页岩气的基本散失通道，下寒武统底部的不整合面使其保存条件变差，断层的切割会加速页岩气的散失。同时分析了该区页岩气保存条件的主控因素及判别指标，研究认为：①构造改造强度是页岩气层保存条件的主控因素，构造样式宽缓、盖层连续、有背斜背景的构造更有利于页岩气的富集，而抬升时间较晚的封闭演化环境则有利于页岩气的保存；②在断层不发育或断层封闭性较好或断层封挡的断下盘区域、相对远离露头区或地层缺失带，页岩气能较为有效的被保存；③压力系数是保存条件的综合判别指标，该区地层的压力系数与页岩气的产量呈对数正相关关系，储层高压—超高压是页岩气保存条件好的表征；④川东南地区盆内区域，除邻近剥蚀区和地层缺失线的区域外，上奥陶统五峰组—下志留统龙马溪组压力系数总体高（最高达2.25），保存条件较好，而向盆缘和盆外方向压力系数逐渐降低，保存条件变差。

关键词：四川盆地　东南缘　奥陶纪　志留纪　海相页岩气　常规气　差异性　顶底板条件　保存条件　构造样式　压力系数

与美国相比，中国南方海相页岩气具有特殊性，其经历了加里东、海西、印支和喜马拉雅等复杂构造运动，下古生界海相页岩层系演化程度高。四川盆地及周缘下古生界海相页岩气勘探实践表明，海相泥页岩具有良好的物质基础，钻探中具有普遍含气的特征，但是试气效果千差万别，保存条件的重要性已越来越受到重视，普遍认为是决定页岩气能否富集高产的关键因素。

笔者主要依据四川盆地东南缘志留系页岩气的勘探实践来研究页岩气保存条件的主要影响因素，同时探讨页岩气保存条件与常规气的差异。

1　页岩气与常规气保存条件的差异

保存条件在南方常规油气勘探中也是重要因素，众多学者已做过深入研究[1-10]，主要

天然气工业，2014，34(6)：17-23

从以下6个方面对油气藏的破坏进行研究[1]：断裂—破碎作用、剥蚀作用、大气水下渗作用、深埋热变质作用、盖层有效性及天然气漏失作用、岩浆侵入热变质作用。评价保存条件的主要参数[2]是：盖层、构造运动、气田(藏)形成时间、岩浆活动、生储盖组合在时间和空间上的组合关系、烃源岩质量、地层压力。

页岩气的保存条件与常规油气具有相似之处，由于页岩气本身的特性，使得其保存条件的研究与常规油气存在差异性。

1.1 顶底板条件与页岩气保存

顶底板条件是页岩气与常规气在保存条件上最大的差异。顶底板为直接与含气页岩层段接触的上覆及下伏地层，一方面对页岩气的封存起重要作用，另一方面也影响着页岩压裂改造的效果。顶底板可以是泥岩、页岩、致密砂岩、碳酸盐岩等任何岩性，其性质的好坏决定于岩石物性、封闭性的好坏。顶底板性质对含气页岩的保存条件非常关键，好的顶板、底板与含气页岩层段组成流体封存箱(Fluid Compartment)[11]，可以有效减缓页岩气向外运移，从而使页岩气得到有效保存；差的顶板、底板对流体的封闭性差，油气易于向外散失，导致页岩气藏遭到破坏。

四川盆地东南缘志留系和寒武系2套页岩气勘探层系中，目前为止只有志留系取得了成功，笔者认为顶底板性质差异造成的保存条件的差异是页岩气勘探成败的重要因素之一。对志留系而言，上奥陶统五峰组—下志留统龙马溪组一段页岩气层的顶板为龙马溪组二段及以上发育的大套灰色—深灰色厚层泥岩夹薄层粉砂质泥岩、粉砂岩，厚度在170m左右；底板为上奥陶统涧草沟组和中奥陶统宝塔组连续沉积的灰色瘤状石灰岩、泥灰岩、石灰岩，总厚度介于30~40m。五峰组—龙马溪组页岩气层的顶底板，无论泥岩、粉砂岩还是石灰岩都很致密，封闭性好。如JY2井龙马溪组二段的粉砂岩孔隙度平均值为2.4%，渗透率平均值为$0.0016\times10^{-3}\mu m^2$，在80℃条件下，地层突破压力为69.8~71.2MPa；作为底板的涧草沟组和宝塔组连续沉积的灰色瘤状石灰岩等岩性的孔隙度平均值为1.58%，渗透率平均值为$0.0017\times10^{-3}\mu m^2$，在80℃条件下，地层突破压力为64.5~70.4MPa，反映了五峰组—龙马溪组一段页岩气层顶底板对页岩气层具有较好的封隔效果。下寒武统页岩气层段顶板为牛蹄塘组上部泥岩，岩性致密，具有好的封隔性，但底板为震旦系灯影组古风化壳，桐湾运动造成灯影组古岩溶、裂缝发育。下寒武统页岩气不断通过灯影组不整合面这条油气运移的“高速公路”运移出去，造成了页岩气藏的破坏。如TX1井下寒武统优质泥页岩发育，但底板为震旦系灯影组古风化壳，压裂后效果不理想。

1.2 页岩气具有自封闭性

泥页岩本来就是作为常规油气的盖层，它是一种致密的细粒沉积岩，由于页岩气特殊的赋存机理及其低孔低渗的特性，页岩气成藏所需的保存条件并不像常规油气藏要求的那么苛刻。泥页岩本身就具有封闭性，可以作为页岩气藏的盖层，特别是对于厚度较大的泥页岩，当厚度大于泥页岩生烃高峰期上下排烃的最大距离时，气体将有效地自封闭在泥页岩中。

因此，泥页岩本身具有一定的厚度就能自我封闭，获得一定的页岩气(但不一定具有商业开采价值)。如JY1井志留系埋深超过500m，钻探中见良好的油气显示。所以北美页岩气选区评价时较少考虑保存条件，主要是因为构造稳定，页岩气可以靠自身封闭。

JY2 井五峰组—龙马溪组泥页岩围压渗透率的测定模拟了 2 块不同的泥页岩样品，随着埋深加大压力升高，渗透率分别由 $2.6754\times10^{-3}\mu m^2$ 降低到 $0.0713\times10^{-3}\mu m^2$ 和由 $0.7078\times10^{-3}\mu m^2$ 降低到 $0.0041\times10^{-3}\mu m^2$(图 1)，基本上降低了 2 个数量级，表明泥页岩在沉积过程中，渗透率急剧降低的过程。在深埋条件下，从微观分析数据上看，下古生界海相泥岩的渗透性非常低，具有自封闭性。

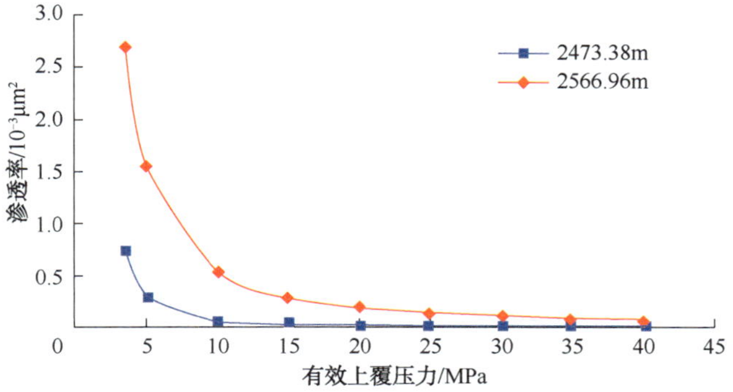

图 1 JY2 井龙马溪组泥页岩样品渗透率随围压变化过程图

JY4 井龙马溪组一段灰黑色泥岩突破压力实测数据为 41.6MPa，显示高演化程度海相泥页岩的高突破压力，也说明其具有良好的自封盖性能。

1.3 页岩气的渗流具有方向性

渗流与扩散作用是油气运移的 2 种基本方式，与常规油气一样，这 2 种作用也伴随了页岩成烃演化的整个历史时期。与常规油气不同的是泥页岩本身作为储层，孔隙都是纳米级，具有低孔隙度、特低渗透率的特征，同时它还具有页理发育的特征，这就决定了其渗流具有方向性。

随着泥页岩压实作用的进行，其中的片状黏土矿物趋于平行岩层面定向排列，并反复叠加、塑性变形，形成极好的页理面，致使顺层方向应力较薄弱，渗流率增大。JY4 井五峰组—龙马溪组全直径岩芯样品纵横向渗透率分析显示(图 2)，顺层方向的渗透率远大于垂直层理方向，基本上横向渗透率为垂向渗透率的 2~8 倍。这就意味着平行层理面方向孔隙的连通性及微裂隙的发育情况远大于垂直层理面方向。焦石坝五峰组—龙马溪组岩芯观察证实：最优质的富有机质页岩层段比贫有机质的泥岩页理更发育，另外富有机质页岩更容易发育层间缝，层间缝的存在增大了页岩水平方向的渗透率。页岩水平渗透率和垂直渗透率的差异造成页岩气侧向渗流、扩散速率远比垂向上大。页岩气在遭受构造断裂作用，或是在距离龙马溪组泥页岩露头区位置，其侧向渗流及扩散作用对页岩气的保存将产生不利的影响。

页岩气的自封闭性和渗透率的方向性等特点决定了其与常规油气保存条件的差异，即水文条件、盖层条件的要求较常规油气要低，而构造运动的早晚、强度造成的构造变形程度、剥蚀程度及断层等成为页岩气保存条件最重要的因素。

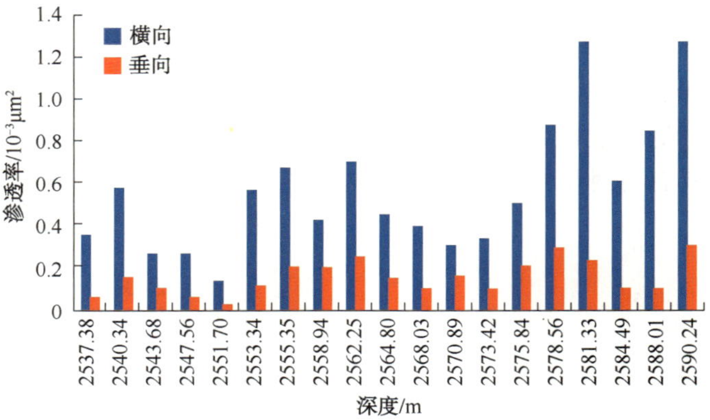

图 2　JY4 井五峰组—龙马溪组岩芯纵横向渗透率对比图

2　构造运动对页岩气保存的影响

泥页岩相对碳酸盐岩、砂岩而言，通常具有更强的塑性，加上低孔低渗特征，因而具有一定的抗破坏能力，但当过于强烈的构造运动引起地层强烈隆升剥蚀、褶皱变形、断裂切割、地表水下渗以及压力体系破坏时，或因构造动力和应力作用使盖层岩石失去塑性时，泥页岩封闭保存条件变差。因此，后期构造运动改造强度是油气藏破坏与散失的根本原因[12-14]，并且主要通过断裂作用和剥蚀作用改变油气的保存条件。

2.1　抬升剥蚀与页岩气保存

抬升剥蚀造成页岩气层段以上岩层厚度减薄，甚至页岩气层段出露地表，上覆压力减小而打破原有的平衡，在构造应力、孔隙流体压力的作用下，闭合的裂缝又重新开启，页岩气渗流散失。彭水地区龙马溪组泥页岩样品三轴物理试验模拟揭示，当围压下降到一定压力(16.6MPa)时，岩石发生剪切破裂，从而产生微裂缝。推测持续抬升剥蚀过程中，当龙马溪组上覆有效地层压力降低至 16.6MPa 以后，微裂缝开始大规模开启，页岩气通过渗流方式快速散失。另外，剥蚀造成页岩孔隙负荷减小而反弹，孔隙度增大，同时天然气扩散速率增大。Krooss 等研究发现，甲烷在岩石中的扩散系数随孔隙度增大而增大[15]；Schloemer 等采用时滞法测定不同压力条件下岩石中甲烷的扩散系数发现，随着压力的增大，甲烷的扩散系数也呈对数减小的趋势[16]。因而抬升剥蚀也导致页岩气扩散加快，对页岩气保存不利。

四川盆地东南缘地区在多旋回构造改造过程中，整个海相构造层形变较强，剥蚀量相对较大，基本大于 4500m，很多地方的海相页岩气勘探目的层出露，甚至背斜核部大量剥蚀。抬升剥蚀使页岩气层段、顶板或上覆盖层的连续性受到破坏，页岩气沿着页理面或层间缝侧向散失，保存条件遭到破坏。如 YY1 井、QY1 等井目的层埋深较浅，页岩层段含气性不佳。

但局部向斜区残留三叠系—侏罗系，上覆盖层相对完整，页岩气层段埋藏地下，经过若干距离后才暴露地表，保存条件会随这个距离的增大而相对变好，到向斜核部最好。如桑拓坪向斜上覆三叠系，龙马溪组泥页岩暴露点离向斜核部的最小距离是 8km，向斜核部的 PY3HF 井比向斜翼部的 PY1HF 井产能高。

2.2 断层与页岩气保存

断层是构造运动积累的应力释放而破裂的结果，断层与裂缝相伴而生，也就是说断层附近裂缝也发育。页岩气层段发育的裂缝使得页岩渗透率增大，页岩气以渗流的方式快速向断裂运移，如果断层开启，将对页岩气保存不利。断层对页岩气破坏作用最直接表现在“通天”断层可断穿上部区域盖层，成为页岩气散失的通道，造成页岩气藏被破坏；而断穿页岩气层的开启断层连通高渗透层也可造成页岩气向外运移而造成含气量减少。如 Z101 井下寒武统钻遇通天断层，地层倾角测井解释在下寒武统牛蹄塘组（有的地方称为筇竹寺组）钻遇断裂破碎带，该井 *TOC* 较高，具有好的物质基础，但牛蹄塘组泥页岩含气量仅为 0.17~0.51m^3/t，且气组分以氮气为主（含量大于 90%），证实通天断裂使得页岩气藏遭到破坏。HY1 井在下志留统底部邻近断层，该井龙马溪组显示差，总含气量仅为 0.74m^3/t 左右，压裂后未见页岩气产出，仅产淡水，分析认为附近断裂连通了下部高渗透层，页岩气通过断裂运移至下部高渗透层，保存条件破坏。

四川盆地外缘地区，主要处于隔槽式变形带、槽挡过渡带，从断层展布规律看，断层数量多且规模大，延伸长度长，“通天”断裂较多。而整个海相构造层形变较强，断层切割明显，地层纵横向连续性较差，断裂对页岩气保存的影响较普遍（图 3）。

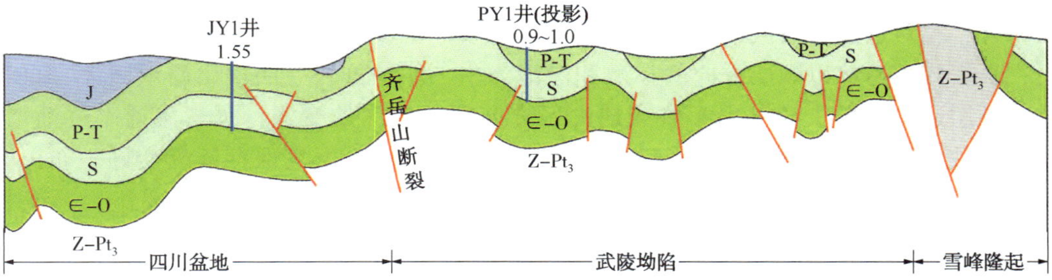

图 3 川东南焦石坝、彭水地区地层发育及断裂分布模式图

2.3 构造样式与页岩气保存

不同期次、不同强度构造运动造成地层褶皱变形、破裂程度、剥蚀程度不同，形成了不同的构造样式，不同的构造样式因横向渗流和扩散作用的差异造成保存条件的不同。构造改造弱的构造样式对页岩气保存最为有效，而构造改造强的构造样式对页岩气保存不利。页岩气层段遭受构造断裂作用或是距离露头区不远，其横向渗流及扩散作用对页岩气的保存将产生不利的影响。整体上，以下构造样式对页岩气的保存较为有效：①具有背斜背景、宽缓的构造样式；②断层不发育或断层封闭性较好，或断层封挡的断下盘；③相对远离露头区或地层缺失区。而埋藏浅和处于断裂带（断层通天，开启性强）的构造样式则对保存条件不利。

具有背斜背景、宽缓的构造样式，断层不发育或断层封闭性较好，或断层封挡的断下盘对页岩气保存有效。以目前取得页岩气商业发现的焦石坝地区为例（图 4），焦石坝构造主体为似箱状背斜形态[17]，即顶部宽缓，两翼陡倾；南北向为逆冲断层下盘的一个缓坡断鼻构造，发育北东和近南北向 2 组断层，但 2 组断层均为明显的逆断层，封堵性良好。说明焦石坝地区同时具备了 2 种有利构造样式的特点，加之具有好的顶底板条件、适当的埋深(超过 2000m)，虽经历了多期的构造改造，五峰组—龙马溪组页岩气层现今仍然保持高的压力系数(1.55)，表现为良好的保存条件。Y201 井所处构造也为一个背斜，断层不发育，五峰组—龙马溪组测试获得了 $43\times10^4m^3/d$ 的天然气流，也证实了这种有背斜背景的构造样式对页岩气保存有效。

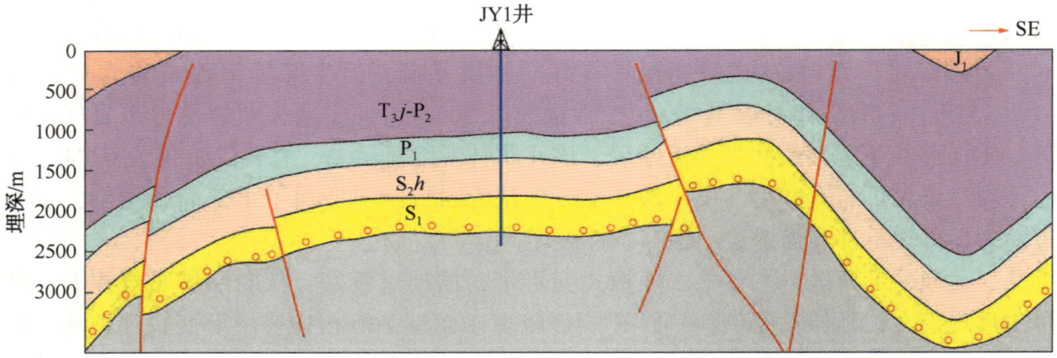

图 4　焦石坝地区构造样式示意图

另外，相对远离露头区或地层缺失区页岩气保存也较为有效。前文已研究证实稳定状态下，页岩气的运移以顺层方向的扩散和渗流为主，如果页岩气层段出露或缺失，页岩气就易于顺层运移而散失，向出露区或缺失区方向由于埋深的变浅，页岩渗透率逐渐增大，页岩气扩散、渗流作用增强，因而远离露头或缺失区方向页岩气保存逐渐变好。如长宁地区南北方向表现为一个宽缓的向斜，但在北面的背斜出露五峰组—龙马溪组，远离露头(19.5km)的 N201 井产气量为 $15\times10^4m^3/d$，而离露头较近(9.5km)的 N203 井产气量仅为 $1.29\times10^4m^3/d$。乐山—龙女寺加里东期古隆起斜坡上的 W201 井，由于邻近志留系缺失区，五峰组—龙马溪组仅产气 $0.28\times10^4m^3/d$，而远离缺失区的 W202 井，其页岩气产量增加为 $2.75\times10^4m^3/d$。

埋藏浅的区域或处于断裂带，页岩气保存条件不利。前文研究证实抬升剥蚀致使上覆地层减薄，埋深变浅，页岩气扩散加快；当上覆地层减薄到一定程度，由于裂缝的重新开启，页岩气渗流也加快。断裂带尤其是通天断裂发育的地方，由于页岩气渗流加快，加之断裂沟通高渗透层或连通地表，也造成页岩气散失加快，因而在埋藏浅的区域或断裂带，天然气散失快而不利于页岩气的保存。如 YY1 井五峰组—龙马溪组页岩气层段埋深 325m，现场测试含气量仅为 $0.1m^3/t$；Z101 井在下寒武统牛蹄塘组页岩气层段钻遇断裂带，加之附近断裂沟通了灯影组不整合面并且连通地表，虽埋深达 1767m，现场测试含气量仅为 $0.57m^3/t$。

2.4　构造改造时间与页岩气保存

地层抬升剥蚀后，烃源岩生烃作用停止，页岩气在后期保存中得不到有效的补充，而页岩气的散失却持续进行，抬升时间早晚决定了散失量的大小，抬升时间越晚越有利于页岩气的保存。就志留系而言，燕山—喜马拉雅期构造活动对各地区的改造时间对页岩气的保存具有非常大的影响，燕山—喜马拉雅期抬升剥蚀作用起始时间越早，对页岩气后期的保存条件越不利。

受雪峰山造山运动作用，自盆缘造山带(距今约95Ma)向盆地方向(距今80Ma)构造抬升起始时间变晚，具递进变新的特征；与梅廉夫[18]研究湘鄂西(距今165Ma)向川东华蓥山(距今95Ma)构造变形发展的时代变晚相似。鄂西—渝东石柱地区地表下三叠统须家河组样品则显示了3期隆升作用，起始抬升作用时间为距今120Ma。焦石坝地区JY1井燕山—喜马拉雅期起始剥蚀时间为距今85Ma左右，彭水地区PY1井燕山—喜马拉雅期构造改造时间约为距今125Ma。因而湘鄂西、彭水、石柱、焦石坝地区构造抬升时间依次变晚，湘鄂西下古生界页岩气失利，而焦石坝地区获得页岩气商业发现，分析认为与构造抬升时间有关。

3 保存条件评价

地层压力系数是页岩气保存条件评价的综合指标。页岩气藏相比常规油气藏具有特殊性，是生储盖三位一体的地质体，决定了其保存条件的评价也有所不同。常规油气藏为外源性，保存条件好可能表现为超压，也可能表现为低压。页岩气藏为内源性，作为烃源岩的页岩生烃造成孔隙压力增大而形成异常高压，在异常压力和烃浓度差的作用下，烃类的运移总是指向外面，如果气藏封闭性不好，页岩气排出过快造成压力大幅降低，甚至形成低压；反之则会保持较高的地层压力。因而地层压力系数对页岩气的保存条件具有良好的指示作用。

下古生界页岩气钻井中，高产井(如JY1井、N201-H1井、Y201-H2井)均存在异常高压页岩气层，低产井和微含气井(如HY1井、YQ1井、YY1井等)一般都为常压或异常低压页岩气层。另外，统计发现四川盆地及周缘下古生界页岩气产量与压力系数呈对数正相关关系(图5)。以上现象和规律也说明了较高压力系数体现了下古生界海相页岩气藏好的保存条件，低的压力系数则代表保存条件差。

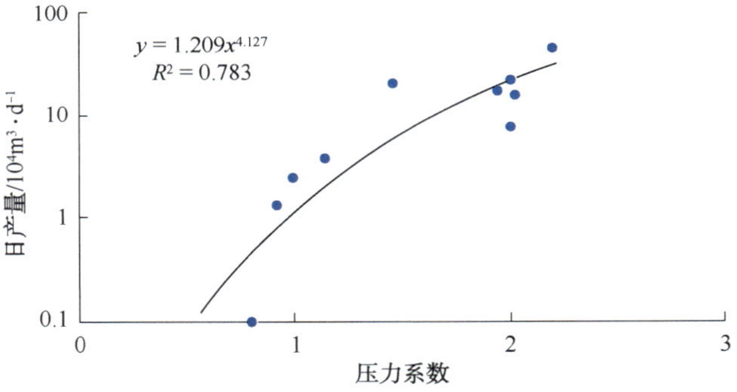

图5 压力系数与页岩气产量关系图

由于地层压力系数在钻井的基础上获得，数据较为有限，在进行区域保存条件评价时需结合地层剥蚀、断裂、抬升时间等保存因素分析。根据以上方法绘制了川东南地区五峰组—龙马溪组压力系数等值线图(图6)，从而对该区保存条件进行了评价。川东南地区盆内区域，除邻近剥蚀区和地层缺失线的地方，五峰组—龙马溪组地层压力系数总体高，最高可达2.25，保存条件较好；而向南部、东部盆缘方向压力系数降低，到盆外地层压力系数一般小于1.2，保存条件总体较差。

图 6　川东南地区五峰组—龙马溪组地层压力系数等值线图

4　结论

（1）泥页岩横向渗透率为垂向渗透率的 2~8 倍，侧向扩散是页岩气的基本散失通道，断层的切割会加速页岩气的散失。

（2）优越的顶底板条件是页岩气层具有良好保存条件的基础，龙马溪组顶、底板与页岩气层连续沉积，厚度大、岩性致密、突破压力高，封隔性好，能够阻止泥页岩层段中烃类的散失。桐湾运动造成灯影组古岩溶发育，局部地区发育不整合面，下寒武统页岩气层底板条件较差。

（3）构造改造强度是页岩气层保存条件的主控因素，抬升时间较晚、构造改造弱的封闭演化环境有利于页岩气的保存。断层不发育、有一定埋深、页岩层段连续、有背斜背景、宽缓的构造样式对页岩气保存最为有利，断层封闭性较好或断层封挡的断下盘、相对远离露头区或地层缺失带页岩气保存较为有利，埋藏浅或处于断裂带保存条件不利。

（4）压力系数是保存条件的综合判别指标，压力系数与页岩气产量呈对数正相关关系。

参　考　文　献

[1] 楼章华，李梅，金爱民，等．中国海相地层水文地质地球化学与油气保存条件研究[J]．地质学报，2008，82(3)：387-396.

[2] 马永生，楼章华，郭彤楼，等．中国南方海相地层油气保存条件综合评价技术体系探讨[J]．地质学报，2006，80(3)：406-417.

[3] 楼章华，金爱民，付孝悦．海相地层水文地球化学与油气保存条件评价[J]．浙江大学学报：工学版，

2006，40(3)：501-505.
[4] 李国平，郑德文，欧阳永林，等．天然气盖层研究与评价[M]．北京：石油工业出版社，1996.
[5] 李明诚，李伟，蔡峰，等．油气成藏保存条件的综合研究[J]．石油学报，1997，18(2)：41-48.
[6] 魏国齐，焦贵浩，杨威，等．四川盆地震旦系—下古生界天然气成藏条件与勘探前景[J]．天然气工业，2010，30(12)：5-9.
[7] 陈安定．氮气对海相地层油气保存的指示作用[J]．石油实验地质，2005，27(1)：85-89.
[8] 余朝华，肖坤叶，肖高杰，等．乍得 Bongor 反转裂谷盆地中生界剥蚀厚度恢复及勘探启示[J]．中国石油勘探，2013，18(5)：45-53.
[9] 宗奕，梁建设，郭刚．珠江口盆地番禺低隆起文昌组断裂活动性特征及其对沉积的影响[J]．地球科学与环境学报，2012，34(4)：30-35.
[10] 孙和风，张蕾，黄传超，等．渤海南部断裂系统特征及其对油气成藏的控制[J]．中国石油勘探，201，17(4)：29-35.
[11] POWLEY D E. Pressures and hydrogeology in petroleum basins [J].EarthScienceReviews，1990，79：215-226.
[12] 赵宗举，朱琰，王根海，等．叠合盆地油气系统研究方法—— 以中国南方中、古生界为例[J]．石油学报，2002，23(1)：11-18.
[13] 乔建新，邓辉，刘池洋，等．鄂尔多斯盆地北部晚古生代沉积—构造格局及物源分析[J]．西安石油大学学报：自 然科 学版，2013，28(1)：12-17.
[14] 王芝尧，卢异，刘志英．歧口凹陷构造演化特征及控油气作用[J]．中国石油勘探，2013，18(1)：15-21.
[15] KROOSSB M，LEYTHAEUSER D. Experimental measurements of the diffusion parameters of light hydrocarbons in water-saturated sedimentary rocks-II：Results and geochemical significance [J]. Organic Geochemistry，1988，12(2)：91-108.
[16] SCHLOMER S，KROOSS B M. Molecular transport of methane，ethane and nitrogen and the influence of diffusion on the chemical and isotopic composition of natural gas accumulations[J]. Geofluids，2004，4(1)：81-108.
[17] 郭彤楼，张汉荣．四川盆地焦石坝页岩气田形成与富集高产模式[J]．石油勘探与开发，2014，41(1)：28-36.
[18] 梅廉夫，刘昭茜，汤济广，等．湘鄂西—川东中生代陆内递进扩展变形：来自裂变径迹和平衡剖面的证据[J]．地 球科 学 —— 中国地质大学学报，2010，35(2)：161-174.

四川盆地东南缘向斜构造五峰组—龙马溪组常压页岩气富集主控因素

胡东风

（中国石化勘探分公司，四川成都 610041）

摘要： 四川盆地东南部地区盆缘槽挡转换带和盆外隔槽式构造带向斜发育，由于其整体抬升时间长，构造运动强烈，剥蚀量大，区域保存条件相对复杂，导致不同向斜五峰组—龙马溪组为常压且页岩气含气性差异较大。在研究区向斜构造五峰组—龙马溪组页岩发育特征、后期保存条件、含气性等差异的基础上，分析了向斜构造页岩气富集主控因素，并总结了3种有利于页岩气保存富集的构造样式。研究结果表明：优质页岩发育是页岩含气性的物质基础，川东南地区盆缘和盆外向斜五峰组—龙马溪组优质页岩发育，页岩气物质条件相似；保存条件是影响页岩含气性差异的关键因素，页岩地层埋深大、地层倾角小、远离剥蚀区和发育反向逆断层，有利于页岩气的保存，总体上盆缘槽挡转换带内向斜构造保存条件更好，盆外隔槽式构造带内向斜较差；盆缘槽挡转换带复向斜构造内"洼中隆"断背斜、宽缓残留向斜中心、逆断层侧向遮挡向斜3种构造样式有利于页岩气的富集。

关键词： 川东南　向斜构造　侧向逸散　保存条件　富集规律

0　引言

近年来，中国石化、中国石油相继在四川盆地内的焦石坝、威远、富顺—永川、长宁—昭通等地区的志留系页岩气勘探取得重要成果[1-6]，针对四川盆地内志留系龙马溪组沉积相、储集层、保存条件、页岩气富集因素等方面开展了大量研究[7-18]，研究相对成熟，有效支撑了盆内页岩气勘探开发。如郭旭升[7]提出了海相页岩气"二元富集"规律，即：深水陆棚相优质泥页岩发育是页岩气"成烃控储"的基础；良好的保存条件是页岩气"成藏控产"的关键；王志刚[5]提出了以生烃条件、储集条件和保存条件为核心的页岩气"三元富集"理论。对盆缘和盆外的页岩气勘探和研究相对滞后，近期中国石化在盆缘槽挡转换带的武隆、松坎、道真向斜以及盆外隔槽式构造带的桑拓坪等大型复向斜勘探、评价取得积极进展，为形成新的页岩气商业开发阵地打下了坚实的基础。四川盆地东南部盆缘槽挡转换带和盆外地区向斜构造发育，由于其整体抬升时间长，构造运动强，剥蚀量大，导致其区域保存条件复杂，钻井揭示了多数为常压页岩气藏，且不同向斜五峰组—龙马溪组页岩气

天然气地球科学，2019，30(5)：605-615

产量或含气量差异较大。例如盆缘槽挡转换带的武隆向斜(LY1 井)页岩气产量为$(5\sim6)\times10^4m^3/d$，盆外残留向斜的河坝向斜(YC8 井)和毛坝向斜(YC7 井)的含气量比较低，分别为$0.12m^3/t$ 和 $0.03m^3/t$，无有效工业气流。因此，四川盆地东南缘向斜构造五峰组—龙马溪组页岩气富集主控因素更为复杂，需要进一步深化研究。本文以川东南盆缘槽挡转换带和盆外隔槽式构造带的多个向斜构造为例，从不同向斜页岩发育特征、后期保存条件、含气性等差异的基础上，探讨川东南向斜构造成藏富集的关键控制因素，并总结有利于页岩气保存富集的构造样式。

1 龙马溪组页岩气形成基本条件

1.1 地质概况

川东南盆外向斜构造位于湘鄂西黔北断褶带内，是上扬子板块一部分(图 1)，处于江南—雪峰隆起造山带与齐岳山断裂带之间，东与江南雪峰隆起以石门—慈利—保靖断裂为界，南与黔北坳陷相邻，西以齐岳山断裂与四川盆地分割，北与大巴山弧形构造对突[19,20]。本区构造形成主要受晚燕山—喜马拉雅期东南部雪峰构造挤压应力影响，构造抬升隆起，地层遭受剥蚀，形成 NE—SW 向为主的残留背斜与残留向斜相间分布的“隔槽式”构造，喜马拉雅期局部调整变形，形成了现今的构造形态(图 1)。其中，齐岳山断裂以东，彭水—建始断裂以西的槽挡转换带为盆内“隔挡”构造带与盆外“隔槽”构造带过渡区域，向斜构造相对宽缓，主要发育武隆、松坎和安场等向斜。彭水—建始断裂以东为盆外“隔槽”构造带，主要发育桑拓坪、河坝、毛坝等向斜，向斜大多呈狭长状，向斜紧闭(图 1)。

图 1 四川盆地东南部区域位置

1.2 沉积背景

四川盆地属扬子准地台的一部分，其中川东南地区位于上扬子板块的东南部，在晚奥陶世晚期—早志留世早期，由于华夏板块和扬子板块的汇聚作用，四川盆地形成受隆起分割局限的盆地格局。在晚奥陶世，边缘古隆起已形成，特别是川中隆起、雪峰山隆起和黔中隆起一起出露海平面，形成3个隆起夹持的向北开口的陆棚，使早中奥陶世具有广海特征的海域转变为被隆起所围限的局限海域。受构造运动和海侵的影响，晚奥陶世五峰组沉积了一套笔石相薄层黑色页岩。下志留统龙马溪组沉积初期，川东南地区为受古隆起围限的半闭塞滞留海盆沉积，由于海侵的影响，形成了大面积低能、欠补偿、缺氧的沉积环境，沉积了一套黑色深水陆棚相富有机质的页岩[21]。总之川东南地区五峰组—龙马溪早期位于深水陆棚相区内，页岩发育，其中优质页岩主要发育于五峰组—龙马溪组下部(五峰组—龙一段一亚段)，笔石化石含量丰富，且局部富集成层；岩性以灰黑色、黑色炭质泥(页)岩为主，水平层理发育，钻井、野外露头显示川东南盆缘和盆外向斜构造地区深水陆棚相优质泥页岩(TOC≥2%)发育，厚度介于20~40m之间，为页岩气的形成提供了良好的物质基础(图2)。

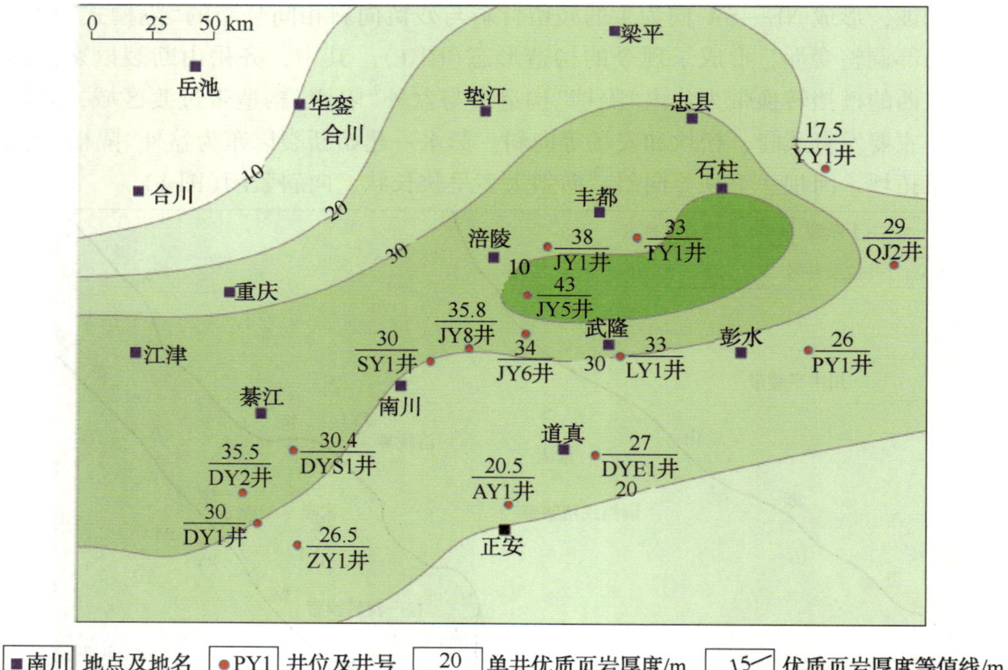

图2 川东南地区五峰组—龙马溪组优质页岩厚度分布

1.3 优质页岩基本特征

川东南地区奥陶系—志留系富有机质泥页岩发育在五峰组—龙马溪组下部(五峰组—龙一段)，向上随着页岩颜色变浅、炭质含量变少，粉砂质、灰质含量增大，TOC值有减小的趋势，其中优质页岩主要发育在五峰组—龙一段一亚段，例如川东南地区盆缘的武隆向斜LY1井五峰组—龙马溪组优质页岩厚度为33.0m，样品TOC值主要介于1.6%~6.52%之间，平均为4.30%(图3)，热演化程度适中，R_0 值为2.36%~2.74%，平均为2.56%，有机质类型为Ⅰ型。因此，研究区五峰组—龙马溪组优质页岩发育，TOC值普遍≥3%，有机质类型为Ⅰ型，R_0 值为2%~3%，热演化程度适中，为页岩气的形成提供了良好的物质基础。

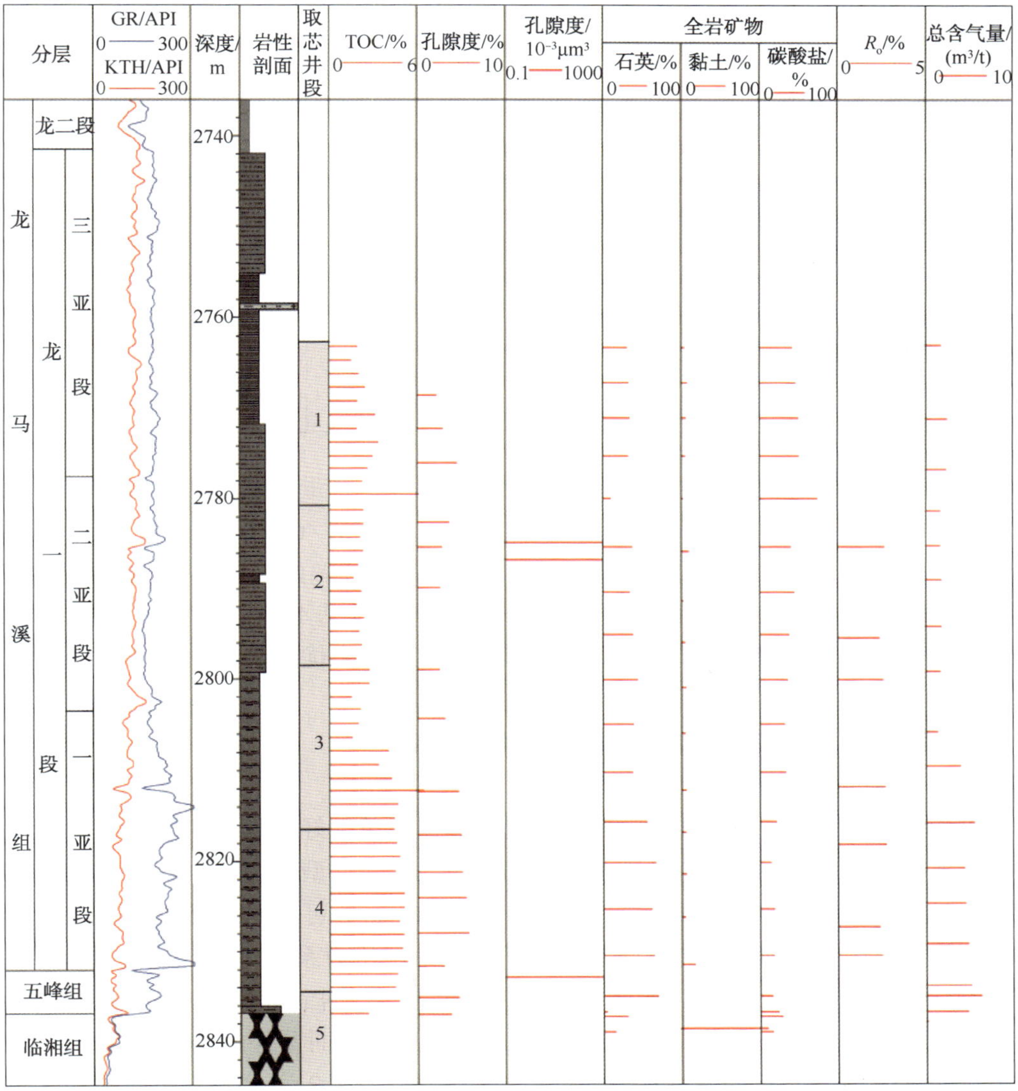

图3 LY1井导眼井五峰组—龙马溪组优质页岩段综合评价

2 页岩气富集主控因素分析

2.1 优质页岩发育，是页岩含气性的物质基础

根据前文研究，发现川东南地区五峰组—龙马溪组优质页岩发育，通过对比川东南地区不同构造位置的五峰组—龙马溪组优质页岩特征(表1)，可知盆内隔挡式构造带(焦石坝背斜JY1井)、盆缘槽挡转换带(武隆向斜LY1井)、盆外隔槽构造带(河坝向斜YC8井)五

峰组—龙马溪组优质页岩岩性均主要为灰黑色炭质笔石页岩，优质页岩厚度分别为38m、33.0m、12.3m，TOC值分别为3.68%、4.3%、3.15%，有机质类型同为Ⅰ型，R_0值分别为2.65%、2.56%、2.27%，硅质含量分别为44.82%、45.76%、55.3%，黏土含量分别为34.33%、29.11%、31.4%。根据以上研究可知，川东南地区盆地、盆缘和盆外五峰组—龙马溪组优质页岩在厚度上有一定差异，但在岩性、TOC值、有机质类型、R_0值以及矿物组成等方面特征相似，因此川东南地区盆内、盆缘和盆外五峰组—龙马溪组页岩气烃源岩条件基本相似。

表1 川东南地区不同构造位置五峰组—龙马溪组优质页岩段主要参数对比

构造位置	井名	岩性	厚度/m	TOC/%	R_0/%	硅质含量/%	黏土含量/%	含气量/(m^3/t)	压力系数
盆内	JY1	灰黑色炭质笔石页岩	38.0	3.68	2.65	44.82	34.33	5.85	1.55
盆缘	LY1		33.0	4.30	2.56	45.76	29.11	2.26	1.08
盆外	YC8		12.3	3.15	2.27	55.30	31.40	0.12	负压

通过对比不同构造位置五峰组—龙马溪组的页岩气含气量，发现盆内的JY1井、盆缘的LY1井和盆外的YC8井的含气量分别为5.85m^3/t、2.26m^3/t和0.12m^3/t，不同构造位置的含气量差异较大，总体表现为由盆内向盆外含气量逐渐变差的趋势。根据以上研究发现，研究区不同构造位置五峰组—龙马溪组优质气烃源岩条件基本相似，但含气量差异较大，主要是由于保存条件存在较大差异，后文会详细论述，总之优质页岩发育是高含气量的物质基础，后期保存条件对优质页岩含气性起决定性作用。

2.2 保存条件是影响页岩含气性差异的关键因素

2.2.1 保存条件差异明显

根据前人研究可知，四川盆地内部页岩气总体保存条件好，为保存持续型页岩气；盆缘槽挡过渡带向斜构造探井保存条件相对较好，为散失残存型页岩气；盆外隔槽式变形带保存整体较差，为散失破坏型页岩气(图4)。其次压力系数可以间接反映地层的区域保存条件：川东南地区盆内的JY1井五峰组—龙马溪组地层压力系数为1.55，地层发育超压，页岩气藏深为2415m，说明页岩气的保存条件较好；盆缘槽挡过渡带的LY1井压力系数为1.08，为常压地层，页岩气藏深为2837m，保存条件一般；而盆外的YC8井发育负压，页岩气藏埋深仅为912m，页岩气保存条件较差(图5、表1、表2)。最后从不同构造位置钻井获得的N_2的含量发现其保存条件差异较大(表2)，对四川盆地海相地层而言，富N_2中的氮元素主要来自大气，它表征了地下与地表的连通程度，是一项直接反映油气保存条件的指标，由于有机质氮元素的贫乏，伴随烃类热解产生的有机氮一般应小于5%[22]。由表2可知盆内和盆缘构造带的N_2的含量低(<0.5%)，受大气影响较小，保存相对较好；盆外构造带的N_2含量较高，河坝向斜的YC8井和毛坝向斜YC7井的N_2的含量高达67%~70%，说明受大气影响大，保存条件差。

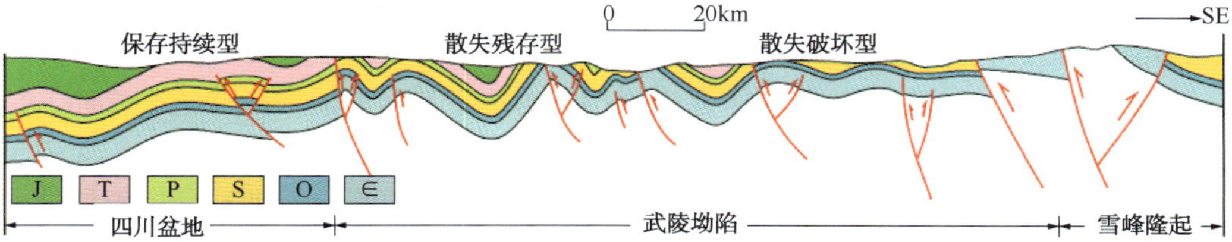

图 4 四川盆地构造模式

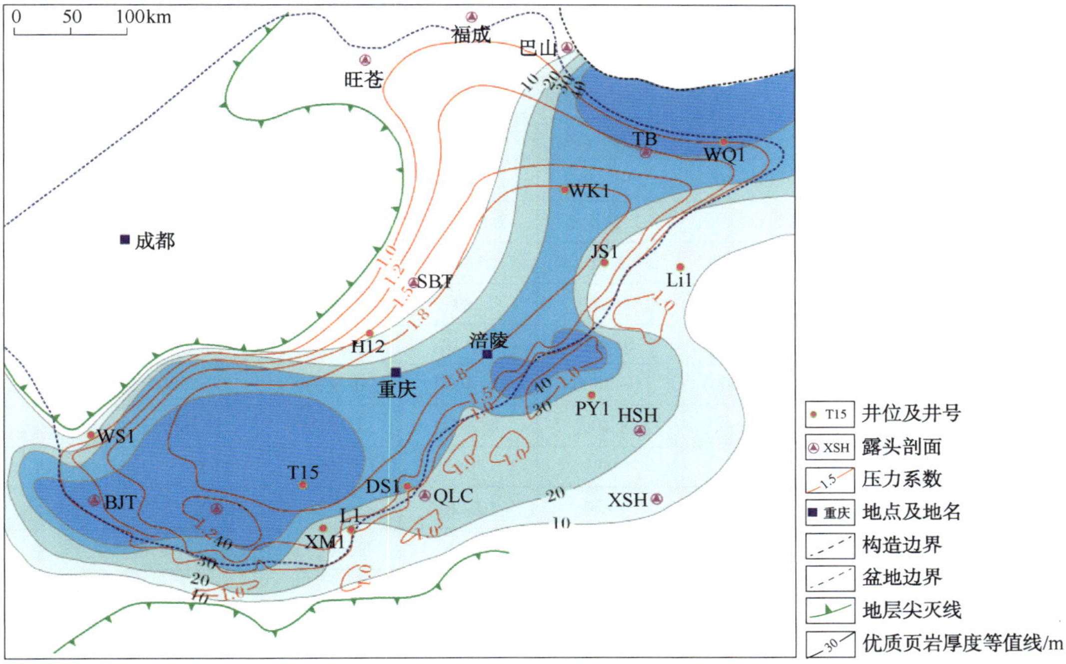

图 5 四川盆地优质页岩厚度与压力系数关系

表 2 不同构造带重点目标保存条件对比

类型	构造位置	井号	五峰组底埋深/m	产量或含气量	N_2 含量/%
盆内隔挡式构造带	焦石坝背斜	JY1 井	2415	$20.56\times10^4m^3/d$	<0.5
盆缘槽挡转换带	武隆向斜	LY1 井	2837	$(5\sim6)\times10^4m^3/d$	<0.5
	安场向斜	AY1 井	2331.6	$2.8\sim6.49m^3/t$	<0.5
盆外隔槽式构造带	桑拓坪向斜	PY1 井	2160	$2\times10^4m^3/d$	<0.5
	濯河坝向斜	YC8 井	912	$0.12m^3/t$	67.16
	毛坝向斜	YC7 井	863	$0.03m^3/t$	70.40

根据以上研究可知：川东南地区盆内五峰组—龙马溪组页岩气保存条件好，盆缘槽挡过渡带较好，而盆外较差。这正是盆内、盆缘槽挡过渡带和盆外页岩气物质条件相似，但含气量差异较大的原因。

2.2.2 保存条件差异分析

根据前文研究川东南地区盆缘槽挡转换带保存条件较好，而盆外隔槽式构造带保存条件差。主要是由于盆缘槽挡转换带处于盆内隔挡式构造带与盆外隔槽式构造带之间，抬升时间短，且构造运动强度明显弱于盆外隔槽构造带，表现为向斜构造面积更大，向斜更宽缓，埋深更大，断裂发育程度相对更弱，区域保存条件相对较好；例如武隆向斜所处盆缘槽挡转换带向斜构造面积大，地层平缓，呈纺锤形，埋深大，断裂相对不发育，构造稳定，保存相对较好。而盆外隔槽式构造带向斜构造，面积小，呈窄条带状，埋深小，地层倾角变化大，断裂发育，构造改造强度大，保存条件明显变差(表3)。

表3 不同构造带重点向斜构造目标保存条件对比

构造位置		盆缘槽挡过渡带				盆外隔槽式构造带	
	参数	松坎复向斜	武隆向斜	道真向斜	安场向斜	桑拓坪向斜	濯河坝向斜
基础地质参数	厚度/m	20~30	30~40	20.5~30	25~15	26	15~25
	TOC/%	2.0~4.6	2.5~4.2	2.0~6.0	2.0~4.0	2.0~4.0	2.5~3.5
	R_0/%	2.0~2.3	2.56	1.5~2.2	2.5~2.7	2.6	2.3
保存条件参数	面积/km^2	895	667	289	96	210	1085
	轴长/km	79×18	61×20	64×12	22×7	35×8	154×9
	埋深范围/m	0~6000	0~5500	0~4600	0~4200	0~2500	0~4000
	形状	纺锤状	纺锤状	纺锤状	纺锤状	长条状	条带状
	隆升时间/Ma	84	93	105	100	125	145
	地层倾角/°	5~25	6~30	10~20	4~25	10~35	20~80
	出露地层	J、T、P	J、T、P	J、T、P、D	T、P、S	T、P、S、O	J、T、P、S
	反向封闭断层发育情况	否	否	是	是	否	否
	构造稳定性	为“洼中隆”，保存好	形态完整，断层少，保存好	构造形态宽缓，断层少，保存好	构造形态宽缓，断层少，保存好	构造形态简单，断层较少，保存一般	向斜紧闭，地层倾角大，断裂发育，保存一般
综合评价		最好	好	好	好	较好	一般
勘探实施情况		ZY1井显示好	LY1井 $(5\sim6)\times10^4m^3$		AY1含气量 $4.42m^3/t$	PY1井 $(2\sim3)\times10^4m^3$	YC8井含气性差

(1)埋深、地层倾角及离剥蚀区距离与保存条件的关系。研究表明页岩水平页理缝发育，且五峰组—龙马溪组下部页岩层为含炭质高塑性地层，志留系页岩滑脱作用明显(图6)，这种页理面、层间滑脱缝发育导致页岩水平渗透率较垂直渗透率高2~8倍(图7)[23]，页岩气更容易顺层散失，页岩地层若其侧向出露地表，由于气体横向顺层散失，气藏丰度会逐渐降低乃至彻底破坏(图7)。

抬升剥蚀造成页岩埋深变浅，页岩气层渗透率、扩散系数、解吸速率增大，页岩自身封闭性变差。随着埋深减小、上覆压力降低至16MPa，渗透率及有效扩散系数会明显增大(图8)。因此埋深越大，页岩的封闭性越好，反之越差。由表3可知，盆缘槽挡转换带武隆向斜的 LY1 井和安场向斜的 AY1 井的五峰组底埋深分别为 2415m 和 2837m，保存条件较好；而盆外隔槽式变形带灌河坝向斜的 YC8 井和毛坝向斜 YC7 井五峰组底埋深分别为 912m 和 863m，因此导致盆外向斜页岩气散失严重，含气量或产量较低。

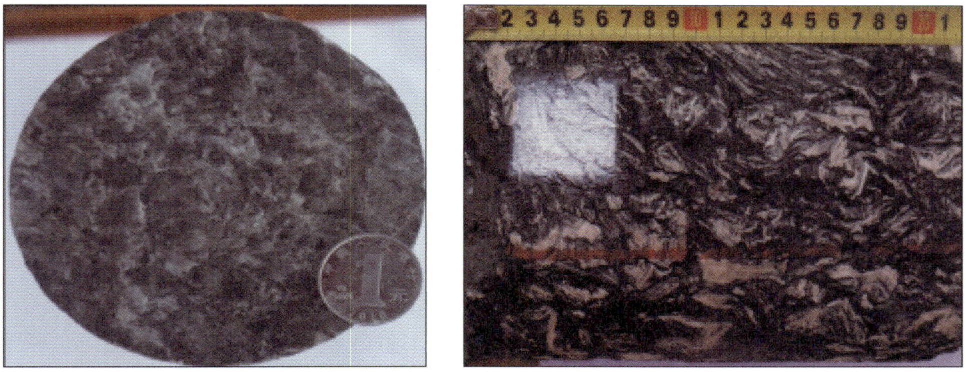

(a)层间滑脱缝，方解石充填，见擦痕，ZY1井，2168×36m

(b)层间滑脱缝，方解石充填，ZY1井，2181×9m

图 6 ZY1 井五峰组—龙马溪组页岩层间滑脱缝

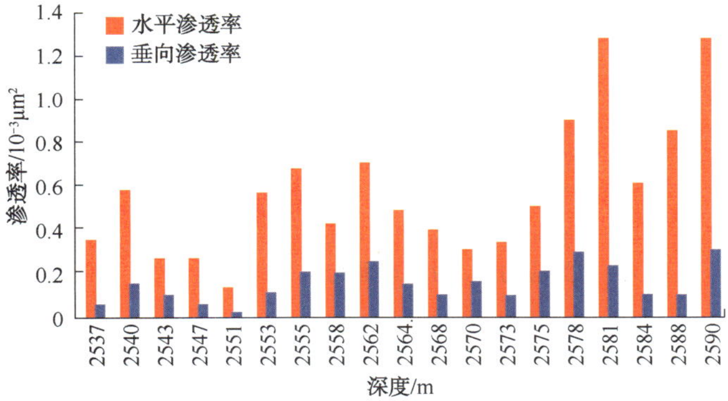

图 7 JY4 井相同深度实测水平与垂直渗透率统计

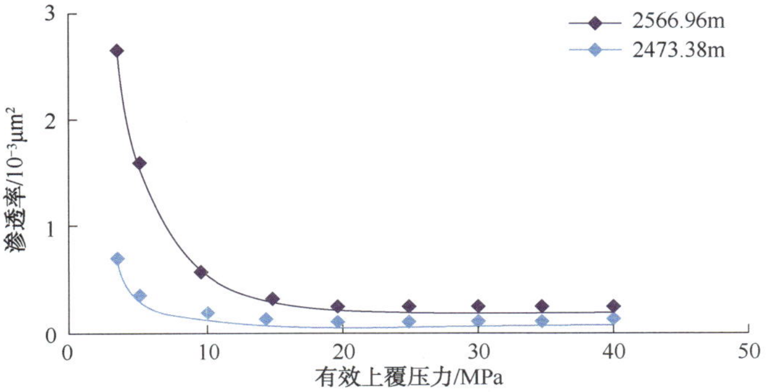

图 8 JY2 井龙马溪组泥页岩样品渗透率与围压关系

根据前文可知页岩地层页理面、层间滑脱缝发育，页岩气更容易横向顺层散失，因此页岩横向封闭性对页岩气的保存影响大。评价页岩横向封闭性的地质参数是地层倾角和埋深，关键是作用在页理面上的正应力。埋深越大、倾角越小则页理面正应力大，保存条件越好，反之保存条件差(图9)。

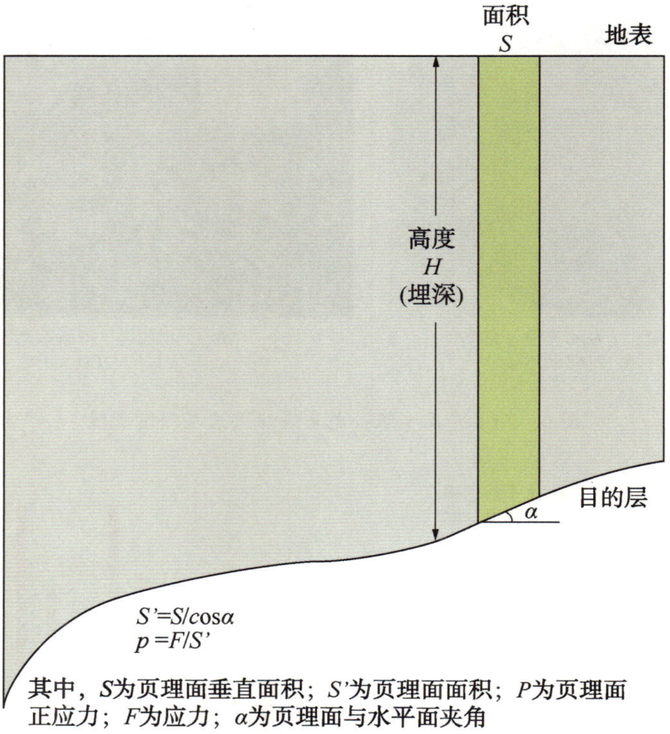

图9 页理面正应力计算示意

由前文研究和表3可知，盆缘槽挡转换带内向斜五峰组—龙马溪组页岩埋藏不仅深，且地层倾角较小，因此盆缘地区页岩页理面上的正应力较大，盆外页岩页理面上的正应力较小，保存条件较差，页岩气散失严重。同时向斜越宽缓，距离剥蚀区越远，也可以有效减缓页岩气水平渗透，利于页岩气保存。

总体认为向斜构造越宽缓(倾角小)，距离剥蚀区越远，埋深越大，作用在页岩页理面上的正应力越大，页岩水平渗透率越小，逸散方式由渗流强烈扩散逐渐过渡到深埋保存区的微弱扩散，保存条件逐渐变好，压力系数增大，页岩气测试产量变高(图10、表4)。

(2)反向逆掩断层遮挡作用。安场向斜与同属于盆缘槽挡转换带的松坎、武隆向斜相比，具有埋深较浅、向斜面积小等不利于页岩气保存的地质特征，但根据安场向斜的AY1井五峰组—龙马溪组全烃最高为7.56%，优质页岩现场解析气量在0.99~2.36m^3/t之间，总含气量在2.8~6.49m^3/t之间，平均为4.42m^3/t，N_2的含量小于0.5%，同时在石牛栏组、宝塔组、二叠系均钻遇良好油气显示，综合评价其保存条件较好。安场向斜与松坎、武隆向斜相比，反向逆断层发育，而钻探揭示发育反向逆断层的盆外向斜构造页岩气保存条件较好，发育封闭性反向断层，遮挡页岩侧向渗漏，保存条件好。因此，安场向斜在埋深较浅且页岩地层部分出露地表等不利于页岩气保存，仍具有良好的保存条件，主要是由于反向逆断层的发育[图 11(c)]。

(3)构造样式与保存条件。松坎复向斜内金场断背斜构造样式与同属于盆缘槽挡转换带武隆向斜相比，地层埋深相对较浅，但具有“洼中隆”的构造特征，其与盆内焦石坝断背斜构造样式相似，这种“洼中隆”的构造样式，天然侧向封堵性好，保存条件好。松坎复向斜金场断背斜 ZY1 井优质页岩厚为 26.5m，龙马溪组全烃最高为 2.6%，岩芯浸水试验气泡显示强烈，现场解析气量介于 0.63~1.26m^3/t 之间，平均为 0.82m^3/t。同时在二叠系宝塔组钻遇良好油气显示，证实盆缘槽挡转换带松坎复向斜“洼中隆”的构造，保存条件良好[图 11(a)]。

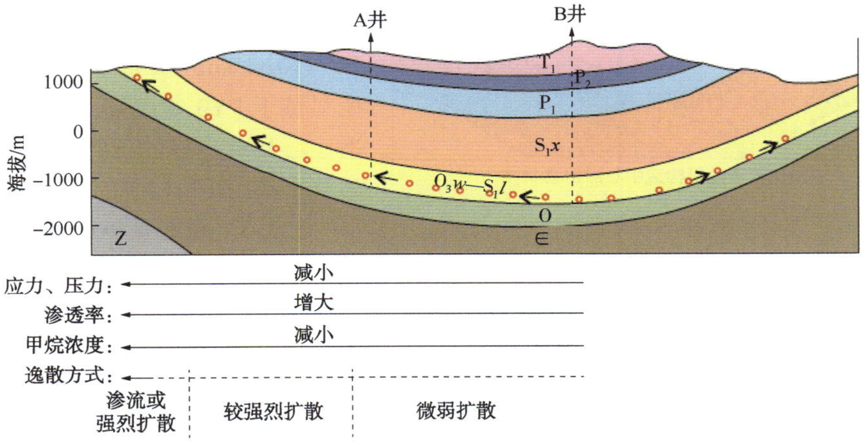

图 10 向斜构造页岩气保存—逸散模式

表 4 川东南部分页岩气井页理面正压力与保存条件统计

构造	井名	埋深/m	倾角/(°)	页理面正应力/Pa	压力系数	日产气量/10^{4}m^3
桑柘坪向斜	PY1	2520	12.91	62417.2	0.95	日均 1.5，最高 2.5
	PY3	3019	4.25	76505.05	1	1~3，最高 3.5
建武向斜	N201	2526	2.93	64104.44	2.03	15
	N203	2400	5.19	60736.51	1.35	直井 1.29

2.3 页岩气富集模式

在上述研究基础上，根据盆缘和盆外构造带向斜的五峰组—龙马溪组埋深、构造样式、地层倾角等特征，总结了盆缘和盆外构造带 3 种有利于页岩气保存富集的构造样式(图 10)。

2.3.1 复向斜构造内“洼中隆”断背斜

盆缘槽挡转换带的松坎复向斜虽然页岩地层倾角相对较大(5°~55°)，反向断层不发育，但复向斜内金场断背斜具有典型复向斜构造内“洼中隆”构造样式，地层隆升时间相对较短(94Ma)，这种“洼中隆”的构造样式，天然侧向封堵性好，松坎复向斜ZY1井的龙马溪组全烃最高为2.6%，岩芯浸水试验气泡显示强烈，且其他层系也有良好油气显示，说明保存条件好，为页岩气有利富集构造样式[图11(a)]。

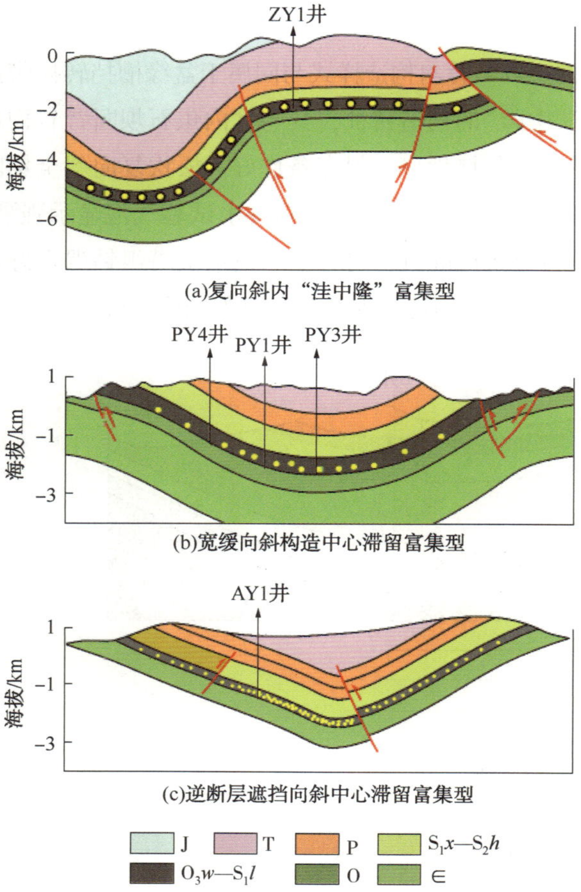

(a)复向斜内“洼中隆”富集型

(b)宽缓向斜构造中心滞留富集型

(c)逆断层遮挡向斜中心滞留富集型

图11 四川盆地东南缘向斜构造五峰组—龙马溪组页岩气富集模式

2.3.2 宽缓残留向斜中心

盆缘槽挡转换带的武隆向斜和盆外隔槽式变形带的桑柘坪向斜具有典型的宽缓向斜的构造样式，宽缓向斜构造中心的倾角较小(<15°)，且埋藏较深(>3000m)，远离剥蚀区，例如位于桑拓坪向斜中心的PY3井页岩气产量为(1～3)×$10^4m^3/d$，最高为3.5×$10^4m^3/d$，N_2的含量低(<0.5%)，而位于向斜翼部的PY1井，页岩气日均产量为1.5×$10^4m^3/d$，最高为1.5×$10^4m^3/d$，明显低于PY3井产量，因此宽缓向斜构造中心具有良好的保存条件，有利于页岩气富集[图11(b)]。

2.3.3 逆断层侧向遮挡向斜

盆缘槽挡转换带的安场向斜发育反向逆断层，侧向封堵性好，虽然其具有隆升时间长，埋深相对较浅，但其AY1井五峰组—龙马溪组具有较高的气测值(全烃最高为7.56%)，优质页岩总含气量在2.8～6.49m^3/t之间，平均为4.42m^3/t，N_2含量小于0.5%，同时在其他地层具有良好油气显示，说明保存条件好，有利于页岩气富集[图11(c)]。

3 结论

(1)盆缘槽挡转换带地区和盆外隔槽式变形带五峰组—龙马溪组优质页岩均发育，沉积早期发育深水陆棚相，优质页岩厚度大、TOC值高、热演化程度适中，脆性矿物含量高，页岩品质好。

(2)后期保存条件是影响页岩含气性差异的关键因素，页岩地层是否出露地表、埋深、地层倾角、与离剥蚀区距离和是否发育反向逆断层，影响页岩气的保存，其中盆缘槽挡转换带内向斜构造页岩地层埋深大、地层倾角小、远离剥蚀区，页岩气保存条件好，盆外隔槽式构造带内向斜页岩地层反之，其保存条件较差。

(3)复向斜构造内“洼中隆”断背斜、宽缓残留向斜中心、逆断层侧向遮挡向斜3种构造样式有利于页岩气的富集。

参 考 文 献

[1] 董大忠，邹才能，杨桦，等．中国页岩气勘探开发进展与发展前景[J]．石油学报，2012，33(增刊1)：107-114.
[2] 王志刚．涪陵礁石坝地区页岩气水平井压裂改造实践与认识[J]．石油与天然气地质，2014，35(3)：425-430.
[3] 邹才能，杨智，朱如凯，等．中国非常规油气勘探开发与理论技术进展[J]．地质学报，2015，89(6)：979-1007.
[4] 王适择．川南长宁地区构造特征及志留系龙马溪组裂缝特征研究[D]．成都：成都理工大学，2014.
[5] 王志刚．涪陵页岩气勘探开发重大突破与启示[J]．石油与天然气地质，2015，36(1)：1-6.
[6] 郭旭升，郭彤楼，魏志红，等．中国南方页岩气勘探评价的几点思考[J]．中国工程科学，2012，14(6)：101-105.
[7] 郭旭升．南方海相页岩气“二元富集”规律—四川盆地及周缘龙马溪组页岩气勘探实践认识[J]．地质学报，2014，88(7)：1209-1218.
[8] 郭彤楼，张汉荣．四川盆地焦石坝页岩气田形成与富集高产模式[J]．石油勘探与开发，2014，41(1)：28-36.
[9] 郭旭升．涪陵页岩气田焦石坝区块富集机理与勘探技术[M]．北京：科学出版社，2014.
[10] 胡东风，张汉荣，倪楷，等．四川盆地东南缘海相页岩气保存条件及其主控因素[J]．天然气工业，2014，34(6)：17-23.
[11] 郭彤楼，刘若冰．复杂构造区高演化程度海相页岩气勘探突破的启示——以四川盆地东部盆缘JY1井为例[J]．天然气地球科学，2013，24(4)：643-651.
[12] 马文辛，刘树根，黄文明，等．鄂西渝东志留系储层特征及非常规气勘探前景[J]．西南石油大学学报：自然科学版，2012，34(6)：27-37.
[13] 郭英海，李壮福，李大华，等．四川地区早志留世岩相古地理[J]．古地理学报，2004，6(1)：20-29.
[14] 黄金亮，邹才能，李建忠，等．川南下寒武统筇竹寺组页岩气形成条件及资源潜力[J]．石油勘探与开发，2012，39(1)：69-75.
[15] 李延钧，冯媛媛，刘欢，等．四川盆地湖相页岩气地质特征与资源潜力[J]．石油勘探与开发，2013，40(4)：423-428.
[16] 梁超，姜在兴，杨镱婷，等．四川盆地五峰组—龙马溪组页岩岩相及储集空间特征[J]．石油勘探与开发，2012，39(6)：691-698.
[17] 王社教，杨涛，张国生，等．页岩气主要富集因素与核心区选择及评价[J]．中国工程科学，2012，14(6)：94-100.
[18] 龙鹏宇，张金川，姜文利，等．渝页1井储层孔隙发育特征及其影响因素分析[J]．中南大学学报：自然科学版，2012，43(10)：3954-3963.
[19] 梅廉夫，刘昭茜，汤济，等．湘鄂西—川东中生代陆内递进扩展变形：来自裂变径迹和平衡剖面的证据[J]．地球科学：中国地质大学学报，2010，35(2)：161-174.
[20] 颜丹平，汪新文，刘友元．川鄂湘边区褶皱构造样式及其成因机制分析[J]．现代地质，2000，14(1)：37-43.
[21] 牟传龙，周恳恳，梁薇，等．中上扬子地区早古生代烃源岩沉积环境与油气勘探[J]．地质学报，2011，85(4)：526-532.
[22] 陈安定．氮气对海相地层油气保存的指示作用[J]．石油实验地质，2005，27(1)：85-89.
[23] 何希鹏，高玉巧，唐显春，等．渝东南地区常压页岩气富集主控因素分析[J]．天然气地球科学，2017，28(4)：654-663.

四川盆地拔山寺向斜泰页 1 井页岩油气重大突破及意义

胡东风　魏志红　刘若冰　魏祥峰　刘珠江　陈斐然

（中国石化勘探分公司）

摘要： 2021 年 1 月，在四川盆地涪陵北部拔山寺向斜针对侏罗系凉高山组实施的第一口页岩油气探井——泰页 1 井，通过水平井钻井及分段压裂测试，试获日产气 $7.5\times10^4m^3$、日产油 $9.8m^3$，实现了侏罗系凉高山组湖相页岩油气新层系勘探重大突破。基于泰页 1 井的钻探成果，系统分析了涪陵北部地区凉高山组湖相页岩油气成藏条件和富集规律。研究表明：泰页 1 井突破层系为凉高山组二段（凉二段）半深湖相富有机质泥页岩，其中④小层厚度约为 25.20m，TOC 均值大于 1.5%，有机质类型以Ⅱ型为主，R_o 为 1.01%～1.41%，孔隙度平均为 3.52%，以无机孔（黏土矿物层间孔、粒间孔、粒内孔等）为主，仅局部发育有机质孔，孔隙类型以介孔（孔径为 2～50nm）和大孔（孔径大于 50nm）为主，含气量约为 $1.81m^3/t$。相对于其他小层而言，④小层泥页岩连续厚度最大、TOC 和孔隙度最高、含气性最好，为自生自储的“纯页岩型”页岩油气藏。涪陵北部地区半深湖相优质页岩分布广泛，有利于页岩油气富集，其中保存条件好、地层高压、微裂缝发育有利于页岩油气高产。探索形成了以“少段多簇+暂堵转向+大排量+中粗砂强加砂”为主要特点的体积压裂关键技术，可实现陆相页岩的有效改造。泰页 1 井的突破对于中国湖相页岩油气的商业开发具有重要意义。

关键词： 四川盆地　侏罗系　凉高山组　重大突破　成藏条件　富集高产

0　引言

目前，中国海相页岩气在四川盆地五峰组—龙马溪组取得战略性突破并实现了工业化开发[1-3]，截至 2020 年 12 月 31 日，四川盆地及周缘海相页岩气已探明 $20018\times10^8m^3$，年产量为 $200.4\times10^8m^3$，累计产量达 $688.25\times10^8m^3$。国内不同层系、不同领域的页岩油气一直在不断探索[4-6]，其中四川盆地侏罗系湖相页岩油气是中国南方页岩油气勘探突破的重点领域，2008 年开始，中国石化勘探分公司针对元坝、涪陵地区侏罗系陆相页岩气开展老井复试工作，多口井测试获得中高产页岩油气流，初步揭示了两地区湖相页岩油气具有良好的勘探前景[7-10]，其页岩层厚度大、普遍高压，表现出“一强”（纵横向非均质性强）、“二高”（黏土矿物含量较高、压裂施工难度高）、“三低”（TOC 较低、热演化程度偏低、含气量较低）的特点[11]，与五峰组—龙马溪组海相页岩气差异明显，实现商业开发难度大，需要持

中国石油勘探，2021，26（2）：21-32

续加强基础研究，聚焦有利“甜点”、攻关瓶颈技术。2018 年，为了贯彻落实党中央国务院大力提升国内油气勘探开发力度的重要指示，国内几大石油公司都非常重视陆相页岩油气的风险勘探，充分利用海相页岩气研究和勘探实践的经验，开展陆相页岩油气勘探潜力再认识、再评价，经过 2~3 年的时间在多个盆地取得了重要进展。其中，中国石油在准噶尔盆地吉木萨尔凹陷二叠系芦草沟组发现了中国第一个页岩油田[12]；中国石化勘探分公司按照“客观评价资源、聚焦有利甜点、攻关瓶颈技术、实现有效动用”的总体思路，2019 年在四川盆地涪陵区块侏罗系凉高山组首次部署了四川盆地第一口页岩油气探井——泰页 1 井，2021 年 1 月 3 日通过水平井钻井及分段压裂测试，试获日产气 $7.5\times10^4m^3$、日产油 $9.8m^3$，实现了侏罗系凉高山组湖相页岩油气新层系勘探重大突破，极大地增强了湖相页岩油气商业开发的信心。本文基于泰页 1 井陆相页岩油气勘探实践，充分分析岩芯、薄片、录井、测井及地球化学资料，系统总结涪陵凉高山组页岩油气成藏条件、富集规律和关键技术，旨在为具备相似地质条件地区的页岩油气勘探提供借鉴。

1　区域地质背景

四川盆地早—中侏罗世为陆内坳陷湖相沉积，向盆地边缘逐渐过渡为三角洲及冲积平原沉积相类型[12]。盆地构造运动经历了强、弱伸展的交替变化，沉积发育了自流井组珍珠冲段、东岳庙段、马鞍山段、大安寨段及凉高山组，在早—中侏罗世不同的地质时期，沉积、沉降中心主体位于川东北—川东南地区元坝—涪陵两地之间，在东岳庙段、大安寨段、凉二段发生 3 次湖侵，沉积了 3 套较厚的湖相暗色泥页岩，为侏罗系陆相页岩油气的生成和富集成藏创造了良好的基础条件。

泰页 1 井位于四川盆地东南缘川东褶皱带万县复向斜的拔山寺向斜南部，向斜两翼高陡、轴部平缓，目的层凉高山组相对平缓稳定，地层倾角为 0~5°。该井开孔层位为上侏罗统遂宁组，钻遇地层自上而下依次为：上侏罗统遂宁组；中侏罗统上沙溪庙组、下沙溪庙组、凉高山组；下侏罗统自流井组大安寨段(未见底)，其中凉高山组底界埋深为 2624.50m(图 1—图 3)。

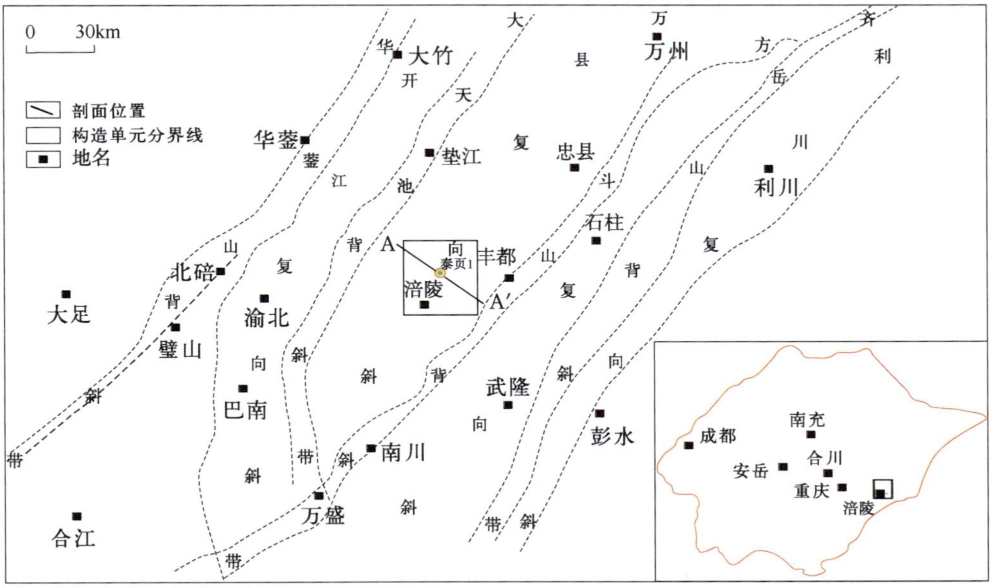

图 1　涪陵北部地区构造纲要图

2　泰页 1 井页岩油气成藏特征

泰页 1 井为凉高山组的专探井，导眼井针对目的层进行系统取芯，累计取芯进尺为 225.22m，收获率为 99.67%，开展岩石学参数、地球化学参数、物性分析、孔隙结构、岩石力学、含气性分析和流体分析等系统的分析测试，为页岩油气成藏特征评价奠定良好基础。

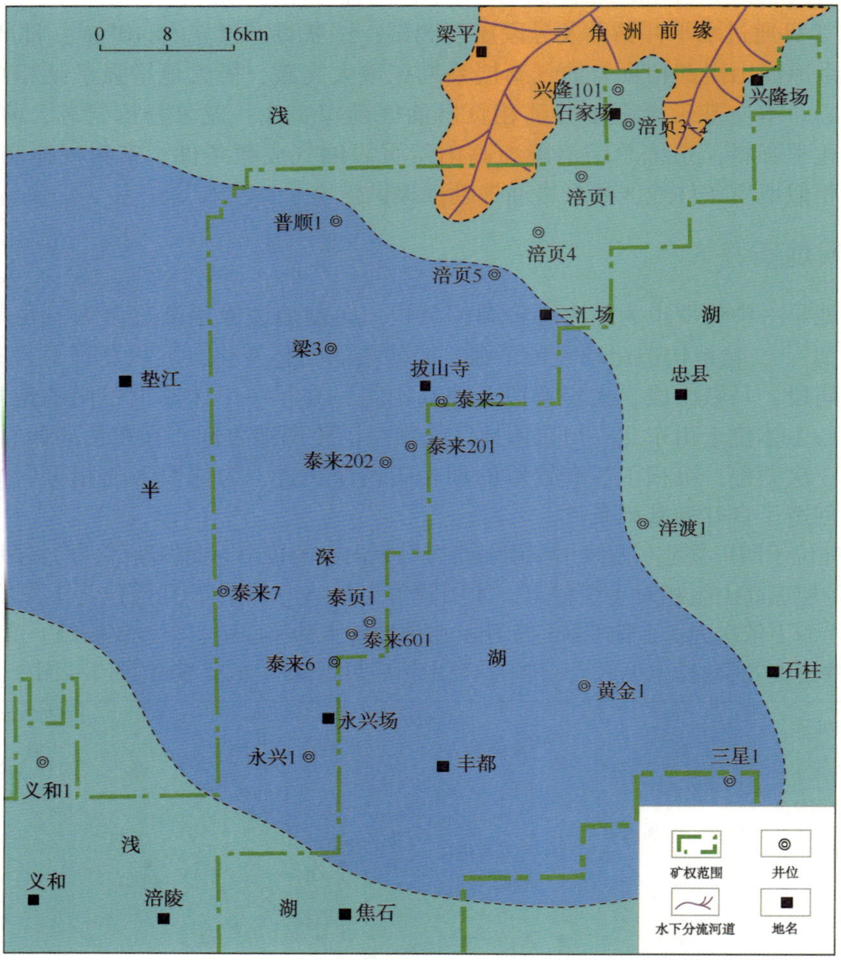

图 2　涪陵北部地区凉高山组二段沉积相图

2.1　凉高山组页岩油气“甜点”层段

2.1.1　④小层泥页岩连续厚度最大、TOC 最高

根据岩性、测井、古生物及 TOC 等资料，涪陵北部地区凉高山组可划分为 3 段 8 个小层(图 4)，泰页 1 井岩芯揭示凉高山组暗色泥页岩主要发育在凉一段上—凉二段下②~④小层(表 1)，3 个小层之间被厚度为 3~5m 且相对较致密的泥质粉砂岩或粉砂岩分割，其中④小层连续厚度最大，达 25.20m；岩性主要为灰黑色泥页岩，泥地比达到 97.50%；电性特征则表现为中自然伽马、中—高补偿中子、中密度、中声波时差、中电阻率、中—低铀

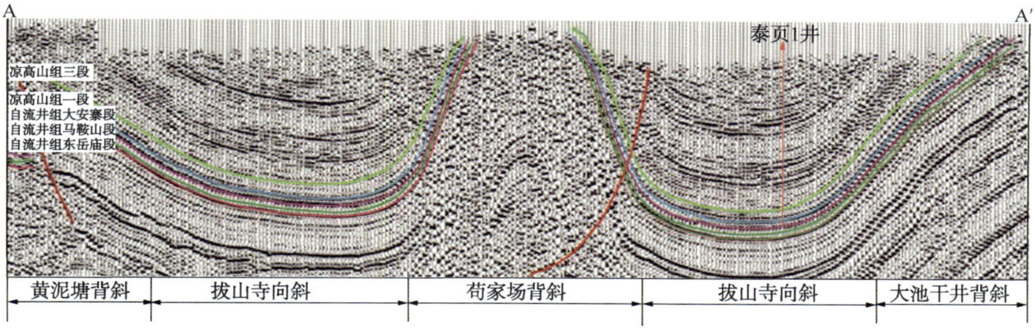

图 3 涪陵地区过泰页 1 井地震剖面图(剖面位置图 1)

值。地球化学特征显示④小层富有机质泥页岩总体表现出厚度大、有机质丰度较高、热演化程度适中的特征，其中 TOC 为 0.47%～3.06%，平均为 1.56%，明显比②小层、③小层高；有机质显微组分主要为壳质组和镜质组，有机质类型为Ⅱ型；镜质组反射率 R_o 为 1.01%～1.41%，平均为 1.14%，处于成熟—高成熟演化阶段，有利于页岩油气的大量生成(图 4)。

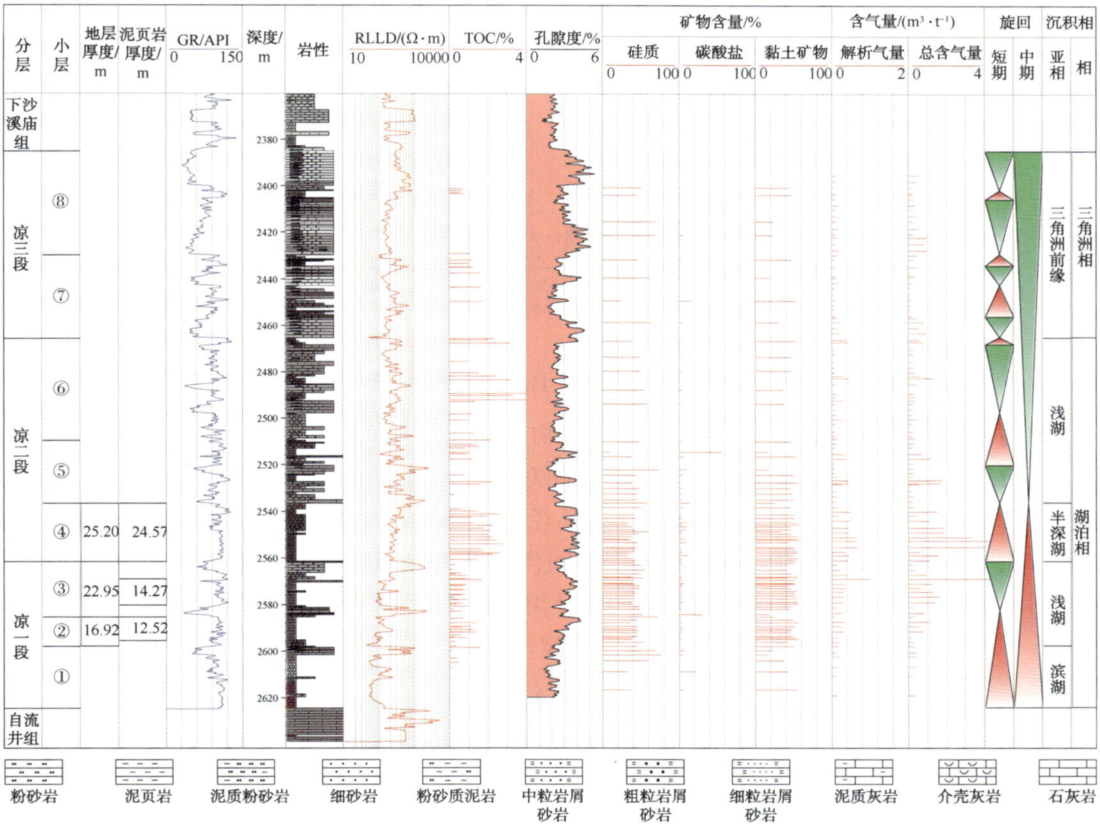

图 4 涪陵地区泰页 1 井凉高山组页岩油气综合评价图

表 1　涪陵地区泰页 1 井凉高山组泥页岩段主要参数对比表

小层	深度/m	地层厚度/m	泥页岩厚度/m	泥地比/%	GR/API	TOC/%	孔隙度/%	石英/%	黏土矿物/%	含气量/$m^3 \cdot t^{-1}$	沉积相
④	2536.33~2561.53	25.20	24.57	97.50	104.43	1.56	3.52	35.9	48.9	1.81	半深湖
③	2561.53~2584.48	22.95	14.27	62.18	93.82	1.04	3.05	38.1	47.4	1.28	浅湖
②	2584.48~2601.39	16.92	12.52	74.00	92.38	0.78	2.90	41.1	45.6	0.48	浅湖

注：孔隙度分析测试结果未返回，表内统计为斯伦贝谢公司特殊测井解释结果。

2.1.2　④小层泥页岩孔隙度最高、含气性最好

孔隙度和含气量是表征页岩储集性和含气性好坏的关键参数[14-15]。综合现场含气量测试及斯伦贝谢公司特殊测井解释结果，泰页 1 井凉高山组不同岩性段孔隙度和含气性差异较大，总体表现为 TOC 高的暗色泥页岩孔隙度、含气量最高，TOC 低的泥质(含泥)粉砂岩、粉砂岩、细砂岩储集性能和含气性则相对较差(表 1、图 5)。④小层富有机质泥页岩相对于其他小层，具有孔隙度最高、含气性最好的特征，斯伦贝谢公司特殊测井解释平均孔隙度为 3.52%，现场平均含气量为 1.81m^3/t；②小层、③小层孔隙度及含气量较低，孔隙度分别仅为 2.90%、3.05%，含气量分别为 0.48m^3/t、1.28m^3/t。

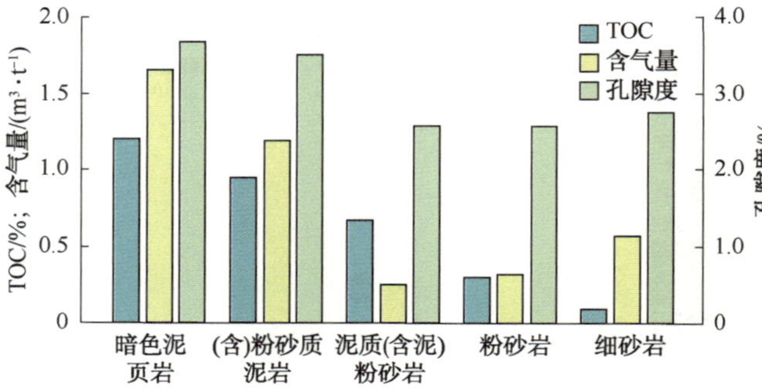

图 5　泰页 1 井凉高山组不同岩性 TOC、孔隙度、含气量对比直方图

凉高山组页岩储集空间以无机孔(黏土矿物层间孔、粒间孔、粒内孔等)为主，仅局部发育有机质孔，富氢有机显微组分有机质孔相对更加发育，而贫氢的镜质组及丝质体基本不发育有机质孔；泥页岩孔隙类型以介孔(孔径为 2~50nm)和大孔(孔径大于 50nm)为主，大孔占比明显高于海相页岩，有利于储层空间沟通和大分子液态烃的运移和产出。该特征与四川盆地陆相页岩油气孔径和储集空间特征类似(图 6、图 7)。

2.1.3　④小层黏土矿物含量较高，总体埋深较浅，具有低地应力特征

客观评价陆相页岩可压裂性条件是开展针对性压裂工艺技术攻关的重要基础[16-18]。对比涪陵页岩气田海相页岩评价标准，凉高山组④小层泥页岩脆性矿物含量、敏感性、泊松比、杨氏模量等 6 个评价参数处于非有利区，埋深、水平应力差异系数、上覆岩层压力、有无隔夹层及微裂缝发育程度等评价参数处于有利区。全岩 X 衍射显示凉高山组④小层泥页岩石英含量为 29.7%~48.2%，平均为 35.9%，黏土矿物含量为 21.0%~57.9%，平均为 48.9%(图 4、表 1)；黏土矿物中伊/蒙混层含量较高，平均为 47.24%，混层比为 20%~

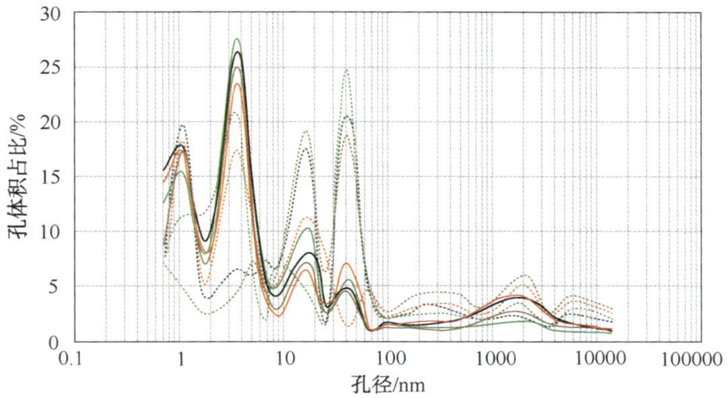

图 6 泰页 1 井凉高山组和焦页 1 井龙马溪组页岩孔径分布对比图

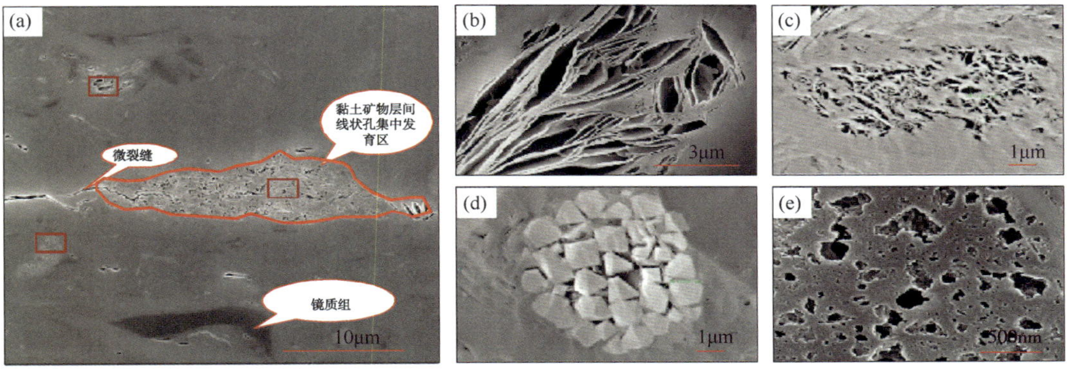

图 7 涪陵地区泰页 1 井凉高山组泥页岩储层孔隙特征

(a)大视域氩离子扫描电镜，发育黏土矿物层间线状孔，镜质组内部致密，不发育有机质孔，微裂缝发育；
(b)黏土矿物层间孔，多呈狭长的长条形，孔径一般较大；
(c)黏土矿物层间孔，孔隙主要呈片状，黏土矿物沿脆性矿物形成楔形孔，孔径一般较大；
(d)草莓状黄铁矿晶间孔，有机质充填；(e)有机质孔，呈蜂窝状的不规则椭圆形

30%，总体具有低石英、高黏土矿物、中等脆性、较强水敏性的特征。在围压 30MPa、温度 25℃试验条件下，凉高山组④小层泥页岩泊松比为 0.215~0.306，平均为 0.269，杨氏模量为 28.7~38.5GPa，平均为 33.5GPa，总体具有中—高杨氏模量、高泊松比特征；涪陵地区凉高山组泥页岩埋深主要为 2000~2800m，泰页 1 井凉高山组④小层底界埋深为 2561.70m，总体埋深较浅，同时构造形态特征相对简单，具有低地应力且水平应力差异系数小的特征，其中最大水平主应力(σ_H)、最小水平主应力(σ_h)平均值分别为 61.60MPa、55.15MPa，水平应力差异系数为 0.117，垂向主应力(σ_V)平均为 61.19MPa，整体三向应力关系为：$\sigma_H>\sigma_V>\sigma_h$(表 2)。凉高山组④小层整体处于半深湖相沉积环境，为连续的暗色泥页岩沉积，无夹层，25.20m 厚的地层内，各岩性间岩石力学性质差异不大，有利于后期压裂过程中纵横向裂缝的扩展[19-20]。

表 2　泰页 1 井凉高山组④小层与涪陵地区龙马溪组下部页岩地质与工程参数对比表

参数分类	缝网形成评价参数	凉高山组④小层	龙马溪组	参考评价指标
岩性	石英含量/%	35.9	49.0	>40.0
	黏土矿物含量/%	48.9	26.4	<45.0
	敏感性	较强	弱	弱
力学参数与地应力	泊松比	0.269	0.210	<0.250
	杨氏模量/GPa	33.5	35.3	>20.0
	水平应力差异系数	0.117	0.130	<0.200
	上覆岩层压力/MPa	61.19	54.00	中间应力
夹层及微裂缝	夹层	无	无	无
	层理与天然裂缝	中等发育	层理极发育	发育

2.2　自生自储的"纯页岩型"页岩油气藏

目前，根据源储关系国内通常将陆相页岩层系划分为源内夹层型和纯页岩型[21~23]。泰页 1 井凉高山组④小层厚度大(为 25.20m)、泥地比高，孔隙度和含气量都比顶底板 3~5m 厚的泥质粉砂岩高；泰页 1 井侧钻水平井水平段长 1502.00m(2825.00~4327.00m 井段)，水平段穿行轨迹均在凉高山组④小层内，岩性为灰黑色泥页岩(图 8)，水平段全烃显示好，在钻井液密度为 1.53g/cm³ 情况下，全烃为 4.00%~19.30%，平均为 10.33%，凉高山组测试层段为"纯页岩型"储层。

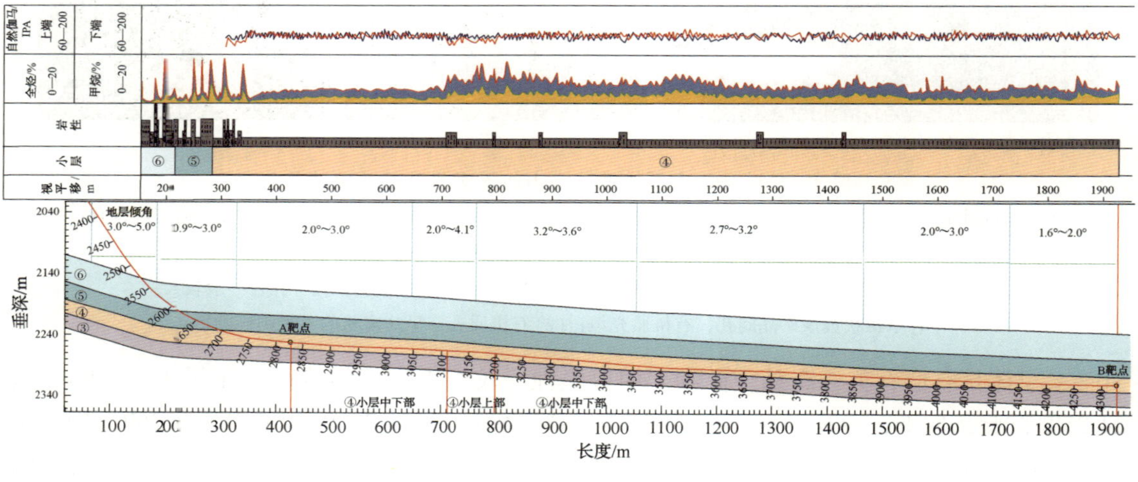

图 8　涪陵地区泰页 1 井凉高山组水平井轨迹图

凉高山组④小层发育浅层、低地温梯度、高压页岩油气藏。泥页岩埋深主要为 2000~2800m，平均埋深约为 2400m，泰页 1 井凉高山组④小层底界埋深为 2561.70m；平均地温梯度为 2.13℃/100m，地层压力系数为 1.20；凉高山组④小层热演化程度平均为 1.14%，气油比为 7111m³/m³，凉高山组天然气组分以烷烃气为主，其中 CH_4 含量为 85.91%，CO_2 含量为 10.78%，H_2S 含量为 1.31%；凝析油密度为(27℃)0.7776~0.7777g/cm³，平均为 0.77765g/cm³，凝析油黏度为 1.377~3.963mPa·s，平均为 2.160mPa·s，含蜡量为

16.12%，胶质+沥青质含量为 21.21%，凝固点为 24℃，总硫含量为 66.69mg/L，属于低含凝析油凝析气藏。

3 泰页 1 井勘探突破的启示和意义

3.1 半深湖—深湖相“纯页岩型”储层是四川盆地侏罗系寻找规模油气藏的重点领域

前期四川盆地侏罗系油气勘探主要瞄准的是临近生烃中心、规模发育的高能河道砂、滩坝砂或介壳滩等常规优质储层[24-26]，泰页 1 井揭示源储一体的“纯页岩型”储层同样具有良好的勘探开发前景，目前初步评价认为涪陵北部地区凉高山组二段半深湖相页岩气有利勘探面积近 1200km^2，天然气资源量为 $1922\times10^8m^3$、石油资源量为 2800×10^4t。

研究表明源内油气滞留量是湖相页岩气“甜点”优选的首要条件[27-28]。相对于五峰组—龙马溪组海相优质页岩气层，湖相页岩总体 TOC 相对较小、品质略差，但泰页 1 井揭示半深湖—深湖相泥页岩通常具有连续厚度大、无薄夹层、TOC 高的特点，且横向大面积分布，远离高能相带储层，纵向上顶底板为 3~5m 厚的中—厚层状泥质粉砂岩，泥质含量较大，比泥页岩孔隙度更低，有利于页岩油气在页岩层内源位滞留。

湖相“纯页岩型”储层 TOC 与黏土矿物含量呈一定的正相关关系，龙马溪组海相页岩 TOC 与黏土矿物含量呈负相关关系，二者相反(图 9)，前者表现出“富集脆性较低”的特征，给地质和工程双“甜点”评价带来较大的难度。泰页 1 井的勘探实践表明，相对厚度大、无薄夹层的高 TOC、高孔隙度、高含气量“纯页岩型”储层，若埋藏较浅、地应力和水平应力差异系数相对较小，在选用合适的工程工艺技术(如密切割、投球暂堵、多尺度变粒径等)、优化压裂配方的情况下，可以形成规模有效复杂缝网、实现湖相页岩油气高产。

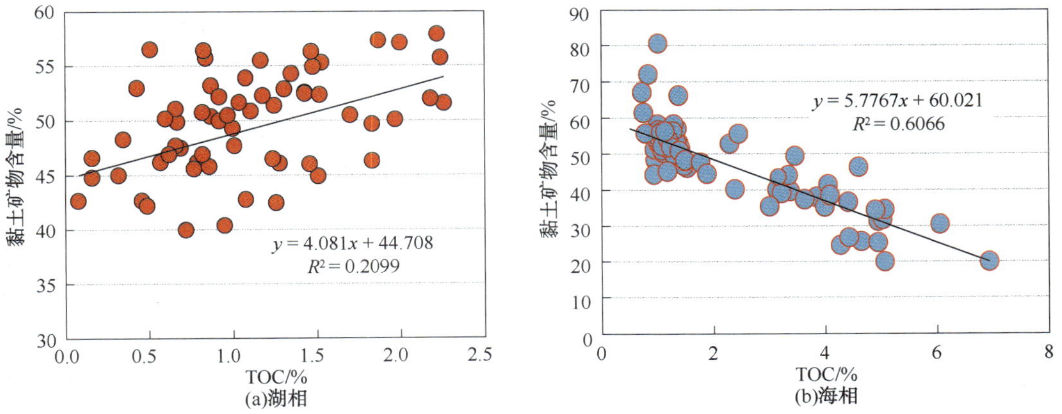

图 9 四川盆地页岩 TOC 与黏土矿物含量关系图

3.2 热演化程度较高、保存条件好、微裂缝发育有利于页岩油气富集高产

3.2.1 热演化程度明显控制油气的流体相态

流动性是页岩油气高产的关键因素之一[29-32]，主要受热演化程度、流体性质等多种因素共同制约，通常热演化程度越高、气油比越大，越有利于页岩油气产出。涪陵地区凉高山组、大安寨段、东岳庙段陆相页岩表现出随埋深增加流动性不断增大的趋势，不同层系流体相态不同。其中，凉高山组和大安寨段埋深较浅，热演化程度较低，主要为近临界态

凝析气兼挥发性轻质油藏，FY8-1 井在大安寨段一段测试获日产气 $1.1\times10^4m^3$、日产油 $25m^3$，原油流体性质测定（20℃）密度为 $0.784g/cm^3$、动力黏度为 3.16mPa·s，气油比为 $432.8m^3/m^3$，原油密度高、黏度大，可流动性差；东岳庙段成熟度相对增大，R_o 为 1.4%~1.8%，处于高成熟阶段，以凝析气为主，FY10 井在东岳庙段测试获日产气 $5.58\times10^4m^3$、日产油 $17.6m^3$，气体组分测试甲烷含量为 81.9%，20℃时原油密度为 $0.778g/cm^3$、动力黏度为 1.68mPa·s，气油比大于 $2000m^3/m^3$，有利于页岩油气的流动和产出[33]。

3.2.2 保存条件好、微裂缝发育，利于页岩油气的富集高产

富有机质泥页岩层段深埋阶段持续生烃，加上自身较好的封闭性和后期构造稳定，易形成高压—超压地层，同时有利于页岩油气的原位滞留和孔、缝的保持[34]。涪陵地区位于川东高陡断褶带，以宽缓向斜与紧闭断背斜构造为主，向斜区宽缓、变形较弱、断裂不发育。泰页 1 井揭示凉高山组相对较平缓，距离剥蚀区较远，保存条件较好，凉高山组二段在向斜区整体表现为高压地层，实测压力系数达到 1.20，显示为浅埋藏、弱超压特征（图 10）；拔山寺向斜北部地区涪页 10 井东岳庙段埋深约为 2800m，位于向斜区中心，距控盆断裂 15km 以上，实测地层压力系数为 1.75；邻近地层出露剥蚀区保存条件受一定影响，普顺 1 井距出露区 3.4km，气测显示全烃仅为 1.18%。总体来看，地层测试产量与压力系数具有一定的正相关性，超压为页岩气的高产提供了足够的能量。微裂缝发育有利于增加储集空间、提高渗流能力，是湖相页岩孔径比海相页岩孔径大的主要原因之一，大孔径的通道有利于含油率高、烃类分子密度低的页岩油气流动，有利于湖相页岩油气的富集高产（图 10）。

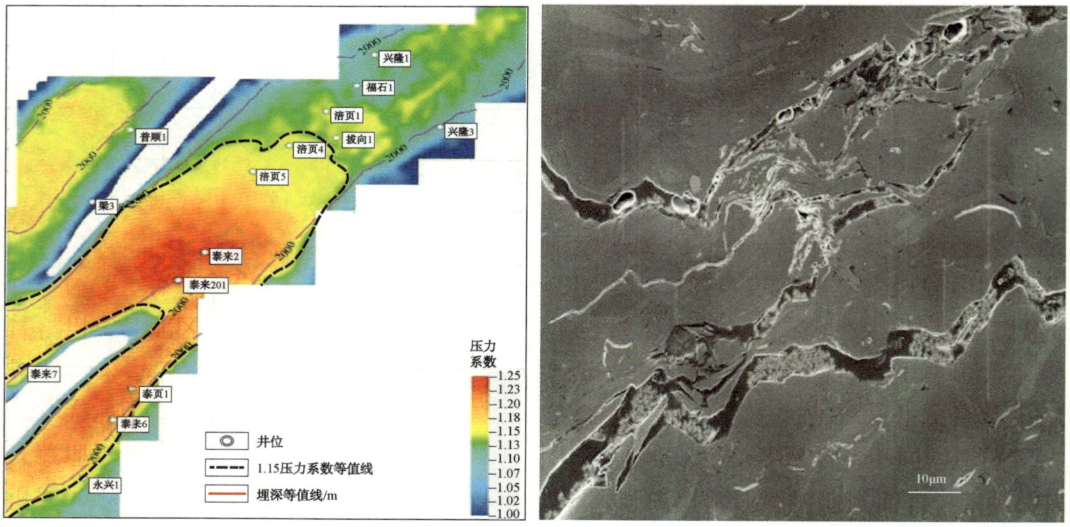

图 10 涪陵北部地区凉高山组压力系数预测图（左）和熔融合金氩离子扫描电镜（右）

3.3 地质工程一体化是实现页岩油气勘探突破的重要保障

如何实现湖相页岩气的高产、稳产，需要立足工艺理念创新，突出地质工程一体化，打造压裂新模式，确保预探突破和效益建产。在借鉴海相页岩气储层压裂改造经验基础上，通过应力、岩性、液性和砂性相结合，系统科学优化簇间距、簇数、排量、黏度等关键压

裂参数和方案设计，探索形成了以“少段多簇+暂堵转向+大排量+中粗砂强加砂”为主要特点的新模式高效体积压裂关键技术：基于湖相页岩塑性较强、复杂缝网形成难度大的特点，采用少段多簇（水平段长1502m，20段、146簇，簇间距为8~20m）+投球暂堵转向（其中12段采用投球暂堵工艺），实现密集切割，提高单段储层改造体积及裂缝复杂性；提高导流能力，采用多尺度裂缝强加砂工艺：变黏滑溜水、高砂比段塞加砂+连续加砂，其中低黏滑溜水（1~3mPa·s）占比为5.057%，大粒径（40/70目及30/50目）占比达到72%；提高压裂裂缝净压力，优选降阻率高、伤害低、携砂性能好的压裂液体系，改善铺砂效果，同时采用大排量施工模式（主体施工排量为16~18m^3/min）；针对黏土矿物含量高、水敏性强的特征，强化储层保护，使用长效防膨剂抑制敏感性（表3）。

表3 泰页1井凉高山组页岩地质工程参数及压裂工艺特征表

评价参数		对压裂改造影响	优化思路
石英含量/%	35.9	塑性强，加砂难度大；裂缝延伸受限，缝长短；泥质含量高，导流能力差	变密度压裂液体系，实现较高导流能力的强造缝；多尺度加砂支撑，强化支撑
黏土矿物含量/%	48.9		
泊松比	0.269		
杨氏模量/GPa	33.5		
水平应力差异系数	0.117	较小的水平应力差异系数有利于裂缝转向	多簇密切割设计，增加裂缝的均匀扩展；大排量+ 投球暂堵转向，提高缝内净压力，增加缝高、缝宽，形成复杂缝网
上覆岩层压力/MPa	61.19	较小的上覆岩层压力有利于层理缝的扩展与延伸	
曲率	较发育	有利于缝网延伸	
层理与天然裂缝	中等发育	在较强泥质胶结条件下，不利于缝高的扩展	
敏感性	较强	储层伤害大、降低缝网改造程度	采用促解吸、强驱油、防膨、防运移、抑制敏感性的压裂液体系

采用上述高效体积压裂关键技术，泰页1井侧钻水平井水平段长1502m，压裂20段，146簇，总液量为39574.7m^3，总砂量为3446.4m^3（图11）。施工指标创同类井新高，采用70/140目+40/70目+30/50目支撑剂组合，单段最高综合砂液比为11.58%，平均综合砂液比为8.48%，单段最大加砂强度为6.76t/m，平均加砂强度为4.2t/m，压裂改造效果良好，改造体积达2737×10^4m^3，实现了勘探突破，为湖相页岩压裂改造工艺的进一步优化提供了借鉴。

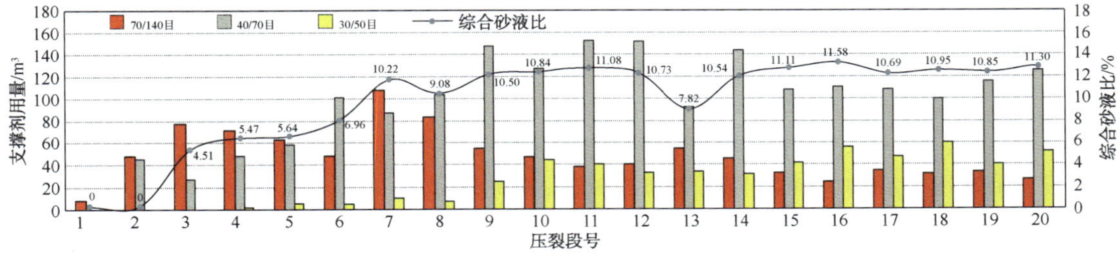

图11 泰页1井侧钻水平井各段压裂支撑剂使用情况对比图

4 结论

四川盆地涪陵地区凉高山组二段广泛发育半深湖相富有机质泥页岩，泰页1井首次在该层段获得页岩油气重大突破，试获日产气$7.5\times10^4m^3$、日产油$9.8m^3$，开辟了四川盆地页岩油气勘探新层系。

泰页1井的钻探成果证实涪陵地区凉高山组二段“纯页岩型”页岩油气藏，具有泥页岩连续厚度大、TOC、孔隙度及含气量较高的特征，具备良好的页岩油气成藏条件；保存条件好、微裂缝发育有利于湖相页岩油气富集高产，有效的体积压裂技术是实现高效开发的关键。

综合评价涪陵北部地区凉高山组二段页岩油气有利勘探面积近$1200km^2$，天然气资源量为$1922\times10^8m^3$、石油资源量为2800×10^4t，勘探前景广阔，是四川盆地继五峰组—龙马溪组之后的重大页岩油气资源接替新领域。

参 考 文 献

[1] 郭旭升，胡东风，魏志红，等．涪陵页岩气田的发现与勘探认识[J]．中国石油勘探，2016，21(3)：34-37.

[2] 王志刚．涪陵页岩气勘探开发重大突破与启示[J]．石油与天然气地质，2015，36(1)：1-6.

[3] 邹才能，董大忠，王玉满，等．中国页岩气特征、挑战及前景(二)[J]．石油勘探与开发，2016，43(2)：166-178.

[4] 郭旭升，胡东风，黄仁春，等．四川盆地深层—超深层天然气勘探进展与展望[J]．天然气工业，2020，40(5)：1-14.

[5] 何治亮，聂海宽，李双建，等．特提斯域板块构造约束下上扬子地区二叠系龙潭组页岩气的差异性赋存[J]．石油与天然气地质，2021，42(1)：1-15.

[6] 董大忠，邱振，张磊夫，等．海陆过渡相页岩气层系沉积研究进展与页岩气新发现[J]．沉积学报，2021，39(1)：29-45.

[7] 周德华，焦方正，郭旭升，等．川东北元坝区块中下侏罗统页岩油气地质分析[J]．石油实验地质，2013，35(6)：596-600.

[8] 周德华，焦方正．页岩气“甜点”评价与预测：以四川盆地建南地区侏罗系为例[J]．石油实验地质，2012，34(2)：109-114.

[9] 蔡勋育，刘金连，张宇，等．中国石化“十三五”油气勘探进展与“十四五”前景展望[J]．中国石油勘探，2021，26(1)：31-42.

[10] 孙焕泉，周德华，蔡勋育，等．中国石化页岩气发展现状与趋势[J]．中国石油勘探，2020，25(2)：14-26.

[11] 郭旭升，胡东风，李宇平，等．海相和湖相页岩气富集机理分析与思考：以四川盆地龙马溪组和自流井组大安寨段为例[J]．地学前缘，2016，23(2)：18-28.

[12] 邱振，施振生，董大忠，等．致密油源储特征与聚集机理——以准噶尔盆地吉木萨尔凹陷二叠系芦草沟组为例[J]．石油勘探与开发，2016，43(6)：928-939.

[13] 李英强，何登发．四川盆地及邻区早侏罗世构造—沉积环境与原型盆地演化[J]．石油学报，2014，35(2)：219-232.

[14] 郭少斌，黄磊．页岩气储层含气性影响因素及储层评价——以上扬子古生界页岩气储层为例[J]．石

油实验地质，2013，35(6)：601-606.
[15] 李武广，钟兵，杨洪志，等. 页岩储层含气性评价及影响因素分析——以长宁—威远国家级试验区为例[J]. 天然气地球科学，2014，25(10)：1653-1660.
[16] 罗鹏，吉利明. 陆相页岩气储层特征与潜力评价[J]. 天然气地球科学，2013，24(5)：1060-1068.
[17] 沈骋，赵金洲，谢军，等. 海相页岩缝网可压性靶窗空间分布预测——以川南长宁区块为例[J]. 地质力学学报，2020，26(6)：881-891.
[18] 杨跃明，黄东. 四川盆地侏罗系湖相页岩油气地质特征及勘探开发新认识[J]. 天然气工业，2019，39(6)：22-33.
[19] 楼一珊，金业权. 岩石力学与石油工程[M]. 北京：石油工业出版社，2006.
[20] 刘曰武，高大鹏，李奇，等. 页岩气开采中的若干力学前沿问题[J]. 力学进展，2019，49(1)：1-236.
[21] 焦方正，邹才能，杨智. 陆相源内石油聚集地质理论认识及勘探开发实践[J]. 石油勘探与开发，2020，47(6)：1067-1078.
[22] 孙焕泉，蔡勋育，周德华，等. 中国石化页岩油勘探实践与展望[J]. 中国石油勘探，2019，24(5)：569-575.
[23] 杜金虎，胡素云，庞正炼，等. 中国陆相页岩油类型、潜力及前景[J]. 中国石油勘探，2019，24(5)：560-568.
[24] 李军，王世谦. 四川盆地平昌—阆中地区侏罗系油气成藏主控因素与勘探对策[J]. 天然气工业，2010，30(3)：16-21，126-127.
[25] 邹才能，陶士振，白斌，等. 论非常规油气与常规油气的区别和联系[J]. 中国石油勘探，2015，20(1)：1-16.
[26] 杨跃明，杨家静，杨光，等. 四川盆地中部地区侏罗系致密油研究新进展[J]. 石油勘探与开发，2016，43(6)：873-882.
[27] 鄢杰，潘仁芳，唐小玲，等. 页岩中油气的滞留机制及富集机理差异性比较[J]. 断块油气田，2015，22(6)：711-716.
[28] 杨振恒，胡宗全，熊亮，等. 深层页岩气源储耦合机理研究——以川南地区 X 井为例[J]. 油气藏评价与开发，2020，10(5)：20-27.
[29] 谌卓恒，黎茂稳，姜春庆，等. 页岩油的资源潜力及流动性评价方法——以西加拿大盆地上泥盆统 Duvernay 页岩为例[J]. 石油与天然气地质，2019，40(3)：459-468.
[30] 宋岩，李卓，姜振学，等. 非常规油气地质研究进展与发展趋势[J]. 石油勘探与开发，2017，44(4)：638-648.
[31] 卢双舫，薛海涛，王民，等. 页岩油评价中的若干关键问题及研究趋势[J]. 石油学报，2016，37(10)：1309-1322.
[32] 杨智，侯连华，陶士振，等. 致密油与页岩油形成条件与“甜点区”评价[J]. 石油勘探与开发，2015，42(5)：555-565.
[33] 舒志国，周林，李雄，等. 四川盆地东部复兴地区侏罗系自流井组东岳庙段陆相页岩凝析气藏地质特征及勘探开发前景[J]. 石油与天然气地质，2021，42(1)：212-223.
[34] 吉利明，吴远东，贺聪，等. 富有机质泥页岩高压生烃模拟与孔隙演化特征[J]. 石油学报，2016，37(2)：172-181.

页岩不同类型孔隙的含气性差异
——以四川盆地焦石坝地区五峰组—龙马溪组为例

魏志红　魏祥峰

（中国石化勘探南方分公司）

摘要： 作为中国第一个具备商业性开发价值的大型整装页岩气田，四川盆地涪陵焦石坝页岩气田的发现，极大地推动了中国页岩气产业的发展。为此，以该页岩气田上奥陶统五峰组—下志留统龙马溪组页岩为研究对象，利用氩离子抛光扫描电镜、TRA 等实验分析数据，在对该区页岩孔隙类型和特征进行研究的基础上，重点对不同类型孔隙的含气性差异进行了探讨。结果表明：页岩的孔隙包含了有机质孔、黏土矿物间孔以及脆性矿物孔（晶间孔、次生溶蚀孔等）等孔隙类型，以有机质孔和黏土矿物间孔为主，占总孔隙比例的 90% 左右。有机质孔隙是页岩气最重要的储集空间，高有机碳含量与高孔隙度、高有效含气饱和度呈良好的耦合关系，表明有机质孔隙含气性好；黏土矿物间孔隙由于具有亲水性，表现出黏土矿物含量与含水饱和度呈明显的正相关关系，其含气性较差。这些成果为该区域页岩气勘探提供了技术支撑，也可供类似区域借鉴。

关键词： 四川盆地　焦石坝地区　晚奥陶世　页岩气　有机质孔　黏土矿物间微孔　含气性　差异性

2012 年年底，中国石化在四川盆地涪陵焦石坝发现了第一个具备商业性开发价值的大型整装页岩气田[1-3]，极大地推动了中国页岩气行业的发展。

传统油气地质理论中，对富有机质泥页岩的早期研究主要侧重于将其作为常规油气的烃源层和盖层对待，而没有将其作为具有油气开采价值的储层。20 世纪 80 年代以来，室内试验分析技术的进步，非常规地质理论的创新，加深了地质学者对页岩沉积成岩过程、储层精细刻画、气体赋存形式及原始含气量变化的理解[4-9]，同时并利用场发射扫描电镜，结合氩离子抛光等技术观测到了丰富的纳米级孔隙，认为纳米孔在页岩气的聚集、成藏中起重要作用。相关学者对储集空间的类型及特征、孔隙结构等方面进行了相对深入的研究[10-13]，但对不同孔隙类型含气性的研究相对较少。因此，笔者以涪陵页岩气田上奥陶统五峰组—龙马溪组为例，在研究泥页岩孔隙类型及特征的基础上，探讨不同类型孔隙的含气性差异，以期分析不同储集空间对页岩气富集的作用，从而为国内页岩气研究的发展起到积极的推动作用。

天然气工业，2014，34(6)：37-41

1 孔隙类型及其特征

1.1 孔隙类型

利用氩离子束抛光扫描电子显微镜技术对焦石坝五峰组—龙马溪组泥页岩的纳米级孔隙进行研究，共识别出有机质孔、黏土矿物间孔、晶间孔、次生溶蚀孔等孔隙类型(详见本期郭旭升等的文章)，如图1所示。

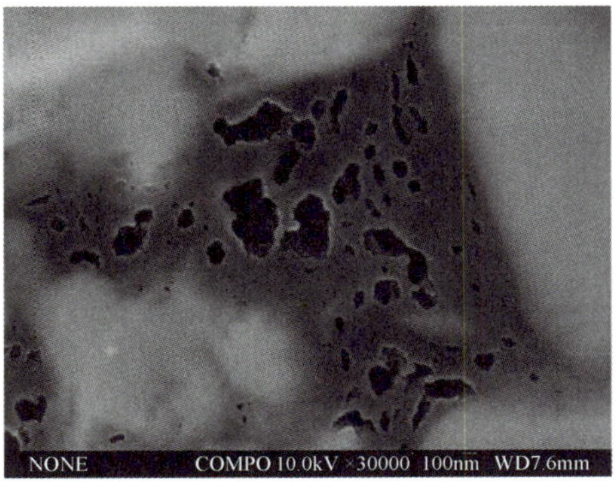

(a)有机质孔隙，JY1井，龙马溪组，井深2385.42m

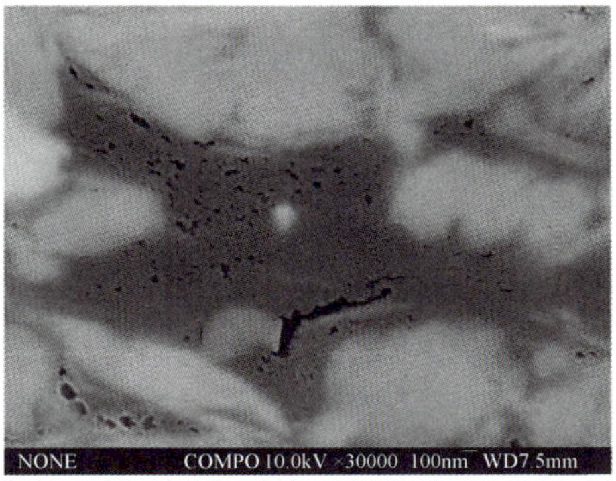

(b)有机质孔隙，JY1井，龙马溪组，井深2381.91m

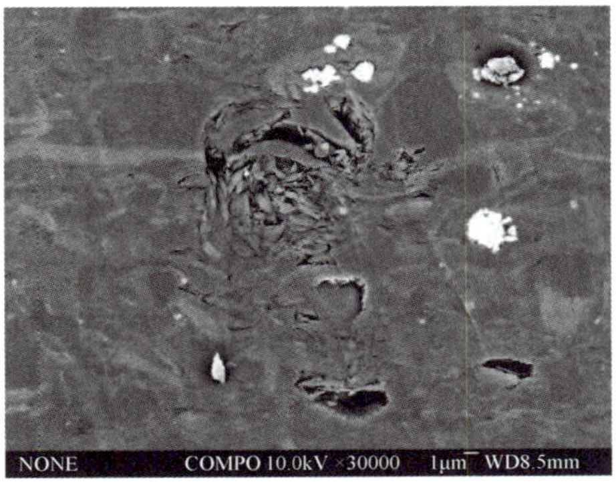

(c)黏土矿物粒间孔，JY1井，龙马溪组，井深2335.30m

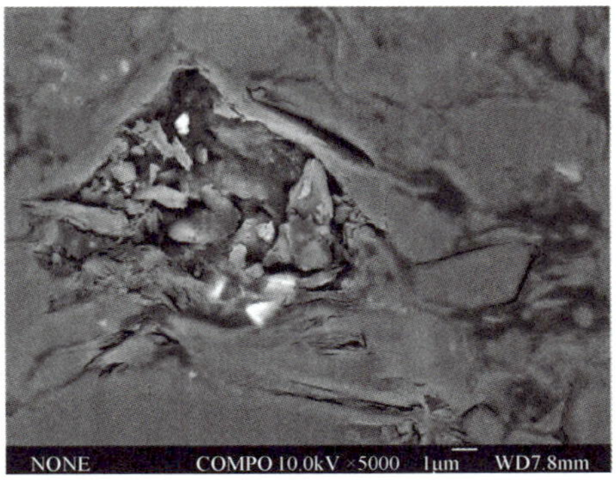

(d)黏土矿物粒间孔，JY1井，五峰组，井深2414.88m

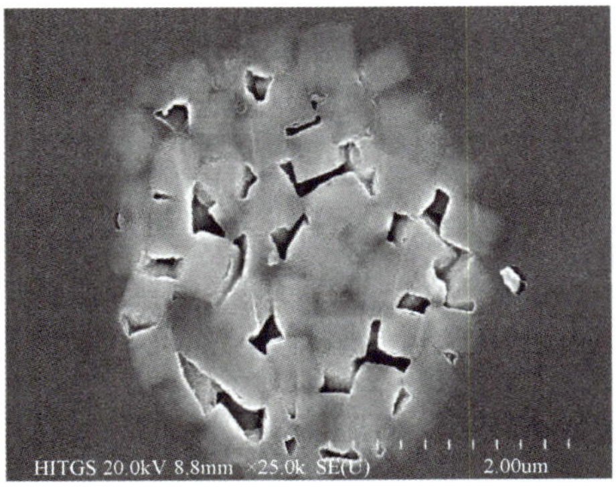

(e)黄铁矿晶间孔，JY2井，龙马溪组，井深2450.25m

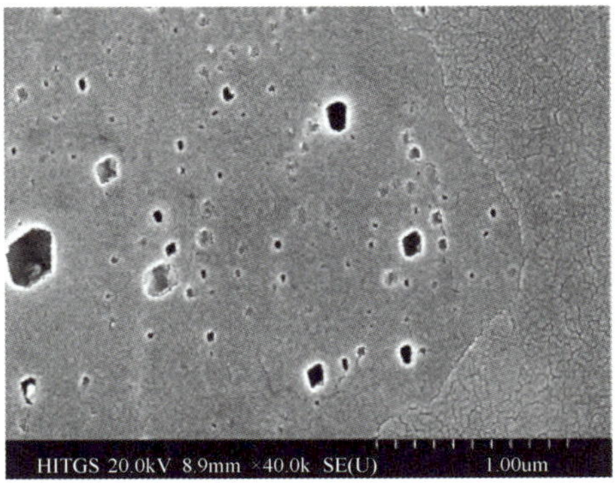

(f)粒内溶蚀孔，JY4井，龙马溪组，井深2570.71m

图1 焦石坝地区五峰组—龙马溪组页岩孔隙特征图

1.2 孔隙构成

页岩基质孔隙按有机质、矿物的类型又可划分为脆性矿物微孔隙、有机质孔隙以及黏土矿物间孔隙，这是海相泥页岩储集空间定量表征的重要依据。

王道富等(2013)提出了孔隙度计算的岩石物理模型计算[14]，用于定量刻画每种类型孔隙对页岩孔隙的贡献大小。本次将借用该模型定量描述焦石坝五峰组—龙马溪组泥页岩中基质孔隙的构成，这里引述该模型的孔隙度计算公式：

$$\varphi=\rho A_{\mathrm{Bri}}V_{\mathrm{Bri}}+\rho A_{\mathrm{clay}}V_{\mathrm{clay}}+\rho A_{\mathrm{Toc}}V_{\mathrm{Toc}}$$

式中，φ 为页岩孔隙度,%；ρ 为页岩岩石密度，t/m^3；A_{Bri}、A_{clay}、A_{Toc} 分别为脆性矿物、黏土和有机质的质量百分含量；V_{Bri}、V_{clay}、V_{Toc} 分别为脆性矿物、黏土和有机质的单位质量内微孔隙体积，m^3/t，即3种物质单位质量对孔隙的贡献。

应用孔隙度数学模型求取了JY4井龙马溪组页岩脆性矿物、黏土和有机质内孔隙的孔容分别为0.0038m^3/t、0.0367m^3/t和0.33m^3/t。在此基础上，根据各测点TOC和矿物成分含量对各类孔隙所占比例进行了测算，结果表明(见本期郭旭升文章表2)，有机质孔和黏土矿物间孔对孔隙度的贡献最大，两者总共占了90%左右，脆性矿物孔仅占10%左右。并且自上到下随TOC增大、黏土矿物含量减少，具有有机质孔比例逐渐增大、黏土矿物间孔比例逐渐减少的趋势。

2 不同孔隙类型含气性特征

2.1 泥页岩TRA特征

为了研究页岩岩石密度、含气孔隙度、含气饱和度、有效连通总孔隙度和压力衰减渗透率等参数的特点，针对焦石坝地区JY4井五峰组—龙马溪组页岩在斯伦贝谢公司进行了5个页岩蜡封样品的TRA(Tight Rock Analysis)分析。

JY4井五峰组—龙马溪组页岩样品TRA结果显示(表1)，页岩TOC总体较高，介于1.82%~4.09%；黏土矿物含量较低，介于14.3%~28.4%；有效孔隙度较大，压力衰减渗透率极低，孔隙度介于2.43%~6.55%，渗透率介于(0.000111~0.000343)×10^{-3}μm^2；有效含气饱和度高，介于71.55%~90.25%。以上现象总体显示出焦石坝五峰组—龙马溪组泥页岩具有高TOC、高脆性矿物、高孔隙度、高含气饱和度等“四高”的特征，总体为优质的页岩气储层。

表1 焦石坝地区JY4井五峰组—龙马溪组页岩TRA结果统计表

深度/m	TOC	黏土矿物含量	体积密度/g·cm^{-3}	有效孔隙度	有效含水饱和度	有效含气饱和度	黏土束缚水含量	结构水含量	压力衰减渗透率/10^{-3}μm^2
2548.10	1.82%	28.4%	2.693	2.43%	28.45%	71.55%	0.79%	4.94%	0.000081
2560.62	2.94%	19.0%	2.610	3.65%	26.29%	73.71%	0.86%	5.28%	0.000225
2571.77	3.11%	17.7%	2.572	4.44%	18.01%	81.99%	1.00%	4.70%	0.000315
2582.08	2.09%	15.6%	2.526	4.82%	9.66%	90.34%	0.84%	3.36%	0.000341
2592.50	4.05%	14.3%	2.473	6.55%	9.75%	90.25%	0.36%	2.37%	0.000111

另外，研究发现各参数在纵向上表现出规律性地变化(图2)，从上到下具有以下特点：①TOC量逐渐增大、黏土矿物含量逐渐减少；②有效孔隙度逐渐增大；③有效含气饱和度逐渐增大、含水饱和度逐渐减小；④黏土束缚水和结构水含量逐渐减少。

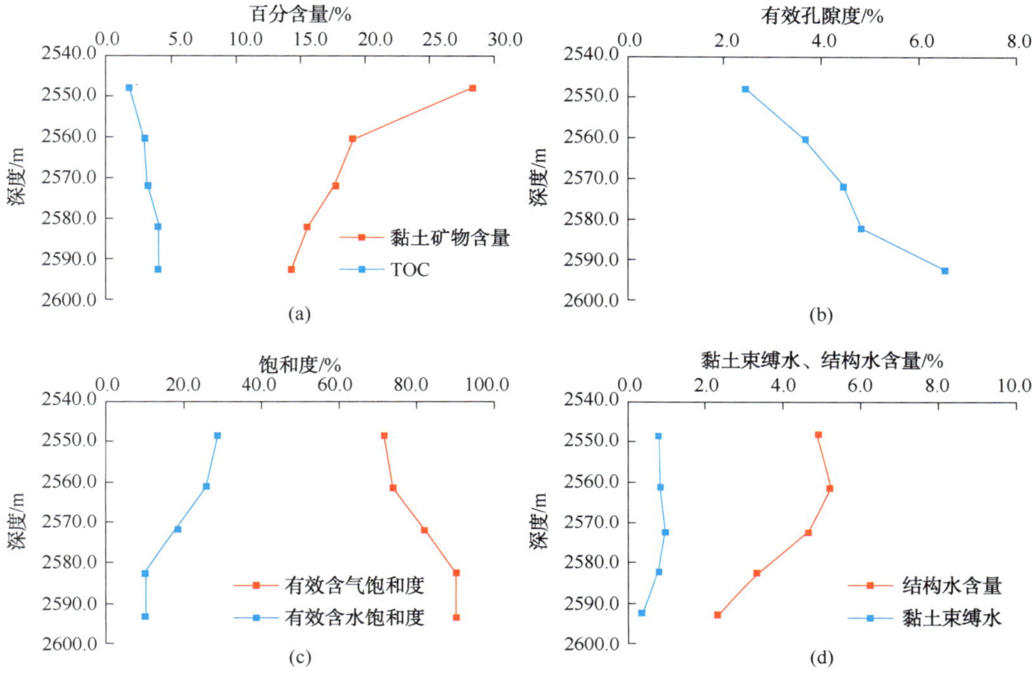

图2 JY4井五峰组—龙马溪组页岩TRA测试参数变化特征图

2.2 孔隙含气性探讨

前面叙述的孔隙构成结果表明，龙马溪组页岩以有机质孔和黏土矿物间孔为主，并具有随TOC增大、黏土矿物含量减少，有机质孔比例逐渐增大、黏土矿物间孔比例逐渐减少的趋势。而上述5个页岩样品自上而下同样表现出TOC增大、黏土矿物含量减少的特点，因此，从上到下也具有有机质孔比例逐渐增大、黏土矿物间孔比例逐渐减少的趋势。

研究发现，有效含气饱和度与TOC呈明显的线性正相关，含水饱和度则与黏土矿物含量呈明显的线性正相关(图3)，该现象反映了TOC越高，有机质孔隙越发育，有效含气饱和度越高，而黏土矿物含量越高，黏土矿物间孔越发育，有效含水饱和度越高，这说明了有机质孔隙具有更好的含气性，是页岩气最重要的储集空间。

分析造成上述现象的原因有：一是有机质孔隙具有明显的亲油性，该特点决定了有机质孔往往相对于黏土矿物间孔等无机孔隙，能够优先促使甲烷在其内吸附和储存；另外，TOC与有效孔隙度呈明显的正线性相关(图4)，反映了有机质孔隙为泥页岩提供了更多的储集空间，有利于页岩气更大量的储集。而黏土矿物则由于其亲水性，造成黏土矿物含量与有效含水饱和度、黏土束缚水和结构水总量呈较明显的正线性关系[图3(b)、图5]。因此相对于有机质孔，总体不利于页岩气的吸附和储集。

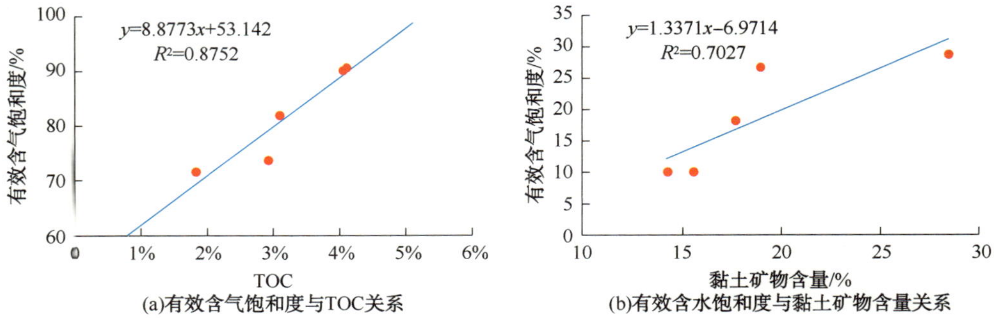

图 3　JY4 井五峰组—龙马溪组页岩饱和度与 TOC、黏土矿物含量关系图

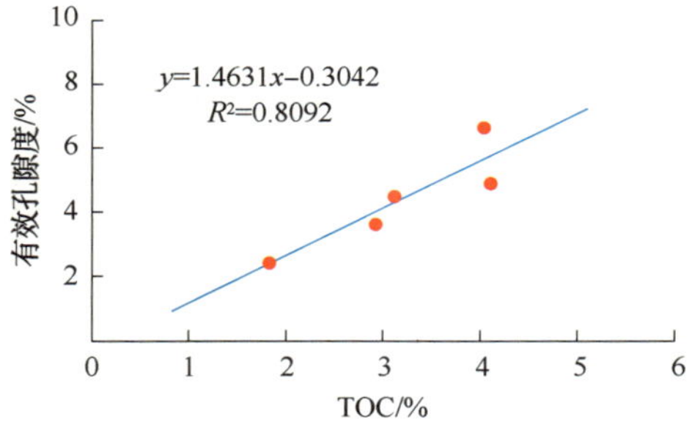

图 4　有效孔隙度与 TOC 相关关系图

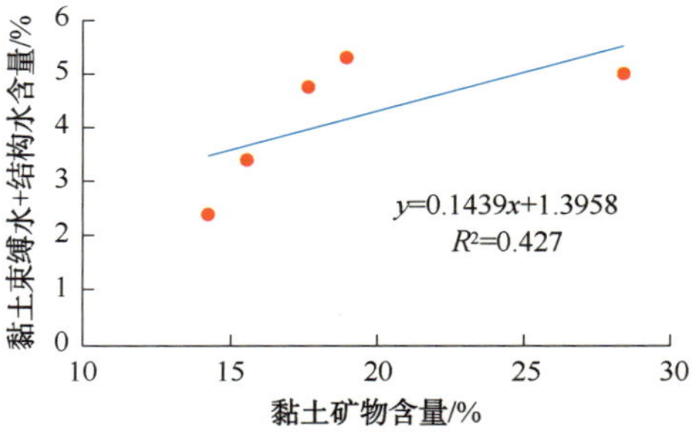

图 5　黏土水含量与黏土矿物含量相关关系图

3　结论

（1）五峰组—龙马溪组页岩的纳米级孔隙主要包含了有机质孔、黏土矿物间孔以及脆性矿物孔（晶间孔、次生溶蚀孔等）等孔隙类型；纳米级孔隙以有机质孔隙和黏土矿物间孔为主，占总孔隙比例的 90%左右。

（2）高 TOC 与高孔隙度、高有效含气饱和度成良好的耦合关系，表明有机质孔隙利于页岩气的吸附和储集，含气性好，为页岩气最重要的储集空间；黏土矿物间孔隙由于具有亲水性，表现出黏土矿物含量与含水饱和度呈明显的正相关关系，其含气性较差。

参　考　文　献

[1] 郭彤楼，刘若冰. 复杂构造区高演化程度海相页岩气勘探突破的启示——以四川盆地东部盆缘 JY1 井为例[J]. 天然气地球科学，2013，24(4)：643-651.

[2] GUO Tonglcu. Evaluation of highly thermally mature shale-gas reservoirs in complex structural parts of the Sichuan Basin[J]. Journal of Earth Science，2013，24(6)：863-873.

[3] 郭彤楼，张汉荣. 四川盆地焦石坝页岩气田形成与富集高产模式[J]. 石油勘探与开发，2014，41(1)：28-36.

[4] 梁兴，叶熙，张介辉，等. 滇黔北坳陷威信凹陷页岩气成藏条件分析与有利区优选[J]. 石油勘探与开发，2011，38(6)：693-699.

[5] 张金川，聂海宽，徐波，等. 四川盆地页岩气成藏地质条件[J]. 天然气工业，2008，28(2)：

151-156.
[6] 程克明，王世谦，董大忠，等．上扬子区下寒武统筇竹寺组页岩气成藏条件[J]．天然气工业，2009，29(5)：40-44.
[7] 蒲泊伶，蒋有录，王毅，等．四川盆地下志留统龙马溪组页岩气成藏条件及有利地区分析[J]．石油学报，2010，31(2)：225-230.
[8] 王飞宇，贺志勇，孟晓辉，等．页岩气赋存形式和初始原地气量(OGIP)预测技术[J]．天然气地球科学，2011，22(3)：501-510.
[9] 李玉喜，乔德武，姜文利，等．页岩气含气量和页岩气地质评价综述[J]．地质通报，2011，30(2)：308-317.
[10] 魏祥峰，刘若冰，张廷山，等．页岩气储层微观孔隙结构特征及发育控制因素——以川南—黔北XX地区龙马溪组为例[J]．天然气地球科学，2013，24(5)：1048-1059.
[11] 陈尚斌，朱炎铭，王红岩，等．川南龙马溪组页岩气储层纳米孔隙结构特征及其成藏意义[J]．煤炭学报，2012，37(3)：438-444.
[12] 吉利明，邱军利，夏燕青，等．常见黏土矿物电镜扫描微孔隙特征与甲烷吸附性[J]．石油学报，2012，33(2)：249-256.
[13] 田华，张水昌，柳少波，等．压汞法和气体吸附法研究富有机质页岩孔隙特征[J]．石油学报，2012，33(5)：419-427.
[14] 王道富，王玉满，董大忠，等．川南下寒武统筇竹寺组页岩储集空间定量表征[J]．天然气工业，2013，33(7)：1-10.

四川盆地北部陆相大气田形成与高产主控因素

郭彤楼

（中国石化勘探南方分公司）

摘要： 基于大量样品分析测试资料和勘探实践，探讨四川盆地北部元坝、通南巴等地区陆相须家河组—自流井组天然气成藏与富集高产控制因素。四川盆地北部地区陆相层系天然气主要源自同层系烃源岩，烃源岩有机质丰度高，达到较好—好烃源岩标准，有机质类型以Ⅲ型为主，整体处于高—过成熟生气阶段。受物源影响，研究区发育多期（扇）三角洲体系，主河道砂体多期叠置、大面积分布，储集层与烃源岩形成下生上储和互层式成藏组合。根据对九龙山、马路背、元坝3个地区5口典型高产井的解剖分析，提出研究区勘探与研究的整体思路：沉积物源控制岩石类型、胶结类型、沉积微相；烃源岩控制成藏规模和气藏位置；构造类型控制裂缝发育的规模、发育的部位；裂缝和储集层的匹配控制产量的高低和稳产时间。依此模式预测元坝地区西部和剑阁地区须三段、须四段，元坝中东部地区须四段、自流井组及通南巴构造马路背、河坝场地区珍珠冲段、须二段，是天然气富集高产的主要区块。图10表1参22。

关键词： 高产富集　陆相层系　四川盆地北部　元坝　通南巴地区　地区气田

1　研究区概况

四川盆地北部先后经历了晋宁、加里东、海西、印支、燕山及喜马拉雅等多期构造运动。该区北部为米仓山隆起、北东为大巴山前缘推覆带、向南过渡为川中低缓构造带（见图1），来自雪峰山、大巴山、米仓山和龙门山多个方向、不同时期的应力作用塑造了现今构造格局，包括北西向和北东向两组主构造以及北北东、北西西、南北等多种方向的构造，显示了多期构造的复合与联合作用。

四川盆地北部地区继发现普光、元坝、罗家寨、龙岗等海相天然气田后，又发现了马路背陆相须家河组气田（探明储量$191\times10^8m^3$）。近两年在九龙山、元坝、剑阁、龙岗等地区陆相须家河组、自流井组等多个层段获得天然气勘探突破[1]，多口井在陆相层系试获高产工业气流，展示了四川盆地北部地区陆相层系具有形成大气田的地质条件和巨大的勘探潜力。

石油勘探与开发，2013，40(2)：139-149

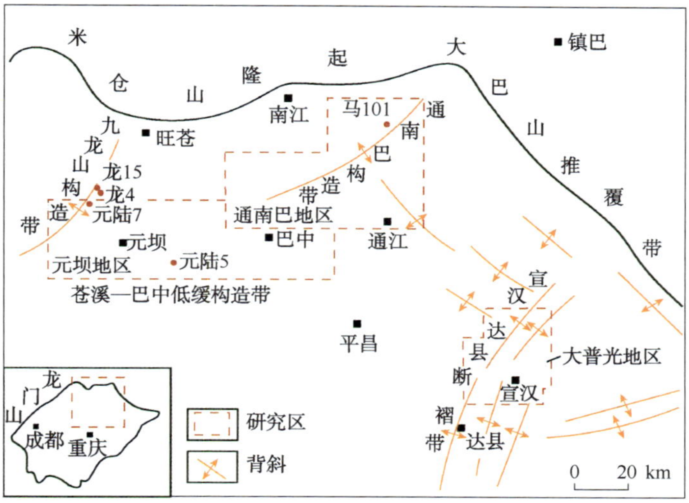

图 1 四川盆地北部元坝、通南巴、大普光地区构造位置图

本文基于大量样品分析测试资料和勘探实践，探讨四川盆地北部元坝、通南巴等地区陆相须家河组—自流井组天然气成藏与富集高产控制因素，以期为勘探部署提供科学依据。

2 形成陆相大气田的地质条件

2.1 烃源岩层位

四川盆地海相与陆相天然气的甲烷、乙烷碳同位素组成呈规律性分布(图 2)[1]。在天然气 $\delta^{13}C_1$、$\delta^{13}C_2$ 值分布图中，上三叠统须家河组(T_3x)与侏罗系天然气碳同位素组成主要落在直线 $\delta^{13}C_2=\delta^{13}C_1+8‰$ 的下方(图 2)，为陆相天然气，且须家河组与侏罗系天然气乙烷碳同位素组成存在明显区别，反映有机质来源的差异(图 2)。但须家河组和侏罗系也有小部分天然气 $\delta^{13}C_1$、$\delta^{13}C_2$ 值不具有陆相天然气特征，散落于海相天然气分布区域，这些具异常碳同位素组成的陆相天然气样品都取自四川盆地北部地区及川东南地区，主要是下部海相天然气沿断层向上运移而来。

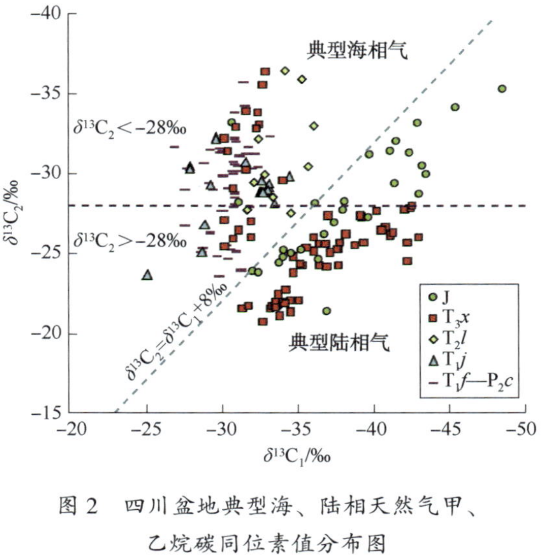

图 2 四川盆地典型海、陆相天然气甲、乙烷碳同位素值分布图

T_3x—上三叠统须家河组；T_2l—中三叠统雷口坡组；T_1j—下三叠统嘉陵江组；T_1f—下三叠统飞仙关组；P_2c—上二叠统长兴组

气源岩干酪根碳同位素组成比其生成的天然气丁烷碳同位素组成约重 1‰[2]。元坝地区侏罗系千佛崖组(J_2q)天然气中没有测到丁烷碳同位素，依据烷烃气碳同位素变化趋势，丁烷碳同位素组成比丙烷重

1‰~2‰，以此推算得 $\delta^{13}C_4$ 值约为-27‰~-26‰。本区千佛崖组烃源岩干酪根 $\delta^{13}C$ 值为-27.0‰~-23.3‰，6 个样品平均值为-25.4‰，比上述天然气 $\delta^{13}C_4$ 推算值重 1‰左右，说明这些天然气来源于同层位烃源岩[图 3(a)]。

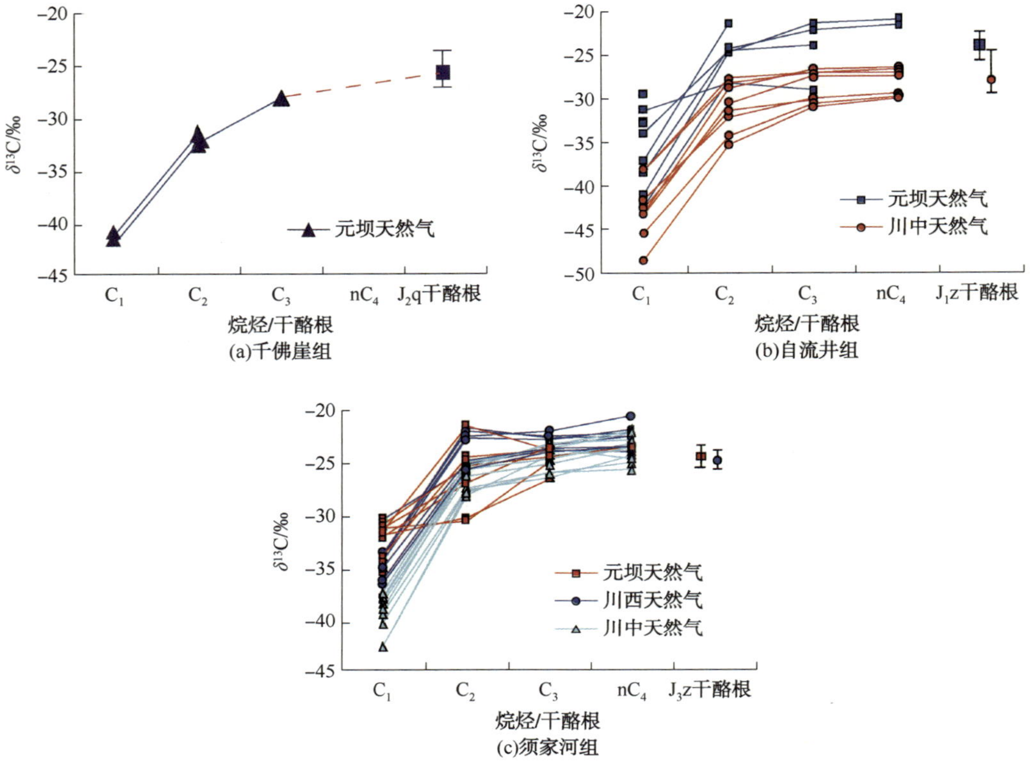

图 3　四川盆地陆相天然气烷烃及烃源岩碳同位素组成

元坝地区侏罗系自流井组(J_1z)天然气碳同位素组成有一定的变化范围，C_1—C_4 的 $\delta^{13}C$ 值分别为-42.2‰~-29.5‰、-28.2‰~-21.4‰、-29.0‰~-21.5‰和-21.6‰~-20.8‰。丁烷碳同位素组成偏重(乙烷、丙烷碳同位素组成亦偏重)，如按上述天然气-源岩碳同位素数值关系推算，其气源岩的干酪根 $\delta^{13}C$ 值应在-21‰~-20‰，而四川盆地不发育具如此重碳同位素组成的烃源岩；本区所分析的自流井组烃源岩干酪根 $\delta^{13}C$ 值为-25.9‰~-22.5‰，10 个样品的平均值为-24.0‰。根据天然气碳同位素组成的整体变化趋势，并结合上述因素分析，认为自流井组天然气与同层烃源岩具有良好的气源关系(图 3b)，C_2—C_4 碳同位素组成偏重应是自流井组烃源岩生成的天然气在高热演化阶段重烃气发生二次裂解作用使碳同位素再次分馏所致。

元坝地区须家河组天然气亦主要来自本层位烃源岩，受重烃气二次裂解作用及混源的影响，烷烃气 $\delta^{13}C$ 值分布模式与上覆侏罗系天然气不同(图 3c)。

综上，川北元坝地区千佛崖组、自流井组和须家河组天然气烷烃单体烃碳同位素组成及其分布模式存在明显差异，且与同层烃源岩碳同位素值可以对比，表明天然气主要来自同层位烃源岩，天然气均为陆相成因。

2.2 烃源岩特征

2.2.1 有机质丰度

元坝地区3套陆相泥质烃源岩中，须家河组有机质丰度最高，所分析的364个暗色泥岩样品TOC值为0.17%~13.38%，平均值达2.51%，大多为0.5%~5.0%，约93%的样品TOC值大于0.5%，在有机质丰度上达到很好烃源岩标准。其中，须二段、须三段TOC值最高，平均值都在3.0%以上；而须一段、须四段、须五段相对较低，平均值均小于2.0%(图4)。自流井组次之，330个样品TOC值为0.10%~12.79%，平均值为1.84%，大多在0.5%~3.0%，约82%的样品TOC值高于0.5%，达到好烃源岩标准。其中，珍珠冲段最高，平均值达4.05%；东岳庙段次之，平均值为1.78%；马鞍山段和大安寨段较低，平均值分别为1.23%和0.90%。千佛崖组有机质丰度较低，TOC值为0.11%~2.25%(122个样品)，平均值为0.91%，大多低于2.0%，高于0.5%的样品约占68%，总体上达到较好烃源岩标准。元坝地区须家河组须三段和自流井组东岳庙段发育薄层煤线及炭质泥岩，其TOC值主要为20%~70%。

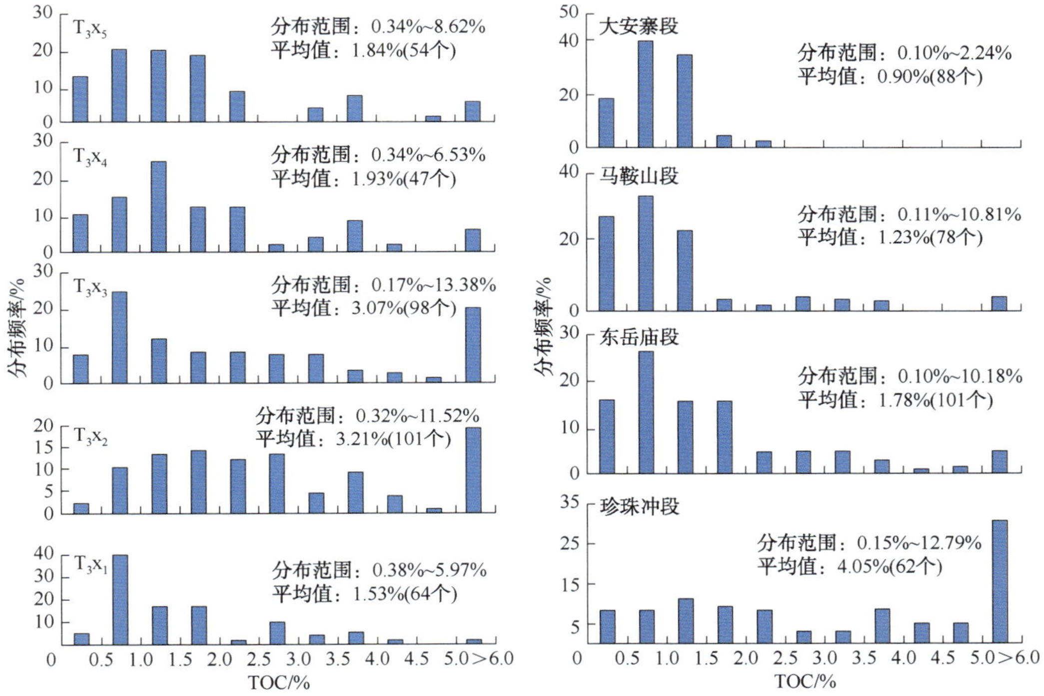

图4 元坝地区须家河组和自流井组分段暗色泥岩TOC值分布直方图(括号内数据为样品数)

对通南巴地区623个泥岩有机碳数据的统计分析也得出了类似的结果，即，川北元坝与通南巴地区3套陆相烃源岩中，须家河组TOC值最高，自流井组次之，千佛崖组最低；须家河组以须二段和须三段TOC值最高，自流井组珍珠冲段和东岳庙段TOC值较高。

2.2.2 有机质类型

对于高成熟烃源岩，干酪根碳同位素组成是确定有机质类型的有效参数。干酪根碳同位素组成在热演化过程中变化不大，一般只变重1‰~2‰，能反映原始有机质的生源构成。

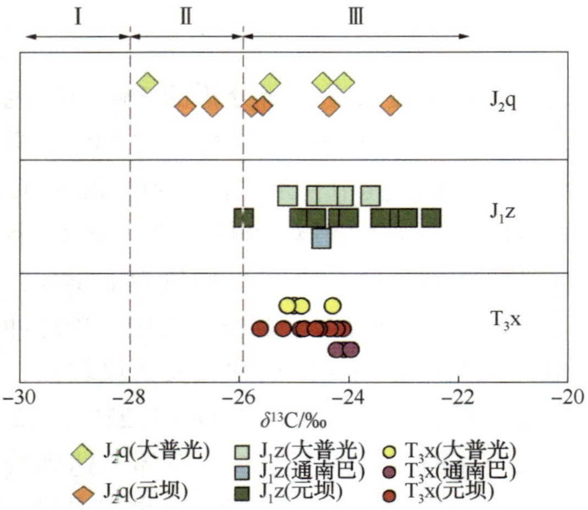

图 5　四川盆地北部陆相烃源岩干酪根碳同位素组成分布图

在中国陆相盆地中，Ⅰ型干酪根 $\delta^{13}C$ 值为−33‰~−27‰，Ⅱ型为−27‰~−26‰，Ⅲ型为−26.0‰~−22.5‰。四川盆地陆相烃源岩Ⅰ型与Ⅱ型干酪根的 $\delta^{13}C$ 界限值定在−28‰较为合适[2]。

按照上述标准，川北元坝、通南巴与大普光地区须家河组与自流井组烃源岩有机质类型为Ⅲ型；千佛崖组烃源岩干酪根碳同位素组成有较大变化，元坝和大普光地区烃源岩干酪根 $\delta^{13}C$ 值分别为−27.0‰~−23.3‰（平均值−25.4‰）和−27.7‰~−24.1‰（平均值−25.4‰），碳同位素组成总体上轻于须家河组和自流井组，其有机质类型包括Ⅱ型与Ⅲ型（图 5）。

2.2.3　有机质成熟度

白垩纪末，燕山晚期构造运动使本区抬升遭受剥蚀，新生代沉积少，因而现今烃源层的有机质热演化程度基本上反映了晚白垩世末的状态。各地区地层剥蚀厚度明显不同，因此不同区域烃源岩 R_o 值与埋深之间的关系各异。元坝地区剥蚀厚度小于大普光和通南巴地区，致使具有相当 R_o 值的地层在元坝地区埋藏约深 1300m（图 6）。千佛崖组烃源岩 R_o 值为 1.00%~2.25%，平均值 1.60%，热演化水平处于生油阶段晚期至高成熟生凝析油、湿气阶段；自流井组烃源岩 R_o 值为 1.13%~1.93%，平均值 1.69%，处于高成熟生凝析油、湿气阶段；须家河组烃源岩 R_o 值为 1.43%~2.86%，平均值为 1.91%，整体上处于高成熟阶段晚期至过成熟早期生干气阶段。

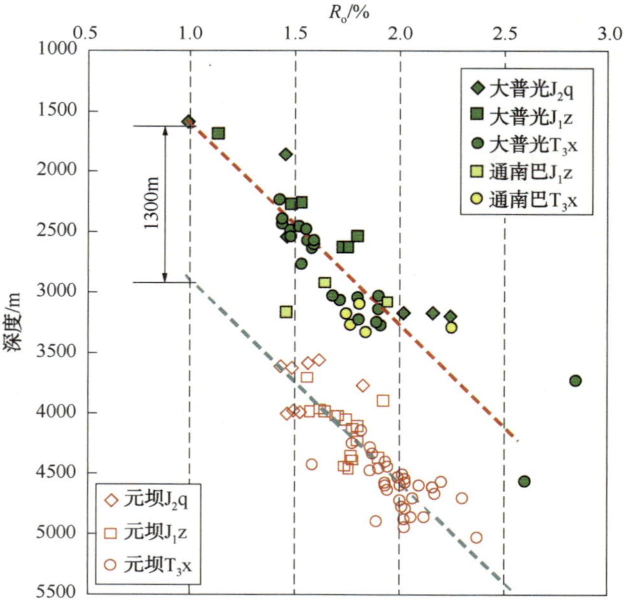

图 6　四川盆地北部陆相烃源岩 R_o 值随深度的变化

综上所述，川北地区3套陆相烃源岩有机质丰度高，有机质类型以Ⅲ型为主，有机质演化达到高过成熟生气阶段。据钻井资料统计，川北地区3套陆相烃源岩的累计厚度为100~260m，计算须家河组泥质烃源岩生气强度为(8~22)×$10^8m^3/km^2$，煤层生气强度(2~24)×$10^8m^3/km^2$；自流井组生气强度(4~28)×$10^8m^3/km^2$；千佛崖组生气强度(2~6)×$10^8m^3/km^2$(图7)。可见，须家河组与自流井组烃源岩能够提供充足的气源，且以元坝地区最好。

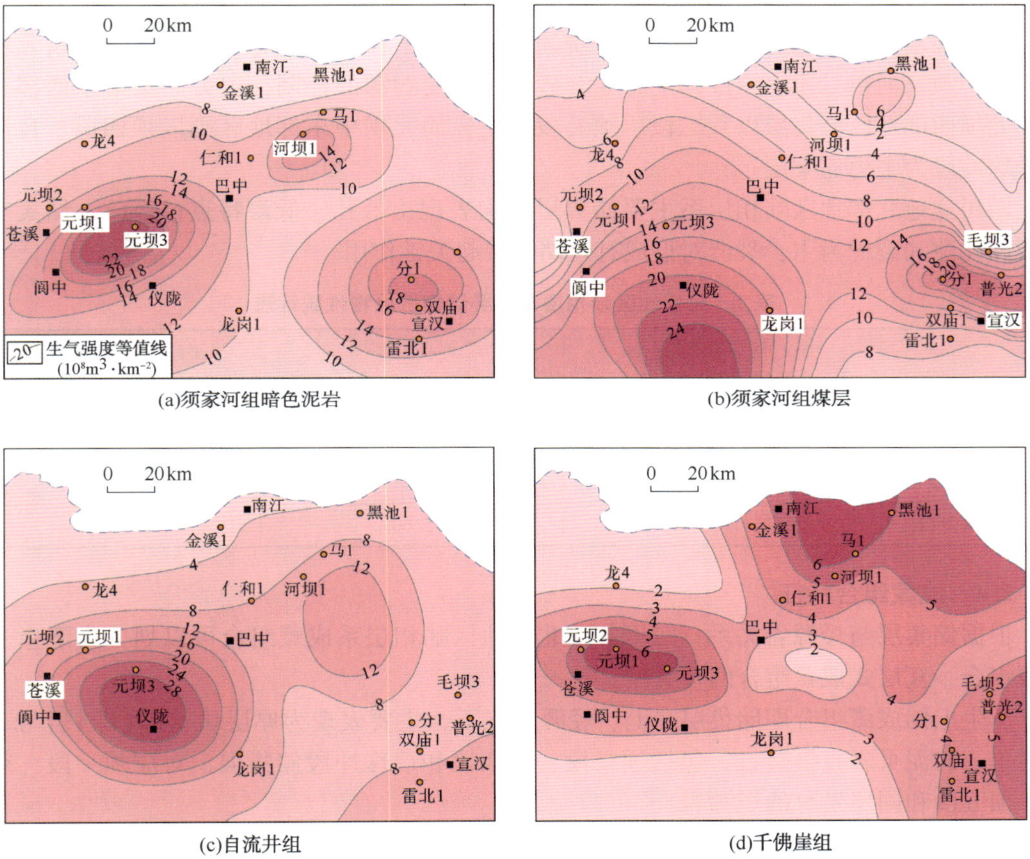

图7　四川盆地北部地区陆相烃源岩生气强度

2.3　储集层特征

受物源影响，四川盆地北部地区发育多期(扇)三角洲体系，水上—水下主河道大面积展布，利于陆相层系天然气富集高产。盆地北部陆相层系主要储集层须二段、须三段、须四段均为辫状河三角洲沉积，水上—水下主河道微相砂体厚度大，横向分布稳定。自流井组珍珠冲段发育粗碎屑冲积扇-扇三角洲沉积，辫状主河道微相大面积展布，水上—水下主河道微相水动力条件较强，沉积物粒度较粗，分选性相对较好，泥质含量低，为砂岩储集层发育有利沉积微相；而分支主河道、冲积平原、席状砂、河口坝、决口扇和天然堤等微相因堆积速度快，沉积物改造不充分，泥质含量高，分选差，储集层不发育。三角洲沉积体系的形成、分布与周围山系具有密切关系，因此，龙门山、米仓山、大巴山3个隆起区物源(部分物源来自雪峰山)的性质对四川盆地北部地区上三叠统须家河组—侏罗系的沉积具有重要的控制作用。须一段沉积时期，四川盆地与松潘—甘孜广海连通，四川盆地北部地区主体为有障壁海岸沉积，元坝地区处于潮汐三角洲环境，须三段、须五段以构造活动相对平静环境下的湖泊相泥岩沉积为主，形成烃源岩；而须二段、须四段、须六段沉积期是构造活动活跃时期，以辫状河三角洲相砂岩沉积为主，形成储集层，具有多期叠置、大面积分布的特点。因早印支运动影响，整个四川盆地北部地区须家河组底部须一段保存厚度薄，部分缺失；受晚印支运动影响，须家河组顶部侵蚀明显，多数地区缺失须六段。

钻井揭示四川盆地北部地区上三叠统须家河组—下侏罗统发育多套储集层，以元坝地区为例，须家河组二段、三段都发育6套砂层组。受物源的控制，主力储集层东西部有差异，元坝西部地区储集层以须二段、须三段为主，而元坝中东部地区则以须四段、自流井组珍珠冲段为主力储集层。

四川盆地北部地区陆相层系主要储集层段均表现出低孔、低渗特点(表1)，储集空间以溶蚀孔隙和裂缝为主，裂缝对形成有效储集层起关键作用。

表1　元坝地区陆相层系主要储集层段物性统计表

层段	储集层厚度/m	平均孔隙度/%	平均渗透率/$10^{-3}\mu m^2$
须二段	20~100	6.60	0.148
须三段	10~50	4.80	0.448
须四段	10~20	4.23	2.650
珍珠冲段	10~30	5.60	0.091

2.4　成藏组合特征

根据储集层与烃源岩关系，四川盆地北部地区陆相层系成藏组合可以划分为下生上储成藏组合、互层式成藏组合两种类型。

下生上储成藏组合即储集层在上、烃源岩在下，主要表现为厚层块状砂(砾)岩与下部相对单一的泥页岩直接接触，包括须二段、须四段和珍珠冲段储集层，对应须一段、须三段、须五段和同层发育的烃源岩。

互层式成藏组合表现为烃源岩和储集层交互发育，烃源岩内发育厚度不大的砂岩、灰岩或虽有一定厚度但上下均与烃源岩直接接触。须三段、须五段和自流井组沉积时期是四川盆地北部湖盆发育的极盛时期，是重要的烃源岩发育期，在三角洲前缘和滨浅湖—半深湖相发育砂岩和介壳灰岩，目前元坝地区发现的须三段钙屑砂岩气藏和大安寨段气藏属于此类型。

3　典型高产气井分析

四川盆地北部地区在须家河组二、三、四段和自流井组珍珠冲段、大安寨段多口井试获高产工业气流，本文以九龙山背斜、通南巴背斜和元坝地区5口高产气井为例探讨高产控制因素。

3.1　九龙山地区

九龙山地区位于川西坳陷北部梓潼凹陷与米仓山前缘隆起带的交会带，为一北东向的穹隆状短轴背斜构造[3-6]。该区发育小规模逆断层，在平面上呈雁行式排列，断层延伸长度2~17km，断距10~100m[7]。深层发现了二叠系气藏，浅层发现了须家河组二段、自流井组珍珠冲段气藏。

3.1.1 龙4井

龙4井在须家河组二段中途测试获天然气100.82×$10^4m^3/d$，由此发现了九龙山须家河组气藏。储集层为须二段中下部辫状河三角洲前缘水下分流河道微相的厚层块状砂体，为一套含石英岩砾石及少量碳酸盐岩砾石的中粒岩屑砂岩、岩屑石英砂岩夹黑色页岩，底部为岩性较纯的细—中粒石英砂岩。储集空间主要为晶间微孔、破裂缝，属致密砂岩储集层，裂缝是形成有效储集层乃至气藏的必要条件[7]。须二段试获高产工业气流的龙2井(98.14×$10^4m^3/d$)、龙4井(100.82×$10^4m^3/d$)、龙14井(18.36×$10^4m^3/d$)均位于裂缝规模发育区，而位于裂缝不发育区的龙8井测试仅获微量气流(0.38×$10^4m^3/d$)，由此可见气井的高产与裂缝发育程度密切相关，而裂缝的发育程度与断层密切相关。

3.1.2 龙15井

龙15井在珍珠冲段测试获22.55×$10^4m^3/d$工业气流，发现了九龙山构造珍珠冲段气藏。九龙山地区珍珠冲段埋深通常大于3000m，厚度130~210m，为冲积扇和扇三角洲前缘沉积[7]。珍珠冲段沉积时，九龙山西部地区地势相对较高，为主要的剥蚀区和物源区，东部地区地势相对较低，特别是龙15井附近一带，由于地势突然变化，发育了一套巨厚的扇三角洲砾岩体，该区是九龙山构造珍珠冲段砾层储集层发育的有利沉积区[8]。

珍珠冲段岩性以灰色块状石英质砾岩为主，砾径不均(多为35~60mm，最大为230mm)，磨圆度好，砾石间充填物以中—粗粒砂质为主。储集层非均质性强，但由于砾岩脆性较大，在强烈的构造作用下天然裂缝十分发育[8]。九龙山地区珍珠冲段裂缝可分为构造裂缝、成岩裂缝以及原岩裂缝3种成因类型，以构造剪切裂缝为主要类型[7]。断层附近伴生大量裂缝，改善了储集层物性，高产井均分布于断裂、裂缝发育区，裂缝不发育区钻井测试为干层。

3.2 通南巴地区

通南巴构造带是四川盆地的第二大构造，该构造带在印支期具北东向鼻状雏形，晚燕山期隆升褶皱形成北北东向背斜。晚燕山期主要受大巴山推覆带影响，发育北西向断裂，将构造带分割成包括马路背、河坝场等在内的4个次级构造。

马路背构造总体表现为一大型、被断层切割复杂化的断鼻构造，处于印支期构造高部位，缺失须一段和须二段下亚段。须二段中亚段沉积时期，四川盆地发生了一次大规模湖泛，沉积一套厚10~40m的泥页岩。而马路背地区在该次湖泛早期发育了一套十几米厚的滨浅湖滩坝相沉积，岩石成分成熟度和结构成熟度较高，石英含量90%以上，含极少量长石和岩屑，黏土矿物等杂基含量极少。此类砂岩沉积过程中经历了反复的淘洗，由于缺乏软质岩屑和原基质，后期压实量不大，原生孔隙的损失量亦较小[图8(a)]。同时微裂缝和颗粒破裂纹较发育，这些微裂缝呈长条状穿越单个或数个颗粒，形状不规则，缝宽0.06~0.10mm，最大可达0.60mm[图8(b)]。

印支—燕山期，马路背地区处于古隆起构造背景，长期位于油气运移的指向区，气源复杂，有自生自储，亦有下伏海相气源的补充，运移通道主要是向下断穿嘉陵江组膏岩层

(a)石英砂岩残余粒间孔，+，×50　　(b)石英颗粒内微裂缝，+，×50

图 8　马 101 井须二段底部石英砂岩段储集空间类型

的断层。晚期的压实、胶结和构造改造等作用使早期的古气藏变成了致密的含气层，受晚燕山—喜马拉雅期的构造运动影响，形成裂缝发育带，为马路背地区须二段致密砂岩天然气的富集高产创造了有利条件。

2009 年马 101 井须二段试获 $60×10^4m^3/d$ 高产工业气流，2009 年 8 月底投入试采以来，累计产气已经超过 $1×10^8m^3$，产层为须二段中亚段底部十几米厚的纯石英砂岩，证实高产、稳产、不含水，已探明储量 $191×10^8m^3$。

3.3　元坝地区

元坝地区为九龙山背斜、通南巴背斜和川中低缓构造带之间的向斜，已有 19 口井在陆相须家河组、自流井组、千佛崖组 6 个层段试获工业气流，近期元陆 5 井珍珠冲段、元陆 7(YL7)井须三段连续试获日产超百万立方米高产工业气流，说明元坝地区具有大面积含气、局部富集高产的特点。

3.3.1　元陆 5 井

元陆 5 井位于元坝中部地区，该区断裂及伴生的小幅度褶皱发育，自流井组珍珠冲段沉积时期，元坝地区与邻区九龙山类似，总体以扇三角洲粗粒沉积为主，常规地震剖面显示元陆 5 井珍珠冲段河道下切现象十分明显，为相对远离物源的扇三角洲平原主河道砾岩沉积(图 9)。砾石成分以石英岩为主，分选、磨圆较好，泥质含量少，砾岩层厚度大，裂缝发育，完井后射孔测试获得 $150×10^4m^3/d$ 高产工业气流。高产有两个关键因素：①位于构造高部位，断层发育，构造变形强，网状裂缝发育，测试段成像测井显示其发育网状穿砾缝，观察到砾缘裂缝共 109 条。构造高部位有利于侧向烃源的运聚；断层附近有利于深部烃源的运移，这一点与九龙山珍珠冲段天然气高产富集规律一致。②位于三角洲平原分流主河道，沉积相带有利。

3.3.2　元陆 7 井

元陆 7 井位于元坝西北部九龙山背斜倾没端，须三段钙屑砂岩储集层酸压测试获得天然气 $120.8×10^4m^3/d$。须三段沉积时期，元陆 7 井所在的元坝西北部地区主要发育辫状河三角洲前缘沉积(图 10)，储集层岩石类型主要为钙屑砂岩，普遍具有碳酸盐岩岩屑含量高的特点，发育粒间溶孔(主要是钙屑被溶蚀)，为孔隙型和裂缝-孔隙型储集层。由于砂体沉

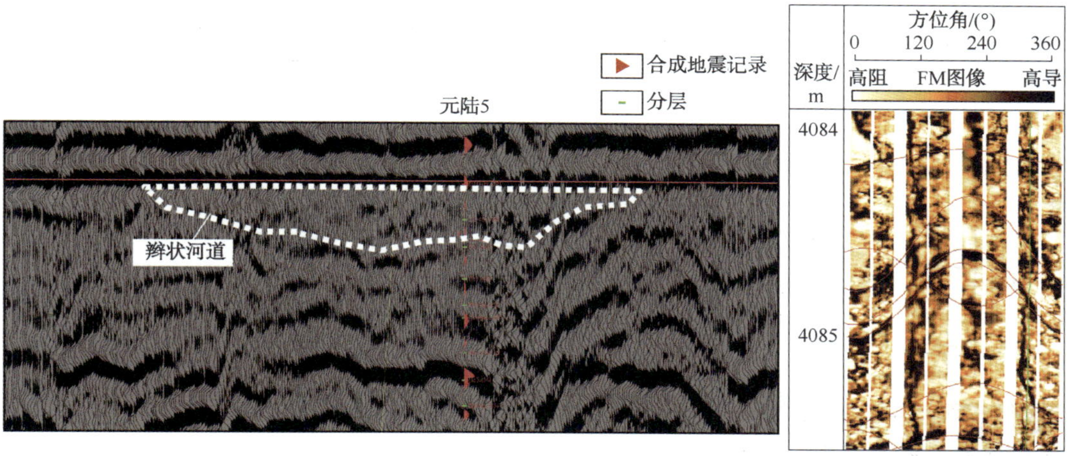

图 9 过元陆 5 井地震剖面图

积时水动力条件强，包括钙屑砂岩在内的砂岩储集层具有较高的初始孔隙度[9]，须三段钙屑砂岩储集层与含煤的烃源岩交互发育，有利于在相对刚性的砂岩地层中形成裂缝，有利于烃源岩的排烃与烃类运移，烃源岩生烃产生大量的有机酸，加之碳酸盐岩岩屑含量高（大于 90%），利于溶蚀作用的发生，形成粒间溶孔，利于储集层形成。且元陆 7 井位于九龙山构造倾没端，处于构造高部位，利于天然气富集高产。

4 天然气高产富集主控因素

关于四川盆地须家河组的成藏机理与模式，不同学者提出了不同的看法，如，王红军等[10]认为源-储三明治结构是大面积成藏的基础；赵政璋等从大气区的角度，提出烃源岩与储集层的广覆式分布是须家河组大面积成藏的主要原因[11]；李伟等提出水溶气脱溶成藏是须家河组大面积成藏的重要机理之一[12]。在大面积成藏的基础上，优质储集层的发育成为天然气富集的控制因素，沉积微相、成岩相与裂缝的发育联合控制优质储集层的发育。通过对九龙山、马路背、元坝 3 个地区 5 口典型高产井的解剖和近年来的勘探实践，笔者提出沉积物源控制岩石类型、胶结类型、沉积微相特征（物源控储）；烃源岩控制成藏规模和气藏位置（烃源控藏）；构造类型控制裂缝发育的规模、部位（构造控缝）；裂缝和储集层的匹配控制产量的高低和稳产时间（缝储控产）。

4.1 物源控储

物源控制岩石类型、胶结类型、微相特征；岩石类型及其矿物成分的差异决定了砂岩储集性能的不同[3,13-15]。砂岩类型、骨架矿物成分（特别是岩屑成分）及其平面分布规律明显受物源方向和源区母岩性质的控制，同时影响了砂岩的成岩作用序列与成岩产物的类型（主要是胶结类型）[16]。四川盆地北部地区陆相层系主要储集层段在区域上存在较大变化，受物源的控制，元坝地区陆相层系主力储集层东西部有差异，元坝西部地区储集层以须家河组二段、三段为主，而元坝中东部地区则以须家河组四段、自流井组珍珠冲段为主力储集层。以须三段钙屑砂岩储集层为例，四川盆地北部地区须三段物源来自龙门山北段的摩天岭古陆 P—T 碳酸盐岩发育区，钙屑含量高达 90%，胶结类型也以钙质胶结为主，高

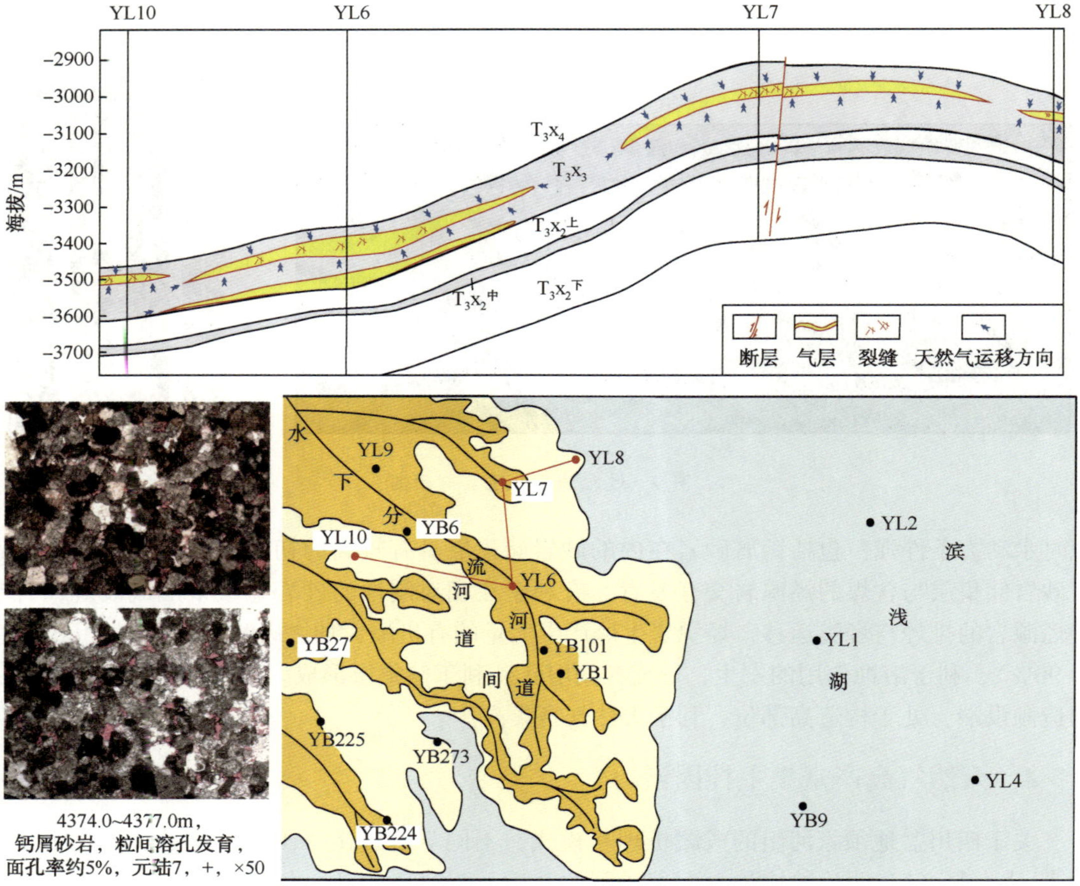

须三段沉积微相分布图

图 10　元坝地区须三段天然气高产富集模式图

含量的碳酸盐岩岩屑以及碳酸盐胶结物为后期溶蚀作用的发生及次生溶孔的形成奠定了基础，元陆 7 井须三段薄片显示溶蚀孔隙十分发育，测试获得高产。元坝西部地区须三段钙屑砂岩储集层的形成有 4 个有利因素：①物源区为二叠系—三叠系的碳酸盐岩，易于分解溶蚀，元坝西部地区离物源区近，有利于保存碳酸盐岩岩屑；②须三段沉积时期为含煤的湖泊沼泽环境，其介质偏酸性，利于溶蚀作用的发生；③孔隙水中 CO_2 的含量对碳酸盐的溶解有重大影响，在砂岩厚度相对较薄，或成岩作用强、压力大的条件下，泥页岩中的水被挤入砂岩，造成砂岩中 CO_2 含量的增高和碳酸盐的溶解，提高了孔隙度，裂缝发育时更易于溶蚀作用发生；④须三段烃源岩生烃过程中产生有机酸的溶蚀作用。元陆 7 井等 7 口井碎屑成分统计分析也提供了进一步的佐证，须一段、须二段岩屑含量分别为 22%、26%，而须三段、须四段岩屑含量则分别达到 60%和 65%，这应是四川盆地北部元坝、剑阁一带多口井在较纯净的钙屑砂岩中均见到一层或几层低自然伽马、低电阻率、低密度、高声波时差岩石的原因。

物源方向决定了不同方向三角洲朵状砂体展布。不同沉积微相类型的砂体由于沉积环境、水动力条件的不同，导致沉积物的碎屑成分、结构、粒度、分选、单层厚度各不相同，最终影响不同微相的储集能力[17]。四川盆地北部须家河组、自流井组(扇)三角洲主河道的分布控制砂(砾)岩储集体的发育，进而控制气藏的规模和分布，近物源的河道微相砂体厚度大，横向分布稳定，水动力较强，对推移底载负荷沉积物的改造作用也强，沉积物粒度较粗，分选性相对较好，泥质含量低，为砂岩储集层发育的有利沉积微相。而其余相对远离物源的席状砂、河口坝、决口扇和天然堤等微相砂体因堆积速度快，沉积物改造不充分，泥质含量高，分选差，一般不利于储集层发育。

4.2 烃源控藏

四川盆地上三叠统须家河组发育以须一段、须三段、须五段泥质岩为主的烃源岩，盆地北部地区须家河组天然气主要来自本层烃源岩。万茂霞等从天然气的组成、天然气碳同位素特征等方面提出目前四川盆地发现的须家河组天然气与上覆侏罗系及下伏三叠系、二叠系海相地层天然气差异明显[18]。唐跃等通过对川中与川西北主要气田天然气组分、天然气运移指标等资料的详细分析[19]，发现须家河组二、四、六段气源分别为一、三、五段烃源岩，且不同含气层段之间很少有气源窜通的现象。王红军等也对广安地区须四气藏、须六气藏天然气的组分和同位素组成进行了对比分析[10]，认为二者具有明显的差异，来自不同的气源：须四段天然气甲烷含量达 90%～95%，乙烷达 3%～6%；须六段甲烷含量达 87%～93%，乙烷为 5%～8%。须四段甲烷碳同位素组成为-38‰～-36‰，乙烷碳同位素组成为-26‰～-22‰；须六段甲烷碳同位素组成为-42‰～-39‰，乙烷碳同位素组成为-29‰～-25‰。

勘探实践也证实了上述论证，元坝地区多口井在须家河组三段试获高产工业气流，同时在须四段也有发现，而须二段单从储集层物性来看，要好于须三、须四段，但测试普遍为低产或干层，这与该区须三段烃源岩发育而须一段烃源岩缺失或较薄有重要关系[20]。须家河组储集层横向分布具非均质性，加之缺少可作为区域运移通道的不整合面，且多数地区断裂不够发育，决定了须家河组的气源只能直接来自下伏的烃源岩或与储集层同期发育的相邻烃源岩。在以须家河组为主要目的层的陆相地层勘探中，应将识别烃源岩和寻找优质储集层放在同等重要的地位，确定下伏和相邻烃源岩的发育程度及分布范围。基于近源成藏的特点，生气强度不必大于 $20\times10^8 m^3/km^2$，只要紧邻一定规模的烃源岩，储集层物性较好、裂缝相对发育，就能找到高产富集区，烃源岩发育的程度和分布控制天然气的富集程度与气藏规模。

四川盆地北部地区陆相层系烃源岩累计厚度大、分布范围广，有机质丰度高、生气强度大，因而具有形成大中型气田的资源基础。

4.3 构造控缝

四川盆地北部地区受来自龙门山、米仓山、大巴山、雪峰山 4 个方向、不同时期构造应力的作用，形成了现今多种走向构造共存的格局，但主要表现为九龙山背斜、通南巴背斜及其二者之间的向斜，和川中隆起之间的元坝—巴中—通江向斜。除周边山前带外，燕山期以来，四川盆地北部地区受到持续的挤压应力作用，表现出 3 个序次的构造，第 1 序次构造为上述背斜、向斜，主要受来自龙门山、米仓山、雪峰山的北西—南东向挤压形成，九龙山、元坝、通南巴 3 个地区受龙门山方向构造挤压影响大，背斜东南翼断裂比西北翼发育，九龙山背斜倾没端延续至元坝西部和剑阁一带，通南巴背斜向西南延续至元陆 5 井一带，持续的区域水平应力作用，在背斜的脊部和向斜的槽部会形成共轭节理[21]；第2序次构造为龙门山、大巴山相向挤压形成的北东、北西和南北向断裂和褶皱，龙门山向九龙山、元坝西部地区断裂主要为北东向展布，到元坝中部转变为以近南北向为主，再向东变化为受大巴山控制的北西向断裂，目前高产气藏受来自龙门山方向、倾向北西的断层控制明显，且影响范围小于600m；第3序次构造是第2序次构造的派生构造，如第2序次断裂的反向调节断层。

不同级别断层的交会点、断层拐点、分支点、端点会造成应力集中[22]。上述3个序次构造的断裂发育或应力集中部位最易形成裂缝，不同方向、不同期次构造的叠加部位也易形成裂缝，因此，九龙山背斜倾没端东南翼、通南巴背斜倾没端和南北向断层叠加的元坝中东部地区，向斜槽部和南北向、北西向断裂叠加地区，应是裂缝发育的主要地区。裂缝的形成也受到岩层性质、成岩作用的影响，比如，溶蚀孔洞发育易造成应力集中等，但构造控制起主导作用。

4.4 缝-储控产

四川盆地北部陆相储集层普遍具有低孔低渗特征，裂缝是改善储集性能和促进天然气富集的重要因素。勘探实践表明，构造裂缝发育时，致密储集层渗透率明显提高，元陆5井珍珠冲段基质孔隙度不高，网状裂缝十分发育，常规测试获天然气$150\times10^4m^3/d$。但要形成高产、稳产，必须具备裂缝-孔隙型储集层，马101井须二段试获$60\times10^4m^3/d$高产工业气流，2009年8月底投入试采以来，产量稳定在$(11\sim13)\times10^4m^3/d$，累计产气超过$1\times10^8m^3$，这与石英砂岩储集层密切相关。若仅裂缝发育，而储集层孔隙不发育，尽管也可以试获高产，但产量衰减很快，难以稳产。因此，天然气的高产、稳产需要裂缝和孔隙型储集层的匹配，叠合了裂缝系统的有效储集层分布区才是油气高产富集的有利部位。

5 结论

四川盆地北部陆相层系成藏地质条件优越，发育良好的生储盖组合，勘探潜力巨大，具备形成陆相大气田的地质条件，结合该区地质特点和勘探实践，提出了“沉积物源控制岩石类型、胶结类型、沉积微相特征；烃源岩控制成藏规模和气藏位置；构造类型控制裂缝发育的规模、发育的部位；裂缝和储集层的匹配控制产量的高低和稳产时间”的勘探和研究思路。依此模式预测元坝地区西部和剑阁地区须三段、须四段，元坝中东部地区须四段、自流井组，及通南巴构造马路背、河坝场地区珍珠冲段、须二段是天然气富集高产的主要区块，而且该地区已取得突破，可以作为下一步勘探重点展开目标区。应加强对通南巴背斜西北翼与南江地区烃源岩的研究，在烃源岩发育区开展储集层评价研究，有望取得突破。四川盆地北部地区须家河组二段普遍见低产气流，储集层埋藏深，但单纯从储集层物性来看，要好于或与须三段、须四段相当，应加强须一段及须二段烃源岩评价，寻找烃源岩发育区。

参 考 文 献

[1] 刘若冰，郭彤楼，邵明莉．川东北元坝地区中浅层天然气气源及成因类型[J]．天然气工业，2011，31(6)：34-38.

[2] 朱扬明，李颖，郝芳，等．四川盆地东北部海、陆相储集层沥青组成特征及来源[J]．岩石学报，2012，28(3)：871-878.

[3] 裴森奇，戴鸿鸣，杨跃明，等．川西北九龙山构造须二段储层演化特征[J]．天然气工业，2008，28(2)：51-53.

[4] 何鹏，王允诚，刘树根，等．九龙山气田须二下亚段气藏裂缝的多信息叠合评价[J]．成都理工学院学报，1999，26(3)：18-20.

[5] 潘登，邢景宝，林然，等．九龙山构造欠平衡钻井提速的可行性分析[J]．天然气工业，2010，30(10)：53-55.

[6] 刘树根，何鹏，邓荣贵，等．川西九龙山构造须二段岩石力学性质与裂缝发育规律研究[J]．天然气工业，1996，16(2)：1-4.

[7] 李跃纲，巩磊，曾联波，等．四川盆地九龙山构造致密砾岩储集层裂缝特征及其贡献[J]．天然气工业，2012，32(1)：22-26.

[8] 邓瑛，宋继胜，王萍，等．四川盆地九龙山构造多层系储层叠前描述[J]．中国石油勘探，2011(5/6)：79-88.

[9] 郑荣才，魏钦廉，高红灿，等．川西坳陷中段须四段钙屑砂岩储层特征及有利区块预测[J]．成都理工大学学报：自然科学版，2007，34(5)：489-496.

[10] 王红军，卞从胜，施振生．四川盆地须家河组有效源储组合对天然气藏形成的控制作用[J]．天然气地球科学，2011，22(1)：38-46.

[11] 赵政璋，杜金虎，邹才能，等．大油气区地质勘探理论及意义[J]．石油勘探与开发，2011，38(5)：513-522.

[12] 李伟，秦胜飞，胡国艺，等．水溶气脱溶成藏：四川盆地须家河组天然气大面积成藏的重要机理之一[J]．石油勘探与开发，2011，38(6)：662-670.

[13] 邹才能，徐春春，汪泽成，等．四川盆地台缘带礁滩大气区地质特征与形成条件[J]．石油勘探与开发，2011，38(6)：641-651.

[14] 郭秋麟，李建忠，陈宁生，等．四川合川—潼南地区须家河组致密砂岩气成藏模拟[J]．石油勘探与开发，2011，38(4)：409-417.

[15] 赵澄林，朱筱敏．沉积岩石学[M]．北京：石油工业出版社，2001：390-391.

[16] 罗静兰，魏新善，姚泾利，等．物源与沉积相对鄂尔多斯盆地北部上古生界天然气优质储层的控制[J]．地质通报，2010，29(6)：811-820.

[17] 孟庆芬，侯加根，程昌茹，等．友谊油田沙三上亚段储层物性特征及控制因素分析[J]．西安石油大学学报：自然科学版，2008，23(2)：20-23.

[18] 万茂霞，谢邦华，陈盛吉，等．四川盆地上三叠统油气源对比[J]．天然气工业，2012，32(3)：22-24.

[19] 唐跃，王靓靓，崔泽宏．川中地区上三叠统须家河组气源分析[J]．地质通报，2011，30(10)：1608-1613.

[20] 赵文智，卞从胜，徐春春，等．四川盆地须家河组须一、三和五段天然气源内成藏潜力与有利区评价[J]．石油勘探与开发，2011，38(4)：385-393.

[21] 李东旭，周济元．地质力学导论[M]．北京：地质出版社，1986：100-101.

[22] 徐开礼，朱志澄．构造地质学[M]．北京：地质出版社，1984：34-35.

四川元坝地区须二段致密砂岩储层孔隙演化与天然气成藏

王　威

（中国石化勘探南方分公司，成都 610041）

摘要： 利用储层中不同碎屑颗粒、填隙物的定量统计和孔隙在压实作用下的定量演化分析以及储层中包裹体均一温度，结合储层埋藏史分析等方法，探讨了四川盆地元坝地区上三叠统须二段致密砂岩储层孔隙演化与天然气成藏的关系。早成岩阶段结束时，储层的孔隙度已经降至 8.7%，致密储层业已形成，此后一系列的胶结作用导致原生孔隙进一步减少，非均质性强。而元坝地区须二段天然气大规模充注时间为中成岩 A 期，此时储层已经致密，总体反映出“储层先致密，天然气后成藏”的特点，天然气在储层中以“活塞式推进”方式运移，气藏富集主要受源岩的生烃强度、优质储层等因素控制。基于此，认为烃源岩生气强度高的元坝东凹陷区，同样可以作为天然气勘探有利区。

关键词： 孔隙演化　天然气成藏　须二段　元坝地区

元坝地区位于四川盆地东北部，为中石化在四川盆地的重点勘探区块之一。继深层海相礁滩储层取得重大勘探成果之后，中浅层也展现了良好的勘探潜力，特别是上三叠统须家河组第二段（须二段）储层分布范围广，保存条件好，有望形成颇具规模的“大面积、低丰度”致密砂岩气藏[1,2]。然而，针对该类致密砂岩气藏的成藏机制研究相对比较薄弱，是“天然气先成藏、储层后致密”，还是“储层先致密、天然气后成藏”，一直存在较大争议。因此，本文对元坝地区须二段储层特征、孔隙演化及天然气成藏期次进行研究，并对储层致密化与天然气成藏关系进行初步探讨，希望对于寻找含气富集区提供科学依据。

1　储层特征

1.1　储层岩石学特征

1.1.1　*砂岩成分*

元坝地区须二段整体表现出低成分成熟度、低结构成熟度的特点。石英的质量分数较低（多数为<60%），而长石的质量分数一般为 4%～14%，岩屑的质量分数一般为 20%～30%，杂基的质量分数平均为 9.8%，胶结物的质量分数平均为 10%。成分成熟度指数（$w_{石英}/w_{长石+岩屑}$）绝大多数为 0.5～3。低的结构成熟度表现在碎屑颗粒分选性较差（粒度分析

成都理工大学学报（自然科学版），2012，39（2）：151-157

结果表明标准偏差为 1.01~1.65)，磨圆度主要为次棱角状，杂基含量较高。

对 124 个薄片样品统计可知，砂岩组分由碎屑颗粒和填隙物组成，各组分含量如表 1 所示。

表 1 元坝地区须二段碎屑岩组分统计(w/%)

	碎屑颗粒						填隙物	
	石英	长石	岩屑				杂基	胶结物
			火成岩	变质岩	沉积岩	岩屑总量		
一般	30~60	4~14	2~4	8~14	5~15	20~30	5~10	0~10
最低	24.5	0	0	4	1.5	5.7	0.7	0
最高	84.3	17	6	17	38	50	20.2	22
平均	48.6	7.2	3.4	11.9	11	28.9	9.8	5.5

1.1.2 *储层岩石类型*

须二段储层岩石类型主要为岩屑砂岩、长石岩屑砂岩，次为岩屑石英砂岩，仅存少量石英砂岩(图 1)。极其富含岩屑和相对贫长石是元坝地区须二段砂岩骨架颗粒构成的主要特征。砂岩碎屑中长石的含量仅为川中地区的 1/2，比川西稍高；岩屑含量与川西相当，是川中的约 3 倍(图 1)。

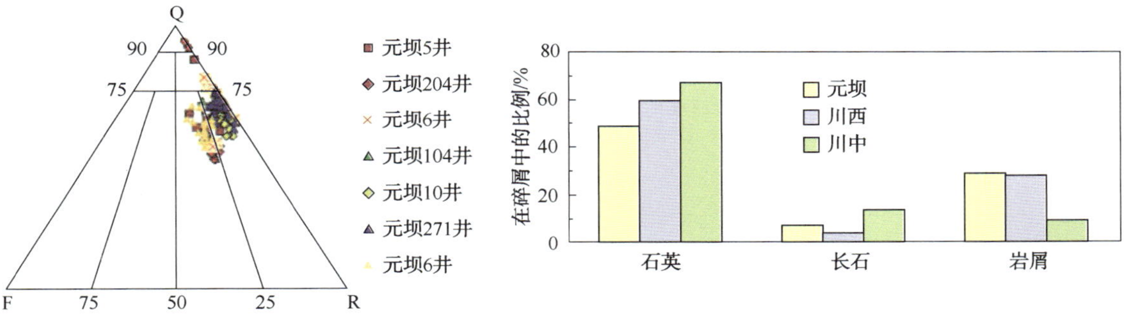

图 1 元坝地区须二下亚段岩石骨架组分及其与川西、川中须二段对比分析图

1.2 储集空间类型

岩芯、铸体薄片、扫描电镜等资料表明，须二段储层储集空间类型有 6 种孔隙及 2 类裂缝(表 2)，按成因可分为剩余原生粒间孔、次生孔隙和裂缝。次生孔隙可分为粒间溶孔、粒间微孔、粒内溶孔、粒内微孔、铸模孔。以粒间溶孔、粒内溶孔为主要的储集空间，多为小—微孔，面孔率低。

1.3 储层物性特征

通过对研究区 275 个样品孔隙度、渗透率分析，元坝地区须二段储层孔隙度主要分布在 3%~8%之间，孔隙度峰值区为 5%~8%，平均为 4.95%，约占样品总数的 36%。区内样品渗透率主要分布在 0.01×10^{-3} ~ $1\times10^{-3}\mu m^2$ 之间，显单峰分布特征，渗透率峰值区为 0.25×10^{-3} ~ $1\times10^{-3}\mu m^2$，占样品总数的 68%。孔隙度与渗透率总体上具较好的正相关性(图 2)，随着孔隙度增大渗透率呈上升趋势，反映储集空间主要为孔隙，属孔隙型储层。根据碎屑岩天然气储层分级评价标准(DZ/T 0217—2005，孔隙度<10%即为致密储层)，须二段储层为典型的致密砂岩储层[3]。

表 2　元坝地区须二段储层储集空间类型特征

类型			特征简述	形成机制	孔隙基本形状	发育程度
孔隙	原生孔隙	残余原生粒间孔	受压实和胶结作用后剩余的原生粒间孔	沉积作用	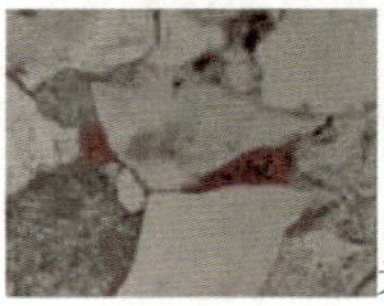 元坝 204 井	少量
	次生孔隙	粒间溶孔	杂基、胶结物等粒间填隙物被溶蚀而形成的孔隙	溶蚀作用	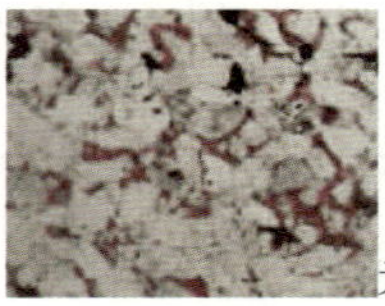 元坝 11 井	次发育
		粒间微孔	晶间微孔隙	溶蚀、蚀变作用		
		粒内溶孔	长石或岩屑部分被溶蚀而形成的粒内孤立孔隙	溶蚀作用	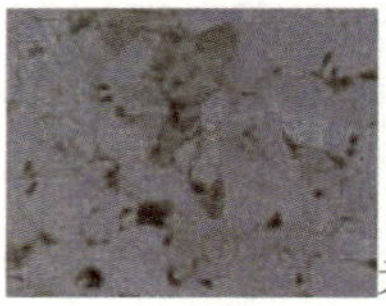 元坝 204 井	发育
		粒内微孔	直径<0.01mm 的粒内溶孔			
		铸模孔	长石或岩屑被完全溶蚀而形成的孔隙，但仍保留原来的形态	溶蚀作用		少量
裂缝		构造破裂缝	受到构造应力作用形成的破裂缝，呈交叉直线状	构造作用	 元坝 104 井	发育程度差异大
		溶蚀破裂缝	流体沿裂缝流动过程中，对两侧围岩中易溶组分进行溶蚀，使溶缝扩大，同时沿着溶缝两侧有溶蚀孔隙	溶蚀作用	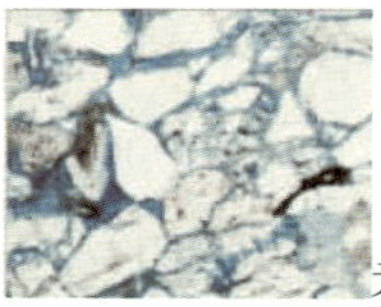 元坝 6 井	

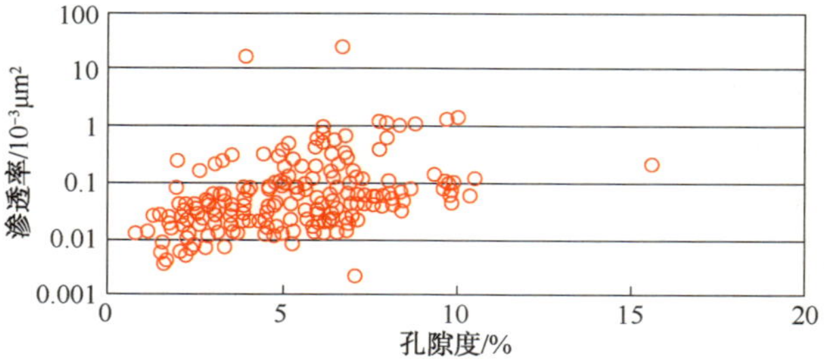

图 2　元坝地区须二段储层孔隙度-渗透率交绘图

2 储层致密化成因机制

须二段储层埋藏之后，由于地下各种物理化学条件的改变，经历了一系列不同的成岩作用，各种成岩作用对储层的性质均有不同程度的改造，致使储层经历了一系列复杂的成岩演化过程。X 射线衍射黏土矿物分析结果，储层砂岩中黏土矿物主要为伊利石、高岭石、绿泥石、伊/蒙混层，且伊/蒙混层中蒙脱石混层比均为≤15%[4]。须家河组泥质岩中干酪根镜质体反射率(R_o)最高达到 2.38%，有机质热演化程度已经达到成熟—高成熟阶段，局部处于过成熟阶段；因此，元坝地区须家河组砂岩成岩演化已达中成岩阶段 B 期—晚成岩阶段。区内储层经历了压实作用、胶结作用、溶蚀作用、交代作用、压溶作用和破裂作用[5-7]。通过对储集层岩性特征及成岩作用分析，造成低孔渗的主要因素有以下几方面。

2.1 原始矿物组成和结构是储层致密化的基本条件

研究区背靠米仓山褶皱带，距离物源较近，砂岩的成分成熟度和结构成熟度均较低，岩屑的质量分数一般为 20%~30%。岩屑矿物含量高，压实变形后，填塞粒间孔隙，导致原生粒间孔隙极大地减少，严重伤害了储层原生孔隙和喉道，这在岩矿薄片、铸体薄片、扫描电镜等观察时现象明显[图 3(a)]。

图 3 元坝地区须二段储层成岩作用类型显微照片

(a)千枚岩岩屑弯曲变形，元坝 4 井；(b)环边绿泥石胶结，元坝 204 井；(c)石英次生加大，元坝 204 井；(d)石英次生加大，元坝 204 井；(e)粒间充填片状伊利石，元坝 22 井；(f)粒间充填自生高岭石，元坝 204 井

2.2 机械压实作用是储层致密化的关键因素

印支早期至燕山期，四川盆地东北部米仓山和大巴山持续隆升，在山前形成广阔的拗陷区，沉积了巨厚的侏罗系沉积建造，造成川东北地区须家河组埋藏较深，遭受了强烈的机械压实作用。

机械压实作用使碎屑颗粒重新排列，颗粒之间基本上为线状接触或线-凹凸状接触，沉积物密度变大，孔隙度减小；同时，云母及其他软组分挤入孔隙，孔隙体积进一步变小，渗透率变差。压实变形后，岩屑矿物填塞粒间孔隙，导致原生粒间孔隙极大地减小。其颗粒分选较差的特点促使沉积物致密化速度加快，原生孔隙损失大。压实减孔是本区须二段储层致密化的关键因素。

2.3 胶结作用是储层致密化的重要因素

胶结作用是沉积物转变成沉积岩的最主要的一种作用，也是使沉积层中孔隙度和渗透率降低的主要原因之一。川东北地区须二段储层发生多期胶结作用，除早期环边绿泥石胶结降低孔隙外[图3(b)]，常见的胶结物主要有硅质、黏土矿物和少量碳酸盐等。硅质质量分数在0%~8%之间，主要以石英次生加大形式为主[图3(c)(d)]；黏土矿物的质量分数一般为5%~18%，主要有伊利石、绿泥石、高岭石、伊/蒙混层(I/S)[图3(e)(f)]；此外，还有少量碳酸盐胶结物。

胶结作用发育导致原生孔隙在早期压实减孔的基础上进一步减少，储层致密化强烈，非均质性强。胶结作用是本区须二段储层致密化的重要因素。

3 储层致密化过程

储层致密化程度与储层孔隙度、渗透率均有明显的相关性，但是，由于渗透率演化史恢复仍是尚未解决的难题，因此，目前针对储层致密化时间的研究，主要还是根据储层的孔隙度演化过程来判断[8]。

依据储层划分标准，须二段储层在孔隙度小于10%时，储层进入致密储层的物性标准。

3.1 初始孔隙度恢复

近几年来，国外开展了大量的砂岩初始孔隙度的实验模拟，其中利用Trask分选系数(S_o)求取初始孔隙度应用较为普遍，两者的关系式[9]为

$$初始孔隙度=20.9+22.91/S_0$$

根据Trask

$$S_0=d_{25}/d_{75}$$

式中，d_{25}和d_{75}分别代表粒度累计概率分布曲线上25%和75%所对应的颗粒直径。

通过对182个样品的综合分析，元坝地区须二段砂岩的分选系数S_0主要分布在1.48~2.16，由此得出须二段砂岩初始孔隙度在31.5%~36.3%，平均为34.5%。

3.2 孔隙演化及储层致密化进程

前面已介绍了机械压实作用是须二段储层致密化的关键因素。进入早成岩阶段，储层孔隙度急剧降低，应用压实率公式[8]来计算因机械压实作用而损失的孔隙度。

$$压实率=\frac{初始孔隙度-粒间体积}{初始孔隙度}\times100\%$$

$$粒间体积=填隙物含量+粒间孔隙含量$$

经过181个薄片统计分析，填隙物的含量(面积分数)为7%~36.1%，平均为15%，计算压实率在17%~80%之间。即由压实作用造成了5.73%~27.51%初始孔隙度损失，平均19.48%的初始孔隙度损失(剩余15%孔隙度)。此外，早成岩期的黏土杂基充填胶结损失了5.3%的孔隙度，绿泥石胶结损失1%的孔隙度。早成岩期结束，储层孔隙度为8.7%，已经成为致密储层。

进入中成岩A期(古地温85~140℃)，埋藏深度在2.5~3.5km，有机质成熟析出的有机酸对易溶矿物进行溶解，据统计须二段储层的次生孔隙度平均为2%；同时，本阶段是自

生石英产出的主要时期(其包裹体均一温度分布范围为90~140℃),自生石英平均质量分数2.3%。中成岩B期,大规模排烃终止,成岩环境变为偏碱性的封闭环境,该阶段得以沉淀的方解石和白云石占据了孔隙空间的4.4%;喜马拉雅期的构造作用产生微裂缝及微弱溶蚀作用,使得孔隙度增加0.5%。因此,进入中成岩阶段之后发生的大规模的石英次生加大、碳酸盐胶结作用使原本所剩不多的初始孔隙进一步减少,储层进一步致密,溶蚀及破裂作用对于改善孔隙作用不大,孔隙度由早期的8.7%降低至目前的4.5%(与实测平均孔隙度4.95%基本相当),完全演变为致密储层。

4 储层致密化与天然气成藏的关系

4.1 天然气成藏期次

包裹体均一温度与其形成时间正相关,故可利用与成藏有关的包裹体均一温度,再结合盆地的古地温史和储层埋藏史,确定包裹体形成的时间,从而推测油气藏形成的时间。元坝地区须二段烃类包裹体共生盐水包裹体均一温度主峰位于90~130℃(图4)。由于温度呈连续变化且只有一个峰值,反映须家河组烃源岩的排烃过程或成藏过程也是连续的且只有一期充注。结合古地温史和埋藏史(图5)分析,其对应埋深>2.5km,相应的时间段为164~154Ma B.P.(中晚侏罗世遂宁组—上沙溪庙组沉积时期)。此时排烃进入高峰期,为元坝地区须二段油气成藏期,天然气的充注是在储层已经完全致密的情况下进行的。

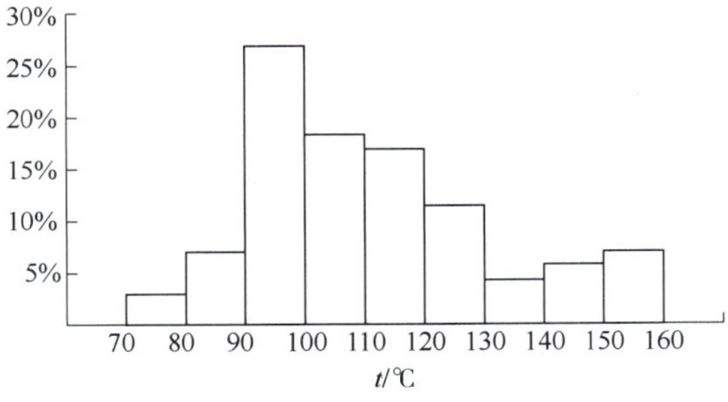

图4 须二段与烃类包裹体共生盐水包裹体均一温度分布

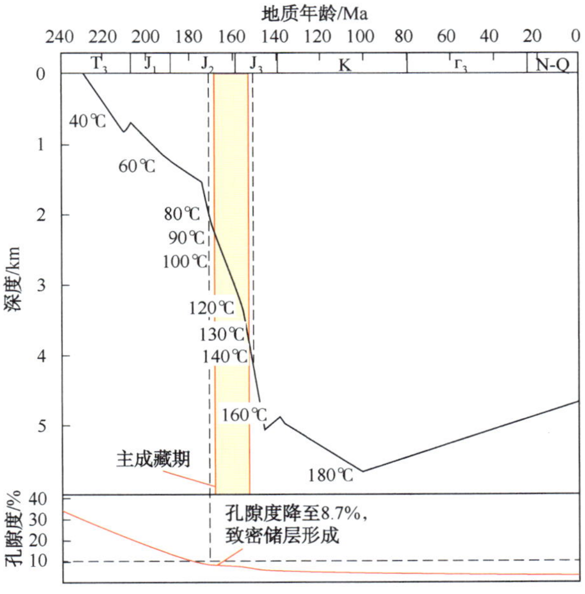

图5 元坝地区须二段储层成岩-天然气成藏演化模式图

4.2 储层成岩-天然气成藏耦合关系

综合须二段天然气成藏期次、储层成岩作用分析认为,储层成岩—天然气成藏可以分为如下三个阶段(图5)。

第一阶段:晚三叠世—中侏罗世,储层埋藏深度<2km,在沉积埋藏过程中遭受强烈压

实，孔隙度迅速降低，并有黏土矿物、衬边绿泥石等充填孔隙，致密砂岩储层基本得以形成。此时有机质成熟度较低，烃类形成并少量注入。

第二阶段：中侏罗世—晚侏罗世，储层埋藏深度达到4km，石英次生加大发育，使得储层孔隙度进一步减少。此时有机质成熟度较高，天然气大量生成并排出，沿各类输导体系进入致密储层聚集成藏。该时期是致密砂岩气藏形成时期。

第三阶段：晚侏罗世以后，储层继续深埋，石英次生加大发育。该阶段源岩大规模排烃终止，成岩环境变为偏碱性的封闭环境，方解石和白云石等碳酸盐胶结物得以沉淀，储层孔隙度则进一步降低。喜马拉雅期的构造抬升导致储层产生微裂缝及微弱溶蚀，使先期形成的致密砂岩气藏受到调整。

4.3　成藏模式及富集主控因素

4.3.1　成藏模式

根据前面的分析，元坝地区须二段天然气大规模聚集成藏应该是发生在储层完全致密化之后，因为毛细管阻力导致天然气的浮力驱动基本没有作用。

根据石油大学所做的气体运动试验[10]：储集层孔隙半径<0.05mm时，气体以“活塞式推进”运移为主，气体推进地层水向储集层运聚[11]，并形成气水倒置的关系；相反，当孔隙半径>0.05mm时，气体以“置换式充注”运移方式为主，气体向上运移，水向下运移，形成上气下水的正常关系。元坝地区须二下储层早在早成岩阶段结束时已经致密化，储层现今的最大孔喉半径平均为0.19μm，因此，其天然气在储层中应以“活塞式推进”方式运移。天然气聚集过程可以概括为以下几个步骤：烃源岩向储层大量充注天然气→储层孔隙中因天然气持续充注而快速膨胀并产生瞬时超压→天然气整体驱替地层水，孔隙中天然气的饱和度持续升高，含气范围持续增大。在上覆静水压力和毛细管力向下的共同作用下，储层中聚集的天然气不能向上运移。当向上和向下的作用力达到平衡时，致密砂岩气藏分布范围趋于稳定。进入储层中的天然气，在排驱储层中孔隙水的过程中，有一部分沿着气水界面和盖层向外逸散。当烃源岩供排的天然气量大于逸散的气量时，储层中的天然气就继续排驱储层中的孔隙水，有利于致密砂岩气藏的形成与保存[12]（图6）。

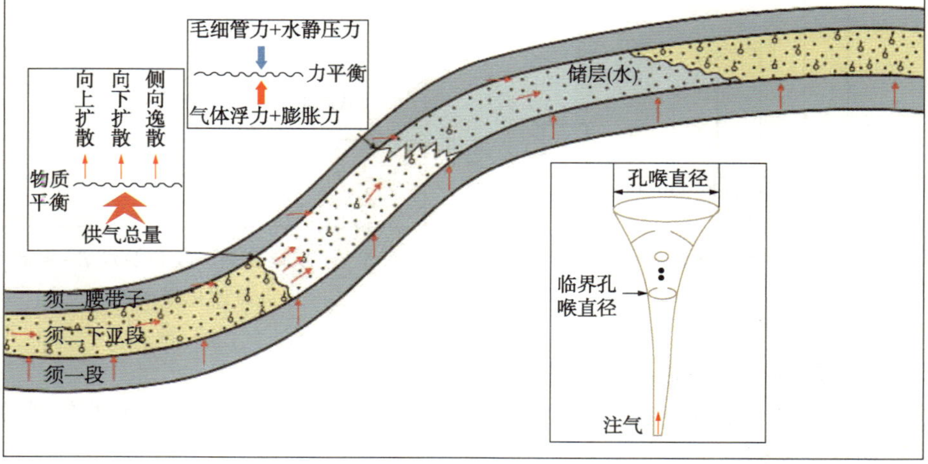

图6　元坝地区须二段天然气成藏模式图
（根据文献[8]和[9]修改）

4.3.2 天然气富集主控因素

综合前面研究可以得出，元坝地区须二段天然气在储层中成藏富集的关键控制因素是天然气充注强度和砂体的储集性能。生气强度控制了气田的分布范围，相对优质储层是天然气富集的主要场所。概括来说，在相似的储集物性条件下，距离烃源灶越近，天然气充注强度就越高；反之，充注强度就较低。而在天然气充注强度相近的条件下，相对优质储层天然气充注丰度高，差储层充注丰度低。

因此，针对元坝地区须二段甚至是整个须家河组非常规致密砂岩气藏而言，其勘探有利区应该为烃源岩生气强度大、相对优质储层发育的地方。前期勘探针对相对优质储层已经有了足够重视，在此勘探思路的指引下也找到了重要勘探目标；但是，为了进一步拓展勘探场面，增加储量规模，针对类似于元坝东地区这种凹陷区，由于其烃源岩十分发育，生气强度也高，也应作为一个重要的勘探领域，不容忽视。

5 结论

（1）须二段岩石类型主要为岩屑砂岩、长石岩屑砂岩，次为岩屑石英砂岩，仅存少量石英砂岩，成分成熟度、结构成熟度均较低。极其富含岩屑和相对贫长石是其骨架颗粒构成的主要特征。储集空间类型以粒间溶孔、粒内溶孔为主，物性较差，孔渗相关性较好。

（2）压实减孔是须二段储层致密化的关键因素。早成岩结束，储层孔隙度降至8.7%，已成为致密储层。胶结作用的发育导致原生孔隙在早期压实减孔的基础上进一步减少，储层致密化强烈，非均质性强。

（3）元坝地区须二段天然气大规模运聚成藏时间为164~154Ma B.P.（中晚侏罗世遂宁组—上沙溪庙组沉积时期），天然气的充注是在储层已经致密化的条件下成藏，即元坝地区须二段为“先致密，后成藏”。

（4）元坝地区须二段天然气在储层中富集成藏的关键控制因素是天然气充注强度和砂体的储集性能。生气强度控制了气田的分布范围，相对优质储层是天然气富集的主要场所。

（5）类似于元坝东地区这种凹陷区，由于其烃源岩十分发育，生气强度也高，也应作为致密砂岩气藏重要的勘探领域。

在论文的撰写过程中，作者得到中国石化勘探南方分公司勘探研究院曾萍副总地质师的悉心指导，在此向曾萍副总地质师深表感谢。

参 考 文 献

[1] 邹才能，陶士振，朱如凯．“连续型”气藏及其大气区形成机制与分布以四川盆地上三叠统须家河组煤系大气区为例[J]．石油勘探与开发，2009，36(3)：307-319.

[2] Shanley K W，Cluff R M，Robinson J W. Factorscont rolling prolific gas production from low permeability sandstone reservoirs[J]. AAPG Bulletin，2004，88(8)：1083-1121.

[3] 张莉，朱筱敏，钟大康，等．惠民凹陷古近系砂岩储层物性控制因素评价[J]．吉林大学学报：地球科学版，2007，37(1)：105-111.

[4] 陈彦庆．川东北地区上三叠统须家河组储层特征研究[D]．成都：成都理工大学档案馆，2011.

[5] 杨威，谢增业，金惠，等．四川盆地上三叠统须家河组储层评价及天然气成藏机理[J]．天然气工业，

2010，30(12)：10-15.

[6] 郑荣才，叶泰然，翟文亮，等．川西坳陷上三叠统须家河组砂体分布预测[J]．石油与天然气地质，2008，29(3)：405-417.

[7] 蒋裕强，郭贵安，陈辉，等．川中地区上三叠统须家河组二段和四段砂岩优质储层成因探讨[J]．油气地质与采收率，2007，14(1)：18-21.

[8] 刘新社．鄂尔多斯盆地东部上古生界岩性气藏形成机理[D]．西安：西北大学档案馆，2008.

[9] 段新国，李爽，宋荣彩，等．四川盆地须二段储层孔隙演化定量描述[J]．西南石油大学学报：自然科学版，2011，33(2)：35-42.

[10] 姜福杰，庞雄奇，姜振学，等．致密砂岩气藏成藏过程的物理模拟实验[J]．地质评论，2007，53(6)：844-849.

[11] 庞雄奇，陈冬霞，张俊．隐蔽油气藏成藏机理研究现状及展望[J]．海相油气地质，2007，12(1)：56-62.

[12] 王威．川中地区上三叠统香溪群香四段气水分布特征及其成因机理研究[J]．成都理工大学学报：自然科学版，2005，32(24)：378-382.

元坝地区须家河组三段钙屑砂体特征及成因

凡　睿

（中国石化勘探分公司，四川成都　610041）

摘要： 针对元坝地区须家河组三段有效储集体钙屑砂体研究较薄弱等问题，利用钻井、测井、分析化验等资料对钙屑砂体特征及其成因展开了研究。结果表明：须三段钙屑砂岩成分成熟度较低，其沉积具有交替与突变的特点；纵向上，钙屑砂体在须三中亚段最为发育，须三上亚段次之；平面上，钙屑砂体呈条带状、扇状由北西向南东厚度逐渐变薄；龙门山幕式造山运动控制着沉积环境和物源供给的幕式变迁，进而控制着钙屑砂体的沉积规模；热湿、温干交替变化的气候条件控制了钙屑砂体的发育时期。研究结果对预测须三段有利储集体具有指导意义。

关键词： 钙屑砂体　成因机制　岩石学特征　钙屑砂体分布规律　元坝地区　须家河三段

引言

元坝地区行政上隶属于四川省巴中、苍溪、阆中、剑阁及平昌5县市，区域构造上位于通南巴构造带的西南，九龙山构造南侧，处于川北坳陷与川中隆起的过渡带。与东侧通南巴构造带比较，整体埋藏较深，构造变形较弱。近期，元坝地区在探明国内首个长兴组超深层生物礁大气田的同时[1-2]，通过加强立体勘探，在传统认识为陆相主要烃源层系的须家河组三段也发现三角洲砂岩气藏，目前已有多口井在该段钻遇气层及良好的油气显示，其中元陆7、元陆10井试气分别获日产 $120.8\times10^4m^3/d$ 及 $22.56\times10^4m^3/d$ 工业气流，取得了陆相新层系勘探的重大突破[3]。元陆7井突破后，以该井为代表的须三段钙屑砂体储层成为研究的焦点，大量的研究主要集中于钙屑砂体储层的主控因素[4-6]，而对于钙屑砂体成因研究较少，一定程度上影响了元坝地区须三段的目标评价及勘探步伐。因此，充分利用区内和邻区钻探资料，结合前人研究成果，以钙屑砂体岩石学特征及分布规律研究为基础，探讨了钙屑砂体的成因机制，研究成果为元坝地区须三段预测有利储集体奠定基础。

1　岩石学特征

据研究区54口井的岩屑录井资料统计结果显示：元坝地区须三段钻遇钙屑砂体总厚度为955.6m，占须三段钻遇砂体总厚的37.5%。砂岩中钙屑含量为55%~95%，石英含量一般小于25%，变质岩屑、岩浆岩屑和长石含量一般小于5%；据钙屑含量可将砂体分为高钙

特种油气藏，2015，22(3)：31-33，92

屑含量砂体(钙屑含量为75%~95%)和较高钙屑含量砂体(钙屑含量为50%~75%)2种，较高钙屑含量砂体中见10%~25%变质岩岩屑颗粒，储层主要发育在高钙屑含量砂体中。钙屑砂岩中填隙物成分主要为方解石胶结物，含量一般为5%~20%；其次为白云石胶结物，含量一般小于4%，另见少量泥质杂基。强烈的胶结作用是储层致密的主要原因之一。偏光显微镜下观察显示：岩石颗粒以点—线接触为主，颗粒磨圆呈次圆—次棱角状，分选中等偏好，分选系数一般为1.52~2.20，结构成熟度总体中等。总体上，研究区须三段钙屑砂岩具有富钙屑、贫长石、少石英的低成分成熟度特征。

2　分布规律

研究区钙屑砂体在纵、横向上的分布各有规律性，而且不同的钙屑砂体类型其分布特点也不相同。

首先，结合层序地层研究成果将须三段分为上、中、下3个层序单元。其中钙屑砂体在须三中亚段最为发育，共钻遇548.6m，占钙屑总厚度的57.2%，岩性主要为钙屑细砂岩，其次为钙屑砾岩、钙屑含砾砂岩及钙屑中—粗砂岩，少量钙屑粉砂岩。平面上，须三中亚段砂体分布面积最大；须三下亚段钻遇钙屑砂体最薄，其平面分布范围也最小；须三上亚段介于二者之间。总体上，钙屑砂体在须三段早期分布相对局限，须三段中期砂体分布面积广、多层叠置连片，须三段晚期分布出现萎缩。

其次，钙屑砂体主要分布在元坝西北部地区，向东南部逐渐减薄，砂体所占地层厚度百分比也递减。在不同粒度钙屑砂体中，其粒度越粗，厚度递减越快。平面上，钙屑砂体的分布呈条带状、扇状从北西向南东延伸(图1)。

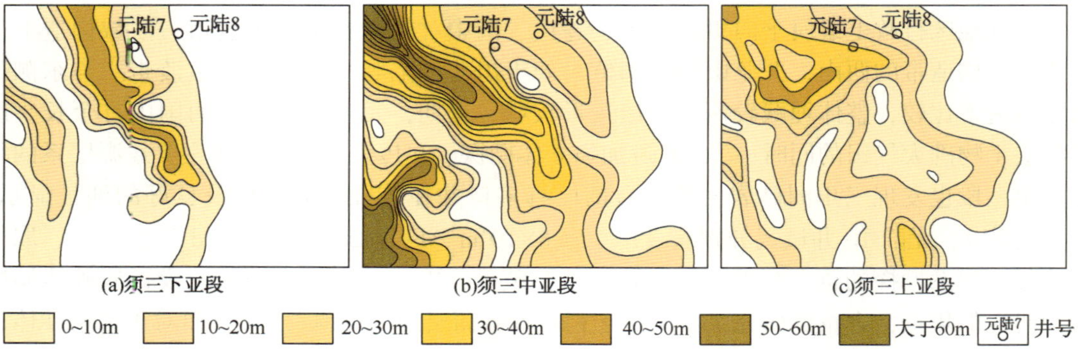

图1　元坝地区须三段各亚段钙屑砂体厚度等值线

最后，不同粒度钙屑砂体分布存在差异。其中以钙屑细砂岩厚度最大、分布最广；其次是钙屑细砾岩、含砾砂岩和中—粗砂岩；钙屑粉砂岩虽然厚度较小，但分布范围较大，仅次于钙屑细砂岩；厚度和分布范围最小的为泥质钙屑砂岩。

研究表明，元坝地区须三段最大的沉积特点是交替与突变。交替主要表现在钙屑砂体与暗色泥质岩交替发育，洪水期粗粒砂体与涓流期细粒砂体及静水期泥质岩地层交替发育。突变主要表现为3点：首先，纵向上粗粒钙屑砂体基本都与暗色泥岩呈突变接触，反映了砂体沉积的突发性；其次，平面上辫状河三角洲—湖相沉积序列发育不完整，既没有半深湖—深湖沉积，又缺少河湖之间的过渡相带；再次，砂体粒度两极分化严重。

3 成因探讨

3.1 龙门山幕式造山运动

3.1.1 龙门山幕式造山运动控制沉积环境

前期研究表明，龙门山造山带构造负载及逆冲推覆引起的地壳均衡作用是导致龙门—米仓山前类前陆盆地挠曲下沉主因[7-9]，类前陆盆地沉降幅度主要与龙门山造山带隆升幅度呈正比(图2)。晚三叠世山前类前陆盆地的形成与龙门山造山带发育同步，也与周缘山系丰沛的物源供应、沉积充填同步。因此，龙门—米仓山前类前陆盆地始终处于浅水过补偿—补偿沉积充填过程，缺少深水沉积环境。

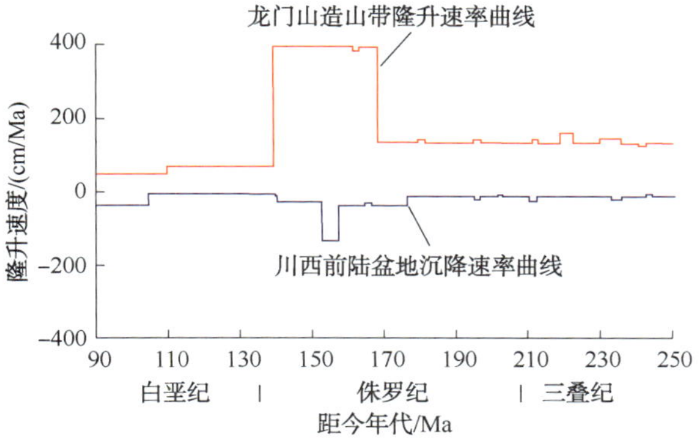

图2 龙门山造山带隆升与川西前陆盆地沉降(隆升)的耦合关系

研究表明，元坝地区在须家河组四段沉积前主要受龙门山造山带逆冲推覆的远程效应控制，在古构造上相当于川西坳陷沉积中心与前陆隆起之间斜坡上。这就决定了研究区与川西坳陷具有相似的构造沉积背景，即与龙门山造山带伴生发育、持续拗陷与持续充填同步的坡缓水浅的过补偿—补偿构造沉积背景，只是与川西坳陷沉积中心相比，其拗陷速度及物源供应速度相对较小。

3.1.2 龙门山幕式造山运动控制物源供给的幕式变迁

前人曾论证过元坝地区须家河组物源主要来自于龙门山造山带北段[10]。结合区域沉积研究发现，龙门山地区位于上扬子地块西缘，中三叠世以前主要为一套巨厚的以碳酸盐岩为主的地层[11]；而松潘—甘孜褶皱带在中生界沉积巨厚碎屑岩，中三叠纪末期褶皱造山发生区域变质作用，在须家河组沉积时，松潘—甘孜褶皱带已全面隆起、变质，发育有大量的变质岩[11]。物源研究表明，元坝西部须三段物源主要来自于龙门山造山带北段以及西北部的松潘—甘孜褶皱带，龙门山造山带北段主要提供碳酸盐岩碎屑颗粒，松潘—甘孜褶皱带则提供变质岩碎屑颗粒。

在元坝地区须三段各类砂体中，粗粒高钙屑含量砂体分布不稳定，显示出近源沉积的特点。细粒高钙屑含量砂体和较高钙屑含量砂体分布相对稳定，具有远源沉积的特点。纵向上，不同类型砂体多为突变接触和叠置分布，2种成分、2种结构的砂体展布特征说明应由不同的物源和幕式造山运动控制。

结合构造演化和沉积响应特征研究发现，元坝地区在须三段早期为龙门山造山带相对休眠期(图2)，盆地内地形较平缓，物源区主要来自松潘—甘孜造山带，部分来自龙门山造山带的碳酸盐岩剥蚀区。因此，在须三段下亚段岩性组合主要为泥质岩夹薄层岩屑粉—细砂岩，岩屑成分主要为变质岩岩屑及部分碳酸盐岩岩屑。须三段中、后期，为龙门山相对强烈活动期(图2)，此时正是龙门山北段大规模碳酸盐岩地层遭受剥蚀的高峰期，在龙门山前的广元一带可见厚层钙屑粗砾岩沉积，在间歇性洪水的带动下，进入元坝地区西北部后主要为钙屑细砾岩、含砾砂岩及钙屑砂岩。同时，受龙门山幕式造山运动影响，也有部分来自同向、远源的松潘—甘孜造山带的变质碎屑岩混入，形成现今高钙屑含量砂体和较高钙屑含量砂体叠置分布的特点。

3.2 热湿、温干交替的气候条件

徐兆辉、黄其胜等分别利用孢粉、元素比值和自然伽马曲线等3种方法综合定性、定量地恢复出四川盆地整个三叠纪气候热湿与温干的交替变化[12-13]，钱利军则利用化石木年轮分析法恢复出晚三叠纪四川盆地在强烈的巨型季风影响背景下，同样经历了多期热湿与温干气候的交替变化[14]。由此可见，气候条件在较高或较低级次的时间序列内都会发生交替变化，也就是：整个三叠纪气候出现热湿与温干的交替变化，晚三叠纪同样经历了多期热湿与温干气候的交替变化。因此，须三段沉积期间，在整体热湿气候的背景下，在更小的时序内同样经历了多期热湿与温干气候的交替变化。一方面，在总体湿热季风气候控制下，更易于发生间歇性或季节性强、弱水流的频繁交替；另一方面，气候的频繁更替更加剧了物源区物理风化与化学风化的交替，特别是对于碳酸盐岩母岩区，因其更易溶于水和更易在外力条件下崩裂、破碎。

结合元坝地区须三段3个亚段岩性组合特征的研究，须三下亚段沉积时，为造山运动相对休眠期，气候湿热，为一套泥质岩夹煤层及岩屑粉—细砂岩沉积；须三中—上亚段沉积时，龙门山造山运动相对活跃，气候处于湿热和温干交替发育，龙门山北段大规模碳酸盐岩地层遭受剥蚀，元坝地区发育大面积三角洲前缘沉积，沉积一套厚层钙屑砂岩和钙屑砂砾岩。

4 结论

(1) 元坝地区须三段钙屑砂体具有富岩屑、贫长石、少石英的低成分成熟度特征；钙屑砂体主要发育在须三中—上亚段。平面上，钙屑砂体呈条带状、扇状分布，由北西向南东厚度逐渐减薄。

(2) 元坝地区须三段沉积具有交替与突变的特点：交替表现在钙屑砂体与暗色泥质岩交替发育，洪水期粗粒砂体与涓流期细粒砂体及静水期泥质岩地层交替发育；突变首先表现在纵向上粗粒钙屑砂体与暗色泥岩呈突变接触，其次表现在平面上辫状河三角洲—湖相沉积序列发育不完整，既没有半深湖—深湖沉积，又缺少河湖之间的过渡相带，最后表现在砂体粒度两极分化严重。

(3) 龙门山幕式造山运动控制沉积环境变化和物源供给的幕式变迁，两者和湿热、温干交替的气候条件匹配，使得须三中—上亚段沉积时，元坝地区西部沉积了一套高钙屑含量砂体。

参 考 文 献

[1] 印峰，盘昌林，杜红权．川东北元坝地区致密砂岩油气地质特征[J]．特种油气藏，2012，19(2)：16-20.
[2] 王国茹，郭彤楼，付孝悦．川东北元坝地区长兴组台缘礁滩体系内幕构成及时空配置[J]．油气地质与采收率，2011，18(4)：40-43，53.
[3] 石美娟，卢双舫，陈方文．川东北长兴组生物礁的三维地震响应特征[J]．大庆石油地质与开发，2011，30(2)：167-169.
[4] 林煜，吴胜和，徐樟有，等．川西丰谷构造须家河组四段钙屑砂岩优质储层控制因素[J]．天然气地球科学，2012，23(4)：691-699.
[5] 罗文军，彭军，曾小英，等．川西丰谷地区须四段钙屑砂岩优质储层形成机理[J]．石油实验地质，2012，34(4)：412-417.
[6] 张奎华．川东北地区三叠系飞仙关组高硫化氢气藏成因探讨[J]．油气地质与采收率，2006，13(2)：47-49.
[7] 李勇，贺佩，颜照坤，等．晚三叠世龙门山前陆盆地动力学分析[J]．成都理工大学学报：自然科学版，2010，37(4)：401-411.
[8] 郑虹，胡明，陈英明．四川盆地北部构造特征及盆山祸合分析[J]．特种油气藏，2008，15(4)：24-28.
[9] 王二七，孟庆任，陈智樑，等．龙门山断裂带印支期左旋走滑运动及其大地构造成因[J]．地学前缘，2001，8(2)：375-384.
[10] 邓飞，贾东，罗良，等．晚三叠世松潘甘孜和川西前陆盆地的物源对比：构造演化和古地理变迁的线索[J]．地质论评，2008，54(4)：561-573.
[11] 杨渊宇，李忠权，喻颐，等．龙门山北段枫顺场—天井山构造演化特征[J]．大庆石油地质与开发，2013，32(1)：12-17.
[12] 徐兆辉，胡素云，汪泽成．古气候恢复及其对沉积的控制作用——以四川盆地上三叠统须家河组为例[J]．沉积学报，2011，29(2)：235-244.
[13] 黄其胜．川北晚三叠世须家河期古气候及成煤特征[J]．地质论评，1995，41(1)：92-99.
[14] 钱利军，时志强，欧莉华．二叠纪—三叠纪古气候研究进展——泛大陆巨型季风气候：形成、发展与衰退[J]．海相油气地质，2010，15(3)：52-58.

四川盆地北部须家河组“断缝体”气藏特征及勘探意义

王　威　凡　睿

（中国石化勘探分公司，成都 610041）

摘要：综合利用钻井、录井、测井及地球物理等资料，研究四川盆地北部马路背地区上三叠统须家河组储集体及气藏特征。研究区须家河组发育一种新的储集体类型，由断层、褶皱伴生破裂缝叠合基质孔形成的不沿层状分布的规模网状缝孔储渗体（简称“断缝体”），天然气在断缝体内富集即为“断缝体”气藏，主要表现“双源供烃、立体输导、复式聚集、断缝富集”特点。结合典型高产稳产井解剖，确定“断缝体”气藏高产富集主要受3个因素控制：①海相、陆相优质烃源岩双源供烃，烃源充足；②切源断裂输导体系提供有效的运移通道；③网状缝孔储渗体提供大规模的油气赋存场所，是“断缝体”气藏富集与高产的关键。

关键词：断缝体　气藏　主控因素　须家河组　四川盆地

四川盆地北部是中国石化在四川盆地的重点勘探区之一，区内继海相油气勘探取得重大突破之后，上三叠统须家河组（T_3x）天然气勘探也获得重要发现，明确了该区须家河组发育“大面积、低丰度”大型致密砂岩气藏，持续勘探实践表明该类气藏具有“资源规模大，商业开发有难度”等制约勘探开发的核心问题[1-3]。为了揭示川北须家河组致密砂岩气富集与高产规律，本文基于钻井、录井、测井、地球物理及测试资料并结合勘探实践，通过精细解剖马路背地区须家河组高产稳产气藏，深入探讨气藏特征及主控因素，旨在为实现川北地区须家河组规模资源的有效开发提供依据。

四川盆地北部马路背地区多口井在须家河组测试、开发效果良好，其中马101井须家河组第二段（简称“须二段”）测试获日产数十万立方米高产工业气流，马103井须二段测试获日产超过 $10\times10^4 m^3$，表现出“高产、稳产、不含水、可动用程度高”的特点[3]。通过对气藏的精细解剖发现，马路背地区须家河组气藏的储集特征及富集规律与其他致密砂岩气藏具有差异性，具备实现高效勘探开发的有利地质条件，这类气藏的发现对于推动类似地区致密砂岩勘探具有借鉴意义。

1　区域地质概况

马路背地区位于四川盆地北部通南巴构造带中部，受米仓山和大巴山冲断构造带的叠

成都理工大学学报（自然科学版），2019，10（5）：541-548

合挤压构造作用，表现为被构造作用复杂化的 NE 向断鼻构造。印支早幕以来，四川盆地完成了海陆转换，龙门山、米仓山、大巴山向盆内供给大量物源，研究区也沉积了巨厚的陆相地层[4-5]。

川北地区受龙门山、米仓山、大巴山三大造山带影响(图 1)，其构造演化、沉积充填以及后期改造作用异常复杂；同时也造成了川北地区在须家河组断裂发育程度差异较大，从西向东构造变形强度具有逐步增强的特点。通南巴构造带中部的马路背地区变形程度最强，沟通海相地层与陆相地层的深大断裂发育，导致该区断裂、褶皱更为发育，规模裂缝也更为发育(图 2)。

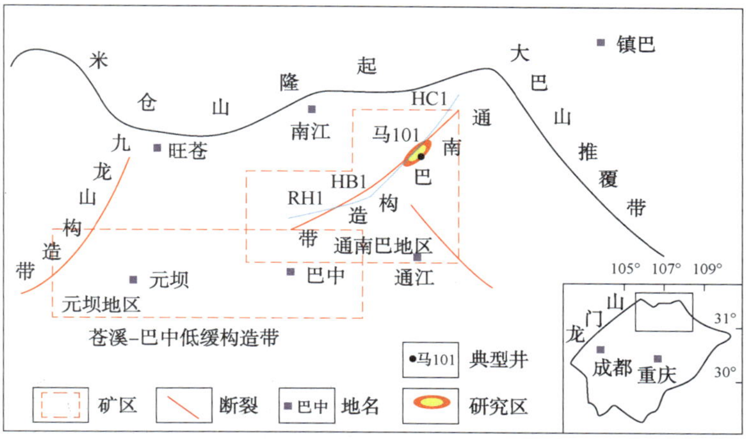

图 1　研究区构造位置示意图

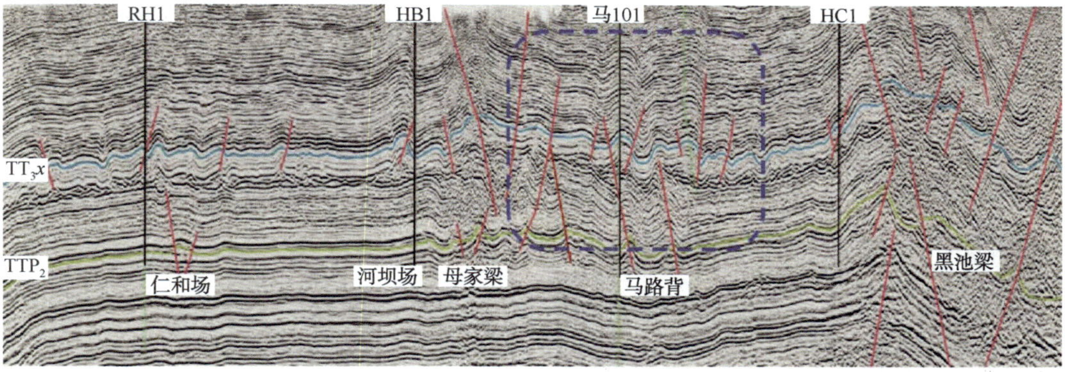

图 2　通南巴地区构造地震解释剖面简图

2　断缝储集体发育控制因素

2.1　基本特征

马路背地区须家河组储集岩类型以岩屑砂岩、岩屑石英砂岩和石英砂岩为主。400 多块岩芯资料分析显示，须家河组基质物性普遍较差，孔隙度(q)为 0.5%~4.1%，主要集中在 2%~3%；渗透率(K)为(0.001~0.1)$\times10^{-3}\mu m^2$，是四川盆地须家河组物性最为致密的地区，也比国内外大部分致密砂岩储层物性都更差(鄂尔多斯盆地苏里格气田盒8段致密砂岩储层孔隙度主要为5%~15%，渗透率<0.1×$10^{-3}\mu m^2$；川中地区须家河组致密砂岩储层孔隙度为5%~10%，渗透率<1×$10^{-3}\mu m^2$)[6]。研究区须家河组经历的最大埋深近7km，强烈的埋藏压实、胶结作用及构造挤压导致孔隙度较低。前已述及，该区断裂、褶皱更为发育，规模裂缝更为发育，同时勘探实践也表明此类气藏具有高产稳产的特点，具备较好的勘探潜力，进一步证实了该区须家河组具有良好的储集空间。

2.2 储集空间类型

受埋藏深度大、经历成岩作用复杂及处于盆缘受到强烈的构造挤压作用影响，马路背地区须家河组砂岩原生孔隙几乎破坏殆尽，颗粒之间以线接触-凹凸接触为主，紧密排列[图3(a)]。现今有效储集空间以次生储集空间为主，包括次生溶蚀孔隙、高角度构造裂缝、粒间杂基溶蚀孔、微裂缝等，与溶蚀作用有关的大量微孔隙及裂缝是主要的储集空间类型。在普通显微镜下，难以发现大量的次生溶蚀孔隙；但是在扫描电镜下，可以观察到大量溶蚀微孔隙(溶蚀成分主要为长石、岩屑等)。这类孔隙虽然很小，但大规模发育，正是这些大面积分布的砂岩基质微孔隙构成了主要的储集空间[图3(b)]。同时，研究区断裂发育，微裂缝[图3(c)]及规模网状裂缝极其发育[图3(d)]，裂缝有效地沟通了规模微孔隙，将微孔隙连通，形成渗流通道，对储层的物性改善具有极为重要的作用，使得须家河组气藏在储层极其致密的背景下仍能获得高产稳产。

图3 须家河组致密砂岩储层微观特征

(a)颗粒紧密接触，马101井；(b)粒内溶孔，马101井；
(c)微裂缝，马101井；(d)大规模网状微裂缝，马103井马 103 井须二段测试获得高产，该井距离断裂约 980m，岩芯实测孔隙度为 1.37%～3.38%，平均为 2.22%；渗透率为$(0.017\sim0.065)\times10^{-3}\mu m^2$，平均为 $0.028\times10^{-3}\mu m^2$。岩芯、成像测井资料显示须二段裂缝极为发育，裂缝倾角 60°～90°，走向主要有 2 个：北东-南西向及北西-南东向，石英半充填，成像测井解释高导缝 16 条，表现为网状裂缝[图 3(d)]，裂缝发育段的裂缝开度最大达 1cm，具有较好的输导及储集能力。

2.3 储集体发育控制因素

基于马路背地区须家河组储集空间特征及成因的分析，认为马路背地区须家河组致密砂岩储层发育主要受以下 2 个方面因素控制。

2.3.1 大面积基质微孔隙发育的砂岩是断缝储集体形成的基础

须家河组沉积时期，四川盆地北部地区发育大型辫状河三角洲沉积建造，水下分流河道砂体大面积分布。马路背地区须家河组主要发育第二段、第四段 2 套产层。须二段、须四段沉积时期，物源供给充分，大型辫状河三角洲前缘水下分流河道频繁改道、交叉和归并，辫状河三角洲前缘厚层砂体叠置连片大面积展布。铸体薄片、扫描电镜照片等资料显示，须家河组砂体基质微孔隙较为发育，说明在成岩期源岩在生烃过程中排出有机酸对大面积分布的砂体发生了不同程度的溶蚀作用，为大规模油气聚集提供了良好的赋存场所[7]。

2.3.2 大规模有效裂缝是断缝储集体形成的关键

大规模网状裂缝发育是研究区高产稳产井产层的重要特点。通过岩芯、成像测井资料对裂缝分析表明，须家河组有效裂缝倾角多为中-高角度，大规模有效裂缝发育主要受断裂及断裂形成的相关褶皱共同影响。

马 103 井须家河组岩芯实测孔隙度平均为 2.2%，测井解释孔隙度也较低。但该井须家河组规模网状有效裂缝非常发育，裂缝以中高角度的构造裂缝为主，且裂缝具有开度大、密度高、长度大的特征，在显微镜下可以观察到大量刚性颗粒破裂形成颗粒内部微裂缝，中高角度构造裂缝与颗粒内部微裂缝形成大量网状裂缝。马 101 井、马 103 井虽然须家河组储层致密，但长期开发具有高产稳产特点，分析认为规模网状有效裂缝起了关键性作用。研究表明，即使储层基质孔隙度低，但只要规模裂缝发育，仍可以高产稳产；但如果缺少规模网状有效裂缝，往往难以获得较好的产能。如马 201 井与马 103 井须二段沉积微相、岩石类型等特征基本相似，但马 201 井岩芯、成像测井表明规模有效裂缝不发育，测试产量也较低[8-9]。

前已述及，受周缘造山带影响，元坝西部地区处于盆内，须家河组构造变形相对较弱，主要发育层状孔隙型砂岩储层，其发育展布主要受水下分流河道微相控制，这类储层具有基质物性相对较好(孔隙度>10%)，储层大面积展布的特点[10](图 4)。而马路背地区须家河组虽然基质孔隙度低，但由于其处于盆缘，晚燕山-喜马拉雅时期在米仓山-大巴山挤压改造作用下，构造变形程度强烈，断裂、褶皱、规模裂缝发育，须家河组形成了新类型储集体(基质孔隙度低，裂缝发育)。这类储集体受断裂及伴生褶皱联合控制，在断裂(带)附近，由断层、褶皱伴生裂缝叠合基质孔形成的不沿层状分布的规模网状缝孔储渗体(简称断缝体，图 5)。

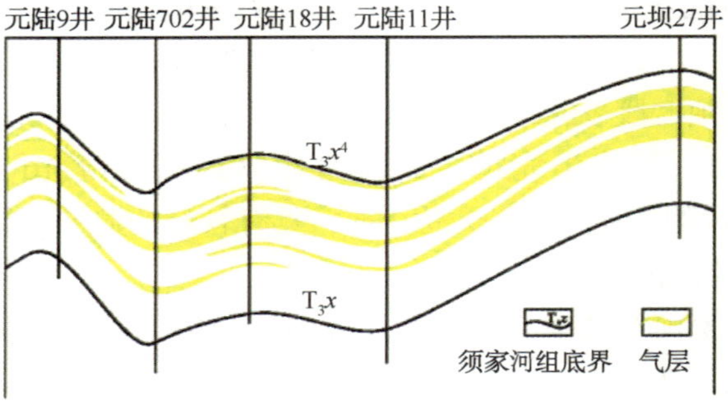

图 4　元坝地区须家河组大面积层状相控型储层模式图

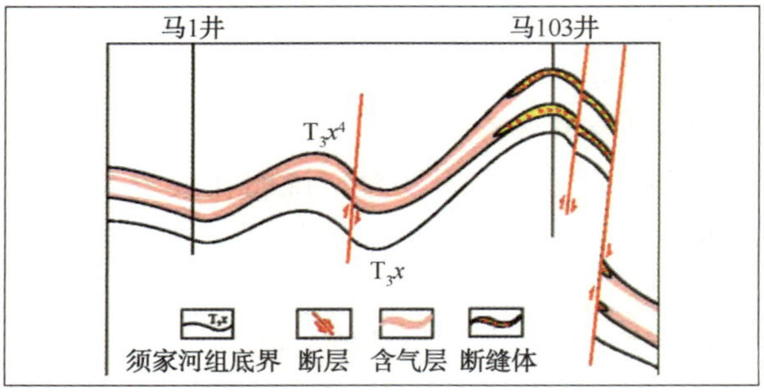

图 5　马路背地区须家河组断缝体模式图

3　“断缝体”气藏特征

马路背地区的勘探实践表明，须家河组气藏天然气高产富集区多沿断裂及伴生褶皱呈条带状分布，深层海相优质烃源岩生成的天然气沿深大断裂纵向上输导，与须家河组自身烃源岩生成的天然气一起在网状缝孔储渗体(断缝体)成藏富集，形成“断缝体”气藏。

3.1　气藏特征

天然气烃类气体的碳同位素特征是判断天然气成因类型的重要指标。天然气组分分析表明，马路背地区须家河组天然气以烷烃气为主，甲烷平均体积分数(φ)为98%(图6)，干燥系数>0.98，为干气，天然气组分特点与西部元坝地区须家河组天然气基本一致。马路背地区须家河组天然气的碳同位素分析表明，其 $\delta^{13}C_1$、$\delta^{13}C_2$ 值分别为-29.3‰~-32.0‰、-31.3‰~-33.9‰，平均值分别为-30.9‰，-33.1‰，形成 $\delta^{13}C_1>\delta^{13}C_2$ 的倒转分布，$\delta^{13}C_2-\delta^{13}C_1$ 差值为-0.7‰~-2.5‰。马路背地区须家河组天然气碳同位素具有倒转特征，与川西、川中等地区须家河组典型自生自储天然气相比非常特殊[11-13]。通过气源对比分析认为，由于深大断裂发育，马路背地区须家河组甲烷和碳同位素值倒转是由于海相气和陆相气混合所致，马路背地区须家河组天然气具有煤型气和油型气混合的特点。马路背地区具有深层海相优质烃源岩与须家河组自身煤系烃源岩2套烃源岩“双源供烃”的特征。

3.2　成藏模式

马路背地区须家河组天然气来源于深层海相和须家河组自身煤系烃源岩2套优质烃源岩。海相烃源岩生成的天然气通过燕山-喜马拉雅期形成的深大断裂向上输导进入须家河组

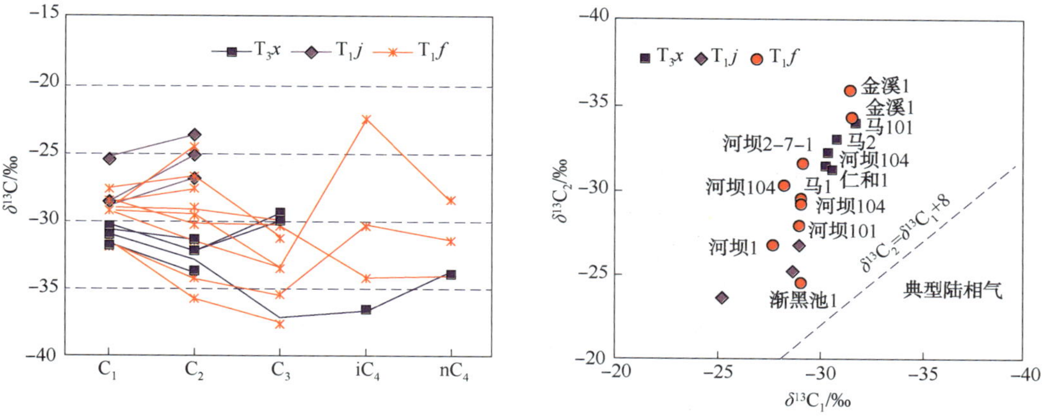

图 6 通南巴地区天然气 C_1～C_4 烷烃气 $\delta^{13}C$ 值分布图

储集体，须家河组内部大面积分布的砂岩和裂缝是须家河组自身烃源岩生成的天然气和深层海相天然气进入须家河组有效储集体的输导体系。结合构造演化及埋藏、充注史分析(图 7)，晚三叠世末期，马路背地区须家河组产状平缓、构造稳定，深层二叠系烃源岩已经开始生气，但深大断裂尚未形成。中燕山–晚燕山期，须家河组储层已经致密化，在大巴山构造带强烈推覆作用下，大量深大断裂开始形成，沟通海相烃源岩与陆相须家河组储集体，海相烃源岩生成的天然气通过深大断裂运移至须家河组断缝储集体。晚白垩世以来，川北地区大幅度抬升，断裂、裂缝更为发育，须家河组气藏进一步调整改造，局部更加富集。马路背地区须家河组气藏表现为“双源供烃、立体输导、复式聚集、断缝富集”的特点(图 8)。

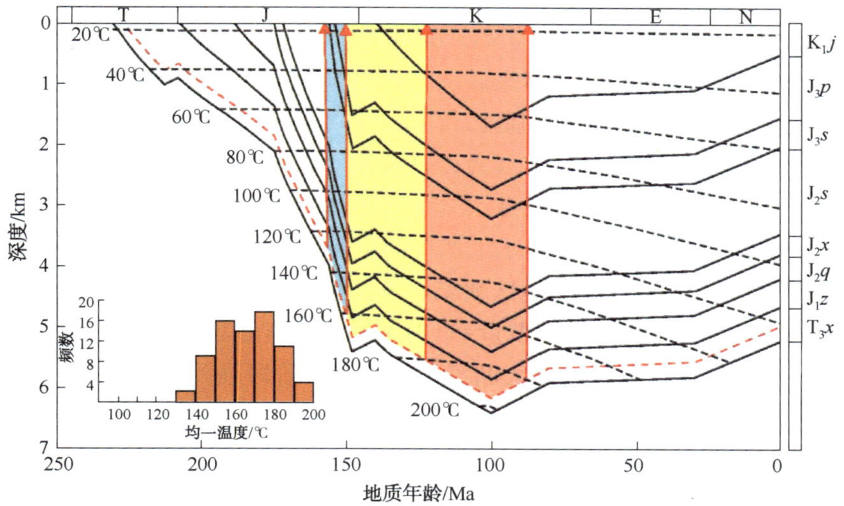

图 7 马路背地区马 3 井埋藏史与充注史图

因此，与川东北其他地区须家河组气藏不一样，马路背地区须家河组发育一种新的气藏类型，主要表现为储集物性更差(孔隙度<4%)，裂缝规模大，相对优质储集体发育受断

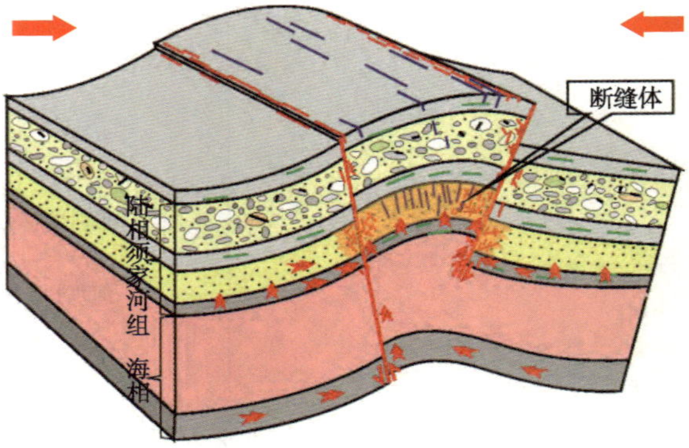

图 8　马路背地区须家河组“断缝体”气藏成藏模式示意图

裂及伴生褶皱控制，油气来源于须家河组自身烃源岩和二叠系海相优质烃源岩，天然气富集区带沿断裂带呈“条带状”展布。

3.3　“断缝体”气藏高产富集主控因素

3.3.1　海相、陆相优质烃源岩双源供烃

在马路背地区，由于深大断裂发育，具有深层海相优质烃源岩与须家河组自身煤系烃源岩“双源供烃”的特征。

马路背地区发育海相、陆相多套优质烃源岩，须家河组烃源岩以须二段中亚段和须三段为主。暗色泥岩厚度为 30~110m，由北向南，暗色泥岩厚度具有增大趋势。须家河组泥岩有机质丰度普遍较高，有机碳质量分数(w_{TOC})为 0.13%~14.0%，平均为 2.6%。须家河组烃源岩厚度大，有机质丰度高，干酪根以Ⅲ型为主，烃源岩热演化程度已经达到高成熟-过成熟阶段，评价该区须家河组生气强度为$(10\sim15)\times10^8m^3/km^2$[14-16]；马路背地区深层二叠系龙潭组烃源岩生气强度为$(10\sim30)\times10^8m^3/km^2$，具有陆相须家河组、海相二叠系 2 套优质烃源岩“双源供烃”的优势。总体来看，马路背地区须家河组气藏烃源条件十分优越，为大规模油气聚集提供了坚实的资源基础。

3.3.2　切源断裂输导体系提供有效的运移通道

马路背地区马 3 井生烃史研究表明，与气包裹体伴生的盐水包裹体均一温度为 130~200℃(图 9)，主峰在 150~180℃，显示天然气的主要运聚成藏时期在 150~90Ma B. P.，即晚侏罗世-早白垩世(图 7)。马路背地区须家河组烃源岩生烃高峰期为晚侏罗世-早白垩世，海相二叠系烃源岩生烃高峰期为早侏罗世-早白垩世。中燕山期以来，在大巴山构造带的强烈推覆挤压下，形成了大量北西向深大断裂；同时，该阶段强烈的构造变形作用，在陆相地层形成了大量断裂，在致密砂岩储层中形成了大规模网状裂缝[17]。晚侏罗世-早白垩世时期是海相、陆相烃源岩生烃高峰期，又是深大断裂形成时期，因此，从深大断裂形成时间与烃源岩生气高峰的匹配关系上看，晚侏罗世-早白垩世是沟通深层二叠系烃源岩与须家河组有效储集体的最佳时期。晚燕山期形成的深大断裂输导体系是海相二叠系烃源岩生成的天然气能够穿越嘉陵江组等层系膏岩进入陆相须家河组有效储集体的重要运移通道。

因此，纵向输导体系有效沟通了深层海相烃源岩和须家河组断缝储集体，同时形成了规模网状有效储集体，是高产富集的重要条件。

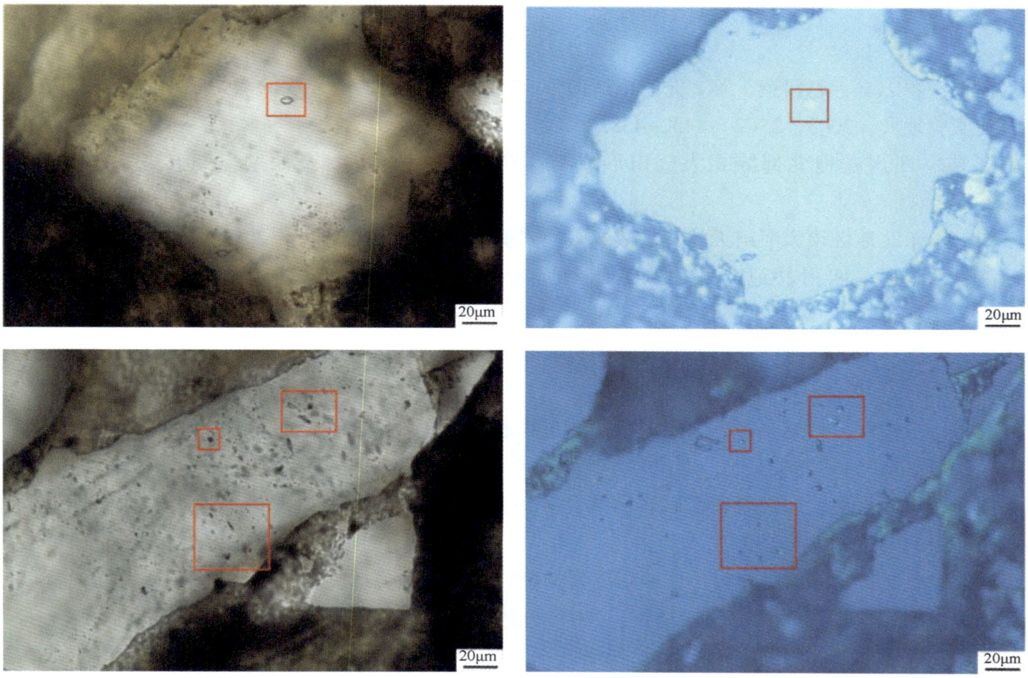

图 9 马 3 井须家河组油气充注包裹体照片

3.3.3 网状缝孔储渗体提供大规模的油气赋存场所

马路背地区须家河组辫状河三角洲前缘河道砂体广泛发育。岩石薄片、扫描电镜、成像测井等资料表明，马路背地区须家河组由于埋藏深度大，后期强烈破坏性成岩作用及构造挤压作用，使得原生孔隙消失殆尽；但在扫描电镜下可以看到大量基质微孔隙，这些微孔隙只有通过大规模网状裂缝沟通才能成为有效孔隙。马路背地区复杂的构造背景形成了现今颇具规模的有效裂缝发育带，须家河组大面积分布的致密砂岩储层与大规模有效裂缝有效叠合形成了有效储集体，为须家河组气藏形成提供了充足的赋存空间，是控制"断缝体"气藏高产富集的关键因素。

4 结论

四川盆地北部马路背地区须家河组基质孔隙度低(孔隙度<4%)，规模裂缝发育，发育受断裂及伴生褶皱控制的新类型储集体，主要由裂缝、基质微孔组成的网状缝孔储渗体(断缝体)。大面积基质微孔隙的发育及大规模有效裂缝沟通是储集体形成的主要原因。海相、陆相优质烃源岩双源供烃、切源断裂垂向输导体系、规模网状缝孔储渗体控制了"断缝体"气藏的富集及高产。

持续的勘探实践和研究表明，四川盆地北部须家河组致密砂岩资源背景雄厚，具有良好的成藏条件，具备形成大中型气田的基本条件。但长期以来，由于致密砂岩气藏本身特有的"大面积、低丰度"特点，导致商业开发难度大，马路背地区须家河组"断缝体"气藏的发现及深入研究，对于推动该区及其他类似地区致密砂岩资源的有效开发具有积极意义。

参 考 文 献

[1] 刘树根，罗志立，赵锡奎，等．龙门山造山带-川西前陆盆地系统形成的动力学模式及模拟研究[J]．石油实验地质，2003，25(2)：432-438.
[2] 郭彤楼．四川盆地北部陆相大气田形成与高产主控因素[J]．石油勘探与开发，2013，40(2)：139-149.
[3] 王威．川东北地区须家河组天然气高效成藏模式探讨[J]．岩性油气藏，2018，30(3)：27-34.
[4] 王威，岳全玲．四川盆地北部须家河组致密砂岩储层成因机制[J]．天然气勘探与开发，2012，35(1)：12-17.
[5] 王威．高能河道砂体特征及勘探意义——以元坝地区须三段为例[J]．石油实验地质，2013，35(6)：657-688.
[6] 赵会涛，王怀厂，刘健，等．鄂尔多斯盆地东部地区盒 8 段致密砂岩气低产原因分析[J]．岩性油气藏，2014，26(5)：75-79.
[7] 王威．四川元坝地区须二段致密砂岩储层孔隙演化与天然气成藏[J]．成都理工大学学报(自然科学版)，2012，39(2)：151-157.
[8] 汪泽成，赵文智，张水昌，等．成藏三要素的耦合对高效气藏形成的控制作用——以四川盆地川东北飞仙关组鲕滩气藏为例[J]．科学通报，2007，52(增刊 1)：156-166.
[9] 刘若冰，郭彤楼，邵明莉．川东北元坝地区中浅层天然气气源及成因类型[J]．天然气工业，2011，31(6)：34-38.
[10] 王威，黄曼宁．元坝地区须家河组致密砂岩气藏富集主控因素[J]．成都理工大学学报(自然科学版)，2016，43(3)：266-273.
[11] 吴小奇，黄士鹏，廖凤蓉，等．四川盆地须家河组和侏罗系煤成气碳同位素特征[J]．石油勘探与开发，2011，38(4)：418-427.
[12] 徐樟有，宋丽，吴欣松．川中地区上三叠统须家河组典型气藏解剖与天然气成藏主控因素分析[J]．岩性油气藏，2009，21(2)：7-11.
[13] 蒋裕强，郭贵安，陈辉，等．川中地区上三叠统须家河组二段和四段砂岩优质储层成因探讨[J]．油气地质与采收率，2007，14(1)：18-21.
[14] 赵文智，王红军，徐春春，等．川中地区须家河组天然气藏大范围成藏机理与富集条件[J]．石油勘探与开发，2010，37(2)：146-157.
[15] 李军，郭彤楼，邹华耀，等．四川盆地北部上三叠统须家河组煤系烃源岩生烃史[J]．天然气工业，2012，32(3)：25-28.
[16] 朱光有，张水昌，梁英波，等．四川盆地天然气特征及气源[J]．地学前缘，2006，13(2)：234-248.
[17] 刘昭茜，罗开平，唐永，等．四川盆地元坝-通南巴地区关键构造期构造特征及陆相致密砂岩天然气成藏响应[J]．地球科学，2019，44(3)：756-772.

川东北通江-马路背地区须家河组断缝体储层特征及成因

黄仁春　刘若冰　刘　明　曹环宇　宿　赛　杜红权

（中国石化勘探分公司勘探研究院，四川成都 610041）

摘要：四川盆地东北部通江-马路背地区须家河组受多期构造运动叠加影响，构造变形强烈，发育多套规模砂体，须家河组发育特殊类型“断缝体”储层。运用钻井统计分析与区域构造演化相结合的方法，对该区储层特征、形成机理及发育控制因素进行研究。结果表明：这类储层是规模网状裂缝与相对高孔基质孔隙叠加形成规模网状缝孔储渗体，具有高孔、多缝、孔缝相关的特征。“断缝体”储层的形成与通江-马路背地区3层构造样式和多期构造活动关系密切，区域构造应力场与深部海相流体活动是“断缝体”储层形成的外部力学背景与内部成因机制。通源断裂具有通源与控储双重作用，高能水体环境下大规模发育的砂体为裂缝发育和溶蚀作用提供了基础，局部构造控制复杂缝网的形成，三者共同控制“断缝体”储层发育。

关键词：断缝体　通源断裂　致密砂岩　须家河组　通江-马路背地区　四川盆地

四川盆地是典型的多旋回叠加改造型盆地，发育多期次断裂构造[1-4]。勘探实践表明，川东北通江-马路背地区上三叠统须家河组致密砂岩经多年天然气勘探，取得显著成效，多口井在须家河组测试获得工业气流，显示出良好的勘探前景[5-9]。天然气富集区沿大型断裂呈“条带状”分布[10]。前人研究认为，通江-马路背地区须家河组致密砂岩气藏具有“双源供烃，高效成藏”的特点，该套“断缝体”气藏的储集特征及富集规律与其他致密砂岩气藏具有明显的差异性[11-13]。因此，笔者通过地震、测井、岩芯测试和扫描电镜等资料，在精细刻画须家河组多套砂体沉积学特征的基础上，以岩相、裂缝与断裂三者对“断缝体”的影响为重点，阐释“断缝体”储层的发育特征及成因机理。

1　区域地质概况

通江-马路背地区处于四川盆地川东北地区通南巴构造带中部[14]，主体位于通南巴背斜及通江凹陷，构造位置处于米仓山冲断构造带和大巴山弧形冲断构造带的叠合区(图1)，上三叠统须家河组是研究区主力含气层系，纵向上可划分为须一段—须五段[15-17]，研究区须家河组受川东北地区东高西低的古地貌影响，须二段直接超覆在雷口坡组碳酸盐岩之上，缺失须一段，顶部与自流井组珍珠冲段呈不整合接触，须五段为残余地层[12]。须家河组内

石油与天然气地质，2021，42(4)：873-883

部整体上表现为须二段与须四段偏砂，须三段与须五段偏泥，为辫状河三角洲-湖泊沉积体系，发育须二下亚段滨湖滩坝砂体、须二上亚段、须四段及须三段中部水下分流河道砂体、须四段辫状河道砂砾岩体等多套砂体。构造上，主要受燕山早期、燕山晚期与喜马拉雅期3期构造运动叠加的影响[18]，整体表现为NE向构造带叠加了后期NW向背斜和断裂，发育北西向展布的对冲、背冲构造，局部构造成排成带展布，整体上具有南北分异、东西成带的特征。

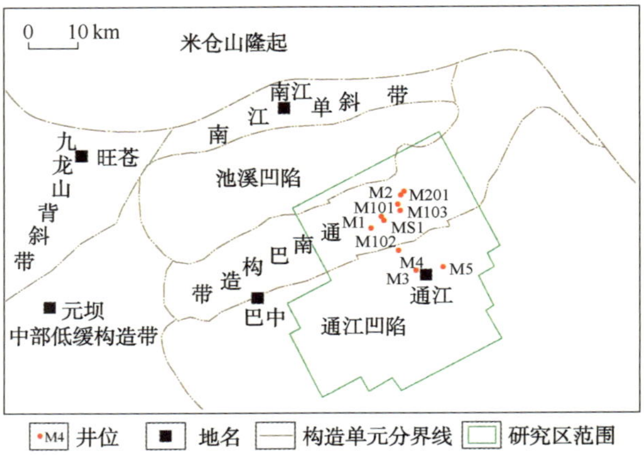

图1　四川盆地东北通江-马路背地区构造位置

2　“断缝体”储层特征及成因

2.1　储层地质特征

通江-马路背地区须家河组储层整体致密，但多期裂缝发育，局部受沿裂缝的酸性热流体溶蚀作用强烈。多期热流体作用造成裂缝半充填多种矿物，保证了裂缝有效开启；晚期叠加无充填裂缝形成复杂缝网，最终裂缝与溶蚀孔隙叠置形成了致密背景下的局部高孔渗储层；表现为沿特定断裂及局部构造呈复杂空间分布“断缝体”储层。

2.1.1　多套砂体发育，储层整体致密，裂缝多期叠置

通江-马路背地区须家河组岩石整体矿物成分成熟度和结构成熟度差异较大，岩石类型以岩屑砂岩、长石岩屑砂岩、岩屑石英砂岩和石英砂岩为主，纵向上石英含量从上到下有增高趋势，岩屑含量较高，长石含量较低。通江-马路背地区须家河组砂岩岩芯实测孔隙度介于0.20%~8.17%，主体分布在1%~3%，储层整体致密，局部发育高孔隙；渗透率介于$(0.001\sim1.43)\times10^{-3}\mu m^2$，主体分布在$(0.01\sim0.1)\times10^{-3}\mu m^2$间，孔、渗相关性差，具有明显的裂缝发育特征(图2)。

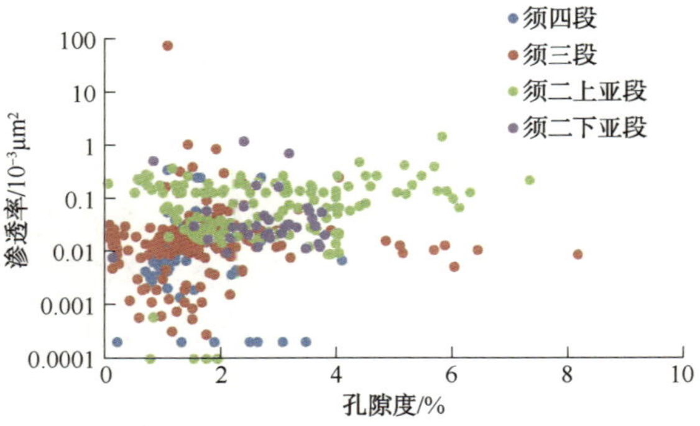

图2　川东北通江-马路背地区须家河组孔-渗交会图

通江-马路背地区须家河组高产井段裂缝普遍发育，裂缝以中-高倾角为主，倾向多样，主要为北西与北西西走向，裂缝面多切断沉积层面，具有组系性，表现为构造裂缝特征，裂缝垂向及平面分布具有很强非均质性。裂缝相互交切形成网状，部分岩芯裂缝内半充填自形石英及碳酸盐岩矿物，成像测井表现为高导缝内部局部具有高阻特征(图 3)。从充填先后顺序及相互切割关系判断裂缝发育具有多期性特征，石英充填裂缝发育最早，之后为碳酸盐岩充填裂缝，无充填裂缝最晚。

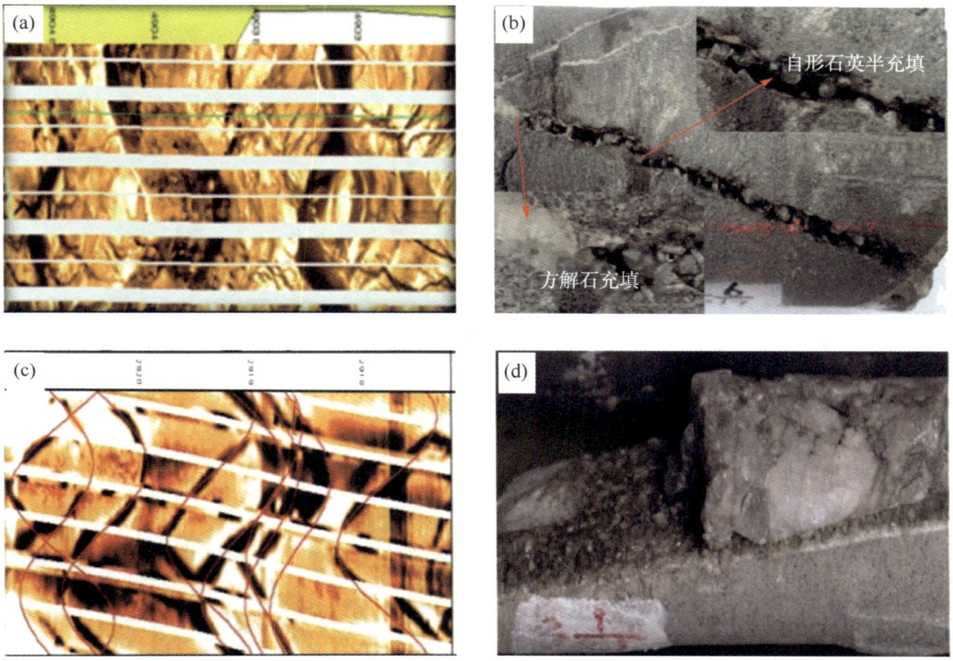

图 3 川东北通江-马路背地区须家河组成像测井图像及典型岩芯裂缝照片

(a) M3 井，须四段，高导缝成像测井图像；(b) M3 井，须四段，半充填高角度裂缝岩芯照片；
(c) M103 井，须二上亚段，高导缝成像测井图像；
(d) M103 井，须二上亚段，半充填高角度裂缝岩芯照片

2.1.2 局部溶蚀高孔，溶蚀孔隙与半充填裂缝具有成因联系

通江-马路背地区须家河组岩芯发育半充填裂缝，且储层溶蚀作用较强，溶蚀孔隙与半充填裂缝表现出相关性，具有相对高孔渗特征(图 4)。依据薄片及扫描电镜资料，认为溶蚀孔隙是酸性热流体沿着裂缝作用的结果，表现为沿裂缝的进一步溶扩和对裂缝所切割长石与岩屑等不稳定组分的溶蚀(图 5)，改善了储层物性，形成热流体溶蚀增孔。溶蚀孔隙及裂缝中充填的石英及碳酸盐岩矿物是多期热流体活动的产物，石英沿着裂缝壁或溶蚀孔隙向内呈棱柱状充填，碳酸盐岩矿物在此基础上进一步充填裂缝及溶蚀孔隙，可见马鞍状白云岩。矿物的多期充填减小了裂缝及溶蚀孔隙储集空间，但充填矿物特别是石英力学强度大，有效支撑裂缝及溶孔壁，保持孔隙有效的开启性。裂缝相关的溶蚀作用及多期充填特征是通江-马路背地区须家河组区别于其他储层的根本因素。

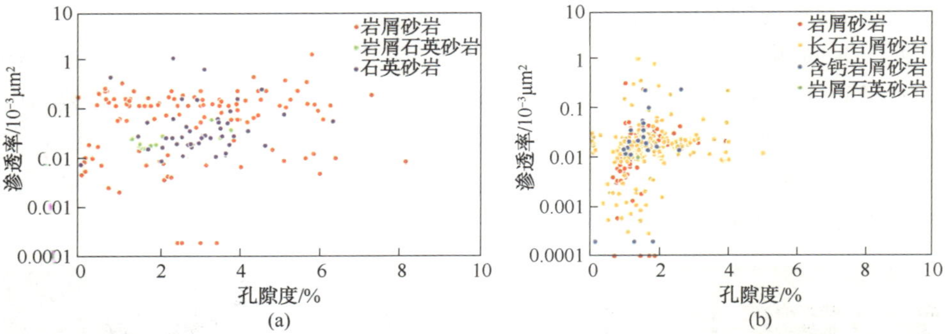

图4 川东北通江-马路背地区须家河组半充填裂缝发育段(a)与不发育段(b)孔-渗交会图

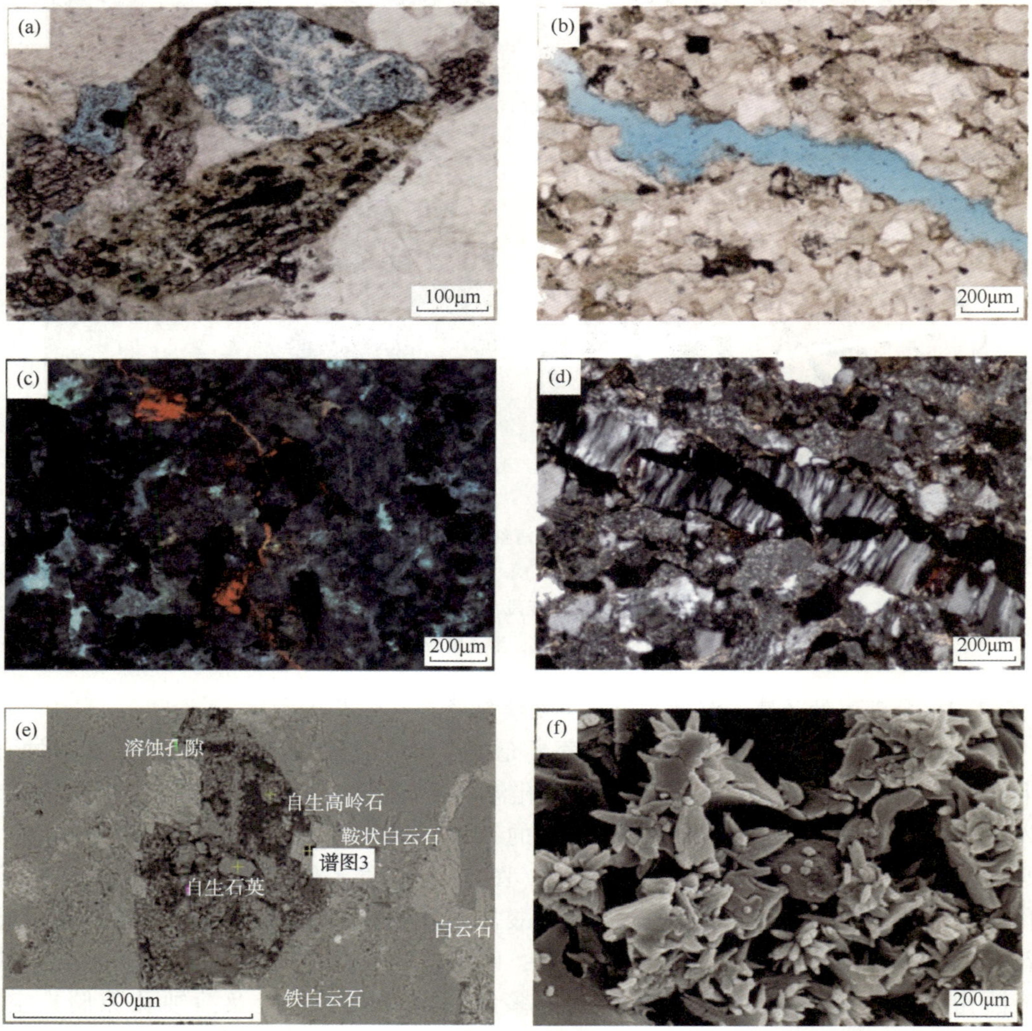

图5 川东北通江-马路背地区M3井须四段典型溶蚀及充填现象

(a)M3井，须四段，粒间孔及粒内溶孔；(b)M3井，须四段，沿微裂缝溶蚀岩屑颗粒；(c)M3井，须四段，微裂缝与粒内溶蚀孔隙；(d)M3井，须四段，微裂缝内充填石英与方解石；(e)M3井，须四段，溶蚀孔隙内充填自生矿物组合；(f)M3井，须四段，自生石英晶簇

2.2 储层成因机制

通江-马路背地区须家河组“断缝体”储层的形成具有其独特的地质背景与成因机制。通江-马路背地区以嘉陵江-雷口坡组膏盐岩和志留系泥页岩滑脱面为界，垂向发育3层构造，须家河组处于上构造变形层，断裂向上可断至中侏罗统沙溪庙组，向下可断至海相嘉陵江组-雷口坡组膏盐岩(图6)。形成3层结构的区域构造应力场与深部海相流体活动是“断缝体”储层形成的外部力学背景与内部成因机制。

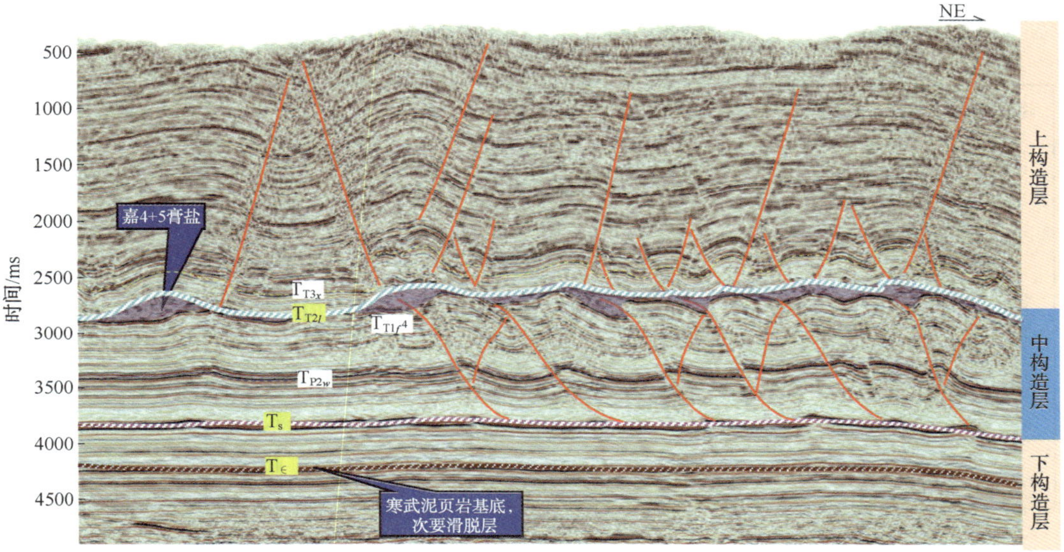

图6 川东北通江-马路背地区构造特征剖面

2.2.1 区域压扭应力场提供了有利构造背景

通江-马路背地区须家河组致密砂岩在晚燕山期—喜马拉雅早期受米仓山和大巴山不均衡挤压作用影响，处于压扭性应力场作用下，表现为所处通南巴构造轴线错断，并形成以一系列北西-南东向雁列式展布的北东倾向压扭断裂(图7)，垂向上海相地层与陆相地层整体变形，构造基本一致[19-23]。在走滑构造与挤压构造的双重作用下，沿断裂发育多方向剪切破裂，向下切穿海相塑性膏盐岩，向上发散与陆相各种破裂面连接构成网状交织的破裂带，破裂带内发育大量杏仁状夹块，有效支撑断层面保证其开启性[17]。该时期走滑挤压断层沟通深部海相烃源岩及多期热流体，成为通源断裂。但由于断裂具有走滑分量，垂向断距小，因此通源断裂向上大多发育在须家河组内部。该阶段局部构造幅度相对小，因而裂缝主要受通源断裂控制，沿裂缝普遍有活跃的流体活动，裂缝所切割岩体受流体改造作用强烈，局部溶蚀增孔作用明显，形成须家河组“断缝体”储层的雏形。

2.2.2 深部流体溶蚀改造储层

通江-马路背地区须家河组构造演化过程中，受通源断裂影响，保留下较多海相流体活动的痕迹。首先在矿物成分上，须家河组高产井段岩芯小断面上可见局部充填白色石膏，X衍射资料也反映出岩矿成分中含有石膏，而须家河组原生地层中不含石膏，其来源为海相嘉陵江组–雷口坡组膏盐岩地层，薄片中可见鞍状白云石呈波状消光，交代石英加大边，与石英颗粒呈锯齿状接触(图 8)，其形成与深部流体活动有关；其次在包裹体温度方面，部分岩芯裂缝中发育半充填自形石英及方解石，并且从包裹体测温可知，其具有异常高温，主峰温度为 180~210℃，石英略高于方解石，远大于该区陆相地层可能达到的最大演化温度，而与海相飞仙关组包裹体主峰温度有很好的可比性(图 9)。海相流体沿通源断裂及相关裂缝的活动，对须家河组砂岩中易溶矿物组分产生强烈的溶蚀作用，形成溶蚀增孔带，尽管后期通源断裂失去作用，但构造变形更加强烈，多期裂缝与溶蚀增孔带叠置，形成“断缝体”储层最终形态。

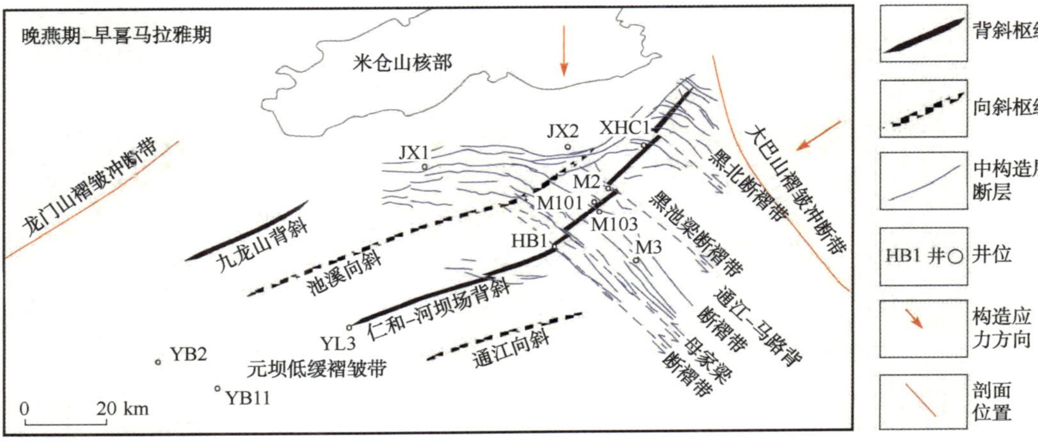

图 7 川东北通江–马路背地区晚燕山期—早喜马拉雅期构造特征

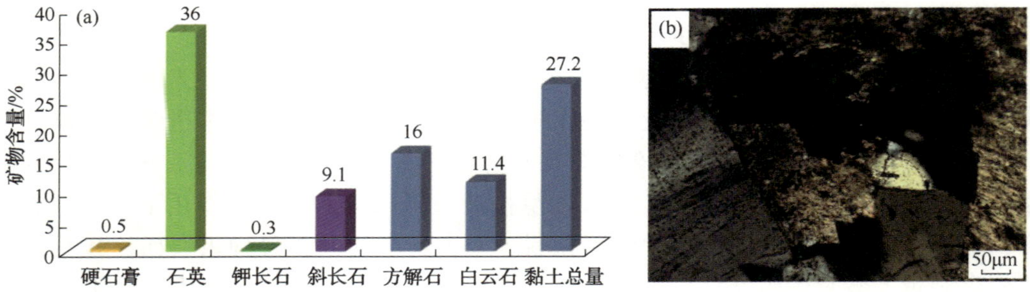

图 8 川东北通江–马路背地区 M3 井须四段 X 衍射组分含量直方图(a)与鞍状白云石波状消光薄片照片(b)

3 “断缝体”储层发育主控因素

通过对“断缝体”储层的形成过程与成因分析可发现，其发育必须具备 3 个要素：通源断裂、规模高能砂体及多期裂缝。

3.1 通源断裂具有通源与控储双重作用

前期对通江–马路背地区须家河组通源断裂的研究中，更多强调其对于海相烃源的沟

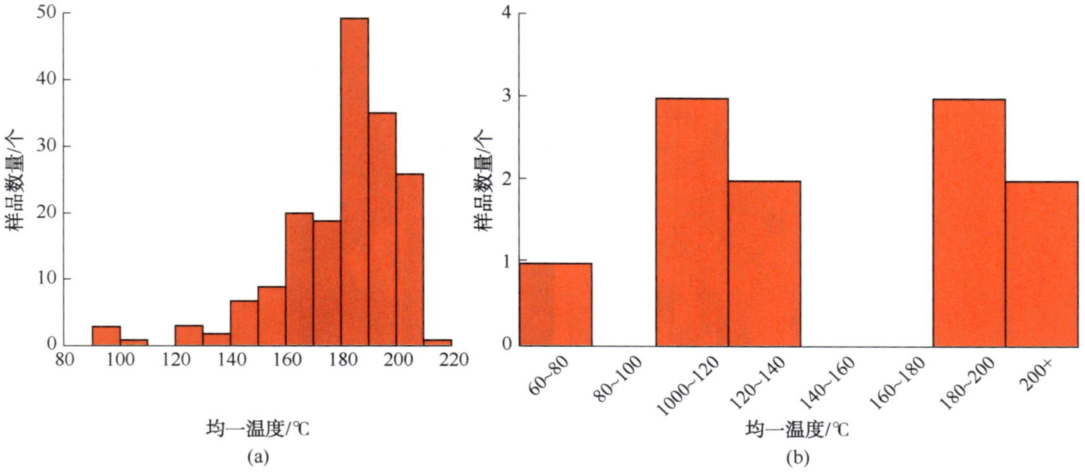

图 9 川东北通江-马路背地区 M3 井须家河组(a)与
JX2 井飞仙关组(b)包裹体均一温度直方图

通，认为区内须家河组天然气表现为乙烷碳同位素较轻，且出现甲、乙烷碳同位素倒转的特征，为海相与陆相混合天然气。通源断裂不仅起到沟通海相烃源的作用，它更是多期海相酸性热流体的运移通道。

一方面，通源断裂有效沟通海陆两相烃源岩与陆相储集体，为天然气运移提供通道。通江-马路背地区构造形变强，晚侏罗世后，受大巴山压扭及膏盐底劈联合作用，贯穿二叠系-侏罗系通源断裂逐渐形成，有效沟通了海陆相多套烃源岩，二叠系与须家河组天然气一起运移至储层，在部分地区富集成藏。

另一方面，通源断裂沟通深部酸性热流体，对须家河组裂缝附近长石和岩屑溶蚀形成大量粒内、粒间溶孔，有效提高孔渗性。以 M3 井为例(图 10)，酸性热流体对 M3 井须四段上部长石、岩屑等不稳定组分溶蚀作用明显，溶蚀孔缝发育，一定程度上改善储层物性，形成热流体溶蚀增孔带。

3.2 规模高能砂体为裂缝发育及溶蚀作用提供基质

通江-马路背地区须家河组发育多套高能砂体，不同类型沉积相带砂体整体致密物性差异不大，但砂体对于裂缝的发育与溶蚀作用有显著影响。通江-马路背地区须家河组发育须二段、须三段和须四段多套三角洲前缘水下分流河道砂体。由于水下分流河道有利于大套细砂岩与中砂岩发育，水动力条件较强，分选与磨圆一般较好，杂基含量较低，原始物性、孔隙结构较好，即使经历了后期的成岩改造作用，也具有相对较高的孔渗性，如 M4 井在须二上亚段取芯段中水下分流河道中-细砂岩，裂缝中可见溶蚀孔洞发育。另外水下分流河道沉积的中细砂岩脆性较大，更容易形成微裂缝，有效增加储集空间(图 11)。

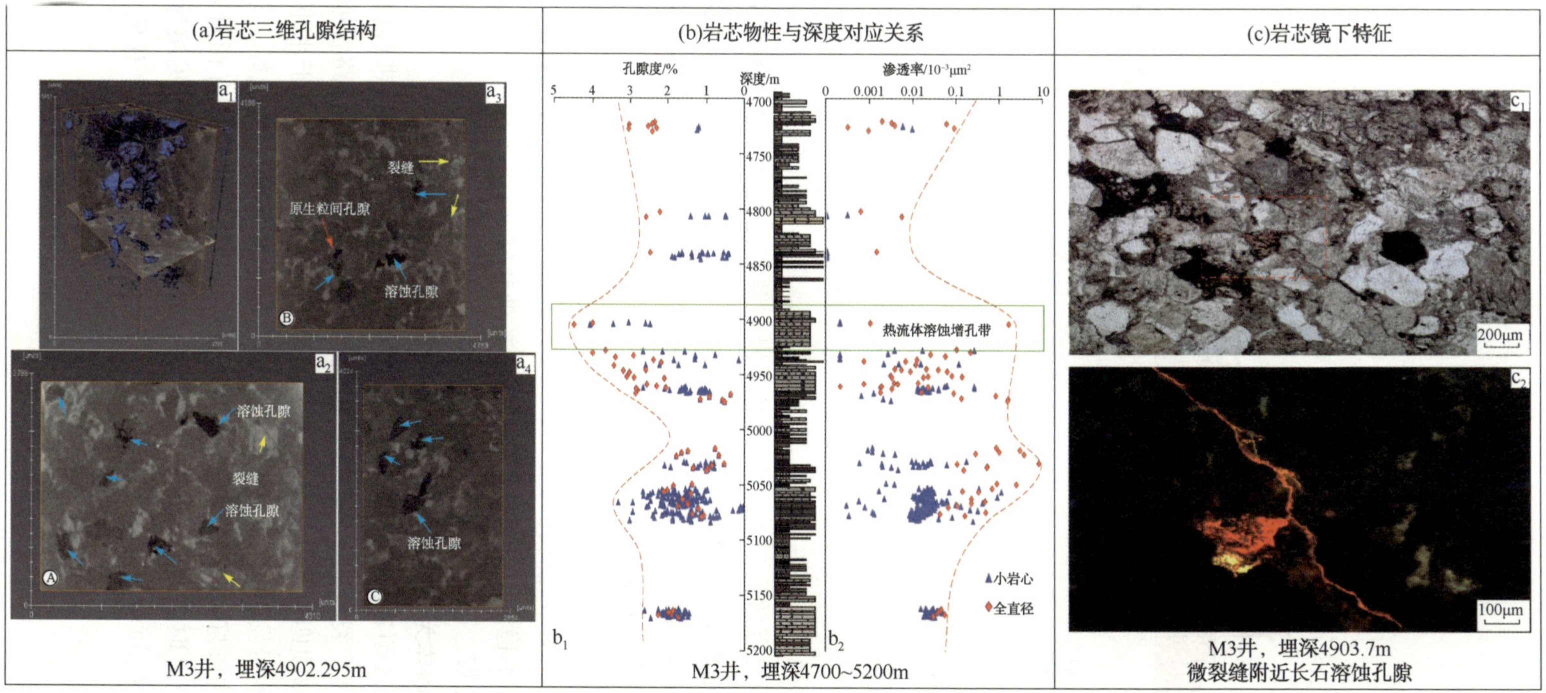

图10　川东北通江–马路背地M3井岩芯物性随深度变化规律

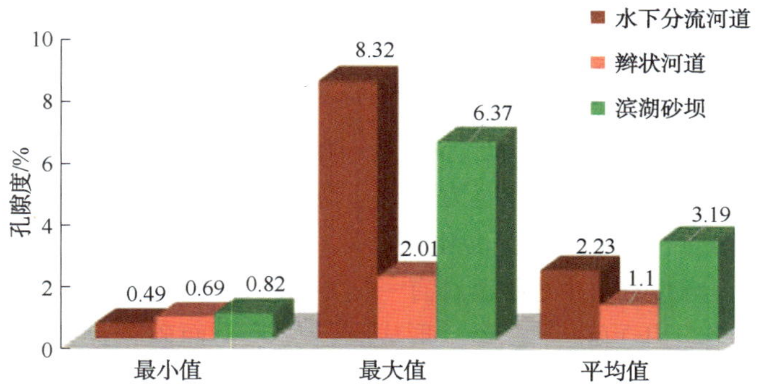

图 11 川东北通江-马路背地区须家河组孔隙度与沉积微相关系

3.3 局部构造控制复杂缝网的形成

3.3.1 裂缝发育特征

运用岩芯及野外观察、薄片鉴定、成像测井及常规测井解释等裂缝识别方法，对通江-马路背地区须家河组储层裂缝进行了识别与描述。发现研究区裂缝类型具有多样性，根据成因可划分为断层相关裂缝、褶皱相关裂缝、顺层滑脱裂缝和砾石相关裂缝 4 种类型（表 1）。研究区断层相关裂缝形成于断层破碎带内，产状多为中—高角度，裂缝多期发育，充填物多样，以石英与方解石为主，局部充填石膏。裂缝以张性-剪性为主，宽度大，延伸长度小，发育揉皱、擦痕与阶步构造。研究区褶皱相关裂缝多发育于砂岩中，产状以高角度为主，裂缝面平直，开度小，充填物一般较少，延伸长度大，裂缝呈组系；顺层滑脱裂缝多发育在泥岩和粉砂质泥岩中，多为沿层滑脱或低幅度剪切形成，产状以低角度-水平为主，多被石英、方解石半-全充填，裂缝面可见擦痕；砾石相关裂缝主要发育于研究区北部的须四段砾岩内，并可细分为砾内缝、砾缘缝与穿砾缝。裂缝密度较低，延伸长度一般较短，产状多样，受砾石控制，常被石英与方解石半-全充填，裂缝多呈孤立状，不呈组系且多不连通。

表 1 川东北通江-马路背地区须家河组不同成因类型裂缝发育特征及有效性

裂缝类型	岩性	裂缝产状	裂缝开启性	延伸长度/cm	特征	有效性
断层相关裂缝	中-细砂岩	中-高角度	充填物多样，半充填	10～100	与断裂伴生，揉皱、擦痕与阶步发育	有效裂缝
褶皱相关裂缝	中-细砂岩	高角度	差异大，半充填-无充填	10～100	与褶皱伴生，裂缝呈组系	有效裂缝
砾石相关裂缝	砂砾岩	产状多样	充填物多样，全充填	<10	裂缝发育受砾石控制	低效裂缝
顺层滑脱裂缝	泥岩	低角度-水平	充填物多样，全充填	<10	顺层理面滑脱	无效裂缝

微观裂缝在研究区须家河组中同样广泛发育，其形成与区域构造作用、沉积作用和后期成岩作用相关[24-27]。其中以构造微裂缝为主，裂缝可切穿矿物颗粒，连通孔隙空间，邻近断裂带还可以观察到酸性流体流经裂缝发生的溶蚀现象，表现出裂缝对于储层物性的改善作用。扫描电镜下同样可以观察到开启的微裂缝，其开度一般在 1～5μm，其形态受颗粒形态和磨圆等特征的影响，延伸或终止于颗粒接触点，长度可达 1～2mm。

3.3.2　岩相及构造变形强度对裂缝发育的影响

对成像测井解释的裂缝线密度统计发现，通江-马路背地区须家河组不同岩性中裂缝发育程度差异性明显。绝大多数中-高角度构造裂缝发育在砂岩中(图12)，细砂岩中裂缝最为发育，其次为粉砂岩和粗砂岩。其原因与岩石脆性有关，当岩石中的脆性矿物含量低于岩石发生破裂的界限时，岩层在构造应力作用下发生塑性弯曲而非破裂。而低角度裂缝在各类岩性中均有发育，且在泥岩中所占比例较大，多数与成岩作用及超压破裂作用有关。另外，不同的岩性组合对裂缝的发育也具有一定的影响，大套砂岩具有统一或相似的力学性质，在强构造应力作用下可整体破碎，形成裂缝体系；而砂、泥互层中砂和泥力学性质差异较大，虽然砂岩层内易形成高密度裂缝，但整体难以形成大型裂缝系统。

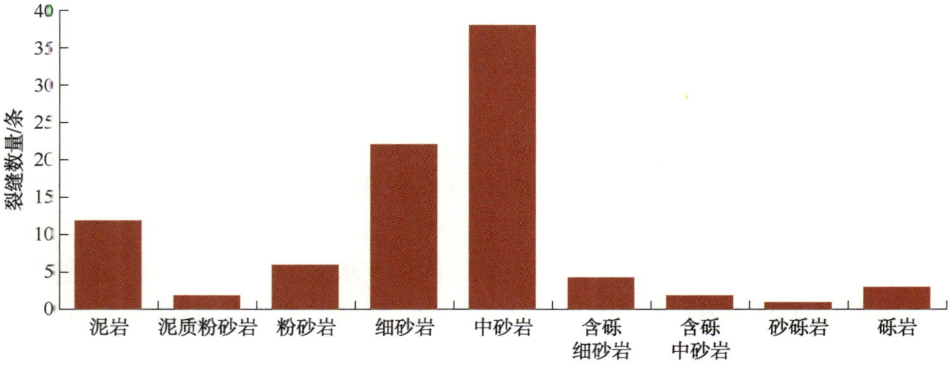

图12　川东北通江-马路背地区岩芯开启裂缝数量与岩性关系

研究区成像测井解释出的高导裂缝与临近的高角度逆断层在走向上具有一致性，均以北西向或北西西向为主，可见构造裂缝与断层之间存在密切的关系。同时，断层拖拽作用导致局部地层转折，应力相对集中，促进了裂缝的进一步发育，位于局部构造高部位的M101井、M103井与M3井裂缝异常发育，说明强烈的地层转折进一步促进了构造裂缝的发育。前人研究表明，受控于不同规模的断层，裂缝发育密集程度也应有所不同[28-36]。在对通江-马路背地区须家河组钻井裂缝统计的基础上，建立了单井裂缝发育数量与所处局部构造断裂和褶皱的拟合关系。结果表明，裂缝发育数量与两参数之间具有很好的相关性，通过钻井裂缝发育数量与构造变形强度的拟合关系可以发现，通江-马路背地区裂缝发育程度与褶皱程度呈线性关系，与断裂发育程度呈对数关系(图13)。当井到断层距离大于4倍断距时，砂岩中裂缝发育程度迅速降低，当局部褶皱幅度小于0.1时，砂岩裂缝发育程度低。整体来看，通江-马路背地区裂缝与褶皱、断层关系密切，断层带附近及强烈构造转折区是裂缝发育的优势区带。局部构造所控制裂缝主要为晚期构造缝，当晚期构造裂缝发育程度好且与早期初始状态"断缝体"储层叠置时，便形成了"断缝体"储层发育的最有利情况。

4　"断缝体"储层发育模式

在上述三控因素分析的基础上，总结了通江-马路背地区须家河组"断缝体"储层发育模式(图14)。通源断裂沟通海相烃源岩，同时也为多期流体向上运移提供了通道，从而控制了溶蚀流体、早期半充填裂缝及溶蚀增孔带的发育；规模高能砂体为"断缝体"储层提供

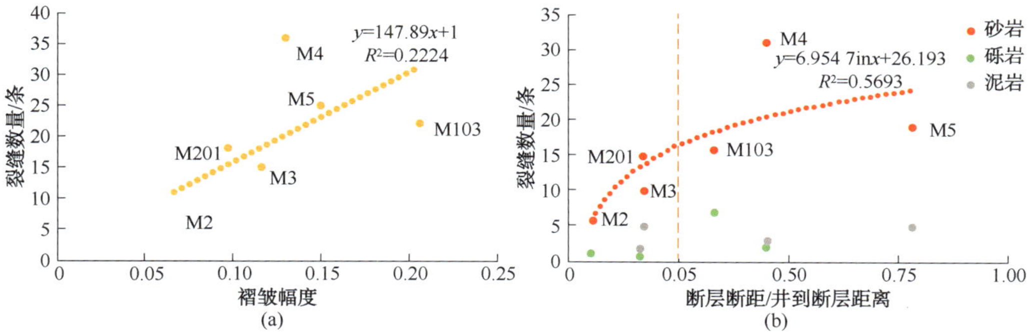

图 13 川东北通江–马路背地区成像测井裂缝发育程度与褶皱(a)、断层(b)的关系

裂缝发育及溶蚀孔隙形成的基质条件，构成了“断缝体”储层的主体；局部构造控制下的晚期裂缝进一步改善“断缝体”储层的联通性与储集性能。微观尺度上“断缝体”储层的储集空间主要是多期构造裂缝及沿裂缝的溶蚀孔隙。北部马路背地区须二上亚段、南部通江地区须四段、须三段中部都处于辫状河三角洲前缘水下分流河道微相主体部位，发育厚层状中–细砂岩，富含易溶矿物颗粒，为裂缝及溶蚀作用发育的有利岩相带。通江–马路背地区须家河组局部构造近通源断裂一侧，更易于发育早期裂缝及溶蚀增孔带，近反向断裂一侧，更易于发育晚期复杂缝网，两者有效叠合为“断缝体”储层发育提供有利的局部构造条件。

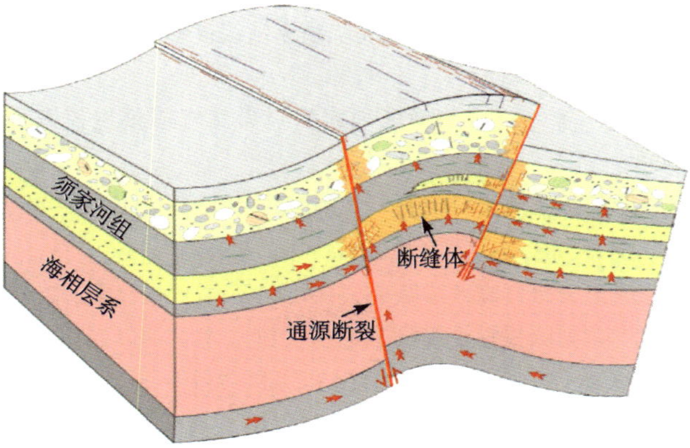

图 14 川东北通江–马路背地区须家河组断缝体发育模式

5 结论

（1）通江–马路背地区须家河组储层整体致密，但多期裂缝发育，局部具有相对高孔特征，裂缝相关的溶蚀作用及多期充填是通江–马路背地区须家河组区别于其他储层的根本因素。

（2）区域压扭应力场为“断缝体”储层的形成提供有利构造背景，晚期挤压改造使“断缝体”储层分布进一步复杂化；深部流体活动为“断缝体”储层的形成提供改造溶蚀流体。

（3）多套大面积分布的规模高能砂体，在晚燕山期—喜马拉雅期米仓山–大巴山挤压改造作用下，断层伴生缝、褶皱伴生缝与基质孔隙耦合叠加形成规模网状缝孔储渗体，即“断缝体”储层，其分布受通源断裂、规模高能砂体与局部构造共同控制。

参 考 文 献

[1] 郭彤楼．四川盆地北部陆相大气田形成与高产主控因素[J]．石油勘探与开发，2013，40(2)：139－149.

[2] 王万春，张晓宝，刘若冰，等．川东北元坝与河坝地区陆相储层天然气成因[J]．石油学报，2014，35(1)：26-36.

[3] 郭旭升．川西地区中、晚三叠世岩相古地理演化及勘探意义[J]．石油与天然气地质，2010，31(5)：610-619

[4] 杨克明，叶军，吕正祥．川西坳陷上三叠统须家河组天然气分布及成藏特征[J]．石油与天然气地质，2004(5)：501-505.

[5] 金惠，杨威，夏吉文，等．蜀南低缓构造区须家河组岩性气藏形成条件与勘探潜力[J]．石油与天然气地质，2018，39(2)：300-308.

[6] 祝海华，钟大康，张亚雄，等．川南地区三叠系须家河组致密砂岩孔隙类型及物性控制因素[J]．石油与天然气地质，2014，35(1)：65-76.

[7] 杜红权，王威，时志强，等．四川盆地东北部马路背地区上三叠统须家河组天然气地球化学特征及气源[J]．石油与天然气地质，2019，40(1)：34-40.

[8] 盘昌林，刘树根，马永生，等．川东北须家河组储层特征及主控因素[J]．西南石油大学学报(自然科学版)，2011，33(3)：27-34.

[9] 林小兵，田景春，刘莉萍，等．四川盆地川西坳陷须家河组硅质碎屑颗粒溶蚀作用及机理[J]．石油实验地质，2019，41(3)：404-410.

[10] 盘昌林，刘树根，马永生，等．川东北地区须家河组天然气成藏主控因素分析[J]．断块油气田，2011，18(4)：418-423.

[11] 王威，凡睿．四川盆地北部须家河组“断缝体”气藏特征及勘探意义[J]．成都理工大学学报(自然科学版)，2019，46(5)：541-548.

[12] 王威．川东北地区须家河组天然气高效成藏模式探讨[J]．岩性油气藏，2018，30(3)：27-34.

[13] 蔡希源．深层致密砂岩气藏天然气富集规律与勘探关键技术——以四川盆地川西坳陷须家河组天然气勘探为例[J]．石油与天然气地质，2010，31(6)：707-714.

[14] 陈龙博，何登发，王贝，等．川东北地区通南巴背斜中三叠世以来构造变形时间厘定及其地质意义[J]．大地构造与成矿学，2017，41(3)：433-445.

[15] 谭聪，于炳松，阮壮，等．四川盆地上三叠统须家河组高分辨率层序地层研究[J]．现代地质，2017，31(2)：290-301.

[16] 郑荣才，戴朝成，罗清林，等．四川类前陆盆地上三叠统须家河组沉积体系[J]．天然气工业，2011，31(9)：16-24.

[17] 林世国，王昌勇，易士威，等．川东卧新双地区天然气特征及上三叠统须家河组天然气来源[J]．石油与天然气地质，2017，38(5)：913-921.

[18] 程立雪，王威，岳全玲，等．川东北地区须二段石英砂岩储层特征差异性[J]．成都理工大学学报(自然科学版)，2016，43(2)：207-215.

[19] 范存辉，秦启荣，李虎，等．四川盆地元坝中部断褶带须家河组储层构造裂缝形成期次[J]．石油学报，2017，38(10)：1135-1143.

[20] 曾联波，王正国，肖淑容，等．中国西部盆地挤压逆冲构造带低角度裂缝的成因及意义[J]．石油学

报，2009，30(1)：56-60.

[21] 白斌，邹才能，朱如凯，等. 四川盆地九龙山构造须二段致密砂岩储层裂缝特征、形成时期与主控因素[J]. 石油与天然气地质，2012，33(4)：526-535.

[22] 邹玉涛，段金宝，赵艳军，等. 川东高陡断褶带构造特征及其演化[J]. 地质学报，2015，89(11)：2043-2049.

[23] 张世华，田军，叶素娟，等. 川西坳陷新场构造带须二段气藏成藏过程[J]. 天然气工业，2019(S1)：17-22.

[24] 刘殊，任兴国，姚声贤，等. 四川盆地上三叠统须家河组气藏分布与构造体系的关系[J]. 天然气工业，2018，38(11)：1-14.

[25] 曹环宇，王威，刘明. 川东北通南巴构造带须家河组裂缝特征[J]. 新疆石油地质，2018，39(4)：424-429.

[26] 曾联波，漆家福，王永秀. 低渗透储层构造裂缝的成因类型及其形成地质条件[J]. 石油学报，2007，28(4)：52-56.

[27] Shaoqun Dong，Lianbo Zeng，Wenya Lyu，et al. Fracture identification and evaluation using conventional logs in tight sandstones：A case study in the Ordos Basin，China[J]. Energy Geoscience，2020，1(3-4)：115-123. https：// // doi. org//10. 1016// j. engeos. 2020. 6. 3.

[28] 吕文雅，苗凤彬，张本键，等. 四川盆地剑阁地区须家河组致密砾岩储层裂缝特征对天然气产能的影响[J]. 石油与天然气地质，2020，41(3)：484-491.

[29] 段金宝，张升磊，李平平，等. 四川盆地北部须家河组裂缝发育特征与控制因素- 以广元和旺苍地区地表露头为例[J]. 长江大学学报(自然版)，2016，13(23)：7-14.

[30] 蒋有录，李明阳，王良军，等. 川东北巴中—通南巴地区须家河组致密砂岩储层裂缝发育特征及控制因素[J]. 地质学报，2020，94(5)：1525-1537.

[31] 刘昭茜，罗开平，唐永，等. 四川盆地元坝—通南巴地区关键构造期构造特征及陆相致密砂岩天然气成藏响应[J]. 地球科学，2019，44(3)：756-772.

[32] 王鹏威，陈筱，庞雄奇，等. 构造裂缝对致密砂岩气成藏过程的控制作用[J]. 天然气地球科学，2014，25(2)：185-191.

[33] 梅丹，胡勇，王倩. 裂缝对气藏储层渗透率及气井产能的贡献[J]. 石油实验地质，2019，41(5)：769-772.

[34] 叶亮，李宪文，马新星，等. 不同脆性致密砂岩裂缝扩展规律实验[J]. 新疆石油地质，2020，41 (5)：575-581. DOI：10. 7657/XJPG20200510.

[35] 蒋有录，李明阳，王良军，等. 川东北通南巴地区断裂对致密砂岩天然气成藏及富集的控制作用[J]. 中国石油大学学报(自然科学版)，2020，44(5)：19-31.

[36] 蔡勋育，邱桂强，孙冬胜，等. 中国中西部大型盆地致密砂岩油气"甜点"类型与特征[J]. 石油与天然气地质，2020，41(4)：684-695.

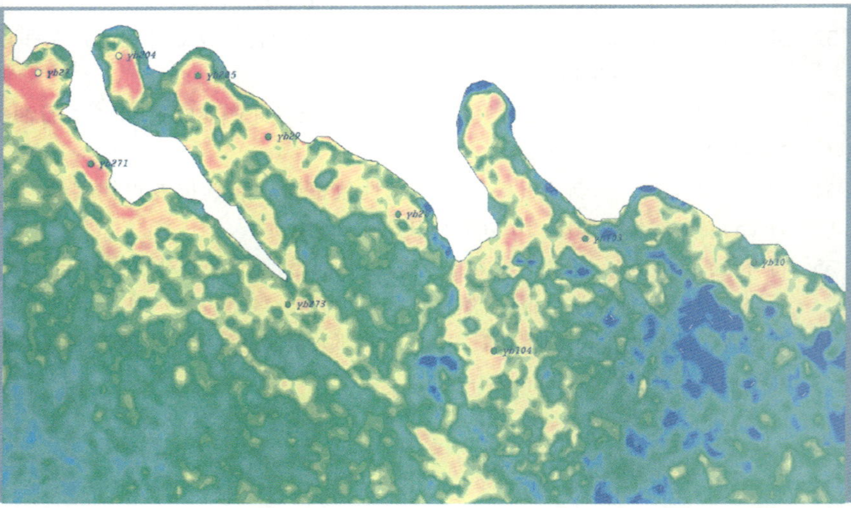
yb204
yb29
yb271
yb273
yb104
yb10

3 物探技术

二次创业与南方海相碳酸盐岩油气勘探的发现与展望

朱　铉　杨贵祥　敬朋贵

（中国石化勘探分公司，昆明 650200）

摘要：本文概述了中国南方碳酸盐岩地区的油气勘探经历和认识过程。在刘光鼎院士提出的"油气资源二次创业"理论方法指导下，我国在海相碳酸盐岩地区开展的地球物理勘探工作取得了重要成果。海相碳酸盐岩地区具有更复杂的地质构造和演化过程，该类地区寻找油气是世界性难题，传统勘探手段已不适用。本文给出了该类地区进行地球物理勘探的新思路、新方法、新技术，并以举世瞩目的普光大气田的发现说明了新方法的合理性和优势。文章最后给出在南方海相碳酸盐岩地区进行油气地球物理勘探的发展远景。

关键词：二次创业　海相碳酸盐岩　油气勘探　普光气田

0　引言

2002 年刘光鼎院士向国务院提出建议，以中国南方广大碳酸盐岩海相储层为主要目标，开展油气勘探，实现"二次创业"，建议受到国家领导人的高度重视，温家宝同志作了重要批示，从此，南方海相碳酸盐岩领域的油气勘探翻开了崭新的一页，通过五年的奋斗，在前人艰苦工作的基础上，在四川东北部率先取得突破，发现了举世瞩目的普光大气田，在通南巴等区块也取得了重大成果，为川气东送奠定了资源保证，几代石油人梦寐以求的大场面已初步形成，在南方更大范围的油气勘探工作也正在展开。

根据全球油气资源的赋存与分布，老一辈石油工作者始终对中国南方碳酸盐岩油气资源十分重视，并开展了长期的研究，刘光鼎、欧庆贤、陈沪生、郭正吾、孙肇才等从"六·五"开始就开展了科技攻关，马力、石宝珩等也做了大量工作，历年来各南方新区项目部、南京石油物探研究所和杭州石油地质研究所等单位持之以恒，长期对南方探区进行深入研究，他们都为南方的油气勘探作出重要贡献，特别是改组以后的中国石化，领导高度重视南方的油气勘探，组建的南方海相项目经理部认真总结前人的研究成果和工作经验，为南方海相取得突破打下了坚实基础。

由于南方地区经历了多期构造运动，强烈的改造作用使得地下构造变得十分复杂，恶劣的地表条件对地震勘探带来很大的困难，高演化程度和盖层问题对天然气的生气和保存

地球物理学进展，2007，22(4)：1255-1268

问题提出了新的挑战，储层超深钻井工程无论从质量、速度、安全和效率都遇到一系列的难题，可以说南方海相中古生界碳酸盐岩油气勘探面临的是许多世界上都难以解决的问题，这些都制约了这一领域的突破。

困难是客观存在的，但科学技术在不断的进步，在国家石油天然气资源十分紧缺的时侯，充分了解科学进步的脉博，正视困难，直面挑战，正确把握时机，二次创业为南方油气勒探带来了前所未有的机遇。把握机遇寻求突破，需要在地质观念上创新，充分发挥地球物理勘探的作用，大胆采用钻井及其他井筒作业的新技术，才能获得新的重大油气发现。普光气田的发现就是一个很好的例子。

据统计，南方油气勘探的面积广达数十万平方千米，地质条件复杂多变，二次创业任重道远，本文将就南方海相碳酸盐岩地球物理勘探问题进行回顾与探讨。

1　普光气田发现过程中的地震勘探

在广大南方地区四川盆地的地震资料相对较好，地质评价也高，因此被选作突破区域。前人在普光地区先后在各高点上钻了 21 口井，均未获突破，在新的地质思路指导下，以发现构造岩性复合圈闭，寻找礁滩相储层为突破口，对地震勘探提出了新的要求。

普光地区同时具备复杂山地、深层勘探、碳酸盐岩层系的地质特征，油气勘探技术属世界性难题。普光地区地表高山褶皱强烈，地下地质构造复杂，导致地震波场错综复杂。上二叠纪长兴期—下三叠纪飞仙关期持续处于台地边缘相带沉积环境，现今埋藏深，是碳酸盐岩油气勘探有利的地区。研究认为，如何获得高品质的地震资料，如何识别与预测优质储层是制约该区深层碳酸盐岩油气勘探的关键与难点。

为此，开展了面向上二叠统长兴组—下三叠统飞仙关组礁滩储层的山地高精度地震采集、高保真地震储层成像与深层碳酸盐岩优质储层预测的一体化地震攻关研究，形成了复杂山地高精度地震采集工艺技术、高分辨率储层成像技术系列与礁滩储层地震综合预测技术系列，提高了地震资料的信噪比与分辨率，有效地支撑了普光大型气田的发现与高效探明，取得了显著的勘探效果。

2　地震采集

工区地震地质条件复杂，给实施山地高精度地震带来了极大的困难，首先是复杂山地问题：地表类型复杂多样、切割剧烈（相对高差达 1200m），难以进行炮、检点精确定位，施工难度大；表层结构复杂多变，激发、接收条件差异大，造成严重的地表非一致性，表层低降速带吸收强烈，造成海相碳酸盐岩地层段反射波能量和频率降低；起伏地表不均匀性造成的近地表散射效应使得地震资料干扰严重、信噪比低。

其次是深层勘探问题。为保障目的层信号有足够的能量，通常不得不采用较大的激发药量，大药量会产生较大的低频效应，使高频成分能量较小，影响地震分辨率的提高；由于介质对地震信号有明显的选频衰减效应，地震信号中的高频成分比低频成分损失更大，也影响了分辨率。地下构造复杂，断裂发育，地层倾角大，地震波场复杂。勘探地质目标埋藏深，受上覆高陡构造、嘉陵江组膏岩柔皱地层和反射界面严重褶皱的影响，造成地震反射能量屏蔽，使得信噪比降低。这些现象在深层勘探将会变得尤为严重，如何补偿地震信息中损失的高频成分、拓宽优势频带，是深层碳酸盐岩油气地震勘探的关键。

再就是碳酸盐岩层系问题。碳酸盐岩储层非均质性强，且与围岩的波阻抗差异小，使得地震反射信号弱，高频信号更弱。

为满足深层碳酸盐岩储层预测的需求，主要围绕提高激发高频弱信号能量，接收时尽可能保护与提高高频成分和信噪比，在表层结构精细调查、噪音压制、改善激发接收条件、观测系统设计等方面，开展方法理论、试验量化分析和野外施工采集工艺优化，形成了复杂山地高精度地震采集工艺技术。其中面向储层的采集设计技术、高精度定位、高密度采样和饱和激发为关键。

2.1 面向储层的采集设计技术

在构造、沉积相和储层发育模式指导下，建立储层的地质-地球物理模型. 采用面向储层的设计理念，借助复杂地表条件下的地震波场正演模拟，实现面向碳酸盐岩复杂储层的地震采集优化设计。

具体方法包括：大炮检距观测方式、小道距高覆盖观测方式、变观加密方式、增加构造顶部的覆盖次数等。

2.2 山地高精度定位技术

针对山高森林茂密，植被多的实际，以卫星定位系统(GPS)实时动态差分模式(RTK)与全站仪结合实现山区高精度定位和全天候、全方位观测。定位精度达到 $M_x=0.29\text{m}$，$M_y=0.28\text{m}$，$M_h=0.26\text{m}$。

2.3 精细表层结构调查技术

在对表层地质调查、小折射、微测井(单、双井)调查、超深微测井、浅层地震反射、露头微测井、露头高程调查、山体速度调查、非地震表层调查、地质雷达表层调查、微电法、微VSP等各种表层结构调查方法对比试验和研究的基础上，结合川东复杂山地的特点，形成了以双井微测井为主、微VSP与微电法为辅的表层地质模型精细调查技术，为建立精细的近地表模型和静校正打下良好的基础(图1)。

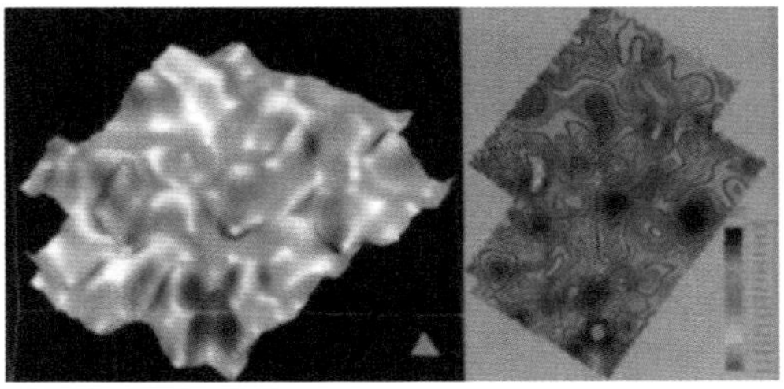

图1 低速层速度V0立体和平面示意图

2.4 饱和激发与高频能量激发技术

饱和激发理论[4-5]认为，地震波的振幅表征着介质的应变特征，药量表征着介质的应力特征；饱和激发时能满足线性叠加特性；在饱和激发状态下，可保证激发高频能量，提高高频信号的信噪比。

饱和激发对提高地震采集精度的意义在于：在饱和状态下激发，可以实现信噪比和分辨率的有机统一，同时在理论上回答了多年来高分辨率地震采集中的是大药量好，还是小药量激发好的争论；饱和激发理论可以指导激发井深、激发岩性与激发方式的优选与最佳匹配组合。按照饱和激发理论，本区砂岩出露地层选择19m井深、11kg高爆速炸药激发，实现三者的最佳匹配组合。

2.5 根据卫星图片布设测线，采用宽方位、小面元、高迭次的观测系统

采用高密度采样技术，提高储层描述的时间-空间采样率，时间采样率为1ms，三维空间采样率为25m×25m。

采用多检波器串联小面积组合方式，压制环境噪音和大线感应干扰，采用高覆盖次数观测系统，提高深层有效地震反射的信噪比。

3 高精度地震成像技术

在攻关中，综合应用野外近地表精细调查、初至波层析成像、迭代剩余静校正解决复杂山地的静校正难题；以区域地质构造和速度分布规律为基础，利用叠前偏移共反射点道集的速度分析建立高精度速度模型；给出地震走时算式系数优化方法，提高了大炮检距时走时计算精度，基于波场费涅尔相干理论发展了叠前偏移保幅技术，形成了拟起伏地表曲射线叠前时间偏移成像技术，保证了复杂构造和储层的成像精度；基于调谐频率与分频处理的高分辨率储层成像技术，进一步提高储层地震识别与地震预测的分辨能力[7]。

3.1 初至波层析成像静校正技术

初至波层析成像技术采用射线跟踪技术计算地震初至波走时，反演求取近地表速度精细结构，与现行折射波静校正技术相比，具有明显优势，其一是利用全部初至波走时信息，避免了仅使用折射波信息不足的缺陷和识别折射波震相的困难，其二是可适合于地层层速度横向变化情况下静校正处理，突破了现行折射波静校正仅适于地层为常速假设的范畴。此外，初至波层析成像技术利用近地表精细调查结构作为其初始模型和约束条件，可大幅度提高近地表速度分析的精度。在层析成像静校正基础上进行迭代剩余静校正处理，利用交互速度分析、剩余静校正的多次迭代解决复杂山地地震静校正处理难题。

从地震同相轴连续性、绕射波特征、信噪比等对比，综合应用初至波层析静校正与迭代剩余静校正较好地解决了复杂山地的静校正难题。

3.2 拟起伏地表曲射线叠前时间偏移技术

所谓弯曲射线是指和常规射线偏移相比较，是把地下速度模型考虑成拟层状介质，而不再是均匀介质，考虑到斯奈尔折射效应，射线在层状介质中传播，其射线是“弯曲”的，而不是“直线”，更符合地震波在地层中传播的实际路径。

根据已知井的钻井分层，在区域构造规律的指导下，结合对应地震剖面的波组特征(图2)进行精细解释，利用已知速度分布规律、填充层速度，形成初始速度模型。在区域地质构造和速度分布规律指导下，应用沿层速度分析、垂向速度分析、速度百分比扫描等技术，建立了适于山地高精度成像处理的速度分析方法和流程。

3.3 基于调谐频率与分频处理的高分辨率反演技术[7]

在高精度叠前偏移成像的基础上，为提高碳酸盐岩储层预测的精度，需进一步提高地震分辨能力，即可靠地提高地震数据的高频成分。地震数据的频率成分主要取决于地震子波和储层厚度与物性。地震子波不仅具有频率限带性质，且与储层性质无直接关系。高分辨率成像处理是利用反演技术消除地震子波影响，来提高和拓展地震资料的频带范围。地震反演作为非线性反问题存在解的不适定性，为缓解和消除地震反演的不适定性，需加入地质知识作为反演的约束条件，反演的关键在于约束条件的选择。现行的地震反演技术是将多口井的测井资料线性内插作为其约束条件，因此仅适于储层横向缓慢变化时的储层预测，如砂体储层预测。对于强非均质性的碳酸盐岩储层而言，其储层变化显然无法使用线

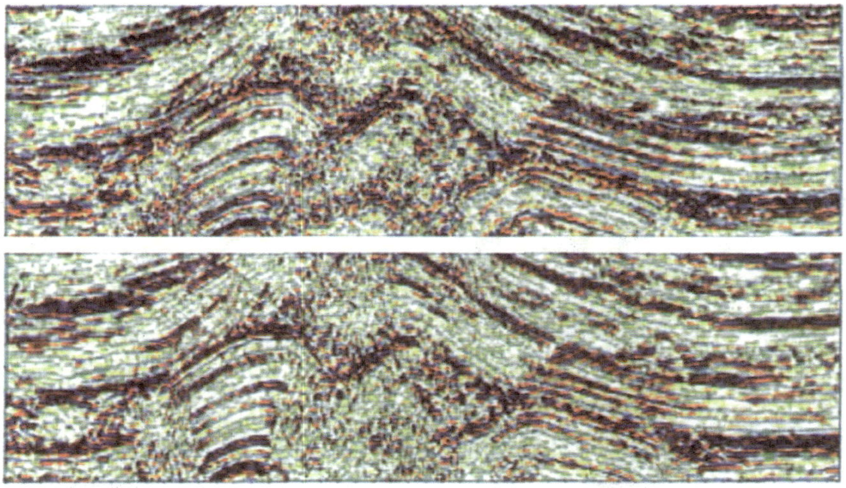

图 2 三维地震资料叠前偏移成像效果对比
上：叠后偏移；下：拟起伏地表叠前时间偏移

性内插加以描述，故现行反演技术用于碳酸盐岩储层预测是存在严重的不适应性。为此，研究开发了基于调谐频率与分频处理的高分辨率反演技术，其原理是利用地震资料的调谐频率和分频分析，半定量地确定储层厚度，并将其作为地震反演的约束条件。实现过程如下：

(1)通过层状地质模型地震正演模拟，建立不同主频子波时地层厚度与调谐频率的关系。

(2)利用地震资料时-频分析技术，实现地震资料分频处理。

(3)利用合成地震记录标定地震子波主频。

(4)综合应用分频结果[8]，给出地震反演约束条件。

(5)利用反演算法实现储层高分辨率成像处理。

其优点是：无需对储层的空间变化规律进行假设，能适应强非均质碳酸盐岩储层。经高分辨率成像处理后频谱得到提高和拓宽，储层成像更加精确，储层反射特征细节显得更加清楚(图 3)。这有助于储层的精细描述。

4 礁滩储层综合预测技术

碳酸盐岩油气勘探的主要问题是储层预测，碳酸盐岩储层预测理论与技术是当前国内外油气勘探的热点和难点领域。现行的储层预测技术主要是针对盆地中、浅层的砂体储层勘探而发展建立的，国外碳酸盐岩储层预测的研究虽已开展多年，但其勘探对象多为中、新代单旋回盆地，地质构造简单，且储层埋藏浅。我国南方海相碳酸盐岩地质年代老，已经历多期构造改造，且叠合在陆相地层之下，储层埋藏深度大。在这种特定的地质条件下，如何识别与预测储层是制约深层碳酸盐岩油气勘探的关键技术难点。为此，开展了储层地震响应特征、储层识别模式、有效储层预测和含气性判识等面的方法技术的攻关研究，形成了礁滩储层综合预测技术，为普光大气田的发现提供了技术保障。

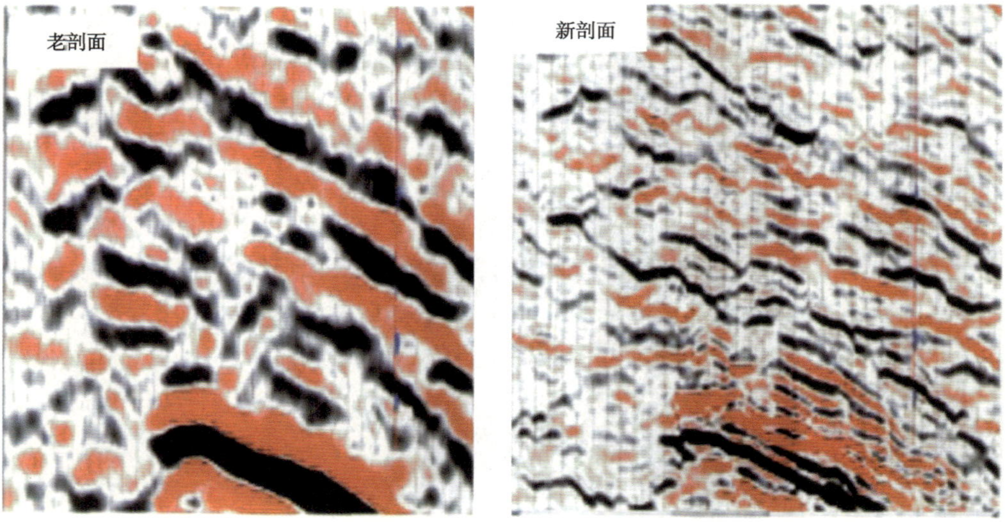

图 3　叠前储层高分辨率成像效果
高分辨率储层成像前(左)，高分辨率储层成像后(右)

依据对岩石物性参数实验测定建立储层地球物理响应模式、以地震反射特征建立储层的地震识别模式、以波阻抗反演及频谱分解[9]为手段研究储层发育与分布、用多种地震属性分析及层拉平技术恢复古沉积地貌研究有利地质沉积相带，有力地促进了礁滩发育区识别和刻划。

4.1　建立储层地球物理响应模式

据已钻井储层内部与围岩岩石组合关系建立相应地质模型，通过地震正演建立地震响应模式。

从图 4 可看出生物礁的反射特征表现为高孔隙度的白云岩表现为中-强振幅“亮点”反射特征，其下伏生物礁灰岩由于与围岩的阻抗差异较小，且生物礁底面不平坦，表现为断续中-弱振幅反射。

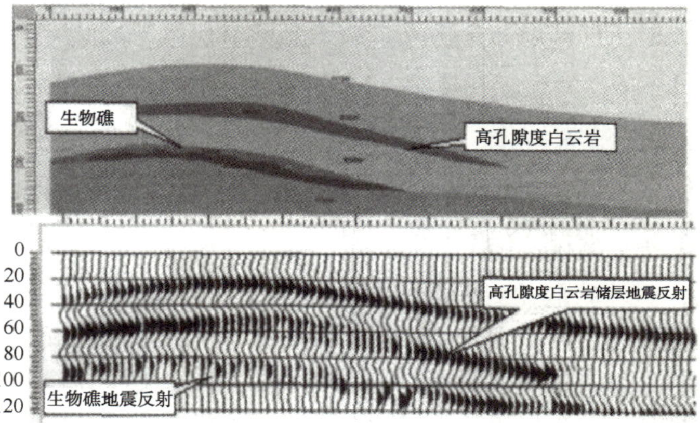

图 4　生物礁模型正演模拟

4.2 储层地震识别模式

综合储层发育模式、地震响应特征、已知探井储层段的地震反射特征，归纳建立了普光地区长兴–飞仙关组礁滩储层的几种地震识别模式。如普光型飞仙关组鲕滩的“多轴、低频、中强变振幅、断续、杂乱或透镜状反射结构”；大湾型飞仙关组鲕滩的“双轴、低频、强振幅、亚平行反射结构”；长兴组礁滩的“顶底为强反射，中断，礁内部低频、弱反射，杂乱、凸透镜状”。

4.3 有利沉积相研究

在高精度地震成像资料的精细构造解释的基础上，利用层拉平、平衡剖面和三维可视化等技术恢复古地貌(图5、图6)，研究原始沉积格局，结合地震多属性分析确定储集体有利相带分布规律。

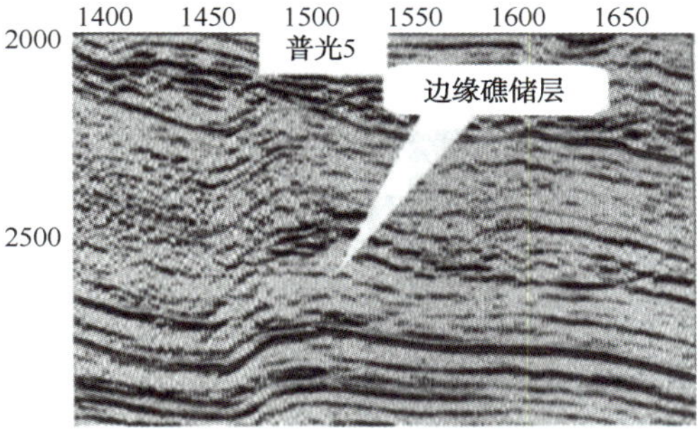

图5　普光构造边缘礁典型剖面

(纵坐标单位为ms)

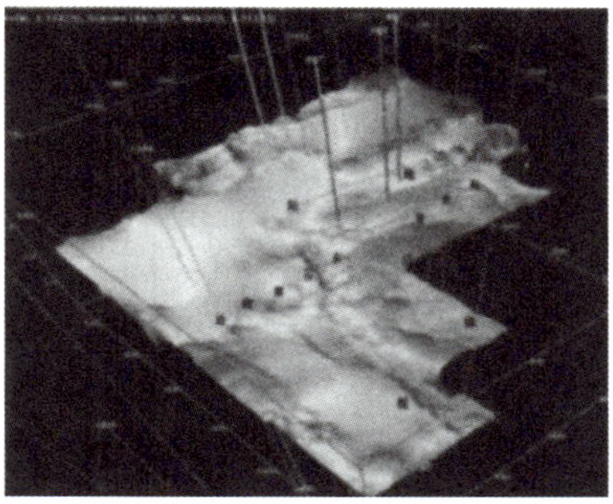

图6　长兴–飞仙关组沉积时期古地貌图

4.4 礁滩发育区地震识别

在高分辨率层序地层、沉积相、储层发育模式指导下，利用地震相分析和地震属性分析等技术识别礁滩发育区(图7)，其中地震属性主要包括振幅、频率等信息。

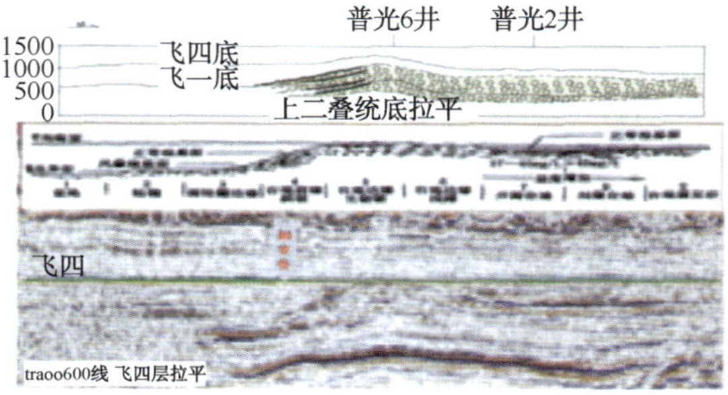

图7　礁滩相解释剖面

4.5 有效储层量化分析技术

4.5.1　谱分解技术

谱分解技术是利用信号处理的时–频分析将地震数据由时间域转变为时间–频率域，时间–频率域地震数据可更直观地反映储层的空间展布。其原理在于储层的厚度变化会在频率域引起调谐频率的变化，储层地震信号的频率成分变化常指示着储层物性的变化。借助于时间–空间域单频地震资料的可视化显示可直观地追踪储层的变化分布规律。现行谱分解技术是利用短时窗付氏变换而实现的，因其时窗效应使得时–频分析结果存在较大偏差，谱分解的结果取决于人为选定的时窗大小，造成储层预测具有不确定性而影响储层预测的精度。针对现行技术存在的不足，将在信号分析领域近年来发展起来的匹配跟踪小波变换方法引入地震资料的时–频分析。匹配跟踪小波变换(match pursuit)的基本原理是构造一类特定频率性质的小波类，通过该小波类中的小波与地震数据的最佳匹配，将地震数据变换为多个小波的合成，借助于小波频率分析实现地震数据谱分解的时-频分析。其优点是利用反演技术实现谱分解，无需选定的时窗，大幅度提高了地震数据的时-频分析精度。

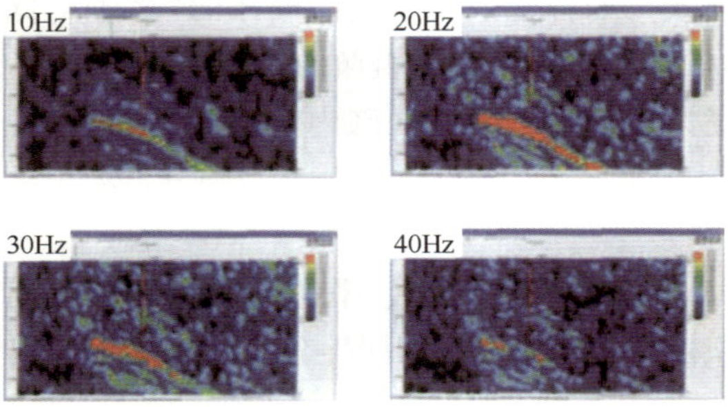

图 8　普光地区地震数据频谱分解

单频剖面分别为 10Hz、20Hz、30Hz、40Hz

图 8 给出地震数据的频谱分解结果，从中可看出，储层在不同频率的单频数据中存在明显的差异性，利用储层在频率域的响应特征，借助可视化技术，实现储层厚度与物性的精细分析。

4.5.2　波阻抗技术

波阻抗技术是预测储层空间展布的常用技术，因储层发育情况与泥质含量的增多均会导致波阻抗的降低，使得波阻抗的变化并不能直接反映孔隙度的变化。礁、滩储层中的泥质会直接影响白云岩储层预测的精度，针对这一不足，通过岩石物性参数测定，结合测井资料，建立了储层孔隙度与地震波阻抗之间的统计规律，开发了用于消除白云岩储层中泥质含量影响的伽马随机反演技术，与波阻抗反演结合，实现了有效储层的空间分布与孔隙度预测。

“声阻抗重构技术”是利用孔隙度曲线重构声阻抗，通过反演得到重构的声阻抗反演结果，再建立重构后的波阻抗与孔隙度的关系式，将反演结果转换为孔隙度体，得到孔隙度的反演结果，进而按有效储层孔隙度门槛值求取其厚度。

图 9(a)为过普光 6-普光 2-普光 4-普光 1-普光 3 联井密度反演剖面，图 9(b)为随机伽马反演剖面，普光 6、2、4、1 四口井飞仙关组发育巨厚溶孔白云岩储层，表现为明显的低伽马和低密度特征。普光 3 井飞一段储层不发育，表现为相对高伽马和高密度特征。普光 6、普光 2 井长兴组发育厚层生物礁盖白云岩储层，也表现为明显的低伽马和低密度特征，而普光 4 以北到普光 3 井一带长兴组为开阔台地沉积，孔隙性储层不发育，伽马值和密度值明显比南部的普光 6 井高。因此，利用伽马和密度反演资料可以较好地区分储层与非储层。图 9(c)为利用伽马数据和密度数据进行约束，去除泥值和膏岩后的波阻抗联井剖面，反映储层的低阻抗异常更为清楚，储层的横向非均质变化特征较明显。

5　勘探效果

首块大面积复杂山地深层碳酸盐岩高精度地震勘探工程的实施，表明所得的高精度地震资料与原有老资料相比，信噪比和分辨率有了很大的提高，老资料原始单炮记录有效频带 8~70Hz，视主频 30Hz；新技术应用后原始单炮记录有效频带范围 8~125Hz，视主频为 50Hz，因此，原始资料主频提高 20Hz，为储层精细描述提供了可靠的基础资料。图 10 给出了高精度地震采集技术应用前后的初叠剖面。

随着山地高精度地震勘探技术的成功应用，极大地促进了本地区海相碳酸盐岩油气勘探的重大发现。从 2002 年年底毛坝 1 井，2003 年年初普光 1 井的重大发现，到 2005 年年底普光 2、4、6 等评价井的证实，用三年时间探明一个迄今为止中国规模最大、丰度最高的普光特大型整装海相气田。普光气田探明天然气地质储量已达 $3560\times10^8 m^3$。

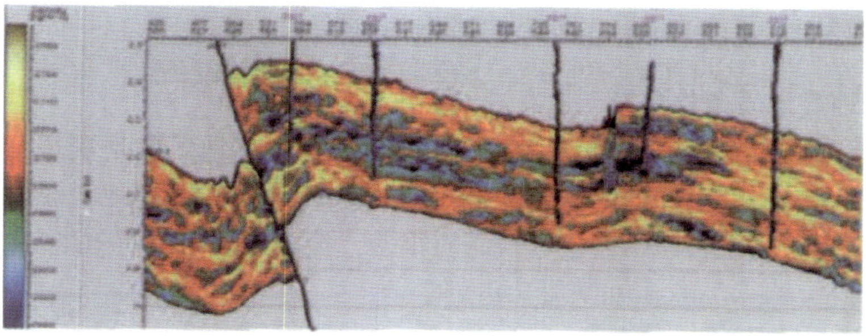

(a)

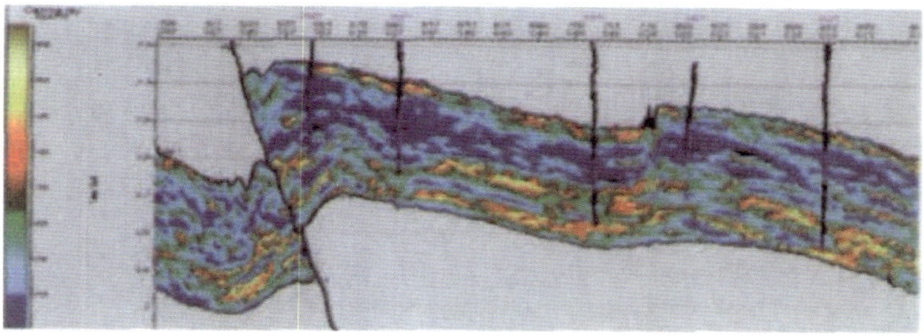

(b)

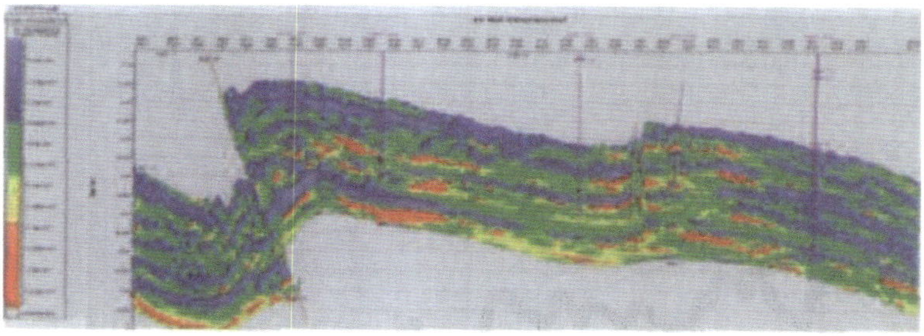

(c)

图 9 密度(a)、随机伽马(b)和伽马约束去泥值后波阻抗(c)反演联井剖面

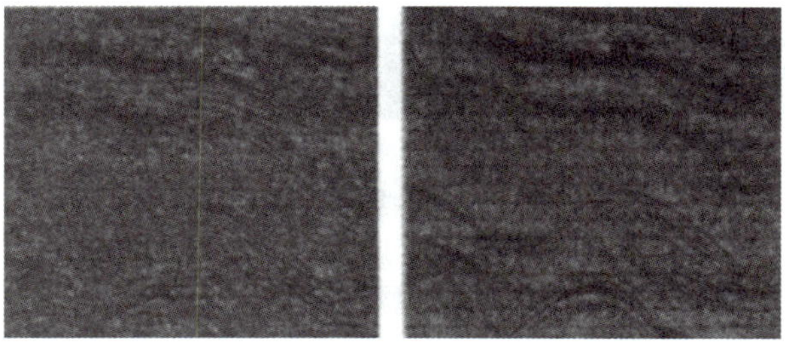

图 10 山地高精度地震勘探效果图

左图为新技术应用前，右为新技术应用后

普光地区 1、2、3、4、5、6 井实钻证实，预测深度误差小于 1.5%，储层预测的精度由原有技术的解释分辨能力由 37m 提高到可分辨 12m 厚的礁滩储层，预测孔隙度与测井解释孔隙度的绝对误差小于 0.32%、相对误差小于 5%。

6　南方海相区域地球物理勘探的难题与对策

6.1　地表地震地质条件复杂

除了川东北和鄂西渝东地区地震资料较好外，其他南方地区的地震采集仍面临多钟难题，图 11 和图 12 展示了南方工区的概貌和不同的地表条件。不同地表条件都给地震采集带来困难，尤其是碳酸盐岩裸露区，资料品质很差，至今尚未得到有效解决。

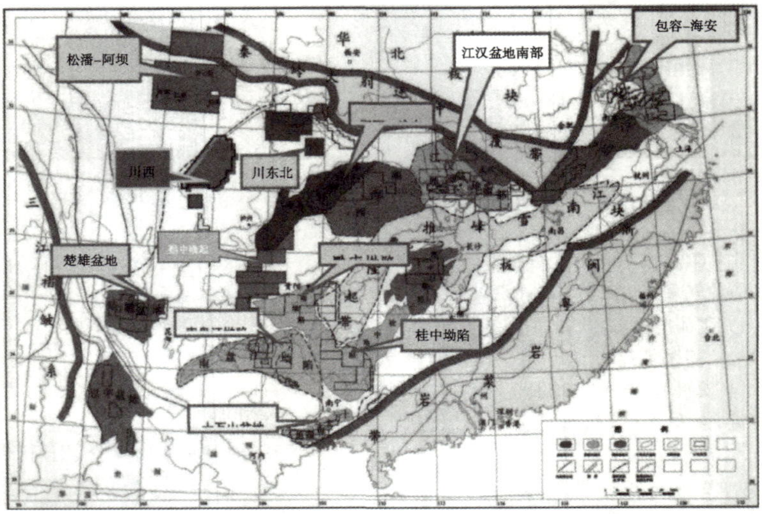

图 11　南方工作区示意图

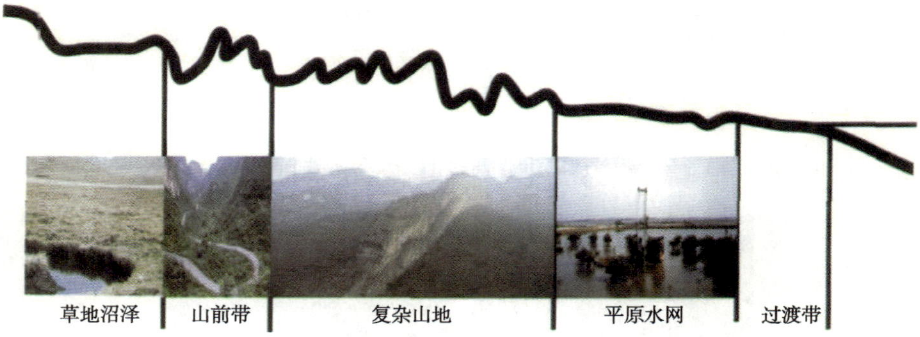

图 12　南方工作图不同地貌特征

由上图可见，南方地区表层地震地质条件极其复杂：

（1）地形高差变化大。相对高差最大超过 2000m，悬崖峭壁比比皆是。

（2）出露地层变化大。地表出露多为坚硬的砂岩、灰岩，地震测线要穿过不同时代的地层，其钻井难度大，激发接收条件差异大。

（3）表层植被和风化程度差异大。

（4）低降速带厚度变化大。一般山坡有垮岩、堆积物，山谷有第四系河流沉积、冲积，都随地形的变化而频繁变化，造成低降速带速度难以确定。

（5）潜水面深度变化大。南方山区低洼处潜水面浅，高山上潜水面深，有些地区甚至无潜水面。

（6）表层构造和地层速度横向变化大。南方山区表层褶皱强烈，有的地层直立甚至倒转，同一高度上，地层速度变化大，静校正困难。

（7）地震激发接收条件差异大。坚硬地层和松散地层其激发接收效果差异很大。

（8）地表非一致性严重。南方山区地表非一致性使得常规静校正方法难以获得理想的效果，最终造成地震资料成像效果差，尤其是影响储层预测的效果。

6.2 地下地质条件复杂

南方地区地下地质条件同样十分复杂：

（1）多层次、多期次的推覆和滑覆。

（2）多方向、多阶段断裂的交叉。

（3）多期次、多机制的岩浆活动等。

这样就造成了地球物理条件的复杂性和多样性，使地球物理勘探的难度增加。

地下：断裂发育、构造复杂。

构造运动带来褶皱强烈、断裂发育，构造复杂以及深浅层构造不协调和速度纵横向的差异造成了地震波场复杂，成像困难。沉积地层巨厚、地层之间的物性差异较大，产生较强的地震反射，致使地震波能量下传困难，深层反射能量较弱。

复杂构造带波场复杂，还存在反射的盲区，图 13 是根据南方地质模型作的正演，显示出十分复杂的波场和部分反射的缺失，图 14 是根据实钻资料建立的模型与过井二维地震剖面的比较。

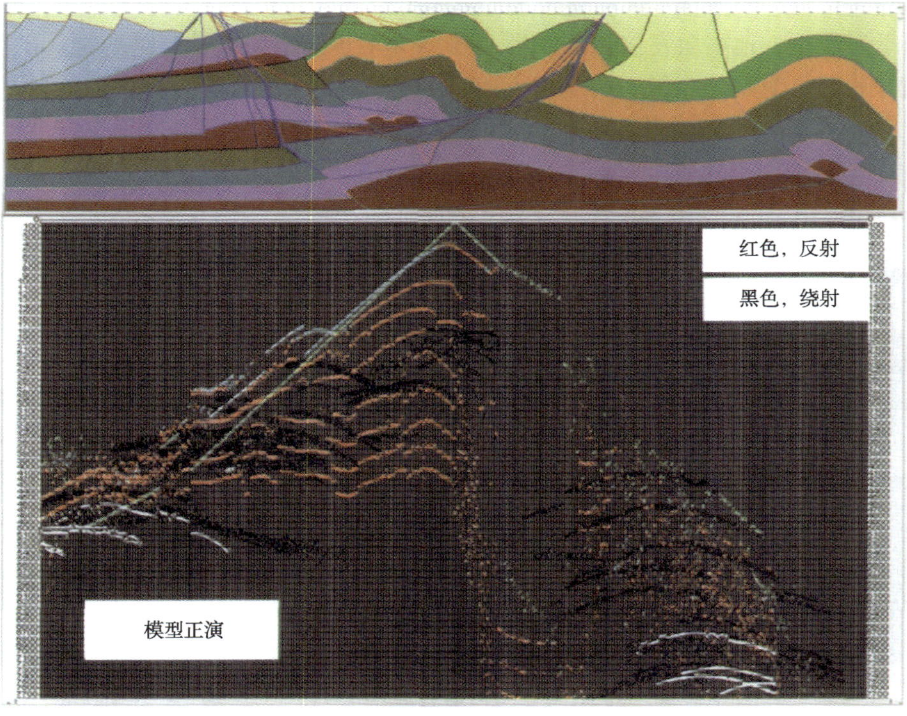

图 13 模型正演

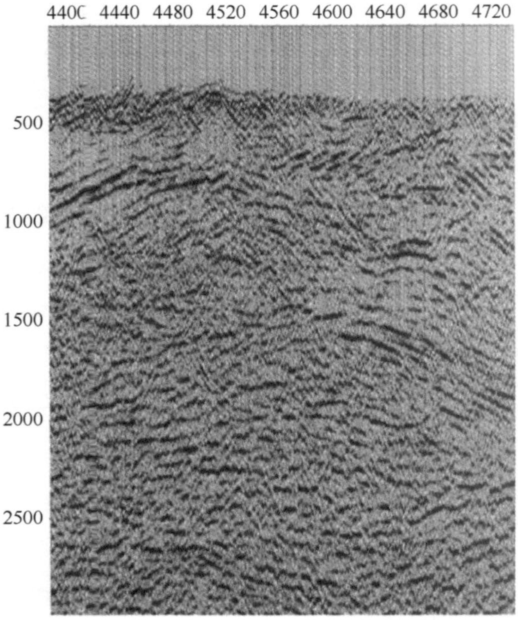

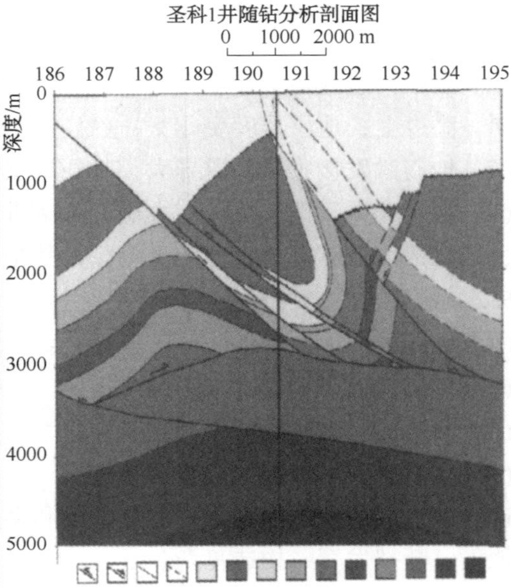

图 14　模型与地震剖面资料对比

6.3　碳酸盐岩出露区地震勘探难点

钻井效率低，激发能量弱、激发频率高，由于高频衰减严重反射信号更弱，加上高频干扰大，因此信噪比更低，接收条件差：检波器耦合难，溶洞发育，散射干扰严重，部分地区地表垮塌严重，不允许片面增加药量、采用组合井激发和炮点太密。

地震散射严重，地震激发接收条件差，图 15 是砂泥岩与灰岩交界处的地震剖面，灰岩出露区信噪比明显变差。

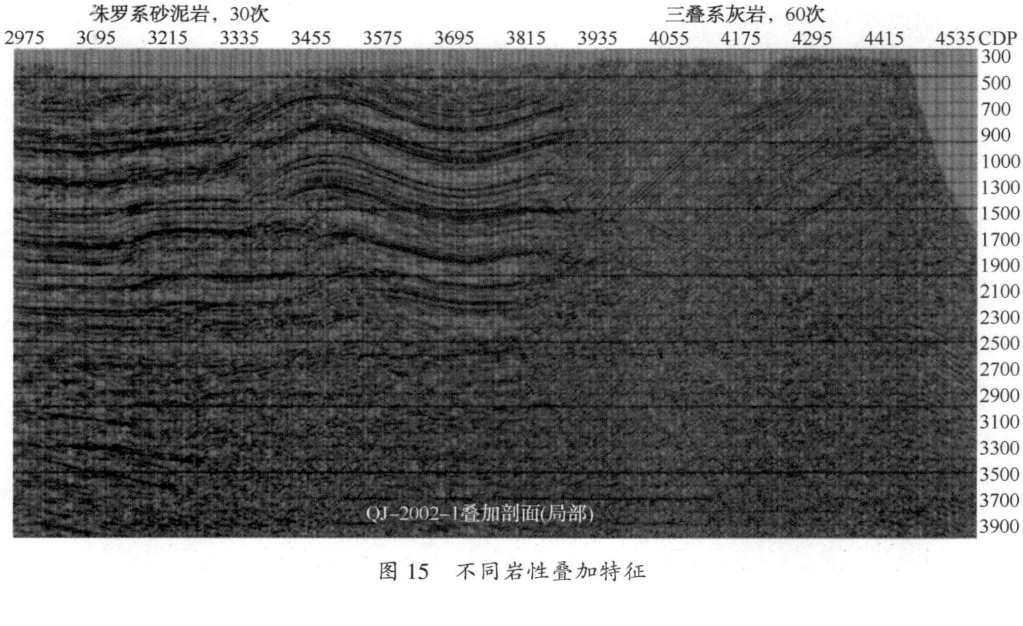

图 15　不同岩性叠加特征

6.4 对策

为此我们曾采取一系列对策：

对策 1：强化激发和接收。

基于饱和激发概念的激发方法，加强近地表调查，优选激发岩性，改进激发工艺，优选炸药类型等。

强化接收技术研究，从检波器类型对比，盒子波调查，组合图形分析和试验，耦合强化等进行分析。

对策 2：采用小道距、高覆盖次数变观观测。

在新一轮勘探中，采用小道距、高覆盖次数采集获得了高品质的地震资料。设计叠加次数比以往有较大幅度提高，最低叠加次数不低于 80 次，在构造顶部达到 120 次覆盖。

碳酸盐岩裸露区、高陡背斜核部采用 60 次覆盖、20m 道距；高陡构造带翼部采用覆盖次数 60 次、接收道数大于 450 道、上倾接收道距 20m、下倾接收道距 20m 或 40m；构造平缓区采用 30 次覆盖、40m 道距(图 16)。

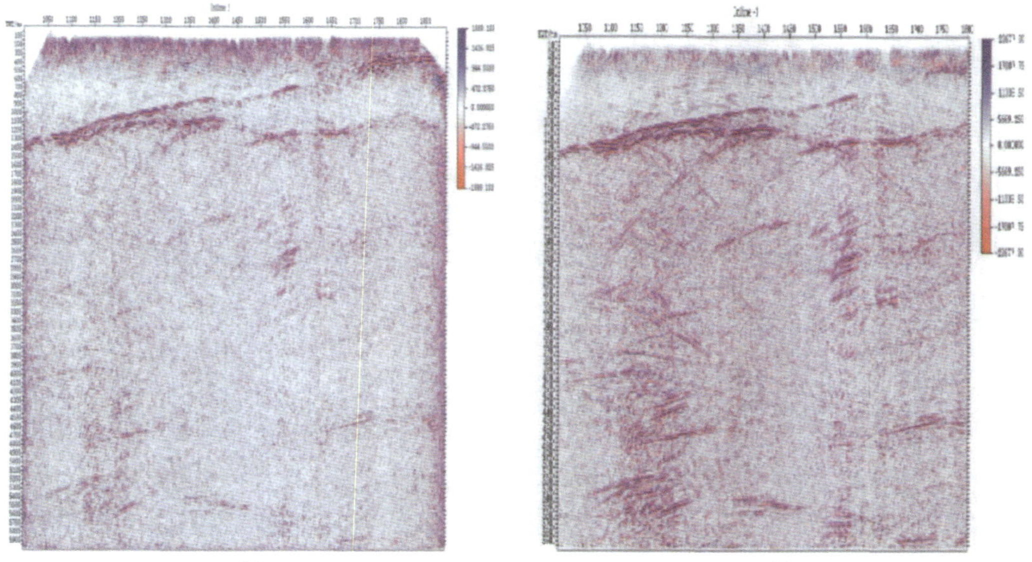

(a) (b)

图 16 不同采集结果

对策 3：应用新的处理技术。

针对低信噪比和复杂地区成像技术，进行了多方法的试验，有一定的改进(图 17)。

对策 4：加强综合地球物理应用。

采用综合地球物理方法，补充地震的不足，有明显的效果(图 18、图 19)。

对策 5：其他配套的采集技术与措施。

复杂山地测量技术：

(1) 针对目标的观测系统设计技术。

(2) 适应不同地表的钻井成井技术、闷井方法。

(3) 精细表层结构调查方法(如浅层反射法)。

(4) 干扰波调查方法(如盒子波技术)。

(5) 试验方法研究与试验资料量化分析技术。

(6) 针对目标的观测系统设计。

(7) 综合静校正手段。

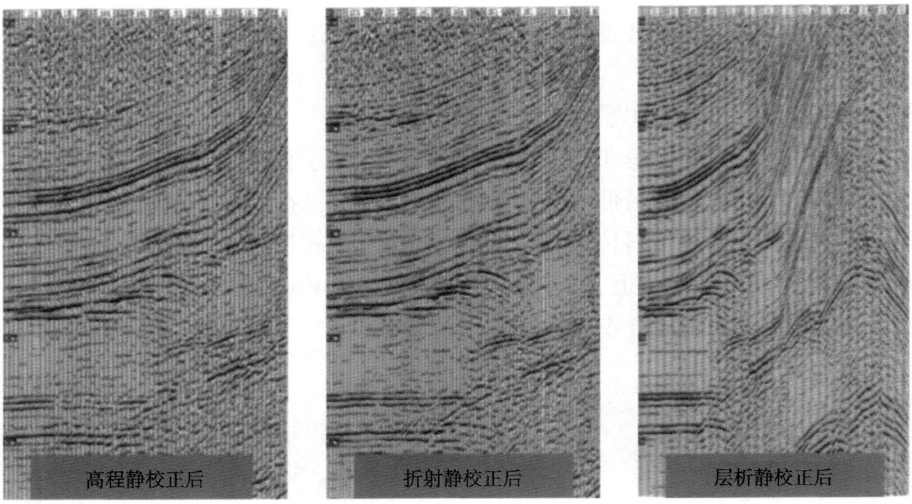

图 17　不同静校正结果对比

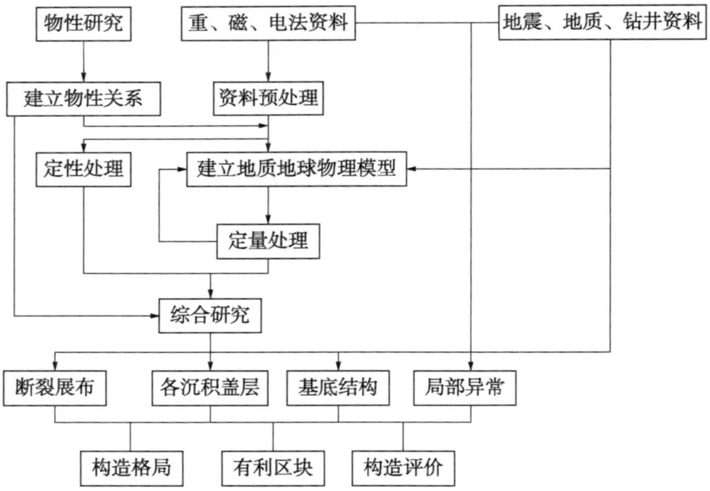

图 18　综合地球物理方法流程

6.5　初步效果

(1) 地震和大地电磁相结合，在江南雪峰首次获得了变质岩下的有效地震反射。

图 19 是穿过江南雪峰的剖面，其上部为地质走廊剖面，中间为地震剖面，首次在该地区获得变质岩以下的反射，其下分别为 MT 剖面及综合解释剖面。

(2) 综合地球物理勘探技术攻关取得明显进步，地震-MT 联合反演技术取得良好效果，

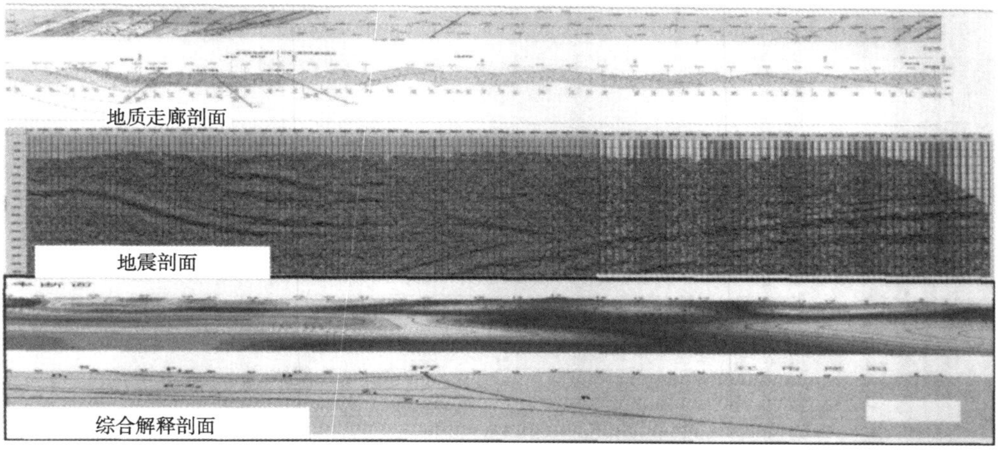

图 19 穿越江南雪峰的剖面

为南方下组合油气勘探提供了有力的技术支撑。

（3）地震资料品质得到进一步改善，图 20 和图 21 分别为资料较好及很差地区的剖面，通过上述努力，都得到较明显的改进(图 22、图 23)。

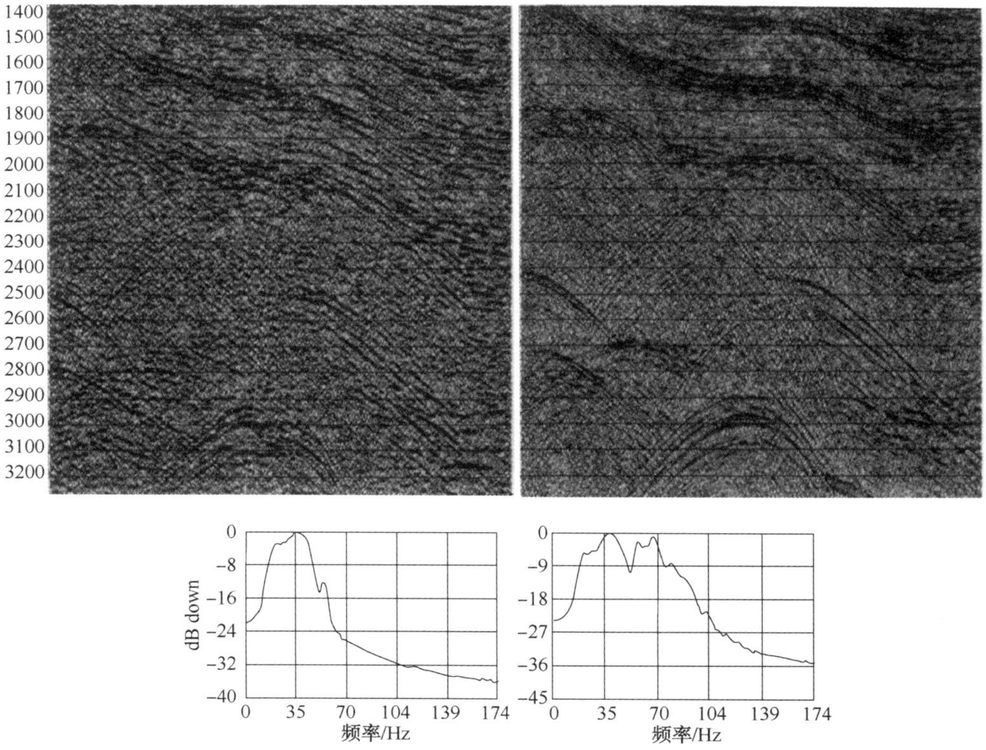

图 20 不同地区剖面

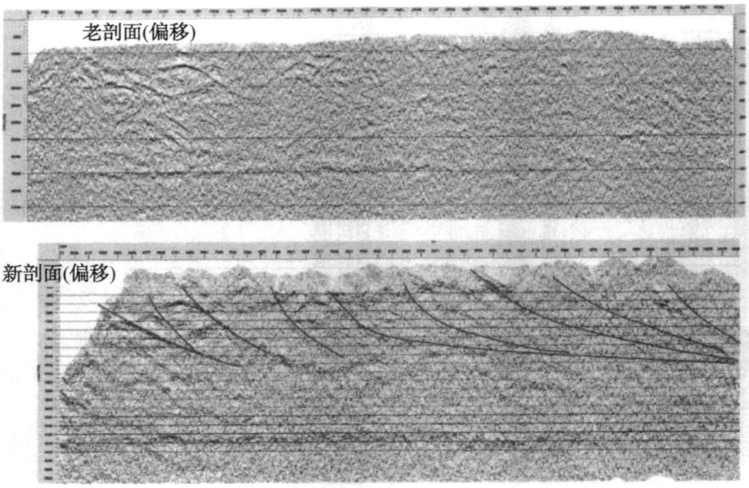

图 21　不同剖面偏移

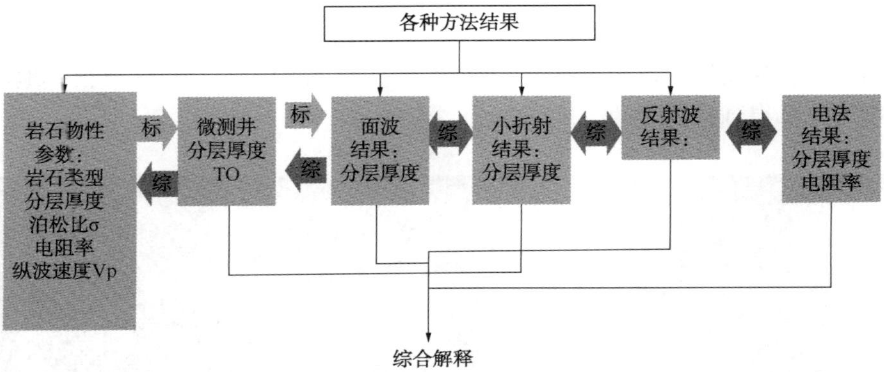

图 22　综合解释流程

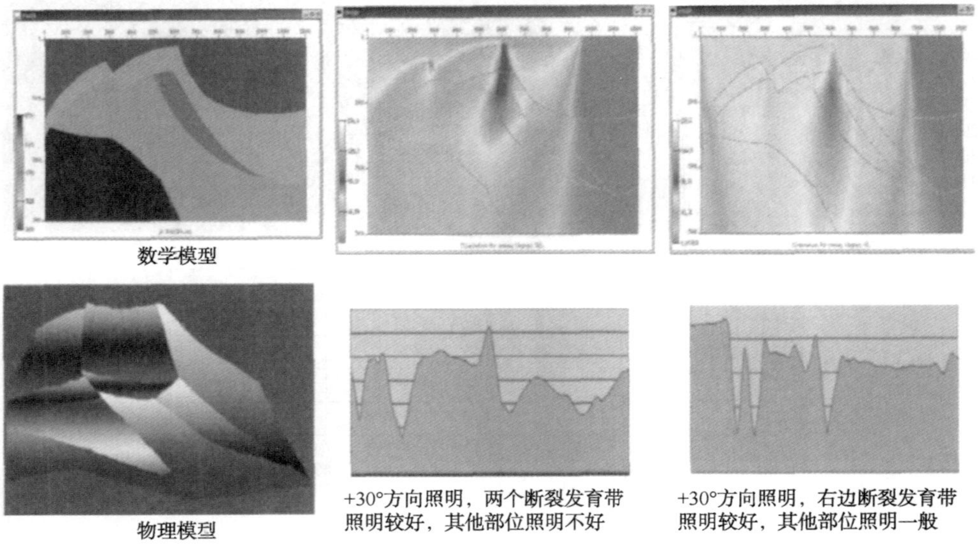

图 23　模型

7 下一步攻关建议

主要围绕提高反射能量、信噪比、成像质量开展地球物理勘探攻关，组织攻关队伍，加大力度，开展配套采集处理解释方法联合研究；按照“一、二、三、多”的基本原则，深化南方综合地球物理勘探技术攻关。

7.1 表层结构攻关

（1）加强近地表调查，探索高效、精确的表层结构调查方法。

（2）加快照明技术应用，取全取准地震采集数据。

（3）开展复杂山地宽线和稀疏三谁地震攻关试验。

（4）开展配套处理解释方法研究，开展构造样式研究，提高地震勘探的最终质量。

（5）深化 MT-地震联合反演，加深综合地球物理技术应用。

（6）建立精细的近地表模型。

（7）加强表层结构调查方法研究，探索高效、精确的方法。

（8）加快照明技术的实际应用。

（9）配套的处理解释方法攻关。

7.2 地下复杂结构攻关

针对地下复杂构造的攻关采用针对地质目标的采集、处理、解释一体化的攻关策略。

（1）进一步研究复杂山地静校正方法。

（2）在噪音形成机制研究和各种去噪方法适应性研究的基础上，开发有效的去噪软件。

（3）开展基于真实地表、近地表模型和地下构造模型的叠前成像方法。

总之，在普光气田发现的基础上，新一轮南方地震攻关正在展开，我们有信心在努力解决上述问题的同时，将南方碳酸盐岩的勘探推向新的阶段。

参 考 文 献

[1] 戴少武，贺自爱，王津义．中国南方中、古生界油气勘探的思路[J]．石油与天然气地质，2001，22(3)：195-202.

[2] 沃玉进，肖开华，周雁，杨志强．中国南方海相层系油气成藏组合类型与勘探前景[J]．石油与天然气地质，2006，27(1)：11-16.

[3] 熊翥．复杂地区油气地球物理勘探技术(数据采集)[M]．北京：石油工业出版社，1999.

[4] 杨贵祥．碳酸盐岩裸露区地震采集方法[J]．地球物理学进展，2005，20(4)：1108-1128.

[5] 杨贵祥，贺振华，朱铉．中国南方海相地层下组合地震采集方法研究与实践[J]．石油物探，2006，45(2)：157-168.

[6] 马在田．地震成像技术-有限差分法偏移[M]．北京：石油工业出版社，1989. 1-213.

[7] 杨贵祥．基于调谐频率与分频处理的高分辨率反演技术[J]．石油物探，2006，45(3)：242-244.

[8] Portniaguine O, Castagna J P. Inverse spectral decomposition, 74th Ann. Internat [J]. Mtg.: Soc. of Expl. Geophys, 2004, 1786-1789.

[9] Castagna J P, Sun S. Instantaneous spectral analysis: Dectection of low frequency shadows associated with hydrocarbons[J]. The Leading Edge, 2003, 22: 120-127.

南方复杂山地三维地震勘探实践与效果分析

敬朋贵[1,2]　殷厚成[3]　陈祖庆[2]

（1. 成都理工大学能源学院，四川成都 610059；2. 中国石油化工股份有限公司勘探南方分公司，四川成都 610041；3. 中国石油化工股份有限公司石油物探技术研究院，江苏南京 210014）

摘要：南方海相碳酸盐岩油气勘探历史较长，以前虽有所发现，但规模有限。近几年来，随着三维地震勘探技术的发展及其在南方复杂山地的大规模实施，中国石油化工股份有限公司相继在川东北地区海相油气勘探领域取得了巨大发现。勘探实践表明，三维地震勘探技术大幅度改善了该地区的地震资料品质，为解决复杂地质问题奠定了良好的资料基础，从而提高了碳酸盐岩储层预测和描述的精度，大大加快了油气勘探节奏。从普光大型气田的探明到元坝大型礁滩体的发现，充分表明三维地震勘探技术在南方复杂海相油气勘探中发挥了不可替代的作用。

关键词：海相　碳酸盐岩储层　三维地震

南方海相碳酸盐岩油气勘探历经几十年，以前在该领域实施了大量二维地震勘探，取得了一些成果，特别是在四川盆地三叠系海相地层、石炭系、寒武系发现了一些气田，但这些气田的总体规模十分有限。而且基于二维地震资料进行生物礁预测十分困难，精度和准确性不高，对储层发育特征和油气成藏规律认识不清。中国石油化工股份有限公司为了在该领域取得重大突破，集中资金，持续组织攻关，通过引进新技术、新方法，大胆实施复杂山地三维地震勘探。短短的 10 年间，在川东北地区实施山地三维地震勘探满覆盖面积达到几千平方千米，不仅发现了迄今为止国内储量最大、埋藏最深、丰度最高的普光气田，还发现了分布面积更大、埋藏更深的元坝大型礁滩复合体，实钻结果证实该礁滩复合体具有良好的成藏条件，潜在储量巨大。

1　问题与难点

川东北大部分地区地震资料信噪比较高，早期的二维地震资料可以用来确定构造格局，但难以进行储层预测。多年的勘探开发实践表明，对于复杂的海相碳酸盐岩储层，仅仅依靠构造部署井位风险很大。实际上在川东北地区许多构造高部位都实施过钻探，但没有大规模的油气显示。原因是二维地震勘探难以很好地预测碳酸盐岩地层有利储层发育区。

南方复杂山地地表起伏剧烈，山高、沟深、坡陡，表层地质条件复杂多变。砂泥岩区

石油物探，2010，49(5)：495-499

地表岩性变化频繁，低降速带厚度和速度变化大，山顶、山坡风化程度严重，地震波能量衰减快，激发和接收条件多变；碳酸盐岩出露区多为喀斯特地貌，岩石直接出露地表，风化层极薄，表层速度很高，速度结构模型十分复杂，激发条件差，地震资料的信噪比很低，地下多为逆掩推覆构造，断裂发育，勘探目的层埋藏深。南江、黑池梁等地区过去都被视为地震勘探的“禁区”，对其进行大规模地震勘探的难度大，施工异常困难，质量控制尤其重要。

礁滩储层预测没有成熟的经验可以借鉴，如何突破已有的认识，建立新的模式，预测有利储层分布区，准确预测礁、滩发育部位是面临的主要技术难题。

2 主要技术与方法

2.1 三维地震资料采集技术

在南方复杂山地三维地震资料采集中存在的主要问题有：①剧烈起伏的地形、复杂多变的表层地震地质条件以及广泛发育的地下高陡构造，导致传统的野外地震数据观测方式不再适用；②近地表物性横向变化剧烈、非均质性强，造成散射干扰严重，激发和接收条件与介质的匹配和耦合情况差异巨大，导致某些区域地震数据信噪比过低；③近地表条件的复杂性导致地表结构和速度分布求取不准确，动、静校正的速度模型以及偏移速度分析结果误差较大，影响了地震数据处理效果和解释的正确性；④碳酸盐岩介质的非均质性强，地震波在其中传播时受到严重干扰而产生畸变，对储层中的反射波传播规律尤其是动力学特征认识不清，影响了反映储层反射特征的地震参数的正确提取，制约了储层预测的精度。针对以上问题，我们综合地面地质调查，微测井、钻井取芯等资料建立了精细的近地表模型。

2.1.1 复杂山地三维观测系统设计技术

复杂山地三维观测系统设计主要包括以下几个方面：

（1）基于地质目标体的基本观测系统设计论证。重点分析前期地震资料和地质任务要求，从理论上对观测系统进行参数论证，主要依据的是前期勘探成果、地质模型、地质和地理信息图。根据地质任务以及主要目的层的地球物理参数、地震地质条件和采集技术要求，建立地震地质模型，重点采用基于波动方程理论的照明度和照明率分析设计技术，对面元大小、覆盖次数、最大炮检距、道距等参数进行论证，对覆盖次数、炮检距和方位角分布的均匀性进行理论分析，确保建立科学、合理的观测系统。同时结合南方山地实际地表条件，在保证采集的可实现性和时效性的原则下，在满足叠前时间偏移、叠前深度偏移、AVO分析、礁滩相及裂缝储层预测等需求的基础上，优选面元尺寸、叠加次数和方位角。我们在达县—宣汉地区、通南巴构造带、元坝地区及鄂西渝东地区实施的三维观测系统的面元尺寸均为25m×25m，覆盖次数为60～72次，远高于早期二维地震资料的覆盖次数。2008年在南江区块和2009年在川东南涪陵区块兴隆场的三维地震勘探中提高了空间采样率，面元尺寸由25m×25m变为20m×20m；针对镇巴攻关项目设计了覆盖次数为120次、炮线距和检波线距均为200m的属性更均匀的观测系统。

（2）基于高精度卫星照片的设计技术。收集和购买探区高精度卫星照片，在室内进行整体施工设计，对大型障碍区提前进行变观设计，确保观测结果符合技术设计及地质任务要求。

(3) 基于高精度测量定位的分束(区)设计。受山地地形条件限制，在许多地方人力无法到达理论设计的点位，经过放样后必然存在与理论样点的偏差，有时偏差很大，因此需要再次对实际放样后的观测系统进行合理性分析与论证，如果不符合基本观测属性要求，则需要在某些地方重新放样，重新放样的方式有加密、变观、以炮补道、以道补炮。

2.1.2 两步法近地表调查技术

为了较好落实三维探区近地表结构，同时不影响施工进程，在正式钻井之前，首先需要采用大网格对工区进行近地表低、降速带调查，网格密度一般为炮线距的 4 倍(通常为 3km×3km~4km×4km)，主要目的是确定激发井深度，以确保设计的激发井深度大于低、降速带的厚度。在正式生产之前，将调查的网格密度加密 1 倍，完成全区近地表结构调查。调查结果可以为静校正提供初始模型，对层析成像静校正有较好的约束作用。

2.1.3 基于近地表模型的井深设计

在碳酸盐岩出露区，采用微测井和高密度电法资料，根据电阻率与波速的正相关关系(高速度模型对应高电阻率，低速度模型对应低电阻率)，对高密度电法反演剖面进行标定。浅表层电性结构分层与低、降速带分层基本吻合，且反映了近地表物性特征。建立的近地表物性模型与钻录井解释成果吻合较好，查明了近地表溶洞与含水裂隙的分布情况，为激发点位优化与井深设计提供了依据。在通南巴三维地震资料采集中，基于径向基函数的曲面插值方法，建立了不规则分布的三维多层结构模型(图 1)。钻井检验的模型误差一般不大于 4m，产生的静校正量误差小于 5ms。

(a)密度为3km×3km

(b)密度为1km×1km

图 1 不同密度微测井低、降速带厚度模型

2.1.4 基于饱和激发理论的最性激发因素选择技术

对激发能量的选择一直存在争论，争论的核心在于是优先考虑保护高频信息，还是在保证足够的能量和信噪比的前提下提高地震资料的频率。根据我们在川东北实施的二维和三维地震勘探项目的实际情况以及三维地震勘探在设计时采用的长排列长度，针对海相目的层埋藏深的具体地质特点、基于岩石力学、岩石物理学和爆破理论，通过对炸药激发子波的动力学特征、岩石弹性参数和爆炸药量关系的研究，将野外试验与室内物性参数分析相结合，最终采用了基于饱和激发原理的最佳地震激发因素。

基于饱和激发理论与岩石弹性参数，在复杂山地实施的三维地震采集中实现了提高信噪比与分辨率的有机结合。

2.2 地震资料采集质量定量分析与评价技术

在三维地震勘探实践中，勘探南方分公司为了加强对野外地震资料采集质量的监控，将地震资料处理前移至现场，应用室内地震资料处理技术对现场采集资料的质量进行全面监控，形成了一套实用、快速、直观的野外地震资料质量定量分析与评价技术。通过该手段实现了对地震资料由点到线到面再到空间的质量监控，使地震资料质量监控实现了由定性到定量、由人为主观评定到计算机标准化评定的转变。

2.2.1 野外基础资料质量检查方法

利用线性动校正或拟合初至法检查 SPS 文件的桩号、高程、几何属性关系是否正确、完整；通过显示高程和井深的属性来检查高程、井深，野外测量数据是否存在异常；绘制炮点、检波点位置分布图和覆盖次数图，检查最大、最小炮检距分布是否符合设计要求。发现问题及时反馈给施工单位、监督及甲方管理人员，随时落实、更正、补测，直至满足要求。

2.2.2 地震资料质量控制方法

能量、频率和信噪比是反映地震资料质量的关键因素，不正常道和背景噪声的存在直接影响地震资料的质量。我们通过对原始单炮记录的平均振幅统计、主频分析、信噪比估算、不正常道统计、噪声背景平均振幅统计等手段对地震资料的质量进行全方位检查。

野外采集单炮的能最强弱受激发井深，低、降速带厚度，炸药是否爆炸充分等诸多因素影响。确保野外采集单炮的能量适当以及做好能量分析工作是保证地震资料品质的一个重要方面。能量分析的内容有：①对典型的地震记录和能量直方图进行显示和分析；②对每束线进行单炮平均振幅分析，将分析结果以平面属性图的方式显示，及时发现可能存在的问题，分析单炮平均振幅值，设定能量弱的振幅门槛值，统计能量弱的单炮。

信噪比是衡量地震资料质量优劣的一个重要指标。使用多道记录实现信号和噪声的自相关函数的分离，利用分离后的自相关函数分别估算出地震记录中信号和噪声的能量，进而计算信噪比(R_{sn})，其计算公式为

$$R_{sn}=E_s/E_n \tag{1}$$

式中，E_s 和 E_n 分别代表分离的信号和噪声的能量值。

公式(1)是常规的利用相关法统计地震资料信噪比的方法，但是，对于一些相干噪声强的地震资料，利用公式(1)很难反映其真实的信噪比。大部分山地地震资料的主要干扰波为线性相干噪声，而对野外采集的原始资料信噪比估算的主要目的是判断采集记录中主要反射时段信号的强弱程度。计算每个地震记录的信噪比，形成直观的单炮信噪比平面属性图，了解信噪比在不同位置的分布情况；噪声背景的强弱直接影响地震资料的品质，单炮记录初至之前的能量值与初至后有效波能量值的比值可以反映噪声背景的变化，在初至前与初至后设计时窗进行能量提取，将这些分析结果进行属性显示，可以直观反映地震资料信噪比的变化。具体算法为

$$A_1=S/N_1 \tag{2}$$

$$A_2=S/N_2 \tag{3}$$

$$A_3=S/N_3 \tag{4}$$

式中，A_1，A_2 和 A_3 分别为主要反射时段、主要反射时段以下和背景干扰的能量比值；

S 为信号能量；N_1，N_2 和 N_3 分别为低频、低频噪声和初至前的能量值。

频率分析的目的是了解地震记录的频率变化规律。野外采集单炮记录的频率与地震勘探的分辨率紧密相关，为了保证地震勘探的分辨率，要求野外采集资料的频率不能太低，频带不能太窄。通过对典型单炮记录进行滤波扫描，对不同目的层进行频谱分析，检查原始单炮记录的频率成分是否缺失，检查频带宽度是否达到要求。为检查每束线频率的空间分布是否合理以及是否存在突变，选择目的层作为分析时窗范围，逐炮计算单炮主频，将分析结果进行属性显示，找出地震资料频率变化的区域和规律。

分频扫描能够及时发现地震资料中存在的脉冲干扰。由于野外存在"天电"和设备感应等现象，正常显示激发记录很难直接发现脉冲干扰，需要进行高频扫描。为此，我们要求各施工单位每10炮进行一次高频端扫描，确保资料不受脉冲干扰。

2.3　礁滩储层预测技术

2.3.1　礁滩储层模型的正演技术

根据礁、滩、斜坡、陆棚等不同沉积相带的地质特征，结合实钻和测井资料所揭示的探区内相关储集体的岩石速度和密度等参数，建立了精细的地质模型，通过射线追踪、波动方程模拟等技术手段对模型进行正演分析，可以帮助我们认识礁滩地质体的地震异常响应特征。

2.3.2　礁滩储层地震模式识别

基于高信噪比三维地震资料，结合模型正演得到的地震响应特征，依据实际地震资料的反射波特征(振幅、频率、相位特征)，我们建立了各类礁、滩(如普光和毛坝的台缘礁滩复合体，元坝缓坡礁、滩，礁后浅滩，礁间滩，台内滩等)的地震识别模式(图2和图3)。

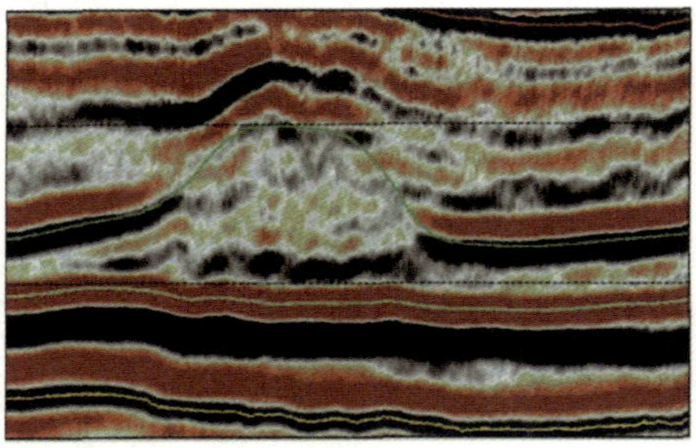

(a)

(b)

图2　生物礁地震识别模式(a)与地质模型(b)

2.3.3　沉积相研究技术

采用地震解释层位拉平技术开展高精度古地貌研究，分析关键沉积时期的古地貌展布特征，指导沉积相和地震相的解释，减少地震识别模式中可能存在的陷阱。

2.3.4　相控测井约束地震反演技术

通过沉积相研究确定有利储层分布区域，精细的储层层位解释构建准确的地质框架模型，在测井资料的约束下开展高精度随机反演，精细刻画有利储层的分布范围，经过储层参数反演，定量预测孔隙度和有效厚度分布情况，确定优质储层发育区。

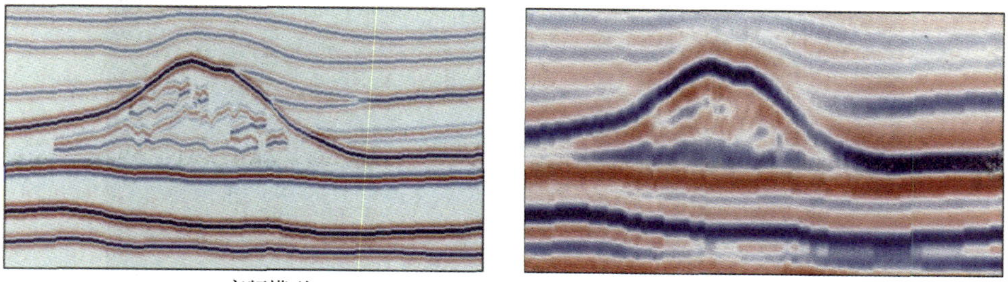

图 3 正演模型

3 实例分析

3.1 南方山地三维地震勘探实施工作量

截至 2008 年底，勘探南方分公司按照中国石油化工股份有限公司整体勘探部署要求，在南方山地海相碳酸盐岩区域共实施三维地震勘探满覆盖面积超过 $5000km^2$，分布于川东北达县、宣汉、元坝，通南巴和南江地区。

3.2 勘探效果分析

在多个探区实施三维地震勘探后，地震资料的品质普遍得到提高，储层预测效果较好，综合解决地质问题的能力得到提升，勘探成功率得到提高。

在达县—宣汉三维地震勘探成果资料基础上迅速建立了“普光型”“毛坝型”生物礁及鲕滩储层地震识别模式，通过三维地震属性分析技术清晰地划分出有利礁滩储层沉积区域，利用相控储层反演技术描述的储层发育厚度经钻井证实误差率小于 3%。

在三维地震勘探成果基础上，2006 年年底，普光气田仅依靠 7 口井就迅速探明了 $2510\times10^9m^3$ 储量，大大缩减了普光大型气田的探明时间。实现了“少打井、速探明”的目标，并创造了“两年发现，三年探明”[1-5]1 个气田的“普光速度”。截至 2009 年年底，在实施三维地震勘探之后部署了多口探井，其中，对海相目的层预测成功的井占 85.2%，获得工业产能的井占 80.6%。

在探明普光气田的同时，我们利用同样的勘探技术与手段，在元坝地区开展了油气勘探并迅速发现了元坝大型礁滩地质异常体分布区。以前通过二维地震资料论证确立的元坝 1 井，在钻遇目的层后，发现储层薄、物性较差。与此同时，完成施工的元坝一期三维地震勘探成果资料为我们揭示了礁滩体的准确位置和范围，为元坝 1 井实施侧钻提供了准确资料。依据新的三维地震资料进行元坝 1 井侧钻后获得高产工业气流，揭开了元坝地区大规模勘探的序幕。截至 2008 年，已在元坝地区实施了三轮三维地震勘探，利用三维地震勘探成果完成了对本区有利礁滩储层分布区域的预测和描述，明确了元坝地区 7 个大的礁滩储层勘探目标，预测有利储层分布面积几百平方千米（图 4），天然气资源规模可观。利用三维地震勘探成果对该区海相目的层进行预测，经钻井证实成功率达到 100%，完成测试并获得工业产能的成功率为 100%。

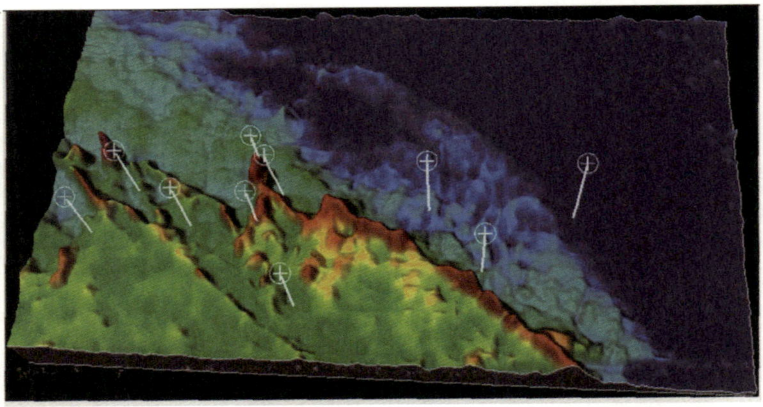

图 4　预测的礁滩储层分布范围

4　结束语

经过长期的努力，我们建立了一套行之有效的克服复杂地表地形条件的三维地震安全生产组织体系、野外采集质量分析及控制技术、不断完善的三维观测系统优化技术，提高了生产效率，有效保障了资料采集的质量。三维地震勘探已经被证实是海相油气勘探的有力手段，取得的成果资料必将在后续的勘探发现、增储上产中发挥不可替代的作用。

参　考　文　献

[1] 牟书令．中国海相油气勘探理论技术与实践[M]．北京：地质出版社，2009：386-389.
[2] 赵殿栋．高精度地震勘探技术发展回顾与展望[J]．石油物探，2009，48(5)：425-435.
[3] 杨贵祥，贺振华，朱铉．中国南方海相地层下组合地震采集方法研究[J]．石油物探，2006，45(2)：157-168.
[4] 黄锐．川东北碳酸盐岩地区地震勘探技术难点与对策[J]．石油物探，2008，47(5)：476-482.
[5] 马永生．中国海相油气勘探[M]．北京：地质出版社，2007：1-530.

川东北地区膏盐岩影响下的储层成像技术与效果分析

齐中山[1]　王汝珍[2]　敬朋贵[1]　李桂林[1]　何　鑫[1]

（1. 中国石油化工股份有限公司勘探南方分公司，四川成都 610041；
2. 中国石油化工股份有限公司石油物探技术研究院，江苏南京 210014）

摘要：川东北地区海相储层成像不仅受复杂表层地震地质条件的影响，而且还受嘉陵江组膏盐岩的影响，长兴组—飞仙关组海相储层成像困难。从优化成像基础数据、叠加成像、叠后及叠前偏移成像等方面论述了在膏盐岩影响下进行储层成像的技术方法，分析了叠后偏移和叠前时间偏移处理存在的不足，认为叠前深度偏移处理是消除膏盐岩影响、确保储层精确成像最有效的方法。实际资料处理结果反映的储层地质信息丰富、可靠，为岩性识别与储层预测提供了高质量资料。

关键词：膏盐岩　储层　静校正　成像

川东北地区地表为起伏剧烈的山地，静校正问题严重，各种干扰发育，影响地震资料的成像效果，必须对基础数据进行优化处理。

川东北地区嘉陵江组膏盐岩是长兴组—飞仙关组储层的优质盖层，然而正是由于这套盖层的存在，严重影响了储层的正确成像。首先，膏盐岩的蠕变造成波场极其复杂，膏盐岩本身成像难度大；其二，膏盐岩绕射波与下伏储层反射波的速度差异较大，两种波场相互干涉，致使储层反射信噪比降低，成像困难；其三，膏盐岩厚度变化剧烈，造成下伏储层反射的走时存在差异，储层难以成像。在地震资料处理过程中，不仅要将膏盐岩波场归位，还要使储层反射较好成像。近年来，经过不断研究和探索，形成了一套针对该地区特殊条件下行之有效的地震资料处理方法系列。

1　基础数据的优化

1.1　静校正

川东北山地相对高差大，沟谷纵横，悬崖峭壁众多，表层多种岩性并存，低降速带速度和厚度变化大，横向不均匀性强，静校正问题突出，消除表层因素的影响是成像处理的首要任务。

静校正处理已从早期的高程静校正、折射静校正，逐步发展到目前的层析反演静校正。高程静校正可以解决仅因地形差异导致的静校正问题，川东北地区表层地形的复杂性决定

石油物探，2011，50(6)：607-611

了高程静校正无法准确求取该区的长、短波长静校正量。模型法静校正由于微测井点稀疏，提供的信息不能反映复杂多变的表层情况。折射静校正要求存在相对稳定的折射面，而川东北地区一般不能满足此条件，因此处理效果也不稳定。

层析反演静校正方法没有低降速带的假设条件，不需要稳定的折射层，适用于地下速度倒转、横向速度剧烈变化的地区[1]，因此，可用来求取川东北地区复杂近地表条件下的静校正量。层析反演静校正利用炮集记录的近炮检距初至信息建立空间变化的初始表层速度模型，利用合适的中炮检距初至信息反演得到剥离风化层后的深度，保证静校正后炮、检点位于相对稳定的界面，计算从地表校正到固定基准面的静校正量。川东北地区地形高差大，静校正量较大，直接应用层析静校正量，会导致原始记录的自激自收时间改变很大，影响速度分析的精度，尤其对浅层速度影响更大，为此需要合理选择平滑半径来分离长、短波长静校正量。即先应用短波长静校正量，使 CMP 点位于相对光滑且反映地形相对变化的浮动基准面上，进行叠前预处理[2]。

层析反演静校正技术依赖于炮集记录的初至信息，当因初至不清，拾取不准造成层析静校正局部效果不如高程静校正时，要认真对比高程静校正和层析静校正叠加剖面，并根据构造合理性和同相轴连续性来判别、检验层析静校正结果的合理性，层析静校正结果不合理的地段需重新拾取初至时间。

经过一次静校正处理以后，仍会残留一部分短波长静校正量，因此，还必须做好基于反射波的剩余静校正。剩余静校正和精确速度场的建立是相辅相成的，所以需对速度分析和剩余静校正进行多次迭代。为了更精确地求取剩余静校正量，在剩余静校正迭代过程中，应该遵循先大时窗后小时窗、先在低频段求取剩余静校正量、后在中频段和高频段求取剩余静校正量的原则[3]，逐步将剩余静校正量控制在一个采样间隔范围内。

在信噪比极低地区，采用全局寻优静校正能较大程度地提高地震资料的信噪比和同相轴的连续性。全局寻优静校正方法综合了最大能量法、模拟退火法和遗传算法的优点，能够解决一般剩余静校正无法解决的问题[4-5]，但如果使用不当，会造成假象。因此，需将全局寻优静校正结果与地表一致性剩余静校正结果进行对比分析，确保全局寻优静校正结果的合理性。

1.2 叠前去噪

与平原、沙漠地区一样，川东北山地地震资料也存在面波、震源声波、线性干扰、工业电干扰和随机干扰等噪声，而且还存在山地所特有的地形声波噪声。同时由于山区干扰源众多，山地表层速度普遍较高，因此外界干扰严重，影响范围广。

主要海相储层(飞仙关—长兴组)一般都在中层，面波和线性干扰影响较重，必须进行有效压制。利用联合多域叠前噪声衰减技术对面波[6]、线性干扰和声波[7]进行识别，采用减去法来进行衰减处理，但对线性噪声的压制要适度，尽量减小去噪范围，避免损失有效反射波。

川东北地区地震资料覆盖次数高，数据量大，人工剔除不正常道工作量非常大，效率低，利用不正常道深层能量比正常道深层能量强的特点，通过振幅自动统计方法识别不正常道并将其剔除，不对正常道做任何运算和处理。

对于野值干扰，可根据其随机性采用地表一致性振幅分析方法，在共炮点域和共检波点域分析地震信号的最大振幅和均方根振幅，选择合适的比例系数对其进行压制。这种方法既能压制大值干扰又能保持有效信号不变。采用分频异常振幅统计方法压制反褶积后单炮记录上频率集中但级别不高的大值干扰和频率较低、能量较强的残余面波。

对于单频干扰，如工业电干扰和固定震源干扰，将受影响的检波点分离出来，形成检波点域道集，根据其具有固定频率(如工业电干扰频率为50Hz)的特点，采用自动单频噪声识别技术进行衰减，且不影响有效波[8-9]。

对于随机干扰，根据各类随机噪声往往分布在一定频段内的特点，分频段压制相应的噪声，不仅有效，而且能更好地保持有效信号的振幅。

1.3 提高分辨率处理

反褶积处理时，参数的选取非常重要，不仅要提高分辨率，分辨薄储层，还要保证储层反射具有一定的信噪比，同时保持基本的波组特征。由于激发和接收的岩性变化造成原始资料子波的不一致性强，地表一致性预测反褶积不但能有效消除这些不一致性，还可以通过选择合适的预测步长来调节处理结果的频率和信噪比，因此地表一致性反褶积已成为川东北地区常用的技术之一。由于飞仙关—长兴组储层能量弱，反褶积后信噪比还会降低，为了有利于速度分析和剩余静校正，提高分辨率处理可以分步进行，逐步提高。第一步以解决子波不一致性为主要目的，对频率稍做提高，速度分析和剩余静校正后再进行一次单道预测反褶积，单道预测反褶积的参数选取要适当，在保持一定信噪比前提下提高分辨率，并通过与井资料的合成记录对比来控制处理成果的分辨率和波组特征。

2 成像处理

2.1 叠加成像

叠加成像的质量取决于叠加速度是否合适。由于在速度谱上飞仙关—长兴组储层上覆的嘉陵江组膏盐岩及其下伏上二叠统底界反射都是强能量团，飞仙关组和长兴组反射能量极弱，往往忽略其速度的拾取，靠拾取强能量团内插获得的速度是不准确的，必须重视储层弱反射波速度的拾取。另外，膏盐岩绕射波与飞仙关组—长兴组反射波速度有差异，如果兼顾两者的速度拾取，叠加结果会相互干涉，而且储层的叠加效果差，因此在速度分析时，必须以拾取储层弱反射波速度为主。

2.2 叠后时间域成像

2.2.1 叠后偏移速度场的建立

一般情况下，川东北地区的叠后偏移速度场采用DMO速度分析方法建立，经过反复调整可以达到要求。在复杂构造区，采用目标线叠前时间偏移速度场求取叠后时间偏移速度场的方法取得了一定的效果(图1)。

构造复杂的情况下，由于叠加剖面的地震波场复杂，处理中需加强波场的识别，认清叠加剖面上的正向构造反射波、回转波、绕射波、侧面波和断面波等，并与解释人员共同分析、判断偏移结果的合理性，反复调整偏移速度场。如果由于叠加结果中的地震波场不完整或畸变造成偏移成像不准确，则需从叠加成像入手，力争改善叠加效果。

当储层较平缓时，偏移速度应以膏盐岩绕射波速度为主，绕射波归位准确，储层反射

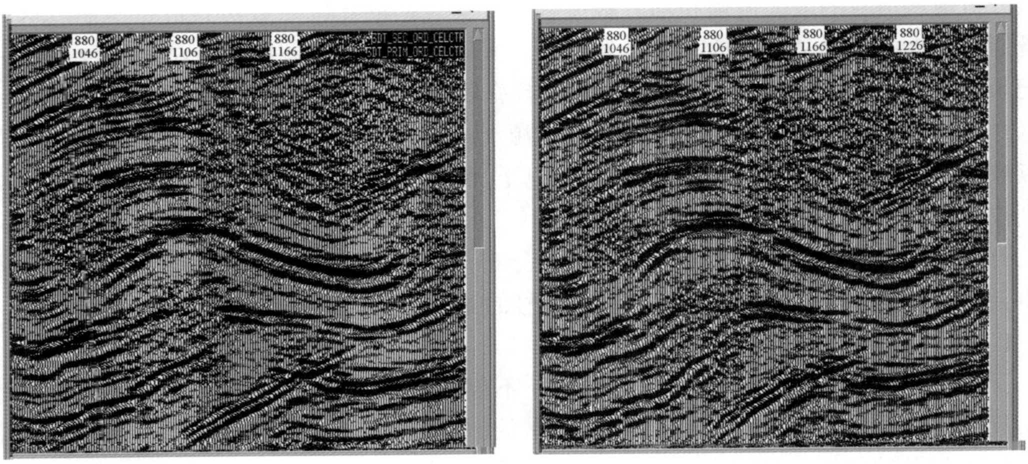

(a) (b)

图 1 DMO 速度场偏移结果(a)和叠前时间偏移速度场偏移结果(b)

波才不会受绕射波的干涉；当储层倾角较大或起伏较剧烈时，首先应用一个低速场进行偏移，一定程度分离出绕射波和储层反射波，然后建立剩余速度场进行偏移，使绕射波和储层反射波逐步归位。

2.2.2 叠后偏移处理

叠后偏移的方法很多，在构造简单地区可使用有限差分法波动方程偏移；在构造略复杂地区可使用 F-X 偏移；在构造复杂地区应使用串联偏移，通过多级串联，降低每一级偏移的速度值，削弱速度急剧变化对偏移产生的影响，从而适应陡倾角偏移的需要[10]，逐步逼近正确结果。

在膏盐岩厚度变化不剧烈，下伏储层构造不太复杂的情况下，储层的叠后偏移成像问题不大，然而，川东北地区膏盐岩厚度变化一般都较剧烈，其下的储层难以叠加成像，在此基础上实施的叠后偏移很难获得较理想的偏移成像效果[图 2(a)]。

2.3 叠前时间域成像

叠前时间偏移是建立在双平方根方程(或者改进方程)基础上的成像技术，理论上取消了输入数据的零偏移距假设，避免了 NMO 校正后产生的畸变[11]，叠前时间偏移能使倾斜同相轴和非零偏移距道上的反射能量正确聚焦归位，也能更均匀地分配非聚焦能量，从而更好地压制背景噪声，而且叠前时间偏移比叠后时间偏移更适用于横向和垂向速度变化的地层成像，同时先偏移后叠加的过程，很大程度上减少了膏盐岩绕射波对储层成像的影响[11]，因此，与叠后时间偏移相比，叠前时间偏移的成像更精确，信噪比更高，高陡构造归位更好，断点更清楚。

叠前时间偏移初始速度场主要依靠 DMO 速度建立，经过叠前时间偏移迭代，逐步调整和优化并形成最终的速度场。

川东北大部分地区实施克希霍夫叠前时间偏移处理后，膏盐岩及储层成像效果明显提高[图 2(b)]，有些地区的地震资料尽管进行过多次叠后时间偏移处理，也进行过克希霍夫叠前时间偏移处理，但储层成像依然较差，无法满足解释需求，为此在类似地区采用了基于共反射面元(CRS)聚焦成像的叠前时间偏移处理，取得了明显效果。图3给出了克希霍夫叠前时间偏移结果与基于CRS聚焦成像的叠前时间偏移结果，可以看出，基于CRS聚焦成像的叠前时间偏移剖面构造及储层反射更清楚，信噪比更高，但是该方法容易引起礁滩边界及内幕不清等问题。

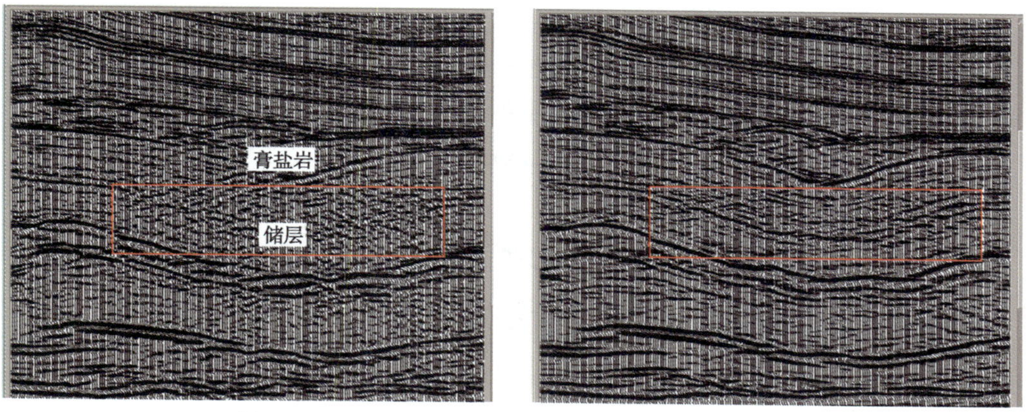

(a) (b)

图2 叠后时间偏移(a)与叠前时间偏移(b)效果对比

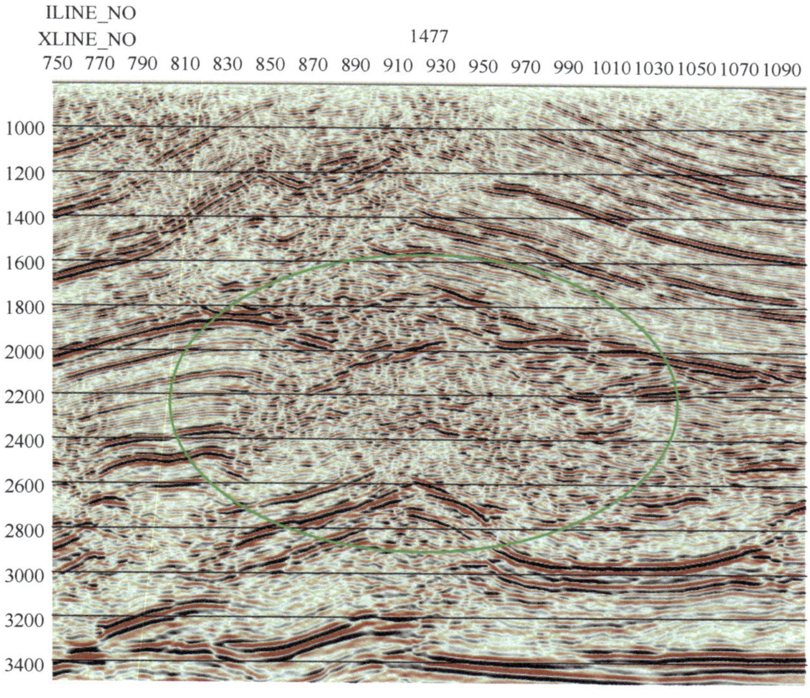

(a)

图3 克希霍夫叠前时间偏移(a)、基于CRS共聚焦成像的叠前时间偏移(b)效果对比

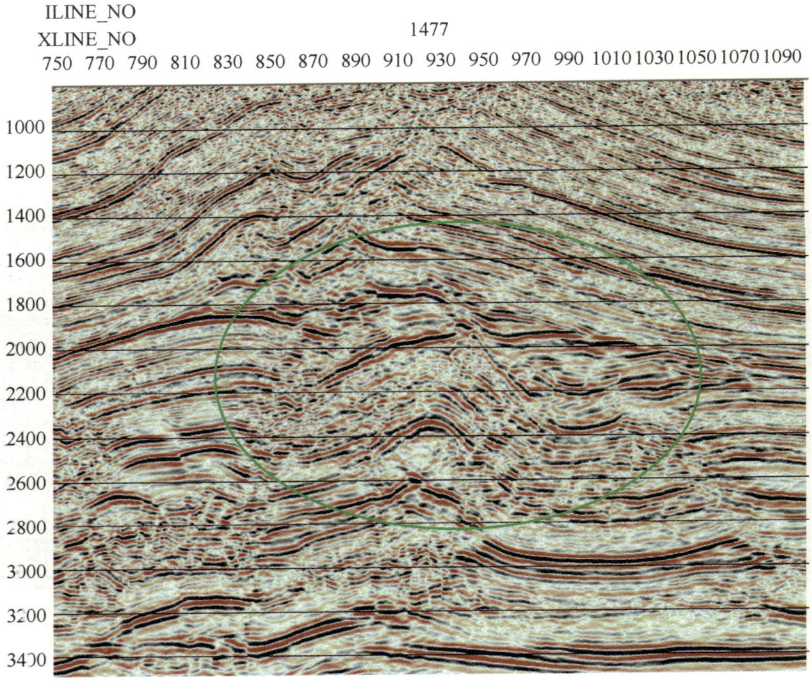

(b)

图 3　克希霍夫叠前时间偏移(a)、基于 CRS 共聚焦成像的叠前时间偏移(b)效果对比(续)

实践表明，在高程变化剧烈的川东北地区采用浮动基准面进行叠前时间域成像处理可以降低由于高程变化引起的射线走时误差，以浮动基准面作为叠前时间偏移处理成像基准面效果好于固定基准面[12]。图 4(a)给出了基于固定基准面的叠前时间偏移结果；图 4(b)给出了拟真地表的叠前时间偏移结果。可见，基于拟真地表的叠前时间偏移结果膏盐岩下包络及储层成像更好。

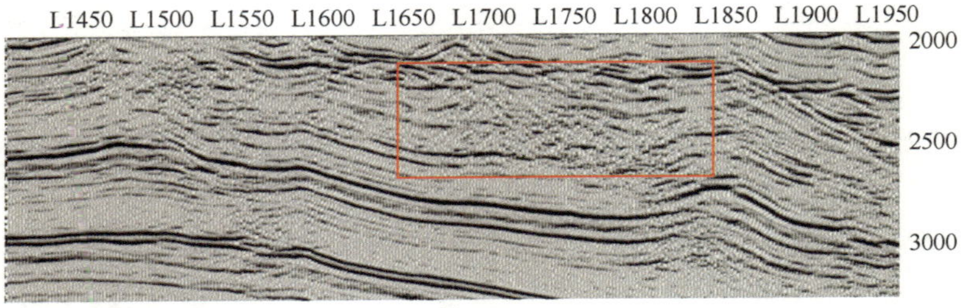

(a)

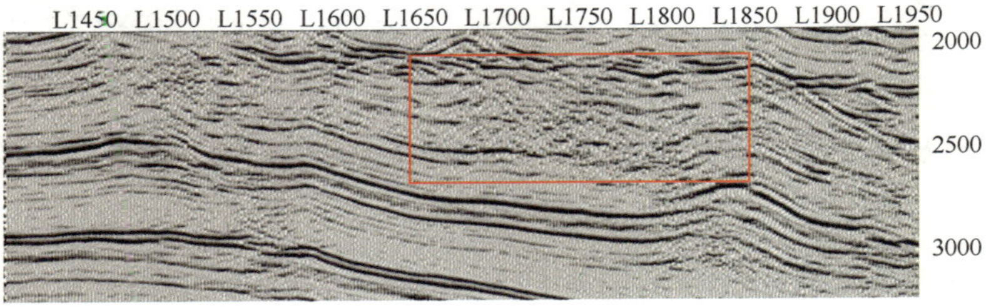

(b)

图 4　固定基准面叠前时间偏移(a)与拟真地表叠前时间偏移(b)对比

无论采用何种叠前时间偏移方法，在膏盐岩厚度变化剧烈的地区，膏盐岩中的走时差异同样会影响膏盐岩下包络及下伏储层的成像，而且在下伏储层速度横向变化剧烈的情况下，叠前时间偏移更加难以精确成像。

2.4 叠前深度域成像

叠前深度偏移考虑了地震波传播过程中的折射波项，无均匀介质及水平层状介质假设[13]，并且在更好的模型基础上进行反射波归位，其成像效果要好于叠前时间偏移。

图5(a)、图5(b)和图5(c)分别给出了川东北构造极其复杂地区的叠后偏移、叠前时间偏移和叠前深度偏移成像结果，可以看出，在储层构造复杂的情况下，叠后偏移很难使得断面波以及逆掩断层两侧正、负向构造同时较好成像，叠前时间偏移虽比叠后时间偏移成像效果好，而叠前深度偏移成像效果更好，储层反射更容易追踪，结构关系更清楚。

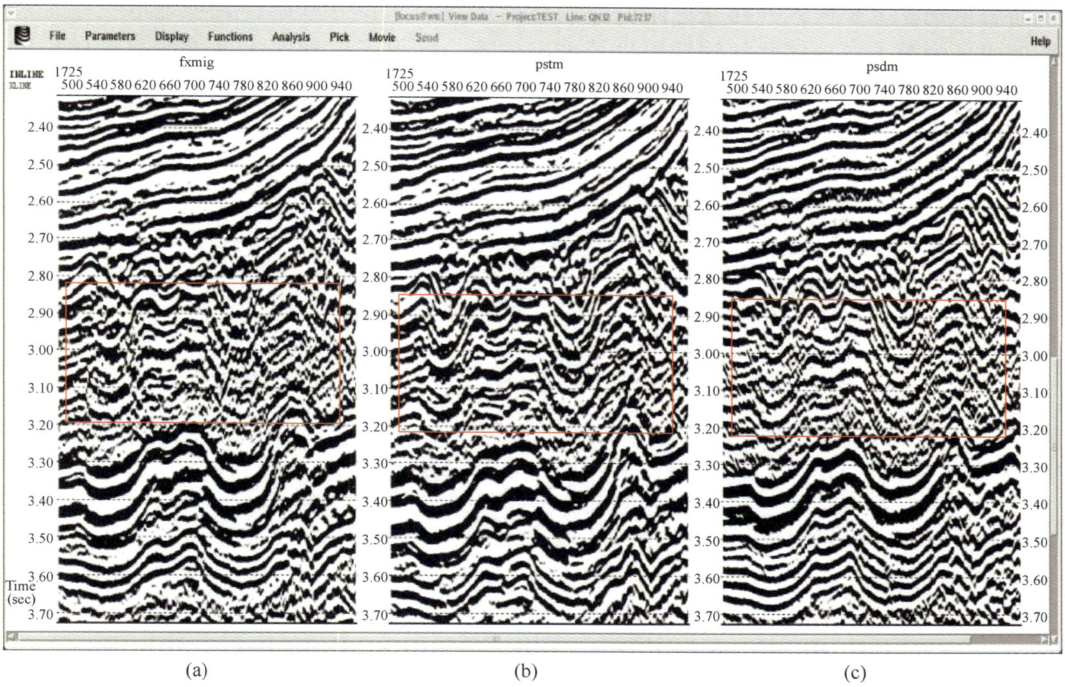

图5 叠后偏移(a)、叠前时间偏移(b)与深度偏移(c)对比

川东北地区陆相地层构造相对简单，模型容易建立，关键是蠕变严重的膏盐岩及其下复杂构造的模型建立难度较大，而且膏盐岩的成像好坏直接影响其下反射层的成像，需认真解释、分析叠前时间偏移结果，建立初始叠前深度偏移地质模型和速度模型，通过多次叠前深度偏移迭代，不断修改地质模型和速度模型，逐步把膏盐岩上、下包络刻画清楚，弄清膏盐岩以下地层的基本结构。将膏盐岩上、下包络准确归位后，方可再往下延拓，对储层进行偏移，使储层的偏移成像更为可靠。

目前，叠前深度偏移已经发展到逆时深度偏移方法[14]、拟真地表叠前深度偏移方法[15-17]等，其成像精度更高。

3 处理效果分析

2001—2010 年，在川东北探区实施了超过 4000km 的二维地震勘探以及超过 7000km^2 的三维地震勘探。二维地震资料处理结果为寻找构造及岩性圈闭奠定了基础，与二维地震资料处理成果相比，三维地震资料处理成果信噪比、分辨率和保真度得到了大幅度提高，有效改善了复杂构造与储层的成像精度。

川东北地区的三维地震资料基本完成了叠前时间偏移处理，在膏盐岩厚度变化较大或下伏储层构造复杂的地区进行了叠前深度偏移处理，处理结果表征的长兴—飞仙关礁、滩地质异常体清楚、明显、可靠(图 6 和图 7)，为川东北地区勘探突破、储量增长发挥了重要作用。达县—宣汉三维地震资料处理成果整体信噪比较高，构造与储层成像准确，为礁滩相储层识别、沉积模式的建立、储层预测与描述奠定了良好基础；元坝地区三维地震资料处理成果为第 1 口预探井的侧钻提供了准确位置，确保了该地区大型礁滩目标储层的及时发现。截至 2010 年底，在普光地区、通南巴地区和元坝地区钻探成功率分别为 80. 6%、81. 8%和 100%。

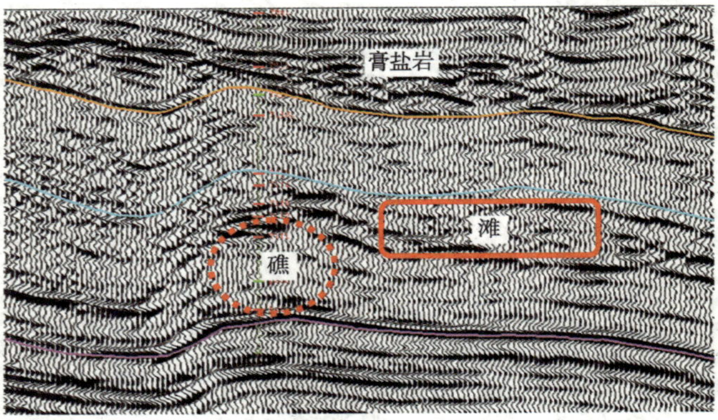

图 6　普光典型下礁上滩组合地震模式

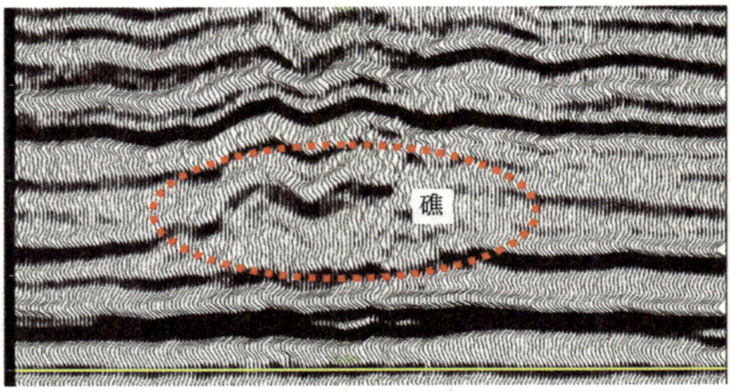

图 7　元坝典型的生物礁地震模式

4 结束语

川东北地区膏盐岩对储层成像的影响不容忽视，经过几年的探索，已经形成了针对川东北地区膏盐岩的储层成像技术系列，即利用叠后偏移结果建立初步构造模型，利用 DMO 速度建立叠前时间偏移的初始速度模型，采用叠前时间偏移对构造模型和速度模型进行优化，作为叠前深度偏移的初始模型，进行叠前深度偏移迭代处理。实践证明，叠前深度偏移处理能较好地消除复杂膏盐岩的影响，解决膏盐岩下储层的成像问题。

参 考 文 献

[1] 林伯香，孙晶梅，徐颖，等．几种常用静校正方法的讨论[J]．石油物探，2006，45(4)：367-372.

[2] 林伯香，孙晶梅，刘起弘，等．关于浮动基准面概念的讨论[J]．石油物探，2005，44(1)：94-97.

[3] 郭树祥．分频剩余静校正方法及应用效果分析[J]．石油地球物理勘探，2001，36(6)：735-739.

[4] 林依华，张中杰，尹成，等．复杂地形条件下静校正的综合寻优[J]．地球物理学报，2003，46(1)：101-106.

[5] 林依华，尹成，周熙襄，等．一种新的求解静校正的全局快速寻优法[J]．石油地球物理勘探，2000，35(1)：1-12.

[6] 李文杰，魏修成，宁俊瑞，等．基于频率衰减特性的面波压制方法[J]．石油物探，2008，47(3)：225-227.

[7] 傅旦丹，林小竹，李玉艳，等．三维地震勘探中强声波干扰的压制[J]．石油物探，2007，46(5)：463-466.

[8] 高少武，贺振华，赵波，等．自适应单频干扰波识别与消除方法研究[J]．石油物探，2008，47(4)：352-356.

[9] 高少武，赵波，罗国安，等．自相关和褶积法单频干扰识别与消除[J]．石油物探，2010，49(6)：554-561.

[10] 熊翥．地震数据处理应用技术[M]．北京：石油工业出版社，2008：385-387.

[11] 王棣，王华忠，马在田，等．叠前时间偏移方法综述[J]．勘探地球物理进展，2004，27(5)：313-320.

[12] 朱海波，张兵．起伏地表叠前时间偏移技术研究[J]．勘探地球物理进展，2007，30(5)：368-372.

[13] Clacrbout J F. 地震成像理论及方法[M]．许云，译．北京：石油工业出版社，1991：59-60.

[14] 陈可洋．基于高阶有限差分的波动方程叠前逆时偏移方法[J]．石油物探，2009，48(5)：475-478.

[15] 田文辉，李振春，张辉．直接下延法波动方程叠前深度偏移[J]．石油物探，2006，45(5)：447-451.

[16] 陈爱萍，邹文，李亚林，等．起伏地表波动方程叠前深度偏移技术——以川东复杂地区应用为例[J]．石油物探，2008，47(5)：470-475.

[17] 杨海生．起伏地表波动方程波场延拓起始面研究[J]．石油物探，2009，48(1)：66-71.

川东北飞仙关组鲕滩储层地震预测

凡 睿[1] 高 林[2] 何 莉[1] 李 群[1] 张汉荣[2]

（1. 中国石化江汉油田分公司勘探开发研究院物探研究所，湖北潜江 433100；
2. 中国石化南方勘探开发分公司勘探事业部，云南昆明 650233）

摘要：利用高分辨率地震资料，在储层精细标定的基础上，通过储层地质建模与正演，建立下三叠统飞仙关组鲕滩储层地震响应模式；借助地震属性分析和地震约束反演等技术，对飞仙关组鲕滩储层进行了预测，为优选钻探目标，提高勘探成功率提供了重要的地质依据。

关键词：鲕滩储层　层位标定　地震响应　地震属性　约束反演

研究区构造位置属于四川盆地东北部，川东断褶带的北端，五宝场构造的西南缘。近年来，在紧邻区块东侧和北部的渡口河构造，以及铁山坡构造下三叠统飞仙关组（T_1f^{3-1}）相继发现白云岩孔隙性鲕滩相气藏。其中渡口河构造含气区面积达 27.06km^2，已获 4 口高产气井，探明储量 313.75×10^{8}m^3；铁山坡构造坡 1 井、坡 2 井亦获高产工业气流，控制储量 184.05×10^{8}m^3[1]。依沉积相分析，研究区下三叠统飞仙关组（T_1f^{3-1}）为台地边缘鲕粒滩（坝）沉积，有形成鲕滩储层的地质条件。因此，开展飞仙关组鲕滩储层地震预测十分必要。

1　地震储层预测方法

1.1　储层的精细解释

1.1.1　层位标定

采用区内坡 1 井、渡 4 井声波测井资料制作合成记录，进行储层标定。在标定过程中，子波选用从井旁地震道目的层段提取的地震子波，合成地震记录与井旁地震道匹配较好。因此采用合成记录进行储层层位标定，准确地标定出储层的地震地质层位（图 1），是下一步储层预测研究的基础。

1.1.2　层位的精细解释

利用先进的 Geoframe 人机联作解释系统，以储层标定为基础，结合地质、测井等资料，仔细分析储层，且从井出发，对鲕滩储层进行对比追踪和精细解释，获得了所需要的地质层位数据，将其作为目标反演中，保持同一层位地震数据能够在同一低频背景下运算的约束条件，大大提高了初始模型的精度。

勘探地球物理进展，2003，26（3）：199-203

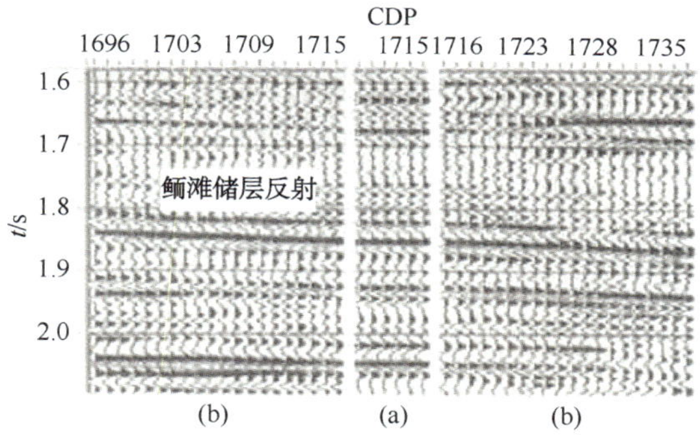

图 1 坡 1 井合成记录(a)与地震剖面(b)的对比

1.2 建立鲕滩储层的地震响应模式

1.2.1 地质建模与正演

飞仙关鲕滩储层是在鲕粒滩坝沉积岩体的基础上，经晚期白云岩化改造形成的次生孔隙型储层。横向上呈席状或透镜状夹于非渗透性的厚层灰岩之间，纵向上分布于飞一—飞三段。在川东北地区，这类鲕粒滩、坝型白云岩储层平均孔隙度可达 9%，累积厚度可逾百米，储渗性能优越。由于高孔渗及含流体，储层段与非储层段的声速和密度有明显差异，二者的速度差最大可达 1660m/s(表 1)[1]。

表 1 川东北地区飞仙关组储层不同岩类声波速度变化情况

岩石种类	声波时差	换算声波速度	备注
残余鲕粒云岩	65μs/ft	4689m/s	鲕滩储层孔隙发育段
模孔鲕粒云岩	60μs/ft	5080m/s	鲕滩储层孔隙发育段
有效储层平均	55μs/ft	5540m/s	鲕滩储层孔隙发育段
鲕粒灰岩	49μs/ft	6200m/s	非储层段
泥粉晶灰岩	48μs/ft	6350m/s	围岩段
灰岩骨架	47.5μs/ft	6417m/s	灰岩骨架

为研究鲕滩储层地震反射特征，以位于不同相带的渡 4 井、坡 1 井和川付 85 井资料为依据，进行区域地质建模，采用井旁道目的层段提取的实际地震子波进行储层横向变化的地震正演研究。图 2 为台地边缘鲕粒滩、坝发育区储层变化模型及地震响应特征。地震响应表现为从与储层对应的铁山坡地区双轴亮点特征变化为渡口河地区的单轴亮点特征。

图 3 是北部—中部北东向典型剖面。坡 1 井为台地边缘鲕粒滩、坝沉积，发育两套孔隙白云岩储层；而川付 85 井为台内深水低能环境，无鲕粒岩分布，岩性致密。从正演剖面上看，双轴亮点反射自坡 1 井向川付 85 井方向消失，反映鲕滩储层由台地边缘向台内深水区尖灭。

图 4 为鲕滩储层物性变化的地质模型及正演剖面。当储层物性由好变差，即由储层变为非储层(储层段层速度由 5650m/s 增加到 6100m/s，再增加到 6350m/s)时，渡 4 井的鲕滩储层亮点反射特征消失。

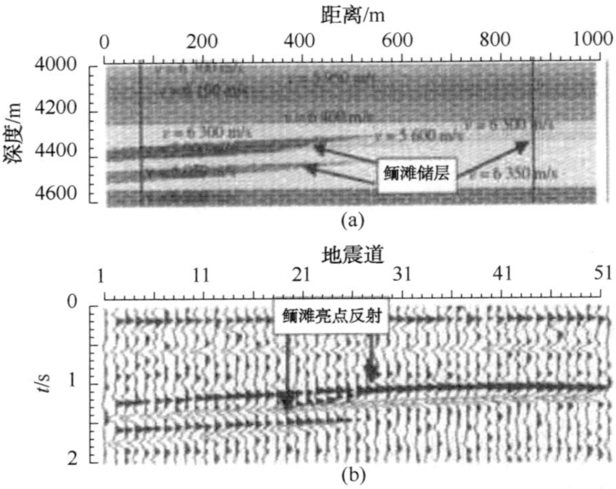

图 2 坡 1 井—渡 4 井地质模型(a)与正演剖面(b)

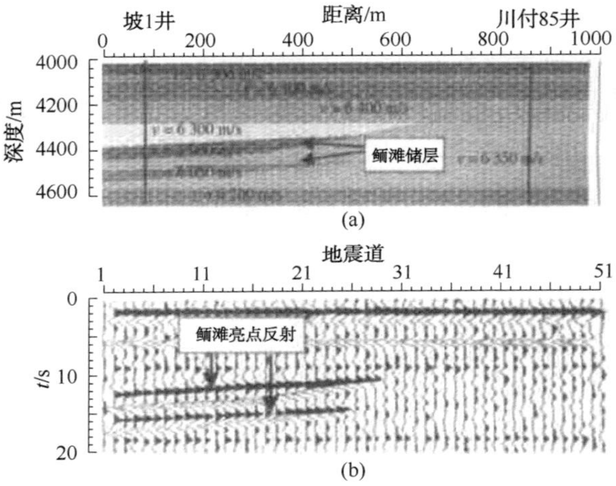

图 3 坡 1 井—川付 85 井地质模型(a)与正演剖面(b)

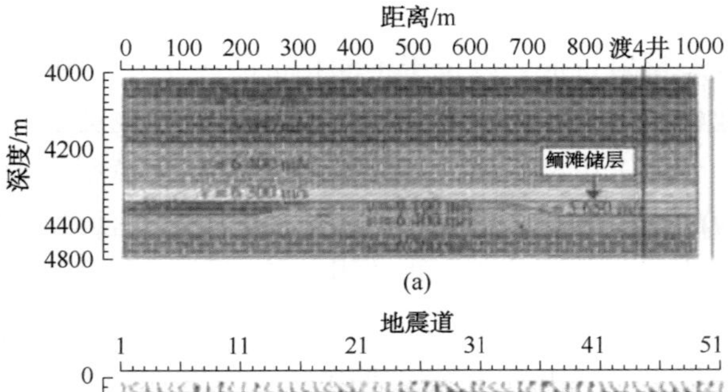

图 4 渡 4 井鲕滩储层物性横向发生变化的地质模型(a)与正演剖面(b)

1.2.2 鲕滩储层地震异常识别模式

从渡口河气藏情况看，鲕滩储层的强振幅反射响应与储层特性、厚度、组合方式及层位高低、裂缝发育等诸多因素有关。储层孔隙度高、单层厚度大、距飞三上部高伽马段距离大者，强反射特征明显；储层薄或组合复杂，则反射强度减弱；当储层裂缝发育时强反射连续性变差，形成杂乱强反射[2]。通过模型正演，并将合成地震记录与实际地震剖面进行对比后证实，在上二叠统吴家坪组底界面反射(TP_2)以上200~280ms的飞一——飞三内部弱反射背景中出现的较强振幅异常反射波，即是孔隙白云岩储层的地震响应。鲕滩储层反射表现为亮点，且随储层物性变好，地震反射能量增强，储层尖灭、消失时变为无反射或极弱反射。因此，确定亮点模式为其鲕滩储层地震异常识别的基本模式。

1.3 地震属性提取与分析

地震属性是表征和研究地震数据内部所包含的时间、振幅、频率、相位以及衰减特性的指标。在这些参数中，有的对储层环境变化很敏感，有的可以准确地揭示地下异常。在分析过程中，一是要注重类比样本的选择，二是要注重时窗的测试和选择。以飞仙关组(T_1f^{3-1})地震反射为研究目标，提取了平均能量变化、绝对振幅组合、主频额定值、包络差分组合等属性参数。经筛选发现，平均能量变化和绝对振幅组合为敏感参数，其变化代表鲕滩储层物性或厚度的变化。从编制的平均能量变化属性平面图(图5)可以看出，平均能量值在渡口河、铁山坡、普光、毛坝场构造以及慈云寺、雷家湾等地区均为高值，反映储层物性较好或储层厚度较厚。

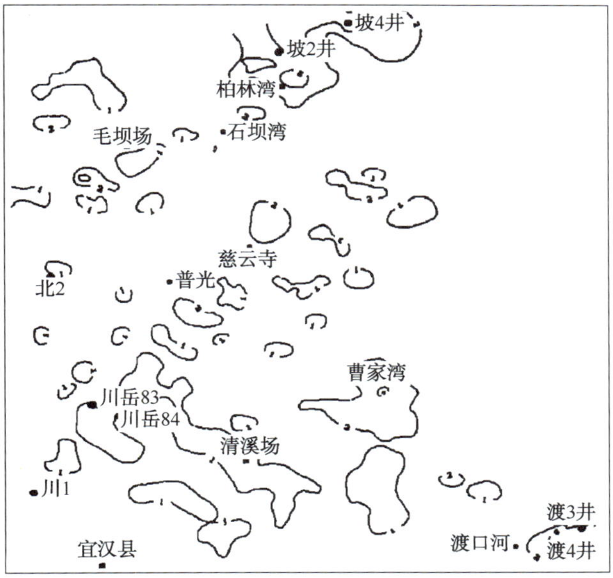

图5 平均能量变化属性平面图

1.4 地震资料约束反演

应用Jason软件包约束稀疏脉冲反演方法对地震资料进行约束反演。首先对测井资料进行速度分析，获取井点的低频速度信息，建立地质模型；然后进行层间内插得到高质量的低频模型，提取地震资料的低频分量，从而确保反演结果中低频成分的可靠性。另外，还采用频带拓展技术丰富高频信息，提高分辨能力，并用井资料对沿地质层位的波阻抗和储层段的波阻抗范围进行约束[3]。鲕滩储层在反演剖面上表现为高速背景下的低速条带。在NW49.8测线波阻抗剖面(图6)上的3480~3670CDP段，时间2200~2300ms存在一横向上连续的波阻抗低值区，波阻抗值为15100~16150(m/s)(g/cm^3)。渡4井附近，时间2224~2236ms存在明显波阻抗低值，钻井证实为飞仙关组飞三段鲕滩储层。

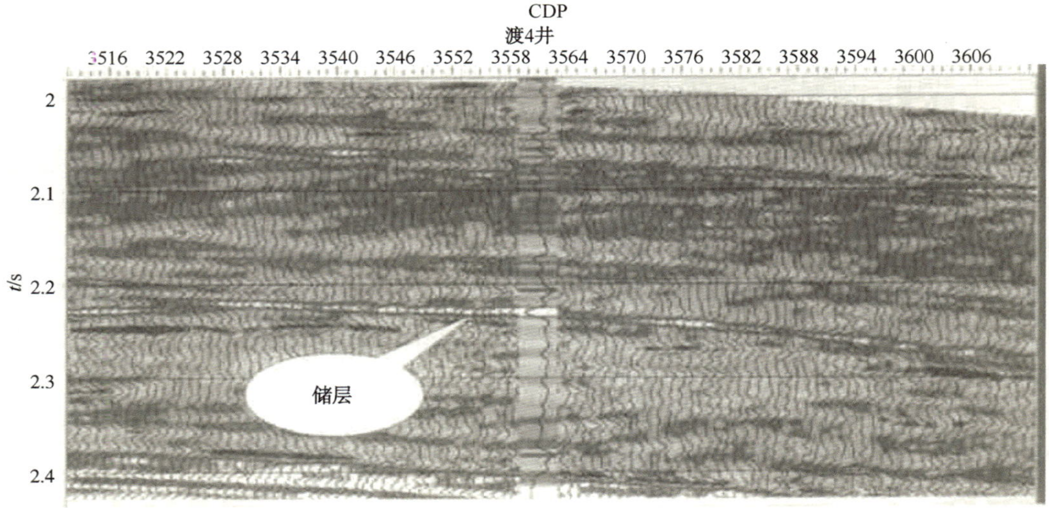

图6 NW49.8测线波阻抗反演剖面

2 鲕滩储层预测及成果

2.1 鲕滩储层特征

飞仙关组储集岩主要为鲕粒白云岩、鲕粒灰岩，厚度数米至数十米不等；储集空间类型主要为裂缝—孔洞型和裂缝—孔隙型；储层平均孔隙度约为9%，平均渗透率为93×10^{-3} μm^2[1]。鲕滩储层速度变化范围较大，其中以溶孔鲕粒白云岩速度最低，可达4650m/s，有效储层换算声波速度平均值约为5540m/s，致密灰岩、白云岩声波速度则大于6300m/s，两种岩性的垂向组合，可以形成较大的波阻抗界面，在地震剖面上出现较强反射。

2.2 鲕滩储层地震预测

依据飞仙关组鲕滩储层地震响应特征，结合地震属性分析和地震约束反演，对研究区飞仙关组(T_1f^{3-1})鲕滩储层进行了地震预测。

从图7可见，区内鲕滩储层呈块状展布，为不规则块状形态。储层良好发育区主要分布于普光、毛坝场、石坝湾构造区和雷家湾地区。同时，据鲕滩储层纵向分布特征和所表现出的地震响应特征，将其划分为3种主要类型：①渡口河型；②铁山坡型；③毛坝场型。

(1) 渡口河型。储层主要集中发育于T_1f^{3-1}中上部，储集岩主要为孔隙白云岩，储层厚度大于60m，平均孔隙度达10%。在地震剖面上，储层响应为单轴亮点特征；在阻抗反演剖面上表现为低阻抗条带(图8)。

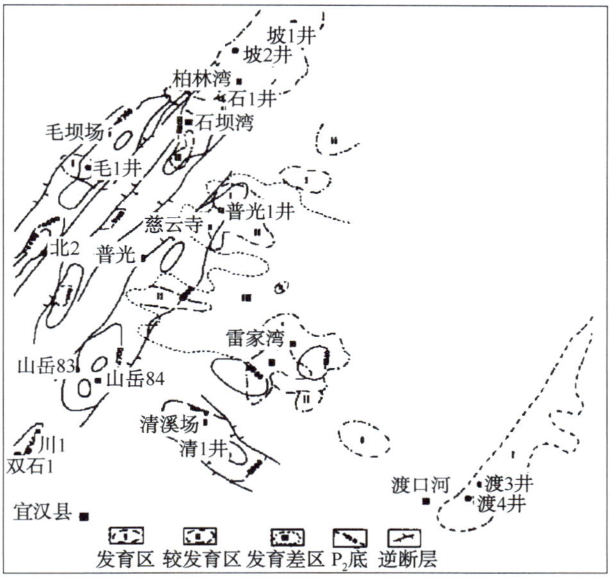

图 7　飞仙关组(T_1f^{3-1})鲕滩储层评价图

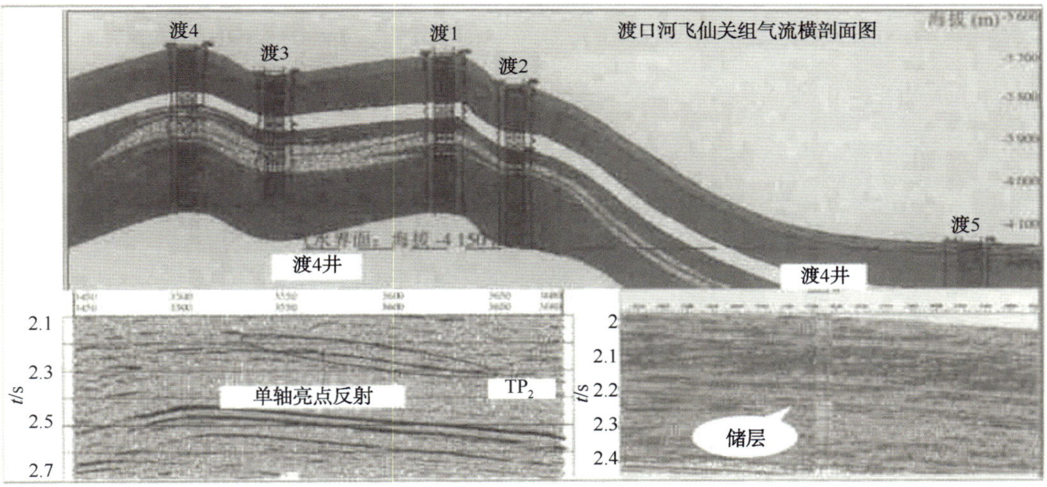

(a)NW49.8测线地震时间偏移剖面　(b)NW49.8测线波阻抗反演剖面

图 8　渡口河型

(2)铁山坡型。储层发育于T_1f^{3-1}中下部，纵向上出现上、下两套孔隙白云岩储层，其间为数十米厚的膏质岩类。两套储层互不连通，所含流体性质各异，储层累积厚度较大，可达100m以上，储层平均孔隙度较渡口河构造区低，约为7%~8%。在地震剖面上，双轴亮点特征分别与上、下两套储层对应。在阻抗反演剖面上，两套低阻抗层与对应井段储层声测曲线吻合。铁山坡型储层自铁山气藏沿东北部台地边缘向工区内延伸(图9)。

(3)毛坝场型。在毛坝场构造区的地震剖面上发现与飞仙关组鲕滩储层类似的典型亮点反射。在波阻抗剖面上发现一明显的低阻抗层，与鲕滩储层识别模式吻合。但该亮点反射对应的地质层位较高，储层发育于 T_1f^{3-1} 顶部，储层厚度达 30～40m，平均孔隙度为 8% 左右(图 10)。

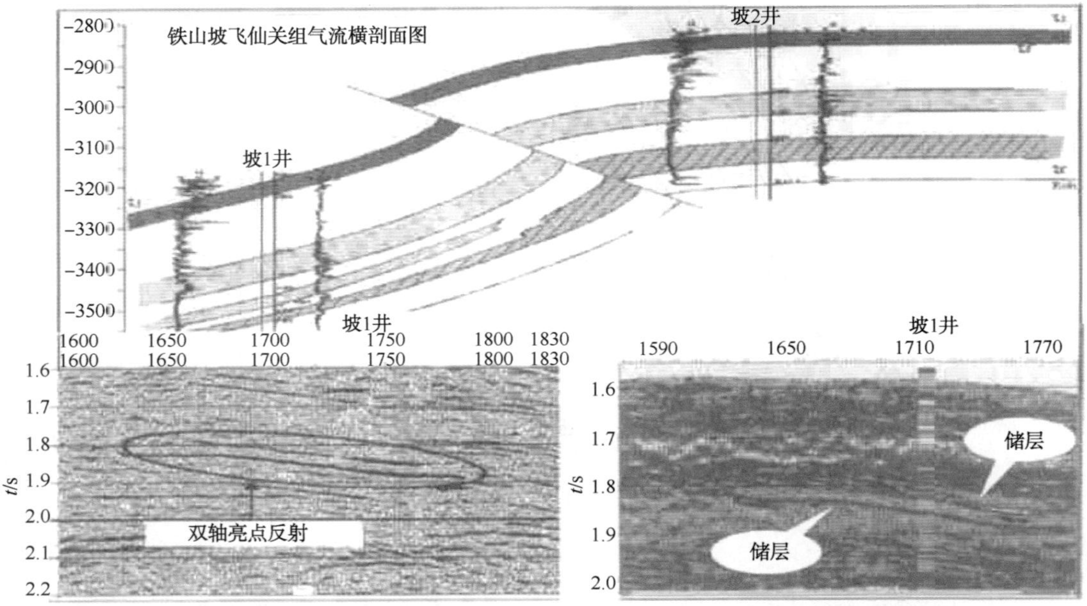

(a)NE34.8测线地震时间偏移剖面　　(b)NE34.8测线波阻抗反演剖面

图 9　铁山坡型

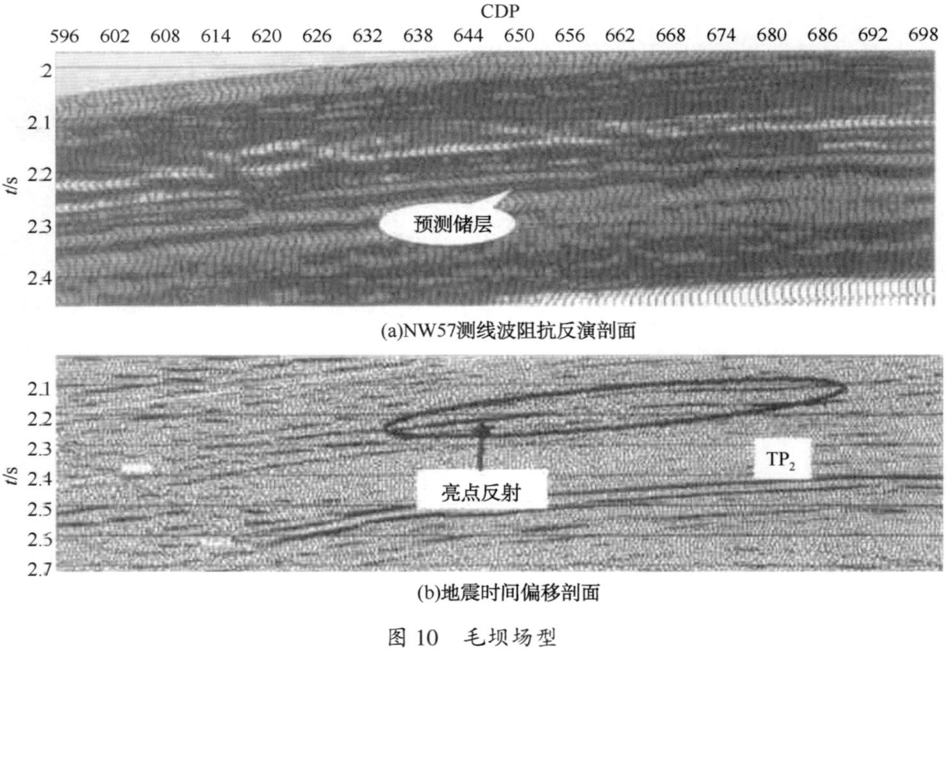

(a)NW57测线波阻抗反演剖面

(b)地震时间偏移剖面

图 10　毛坝场型

2.3 勘探部署

通过鲕滩储层地震预测，认为以飞仙关组(T_1f^{3-1})鲕粒滩(坝)白云岩为储层的岩性-构造复合圈闭应是研究区勘探最有利的目标。因此，在有构造背景且鲕滩储层发育的地方部署了海相探井3口(普光1井、毛坝1井和石1井)。目前，普光1井和毛坝1井正在钻探。

3 结束语

勘探实践证明，建立飞仙关组鲕滩储层地震响应模式对寻找新的鲕滩储层岩性圈闭气藏有重要指导意义；在实际工作中，充分融合钻井、地质和测井信息，采用地震预测技术对该区鲕滩储层进行研究评价是行之有效的手段。

参 考 文 献

[1] 王一刚，杨雨，文应初，等．四川盆地东北部长兴组—飞仙关组气藏成藏条件研究及勘探目标评价[M]．成都：中国石油西南油气田分公司，2000. 202-209，250-251.

[2] 安鸿伟，李正文，李仁甫，等．稀疏脉冲波阻抗反演在YX油田开发中的应用[J]．石油物探，2002，41(1)：56-60.

[3] 张宝金，曹景忠，马在田，等．基于波动理论的地震波参数反演探讨[J]．勘探地球物理进展，2002，25(3)：42-46.

川东北宣汉-达县地区储层预测技术

郑天发[1,2]　施泽进[1]　韩小俊[1]

（1. 成都理工大学“油气藏地质及开发工程”国家重点实验室，成都 610059；
2. 中国石化南方勘探开发分公司，昆明 650200）

摘要： 川东北宣汉-达县地区以构造圈闭为主要勘探对象，钻探成功率低，为此开展了以储层预测技术为主导的构造-岩性复合圈闭勘探。通过山区地震数据高分辨率采集、处理、储层沉积相研究、储层测井响应特征、储层物性特征及储层层位标定、地震相研究、储层地震预测方法研究，确立了研究区内的三大储层类型及各类储层的研究方法，提出了川东北复杂储层预测以野外地震资料高分辨率采集为基础、多种特殊处理手段相结合，并以沉积相研究为指导的综合性研究思路，为川东北宣汉-达县地区储层预测方法研究提供了指导性意见，为该地区复杂储层勘探的深入与突破打了坚实的基础。

关键词： 川东北　储层　预测　技术

川东北宣汉-达县地区位于川东北大巴山褶皱带与川东褶皱带交汇处，受其影响形成了北东向构造为主叠加北西向构造的构造样式。该区油气勘探工作始于 20 世纪 50 年代，区内发现了 T_1f^2段气层及 P_1m，J^2s 和 T_3x 含气层。结合邻区勘探成果，预测本区还存在 T_1f^1-T_1f^4，C_2h，P_2ch 和 J_1z 等气层。

到 20 世纪末主要以构造圈闭为主要勘探对象，按照“沿长轴、占高点、打扭曲”部署原则，区内主要构造带及高点都已被钻探，仅在 T_1f^2钻获泥灰岩裂缝型气藏，钻探成功率仅 14.3%，以构造圈闭为主的勘探工作陷入停滞状态。通过对区内及周边地质、物探资料的综合分析认为，在宣汉-达县地区 T_1f 具备形成礁、滩相白云岩孔隙型储层的基本条件，是构造-岩性复合圈闭发育的地区。

为了实现该区油气勘探新的突破，已经进行了几轮的储层预测工作，取得了一些成效。但是以往在储层预测中多偏于单一的预测方法，大多以波阻抗反演为基础，目的性不强，多解性的问题还比较突出，满足不了需要；因此如何综合利用多学科的最新成果，结合地质、测井、地震资料进行储层综合预测，是关系到本研究区勘探能否获得突破的关键。

1　储层预测技术

针对上述原因，本文提出在宣汉-达县地区的储层预测技术思路是：利用区内及邻区钻

成都理工大学学报（自然科学版），2005，32(5)：508-512

井成果和地质调查成果，应用沉积学和储层地质学方法，研究飞仙关期岩相古地理及礁、滩相展布规律，建立沉积相模式，确定主要储层类型；在有利相带内以地质模型为指导，利用地震相分析与特殊处理解释相结合的方法，开展地质、钻井、测井、地震多学科、多方法进行储层预测，圈定储层发育区；在分析总结区内天然气成藏规律的基础上，深入精细解剖，优选钻探目标、精选井位。研究思路见图 1。

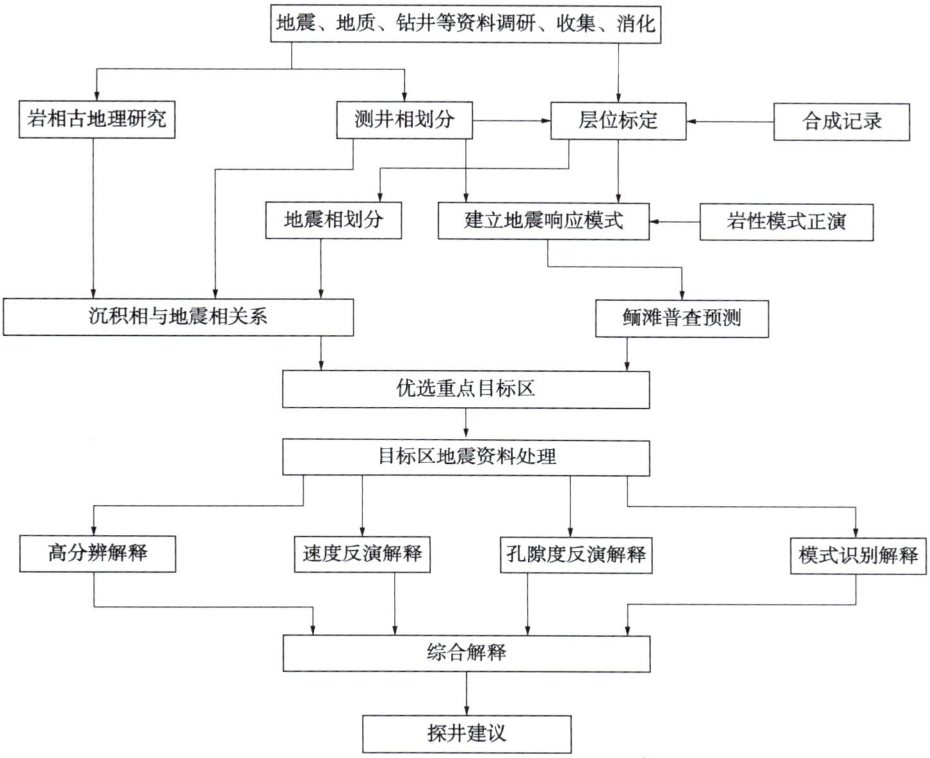

图 1 研究思路框图

1.1 山区地震数据高分辨率采集、处理

地震资料的信噪比与分辨率对于储层预测是至关重要的，是储层预测能否成功的重要前提，特别是分辨率对于薄储层的预测更为重要。以往只是重视了在地震资料处理的过程中提高地震资料的分辨率，但是数字处理过程中提高分辨率存在一定的假象，特别是叠后提高分辨率。所以在资料采集的过程中提高分辨率是至为重要的。前期二维地震测网虽然已达到 2km×4km，局部达到 1.5km×1.5km。但受当时地震采集仪器所限，接收道数少，覆盖次数较低(6 次、12 次、24 次)，排列长度不够，构造顶部及两侧陡翼资料信噪比低，海相储层波组特征不清，分辨率不高；同时由于采集时间跨度大，资料信噪比、分辨率、波组特征、剖面面貌及品质参差不齐，不能满足开展储层预测的要求。

为此在宣汉-达县地区部署了山区高分辨地震资料采集、处理。经过处理后，剖面有效频带范围在 8~125Hz，优势频带 20~80Hz，主频 50~60Hz。主要地震反射波组特征明显，波形活跃，断层和构造形态清楚，基本满足了储层预测的需要。

1.2 储层沉积相

沉积相研究是储层预测的基础，有目的地寻找储层是储层预测成功的重要保证。在沉积相研究指导下的储层预测是目前普遍认同的地质与地震结合的必要途径。飞仙关组主要发育与鲕粒滩(坝)有关的白云岩类储层。纵向上有两套储层，上储层为鲕粒白云岩储层，厚度22.9~67.6m不等，平均孔隙度6.9%~9.2%；中部隔层为膏岩、泥晶云岩、含膏质泥晶灰岩；下储层为鲕粒白云岩储层，厚28.6~55.0m，平均孔隙度5.9%~3.5%。

控制鲕滩储层分布的主要因素是沉积相和沉积后的鲕粒岩在经过与古暴露面有关的混合水白云石化和埋藏溶解等成岩作用，形成了以粒间溶孔、粒内溶孔、晶间溶孔、超大溶孔等为主的次生孔隙。溶孔大小悬殊，大者孔径长达4.5mm，小者仅0.05mm，形态不规则，连通性好。储集岩类主要有残余鲕粒云岩、晶粒云岩、泥晶云岩、鲕粒灰岩和泥晶灰岩。根据周边飞仙关组气藏取芯分析，实测孔隙度为0.3%~25.22%，平均孔隙度8.16%；渗透率$<0.01\times10^{-3}\sim90\times10^{-3}\mu m^2$，平均渗透率$93.326\times10^{-3}\mu m^2$。在各储集岩类中，泥晶灰岩、泥晶云岩和鲕粒灰岩的孔隙度一般都<3%；孔隙度>4%的岩类95%是云岩类。

纵向上，由于飞仙关期属进积型沉积，使台地相不断扩大而陆棚相相应缩小，边缘鲕粒滩相随沉积作用的发展向陆棚方向迁移。造成鲕粒滩分布层位由东向西逐渐抬高。横向上，宣汉-运县地区东部存在台地边缘，飞仙关组鲕粒滩(坝)中白云石化的白云岩储层为最佳储层，其分布规律与频繁暴露的潮坪相有关，是鲕粒滩(坝)发育的有利地区。

1.3 飞仙关组储层测井响应特征

飞仙关组储层的测井特征通常为：自然伽马低值(10~15API)；双侧向电阻率中高值，存在不同程度的“正差异”；补偿中子、声波、密度测井曲线呈高孔隙度特征，井径明显缩径。

1.4 飞仙关组储层物性特征及储层层位标定

1.4.1 飞仙关组储层物性特征

飞仙关组鲕滩相储层具有高孔高渗的特征，导致储层与围岩速度差异较大(表1)，在地震剖面上出现较强反射。

表1 川东北地区飞仙关组储层不同岩类声波速度变化情况

岩石种类	声波时差 $\Delta t/\mu s\cdot m^{-1}$	换算声波速度 $v/m\cdot s^{-1}$	储集性能
残余鲕粒云岩	213.3	4689	鲕滩储层孔隙发育段
溶孔鲕粒云岩	196.9	5080	鲕滩储层孔隙发育段
有效储层平均	180.4	5540	鲕滩储层孔隙发育段
鲕粒灰岩	160.8	6200	非储层段
泥粉晶灰岩	157.5	6350	围岩段
灰岩骨架	155.8	6417	灰岩骨架

1.4.2 储层层位精细标定

储层的层位标定是储层预测的基础。根据已钻井声波测井资料制作合成记录，进行储层的精细层位标定(表2)。

表 2 储层标定与地震反射特征

储层名称	储层标定	储层与围岩结构特征	地震反射特征
T_1f^3顶部	T_1f^4反射波及其下部	T_1f^4低速泥灰岩与T_1f^3顶泥质白云岩接触，裂缝多	反射能量强弱变化较大、连续性较差
T_1f^3-T_1f^1鲕粒滩	在T_1f^4反射层以下1~3个相位反射波	鲕粒白云岩、鲕粒灰岩储层含气低速与上下高速灰岩组合	反射波能量连续性较好的短反射段

1.5 地质建模与正演

地质建模与正演地震解释是进行地震反演工作的基础。针对区内沉积相的展布特征，选用了台地相 p2 井、陆棚相 cf85 井等不同相带、不同类型的地质剖面及储层特征，进行储层地质建模(图 2)及正演合成记录(图 3)。

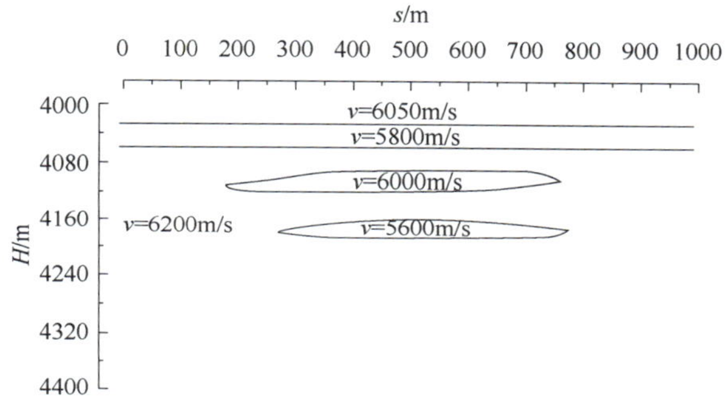

图 2 飞仙关组储层模型

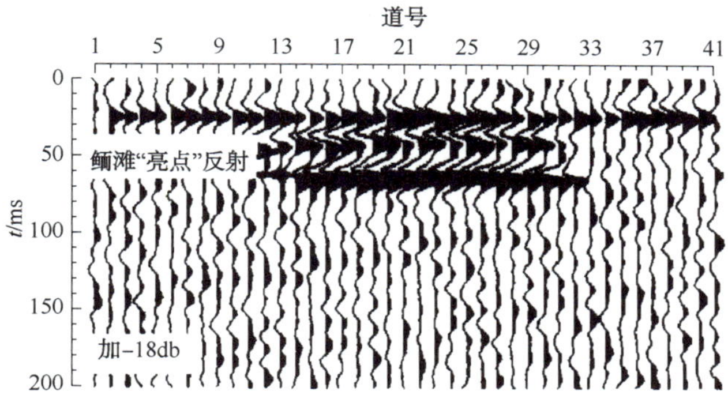

图 3 飞仙关组储层正演合成地震记录

通过地震合成记录、模型正演与实际地震剖面对比，证实在T_1f^4顶下 40~100ms 内出现的飞仙关组内低反射背景下较强的反射同相轴(即俗称之为“亮点”特征)，即是残余鲕粒白云岩储层的地震响应，该地震响应特征的储层正、反演研究及在勘探实际中都得到验证。

1.6 地震相研究

能够用于地震相分析的地震参数很多，根据该区储层响应特征，选用了频率、振幅、连续性、反射结构及层速度参数，对研究区内 54 条地震剖面飞仙关组(T_1f^1-T_1f^3段)地震反射，进行了地震相分析和研究，总结出四种地震相类型，分别为：亚平行、较连续地震相——浅水粒屑滩相；无反射地震相——陆棚相；变振幅断续反射地震相——陆棚相；杂乱反射地震相。

1.7 飞仙关组储层地震预测方法

在地震相、储层沉积相研究优选出有利储层相带内开展地震方法预测。

1.7.1 地震属性分析技术

地震属性分析包括振幅、能量、频率、相位属性分析，通过模型研究，平均能量变化与储层物性变化有较大关系，因此本区主要以平均能量属性分析。

对区内反映鲕滩储层的区段(时窗 Tp^2 以上 200~280ms)进行了平均能量变化属性的拾取。从平均能量变化特征，可以看出振幅异常分布范围主要集中在渡口河构造、铁山坡构造、毛坝场构造、普光寺构造和雷家湾、慈云寺一带。

1.7.2 速度及波阻抗反演技术

飞仙关组储层的地震响应，源于储层孔隙发育及含流体引起的地震波阻抗及速度变化，因此针对储层进行速度和波阻抗的反演是进行储层预测的有效方法。

反演的方法较多，在有井资料的条件下，大多采用地震约束反演。它是一种基于模型的波阻抗反演技术，其方法是从地质模型出发，采用模型优选迭代算法，使地震正演结果与实际地震数据最佳吻合；同时，以测井资料丰富的高频信息和完整的低频信息弥补地震有限频带宽度的不足，从而提高了反演剖面的分辨率(图 4)。为了提高飞仙关组储层预测的准确性，分别在多家处理中心采用不同反演软件进行了反演。

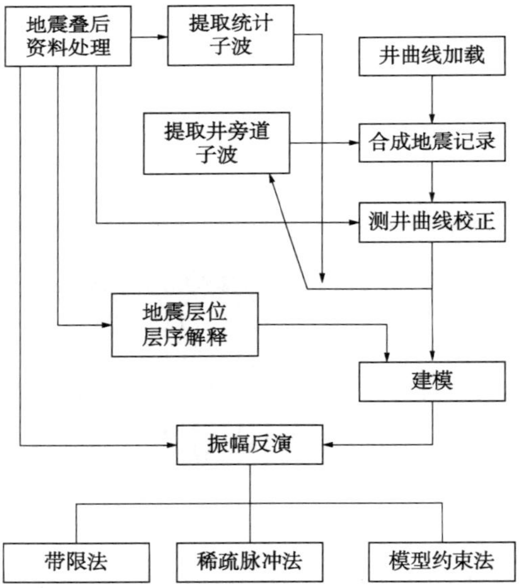

图 4 反演流程图

1.7.3 储层孔隙度反演

本区的储层多为裂缝-孔隙型及孔隙型储层。采用 Wyllie 提出的孔隙度与声波时差的关系方程：

$$\Phi = A \cdot \Delta t + B \tag{1}$$

式中，Φ 为孔隙度；Δt 为声波时差；A 和 B 为参数。

根据川东地区多口井储层段声波时差和孔隙度统计分析，建立了速度与孔隙度回归方程：

$$\Phi = 1.19041/v - 53.279$$

相关系数为 0.726

2 预测结果

通过上述多方法的研究，形成一套从地面地质→钻井→测井→地震→综合评价的研究方法和定相带圈区块，沿台地找亮点，建模型作正演，查属性再反演的储层预测技术，在区内建立了渡口河、铁山坡和毛坝三种三叠系飞仙关组储层类型。

2.1 渡口河类型储层及地震响应特征

以川东北渡口河-罗家寨气藏为代表。储层主要集中发育于 T_1f^2～T_1f^3 段，岩性为孔隙性云岩，储层响应为 T_1f^3 顶下 40～80ms 处的“单轴亮点”特征；在速度反演剖面上表现为对应的席状或透镜状的低速条带。分布于渡口河-罗家寨地区及周边邻区，在研究区东北缘有分布。

2.2 铁山坡类型储层及地震响应特征

以川东北铁山坡气藏为代表。储层发育于 T_1f^1～T_1f^2 段，纵向上出现上、下两套孔隙云岩储层，其间有数十米厚的膏质岩类分隔而互不连通，储层累积厚度较大。在地震剖面上，储层响应为 T_1f^3 顶下 60～110ms 之间双轴“亮点”特征，它们分别与上、下两套储层对应。在速度反演剖面上，T_1f^3 顶下 60～110ms 之间两套低速夹层展布与对应井段储层声测曲线吻合。

铁山坡型储层分布于研究区东北部台地边缘的铁山坡、柏林湾、大湾及普光构造上，推测孔隙度变化范围为 8%～16%。

铁山坡型储层是研究区东北部台缘鲕滩、坝储层的主要类型，也是宣汉-达县地区飞仙关组储层勘探主要目标区。

2.3 毛坝类型储层地震响应特征

毛坝型储层是区内鲕滩储层的特有类型。通过地质建模分析，发现该区主体为长兴-飞仙关早期的深水型沉积。飞仙关组沉积厚度达 600～700m，甚至更厚；T_1f^3 顶-阳顶相对时差达 310ms。在毛坝构造中南部一带的多条测线上，T_1f^3 顶下 40ms 左右发现与 T_1f^3 段鲕滩储层类似的典型“亮点”反射。在波阻抗剖面上发现明显的低阻抗层；在速度反演剖面上，对应出现与孔隙性储层等值的低速夹层出现在高速（>6000m/s）背景中，与鲕滩储层识别模式吻合。在区域地质背景上，该构造区属深水区，在地史上萎缩-消亡过程中的 T_1f^3 中晚期局部台地化的产物。鲕滩储层厚度 20～50m，推测孔隙度 4%～12%，分布于毛坝岩性-构造复合圈闭。

3 结束语

储层横向预测是一门综合技术，必须综合各方面的资料进行区域沉积相研究，划分出有利的储集相带，建立储层地质模型；在此基础上以测井资料为纽带，建立储层地震响应模式，在地质研究确定的有利储集相带内，利用多种地震信息进行储层预测描述，从而有效地避免地震预测的多解性。

参 考 文 献

[1] 王一刚，刘划一，文应初，等．川东北飞仙关组鲕滩储层分布规律、勘探方法与远景预测[J]．天然气工业，2002，22(S1)：14-19.

[2] 杨雨，文应初．川东北开江-梁平海槽发育对 T_1f 鲕粒岩分布的控制[J]．天然气工业，2002，22(S1)：30-32.

[3] 巫盛洪，李志荣，龙资强，等．沿层地震属性分析在川东北储层研究中的应用[J]．物探化探计算技术，2003，25(3)：201-206.

[4] 唐向蓉，贺振华，黄德济．裂缝储集层模糊综合评价方法[J]．物探化探计算技术，2004，26(3)：215-219.

[5] 孙磊，孙龙德．井间储层属性参数预测方法研究[J]．物探化探计算技术，2004，26(4)：316-319.

[6] 张益明，张文，范廷恩．多种地震属性分析技术在 LD2021 构造区储层预测和含气性检测中的应用[J]．中国海上油气，2005，17(3)：167-170.

[7] 洪余刚，陈景山，成世琦，等．瞬时振幅相干法在储层预测中的应用[J]．西南石油学院学报，2005，27(2)：25-28.

[8] 王兴志，张帆，马青，等．四川盆地东部晚二叠世-早三叠世飞仙关期礁、滩特征与海平面变化[J]．沉积学报，2002，20(2)：249-254.

[9] Russell B , Ha mpson D . Multiattribute seismic analysis [J] . The Leading Edge , 1997, 16 (10): 1439-1443.

川东北地区礁滩相储层预测技术与应用

敬朋贵[1,2]

（1. 成都理工大学能源学院，四川成都 610059；2. 中国石油化工股份有限公司南方勘探开发分公司研究院，云南昆明 650200）

摘要：随着地质认识的深入和勘探思路的转变，川东北地区在原来认为是勘探不利区的海槽相区，相继发现了飞仙关组鲕滩孔隙型气藏、长兴组礁滩孔隙型气藏，探明了普光特大型气田。钻探表明，川东北地区长兴-飞仙关组气藏多为构造-岩性复合型气藏，加强储层预测研究是取得勘探成功的关键。为此，在达县-宣汉地区利用高分辨率三维地震资料，采用古地貌分析，地震相分析和多属性分析技术进行了礁滩相储层展布预测；应用地震波阻抗反演方法、岩性反演方法对礁滩相储层孔隙度、有效厚度进行了定量预测。在长兴组和飞仙关组预测储层发育区，毛坝 3 井、普光 5 井、普光 6 井均钻获长兴组礁滩相优质储层，完井测试获高产天然气流；大湾 1 井、大湾 2 井钻获飞仙关鲕滩优质储层：预测结果与钻探结果吻合。将以上方法技术应用于通南巴构造带和元坝地区，预测元坝地区可能发育大规模的礁滩相储层，是勘探有利区。

关键词：鲕滩　生物礁　地震属性　地震反演　储层预测

川东北地区油气地质勘查始于 20 世纪 50 年代。到 20 世纪末，区内主要构造带均已被钻探，发现了一些规模有限的中小型天然气藏，如渡口河、铁山坡等。根据地质研究取得的认识以及钻井揭示的川东北地区飞仙关组鲕滩储层和生物礁分布的结果，认为川东达县-宣汉及通南巴的大部分地区均位于开江-梁平海槽区内，属于油气勘探的不利指向区[1]。该区域内以寻找构造圈闭为主的勘探已陷入停滞状态，除了对飞仙关组鲕滩储层有一定的认识外[2-4]，对长兴组生物礁的认识很少——钻探表明它是可遇而不可求的。

2000 年以来，随着地质认识的深入和勘探思路的转变，南方勘探开发分公司将达县-宣汉地区天然气勘探的主要对象由构造气藏转变为构造-岩性复合气藏，实施了高分辨率二维勘探和大面积、高覆盖、宽方位三维地震采集，获得了质量较高的地震资料，在此基础上进行了长兴组和飞仙关组地层的沉积相研究和储层预测。经过整体评价和部署，在原来认为是勘探不利区的海槽相区，相继发现了飞仙关组鲕滩孔隙型气藏、长兴组礁滩孔隙型气藏，探明了迄今为止四川盆地埋深最大、储量最大、丰度最高的普光特大型气田。

研究和实钻表明，海相碳酸盐岩储层展布规律研究和储层预测的成功与否是决定勘探成败的重要因素。储层预测思路的不断完善和预测技术的不断进步，是碳酸盐岩储层展布

石油物探，2007，46(4)：363-369

规律研究和储层预测成功的关键。我们在达县-宣汉高分辨率三维地震勘探的基础上，针对川东北地区海相碳酸盐岩鲕滩储层的非规则、非均质特征，开展了礁滩储层的地震预测研究。

1 区域地质概况[5]

川东北地区位于川东弧形褶皱带的东北倾伏端，构造整体呈北东东向延伸，北侧为大巴山弧形褶皱带，西侧以华蓥山断裂为界与川中平缓褶皱带相接。该区经历了燕山期及早、晚喜山期构造运动，主要发育有北北东、北西向构造，主要特点是褶皱强烈，断裂发育。纵向上以嘉陵江组上部至雷口坡组下部膏盐岩为最主要的滑脱层，志留系页岩为次要滑脱层，发育有3套脆性变形层、3套塑性变形层，形成上、中、下3个构造变形层，具有不协调变形的特点。其中，下三叠统至石炭系的中部变形层是本区最主要的勘探层系。

达县-宣汉地区位于开江和泸州两个古隆起带的斜坡和边缘，是加里东、印支和燕山早期成藏事件的运移指向区，有着与油气成藏匹配的众多构造圈闭，具备形成大中型气田的地质条件。纵向上发育多套海相地层/储层，自下而上有：①石炭系黄龙组，岩性以潮间白云岩为主夹灰岩，顶部遭受剥蚀，溶蚀孔洞及裂缝相当发育，是川东地区的主要储层，但在本区分布范围小，厚度也较小；②长兴组，储层主要为发育在长兴组上部的礁盖白云岩，厚度30~160m，是本区主力储层；③飞仙关组，储层以溶孔白云岩为主，厚度最大超过330m，也是本区主力储层。

2 达县-宣汉地区储层预测

2.1 区内勘探概况及储层特征

达县-宣汉区块位于四川省宣汉县及达川市，构造上位于四川盆地川东高陡构造带与川中隆起带北东端交界处，勘探面积1116km^2。到2005年底，累计完成二维数字地震测线118条，总长2581km，三维地震满覆盖面积1290km^2。2003年实施大面积，高覆盖、宽方位三维地震采集，获得了高质量的地震资料，构造和断裂展布基本落实清楚，区内发育有下三叠统飞仙关组鲕滩孔隙型储层、上二叠统长兴组生物礁储层，最大厚度分别达330m和160m，储层分布明显受古沉积环境控制。

2.2 储层预测思路[6]

首先，以储层岩石物性参数分析为基础，在储层的地质构造、沉积相、发育模式研究指导下，建立储层地质-地球物理模型；然后，通过地球物理正演模拟，确定储层的地震响应特征与识别标志；最后，借助地震资料的精细地质解释、地震沉积相分析和测井约束地震反演，实现深层碳酸盐岩储层的预测与描述。具体思路如图1所示。

2.3 储层地球物理响应模式

本区礁滩储层孔隙发育，储层的岩性、电性和地球物理响应特征与围岩差异明显。电性上主要表现为低伽马、低密度和高中子孔隙度，地震剖面上飞仙关组鲕滩储层表现为低频、低速、低波阻抗、强振幅、低连续性的“亮点”反射特征，长兴组储层则表现出低频、弱振幅、杂乱或透镜状结构的反射特征(图2)。图3是根据钻井揭示的储层组合关系构建的地质模型及其正演结果。

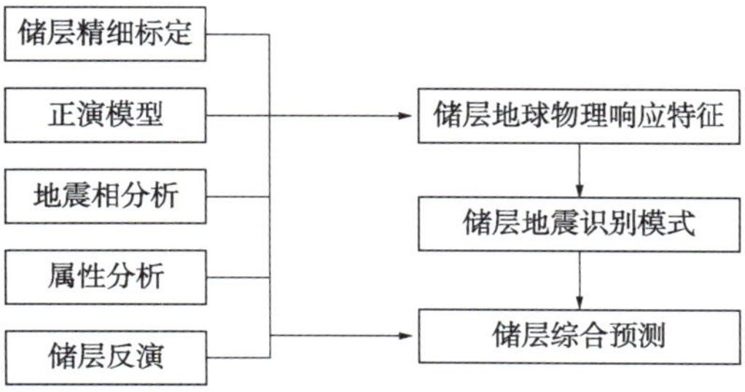

图 1 储层预测思路

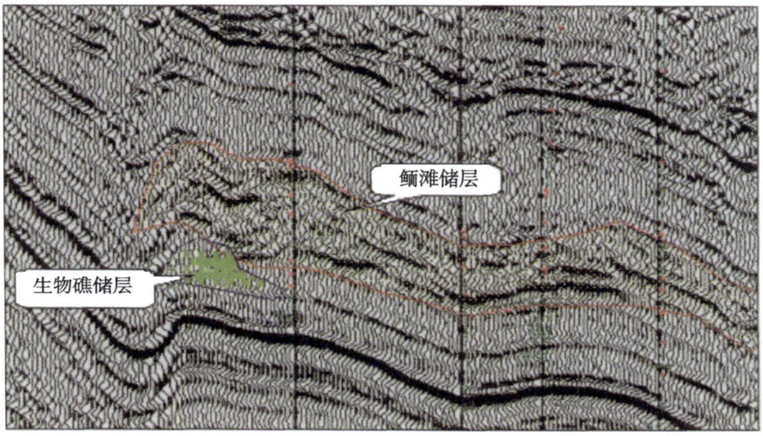

图 2 长兴组、飞仙关组储层地震反射特征

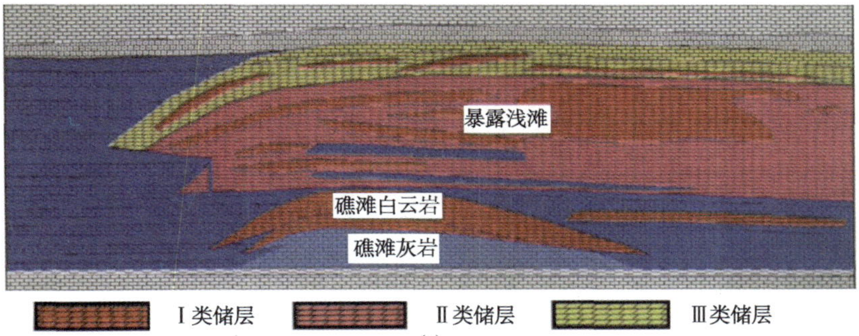

(a)

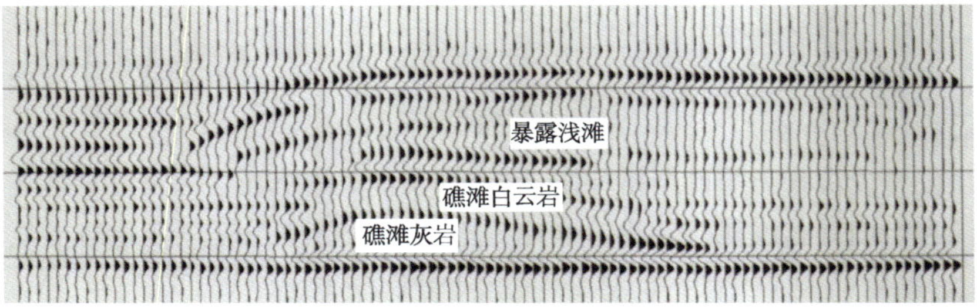

(b)

图 3 鲕滩和生物礁地质模型(a)与正演结果(b)

2.4 储层地震识别模式

根据模型正演研究结果，结合地震反射特征(地震相)分析，将本区长兴-飞仙关组礁滩储层划分为5种地震响应模式：

(1) 普光型飞仙关组鲕滩储层，如图4(a)所示。普光型飞仙关组储层在地震剖面上呈多轴、低频、低速、中强(变)振幅、差连续性、杂乱或透镜状结构反射特征，主要分布在普光构造和老君构造一带。

(2) 大湾型飞仙关组鲕滩储层，如图4(b)所示。地震剖面上该类型储层呈现双轴、低频、低速、强振幅、亚平行结构的典型"亮点"反射特征，主要分布在大湾构造相变线以北地区。

(3) 毛坝型飞仙关组鲕滩储层，如图4(c)所示。该储层在剖面上呈三轴、强振幅、中等频率、中好连续性、平行结构的"亮点"反射特征，主要分布在毛坝构造北部地区。

(4) 毛坝型长兴组生物礁储层，如图5(a)所示。毛坝型长兴组生物礁分散分布在毛坝构造中部至分水岭构造一带的碳酸盐岩缓坡相区，礁体顶、底为强振幅，内部为低频、弱振幅、杂乱或透镜状结构反射特征，规模一般在3~5km^2，储层厚度30~100m。

(5) 普光型长兴组生物礁储层，如图5(b)所示。普光型长兴组生物礁密集分布于老君构造、普光构造南部、大湾构造南部相变线附近的台地边缘古斜坡的陡缓转折带，储层纵向上主要发育在长兴组顶部的礁盖。在地震剖面上，储层整体呈顶部强振幅，内部低频、弱振幅、杂乱或透镜状结构反射特征。

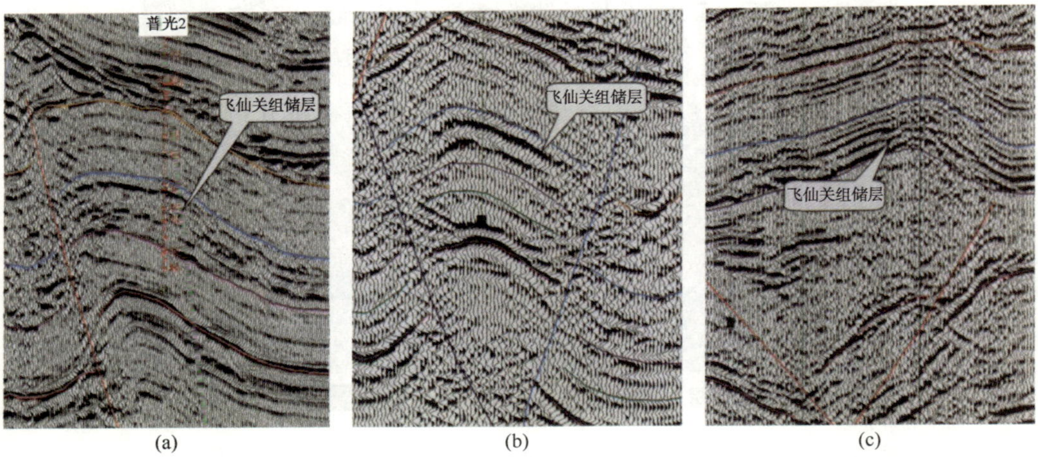

图4 普光型(a)、大湾型(b)和毛坝型(c)飞仙关组鲕滩储层地震响应模式

2.5 地震沉积相分析

本区储层发育受沉积相带的严格控制，长兴-飞仙关组优质白云岩储层主要发育在台地边缘暴露浅滩和台内暴露浅滩等相带。利用地震资料分析地质沉积变化对储层预测研究至关重要。

2.5.1 古地貌分析

古地貌恢复对储层的预测和识别有明显的指导作用，尤其对于川东北海相碳酸盐岩储层，一旦能够较明确地恢复出原始沉积格局，就可以循着古地貌单元寻找有效储层。古地

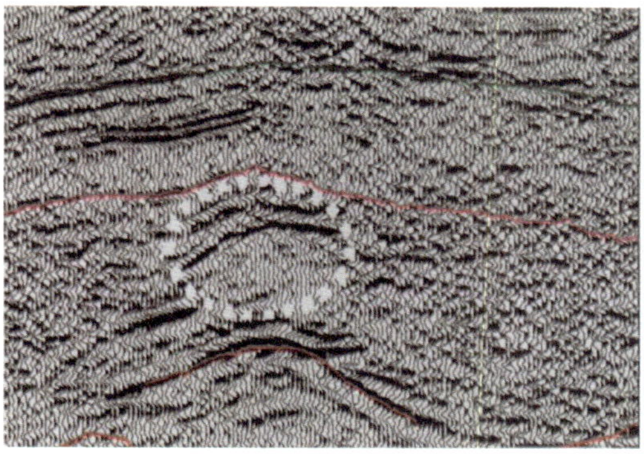

(a)

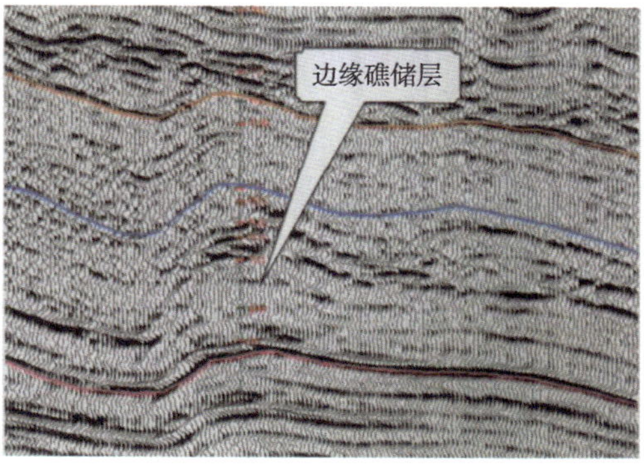

(b)

图 5 毛坝型长兴组礁滩(a)和普光型边缘礁(b)储层地震响应模式

貌恢复采用层拉平技术，通过拉平嘉陵江组地震反射层，可以看出飞仙关组沉积时期地势存在高低起伏变化(图 6)。普光构造、老君构造、毛坝构造北一带处于高地势区，主要是台地边缘沉积，是发育鲕滩储层的主要部位；南部的付家山构造、毛坝构造南、东岳寨构造、清溪场构造一带处于低地势区，为陆棚相沉积，其间有一个十分明显的地势斜坡。

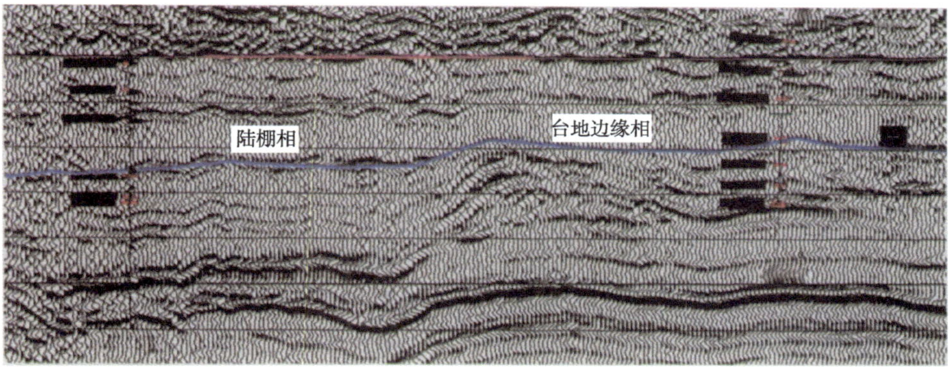

图 6 飞仙关组沉积时期古地势

2.5.2 频谱成像分析

频谱成像技术主要依据薄层反射的调谐原理，即利用分频处理技术把地震数据变换到频率域，产生具有单一频率的一系列地震能量属性和相位属性；利用一系列振幅谱来描绘地层的时间厚度变化；利用相位谱来显示地质体的横向不连续性。因此，该技术可用于描述沉积相和沉积环境，检测储层的分布特征。

图 7 是利用频谱成像技术生成的达县-宣汉地区飞仙关组振幅谱平面分布图，该图清楚地反映了达县-宣汉地区北部沉积相变化特征，相变线刻画清晰。相变线以北为强振幅特征，代表了储层发育的台地边缘相带；相变线以南表现出明显的弱振幅特征，代表了陆棚相沉积环境，孔隙性储层不发育。

2.5.3 地震属性分析[7]

针对研究区的实际情况，主要分析了地震波的速度、振幅、相位、频率等参数的变化幅度、范围。在准确的储层标定基础上，选取代表目标储层的时窗段，依据储层的地震响

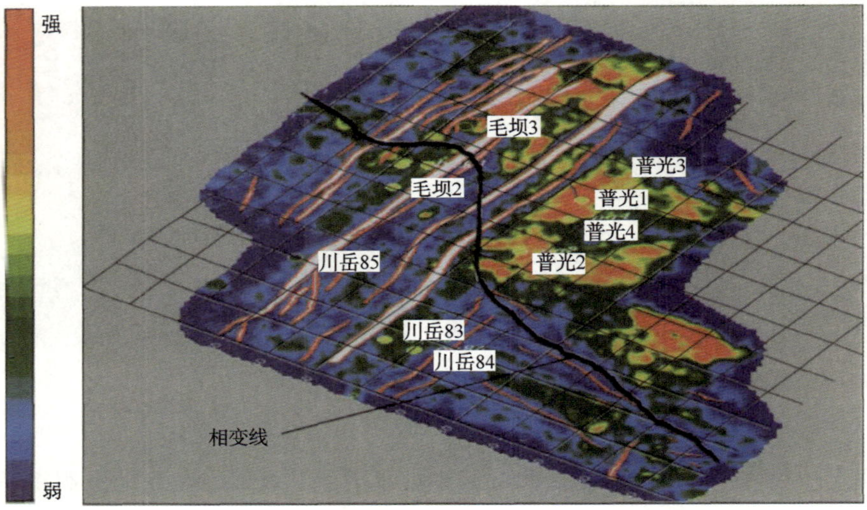

图 7　达县–宜汉地区飞仙关组 25Hz 振幅谱分布

应特征，提取分析不同的属性，找出对区内孔渗性鲕滩有异常反映的属性类型，开展储层横向预测。

根据鲕滩储层的地震响应特征[8,9]，由速度差形成的以振幅为代表的能量类参数可以有效地区分鲕粒白云岩储层与围岩，在平面上可以清晰地划分出储层相带发育的边界。在振幅、频率和相位属性平面图上，鲕滩储层的相变带都有较明显的反映，由此可以确定鲕滩储层的分布范围。

2.6　地震反演

在储层岩石物性、电性和地震响应特征分析的基础上，通过多种反演手段的测试对比，总结出“三步”法地震反演方法，并用该方法对本地区碳酸盐岩储层进行精细描述及评价。第一步是，利用声波和密度资料进行地质建模和约束稀疏脉冲反演，获得绝对波阻抗数据和层速度数据体，进而以波阻抗数据体为约束，通过随机反演求取伽马反演和密度反演数据体；第二步是，设定合理的伽马和密度门槛值，利用伽马数据体和密度数据体对波阻抗和层速度数据体进行滤波，将泥岩和膏岩去除，得到可以反映储层纯孔隙的波阻抗和层速度数据体，进行储层精细解释；第三步是，利用纯储层的波阻抗数据体和岩芯孔隙度作交会分析，获得孔隙度与波阻抗的关系式，并进行储层参数反演，求取储层的孔隙度。

2.6.1　波阻抗反演

图 8 为过东岳寨构造和普光构造的北东向联井波阻抗反演剖面。总体上飞仙关组Ⅰ类、Ⅰ类储层波阻抗值较低，在 $1.3\times10^4 \sim 1.5\times10^4 (g/cm^3)\cdot(m/s)$，Ⅲ类储层波阻抗值稍高，在 $1.50\times10^4 \sim 1.70\times10^4 (g/cm^3)\cdot(m/s)$；长兴组储层波阻抗值在 $1.65\times10^4 \sim 1.75\times10^4 (g/cm^3)\cdot(m/s)$。

反演结果表明，鲕滩储层发育区低阻抗特征明显，阻抗值比非鲕滩相区低；鲕滩储层发育段整体表现为高阻抗和低阻抗相间的特征，由于储层是多层叠置，厚度大，其低阻抗之间的高阻抗特征明显。利用波阻抗的这一特征，基本上可以对鲕滩储层的分布进行预测。

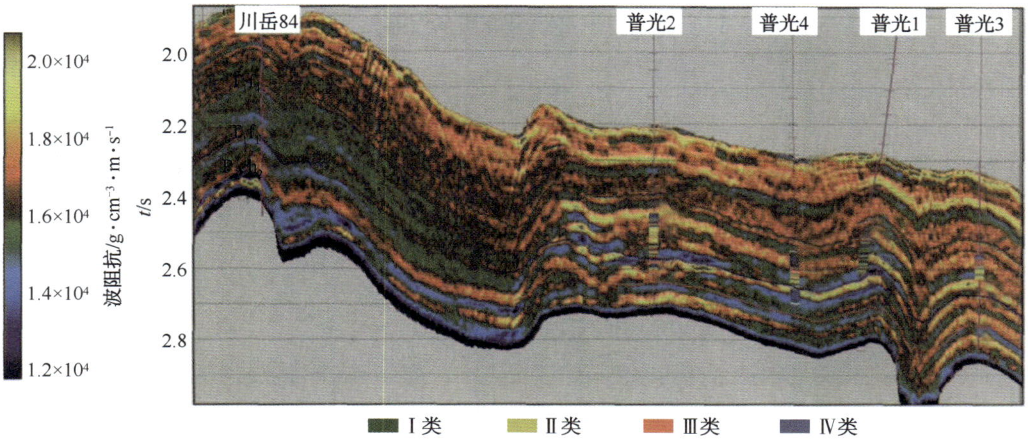

图 8 联井波阻抗反演剖面

2.6.2 岩性反演

测井曲线分析表明，研究区自然伽马曲线对储层较敏感，基本上能反映鲕滩储层的发育情况。据统计，三维区内 7 口井的飞仙关组自然伽马值主要分布在 10~40API。普光 2 井飞仙关组至长兴组波阻抗与自然伽马交会分析表明，非储层段自然伽马值一般大于 20API，储层段自然伽马值在 9~18API。因此，利用地质统计和随机模拟反演方法进行自然伽马参数反演，得到伽马数据体，可以进行储层预测。

图 9 和图 10 分别为过普光 6 井、普光 2 井、普光 4 井、普光 1 井、普光 3 井的联井自然伽马和密度随机反演剖面，剖面上低自然伽马、低密度的异常值分布清楚地反映了长兴组、飞仙关组储层的横向非均质特征。普光 6 井、普光 2 井、普光 4 井、普光 1 井飞仙关组发育巨厚溶孔白云岩储层，自然伽马值小于 20API，密度值在 2.58~2.65g/cm^3，表现出明显的低自然伽马、低密度特征；普光 3 井飞仙关一段储层不发育，表现出相对高自然伽马和高密度特征。普光 6 井、普光 2 井长兴组发育了厚层生物礁盖白云岩储层，也表现为明显的低自然伽马、低密度特征，而普光 4 井以北到普光 3 井一带长兴组为开阔台地沉积，孔隙性储层不发育，自然伽马值大于 25API，密度值高于 2.7g/cm^3，明显比南部的普光 6 井高。因此，利用自然伽马和密度的随机反演数据能够准确区分储层与非储层，较好地刻画储层的纵横向变化特征。

2.6.3 孔隙度预测

通过测井孔隙度与自然伽马进行交会分析，建立自然伽马与孔隙度的关系式；以自然伽马为软约束条件，对孔隙度进行随机模拟反演。按照川东北普遍采用的标准，孔隙度小于 2.5%为非储层，孔隙度在 2.5%~6%为Ⅲ类储层，孔隙度 6%~12%为Ⅱ类储层，孔隙度大于 12%为Ⅰ类储层。

图 11 为利用伽马数据和密度数据进行约束，去除泥岩和膏岩后的波阻抗联井剖面，剖面上反映储层的低阻抗异常更为清楚，储层的横向非均质特征十分明显。用去除泥岩和膏岩影响后的波阻抗数据与岩芯孔隙度作交会分析，可以求得储层段更准确的孔隙度与波阻抗的相关关系式，用于孔隙度反演。

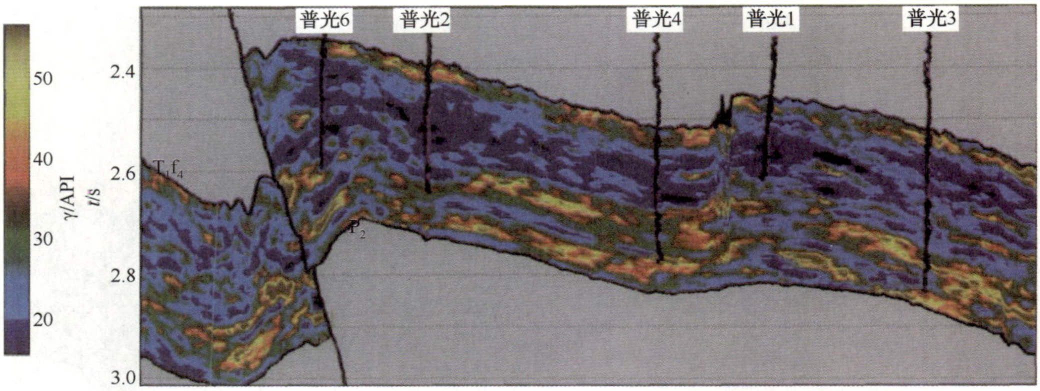

图 9　联井自然伽马反演剖面

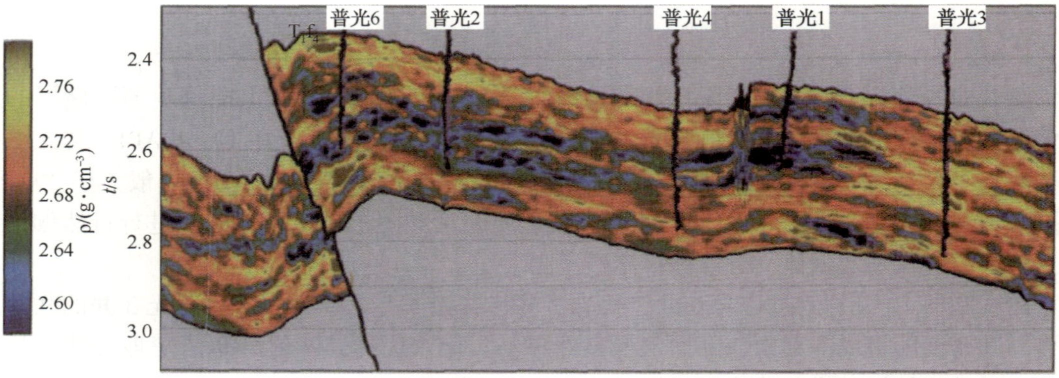

图 10　联井密度反演剖面

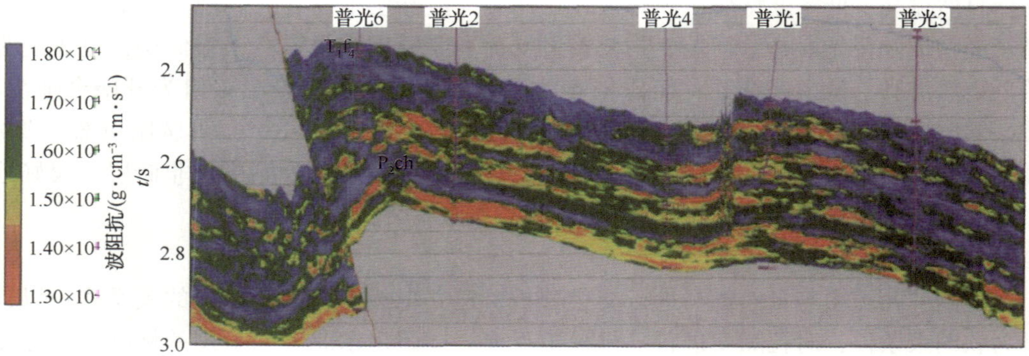

图 11　去除泥岩和膏岩后的波阻抗剖面

2.6.4　储层厚度预测

取大于 2.5%的孔隙度作为有效孔隙度临界值，在层间统计大于该临界值的累计厚度，得到储层厚度分布预测结果。

2.7 储层预测效果分析

研究表明，本区长兴组生物礁储层主要分布在老君构造、普光构造南部、大湾南部、毛坝中部、分水岭北部一带相变线以北的台地边缘狭长地区，呈北东向展布。飞仙关组储层分布特征与长兴组相似，但分布范围明显扩大，储层厚度也比长兴组大得多，有利储层主要分布在普光构造、老君构造、大湾构造中北部及毛坝构造北部。

实钻结果表明，在长兴-飞仙关组预测储层发育区，毛坝3井、普光5井、普光6井均钻遇长兴组生物礁优质储层，完井测试获高产天然气流；大湾1井、大湾2井钻遇飞仙关鲕滩孔隙性优质储层。实钻与预测结果吻合很好。

3 推广应用

利用达县-宣汉地区的储层预测方法技术对通南巴构造带和构造低部位的元坝地区进行了储层预测研究，结果表明，在通南巴构造带的东北部马路背至黑池梁一带，可能发育有较好的礁滩储层，元坝地区可能发育有大面积的鲕滩和生物礁储层。图12是川东北元坝至通南巴地区的拼接区域大剖面，以及通过层拉平技术进行沉积相分析的结果，结合达县-宣汉地区建立的地震识别模式，预测元坝地区可能发育有大规模的礁滩储层，是勘探有利区。

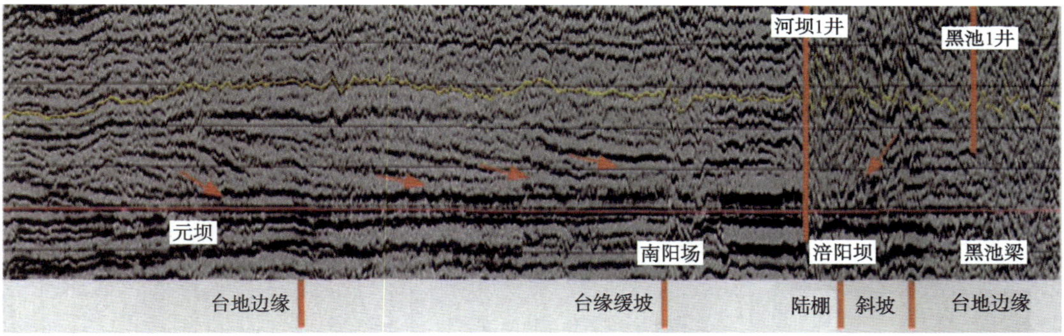

图12 元坝—通南巴地区拼接大剖面

4 结束语

(1) 通过模型正演和地震相分析建立储层地震识别模式，能够直观有效地预测川东北飞仙关组鲕滩储层和长兴组生物礁储层。

(2) 通过地震多属性分析、频谱成像分析和古地貌恢复技术，实现物探与地质研究相结合，能够有效预测储层的有利发育区及其分布，进而达到研究沉积相变化规律的目的。

(3) 本文提出的“三步”法地震反演技术可以为储量计算提供有意义的基础参数，是研究和评价川东北飞仙关组储层的重要技术。

参 考 文 献

[1] 李岩峰，刘殊，曾晓．川东飞仙关组鲕滩储层地震响应特征及预测[J]．石油物探，2005.44(3)：236-239.

[2] 吴大奎，陈晓超．利用地震资料对川东地区飞仙关鲕滩储层孔隙度的预测研究及效果分析[J]．天然气

工业，2001，21(3)，34-36.

[3] 杨雨，张静．川东下三叠统飞仙关组鲕滩分布及其天然气勘探前景[J]．成都理工学院学报，2001，27(增)：147-150.

[4] 元军，尹兵祥，徐筱兵，等．四川盆地铁山坡地区飞仙关组鲕滩储层地震预测[J]．石油物探，2005. 44(6)：617-620.

[5] 王一刚，张静，杨雨，等．四川盆地东部上二叠统长兴组生物礁气藏形成机理[J]．海相油气地质，2000，5(2)：145-152.

[6] 彭勇，肖姹莉．四川开江黄龙场、渡口河地区地震储层预测研究[J]．天然气勘探与开发，2001，24(1)；1-8.

[7] 蒲勇，陈祖庆，田江．地震属性技术在碳酸盐岩鲕滩储层预测中的应用[J]．石油物探，2004，43(增刊)：62-66.

[8] 王罗兴，谢芳．川东北飞仙关组鲕滩气藏地震响应特征及勘探展望[J]．天然气工业，2000，20(5)：26-28.

[9] 刘殊，郭旭升，马宗晋，等．礁滩相地震响应特征和油气勘探远景[J]．石油物探，2006，45(5)：452-458.

元坝地区深层礁滩储层多尺度地震识别技术

蒲　勇

(中国石化勘探南方分公司)

摘要： 川东北地区礁滩储层埋深大，空间展布复杂多变，因针对深层复杂礁滩储层的地震预测技术还不够完善，一直制约着该区的勘探发展。为此，以川东北元坝地区长兴组礁滩储层为研究对象，对礁滩储层预测技术进行了探索和总结，形成一套以礁滩储层数值模拟技术、小波多尺度边缘检测技术、基于波形复杂程度的储层检测技术、礁滩复合体空间分布预测技术、地震属性分析技术、地震相分析及沉积相解释技术、低频伴影技术以及"相控法"精细储层描述技术等为核心的多尺度地震识别方法，并在元坝地区获得了良好的应用效果，落实了元坝地区长兴组台缘礁滩复合体、礁后浅滩、礁间滩、台内滩4种类型7个勘探目标，已完钻的井均钻遇白云岩储层，并均获得工业气流，表明该技术方法具有推广应用的价值。

关键词： 四川盆地东北部　元坝地区　碳酸盐岩　生物礁滩　储集层　晚二叠世　地震勘探　预测

四川盆地元坝地区上二叠统长兴组生物礁滩岩性气藏是在一定的古构造高背景上、受台地边缘控制、总体呈北西—南东向展布的台地边缘生物礁滩气藏[1-2]，储层岩性以生屑云岩为主，生屑灰岩次之，物性较好，纵向上具有早滩、晚礁，平面上有前礁、后滩的分布特征[3]。钻井揭示，礁滩储层埋藏深度平均达7000m；礁盖储层单层最厚达23m，平均为4.2m，生屑滩储层单层最厚达10m，平均为3.9m，较薄；储层段地震资料主频在20Hz左右，且反射弱，信噪比较低。针对礁滩储层的识别与预测虽然取得了一定进展[4]，但面对超深层复杂礁滩储层的预测问题，困难依然很大。

1　数值模拟与地震响应特征分析

1.1　生物礁模型的数值模拟

图1是对过生物礁反射外形特征的地震数值模拟。图1(b)是根据图1(a)解释层位建立的速度模型，为了类比实际的生物礁埋藏深的特点，将模型的初始延拓深度设定为4000m；图1(c)是得到的正演记录，由于生物礁埋藏较深，在该图上生物礁的隆起特征不明显，此外，不规则点的绕射波较发育，而且绕射弧度大；图1(d)是采用正确的速度模型对图1(c)进行偏移计算得到的模拟记录，从图1(d)中可以清楚地看到生物礁的杏仁状隆起的反射特征。

采用相同的方法，对29个不同的生物礁模型进行了地震响应的数值模拟，综合多个模

天然气工业，2011，31(10)：27-31

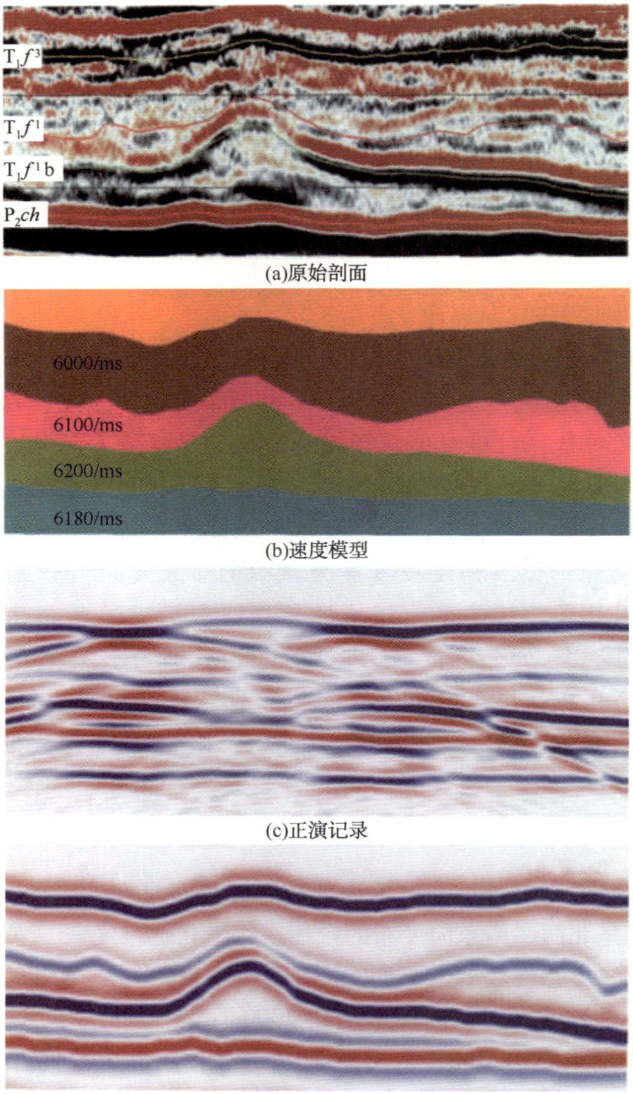

(a)原始剖面 (b)速度模型 (c)正演记录 (d)模拟剖面

图 1 生物礁反射外形特征的数值模拟图

型的数值模拟结果可以将生物礁在时间剖面上的特征归纳为以下 3 项：①外形上，呈丘状或杏仁状隆起，两翼对称或非对称；②由于礁体内部充填物性的差异，生物礁顶部的反射有时呈强反射，有时也呈弱反射，生物礁内部多杂乱反射，隐约成层，反射有时强，有时弱；③由于长兴组总体上处于海侵期，与生物礁岩隆伴随的披覆、上超现象明显。通过上述特征的数值模拟，为生物礁的地震识别提供了理论依据。

1.2 生物礁、滩储层及礁滩复合体地震响应的数值模拟

元坝地区的礁、滩储层为主力气层之一，其中台内滩、台地边缘滩和前积体滩为重要的类型。结合生物礁、滩储层的地震剖面特征，进行了多个礁、滩储层的正演模拟，得到几点认识：①礁、滩储层由于与围岩的物性差异较大，即与围岩的波阻抗差异加大，其在地震剖面上往往形成较强的地震反射，呈“亮点”特征；②随着礁、滩储层物性变好，即随孔隙度增加，地震反射振幅逐渐增强；③由于浅滩储层的厚度有时很薄，同一滩体在不同部位的厚度差异大，因此在滩体内部可能会因为调谐而造成内部呈杂乱或呈短段中弱反射。

1.3 生物礁的地震剖面特征

依据生物礁滩数值模拟结果，分析具有生物礁滩反射特征的地震剖面表明，生物礁滩在地震剖面上的形态呈丘状凸起，主要表现为低频、弱振幅、丘状杂乱反射特征，礁底有强反射中断，两端有上超现象，礁前斜坡比礁后斜坡为陡，礁盖反射呈亮点现象。

2 边缘检测技术及生物礁边界刻画

常规的边缘检测算法若采用小尺度的边缘检测算子，对生物礁位置定位比较精确，但信噪比较低；若采用大尺度的边缘检测算子，对噪声压制比较好，但位置相对模糊。采用小波域尺度积算法的边缘检测方法[5]可以准确地描述生物礁的边界。

基于特征值计算的第三代相干数据体技术，利用相邻地震信号的相似性来描述地层和岩性的横向不均匀性，也可较准确地检测出生物礁发育的边界及分布范围。

3 地震层位精细对比及礁滩复合体空间分布预测

生物礁异常体的外部界面粗糙，内部反射杂乱，缺少连续追踪的地震反射同相轴，地震层位识别陷阱多，但生物礁在沉积上有独特的形成和演化规律，有比较明显的岩隆反射特征，这是识别生物礁异常体的关键[6]。一方面，通过井震分析，结合数字模拟技术得到的生物礁、滩的地震响应特征，在实际地震记录上进行识别；另一方面，借助相位剖面进行对比识别，相位受能量影响较小，因此在振幅弱的地方可能上下层的相位差异仍然比较明显。

在精细层位对比解释的基础上，基于古地貌恢复的生物礁滩三维成图，便可绘制出礁滩复合体的空间分布图。图2为根据三维地震资料绘制的飞仙关组沉积前古地貌展布图，反映了长兴组生物礁的空间展布，早期在台地内形成了滩相沉积，随着长兴期生物礁快速生长和加积，在台地边缘形成生物礁滩复合带。礁滩复合体空间分布图确定后，相应的沉积相带也可解释出来，图中可明显地划分出陆棚、斜坡、台地边缘礁、台内滩、开阔台地等相带。

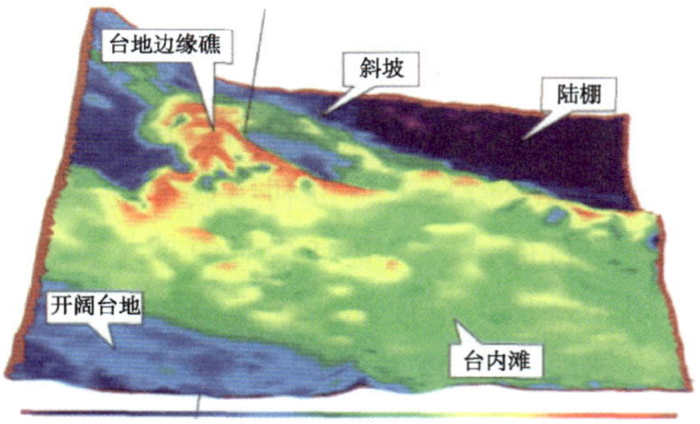

图2 礁滩复合体的空间分布预测图

4 地震波形分类技术及沉积相解释

由于生物礁具有与围岩不同的特殊结构，因此，识别的主要标志体现在其外部反射结构、内部反射特征和波形的差异方面。利用生物礁的结构和波形与围岩的差异，可以依据长兴组顶、底界以及内部波形特征开展地震相分析，结合钻井进行沉积微相划分，圈定生物礁、滩分布的平面展布特征。

在元坝地区基于地震波形分类及沉积相解释结果表明，在吴家坪组碳酸盐岩缓坡台地的基础上，长兴组礁滩复合相带发育早期成滩和晚期成礁旋回，早期生屑滩发育，晚期为礁盖白云岩发育期，形成上下两套储层，且礁、滩储层具有叠置连片的特征。

陆棚相具强振幅、高连续及平行地震相；台地边缘斜坡相具中弱振幅、亚平行及斜交前积地震相；台地边缘礁滩相总体具中弱振幅及亚平行地震相，内部发育弱振幅、杂乱及丘状地震相，为礁滩相的典型特征；开阔台地相以中振幅、中连续及亚平行相为特征。

5 地层切片技术及多期次礁滩演化分析

由于生物礁、滩发育在纵向上具有多期次和迁移性，在横向上具有加积和叠置连片性，单个的礁体或滩体受地震分辨率的限制难以进行刻画。选用反映礁滩发育敏感的地震属性进行地层切片分析可以对不同期次的礁滩演化规律及其分布特征进行分析。

图 3 是在长兴期层序格架划分基础上，对两个Ⅲ级层序中控制储层发育的体系域进行地震属性的等时地层切片，能较好地反映了长兴组礁、滩体的发育和演化规律。长一段下部为海侵体系域(SQ1-TST)，B1 井及以西地区为开阔台地相沉积，B1 井以东相变为台地边缘斜坡—陆棚沉积，储层不发育。长一段上部为高位体系域(SQ1-HST)，B5 井西南地区为台地边缘浅滩相沉积，浅滩相储层发育；B1 井以东相变为台地边缘斜坡—陆棚沉积，地层薄，储层不发育。长二段下部为海侵体系域(SQ2-TST)，B5 井以西南地区为开阔台地相沉积，局部地势较高部位(如 B101 井)发育生屑白云岩储层；B1、B5 井以东地区相变为台地边缘斜坡—陆棚沉积，储层不发育。长二段上部为高位体系域(SQ2-HST)，B5、B1 井以西南地区为台地边缘礁滩沉积，储层发育，物性好、厚度大、分布广；B1、B5 井以东地区相变为台地边缘斜坡—陆棚沉积，储层不发育。因此，长兴组的储层明显受到沉积体系域的控制，主要发育在高位体系域内的台地边缘礁滩相中，并且表现为早期以滩相沉积为主，晚期以礁相沉积为主，平面上具有前礁后滩的特点。

6 波形复杂程度及储层非均质性刻画

受生物礁、滩发育的影响，其礁滩储层的发育存在非均质性和复杂性。在储层发育带，地震波波形变得复杂，可利用表征复杂程度的特征量进行储层检测[7]。关联维和近似熵正是这样的特征量。关联维绝对值越小，表明波形越复杂，熵越大，不确定性越强。

图 4 是长兴组顶部关联维分析结果。实钻的 B102 井和 B103h 井在长兴组上部钻遇礁盖白云岩储层，B102 井测试获工业气流，不含水，而 B103h 井出水，且海拔位置比 B102 井还高，证明这 2 口井分属不同的气藏，储层预测及反演结果难以进行区分，而基于波形复杂程度的关联维分析表明二者之间存在变化且互不连通。因此可以利用反映波形复杂程度的属性来刻画储层的非均质性和复杂性，但无法区分礁和滩。

7 低频伴影技术及含气储层识别

地震低频伴影是指油气藏正下方的地震低频强反射能量，地震低频伴影作为油气层识别的一个重要标志，地震波穿过具有较强吸收衰减作用的油气层时，波的低频能量相对衰减小，高频能量衰减较强烈。这是对地震低频伴影的物理、地质机理的一种合理的解释或猜测。Korneev 等人利用弥散—黏滞型波动方程成功模拟了地震信号的低频效应[8]。贺振华等在弥散—黏滞型波动方程的基础上实现了地震低频伴影的模拟[9]，说明油气储层对地震信号时频谱中高频成分的较强吸收衰减是产生低频伴影的主要原因。

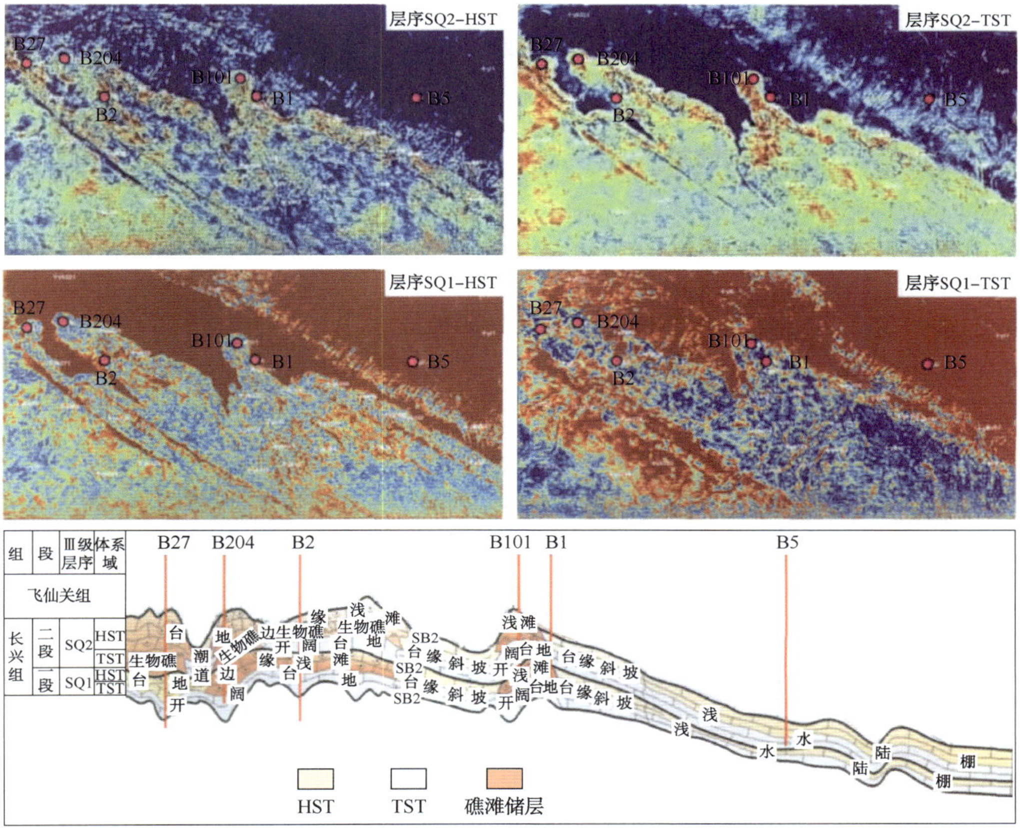

图 3 长兴组层序格架剖面及不同体系域的地震属性等时地层切片图

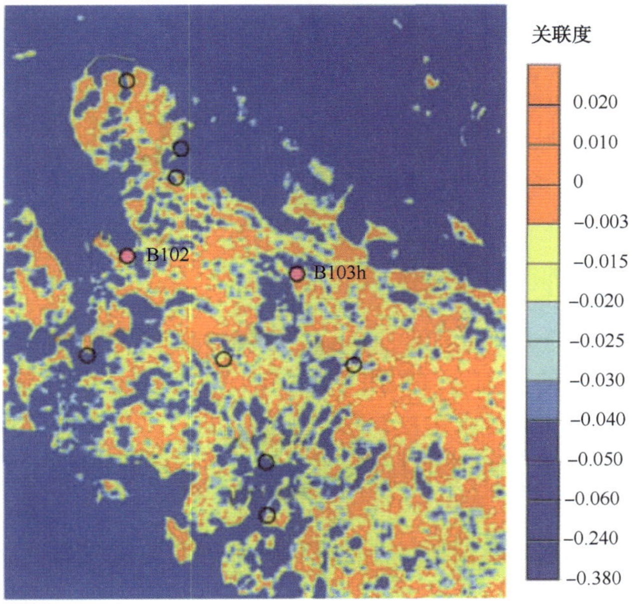

图 4 长兴组顶部关联维分析图

从时—频分析结果中，在储层段和储层段的正下方切取不同频率的共频率沿层切片，便可进行低频伴影现象分析。在地震频率较低时(8Hz)，所圈定范围内的含气储层的地震反射能量强(红色区)，其正下方出现相同的强反射能量，这些低频强能量就是地震低频伴影；而当地震频率为10Hz、12Hz时，低频能量上强下强的区域缩小；当地震频率为16Hz时，表现为由低频向中高频过渡特征；当频率升高，从18Hz、22Hz、28Hz、38Hz变化，有利储层的地震能量表现为上强下弱特征，没有地震低频伴影现象。由此可以推断所圈定范围为礁盖储层含气的有利区域(图5)。

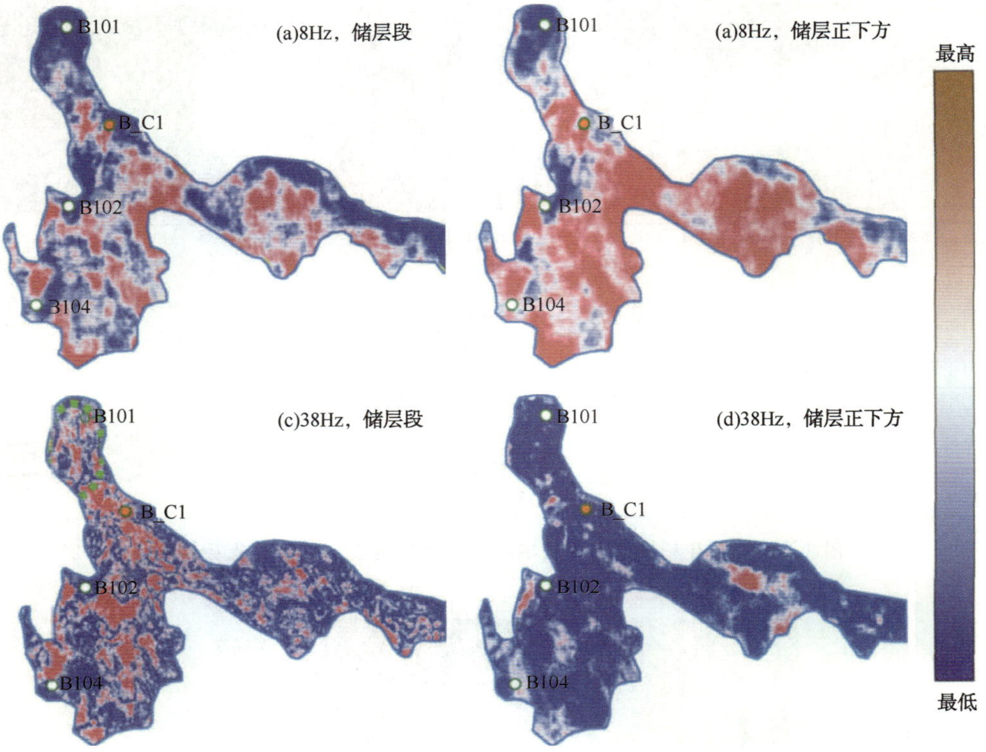

图5　长兴组顶部礁盖白云岩含气储层的低频伴影现象图

8　“相控法”储层预测及精细描述

8.1　相控地质建模

在地震、沉积相研究的基础上，利用解释层位和储层顶底层位作为约束层，对陆棚、斜坡、礁滩复合体等不同相区建立主控制层的插值权重，采用协同建模的方法进行三维精细构造建模和相控地质建模，构建出符合礁滩储层地质特征的非层状初始模型。

8.2　高精度地震反演

充分利用已有钻井、测井资料和高分辨率目标处理的地震数据开展高精度相控井约束地震反演，得到波阻抗数据体，进而以该数据体作为软约束开展伽马随机反演，根据统计值设置伽马门槛对波阻抗数据体进行滤波，得到反映纯储层的波阻抗和速度数据体。

研究区相带变化大，长兴组横跨了多个相带，完钻井揭示各井在长兴组储层速度差异很大。如果只是简单用声阻抗及伽马作为门槛值来区分储层、非储层，只能局限在某一个相带，而如果全区采用相同门槛值则可能去掉了好的储层或不能完全去除泥灰岩，同时从反演剖面上很难直观地分辨出储层，给储层精细预测及描述带来了困难。为了突出储层特征，可采用对储层反映最为敏感的孔隙度曲线重构声波曲线进行拟声波曲线波阻抗反演，进一步突出高速非储层背景下的储层低速特征，提高储层预测的分辨率，从而能有效反映储层纵横向展布特征。

开展多尺度礁滩储层地震预测和精细描述，落实了元坝地区长兴组台缘礁滩复合体、礁后浅滩、礁间滩、台内滩等 4 种类型 7 个勘探目标。至 2010 年底，完钻井 8 口均钻遇白云岩储层，并均获得工业天然气。

实践证明，以地质分析与沉积相研究为指导、以数值模拟与地震相分析为基础、以边界检测与储层内部复杂性刻画为条件、以相控多参数反演与储层精细描述为核心的礁滩储层多尺度综合识别技术是开展超深层碳酸盐岩礁滩储层预测的有效方法。

参加研究工作的还有陈祖庆、盛秋红、彭嫦姿、贺振华、黄德济、文晓涛等，在此表示感谢！

参 考 文 献

[1] 郭旭升，郭彤楼，黄仁春，等．普光—元坝大型气田储层发育特征与预测技术[J]．中国工程科学，2010，12(10)：82-90.

[2] 戴建全．川东北元坝地区长兴组—飞仙关组气藏勘探潜力评价[J]．成都理工大学学报：自然科学版，2010，37(4)：419-423.

[3] 郭彤楼．川东北元坝地区长兴组—飞仙关组台地边缘层序地层及其对储层的控制[J]．石油学报，2011，32(3)：387-394.

[4] 蔡涵鹏，贺振华，黄德济．礁滩相油气储层预测方法研究[J]．石油地球物理勘探，2008，43(6)：685-688.

[5] 文晓涛，贺振华，黄德济．小波域尺度积在裂缝检测中的应用[J]．吉林大学学报：地球科学版，2008，38(4)：703-707.

[6] 贺振华，蒲勇，熊晓军，等．川东北长兴—飞仙关组礁滩储层的三维地震识别[J]．物探化探计算技术，2009，31(1)：1-6.

[7] 文晓涛，贺振华，黄德济．基于小波包变换与关联维的储集层检测[J]．新疆石油地质，2007，28(5)：569-571.

[8] KORNEEV V A，GOLOSHUBIN G M，DALEY T M，et al. Seismic low-frequency effects in monitoring fluid-saturated reservoirs[J]. Geophysics，2004，69(2)：522-532.

[9] HE Zhenhua，XIONG Xiaojun，BIAN Lien. Numerical simulation of seismic low-frequency shadows and its application[J]. Applied Geophysics，2008，5(4)：301-306.

四川盆地元坝气田超深层礁滩气藏储层气水识别技术

尹正武

（中国石化勘探南方分公司）

摘要：四川盆地元坝地区二叠系长兴组发育大型的台地边缘生物礁滩气藏，具有埋藏深、储层空间展布复杂多变、一礁或一滩为一个气藏、气水分布极其复杂的特点，给勘探开发带来了很大的风险。为了精细刻画元坝气田生物礁滩气藏储层及气水的展布特征，提高探井成功率，集成创新了储层气水识别技术：采用了叠前道集优化技术提高了道集的信噪比；利用小角度叠前反演技术解决了超深层弹性参数的求取；最后从岩石物理参数分析入手，综合实验室岩石物理测试分析及测井、试气成果统计分析结果，明确了气水识别的敏感参数；在此基础上进一步利用坐标旋转技术构建新的高灵敏度识别因子，从而提高了叠前敏感参数反演的识别能力和精度。在该地区Ⅰ区块实际应用的结果表明，该技术有效刻画出了元坝气田气区、水区以及气水过渡区，预测结果与后期实际钻井揭示的规律相一致。

关键词：四川盆地　元坝气田　超深层　生物礁滩气藏　储集层　敏感参数　气水识别　石油地球物理勘探

元坝气田位于四川盆地东北部，气藏中部埋深6673m，是目前我国已发现的埋藏较深的大气田[1]。自2007年YB1c1井钻遇二叠系长兴组顶部优质白云岩储层以来，部署在该礁滩相上的多口探井均获百万立方米以上高产工业气流，截至2013年底，累计探明天然气储量超过$2000\times10^8m^3$。

在礁滩储层预测方面，前期利用“相控三步法”反演技术实现了礁滩储层的精细描述，在礁滩储层气水识别技术方面，开展了多种技术方法的探索，从试验结果来看，AVO常规属性分析[2]、电阻率反演[3]、DR反演[4]、MEEI反演[5-6]、瞬时频谱分析技术[7]、低频伴影[8]等方法取得了一定的效果，但这些技术方法还存在多解性和识别陷阱。因此，探索适合于超深层礁滩储层的叠前气水识别技术是实现元坝气田高效勘探开发的当务之急。

1　礁滩储层特征及气水识别技术

元坝气田长兴组生物礁储层岩石类型主要为溶孔白云岩、白云岩、生屑灰岩等，储集空间类型包括溶孔、溶洞、晶间孔、裂缝及生物体腔溶孔。而长兴组台缘浅滩储层岩石类

天然气工业，2014，34(5)：66-71

型主要为白云质灰岩、含云质灰岩，储集空间类型主要为孔隙和裂缝，呈相对中孔高渗特征。

叠前 AVO 反演作为 AVO 应用技术的一个重要组成部分，是合理地提取隐藏在叠前地震信息中的岩性和流体信息的重要途径之一。该区预测的难点主要体现在埋藏深带来的一系列问题：在如此深的地层 AVO 效应是否明显？小入射角的叠前反演能否实现？气水识别的精度能否提高？

针对超深层礁滩储层预测的难点，利用方法创新与实践结合，形成了一套超深层礁滩储层气水识别技术。即采用叠前道集优化技术提升道集质量，并利用小角度叠前反演技术解决超深层弹性参数的求取，通过对井中储层段的流体类型进行岩石物理参数分析，找到了敏感弹性参数，明确其响应特征，最后利用改进的坐标旋转技术来提高敏感参数识别精度，最终达到了超深层礁滩储层气水识别的目的。

1.1 叠前道集优化技术

高质量的叠前道集组合，是地震叠前气水识别的基础。叠前道集数据优化的目的：①净化道集背景；②拉平道集；③挖掘 AVO 特征。其要点包括：恢复和保持 CRP 道集中各道之间相对振幅关系，提高叠前道集的信噪比，从而提高道集数据的分辨率，尤其是要正确地确定反射界面的位置、剩余时差校正等，最大可能地消除非油气或岩性因素引起的振幅随炮检距的变化，以获得高信噪比、高分辨率和高保真度的叠前道集数据。元坝气田海相礁滩储层含气 AVO 异常响应特征为 3 类，但是入射角小，同时还受噪音等干扰，其特征不是很明显(图 1 左红框内)。经过对动校正后的道集进行优化处理后，凸现了 AVO 响应特征、提升了信噪比(图 1 右红框内)，为叠前精细反演提供了相对高质量的道集数据。

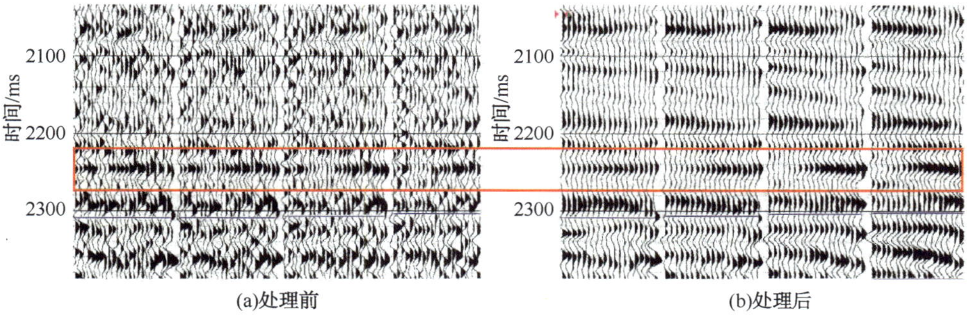

图 1 元坝气田长兴组优化处理前、后 CRP 道集图

1.2 小角度叠前反演技术

由于元坝气田超深层天然气藏受观测系统和测线长度的限制，难以获得大角度信息，仅能获得小、中角度的信息。从实际资料来看，其入射角一般就 27°左右，最大不超过 30°。因此，需要研究小角度反演方法来求取弹性参数。

根据 Mallick 等人对合成地震数据进行弹性阻抗反演的研究表明：如果弹性阻抗反演时夹杂有少量噪声，则不能恢复初始速度和密度模型，但这种情况下仍可估算纵、横波阻抗。Lu Shaoming 和 McMechan[9] 基于此原理，利用小角度 $\tan^2\theta \approx \sin^2\theta$ 时得到近似式与经验关系式：

$$4k\sin^2\theta\ln(\rho)\approx\sin^2\theta\ln(\rho)-6K(0.25-K)\times\left(\frac{1}{aK}-\frac{K}{b}\right)\sin^2\theta \tag{1}$$

当 K 小于0.25时，系数 $a=8.0$、$b=0.5$；当 K 大于0.25时，$a=3.0$、$b=3.0$。Lu等人指出，对于所有介于0和0.8之间的 K 值，式(1)是一个合理的近似式[9-10]。这样，在求取纵横波阻抗时，只需要中小角度信息便可，因而适合小角度入射情况下的参数求取。根据元坝地区测井数据得到经验关系，发现该区 K 值基本上大于0.25，此时系数 $a=1.41$、$b=2.65$。

采用该方法进行叠前反演，即可得到纵波阻抗，横波阻抗，根据关系式：

$$\lambda\rho=I_p^2-2I_s^2 \tag{2}$$

$$\mu\rho=I_s^2 \tag{3}$$

便可求得该区敏感弹性参数。

1.3 敏感参数优选

通过对元坝地区礁滩相储层岩芯样品的岩石物理测试与分析，获得了在地层温压等条件下的纵横波速度、动静弹性参数、品质因子等大量的物性参数数据，并建立了气水识别敏感因子（图2），可知对该地区气水识别比较敏感的因子依次分别是：$\lambda\rho$、$\kappa\rho$、λ、K 等，其中 $\lambda\rho$ 为最敏感的识别因子。另外从该区钻井资料的岩石物理弹性参数分析来看，$\lambda\rho$ 也是对流体最为敏感(图3)，图3选取了1口典型的既产气又产水，以及气水同层的井。从图3上可以看到，当储层含流体后，弹性参数均产生变化，当储层为气层时，变化幅度较大，气水同层次之，当储层为水层时，变化幅度相对前两者来说最小。通过对各个弹性参数相对变化率的计算，$\lambda\rho$ 的变化率为最大。因此在该地区的气水识别可通过上述的叠前小角度反演方法获取 $\lambda\rho$ 弹性参数体，进而预测气水的展布。

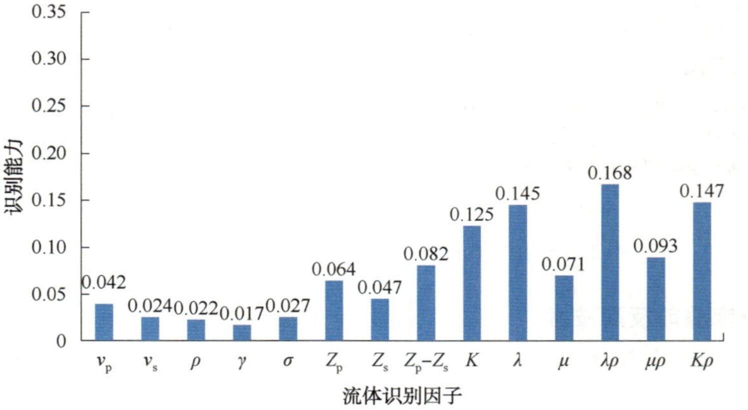

图2 流体因子识别能力对比图(岩石物理测试分析)

1.4 坐标旋转技术

Goodway认为Lambda(λ)和Mu(μ)属性的物理解释是：λ 属性即不可压缩性，对孔状流体比较敏感；而 μ 属性即硬度，对岩石基质(矿物成分)比较敏感。因此，对基于参数 λ、μ 和 ρ 提出了一种新的方法，称为Lambda-Mu-Rho方法[11]。

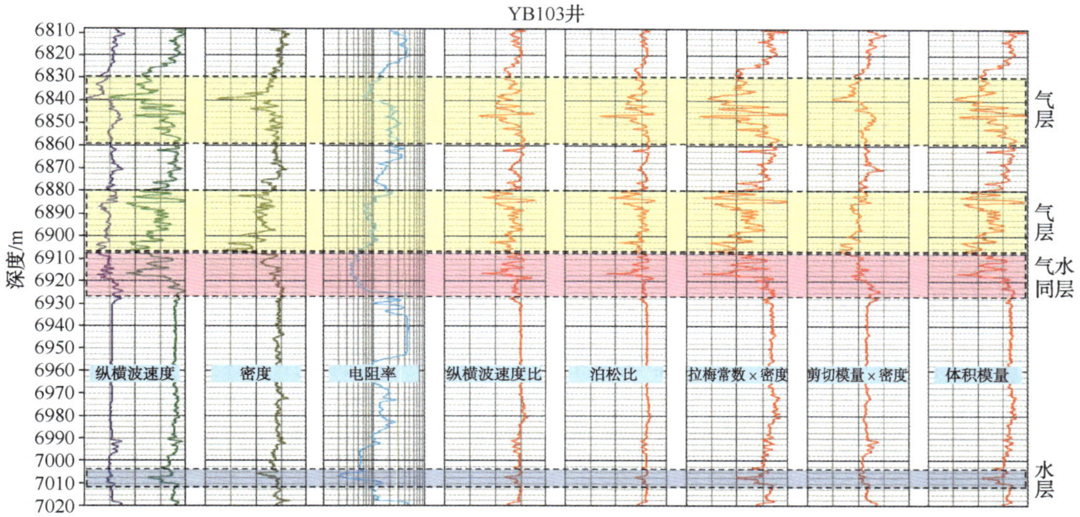

图 3 YB103 井长兴组弹性参数曲线图

图 4 为元坝地区长兴组礁滩储层段井上 Lambda-Mu-Rho 参数交会图。从图 4 中可以看到：虽然敏感弹性参数 $\lambda\rho$ 能将气层、水层以及气水同层基本区分开，但是识别精度还不够。因此，为提高 $\lambda\rho$ 参数的识别精度，采用了坐标选择的方法，其基本原理如下。

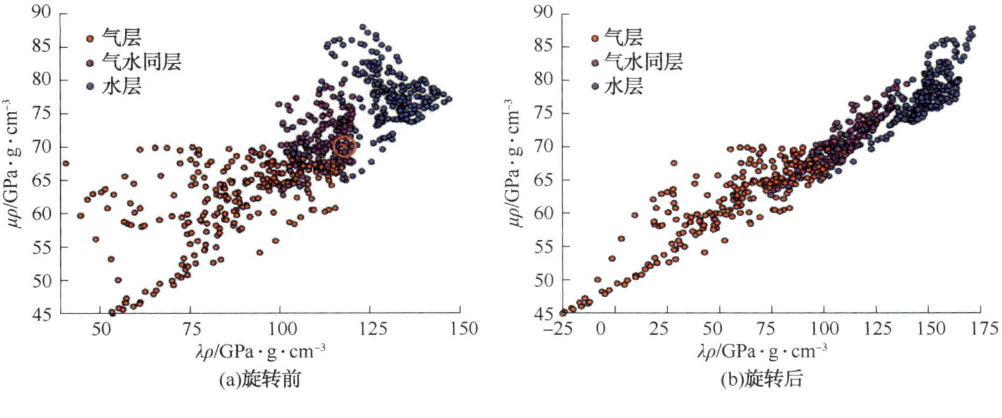

图 4 元坝气田长兴组礁滩储层段 Lambda-Mu-Rho 参数交会图

采用数学上的坐标系转换方法——以斜直线与横轴之间的夹角(θ)为旋转角度进行坐标系旋转，得到新的坐标系(旋转后的坐标系横轴与斜直线平行，纵轴与该斜直线垂直)，两坐标系的转换关系如下所示(x、y 为原坐标系中的坐标；x'、y' 为相应新坐标系的坐标)，即

$$x'=x\cos\theta+y\sin\theta \tag{4}$$

$$y'=y\cos\theta+x\sin\theta \tag{5}$$

顺时针旋转方向时，使用式(4)；逆时针旋转时，使用式(5)。这样利用新旧坐标系之间的数学转换关系，就可以求出新参数与原参数的函数关系。

通过对图4(a)进行坐标旋转后，气层、气水同层、水层分布的范围区分更加明显，构建的新敏感因子($\lambda\rho'$)对气水的识别能力得到了显著的提高，而且还可以确定气水识别的门槛值进行定量预测，其中含气层小于100GPa·g/cm^3，含水层大于115GPa·g/cm^3，气水同层则介于两者之间。由此可见，利用旋转后的新敏感因子将大大提高气水识别的精度。

2 应用效果分析

利用该技术完成了元坝气田东部区域的气水检测，从识别的结果来看，与实钻井的测试情况基本一致，也证实了该方法在该地区的有效性。图5为该区过YB104、YB11、YB123、YB10c1井连井气水识别剖面图。其中YB104测试获得气123×10^{4}m^3/d，YB11测试获得气51×10^{4}m^3/d，YB123测试获得气5.3×10^{4}m^3/d，水290m^3/d，YB10c1测试获得气107×10^{4}m^3/d，从图5中可以看到，从产气的YB104井、YB11井到处于气水过渡带的YB123井，穿过一段滩，间水区然后一直到产气的YB10c1井，其气区、水区分布带及过渡带清晰，与实钻情况吻合好。

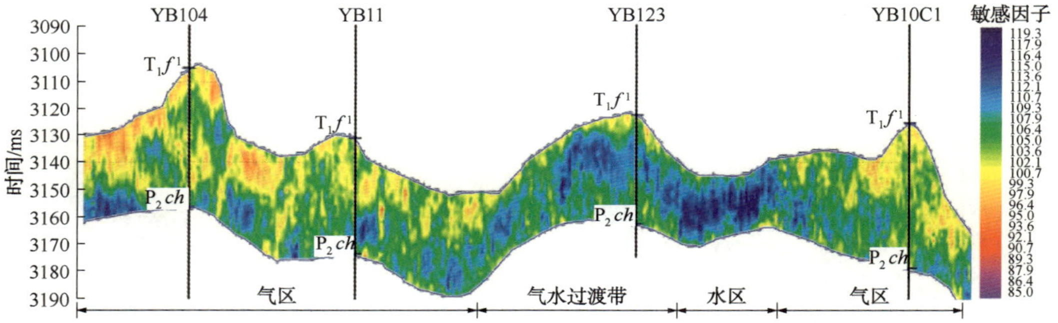

图5 过YB104-YB11-YB123-YB10c1井的气水识别连井剖面图

另外从预测的元坝气田Ⅰ区块长兴组气水分布平面图(图6)来看，整体上有利含气区主要分布在西边及北边，东南边多为产水区及气水同层区，其刻画的气水平面展布与实钻井揭示的规律基本上保持一致。从图6中可以看到：含气区(红黄色区域)与含水区(蓝色区域)分布清晰。处于黄色区域(红圈内)的井，均获得了工业性气流。尤其处于红黄色富集区域的YB104井以及YB10c1井，获得了日产天然气过百万立方米的产能。蓝色区域则为含水区(图中黑圈内)，处于该区域的YB9井在长兴组钻遇水层，日产水30m^3。绿色区域为气水同层区，该区域的YB123井、YB16井测试结果既产气也产水。

在图6中，识别结果显示YB211井与YB107井也同样会稳获工业气流，这与该井的测井解释成果吻合，近期测试结果显示YB211井产气5.63×10^{4}m^3/d，YB107井为38.35×10^{4}m^3/d，进一步的说明了预测结果的可靠性以及该方法的适应性。

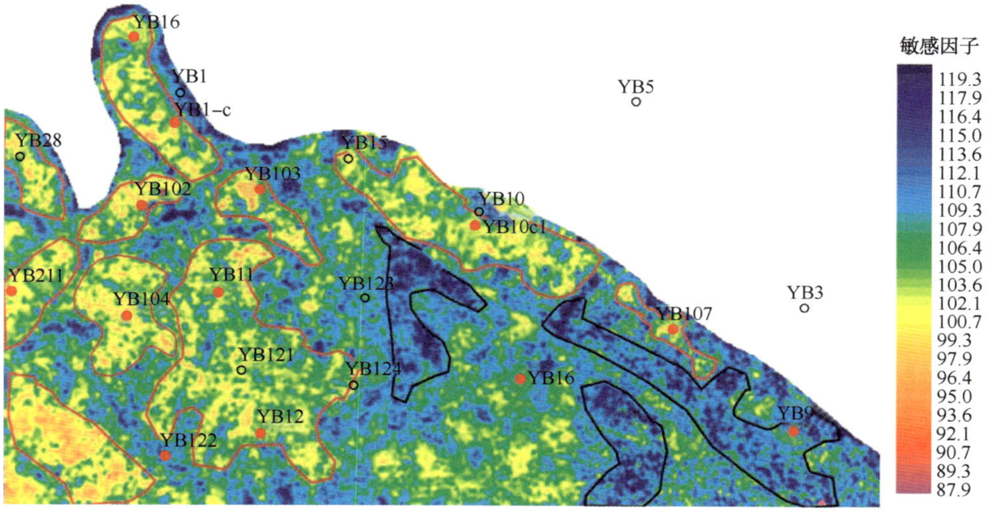

图 6 元坝气田长兴组礁滩储层气水分布平面图(Ⅰ区块)

3 结论

该技术在元坝气田长兴组—飞仙关组超深层礁滩储层气水识别中取得了良好的效果，提高了探井的成功率和经济效益，主要得到以下结论：

（1）对于超深层地区的叠前道集，尽可能地开展叠前道集预处理，从而改善道集的质量，为后期精细叠前反演打好基础。

（2）小角度叠前反演技术的应用可弥补由于缺失大角度信息而导致的方法适用性问题。

（3）坐标旋转技术能够在岩石物理分析获得的敏感因子的基础上，构建更为灵敏的流体识别因子，从而可提高叠前反演对气水的识别能力和精度。

（4）该方法技术在元坝气田超深层礁滩气藏储层气水的识别中取得了良好的效果，为后续的勘探开发提供了重要的支撑，在四川盆地及同类地区具有一定的推广应用价值。

参 考 文 献

[1] 郭旭升，胡东风．川东北礁滩天然气勘探新进展及关键技术[J]．天然气工业，2011，31(10)：6-11.

[2] 郭旭升，凡睿．AVO 技术在普光气田鲕滩储层预测中的应用[J]．石油与天然气地质，2007，28(2)：198-202.

[3] 黄先平，张健，谢芳，等．鲕滩储层预测技术、流体识别方法在川东北地区飞仙关天然气勘探中的应用[J]．中国石油勘探，2003，8(1)：41-51.

[4] 孙巧玲．川东北地区飞仙关组鲕滩气藏气水识别[J]．天然气勘探与开发，2005，28(6)：20-26.

[5] 彭真明，李亚林，巫盛洪，等．碳酸盐岩储层多角度弹性阻抗识别方法[J]．地球物理学报，2008，51(3)：881-885.

[6] 胡伟光，李发贵，杨鸿飞．叠前弹性波阻抗反演在四川 FL 地区礁滩型储层预测中的应用[J]．海相油气地质，2010，15(4)：62-67.

[7] 徐天吉，程冰洁．瞬时频谱分析技术与气水识别方法研究[J]．石油天然气学报，2008，30(4)：73-78.

[8] HE Zhenhua, XIONG Xiaojun, BIAN Li'en. Numerica lsimulation of seismic low-frequency shadows and its application[J]. Applied Geophysics, 2008, 5(4): 301-306.
[9] LU Shaoming, MCMECHAN G A. Elastic impedance inversion of multichannel seismic data from unconsolidated sediments containing gas hydrate and free gas[J]. Geophysics, 2004, 69(1): 164-179.
[10] 李爱山，印兴耀，陆娜，等．两个角度弹性阻抗反演在中深层含气储层预测中的应用[J]．石油地球物理勘探，2009，44(1)：87-92.
[11] CHOPRA S, PRUDEN D. Multiattribute seismic analysis on AVO-derived parameters-a case study[J]. The Leading Edge, 2003, 22(10): 998.

海相页岩 TOC 地震定量预测技术及其应用
——以四川盆地焦石坝地区为例

陈祖庆

（中国石化勘探南方分公司）

摘要： 总有机碳含量(TOC)是评价页岩生烃能力和页岩油气藏的一个重要指标，目前国内外利用地震资料直接定量预测 TOC 的报道很少，因此，有必要对地震预测 TOC 的方法做进一步的研究。为此，以四川盆地焦石坝地区为例，从岩芯实测 TOC 出发，通过 TOC 与地球物理参数交会分析，寻找到 TOC 敏感地球物理参数——密度，并建立密度与 TOC 之间的最佳拟合方程，得到计算总有机碳含量的经验公式；结合叠前地震反演获得的密度体便可计算出 TOC 数据体，从而达到定量预测页岩 TOC 的目的。将改进的预测方法应用于四川盆地焦石坝地区海相页岩气勘探，结果表明：①利用叠前同时反演直接求得的密度体避免了累计误差，稳定性好，多解性少，结果可靠，为精细定量预测 TOC 提供了基础保证；②预测的 TOC 与实测结果吻合程度高，相对误差较小。结论认为，该技术在四川盆地海相页岩气勘探中具有广阔的应用前景。

关键词： 四川盆地　焦石坝地区　海相页岩　TOC　预测　叠前反演　密度　拟合方程　页岩气

近年来针对四川盆地及周缘海相页岩层系开展了不少研究与勘探工作[1-5]，并已在四川盆地焦石坝地区取得实质性突破。总有机碳含量(TOC)是评价页岩生烃能力的主要指标，也是页岩油气藏评价中的一个重要指标[6-10]。近年来，虽然烃源岩评价技术在不断发展，但国内外文献中用地震资料直接定量预测页岩有机碳含量的报道很少。目前采用的方法主要以地震属性与 TOC 建立数学拟合关系，通过三维地震数据体中提取的地震属性从而计算得到三维 TOC 数据体，进而对 TOC 进行预测[11-12]。但是，地震多属性存在固有的多解性[13-14]，这也是该类方法在 TOC 预测应用上的问题所在。因此，还需要在 TOC 预测应用上做进一步的研究和改进。

笔者通过交会分析寻找与 TOC 敏感的岩石物理参数，并建立两者的数学映射；采用叠前反演最终得到泥页岩的 TOC，为页岩气“甜点”预测及资源量的计算提供准确的 TOC 预测方法。

1　储层特征

焦石坝地区页岩气储层分布在下志留统龙马溪组一段(包含上奥陶统五峰组)，岩性为

天然气工业，2014，34(6)：24-29

黑色页岩、泥岩、碳质页岩、含粉砂质碳质泥岩，目前已有多口井在龙马溪组一段底部优质页岩段钻获工业气流。

晚奥陶世—早志留世初期，随着海平面迅速上升，沉积水体快速加深，焦石坝地区整体位于深水陆棚相区内，处于缺氧环境，有利于烃源岩的形成。龙马溪组一段—五峰组发育大套灰黑色泥岩、含粉砂泥岩，厚度一般大于 80m，分布稳定连续，富含有机质和笔石化石，处于深度还原环境。有机碳含量介于 0.46%~7.13%，平均值大于 2.5%，在纵向上均具有向泥页岩沉积建造底部层段明显增大的特征。

从 JY1 井五峰组—龙马溪组一段 TOC 综合评价图(图 1)上可以看出，其 2378~2415.5m 井段(五峰组—龙马溪组一段底部)为黑色页岩，TOC≥2.0%，最高可达 5.89%，平均为 3.56%，优质泥页岩层连续累计厚度达 37.5m。另外在纵向上，整个储层段 TOC 具有自上而下总体呈从小到大变化的特征，进一步则可划分为 3 个小"旋回"，表现为与沉积亚相和岩相具有密切相关的特征。具体表现在五峰组—龙马溪组一段一亚段和三亚段为 2 个相对高值的小"旋回"(图中红色箭头)，龙马溪组一段二亚段为一个相对低值的小"旋回"(图中蓝色箭头)，但五峰组—龙马溪组一段一亚段的小"旋回"TOC 值明显最高。

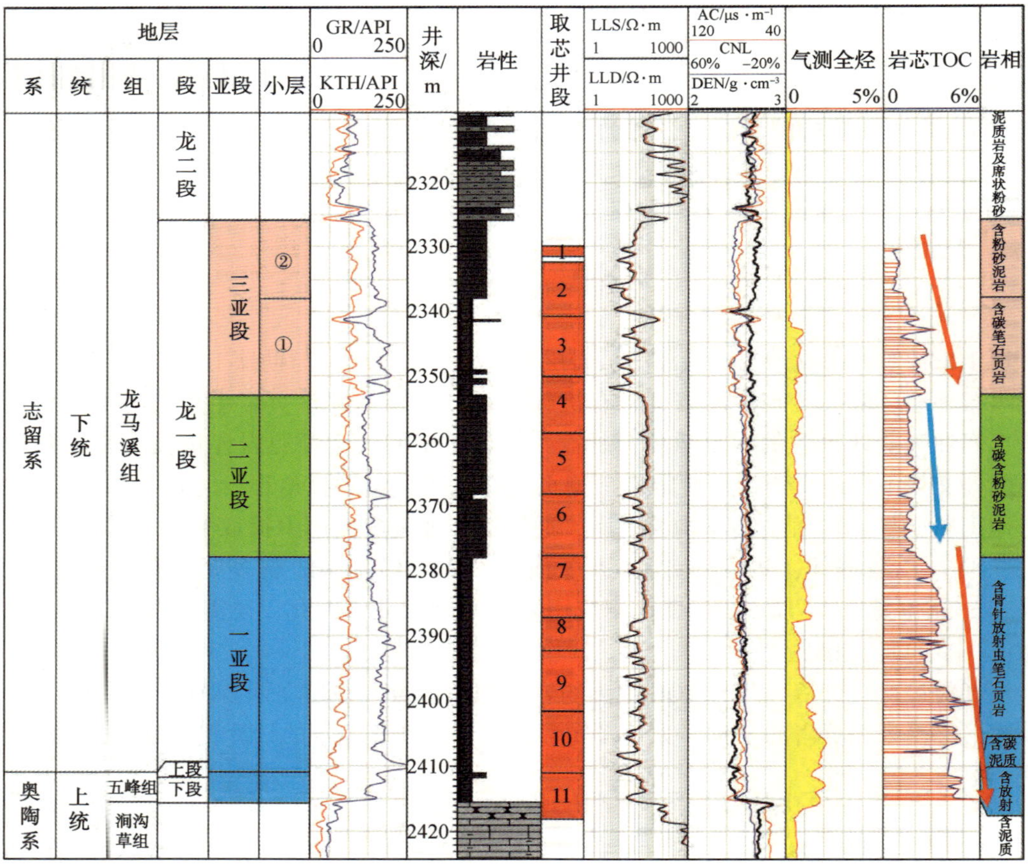

图 1 JY1 井五峰组—龙马溪组一段 TOC 综合评价图

2 TOC 定量预测技术

2.1 预测方法

TOC 定量预测技术能够为页岩气勘探及资源量的计算提供有效且较精确的参数。其预测方法为：从实测有机碳含量出发，通过分析与 TOC 相关的地球物理参数，寻找 TOC 敏感参数，并建立敏感参数与 TOC 之间的最佳拟合方程，得到该区的经验公式；利用三维地震数据，采用叠前反演方法，进行精细地震反演求得敏感参数体；根据拟合经验关系，计算得到三维分布的 TOC 数据体，从而定量预测 TOC。

2.2 方法实现

2.2.1 TOC 敏感参数确定

在实际研究中发现焦石坝地区页岩地层的密度参数与 TOC 具有很好的相关性。基于优质泥页岩具有高 TOC 的特征，对该区多口井进行了 TOC 敏感参数分析。通过伽马、密度、电阻率等常规测井结果以及杨氏模量、泊松比等弹性参数与 TOC 的交汇分析(图 2)发现：只有密度与 TOC 相关性较高。其中，当 TOC>1%时，密度值小于 2.68g/cm^3，TOC 值与密度呈负相关关系，相关系数达到了 0.87。分析认为高 TOC 的泥页岩有机质孔隙更为发育，更有利于页岩气的吸附和储集，从而导致密度降低。因此，可以通过 TOC 与密度之间的相关性来完成 TOC 全区的预测。

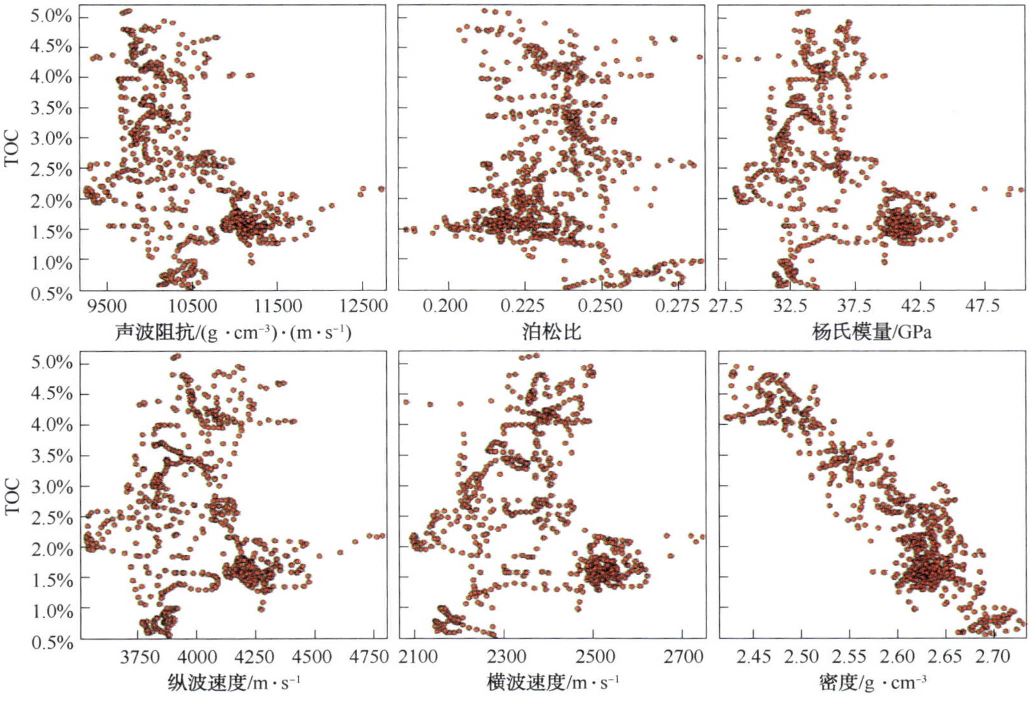

图 2 TOC 敏感参数统计分析图

2.2.2 TOC与密度经验关系建立

通过对该区多井岩芯资料与井资料综合分析，建立了TOC与密度之间的数学关系式：

$$TOC = a\rho + b \quad (1)$$

式中，TOC为有机碳含量；ρ为岩性密度；a、b为地区性经验常数。

式中经验系数取值是以JY1、JY2、JY3、JY4等共计4口井为基础，利用其经过岩芯刻度后的TOC实测结果与密度进行交会分析(图3)，得到经验常数$a=-15.8$，$b=43.85$，最终确定利用实测资料计算总有机碳含量的经验关系式：

$$TOC = -15.8\rho + 43.85 \quad (2)$$

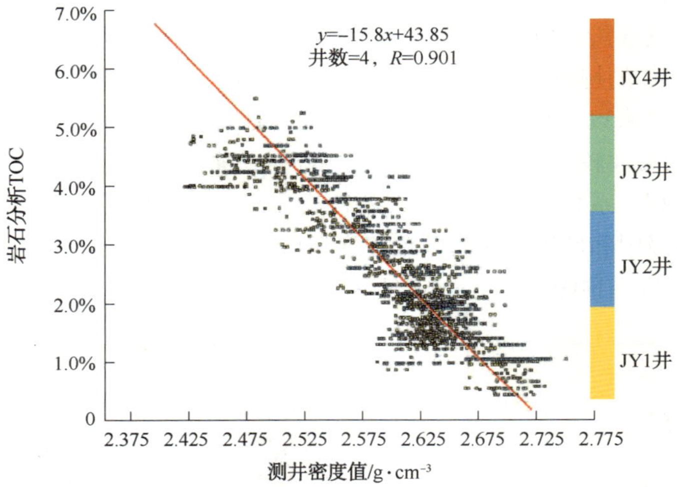

图3 焦石坝地区龙马溪组—五峰组页岩岩芯分析TOC与密度测井值交会图(4口井)

2.2.3 叠前密度反演

基于前面TOC敏感参数统计分析结果，密度反演是进行TOC预测的基础。密度体的获取主要采用以下2种方法：①利用叠后多属性分析方法间接获得；②利用叠前反演方法直接获得。但叠后多属性反演多解性较为突出，很多并没有明确的物理意义，其求取的密度体经过误差累积，达不到精确预测TOC的要求。

相对于叠后多属性反演，叠前同时反演的优点是反演精度高、稳定性好、多解性较少。其使用纵波速度(v_p)、横波速度(v_s)、密度(ρ)以及叠前地震方位角道集数据作为输入，对这些变量加以约束同时反演得到纵波速度、横波速度以及密度，使结果更稳定并减少多解性问题。因此，本次使用叠前纵横波同时反演技术直接反演密度体。

图4为利用叠前纵横波同时反演技术得到的过JY1—JY2—JY4井密度剖面图，对比测井曲线密度值与井旁反演结果可知两者吻合程度较高，龙马溪组—五峰组页岩气藏段密度分布于2.4~2.75g/cm³。同时从剖面上可以看出，JY1井到JY4井低密度泥页岩稳定展布，与该区沉积特征及井上分析情况一致，说明了反演结果的可靠。

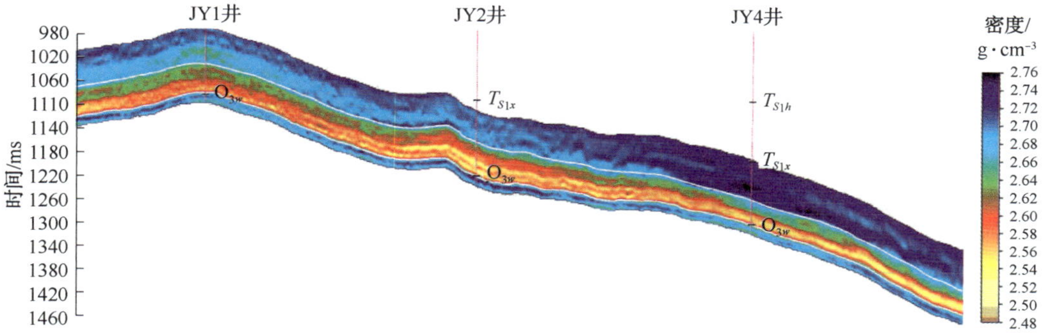

图 4 过 JY1—JY2—JY4 连井叠前密度反演剖面图

2.2.4 TOC 定量预测

基于前述式(1)~式(2)所示的 TOC 与密度的关系，计算得到 TOC 数据体。图 5 为 JY1、JY2、JY4 井联井 TOC 反演剖面，黄红色为优质页岩对应的相对高 TOC 值，整个储层(五峰组—龙马溪组一段)段相对于上下地层来说，其分布特征明显，横向上展布稳定。同时也可以看到，在储层内部纵向上 TOC 高的优质页岩层有 2 套，中间夹 1 套 TOC 相对低的泥页岩，且 2 套优质页岩越接近底部，TOC 值更高，最大均高于 4%，与前面井上分析结果对应一致。结合五峰组—龙马溪组 TOC 平面预测图综合分析(图 6)，4 口井控制的区域优质泥页岩整体发育，展布稳定，显示了该区良好的勘探前景。

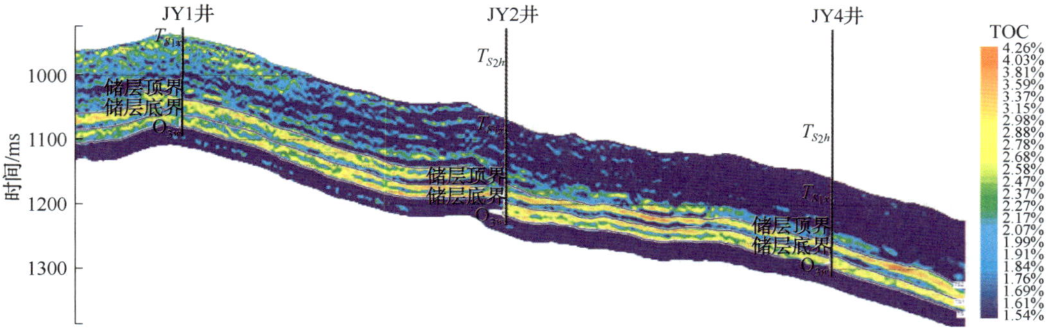

图 5 过 JY1—JY2—JY4 井连井 TOC 反演剖面图

3 应用效果

JY1 井到 JY4 井 TOC 值有增大趋势，焦石坝主体部位最大 TOC 值均大于 4%，优质泥页岩整体稳定发育。从研究区东北 JY1 井区到西南 JY4 井区，TOC 值增大，反演结果与钻井分析化验结果一致。

从图 6 中可以看出，预测结果平均 TOC 均高于 2.5%，优质泥页岩整体发育稳定。其中 JY2 井区及 JY4 井预测平均 TOC 较高，JY2 井为 2.9%，JY3 井区相对较低；JY1、JY2、JY3、JY4 井的预测 TOC 与实测结果基本一致，相对误差小于 1.5%(表 1)。实践显示这项技术在四川盆地海相页岩气勘探中具有广阔的前景，可以加以推广应用。

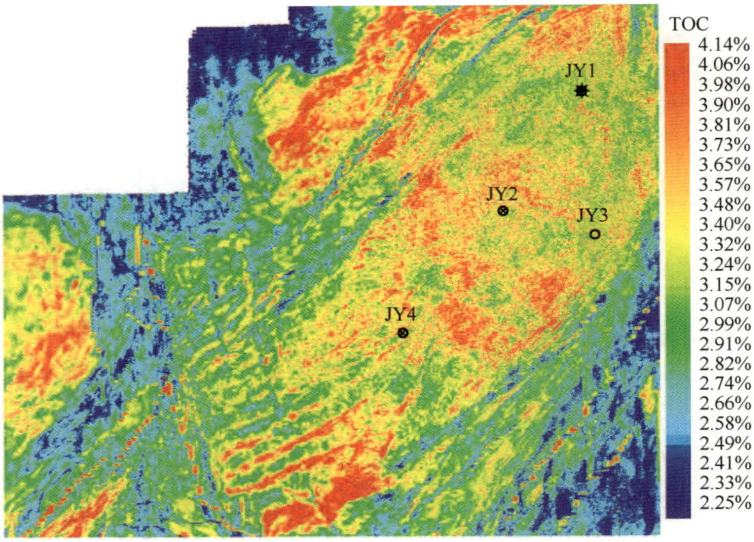

图 6　焦石坝地区龙马溪组—五峰组平均 TOC 预测平面图

表 1　JY1、JY2、JY3、JY4 井预测值 TOC 与实测值对比表

井名	测井解释 TOC	预测结果	绝对误差	相对误差
JY1	2.90%	2.91%	0.01	0.34%
JY2	3.20%	3.21%	0.01	0.31%
JY3	2.70%	2.74%	0.04	1.48%
JY4	3.30%	3.33%	0.03	0.91%

4　结论

(1)该区对 TOC 敏感的地球物理参数为密度，参数之间具有很好的相关性，通过建立两者之间的经验关系式，可实现对 TOC 的定量预测。

(2)利用叠前同时反演直接求得的密度体避免了累计误差，稳定性好，多解性少，结果可靠，为精细定量预测 TOC 提供了基础保证。

(3)预测 TOC 值与实测值相对误差小，吻合程度高，说明该技术在四川盆地海相页岩气勘探中存在广阔的应用前景，具有借鉴和推广的重大现实意义。

参 考 文 献

[1] 郭旭升，郭彤楼，魏志红，等．中国南方页岩气勘探评价的几点思考[J]．中国工程科学，2012，14(6)：101-105.

[2] 郭彤楼，刘若冰．复杂构造区高演化程度海相页岩气勘探突破的启示——以四川盆地东部盆缘 JY1 井为例[J]．天然气地球科学，2013，24(4)：643-651.

[3] 王庆波，刘若冰，李春燕，等．四川盆地及周缘五峰—龙马溪组页岩气地质条件研究[J]．重庆科技学院学报：自然科学版，2012，14(5)：17-21.

[4] 张春明，张维生，郭英海．川东南—黔北地区龙马溪组沉积环境及对烃源岩的影响[J]．地学前缘，2012，19(1)：136-145.
[5] 梁超，姜在兴，杨镱婷，等．四川盆地五峰组—龙马溪组页岩岩相及储集空间特征[J]．石油勘探与开发，2012，39(6)：691-698.
[6] 陈宗清．四川盆地下寒武统九老洞组页岩气勘探[J]．中国石油勘探，2012，17(5)：71-78.
[7] 张丽霞，姜呈馥，郭超．鄂尔多斯盆地东部上古生界页岩气勘探潜力分析[J]．西安石油大学学报：自然科学版，2012，27(1)：23-26.
[8] 王炜，刘若冰，倪凯．川东北侏罗系千佛崖组页岩气勘探潜力分析[J]．西安石油大学学报：自然科学版，2012，27(6)：36-41.
[9] 侯读杰，包书景，毛小平，等．页岩气资源潜力评价的几个关键问题讨论[J]．地球科学与环境学报，2012，34(3)：7-16.
[10] 康玉柱．中国非常规泥页岩油气藏特征及勘探前景展望[J]．天然气工业，2012，32(4)：1-5.
[11] 金吉能，潘仁芳，王鹏，等．地震多属性反演预测页岩总有机碳含量[J]．石油天然气学报，2012，34(11)：68-72.
[12] 刘军，汪瑞良，舒誉，等．烃源岩．烃源岩 TOC 地球物理定量预测新技术及在珠江口盆地的应用[J]．成都理工大学学报：自然科学版，2012，39(4)：415-419.
[13] 周家雄，刘薇薇，马光克，等．高温高压储层的精细地震属性预测技术——以莺歌海盆地为例[J]．天然气工业，2013，33(2)：7-11.
[14] 王彦仓，秦凤启，杜维良，等．地震属性优选、融合探讨[J]．中国石油勘探，2013，18(6)：69-73.

四川盆地焦石坝地区龙马溪组泥页岩储层测井识别

严　伟　王建波　刘　帅　王　昆　周依南

（中国石化勘探南方分公司勘探研究院）

摘要：与常规气藏相比，页岩气藏具有弱敏感地球物理参数特征，这就大大增加了地球物理测井技术识别页岩气储层的难度。为此，对四川盆地焦石坝地区下志留统龙马溪组海相页岩气井的测井曲线进行了对比分析，总结出泥页岩在常规测井曲线上具有高自然伽马、高铀、低钍、低钾、相对高电阻率、高声波时差、低中子、低密度、低光电吸收截面指数的特征；在元素测井资料上表现为硅含量增加，铝含量和铁含量降低。以泥页岩测井响应特征为基础，优选对泥页岩最为敏感的自然伽马测井曲线、中子测井曲线、密度测井曲线，将上述曲线进行叠合能较好地识别泥页岩，有效区分富有机质泥页岩和非富有机质泥页岩。在定性识别的基础上，密度测井值能较好识别非富有机质泥页岩和富有机质泥页岩，前者密度测井值介于2.61～2.70g/cm^3，后者小于2.61g/cm^3。采用上述测井识别方法得到的结果与现场含气量测试、实验实分析有机碳含量和气测录井结果有着较好的一致性，可以为该区页岩气测井参数计算提供依据。

关键词：四川盆地　焦石坝地区　志留纪　泥页岩　页岩气　测井响应　储集层识别　叠合法　交会法

页岩气是以多种相态存在并富集于泥页岩中的天然气，岩性多为沥青质或富含有机质的暗黑色泥页岩和高碳泥页岩，其间或有夹层状发育的粉砂质泥岩、泥质粉砂岩、粉砂岩等[1-4]。页岩气部分天然气主体上以游离相态存在于裂缝、孔隙及其他储集空间，部分以吸附状态存在于干酪根、黏土颗粒及孔隙表面，极少量以溶解状态储存于干酪根、夹层状的粉砂岩等[5]。页岩气的赋存方式使得储层含气的测井响应特征面临新探索。页岩气藏与常规气藏相比，具有弱敏感地球物理参数特征，这就大大增加了地球物理测井技术识别页岩气的难度[6-7]。

吴庆红等认为页岩储层具有“四高二低”特征，并且利用自然伽马、电阻率、中子孔隙度、声波时差和感应测井组合方法识别页岩气储层[8]。Lewis 等利用自然伽马、电阻率、密度和岩性密度测井组合方法找出了含气页岩的典型测井曲线[9]。Cluff 等利用自然伽马能谱测井识别了阿科马（Arkoma）盆地伍德福德（Woodford）地层的页岩气储层[10]。Bowman 等研

天然气工业，2014，34（6）：30-36

究了密西西比沃斯堡(Fort Worth)盆地巴尼特(Barnett)组的页岩层，认为声波与电阻率交会能够区分岩性[11]。充分认识泥页岩的测井响应特征，才能有效地识别泥页岩储层，进而对泥页岩储层参数计算进行研究。本文在调研国内外测井评价页岩气的基础上，分析实际页岩气井资料，总结涪陵焦石坝海相泥页岩地层测井响应特征，探索适合该区泥页岩储层识别的方法，从而更好地进行测井参数评价。

1 泥页岩测井响应特征

焦石坝位于重庆市涪陵区，构造位置处于川东高陡褶皱带包鸾—焦石坝背斜带，下志留统龙马溪组是四川盆地及周缘下古生界海相页岩气主要目的层。焦石坝海相页岩气探井JY1井、JY2HF、JY3HF和JY4HF井储层埋深介于2300~2595m，实验分析JY1井泥页岩主要有灰黑色泥岩、黑色碳质泥岩、灰黑色碳质泥岩、灰黑色粉砂质泥岩、灰黑色页岩和黑色碳质页岩6类。孔隙度值介于1.17%~7.22%，平均为4.52%，渗透率值介于(0.0016~335.209)×$10^{-3}\mu m^2$，平均为28.309×$10^{-3}\mu m^2$。有机碳含量(TOC)介于0.55%~5.89%，平均为2.54%。总含气量介于1.18~5.75m^3/t，平均为3.14m^3/t。镜质体反射率(R_o)大于2%。脆性矿物含量介于33.9%~80.3%，平均为56.5%，矿物组分以石英为主，平均占37.3%。

1.1 自然伽马曲线测井响应特征

自然伽马测井反映了岩石所放射出自然伽马射线的总强度。泥页岩地层中黏土对放射线物性的贡献很大，各种黏土矿物对放射线物质的贡献不同。蒙脱石本身不含放射线物质，但其阳离子交换能力较强，表面积较大，对放射线物质吸收能力强，含有较多的氧化铀，对黏土的放射线贡献最大；伊利石本身含钾，具有放射性，对氧化铀有一定的吸附能力；绿泥石本身无放射性，其阳离子交换能力差，缺乏放射性附着物。JY1井五峰—龙马溪组一段主要含气泥页岩段(井深2330.46~2414.88m)87个样品的全岩X射线衍射显示黏土矿物含量自上而下有降低的特点，如图1(左图)，黏土含量介于16.6%~62.8%，平均为40.9%。黏土矿物X射线衍射显示黏土矿物主要为伊蒙混层，含量介于25.0%~85.0%，平均为54.5%，其次为伊利石，含量介于12.0%~68.0%，平均为39.5%，含少量绿泥石，含量介于1.0%~20.0%，平均为6.0%，如图1(右图)所示。图2为JY1、JY2HF、JY3HF、JY4HF井五峰—龙马溪组一段泥页岩自然伽马对比图，图中曲线形态基本一致，从上到下测井值有逐渐增大趋势，这说明JY2HF、JY3HF和JY4HF井的黏土矿物组分和含量与JY1井具有极大的相似性。

1.2 自然伽马能谱测井曲线响应特征

自然伽马能谱测井反映了地层岩石中铀、钍、钾含量以及产生的伽马射线总和。自然伽马能谱测井能够提供更加详细的伽马射线信息。如图3所示，上部黏土岩中钾和钍的含量高，铀的含量低(相对钾和钍)，下部黏土岩中有机质含量增高时，黏土颗粒对铀离子的吸附力增强，黏土的铀含量明显升高。4口井的铀、钍、钾曲线形态基本一致，整体上从上到下铀含量逐渐增大，钍含量和钾含量逐渐降低。

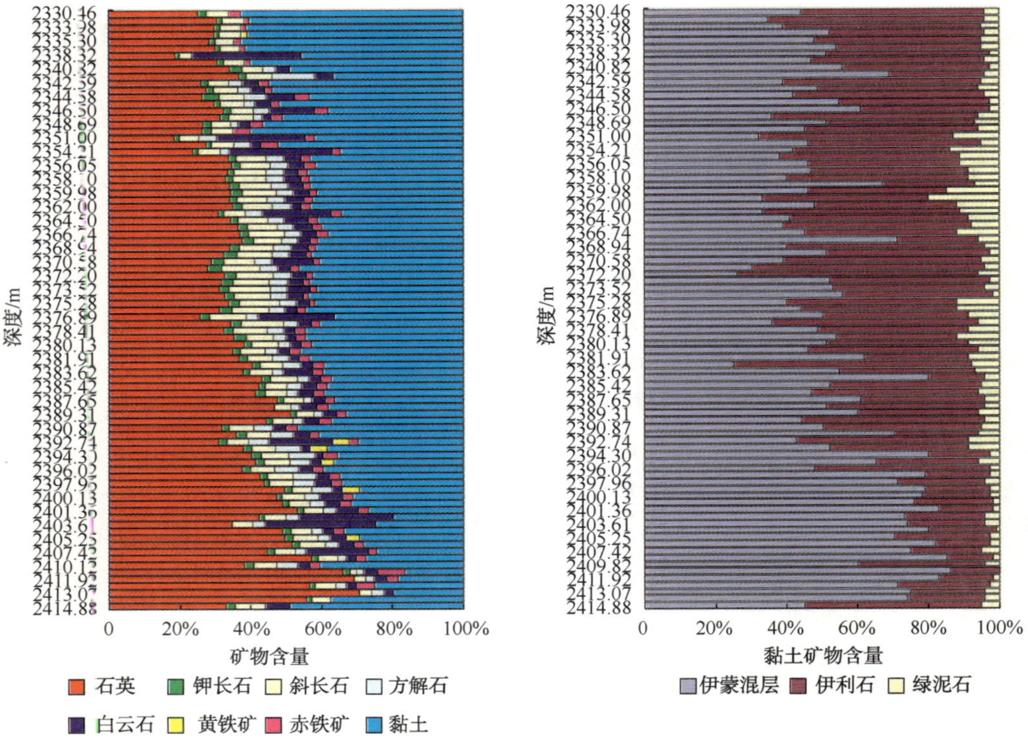

图 1　全岩矿物含量分析图

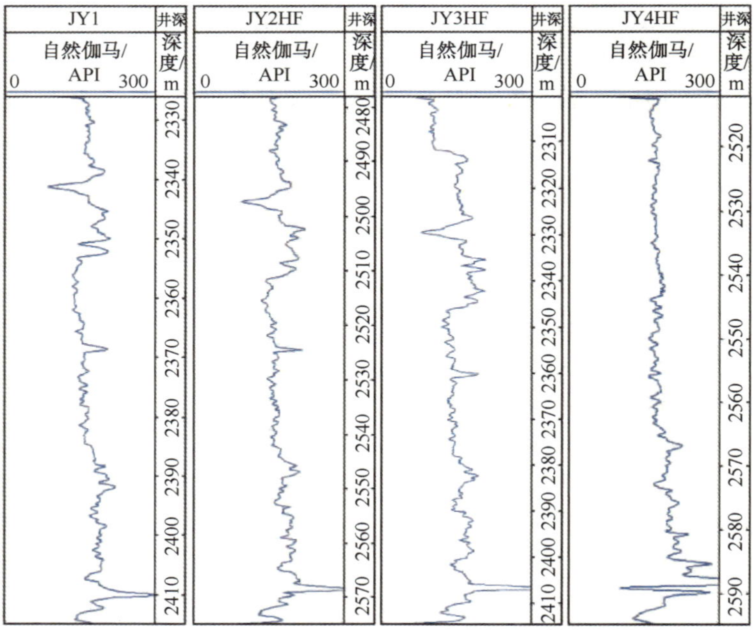

图 2　泥页岩自然伽马测井曲线图

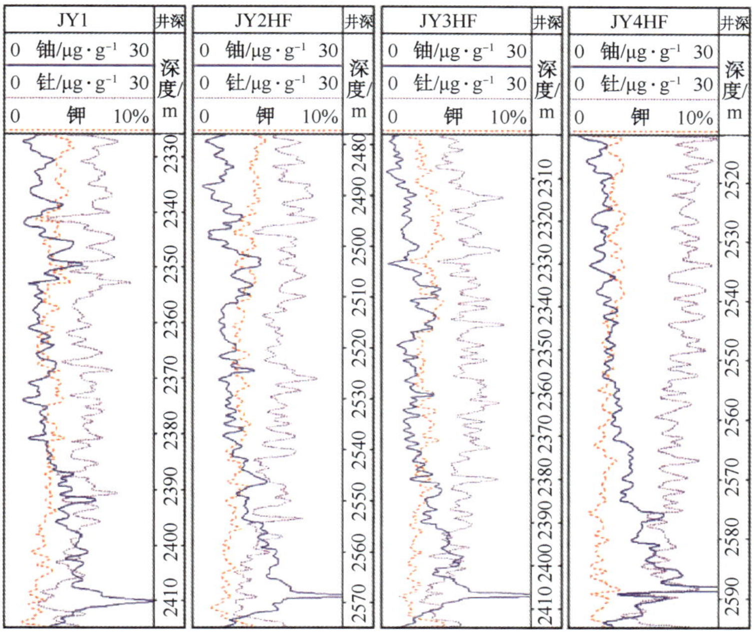

图 3 泥页岩自然伽马能谱测井曲线图

1.3 电阻率测井曲线响应特征

电阻率测井曲线的变化是多种因素综合的结果，它反映了岩石的矿物成分、热液蚀变、孔洞和裂缝发育程度、流体性质以及含油气多少的变化。由于泥页岩矿物组分复杂，当矿物组分含量和结构发生变化时，电阻率测井曲线也会发生改变。孔隙内的流体性质对电阻率测井也有较大影响，当发育的网状裂缝被钻井滤液充满时，电阻率测井值也会降低；此外，长石风化为高岭石、黑云母饰变为绿泥石，也可降低岩石的电阻率。有机质成熟度对电阻率大小也有影响，如图 4 所示，电阻率测井曲线形态基本一致，泥页岩段电阻率整体偏小，上部泥页岩电阻率低于下部泥页岩电阻率，与下部有机质含量增加有关。

1.4 三孔隙度测井曲线响应特征

1.4.1 声波测井曲线响应特征

声波测井曲线受岩石的矿物成分、岩石致密程度、岩石结构以及孔隙流体性质等因素影响而表现为不同特征。图 5 为三孔隙度测井曲线图，图中声波曲线形态相似，从上到下声波时差有增大趋势，有机质含量的增加会增大储层的孔隙度，从而引起声波时差值升高。

1.4.2 中子测井曲线响应特征

中子测井受地层岩性、流体性质影响较大，并随着孔隙、裂隙中流体含量的变化而发生变化。当岩石发生蚀变时，次生的绿泥石、绢云母等矿物含有大量的结晶水和结构水，常表现出高的中子孔隙度。如图 5 所示，中子曲线形态相似，从上到下中子测井值有减小趋势。

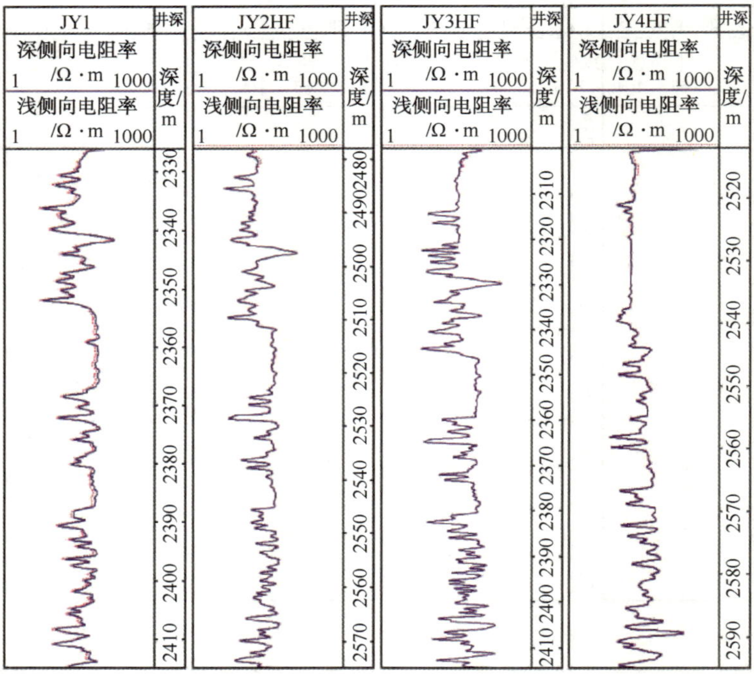

图 4　泥页岩电阻率测井曲线图

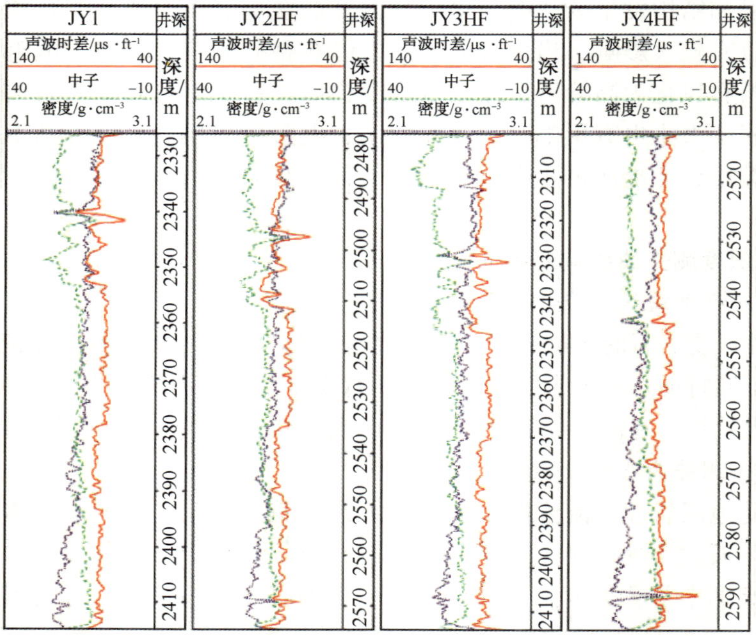

图 5　泥页岩三孔隙度测井曲线图

注：1ft=0.3048m

1.4.3 密度测井曲线响应特征

密度测井受组成岩石的矿物成分、孔隙、裂隙、井眼和泥饼的影响。有机质密度较低，当泥页岩中有机质含量增加时会引起密度降低(如图5)，密度曲线形态相似，从上到下密度测井值呈减小趋势。

1.5 *PE* 测井曲线响应特征

岩性—密度测井能得到岩石光电吸收截面指数(*PE*)，*PE* 区分岩性的能力较强。不同矿物的 *PE* 值差别较大，流体的 *PE* 值很小，岩石光电吸收截面指数受岩石中流体性质和含量的影响很小。因此 *PE* 值主要取决于岩石的矿物成分和含量。如图6所示，*PE* 曲线形态相似，从上部到下部 *PE* 值呈逐渐减小的趋势。JY1井全岩X射线衍射分析表明，从五峰—龙马溪组一段顶部到底部石英含量是逐渐增大的，且石英含量在整个实验分析层段(2330.46~2414.88m)占的相对密度大，含量最高达70.6%，而石英的 *PE* 值较低，这会降低测井的 *PE* 值。

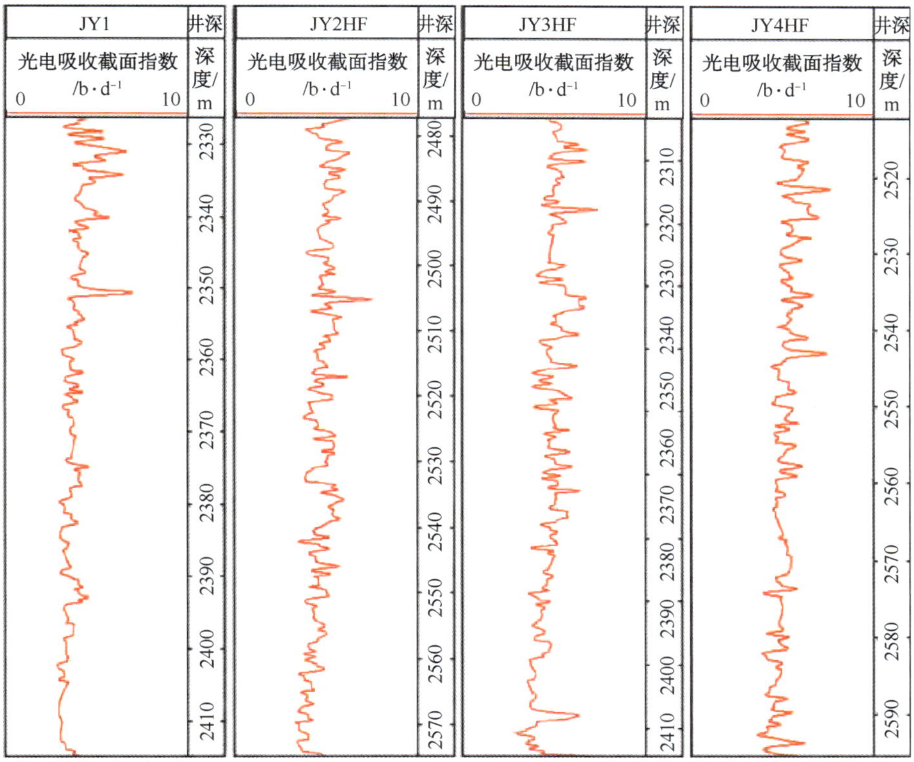

图6 泥页岩 *PE* 测井曲线图

1.6 ECS 测井曲线响应特征

ECS 测井响应主要是组成岩石矿物的各种元素百分含量的总体反映，实际应用中主要提供 Si、Al、Ca、Fe、Gd、S 和 Ti 等地层元素[12]。其中，Si 可指示石英，Ca 与方解石和白云石密切相关，Al 与 Si 可指示长石，S 和 Ca 可以作为石膏的指示元素，Fe 与黄铁矿和赤铁矿等相关，Al 与黏土含量相关。图7为泥页岩 ECS 测井曲线图，左起第一道到第八道分别为硅(Si)、深度、铝(Al)、钙(Ca)、铁(Fe)、钆(Gd)、硫(S)、钛(Ti)。整体上从上到下硅元素含量逐渐增加，铝元素和铁元素含量逐渐降低，这与全岩分析矿物含量有较好对应性，钙元素、钆元素和钛元素含量整体无明显变化规律，局部硫元素含量接近零。

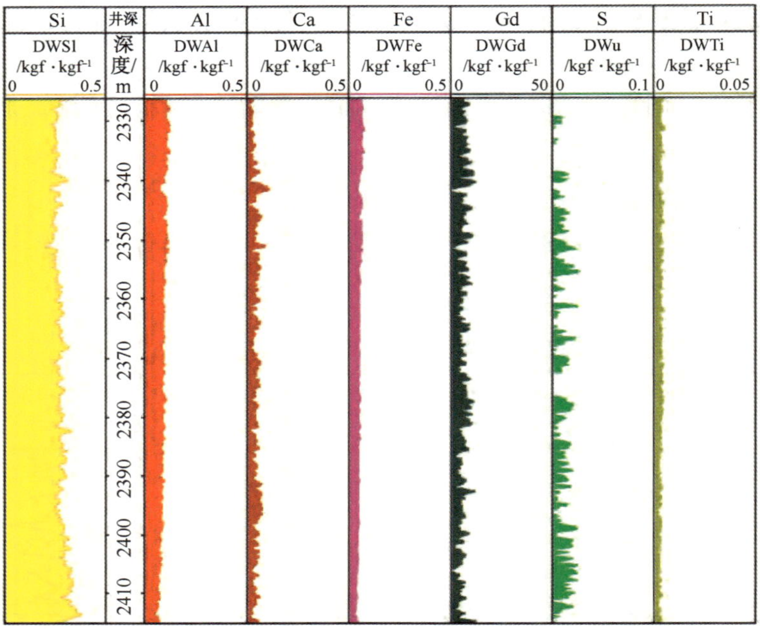

图 7 泥页岩 ECS 测井曲线图

2 测井技术识别泥页岩储层

2.1 测井曲线叠合法

常规测井组合可以用来划分泥页岩岩性，根据前文对测井响应特征的分析，选取对泥页岩敏感曲线自然伽马、密度、中子来识别泥页岩，划分富有机质泥页岩层段。

自然伽马曲线指示地层的泥质含量，能较好地区分砂岩、泥岩和石灰岩，因此可考虑将自然伽马曲线定为基线，利用对泥页岩较为敏感的密度和中子曲线与之叠合，选取灰黑色泥岩为基准岩性。如图 8 所示，以井深 2509.63~2512.25m 深灰色粉砂岩下部泥岩为基准岩性，调整曲线刻度，使叠合的曲线在此重合。第一道和第二道分别为自然伽马—密度，自然伽马—中子曲线叠合道，上部粉砂岩段和下部石灰岩段，两条曲线间隔幅度相对较大，且密度和中子曲线偏向基准线的右边，称为“负差异”，在井深 2512.25~2595.7m 段，上部曲线基本重合，下部曲线间隔幅度大，且密度和中子曲线偏向基准线的左边，称为“正差异”。将上部曲线重合段定义为非富有机质泥页岩段，下部曲线呈“正差异”层段定义为富有机质泥页岩段。自然伽马—密度曲线叠合识别富有机质泥页岩层段为井深 2536.0~2595.7m，厚度 59.7m，自然伽马—中子曲线叠合识别富有机质泥页岩层段为井深 2538.7~2595.7m，厚度 57.0m。左起第五道为实测总含气量，第六道为分析有机碳含量，第七道为录井全烃值，识别的富有机质泥页岩层段对应的含气量、有机碳含量和全烃值都较高，且整体上“正差异”大的泥页岩层段对应的三者值也较高。

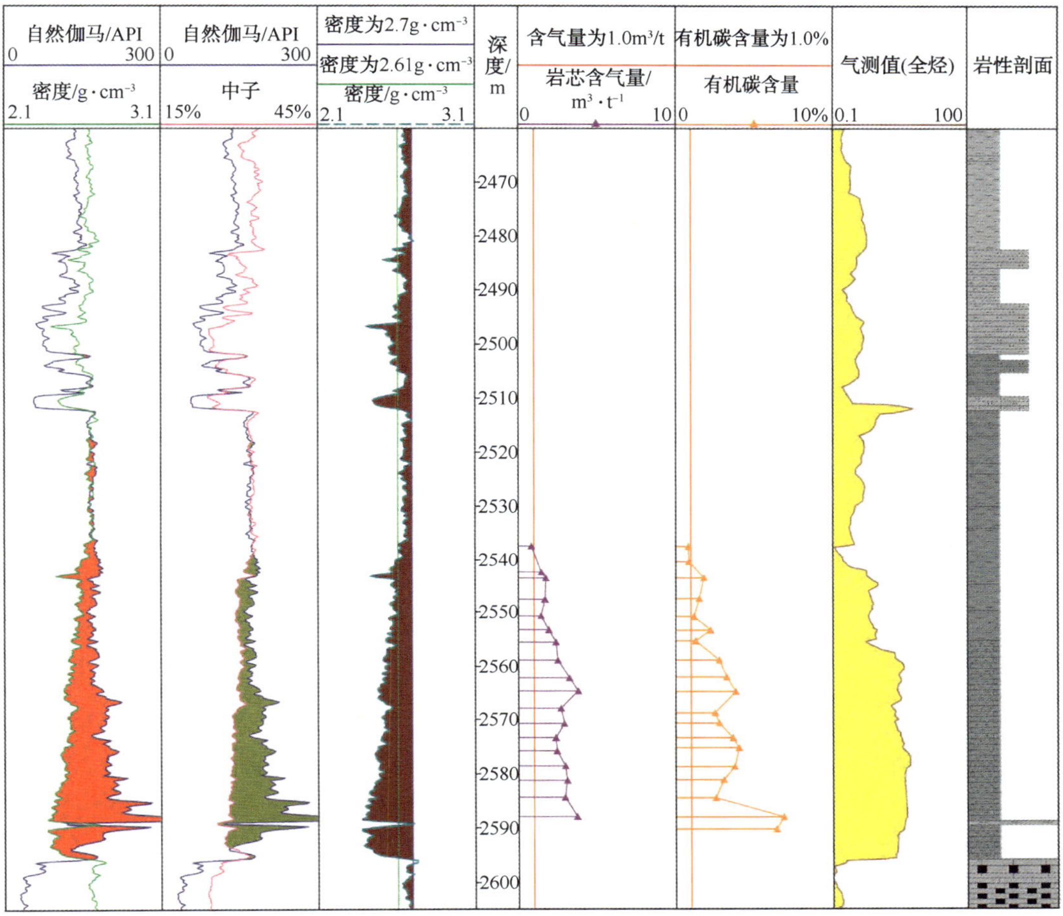

图 8 JY4 井泥页岩储层测井识别图

2.2 交会图法

选取敏感曲线自然伽马、三孔隙度曲线进行交会分析。干酪根密度较低，当泥页岩中有机质含量增加时密度会降低，有机质增加时会引起储层孔隙度增大，孔隙度增大会引起密度降低。如图 9 为实验分析有机碳含量与测井密度值交会图，图 9 中 222 个样点为 JY1 和 JY2HF 井实验分析数据，图中红线代表密度值为 2.61g/cm^3，红线左边的数据点有机碳含量全部大于 1%，除了个别数据点外，其余的数据点有机碳含量全部大于等于 2%，绝大部分数据点有机碳含量大于等于 3%，还有部分数据点有机碳含量大于等于 4%，按照行业标准，红线左边的数据点对应的页岩气层为高—特高页岩气层；红线右边数据点有机碳含量基本在全部小于 3%，大部分在 2%以下，有些小于 1%。图 9 中数据点有机碳对应的密度值基本小于 2.70g/cm^3。因此可将密度值为 2.61g/cm^3 作为富有机质泥页岩层段划分的标准，密度值为 2.70g/cm^3 作为泥页岩层段划分的标准。在前面曲线叠合对泥页岩储层定性—半定量识别的基础上，进一步对泥页岩储层进行定量识别。图 8

左起第三道泥页岩层段密度测井值小于 2.61g/cm³ 的富有机质值段在井深 2539.6～2595.7m，厚度为 56.1m，非富有机质泥页岩段在井深 2512.25～2539.6m，密度测井值在 2.61～2.70g/cm³ 之间。密度测井值划分的富有机质泥页岩段与现场实测含气量、实验分析有机碳含量和录井气测值也有较好的对应性。从左起第三道可以看出在井深 2512.25～2595.7m 层段的上部有密度测井值小于 2.61g/cm³ 的井段，下部有密度测井值小于 2.70g/cm³ 的井段，这表明单独依靠密度测井曲线还不能够识别泥页岩和富有机质泥页岩，必须结合其他的识别方法。

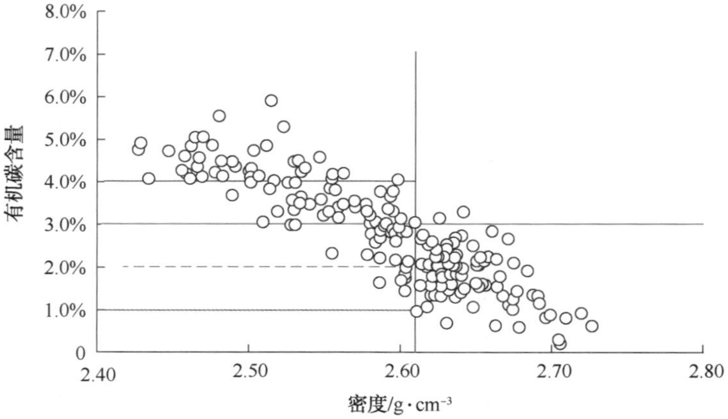

图 9　实验分析有机碳含量与测井密度值交会图

图 8 左起第八道为录井岩性，录井资料显示井段 2482.5～2486.0m 和 2492.48～2501.92m 为深灰色泥质粉砂岩，井深 2509.63～2512.25m 为深灰色粉砂岩；井深 2512.25～2595.78m 为泥页岩，岩性主要为灰黑色泥岩、灰黑色含粉砂泥岩、灰黑色碳质泥岩、局部含少量深灰色泥云岩；井深 2595.78～2610.50m 为石灰岩，包含灰色含云灰岩、灰色瘤状灰岩。测井识别时分为粉砂岩、泥页岩和石灰岩 3 大类，提取 3 种岩性对应的测井值做交会分析，判断识别效果。

图 10(a) 和图 10(b) 分别为自然伽马—中子和自然伽马—密度交会图。从图中可看出自然伽马能较好将泥页岩与粉砂岩和石灰岩分开，泥页岩自然伽马测井值较高，整体大于 150API，粉砂岩的自然伽马值高于石灰岩自然伽马值，整体上泥页岩中子值较石灰岩和粉砂岩高，密度值较石灰岩和粉砂岩低，但都不能较好地将泥页岩分开；在泥页岩识别的基础上进一步识别非富有机质泥页岩和富有机质泥页岩。根据 JY4HF 井实验分析的 19 个有机碳含量样品值大小划分非富有机质泥页岩和富有机质泥页岩，将分析有机碳含量大于 1 的层段划为富有机质泥页岩段，该层段井深介于 2540.34～2595.7m，厚度为 55.36m；井深 2512.25～2540.34m 为非富有机质层段。如图 10(c) 和图 10(d) 分别为泥页岩层段自然伽马—中子和自然伽马—密度交会图，可以看出密度测井值区分非富有机质泥页岩和富有机质泥页岩的效果较好，中子测井值划分的效果次之，自然伽马测井值难以区分二者。

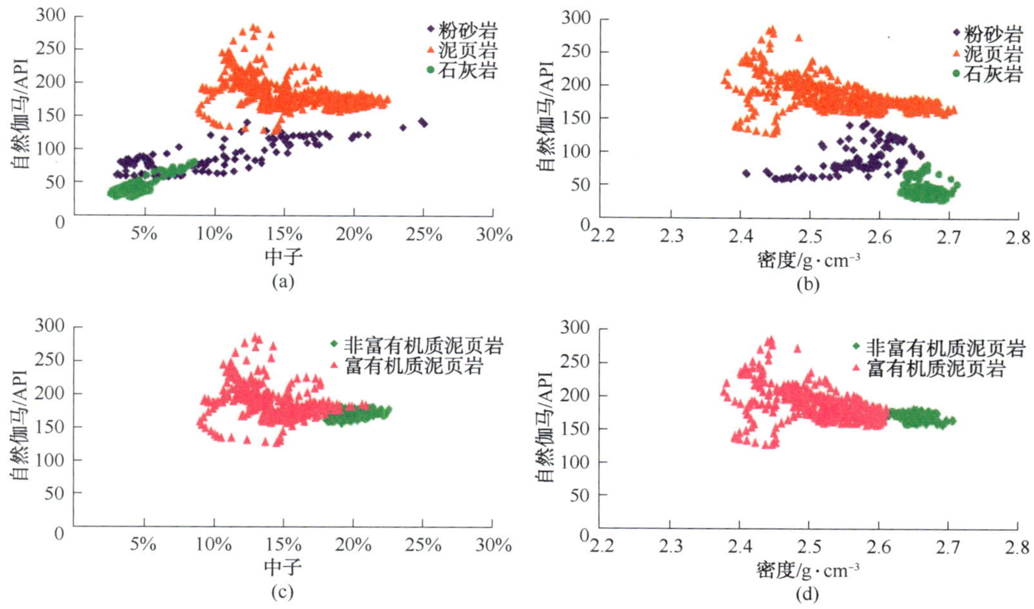

图 10　JY4HF 井泥页岩识别交会图

3　结论

(1)焦石坝海相泥页岩储层稳定，测井响应特征明显，常规测井曲线具有高伽马、相对高电阻、高声波、高铀，低中子、低密度、低光电吸收截面指数、低钍、低钾的“四高五低”特征，非常规元素测井资料上表现为硅含量增加，铝含量和铁含量降低特征。

(2)自然伽马测井曲线与密度(或中子)测井曲线叠合能较好识别泥页岩储层，有效区分富有机质泥页岩和非富有机质泥页岩。密度测井曲线对泥页岩储层较为敏感，在定性—半定量识别的基础上，密度测井值能较好识别富有机质泥页岩储层，富有机质泥页岩密度测井值小于 2.61g/cm^3，非富有机质泥页岩则介于 2.61~2.70g/cm^3。

(3)该成果可为该区页岩气测井参数计算提供依据。

参　考　文　献

[1] 王社教，王兰生，黄金亮，等．上扬子区志留系页岩气成藏条件[J]. 天然气工业，2009，29(5)：45-50.

[2] 张金川，薛会，张德明，等．页岩气及其成藏机理[J]. 现代地质，2003，17(4)：466.

[3] LAW B E, CURTIS J B. Introduction to unconventional petroleum systems[J]. AAPG Bulletin，2002，86(11)：1851-1852.

[4] MOHSENI P. Gothic and Hovenweep shale play opportunity on the ute mountain ute Indian reservation，Colorado[R]. Michigan：Indian Mineral Development Act，2010.

[5] 聂海宽，张金川．页岩气藏分布地质与规律[J]. 中南大学学报：自然科学版，2010，41(2)：700-708.

[6] 罗蓉，李青．页岩气测井评价及地震预测、监测技术探讨[J]. 天然气工业，2011，31(4)：34-39.

[7] 张金川，徐波，聂海宽，等．中国天然气勘探的两个重要领域[J]．天然气工业，2007，27(11)：1-6.

[8] 刘双莲，陆黄生．页岩气测井评价技术特点及评价方法探讨[J]．测井技术，2011，35(2)：112-116.

[9] LEWIS R，INGRAHAM D，PEAECY M，et al. New evaluation techniques for gas shale reservoirs[C]//SPWLA 47th Annual Logging Symposium. Houston：Society of Petrophysicists and Well-Log Analysts，2004.

[10] CLIFF B，MILLER M. Log evaluation of gas shales：A 35-year perspective[C]//SPWLA 52th Annual Logging Symposium. Houston：Society of Petrophysicists and Well-Log Analysts，2010.

[11] 刘绪刚，孙建孟，郭云峰．元素俘获测井在储层综合评价中的应用[J]．测井技术，2005，29(3)：236-240.

[12] 潘仁芳，赵明清，伍媛．页岩气测井技术的应用[J]．中国科技信息，2010(7)：16-18.

涪陵焦石坝页岩气层压力预测技术研究

李金磊

（中国石油化工股份有限公司勘探分公司，四川成都 610041）

摘要： 压力系数是页岩气保存条件的综合判别指标。以涪陵焦石坝页岩气藏为例，基于压力偏低系数与高角度裂缝密度呈正相关关系，提出了复杂构造区基于裂缝修正的压力系数预测技术及实现流程。首先利用已知井建立封存型和逸散型压力系数预测模型，然后基于归一化的曲率属性定量表征裂缝密度，建立压力偏低系数预测模型，最后综合考虑地层速度和裂缝密度，实现复杂构造区的压力系数预测。焦石坝三维工区五峰组—龙马溪组页岩气层压力系数的预测结果表明，该技术适应性强，预测精度高，在中国南方多期构造运动影响下的勘探区块具有很好的推广应用价值。

关键词： 涪陵页岩气田　复杂构造区　压力偏低系数　裂缝修正　压力预测

四川盆地东南缘 JY1HF 井在上奥陶统五峰组—下志留统龙马溪组获得稳定高产工业气流，实现了南方海相页岩气的战略突破，展示了四川盆地海相页岩气良好的勘探前景[1-2]。勘探实践及精细研究形成了南方复杂构造区高演化海相页岩气“二元富集”理论，即深水陆棚优质泥页岩发育是页岩气“成烃控储”的基础；良好的保存条件是页岩气“成藏控产”的关键[3-4]。地层压力系数是页岩气保存条件评价的综合判别指标，统计发现，四川盆地及周缘下古生界页岩气井产量与压力系数呈对数正相关关系[5]，选区评价时，认为压力系数>1.2 时，页岩气保存条件好[4]。因此，研究分析页岩储层的压力特征及开展压力系数预测技术的攻关，对于评价页岩气保存条件、寻找高产富集的页岩“甜点”具有十分重要的意义。

国内外许多学者对异常地层压力预测进行了探索和研究，预测方法主要有两类：一是基于测井数据的预测[6-8]，能较准确地在钻后计算地层压力，但只能针对单井不能实现井孔以外的地层压力平面预测；二是基于地震资料进行压力预测[9-19]，以地震速度作为预测的基础，可分为依赖正常压实趋势线的方法和不依赖正常压实趋势线的综合参数方法。这两类方法大多应用于常规油气勘探中砂岩和碳酸盐岩地层压力预测，而对页岩储层的压力预测方法研究较少，尤其是针对构造复杂区常规方法表现出较强的不适用性。

以涪陵焦石坝地区为例，综合构造、岩芯、成像测井和钻井等资料，分析确定影响该区压力系数的主要因素，建立适应于不同复杂地质条件的压力系数预测模型，提出了基于裂缝修正的压力系数预测技术及实现流程，在五峰组—龙马溪组页岩气层压力系数预测应用中取得良好的效果。

石油物探，2017，56(4)：567-574

1 压力系数影响因素分析

1.1 构造与压力系数分布特征

涪陵焦石坝地区位于川东隔挡式褶皱带、盆地边界断裂齐岳山断裂以西的万州复向斜内[3-4]，受雪峰、大巴山等多方向、多期构造运动影响，总体表现为一北东向大型似箱状断背斜，构造主体地层产状平缓，翼部变陡，被断层切割复杂化。早期发育北东向断层，形成“东西分块、隆洼相间”的格局；后期发育北西向断层，形成“南北分带”的特征(图 1)。钻井表明，该区富有机质泥页岩分布稳定，优质页岩气层段(总有机碳含量 TOC≥2%)厚度为 30~50m；TOC 平均值大于 3%，脆性矿物含量介于 65%~79%，孔隙度平均约为 4.53%，含气量平均约为 4.21m^3/t。由于横向上孔隙度、含气量和压力系数存在差异性，因此总体来看构造复杂区比构造稳定区含气性要差、孔隙度要低，表现出较低的压力系数(表 1)。同时，勘探结果证实：顶部宽缓、地层倾角小、断层不发育的背斜主体，其页岩气藏压力系数高，一般为 1.30~1.55，普遍高产，无阻流量一般大于 50×10^4m^3/d；构造翼部较复杂区，压力系数相对偏低，无阻流量一般为(20~50)×10^4m^3/d，而位于西南部北东及北西两组断裂结合部位的乌江断鼻，受多期应力改造，断裂及裂缝发育，压力系数小于 1.0，无阻流量以小于 10×10^4m^3/d 为主。

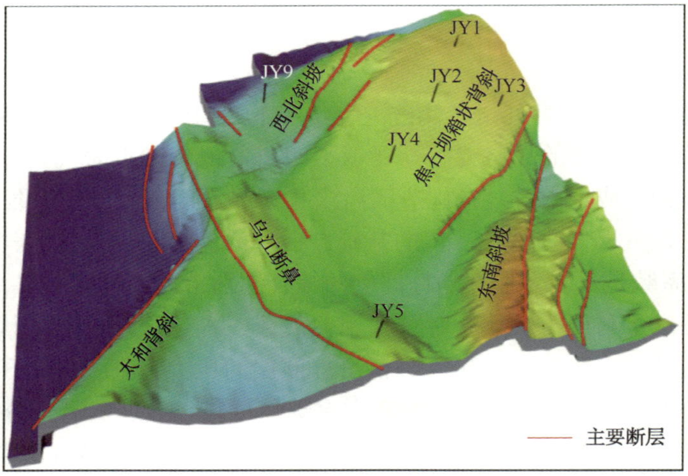

图 1 涪陵焦石坝地区五峰组底界构造

表 1 焦石坝地区探井优质页岩评价参数对比结果

区域	井号	优质页岩厚/m	TOC/%	脆性矿物含量/%	孔隙度/%	含气量/$m^3 \cdot t^{-1}$	压力系数
构造稳定区	JY1 井	38.0	3.58	65.67	4.67	5.85	1.45
	JY2 井	42.0	3.76	79.00	6.20	6.46	1.50
	JY3 井	43.5	3.35		3.20	6.23	1.35
	JY4 井	39.5	3.67	78.60	6.19	5.93	1.46
构造复杂区	JY5 井	43.0	3.25	68.60	2.97	4.35	0.99
	JY6 井	33.4	3.66	71.13	2.68	4.98	1.19
	JY7 井	46.7	3.42	65.69	3.16	3.77	1.32

1.2 造成压力系数差异的主要因素

四川盆地东部五峰组—龙马溪组页岩气藏超压形成的机制主要是烃源岩生烃而造成的流体膨胀，晚期构造挤压抬升作用的早晚、强度以及多期应力场的叠加改造、高角度裂缝的发育特征是影响页岩气超压后期保持的控制因素[4]。裂缝对页岩气藏具有双重作用，一方面页岩层段内小尺度裂缝和微裂缝发育改善了页岩储集条件，有助于页岩气的富集和后期的压裂改造，对压裂增产具有积极的作用；另一方面，如果裂缝规模过大，破坏了顶板或底板，导致页岩气散失，降低含气量，不利于页岩气保存[20-22]。

在焦石坝地区，晚期构造作用形成的断裂及其伴生的裂缝是五峰组—龙马溪组页岩气散失的主要因素。岩芯观察和 FMI 成像发现，主要发育高角度缝(斜交缝和垂直缝)和水平缝(层间页理缝、层间滑动缝)两种类型的裂缝(图 2、图 3)。水平缝在页岩层段内均有发育[图 2(a)(b)(c)(d)]，基本未对页岩气的保存产生破坏性。影响含气性的关键因素是高角度缝，实钻结果表明：焦石坝箱状背斜构造稳定区(以 JY1-JY4 井区为代表)，高角度缝主要发育于五峰组—龙马溪组一段的底部[图 2(a)]，且裂缝规模较小，多被方解石充填或半充填，基本未见开启的裂缝[图 3(a)]，基于体曲率的裂缝预测结果显示，该构造部位裂缝发育强度较低；而处于断裂发育带的构造复杂区(以 JY5 井区为代表)，高角度缝在页岩层段均有发育[图 2(d)(e)]，裂缝密度明显增加，见大量未被充填的裂缝[图 3(c)(d)]，裂缝发育强度较高，造成保存条件变差，页岩气大量散失，因此，在压力系数的定性与定量评价过程中需要重点考虑此类裂缝的影响。

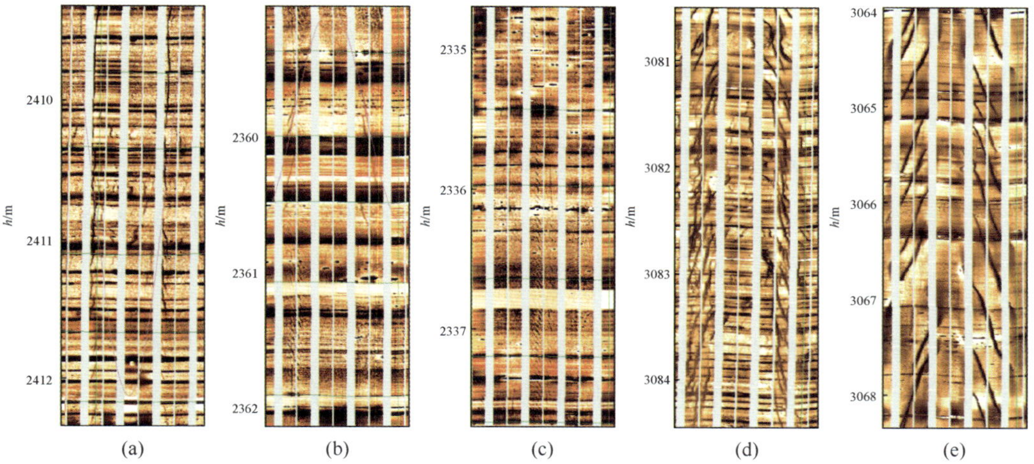

图 2 JY3 井、JY5 井页岩气层 FMI 裂缝解释成果

(a)JY3 井，五峰组，2409.2~2412.3m，含放射虫笔石页岩中水平缝、高角度缝发育；(b)JY3 井，龙马溪组一段二亚段，2359.1~2362.1m，含碳含粉砂泥岩中水平缝较发育；(c)JY3 井，龙马溪组一段三亚段，2334.8~2337.7m，含碳笔石页岩中水平缝较发育；(d)JY5 井，五峰组，3080.5~3084.9m，含碳笔石页岩中水平缝、高角度缝发育；(e)JY5 井，龙马溪组一段一亚段，3064.0~3068.3m，含碳笔石页岩中水平缝、高角度缝发育

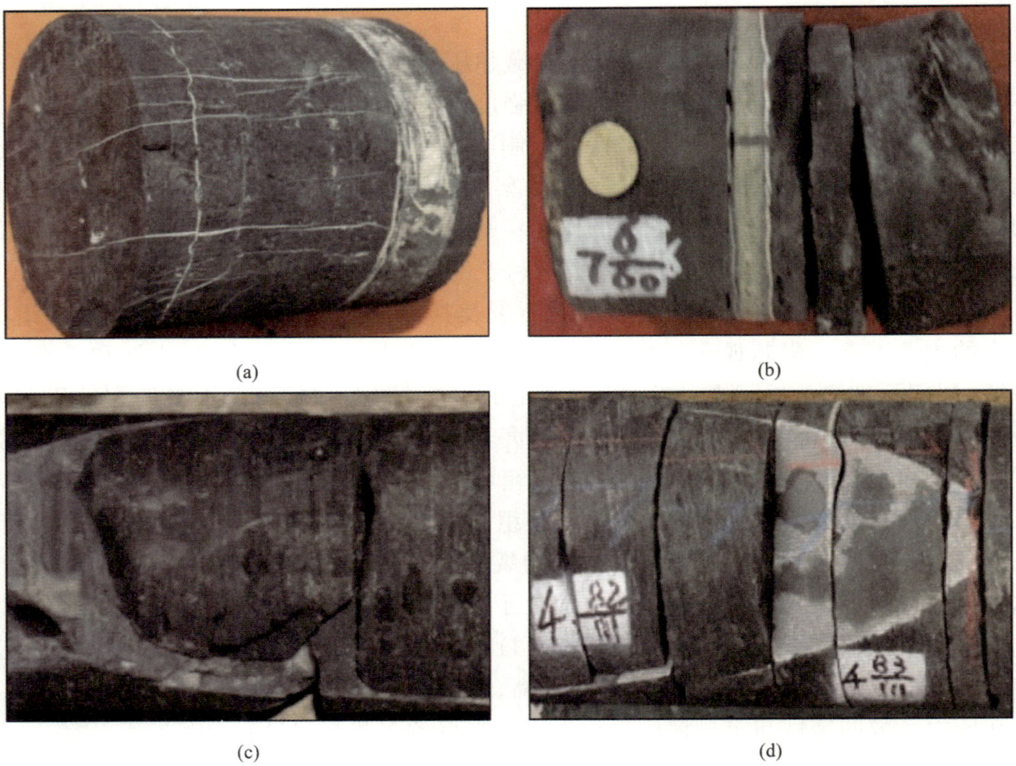

图 3　焦石坝地区五峰组—龙马溪组岩芯裂缝发育特征

(a)高角度缝和水平缝，方解石充填，JY1 井，2409.50m；(b)水平缝，方解石和黄铁矿充填，JY3 井，龙马溪组，2408.43m；(c)高角度缝，JY5 井，龙马溪组，3072.50~3072.65m；(d)高角度缝，JY6 井，龙马溪组，3211.06~3211.30m

2　复杂构造区页岩气层压力系数预测技术

基于大尺度高角度裂缝发育对焦石坝地区保存条件的影响控制作用，将裂缝表征与压力预测有机地结合起来，建立了基于裂缝修正的压力系数预测技术，进而开展页岩气层压力系数预测。

2.1　封存型及逸散型压力系数预测模型

屈大鹏等[18]、陈超等[23]在川东南焦石坝和丁山地区，结合实钻井压力系数与地层速度之间的负相关关系，进一步优化 Fillippone 公式，形成了新的函数关系式：

$$P_c = a - bv_i \tag{1}$$

式中，P_c 为压力系数；v_i 为目的层层速度；a、b 为经验系数，可通过实际井资料拟合得到。

在保存条件好的构造稳定区，优选有实测压力系数的钻井，分析压力系数和层速度的关系(图 4)，确定公式(1)中的 a、b 分别为 7.9019、0.0016，相关系数达到 0.8900，建立焦石坝地区封存型压力系数预测模型：

$$P_{c-封存型} = 7.9019 - 0.0016v_i \tag{2}$$

式中，$P_{c-封存型}$ 为封存模型压力系数。

同时将位于构造复杂区的钻井加入上述封存型预测模型，发现其实测压力系数明显低于封存型模型压力系数(图 4)，而且表现出受断层、大尺度高角度裂缝破坏越强偏低系数越大的典型特征，进一步提出断层、大尺度裂缝破坏的逸散型压力系数预测模型：

$$P_{c-逸散型}=P_{c-封存型}-\Delta P_c \tag{3}$$

式中，$P_{c-逸散型}$ 为逸散模型压力系数；ΔP_c 为偏低系数。

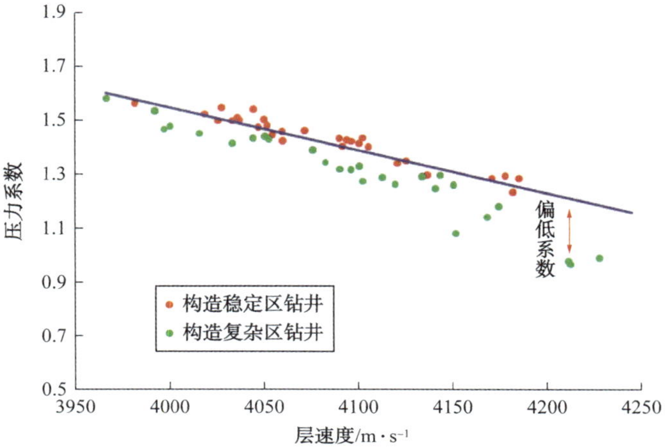

图 4　焦石坝地区钻井五峰组—龙马溪组层速度与压力系数交会分析结果

利用式(2)计算构造复杂区钻井的理论封存模型压力系数，将计算得到的理论值与实测压力系数 $P_{c-实测}$ 比较，求取偏低系数 ΔP_c：

$$\Delta P_c=P_{c-封存型}-P_{c-实测} \tag{4}$$

2.2　偏低系数预测模型的构建

以上分析结果表明：焦石坝地区五峰组—龙马溪组一段地层压力系数降低主要与断层及其伴生的大尺度高角度裂缝相关，高角度裂缝发育主要受构造作用影响。在常规储层预测和油藏识别中，地震体曲率属性往往用来表征微断裂和大尺度裂缝发育特征，一般来讲，地层因受力变形越严重，其破裂程度可能越大，曲率也应越大，裂缝也越发育[24]。YENUGU 等[25]将高密度的裂缝带测得的成像测井与叠后地震数据估算的曲率属性进行相关分析，两者具有很好的相关性，因此曲率属性有助于识别裂缝。对比分析焦石坝地区构造复杂区压力系数较低的钻井，发现曲率属性表征的裂缝相对较发育，压力系数相对低，为该区利用曲率属性定量表征裂缝发育相对密度以及进一步实现偏低系数的横向预测奠定了基础(图 5)。地震体曲率属性为几何属性，曲率大的地方，裂缝密度相对较大，其表征的是一个相对概念，常被用于定性描述。为了实现定量描述，开展体曲率属性的归一化处理来表征裂缝发育密度，定义地震体曲率归一化后裂缝密度 0 为裂缝不发育，裂缝密度 1 为裂缝最发育，将表征焦石坝地区裂缝发育程度的地震体曲率属性进行归一化处理得到裂缝密度体，进一步统计裂缝密度与压力偏低系数的相互关系发现，裂缝密度越大，压力偏低系数越大(图 6)，基于此，建立偏低系数预测模型：

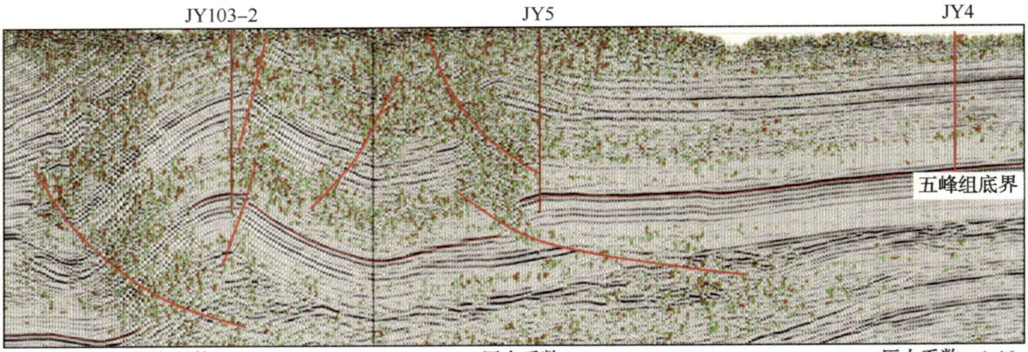

图 5　焦石坝区块过 JY103-2 井-JY5 井-JY4 井地震叠合曲率剖面

$$\Delta P_c = F(K_f) = 0.0706\ln K_f + 0.3123 \tag{5}$$

式中，K_f 为裂缝密度；ΔP_c 为偏低系数；F 表示函数关系。

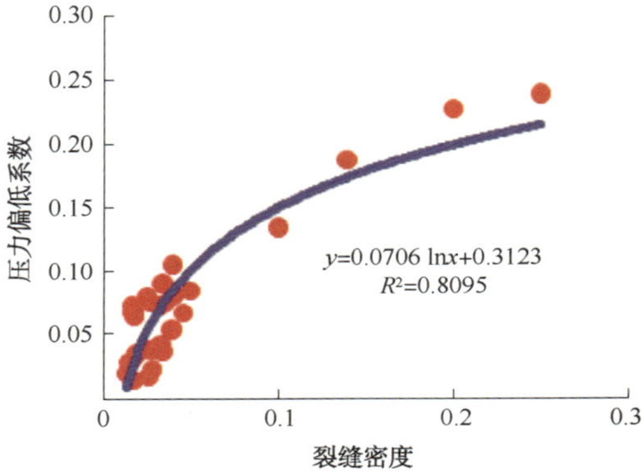

图 6　焦石坝构造复杂区钻井压力偏低系数与裂缝密度相关分析结果

2.3　基于裂缝修正的压力系数预测技术及实现流程

综合式(2)至式(5)，建立复杂构造区通用的压力系数预测模型为：

$$P_c = a - bv_i - F(K_f) \tag{6}$$

基于裂缝修正的压力系数预测技术实现及流程如下。

1）建立封存型压力系数预测模型及计算压力偏低系数。选取构造稳定区的钻井，对实测压力系数与目的层层速度进行交会分析，建立封存型压力系数预测模型，依据此模型对构造复杂区压力系数偏低的钻井计算理论封存型压力系数，将此理论压力系数与实测压力系数相比，求得构造复杂区钻井的压力偏低系数。

2）反演高精度速度。层速度是压力系数预测的基础，层速度预测精度直接影响压力系数预测的精度。根据研究区资料情况，选取合适的叠前或叠后速度反演方法获得高精度速度数据体[13,15-18]。

3）提取体曲率属性。对地震数据体开展针对性的断裂增强滤波、扩散滤波等特殊处理，利用基于新一代优化扫描的曲率技术，计算体曲率属性，获得曲率数据体[24]，应用最大正曲率属性定量表征裂缝密度，并进行归一化得到裂缝密度体。

4）建立基于裂缝修正的压力系数预测模型。将步骤1)中得到的压力偏低系数与步骤3)中得到的归一化裂缝密度进行交会分析，建立偏低系数预测模型，结合此模型与步骤1)中的封存型压力系数预测模型，应用于式(6)，建立基于裂缝修正的压力系数预测模型。

5）复杂构造区压力系数预测。将步骤2)反演获得的速度数据应用于步骤4)建立的基于裂缝修正的逸散型压力系数预测模型，便可实现复杂构造区压力系数预测。

3 页岩气层压力系数预测及效果分析

基于裂缝修正的压力系数预测技术流程，结合焦石坝地区构造稳定区以及断裂复杂区大量钻井的实际资料(图4、图6)，建立适用于焦石坝地区的压力系数预测模型为：

$$P_c = 7.9019 - 0.0016v_i - 0.0706\ln K_f - 0.3123 \qquad (7)$$

依据式(7)，首先采用叠前同时反演获得目的层五峰组—龙马溪组较为准确且精度较高的层速度；再对三维叠前时间偏移数据体进行断裂增强滤波优化处理，应用模拟退火全局寻优的方法计算最大正曲率，并进行归一化处理得到裂缝密度(图7)，焦石坝箱状背斜主体形变较弱，裂缝基本上不发育，但乌江断鼻、太和背斜以及东南斜坡等外围复杂构造区断裂发育，JY5井、JY103-2井等多口钻井资料表明，该区保存条件较差，压力系数较低，含气量较低，测试效果不理想。

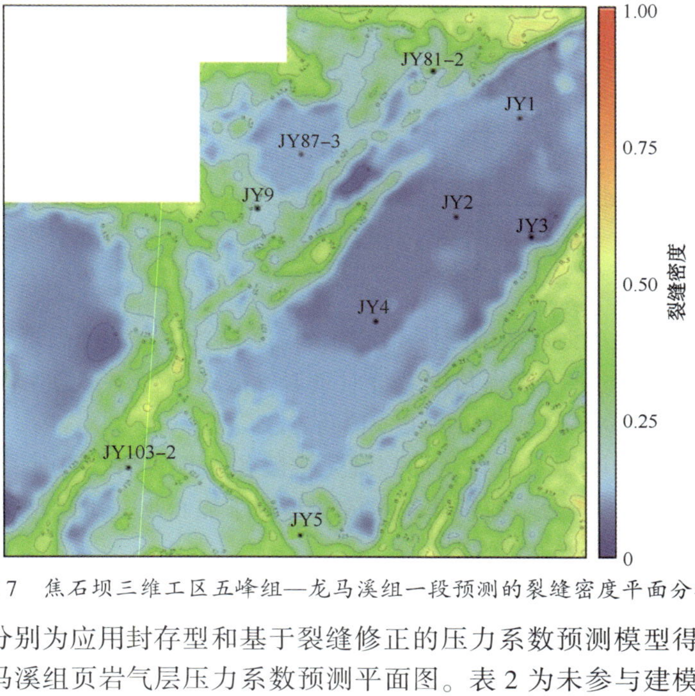

图7 焦石坝三维工区五峰组—龙马溪组一段预测的裂缝密度平面分布

图8和图9分别为应用封存型和基于裂缝修正的压力系数预测模型得到的焦石坝三维工区五峰组—龙马溪组页岩气层压力系数预测平面图。表2为未参与建模的探井和焦石坝箱状背斜外围开发井的压力系数预测对比结果。在构造相对稳定、裂缝欠发育、保存条件较好的背斜主体区，两种预测模型的预测结果一致，而在外围断层及大尺度裂缝发育、保存条件被后期构造活动破坏的区域，基于裂缝修正的预测结果与实测压力系数吻合更好，预测精度明显高于封存型模型，进一步说明该模型的适用性和通用性。

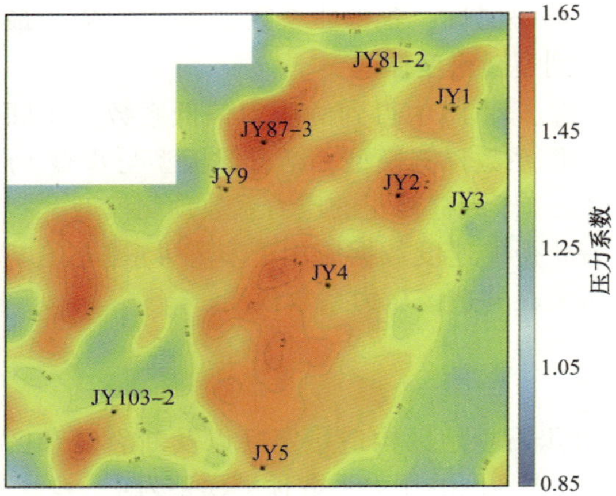

图 8　焦石坝三维工区封存模型预测的压力系数平面分布

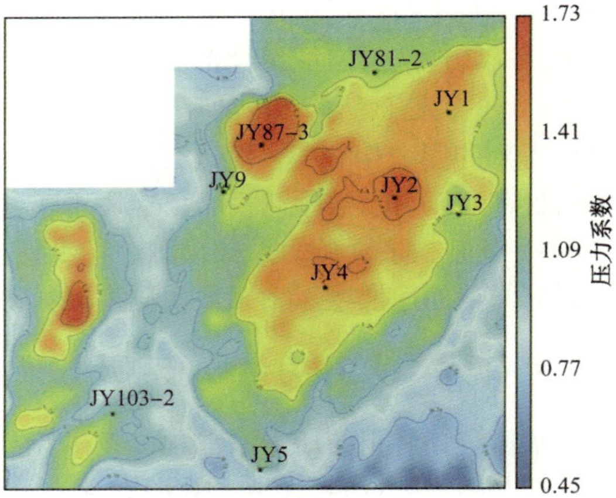

图 9　焦石坝三维工区基于裂缝修正预测的压力系数平面分布

表 2　焦石坝三维工区重点探井及外围验证井压力系数预测误差

区域	井名	实测压力系数	基于裂缝修正的压力系数预测		封存模型压力系数预测	
			预测结果	绝对误差	预测结果	绝对误差
构造稳定区	JY1	1.45	1.37	-0.08	1.37	-0.08
	JY3	1.35	1.25	-0.10	1.25	-0.10
	JY4	1.46	1.42	-0.04	1.42	-0.04
	JY87-3	1.67	1.61	-0.06	1.61	-0.06
构造复杂区	JY5	0.99	1.00	0.01	1.43	0.44
	JY103-2	1.00	1.10	0.10	1.34	0.34
	JY81-2	1.21	1.20	-0.01	1.44	0.23

4　结论与认识

1）基于裂缝修正的压力系数预测技术综合考虑了构造稳定区的页岩气超压保持和构造复杂区的断层及其伴生的大尺度高角度裂缝对页岩气的逸散作用，适用性更强，为复杂构造区页岩气层压力系数高精度预测提供了一种新方法。

2）构造作用形成的断裂及其伴生的裂缝是涪陵焦石坝页岩气藏保存及散失的主控因素，应用基于裂缝修正的压力系数预测技术成功预测了焦石坝三维工区五峰组—龙马溪组页岩气层的压力系数，预测精度较高。

压力系数预测模型的建立需要多口井的实测压力系数，该方法在少井区的应用效果有待进一步验证。

参　考　文　献

[1] 郭彤楼，刘若冰．复杂构造区高演化程度海相页岩气勘探突破的启示——以四川盆地东部盆缘 JY1 井为例[J]．天然气地球科学，2013，24(4)：643-651.

[2] 郭彤楼．涪陵页岩气田发现的启示与思考[J]．地学前缘，2016，23(1)：29-43.

[3] 郭旭升．南方海相页岩气“二元富集”规律—四川盆地及周缘龙马溪组页岩气勘探及实践认识[J]．地质学报，2014，88(7)：1209-1218.

[4] 郭旭升．涪陵页岩气田焦石坝区块富集机理与勘探技术[M]．北京：科学出版社，2014：176-181.

[5] 胡东风，张汉荣，倪楷，等．四川盆地东南缘海相页岩气保存条件及其主控因素[J]．天然气工业，2014，34(6)：17-23.

[6] 刘远征，夏宏泉，陈东，等．埕海油田二区沙河街组异常地层孔隙压力计算[J]．国外测井技术，2008，23(5)：23-25.

[7] 邵新军，许昀，吕中锋，等．地层流体压力预测方法的讨论[J]．石油勘探与开发，2000，27(3)：100-102.

[8] DUTTA N C. Geopressure prediction using seismic data：current status and the road ahead[J]. Geophysics，2002，67(6)：2012-2041.

[9] 云美厚．地震地层压力预测[J]．石油地球物理勘探，1996，31(4)：575-586.

[10] 孙武亮，孙开峰．地震地层压力预测综述[J]．勘探地球物理进展，2007，30(6)：428-432.

[11] SAYERS C M. An introduction to velocity-based porepressure estimation[J]. the Leading Edge，2006，25(12)：1496-1500.

[12] FILLIPPONE W R. Estimation of formation parameters and the prediction of overpressures from seismicdata[J]. Expanded Abstracts of 52nd Annual Internat SEG Mtg，1982：502-503.

[13] 周东红，熊晓军．一种高精度地层压力预测方法[J]．石油地球物理勘探，2014，49(2)：344-348.

[14] 魏茂安，陈潮，王延江，等．地层孔隙压力预测新方法[J]．石油与天然气地质，2007，28(3)：395-400.

[15] 史浩，周东红，吕丁友．基于有效应力的地层压力预测在渤海 BZ1 区的应用[J]．石油地质与工程，2014，28(2)：113-115.

[16] 石万忠，何生，陈红汉．多地震属性联合反演在地层压力预测中的应用[J]．石油物探，2006，45(6)：580-585.

[17] 郑园新，邓萍，蒋龙聪．焦石坝地区页岩气地层压力预测方法探讨[J]．中国石油学会 2015 年物探技术研讨会论文集，2015：822-825.

[18] 屈大鹏，陈超，王明飞，等．川东南地区基于海相泥页岩地层的压力系数预测———以丁山区块为例[J]．物探与化探，2016，40(2)：349-352，389.

[19] 王玉柱，孟召平，郭锐，等．华南古生界页岩储层压力预测方法及其应用研究[J]．煤炭学报，2016，41(10)：2631-2637.

[20] 李新景，胡素云，程克明．北美裂缝性页岩气勘探开发的启示[J]．石油勘探与开发，2007，34(4)：392-400.

[21] 郭君宇，王宁．PS 区块页岩裂缝发育特征及其对储集能力的影响[J]．油气藏评价与开发，2015，5(1)：21-25.

[22] 丁文龙，李超，李春燕，等．页岩裂缝发育主控因素及其对含气性的影响[J]．地学前缘，2012，19(2)：212-220.

[23] 陈超，屈大鹏，王明飞，等．川东南焦石坝地区海相泥页岩含气量预测方法探讨[J]．石油物探，2016，55(4)：597-605.

[24] GUANGGULY N，DEARBORN D，MOORE M，et al. Application of seismic curvature attribute in the appraisal of the tishrine-West field，North-East Syria[J]. CSEG Recorder，2009：29-43.

[25] YENUGU M，MARFURT K J. Relation between seismic curvatures and fractures identified from image logsapplication to the Mississippian reservoirs of Oklahoma[J]. Expanded Abstracts of 81st Annual Internat SEG Mtg，2011：995-997.

页岩气高精度三维地震勘探技术的应用与探讨

——以四川盆地焦石坝大型页岩气田勘探实践为例

陈祖庆　杨鸿飞　王静波　郑天发　敬朋贵　李苏光　陈　超

（中国石化勘探分公司）

摘要： 中国南方海相页岩气成藏模式与北美地区存在着明显的差异，前者储层厚度普遍较薄且保存条件复杂，常规的二维、三维地震勘探技术难以精细刻画泥页岩层的构造特征并准确反映优质泥页岩的分布规律，因而影响了页岩气水平井井位部署的成功率。要想在中国南方海相沉积区获得页岩气商业产能，就必须实施面向岩性勘探的三维高精度地震勘探，准确描述页岩气"甜点"的分布情况。因此，针对四川盆地东南部涪陵焦石坝地区复杂的地震、地质条件，三维高精度地震采集观测系统的设计应该具备宽方位、小道距、高覆盖、纵横向覆盖均匀、适中排列的特点，以满足页岩气勘探对构造解释、岩性解释以及裂缝预测的需要。基于该思路，2013 年在该区实施的首个高精度三维地震勘探项目对焦石坝大型页岩气田的发现起到了重要的促进作用。基于四川盆地海相优质泥页岩从志留系到寒武系呈多层系发育的特点，可以实施页岩气立体勘探的策略，充分挖掘高精度三维地震资料中所包含的浅、中、深地层的油气信息，全面扩大勘探成果，以平衡页岩气勘探开发高昂的上游成本，持续推动该区页岩气高效勘探开发进程。

关键词： 四川盆地　东南部　海相　焦石坝大型页岩气田　高精度三维地震勘探　立体勘探　"甜点"预测　油气信息

回顾我国页岩气的勘探历程，早期受北美页岩气勘探思路的影响，过度强调烃源岩的生烃条件，忽略了页岩气的保存条件，结果勘探出许多已被构造作用破坏而失去商业开采价值的页岩气藏[1-3]。北美的页岩气田普遍埋深较浅，储层深度介于 800～2600m，优质泥页岩厚度大、分布均匀，压裂施工难度低，上覆地层及地表构造条件较为简单，保存条件良好，勘探开发技术难度和风险均较低[4]。尽管如此，美国页岩气的勘探开发之所以能够获得成功，在技术层面还是得益于应用先进的勘探开发技术，采用了三维地震和微地震技术优化设计开发井位，由此保证了页岩气的高效产能和商业价值[5-10]。然而中国南方地区页岩气目的层的成藏地质条件与北美相比则有着较大的区别[1, 11-12]，前者页岩埋深较大，深度介于 2000～4500m，受多旋回多应力作用的影响，优质泥页岩厚度分布横向变化大、分布不均匀，压裂施工难度大，地表、地下构造及保存条件复杂，常规的二维、三维地震勘

天然气工业，2016，36(2)：9-20

探技术无法准确获取评价中国南方页岩气富集规律的地质参数，即无法满足精细落实页岩气“甜点”的技术需求，无法有力地支撑页岩气勘探工作的开展。已有的地质研究成果表明，中国南方页岩气勘探工作要获得突破就必须强调泥页岩的生烃条件和保存条件：前者强调查明烃源岩的物性；后者强调查明页岩气层及上覆盖层的构造特征，进而评价页岩气的保存条件。此外，据北美页岩气水平井分段压裂开发的经验[13]，必须确保所设计的水平井轨迹连续穿越优质泥岩层长度达到1500m左右，以此保障水平段分段压裂产能效益达到最佳。这就对泥页岩层及其顶底板的构造产状的刻画和小断层的识别提出了更高的要求。显然，要完成上述地质任务，就必须应用高精度三维(3D)地震勘探技术[10]，准确地查明优质泥页岩层的精细构造、厚度、有机质含量分布规律、脆性指数及其保存条件等决定和影响页岩气商业堪探开发成败的关键因素。

基于上述勘探思路，2013年中国石油化工股份有限公司(以下简称中国石化)在四川盆地东南部涪陵焦石坝地区进行了较宽方位、较高覆盖次数、较小道距、适中排列长度和较小搬动距离的高精度三维地震资料采集、处理和解释工作。所获得的偏移成像资料表明：该区志留系内幕清晰，寒武系地层反射清楚。其中页岩气目的层—下志留统龙马溪组(含五峰组)反射清晰可靠，连续性好，可追踪性强。这为该区页岩气水平井井位的布设提供了有效的依据。目标处理解释结果表明，焦石坝地区高精度三维地震资料的最终精细处理解释成果和已经在构造主体部位部署的焦页1~4井的钻遇结果十分吻合，证实了高精度三维地震勘探在页岩气勘探中的可靠性。以此为基础，后续设计的多口水平井探井，在先进的深井页岩气加砂水力压裂开发技术的支持与配合下，其试气结果均取得了重大突破，2014年7月焦石坝页岩气田上交页岩气探明储量约$1067\times10^8m^3$，实现了涪陵页岩气的商业开发，由此揭开了除北美以外的、全球目前唯一一个大型商业海相页岩气田的面纱。焦石坝大型页岩气田勘探的突破，标志着我国南方海相页岩气勘探思路的形成[14]，即泥页岩的生烃条件和保存条件同等重要，二者缺一不可。与之配套的地震勘探工作也基本形成了一套较为完整的技术思路和技术流程。

笔者从我国南方页岩气藏所具有的地质特征出发，阐述了页岩气勘探中所需要的高精度3D地震勘探技术，并以焦石坝大型页岩气田高精度3D地震勘探的成功实践为例，探讨如何利用该技术实现勘探开发成本与效益二者之间的兼顾、扩大高精度3D地震勘探的最终成果。

1 中国南方页岩气勘探关键技术需求

1.1 关键地质问题

页岩气是一种典型的“自生自储”型气藏[15]。显然，其要成藏必须具备发育富含有机质暗色泥页岩的沉积环境，即有大量的有机质供给、较快速的沉积条件及封闭性较好的还原环境。显然，中国南方的奥陶系一志留系以及下寒武统均具备这样的沉积环境。前人的勘探成果也表明，中国南方广泛发育上奥陶统五峰组一下志留统龙马溪组、下寒武统筇竹寺组两套优质烃源岩，尤其是四川盆地及其周缘龙马溪组海相沉积的暗色页岩有机质含量相对较高、有机质热演化程度相对较高且岩性分布相对稳定，具备形成大型海相页岩气田的基本成藏条件[16]。从四川盆地海相下组合生储盖综合柱状图(图1)上也可以清楚地看出，除了发育有五峰组一龙马溪组及筇竹寺组这两套优质烃源岩外，寒武系洗象池组、龙王庙组和震旦系灯影组也发育有两套局限台地礁滩储层。这表明四川盆地海相下组合具备开展常规气和非常规气(页岩气)立体勘探的潜力。

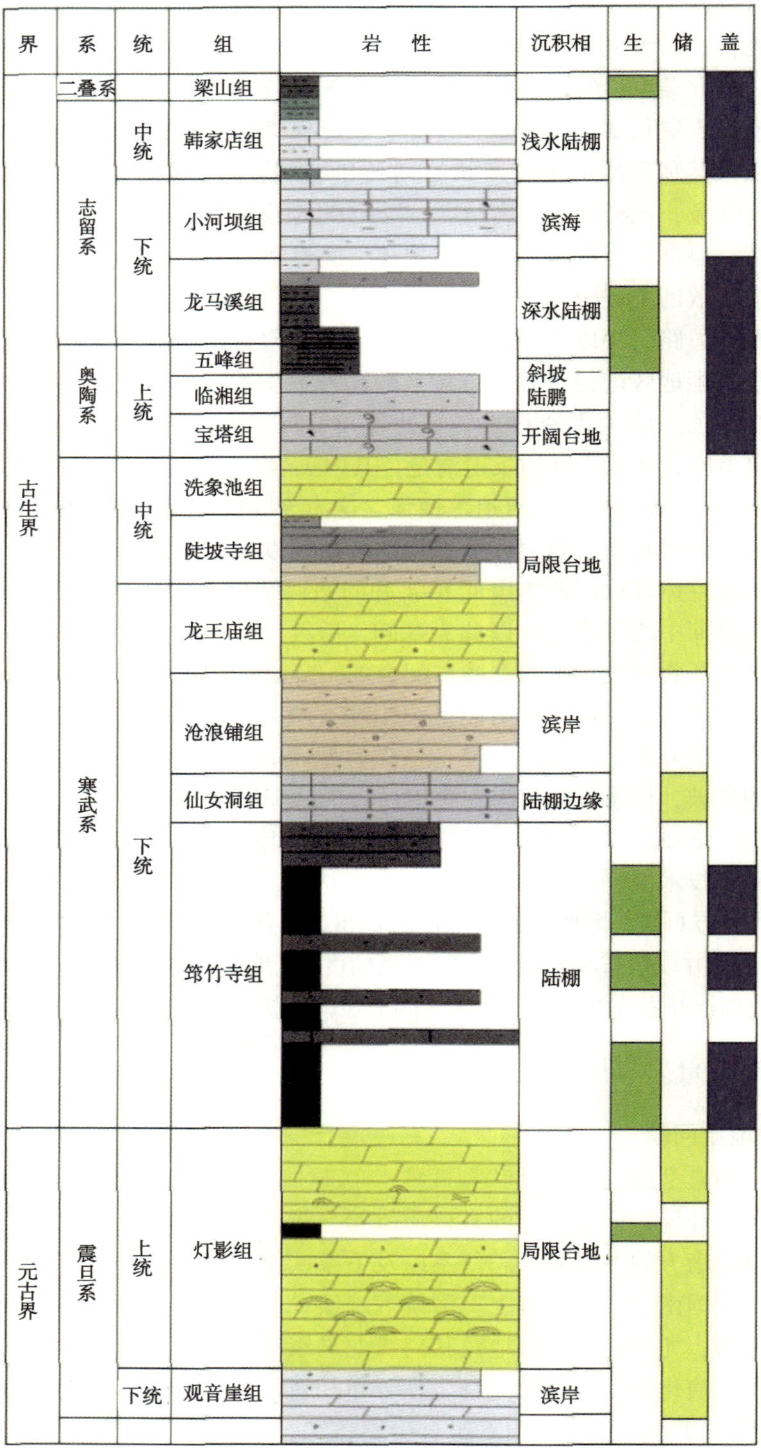

图1　四川盆地海相下组合生储盖综合柱状图

此外，页岩气藏中无论是游离气还是吸附气均与压力呈正相关关系，压力的高低决定了页岩气的丰度和储量大小[14]。近年来的勘探实践证实，良好的保存条件是海相页岩气富集与高产的关键决定因素：若保存条件不好，页岩气藏易遭到破坏，地层压力为常压或异常低压，则页岩气难以保存，甚至有可能散失殆尽。

因此，高有机质丰度的泥页岩并不一定能形成高含气量的页岩气藏，只有兼备良好的保存条件时才可能形成高富集程度的页岩气藏，故保存条件也是页岩气藏富集高产的关键因素。

然而，四川盆地属于上扬子地块的叠合盆地，经历了加里东等多期构造运动的叠加改造，导致地层强烈褶皱形变、抬升、剥蚀，因而油气保存条件复杂且多变[14]。在四川盆地东南缘，由于受齐岳山大断裂的影响，构造样式主要由盆内的隔挡式—盆缘的“槽—挡”过渡带—盆外的隔槽式等变形带所组成，导致不同构造带、不同构造部位的地层构造变形差异大，使得油气保存条件被复杂化[17]。因此，在四川盆地东南缘复杂构造区、高演化程度的海相页岩气勘探中，地层构造样式的精细刻画是研究页岩气保存条件的基础，也是实现页岩气高效勘探开发的关键[14]。因此，鉴于中国南方海相页岩气成藏模式与北美的区别，在实际勘探工作中必须要在重视研究烃源岩生烃条件的同时，加强对保存条件的研究，前者强调查明源岩的物性，而后者则强调查明页岩气层及其上覆盖层的构造样式。

1.2 对地球物理勘探技术的需求

由于中国南方页岩气具有有别于北美的成藏模式，要成功预测页岩气“甜点”，指导水平井井位轨迹的施工，就必须准确地查明泥页岩的构造产状、厚度、有机质含量分布规律、脆性指数及其保存条件等因素，其中泥页岩的厚度、有机质含量分布规律、脆性指数属于岩石的物性参数，属于岩性勘探的范畴；而保存条件则往往受到地质构造作用的控制，必须查明页岩气层上覆盖层的构造样式，属于地层构造勘探的范畴。显然，要完成上述页岩气勘探的两项地质任务，利用地震勘探技术是必要的。在地震勘探的成果上，结合岩石物理分析理论及实验，可以进一步推断岩层的有机质含量、矿物组分、孔渗性、脆性指数等其他岩石物性参数，其工作流程如图 2 所示。

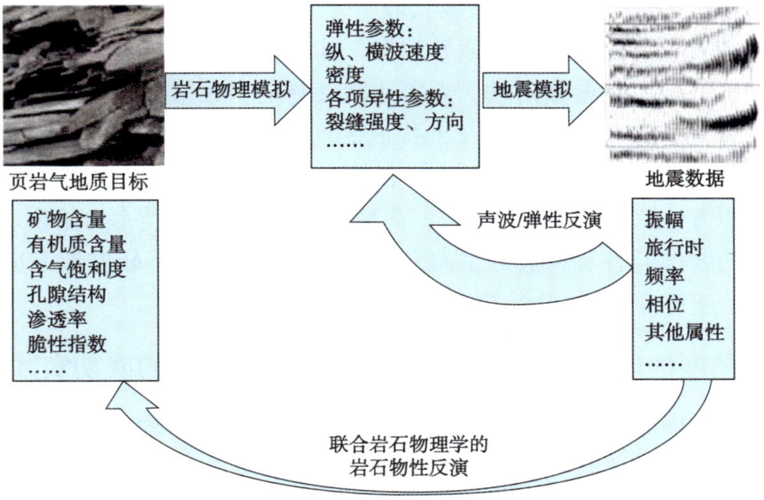

图 2 页岩气地震勘探、岩石物理联合应用技术流程图[18]

然而常规的二维地震勘探，通常只能用于查明“二度体”构造单元的几何形态特征及其各项同性介质的简单岩性特征，无法完成“三度体”构造单元的准确成像及各项异(同)性介质的岩性勘探工作[19]。此外，宽线二维地震或较窄方位的三维地震勘探相对于单线二维地震勘探，可在一定程度上提高简单“三度体”构造单元的成像精度，但仍然无法精细描述复杂构造区的构造样式和岩性特征。然而，与北美页岩气发育地区相比，中国南方页岩气发育地区地表、地质条件普遍较复杂，地形起伏剧烈，岩性横向变化快，属于典型的复杂山地地形地貌特征。此外，地下构造也比北美地区复杂，优质泥页岩厚度较薄——焦页1井龙马溪组优质泥页岩厚度仅为38m。面对如此复杂的“三度体”构造单元，要保证所设计的水平井井轨迹能够连续钻遇上千米的优质泥页岩层进而获得商业产能，就必须要完成目标地层构造(尤其是小断层)的准确成像和页岩气层“甜点”的高精度预测。显然，实施高精度的三维地震勘探是实现上述地质任务的前提和基础。

斯伦贝谢公司在总结其多年页岩气勘探研究和实践工作的经验和教训后认识到，高精度3D地震勘探技术在页岩气甜点预测(泥页岩厚度、有机质含量、脆性指数、裂缝发育情况和压力系数三维空间分布情况)以及水平井井位设计(泥页岩脆性指数、裂缝发育情况和断层三维空间分布情况)中起着不可替代的作用[6-10]。埃克森美孚公司的专家肯定了页岩层地球物理响应特征在评价页岩层物性时所起到的重要作用[18]。刘振武等也明确指出，地球物理技术是页岩气储层评价和增产改造的关键技术，尤其是高精度三维地震勘探技术[20]。

高精度3D地震勘探技术涉及采集、处理以及解释各个环节，其中采集是基础，此所谓“巧妇难为无米之炊”，再好的处理解释技术，如果没有高品质、高信息量的3D地震原始资料作为保证，最终也难以实现对地质目标的准确探明，进而完成地质勘探任务。因此，考虑到我国南方页岩气勘探的实际地质条件，笔者认为，实现高精度3D地震采集是实施高精度3D地震勘探技术的前提。

目前高精度3D地震勘探技术在采集环节的主要技术指标是：要针对勘探目标体的特征，设计出宽方位、高覆盖、小道距、大偏移距的三维观测系统，在成本和地面地质条件允许的前提下，还应进行单点数字检波器接收[21]。其目的是为地下构造准确成像及地层岩(物)性参数的准确提取提供高品质的原始数据。其中，宽方位、大偏移距地震数据包含了较为完备的泥页岩岩(物)性参数信息，为岩性勘探奠定了数据基础；高覆盖、小道距和大偏移距包含了较为完备的有效反射波及干扰波的动力及运动学特征，有利于压制干扰波、利用有效波，可以提高地震资料的信噪比、有效波的保真度和成像分辨率。显然，相对于常规二维地震和窄方位三维地震采集而言，高精度3D地震采集技术为复杂地区的页岩气勘探提供了更丰富的岩(物)性和构造形态的有效信息。因此，为了较好地完成对我国南方页岩气的勘探任务，实施高精度3D地震采集就成为了必要和必须。

2　三维高精度地震勘探在焦石坝地区页岩气勘探中的成功实践

川南以及川东南地区非常规油气勘探实践表明，四川盆地及周缘下志留统和下寒武统拥有着巨大的页岩气勘探潜力。中国石化在四川盆地周缘焦石坝地区部署的焦页1井获得了页岩气商业产能，这一突破性进展揭示了焦石坝地区五峰组(O_3w)-龙马溪组(S_1l)具有良好的勘探前景。然而前面多期的二维地震资料，虽然保证了焦石坝构造主体部位获得较好的叠加成像效果、志留系 Ts 及以上反射层连续性较好，但是断层可解释性较差，构造细节不清，O_3w-S_1l 页岩气优质储层段横向变化情况不清，Ts 以下的寒武系、震旦系等反射层连续性较差，断裂带及高陡构造部位的叠加成像效果整体较差。受制于前期采集方法和采集参数的限制，前期的二维处理成果不能满足勘探需求：志留系不满足精细落实页岩气“甜点”的需求，奥陶系顶底界面难以追踪，寒武系、震旦系构造落实难度较大，如图 3 所示。

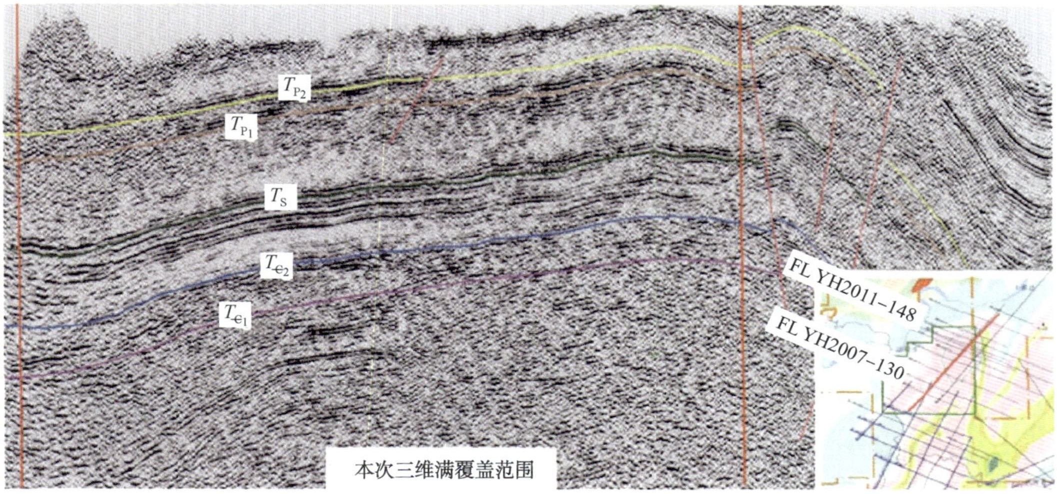

图 3　焦石坝地区前期某二维测线成果剖面图

为了进一步查明龙马溪组优质泥页岩的空间分布情况、页岩气层富集规律及其顶底板情况，推动焦石坝地区海相页岩气勘探开发工作的全面展开，原中国石化勘探南方分公司(现中国石化勘探分公司)在 2013 年部署了焦石坝地区高精度三维地震资料采集工作。下面从采集、处理以及解释效果等方面具体阐述三维高精度地震勘探在该区页岩气勘探中的成功实践。

2.1　高精度三维地震采集的优点

焦石坝工区属山区和大山区地形，地层破碎严重、倾角变化较大，地震波被吸收、能量衰减严重。加之工区出露岩性以石灰岩为主，约占 90%。复杂地表特别是大面积石灰岩出露区激发、接收的原始单炮记录较之于砂岩区，前者有效反射能量明显较弱、信噪比较低(图 4)。为满足页岩气勘探地质任务的需要、提高石灰岩地区地震资料成像品质，同时兼顾构造解释、岩性解释及裂缝预测的需求，该区三维地震采集采用了较宽方位、较高覆盖次数、较小搬动距离、较小道距和适中排列长度的高精度三维观测系统，采用了 6 炮 24 线的接收排列，观测系统宽度系数高达 0.83，覆盖次数高达 144 次，面元大小为 $20\times20m^2$，纵向最大炮检距达 4300m。从图 5 中不难看出，高精度三维观测系统保证了炮检距、方位角分布较为均匀且目的层方位角较宽，符合岩性勘探的要求。下面从接收线数和偏移距大小这两个方面来说明焦石坝高精度三维观测系统能够保证地震资料的成像品质，以满足页岩气勘探的需要。

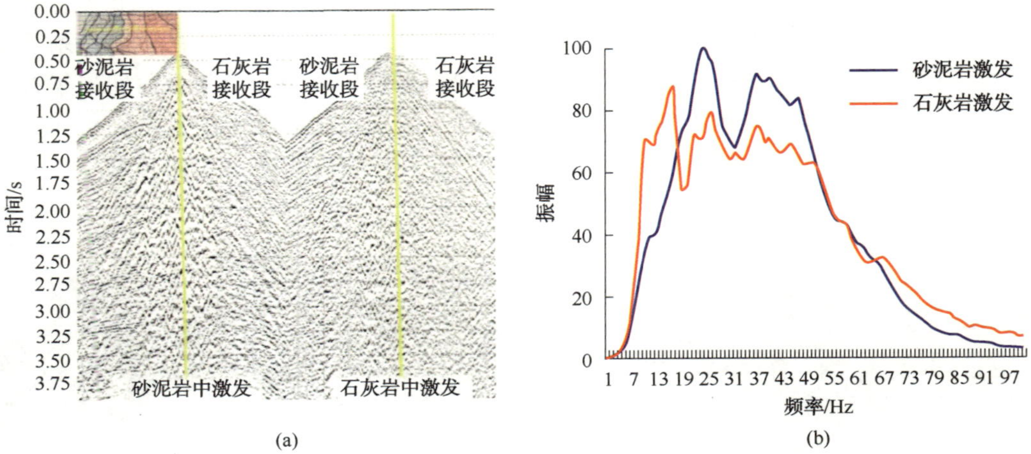

图 4　不同岩性激发接收单炮及其频率分布图

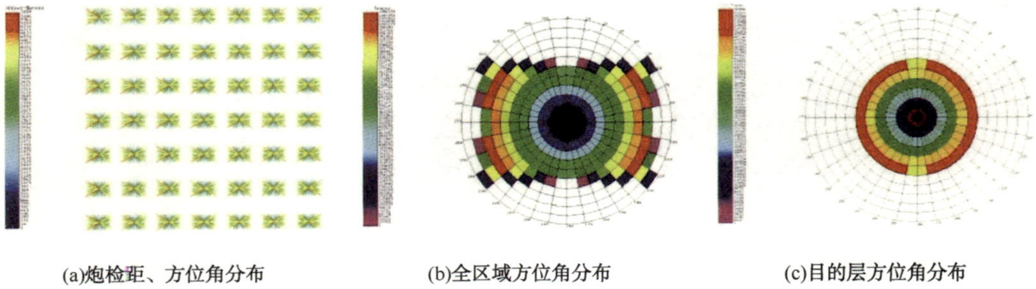

图 5　观测系统属性分析

2.1.1　接收线数对成像效果的影响

抽取不同接收线线数开展观测系统退化处理，对比从 10 条线接收到 24 条线接收的成像效果(图 6)发现，随着线数的增加，地下标志层的成像(图 6 中黑色箭头所示)信噪比、

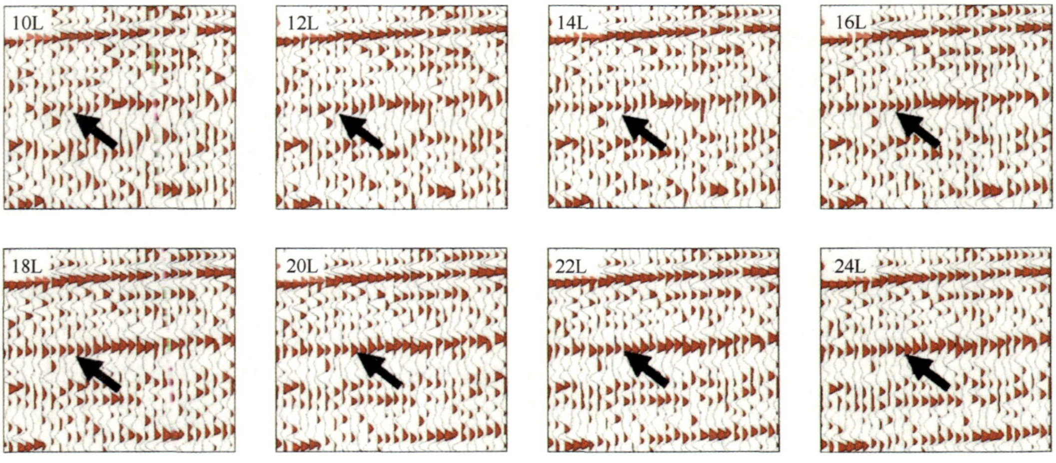

图 6　不同接收线数的成像效果对比图

连续性呈现非线性增强，特别是10线接收到16线接收的成像信噪比和同相轴连续性改善较明显。这说明在此范围内随着方位角及覆盖次数的增加采集效果主要体现在成像的信噪比上，从18线增加至24线信噪比改善幅度减小，但波组间的同向性及能量一致性进一步得到改善。因此，焦石坝三维地震采用24线接收是合理的。

2.1.2 偏移距对成像效果的影响

对比不同偏移距的成像结果(图7)可以看出，随着炮检距的增加，在焦石坝构造主体部位浅、中、深层反射同相轴的信噪比和连续性均得到提高，特别是通过限最小偏移距成像(图8)可以发现，不同的偏移距范围内对主要勘探层系中的志留系(T_s)页岩气层(1400~1500ms)均有贡献，但偏移距大于5000m时对成像的贡献明显减小；对于T_s系页岩气的勘探，纵向最大偏移距为4300m的设计方案能够较好地满足勘探需要——既能够保证志留系目的层的有效覆盖次数，又能够满足志留系以下地层常规油气勘探的需要。

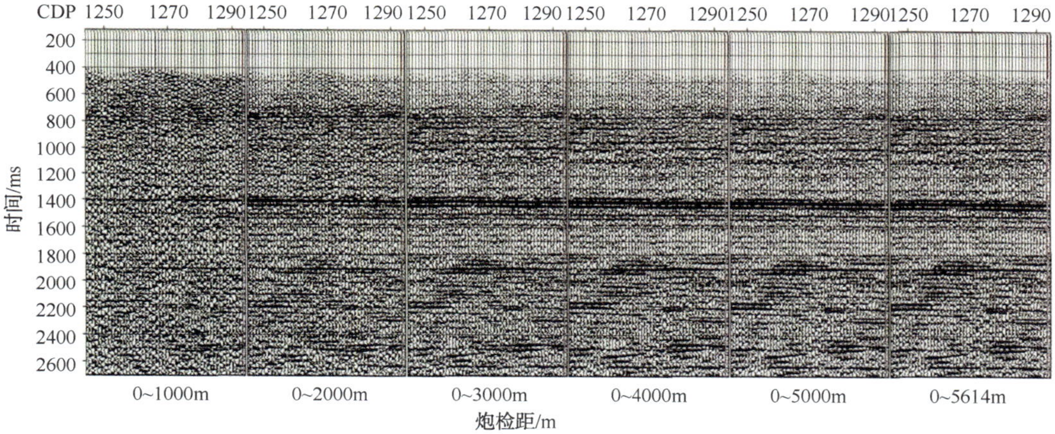

图7 限大炮检距成像剖面图

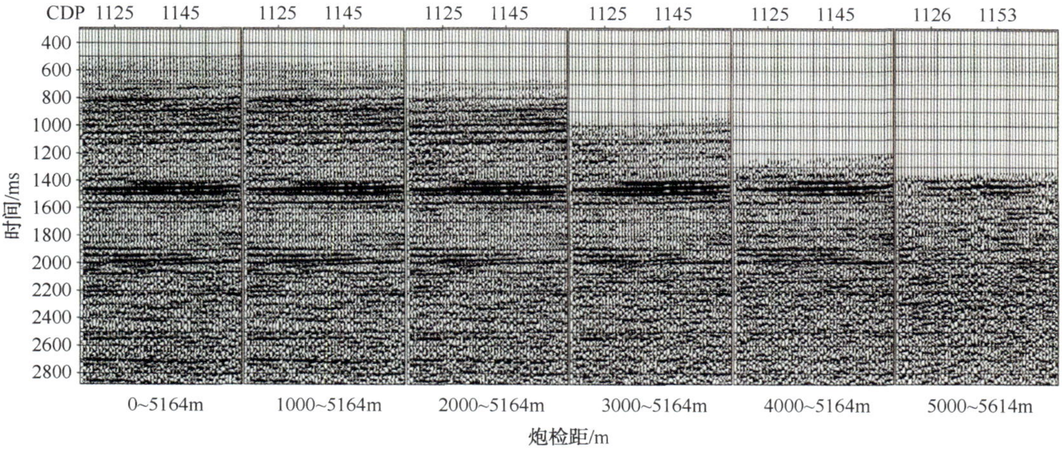

图8 限小炮检距成像剖面图

综上所述，高精度三维地震勘探能够获得较高品质的地震资料，目前在构造解释、总有机碳含量(TOC)预测、页岩脆性指数预测以及裂缝预测等方面均已取得了良好的应用效果，下文将逐一举例说明。

2.2 构造解释

图 9 为焦石坝地区某测线位置二维和高精度三维地震资料的叠前时间偏移成像剖面对比图。从图 9 中可以清楚地看出，二维地震资料上的标志层反射波同相轴(龙马溪组—五峰组)连续性、信噪比以及分辨率均较三维资料差。此外，三维资料在断层位置及其产状的刻画上也比二维资料要准确得多，还能对基底老地层进行成像，以满足深部地层页岩气勘探构造解释的任务要求。

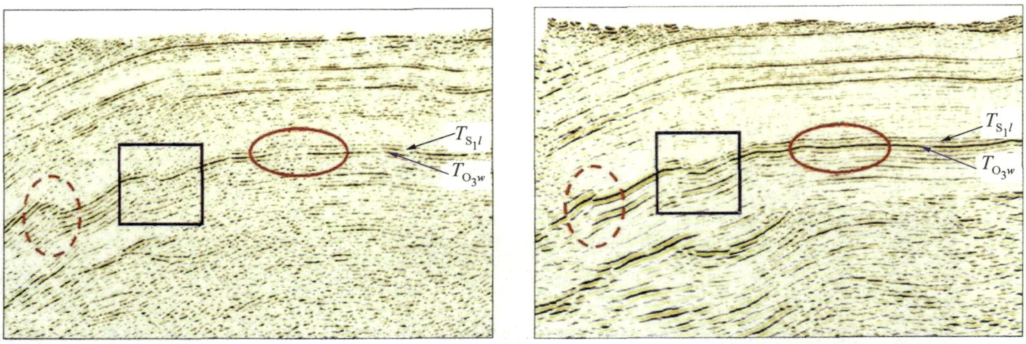

(a)二维地震资料　　(b)高精度三维地震资料

图 9　焦石坝地区某线位置二维地震资料和高精度三维地震资料的叠前时间偏移成像剖面对比图

2.3 页岩层有机质含量预测

图 10 是利用高精度三维地震资料通过岩石物性反演得到的过焦页 1 井、2 井、4 井的 TOC 剖面。从图 10 中可清楚地看出，焦页 1 井、2 井、4 井钻测井资料实测的 TOC 结果与三维地震资料反演的结果吻合较好。这说明高精度三维地震资料反演得到的页岩层 TOC 可以用于对优质泥页岩的评价工作，为后续勘探开发井位的选取提供依据。

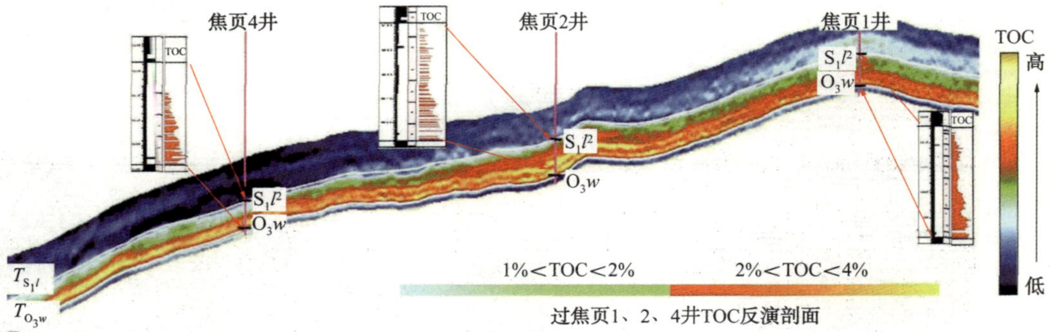

图 10　高精度三维地震资料岩石物性反演得到的过焦页 1 井、2 井、4 井的 TOC 剖面图

2.4 页岩脆性指数预测

图 11 为高精度三维地震资料通过岩石物性反演得到的优质泥页岩脆性指数剖面。图 11 中的黑色曲线为早期二维地震资料解释得到的焦页 1HF 的井轨迹。从图 11 中不难看出，二

维地震资料确定的井轨迹在蓝色虚线框圈定的位置并没有在高脆性指数的地层中，造成了压裂时破裂压力偏高，增加了压裂施工的难度和成本，降低了页岩气产能。这说明相对于二维地震资料而言，三维地震资料预测的脆性指数可以更好地指导水平井轨迹设计。

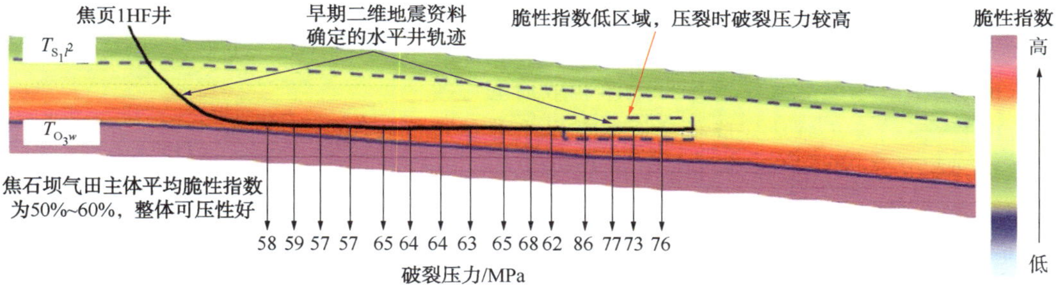

图 11 高精度三维地震资料岩石物性反演得到的优质泥页岩脆性指数剖面图

2.5 裂缝预测

众所周知，页岩气开发中，页岩的可压裂性是页岩气能够实现商业产能的关键，而影响可压裂性的因素，除了脆性指数外，还包括页岩层裂缝的发育情况，即脆性指数越高、裂缝发育程度越好，岩石的可压裂性就越佳。因此，利用高精度三维地震资料宽方位的优势进行与裂缝发育情况相关联的各项异性分析，可以获得页岩层(高角度)裂缝反演的强度及主体方向，进而指导水平井轨迹最佳路线的设计和水力压裂施工最佳参数的确定。图 12 为利用地震资料的方位信息预测的龙马溪组裂缝发育情况。

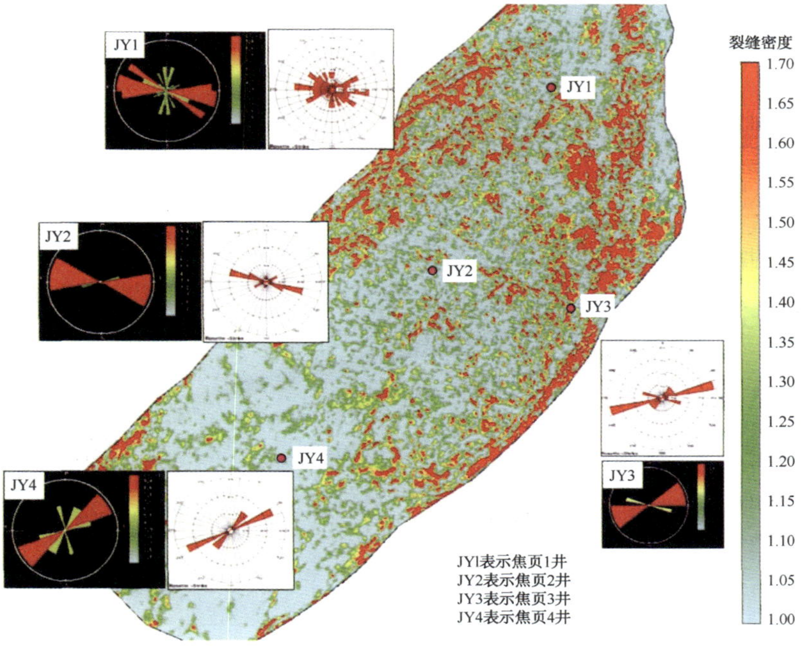

图 12 焦石坝地区叠前各项异性裂缝预测结果图

从图 12 中可知，裂缝走向、密度与井上实测结果较为一致。其中焦页 1 井、焦页 3 井附近裂缝较为发育，裂缝密度介于1.35~1.60；焦页2井、焦页4井附近较其他井裂缝发育程度稍低一些，裂缝密度介于1.10~1.30。预测的裂缝密度整体上呈现主体部位西南至东北方向裂缝发育密度增大的趋势，这为后续勘探开发井位的设计提供了相对可靠的依据。

综上所述，实施高精度三维地震勘探可以为页岩气勘探开发提供高精度的构造解释、岩性解释及裂缝检测结果，帮助地质人员认识页岩气的富集规律，为后续工作指明方向。

2.6 关于高精度三维地震勘探成本和效益的思考

2.6.1 高精度三维地震降低了页岩气水平井位设计的风险

众所周知，为了降低页岩气勘探开发的成本，我国早期页岩气勘探普遍采用相对低廉的二维地震资料来设计风险井或评价井的水平井井位。这对于构造简单、泥页岩层发育厚度大的北美页岩气的勘探开发具有一定的合理性，但对于中国相对复杂的页岩气成藏条件，这种勘探思路是值得商榷的。图13为2013年焦石坝高精度三维地震过焦页6井的解释成果剖面。图13中蓝色箭头所指的井轨迹是根据二维地震设计的(由于当时焦石坝高精度三维地震还未实施完工)，结果钻穿奥陶系五峰组泥岩层进入石灰岩层系，设计的水平井钻井轨迹偏离了目标层位(S_1l—O_3w)，不得不抽钻重新设计水平井位，对成本和时效都造成了较大的损失，延缓了页岩气高效勘探的步伐。后期利用焦石坝高精度三维地震资料对焦页6井附近的复杂构造进行精细成像，结果准确地识别出在目标层上发育的逆冲断层，重新设计了水平井井位(图13中红色箭头所指)，目前已连续钻遇上千米龙马溪组—五峰组的优质泥页岩层，显示了良好的商业产能潜力，大大提高了页岩气的勘探效益。这说明面对中国相对复杂的页岩气成藏条件，实施高精度三维地震勘探有其必要性，能够大大降低水平井井位设计的风险，提高页岩气勘探的效率，获取到远大于高精度三维地震施工成本的勘探成果效益。

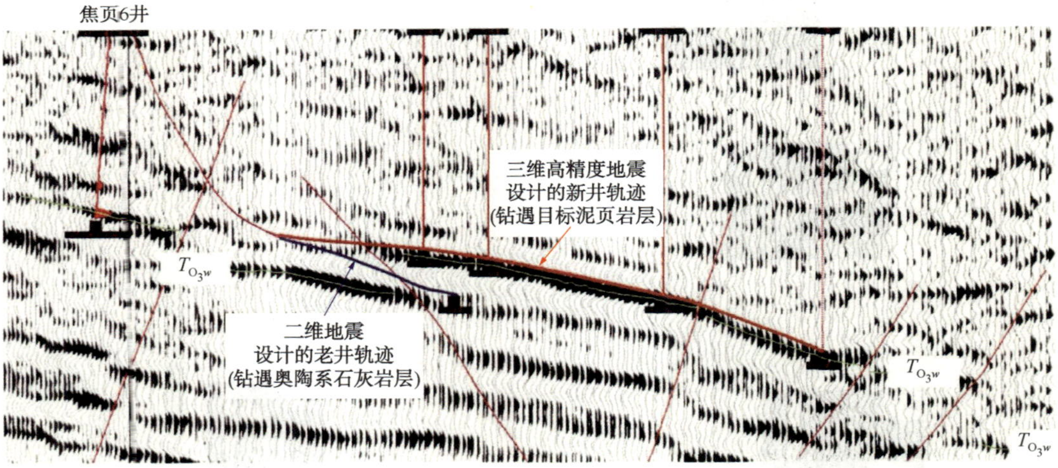

图13 焦石坝高精度三维地震过焦页6井的解释成果剖面图

2.6.2 高精度三维地震支撑立体勘探策略的实施

高精度三维地震勘探技术可以为页岩气勘探提供宝贵的甜点信息，但采集施工费用较常规二维或窄方位三维地震采集(用于勘探常规天然气)要高得多。如果仅以志留系页岩层系为目的层，排列长度及宽度均可适当减少，如纵向最大炮检距可降为3500m。尽管这样做可以降低一定的成本，但却不能很好地兼顾对其他更深层系的常规和非常规油气的勘探，造成高精度三维地震勘探的技术效益利用率不高、勘探成果无法进一步扩大、无法平衡页岩气勘探开发高昂综合成本的后果。此外，在我国对清洁能源需求量大而供给量又不足的情况下，推动天然气的高效勘探开发是刻不容缓的。

因此，要提高焦石坝高精度三维地震勘探的效益就必须充分利用其浅、中、深层精细探测的技术优势，实施对非常规气和常规气的立体勘探，在突出页岩气勘探的同时，兼顾其他层系的油气勘探，扩大勘探成果，增加同一区块的天然气产能，以平衡同一区块单一层系页岩气高昂的勘探开发成本。张金川等[16]的研究成果表明，四川盆地海相下寒武统、上奥陶统一下志留统等地层暗色泥页岩分布广泛、厚度大，有机质丰富、热演化成熟度高，是南方地区区域页岩气发育最有利的层位。其中筇竹寺组、五峰组—龙马溪组等两套烃源岩是区域主力海相沉积的烃源岩。此外，下二叠统(栖霞组)、上二叠统(龙潭组和大隆组)还发育有两套主力烃源岩。这些结论性认识为四川盆地及周缘页岩气立体勘探的实施提供了应用前景。

2013 年在焦石坝地区所采用的 24L6S216T-1R144F 观测系统，尽管以突出志留系—奥陶系页岩地层的反射特征为主，但在设计上明显加大了排列长度，在一定程度上兼顾了对较深的下寒武统的勘探。从图 14 所示的焦石坝区块构造解释纵向结构剖面来看，对下寒武统的反射特征、构造样式均有较为清晰的反映，可以开展海相下组合的构造解释。整体来看，纵向上焦石坝主体以寒武系膏岩层为界分为上、下两套变形层，如图 14 中紫色标志所示。其中上部变形层主要包括奥陶系、志留系、二叠系及三叠系，主体部位断裂不发育，断层主要发育于焦石坝区块东部及西南部边缘。五峰组—龙马溪组断裂系统断层顶、底分别消失于志留系砂泥岩及寒武系膏岩滑脱层中，多为微小断层，页岩气保存条件好。下变形层主要为震旦系及寒武系，构造变形较强，断裂发育，断层项部消失于寒武系膏岩层中，其中膏岩层受断层影响变形强烈，形成了典型的膏盐岩滑脱现象。尽管下寒武统地层构造变形相对复杂，但膏岩层的存在为下寒武统生烃层系提供了宝贵的保存条件，同样具备形成常规或非常规大型气田的勘探潜力，为立体勘探的实施提供了目标和方向。

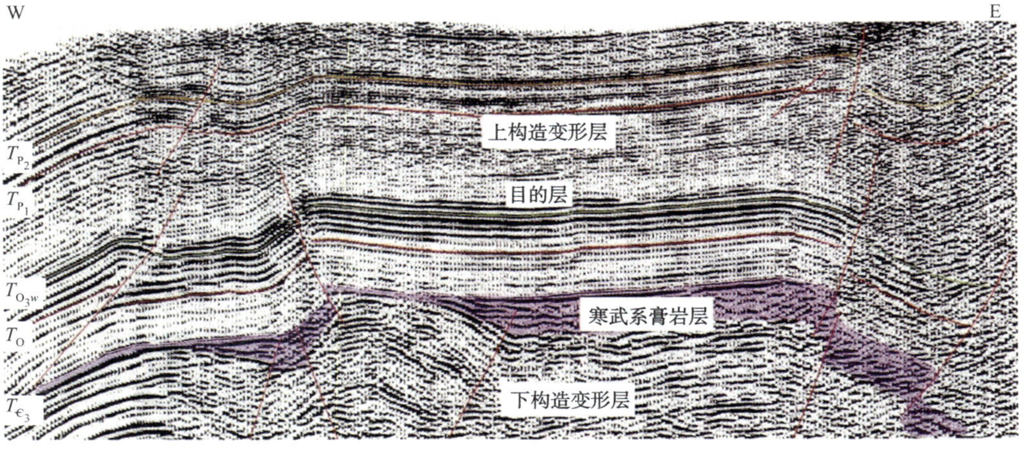

图 14 焦石坝区块构造解释纵向结构剖面图

当然，下寒武统地震资料的品质、同相轴的连续性、断层成像的精度均较志留系—奥陶系要差些。这是由于当时的采集设计主要以志留系—奥陶系页岩地层为目的层系，较深层系的地层的有效横纵比相对较低的缘故。这从一个侧面也说明了，在设计高精度三维地震勘探采集方案时，应根据地下生烃层系勘探潜力的大小，在不大幅增加施工成本的前提下，通过优化观测系统的设计，兼顾对多层系的勘探。这样才能充分利用高精度三维地震勘探技术的优势，最大限度地扩大勘探成果。

综上所述，未来在页岩气勘探中，应该以立体勘探作为指导思路，在高精度三维地震勘探采集设计中，必须在照明、覆盖次数、方位角等参数上同时兼顾浅(二叠系)、中(志留系—奥陶系)、深(寒武系—震旦系)层沉积的泥页岩主力生烃层系，满足立体勘探对地震数据的要求，为扩大勘探成果、增加页岩气产能、平衡页岩气高昂的勘探开发成本奠定基础。

3 结论

(1) 从震旦纪到中三叠世，中国南方地区发育了广泛的海相沉积，形成了多套以黑色页岩为主体的烃源岩层系。其中，四川盆地及其周缘的五峰组—龙马溪组及其下的下寒武统发育两套优质烃源岩，暗色泥页岩有机质含量相对较高、有机质热演化程度相对较高且岩性分布相对稳定，具备形成大型海相页岩气田的基本成藏条件。

(2) 地质研究成果表明，中国南方海相页岩气成藏特征同北美有所区别，具有优质泥页岩厚度薄、保存条件复杂的特征。因此，对前者实施页岩气勘探，除了要重视烃源岩的生烃能力外，还必须重视其保存条件。

(3) 采用高覆盖、宽方位、小道距的高精度地震采集，才能为保存条件的精细研究提供高精度的偏移成像资料，才能为叠前高精度弹性参数反演提供较为可靠的叠前成像道集，为进一步开展页岩气“甜点”预测及水平井井位设计奠定基础。勘探成果表明，2013 年焦石坝高精度三维地震勘探的实施，有力地支撑了涪陵下志留统—上奥陶统页岩气田的勘探开发工作，大大提高了探井、评价井、开发井的钻井成功率，取得了页岩气勘探的重大突破，形成了除北美之外的第一个具有商业开发价值的焦石坝大型页岩气田。

(4) 从地震勘探成本来看，仅针对志留系页岩气层实施高精度 3D 地震勘探技术的确显得较为昂贵，但如果能够在满足其勘探精度需要且不显著增加施工成本的前提下，优化采集设计方案，兼顾具有常规气或非常规气成藏条件的寒武系的地震勘探工作，推动中国南方下组合中深层立体勘探的步伐，获得更多常规或非常规油气的发现，实现高精度三维地震勘探技术效益的最大化，就有可能分摊页岩气勘探成本，实现勘探成本和效益二者之间的平衡，持续推动我国页岩气的勘探开发工作。

参 考 文 献

[1] 郭旭升，郭彤楼，魏志红，张汉荣，刘若冰，柳智利，等. 中国南方页岩气勘探评价的几点思考[J]. 中国工程科学，2012，14(6)：101-105.

[2] 郭彤楼，刘若冰. 复杂构造区高演化程度海相页岩气勘探突破的启示——以四川盆地东部盆缘 JY1 井为例[J]. 天然气地球科学，2013，24(4)：643-651.

[3] 郭彤楼，张汉荣．四川盆地焦石坝页岩气田形成与富集高产模式[J]．石油勘探与开发，2014，41(1)：28-36.

[4] 李新景，吕宗刚，董大忠，程克明．北美页岩气资源形成的地质条件[J]．天然气工业，2009，29(5)：27-32.

[5] 刘伟，贺振华，李可恩，张固澜，容娇君，马钊，等．地球物理技术在页岩气勘探开发中的应用和前景[J]．煤田地质与勘探，2013，41(6)：68-73.

[6] Johnson GM，Miller P Advanced imaging and inversion for unconventional resource plays[J]. First Break，2013，31(7)：41-50. DOI：http：//dx. doi. org/10. 3997/1 365-23 97. 2013020.

[7] Johnson GM，Miller P，Phillips D. Advanced imaging and inversion for oil production estimates in unconventional resource plays[C]//Unconventional Resources Technology Conference，12-14 August 2013，Denver，Colorado，USA. http：//archives. datapages. com/data/urtec/2013/urtec-1579585-johnson. htm.

[8] Koesoemadinate A，El-Kaseeh G，Banik N，Dai Jianchun，Egan M，Gonzalez A. et al. Seismic reservoir characterization in Marcellus shale[C]//2011 SEG Annual Meeting，18-23 September 2011，San Antonio，Texas，USA. https：//www. onepetro. org/conference-pa-per/SEG-2011-3700.

[9] Anon. Mississippian shale seismic reservoir characterization im-proves gas production[R/OL]. https：//www. slb. com/-/media/Files/industry_ challenges/unconventional_ gas/case_ studies/seismic_ characterization_ mississippian_ shale. pdf.

[10] Meisenhelder J. Seismic for unconventionals[J/OL]. E&P Maga-zine，June 2013. http：//www. epmag. com/seismic-unconvention-als-694971.

[11] 张金川，姜生玲，唐玄，张培先，唐颖，荆铁亚．我国页岩气富集类型及资源特点[J]．天然气工业，2009，29(12)：109-114.

[12] 赵靖舟，方朝强，张洁，王力，张新新．由北美页岩气勘探开发看我国页岩气选区评价[J]．西安石油大学学报：自然科学版，2011，26(2)：1-7.

[13] 李庆辉，陈勉，Fred P Wang，金衍，李志猛．工程因素对页岩气产量的影响——以北美 Haynesville 页岩气藏为例[J]．天然气工业，2012，32(4)：54-59.

[14] 郭旭升．南方海相页岩气“二元富集”规律——四川盆地及周缘龙马溪组页岩气勘探实践认识[J]．地质学报，2014，88(7)：1209-1218.

[15] 邹才能，董大忠，王社教，李建忠，李新景，王玉满，等．中国页岩气形成机理、地质特征及资源潜力[J]．石油勘探与开发，2010，37(6)：641-653.

[16] 张金川，徐波，聂海宽，汪宗余，林拓．中国页岩气资源勘探潜力[J]天然气工业，2008，28(6)：136-140.

[17] 颜丹平，汪新文，刘友元．川鄂湘边区褶皱构造样式及其成因机制分析[J]．现代地质，2000. 14(1)：37-43.

[18] Zhu Y，Liu E，Martinez A，Michael A，Christophere H. Under-standing geophysical responses of shale-gas plays[J]. LeadingEdge，2011. 30(3)：332-338.

[19] 陆基孟．地震勘探原理(下)[M]．东营：中国石油大学出版社，2006：55-61.

[20] 刘振武，撒利明，杨晓，李向阳．页岩气勘探开发对地球物理技术的需求[J]．石油地球物理勘探，2011，46(5)：810-818.

[21] 赵殿栋．高精度地震勘探技术发展回顾与展望[J]．石油物探，2009，48(5)：425-435.

叠前多重降维复杂岩性预测技术
——以元坝西部须三段为例

盛秋红

（中国石油化工股份有限公司勘探分公司，成都 610041）

摘要：川东北元坝西部地区上三叠统须家河组第三段岩性复杂多样，储层岩性以钙屑砂岩为主，不同类型岩性地球物理响应特征差异小，岩性预测难度大。针对上述难点，开展叠前多重降维复杂岩性预测技术研究。多重坐标变换逐次降维可将2个弹性参数合并成1个岩性区分能力最大的新弹性常数，用于识别目标岩性。提出了基于叠前多重降维分析的岩性预测的实现流程，以岩石物理分析为基础，多重坐标变换降维为核心，对相控约束叠前弹性参数反演得到的弹性参数数据体进行多重降维，从而实现复杂岩性分布预测。元坝西部须三段钙屑砂岩预测的应用分析证实了该方法预测精度高、实用性强。

关键词：钙屑砂岩　坐标变换　多重降维　岩性预测

川东北地区上三叠统须家河组成藏条件优越、气源充足，具备良好的勘探潜力。在川东北元坝地区，以须家河组为主要目的层的中浅层陆相致密砂岩领域已成为该区天然气勘探的重要接替领域[1]。元坝地区西部须家河组第三段（简称“须三段”）储层岩石类型主要为钙屑砂岩，具有石英含量低、碳酸盐岩碎屑含量高的特点[2]。钙屑砂岩储层易溶蚀，粒间溶孔、粒内溶孔发育，而且脆性颗粒成分多，有利于微裂缝形成，酸压改造后易获高产。钙屑砂岩与砾岩、岩屑砂岩的地球物理响应特征无明显差异、波阻抗差异小，地震属性分析、波阻抗反演等技术识别难度大，发展复杂岩性识别技术，能有效提高须三段的勘探开发效益，对四川盆地陆相层系油气勘探具有借鉴意义。

叠后波阻抗反演、拟声波反演、叠前AVO属性反演、敏感属性分析等储层预测技术在四川盆地须家河组储层预测中取得了较好的效果[3-10]。元坝西部须三段岩性复杂，勘探初期采用叠后反演方法预测岩性，多解性大，预测精度不能满足高效勘探要求。Bachrach等人将岩石物理分析、全波形反演和高分辨地震解释结果结合，对深水储层的岩性进行了识别和划分[11]。Kamal等利用人工神经网络算法对不确定性分析进行了研究，并在时深转换中引入孔隙度、渗透率、饱和度等储层参数，用于区分目标储层岩性，取得了较好的效果[12]。但如何区分钙屑砂岩与砾岩、岩屑砂岩，目前还几乎为空白。

本文讨论以多重坐标变换为核心的岩性预测技术，提出利用叠前多重降维分析进行岩

成都理工大学学报（自然科学版），2016，43(4)：447-453

性预测的流程。该方法不仅可以克服单一参数进行岩性预测的多解性，而且由于引入了降维处理，提高了效率。该方法在元坝西部钙屑砂岩储层岩性预测的应用中，取得了较好的效果，值得借鉴。

1 岩石物理分析

岩石物理研究是储层地震预测的物理学基础，岩石物理分析在储层特性与地震特性之间起到桥梁作用，帮助分析岩性、含流体性质与地球物理特征之间的关系，减小预测的不确定性和多解性。利用研究区的钻井、测井、测试、岩性等资料开展不同岩石类型测井响应和岩石物理分析[13]，得到储层岩性敏感弹性参数。

1.1 测井响应信息表征

分析目的层岩石测井响应特征，不同类型岩石测井响应既有差异也有相似。元坝西部须三段岩性主要为砾岩、泥岩、岩屑砂岩、钙屑砂岩等，统计分析已钻井的自然伽马(GR)、密度(ρ)、声波时差(AC)、中子(CNL)、电阻率(RT)等测井曲线和波阻抗(IMP)特征值(表1)，钙屑砂岩表现为相对低GR、AC、CNL、RT和相对高ρ、IMP；但是其特征值与其他岩性仍然存在较多的重叠区间，利用单一的测井属性参数和波阻抗难以识别钙屑砂岩储层，因此，需要进一步开展岩石物理分析，寻找储层岩性的敏感弹性参数[14]。

表1 须三段不同岩性测井响应特征统计

岩性	GR/API	$\rho/10^3$kg·cm^{-3}	AC/μs·m^{-1}	CNL/%	RT/Ω·m	IMP/(10^3kg·m^{-3})(m·s^{-1})
泥岩	74~113	2.34~2.72	187~256	11~34	10~200	9146~14549
砾岩	28~52	2.62~2.86	148~197	2~10	100~20000	13312~19377
钙屑砂岩	34~52	2.54~2.70	174~213	0~5	300~6000	11914~15532
岩屑砂岩	40~65	2.42~2.68	171~230	4~16	10~500	10540~15713

1.2 岩性弹性参数敏感分析

岩石弹性参数包括杨氏模量(E)、体积模量(K)、剪切模量(G)、拉梅常数(λ)、泊松比(μ)、纵横波速度比(v_P/v_S)，以及计算得到的$G\rho$、λ/G、$\lambda\rho$和Z_{EI}(弹性波阻抗)[15,16]。对于弹性波阻抗$Z_{EI}(\theta)$，当入射角θ不同时，反映不同的弹性参数，大角度弹性波阻抗对岩性敏感度优于小角度弹性阻抗，目前多用$Z_{EI}(30°)$进行岩性识别[17]。通过弹性参数与岩性交会筛选分析，得到岩性的敏感弹性参数，是储层岩性预测的关键[18-19]。元坝西部须三段目的层最大入射角约40°，通过钻井分析结合不同角度覆盖次数分析，$Z_{EI}(30°)$岩性识别能力较强，选取$Z_{EI}(30°)$与其他弹性参数一起进行多井多参数岩石物理统计分析(图1)。$G\rho$能区分钙屑砂岩和岩屑砂岩，$Z_{EI}(30°)$能区分钙屑砂岩和砾岩，但是，单一的弹性参数不能有效地识别钙屑砂岩。

交会分析弹性参数$Z_{EI}(30°)$、$G\rho$(图2)与岩性的关系，不同岩性的样点值分散、叠置，泥岩的$G\rho$和$Z_{EI}(30°)$处于低值区，$G\rho$在10~46之间，$Z_{EI}(30°)$在5 800~12 500之间；岩屑砂岩的$G\rho$和$Z_{EI}(30°)$值较泥岩高，$G\rho$在39~66之间，$Z_{EI}(30°)$在12300~15000之间；钙屑砂岩的$G\rho$和$Z_{EI}(30°)$值较高，$G\rho$在65~90之间，$Z_{EI}(30°)$在15000~17000之间；砾岩的$G\rho$在79~100之间，与钙屑砂岩的$G\rho$叠置较多，而$Z_{EI}(30°)$较钙屑砂岩高，主要处于

17000~19000 的高值区。因此弹性参数 $G\rho$ 和 $Z_{EI}(30°)$ 为须三段岩性识别的敏感弹性参数，通过弹性参数逐一过滤降维，能有效预测钙屑砂岩的分布。

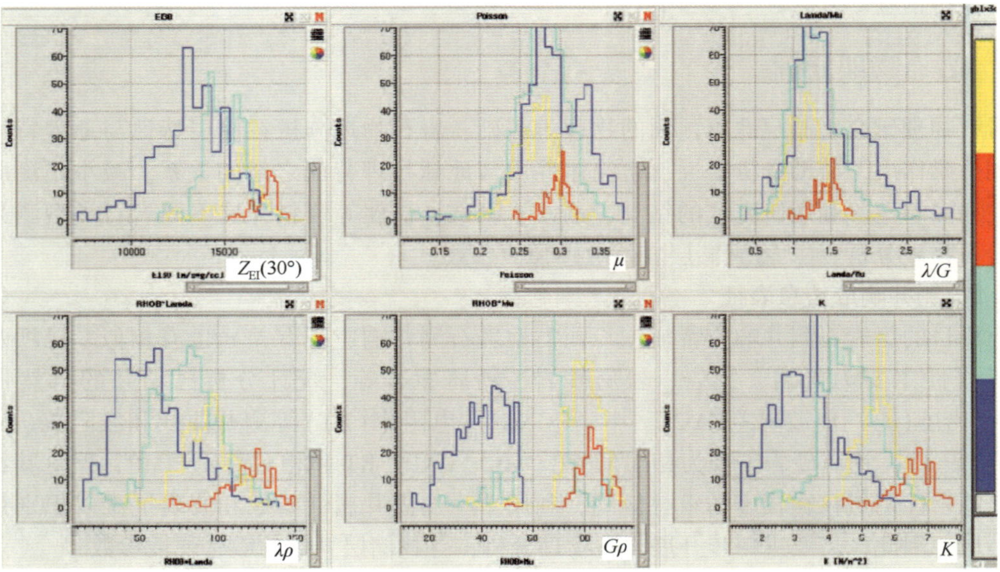

图 1　元坝西部须三段多井多参数分析图

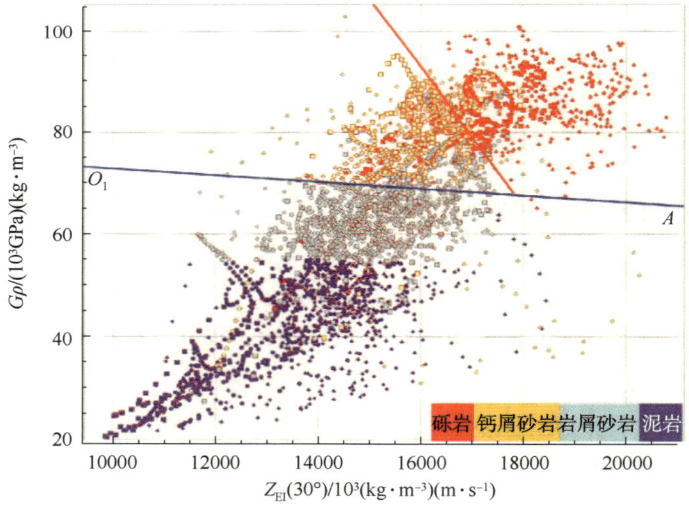

图 2　元坝西部须三段多井 $Z_{EI}(30°)$ 与 $G\rho$ 交会图

2　多重降维岩性预测技术

2.1　坐标变换技术

前文的岩石物理研究表明单一弹性参数识别岩性能力有限，开发坐标变化技术，通过坐标旋转把一个坐标系统转换到另一个更合适的坐标系统中，形成一个新的弹性参数，该参数对岩性有最大的识别区分能力[20]。由于不同弹性参数量纲不同，坐标变换时保持某一弹性参数不变，另一个弹性参数转换为无量纲的新弹性参数，新弹性参数 AVOIMP 通过式(1)计算。

$$AVOIMP = Ax + By + C \tag{1}$$

如图 2 所示，保持 $Z_{EI}(30°)$不变，以 O_1 为原点，O_1A 线为轴线(图 2 中蓝色线)逆时针旋转，得到新的坐标系(图 3)，$G\rho$ 转换形成新的弹性参数 AVOIMP1。新的弹性参数 AVOIMP1 通过式(2)实现。

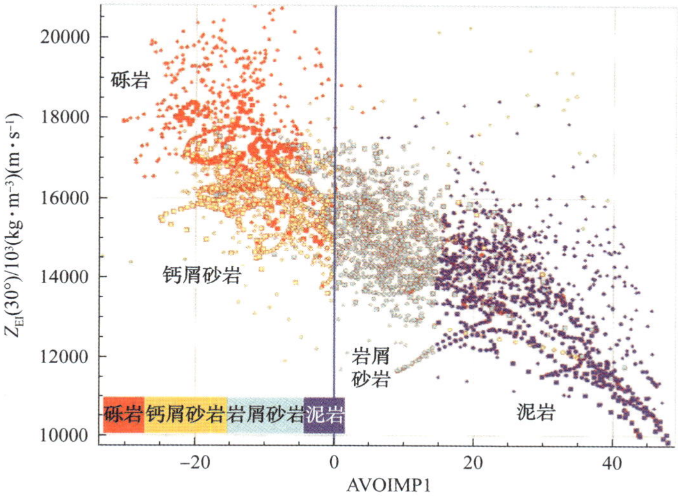

图 3　一重降维后新参数 AVOIMP1 与 $Z_{EI}(30°)$交会图

$$AVOIMP1 = 0.000194876Z_{EI}(30°) - G\rho + 67.1281 \tag{2}$$

一重坐标变换降维后，以 0 轴为界能快速区分出相对高速的砾岩和钙屑砂岩(AVOIMP1<0)。为进一步识别钙屑砂岩储层，继续进行第二重坐标变换，仍然保持 $Z_{EI}(30°)$不变，以 O_2 为原点，O_2B 线为轴线顺时针旋转，得到新的坐标系(图 4)，AVOIMP1 转换形成新的弹性参数 AVOIMP2。经过二重坐标变换降维，得到只包含储层岩性的钙屑砂岩(AVOIMP2>0)，从而达到高精度储层岩性识别的目的。新的弹性参数 AVOIMP2 通过式(3)实现。

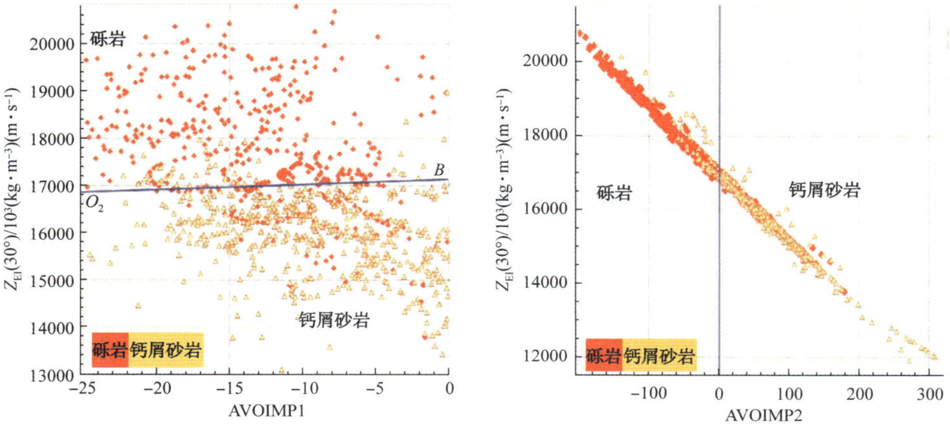

图 4　二重降维坐标变换(左)新参数 AVOIMP2 与 $Z_{EI}(30°)$交会图(右)

$$AVOIMP2=-0.0218667Z_{EI}(30°)-0.999761G\rho+457.371 \quad (3)$$

2.2 叠前多重降维岩性预测实现流程

基于叠前多重降维分析的岩性预测基本步骤如下。

a. 岩石物理分析优选敏感弹性参数：根据地质、测井、录井等资料，对测井曲线及由纵、横波速度、密度测井曲线计算得到的岩石弹性参数，利用直方图统计和交会分析技术，优选储层岩性敏感弹性参数。

b. 多重降维得到新的岩性识别参数：对优选出的2个储层岩性敏感参数进行交会分析，在交会图中找到能将不同岩性分布区域分开的斜直线，以此直线为轴线进行坐标变换降维，获得新的岩性识别参数。岩石类型复杂时，一重坐标变换不能有效识别储层岩性，采用同样的坐标变换方法，在第一重坐标变换的基础上进行二重或多重坐标变换，最终获得能高精度识别储层岩性的新弹性参数，并确定新参数与原敏感参数之间的函数关系。

c. 相控约束叠前弹性参数反演：地震属性分析确定目的层有利沉积相宏观展布，以此为约束进行叠前弹性参数反演，获得纵波阻抗、横波阻抗、纵横波速度、密度、泊松比、体积模量、拉梅系数、弹性阻抗等多种数据体[21-24]。

d. 储层岩性预测：将步骤b中多重降维获得的新弹性参数与原参数的函数关系应用于步骤c得到的弹性参数数据体，便可得到新弹性参数数据体，即储层岩性识别数据体，从而实现储层岩性分布预测。

3 应用分析

研究区元坝西部构造上位于四川盆地川北拗陷九龙山构造带南翼，须三段沉积时期主要为辫状河三角洲—滨浅湖沉积体系，受西北部龙门山北段二叠-三叠系碳酸盐岩母岩的影响，须三段岩性复杂多样，包括钙屑砂岩、砾岩、岩屑砂岩、泥岩等，储层岩石类型以钙屑砂岩为主，主要发育在上亚段和中亚段，砂体厚度较大，分布较稳定。预测钙屑砂岩的分布是优质储层预测的基础。

本次研究根据多重降维的思路，首先通过岩石物理分析优选敏感弹性参数 $Z_{EI}(30°)$ 和 $G\rho$，应用式(2)和式(3)二重坐标变换降维，建立钙屑砂岩区分能力最大的新弹性常数AVOIMP2与 $Z_{EI}(30°)$、G_ρ 的函数关系；其次，在叠前道集优化处理的基础上开展相控叠前弹性参数反演，获得弹性参数 $Z_{EI}(30°)$ 和 $G\rho$ 数据体；最后将反演得到的弹性参数数据体变换为新弹性常数AVOIMP2数据体。图5为过A井的新弹性参数剖面，其中红黄色代表钙屑砂岩，其AVOIMP2>0；而蓝绿色代表砾岩，其AVOIMP2<0；预测结果与钻井吻合度较高。图6为研究区须三段中亚段钙屑砂岩厚度预测分布，从图中可以看出，砂体厚度由西北向东南方向逐渐变薄，与来自西北方向物源的辫状河三角洲沉积一致，辫状河道及水下分流河道发育区钙屑砂岩厚度最大。表2为厚度预测误差统计结果，井点预测厚度与实钻吻合度较高，相对误差≤7.8%。

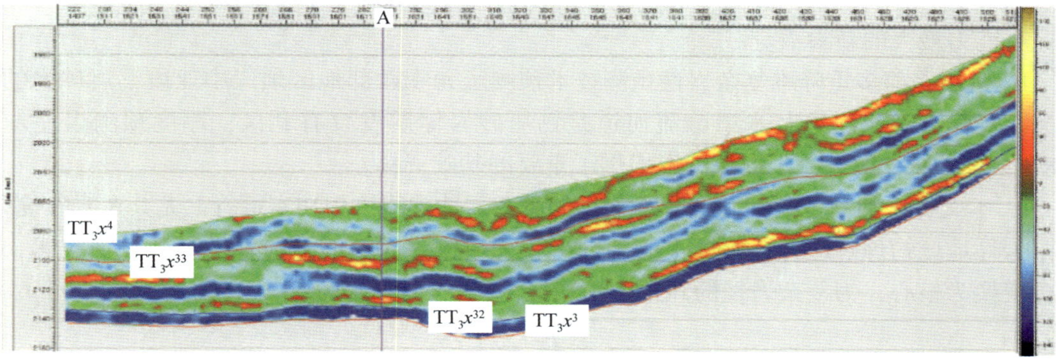

图 5 过 A 井新弹性参数 AVOIMP2 剖面图

表 2 元坝西部须三中亚段钙屑砂岩厚度预测误差统计

井号	钻井厚度/m	预测厚度/m	绝对误差/m	相对误差/%	井号	钻井厚度/m	预测厚度/m	绝对误差/m	相对误差/%
A	12.5	11.8	0.7	5.6	Y6	16.9	16.2	0.7	4.1
Y1	19.4	18.8	0.6	3.1	Y7	10.9	11.3	0.4	3.7
Y2	29.2	27.9	1.3	4.5	Y8	27.0	25.1	1.9	7.0
Y3	26.9	24.8	2.1	7.8	Y9	12.0	12.8	0.8	6.7
Y4	16.1	17.3	1.2	7.5	Y10	16.7	15.6	1.1	6.6
Y5	23.1	22.1	1.0	4.3	Y11	8.9	9.4	0.5	5.6

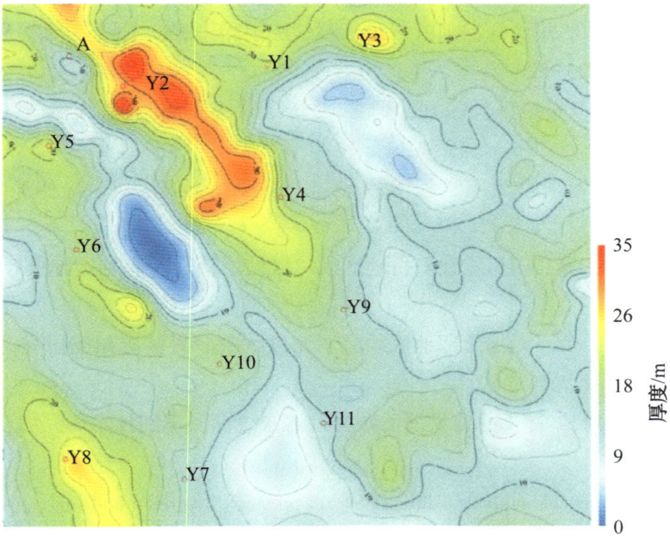

图 6 元坝西部须三中亚段钙屑砂岩厚度预测平面图

4 结论

a. 坐标变换技术通过坐标旋转将 2 个弹性参数合并成一个对岩性识别能力更强的新弹

性参数，从而达到岩性预测的目的。多重降维即为多次坐标变换，逐次降维而构建目标岩性区分能力最大的新参数。

b. 运用叠前多重降维复杂岩性预测技术预测了元坝西部地区须三中亚段钙屑砂岩的平面分布规律，辫状河道及水下分流河道是钙屑砂岩储层发育有利区，厚度预测误差均≤7.8%。这为研究区进一步勘探开发提供了重要的基础资料。

c. 本文提出的基于叠前多重降维分析的复杂岩性预测流程切实可行，尤其在岩性复杂、不同岩性地球物理响应特征差异小的条件下，利用较为成熟的叠前弹性参数反演技术，以坐标变换为核心，为复杂岩性的高精度预测提供了一种新的方法。

在论文的撰写中，得到中国石化勘探分公司勘探研究院孙均、王涛、李文成等人的大力支持与帮助，特致谢意！

参 考 文 献

[1] 盘昌林，刘树根，马永生，等．川东北须家河组储层特征及主控因素[J]．西南石油大学学报(自然科学版)，2011，33(3)：27-34.

[2] 王威．高能河道砂体特征及勘探意义——以元坝地区须三段为例[J]．石油实验地质，2013，35(6)：659-661.

[3] 杨李，李瑞，杨滔．白马庙须家河薄互层储层预测方法与应用[J]．物探化探计算技术，2012，34(6)：685-690.

[4] 肖继林，胡伟光，肖伟，等．川东北马路背地区须家河组储层综合预测[J]．天然气技术，2010，4(3)：17-19.

[5] 甘其刚，许多，李勇，等．川西深层须家河组气藏储层预测关键技术[J]．成都理工大学学报(自然科学版)，2012，39(5)：523-529.

[6] 王权锋，张艳芳．川中广安地区须家河组须二段气藏储层预测[J]．天然气工业，2012，32(10)：38-41.

[7] 王长城，赵家琳．河包场须家河组二段致密砂岩有效储层预测[J]．特种油气藏，2014，21(2)：21-23.

[8] 周路，倪华玲，郭海洋，等．四川盆地安岳地区须二段储层特征及有利区地震预测[J]．天然气工业，2014，4(5)：72-77.

[9] 凡睿，刘力辉，石文斌，等．元坝西部地区须二下亚段致密砂岩储层预测研究[J]．石油物探，2015，54(1)：83-89.

[10] 陈祖庆，杨鸿飞，王静波．基于叠前反演的致密砂岩含气储层识别技术研究[J]．天然气技术与经济，2015，9(4)：18-22.

[11] Ran B. Combining rock physics analysis，full waveform prestack inversion and high-resolution seismicinterpretation to map lithology units in deep water：A Gulf of mexico case study[J]. Leading Edge，2004，23(4)：378.

[12] Kamal Hami-Eddine，Richard L，Klein P. Integration of lithology uncertainties in net volume prediction using democratic Neural Network Association[C]//SEG Houston 2013 Annual Meeting，2013：2495-2499.

[13] 甘利灯，赵邦六，杜文辉，等．弹性阻抗在流体与岩性预测中的潜力分析[J]．石油物探，2005，44(5)：504-508.

[14] Mavko G, Mukerji T, Dvorkin J. The Rock Physics Handbook [M]. Cambridge: Cambridge University Press, 1998.

[15] Downton J E, Ursenbach C. Linearized amplitude variation with offset (AVO) inversion with supercritical angles[J]. Geophysics, 2006, 71(5): 49-55.

[16] Lavaud B, Kabir N, Chavent G. Pushing AVO inversionersion beyond linearized approximation[J]. Journal of Seismic Exploration, 1999, 8: 279-302.

[17] 梁兵，杨建礼，张春峰，等．叠前弹性参数反演在黄珏油田的应用[J]．石油勘探与开发，2007，34(2)：202-206.

[18] Chopra S, Pruden D. Multi-attribute seismic analysis on AVO derived parameter-A case study[J]. Leading Edge, 2003, 22(10): 998-1002.

[19] 孙鹏远，孙建国，卢秀丽．PP 波 AVO 多属性交绘图分析[J]．天然气工业，2004，24(2)：44-47.

[20] 刘力辉，李建海，刘玉霞．地震物相分析方法与“甜点”预测[J]．石油物探，2013，52(4)：432-437.

[21] 郭旭升，凡睿．AVO 技术在普光气田鲕滩储层预测中的应用[J]．石油与天然气地质，2007，28(2)：198-202.

[22] 王振国，陈小宏，王学军，等．AVO 方法检测油气应用实例分析[J]．石油地球物理勘探，2007，42(2)：194-197.

[23] 王保丽，印兴耀，张繁昌．弹性阻抗反演及应用研究[J]．地球物理学进展，2005，20(1)：89-92.

[24] Wang Y H. Approximations to the Zoeppritz Equations and their use in AVO analysis[J]. Geophysics, 1999, 64(6): 1920-1927.

4 工程技术

元坝地区复杂深井新型井身结构与应用

瞿　佳　李真祥

（中国石化勘探南方分公司）

摘要： 针对元坝地区传统井身结构方案井控能力差、机械钻速低、事故复杂时效高以及钻井风险大的不足，在对比分析国内外深井井身结构特点的基础上，研究了突破元坝地区复杂深井钻井瓶颈的井身结构系列。形成了元坝地区复杂地质条件下套管下深的确定方法，提出了适用于元坝地区复杂地质特征的新型井身结构系列——“ϕ508mm-ϕ406.4mm-ϕ298.4mm-ϕ219.1mm-ϕ168.3mm-ϕ120.6mm-裸眼”。元坝22井应用表明，新型井身结构系列达到了预期设计目的，钻井事故与复杂时效降低53.15%，钻井周期缩短20.91%。新型井身结构系列有助于增强元坝地区复杂深井的钻探能力，缩短钻井周期，也为我国深井超深井套管尺寸选择提供更多余地，是我国复杂深井井身结构系列的重要补充和发展，对提升我国复杂深井钻井技术水平获得更好经济效益具有十分重要的现实意义。

关键词： 元坝地区　南方海相　复杂深气井　新型井身结构　井身结构　井身设计

元坝地区是继普光气田之后中石化天然气增储上产的又一重点区域，也是川气东送工程资源接替的重要阵地。元坝地区位于九龙山构造带南翼、通南巴背斜带西南侧、处于川中古隆起的北部斜坡，属于元坝低缓构造带的主体部分，具有发育大型礁滩相储层的沉积背景。勘探面积为3251.48km^2，预测天然气远景资源量为1.77×$10^{12}m^3$。元坝地区地层总厚度为7000~8000m，其中白垩系~上三叠统为陆相沉积，以砂、泥质岩性为主[3]；中三叠统及以下沉积地层为海相沉积，岩性以碳酸盐岩为主。钻探实践表明，元坝地区白垩系部分井存在浅层水和发育裂缝；下沙溪庙组存在低压小气层；千佛崖组除元坝11、9井区域压力较高外（1.93~2.10g/cm^3），其余压力系数在1.50以内；自流井组存在压力系数1.65以内的气层，底砾岩蹩跳严重；须家河组存在区域高压，压力系数为1.85左右，石英砂岩可钻性极差；雷口坡组部分井钻遇气层；嘉陵江组顶部盐膏层发育，底部部分井钻遇高压盐水层；飞仙关组为低压气层，压力系数为1.0左右。这些地质环境特点为元坝地区的安全快速钻井带来了诸多难题，钻井施工过程中常发生斜、漏、塌、卡等复杂情况。因此，井身结构的优化设计成为提高该地区油气钻探安全水平和速度的关键技术之一。随着复杂深井钻探数量增多，国内在川东北地区开展了新型井身结构的探索实践，针对不同地区地质构造特征进行局部优化，由于这种优化没有摆脱原有井身结构ϕ508mm-ϕ330.2mm-ϕ228.6mm-ϕ177.8mm-ϕ127mm系列的固有局限性，导致井身结构优化结果效果不明显[1]。

钻采工艺，2012，35(5)：40-44

为突破复杂深井井身结构系列优化设计的瓶颈，笔者旨在调研分析复杂深井井身结构系列局限性的基础上，借鉴国外深井超深井井身结构优化经验，形成元坝地区复杂地质条件下套管下深的确定方法，提出适用于元坝地区复杂地质特征的新型井身结构系列，并通过现场实践的验证。

1 传统井身结构系列局限性分析

对于南方复杂深井经过多年的科学探索形成了一套较为成熟的经验做法：①对压力系统相对简单的井，将井眼尺寸缩小一级；②对压力系统相对复杂的井，采用特殊系列；③施工过程中钻遇复杂情况时，将常规系列转化为非常规系列。针对不同地质构特征造提出了4种井身结构设计方案(表1)。应用效果表明，非常规井身结构具有较好的应用效果，在一定程度上提高了钻井速度、安全水平和固井质量，增强了钻探能力、部分井钻到以前不能达到的层位[1-3]。

表1 川东北地区井身结构优化系列表

井身结构系列		导管	第一次开钻	第二次开钻	第三次开钻	第四次开钻	第五次开钻
Ⅰ	钻头直径/mm	660.8	444.5	311.2	215.9	152.4	—
	套管直径/mm	508.0	339.7	244.5	177.8	127.0	
	水泥返高	地面	地面	地面	地面	地面	
Ⅱ	钻头直径/mm	660.8	444.5	316.0	241.3	165.1	—
	套管直径/mm	508.0	339.7	273.1	193.7	146.1 无接箍	
	水泥返高	地面	地面	地面	地面		
Ⅲ	钻头直径/mm	660.8	444.5	316.0	241.3	—	—
	套管直径/mm	508.0	339.7	273.1	193.7	—	
	水泥返高	地面	地面	地面	地面	—	
Ⅳ	钻头直径/mm	660.8	444.5	311.2	241.3	165.1	裸眼
	套管直径/mm	508.0	339.7	244.5	193.7 无接箍	146.1 无接箍	
	水泥返高	地面	地面	地面	地面	—	

元坝地区复杂深井勘探开发进程的深入，目前采用的井身结构系列的局限性变得愈发明显，具体表现为：

(1) 井控能力有限。由于套管层次、套管壁厚和套管下深的限制，导致长裸眼井段喷漏同存，钻井液密度窗口窄，一旦出现溢流，表层套管强度不能满足关井和压井需要。特别是非常规套管系列下部采用尾管，上部套管抗内压能力不足；无接箍、小接箍套管抗内压能力大幅度降低。

(2) 小井眼、小钻具钻探能力不足。钻井速度慢、异常情况处理难度大、钻具强度不足、钻具抗 H_2S 能力差、循环压力高。

(3) 无接箍、小接箍套管操作难度大。非常规套管的应用在一定程度上缓解了钻进速度慢的问题，但无接箍、小结箍套管的使用，对下套管工艺提出了更高要求，增加了现场操作施工的难度。

（4）环空间隙小，套管下入困难，固井质量无法保证。目的层套管（ϕ177.8mm 和ϕ127mm）与井眼的间隙小，易发生套管阻卡，固井质量也难以保证。ϕ177.8mm 套管接箍的外径为 ϕ194.5mm，ϕ127mm 套管接箍外径为 ϕ141.3mm。在 ϕ212.7mm 井眼内下 ϕ177.8mm 套管，其环空间隙为 9.1mm。在 ϕ149.2mm 井眼内下 ϕ127mm 套管，接箍处环空间隙只有 4.0mm。由于套管与井眼的间隙小以及井下复杂地质条件，常常发生下套管遇阻或下不到预定的深度。即使固了井，由于水泥环很薄，也难以保证层间不窜通，固井质量差。

（5）下部井眼尺寸小（ϕ152.4mm 或 ϕ149.2mm），不能满足采气和地质加深的要求，也不利于快速、优质、安全的钻井。采气和井下作业都希望用 ϕ177.8mm 或 ϕ139.7mm 套管完井。钻井方面施工深井小尺寸井眼危险性大，希望使用配套的 ϕ212.7mm～ϕ241.3mm 钻头钻井，这样可以使用 ϕ127mm 钻杆。然而，目前在复杂地层深井超深井钻井中，多数采用 ϕ149.2mm～ϕ152.4mm 钻头下 ϕ127mm 尾管完井。这种小井眼，不利于开采和井下作业，也不利于进一步加深钻进等钻井作业。

2　新型井身结构设计

2.1　国外深井井身结构优化设计实践

在世界范围内深井超深井广泛分布，国外在深井超深井井身结构优化设计方面开展了诸多探索实践，依据地质情况、钻探目的以及钻井工艺水平的不同形成了具有地域特点的较为完备的井身结构系列[4-6]（表 2）。

表 2　国外深井超深井常用井身结构系列表

套管尺寸系列
ϕ508mm－ϕ339.7mm－ϕ273mm－ϕ193.7mm（悬挂）－ϕ127mm（悬挂）
ϕ762mm－ϕ508mm－ϕ339.7mm（ϕ406.4mm 回接）－ϕ273mm（ϕ308mm－ϕ339.7mm 回接）－ϕ127mm（ϕ238.1mm－ϕ203.2mm－ϕ193.7mm 回接）
ϕ1066.8mm－ϕ762mm－ϕ508mm－ϕ406.4mm－ϕ301.6mm（尾管）－ϕ225.4mm（ϕ273mm 回接）－ϕ196.8mm（尾管）－ϕ127mm（尾管）
ϕ914.4mm－ϕ711.2mm－ϕ558.6mm－ϕ406.4mm－ϕ339.7mm－ϕ279.4mm－ϕ238.1mm－ϕ177.8mm
ϕ762mm－ϕ609.6mm－ϕ508mm－ϕ406.4mm－ϕ339.7mm－ϕ298.4mm－ϕ244.5mm－ϕ193.7mm
ϕ127mm－ϕ711.2mm－ϕ558.8mm－ϕ457.2mm－ϕ406.4mm－ϕ320.7mm－ϕ301.6mm

由表 3 可以看出，国外井身结构系列具有特点：

（1）套管系列齐全，尺寸范围广泛。国外套管既有常规系列，也有非常规系列，井身结构设计时套管尺寸可选范围大，为最大限度增加套管层次提供了可能，保证了安全、快速、高效的钻井目标的顺利实现。

（2）井眼锥度小，由外层到里层套管尺寸减小较慢，从而最大限度增加有利于提速钻头尺寸的钻进井段长度。国外通常采用扩眼技术、膨胀管技术、无接箍套管、小接箍套管等方法实现减小了井眼锥度，提高了钻井速度，增加了下部完井尺寸[1-6]。

（3）国外深井超深井多采用“上大下小”的复合套管柱结构，采用这种复合套管结构系列可降低内层套管的应力水平，有利于采用较低钢级的套管，同时为大直径油管的下入提供条件，在含硫气深井具有较好的应用效果。

2.2 复杂地质条件下套管下深确定方法

（1）表层套管下深的确定。根据地质设计的地层情况、井位地面海拔和周边地理环境，设计表层套管封过地表疏松地层和水层，并具有钻开浅层气和钻至第一层技术套管深度内的所有气层的井控能力；并兼顾采用气体钻井技术提速的表层最低下入深度。表层下深一般为700~2000m。

（2）技术套管下深的确定。根据地质设计的地层深度和地层压力分布情况，确定不同性质的复杂情况条件下地层钻过后的“必封点”。根据“必封点”数确定技术套管的下入层次。“必封点”的确定以最大限度降低钻井风险为目标，以保护探井储层为宗旨，如地质设计的主要目的层、含硫气层和高压流体层顶部为“必封点”。其次是上部陆相地层长段复杂地层钻完之后的适当封隔点。在特殊情况下“必封点”数超过可能下入的技术套管层数，可以借用生产套管的双功能和调整完井方式解决问题。再是根据下入各“必封点”的套管可能接触H_2S程度和所处井段温度情况选择抗硫套管级别，以及校核套管受载荷情况下其强度是否满足高含硫气井特殊折算系数的要求，并进一步确定深井管柱的下入和完成固井的难易程度，在井身结构中是否选择采用“先悬挂后回接”的辅助结构，以及什么时间回接的配套措施等。

（3）生产套管下深的确定。生产套管需要和酸性腐蚀介质长期接触，其强度必须满足含硫气井特殊折算系数的要求，其抗腐蚀性要满足完井试气和高腐蚀气体开发方案的要求，开发方案设计采用封井底隔器采输方案，井底隔器以上200m至气层底部选择既抗H_2S腐蚀又抗CO_2腐蚀的稀有金属合成的双抗套管，其余选用抗硫国产化套管。生产套管一般采取尾管悬挂完井方式设计，根据实钻取得的气层压力情况，确定是否回接至井口，以满足完井试气和开发的需要；其被悬挂的技术套管，按生产套管的井下工况进行强度校核设计，并选用抗硫材质和附加磨损量选择设计套管壁厚。

表3 国外深井超深井常用井身结构分析表

套管层数	特点	缺点	应用情况
5	适用于含硫气藏	井控能力不足	美国西德克萨斯、密西西比-亚巴马、怀俄明、俄克拉何马州
5	采用上大下小的复合套管串，减小了上部套管强度，适合于高温高压高腐蚀的环境	上部套管尺寸较大，井控能力不足	北海 Erskine 地区
8	套管层次多，里层套管采用上大下小的套管结构，降低套管的应力水平	尾管较多，井控能力不足	美国怀俄明州 Wind River 盆地
8	层次多，且具一定的变化，能满足不同地质条件钻井需求	尾管较多，井控能力有限；环空间隙小，易卡套管，固井质量差	墨西哥湾地区深井

续表

套管层数	特点	缺点	应用情况
8	采用新型无接箍套管，增加套管层次来封隔多套复杂地层	卡套管风险较大	拉丁美洲、墨西哥海湾地区复杂深井超深井
7	井眼锥度小，完井尺寸大，单井产量高	对扩孔工具要求较高；对里层套管强度具有较高要求	墨西哥湾密西西比坎宁地区

2.3 新型井身结构系列的提出

借鉴国外深井超深井井身结构应用实践，针对元坝地区现有井身结构存在的问题，提出了解决元坝地区复杂深井钻井难题的新型井身结构系列，并初步规划了非常规套管系列规格、材料钢级及其联结螺纹的型号表4。

表4 新型套管与钻头系列表

序号	钻头直径/mm	套管直径/mm	钢级	壁厚/mm	扣型
1	609.6	508.0	J55	9.65	短圆扣
2	479.4	406.4	125S/110TS	12.70	TP-CQ/WSP-1
3	342.9	273.0	125S/110TS	13.21/12.70	TP-CQ/WSP-1
4	266.7	193.7	125S/110TS	13.93/12.70	TP-CQ/WSP-1
5	161.9	146.0	125T	12.34	TP-FJ/WSP-1
6	117.5	裸眼	—	—	—
5	187.3	161.9	125S	10.0/10.59	TP-FJ/WSP
6	139.7	120.6	125T	10.0	TP-FJ/WSP
7	95.21	裸眼	—	—	—

2.4 新型井身结构系列特点分析

2.4.1 新型井身结构系列特点分析

通过井身结构对比可以看出，新型特种井身结构系列具有以下特点：①钻探能力强、应付复杂的能力强。新型井身结构系列可满足建立井口、控制浅层气、封隔地表水的要求，尽量将不同压力体系的地层分层钻开，能够对井壁不稳定层段或其他复杂层位进行及时封固，显著提高了井控能力；②显著机械钻速，井眼尺寸适中，尽量避免最大、最小井眼井段；③有利于提高固井质量；④完井尺寸较大，基本满足测试、酸化、开发需要。

2.4.2 新型井身结构系列优势分析

与现行井身结构系列相比，新型特种井身结构系列有如下技术优势：

（1）增加套管层次和井眼层次，使套管层次增加到6层。较现行非常规井身结构系列增加了1层，比传统井身结构系列增加了2层。

（2）井控能力增加。由于ϕ219.1mm套管可回接到井口，井控能力得到了提升，第三次开钻套管抗内压强度58.7MPa，第四次开钻以后套管抗内压强度84.4MPa。

（3）缩短事故复杂处理时间。新型井身结构系列由于增加了套管层次，降低了事故复杂处理的难度，井壁失稳几率降低，一定程度上避免过长承压堵漏时间。

（4）有利于提高钻井速度，缩短勘探开发周期。在下部主力层钻进过程中，采用 ϕ127mm 钻杆替代 ϕ88.9mm 钻杆提高了钻杆的力学性能，提高了钻具的钻探能力。

（5）降低套管下入风险，保证固井质量。由表 5 可以看出钻头于套管间隙值最小为 19mm，较大的间隙值有利于套管的下入，同时为固井质量的提高奠定了基础。

（6）有利于高产气井开发。生产套管由 ϕ193.7mm 改为 ϕ219.1mm，提高了生产套管的尺寸有助于提高单井产气量。

3 新型井身结构的现场应用

元坝 22 井是部署在四川盆地川东北巴中低缓构造带元坝区块长兴—飞仙关组②号礁群异常体南边的台缘滩体上的一口预探井，也是一口特种井身结构试验井，设计井深 6880m，由西南广钻 70142 钻井队承钻，井身结构如表 5 所示。

表 5 元坝 22 井身结构设计表

开次	钻头直径/mm	套管直径/mm	下深/m		水泥返高/m
			设计	实钻	
导管	ϕ609.6	ϕ508.0	300	302	0
第一次开钻	ϕ479.4	ϕ298.4	3400	1957.55	0
第二次开钻	ϕ342.9	ϕ219.1	4770	4827	0
第三次开钻	ϕ187.3	$\phi\phi$168.3	6880	7080	4671.15

元坝 22 井于 2008 年 3 月 28 日开始搬迁，2008 年 4 月 20 日 10：00 使用 ϕ479.42mm 钻头进行导眼开孔，2008 年 5 月 24 日用 ϕ342.90mm 钻头第一次开钻，至 2010 年 10 月 15 日 3：00 顺利完井，建井周期 820.88d，钻井周期 672.81d。平均钻机月速 315.65m/（台·月），平均机械钻速 1.3m/h，取芯进尺 63.88m，取芯收获率 97.9%，事故复杂 16 起，耗费工时 2511h，事故复杂时效 15.55%。

（1）分段施工情况分析。第一次开钻 ϕ342.90mm 井眼在井段 302~684.85m 采用空气钻钻井，进尺 382.85m，平均机械钻速达 11.83m/h；在井段 684.85~1573.68m 采用泡沫钻钻井，进尺为 888.83m，平均机械钻速为 30.72m/h；第二次开钻 ϕ266.7mm 井眼在井段 1957.55~2186.45m，进尺为 228.90m，平均机械钻速 13.46m/h。第二次开钻陆相自流井组地层采用控压钻井技术，在井段 3756.32~3847.99m 使用欠平衡钻井工艺，完成进尺 91.49m，平均机械钻速 0.82m/h。第二次开钻在上沙溪庙组地层采用螺杆+PDC 复合钻进，钻进井段 2273.63~2974.98m，进尺为 673.54m，平均机械钻速 3.88m/h，是常规牙轮钻头的 3 倍，第三次开钻在雷口坡组—飞仙关组地层采用螺杆+PDC 钻头复合钻进，井段 4849.02~6290.01m，进尺为 1440.99m，平均机械钻速为 1.50m/h，是常规牙轮钻头钻进速度的 1.5 倍左右，在飞仙关组使用常规 PDC 钻头钻进，进尺为 118.05m，平均机械钻速为 2.00m，是常规牙轮钻头钻进速度的 2 倍左右。优选 PDC 钻头在嘉陵江组嘉四段~飞仙关组地层钻进，进尺为 1559.04m，平均机械钻速达 1.53m/h。大大减少了起下钻次数，增加了纯钻时效。

（2）钻井时效分析。①元坝 22 井钻井施工生产时间为 15106h，生产时效为 85.04%，其中，纯钻进时效为 29.27%，平均机械钻速 1.3m/h；非生产时间为 2657.42h，非生产时效所占比例为 15.96%。②事故时间 2329.26h，占总时效 13.11%，其中本井共发生 7 次井下事故：掉电测仪器 1 次，卡钻 2 次，断钻杆 1 次，断钻铤 2 次，掉牙轮 1 次，其中泡沫钻进期间，起钻倒划眼钻具脱扣，钻具在空气介质的井筒内快速顿落、折断，形成两条(可能多条)落鱼，打捞出上半段落鱼，断口呈“S”型，无法打捞，采取填井侧钻，返工进尺 575.58m。③复杂时间 256.66h，所占比例为 2.44%，本井共发生井漏复杂 6 次、上提钻具挂卡 1 次、上旋塞断开 1 次、提高地层承压能力 1 次。④生产时效中，辅助时间达 1162.83h，固井时间为 3810.33h，主要是由于各开次中完时间和准备时间长引起。

（3）井身结构评价分析。为评价新型井身结构的应用效果，对元坝 22 井及其邻井元坝 21 井的施工效果数据进行了对比分析如表 6 所示。

表 6 元坝 22 井与元坝 21 井钻井施工效果对比表

井名	完钻井深/m	钻井周期/d	平均钻速/$m \cdot h^{-1}$	事故复杂			取芯进尺/m	收获率	生产时效	钻机月速/$m \cdot (台月)^{-1}$
				时间/h	时效	次数				
元坝 21	7080	850.73	1.39	3987.93	33.19%	20	32.83	98.02%	93.81%	249.65
元坝 22	7080	672.81	1.3	2511	15.55%	16	63.88	97.9%	61.38%	315.65
对比		-177.92	-0.09	-1476.93	-17.64%	-4	31.05	-0.12%	-32.43%	66
		-20.91	-6.47	-37.04	-53.15%	-20	94.58	-0.12%	-34.57%	26.44

由表 6 可以看出，采用新型井身结构的元坝 22 井与采用传统井身结构的元坝 21 井相比钻井事故与复杂时间较少、钻井周期缩短，基本达到了井身结构优化设计的预定目标。

4 结论

（1）针对元坝地区复杂深井地质构造特征，提出了“ϕ508mm-ϕ406.4mm-ϕ298.4mm-ϕ219.1mm-ϕ168.3mm-ϕ120.6mm-裸眼”新型井身结构方案。理论分析表明，新型井身结构增加了套管层次、提高了井控能力和机械钻速、降低了钻井风险水平，是我国深井井身结构系列的重要补充。

（2）元坝 22 井初步应用表明，钻井事故与复杂时效降低 53.15%，钻井周期缩短 20.91%，新型井身结构井眼锥度小、套管与钻头尺寸配合基本合理，达到了优化设计的目的。实践证明新型井身结构设计理论的正确性。

（3）加强新型井身结构配套技术和钻完井工具的研发，充分挖掘新型井身结构的潜力，对提高我国深井超深井钻探能力、降低钻井风险具有重要的现实意义。

参 考 文 献

[1] 杨玉坤 . 川东北地区深井井身结构优化设计[J]. 石油钻探技术，2008，36(3)：33-36.

[2] 唐志军．井身结构优化设计方法[J]. 西部探矿工程，2005，109(6)：78-80.

[3] 边培明．深层海相气井井身结构优化及应用[J]. 钻采工艺，2006，29(6)：13-15.

[4] 管志川，邹德永．深井超深井套管与钻头系列分析研究[J]. 石油钻探技术，2000，28(1)：14-16.

[5] David F. Courville. Smith Services Smith. Ronald D. Childers ect. Wellbore Enlargement for a deepwater Casing Program：Case Study and Developments [J]. SPE：87153，2004.

[6] Jellison M J，Eckroth Jim Fulton J J，Ogren L A，ect. Teamwork Result in World-Record Length Casing String[J]. SPE：55052，1999.

元坝地区钻井提速探索与实践

高航献　瞿　佳　曾鹏珲

（中国石化勘探南方分公司，四川成都 610041）

摘要：元坝地区是中国石化天然气增储上产的重点区域，但该地区钻井存在一些技术难点，导致钻井施工风险很大：地层研磨性强，可钻性差；地下断层、裂缝、溶洞发育，井漏频繁，稳定性差；存在多套压力体系、安全窗口窄。这一直制约着该地区钻井速度的提高。为此，勘探南方分公司开展了钻井提速提效技术攻关与实践，采取了井身结构优化、空气钻井、欠平衡钻井等技术措施，并应用了高速涡轮、扭力冲击发生器、孕镶金刚石钻头等新工具和新工艺，平均机械钻速提高1倍以上，钻井周期缩短15%。为进一步提高元坝地区的钻井速度，提出了完善已有提速技术，研制或优选与之配套的钻井设备和工具的建议。

关键词：机械钻速　气体钻井　欠平衡钻井　井身结构　涡轮钻具　全刚钻头　元坝地区

空气钻井及欠平衡钻井技术，普遍认为是提高机械钻速的有效措施[1-8]；高速涡轮与孕镶金刚石钻头组合，因其转速高、寿命长，故能有效提高钻速[4,9~11]；扭力冲击发生器能改善PDC钻头在井底的工作环境，从而将钻头效益最大化，因此亦能提高钻井速度；优化井身结构和完井方案，可以减少井下复杂情况或故障，提高进尺及工作时效，加快钻井进度。元坝地区的现场实践表明，综合利用这些技术，平均机械钻速提高1倍以上，钻井周期缩短15%左右。

1　地质特点及钻井技术难点

1.1　地质特点

元坝地区钻遇地层自上而下为：白垩系的剑门关组，侏罗系的蓬莱镇组、遂宁组、沙溪庙组、千佛崖组、自流井组，三叠系的须家河组、雷口坡组、嘉陵江组、飞仙关组，二叠系的长兴组、吴家坪组、茅口组、栖霞组。其中二叠系须家河组-白垩系剑门关组地层为陆相沉积，岩性以砂、泥质岩性为主，总厚度约4900.00m；二叠系雷口坡组及以下地层为海相沉积，岩性以碳酸盐岩为主。钻探实践表明，该地区存在多套压力系，且相差悬殊，最高的地层压力系数达到2.13，最低的地层压力系数低于1.25；井底温度高，该地区井深一般为6800.00~7200.00m，井底温度155~165℃。

石油钻探技术，2010，38(4)：26-29

1.2 钻井技术难点

1.2.1 相差悬殊的多套压力系统共存

从元坝地区实钻情况来看，纵向压力分布为常压-高压-常压。

(1) 千佛崖组及其以上地层为常压地层，千佛崖组及部分下沙溪庙组地层有气层。

(2) 自流井-须家河组地层中有高压低渗裂缝性气藏，地层压力当量密度窗口窄，漏、涌时有同层，井下复杂问题多。

(3) 嘉陵江组地层目前未钻遇较好气层，但部分井钻遇高压盐水层。飞仙关组和长兴组地层同为一个常压压力系统，以溶孔性气层为主且可钻性好。

(4) 雷口坡组、茅口组和栖霞组地层有局部存在高压气层的可能。

1.2.2 复杂地层分布

由实钻资料得知，元坝地区地质剖面上复杂地层较多，剑门关组地层多存在裂缝性漏层，个别井上部有微出水层，海相盐膏层不会对钻井工作造成较大影响，在嘉陵江组地层多井钻遇高压盐水层，对钻井速度造成了一定影响，但影响该地区钻井速度的复杂地层主要有：

(1) 上沙溪庙组地层上部的微出水层，其承压不高，钻井液密度超过 1.90kg/L 时易漏。

(2) 上沙溪庙组地层底部存在垮塌层，空气钻井难以实施。

(3) 自流井组-须家河组复杂地层有 3 个特点：a. 油气藏多为裂缝性气藏，具有高压低渗的特点，压力窗口窄，压井时易出现喷、漏同存；b. 自流井组与须家河组地层的砂砾岩层可钻性极差，机械钻速低、易发生井下故障；c. 泥岩段不稳定，易出现掉块卡钻。

1.2.3 地层岩性研磨性强，可钻性差

统计表明，元坝地区地层可钻性级别在 5~8 级之间，陆相砂岩地层多为硅质胶结，岩性致密，硬度大，研磨性强，可钻性极差[12-14]。尽管上部大尺寸井眼应用了气体钻井技术钻进，海相地层应用了复合钻进技术，但元坝 3 井、元坝 5 井全井平均机械钻速均不到 1.40m/h。虽然最高的元坝 12 井机械钻速达到 2.13m/h，但平均机械钻速总体上还是偏低。

1.2.4 井下复杂情况及故障频发

元坝地区井下复杂情况与故障频发，在完成井中，平均井下复杂情况和故障时效高达 11.02%。该地区的井下复杂情况和故障主要分为以下几类：

钻具与钻头故障　空气钻井过程中易发生卡钻和断钻具故障，钻进须家河组地层时易发生钻头与卡钻故障。统计显示，该类故障累计损失时间占该地区故障总时间的 57.69%。

溢流、井漏　由于地层压力分布规律性差，溢流、井漏频繁发生，不仅损失了大量的施工时间、还损失了大量钻井液，造成了巨大经济损失。

转换为钻井液钻井时的复杂情况　气体钻井转换钻井液钻井后，钻进自流井组-须家河组地层时，易出现井下复杂情况。

固井复杂情况与故障　该地区的地层承压能力难以准确掌握，井温高，固井施工难度大，在固井时易发生漏失，固井返速度低，固井质量差，固井复杂情况频发。

2 提速技术应用与实践

自 2009 年 7 月提速活动开展以后，为提高钻井速度，进一步完善了原有的井身结构优化、气体钻井、欠平衡钻井、海相地层复合钻井等比较适应于南方海相勘探的钻井技术，并引进应用了“涡轮钻具+孕镶金刚石钻头”、高效螺杆、扭力发生器、超深井定向工艺、超深井钻井液工艺等新工具、新工艺、新技术，取得了较好的提速效果，平均机械钻速由提速前的1.00m/h提高到2.22m/h，钻井周期由提速前的464.11d缩短为400.70d。

2.1　优化井身结构

元坝地区的井普遍较深，钻探茅口组地层的井井深已接近7500m，区域压力系统也十分复杂。目前，元坝地区主要采用的是已经成熟的特殊井身结构，五段制井身结构，其套管程序为ϕ508.0mm套管+ϕ339.7mm套管+ϕ273.1mm套管+ϕ193.7mm套管+ϕ146.1mm套管。该井身结构套管增加到5层，大尺寸井眼段长度缩短，四开井眼尺寸增大，钻井速度有所加快；技术套管封固段加长、安全钻井程度提高；井眼与套管间隙趋于合理，固井质量有了保证；套管设计“留有余地”，处理井下复杂情况能力得到提升；适合压力体系相对复杂的超深井施工。

另外，根据实钻情况，还可采用新型六段制井身结构以满足元坝复杂井的钻探施工，其套管程序为ϕ508.0mm套管+ϕ406.4mm套管+ϕ298.5mm套管+ϕ219.1mm套管+ϕ168.3mm套管+ϕ120.7mm套管。该井身结构比特殊井身结构多了一个套管层次，适合于特别复杂地区，且合理尺寸钻头钻进井段长，有利于提高钻井速度。元坝22井采用了该六段制井身结构。

2.2　应用优快钻井技术

2.2.1　ϕ660.4和ϕ444.5mm井眼完善气体钻井和泡沫钻井技术

元坝地区陆相地层可钻性差，ϕ660.4mm井眼常规钻井机械钻速不到1.00m/h，该尺寸井眼采用气体钻井、泡沫钻井后，与常规钻井液钻井相比平均机械钻速有了大幅度提高，常规钻井机械钻速只有0.81m/h，气体钻井/泡沫钻井机械钻速达到3.69m/h。

ϕ444.5mm井眼应用气体钻井技术钻至井深3200m左右，通过优选钻头，使用HJT537GK或GP536D钻头，优化钻井参数，平均机械钻速由8.51m/h提高至8.61m/h。

2.2.2　优选钻头

根据已钻井的测井资料和室内试验建立了元坝地区的岩石可钻性剖面，为钻头选型提供了理论依据[15-16]，川东北地区钻头选型总结概括为：上部陆相地层中的砂岩及砂砾岩层以选择和使用高效牙轮钻头为主，尽量不使用金刚石钻头，但在大段泥岩段可以使用PDC钻头。须家河组地层常规钻井时主要选用江汉产的537或617系列钻头。雷口坡组、嘉陵江组、飞仙关组及以下海相地层多为较均质的泥岩、灰岩和白云岩，应选择和使用PDC钻头。海相地层的长兴组-栖霞组地层，应以选择和使用牙轮钻头为主。

2.2.3　液体欠平衡钻井技术

2008年，勘探南方分公司首先在元坝12井须家河组地层进行了欠平衡钻井的先导性试验，取得了较好效果，之后元坝22井、元坝11井又在须家河组地层实施了欠平衡钻井。目前，欠平衡钻井技术在元坝地区已成为钻进须家河组地层的一项可行技术。元坝12井须家河组井段应用了液体欠平衡钻井技术，钻进井段4192.00~4611.73m，进尺419.73m，机械钻速1.39m/h，与元坝1井须家河组地层机械钻速(0.75m/h)相比，提高了84%。

2.2.4　扭力发生器(TorkBuster)钻井

TorkBuster将钻井液的能量转换成扭向的、高频的、均匀稳定的冲击能量直接传递给

PDC 钻头，消除了井下钻头运动时可能出现的一种或多种振动现象，使其破岩方式以冲击破碎为主，旋转剪切破岩为辅，在保证井身质量的同时提高了机械钻速。

元坝 10 井在 3233.30~3455.00m 井段进行了“扭力发生器+PDC 钻头”钻井试验，进尺 221.70m，纯钻时间 60.50h，平均机械钻速 3.66m/h，比常规钻井提高 2~3 倍。

2.2.5 涡轮+孕镶金刚石钻头

涡轮钻具能量利用率高、性能好、转速高(可达 1444r/min)、工作平稳，从而可减少因为井下振动引起的钻头碎齿、胎体断裂、掉齿等问题，延长钻头寿命；涡轮钻具设计加工精细，没有橡胶件，可在井下工作 400~1000h[9-11]。孕镶金刚石钻头的优点是金刚石镶进钻头本体内，将金刚石退化度到最小、交叠设计保证钻头与井底全接触，金刚石耐磨性高，适合高转速，比较适用于研磨性强的须家河组地层。因此，在深层、不均质地层应用研磨强的“涡轮+孕镶金刚石钻头组合”具有显著优势。

元坝 123 井使用 Smith 孕镶金刚石钻头(型号 K705)加高速涡轮(型号 T^2MK^1 MK^1 直涡轮钻具)进行复合钻进，使用“涡轮+孕镶金刚石钻头”前单只钻头进尺仅为 44.96m，使后达到 153.52m；使用前单只钻头纯钻时间 72.74h，使用后 90.75h；使用前平均机械钻速 0.57m/h，使用后达到 1.69m/h。

2.3　钻井液技术

(1) 良好的携岩与冲洗能力　为了保证携带钻屑所需的最低返速，要求有足够的钻井液排量。水力清除井底岩屑的能力降低时，会因岩屑不能及时清除而导致重复破碎，甚至出现钻头泥包现象，致使机械钻速下降。

(2) 控制钻井液密度　控制钻井液密度是实现平衡压力钻井和保护油气层的关键。在钻井过程中，根据随钻检测到的地层压力，合理选择钻井液密度。

(3) 控制钻井液滤失量　通过认真分析井眼情况、起下钻遇阻等情况综合控制钻井液滤失量。一般第四系地层钻速快、周期短，钻井液的滤失量应控制在 10~13mL。对于上第三系大套高渗透砂岩地层适当控制钻井液的滤失量并减小压差，防止形成滤饼卡钻。对于二叠系水敏性泥岩地层应选择滤失量低的钻井液。在揭开油气层前要调整钻井液性能，降低钻井液的滤失量，以减小滤液对油气层的损害。

(4) 控制流变参数　合理控制流变参数是保证井眼清洁、发挥水力破岩和提高钻速的关键因素。在施工中要合理调整钻井液的塑性黏度(PV)和动切力(YP)，控制其动塑比为 1，n=0.3~0.6，K=0.5~1.0Pa·s^n，使钻井液具有良好的造壁性，又不冲刷井眼。

(5) 控制固相　配备网眼直径小的振动筛网，提高固相控制的效率。通过科学地选择合适的筛网网眼直径、合理使用固控设备、分析固相含量，把钻井液有害固相含量降到 6%，大大降低了摩阻和钻井成本，确保钻井液性能稳定。

2.4　固井技术方案

(1) 优化井身结构，确保合理的套管与井眼间隙，为井身质量控制和固井作业创造尽量好的条件。

(2) 在生产层推广应用防窜胶乳水泥浆体系；在承压薄弱井段使用低密度/超低密度水泥浆体系。

(3) 重视井眼准备工作，固井前调整钻井液性能，做好通井与承压工作，为固井创造好的施工条件。

（4）细化、优化施工工艺，通过采取加大隔离液量、增加接触时间、优化施工排量、提高顶替效率、平衡压力固井等技术措施来提高固井质量。

3 结论与建议

（1）优化后的井身结构延长了气体钻进井段，有利于提高钻速，同时增强了应对异常情况的能力。但为保障固井质量，还有必要进一步优化井身结构。

（2）元坝地区井深3200m以浅井段采用空气钻井或泡沫钻井，自流井组地层以上采用低密度钻井液欠平衡钻井方式是可行的，可以达到提速的效果。由于自流井组地层局部不稳定，控压钻井受坍塌掉块的局限，使用受到限制。

（3）"孕镶金刚石钻头+高速涡轮"钻井方式能够大幅提高钻井速度，有望成为二开自流井组、须家河组地层钻井提速的重要技术手段。但使用涡轮钻具时泵压太高，不但增加了设备负担而且增大了钻井风险。

（4）扭力发生器与PDC钻头配合使用，能改善钻头的工作环境、延长钻头使用寿命、提高机械钻速，建议在陆相地层泥岩段优选或研制合适的PDC钻头与之配合，以进一步提高钻速；并建议将该技术应用到海相地层，给海相提速带来新的突破。

（5）中完、完井作业时间长，严重制约了提速效果，建议深入研究完井方式和固井技术。

（6）为进一步缩短建井周期，建议采用随钻测井技术，来降低复杂时效、缩短钻后测井时间，加快钻井施工进度。

参 考 文 献

[1] 陈济峰，燕修良，高航献．川东北地区气体钻井技术实践与认识[J]．石油钻探技术，2009，37(4)：39-42.

[2] 孙起昱，张雨生，王爱芳．空气锤在普光气田气体钻井中的应用[J]．石油钻探技术，2009，37(4)：68-72.

[3] 黄松伟．普光气田空气钻井取芯技术[J]．石油钻探技术，2009，37(3)：110-113.

[4] 李伟廷．元坝1井超深井钻井技术[J]．石油钻探技术，2009，37(2)：94-99.

[5] 邹海洋，狄勤丰，姚建林，等．气体钻井钻柱失效机理分析[J]．石油钻探技术，2008，36(3)：55-58.

[6] 李玉飞，孟英峰，聂政远，等．空气钻井提高钻速机理研究[J]．石油钻探技术，2006，34(4)：9-11.

[7] 杨明合，夏宏南，蒋宏伟，等．火山岩地层优快钻井技术[J]．石油钻探技术，2009，37(6)：44-47.

[8] 赵向阳，孟英峰，朱娟娟，等．欠平衡钻井技术新分类与油藏筛选方法研究[J]．石油钻探技术，2009，37(4)：19-22.

[9] 冯定．涡轮钻具防斜打快钻井理论与技术研究[J]．石油钻探技术，2007，35(3)：9-11.

[10] 陈洪兵，周龙昌，张雷，等．俄罗斯减速器涡轮钻具驱动PDC钻头在西伯利亚油田的成功应用[J]．石油钻探技术，2005，33(2)：48-50.

[11] 谭春飞，蔡镜仑．利用涡轮钻具提高深井钻速的试验研究[J]．石油钻探技术，2003，31(5)：30-32.

[12] 何龙. 川东北地区优快钻井配套技术[J]. 钻采工艺，2008，31(4)：23-26.
[13] 吴华　川(渝)东北构造带钻探难点及技术对策[J]. 天然气工业，2003，23(2)：55-56.
[14] 羽保林，王荣，庞建新，等. 提高深井硬地层钻井速度技术难点及对策[J]. 钻采工艺，2006，29(1)：24-26.
[15] 李晓明，燕静，袁玉宝，等. 胜科1井钻头选型与应用效果分析[J]. 石油钻探技术，2007，35(6)：22-26.
[16] 卢春阳，陈济峰，杨海滨，等. 海南福山凹陷地层可钻性及钻头选型[J]. 石油钻探技术，2002，30(1)：10-12.

元坝地区超深探井复杂地层固井难点及对策

李真祥[1,2]　王瑞和[3]　高航献[2]

(1. 中国石油大学(华东)石油工程学院，山东东营 257061；
2. 中国石化勘探南方分公司，四川成都 610041；
3. 中国石油大学(华东)，山东东营 257061)

摘要： 四川元坝地区固井面临井深、高温、盐膏层蠕变、固井安全密度窗口窄、防漏防窜矛盾突出等诸多技术难题，给固井作业带来了很多挑战。针对元坝地区已经完成的11口探井存在的固井工艺技术不够完善、固井质量不稳定的现状，分析了该地区固井存在的主要技术难题，并对不同地层固井的水泥浆体系进行了针对性选型，强化了通井技术措施，综合应用了提高顶替效率的技术措施等。在元坝12井等井固井中应用，已经初步取得了成效。

关键词： 超深井　探井　水泥浆　固井　元坝地区

1　概述

元坝地区是中国石化在川东北地区的主要勘探开发区块，固井面临诸多技术难题[1-4]，主要有：

(1) 海相飞仙关组和长兴组气层是主要目的层，埋藏深度都在7000m左右，属常压气藏，但储层温度高(井底温度可达160℃)，且含 H_2S 和 CO_2。

(2) 上部陆相地层主要包括沙溪庙组、千佛崖组、自流井组和须家河组地层，其中，千佛崖组和自流井组地层水敏性强，须家河组地层是高压低渗气层，上沙溪庙组地层底部坍塌严重，为平衡气层和坍塌层，钻井液密度最高达到2.10kg/L，元坝3井、元坝101井和元坝22井等井的须家河组地层压力系数为1.83~1.86。

(3) 嘉陵江组5段和4段地层的岩性主要是石膏和盐，存在蠕动性盐膏层和高温高含硫气层，元坝2井发生盐膏层段挤毁套管的事故，元坝102侧1井在盐膏层段发生了卡钻。

(4) 固井作业还要面对复杂的井筒环境，如压稳与防漏、长封固段窄间隙等难题。

上述复杂的地质条件给固井带来了很大的挑战。自2006年以来，元坝地区已经完成探井11口，由于固井工艺技术还不够完善，固井质量时好时坏，其中元坝1井、无坝2井固井质量比较好，而元坝3井、元坝4井和元坝5井等井固井质量较差。而防止须家河组地层气窜、防止嘉陵江组盐膏层蠕动和提高飞仙关组、长兴组气层固井质量是元坝地区固井

石油钻探技术，2010，38(1)：20-25

作业的主要目标。

2 固井难点分析

元坝地区的超深探井一般采用四级井身结构[1]（表1）。

由于地质条件复杂，元坝地区分层次套管固井技术难题包括：二开 ϕ273.1mm 技术套管固井难题、三开 ϕ193.7mm 技术尾管固井难题、四开 ϕ146.1mm 产层尾管固井难题等。

表1 元坝地区超深探井井身结构

井段	钻头尺寸/mm	套管尺寸/mm	封固层位	套管下入深度/m
一开	444.5	339.7/346.1	白垩系	700
二开	314.1/311.1	273.1	遂宁组/沙溪庙组/千佛崖组/自流井组	4000~4500
三开	241.3	193.7	须家河组/雷口坡组/嘉陵江组	5500~6500
四开	165.1	146.1	飞仙关组/长兴组	6900~7000

2.1 二开 ϕ273.1mm 技术套管固井难题

2.1.1 长封固段和小间隙，不利于套管居中和顶替[5]

元坝1井 ϕ273.1mm 技术套管一次封固段长 4546m，元坝3井也达到了 4280m。ϕ273.1mm 技术套管与井眼的理论间隙只有 19.05mm。由于间隙小不能加扶正器，套管不能有效居中，加上长封固段导致循环摩阻大，井眼不能有效清洗，漏失风险大，造成顶替效率低，胶结质量差，这是元坝地区 ϕ273.1mm 技术套管固井质量不高的主要原因。

2.1.2 安全窗口窄，压稳和防漏矛盾突出

由于上沙溪庙组地层底部坍塌严重，千佛崖组和自流井组等地层的水敏性强，易掉块坍塌。千佛崖组和自留井组地层还有较为活跃的裂缝气，为平衡气层和坍塌层，钻井液密度一般选择在 1.90kg/L 左右，元坝4井最高达到 2.10kg/L。而元坝地区陆相地层破裂压力梯度分布不均匀，最高不超过 2.15kg/L，造成固井安全密度窗口窄，防漏和防窜矛盾突出。

2.1.3 钻井液黏稠，不利顶替并额外增加漏失风险

元坝地区钻井液黏度大，马式黏度普遍在 100s 以上，高黏钻井液流动阻力大，给井眼清洗和顶替都带来困难，许多井在下完套管后不能建立循环，元坝3井和元坝5井2口井在固井过程中井口也基本不返浆。

2.2 三开 ϕ193.7mm 技术尾管固井难题

2.2.1 盐膏层的蠕动

嘉陵江组5段和4段地层的岩性主要是石膏和盐，此前盐膏层蠕动的问题不明显，但2008年“5.12”汶川大地震后，川东北地区盐膏层蠕动的问题日益突出，元坝2井就发生了盐膏层段套管被挤毁变形的情况，导致试气管柱被卡，被迫侧钻。元坝102侧1井也多次在盐膏层段发生卡钻，甚至填井侧钻。由于此前在固井环节没有考虑盐膏层的蠕动问题，给多口井的后续作业带来了困难。

2.2.2 须家河组高压气层压稳

须家河组地层是高压低渗气层，元坝3井、元坝101井和元坝22井等的须家河组地层压力当量密度为 1.83~1.86kg/L，加上平衡盐膏层，钻井液密度都在 2.10kg/L 左右，水泥

浆密度就需要 2.20kg/L 以上，但这会增加漏失风险，而且须家河组气层仅靠上层套管鞋，则固井压稳的难度非常大。但许多情况下水泥浆与钻井液密度差过小，不利于顶替。另外，所用高密度水泥浆体系的稳定性和综合性能还不能满足要求，导致胶结质量较差。

2.3 四开 ϕ146.1mm 产层尾管固井难题

2.3.1 井底高温，水泥浆添加剂选择余地小

元坝地区的井底温度均超过 160℃，对水泥浆的抗高温性能要求高，增加了油井水泥添加剂优选的难度。能够适用高温的外加剂产品种类少，水泥浆综合性能不能完全满足要求，元坝 3 井、元坝 4 井、元坝 5 井的 ϕ146.1mm 尾管固井质量较差与水泥浆选型有较大关系。

2.3.2 小间隙环空，套管不能有效居中

ϕ146.1mm 套管与井眼的理论间隙只有 9.5mm。由于间隙小不能加扶正器，套管不能有效居中，甚至可能贴边，难以提高顶替效率和防止气窜。

3 固井技术对策

针对元坝地区的固井难度大、工艺复杂、固井质量难以保证的问题，通过优化固井工艺，优选水泥浆体系，优化水泥浆性能，在一些井固井中已取得良好的应用效果。

3.1 针对小间隙井眼和盐膏层井眼的准备措施

井眼通畅可减少下套管风险和提高顶替效率。由于元坝地区复杂的井眼状况，盐膏层和小间隙井眼下套管风险和清洗的难度比较大，主要从以下三方面加强井眼准备。

3.1.1 循序渐进增加通井钻具的刚性

通井的目的是修正井眼，使井壁光滑，有利于下套管和井眼清洗。通井钻具组合和通井措施决定了下套管前的井眼条件。为此，制定了循序渐进增加通井钻具刚性的通井工艺措施，最终通井钻具的刚性不低于套管柱刚性。具体措施是：第一趟通井加一个满眼稳定器，第二趟通井加两个满眼稳定器，第三趟通井加三个满眼稳定器。通过逐步加大通井钻具刚性，增加了通井划眼次数，使井眼更加规整通畅，井壁更加光滑，有力保证了套管顺利到位。各次通井的钻具组合如下：

（1）ϕ311.1mm 或 ϕ314.1mm 井眼第一次通井钻具组合：ϕ314.1mm 钻头+ϕ314.1mm 螺旋稳定器 1 个+ϕ279.4mm 钻铤+ϕ228.6mm 钻铤+ϕ203.2mm 钻铤+ϕ177.8mm 钻铤+ϕ139.7mm 钻杆；第二次通井钻具组合：ϕ314.1mm 钻头+ϕ314.1mm 螺旋稳定器 1 个+ϕ279.4mm 钻铤×1 根+ϕ228.6mm 短钻铤×1 根+ϕ314.1mm 螺旋稳定器 1 个+ϕ228.6mm 钻铤+ϕ203.2mm 钻铤+ϕ177.8mm 钻铤+ϕ139.7mm 钻杆；第三次通井钻具组合：ϕ314.1mm 钻头+ϕ314.1mm 螺旋稳定器 1 个+ϕ279.4mm 钻铤×3 根+ϕ228.6mm 短钻铤×1 根+ϕ314.1mm 螺旋稳定器 1 个+ϕ228.6mm 钻铤×1 根+ϕ314.1mm 螺旋稳定器 1 个+ϕ228.6mm 钻铤×4 根+ϕ203.2mm 钻铤+ϕ177.8mm 钻铤+ϕ139.7mm 钻杆。

（2）ϕ243.1mm 井眼 第一次通井钻具组合：ϕ241.3mm 钻头+ϕ240.0mm 螺旋稳定器 1 个+ϕ177.8mm 短钻铤+ϕ139.7mm 钻杆；第二次通井钻具组合：ϕ241.3mm 钻头+ϕ240.0mm 螺旋稳定器 1 个+ϕ177.8mm 短钻铤×1 根+ϕ240.0mm 螺旋稳定器 1 个+ϕ177.8mm 钻铤+ϕ139.7mm 钻杆；第三次通井钻具组合：ϕ241.3mm 钻头+ϕ240.0mm 螺旋稳定器 1 个+ϕ177.8mm 短钻铤×1 根+ϕ240.0mm 螺旋稳定器 1 个+ϕ177.8mm 钻铤×1 根+ϕ240.0mm 螺旋

稳定器 1 个+ϕ177. 8mm 钻铤+ϕ139. 7mm 钻杆。

3.1.2　井眼清洗工艺

为使下套管过程保持井眼稳定，钻井液性能波动幅度不能太大。套管到位后，要对钻井液进行处理，降低钻井液的黏度和切力，并清洗井眼。由于套管间隙小，循环摩阻高。清洗井眼需要根据泵压状况，排量由小到正常逐步提高，直至振动筛上没有岩屑才能开始固井施工。井眼清洗时间不限定。元坝 1 井 ϕ273. 1mm 套管下到位后，开泵压力 18MPa，排量只有 0. 2m^3/min，经过不断循环，清除钻井液中的固相，降低黏度，24h 后排量达到 1. 2m^3/min，泵压 10MPa，达到固井条件，固井质量较好[6-8]。

3.2　优选水泥浆体系

3.2.1　高密度水泥浆体系优选

提高水泥浆密度的主要途径是减少充填水和增加加重材料与水泥的比例。但是配浆水不能无限度减少，因为需要水的润湿使水泥浆产生流动，需要水参与水泥浆的水化反应。增加加重材料比例，如果颗粒选型不适当会造成水泥浆增稠或沉降。

应用颗粒级配技术，提高系统的堆积密度，合理的颗粒大小分布和紧密堆积，可使材料的孔隙度大幅度下降。紧密堆积理论以颗粒级配技术为依托，把不同级别大小的颗粒放在一起，实现良好的孔隙充填，并相应提高颗粒间的范德华力，从而提高水泥石的综合性能[9-10]。以元坝 2 井为例，该井 ϕ193. 7mm 尾管固井的高密度水泥浆性能如下：

(1) 高密度领浆　密度 2. 15kg/L，API 失水 32mL，自由液 0%，Fan35 六速流变仪读数 (R600/R300/R200/R100/R6/R3) 155/83/60/35/8/8，稠化时间 328min，24h 抗压强度 16. 7MPa。

(2) 高密度尾浆　密度 2. 15kg/L，API 失水 30mL，自由液 0%，Fan35 六速流变仪读数 (R600/R300/R200/R100/R6/R3) 150/86/61/38/11/10，稠化时间 254min，24h 抗压强度 22. 8MPa。

3.2.2　抗盐水泥浆体系优选

川东北固井盐膏层主要面临以下难点[11]：

(1) 盐膏层段长且存在高压盐水层，钻井液中 Cl^- 质量浓度高达 100g/L 以上，由于盐膏层的蠕变等，一方面会造成套管下入困难，另一方面由于井眼不规则钻进中易形成“糖葫芦”井眼，影响顶替效率，造成盐膏层段封固质量差。

(2) 井底静止温度较高，一般超过 130°，盐膏层发育好，对水泥浆的抗高温和抗盐性能提出更高的要求。

(3) 钻井液中添加剂种类多，对水泥浆和隔离液的抗污染性能提出了更高的要求，隔离液与钻井液，水泥浆与隔离液和钻井液按照不同比例混合后必须能够保持良好的流动性和流变性。

要解决盐膏层的固井难题，首先必须采用抗高温、悬浮能力强、沉降稳定性好的抗盐加重隔离液，隔离钻井液与水泥浆，提高水泥与套管及井壁的胶结强度；其次，需要根据该地区特殊的地质构造，优选水泥浆配方，保证水泥浆的抗盐性、稳定性、膨胀性和很短的稠化过渡时间。以元坝 12 井 ϕ193. 7mm 尾管固井抗盐水泥浆体系为例，针对元坝区块所优选出的抗盐水泥浆体系性能如下：

（1）盐水水泥浆领浆 含盐 18%，密度 1.85kg/L，API 失水 42mL，自由液 0%，Fan35 六速流变仪读数(R600/R300/R200/R100/R6/R3) 221/136/98/56/15/13，稠化时间 401min，48h 水泥顶部(95℃)抗压强度 9.0MPa。

（2）盐水水泥浆尾浆 含盐 18%，密度 1.90kg/L，API 失水 36mL，自由液 0%，Fan35 六速流变仪读数（R600/R300/R200/R100/R6/R3）235/162/113/58/18/15，稠化时间 328min，24h 抗压强度 18.3MPa。

3.2.3 高温水泥浆体系优选

深井、超深井固井需采用高温、高密度水泥浆体系。温度对水泥浆的影响最敏感，温度超过 110℃就要选用抗高温的缓凝剂和降失水剂，考虑高温会使降失水剂分子结构突变，导致水泥浆体的稳定性变差，表现为浆体稠度突然升高，对安全施工不利。高温水泥浆体系普遍存在稠化时间不易调整的问题，因为高温缓凝剂加量敏感，油井水泥的牌号及批号对水泥浆稠化时间都有很大的影响[12]。另外，高温水泥浆体系普遍存在高温条件下游离液偏大、水泥石收缩率高的问题。以元坝 1-侧 1 井 ϕ193.7mm 尾管固井抗盐水泥浆体系为例，针对元坝区块所优选出的抗盐水泥浆体系性能如下：

（1）高温水泥浆领浆 密度 1.75kg/L，API 失水 40mL，自由液 0%，Fan35 六速流变仪读数(R600/R300/R200/R100/R6/R3) 106/63/47/29/9/7，稠化时间 660min，48h 水泥顶部(110℃)抗压强度 11.6MPa。

（2）高温水泥浆尾浆 密度 1.85kg/L，API 失水 28mL，自由液 0%，Fan35 六速流变仪读数(R600/R300/R200/R100/R6/R3) 109/66/50/33/13/11，稠化时间 335min，24h 抗压强度 21.8MPa。

针对中国石化勘探南方分公司区块探井，特别是元坝地区存在的深井超深井水泥浆体系进行优选，优选出了多套耐高温水泥浆体系，并在元坝 1-侧 1 井、老君 1 井、元坝 2 井等 4 口井共计 6 井次、超过 6000m 的深井固井中成功应用。

3.3 提高小间隙顶替效率工艺

元坝地区的 ϕ273.1 和 ϕ146.1mm 套管基本上是在没有套管扶正器的情况下固井的，无法靠提高套管居中度来提高顶替效率，所以只能从顶替工艺上想办法。

3.3.1 高温隔离液体系优选

优选具有高温稳定性能的隔离液体系强化水泥浆与钻井液的隔离，减少污染。同时隔离液还要有化学冲洗功能，提高清洗井壁与套管的效果。另外针对 ϕ273.1 和 ϕ193.7mm 套管固井，隔离液注入量不少于 15m^3，占环空高度 400m 左右。针对 ϕ146.1mm 尾管固井，隔离液注入量是裸眼环空体积的 1.0~1.5 倍。

3.3.2 先导浆工艺

在固井施工时，注入前置液前先打入 20~40m^3 的冷却、抗钙先导浆，其主要有以下几方面的作用：首先，冷却浆能够起到降低井底温度的作用，为水泥浆提供一个温度比正常循环时更低的通道，大大降低了施工风险；其次，先导浆的各项性能都有明确要求，能够起到稀释管壁和井壁泥饼的作用，有利于提高顶替效率；再次，遇到易漏失井时，可以通过降低先导浆密度的方式来降低固井时环空液柱的压力，降低漏失风险，提高一次固井成功率。

3.3.3 稠浆清洗工艺

针对ϕ273.1mm套管环空不易将沉砂有效去除的难题，采用稠浆清洗工艺。具体做法是：下完套管后，用10m^{3}左右，马氏黏度100s以上的稠浆循环一周，彻底把井内沉砂携带干净。

4 应用实例

4.1 元坝204井ϕ273.1mm尾管固井

元坝204井二开完钻井深4172m，套管下深4151m，钻井液密度2.05kg/L，在钻进过程中曾经发生漏失。除套管与井壁之间的环空间隙小之外，尾管悬挂器处环空间隙也小(ϕ339.7mm套管内径ϕ315.32mm，回接筒295mm，单边间距仅有10.16mm)；从井深3246m至井深4081m共有30层/49m气测显示，气层段分布长，多套高压气层并存，油气显示活跃。

针对以上所述的固井难点，采取了相应的技术措施：

(1) 井队做好通井工作，要求采用三稳定器钻具组合进行通井，确保套管顺利下入。套管下完后维持钻井液密度不变，将其黏度调至70s以内，并降低切力，提高固井质量。

(2) 认真做好动态地层承压试验，使用密度2.07kg/L的钻井液以30L/s的排量循环两周，不漏失为合格，如发生漏失应进行堵漏作业，井队提前做好钻井液储备。在下套管前只筛除钻井液中的大颗粒堵漏材料，在下套管时注意控制下放速度，每根套管的下放时间不少于60s，并保证操作平稳。

(3) 不用冲洗液，采用密度为2.05kg/L的加重隔离液，隔离液的黏度约90s，水泥浆的黏度大于120s，利用黏度差提高顶替效率。

(4) 在水泥浆中加入堵漏纤维，要做好水泥浆试验，性能必须达到设计的要求，同时完成水泥浆、隔离液、钻井液之间的相容性试验和发散性试验。固井施工时注入密度2.10kg/L的领浆100m^3，注入密度2.10kg/L的尾浆28m^3，上下密度差控制在0.03kg/L以内，保证施工安全和固井质量。

(5) 下完所有管串后，用15m^{3}密度2.04kg/L、黏度150s以上的稠浆循环一周，彻底把井内岩屑清洗干净。套管下到设计井深后，采用循环洗井排量由小到大，最后以1.7m^3/min的排量充分循环两周以上、确保井眼无沉砂。钻井液性能：进出口密度达到2.04kg/L±0.02kg/L，黏度小于65s，泥饼0.5mm后再进行坐挂悬挂器，防止沉砂在悬挂器处造成桥堵。

(6) 固井施工前注入30m^{3}性能优良且抗钙、冷却的先导浆，要求密度与循环井浆密度相近，黏度≤55s。

该井下套管过程顺利，下完套管开泵漏失，经过静止堵漏后，固井施工基本正常，施工过程后期出现微漏失(2m^3/h)现象，最后声幅测井显示固井质量合格，满足试压要求，很好地解决了小间隙漏失井的固井难题。

4.2 元坝12井ϕ193.7mm尾管固井

元坝12井完钻井深6860m，采用三级井身结构，ϕ193.7mm尾管下深6858m。裸眼段(4164.72~6858.00m)长达2693.28m。嘉陵江组地层含有大段蠕动性较强的盐膏层，飞仙关组和长兴组地层有较好的气显示。由于入井管串比较复杂，下套管速度慢，如何在盐膏层闭合前将套管安全送到位，顺利完成固井，决定本次作业的成败。该井采取了以下技术措施：

（1）在 5230～5780m 盐膏层段下入壁厚 17.4mm 的厚壁套管，防止盐膏层蠕动挤毁套管。

（2）强化通井措施，分别采用单稳定器和双稳定器钻具组合进行通井并逐步加入三个稳定器进行通井。在盐膏层段，先后进行了 6 次通井，确保了套管的顺利下入。

（3）严格控制套管下放速度，在上层套管内每根套管的下放时间不少于 30s；进入裸眼井段后每根套管的下放时间不少于 40s；送入钻杆每柱下放时间不少于 90s，且专人负责观察井口返浆情况。

（4）固井施工前调整好钻井液性能，固井施工时先行泵入密度为 1.74kg/L、黏度 50s 左右、初切力 5Pa 以下、终切力 10Pa 以下的抗钙先导浆 $30m^3$，以保证顶替效率。

（5）采用双凝抗盐防气窜水泥浆体系。领浆使用密度 1.85kg/L 的半饱和盐水水泥浆体系，尾浆使用密度 1.90kg/L 的半饱和盐水水泥浆体系。该井 ϕ193.7mm 尾管固井施工顺利，满足设计要求。固井后测声幅显示全井段固井质量优良，为元坝地区复杂盐膏层固井提供了可靠的技术借鉴。

4.3 元坝 1 侧 1 井 ϕ146.1mm 尾管固井

元坝 1-侧 1 井设计井深 7510.69m，垂深 7025.00m，井底水平位移 1078.41m，实际完钻井深 7427.22m，是目前川东北地区设计井深最深、水平位移最大的一口侧钻井。该次固井集中了井深、高温、高压、大斜度侧钻井、小间隙、无接箍套管居中度差、防窜、防漏、气体中含硫和二氧化碳等技术难题。固井施工作业面临诸多挑战。为确保该次固井的顺利施工，采取了以下工艺技术措施：

（1）认真做好通井和井眼清洗工作，确保套管顺利下至设计井深。

（2）重叠段设计 150m，保证双层套管环空封固质量。

（3）采用批混方式注水泥浆，确保密度均匀，提高施工安全性和固井质量，防止气窜，两凝界面根据气层显示定在井深 7000m 处。

（4）利用固井设计软件进行辅助计算，保证井内压力平衡和优选施工参数，利于施工安全和提高顶替效率。

（5）施工前注入 $20m^3$ 低黏切、冷却的先导浆，提高顶替效率并适当降低井底温度。

（6）考虑钻井液及水泥浆长运移易污染的问题，在中心管以下套管内 100m 和中心管以上钻具内 1800m 用加重隔离液替浆。替浆到位后起钻 10 柱大排量循环洗井，确认没有混浆后再起 15 柱憋压关井候凝。

（7）采用抗高温双凝非渗透防窜水泥浆体系，设计水泥浆密度 1.75kg/L，优选水泥外加剂，保证水泥浆与地层的配伍性，提高水泥浆综合性能。

该井套管安全下、送到位，悬挂器坐挂、憋掉球座和倒扣正常；施工过程连续顺利，固井质量为优质。

5 结论与建议

（1）强化通井措施，多趟通井证明对盐膏层井段安全下套管有利。

（2）针对小间隙环空要强化井眼清洗，不局限于时间，以安全和井眼清洁为基准。

（3）针对不同地层进行水泥浆体系选型，以及综合应用提高顶替效率工艺等，有效提高了元坝地区的固井成功率和固井质量。

（4）目前元坝地区高温防气窜水泥体系应用效果还不是很好，建议开展高温胶乳水泥浆体系的研究与应用。

参 考 文 献

[1] 杨玉坤．川东北地区深井井身结构优化设计[J]．石油钻探技术，2008，36(3)：33-36.

[2] 陈济锋，李根生，万立夫．川东北地区钻井难点及对策[J]．石油钻探技术，2009，37(6)：48-52.

[3] 刘新义，张东清．川东北地区探井快速钻井技术[J]．石油钻探技术，2008，36(3)：37-40.

[4] 蔡利山，苗锡庆，李应有，等．川东北地区井眼失稳原因分析[J]．石油钻探技术，2008，36(6)：39-43.

[5] 周仕明．南方海相高压气井防气窜固井技术研究[R]．山东德州：中国石油化工股份有限公司石油勘探开发研究院德州石油钻井研究所，2006.

[6] 王光磊，侯健，于承朋，等．元坝1井钻井设计与施工[J]．石油钻探技术，2008，36(3)：41-45.

[7] 高绍智．元坝1井承压堵漏技术[J]．石油钻探技术，2008，36(4)：45-48.

[8] 李伟廷．元坝1井超深井钻井技术[J]．石油钻探技术，2009，37(2)：94-99.

[9] 黄柏宗．紧密堆积理论的微观机理及模型设计[J]．石油钻探技术，2007，35(1)：5-12.

[10] 周仕明，魏娜，陈玉辉．紧密堆积水泥浆体系的堆积率计算[J]．石油钻探技术，2007，35(4)：46-49.

[11] 牛新明，张克坚，丁士东，等．川东北地区高压防气窜固井技术[J]．石油钻探技术，2008，36(3)：10-15.

[12] 张清玉，邹建龙，谭文礼，等．国内外高温深井固井技术研究现状[J]．钻井液与完井液，2005，22(6)：57-61.

元坝气田超深高含硫气井测试及储层改造关键技术

唐瑞江　李文锦　王勇军　蒋人义　代俊清

（中国石化勘探南方分公司）

摘要：四川盆地东北部元坝气田具有高温、高压、高含 H_2S 特性，储层埋藏深且非均质性强，由此带来了测试工艺复杂、储层改造困难、井控安全风险大等困难。在元坝超深高含硫气井测试实践中，逐步形成了材质优化选择、一体化管柱多功能 APR 测试、多级压力控制、测试制度优化、快速返排、井控工艺、堵漏压井工艺、地面流程安全控制技术及海相储层改造工艺技术，从而满足了元坝气田“三高”气井试气的需要。现场应用结果表明，已施工完的 16 口井 55 层，获得工业气流 14 口井 23 层，未发生一起安全事故，有效保障了元坝气田勘探的顺利进行，取得了安全、优快、环保的工作效果和重大社会经济效益。

关键词：四川盆地东北部　元坝气田　超深气井　高含硫　测试　酸化压裂　储集层改造　技术

1　超深高含硫气井测试技术难点

四川盆地东北部元坝气田超深、高压、高含硫气藏为测试带来了诸多难题和挑战[1-3]，为确保正常测试及生产安全，需要从设备工具的材质、管柱结构、配套工艺等方面进行科学论证和不断改进。元坝超深高含硫气井测试主要存在以下技术难点。

（1）储层具有多层系、多压力系统以及高温、高压、高含硫特性（表 1）；使用的测试工具承压低，工具存在刺漏和卡钻的隐患，测试施工存在较大风险。

（2）储层埋藏深，非均质性强，大部分属于低孔低渗，钻井液对储层伤害较严重，常规测试难以获得理想的测试效果；酸压改造施工时存在储层破裂压力高、裂缝延伸压力高，在施工设备和井口限压条件下，注酸困难，施工井口压力高，酸压改造后残酸返排困难。

（3）测试井口装置、管柱、井下工具、地面流程等承受压力大，易引起刺漏、变形破坏。

（4）部分储层裂缝和溶洞相对发育，井漏较严重，特别是试气酸压改造后喷漏同存，处理难度极大。

天然气工业，2011，31（10）：32-35

2　测试工艺技术

2.1　油管选择

探井在酸性气体中短期测试过程中，材质选择关键是控制硫化氢的氢脆腐蚀；选择满足抗 SSC 要求的材质[1-2]，同时评价酸液体系对管材抗应力腐蚀破裂的影响。通过计算，测试油管选用 110SS 材质，基本能满足超深含硫气井抗 SSC 及酸液腐蚀要求。

表 1　元坝气田海相地层参数特征表

层位	井深/m	压力系数	地层压力/MPa	地层温度/℃	破裂梯度/MPa·(100m)$^{-1}$	H_2S 含量	CO_2 含量
飞仙关组	6300~6800	1.21~1.96	79~120	146.7~150.0	0.022~0.025	1.24%~2.42%	2.78%~3.15%
长兴组	6700~7200	1.01~1.09	65~82	145.0~158.6	0.022~0.025	2.70%~26.91%	3.33%~16.54%
吴家坪组及栖霞组	7200~7500	2.03	146	161.0~168.0	>0.024	1.00%~7.00%	

根据力学计算结果，形成了 ϕ89mm110SS 壁厚 6.45/9.52mm 气密封扣油管组合，超深储层酸压改造管柱中下入两组伸缩节，保证了超深井测试管柱的安全。抗拉安全系数在 80%名义屈服强度下选取 1.8，抗内压安全系数选取 1.25，抗外挤选取 1.125。自现场应用以来，未发生因油管材质和强度导致的事故。

2.2　多功能测试工艺技术

利用地震、钻井、录井、测井等资料，在研究区域构造、砂体展布、地层压力及温度、含油气情况、储层特征等基础上，针对不同的测试目的，形成了以“超正压射孔酸压测试技术”[4]为核心的 4 类 7 套优快 APR 测试技术(表 2)。对深度大于 6000m 的气井，改造管柱需增加 2 组伸缩短节。

表 2　元坝 4 类 7 套测试联作管柱表

工艺类型	联作管柱类型	管柱结构	适用条件	主要功能
射孔测试	负压射孔—测试	RDS+N+压力计+震击器+RD+射孔旁通+安接+RTTS+射孔枪	储层物性相对较好、中低压的气层	负压掏空、环空加压射孔、多次井下开关井测试
	正压射孔—测试	RDS+压力计+震击器+RD+安接+RTTS+射孔枪	储层物性较差、高压气层	油管正压射孔、测试、关压恢
超正压射孔酸压测试	射孔—酸压—测试	OMNI+RDS+压力计+震击器+RD+安接+RTTS+射孔枪	储层较好、破裂压力高、改造能获得工业气流、中高压气层	替酸、超正压射孔、酸压、测试、关压恢、压井堵漏
	射孔—测试—酸压—测试	OMNI+RDS+压力计+震击器+RD+安接+RTTS+射孔枪	储层相对差、破裂压力高、改造能否获得工业气流不确定的气层	超正压射孔、液氮诱喷、酸压、测试、关压恢、压井堵漏
	射孔—试挤破裂地层—诱喷测试—酸化—测试	OMNI+RDS+压力计+震击器+RD+安接+RTTS+射孔枪	储层相对很差、破裂压力很高、能否实施改造不确定的气层	超正压射孔、试挤破裂地层、液氮诱喷、酸化(压)、测试、关压恢、压井堵漏

续表

工艺类型	联作管柱类型	管柱结构	适用条件	主要功能
酸压测试	酸压—测试	OMNI+RDS+压力计+震击器+RD+安接+RTTS	储层物性较好、通过改造有望获得理想产能、已射孔气层	替浆、替酸、酸压、测试、关压恢、压井堵漏
加重酸压测试	加重酸压—测试	OMNI+(RDS+30K 压力计+)震击器+(RD+)安接+RTTS+射孔枪	储层极差、破裂压力极高、常规酸压不能实施，需要了解地层的产能	超正压射孔、加重液试挤破裂地层、加重酸压、测试、关压恢、压井堵漏

超正压射孔酸压测试管柱如图 1 所示，主要用于射孔后立即进行改造的储层，一般是储层物性较好、通过改造可获得理想产能的储层。充分利用超正压射孔产生的高压聚能流体对地层形成的微裂缝，降低注酸初始压力。该三联作工艺，不仅能缩短施工周期、成果见效快、有效降低测试成本，而且能减少射孔后压井液对地层的二次污染。

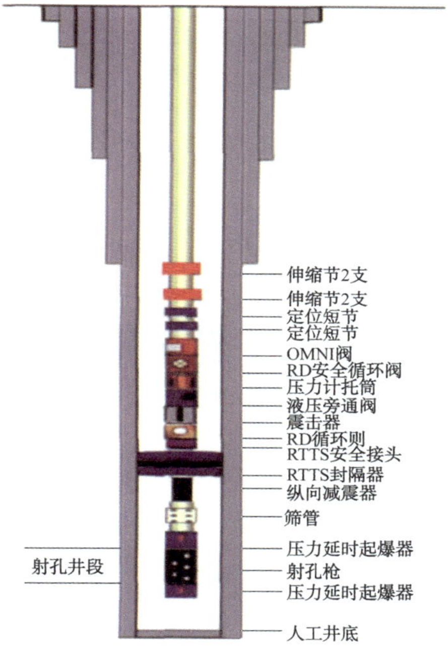

图 1　超正压射孔酸压测试联作管柱图

分两步走的射孔酸压测试三联作工艺，对于储层相对差、破裂压力高的储层，通过射孔后试挤判断地层吸收量，减少直接进行改造的盲目性，节约了酸压施工费用，减小了现场环保压力。

2.3　多级压力控制技术

压力控制技术是超深井测试的关键技术，关系到施工安全、油层套管、试气管柱等的安全可靠。该技术是以环空套管承压能力为基础，基于井内流体、井下工具耐压能力、油管和套管强度，通过不同工况下测试工具的井口压力控制，保障井下管柱的安全。通过元坝气田多口井实践和验证，形成了多级压力控制 APR 测试优化设计方法(图 2)，保证了元坝地区超深井的安全快速测试评价。

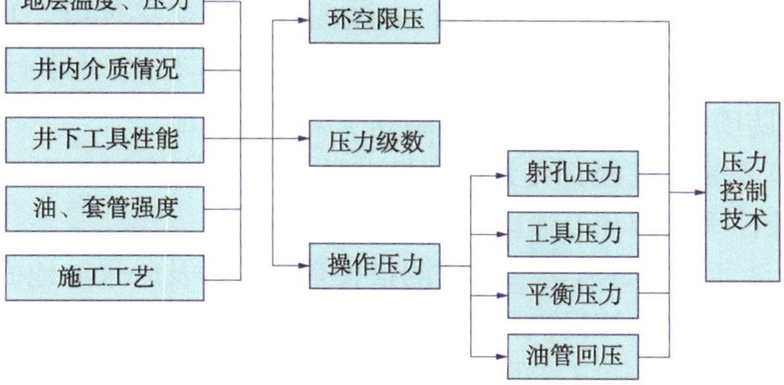

图 2　压力控制参数优化流程图

2.4 测试地面流程

针对元坝地区超深、高压、高温、高含硫化氢、测试产量高的情况，经过近年的实践，逐步完善了地面测试流程，形成以105/70/70MPa[5]或105/105/105MPa三级节流为核心(图3)，包括节流控制系统、加热保温系统、分离系统、计量系统、安全快速控制系统、安全点火系统、数据自动采集系统、应急压井系统等组成的地面测试流程。该流程基本满足替喷、放喷、测试、正反循环压井、洗井、气举等高压、高产、高含硫探井的试气施工要求，具有能够实现安全高效的放喷口点火，实现单独或共同使用测试、钻井地面流程进行正、反循环压井，用压裂车、钻井泥浆泵压井等功能，确保了放喷求产过程中的流程设备安全和操作人员的人身安全。

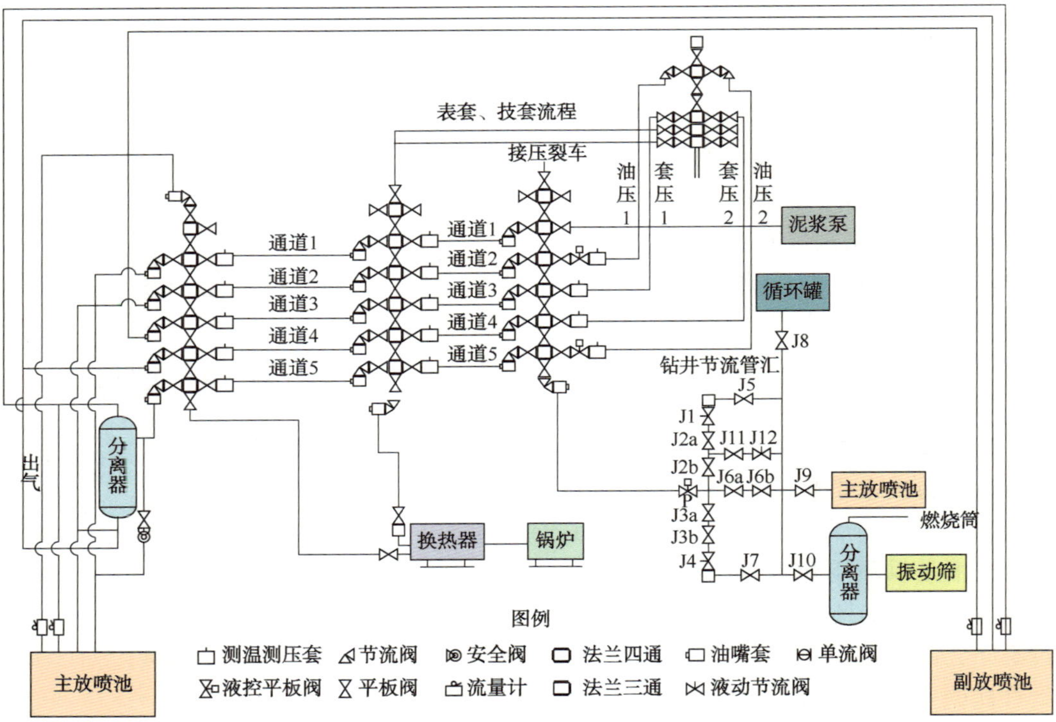

图3 推荐国产地面流程示意图

2.5 井控工艺技术

(1) 采气井口选择105MPaFF级或进口140MPaFF/HH级采气树，并采用金属密封与橡胶密封相结合的复合密封；防喷器组合采用的方式(自上而下)为：半封闸板+剪切闸板+全封闸板+半封闸板，防喷器具有远程液压控制和手动控制功能。

(2) 采用三级节流测试流程，充分利用钻井压井和节流管汇与测试流程组成压井、堵漏管网，配齐备用液控平板阀和节流阀、油嘴套和油嘴。

(3)配备压力、液面、有毒有害气体监测报警系统，为及时采取地面开关井、井下开关井、循环压井等措施的及时制订提供保障。

(4)制定有效的预防措施和应急预案，为试气井控提供了安全保障。

3 酸压改造工艺技术

3.1 胶凝酸+闭合酸压工艺技术

该技术以“提高酸蚀裂缝长度和近井带的裂缝导流能力”为核心，已经成为元坝深度酸压的主体工艺，在元坝气田得到了全面的推广应用。

3.2 加重酸压工艺

针对元坝气田区块储层埋藏深、破裂压力梯度较高的特点，通过在注入前置酸之前采用高密度(1.8~2.0g/cm^3)加重酸液来提高液柱压力，实现在井口施工限压下增加井底净压力，以增大压开储层的概率。1-1井采用密度1.8g/cm^{3}加重酸，创造了井底压力最高(212MPa)的液体加重最高的世界纪录。

3.3 震荡注入酸压工艺

利用“冲击波”原理，形成了异常高破裂压力储层的震荡注入酸压工艺，该工艺利用快速提高施工压力时产生的“冲击波”(压力峰值是显示值的2~5倍)对储层应力集中不断进行释放，实现降低破裂压力目的。该工艺成功用于1—1井长兴组，经过6次高压震荡成功压开储层(图4)，酸压后增产天然气50.2×10^{4}m^3/d。

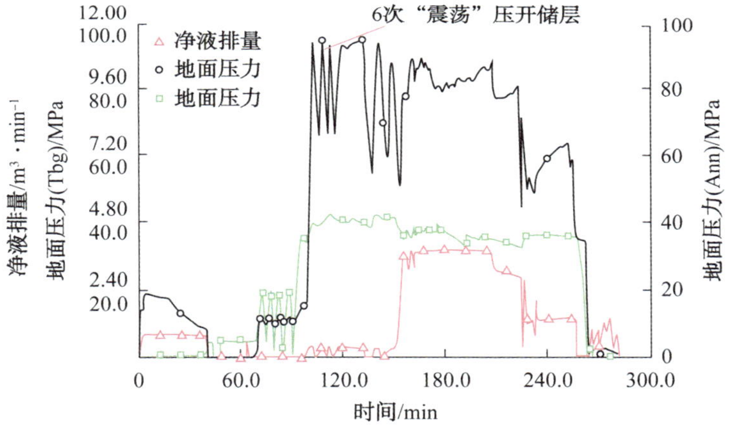

图4 1-1井长兴组酸压施工曲线图

4 应用效果

该套技术在元坝地区成功应用，现已施工完工16口井55层，获工业气流14口井23层，未发生一起安全事故，取得了元坝地区海相深层勘探突破，有效保障了高温高压高产高含硫超深气井勘探的顺利进行，取得了很好的经济和社会效益。

某井长兴组6226~6319m经规模400m^{3}胶凝酸射孔酸压测试，获得日产天然气120.2×10^{4}m^3，取得了元坝地区超深层海相天然气勘探的重大突破，证实了元坝地区丰富的天然气资源基础。

参 考 文 献

[1] 何生厚. 高含硫化氢和二氧化碳天然气田开发工程技术[M]. 北京：中国石化出版社，2008.

[2] 胡东风. 川东北元坝地区隐蔽气藏的勘探突破及其意义[J]. 天然气工业，2010，30(8)：9-12.

[3] 付德奎，郭肖，杜志敏，等. 高含硫气藏硫沉积机理研究[J]. 西南石油大学学报：自然科学版，2009，31(5)：109-111.

[4] 沈琛. 川东北超深高酸性气田勘探开发工程技术[J]. 中国工程科学，2010，12(10)：29-34.

[5] 王世泽，唐瑞江，赵祚培，等. 高压高产含硫气井测试技术及应用[J]. 中国工程科学，2010，12(10)：56-60.

丁页 2HF 井分段压裂配套技术的研究与应用

刘 虎[1] 孙传山[2] 李文锦[1] 代俊清[1]

（1. 中国石化勘探南方分公司；2. 中国石油吐哈油田分公司鄯善采油厂）

摘要： 丁页 2HF 井是中国石化部署在重庆丁山构造的一口页岩气水平预探井，该井垂深 4417m，斜深 5700m，水平段长 1034m，井底温度达到 145°，实现页岩气水平井分段压裂工艺具有很大的挑战性。文章重点介绍了深井电缆泵送射孔–桥塞分段压裂技术方面取得的一些关键配套技术，包括水平井电缆输送射孔–桥塞分段封堵技术、分段压裂优化设计技术等，填补了国内深井页岩气压裂的技术空白，为深层页岩气的勘探开发具有好的指导作用。

关键词： 深层低渗　致密气藏　多段分层压裂　压裂设计

丁页 2HF 井是该区块部署的第一口针对龙马溪组页岩气水平探井，主力页岩气层龙马溪组属于国内外最深页岩气层，地层压力系数预测 1.78~1.90，对于井深超过 4400m 的井，国内外没有成功经验可以借鉴。

1　气藏基本特征

1.1　气藏特征

根据直井段取芯实验分析，岩性为灰黑色粉砂质泥岩、泥岩、碳质泥岩。解析气含量最小值 0.75m^3/t，最大值 1.88m^3/t，平均值 1.35m^3/t；总含气量最小值 2.33m^3/t，最大值 6.23m^3/t，平均值 4.48m^3/t。从实验结果来看，龙马溪组泥页岩含气量从上往下逐渐增高。

有机碳最小值 0.19%，最大值 6.13%，平均值 3.04%。镜质体反射率 R_o 值在 2.30%左右，有机质热演化程度适中，处于裂解气阶段。

根据岩芯描述和 FMI 成像测井资料显示，高导缝主要发育在龙马溪组中部，其次，在龙马溪组中部和底部发育较多高阻缝。

丁页 2HF 井水平段岩屑中时常见方解石，是泥岩裂缝内充填的次生方解石，反映天然裂缝发育特征。

1.2　渗流特征

根据龙马溪组物性分析结果，其孔隙度最小 1.22%，最大 7.12%，平均值 5.81%；渗透率最小 $0.0024 \times 10^{-3} \mu m^2$，最大 $2.7207 \times 10^{-3} \mu m^2$，平均值 $0.1425 \times 10^{-3} \mu m^2$。

钻采工艺，2014，37(4)：70-72

1.3 地应力特征

1.3.1 岩石力学参数

平均杨氏模量 32.32GPa，平均泊松比 0.2，平均抗拉强度 9.59MPa，平均地层破裂压力 117MPa，平均地应力差异系数 8.3%~12.5%，平均地层脆性指数 0.496~0.64，天然裂缝开启临界净压力 10.6~15.8MPa。

1.3.2 地应力

结合 FMI 成像测井资料，龙马溪组页岩气层段的最大水平主应力方向为北东-南西向，方位角 55°。平均最大水平主应力 121.6MPa，平均最小水平主应力 109MPa，平均上覆岩层应力 145MPa。

2 深井页岩气分段压裂改造难点

(1) 施工压力高。埋藏深，地层破裂压力高，储层强度高。

(2) 设备长期高负荷运转。闭合压力高，施工压力高，停泵压力高，压裂规模大，排量大。

(3) 工具材料难以满足工艺要求。电缆防喷器、防喷管、电缆桥塞、射孔枪要求 105MPa 以上(最好是 140MPa)；连续油管超深作业；套管强度 145MPa 以上等。

(4) 加砂困难。地层破裂、造缝困难，滤失大，容易砂堵；井筒容积大，段塞反应时间滞后多，不能及时应对，容易堵死。

(5) 井控难度大。地层压力系数高，闭合压力高，高密度钻井液泵送难度大，反推困难。

3 分段压裂设计技术

3.1 分段压裂管柱

针对页岩气层压裂规模大、排量大、采用油管压裂摩阻大的实际情况，该井采用套管压裂。

3.2 射孔段的优化

采用 ϕ114mm 型枪、小一米弹射孔，孔密 16 孔/m、相位 60°。选择录井气测显示好、TOC 含量较高、天然裂缝发育、地应力差异较小且低地应力、高杨氏模量低泊松比、测井解释孔隙度较高的部位射孔，且固井质量要好，射孔时尽量避开套管接箍。每段适当调整射孔簇数，总孔数 48 孔。单段射开 2 簇，每簇 1.5m，孔密 16 孔/m。

3.3 压裂设计参数优化

3.3.1 压裂液配方优化

滑溜水主体配方：0.2%高效减阻剂+0.3%复合防膨剂+0.1%复合增效剂+0.02%消泡剂。滑溜水降阻率>75%，伤害率<10%；滑溜水携砂比>10%；能够进行大型压裂连续混配施工。

低黏活性胶液体系主体配方：0.3%低分子稠化剂+0.3%流变助剂+0.1%复合增效剂+0.05%黏度调节剂+0.02%消泡剂+0.1%~0.3%温度稳定剂。该胶液具有低伤害、低摩阻、好造缝、好返排等特点。

中黏活性胶液体系主体配方：0.5%低分子稠化剂+0.3%流态改进剂+0.1%复合增效剂+0.05%黏度调节剂+0.02%消泡剂+0.1%~0.3%温度稳定剂。黏度45~60mPa·s，胶液水化性好，悬砂好。

预处理酸配方：15% HCl+2.0%高温缓蚀剂+1.5%铁离子稳定剂。高温缓蚀剂满足140℃以上温度要求。

3.3.2 支撑剂优选

预测本井闭合应力约76~80MPa，为避免施工中发生砂堵，提高裂缝导流能力，采用100目+40/70目+30/50目低密度覆膜陶粒支撑剂施工。

3.3.3 裂缝半长的优化

分12段压裂，每段间距为有效厚度的1~1.1倍处于缝间干扰有效作用范围，有利于体积改造。单段压裂段长为75~90m，有效支撑半缝长优选为200~250m之间。

3.3.4 施工排量的优选

丁页2HF储层埋深4417m，龙马溪组页岩延伸梯度估计在0.024~0.026MPa/m，考虑套管材质承压能力，该井施工压力设计应满足最大排量时不超过95MPa的要求。不同压裂液减阻率下和不同排量下的井口施工压力预测结果表明，减阻率为65%时，最高排量$12m^3/min$满足施工压力要求；减阻率为70%时，最高排量$13m^3/min$满足施工压力要求。

4 分段压裂过程控制

4.1 分段压裂主要思路

第1段：认识地层，其施工压力高，加砂难度大；第2~3段：探索加砂量、最高砂比及段塞量的关系；第4~5段：初步提出合适的加砂压裂泵注程序；第6~12段：形成适合该井的加砂压裂模式。

4.2 分段压裂施工

从第一段施工情况看，第一段施工泵压高，地层在高泵压下无明显破裂突降迹象，但酸液对施工压力的降低有效果，酸入地层期间排量2↗$4m^3/min$，泵压83↘78MPa。前置液阶梯升排量8↗$11.28m^3/min$，压力变化在1.5MPa左右，滤失量大，地层明显压开。同时也表现出地层脆性较好，压裂时可能多裂缝开启，有效裂缝窄，加砂困难，1%~2%砂比$0.5m^3$粉陶进入地层后，压力86~94MPa，排量11.28↘$0.4m^3/min$。

施工结束后闭合压力较高，稳定在65MPa左右，泵送桥塞、连续油管作业难度大。

基于第一段压裂难点，第二段射孔2簇。射孔方式采用爬行器不带桥塞射孔；酸前滑溜水$100m^3$，冷却地层，挤酸$37m^3$，降压6MPa；中黏胶液高排量造缝，大排量大体积扩缝；胶液与滑溜水混合加砂，低砂比小台阶螺旋提砂；大排量平衡顶替。

第三段采用钻杆输送射孔。注酸前不再泵注滑溜水冷却地层；鉴于前两段酸液降压情况，减少酸量；提高100目砂比及砂量，加强造缝初期打磨、降滤效果；小砂比起步，逐步提高砂比，确保施工安全，避免砂堵。

第四段、第五段采用100目砂对降低弯曲摩阻效果明显，压力：88.6↘82.5MPa。加中砂时，每个砂比段后期用5~$10m^3$的板凳测试地层下一个砂比段的进砂能力；打完滑溜水后，直接打中黏胶液段塞和顶替，进一步拓展裂缝，保证后续顺利加砂。后续阶段施工压力稳定，保持在81.6~85.4MPa之间；30/50目粗砂有利于提高缝口导流能力，为下段顺利泵送射孔创造有利条件。

第六段至压裂结束。采取100目加砂阶段适当增加携砂液量并降低中顶液量，100目总砂量不变；滑溜水液量减少一个2%的100目砂比段塞，在滑溜水加砂末期3%的砂比后加入一个4%的砂比段塞；胶液液量在滑溜水后直接倒低黏胶液，提高低砂比粉陶打磨裂缝效果。

5　电缆射孔-泵送桥塞分段压裂配套技术

5.1　电缆射孔泵送桥塞工艺

通过地面泵压推动桥塞工具串下行，把桥塞以下的流体挤入已射孔层段，从而联作管柱到达预定位置，先点火坐封桥塞、同时丢手，封隔已射孔层；上提电缆到指定射孔位置，并按射孔方案，多次点火分簇射孔，起出电缆后，进行压裂。

5.2　电缆泵送射孔-桥塞分段压裂工艺的改进

对泵送桥塞射孔工具串的电缆密封方式、磁定位单芯接头、选发短节、贝克20桥塞坐封工具点火头等诸多方面进行改进，使其耐压由105MPa提升至140MPa，以满足了井下压力要求。采用高降阻率的高效滑溜水和活性胶液，降阻率达到70%~78%，能有效降低施工压力，拓宽压力窗口，降低施工风险。

采用低密度高强度覆膜陶粒支撑剂，减少嵌入伤害，提高高闭合应力下裂缝导流能力，为后期泵送桥塞射孔创造条件。

首次使用高压八通，最大注入排量可达到20m^3/min，“Y”形注入可以有效地减小井口磨损。

为确保井口井控安全，共安装了四个18~105MPa的大闸门，其中手动3个，液动1个；在1号闸门与油管四通之间安装了金属密封，确保105MPa下长期密封可靠。使用了混配车，减小大量配液罐对场地需求，满足了单段压裂2700m^3以上的大液量、大排量的要求。配液时首次使用了隔膜泵，实现了远程添加剂稳定供应的目标。

现场应用效果：丁页2HF井是丁山构造的第一口深井页岩气水平井，采用ϕ12mm油嘴生产，稳定油压4.5MPa，稳定日产10.5×10^4m^3的工业气流，取得了丁山区块的页岩气突破。

6　结论

（1）高温高压深井页岩气电缆输送-泵送桥塞分段压裂配套技术在丁页2HF井中的应用成功，实现了以技术进步带动经济效益提高的目标。

（2）通过多项压裂配套技术、工艺改进与提高，创造了国内外深井页岩气层电缆射孔-泵送桥塞分段压裂新记录，打破了国外公司在高温高压深井页岩气层施工方面的独家垄断地位，填补了国内深井的页岩气层分段压裂施工的空白，突破了深井页岩气测试的技术瓶颈，摆脱了国内公司长期受制于国外公司的局面，为今后国内页岩气井作业提供了有力的技术保障。

参 考 文 献

[1] William G E, Stuart J E, Thomas E E. New single-well stand alone gas lift process facilitates Barnett Shale fracture-treatment flowback [C]. SPE 118867, 2010.

[2] Cheng Y. Impact of water dynamics in fractures on the performance of hydraulically fractured wells in gas-shale reservoirs [C]. SPE 127863, 2012.

[3] James W C. Flowback performance in intensely naturallyfractured shale gas reservoirs [C]. SPE 131785, 2010.

[4] George E K, Dick L. Utilizing fluid and proppant tracerresults to analyze multi -fractured well flow back in shales: a framework for optimizing fracture design and application[C]. SPE 140105, 2011.

[5] Clarkson C R. Modeling 2-Phase flowback of multi-fractured horizontal wells completed in shale [C]. SPE162593, 2012.

[6] Samarth A, Mukul M S. Impact of liquid loading in hydraulic fractures on well productivity [C]. SPE 163837, 2013.

[7] 陈尚斌，朱炎铭，王红岩，等．中国页岩气研究现状与发展趋势[J]．石油学报，2010，31(4)：689-694.

[8] 薛承瑾．页岩气压裂技术现状及发展建议[J]．石油钻探技术，2011，39(3)：24-29.

[9] 蒋廷学．页岩油气水平井压裂裂缝复杂性指数研究及应用展望[J]．石油钻探技术，2013，41(2)：7-12.

[10] Mu Songru, Zhang Shicheng. Numerical simulation of shale gas production [J]. Advanced Materials Research, 2012, 402(12): 804-807.

[11] 孙海成，汤达祯，蒋廷学．页岩气储层裂缝系统影响产量的数值模拟研究[J]．石油钻探技术，2011，39(5)：63-67.

[12] William J D. Stochastic modeling of Two-Phase flowback of multi-fractured horizontal wells to estimate hydraulic fracture properties and forecast production [C]. SPE164550, 2013.

网络压裂技术在川东南涪陵地区页岩储层改造中的应用

李文锦　段　华　代俊清

（中国石化南方勘探分公司，四川成都 610041）

摘要： 川东南涪陵地区五峰组—龙马溪组页岩储层地质条件优，可压性好。借鉴北美地区页岩气勘探开发成功经验，以实现网络裂缝为目标，配套了滑溜水+线性胶压裂液、低密度覆膜砂支撑剂、网络压裂参数优化以及电缆泵送桥塞/射孔联作等分段压裂关键工艺技术，现场应用增产效果显著，探索形成了适合于涪陵地区海相页岩储层特点的水平井网络裂缝压裂技术体系。

关键词： 页岩　网络裂缝　分段压裂　滑溜水　线性胶　覆膜砂　电缆泵送桥塞/射孔联作

0　引言

页岩储层具有自生自储、低孔、超低渗、天然裂缝发育等特征[1-2]，自然产能低。以Barnett页岩为代表的页岩气开发成功实践证明，水平井钻井技术、水平井“体积改造”技术以及微地震实时诊断技术是美国“页岩气革命”的关键[3-5]。Fisher等[6]和Maxwell等[7]通过针对Barnett页岩的微地震监测发现页岩储层压裂将形成裂缝网络。Mayerhofer等[8-9]提出了对于页岩储层需要提高改造体积（*SRV*）才能取得好的措施效果，压裂缝成网延伸是页岩储层改造成功的关键。Warpinski等[10]基于页岩储层裂缝延伸形态，将水力裂缝从简单到复杂分为4大类（图1）。目前研究认为，页岩压裂目的就是要建立一个独立于传统意义单条裂缝的更加庞大的裂缝网络系统，实现更大规模的储层改造波及体积。

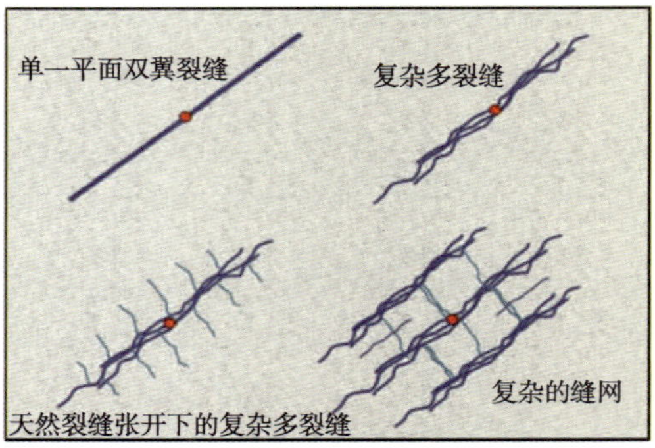

图1　不同压裂改造模式下的裂缝延伸形态[10]

川东南涪陵地区奥陶系五峰组—下志留统龙马溪组页岩处于深水陆棚有利沉积相带，TOC值高、脆性好，具有良好的构造和底板保存条件[11-14]。开始部署的JY1井钻遇良好页

天然气地球科学，2016，27(3)：554-560

岩气显示，水平井分段压裂改造后获得了高产，随后部署的 3 口探井也通过大规模分段压裂改造获得了较高页岩气产量。为实现较好的压裂增产效果，研究人员结合海相页岩特点及储层改造技术难点，科学设计和攻关，以实现网络裂缝为目标，配套了多项分段压裂关键技术，探索形成了适合于涪陵地区海相页岩特点的缝网压裂技术体系。

1 区域地质概况

涪陵地区 JSB 构造位于四川盆地川东高陡褶皱带的万县复向斜，总体为北东走向的大型似箱状断背斜构造，构造主体平缓，断层不发育。主要目的层岩性为灰黑色炭质笔石页岩，有机质发育，演化程度适中。根据 JY1 井岩芯实验分析结果，脆性矿物平均含量为 56.5%，以硅质为主；黏土矿物平均含量为 40.9%，以伊/蒙混层和伊利石为主，其次为绿泥石；杨氏模量为 29.94GPa、泊松比为 0.2。根据 FMI 测量计算现今最小水平主应力方向为南—北向，分析最小主应力为 50MPa 左右，水平地应力差异系数为 0.11~0.34。

2 可压性评价

通常页岩储层的“可压性评价”指评价水力裂缝网络形成的难易程度[15,16]。影响裂缝网络形态的关键因素是储层的地质条件，主要包括岩石脆性、水平地应力差、沉积层理和天然裂缝系统等。

Rickman 等[15]认为只有当页岩储层脆性特征参数>40 才有可能形成网络裂缝，脆性指数越高越容易形成网络裂缝。而天然裂缝被水力激活后拓宽储层中的裂缝带是取得措施效果的关键[17]，Olson 等[18]认为在天然裂缝发育的条件下，天然裂缝与人工裂缝的夹角、拟净压力系数是影响网络裂缝形成的主要因素。Gu 等[19]研究表明，当水平应力差异系数为 0~0.3 时，水力压裂能够形成充分的网络裂缝；当水平应力差异系数为 0.3~0.5 时，水力压裂在高的净压力时能够形成较为充分的网络裂缝；当水平应力差异系数大于 0.5 时，水力压裂不能形成网络裂缝。

涪陵地区五峰组—龙马溪组页岩脆性矿物含量高、杨氏模量较高、泊松比较小、天然裂缝（层间页理缝）发育（图 2）、水平地应力差异系数较小，分析具备形成网络裂缝的条件，可压性好。

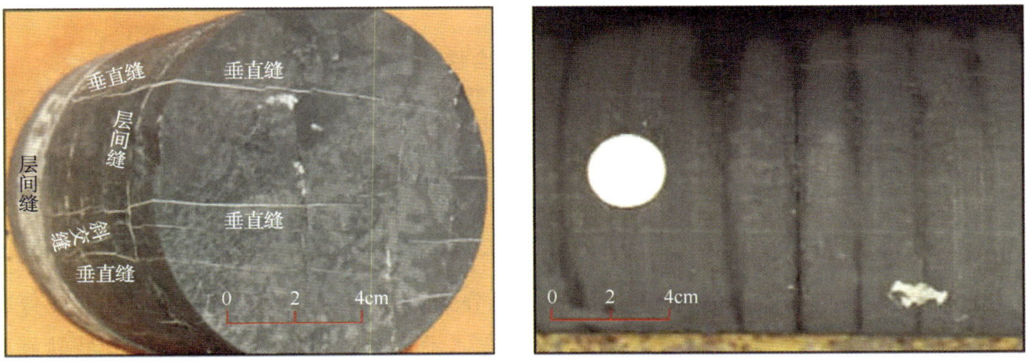

(a)垂直缝、斜交缝、水平缝发育(JY1井)　　(b)层间页理缝(JY4井)

图 2 涪陵地区页岩储层岩芯照片

与北美成功开发的页岩气区相比(表1)，各气田各项地质参数指标有所差异，涪陵页岩总体上与Barnett页岩具有较多相似特征，受黏土含量较高等地质因素影响，脆性要差一些。

表1 涪陵页岩储层与美国典型页岩储层指标对比

页岩储层	Marcellus	Barnett	Eagle Ford	Haynesville	Fayetteville	涪陵
埋深/m	1200～2600	2000～2600	1200～3050	3200～4100	1737	2595
厚度/m	15～107	30～213	46～91	61～91	6～61	70～87
TOC/%	4.01	3.74	2.76	3.01	3.77	3.56
R_0/%	1.5	1.6	1.2	1.5	2.5	2.58
含气量/(m^3/t)	1.70～4.25	8.50～9.91	5.66～6.23	2.83～9.34	1.70～6.23	5.85
游离气量/%	55	45	75	75	30～50	57
吸附气量/%	45	55	25	25	50～70	43
孔隙度/%	6.2	5	6.0～14.0	8.3	6	4.82
渗透率/$10^{-6}\mu m^2$	20	50	1000	350	50	<1000
硅质含量/%	37	45	15	30	35	44.4
黏土含量/%	35	25	15	30	38	134.6
碳酸盐含量/%	25	15	60	20	12	10

3 网络压裂优化设计技术

为了追求网络裂缝压裂改造的既定目标，重点开展了压裂液体系、支撑剂及网络压裂参数的优化研究。

3.1 压裂液优选

根据地层特点，优选了SRFR-1滑溜水+SRLG-2胶液体系。

(1) SRFR-1低分子滑溜水体系。该体系具有低摩阻、低膨胀、低伤害、易返排、性能稳定和溶胀速度快等特性，易于现场配制、适应性强。配方组成为：0.05%～0.2%高效减阻剂+0.1%～0.3%复合防膨剂SRCS-2+0.05%～0.15%高效助排剂SRSR-2，其浓度可调。综合性能表2。

表2 滑溜水综合性能统计

配方	pH值	密度/(g/cm^3)	降阻率/%	表面张力/(mN/m)	防膨率/%	黏度 170s^{-1}/mPa·s
0.2%SRFR-1+0.3%SRCS-2+0.3%SRSR-2	7.34	1.0045	>70	<30	>90	9～12

(2)SRLG-2胶液体系。主体配方：0.3%低分子稠化剂+0.3%流变助剂+0.15%复合增效剂+0.05%黏度调节剂+0.02%消泡剂。该胶液体系水化性好，基本无残渣，悬砂好，返排效果好。室内实验结果，加入流变助剂后液体体系黏度可增加12～18mPa·s。配置好的胶液黏度为33～39mPa·s，砂比为20%覆膜砂悬浮22h不会沉砂，反映其携砂能力较高。

3.2 支撑剂优选

优选了抗压强度 69MPa 的树脂覆膜砂为支撑剂，实验证明，铺砂浓度为 2.5kg/m^2 的覆膜砂具有更高的导流能力(图 3)。采用粉陶(100 目)+树脂覆膜砂(40/70 目)+树脂覆膜砂(30/50 目)3 种支撑剂组合，100 目粉陶用于打磨、降滤失、扩缝宽，40/70 目树脂覆膜砂是主体支撑剂，30/50 目树脂覆膜砂支撑主缝，以提高裂缝的长期导流能力。

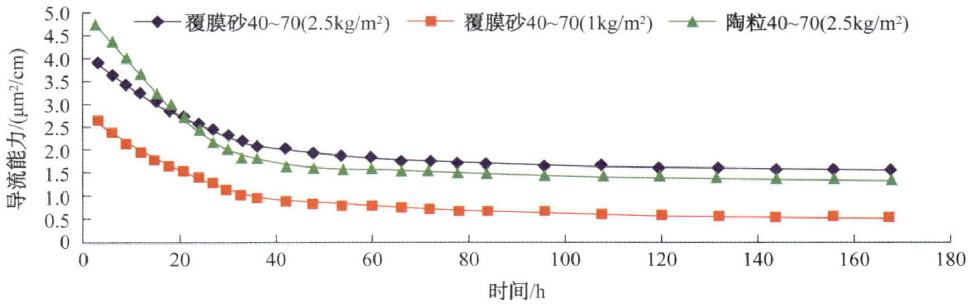

图 3 长期导流能力实验曲线

3.3 网络压裂参数优化

(1)水平井分段级数。根据不同净压力条件下诱导应力作用距离的计算[20]，当水平应力差异系数为 0.11 时天然裂缝开启所需诱导应力场压力为 8.7MPa，所需诱导应力作用距离为 20~30m(图 4)。因此，优选簇间距为 20~30m，每段射孔 3 簇，段间距为 60~90m，按 1000m 水平段长计，分 15 段压裂最佳。

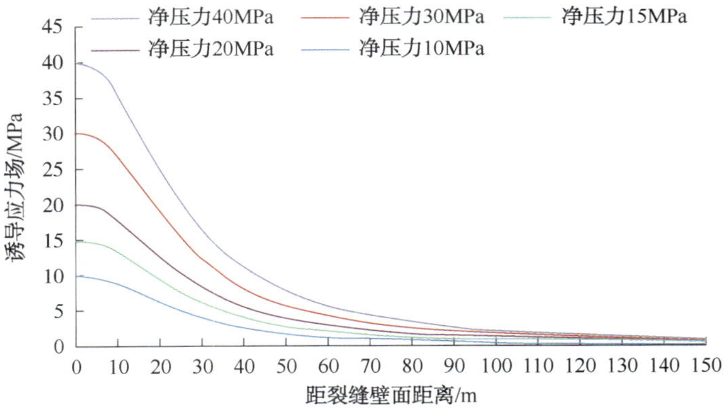

图 4 不同净压力条件下诱导应力作用距离

(2) 射孔方案。射孔段选择的原则：①TOC 较高的位置；②裂缝(层理缝)发育的部位；③孔隙度、渗透率高的部位；④地应力差异较小的部位；⑤气测显好较高的部位。射孔参数：孔密为 16 孔/m，孔径大于 12mm，60°相位螺旋式射孔。

(3) 施工参数和主压裂泵注方案。表 3 为 JY1 井典型段泵注施工程序。

表 3　JY1 井典型段主压裂泵注程序

阶段	液体类型	排量/(m^3/min)	液量/m^3	砂比/m^3	砂浓度/(kg/m^3)	阶段砂量/km^3	备注
1	15%HCl	1	8				
	滑溜水	2-4-6-8	70				阶梯升
2	滑溜水	8	50				
3	滑溜水	8	45	2.00	28.80	0.9	100 目
4	滑溜水	10	20				
5	滑溜水	10	35	4.00	57.60	1.40	100 目
6	滑溜水	10	30				
7	滑溜水	10	30	5.00	72.00	1.50	100 目
8	滑溜水	10	35				
9	滑溜水	12	35	3.00	48.60	1.05	40/70 目
10	滑溜水	12	30				
11	滑溜水	12	35	6.00	97.20	2.10	40/70 目
12	滑溜水	12	35				
13	滑溜水	12	40	9.00	145.80	3.60	40/70 目
14	滑溜水	12	35				
15	滑溜水	12	45	12.00	194.40	5.40	40/70 目
16	滑溜水	12	35				
17	滑溜水	12	45	14.00	226.80	6.30	40/70 目
18	滑溜水	12	35				
19	滑溜水	12	45	15.00	243.00	6.75	40/70 目
20	滑溜水	12	15				
21	胶液	11	30				40/70 目
22	胶液	11	55	14.00	226.80	7.70	
23	胶液	11	35				40/70 目
24	胶液	11	55	16.00	259.20	8.80	
25	胶液	11	50	18.00	291.60	9.00	40/70 目
26	胶液	11	40				
27	胶液	11	45	19.00	307.80	8.55	40/70 目
28	胶液	11	40	21.00	340.20	8.40	40/70 目
29	胶液	11	35	23.00	372.60	8.05	40/70 目
30	胶液	11	25	25.00	405.00	6.25	40/70 目
31	胶液	11	25	19.00	307.80	4.75	30/50 目
32	胶液	11	8				
	滑溜水	11	35				

4 完井及分段配套工艺技术

4.1 套管完井技术

考虑到井筒施工安全、储层差异性以及实现大规模、大排量施工的要求，结合国内外分段工艺技术的应用状况，涪陵地区页岩气井优选了套管内桥塞分段压裂工艺，采用 5½in 套管完井，光套管分段压裂完成后钻磨掉井内桥塞，然后进行放喷、求产及后期开采。

4.2 电缆泵送桥塞/射孔联作工艺

该工艺施工级数不受套管尺寸限制，可以实现大规模、大排量施工要求，施工工艺相对简单、利于井下复杂处理。涪陵地区水平井分段压裂所使用的桥塞，其耐压为 70MPa、耐温为 149℃，可以通过传统磨铣工序快速钻磨掉。在进行第一段射孔时，由于井筒与地层之间的通道尚未建立，电缆泵送作业无法实施，采用连续油管或钻杆传输射孔，其他施工段则采用电缆泵送桥塞/射孔联作施工。

4.3 钻磨桥塞技术

完成所有压裂层段改造后，采用 1¾in 或 2in 连续油管带磨鞋钻磨掉桥塞。工具串：连续油管接头+回压阀+液压丢手接头+扶正器+循环阀+双向震击器+应急丢手工具+马达+磨鞋。

4.4 压裂及试采井口

压裂作业井口装置组合为油管头+大通径手动平板阀+大通径液动平板阀+大通径手动平板阀+高压六通+大通径手动平板阀（图 5），压裂施工泵压基本在 50～95MPa 之间，一般选用 105MPa 压力等级的井口装置可满足要求，通径为 180mm。试采生产井口装置为油管头+大通径手动平板阀+采气树，试采时只更换手动平板阀以上部分为采气树即可。

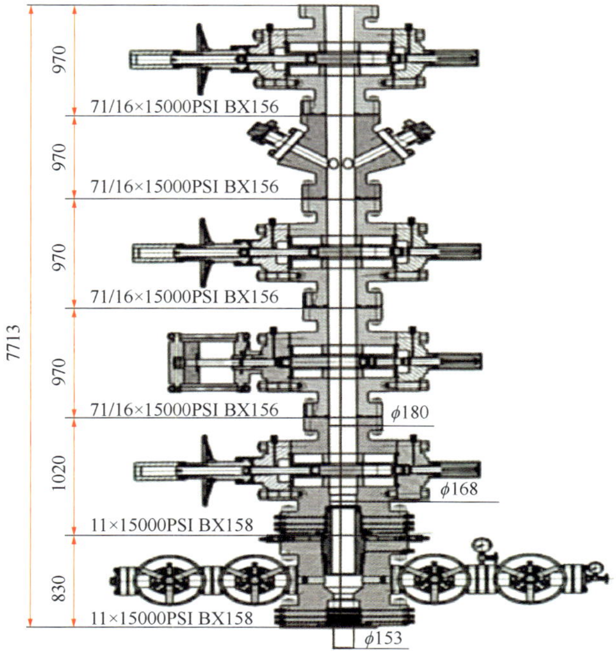

图 5 涪陵地区压裂井口装置示意

5 应用效果

涪陵地区先后部署的 4 口勘探井经过分段压裂改造均取得了良好的增产效果(表 4)，从而发现了涪陵气田。涪陵气田目前已完成开发井 100 余口，分段压裂施工成功率高，压后各井全部获得了商业开采气流。

表 4　涪陵地区 4 口预探井分段压裂及测试情况

井号	水平段长/m	分段数/段	射孔簇数/簇	总液量/m^3	加砂量/m^3	测试产量/10^4m^3	返排率/%
JY1	1007.90	15	38	19852.3	965.82	20.30	3.78
JY2	1458.31	18	49	30489.9	778.43	34.97	1.75
JY3	1400.00	17	44	28627.5	1015.43	11.34	2.97
JY4	1197.69	15	42	23815.8	674.59	25.13	2.86

从施工井压裂曲线所表现出的泵压变化频率、变化幅度较大的现象(图 6)，判断出现了多次破裂的特征，压后 G 函数曲线也反映了裂缝多次闭合的特征(图 7)，结合压裂增产效果好、返排率较低等实际情况，分析认为储层压后形成网络裂缝或复杂缝的可能性较大。气田开发阶段在开发井完成的微地震监测结果(图 8)，证明压后网络裂缝已形成。

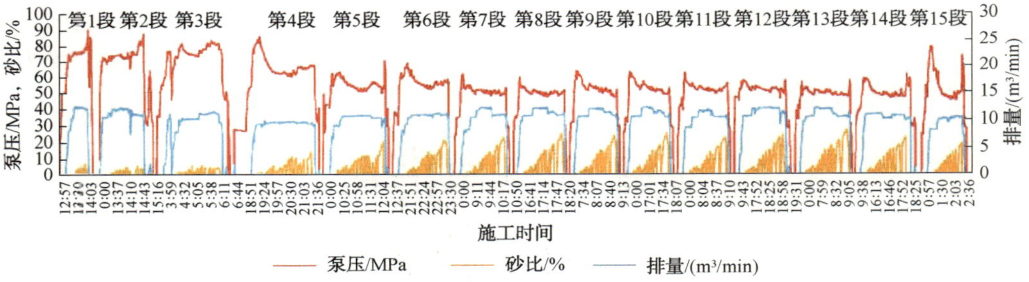

图 6　JY1 井压裂施工曲线

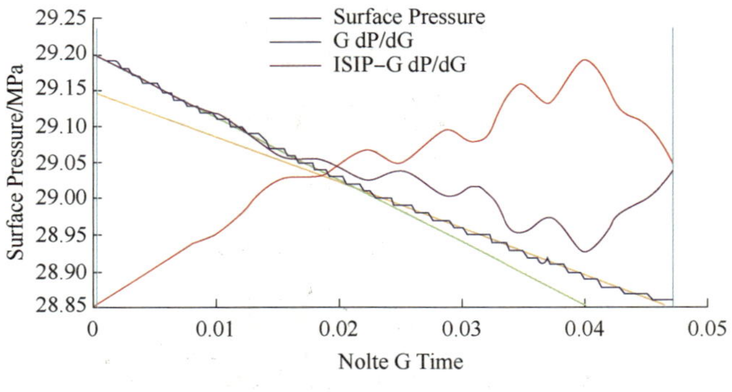

图 7　JY1 井典型段 G 函数特征反应裂缝形态

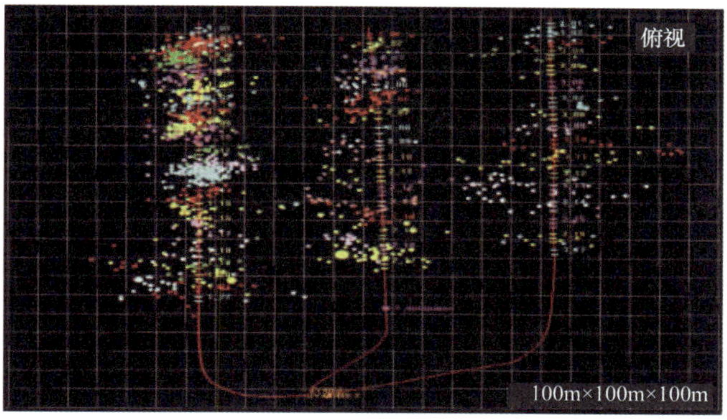

图 8 涪陵气田 48 号平台微地震监测结果

6 结论

（1）涪陵地区五峰组—龙马溪组页岩具有脆性矿物含量高、杨氏模量较高、泊松比较小、天然裂缝(层间页理缝)发育、水平地应力差异系数小的特征，储层地质条件优，可压性较好。

（2）以实现网络裂缝为目标，配套了滑溜水+线性胶压裂液、低密度覆膜砂支撑剂、网络参数优化、套管内电缆泵送桥塞/射孔联作等工艺技术，探索形成了适合于涪陵地区海相地层特点的分段压裂技术体系，为涪陵气田的发现乃至后期开发工作提供了有效的技术支撑。

（3）涪陵地区页岩储层与北美已成功开发的页岩尚存明显的差异，如纵向及平面的非均质性较强、黏土矿物含量较高等，随着开发进程的深入，页岩“甜点”预测及复杂网络裂缝形成机理有待深化研究和认识。

参 考 文 献

[1] 陈作，薛承瑾，蒋廷学，等．页岩气井体积压裂技术在我国的应用建议[J]．天然气工业，2010，30(10)：30-32.

[2] 魏祥峰，刘若冰，张廷山，等．页岩气储层微观孔隙结构特征及发育控制因素——以川南—黔北 XX 地区龙马溪组为例[J]．天然气地球科学，2013，24(5)：1048-1059.

[3] 吴奇，胥云，刘玉章，等．美国页岩气体积改造技术现状及对我国的启示[J]．石油钻采工艺，2011，33(2)：1-7.

[4] 吴奇，胥云，王腾飞，等．增产改造理念的重大变革：体积改造技术概论[J]．天然气工业，2011，31(4)：7-12.

[5] 王淑芳，董大忠，王玉满，等．中美海相页岩气地质特征对比研究[J]．天然气地球科学，2015，26(9)：1666-1678.

[6] Fisher m K，Wright C A，davidson B m，et al. Integrating Fraeture Mapping Technolo gies to Optimize Stimulations in the Barnett Shale[C]. SPE Annual Technical Conference and Exhibition，29 September-2 October，San Antonio，Texas. SPE77441，2002.

[7] Maxwell S C，Urbaneie T J，Steinsberger N，et al. microseismic Imaging of Hydraulic Fracture Complexity in the Barnett Shale[C]. SPE Annual Technical Conference and Exhibition，29 September-2 October，San An-

tonio, Texas. SPE 77440, 2002.

[8] Mayerhofer M J, Lolon E P, Youngblood J E, et al. Integration of MicroseisMic Fracture mapping Results with Numerical Fracture Network Production Modeling in the Barnett Shale [C]. SPE Annual technical Conference and Exhibition, 24-27 September, San Antonio, Texas, USA. SPE 102103, 2006.

[9] Mayerhofer M J, Lolon E P, Warpinski N R, et al. What is stimulated reservoir volume[J]. SPE Production & Operations, 2008, 25(1): 89-98.

[10] Warpinski N R, Mayerhofer M J, Vincent M C, et al. Stimulating Unconventional Reservoirs: Maximizing Network Growth While Optimizing Fracture Conductivity[C]. SPE Unconventional Reservoirs Conference, 10-12 February, Keystone, Colorado, USA. SPE 114173. 2008.

[11] 郭旭升，胡东风，文治东，等. 四川盆地及周缘下古生界海相页岩气富集高产主控因素——以焦石坝地区五峰组—龙马溪组为例[J]. 中国地质，2014，41(3)：893-900.

[12] 郭彤楼，张汉荣. 四川盆地焦石坝页岩气田形成与富集高产模式[J]. 石油勘探与开发，2014，41(1)：28-36.

[13] 郭彤楼，刘若冰. 复杂构造区高演化程度海相页岩气勘探突破的启示——以四川盆地东部盆缘JY1井为例[J]. 天然气地球科学，2013，24(4)：643-651.

[14] 胡东风，张汉荣，倪楷，等. 四川盆地东南缘海相页岩气保存条件及其主控因素[J]. 天然气工业，2014，34(6)：17-23.

[15] Rickman R, Mullen M, Petre E, et al. A Practical Use of Shale Petrophysics for Stimulation Design Optimization: All Shale Plays Are Not Clones of the Barnett Shale[C]. SPE Annualtechnical Conference and Exhibition, 21-24 September, Denver, Colorado, USA. SPE 115258. 2010.

[16] Cipolla C L, Warpinski N R, Mayerhofer M J, et al. The relationship between fracture complexity, reservoir properties, and fracture-treatment design[J]. SPE Production & Operations, 2008, 25(4): 438-452.

[17] Julia F W G, Robert M R, Jon H. Natural fractures in the Barnett shale and their importance for hydraulic fracture treatments[J]. AAPG Bulletin, 2007, 91(4): 603-622.

[18] Olson J E, Taleghani A D. Modeling Simultaneous Growth of Multiple Hydraulic Fractures and Their Interaction with Natural Fractures[C]. SPE Hydraulic Fracturing Technology Conference, 19-21 January, The Woodlands, Texas. SPE119739, 2009.

[19] Gu H, Weng X, Lund J B, et al. Hydraulic Fracture Crossing Natural Fracture at Non-Orthogonal Angles, A Criterion, Its Validation and Applications[C]. SPE Hydraulic Fracturing technology Conference, 24-26 January, The Woodlands, Texas, USA. SPE 139984, 2011.

[20] 蒋廷学，贾长贵，王海涛，等. 页岩气网络压裂设计方法研究[J]. 石油钻探技术，2011，39(3)：37-40.

深层页岩气水平井“增净压、促缝网、保充填”压裂改造模式
——以四川盆地东南部丁山地区为例

段　华[1]　李荷婷[2]　代俊清[1]　王勇军[1]　陈思安[1]

(1. 中国石化勘探分公司；2. 中国石化西南油气分公司)

摘要： 由于埋藏深、地质特征复杂，致使针对中浅层页岩气藏的压裂工艺不能完全满足四川盆地东南部丁山地区上奥陶统五峰组—下志留统龙马溪组深层页岩气储层改造的需要。为此，将地质与工程研究紧密结合，优选页岩气“地质与工程双甜点”区，开展深层页岩气水平井压裂技术攻关研究，对以往仅适用于中浅层页岩气储层的压裂模式进行改进，并将改进后的压裂模式与工艺应用于丁山地区3口深层页岩气井。研究结果表明：①该区西北部深层页岩气储层具备地质、工程“双甜点”特性，天然裂缝、层理缝发育为压裂后复杂缝网的形成创造了有利条件；②基于“双甜点”区域，研究形成了“前置酸+胶液+滑溜水+胶液”混合压裂模式，采用高黏滑溜水以提高液体携砂能力及造缝效果、“控近扩远”压裂工艺以提高远井地带有效改造体积、超高压装置以提高施工排量和缝内净压力；③3口深层页岩气井经过储层改造后，增产效果显著，测试页岩气产量介于10.50×10^4~$20.56\times10^4 m^3/d$。结论认为，改进后的压裂模式与工艺可以为该区深层页岩气储层改造提供技术途径，为深层页岩气勘探开发取得突破提供支持。

关键词： 四川盆地东南部　丁山地区　晚奥陶世—早志留世　深层页岩气　水平井　水力压裂　控近扩远　超高压压裂

0　引言

四川盆地东南部丁山地区上奥陶统五峰组—下志留统龙马溪组页岩气资源丰富，是中国石油化工股份有限公司在涪陵页岩气田焦石坝区块(以下简称焦石坝区块)之外较有利的勘探开发接替区[1-2]。在焦石坝区块，针对南方海相复杂构造区页岩，已形成了一套以“复杂缝网+支撑主缝”为主体思路的压裂工艺技术体系[3-6]，通过采用滑溜水和线性胶混合压裂、不同支撑剂组合加砂、大排量大规模注入等工艺措施，基本解决了3500m以浅的中浅层页岩气水平井的压裂造缝问题。丁山地区页岩与焦石坝区页岩具有一定相似性，但由于地质构造条件更为复杂[7]，并且储层埋藏较深、地应力异常高，不能完全照搬焦石坝区块的压裂模式与技术。为此，在改进中浅层页岩储层压裂技术模式的基础上，研究形成了适

天然气工业，2019，39(2)：66-70

用于丁山地区深层页岩的压裂关键工艺技术，并应用于现场3口深层页岩气井的压裂改造，改造增产效果显著。所取得的压裂模式及工艺技术可以为同类深层页岩气藏的压裂改造提供借鉴。

1　深层页岩特征

与焦石坝大型似箱状断背斜构造不同，丁山地区为一大型鼻状构造，构造复杂，断层较为发育，优质页岩段高阻缝和层理发育。该构造东南部的DY1井区由于靠近齐岳山断裂，存在侧向逸散，保存条件变差；而在构造的西北部，随着埋深增加，保存条件变好，深层页岩是丁山地区的有利勘探领域。如表1所示，丁山地区深层页岩储层品质高(优质页岩厚度介于28.9~35.5m，TOC介于2.85%~3.85%，孔隙度介于3.77%~5.95%，硅质含量介于36.88%~42.90%)，含气性较好(含气量介于5.17~6.39m^3/t)，丁山地区深层页岩脆性指数与焦石坝区块页岩脆性指数相当，但硅质含量略低。由于埋藏深(垂深主要介于3800~4500m)，丁山地区地应力异常高(破裂压力梯度介于0.031~0.035MPa/m，闭合压力梯度介于0.024~0.025MPa/m)，水平应力差数值大(介于19.0~21.0MPa)。室内的页岩压缩变形实验结果表明，在高温高压条件下深层页岩的塑性变形能力增强[8-9]。总体看来，在丁山地区实现缝网压裂的难度大。

表1　丁山地区深层及焦石坝区块不同井五峰组—龙马溪组页岩储层特征对比表

参数	JY1井	DY2井	DY4井	DY5井
垂深/m	2416	4417	4096	4145
TOC	3.68%	3.85%	3.72%	2.85%
R_o	2.42%	2.28%	2.15%	2.31%
含气量/$m^3 \cdot t^{-1}$	5.85	6.39	5.17	6.16
孔隙度	4.65%	5.95%	3.77%	4.05%
优质页岩厚度/m	38	35.5	28.9	31.7
硅质矿物含量	44.82%	36.88%	41.10%	42.90%
钙质矿物含量	9.77%	15.63%	14.40%	15.20%
黏土矿物含量	34.33%	36.80%	26.40%	31.00%
泊松比	0.2	0.2	0.23	0.21
杨氏模量/GPa	38	32	43	33
脆性指数	54.59%	52.51%	55.50%	58.10%
水平应力差/MPa	8.0	19.0	19.0	21.0
压力系数	1.55	1.55	1.40	1.50
温度/℃	84.00	145.00	139.00	133.78

注：JY为焦石坝地区钻井；DY为丁山地区钻井

2　压裂技术对策

2.1　“双甜点”选井选层

页岩气“双甜点”指地质“甜点”与压裂“甜点”的结合。丁山地区西北部深埋藏区域为超压区，保存条件好，含气性高，为页岩气高压富集区。天然裂缝、层理缝的发育程度是影响压裂缝网复杂程度的关键因素[10-14]，丁山地区裂缝整体较发育，天然裂缝、层理缝等薄弱结构面在裂缝净压力的作用下易产生张性、剪性扩展，为压裂形成复杂缝网创造了条件。丁山地区西北部具备“双甜点”特点，特选择在该区域开展深层页岩压裂工艺技术攻关。在选层方面，选择 *TOC* 较高、天然裂缝较发育、孔渗条件较好、水平应力差较小及气测显示较高的部位进行射孔，结合多段分簇优化设计，提升压裂改造效果。

2.2 “前置酸+胶液+滑溜水+胶液”混合压裂模式

丁山地区 DY2 井在前三段压裂中借鉴了焦石坝区块的压裂模式和技术，但出现了施工泵压接近限压值、加砂极为困难的情况。究其原因，丁山地区裂缝发育导致压裂液滤失严重，同时由于该地区地应力异常高，在压裂设备限压条件的制约下，压裂缝内净压力小、缝宽窄、缝内砂堵无法加砂等问题相继出现。为此，通过增加胶液前置、胶液中置等措施，使后续段压裂施工控制较好，未出现较大压力波动，形成了“前置酸+胶液+滑溜水+胶液”混合压裂模式(表 2)。由于胶液黏度比滑溜水大，较难进入微裂缝，滤失相对较小，在前置液阶段注入低滤失胶液可以增加主裂缝造缝能力；通过增加胶液中置措施可实现扩缝和扫砂，提高加砂强度，确保施工的顺利完成。

表 2 “前置酸+胶液+滑溜水+胶液”混合压裂模式阶段划分表

阶段序号	名称	作用	效果
①	前置酸	解除孔眼污染，降低施工压力	破裂压力降低 5MPa 以上
②	前置胶液	降低滤失，扩大缝宽，延伸缝高	有多次破裂特征
③	滑溜水携粉砂	打磨近井摩阻，降低滤失	延伸压力降低 5~10MPa
④	中置胶液	扩缝和扫砂	降低后期加砂风险
⑤	滑溜水携中砂	充填主裂缝，提高砂比	提高砂比至 12%以上
⑥	胶液携中砂、粗砂	提高近井主裂缝导流能力	提高砂比至 12%以上

2.3 主体高黏滑溜水压裂工艺

为使裂缝的导流能力在高闭合压力条件下长期保持不变，针对深层页岩通常选用高强度陶粒作支撑剂，其密度相对较高，若采用低黏滑溜水，则陶粒易在近井裂缝地带沉降，难以运移至裂缝远端。深层页岩由于裂缝较为发育，液体在地层滤失非常严重，进一步增大了携砂的难度，使得在压裂施工过程中表现出随着加砂量及砂比的增加，泵压逐步升高。为进一步提高砂比且改善铺砂效果，采用大排量高黏滑溜水，利用其高流速和高黏度所产生的高剪切力增强滑溜水的携砂能力，从而改善铺砂效果及提高液体效率。

2.4 “控近扩远”压裂工艺

深层页岩气井在压裂早期为追求高净压、大排量的压裂目标，常在接近限压值的情况下施工；至施工中后期，受砂比增加、地层滤失等因素影响，泵压快速上涨，只能通过降排量确保完成施工。虽然降低压裂液排量能有效降低施工泵压，但不利于远端复杂缝网的形成，且在高水平应力差条件下复杂缝网的形成更不易。为此，全程采用逐步提排量泵注程序。在压裂前期，采取较低排量、阶梯提排量的方式，可防止过早打开天然裂缝而影响主裂缝的扩展；在压裂中后期，采用大排量压裂液增大缝内净压力，以利于开启中、远井地带天然裂缝及层理缝而扩大改造体积，同时大排量也有利于后期高砂比支撑剂的输送。

因此，全程采用阶梯提排量压裂工艺，加上胶液前置、胶液中置等措施的应用，可以实现"控近扩远"[15]的压裂效果，保障主裂缝的持续扩展及远井地带复杂缝网的形成。

2.5 超高压压裂工艺

丁山地区深层页岩埋藏深、地应力异常高，常规压裂装备限压为95MPa，压裂液排量难以进一步提升，压力窗口窄，有效改造难度大。提高缝内净压力是提高裂缝复杂程度和改造效果的有效手段[12]，净压力越大，则诱导应力越大，可通过提高缝内净压力来增加裂缝复杂程度。为提升改造效果，有必要配套140MPa压裂装备。实践证明，超高压压裂工艺进一步增大了压裂施工排量，解决了深层页岩滤失严重及高净压、高砂比需求的工程问题，有效扩大了改造体积且提高了砂比，是深层页岩有效压裂的必要手段。

3 应用效果

位于丁山构造西北较深部的DY2井是中国石化第一口深层页岩气水平井，水平段长1034.23m，B靶点垂深4417.36m，分12段压裂，压裂液总用量为29515.5m^3，其中酸液为297.0m^3、滑溜水为18068.5m^3、胶液为11150.0m^3，共加入覆膜陶粒319.13m^3，其中粉陶为97.39m^3、40/70目陶粒为201.69m^3、30/50目陶粒为20.05m^3，一般施工排量为12m^3/min左右，施工泵压为90MPa左右。第1段入井酸液为40m^3，滑溜水为967m^3，加砂量仅为0.5m^3，施工压力高(介于86~94MPa)，停泵压力高(65MPa)，滑溜水在地层滤失性强、造缝效率低，且地层对砂比的变化极为敏感，砂比为2%的粉砂加入后泵压激增近8MPa（图1）。后期采用"前置酸+胶液+滑溜水+胶液"混合压裂模式(图2)，顺利完成了后续段压裂施工。DY2井压裂后测试产气量为10.50×10^4m^3/d。

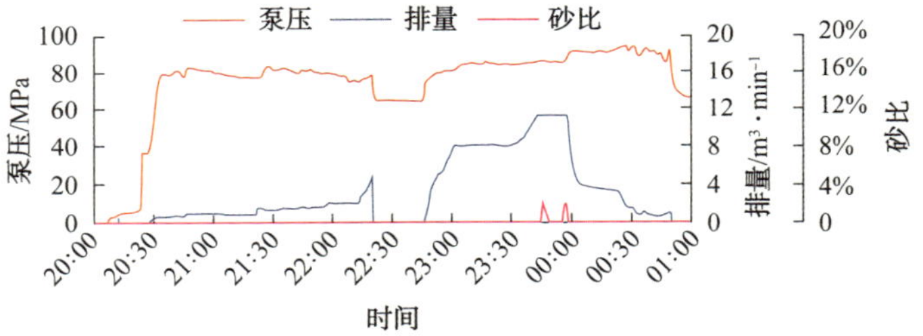

图1 DY2井第1段压裂施工曲线图

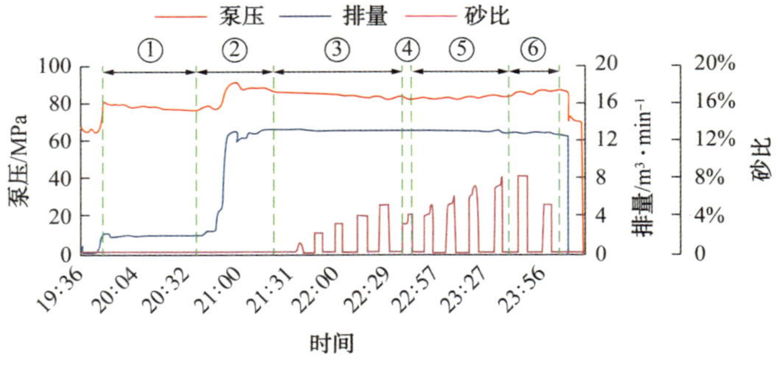

图2 DY2井后续典型段压裂施工曲线图

注：图中编号①~⑥对应表2中划分的阶段序号，下同

在总结DY2井压裂经验的基础上，DY4井主体压裂液由低黏滑溜水改为高黏滑溜水(18mPa·s)，配套140MPa压裂装备，增大了施工排量及加砂强度(图3)，压裂施工较为顺利。该井水平段长1234.00m，B靶点垂深4095.46m，分17段压裂，压裂总液量为42070.6m^3，其中酸液为267.9m^3，高黏滑溜水为32225.0m^3，胶液为9577.7m^3，共加入覆膜陶粒1210.1m^3，其中粉陶为208.6m^3、40/70目陶粒为827.5m^3、30/50目陶粒为174.0m^3。一般施工排量为16~17m^3/min，施工泵压为100MPa左右(图3)。DY4井压裂后测试产气量为20.56×10^4m^3/d。

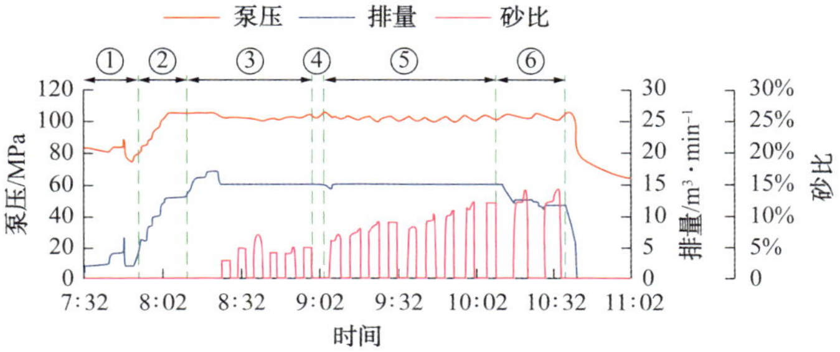

图3 DY4井典型段压裂施工曲线图

DY5井进一步改进了压裂工艺，前期采用阶梯提排量，防止天然裂缝过早开启而引起压裂液大滤失，大部分压裂段全程提排量，持续增大净压力，采取低砂比阶梯长段塞+中高砂比中等规模段塞加砂以增加加砂强度，压裂施工顺利完成。该井水平段长1520.00m，B靶点垂深4145.41m，分20段压裂，总液量为50906.1m^3，其中酸液为410.0m^3、滑溜水为40729.0m^3、胶液为9767.1m^3，共加入覆膜陶粒1574.9m^3，其中粉陶为256.2m^3、40/70目陶粒为1180.2m^3、30/50目陶粒为138.5m^3。一般施工排量介于17~18m^3/min、施工泵压100MPa左右(图4)。DY5井压裂后测试产气量为16.33×10^4m^3/d。

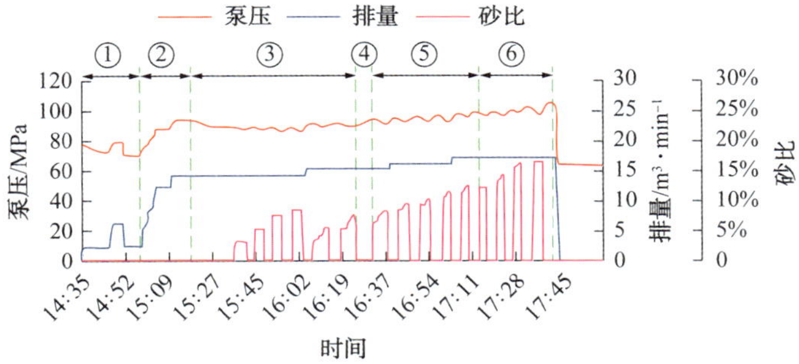

图4 DY5井典型段压裂施工曲线图

4 结论

(1)丁山地区西北部深层页岩具备地质、压裂"双甜点"特性，天然裂缝、层理缝发育为压裂复杂缝网的形成创造了条件。

(2)基于"双甜点"区域，形成了"前置酸+胶液+滑溜水+胶液"混合压裂模式，采用高黏滑溜水以提高液体携砂能力及造缝效果、“控近扩远”压裂工艺以提高远井地带有效改造体积，以及超高压装置以有效提高施工排量和缝内净压力。

（3）将改进的压裂模式与工艺技术应用于现场3口深层页岩气井的储层改造后，气井增产效果显著，测试页岩气产量介于10.50×10^4～$20.56\times10^4 m^3/d$，为该地区深层页岩气勘探取得重大突破提供了有力支撑。

参考文献

[1] 冉琦，陈勇，齐晴，董清源，付柘．丁山地区龙马溪组页岩气保存条件分析[J]．石油地质与工程，2017，31(4)：22-25.

[2] 魏祥峰，赵正宝，王庆波，刘珠江，周敏，张晖．川东南綦江丁山地区上奥陶统五峰组—下志留统龙马溪组页岩气地质条件综合评价[J]．地质论评，2017，63(1)：153-164.

[3] 周德华，焦方正，贾长贵，蒋廷学，李真祥．JY1HF页岩气水平井大型分段压裂技术[J]．石油钻探技术，2014，42(1)：75-80.

[4] 蒋廷学，贾长贵，王海涛，孙海成．页岩气网络压裂设计方法研究[J]．石油钻探技术，2011，39(3)：36-40.

[5] 王志刚．涪陵焦石坝地区页岩气水平井压裂改造实践与认识[J]．石油与天然气地质，2014，35(3)：425-430.

[6] 李文锦，段华，代俊清．网络压裂技术在川东南涪陵地区页岩储层改造中的应用[J]．天然气地球科学，2016，27(3)：554-560.

[7] 黄仁春，魏祥峰，王强．四川盆地东南缘丁山地区页岩气成藏富集的关键控制因素[J]．海相油气地质，2017，22(2)：25-30.

[8] 曾义金，陈作，卞晓冰．川东南深层页岩气分段压裂技术的突破与认识[J]．天然气工业，2016，36(1)：61-67.

[9] 蒋廷学，卞晓冰，王海涛，李双明，贾长贵，刘红磊，等．深层页岩气水平井体积压裂技术[J]．天然气工业，2017，37(1)：90-96.

[10] 胡永全，贾锁刚，赵金洲，张烨，米强波．缝网压裂控制条件研究[J]．西南石油大学学报(自然科学版)，2013，35(4)：126-132.

[11] 李勇明，彭瑀，王中泽．页岩气压裂增产机理与施工技术分析[J]．西南石油大学学报(自然科学版)，2013，35(2)：90-96.

[12] 衡帅，杨春和，郭印同，王传洋，王磊．层理对页岩水力裂缝扩展的影响研究[J]．岩石力学与工程学报，2015，34(2)：228-237.

[13] 周健，蒋廷学．四川页岩压裂裂缝扩展实验及力学特性研究[J]．中国科学：物理学力学天文学，2017，47(11)：1-8.

[14] 赵金洲，任岚，沈骋，李勇明．页岩气储层缝网压裂理论与技术研究新进展[J]．天然气工业，2018，38(3)：1-14.

[15] 贾长贵，李双明，王海涛，蒋廷学．页岩储层网络压裂技术研究与试验[J]．中国工程科学，2012，14(6)：106-112.

元坝气田低渗透致密砂岩气藏压裂优化技术

唐端江

（中国石化勘探分公司）

摘要： 四川盆地元坝气田上三叠统须家河组、下侏罗统自流井组砂岩气藏具有埋藏深、低孔低渗、温度高、异常高压、岩性致密、非均质强、破裂压力及延伸压力高等特点，为了解决该类储层水力压裂破裂压力高、施工难度大的难题，对现有的气藏压裂技术进行了以下优化：①研制新的低伤害压裂液体系，其降阻率为72%~79%，对岩芯基质伤害率小于17%；②采用集成创新技术，如低应力小相位集中射孔技术、最优前置液多级粒径降低压裂液滤失技术、低砂比造长缝技术、超高压压裂技术、高效返排技术等；③配套140MPa采气井口，140MPa超高压设备和地面管汇、高压压裂管串、高压井下工具，将施工限压提高至120MPa，确保成功压开致密储层。该优化技术在元坝气田现场试验4口井5层次，取得了良好的应用效果：施工最高压力达到118.5MPa，最大排量5.5m^3/min，平均砂比15%~20%，最大加砂量40m^3，施工成功率达100%；降低了延伸破裂压力，增大了施工排量，增加了人工裂缝长度和宽度，易于加砂，提高了储层渗透率。

关键词： 四川盆地　元坝气田　致密砂岩气藏　低伤害压裂液　超高压压裂　低砂比长缝　延伸破裂压力

四川盆地元坝气田陆相致密砂岩气藏主要以上三叠统须家河组二、四段，下侏罗统自流井组珍珠冲段为主要目的层，属于深—超深、致密—超致密砂岩气藏[1]，岩性复杂，主要为岩屑砂岩、石英砂岩，多为孔隙式胶结，填隙物成分一般为黏土矿物，储层埋藏深（4100~5000m）、孔隙度低（0.31%~9.52%），极低渗透率（0.001~0.105）×10^{-3} μm^2，射孔后自然产量普遍小于5000m^3/d或不出天然气。因此只有通过加砂压裂改造，增大泄气半径和沟通天然裂缝发育带，提高近井储层渗透率，才能有望获得工业气流，最大限度地降低勘探开发风险。但元坝陆相致密储层特征导致加砂压裂改造施工压力异常高，受井口压力限制影响，提高压裂施工排量困难，常规压裂效果差，加砂压裂改造属于世界级难题。笔者对此进行攻关研究，优选了YL6等井进行了5层次的致密储层超高压压裂施工试验，压裂施工一次成功，取得了良好的储层改造效果。研制出了低伤害压裂液体系、多级粒径降滤技术，集成创新了低应力集中射孔技术、大管柱降阻技术、致密储层超高压压裂技术、高效返排技术，形成了一套高温致密储层压裂改造工艺技术，为元坝陆相储层的勘探开发打下了坚实的技术基础。

天然气工业，2015，35(7)：55-59

1 致密砂岩储层压裂优化集成创新技术

元坝陆相致密砂岩气藏前期采用常规压裂，由于储层破裂压力高、延伸破裂压力梯度高[2]，在井口限压 95MPa 下部分储层不吸液或吸液能力低，无法压开储层，部分压开后排量只有 2.0~2.5m^3/min，形成的人工裂缝较窄，加砂比很低(小于 5%)，加之储层天然微裂缝发育，压裂液滤失大[3]，在压裂施工过程中易发生砂堵，无法满足正常加砂压裂施工需要。针对低孔隙低渗透[4]、微裂缝较发育、压后返排差的气藏特性，为了压开地层形成较宽裂缝，提高施工排量，采用提高井口泵压的方式来提高排量，为此，研制出低伤害压裂液体系，配套 140MPa 超高压施工装备进行超高压压裂施工，形成了一套与元坝致密砂岩储层物性匹配的压裂工艺技术，提高了改造成功率和压裂效果。

1.1 低应力小相位集中射孔技术

较短的射孔段[5]有利于减少压裂液滤失、控制裂缝起裂位置、减少近井多裂缝，形成较宽的裂缝利于加砂，控制缝高的发育，有利于压裂施工的成功完成。对于元坝致密砂岩储层，埋藏深且压力较高，压裂施工中应保证每个孔眼排量至少在 0.013~0.035m^3/min；结合测井解释及地应力分析结果，优选测、录井显示好且地应力较低的储层进行集中射孔，降低了破裂压力；射孔枪与套管间隙一般以 10~12mm 为最好，该间隙下射孔弹性能能够得到很好的发挥，如 ϕ177.8mm 套管选择 127 射孔枪；由于储层温度为 108~120℃，射孔弹选择 RDX 炸药，该炸药在 130℃下有效滞留时间大于 24h；同时采用 45°、60°小相位射孔，增加射孔方位，减少弯曲摩阻，提高裂缝起裂速度，进一步降低破裂压力；在有限的车组排量下，增大了主裂缝的施工排量，保证了裂缝顺利延伸，利于加砂和裂缝铺砂，保证有效的缝宽，防止施工中砂堵。

1.2 低伤害压裂液体系

元坝陆相致密气藏储层温度为 108~120℃，压裂施工压力高[6]，孔隙度低，渗透率极低，孔喉半径小，易出现压裂液对储层的水锁、残渣等伤害，入地压裂液返排率低。在前期研究的基础上，以有效控制水锁、有效助排、降低对储层的二次伤害为目标，研制出了满足该致密砂岩气藏压裂施工的压裂液体系，具有高温高黏、低伤害[7]、低摩阻、易返排的优点，其流变曲线如图 1 所示，压裂液性能如下：稠化剂浓度 0.55%，基液黏度 45mPa·s，保持黏度 200mPa·s(120℃下剪切 120min)，表面张力 24.3mN·m，防膨率 85.42%，岩芯伤害率 16.21%，降阻率 72%~79%。

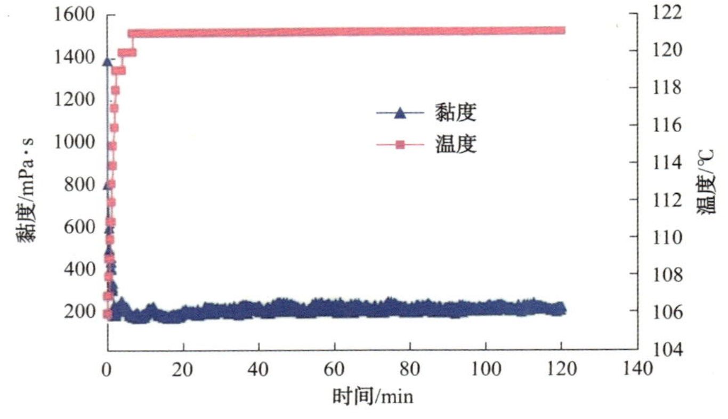

图 1 低孔低伤害压裂液流变曲线图

1.3 最优前置液多级粒径降低压裂液滤失技术

致密砂岩造长缝主要取决于前置液量优化和携砂液阶段的裂缝延伸，针对元坝致密砂岩储层微裂缝发育、压裂液滤失较大特点，优化设计前置液压开储层形成长缝同时，在加砂中前置液在裂缝前端滤失完时，携砂液刚好达到裂缝顶端，保证了形成长缝和加砂压裂成功。图2为前置液量与动态比之间的关系。动态比为加砂压裂施工结束时，支撑缝长与动态缝长的比值，理想状态下动态比应为1，为了保证施工成功，一般选取动态比为0.8。根据测试压裂和邻井压裂曲线分析出的储层滤失系数，选取动态比，确定最优前置液百分比40%左右。

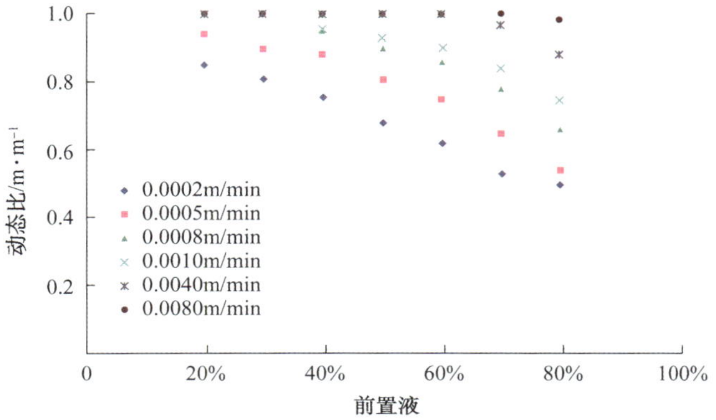

图2 前置液百分比与动态比之间的关系图

在主裂缝周围储层的微裂缝发育，前置液和携砂液滤失较大，为了保证主裂缝延伸更远，降低压裂液的滤失，采用多级粒径段塞，在施工过程中的不同阶段加入不同粒径的陶粒，分别填充在不同宽度的人工裂缝内部，既可以打磨近井裂缝复杂地带，控制多裂缝，利于主裂缝的形成。同时，加入不同粒径的陶粒形成梯级桥架结构，降低储层的滤失[8]，提高压裂液效率，使裂缝延伸更远更长。粒径大小及粒径级数可根据测试压裂解释结果及天然裂缝开启情况确定。

通过优化前置液量和多级粒径段塞加砂，形成较长的主裂缝，沟通致密砂岩储层深部的地层孔隙和微裂缝，增大出气面积，提高了压裂效果，达到改造致密砂岩储层的目的。

1.4 低砂比造长缝技术

不同的渗透率对裂缝导流能力的要求不一样，对平均砂比的要求也不一样，应根据不同的渗透率优化平均砂比，图3为不同渗透率时，砂比对产量的影响，由此确定须二段、须四段、珍珠冲段气藏的平均砂比为15%~20%，所形成的人工裂缝完全满足其对导流能力的要求。通过大规模、大液量、大排量[9]、低砂比改造技术形成较长的人工裂缝，增加沟通天然裂缝的概率，是该气藏改造获得高产的关键。

1.5 高效返排技术

对于低渗透致密气藏压裂液的返排，其压后效果起到了至关重要的作用。一方面通过室内实验优化破胶程序，形成了基于储层温度的分段破胶技术，同时在压裂液配方中加入助排剂，压裂时伴注液氮，以提高自喷返排效果；另一方面，压裂后及时排液，同时控制排液速度，井底压力低于裂缝闭合压力后加大排液速度，提高返排效率，避免支撑剂在裂缝中运移[10]，保证人工裂缝的渗透率处于最佳状态；在停喷后，打开OM-NI阀进行液氮

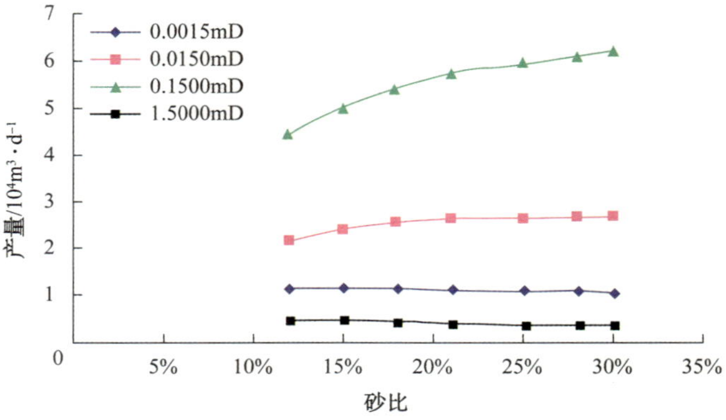

图 3　砂比对产量的影响图

气举排液，也可以采用连续油管配合膜制氮车进行连续气举排液，使压裂后能够及时返排，减小了压裂液对地层的伤害，提高了压裂液的最终返排率，保证了施工效果。

1.6　超高压压裂技术及施工装备配套

1.6.1　超高压压裂技术

元坝致密砂岩储层由于破裂压力高、延伸破裂压力也高，在 99MPa 以下的常规压裂很难压开储层，且压开后张开的裂缝较窄，加砂困难，极易砂堵，不能形成高渗透率主裂缝通道。对此，配套 140MPa 超高压设备，提高施工泵压至 120MPa，解决了元坝致密砂岩储层压不开的难题，同时采用低摩阻低伤害压裂液、大通径压裂管柱，提高施工排量到 5.5m^3/min，形成较宽裂缝，大大延长了主裂缝，形成高渗透裂缝通道，使致密砂岩储层获得了工业气流。

1.6.2　超高压地面装备配套

为了提高施工泵压压开致密储层，配套了超高压压裂装备，包括压裂车组、采气树及地面管线和测试管线组成。压裂车组选择国产 2500 型压裂车，车组配置 2235kW 发动机和 2085kW 五缸压裂泵，最高工作压力达到 140MPa，最大输出排量为 2.17m^3/min；该套车组(8 台泵车)在工作压力 137.9MPa 时，最大排量为 6m^3/min。高压管汇件由 140MPa 的单向阀、旋塞阀、管线及活动弯头组成，高压管汇采用橇装结构，主管线为 3in(1in = 25.4mm，下同)，压裂车连接出口为 3in，配 3in 旋塞阀，压力等级 140MPa。出口采用 Y 形结构，减少流体的损失。另一端采用 3in 活动弯头连接，为了方便安装压力传感器，设计有立体的歧形接头，整体管汇为环形管汇。根据气藏的温度、气体成分及施工压力，选择配套的井口采气树型号为：压力级别 140MPa，温度级别 P—U 级(-29～121℃)，规范级别 PSL3G，性能级别 PR2，材料级别 HH 级进口采气树。由于超高压施工，安全风险极大，故现场安装了 5 个以上摄像头，在仪表车上可以全方位观察施工现场每个角落，特别是高压危险区的监测；配套了 1 台 2000 型压裂车打套管平衡压力，同时连接好压井液压井流程，确保施工安全。

1.6.3　大通径压裂管柱优化

根据井身结构，以最大限度提高施工排量为目的，在井筒试压满足施工要求的情况下，对压裂管柱进行优化。通过优选大通径、耐高压、性能稳定的高压测试工具，采用

ϕ114.3×8.56mm×P110 油管+ϕ88.9×6.45mm×P110 油管组合，下部带 APR 测试管柱[11]结构：OMNI 阀+震击器+液压旁通+RTTS 安全接头+RTTS 加强型封隔器(带加长水力锚)+油管 1 根+喇叭口，充分满足了气井替浆、超高压、低摩阻压裂施工、压后液氮助排、放喷测试、压井等施工的需要。

2 技术应用及效果

2.1 应用情况

在元坝区块 4 口井 5 层次进行了该套技术超高压压裂施工，最高施工压力 118.5MPa、最大排量 5.5m^3/min、最高地层破裂压力 154.2MPa，改造成功率 100%，该套工艺技术取得了成功，超高压压裂对储层的改造取得了良好的效果(表 1、表 2)。

表 1 超高压压裂施工参数对比表

井号	层位	井段/m	最高泵压/MPa	最高排量/$m^3 \cdot min^{-1}$	最高砂比	加砂量/m^3	地破压力/MPa
YB4	须二段	4825~4837	112.0	4.3	18.2%	1+20	125.3
	须四段	4666~4695	111.0	5.0	18.0%	1+20	127.0
YL6	须二段	4561~4595	111.0	5.0	40.0%	2+30	154.1
YB21	珍珠冲段	4413~4423	107.7	5.5	35.0%	1+20	124.3
YB221	须二段	4595~4612	118.5	4.3	40.0%	2+38	154.2

表 2 超高压压裂效果对比表

井号	层位	井段/m	压裂前		压裂后	
			油压/MPa	气产量/$10^4m^3 \cdot d^{-1}$	油压/MPa	气产量/$10^4m^3 \cdot d^{-1}$
YB4	须二段	4825~4837	0	0.0227	0.56	2.12
	须四段	4666~4695	0	0.1518	0.20	2.22
YL6	须二段	4561~4595	0	0.0131	1.00	2.13
YB21	珍珠冲段	4413~4423	0	0	0.57	2.90
YB221	须二段	4595~4612	0	0	0.23	0.44

2.2 典型井分析

YL6 井是元坝区块部署的陆相专探井，层位须二段，井段 4561~4595m，岩性为灰色细、中砂岩夹泥岩，综合解释为裂缝型含气层、干层。钻井取芯分析孔隙度 1.55%~10.47%，渗透率(0.0021~0.398)×$10^{-3}\mu m^2$，预测地压系数 1.93。该层射孔后活性水试剂，泵压 96.6MPa 地层无吸收量，因此决定进行超高压压裂改造。压裂管柱采用了 ϕ114.3×8.56+ϕ88.9×6.45mm 组合油管，加砂压裂施工采用 8 台 2500 型压裂车组，施工最高泵压 111MPa，最高排量 5.0m^3/min，入地压裂液量 300m^3，加砂 32m^3，砂比 5%~40%，伴注液氮 40m^3，压裂施工曲线图 4。本井压裂后求产，在油压 1.0MPa 下测试天然气产量 2.13×10^4m^3/d，释放了储层原始产能，取得了良好的试气成果。

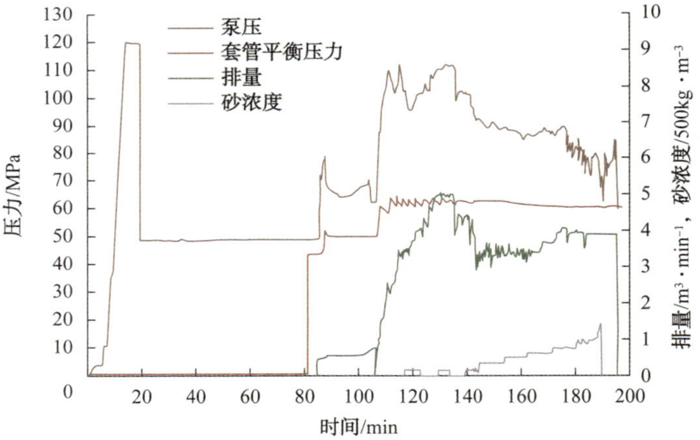

图 4　YL6 井须二段加砂压裂施工曲线图

3　结论

（1）配套形成的 140MPa 超高压加砂压裂装备将施工限压提高至 120MPa，为元坝气田陆相深层致密砂岩气藏的加砂压裂改造提供了可靠的技术装备保障。

（2）形成的深层低渗透致密砂岩气藏超高压加砂压裂集成技术，确保成功压开致密储层，降低了致密储层伤害和压裂液滤失、施工摩阻，降低了地层延伸破裂压力，增大了施工排量，增加了人工裂缝长度和宽度，易于加砂，提高了渗透率；在降低施工难度的同时，保证了施工效果，完全适应元坝气田深层陆相储层改造的要求。

（3）4 口井 5 层次超高压加砂压裂施工的成功，实现了元坝气田深层陆相致密储层加砂压裂改造的突破，为该气藏的勘探开发探索出了有效的技术手段，为低渗透致密储层的商业开发打下了坚实的基础。

参　考　文　献

[1] 刘若冰，郭彤楼，邵明莉，川东北元坝地区中浅层天然气气源及成因类型[J]. 天然气工业，2011，31(6)：34-38.

[2] 李士伦，孙雷，杜建芬，汤勇，周守信，郭平，等，低渗致密气藏、凝析气藏开发难点与对策[J]. 新疆石油地质，2004，25(2)：156-159.

[3] 赵立强，任登峰，罗志锋，胡国金，熊梓涵．天然裂缝性储层压裂液滤失研究[J]. 西南石油大学学报：自然科学版，2014，36(4)：142-148.

[4] 凌云，李宪文，慕立俊，马旭．苏里格气田致密砂岩气藏压裂技术新进展[J]. 天然气工业，2014，34(11)：66-72.

[5] 杨永华，王世泽，任山，赵祚培，唐瑞江．高温高压高含硫超深井射孔酸化测试应用实践[J]. 油气井测试，2008，17(2)：70-72.

[6] 蒲洪江，何兴贵，黄霞．四川盆地元坝地区陆相储层高破裂压力成因与技术对策[J]. 天然气工业，2014，34(7)：65-70.

[7] 丛连铸，李治平，刘学伟，陈何彬，致密气藏低伤害压裂液研究及应用[J]. 石油钻采工艺，2008，30(2)：78-81.

[8] 赵金洲，李勇明，王松，江有适，张烈辉．天然裂缝影响下的复杂压裂裂缝网络模拟[J]. 天然气工业，2014，34(1)：68-73.
[9] 李钦，刘梅全，曾俊．川西高破裂压力储层压裂改造配套技术优化研究[J]. 钻采工艺，2012，35(3)：46-48.
[10] 艾池，张永晖，赵万春，金春玉，段永强，张昌盛．压裂液返排过程中支撑剂回流规律研究[J]. 石油钻采工艺，2012，34(2)：74-76.
[11] 程维恒，王立军，李光辉，王彦武，丁启光，阿姆河右岸高温、高压、高含硫气田 DST 测试管柱优化设计[J]. 天然气工业，2014，34(4)：76-82.

综合管理

5

“四创四优”推动高效勘探

郭旭升

（中国石化勘探南方分公司）

摘要：近 10 年来，中国石化勘探南方分公司通过“四创四优”，推动油气高效勘探取得了重大突破，为国民经济发展贡献了清洁能源。

9 月 24 日，《人民日报》隆重推出《迎接党的十八大能源特刊》，全面报道了我国能源建设的黄金 10 年。中国石化勘探南方分公司有两项油气勘探成果被《特刊》列入“十年之最”，分别是发现迄今国内规模最大、丰度最高的特大型整装海相气田普光气田，发现国内埋藏最深的海相气田元坝气田。

多年来，勘探南方分公司以勘探突破为重点、发现大中型油气田为目标，海陆并举，常规和非常规并重，实现了四川盆地天然气勘探跨越式发展，连续发现了普光、元坝等 5 个大中型气田，探明天然气地质储量 6071 亿立方米，为中国石化天然气大发展奠定了资源基础，并针对新区油气勘探转变发展方式、走内涵发展之路进行了积极探索。

体制创新优化决策机制

勘探南方分公司按照专业化体制和市场化思路，优化体制机制，逐步建立了符合新区勘探实际的管理体制和快速决策反馈机制，为勘探大突破大发现提供了保证。

作为专业勘探公司，分公司建立新区油气风险勘探新体制，实行“集团化决策、项目化管理、市场化运作、社会化服务”的运作模式。在这套体制框架下，从总部到勘探南方分公司再到各施工和服务单位，各路人员的积极性都被充分调动起来。

配合管理体制创新，分公司以全面全过程项目管理为手段，进一步优化决策机制。一是明确组织机构与职责划分，形成了从分公司到科研机构及专业职能部门，再到现场工作部、监理中心为主体的勘探决策和项目管理体系；二是建立施工现场与分公司机关快速信息反馈机制。通过远程视频会议、办公系统和无线联络制度，迅速聚集分公司机关和现场专家力量及时会商解决一线生产问题，提高了决策效率。

勘探南方分公司建立了以分公司研究院为部署参谋部和分公司领导班子与专家组为决策层、机关各专业职能部门为执行层、现场工作部为实施层、监理中心为监督层的四级项目管理体系，严格执行总部决策。

中国石油石化，2012(21)

理论创新优化勘探部署

2002年以前，四川盆地一直未找到千亿立方米级大气田，许多区块未取得实质性勘探突破。

针对存在的问题，勘探南方分公司重新从基础地质工作做起，抓住制约油气勘探的关键问题，开展理论与关键技术攻关研究，否定前期“海槽”认识，建立陆棚—台地边缘沉积新认识，提出普光、元坝地区发育台缘相带有利储层。

为此，分公司建立了以自身科研力量为主，中国石化集团系统内科研院(所)和国内外科研力量为支撑的三个层次的开放式科研体系，通过内引外联、配套完善人才激励政策和科技创新政策，加大科技投入，加快了科技创新的步伐。在认真借鉴我国陆相油气勘探经验的基础上，形成了“三元控储”、“多元供烃、复合控藏”两项勘探理论，开拓了超深层油气新领域，指导并完成了四川盆地最后一个“无主”探区—元坝地区的矿权登记，形成了以“相控三步法”为核心的碳酸盐岩选区、选带，圈闭评价和气藏描述，储层预测等九项评价技术，在元坝地区实施的探井均钻遇储层。

一是以九项评价技术为支撑，对所辖区块依据勘探程度进行排队。按照“战略展开、战略突破、战略准备”三个层次进行部署，战略展开有场面、战略突破有规模、战略准备有方向，做到了“吃一、拿二、眼观三”，不断取得油气新发现。二是以整体部署、分步实施、动态优化为原则，坚持钻完一口井，开展一轮研究，优化一轮部署，指导新一轮钻探，预测精度不断提高，钻探效果越来越好。三是创新建立勘探开发一体化新模式。先后与西南分公司、江汉油田联合成立勘探开发一体化领导小组和工作组，加快了勘探开发进程，实现了集团效益最大化。四是坚持立体勘探。在加强海相深层勘探的同时通过立体勘探，取得了页岩气、中浅层勘探的重大突破，形成了新的增储阵地。

技术创新优化工程设计

川东北海相地层具有超深、高温、高压、高含硫和陆相地层可钻性差等特点，工程技术难度大。勘探南方分公司通过攻关、引进、消化、吸收、集成提高，建立和完善了深井超深井优快钻井、测试等八项配套工程技术，实现了复杂条件下超深井钻探“安全、优质、快速”的目标，保障了新区高效勘探。

在地震资料采集处理中，从基本激发因素、检波器选型试验、观测系统等方面开展了大量试验，优化采集处理设计，采用宽方位、高覆盖、高精度山地三维勘探技术，大幅度提高了地震资料品质。

在钻完井设计中，应用具有自主知识产权的非常规井身结构及气体钻、复合钻等新技术新工艺，超深井钻探能力不断提高。元坝地区表层套管下深到3300米，比2009年以前多下深1300米，成功封住了2000~3300米易漏、易垮井段，减少了事故发生率，提高了钻井时效。

在钻井、测试方面，勘探南方分公司创造了全国新指标17项、地区新指标142项，保持新纪录147项。在完井测试上，通过系统开展储层改造工艺适应性研究，采用射孔酸压三联作工艺，缩短了测试周期。元坝海相20口井38层测试施工，平均周期缩短22天，且未发生一起安全事故。

管理创新优化生产运行

勘探南方分公司持证勘察区块分布在南方12个省(市、自治区)，点多面广战线长，加之施工队伍多、施工难度大、安全环保风险高，给生产管理提出了严峻挑战。分公司通过不断创新、总结和提升，探索出了一套“以项目管理为中心，以现场管理为基础，以安全管理为重点，行政管理扁平化，技术管理专业化，生产管理现场化”的全新管理模式。

一是优化项目管理。建立全过程项目管理制度，规范项目立项、审查、招投标等环节，及时解决项目实施过程中的问题；加强项目合同管理，建立综合信息平台，提高了管理效率；注重调动乙方积极性，构建甲乙双方联合攻关体系。

二是强化勘探现场管理，实现指挥靠前、监管到位、反应迅速。分公司创新现场管理模式，在三个主要探区派驻现场工作部和环境保护管理中心，组成地质、工程、安全环保等一体化管理团队，代表公司实施现场管理。现场监管实现全过程和全天候，狠抓关键节点，狠抓突发事件处置。分公司职能部门提前介入设计、钻前、钻中、钻后直到交井等施工作业环节，重大施工作业派出专家型领导和技术骨干到现场指导施工。

三是强化安全环保监管。坚持“安全高于一切、生命最为宝贵”的宗旨和“不安全的进尺一米不打、不安全的工期一天不抢、不安全的效益一分不要”的安全勘探理念，狠抓安全基础工作，加强现场标准化管理，严格执行安全环保检查，建立安全约谈、一票否决、激励奖励三项制度，实施危急时刻“四个强势介入”(乙方安全措施未落实或在安全生产的紧要时刻、施工质量不过关时、落实技术进步措施时、施工进度达不到要求时)，规范勘探市场准入和退出机制，大力推动安全技术创新。

为油气勘探提供政治保障

麻建明

（中国石化勘探南方分公司）

摘要：为了更好地将政治优势转化为生产力，中国石化勘探南方分公司通过理论武装增强引领力、基层建设增强战斗力、典型引路增强带动力等，为油气勘探提供了政治保障。

十八大召开在即，如何做好党建思想政治工作，成为我党乃至国企需要考虑的一个新课题。一直以来，党的领导优势、党员的先进性优势、思想政治工作优势、纪律作风优势和群众工作优势，是国有企业特有的政治优势。

那么，在新时期应该如何发挥好、转化好这种优势？中国石化勘探南方分公司党委探索出了一条适合自己的路子，为油气勘探提供了坚强的思想、政治和组织保障。

理论武装增强引领力

"十二五"开局之初，中国石化集团党组站在落实"资源战略""打造上游长板"和"天然气大发展"的高度，明确勘探南方分公司"十二五"末要确保完成天然气探明储量4500亿立方米，力争完成5000亿立方米的工作目标。

勘探南方分公司党委肩负重任，借此契机，以提升各级班子成员政治理论素养、业务能力、领导能力为抓手，全面创建引领能力强的学习型领导班子。通过坚持和完善党委中心组学习制度，实现了领导干部学习培训经常化、制度化和系统化，逐步用科学发展观理论和现代科学管理知识武装起各级领导班子成员。通过落实调查研究和深入群众工作制度，破解了南方复杂山地地震勘探、超深层储层预测和深井超深井钻探技术等难题，及时解决了员工群众关注的住房、子女上学、员工食堂等热点问题。通过落实领导干部"一岗双责"制度，确保了党建政工和勘探科研同步部署、同步实施、同步检查、同步考核，实现了企业和谐助推勘探发展。

特别是各级领导干部通过对党的十七大以来各次全会精神的深入学习、通过对中国特色社会主义理论的深刻理解，对中国石化集团公司党组的历次重要会议精神的学习研讨，更深刻领会了中央精神、党的方针政策和集团公司党组的部署要求，将党的理想信念、光荣传统和时代精神注入了油气勘探事业，强有力地引导了勘探科研等各项工作科学发展，为"十二五"油气勘探目标的实现夯实了政治思想基础。

中国石油石化，2012(19)

基层建设增强战斗力

勘探南方分公司党委将党建工作着力点放在下属 31 个党支部，通过完善和认真落实基层支部目标责任制和考核制度，严格规范和强化了基层支部建设，创先争优活动深入推进，党员素质提升工程全面实施，“三会一课”制度得到认真执行，学雷锋活动经常性开展，青年突击队和党员先锋队在急难险重任务中的战斗力和凝聚力得到充分发挥。基层党组织真正成为了推动油气勘探发展的坚实堡垒。

近两年，勘探南方分公司研究院目标处理解释中心党支部带领 43 名员工，完成了 11 万多平方千米三维地震解释工作，9805 平方千米三维地震目标处理和 669.72 千米二维地震目标处理。与此同时，这个中心还积极开展技术攻关和成果经验总结，形成了地震资料处理、解释和储层预测等一系列特色技术，其中南方山地地震资料处理、复杂构造地震资料精细解释技术及圈闭精细描述、“相控三步法”礁滩储层综合预测等技术达到国内领先水平。

勘探南方分公司区域(页岩气)勘探项目部在青藏工区时建立党员先锋队，在高寒缺氧的恶劣自然环境下，连续多年带领员工出色完成了野外地质勘察任务。

典型引路增强带动力

勘探南方分公司党委建立了常态化的先进典型选树制度，每年评选和表彰 10 名优秀共产党员，给他们挂“党员先锋岗”岗位牌，并优中选优，每年选树 1~2 名优秀典型。先进典型的责任意识、服务意识和奉献精神感染着每一名员工，带动了油气勘探和科研工作的全面发展。

勘探南方分公司形成了一套发现、培育、宣传和弘扬先进典型精神的有效方法。概括起来讲就是“从群众中来到群众中去”，在一线员工群众中发现和选树业绩优良、群众称颂的先进员工，深入挖掘他们的先进事迹，利用内部媒体在员工群众中深入宣传，以此影响员工、感染员工和带动员工。

分公司通南巴工作部党工委书记李文锦同志，10 余年坚守勘探一线，几乎没有在家度过一个完整的节假日，在川东北地区组织完成了 80 多口探井近 300 次测试，超过 80%的井层获得工业气流，参与完成的“川东北地区高温高压高产气井测试工艺技术”获得中国石化科技进步一等奖，2011 年被选树为集团公司廉洁从业优秀领导人员先进典型。

像李文锦这样的先进典型不在少数。无数优秀共产党员的模范引领，广大员工的无私奉献，为南方勘探积淀了“求实、奉献、开拓、创新、和谐”的企业精神。

作风建设增强执行力

勘探南方分公司党委以开展“为民服务创先争优”活动和“打造高度负责任、高度受尊敬企业”员工大讨论活动为平台抓作风建设，塑造了良好的企业作风。在“为民服务创先争优”活动中，领导班子率先做出为国家做贡献、为企业谋发展、为员工谋福利等 7 项承诺，并带头在承诺书上签字。

分公司党员领导干部通过开展批评和自我批评，通过对照党员先进性标准进行自检自查，工作作风和思想作风更加朴实。各级领导干部通过转变作风，经常深入群众，深入一线，关爱员工，释疑解难，认真解决了2007年从昆明和长沙搬迁成都后员工户口迁移、社保关系迁转、团购房以及两地分居等问题，让员工切实感受到了温暖。

各单位和部门切实转变工作作风，在严格加强勘探现场监管的同时，主动为施工单位排忧解难，切实解决勘探施工中的技术和管理难题，促进了甲乙方和谐双赢。

勘探南方分公司通过关口前移，健全制度，落实责任，坚持风险评估，加强验收检查，加强隐患治理，落实清洁生产措施，做到了“不安全的进尺一米不打、不安全的工期一天不抢、不安全的效益一分不要”，实现了绿色勘探，连续6年获得集团公司安全生产先进单位称号，多次获得集团公司和地方政府环保先进单位称号。

群众工作增强创造力

勘探南方分公司紧紧围绕勘探需要，以“比学赶帮超”活动为抓手开展群众性建功创业活动，形成了“两类四层”活动模式，推动了各项工作上台阶。

第一类是分公司内部“比学赶帮超”活动以绩效考核为平台，分单位(部门)和全体员工两个层次展开，形成了“见红旗就扛，有第一就争”的浓厚氛围。师带徒、全员岗位练兵、技术比武等活动广泛开展，激发了员工创造力。

第二类是南方探区施工单位按施工队和项目部两个层次开展“比学赶帮超”活动，并采用“1+1”激励制度，给予年度评比第一的施工队和项目部各奖励工程项目一个，形成了“你追我赶、你创我超”的竞赛氛围。

勘探南方分公司各项工作指标在“比学赶帮超”活动中得到优化。2011年平均钻完井时间同比减少69.17天，今年上半年平均钻完井时间同比再次缩减97.8天。

这些卓有成效的党建和思想政治工作措施，使国有企业的政治优势在勘探南方分公司得到了充分发挥，保证了分公司在发现普光气田后，继续保持了良好的发展态势。

我国油气矿权出让制度改革与油气储量价值化研究

毛 怡

（中国石化勘探分公司，成都 610041）

摘要： 当前我国石油天然气行业为了适应国家油气矿业权体制机制改革，正在进行矿权竞争性出让和储量价值化的探索。为进一步发挥市场在资源配置中的基础性地位，了解油气矿权流转现状及存在的问题，通过对国际石油公司矿权流转的主要做法和我国油气矿权流转实践的研究，系统总结了我国油气矿权出让制度改革与油气储量价值化研究进展。“十三五”以来，我国油气矿业权高度集中的围城逐渐被打破，政府监管方式逐步转变，配套政策法规日趋完善，区块流转第三方交易服务平台开始运转。油气储量价值化评价是矿业权的流转、油气储量的有偿转让和交易的关键环节，在系统总结国内外储量价值化评估方法的基础上，以川东南 A 区块为例，针对多类型油气藏关键参数的确定，阐述了单位储量价格法的具体应用。

关键词： 矿权管理　矿权流转　油气储量　储量价值化　体制改革

石油天然气作为国家战略性资源，不仅支撑着社会和经济发展的方方面面，还关系国家安全。根据国家统计局和国家海关数据，2020 年我国原油需求量约为 6.51 亿吨，国内产量 1.95 亿吨，进口量 4.56 亿吨，进口依存度 70.24%（图 1）。我国油气进口量居全球首位，国家能源安全形势进一步严峻。与原油和天然气进口依存度逐年攀升相对应的是，国内油气勘查和开采面临资本投入不足、油气储量新增势头趋缓、国内油气储采比稳步上升、油气区块矿权相对比较集中等现实问题[1]。随着我国社会经济的发展，油气矿业权出让已由

图 1　中国原油进口量及对外依存度趋势

数据来源于中国国家统计局，中国海关

石油实验地质，2021，43(4)：728-736

行政审批转变为竞争性出让，并执行严格的区块减退机制[2~3]。国内大型能源集团取得新矿权的难度不断增大，矿权面积也在大幅减少。油气资源量和储量是评价矿权价值的主要因素，但目前储量的可生产性及其产能的价值不能充分体现，影响了储量评价的合理性和储量管理的科学性[4~7]。因此，如何进一步高效、合理地进行矿权流转及储量价值化交易，是当下亟待解决的课题。

1　我国油气矿权出让制度

“十三五”以来，我国天然气领域积极落实全面深化改革的要求，市场化改革步伐明显加快，一系列天然气领域改革政策和措施相继推出，并取得积极进展。

1.1　油气矿业权高度集中的围城逐渐打破

计划经济时期出台的《矿产资源法》在1996年根据当时的状况进行了一定的修改，但其主要制度并未做大的调整。我国油气矿业高度集中，市场竞争有限，导致企业市场化程度低和运营效率偏低。同时由于社会资本难以进入，未能形成多元化、充分竞争有序的现代油气勘探开发体制机制，导致投入不足，这在一定程度上制约了国内油气产量提高和成本下降，不利于激活资源潜力。总结油气矿权流转不畅的原因，一方面是油气勘探开发具有高风险、高投入的特点，要求该领域的企业须具有一定的资金实力和抗风险能力，具有相应资质的市场参与主体可能较少；另一方面是油气矿权评估及油气储量价值评估体系不完善，在一定程度上影响了流转交易进程。

“十三五”以来，油气矿业权出让的上游市场有序放开，进一步推进了市场化力度，充分发挥了市场竞争优势，激励民营企业等更多的市场主体进入，对国家实行“招、拍、挂”的区块，实现尽快流转，提高了勘探开发效率。国家最新出台的《关于深化石油天然气体制改革的若干意见》要求有序放开油气勘查开采市场，逐步形成以大型国有油气公司为主导、多种经济成分共同参与的勘查开采体系。另外，《外商投资准人特别管理措施(负面清单)(2019年版)》已取消石油、天然气、煤层气勘查开采对外商投资仅限于合资合作的限制。

同时，油气勘查开采市场也逐步放开。考虑到从事油气勘查开采的企业须具有一定的资金实力和抗风险能力，近期国家对企业净资产的“准入门槛”做了最低要求，且规定应符合安全、环保等资质要求和规定，并具有相应的油气勘查开采技术能力。凡是在中华人民共和国境内注册，符合“准入门槛”(净资产不低于3亿元人民币)的公司，均有资格按规定取得油气矿业权，包括外资企业和民营企业。逐渐打破油气矿业权高度集中的围城，给民营企业提供了更多的发展机会，减少民营企业进入这些领域的体制机制障碍，使其发展空间得到进一步扩大。

1.2　政府监管方式逐步转变

目前，国外对市场监管非常重视，一般由国家土地管理局、矿产资源管理局全面负责油气勘探开发的监管，重点强化对无证开发、越界开发等行为的监管，严格执行最低勘探投入、环境恢复保证金制度，确保油气勘探开发有序进行[8]。而我国以往监管主要依靠行政手段，政府以外其他社会群体的同业监审作用未能得到充分有效发挥。

随着国家对油气行业的改革逐步推进，油气矿权市场逐步放开将是我国油气体制改革的重点内容和发展方向。中央及各地方政府监管部门相互协作，创新监管手段，增强了监管能力，提高了监管效率[9]。

“十三五”以来，通过进一步完善部门权力清单和责任清单制度，瞄准放管结合的“盲点”加大“管”的力度，全面深化油气矿业权流转与勘探开发“放管服”改革。加强事中事后监管被提到更加重要的位置，“宽进严管”成为“放管服”改革的重要特征。当前，“出让+审批”的矿业权出让模式已退出历史舞台，取而代之的是“出让+登记”的模式。

制度的改革不等于放弃政府监管。相反，矿产资源勘查开采活动具有很强的外部性特征，政府需要对油气矿权的勘查开采要求、探转采要求等以合同方式进行明确约束，以此对矿业权人的勘查开采活动进行必要的监督管理。自然资源部等相关部门通过定期的资源评估，结合矿产资源规划和矿业权市场监测情况，对一定时期内油气矿权出让的总量进行测算和总体把控；建立和完善矿权出让项目库，共享出让信息；结合经济发展及市场需求，合理确定当年的矿业权出让规模，适时竞争性出让矿权，以此来保障国家的能源和资源安全。此外，在以上宏观调控的背景下，还进一步提升了对交易市场的监管，促进矿权流转交易的有序进行。

1.3 配套政策法规日趋完善

目前国外油气矿权市场的法律法规制度保障相对成熟。以全球最大、最活跃的油气矿权出让市场美国为例，美国联邦油气矿权出让管理执行的基本法律可分为矿权出让管理和相关税费收益征收管理 2 个方面，涉及的法律包括《矿产资源租赁法》(1920)、《联邦陆上油气租赁改革法》(1987)、《能源政策法》(2005)、《海洋原油储量产量法》(1976)、《联邦油气矿区使用费管理法》(FOGRMA)、《联邦油气矿区使用费简化和公平法》(1996)、《深水矿区使用费减免法》(1995)等[10]。这些法律从土地和能源利用规划、油气矿权出让方式、出让程序、区块相关标准等多方面给予约束，同时在法律层面明确了相关管理机构的职责范围。可见，美国联邦油气矿权出让管理有相对比较完善的法律基础，为其矿权流转提供了坚实的政策保障。

近年来，为了进一步完善我国矿业权流转方面的法律制度，国家和地方政府管理部门相继出台了一系列规范性文件，为我国矿权市场提供了一定的政策保障。但中国针对油气矿权出让以及相关管理方面的法律法规体系建设相对薄弱，随着我国油气体制改革的推进，油气投资主体会越来越多，为保障油气矿权出让的有序进行，加快建立针对油气矿权管理和资源利用方面的专项法律法规体系非常必要。

1.4 区块流转第三方交易服务平台开始运转

我国的油气矿权流转机制建立相对较晚，目前还处于起步阶段，矿权交易市场还处于萌芽期，交易机制还不完善，竞争化程度相对较低。但随着油气体制机制改革的大力推进，将会有越来越多的企业进入到油气勘探开发领域。因此，为了更加规范油气矿权管理及储量价值交易，进一步提升矿权流转效率，引入第三方权威的交易服务平台势在必行。加强矿权流转的信息化管理建设，将尤为重要。

同时要加强矿业权市场信息平台建设，促进矿业权市场交易公平公正公开化。充分利用日益发展的现代信息技术，建立完善一个全国性的矿业权市场交易信息网，为矿权出让、流转打造一个便捷高效、透明有序的市场环境[11]。

2 油气储量价值探索研究进展

油气储量是油气企业的基础，企业的价值在很大程度上取决于储量资源的拥有量。长期以来一直使用地质学概念对其进行描述，而没有制定揭示它的经济业务和资本价值，使得油气地质储量价值无法以货币形式予以实现，不同的油气企业之间矿业权的流转、油气储量的有偿转让和交易就势必会受到限制。如何推进油气储量的价值化，尤其是当市场条件为竞争不充分和信息不充分时，如何尽可能地实现企业油气地质储量的市场公允价值，具有重要的现实意义。

2.1 国内外储量交易现状

在国外，油气储量作为商品进行交易已有相当长的历史，形成了较为完善的交易规则和成熟的交易方法[12]。按照国际惯例，油气储量交易的成交价格由油气储量交易市场形成，交易的活动状况受经济规律和市场供求关系影响。油气储量的交易物载体通常是资料包，主要包括油气资源储量评审报告、相关的图表资料和测试数据，交易双方依据资料包所作的油气储量价值评估报告进行价格谈判。目前，国际上油气储量交易基本价格的确定主要采取现金流法和经验法[13]。

近年来，国内大型石油企业同样积极探索储量流转的方式及方法，取得了一定的认识和成果，但各公司出于商业保密的考虑，鲜有公开披露或报道其储量交易案例和具体操作过程，其主要的操作方式为企业内部流转或是“招拍挂”等市场化方式。

企业内部流转是以储量价值评估为基础，通过内部储量虚拟市场化交易机制确定承接单位，实现从矿权区块流转到储量价值化转变。“招拍挂”等市场化方式借鉴国际油公司储量价值管理经验，以储量价值评估为基础，通过市场化交易机制确定承接单位，实现从矿权区块市场化流转。

市场化交易可以充分发挥市场经济在资源配置中的决定作用。但由于与市场化交易相关的政策、法律、法规还不健全，交易双方可能面临税收管理、税负成本、资金成本及核算方式等方面的不确定性。例如，由于国内缺乏权威性储量交易价格平台，交易价格的公平性可能会受到质疑；此外，储量交易需要取得国家相关财务税收政策支持。因此这需要不同企业相互协作，群策群力，共同加强与相关政策部门的交流，在政策的衔接和沟通上予以更加详实明确的支持。

2.2 油气储量价值评估方法

2.2.1 现金流量法

现金流量法也称净现值法，它建立在对油气储量未来开发、经营过程中投入产出预测的基础上，计算其油气储量开发后未来的价值(净现值)[14~15]。按SPE标准估算出资源量和技术可采储量，要得到经济可采储量需要进行开发概念设计，用现金流量法计算出经济可采储量和一系列经济指标(图2)。它的原理建立在对未来收入预测的基础上，同时考虑了时间因素，使得油气行业和其他行业领域的投资可以用一个统一的标准作对比和整合。

现金流法是根据投入产出原理，首先确定各种投资和产量等开发指标，根据气价、成本和国家税费政策，编制现金流量表：然后在现金流量表中，投入等于产出年份所对应的累计产气量即为剩余经济可采储量，再加上实际产气量，即可得到气田的经济可采储量[16]。

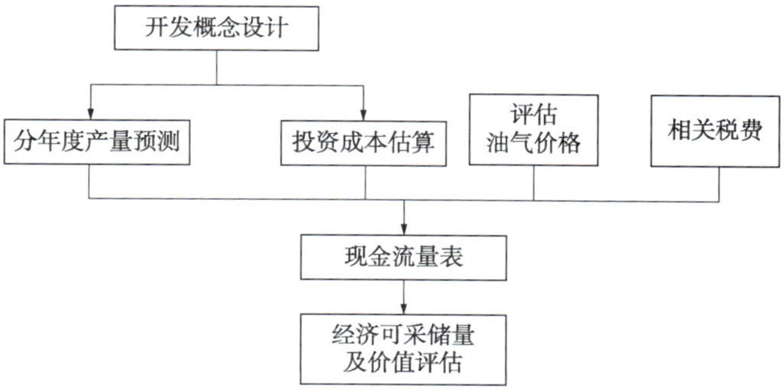

图 2　现金流量法评估流程

储量经济评价是在勘探方案、模拟开发方案的基础上，通过估算项目财务效益和费用，进行财务分析、不确定性分析和风险分析。财务分析指标主要包括财务净现值、内部收益率和投资回收期[16]。财务净现值是以投资者所期望的收益率为折现率，是指在一定的开采技术和经济条件下，自评估基准日至项目评价期结束可开采出来的、通过销售可获得的储量的累计净现值。净现值的经济含义是投资该项目所获得的超额收益。现金流法见公式(1)。

$$NPV = \sum_{t=1}^{n} \frac{(CI - CO)_t}{(1+i)^{-t}} \tag{1}$$

式中，NPV 为净现值；CI、CO 分别为某年的现金流入和现金流出；i 为折现率；t 为经济评价期内的某评价年；n 为经济评价期。

现金流法优点是适用于各种类型气田的经济可采储量计算，考虑了资金的时间价值，计算精度相对较高；缺点是工作量大，所需参数繁多，任一项参数确定不准都将导致计算结果的偏差。现金流法是收益法的一种，收益法是基于预期收益原则和效益原则，在评估的过程中需要考虑油气开发，即油气储量转化成产量的过程，一般应用在采矿权评估。

2.2.2　单位储量价格法

国际上油气储量资产交易十分普遍，国际油气资产交易以 P 级储量为主，也有少量的 C 级储量。单位储量价格法也称类比销售法，主要根据近期该区块或地区相似储量的交易单价，类比计算目标区的储量价值；计算中考虑地质特征、储量品质、后期开发特点、项目财税差异、收购公司经营特点等，以此类比储量单价，作适当的调整后计算储量的价值。用该方法计算储量价值见公式(2)。

$$V = V_U G \tag{2}$$

式中，V 为储量交易价，元；V_U 为单位天然气储量价格的经验值，根据以前在该地区或国家的储量变易价格来确定，元/m^3；G 为总储量(指经济可采储量)，m^3。

目前油气行业强调的是勘探开发一体化，强调的是全生命周期的储量经济评价，从一个完整的经济活动过程来看，油气储量资产价值受地质因素、开发因素、经济因素影响。单位储量价格法计算储量价值简单、易操作，直接体现了储量价值，时效性强，相对来说更加公平公正，避免人为影响因素。本文是从勘探角度研究储量价值，结合勘探开发现状和气藏特征等，提出了一种适用于勘探阶段的储量价值评估方法。根据目前中国石化实际操作经验，该方法应用效果较好，可以从勘探角度考量探矿权价值，因此认为考虑勘探效果来进行单位储量价值化评估是可操作、较为有效的方法。

但在实际评价时，对于选定的单位储量价格，可以根据待评估储量资产与实际价格间的差值，乘以相应的权系数。如果是探明未开采的储量，就得打折扣：5 年内能动用该储量，V_U 一般打 20%的折扣；探明的 5 年内不能动用的后备储量，V_U 须打 50%以上的折扣。

3 实例应用分析

以中国石化 2019 年价值化评估为例(图 3)，针对多类型油气藏关键参数确定，说明单位储量价格法的具体应用，为下一步勘探部署的决策、加快推进储量价值化管理工作奠定基础。

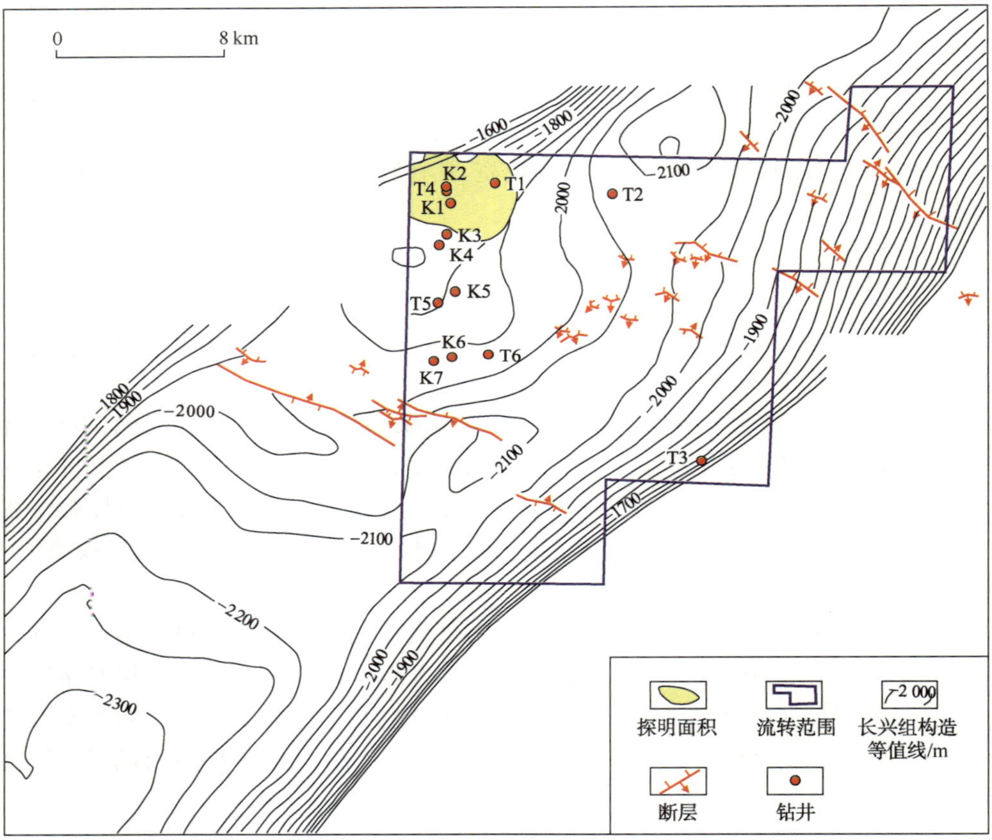

图 3 川东南流转交易区块范围示意

3.1 区块概况

3.1.1 区域地质概况及勘探开发现状

A 区块位于重庆市梁平、万县和忠县三县交界处，构造上属于川东褶皱带万县复向斜拔山寺向斜[17-18]，由多期构造运动作用叠加而成，构造复杂多变，大致经历了加里东—海西期的海相油气系统形成建设时期和晚燕山—喜马拉雅期海相油气系统的改造与调整时期[17,19-20]。A 区块地层除泥盆系、石炭系和下白垩统局部缺失外，其他地层发育较全，纵向上发育二叠系长兴组、三叠系飞仙关组、侏罗系自流井组大安寨段3个重要含油气层系(图4)，除了在长兴组台缘礁滩之外，相继在茅口组、飞仙关组、自流井组大安寨段试获工业气流，油气勘探潜力较大。区块面积400km²，三维满覆盖，地震资料品质以Ⅰ、Ⅱ类为主。

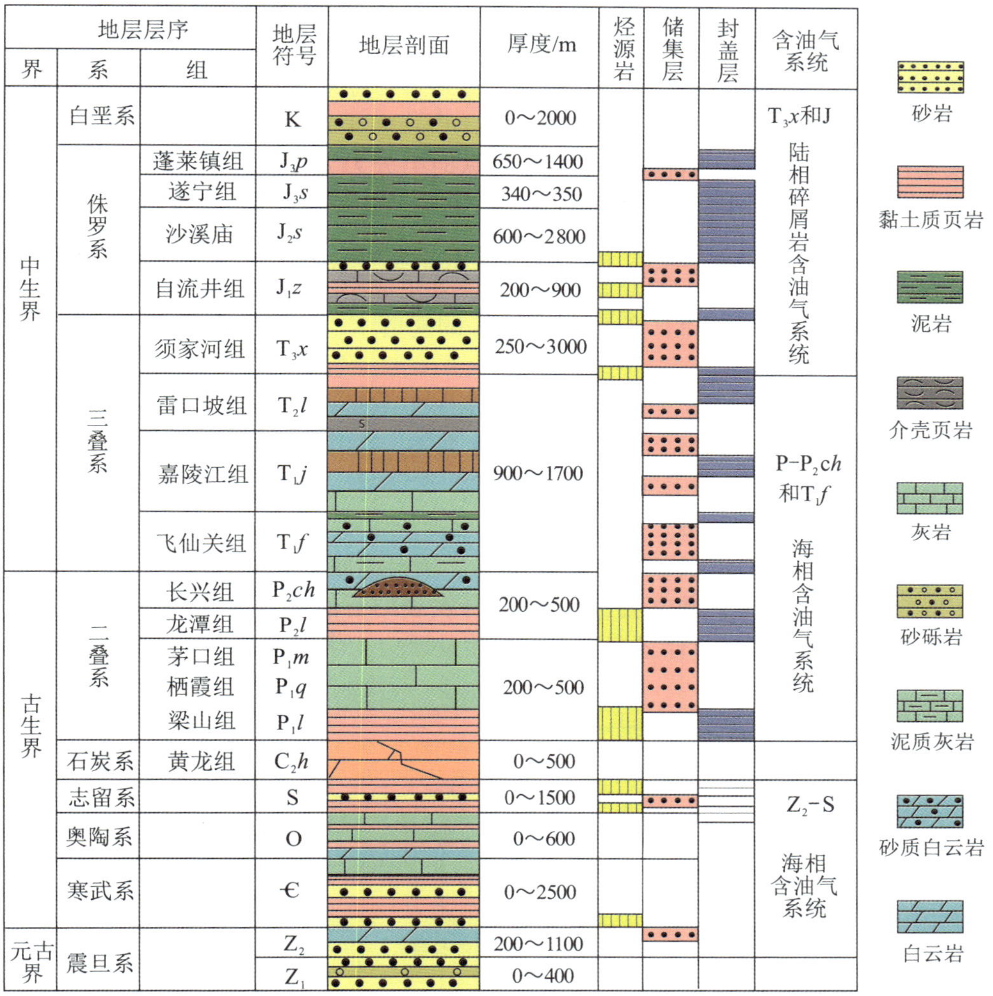

图4 川东南A地区油气系统综合柱状图

截至2018年底，区块内共实施完成钻井13口，其中包括探井6口，开发井7口。该区块2019年开展油气资源价值化评估，并由M公司通过价值化评估的方式流转到N公司，流转区块内含探明含气面积13.35km²，地质储量$76.53\times10^8m^3$。

3.1.2 气藏特征

基于T1井、T5井、T4井和K1井等实钻井解剖，通过对3个含油气层系油气成藏条件分析对比发现，该地区长兴组—飞仙关组属于台地边缘礁滩相沉积背景下的构造—岩性圈闭气藏，自流井组大安寨段属于半深湖相背景下的挥发性油气藏。

长兴组生物礁白云岩储层发育，孔隙度较好[21-22]，平均值为5.87%，上覆的泥质灰岩、灰岩、薄层泥岩以及侧向的致密灰岩厚度大，封盖良好，属于构造—岩性复合气藏；

T1 井和 T4 井于长兴组礁滩相储层分别获得日产 $51.7\times10^4m^3$ 和 $22.2\times10^4m^3$ 的工业气流，该层位于 2011 年底提交 $76.53\times10^8m^3$ 探明储量。

飞仙关组鲕粒滩虽然继承了长兴组台地边缘礁滩沉积背景[23]，储层岩性主要为亮晶鲕粒灰岩、砂屑灰岩及残余颗粒云岩，孔隙类型以残余晶间孔为主，但储层发育于长兴组地貌相对较高部位，因其暴露时间相对较短，白云石化及溶蚀作用弱，储集条件较差，平均孔隙度 2.30%；但上覆地层以致密泥灰岩为主，封盖保存条件好，属于构造—岩性复合气藏。T1 井和 T5 井在该层测试分别获日产 $1.15\times10^4m^3$ 和 $5.24\times10^4m^3$ 工业气流。

大安寨段整体以浅湖—半深湖沉积为主，纵向上分为大一、大二、大三亚段，其中大二亚段为最大湖泛期，为半深湖相沉积，暗色泥页岩较为发育，厚度大(40~60m)，有机碳含量(TOC)较高(平均为 1.21%)；发育有机质孔、粒缘缝、片状黏土矿物层间缝和溶蚀孔等，孔隙度高(平均 4.20%)，含气性较高，整体处于成熟—高成熟演化阶段，属于挥发性油气藏。K1 井在大二亚段获得日产 $1.78\times10^4m^3$ 的气量。

3.2 关键参数确定

基于 A 区块不同含油气层系的勘探现状，为了下一步勘探部署决策，加快推进储量价值化管理工作，根据储量价值评估的流程和技术要点，采用单位储量价格法对 A 区块进行储量价值评估：一是采用 SPE 准则划分储量级别；二是确定单位储量价格。

3.2.1 油气资源分级分类

SPE 储量准则是由石油工程师学会(SPE)、美国石油地质学家协会(AAPG)、世界石油大会(WPC)与石油评估工程师学会(SPEE)联合发表的石油资源管理系统(PRMS)[24]。该准则是国际石油公司之间进行储量资产买卖和储量评估工作的主要依据[25]，建立了基于项目的统一的行业标准(图 5)。

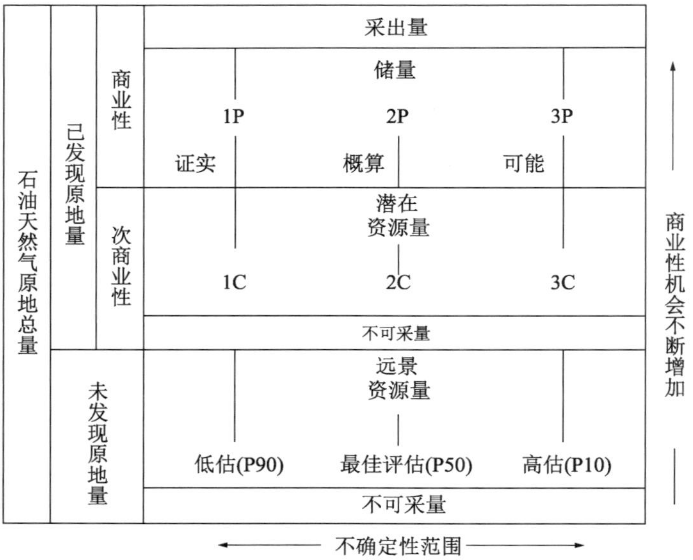

图 5 PRMS 石油资源分类框架[20]

纵向上，项目依据商业性机会进行分级，分为远景资源量、潜在资源量、储量，其中，“发现”是区分潜在资源量与远景资源量的标准；“商业性”是区分储量和潜在资源量的标准。横向上，根据“不确定性范围”对储量、潜在资源量、远景资源量分别划分为3个不同的类别，用低估值(P90)、最佳估值(P50)和高估值(P10)表示。不确定性来自于地下油气资源的不确定性、技术手段的不确定性以及经济环境条件的不确定性，不确定性的存在使分级资源数量在不同的时候会发生变化，因此采用概率统计的方法来描述级别。

(1) 长兴组台缘礁滩。

在A区块，长兴组为礁滩储层，两口探井获得高产工业气流，并提交了探明储量。按SPE评估准则，工业气流井外推1.5倍开发井距圈定P1含气面积，1.5~2.5倍开发井距固定P2含气面积(表1)。通过类比普光和元坝的开发实践，开发井距为1.2km，以T1井、T4井外推1.5倍开发井距(1.8km)，再以礁滩相岩性边界为有效厚度“0”线，评价2P储量共20.68×$10^8$$m^3$。

表1 川东南A区块气藏特征统计对比

含油气层	沉积相	岩性	孔隙度/%	含气面积/km^2	压力系数	气藏中深/m	气藏类型	曲型钻井产量/10^4m^3
长兴组	台缘礁滩相	生物礁白云岩	5.87	13.35	1.24	4575	构造—岩性复合气藏	T1井/51.71，T4井/22.23
飞仙关组	台缘礁滩相	鲕粒灰岩、砂屑灰岩及残余颗粒云岩	2.30	306.97	1.25~1.56	4370	构造—岩性复合气藏	T1井/1.15，T5井/5.24
自流井组大安寨段	半深湖相	暗色泥页岩	4.20	242	1.10	2350	挥发性油气藏	K1井/1.78

另外，结合地质研究和物探预测，长兴组礁在横向上多处迁移，除T1井所处的礁以外，周边还发育了多个小礁，但物探预测结果显示，礁滩彼此不连续，因此综合认为钻井钻探有储层发育、但未测试产能的区域，评价为2C储量，共98.51×$10^8$$m^3$[图6(a)、表2]。

(2) 飞仙关组鲕粒滩。

飞仙关组鲕粒滩连片分布，孔隙度和渗透率与长兴组相似，有一口探井获得较高工业气流，类比普光和元坝的开发实践，开发井距为1.2km，考虑到飞仙关组未申报探明储量(2019年流转前)，因此以T5井外推1.5倍开发井距(1.8km)，测试气流井与干井之间取三分之一圈定2P储量范围，评价储量为5.75×$10^8$$m^3$。A区块滩内其余范围认为具有潜在储量价值，评价为C级资源量，按SPE评估规则外推2.5倍开发井距圈定2C储量范围，评价潜在资源量为44.43×$10^8$$m^3$[图6(b)、表2]。

(3) 大安寨段页岩气。

大安寨段为页岩气藏，连片发育，有一口井获得工业气流，目前也暂未实现商业开发，因此评价为C级潜在资源量。按SPE评估规则，类比已开发的涪陵页岩气田开发井距(600m)，水平段长取1500m，外推2.5倍开发井距(1.5km)，圈定2C储量范围，潜在资源量为67.51×$10^8$$m^3$。其余储层有利发育区为C3资源量[图6(c)、表2]。

(4) 资源分类结果。

SPE准则对储量的分级分类主要采用井控面积法，根据已钻井是否有油气发现和是否达到商业性区分P级和C级。通过开发井距的约束和预测，确定P90、P50、P10。A区块资源分类结果见表2。

表 2　川东南 A 区块资源分类结果

勘探程度	层位	分级储量/$10^8 m^3$	
		2P	2C
已探明	长兴组	20.68	
获工业气流	长兴组	5.75	98.51
	飞仙关组		44.43
	大安寨段		67.51
合计		26.43	210.45

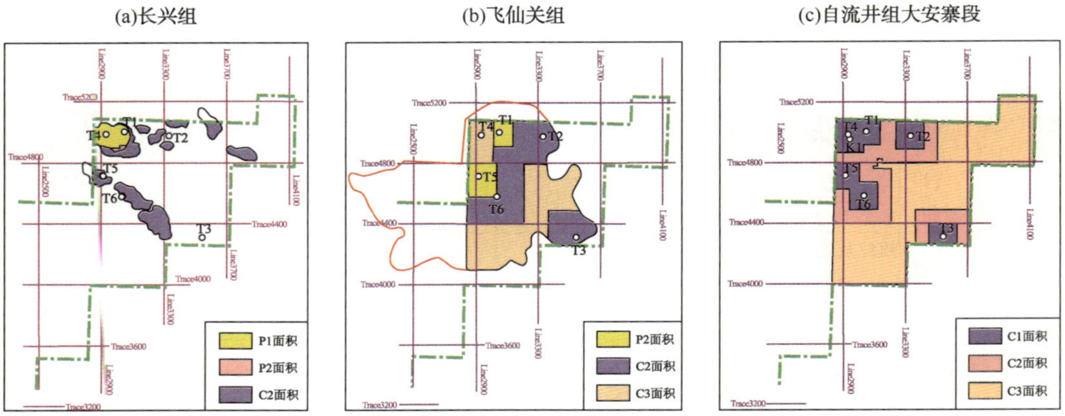

图 6　SPE 准则下川东南 A 区块资源量面积

3.2.2　储量价格评估

根据目前国际和国内对单位储量价格的研究，最权威的是 IHS(北美一家市场研究机构)数据库发布的数据，根据近年国际上储量交易状况提供亚太地区 2P、2C 单位储量价格。根据研究区地质特征的分析和研究，对比 IHS 数据库的价格，最终确定 2P 储量价格为 0.23 元/m^3，2C 储量价格为 0.058 元/m^3。

3.3　储量价值计算

利用上述评估的储量分类结果和储量价格，通过前面介绍的公式(2)分别评价各层位储量价值，求和得到 A 区块储量价值为 18.29 亿元(表 3)。

表 3　川东南 A 区块储量价值评估结果

勘探程度	层位	分级储量/$10^8 m^3$		勘探投资/亿元	交易价格/元·m^{-3}	2P 价值/亿元	2C 价值/亿元	储量价值/亿元	备注
		2P	2C						
已探明	长兴组	20.68			0.230	4.76		4.76	
获工业气流	长兴组		98.51		0.058		5.71	5.71	
		5.75		7.842	0.023	1.32			常规
	飞仙关组		44.43		0.058		2.58		
	大安寨段		67.51		0.058		3.92	3.92	页岩气
合计		26.43	210.45	7.842		6.08	12.21	18.29	

4 结论与展望

（1）“十三五“以来，随着我国市场经济体制改革的进一步推进，油气矿业权流转体制机制的改革取得了一系列成果，但也存在很多亟待进一步优化的空间，油气矿权市场化进程势必是一个长期、复杂、艰难的过程。

（2）建议进一步加大上游的市场化力度，在充分发挥市场基础性资源配置功能的同时，加强宏观调控，继续提升监管能力。同时要建立健全油气行业相关法律法规，保障油气矿权出让的有序进行；建立更加完善的第三方交易服务平台，规范区块流转过程。

（3）积极推进国内油气储量价值化，借鉴国际成熟油气储量交易市场，强调勘探开发一体化和全生命周期的储量经济评价，建立相对科学合理的储量价值评估体系，以企业内部交易逐步拓展到市场化交易。通过构建油气储量公允价值主要市场、建立多次博弈市场预期等方式，获得油气储量公允价值。

（4）以川东南 A 区块储量价值化评估为例，针对多类型油气藏关键参数确定，说明单位储量价格法的具体应用，为下一步勘探部署的决策、加快推进储量价值化管理工作奠定了基础，可为勘探阶段的储量价值化评估提供参考。

参 考 文 献

[1] 钱兴坤，刘朝全，姜学峰，等．全球石油市场艰难平衡发展风险加大：2019 年国内外油气行业发展概述及 2020 年展望[J]．国际石油经济，2020，27(1)：2-9.

[2] 曾凌云．我国矿产资源管理改革进展、成效、问题及思考建议[J]．中国矿业，2020，29(S1)：31-34.

[3] 徐东，唐国强．晏飞，等．油气矿业权系列改革对国有大型石油企业的影响探析[J]．中国矿业，2018 ，27(2)：25-31.

[4] 梁玉．油气储量资产信息价值相关性研究[D]．上海：上海国家会计学院，2018：55.

[5] 羊明香，李宏伟，赵玉萍，等．石油储量价值评估在油藏管理中的应用[J]．断块油气田，2009. 16(3)：90-92.

[6] 陈晓智，陈桂华，李祺鑫，等．致密砂岩气储量不确定性计算方法及意义[J]．断块油气田，2019，26(1)：17-20.

[7] 王鸣川，商晓飞，段太忠，等．海外油气田开发新项目储量评价方法[J]．石油实验地质，2020，42(2)：296-301.

[8] 唐国强，徐东，张宝生．国有大型油气企业矿权流转机制及建议[J]．天然气工业，2019，39(6)：147-155.

[9] 吕淼．“十四五”天然气：体制机制改革的挑战与路径[J]．能源，2020(4)：65-68.

[10] 刘玮，申延平，朱九成，等．美国公有油气矿权出让管理与竞标[J]．国际石油经济，2019 ，27(8)：27-36.

[11] 王清华．中国矿业权流转法律制度研究[D]．上海：上海交通大学 . 2012.

[12] 黎娜娜．油气储量资产价值评估方法及政策支持研究[D]．成都：西南石油学院，2002：32-39.

[13] 岳登进，刘翔，沈积．国外油气储量资产交易的作价方法[J]．天然气技术，2008，2(4)：67-69.

[14] 陈璐．油气资产价值影响因素及评价指标集研究[D]．北京：中国石油大学(北京)，2017：95.

[15] 陈朝琳，叶丰滢．图解最新企业会计准则[M]．北京：中国财政经济出版社，2018.

[16] 刘斌，郭福军．油田经济可采储量确定方法研究[J]．西南石油学院学报，1999，21(1)：83-87.
[17] 胡东风，魏志红，刘若冰，等．四川盆地拔山寺向斜泰页 1 井页岩油气重大突破及意义[J]．中国石油勘探，2021，26(2)：21-32.
[18] 舒志国，周林，李雄，等．四川盆地东部复兴地区侏罗系自流井组东岳庙段陆相页岩凝析气藏地质特征及勘探开发前景[J]．石油与天然气地质，2021，42(1)：212-223.
[19] 魏峰，陈孔全，庹秀松．川东齐岳山断层北部差异构造变形特征[J]．石油实验地质，2019，41(3)：348-354.
[20] 胡德高，舒志国，郭战峰，等．川东复兴地区侏罗系(涪页 10HF 井)发现国内首个页岩凝析气藏[J/OL]．中国地质[2020-09-15].https://kns.cnki.net/kcms/detail/11.1167.P.20200915.1002.0060html.
[21] 蒋裕强，刁志龙，徐昌海，等．川东地区台洼边缘二叠系生物礁滩储层特征及控制因素[J]．特种油气藏，2019，27(5)：7-13.
[22] 丁传奇，周路，钟克修，等．川东大猫坪地区长兴组生物礁储集层预测[J]．新疆石油地质，2020，41(2)：164-171.
[23] 吴娜珠．鄂西—渝东飞仙关组层序地层与滩体展布研究：以建南及周缘地区飞仙关组三段为例[J]．石油实验地质，2019，41(4)：524-529.
[24] SP/WPC/AAPG/SPEE. Petroleum Resources Management System(PRMS)[EB/OL].[2007-05-21]. http://www. spe. org/indus try/reserves/docs/petroleum_ resources_ management_ system_ 2007. pdf.
[25] 刘聪．PRMS 与 SEC 油气储量评估准则异同对比分析[J]．内蒙古石油化工，2015(19)：56-59.
[26] 王永祥，张君峰，段晓文．中国油气资源/储量分类与管理体系[J]．石油学报，2011，32(4)：645-651.